中国水利学会
CHES

2023中国水利学术大会论文集

第六分册

中国水利学会 编

黄河水利出版社

内 容 提 要

本书以"强化科学技术创新，支撑国家水网建设"为主题的 2023 中国水利学术大会论文合辑，积极围绕当年水利工作热点、难点、焦点和水利科技前沿问题，重点聚焦水资源短缺、水生态损害、水环境污染和洪涝灾害频繁等新老水问题，主要分为水生态、水圈与流域水安全、重大引调水工程、水资源节约集约利用、智慧水利·数字孪生·水利信息化等板块，对促进我国水问题解决、推动水利科技创新、展示水利科技工作者才华和成果有重要意义。

本书可供广大水利科技工作者和大专院校师生交流学习和参考。

图书在版编目（CIP）数据

2023 中国水利学术大会论文集：全七册/中国水利
学会编 . —郑州：黄河水利出版社，2023.12
ISBN 978-7-5509-3793-2

Ⅰ.①2… Ⅱ.①中… Ⅲ.①水利建设-学术会议-
文集 Ⅳ.①TV-53

中国国家版本馆 CIP 数据核字（2023）第 223374 号

策划编辑：杨雯惠 电话：0371-66020903 E-mail：yangwenhui923@163.com

出 版 社：黄河水利出版社 网址：www.yrcp.com
　　　　　　地址：河南省郑州市顺河路黄委会综合楼 14 层 邮政编码：450003
发行单位：黄河水利出版社
　　　　　　发行部电话：0371-66026940、66020550、66028024、66022620（传真）
　　　　　　E-mail：hhslcbs@126.com
承印单位：广东虎彩云印刷有限公司
开本：889 mm×1 194 mm 1/16
印张：268.5（总）
字数：8 510 千字（总）
版次：2023 年 12 月第 1 版 印次：2023 年 12 月第 1 次印刷

定价：1 260.00 元（全七册）

《2023 中国水利学术大会论文集》

编 委 会

主 任：汤鑫华

副主任：(以姓氏笔画为序)

丁秀丽　丁留谦　王宗志　刘九夫　刘志雨　刘俊国

刘雪梅　江恩慧　安新代　许继军　孙和强　李仰智

李国玉　李强坤　李锦秀　李德旺　吴　剑　余钟波

张　阳　张文洁　张永军　张国新　张淑华　陈茂山

林　锦　周　丰　郑红星　赵　勇　赵建世　钱　峰

徐　平　营幼峰　曹淑敏　彭文启　韩宇平　景来红

程展林　鲁胜力　蔡　阳　戴长雷

委 员：(以姓氏笔画为序)

王　琼　王文杰　王若明　王富强　卢玫珺　刘昌军

刘姗姗　李　虎　李　亮　李　琳　李军华　李聂贵

杨姗姗　杨耀红　吴　娟　张士辰　张晓雷　陈记豪

邵天一　周秋景　赵进勇　荆新爱　唐凤珍　黄书岭

尉意茹　彭　辉　程学军　曾　焱　裴红萍　颜文珠

潘晓洁　潘家军　霍炜洁

主 编：汤鑫华

副主编：吴　剑　鲁胜力　张淑华　刘　扬

前言 Preface

学术交流是学会立会之本。作为我国历史上第一个全国性水利学术团体，90多年来，中国水利学会始终秉持"联络水利工程同志、研究水利学术、促进水利建设"的初心，团结广大水利科技工作者砥砺奋进、勇攀高峰，为我国治水事业发展提供了重要科技支撑。自2000年创立年会制度以来，中国水利学会20余年如一日，始终认真贯彻党中央、国务院方针政策，落实水利部和中国科学技术协会决策部署，紧密围绕水利中心工作，针对当年水利工作热点、难点、焦点和水利科技前沿问题、工程技术难题，邀请院士、专家、代表和科技工作者展开深层次的交流研讨。中国水利学术年会已成为促进我国水问题解决、推动水利科技创新、展示水利科技工作者才华和成果的良好交流平台，为服务水利科技工作者、服务学会会员、推动水利学科建设与发展做出了积极贡献。为强化中国水利学术年会的学术引领力，自2022年起，中国水利学会学术年会更名为中国水利学术大会。

2023中国水利学术大会以习近平新时代中国特色社会主义思想为指导，认真贯彻落实党的二十大精神，紧紧围绕"节水优先、空间均衡、系统治理、两手发力"治水思路，以"强化科学技术创新，支撑国家水网建设"为主题，聚焦国家水网、智慧水利、水资源节约集约利用等问题，设置一个主会场和水圈与流域水安全、重大引调水工程、智慧水利·数字孪生、全球水安全等19个分会场。

2023中国水利学术大会论文征集通知发出后，受到广大会员和水利科技工作者的广泛关注，共收到来自有关政府部门、科研院所、大专院校和设计、施工、管理等单位科技工作者的论文共1 000余篇。为保证本次大会入选论文的质量，大会积极组织相关领域的专家对稿件进行了评审，共评选出681篇主题相符、水平较高的论文入选论文集。按照大会各分会场主题，本论文集共分7

册予以出版。

本论文集的汇总工作由中国水利学会秘书处牵头，各分会场协助完成。本论文集的编辑出版也得到了黄河水利出版社的大力支持和帮助，参与评审、编辑的专家和工作人员克服了时间紧、任务重等困难，付出了辛苦和汗水，在此一并表示感谢！同时，对所有应征投稿的论文作者表示诚挚的谢意！

由于编辑出版论文集的工作量大、时间紧，且编者水平有限，错漏在所难免。不足之处，欢迎广大作者和读者批评指正。

中国水利学会
2023 年 12 月 12 日

目录 Contents

水利风景区

水科普

检验检测与计量

某混凝土坝垂线监测系统可靠性评价

李延卓 李姝昱 杨 磊

（黄河水利委员会黄河水利科学研究院，河南郑州 450003）

摘 要：通过对某混凝土坝正倒垂线监测设施进行现场检查、复核和测试，评价垂线监测设施是否能够满足现状使用要求，并对该监测设施可靠性进行评价，提出垂线监测过程中存在的问题和需要改进的建议，为大坝安全稳定运行提供可靠的数据支撑。

关键词：混凝土坝；垂线；监测系统

1 工程概况

某混凝土坝由大坝、左岸泄洪排沙洞、发电站等建筑物组成。主坝为混凝土重力坝，副坝为钢筋混凝土心墙土坝，主、副坝总长为 857.2 m。工程始建于 1957 年，1960 年基本建成并开始水库蓄水，控制流域面积 68.84 万 km^2，水库总库容 96.4 亿 m^3，是一座以防洪为主综合利用的大（1）型水利枢纽工程。

2 垂线监测系统布置及测点分布

水库共布置正倒垂线 10 条 16 个测点，其中 3 条正垂线、7 条倒垂线。垂线布置情况见图 1，测点位置信息见表 1。

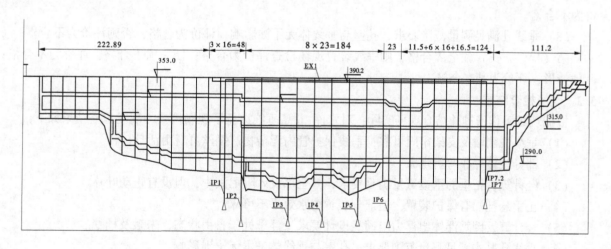

图 1 大坝垂线平面布置 （单位：m）

基金项目：国家自然科学基金项目"黄河下游堤防险情驱动机制及安全监控与预警理论和方法研究"（U2243223）。黄河水利科学研究院科技发展基金（项目编号：黄科发 202214）。

作者简介：李延卓（1987—），男，高级工程师，主要研究方向为水利工程安全监测及评价。

表 1　垂线测点位置信息统计

测点编号	坝段	所在高程/m	廊道内位置	测点编号	坝段	所在高程/m	廊道内位置
IP1-1	2#安装场坝段	295	下游侧	IP2-1	3#安装场坝段	315	下游侧
IP2-2	3#安装场坝段	290	下游侧	IP3-1	3#电站坝段	275	下游侧
IP4-1	5#电站坝段	280	下游侧	IP5-1	7#电站坝段	275	下游侧
IP6-1	隔墩坝段	315	下游侧	IP6-2	隔墩坝段	290	下游侧
IP7-1	8#溢流坝段	315	下游侧	IP7-2	8#溢流坝段	290	下游侧
PL1-1	2#安装场坝段	340	下游侧	PL1-2	2#安装场坝段	320	下游侧
PL1-3	2#安装场坝段	295	下游侧	PL2-1	6#溢流坝段	340	下游侧
PL2-2	6#溢流坝段	315	下游侧	PL3-1	8#溢流坝段	315	下游侧

3　现场检查

3.1　现场检查内容与评价标准

（1）垂线观测墩及支架牢固可靠，评价为合格，否则评价为不合格。

（2）垂线保护管内无杂物、钢丝可自由活动，评价为合格，否则评价为不合格。

（3）垂线装置无严重锈蚀、钢丝无弯（折）痕，评价为合格，否则评价为不合格。

（4）当垂线所在部位风力较大时，设置了防风管，评价为合格，否则评价为不合格。

（5）正垂的重锤重量满足要求，并全部没入阻尼液中，且设有止动叶片，评价为合格，否则评价为不合格。

（6）正垂悬挂端有保护装置并防水，评价为合格，否则评价为不合格。

（7）倒垂浮体组浮力应满足设计要求，浮子处于自由状态，未触及桶壁，评价为合格，否则评价为不合格。

（8）垂线孔满足测量范围要求，孔壁与垂线体无干涉影响，评价为合格，否则评价为不合格。

第（1）～（8）款全部合格，则垂线装置现场检查评价为合格；任一项不合格，评价为不合格；其他情形，评价为基本合格。

3.2　现场检查结果

根据现场工作安排并结合现场实际，对水库10条垂线进行了现场检查，现场检查结果如下：

（1）垂线观测墩及支架牢固可靠；垂线保护管内无杂物、钢丝可自由活动。

（2）部分线体存在弯折现象。

（3）经计算，正垂的重锤重量满足要求，并全部没入阻尼液中，但没有止动叶片。

（4）正垂悬挂端有保护装置，但部分装置防水效果不可靠。

（5）经计算，倒垂浮体组浮力应满足设计要求，浮子处于自由状态，未触及桶壁。

（6）垂线孔基本满足测量范围要求，孔壁与垂线体基本无干涉影响。

（7）各个垂线监测点均无人工读数装置。

（8）部分线体防雨罩影响线体的稳定性。

4　现场测试

4.1　现场测试内容与评价标准

线体稳定性测试方法与评价标准：在垂线装置无扰动情况下，读取并记录垂线初始读数，然后轻轻将线体向左、右岸和上、下游侧各推移10~20 mm后松手，等待垂线线体稳定，测读稳定后的读数。计算前后两次读数的差值，其绝对值不大于 0.3 mm，评价为合格，否则评价为不合格。

线体准确性测试方法与评价标准：使垂线向左右岸和上下游侧分别位移 10 mm，测读垂线坐标仪的测值并记录。将测值与标定值比较，其差值的绝对值不大于 0.28 mm，评价为合格，否则评价为不合格。

4.2 现场测试结果

4.2.1 线体稳定性测试结果

经现场对垂线装置线体稳定性进行检验，IP2-1 系统读数异常；IP3-1 线体推动前后读数差值为 0.01 mm，稳定性评价为合格；其他 14 个测点在线体推动前测值无法稳定，线体稳定性评价为不合格。测试结果统计见表 2。

表 2　大坝垂线线体稳定性测试统计

测点编号	差值/mm	评价	备注	测点编号	差值/mm	评价	备注
IP1-1	—	不合格	读数不稳定	IP2-1	—	—	系统读数 ERROR
IP2-2	—	不合格	读数不稳定	IP3-1	0.01	合格	
IP4-1	—	不合格	读数不稳定	IP5-1	—	不合格	读数不稳定
IP6-1	—	不合格	读数不稳定	IP6-2	—	不合格	读数不稳定
IP7-1	—	不合格	读数不稳定	IP7-2	—	不合格	读数不稳定
PL1-1	—	不合格	读数不稳定	PL1-2	—	不合格	读数不稳定
PL1-3	—	不合格	读数不稳定	PL2-1	—	不合格	读数不稳定
PL2-2	—	不合格	读数不稳定	PL3-1	—	不合格	读数不稳定

4.2.2 线体准确性测试结果

对垂线装置测值准确性进行检验，经现场复核，垂线各测点测值与标定值差值均大于 0.28 mm，测试结果统计见表 3，现场测试见图 2。3 条正垂线及 7 条倒垂线装置测值准确性评价均为不合格。

表 3　大坝垂线测值准确性测试统计

测点编号	实测值与标定值差值/mm	评价	测点编号	实测值与标定值差值/mm	评价
IP1-1	0.06~1.07	不合格	IP2-1	0.21~0.97	不合格
IP2-2	0.21~0.86	不合格	IP3-1	0.25~1.34	不合格
IP4-1	0.49~0.77	不合格	IP5-1	0.91~1.37	不合格
IP6-1	0.22~0.99	不合格	IP6-2	0.16~1.88	不合格
IP7-1	0.38~1.10	不合格	IP7-2	0.27~0.71	不合格
PL1-1	0.24~0.56	不合格	PL1-2	0.16~0.61	不合格
PL1-3	0.07~0.55	不合格	PL2-1	0.17~1.18	不合格
PL2-2	0.28~0.48	不合格	PL3-1	0.15~0.56	不合格

4.3 现场检查与测试评价

垂线装置现场检查与测试评价标准：现场检查、线体稳定性、测值准确性全部合格，评价为可靠。现场检查、线体稳定性、测值准确性任一项不合格，评价为不可靠。其他情形，评价为基本可靠。

根据现场检查、线体稳定性、测值准确性测试结果，水库 3 条正垂线、7 条倒垂线装置可靠性评价均为不可靠，统计结果见表 4。

图 2　垂线装置测值准确性现场测试

表 4　垂线装置现场检查与测试评价结果

垂线名称	现场检查	线体稳定性	测值准确性	评价
IP1	不合格	不合格	不合格	不可靠
IP2	不合格	不合格	不合格	不可靠
IP3	不合格	不合格	不合格	不可靠
IP4	不合格	不合格	不合格	不可靠
IP5	不合格	不合格	不合格	不可靠
IP6	不合格	不合格	不合格	不可靠
IP7	不合格	不合格	不合格	不可靠
PL1	不合格	不合格	不合格	不可靠
PL2	不合格	不合格	不合格	不可靠
PL3	不合格	不合格	不合格	不可靠

5　结语

（1）正倒垂线线体稳定性不满足规范要求，建议全面综合分析不稳定原因，及时消除影响因素，保障垂线监测设施正常运行。

（2）建议监测点增设人工读数装置，方便后期进行人工和系统比对。

（3）对监测设施进行重新标定，使监测点准确性满足规范要求。

参考文献

［1］水利部．大坝安全监测系统鉴定技术规范：SL 766—2018［S］．北京：中国水利水电出版社，2018.

［2］中华人民共和国水利部．混凝土坝安全监测技术规范：SL 601—2013［S］．北京：中国水利水电出版社，2013.

［3］中华人民共和国水利部．大坝安全监测仪器检验测试规程：SL 530—2012［S］．北京：中国水利水电出版社，2012.

［4］中华人民共和国水利部．大坝安全监测仪器安装标准：SL 531—2012［S］．北京：中国水利水电出版社，2012.

基于箱形图法对水利水电工程
实体质量抽检与评价

钱　彬[1]　桑万隆[2]　吴银坤[1]　杨　虎[1]

(1. 南京水利科学研究院，江苏南京　210024；
2. 德州黄河河务局，山东德州　251100)

摘　要：工程质量检测是工程质量控制的重要手段，在工程建设管理中如何利用现有的检测数据来准确评价工程质量是人们持续关注的问题。本文以某水利水电工程常规质量检测为实例，针对混凝土工程施工过程中质量控制检测数据存在异常值的问题，采用箱形图法比对验评资料，以识别检测数据中的异常值，实现对混凝土工程质量的准确评价。结果表明：基于箱形图法能有效识别检测数据中的异常值、极限异常值，较可靠地评价水电工程实体质量。

关键词：水利水电工程；实体质量；抽查检测；分析评价

1　引言

　　工程质量检测是工程建设管理中实施质量控制的重要手段，在确保工程质量安全方面扮演着至关重要的角色。李玉起等[1] 对目前水利工程质量检测行业的发展状况进行了分析，顾忠强[2] 则强调试验检测对于工程的顺利建设和验收的重要性。在工程质量评价中，通常需要依赖检测数据，但对于大量的工程数据，均值容易受到极端值的干扰，从而导致评价结果偏向于过高或过低，降低了数据的代表性。在这方面，箱形图法[3] 是一种非常有效的工具。箱形图法的中位数不受极端值的干扰，它只与数据集中的观察值相关，因此可以用来描述复杂结构数据的集中趋势。国内许多学者已经开始采用箱形图法来分析工程数据和工程质量。李梦辉等[4] 使用箱形图法来分析异常值对长江流域棉区棉花加工过程中棉花含杂率样本均值和标准差的影响。谢志炜等[5] 则基于箱形图和隔离森林来处理施工人次数据，以提高施工人次预测的精确性。顾国庆等[6] 提出了基于箱线图异常检测的指数加权平滑预测模型，效果更加精确。王新峰等[7] 运用箱线图法对锦屏一级水电工程厂房的裂隙间距进行了分析。穆宝胜等[8] 运用箱线图法识别变形监测中异常值进行应用探究。综上所述，箱形图法在工程数据分析和工程质量评估中发挥着重要的作用，有助于提高数据的准确性和代表性。

　　本文以某水利水电工程质量检测为案例，通过施工现场质量验证性的抽样检测，采用箱形图法与验评资料的比对分析，识别验评资料数据中的异常值，为工程质量监督管理提供质量评价的新途径，有利于提高水利水电工程质量检测评价的可靠性、合理性。

2　工程概况

　　某水利水电工程开发任务以发电为主。枢纽工程由砾石土心墙堆石坝、泄洪建筑物、地下引水发电系统等建筑物组成。泄水建筑物包括右岸洞式溢洪道、深孔泄洪洞、放空洞和左岸竖井泄洪洞。深

基金项目：中央级公益性科研院所基本科研业务费重点项目（Y322004）；江苏水利科技项目（2018019）。

作者简介：钱彬（1991—），男，工程师，主要从事水利水电工程质量检测方面的工作。

孔泄洪洞采用短有压进口接无压隧洞形式，各泄洪、放空洞出口均采用挑流消能方式。引水发电系统布置于左岸，采用首部式厂房布置方案，由电站进水口、压力管道、主厂房、副厂房、主变室、开关站、尾水调压室、尾水隧洞及尾水塔等组成，采用"单机单管供水"及"两机一尾调室一尾水隧洞"的布置格局。压力管道采用单管单机供水方式。

工程采用全年断流围堰、隧洞导流方式。大坝上、下游围堰均为复合土工膜心墙土石围堰，堰基采用防渗墙及墙下帷幕防渗，两岸采用帷幕防渗。

3 抽检项目与数量

受工程质量监督站的委托，对某水利水电工程施工现场开展了混凝土强度、喷射混凝土厚度、锚杆无损检测等项目抽样检测验证工作。抽检数量为：混凝土强度 2 组，喷射混凝土厚度 2 处，锚杆无损检测 13 根。

4 数据分析方法

4.1 数据异常值检验方法

在数据分析过程中，有时在数据样本的分析结果里会发现个别过大或过小的数据，与其他数据偏离较远，这些偏离的数据通常叫作异常数据，又称可疑数据或极端数据。然而有些分析人员根据个人主观判定对异常数据随意加以取舍，以获得准确度较好的分析结果，这样做带有一定的主观性，是极不妥当的。对于所怀疑的异常数据，应对相应的试样及试验过程进行检查，只有确定试验过程中存在错误时，才可取舍。对于试验过程中无错误的情况，常用数理统计方法对异常数据进行检验处理和取舍。目前常用的数据异常值检验方法有格拉布斯法、3 倍均方差法、t 检验法等。

（1）格拉布斯法。在未知总体标准差情况下，对正态样本或接近正态样本异常值的一种判别，即首先计算样本标准差 S，其次根据可疑值 X_l 与均值 $\overline{X}$ 之差的绝对值是否大于 $\lambda(\beta, n)$ 倍样本标准差 S 来判断该可疑值是否应当剔除，当 $|X_l - \overline{X}| > \lambda(\beta, n)S$ 时，X_l 应该剔除，否则保留数据，试验次数 n 和可靠概率 β 查表可得。

（2）3 倍均方差法。3 倍均方差法是在基于正态分布的假设下，一组数据中绝大部分（约 99.7%）的数据点可以落在平均数加减 3 倍标准差范围内，当一个数据点与平均数之间的差值超过了 3 倍标准差时，那么这个数据点就认为是异常值或者离群值。

（3）t 检验法。t 检验法在标准差已知情况下，样本计算公式为 $k_n = |X_{out} - \overline{X}|/S$，其中 S 和 $\overline{X}$ 都是由不包括离群值的 $n-1$ 个数据计算所得，查 t 检验的临界值 $k_p(n)$，当 $k_n > k_p(n)$ 时，判定为离群值，否则未发现离群值。

4.2 箱形图法

箱形图又称为箱线图、盒须图、盒式图、盒状图，是一种显示一组数据分散情况的统计图，因形状如箱子而得名。与格拉布斯法、3 倍均方差法、t 检验法等不同，箱形图法的实际数据不必满足正态分布，不需要事先假定数据服从特定分布，可真实直观地表现数据的本来状况。

箱形图由 5 个数值点组成：最小值（min），下四分数（Q_1），中位数，上四分数（Q_3），最大值（max），如图 1 所示。

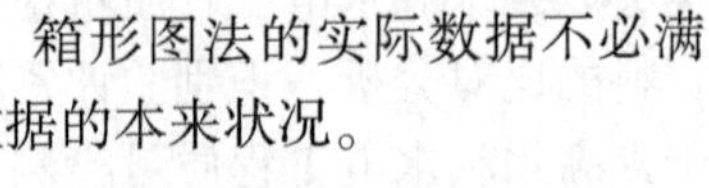

图 1 箱形图示意图

5 个数值的求取需要用深度来确定它们在数据批中的位置。中位数是用计数的办法给出样本的中心，其深度是 $(n+1)/2$，中位数为 $X_{(n+1)/2}$，n 为奇数；中位数为 $(X_k + X_{k+1})/2$，n 为偶数，$n = 2k$。四分数的深度 = ［（中位数的深度）+1]/2，用计数的话来说，每个四分数都在中位数和那个相应的极端值的半中间，从而上四分数（Q_3）和下四分数（Q_1）括住了这批数据中间的那一半。由于现实数据中总是存在各式各样的"离群点"，也称为"异常值"，为了不因这些少数的离群数据导致整体特征的偏移，将这些离群点单独绘出，而箱形图中的胡须的两极修改成最小观测值与最大观测值。

本文基于箱形图法和对施工验评资料的比对，提供了一个识别异常值的标准，即选落在 $max = Q_3 + nIRQ$ 和 $min = Q_1 - nIRQ$ 区间之外的数据值为异常值；将筛选出的异常值与控制标准进行比较，最终判定出数据是否异常。因箱形图法基于经验判断，本文区间范围 n 取 1.5。IQR 按式（1）计算：

$$IRQ = Q_3 - Q_1$$
$$(1)$$

式中：IQR 为中间四分位数极差；Q_1 为下四分位数；Q_3 为上四分位数。

5 质量检测结果分析

为能够准确、及时、全面地反映进厂交通洞各空间位置和不同时间段的混凝土立方体抗压强度情况，了解混凝土抗压强度随着施工不同时期而变化的情况，选取该工程进厂交通洞共 46 组验评资料数据，以进厂交通洞混凝土工程检测样本数据为例，对基于箱形图法识别异常值的应用过程详细说明。验评资料数据汇总见表 1，设计要求抗压强度值不小于 25.0 MPa。

表 1 进厂交通洞混凝土立方体抗压强度验评资料

组号	强度/MPa	组号	强度/MPa	组号	强度/MPa	组号	强度/MPa	组号	强度/MPa
1	26.7	11	28.1	21	29.7	31	31.2	41	33.2
2	26.8	12	28.1	22	29.7	32	31.2	42	33.2
3	27.3	13	28.3	23	29.8	33	31.2	43	33.6
4	27.3	14	28.5	24	29.9	34	31.3	44	33.8
5	27.6	15	28.5	25	30.0	35	31.3	45	34.5
6	27.6	16	28.8	26	30.1	36	31.5	46	34.6
7	27.7	17	29.1	27	30.1	37	32.0		
8	27.9	18	29.3	28	30.3	38	32.6		
9	27.9	19	29.3	29	30.5	39	32.8		
10	28.1	20	29.6	30	30.6	40	33.1		

对 46 组数据基于箱形图法进行统计分析，首先计算样本数据的上四分数（Q_3）和下四分数（Q_1），Q_i 所在位置为 $i(n+1)/4$，i 为 1 或 3，n 表示序列中包含的项数。这里取样本数量 n 为 46，Q_1 所在位置为 $1 \times (46+1)/4 = 11.75$，$Q_1 = 0.25 \times$ 第 11 项 $+0.75 \times$ 第 12 项 $= 0.25 \times 28.1 + 0.75 \times 28.1 = 28.1$，下四分数（$Q_1$）为 28.1 MPa；$Q_3$ 所在位置为 $3 \times (46+1)/4 = 35.25$，$Q_3 = 0.75 \times$ 第 35 项 $+0.25 \times$ 第 36 项 $= 0.25 \times 31.3 + 0.75 \times 31.5 = 31.4$，上四分数（$Q_3$）为 31.4 MPa。

其次，计算正常值数据区间范围，IRQ $= 31.4 - 28.1 = 3.25$，最小值（min）$= 28.1 - 3.25 \times 1.5 = 23.2$，其中验评资料数据中极小值为 26.7，两者取最大值，即最小值（min）为 26.7 MPa；验评资料数据中极大值为 34.6，最大值（max）$= 31.4 + 3.25 \times 1.5 = 36.2$，两者取最小值，即最大值（max）为 34.6 MPa，确定正常值区间范围为 25.0~34.6 MPa。

本次基于箱形图法进厂交通洞混凝土立方体抗压强度控制指标为：若抽检数据落在 25.0~34.6 MPa 范围内，则为合格，落在区间外则为异常值。对检出的异常值，应根据实际问题的性质进行判断：若小于箱形图最小值，且小于设计要求 25.0 MPa，抽检数据为不合格；若超出箱形图最大值，表现统计上高度异常的，可以剔除，被检出的异常值、被剔除的观测值及其理由应予记录，以备查询。

对进厂交通洞处衬砌抽检一组试件抗压强度，结果为 28.7 MPa，将抽检数据与验评资料数据绘制箱形图进行对比分析，如图 2 所示。可知：抽查结果落在箱形图正常值区间范围 26.7 ~ 34.6 MPa 内，无异常值，满足工程质量要求。

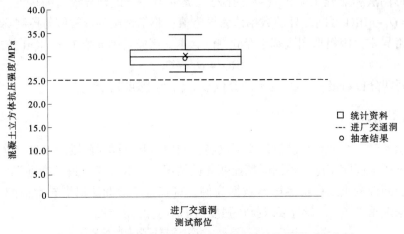

图 2　进厂交通洞抽查结果与抗压强度统计资料的对比分析

　　按照上述箱形图法识别异常值操作过程，依次对进水口部位混凝土、喷射混凝土厚度、深孔泄洪洞底板保护层、左坝肩锚杆等进行抽检与评价，均满足控制指标要求，满足工程质量要求。

6　结语

　　通过对水利水电工程质量验证性抽查检测工作，采用箱形图法识别检测数据中的异常值，对工程实体质量进行分析评价，可以得出以下结论：

　　（1）对混凝土抗压强度、喷射混凝土厚度和锚杆无损检测质量进行抽样检测后，采用箱形图法，将抽测数据与验评资料比对分析，可以有效评价抽检结果的合格性。

　　（2）箱形图法对数据分布无严格要求，对于具有系统误差或者偶然误差分布特征的观测数据，均具有较好的适用性，在样本数据异常值的检验中应用范围更为广泛。

参考文献

［1］李玉起，黄志怀，陈贤挺. 谈水利工程检测行业存在的问题及对策［J］. 人民珠江，2011，32（1）：2.

［2］顾忠强. 水利工程中试验检测的作用［J］. 水电水利，2020，4（5）：109-110.

［3］Hoaglin D C，Mosteller F，Johu W T. 探索性数据分析［M］. 陈忠琏，郭德媛，译. 北京：中国统计出版社，1998：3-5，35-36，67.

［4］李梦辉，桑小田，田振川，等. 箱形图在长江流域棉区棉花含杂率异常值检验中的应用［J］. 湖北农业科学，2016，55（11）：5.

［5］谢志炜，温锐刚，孟安波，等. 基于箱形图和隔离森林的施工人次数据处理与预测研究［J］. 工程管理学报，2018，32（5）：5.

［6］顾国庆，李晓辉. 基于箱线图异常检测的指数加权平滑预测模型［J］. 计算机与现代化，2021（1）：28-33.

［7］王新峰，梁杏，孙蓉琳，等. 基于野外测量数据的裂隙间距箱线图法初探：以锦屏一级水电工程厂房为例［J］. 安全与环境工程，2010，17（2）：6.

［8］穆宝胜，刘欣，朱文艳. 基于 n 个标准差法和箱线图法识别变形监测中异常值的应用探究［J］. 南通职业大学学报，2023，37（2）：100.

［9］中华人民共和国水利部. 水工混凝土试验规程：SL/T 352—2020［S］. 北京：中国水利水电出版社，2020.

大坝安全监测仪器率定技术
在国外工程中的应用研究

戚　登　李国栋　郭珍玉

（中国水利水电第十一工程局有限公司，河南郑州　450000）

摘　要：安全监测是在工程施工期和运行期对建筑物各种变量的实时监测，以供实时掌握建筑物的运行状态。绝大部分的监测仪器长期工作在隐蔽环境下，当监测仪器安装埋设后，无法再对其进行检修和替换。因此，在仪器安装前，必须进行全面的检验和测试，主要有综合性检验、力学性能检验、温度性能检验以及防水性能检验四个部分。本文以国外水电站项目为背景，结合施工现场现有条件，经过检验和测试仪器相关性能，以此来证明监测仪器可以在保证测量结果准确性和稳定性的前提下安装在建筑物内部。

关键词：大坝安全监测；仪器率定；大坝监测仪器

1　引言

大坝安全监测工作贯穿于工程管理的全过程。在工程设计阶段，需要提出大坝安全监测系统的总体设计方案、监测布置图、仪器设备清单、施工详图与埋设安装技术要求等。在施工阶段，需要做好仪器设备的检验、率定、埋设、安装、调试，施工期的监测等。在运行阶段，需进行日常及特殊情况的监测工作，定期采集仪器数据以及巡视检查[1]。其中施工阶段的仪器率定工作是本次研究的主要内容。

2　研究背景

某水电站项目地处非洲东部，枢纽工程建筑物主要由一座131 m高的碾压混凝土重力主坝、1座22 m高的碾压混凝土自由溢流堰及3座5~12 m高的土石副坝组成。

该项目所使用的监测仪器均为中国企业生产，其运抵现场的方式多为海运和空运，由于运距远、倒运次数过多，即使外包装严密且内部有填充物的保护，也无法避免磕碰等现象，极大地增加了仪器故障率和监测数据异常等情况，虽然可以在运输前委托给具有检验资质的第三方检验单位对仪器进行率定，但会延长发货周期，导致施工现场的进度受影响，并且经过长时间运输抵达现场后，也无法确保仪器处于正常的工作状态。

3　安全监测仪器主要检验指标

安全监测仪器在进行埋设前，应了解仪器出厂参数的可靠性、仪器工作的稳定性。一般情况下，通过对仪器进行相应的力学、温度、防渗、绝缘性能等检验，其检验成果必须满足不同行业规范要求才能正常使用[2]。

本文主要以仪器的力学性能为研究对象，并按照《混凝土坝安全监测技术规范》（DL/T 5178—2016）[3]中的要求进行率定工作。

3.1　安全监测仪器综合性检验

当仪器运抵现场后，立即对仪器进行综合性检验，主要内容如下：

作者简介：戚登（1989—），男，工程师，从事大坝安全监测仪器施工技术与数据分析工作。

（1）仔细查看每支仪器的外部有无破损、锈蚀、连接处松动等。

（2）仪器出厂资料与配件是否齐全，仪器数量与发货单是否一致。

（3）用万用表测量仪器各个芯线是否完好，电阻是否合适。

（4）用绝缘电阻表检验仪器本身的绝缘性能是否符合要求。

（5）用专用读数仪检验仪器的各项测值是否正常等。

3.2 安全监测仪器力学性能检验

安全监测仪器的力学性能检验主要有非线性度 α_1、滞后 α_2、不重复度 α_3、仪器误差系数 α_f、不符合度 α_4、综合误差 α_5，共 6 项指标。检验项目中的前四项属于振弦式和差动电阻式仪器通用必检指标，后两项为振弦式仪器专项检验指标。各项性能的限差规定见表 1。

表 1　监测仪器力学性能检验标准

检验项目	仪器类型	振弦式与差动电阻式仪器通用检验指标				振弦式仪器专项检验指标	
		α_1	α_2	α_3	α_f	α_4	α_5
限差/%	差动电阻式	≤2.0	≤1.0	≤1.0	≤3	—	—
	振弦式	≤2.0	≤1.0	≤0.5	≤3	≤2.0	≤2.5

4　安全监测仪器的检验

每支仪器在完成综合性检验后，再进行其他性能的检验。本次研究所选取的样品为两种常见类型的安全监测仪器，即差动电阻式测缝计和振弦式渗压计。

4.1　差动电阻式测缝计的力学性能检验

首先读取测缝计 0 mm 时的电阻比，然后依次递增 5 mm 拉伸校正仪并读取电阻比直至 50 mm 时停止，这一步骤称为仪器上行；最后依次递减 5 mm 收缩校正仪并读取电阻比直至 0 mm 时停止，这一步骤称为仪器下行。上、下行共计循环 3 次。测缝计各测点电阻比见表 2。

表 2　差动电阻式测缝计各测点电阻比记录

测点	位移/mm	第一循环（电阻比 0.01%）		第二循环（电阻比 0.01%）		第三循环（电阻比 0.01%）	
		上行	下行	上行	下行	上行	下行
1	0	9 586	9 587	9 590	9 589	9 585	9 588
2	5	9 655	9 660	9 659	9 663	9 661	9 665
3	10	9 724	9 729	9 728	9 732	9 730	9 734
4	15	9 794	9 799	9 797	9 802	9 799	9 803
5	20	9 863	9 869	9 867	9 872	9 869	9 874
6	25	9 940	9 939	9 941	9 937	9 939	9 940
7	30	10 004	10 009	10 008	10 012	10 010	10 014
8	35	10 076	10 079	10 079	10 083	10 081	10 084
9	40	10 148	10 150	10 151	10 154	10 152	10 155
10	45	10 221	10 223	10 224	10 226	10 225	10 227
11	50	10 295	10 295	10 298	10 298	10 299	10 299

根据表 1 内的结果，分别计算出各测点电阻比的总平均值 $(S_a)_i$、理论值 $(S_t)_i$ 和两者之间的差值 δ_i，并建立一元回归方程，用以计算出仪器回归常数和回归系数，见表 3、图 1。

表3 差动电阻式测缝计各测点结果记录

测点	1	2	3	4	5	6	7	8	9	10	11
总平均值 $(S_a)_i$	9 588	9 661	9 730	9 799	9 869	9 939	10 010	10 080	10 152	10 224	10 297
理论值 $(S_t)_i$	9 587	9 658	9 729	9 799	9 870	9 941	10 011	10 082	10 153	10 223	10 294
理论值与实测值之差 δ_i	0.100	2.425	0.750	0.425	1.100	1.442	1.950	1.792	1.133	0.858	3.183

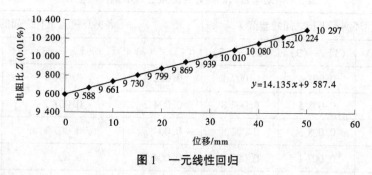

图1 一元线性回归

4.1.1 非线性度 α_1 的检验

该指标表示传感器平均校准曲线和工作直线间的不一致程度，一般以满量程输出的百分比表示。计算方法见式（1）。

$$\alpha_1 = \frac{\Delta_1}{\Delta_s} \times 100\% = 0.45\% \tag{1}$$

式中：Δ_1 取 δ_i 的最大值，为 3.183；Δ_s 为仪器量程上行理论值与仪器量程下行理论值之差，为 707。

4.1.2 滞后 α_2 的检验

该指标表示传感器在输入量增加（进程）和输入量减少（回程）过程中，在同一输入量时输出值的差别，一般以满量程输出的百分比表示。计算方法见式（2），结果见表4。

$$\alpha_2 = \frac{\Delta_2}{\Delta_s} \times 100\% \tag{2}$$

式中：Δ_2 为每一循环中各测点上行及下行两个测值之间的差值，取最大值。

表4 差动电阻式测缝计三次循环中各测点滞后 α_2

测点	第一循环	第二循环	第三循环
1	0.001 4	0.001 4	0.004 2
2	0.007 1	0.005 7	0.005 7
3	0.007 1	0.005 7	0.005 7
4	0.007 1	0.007 1	0.005 7
5	0.008 5	0.007 1	0.007 1
6	0.001 4	0.005 7	0.001 4
7	0.007 1	0.005 7	0.005 7
8	0.004 2	0.005 7	0.004 2
9	0.002 8	0.004 2	0.004 2
10	0.002 8	0.002 8	0.002 8
11	0	0	0

注：取所有结果中的最大值，即本支仪器的滞后 α_2 为 0.85%。

4.1.3 不重复度 α_3 的检验

该指标表示传感器在不变的工作状态下，重复给定某个相同输入值时输出值的分散程度，一般以满量程输出的百分比表示。计算方法见式（3），详细数据见表5。

$$\alpha_3 = \frac{\Delta_3}{\Delta_s} \times 100\% \tag{3}$$

式中：Δ_3 为3次循环中各测点上行及下行各自3个测值之间的差值，取最大值。

表5　差动电阻式测缝计各测点上行不重复度值 α_3

测点	各循环测点上行之间的差值			各循环测点下行之间的差值		
	（1）－（2）	（1）－（3）	（2）－（3）	（1）－（2）	（1）－（3）	（2）－（3）
1	0.005 7	0.001 4	0.007 1	0.002 8	0.001 4	0.001 4
2	0.005 7	0.008 5	0.002 8	0.004 2	0.007 1	0.002 8
3	0.005 7	0.008 5	0.002 8	0.004 2	0.007 1	0.002 8
4	0.004 2	0.007 1	0.002 8	0.004 2	0.005 7	0.001 4
5	0.005 7	0.008 5	0.002 8	0.004 2	0.007 1	0.002 8
6	0.001 4	0.001 4	0.002 8	0.002 8	0.001 4	0.004 2
7	0.005 7	0.008 5	0.002 8	0.004 2	0.007 1	0.002 8
8	0.004 2	0.007 1	0.002 8	0.005 7	0.007 1	0.001 4
9	0.004 2	0.005 7	0.001 4	0.005 7	0.007 1	0.001 4
10	0.004 2	0.005 7	0.001 4	0.004 2	0.005 7	0.001 4
11	0.004 2	0.005 7	0.001 4	0.004 2	0.005 7	0.001 4

注：本支仪器的不重复度 α_3 为 0.85%。

4.1.4 仪器误差系数 α_f 的检验

该指标的主要作用是计算仪器率定时的理论最小读数与仪器出厂时的理论最小读数的占比。仪器率定时的系数（最小读数）计算见式（4）。

$$\alpha_f = \left| \frac{f_t - f}{f_t} \right| \times 100\% = 0.076\% \tag{4}$$

式中：f_t 为仪器生产厂家检验的仪器系数（最小读数），为 0.070 8；f 为仪器率定时的系数（最小读数），为 0.070 7。

4.1.5 结论

差动电阻式测缝计的4种力学性能均能满足《混凝土坝安全监测技术规范》（DL/T 5178—2016）中关于差动电阻式仪器的要求。检验结果汇总见表6。

表6　差动电阻式测缝计力学性能各指标检验结果汇总

检验项目	非线性度 α_1	滞后 α_2	不重复度 α_3	误差系数 α_f
实测值/%	0.45	0.85	0.85	0.076
限差/%	≤2.0	≤1.0	≤1.0	≤3

4.2 振弦式渗压计的力学性能检验

振弦式渗压计率定的前置准备工作以及各项力学性能参数的计算方式与差动电阻式测缝计一致，

在此不再赘述。与差动电阻式仪器不同的是，振弦式仪器还需要检验不符合度和综合误差。各测点模数见表7。

表7 振弦式渗压计各测点模数记录

测点	压力/kPa	第一循环（模数）		第二循环（模数）		第三循环（模数）	
		上行	下行	上行	下行	上行	下行
1	0	7 311.0	7 311.3	7 311.6	7 311.1	7 311.2	7 311.0
2	100	6 985.1	6 984.9	6 985.0	6 985.0	6 985.1	6 985.0
3	200	6 660.4	6 660.2	6 660.7	6 660.6	6 660.5	6 660.2
4	300	6 334.7	6 335.9	6 335.3	6 334.9	6 334.5	6 334.1
5	400	6 006.4	6 008.7	6 007.5	6 008.0	6 008.1	6 008.2
6	500	5 677.8	5 679.8	5 678.8	5 678.0	5 678.2	5 678.0
7	600	5 344.7	5 344.3	5 344.8	5 344.6	5 344.4	5 344.7
8	700	5 017.2	5 017.0	5 017.3	5 017.1	5 017.3	5 017.3

根据各测点的模数，分别计算出各测点模数的总平均值（S_a）$_i$、理论值（S_t）$_i$ 和两者之间的差值，并建立一元回归方程式用以计算出仪器回归常数和回归系数，见表8、图2。

表8 振弦式渗压计各测点结果

测点	1	2	3	4	5	6	7	8
总平均值（S_a）$_i$	7 311.2	6 985.0	6 660.4	6 334.9	6 007.8	5 678.4	5 344.6	5 017.2
理论值（S_t）$_i$	7 314.7	6 986.9	6 659.1	6 331.4	6 003.6	5 675.8	5 348.0	5 020.2
理论值与实测值之差 δ_i	3.500	1.903	1.293	3.540	4.237	2.633	3.437	3.040

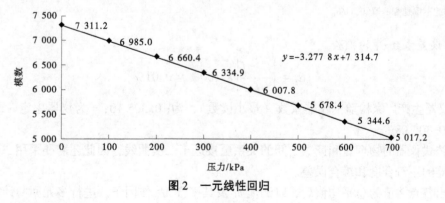

图2 一元线性回归

4.2.1 非线性度 α_1 的检验

将各项参数代入上文中式（1），经计算，本支仪器的非线性度 α_1 为 0.18%。

4.2.2 滞后 α_2 的检验

振弦式渗压计三次循环中各测点滞后 α_2 如表9所示。

表9　振弦式渗压计三次循环中各测点滞后 α_2

测点	第一循环	第二循环	第三循环
1	0.000 13	0.000 22	0.000 09
2	0.000 09	0.000 00	0.000 04
3	0.000 09	0.000 04	0.000 13
4	0.000 52	0.000 17	0.000 17
5	0.001 00	0.000 22	0.000 04
6	0.000 87	0.000 35	0.000 09
7	0.000 17	0.000 09	0.000 13
8	0.000 09	0.000 09	0.000 00

注：取所有结果中的最大值，即本支仪器的滞后 α_2 为 0.1%。

4.2.3　不重复度 α_3 的检验

振弦式渗压计各测点上行不重复度 α_3 如表10所示。

表10　振弦式渗压计各测点上行不重复度 α_3

测点	各循环测点上行之间的差值			各循环测点下行之间的差值		
	(1) - (2)	(1) - (3)	(2) - (3)	(1) - (2)	(1) - (3)	(2) - (3)
1	0.000 26	0.000 09	0.000 17	0.000 09	0.000 18	0.000 06
2	0.000 04	0.000 00	0.000 04	0.000 04	0.000 06	0.000 00
3	0.000 13	0.000 04	0.000 09	0.000 17	0.000 00	0.000 24
4	0.000 26	0.000 09	0.000 35	0.000 44	0.001 10	0.000 49
5	0.000 48	0.000 74	0.000 26	0.000 31	0.000 31	0.000 12
6	0.000 44	0.000 17	0.000 26	0.000 78	0.001 10	0.000 00
7	0.000 04	0.000 13	0.000 17	0.000 13	0.000 24	0.000 06
8	0.000 04	0.000 04	0.000 00	0.000 04	0.000 18	0.000 12

注：本支仪器的不重复度 α_3 为 0.11%。

4.2.4　仪器误差系数 α_f 的检验

$$\alpha_f = \left| \frac{f_t - f}{f_t} \right| \times 100\% = 0.01\% \tag{5}$$

式中：f_t 为仪器生产厂家检验的仪器系数（最小读数），为 -0.305 10；f 为仪器率定时的系数（最小读数），为 -0.305 08。

由于振弦式仪器的物理量和读数之间的关系更接近于二次曲线，因此还需要采用二次曲线式来计算振弦式仪器的不符合度和综合误差。

在计算出各点测值的总平均值后，以测值 M 及其平方 M^2 作因子，进行多元回归计算，建立二次曲线回归方程，见式（6）。

$$y = K_0 + K_1 M + K_2 M^2 \tag{6}$$

式中：K_0 为回归常数；K_1、K_2 为回归系数，即二次曲线的仪器系数。

将被检验的物理量值代入式（6）中，即可求得相应的测值理论值 $(M_t)_i$。建立以进回平均值模数为变量、仪器各挡位物理量为应变量的仪器工作曲线，见图3；以理论值模数为变量、测值理论值为应变量的仪器平均校准曲线，见图4；仪器量程工作值、测值理论值以及二者的差值见表11。

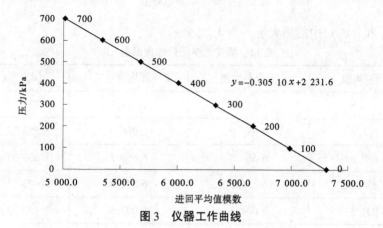

图3 仪器工作曲线

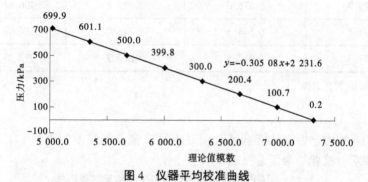

图4 仪器平均校准曲线

表11 振弦式渗压计仪器量程工作值、测值理论值及差值汇总

测点	仪器量程工作值/kPa	测值理论值（M_i）$_i$/kPa	差值的绝对值/kPa
1	0	0.2	0.2
2	100	100.7	0.7
3	200	200.4	0.4
4	300	300.0	0
5	400	399.8	0.2
6	500	500.0	0
7	600	601.1	1.1
8	700	699.9	0.1

4.2.5 不符合度 α_4 的检验

$$\alpha_4 = \frac{\Delta_4}{\Delta M} \times 100\% = 0.18\% \tag{7}$$

式中：Δ_4 取 δ_i 的最大值，为 4.237；ΔM 为量程理论值（S_i）$_i$ 的上限值与下限值之差，为 2 294.5。

4.2.6 综合误差 α_5 的检验

传感器进程平均校准曲线和回程平均校准曲线中与工作特性曲线的最大偏差，一般用最大偏差值与满量程输出的百分比表示。计算方式见式(8)，综合误差 α_5 见表12。

$$\alpha_5 = \frac{\Delta_5}{\Delta M} \times 100\% \tag{8}$$

式中：Δ_5 取 $(\delta_u)_i$ 和 $(\delta_d)_i$ 中的最大值，为 4.72。

表 12　振弦式渗压计综合误差 α_5

测点	上行平均值	下行平均值	量程理论值 $(S_t)_i$	$(\delta_u)_i$	$(\delta_d)_i$
1	7 311.3	7 311.1	7 314.7	3.433 33	3.566 67
2	6 985.1	6 985.0	6 986.9	1.853 33	1.953 33
3	6 660.5	6 660.3	6 659.1	1.393 33	1.193 33
4	6 334.8	6 335.0	6 331.4	3.473 33	3.606 67
5	6 007.3	6 008.3	6 003.6	3.753 33	4.720 00
6	5 678.3	5 678.6	5 675.8	2.466 67	2.800 00
7	5 344.6	5 344.5	5 348.0	3.386 67	3.486 67
8	5 017.3	5 017.1	5 020.2	2.973 33	3.106 67

注：本支仪器的综合误差 α_5 为 0.21%。

4.2.7　结论

振弦式渗压计的 6 种力学性能均能满足《混凝土坝安全监测技术规范》（DL/T 5178—2016）中关于振弦式仪器的要求。检验结果汇总见表 13。

表 13　振弦式渗压计力学性能各指标检验结果汇总

检验项目	非线性度 α_1	滞后 α_2	不重复度 α_3	不符合度 α_4	综合误差 α_5	误差系数 α_f
实测值/%	0.18	0.10	0.11	0.18	0.21	0.01
限差/%	≤2.0	≤1.0	≤1.0	≤2.0	≤2.5	≤3

5　结论与展望

通过对两种不同种类、不同作用下的监测仪器率定技术进行研究，充分了解了仪器各项检验指标的意义，以及仪器的工作性能。在咨询机构和业主的见证下，完成了该项目各类型仪器的进场率定工作，并获得了批准使用。在研究过程中，主要取得以下研究成果：

（1）两种仪器的各项力学性能指标均能满足规范要求，测量数据稳定、无明显异常值。

（2）振弦式仪器的专用检验指标中，两种回归曲线和回归式近乎一致，以此可证明仪器自身输出的数据可靠、稳定，率定仪器的方法科学、有效。

（3）与差动电阻式仪器相比，振弦式传感器的优点是钢弦频率信号的传输不受导线电阻的影响，测量距离比较远，仪器灵敏度更高，稳定性更好，自动化监测更容易实现。

（4）仪器在国内采购后直接发往施工现场，根据实际施工的进度自行率定，不影响项目整体进度。相比在国内率定，能够根据现场土建施工的进度分批次动态选择所需要率定的仪器。例如：某一施工段急需浇筑混凝土，且该处需要安装若干支监测仪器，可优先率定该施工区域内急需安装的仪器，其他部位的仪器率定工作可以稍后安排，不影响现场的施工进度。

（5）率定监测仪器的设备均为一次购买，可长期使用的设备，配上精密测量工具等配件即可进行各种监测仪器的率定工作，资金投入低，经济效益显著。

（6）在建筑行业中安全监测仪器的适用范围较广，该研究成果不仅可推广应用于其他水利水电工程建设，也可在其他行业内推广和交流。诸如水利水电工程中各类水工建筑物以及围岩的变形、应力应变和温度监测；公路、铁路工程中的隧洞、桥墩、边坡变形、应力监测；市政、建筑工程中的基坑沉降、渗水监测等。

安全监测既服务于项目本身，又能使项目整体增值，不仅体现在长久运行中带来的经济效益，更重要的是为建筑物在未来长期运行中起到保驾护航的作用。

参考文献

[1] 李珍照. 大坝安全监测 [M]. 北京：中国电力出版社，1997.

[2] 杨利强. 安全监测仪器检验率定的实际应用 [J]. 西北水电，2020（S1）：143-146.

[3] 国家能源局. 混凝土坝安全监测技术规范：DL/T 5178—2016 [S]. 北京：中国电力出版社，2016.

探地雷达在土石坝护坡质量检测中的应用

张明远[1]　吴玉欣[1]　李秀琳[2]

(1. 北京市官厅水库管理处，河北张家口　075441；
2. 中国水利水电科学研究院材料研究所，北京　100038)

摘　要： 本文采用探地雷达法对官厅水库迎水坡塌坑、背水坡隆起进行质量检测，试验表明探地雷达法非常适用于土石坝护坡缺陷检测。右岸迎水坡塌坑产生的原因是水库高水位运行波浪淘刷破坏了反滤层填筑体造成干砌石塌落，共发现4处深层脱空、反滤层局部破坏。背水坡水平隆起条带由后期监测设施走线表层石渣铺设不当引起，坝体内部质量整体较好，坝坡透水料未发生明显变形。

关键词： 探地雷达；护坡；塌坑；隆起；检测

1　引言

近年来因降雨增加、永定河输补水，官厅水库水位2022年4月达到477.63 m，为1996年以来的最高水位。官厅水库主坝为土石坝，高水位运行工况下大坝渗流量增大，存在渗漏、管涌等风险。2023年汛前检查时在主坝右岸护坡发现2处异常，第1处异常为发生在右库YK0+122、477 m高程附近迎水坡的塌坑，面积35 cm×30 cm、深度约55 cm，并且塌坑两侧同一水平高度的干砌石护坡有开裂现象；第2处异常为主坝右岸背水坡反弧段长约20 m的1条水平条带状隆起，发生在距离坝顶约10 m处。迎水坡护坡塌坑及背水坡护坡隆起见图1。因土石坝砌石护坡起到防止波浪淘刷，避免雨水、风扬、冻胀以及动植物破坏的作用，应尽快探明巡查发现的迎水坡、背水坡破坏成因，为后续修补加固提供技术支撑，确保坝体安全。

(a)迎水坡护坡塌坑　　　　　　　　(b)背水坡护坡隆起

图1　迎水坡护坡塌坑及背水坡护坡隆起

2　探地雷达护坡缺陷检测

探地雷达技术与通信、探空及遥感遥测雷达的技术相似，也是利用高频电磁脉冲波的反射原理来

基金项目： 中国水科院基本科研业务费项目（SM0145B022021）。

作者简介： 张明远（1989—），男，工程师，主要从事水利工程运行与维护管理工作。

通信作者： 李秀琳（1982—），男，博士，正高级工程师，主要从事水工建筑物无损检测与大体积混凝土温控分析工作。

探测地下目的物及地质现象，与其他雷达的相异之处是，探地雷达是由地面向地下发射电磁波来实现探测目的的，故称其为探地雷达。该方法因具有可连续扫描、无损快速、分辨率高等特点，现已广泛应用于水文地质、采矿勘探、公路铁路、水利、市政、电力、建筑等工程领域，经实践检验具有较高的完整性和检测效率。探地雷达配备屏蔽天线，有效探测深度约150 cm，官厅水库砌石护坡最大厚度为60 cm，探地雷达法非常适合护坡质量检测。

探地雷达利用高频电磁脉冲波的反射原理来实现探测目的，其反射脉冲信号的强度不仅与传播介质的波吸收程度有关，而且与被穿透介质界面的波反射系数有关，垂直界面入射的反射系数 R 的模值和幅角，可用下式表示：

$$|R| = \frac{\sqrt{(a^2 - b^2)^2 + (2ab\sin\varphi)^2}}{a^2 + b^2 + 2ab\cos\varphi} \tag{1}$$

$$\mathrm{Arg}R = \varphi = \arctan(\sigma_2/\omega\varepsilon_2) - \arctan(-\sigma_1/\omega\varepsilon_1) \tag{2}$$

$$a = \frac{\mu_2}{\mu_1} \tag{3}$$

$$b = \frac{\sqrt{\mu_2\varepsilon_2}\sqrt{1 + (\sigma_2/\omega\varepsilon_2)^2}}{\sqrt{\mu_1\varepsilon_1}\sqrt{1 + (\sigma_1/\omega\varepsilon_1)^2}} \tag{4}$$

式中：μ 为介质的导磁系数；ε 为相对介电常数；σ 为电导率。

由式（1）~式（4）可看出，反射系数与界面两边介质的电磁性质和频率 $\omega = 2\pi f$ 有关。两边介质的电磁参数差别大者，反射系数也大，同样反射波的能量亦大。

探地雷达利用主频为数十兆赫（MHz）至千兆赫波段的电磁波，以宽频带短脉冲形式，由地面通过天线发射器（T）发送至地下，经地下目的体或地层的界面反射后返回地面，为雷达天线接收器（R）接收，其工作原理如图2所示。

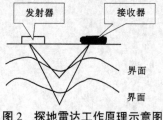

图2 探地雷达工作原理示意图

脉冲波的行程为：

$$t = \frac{\sqrt{4Z^2 + X^2}}{V} \tag{5}$$

式中：t 为脉冲波走时，ns；Z 为反射体深度，m；X 为 T 与 R 的距离，m；V 为雷达脉冲波速，m/ns。

通过对比被测物体内部缺陷部位介电常数差异，可探测护坡脱空、填筑体不密实等缺陷。

3 探地雷达工作方法

本次检测采用美国 GSSI 公司 SIR-4000 型探地雷达主机搭载 400M、900M 天线，数据采集优先选择距离模式，被测物表面不平整时改用时间模式连续测量。正式检测前先现场试验，设定视窗、增益、滤波等主机参数。迎水斜坡、背水坡隆起检测选用 400M 天线，雷达主机设定扫描 100 次/s，采集时窗 40 ns，对应检测深度约 1.5 m，IIR 带通滤波为 100~800 MHz。

4 右岸迎水坡塌坑检测

右岸迎水坡塌坑区探测以塌坑为主，适当增大检测范围兼顾周边区域。检测时水位约为 476.5 m，塌坑高程应为 477.15 m，对比设计图纸发现塌坑在二期工程开挖线附近。结合现场情况以塌坑为交叉点布设水平测线、迎水坡竖向测线。在塌坑斜坡以下 1 m、塌坑中心、塌坑斜坡以上 1 m 各布设 1 条水平测线，面向迎水坡塌坑左侧长约 15 m，右侧长约 65 m，单条测线总长度 80 m。面向迎水坡在塌坑左 0.5 m、右 0.5 m 以及塌坑中心处各布设 1 条竖向测线，测线示意图见图 3。

图 3 右岸迎水坡塌坑探地雷达测线

典型雷达剖面扫描图见图 4。3 条测线均在距离检测起点 14~15 m 范围发现异常，说明塌坑沿坡面方向 1 m 范围有缺陷，塌坑上测线显示塌坑附近 2 m 范围填筑体不密实，综合说明塌坑影响范围约为 1 m×2 m。10 处浅层脱空，深度范围小于 0.5 m，发生在干砌石与反滤层表面接触部位；4 处深层脱空，深度约 0.7 m，反滤层疑似发生局部破坏。

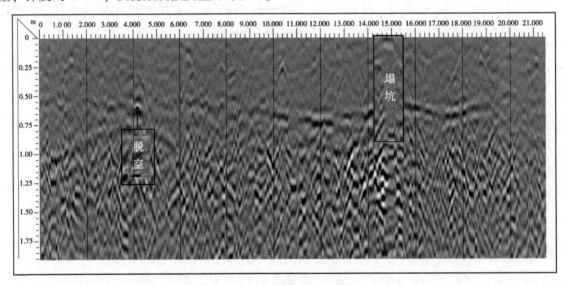

图 4 塌坑中心 2# 水平测线部分雷达扫描图

探地雷达 3 条迎水坡竖向测线均有明显斜向上分界线，雷达扫描图如图 5 所示，高程增加分界线与表层距离越大说明填筑体厚度增加，此为拦河坝加高时的开挖分界线，雷达检测结果验证了设计图纸。

综合判断，上游右迎水坡塌坑处为开挖结合部位，波浪淘刷破坏了反滤层填筑体造成干砌石塌落。

5 主坝右岸背水坡隆起检测

主坝右岸背水坡反弧段水平凸起区域雷达探测，面向背水坡沿凸起部位自左向右布设 1 条水平测线，以相邻台阶为起点，测线总长度 30 m；沿背水坡上下走向自左向右布设 3 条竖向测线，垂直于凸条带，测线间隔 10 m，长度自坝基到坝顶，测线示意图见图 6。

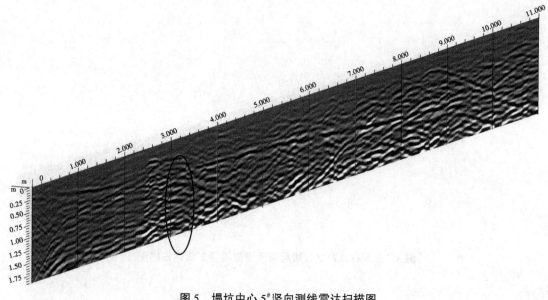

图5 塌坑中心5#竖向测线雷达扫描图

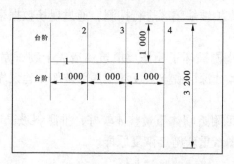

图6 主坝右岸背水坡隆起条带测线示意图

主坝右岸背水坡隆起条带区典型雷达检测扫描图见图7、图8。水平测线显示距离台阶起点21～27 m底部填筑体不密实；竖向测线扫描图显示仅在隆起区表层较窄范围内有明显异常，上下部位未发现明显错动、脱空。

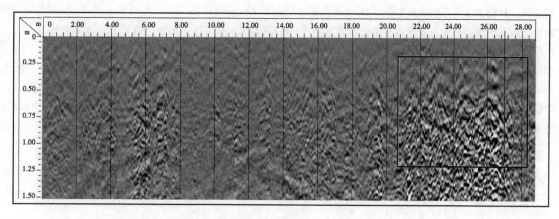

图7 主坝右岸背水坡隆起条带水平测线1#雷达扫描图

探地雷达检测表明水平隆起条带附近内部透水填料质量整体较好，下游坝坡透水料未发生明显变形，对坝体整体安全几乎无影响。经查阅运维资料，此处新埋设监测仪器导线，表层石渣回填铺设不当引起水平隆起。

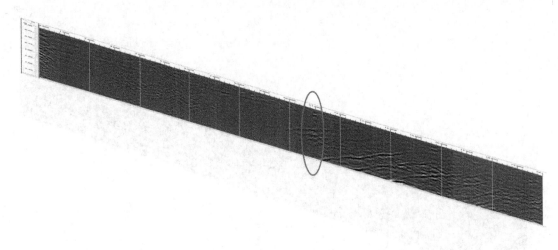

图 8　主坝右岸背水坡隆起条带竖向测线 2# 雷达扫描图

6　结语

采用探地雷达法对官厅水库护坡缺陷区进行探测，通过现场数据采集、室内资料处理分析，得出如下结论：

（1）水库高水位运行波浪淘刷破坏了反滤层填筑体造成干砌石塌落，右岸迎水坡塌坑影响面积约 1 m×2 m，10 处浅层脱空、4 处深层脱空、反滤层局部破坏。建议塌坑区挖开按照原设计图重新施工，4 处深层脱空区回填灌浆。

（2）主坝右岸背水坡凸起区附近坝体质量整体较好，推测斜坡凸起为后期施工、回填不当造成。建议对凸起区挖掉，按照设计图纸重新施工恢复原样。

参考文献

［1］郭敏杰．官厅水库建设与后续问题研究［D］．保定：河北大学，2016．

［2］王丹阳，王建慧，宗睿，等．官厅水库大坝高水位运行工况下安全状态评价［J］．北京水务，2023（3）：14-20．

［3］刘玉林，林成志．土石坝护坡简介［J］．水利天地，2004（4）：37．

［4］裴娟．河道护坡检测中地质雷达探测技术的应用［J］．黑龙江水利科技，2022，50（10）：120-123．

［5］任长安．地质雷达在河道护坡检测中的应用［J］．水科学与工程技术，2018（6）：81-84．

［6］李秀琳，马保东，汪正兴，等．地质雷达在沥青混凝土面板防渗结构病害检测中的应用［J］．大坝与安全，2017（6）：74-78．

［7］中华人民共和国水利部．水利水电工程勘探规程 第1部分：物探：SL/T 291.1—2021［S］．北京：中国水利水电出版社，2021．

检验检测机构管理评审不符合项分析及整改措施

王世忠　王逸男

（黄河水利委员会黄河水利科学研究院，河南郑州　450003）

摘　要：通过管理评审输入信息和输出内容不全的案例分析，梳理管理评审需要归档的记录内容，归纳整理部门工程报告、机构管理体系运行工作报告（输入项）、管理评审报告（输出项）提纲，以期提高行业资质认定管理评审的质量和水平，使机构能真正运用管理评审作为有效的质量手段进行质量改进。

关键词：检验检测机构；管理评审；整改措施

1　不符合项案例描述

评审员检查机构管理评审资料时，机构只提供了管理评审计划、会议议程、会议签到表、管理体系运行报告、管理评审报告，评审员开具了管理评审提供证据不足不符合项，要求机构30天内完成整改。

2　不符合《通用要求》[1]

机构只提供管理体系运行报告、管理评审报告，输入和输出信息不全，不符合《检验检测机构资质认定能力评价 检验检测机构通用要求》（RB/T 214—2017）（以下简称《通用要求》）中4.5.13管理评审要求。

检验检测机构应建立和保持管理评审的程序。管理评审通常12个月一次，由管理层负责。管理层应确保管理评审后，得出的相应变更或改进措施予以实施，确保管理体系的适宜性、充分性和有效性。应保留管理评审的记录。管理评审输入应包括以下信息：

（1）检验检测机构相关的内外部因素的变化；

（2）目标的可行性；

（3）政策和程序的适用性；

（4）以前管理评审所采取措施的情况；

（5）近期内部审核的结果；

（6）纠正措施；

（7）由外部机构进行的评审；

（8）工作量和工作类型的变化或检验检测机构活动范围的变化；

（9）客户和员工的反馈；

（10）投诉；

（11）实施改进的有效性；

（12）资源配备的合理性；

（13）风险识别的可控性；

作者简介：王世忠（1968—），男，高级工程师，国家级资质认定评审员，质量负责人，主要从事检验检测质量管理工作。

（14）结果质量的保障性；

（15）其他相关因素，如监督活动和培训。

管理评审输出应包括以下内容：

（1）管理体系及其过程的有效性；

（2）符合本标准要求的改进；

（3）提供所需的资源；

（4）变更的需求。

3 不符合项分析

3.1 输入项

该机构每年管理评审资料：管理评审计划、会议议程、会议签到表、管理体系运行报告、管理评审报告，按照上一年管理评审资料模版，替换相应数据。管理评审报告中输入项内容只包括《通用要求》15项输入的一部分，如质量目标的实施情况、近期内部审核的结果、客户申诉和投诉及反馈情况、纠正与预防措施完成情况、能力验证情况、人员培训工作。存在问题如下：

（1）管理评审缺少职能部门支撑材料。职能部门应提交文字材料作为管理评审依据，但机构仅有管理评审最终报告。

（2）缺少必要的输入项，如检验检测机构相关的内外部因素的变化、实施改进的有效性、资源配备的合理性、风险识别的可控性、结果质量的保障性、监督活动等。

（3）未考虑上次管理评审提出的改进建议，导致无法获知改进情况和效果。

3.2 输出项

管理评审采取召开评审会议的方式进行，质量负责人负责编制内审报告、管理体系运行报告、管理评审报告，由管理层通报内审情况、管理体系运行情况，会议讨论，最高管理者作管理评审报告，管理评审结束。存在问题如下：

（1）结论均有效，无须改进。致使机构未能真正运用管理评审作为有效的质量手段进行质量改进。

（2）与上次管理评审资料和结论一致。不排除机构不重视管理评审工作，有抄袭以往资料的嫌疑，管理层本身不重视，机构质量管理工作难以到位。

（3）有改进要求，但无人跟踪。没有按照程序文件要求进行跟踪，实行闭环管理。

4 不符合项整改措施

4.1 管理评审记录

管理评审记录应包括管理评审计划、管理评审会议议程、会议签到表、部门工作报告、机构管理体系运行报告、会议记录、管理评审报告、改进措施记录及跟踪验证记录等。

4.2 部门工作报告

（1）部门检验检测工作完成情况。

①检验检测机构资质认定附表中年度内开展的主要检测项目。

②年度内承担的主要市场服务项目。

③年度内合同履约率×%，分别叙述未履约的原因。

④年度内事故发生率×个，分别叙述事故发生单位概况，事故发生的时间、地点以及事故现场情况；事故的简要经过，事故造成的伤亡人数和初步估计的直接经济损失，已经采取的措施，是否按要求上报。

（2）工作量和工作类型的变化或检验检测机构活动范围的变化。

①年度内出具的检测报告×份，检测报告合格率×%。

②年度内出具的不合格报告×份，是否按要求上报。

③总结、分析检验检测的工作量及工作类型和范围（检验检测的领域及专业类别等）变化情况。

④根据变化情况，分析部门对人员（如数量、专业等）、设备设施、培训等方面的需求。

⑤根据需求，制定相应的改进措施。

（3）客户和员工的反馈、投诉。

①发出客户满意度调查表×份，收回×份，客户满意率×%。

②收到客户投诉×个，客户投诉处理率×%。

③收到客户和员工的反馈×个及主要内容。

④识别客户的需求及改进的环节，有针对性地制定措施，提高客户满意度，不断完善管理体系及运行的有效性。

⑤对客户投诉的受理、调查、处理、整改及整改结果等。

（4）资源配备的合理性。

①现有资源（包括人员、设施设备、环境条件等）与技术能力的符合性。

②结合技术能力的增加，提出资源配备的建议。

（5）风险识别的可控性。

①根据管理体系运行的实际情况，分析对识别出的风险的管理和控制情况，如：本机构存在哪些风险，是否制定并有效实施了切实可行的控制措施。

②评价是否消除了风险或已将风险降低到可控制的范围。

（6）结果质量的保障性。

①质量控制计划：是否制定了质量控制计划？覆盖的检验检测领域和项目类别、采取方法和方式等。

②质量控制应包括内部质控和外部质控。质量控制内部质控包括：

• 使用标准物质或质量控制物质；

• 使用其他已校准能够提供可溯源结果的仪器；

• 测量和检测设备的功能核查；

• 适用时，使用核查或工作标准，并制作控制图；

• 测量设备的期间核查；

• 使用相同或不同方法进行重复检测或校准；

• 保存样品的重复检测或重复校准；

• 物品不同特性结果之间的相关性；

• 审查报告的结果；

• 盲样测试。

质量控制外部质控包括：

• 参加能力验证；

• 参加除能力验证之外的检验检测机构间比对。

③质量控制实施情况：质量控制的结果、数据分析，如有数据可疑、质控结果不合格等问题，应有原因分析、采取的有效的纠正措施，并评价采取措施的有效性。

④根据实施质量控制的结果，注意发现趋势变化情况。

⑤仪器设备计量溯源率×%，未按要求计量溯源各仪器设备个数、原因、处理情况。

（7）人员监督情况。

①监督计划完成情况：是否制定了人员监督计划？监督的次数、监督的内容和范围。

②监督的结果：发现的问题、问题的原因、采取的纠正措施、措施实施情况及结果。

③改进的建议，如纳入培训的需求等。

（8）部门组织的培训情况。

①培训计划和实施情况：培训次数、方式、参加人次数；培训涉及的技术领域或专业类别；培训考核形式、考核结果及评价。

②对培训的建议等。

（9）提出改进的建议。

4.3　机构管理体系运行工作报告（输入项）[2]

（1）机构检验检测工作完成情况（各部门汇总）。

（2）机构相关内外部因素的变化。

①内部变化情况，主要包括：

●人员：检验检测人员数量、专业、技术能力的变化；

●设备设施：增加（升级改造）、减少等；

●技术能力：新增领域、产品、项目，开展的新方法，方法变更情况等。

②外部变化情况，主要包括：

●相关法律法规变化情况，国家或行政管理部门的新政策及变化，检验检测机构资质认定的相关标准或依据等；

●与本机构相关的专业技术领域的发展动态；

●检验检测市场的需求变化等。

③针对以上的变化，结合本机构实际情况进行分析，寻求并有效地把握机遇，拓展资质认定领域和专业技术能力，使机构更好地发展。

（3）目标的可行性、政策和程序的适用性。

①质量方针是否适合本机构的实际情况。

②质量目标的实现情况：质量目标应是可测量的（有量化的结果），对质量目标的完成情况应予以分析，如果连续几年完成情况高于制定的目标，可考虑提高目标；如连续几年未达到制定的目标，应分析原因，改进工作或调整目标。

③结合管理体系运行情况，分析管理体系的适宜性，是否适合本机构的实际情况；管理体系是否完整、全面，运行是否有效。

（4）以前管理评审所采取措施的情况。

①对上一次管理评审提出改进措施的落实情况，包括需改进的内容采取的措施、措施落实情况及落实措施的有效性进行评价。

②有的改进措施在一个年度不能完成时，还应作为下一个年度管理评审的输入。

（5）近期内部审核的结果、由外部机构进行的评审。

①最近一次内部审核及外部评审的基本情况：目的、时间、范围等。

②针对内部审核或外部机构评审发现不符合工作的整改情况，内容包括分析的原因、采取的纠正措施、纠正措施落实情况及采取措施的有效性等。

③注意：不应将内部审核报告或外部评审的整改报告直接作为提交管理评审的工作报告（输入），而应进行归纳性的总结、分析，然后提出改进的建议。

（6）纠正措施、实施改进的有效性。

①输入内容包括存在的问题（如不符合项、潜在的风险、改进的事项等）及原因分析、采取的措施、措施落实情况及措施的有效性等。

②此项输入可根据机构的实际情况专门提交输入的报告，也可与内部审核及外部评审情况、客户投诉、人员监督、结果质量控制等输入合并进行。

（7）工作量和工作类型的变化或检验检测机构活动范围的变化（各部门汇总）。

（8）客户和员工的反馈、投诉（各部门收到的汇总、机构收到的反馈和投诉）。

（9）资源配备的合理性（各部门汇总）。

（10）风险识别的可控性（各部门汇总、机构分析总结）。

（11）人员监督情况（各部门汇总）。

（12）结果质量的保障性（各部门汇总）。

（13）培训情况（各部门组织的培训、机构组织的培训）。

（14）质量体系运行情况及改进的建议（各部门汇总、机构分析总结）。

4.4 会议记录

（1）管理评审以会议的形式进行，由管理层负责组织，最高管理者（或授权代理人）主持，管理层、部门负责人及相关岗位人员（监督员、内审员、授权签字人等）参加。

（2）检验检测机构质量负责人应根据计划安排召集管理评审会议，组织会议签到，指定人员做好会议记录、图像资料。

（3）记录主要内容包括：

①根据会议议程逐项评审情况。

②参会人员做出补充说明和发表意见，最高管理者综合意见建议，可以当即做出最终决策。

③对检验检测机构的主要经营范围变化、重大投资决策、重要人事任免等，参会的上级主管部门领导发表意见，但不构成检验检测机构的管理评审决策。

4.5 管理评审报告（输出项）[3]

（1）质量负责人根据管理评审会议记录，组织编制管理评审报告，上报最高管理者批准。

（2）管理评审的输出要真实反映评审事项的实际情况，管理评审报告的主要内容包括：

①实施管理评审的过程：评审目的、内容和会议日程、参加评审人员、评审日期等。

②对管理体系文件适宜性、充分性、有效性的结论。

③对管理体系运行有效性的评价，包括质量方针、质量目标的可行性，管理体系、组织结构、目标任务、检验检测活动的适应性和符合性等。

④评审后决定实施的改进措施、责任人及完成时间等。

⑤资源需求，包括对当前和未来资源配置的计划及实施的方案措施等。

⑥关于管理体系、组织结构、技术动作、质量保证等方面需要做出的调整或变更，并明确责任人和完成时间。

4.6 改进措施记录及跟踪验证记录

（1）质量负责人根据生效的管理评审报告，组织制定改进措施，明确具体责任人和完成期限。

（2）改进可能包括对管理体系的修订、调整机构的质量方针和目标、提出新的培训需求、提升人员监督和监控的频次、增加设备期间核查的手段、提高对服务和供应商的评价标准、规范合同评审的流程、增加监控结果有效性的手段、应对潜在风险的预防措施等。

（3）提供所需的资源可能包括招聘培训新的岗位人员、采购更新设备、增加检验检测场所、改善场所环境、使用 LIMS 规范管理提升效率等。

（4）变更可能包括进入或退出某类检验检测领域、增减检验检测项目、调整组织结构设置等。

（5）改进的措施和变更的实施，可能需要一个时间段或相当长一段时期，甚至跨越若干年度，检验检测机构应根据实际情况制定合理的完成期限。

（6）质量负责人应做好改进措施完成情况的跟踪、验证工作，确保管理评审的决策得到落实。

（7）改进措施记录及跟踪验证记录，作为下一年度管理评审的输入。

参考文献

［1］国家认证认可监督管理委员会．检验检测机构资质认定评审员教程［M］．北京：中国质检出版社，中国标准出版社，2018．

［2］计量和检验机构资质认定评审中心．检验检测机构资质认定案例分析［M］．北京：中国质量标准出版社传媒有限公司，中国标准出版社，2020．

［3］冷元宝．检验检测机构资质认定内审员工作实务［M］．郑州：河南人民出版社，2018．

水下异构智能巡检机器人关键技术研究

赵薛强[1,2]　刘庚元[2]

（1. 中山大学地理科学与规划学院，广东广州　510275；
2. 中水珠江规划勘测设计有限公司，广东广州　510610）

摘　要：为实现对水下构筑物的智能检测，确保工程主体安全，基于高精度导航控制技术、异构协同作业技术等研发了水下异构智能巡检机器人，该技术在多个大型水利工程水下构筑物巡检巡查中得到成功应用。结果表明：水下异构巡检机器人实现了无人艇、水下机器人等异构无人系统之间的协同作业，以及对水下构筑物近距离的贴近拍摄和抵近巡检，极大提升了巡检的效率和精度，有效降低了水下巡检作业的风险和成本，可为水利工程水下构筑物的定期或不定期巡检巡查提供技术支撑，也可为数字孪生工程高精度的水下数据底板建设提供数据支持。

关键词：无人艇；多波束测深；水下机器人；智能巡检；水下异构

1　引言

随着科技的飞速发展和人类对未知领域的探索日益深入，水下智能巡检作为一项具有重要意义的任务，正逐渐成为国际科技领域的热点研究课题[1-2]。水下异构智能巡检机器人的应用潜力不可忽视，其在海洋、航运、水下工程等领域的广泛应用将极大地提高工作效率、降低人员风险，并推动整个人类社会的进步[3-4]。本文旨在探讨水下异构智能巡检机器人的关键技术，为其应用和发展提供有益的参考与指导。

当前，无论是数字孪生工程建设还是智慧水利建设，其工作的主要关注点是工程主体"看得见"的陆上部分，而对受到水流、波浪等水动力环境影响的工程主体部分——水下建筑物则关注较少，水下构筑物作为水利工程主体的重要组成部分，由于水下环境复杂及其受到的影响较难"看得见、摸得清"，因此需要重点关注和开展相关监测技术研究，这对研究发现工程变形情况和分析变形原因，进而确保工程主体安全和保障人民群众生命财产安全均具有重大意义。水下环境的复杂性使得传统的水下巡检方法难以满足现代社会对高效、安全、可靠的巡检需求[5]。在传统巡检中，人工潜水或有人驾驶潜水器不仅面临高风险，而且限制了巡检的深度和范围。而引入水下异构智能巡检机器人将完全改变传统巡检模式，实现全方位的巡检与监测，显得尤为迫切。水下异构智能巡检机器人是指将多种类型的智能水下机器人进行有效组合，形成协同工作，共同完成复杂水下巡检任务的技术[6]。其核心在于将不同功能、不同特点的水下机器人组合起来，充分发挥各自优势，形成高效、灵活、全面的巡检团队。例如：水下机器人的种类可以包括水下无人机、水下机器人梯队、水下自主控制车辆等，它们可以配备多种传感器，如声呐、摄像头、测温装置等，以获取水下地形、水质、生态信息等[7]。通过协同作战，这些智能水下机器人可以在无人操控的情况下，相互配合，完成水底巡检、水下设施维护等任务，从而大大提高工作效率和安全性。

本文将重点探讨以下关键技术：①水下异构智能巡检机器人的系统组成、原理和框架；②以某工

基金项目：2021 年水利部流域重大关键技术研究（202109）；2022 年广东省级促进经济高质量发展专项资金项目（GDNRC［2022］34 号）。

作者简介：赵薛强（1986—），男，高级工程师，主要从事测绘与水利信息化工作。

程为例，展示水下智能巡检系统的试验效果。

2 系统框架

围绕水下目标检测的实际应用需求，该技术以解决多类型探测传感器数据融合问题为导向，为水下设施的状态分析提供了科学的数据支撑；通过突破多源异构导航数据融合技术，为水下高精度智能巡检提供水面和水下精确、可靠的实时导航定位信息；对水下检测机器人进行了改造，实现了无人平台上光学、声学等不同类型探测传感器的集成及搭载。系统框架如图 1 所示。

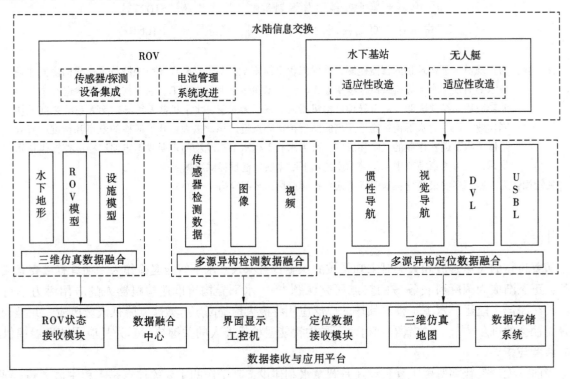

图 1　系统框架

3 关键技术

3.1 高精度导航控制技术

高精度导航控制技术是水下巡检异构机器人研发中的关键技术，决定了系统的自主程度，一般涉及运动控制体系结构、运动动力学模型创建以及导航控制等技术（见图 2），硬件体现在控制系统上。以异构机器人水下智能巡检运动需求为约束条件，研发适合电缆巡检的异构机器人控制体系结构，并采取相应的结构形式，结合高精度导航、运动控制研究成果，开发控制系统。

3.2 异构机器人协同作业技术

异构机器人协同作业技术主要包括异构机器人协同感知和定位技术、系统协同控制技术、系统协同任务技术。通过水面、水下多源传感器数据融合，为机器人系统提供精确定位修正，并形成水面、水下一体化感知态势。解决无人艇、脐带缆、ROV 本体三者相互耦合非线性运动控制问题，开展岸基、无人艇、ROV 进行协同任务规划，形成各有侧重、有序衔接的作业任务，并根据海洋环境，实时进行任务调整。关键技术路线图如图 3 所示。

3.3 巡检机器人平台和传感器一体化设计技术

通过开发深海巡检机器人与传感器一体化检测平台，实现水下构筑物目标检测的智能化，提升检测效率。传统 ROV 用于水下构筑物检测，为重型工作级 ROV，如图 4 所示，需要配备专业的作业

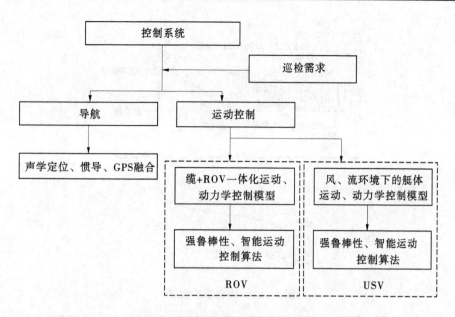

图2　高精度导航控制技术结构

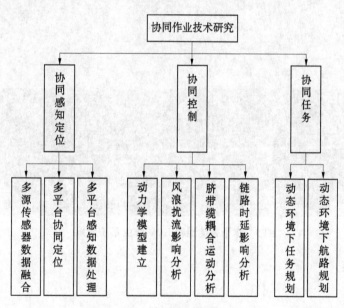

图3　协调作业结构

船，以及大型的释放和回收系统，成本高，效率低。

根据水利工程水系构筑物巡检的需求，设计和开发适用于水下构筑物巡检的异构巡检机器人系统，主要包括模块化设计技术、电力驱动与推进技术、综合导航定位信息融合技术、实时虚拟仿真系统、多源传感器数据采集技术。通过优化ROV电缆巡检的作业系统，设计采用无人艇作为ROV的支持母船，无人艇和巡检ROV协同作业的工作模式，提高了水下构筑物巡检的工作效率，节省了专业ROV作业船的成本。无人异构水下巡检ROV作业效果图如图5所示。

为实现对水下构筑物的定期巡检，所开发的ROV具备以下能力：①满足自主水下构筑物巡线航行的能力；②在水下构筑物裂缝或可疑区域悬停或抵近构筑物进行精细检测；③搭载可扩展的水下构筑物检测传感器和数据通信的能力。

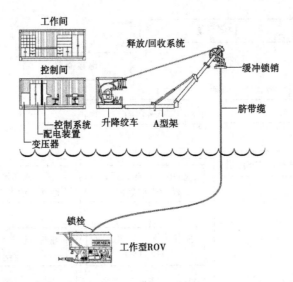

图 4　ROV 作业系统构成

图 5　水下智能巡检 ROV 作业系统效果

4　系统组成及原理

4.1　系统组成

系统总体由无人艇、有缆水下机器人（ROV）、控制站（母船或岸基）三部分组成。其中，水下探测的主体工作由 ROV 完成，无人艇主要提供作业保障和通信中继。

无人艇主要承担三项职能：一是对 ROV 的作业保障功能，包括供电保障、精确定位保障、控制信号发送、水下目标探测数据接收和预处理；二是对水域周边环境和水下目标的广域感知功能；三是通信中继功能，与母船或岸基控制站建立通信链路，形成远程控制站—无人艇—ROV 的信息链路。

有缆机器人主要承担两项职能：一是按照设定路线和搜索策略，自主或遥控执行水下搜索探测任务；二是通过多波束、摄像头等各类传感器，近距离感知水下目标状态。

母船或岸基控制站主要承担对无人艇和 ROV 的任务规划、指挥控制、数据处理等功能。

4.2　设备组成与性能要求

根据任务需求，无人艇搭载导航雷达、激光雷达、船舶自动识别系统（AIS）、惯性导航系统、GPS/北斗组合导航、测深仪、超短基线定位、宽带电台、通信卫星等设备，最高速度应不低于 20 节，续航里程不低于 300 海里，具备在 4 级海况下作业、5 级海况下安全航行的能力。

ROV 上搭载超短基线定位系统的水下信标、多波束测深仪、水下惯性导航系统和水下计程仪、深度计等设备，以及多波束声呐、海缆检测仪和水下高清摄像头传感器等。ROV 搜索航速 3 节以上，能适合 2 节以下海流，ROV 探测数据融合精度不低于 1 m。

4.3 系统原理

水面无人艇、水下机器人一体化集成的异构巡检机器人应用系统具备 ROV 水下三维导航、ROV 自主检测、检测数据智能展示与分析的功能，提供了贯穿水下设施运维、ROV 作业方案设计、ROV 作业状态动态监测的作业支持。运行原理如下。

4.3.1 硬件平台建设

硬件平台建设围绕 ROV 展开，包含 ROV 水下基站、ROV 水下电源管理系统、水下高精度导航控制等。通过 ROV 水下基站，为 ROV 提供电力补给、信号中继以及流速较高时间段下的停泊等功能。同时通过水下绞车系统管理水下基站与 ROV 之间的脐带缆/光缆，防止其在水下发生缠绕或其他故障，从而提升了系统的可靠性。

4.3.2 软件平台建设

围绕水下设施安全监测应用及评价体系，本项目构建了以多波束测深声呐实采数据为基础的水下三维仿真地图，ROV 作业过程中实时加载 ROV 位置和姿态数据，辅助作业人员动态感知 ROV 水下作业状态；同时建立了水下设施巡检数据库和数据分析展示应用平台，科学分析和评估水下设施的健康状态。

4.3.3 系统运行过程

首先通过多波束测深声呐建立水下三维地形并对水下设施进程初步探测。部署 ROV 后，ROV 通过初步探测获取的位置信息对水下设施进行确切定位，通过水下高精度导航系统，实时获取 ROV 当前精确的水下位置信息，并将此位置信息投影到三维地形图内。ROV 通过携带的多参数传感器，对水下设施当前状态进行实时探测感知，同时将光学、声学及其他传感器的探测数据实时上传到巡检数据库。后期数据分析展示应用平台调用巡检数据库中的检测数据，科学分析和评估水下设施的健康状态，并以可视化的形式进行展示。

5 试验应用

为展示水下智能巡检系统的试验效果，通过采用无人船、水下机器人搭载 M900 水下二维多波束图像声呐系统，可以得到清晰流畅的水下目标声呐图像，从而得到各缺陷的位置、规模（长度、宽度、深度）、性状（破损、漏筋、骨料裸露）。

5.1 应用中应关注的关键技术问题

水下异构智能巡检机器人是由无人艇和水下机器人组成的一个复杂的人工智能系统，在水上作业受到复杂的水流环境影响，为保证作业安全和精度，应重点关注以下关键技术问题：

（1）复杂水环境下的无人艇运动控制。为确保复杂环境下无人艇在既定规划航线上运动，需采用分布式与集中式混合的四层递进式智能控制系统，集中式用于控制无人艇，分布式用于无人艇之间的协同作业。

（2）强扰水体环境的 ROV 运动控制。采用与无人艇同样的分层式控制体系结构，开发 ROV 控制系统。基于广义预测控制具有非线性表示能力，通过系统的输入输出响应建立预测模型，实时修正控制参数，同时对模型辨识误差、传感器噪声、时滞和阶次不确定表现出良好的鲁棒性，提高水下机器人横摇控制的性能。

（3）无人艇和水下机器人等异构无人系统的协同作业。通过水面、水下多源传感器数据融合，为机器人系统提供精确定位修正，并形成水面、水下一体化感知态势，解决无人艇、脐带缆、ROV 本体三者相互耦合非线性运动控制问题，实现异构巡检机器人的协同作业。

5.2 示范应用

本文以某工程为例，为确保某水利工程建设和施工的安全，利用无人船、无人水下机器人等智能无人系统对该工程导流闸门边墙、桩墩、消力池、导墙进行全覆盖检测和监测。通过研究发现，水下智能系统能够很好地展示水下设施状况（见图6）。通过照片，能够清晰发现消力池及闸室设施出现盖板脱落、消力坎上层缺失、柱体轻微淘蚀、设施周围大量乱石堆现象。此发现为及时发现水下构筑物安全隐患和保障工程主体安全提供安全监管的技术支撑。

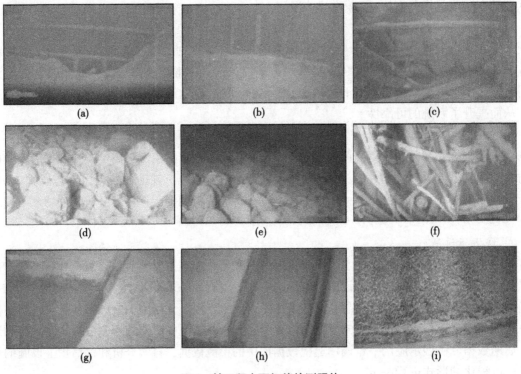

图6 某工程水下智能检测照片

6 结语

本文旨在研究和应用水下异构智能巡检机器人关键技术，实现对水下环境的高效、精准监测。在本文中，重点讨论了水下异构智能巡检机器人的关键技术，包括系统组成、原理和框架。此外，本文还通过某工程的水下智能检测进行示范应用，展现了水下异构智能巡检机器人的实际应用情景，取得了良好的应用成果。

（1）水下异构智能巡检机器人能够实现无人情况下协同任务作业，大大提高了巡检效率。

（2）水下异构智能巡检机器人能够实现多源数据融合技术、多平台协同定位技术、多平台感知数据实时分发处理技术。

（3）基于无人艇、水下机器人、控制站为基础的新型作业系统，经试验验证了作业的可行性，可以广泛推广，且对水下基础设施安全排除有着借鉴和启发意义。

综上所述，水下异构智能巡检机器人是一种创新的巡检方法，具有广泛的应用前景。通过对该技术的深入研究和实践应用，本文取得了一系列有价值的研究成果。然而，我们也认识到该技术在实际应用中仍然面临一些挑战和问题。因此，未来的研究方向应该集中在进一步优化关键技术，解决实际应用中的问题，推动水下异构智能巡检机器人在实际工程中的广泛应用，为水下环境监测与资源开发提供更有效的手段和支撑。

参考文献

[1] 南通大学. 智能水下检修机器人完成水下巡检作业 [J]. 传感器世界，2021，27（8）：37.

[2] 林向阳. 亭子口水利枢纽消力池水下机器人智能巡检系统初探 [J]. 四川水利，2018，39（5）：41-43，52.

[3] 夏清华，王同. 水下机器人在水利工程汛前检查中的应用研究 [J]. 中国防汛抗旱，2022（9）：32.

[4] 王朝卿，王毅，丁冬，等. 智能巡检机器人在海洋石油无人井口平台的应用 [J]. 石油和化工设备，2020.

[5] 邱昕捷，韩凤磊，赵望源. 水下机器人实时智能裂缝检测算法 [J]. 哈尔滨工程大学学报，2023，44（5）：774-782.

[6] 李岳明. 多功能自主式水下机器人运动控制研究 [D]. 哈尔滨：哈尔滨工程大学，2013.

[7] 徐涛. 基于多传感器融合的水下机器人自主导航方法研究 [D]. 青岛：中国海洋大学，2010.

新旧射线检测标准中关于缺欠类型
划分和评定的区别对比分析

王春雨

（水利部长春机械研究所，吉林长春　130012）

摘　要：对最新版标准 GB/T 37910.1—2019 的缺欠类型划分和评定等内容进行了介绍，对新标准 GB/T 37910.1—2019 与标准 GB/T 3323—2005 附录 C 从缺欠类型、缺欠评定等几个方面变化进行了对比分析，以供检测人员参考。

关键词：GB/T 37910.1—2019；GB/T 3323—2005；射线检测；缺欠类型；缺欠评定

为了使射线检测标准与国际标准接轨，标准《金属熔化焊焊接接头射线照相》（GB/T 3323—2005）更新后将原标准附录 C 部分的内容依据国际标准惯例进行修改，单列为标准《焊缝无损检测射线检测验收等级 第 1 部分：钢、镍、钛及其合金》（GB/T 37910.1—2019）。上述标准广泛应用于金属材料熔化焊焊接接头的射线检测评定。本文主要从两标准的缺欠类型、缺欠评定等方面变化进行对比分析，供检测人员了解焊缝缺陷(缺欠)类型、缺陷(缺欠)评定方法和验收标准等事项，以保证射线检测的质量。

1　缺欠类型

标准 GB/T 37910.1—2019 是根据标准《金属熔化焊接头缺欠分类及说明》（GB/T 6417.1—2005）规定的焊接接头内部缺欠类型进行分类的，GB/T 37910.1—2019 中不连续分为缺欠和缺陷，GB/T 3323—2005 附录 C 中不连续均称为缺陷。从规定的缺欠类型相比，新标准更加细化和专业化（见表1）。

2　缺欠评定

2.1　孔穴

孔穴包括气孔和缩孔，GB/T 37910.1—2019 规定了 6 种气孔和 2 种缩孔，6 种气孔分别为均布气孔（2012）、球形气孔（2011）、局部密集气孔（2013）、链状气孔（2014）、条形气孔（2015）、虫形气孔（2016）等，2 种缩孔分别为缩孔（不含弧坑缩孔）（202）、弧坑缩孔（2024）。按气孔和缩孔对焊接接头的影响不同分别进行评定验收。评定气孔时需要先确定气孔的类型，再根据气孔类型进行评定。

2.1.1　均布气孔（2012）和球形气孔（2011）的评定

（1）计算单个气孔的最大直径占焊缝公称厚度方向一定百分比的单个孔直径最大尺寸及上限值。

（2）计算显示投影面积总和在面积中的百分比 A，评定时需区分焊接层数是单层焊或多层焊。

GB/T 37910.1—2019 附录 B 给出了 $A = 1\% \sim 16\%$ 时的均布气孔缺欠面积占比示意图，该示意图仅供参考，没有比对含义。检测人员应测量实际焊缝宽度，选择均布气孔分布最严重的 100 mm 焊缝检测长度区域作为评定区域，计算评定区域内各气孔面积总和，按式（1）计算评定区域内各气孔显示投影面积总和。

作者简介：王春雨（1984—），男，工程师，主要从事水工金属检测工作。

表1 新旧射线标准焊接接头缺欠类型对比

GB/T 37910.1—2019 焊接接头内部缺欠类型			GB/T 3323—2005 附录 C 焊接接头缺陷类型
裂纹（100）			裂纹
未熔合（401）			未熔合
未焊透（402）			未焊透
孔穴	气孔	均布气孔（2012）	长宽比小于等于3的缺陷定义为圆形缺陷。它们可以是圆形、椭圆形、锥形或带有尾巴等不规则的形状，包括气孔、夹渣、夹钨
		球形气孔（2011）	
		局部密集气孔（2013）	圆形缺陷或条形缺陷
		链状气孔（2014）	
		条形气孔（2015）	长宽比大于3的气孔、夹渣、夹钨定义为条形缺陷
		虫形气孔（2016）	
	缩孔	缩孔（不含弧坑缩孔）（202）	
		弧坑缩孔（2024）	
固体夹杂		夹渣（301）	长宽比小于等于3的缺陷定义为圆形缺陷。它们可以是圆形、椭圆形、锥形或带有尾巴等不规则的形状，包括气孔、夹渣、夹钨
		焊剂夹渣（302）	
		氧化物夹渣（303）	圆形缺陷或条形缺陷
		金属夹杂（不包含铜）（304）	长宽比大于3的气孔、夹渣、夹钨定义为条形缺陷
		铜夹杂（3042）	

显示投影面积总和在 $L \cdot W_P$ 面积中的百分比 A（包括成簇缺欠）由式（1）计算。

$$A = \frac{\frac{(d_1^2 \pi)}{4} + \frac{(d_2^2 \pi)}{4} + \cdots}{L \cdot W_P} \times 100\% \tag{1}$$

式中：d_1，d_2 分别为气孔1和气孔2的直径；W_P 为焊缝宽度；L 为焊缝任意100 mm 长度。

2.1.2 局部密集气孔（2013）的评定

当 $D > d_{A2}$ 时，计算 $L \cdot W_P$（见图1）区域内不同气孔包络（$A_1 + A_2 + \cdots$）的总和。当 $D \leqslant d_{A2}$ 时，无论其多小，围绕气孔区域包络 $A_1 + A_2$ 的圆作为一个缺欠（见图2），则总气孔区域用直径 d_{AC} 的圆表示，$d_{AC} = d_{A1} + d_{A2} + D$。

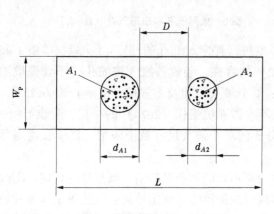

图1 密集气孔（$D > d_{A2}$）

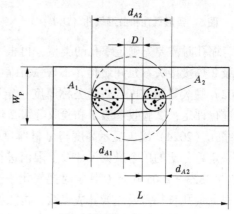

图2 密集气孔（$D \leqslant d_{A2}$）

密集区内的总区域用一个可以圈住所有气孔的圆的直径 d_A 表示。d_A 可以代表 d_{AC}、d_{A1}、d_{A2}，以适用的为准。这个圆内所有气孔应满足对单个气孔限值的要求。允许的密集区域应是局部的，应考虑到密集区气孔遮盖其他缺陷的可能性。图 1 和图 2 中，D 表示缺欠间距；A_1、A_2 表示密集群大的单个气孔直径；d_{A1} 表示两相邻大的一组密集气孔直径；d_{A2} 表示两相邻小的一组密集气孔直径。

2.1.3 链状气孔（2014）的评定

当 $D>d_2$ 时，计算 $L \cdot W_P$ 区域内相关的不同气孔（见图 3）。当 D 不大于任意相邻气孔中较小的直径时，应累计直径 d_1 和 d_2 作为一个气孔进行评定（见图 4）。链状气孔为链状圆形气孔，这个圆内所有气孔应满足对单个气孔限值的要求。计算直径 d 占焊缝公称厚度一定百分比的单个气孔最大尺寸及上限值，显示长度 l 与焊缝公称厚度比值及上限值分别进行评定。当 $D>d_2$ 时，$d=d_1$，当 $D \leqslant d_2$ 时，$d=d_1+d_2+D$。显示长度 l 计算方法如图 3、图 4 所示。

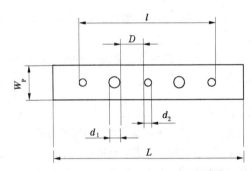

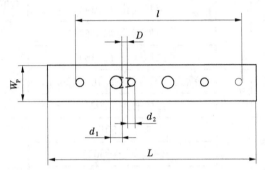

图 3　链状气孔（$D>d_2$），显示纵向长度 l　　　图 4　链状气孔（$D \leqslant d_2$），显示纵向长度 l

2.1.4 条形气孔（2015）和虫形气孔（2016）的评定

当 $D>l_3$ 时，在每个检测长度内，应累计 $l \cdot W_P$ 内各气孔缺欠的总长度（见图 5）。当 $D \leqslant l_3$ 时，应累计相邻两气孔间距 D，两气孔长度作为一个缺欠长度（见图 6）。条形气孔和虫形气孔根据缺欠显示宽度占焊缝公称厚度一定百分比的单个最大尺寸及上限值、单个缺欠长度和/或缺欠累计长度与焊缝公称厚度比值及上限值进行评定。

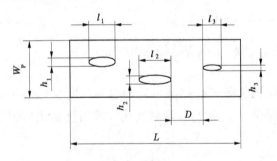

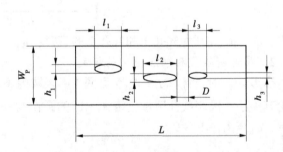

图 5　条形气孔和虫形气孔（$D>l_3$）　　　　　图 6　条形气孔和虫形气孔（$D \leqslant l_3$）

评定缩孔时需要先确定缩孔的类型，再根据缩孔类型进行评定。缩孔的评定：① 验收等级 1 和验收等级 2 焊接接头不允许缩孔（不含弧坑缩孔）（202）的存在，验收等级 3 按缩孔（不含弧坑缩孔）（202）缺欠显示高度与焊缝公称厚度一定百分比的单个最大尺寸及上限值、显示长度 $l<25$ mm 的限值进行评定；②验收等级 1 和验收等级 2 焊接接头不允许弧坑缩孔（2024）的存在，验收等级 3 按弧坑缩孔（2024）缺欠显示高度与母材厚度一定百分比的单个最大尺寸及上限值、显示长度与母材厚度一定百分比的单个最大尺寸及上限值进行评定。

GB/T 3323—2005 附录 C 评定时把气孔按长宽比分为圆形缺陷和条形缺陷。圆形气孔评定：①圆形气孔根据气孔长径需要先换算成点数，再根据评定厚度对应的评定区评定等级；②按评定厚度和缺陷长径有不计点数的规定；③由于材料或结构原因返修产生不利后果的，经合同各方商定各等级圆形缺陷点数，可放宽 1~2 点；④对致密性要求高的焊接接头，经合同各方商定，根据黑度定义为深孔缺陷并评定为Ⅳ级；⑤圆形缺陷长径大于 $T/2$ 时评为Ⅳ级；⑥Ⅰ级焊接接头和评定厚度小于等于 5 mm 的Ⅱ级焊接接头内不计点数的圆形缺陷，在评定区内不得多于 10 个。条形气孔评定：①Ⅰ级不允许存在条形气孔；②Ⅱ级、Ⅲ级、Ⅳ级按评定厚度对应允许不同长度的限值。按条形缺陷长度评定，未考虑缺陷宽度。

GB/T 37910.1—2019 对气孔有针对性的验收，对圆形气孔要求按单层焊或多层焊分别确定显示投影面积总和占评定区总面积的百分比 A 评定，侧重考虑区域整体质量，区域整体质量验收比标准 GB/T 3323—2005 附录 C 中的规定严格。

GB/T 3323—2005 附录 C 规定评定区应选在缺陷最严重的部位，在评定区内的圆形气孔全部要换算点数累加评级，评定侧重于区域的局部质量，区域的局部质量验收比 GB/T 37910.1—2019 标准严格，但区域整体质量评定要比 GB/T 37910.1—2019 标准低。

2.2 固体夹杂

GB/T 37910.1—2019 列举规定了 5 种夹杂，分别为夹渣（301）、焊剂夹渣（302）、氧化物夹杂（303）、金属夹杂（304）（不包含铜）、铜夹杂（3042）等。根据夹杂类型分别进行评定验收。

评定时需要先确定夹杂的类型，再根据夹杂类型进行评定。夹杂评定：①夹渣（301）、焊剂夹渣（302）、氧化物夹杂（303）取焊缝公称厚度方向一定百分比的单个显示宽度最大尺寸及上限值。任意 100 mm 长度评定区内单个显示长度或累计显示长度与焊缝公称厚度方向最大尺寸及上限值。②金属夹杂（304）（不包含铜）取焊缝公称厚度方向一定百分比的单个显示长度最大尺寸及上限值。③铜夹杂（3042）各级别均不允许存在。评定考虑了夹杂的显示宽度、长度和累计长度。

GB/T 3323—2005 附录 C 对固体夹杂未进行明确区分，仅规定长宽比不大于 3 的缺欠定义为圆形缺陷。它们可以是圆形、椭圆形、锥形或带有尾巴等不规则的形状，包括气孔、夹渣、夹钨。长宽比大于 3 的气孔、夹渣、夹钨、不加垫板单面焊和角焊缝的未焊透为条形缺陷。

2.3 裂纹

GB/T 37910.1—2019 规定验收等级 1、验收等级 2 和验收等级 3 均不允许裂纹存在。GB/T 3323—2005 附录 C 规定Ⅰ级、Ⅱ级、Ⅲ级均不允许裂纹存在。两标准规定一致。

2.4 未熔合

GB/T 37910.1—2019 规定验收等级 1、验收等级 2 均不允许未熔合存在，验收等级 3 允许间断的非表面，且在任意 100 mm 评定区长度内累计显示长度≤25 mm 的未熔合存在。

GB/T 3323—2005 附录 C 规定Ⅰ级、Ⅱ级、Ⅲ级均不允许未熔合存在。

2.5 未焊透

GB/T 37910.1—2019 标准评定：①验收等级 1、验收等级 2 均不允许未焊透存在；②验收等级 3 允许在任意 100 mm 评定区长度内累计显示长度≤25 mm 的未焊透存在。

GB/T 3323—2005 附录 C 标准评定：①Ⅰ级、Ⅱ级不允许未焊透存在；②Ⅲ级不允许双面焊和加垫板的单面焊中的未焊透存在；③对不加垫板的单面焊和角焊缝的未焊透要求按条形缺陷 Ⅲ级评定，超过Ⅲ级时评为Ⅳ级；④设计焊缝系数不大于 0.75 的钢管根部未焊透按未焊透占壁厚的百分比深度和占管子周长的百分比分别评定。

2.6 综合评级

GB/T 37910.1—2019 没有综合评级的规定。GB/T 3323—2005 附录 C 有综合评级，规定在圆形缺陷评定区内，同时存在圆形缺陷和条形缺陷（或未焊透、根部内凹和根部咬边）时，应各自评级，将两种缺陷所评级别之和减 1（或 3 种缺陷所评级别之和减 2）作为最终级别。

3 结语

GB/T 37910.1—2019 与 GB/T 3323—2005 附录 C 主要区别是前者针对不同缺欠类别，对焊接接头的失效特点规定了比较详细的质量验收要求和评定方法。对缺欠评定时需要区分各种缺欠的类型，例如：气孔类缺欠需要区分均布气孔（2012）（单层焊、多层焊）、球形气孔（2011）、局部密集气孔（2013）、链状气孔（2014）、条形气孔（2015）、虫形气孔（2016）。因此，评定人员应掌握焊接缺欠类型方面的基础知识，做到正确评定，确保焊接接头质量符合验收质量等级的要求。

参考文献

［1］全国焊接标准化技术委员会. 金属熔化焊焊接接头射线照相：GB/T 3323—2005［S］. 北京：中国标准出版社，2005.

［2］全国焊接标准化技术委员会. 焊缝无损检测 射线检测 验收等级 第 1 部分：钢、镍、钛及其合金：GB/T 37910.1—2019［S］. 北京：中国标准出版社，2019.

环境标准物质多维信息综合管理策略研究

余明星　朱圣清　余　达　张　琦　刘旻璇　袁　琳　蒋　静　苏　海

（生态环境部长江流域生态环境监督管理局生态环境监测与科学研究中心，湖北武汉　430010）

摘　要： 环境标准物质是环境监测实验室普遍使用并需有序管理的重点要素，是保障实验室保持准确检测能力的重要手段。环境标准物质使用过程中涉及多类属性信息，其存储还涉及多重空间定位信息，具有典型多维属性，因此全面、高效和规范化管理环境标准物质十分必要。为提高环境标准物质管理水平，提出一种新的多维信息管理策略，主要研究了环境标准物质多维信息管理的总体框架、空间和属性信息管理关键技术以及多维信息管理平台系统功能。新的管理模式和方法将有助于提高环境标准物质的规范化和可追溯性管理水平，提升环境监测实验室质量保障能力。

关键词： 环境标准物质；多维信息管理；质量管理；环境监测

1　引言

环境标准物质广泛应用于环境监测领域，在环境监测量值溯源中起到重要的传递作用[1-2]。环境监测工作中仪器设备检定校准、质量控制和保障、分析方法验证和确认等均普遍用到环境标准物质[3-4]，因此环境监测机构通常储备有大量涉及不同类型、不同参数和不同浓度的环境标准物质，并存放在专门的存储空间[5]。此外，通过建立环境标准物质台账，对出入库等信息开展动态化管理[6]。环境标准物质管理涉及大量的多维信息，包括众多的属性信息和空间定位信息。属性信息描述环境标准物质基本信息和使用过程中的信息，包括但不限于名称、类型、浓度、生产厂商、生产日期、证书、有效期、保存条件、稀释或使用方法等；空间定位信息描述存放环境标准物质的位置信息，例如存放的存储架（柜）和存储盒等位置信息。

目前环境标准物质管理方法主要有手工表单记录或者实验室信息管理系统的通用物料模块管理两种方式。手工表单记录管理通常有序性较差，库存信息动态更新困难，存放位置不清。实验室信息管理系统通用模块管理虽能实现环境标准物质电子化台账管理，但多限于一般的基础功能，管理的属性信息有限，同时也没有与空间存放位置有效关联。这两种环境标准物质管理模式均不能将环境标准物质空间定位信息与其他的属性信息高效地结合起来，不能实现环境标准物质的全方位动态高效精准管理，耗费了较多的人力资源，同时也不能全面满足实验室计量认证可追溯性管理需求。本文提出了一种新的环境标准物质多维信息综合管理策略，改进了环境标准物质现有管理模式，将环境标准物质空间存储信息和多重属性信息充分耦合管理，可提高环境标准物质属性信息全面登记、动态库存及时更新、空间位置精准定位等多方面管理需求，以实现环境标准物质的高效综合管理，为生态环境监测实验室质量保障提供基础支撑。

2　环境标准物质多维信息管理策略

2.1　总体思路

借助计算机和数据库等现代化、信息化手段，开发环境标准物质多维信息管理平台系统，配套设计

作者简介：余明星（1982—），男，高级工程师，主要从事流域水生态环境监测评估、质控技术研究等工作。

通信作者：苏海（1969—），男，高级工程师，主要从事流域水生态环境科研与管理工作。

有序放置环境标准物质的物理空间装置，在统一标识码和空间码的基础上，建立耦合环境标准物质存取空间定位信息和反映大量静态与动态属性信息的多维信息管理方法。总体思路框架见图1。环境标准物质多维信息软件平台是管理方法的核心，全部的信息依托该平台进行登记、更新、查询、统计、管理等。该系统平台实现环境标准物质唯一标识码管理，并赋予入库环境标准物质精准的存储位置空间码，能够有效关联环境标准物质需要有序全面管理的众多信息。环境标准物质存储架（柜）和存储盒，提供了一种全新的位置存储管理设施，架（柜）、盒两级空间定位方式，使得环境标准物质的存放能够实现标准化、规范化和精准化，是环境标准物质多维信息管理能够顺利实施的物质基础。软硬件共同组成一个完整的环境标准物质管理体系，全面管理环境标准物质空间存储位置信息以及多种类型属性信息，完成环境标准物质编码、入库、出库、库存管理等多种繁杂操作，有序化管理环境标准物质。

2.2 空间信息和属性信息管理关键技术

2.2.1 环境标准物质存储架（柜）和存储盒

环境标准物质空间分区存储架（柜）实现对环境标准物质的分区空间存放，作为其分区空间位置分配的载体（见图2）。依据不同类型标准物质常温或冷藏存储条件，主要分为用于常温环境标准物质存放的标准物质存储架以及用于冷藏环境标准物质存放的标准物质存储柜两大类。标准物质存储架：铁质或铝制层架，高1.8 m，长1 m，宽0.4 m，分割成5层，层高0.4 m，层厚1 cm。标准物质存储柜：利用市售的可调节温度功能的具有多层层架的冰箱或冷藏柜作为标准物质存储柜，容积不小于80 L，层架3~5层。存储盒材质为塑料不透光方盒，有盖，盒内分割小格空间，盒壁厚和盒内分割块厚均为0.2 cm。

环境标准物质空间定位存储盒实现对环境标准物质的精细空间定位存放，作为其最终容器分配存放空间位置的载体（见图2）。依据不同类型标准物质规格体积大小，设置不同规格（S型、M型、L型、XL型）的存储样盒，并在样盒内划分纵横交错的小格空间。①S型存储盒，规格为长11.0 cm×宽11.0 cm×高7 cm，划分为9格×9格=81格/盒。可存放小号标准物质，例如规格为2.0 mL小安培瓶。②M型存储盒，规格为长15.6 cm×宽15.6 cm×高12 cm，划分为7格×7格=49格/盒。可存放中号标准物质，例如规格为20 mL常规类大安培瓶。③L型存储盒规格为长21.2 cm×宽21.2 cm×高9 cm，划分为5格×5格=25格/盒。可存放大号标准物质，例如常规类大体积安培瓶（规格为100 mL）或常规沉积物土壤小瓶（规格为50 g）。④XL型存储盒，规格为长29.3 cm×宽29.3 cm×高17 cm，划分为3格×3格=9格/盒。可存放加大号标准物质，例如常规沉积物土壤大瓶，规格为500 g。

2.2.2 环境标准物质空间定位方法

标准物质存储架柜的空间分区位置，按"架（柜）分类代号+架（柜）代号+层架序号"来命名标识，其中标准物质存储架以J为首字母作为分类代号，标准物质存储柜以G为首字母作为分类代号；架（柜）代号按字母A、B、C、…顺序进行整架（柜）排序编号区分，以作为架（柜）代号；层架代号按照层架的层数以数字1、2、3、…顺序进行排序编号区分，以作为层架序号。具体位置编码标识规则示例如下：①标准物质架编码：JA架（JA1、JA2、JA3、JA4、JA5五层）表示常温保存的标准物质架A号架，JA1为A号架的第1层，依次类推；②标准物质柜编码：GA柜（GA1、GA2、GA3、GA4、GA5五层）表示需冷藏保存的标准物质柜A号柜，GA1为A号架的第1层，依次类推。

标准物质存储盒的空间定位位置，按"存储盒分类代号+盒代号+盒内小格纵横序号"来命名标识，其中存储盒分类代号为S、M、L、XL四类；盒代号按照1、2、3、…顺序进行排序编号区分；盒内小格纵横序号按盒类型对应分为：①S型，ABCDEFGHI（纵序号）+123456789（横

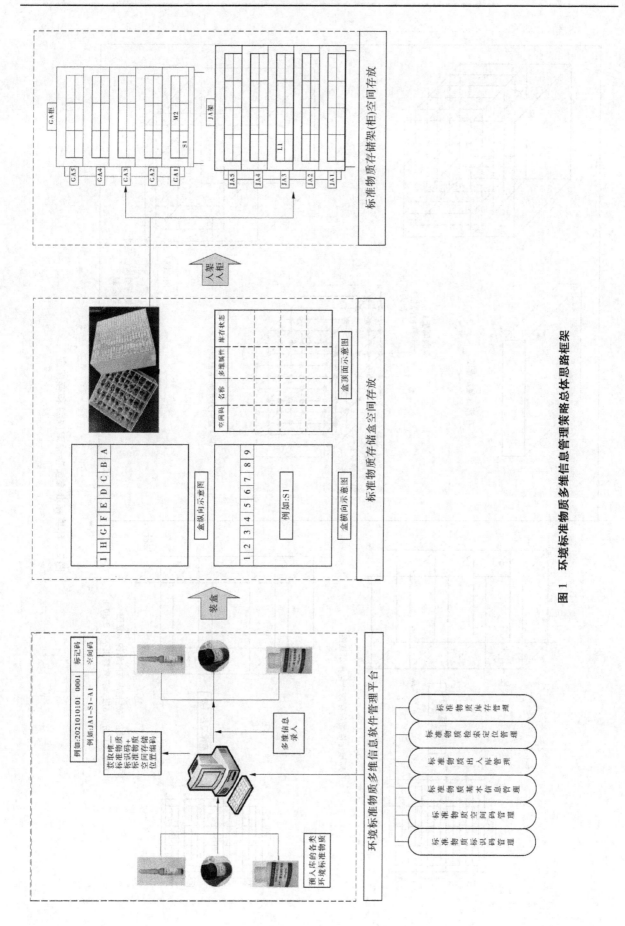

图 1　环境标准物质多维信息管理策略总体思路框架

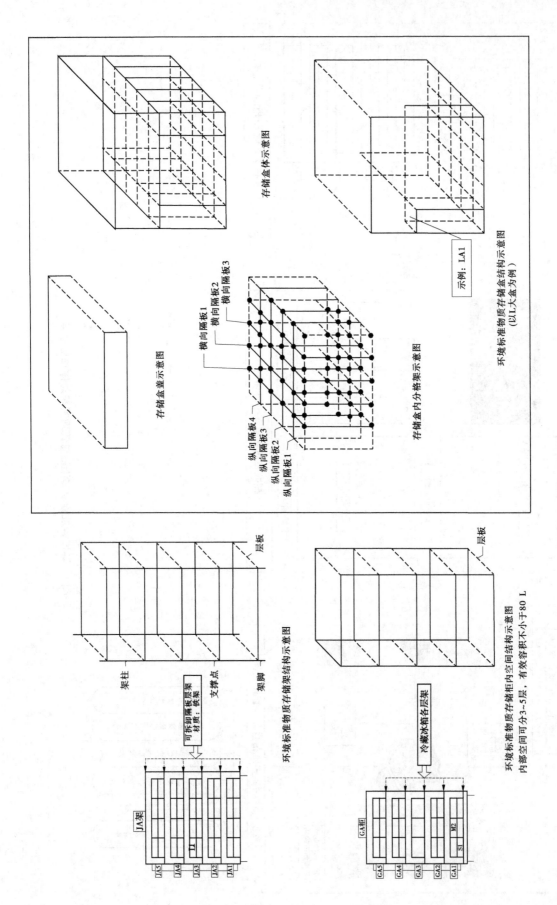

图 2 环境标准物质存储架（柜）和存储盒

序号）；②M 型，ＡＢＣＤＥＦＧ（纵序号）＋１２３４５６７（横序号）；③L 型，ＡＢＣＤＥ（纵序号）＋
１２３４５（横序号）；④XL 型，ＡＢＣ（纵序号）＋１２３（横序号）。具体空间定位位置编码标识规则
示例如下：S1-A1 为小号 S 盒第 1 号盒纵向为 A 横向为 1 的存储盒定位位置，即 S1 号盒的左下角第
一个小格位置。

2.2.3 属性信息管理方法

对新购置的环境标准物质通过管理平台系统可按单支分配唯一标识码，生成粘贴性标识。打印标
识码并在标准物质容器粘贴对应的唯一标识码标签。将获得唯一标识码的环境标准物质按不同保存类
型和规格大小类型自动分配存储架柜和存储盒，确定每一支入库的环境标准物质对应的存储空间位置
编号。标识码编码规则为："年＋月＋日＋标准物质名称序号＋顺序号"，如 20210101 0001001；空间码
编码规则为："架号＋架层号＋盒号＋盒纵横号"或"柜号＋柜层号＋盒号＋盒纵横号"。例如 JA1-S1-
A1。开展标准物质多维属性信息入库，将粘贴有唯一标识码标签的标准物质对应的多维属性信息依
次录入或自动导入环境标准物质多维信息软件管理平台，包括但不限于以下信息：①基本信息：标准
物质名称、批号、厂商、等级、证号、证书附件、状态、类型、毒性、使用方法、保存条件、有效期
等。②空间分区定位信息：标准物质空间码，即标准物质存储架或存储柜空间分区编码和标准物质存
储盒空间定位编码。③出入库操作信息：标准物质入库的时间、人员、出库的时间、领用目的（检
测或过期销毁）、发放人员等。还可根据环境标准物质使用需求，检索库存的标准物质名称、数量、
规格等信息，查询到满足要求的标准物质并获取空间位置信息，在对应的架柜盒位置精准取出所需的
标准物质，并做好出库登记操作。此外，可开展日常在库标准物质的总量统计、不同分类的库存量统
计、使用量统计、低库存自动提醒、临期标准物质预警提示等操作，实现环境标准物质数量和质量状
态的多维信息综合管理。

2.3 多维信息管理平台系统设计

环境标准物质多维信息管理平台以可视化图形空间管理交互界面为基础构建，融合多维属性信息
管理。平台界面建立"存储架柜–架柜层–存储盒–盒内小格"四个递进层级的实体存储设备关联关
系，可以将存储设备虚拟化以图形方式嵌入用户交互界面。通过鼠标点选对应存储设备的细小网格空
间，获得环境标准物质存放位置和空间码，并展示该空间位置的标准物质库存状态，同时可以对应录
入和查询调阅多维属性信息，达到良好的用户体验，提高环境标准物质的信息化管理效率和易用性。
该平台实现对环境标准物质的多维信息管理，包括标准物质标识码管理、标准物质空间码管理、标准
物质基本信息管理、标准物质出入库信息管理、标准物质检索定位管理、标准物质库存管理等功能
（见图 3）。

3 环境标准物质多维信息管理应用示例

按照本方法可实现对《地表水环境质量标准》（GB 3838—2002）基本参数对应的环境标准物质开
展耦合空间分区定位信息的多维综合管理。该标准规定地表水环境质量标准基本项目 24 项，是评价
地表水环境质量最广泛应用的监测参数，各级各类环境监测机构普遍开展此 24 项参数监测工作。除
水温、溶解氧、BOD 和粪大肠菌群无环境标准物质外，其余 20 项参数对应的环境标准物质是大量环
境监测机构必须常备和存储的标准物质，用量较大，使用频繁，对这些标准物质的科学管理十分必
要。本示例叙述如何利用环境标准物质多维管理方法实现对地表水环境质量标准基本项目涉及的环境
标准物质属性和位置信息管理，实现标准物质分类有序存放、空间分区定位存储和查找、标准物质多
维信息动态管理等功能。20 项参数对应的环境标准物质多维信息举例见表 1。

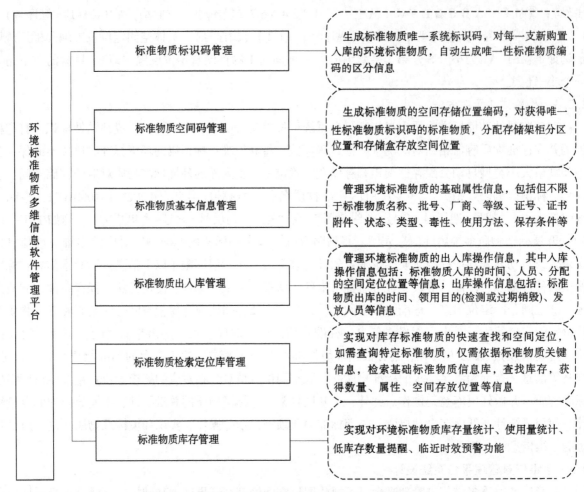

图 3　环境标准物质多维信息管理系统平台功能模块

表 1　《地表水环境质量标准》（GB 3838—2002）涉及的 20 项参数对应的标准物质部分多维信息

标准物质名称	空间码	标识码	有效期	浓度/（mg/L）	规格/mL	存储条件
pH（无量纲）	JA1-M1-A1	202201010001001	20221230	7.36±0.05	20	常温
高锰酸盐指数	JA1-M1-B1	202201010002001	20221230	8.56±0.60	20	常温
化学需氧量	JA1-M1-C1	202201010003001	20231230	105±6	20	常温
氨氮	JA1-M1-D1	202201010004001	20221230	0.716±0.044	20	常温
总磷	JA1-M1-E1	202201010005001	20241130	0.321±0.014	20	常温
总氮	JA1-M1-H1	202201010006001	20251030	1.18±0.11	20	常温
铜	JA1-M1-I1	202201010007001	20250430	1.23±0.06	20	常温
锌	JA1-M2-A1	202201010008001	20230930	0.988±0.049	20	常温
氟化物	JA1-M2-B1	202201010009001	20220630	0.768±0.050	20	常温
硒	JA1-M2-C1	202201010010001	20240430	0.005 42±0.000 54	20	常温
砷	JA1-M2-D1	202201010011001	20241130	0.091 4±0.006 6	20	常温
汞	JA1-M2-E1	202201010012001	20240430	0.006 49±0.000 53	20	常温
镉	JA1-M2-H1	202201010013001	20240430	0.044 8±0.002 7	20	常温
六价铬	JA1-M2-I1	202201010014001	20241130	0.093 1±0.004 6	20	常温

续表1

标准物质名称	空间码	标识码	有效期	浓度/(mg/L)	规格/mL	存储条件
铅	JA1-M3-A1	202201010015001	20240331	0.398±0.019	20	常温
氰化物	JA1-M3-B1	202201010016001	20220630	0.144±0.012	20	常温
挥发酚	GA1-M1-A1	202201010017001	20221230	0.009 66±0.000 69	20	冷藏
石油类	GA1-M1-B1	202201010018001	20221030	10.9±1.0	20	冷藏
阴离子表面活性剂	JA1-M3-C1	202201010019001	20230630	3.07±0.18	20	常温
硫化物	GA1-M1-B1	202201010020001	20221230	1.53±0.12	20	冷藏

20 种标准物质对应的参数物质代号分别为 0001、0002、…、0020，其中挥发酚、硫化物、石油类 3 种标准物质需要冷藏，采用存储柜 A 柜第一层存储（GA1）；其余 17 种标准物质常温存储，采用存储架 A 架第一层存储（JA1）。20 种标准物质的体积规格均为 20 mL 安培瓶，全部采用 M 存储盒存储，每个存储盒小格空间纵向 A、B、C、D、E、H、I，横向 1、2、3、4、5、6、7，共 49 格，可存储 49 份标准物质。按照每一横列存放一种标准物质，常温存储的 17 种标准物质共需 3 个 M 型存储盒，依次编号为 M1、M2、M3；冷藏存储的 3 种标准物质需 1 个 M 型存储盒，编号为 M1。这样 JA 存储架第一层存放：M1 盒（pH、高锰酸盐指数、化学需氧量、氨氮、总磷、总氮、铜 7 种标准物质，可存放 7 种×7 份/种＝49 份）；M2 盒（锌、氟化物、硒、砷、汞、镉、六价铬，可存放 7 种×7 份/种＝49 份）；M3 盒（铅、氰化物、阴离子表面活性剂，可存放 3 种×7 份/种＝21 份，尚可空余 28 份）。GA 存储柜第一层存放：M1 盒（挥发酚、石油类、硫化物，可存放 3 种×7 份/种＝21 份，尚可空余 28 份）。

采用本空间分区定位存储方法，共用 2 个存储架柜，4 个 M 型存储盒，实现了对 20 种环境标准物质 140 份用量（7 套）的有效存储，尚有 2 个存储盒富余 56 份的存储小格空间，实现了存储空间节约和有效利用；同时也清晰化了存储空间位置，便于快速准确定位查找取用。此外，大量的环境标准物质属性信息可以通过标准物质多维信息管理平台系统实现统一管理，可以快速查找所需标准物质，进行库存管理。

4 结语

应用本策略方法能够对大量多类复杂环境标准物质的存放、取用、动态库存等实现高效综合管理，能够有效实现电子库中标准物质和实体物理库中标准物质数量、位置关联，重点推动解决环境标准物质定位、存取、信息综合管理等难点问题。通过对每一份标准物质的唯一标识码和空间码编码，可以确切地定位标准物质存放的架（柜）、层、盒以及对应盒的盒内小格位置，解决了环境标准物质定位查找困难问题；通过对标准物质按照常温和冷藏分成存储架和存储柜存放，并对标准物质按不同容积规格分成四类存储盒有序存放，同时还对每一种标准物质种类设定参数代码，实现了参数种类的有效清晰分类，解决了环境标准物质分类有序存放问题；此外，通过建立的环境标准物质多维信息管理平台，实现对环境标准物质各类信息的高效管理。因此，采用此模式管理环境标准物质，可以为环境标准物质的规范化、可追溯性管理提供一种全新思路和路径，促进环境监测实验室质量管理水平整体提升。

参考文献

［1］潘秀荣. 环境标准物质的作用与发展［J］. 环境科学研究，1990（2）：29-37.
［2］中国环境监测总站环境水质监测质量保证手册编写组. 环境水质监测质量保证手册［M］. 2 版. 北京：化学工业

出版社，1994.

[3] 中国国家认证认可监督管理委员会. 检验检测机构资质认定能力评价 检验检测机构通用要求：RB/T 214—2017 [S]. 北京：中国标准出版社，2017.

[4] 国家环境保护总局水和废水监测分析方法编委会. 水和废水监测分析方法：第四版 增补版 [M]. 北京：中国环境科学出版社，2002.

[5] 穆小婷，韩文节，廖侦成. 实验室标准物质的质量控制 [J]. 食品工程，2020（2）：3-5，10.

[6] 李强，祁雄. 用 Excel 建立一套理化实验室标准物质管理系统 [J]. 中国卫生检验杂志，2011，21（3）：756-758.

水利工程液压式启闭机油液健康
管理系统研发及应用

方超群[1] 耿红磊[1] 缪春晖[2] 胡 锟[1] 李 昆[1]

(1. 水利部水工金属结构质量检验测试中心，河南郑州 450000；
2. 常州液压成套设备有限公司，江苏常州 213100)

摘 要：针对水利工程液压式启闭机的故障发生特点，通过对故障原因分析研究，研制开发了以污染度、黏度和介电常数为液压式启闭机液压油性能监测对象，建立一种液压式启闭机油液健康管理系统，对在役液压式启闭机液压油进行实时在线监测。试验结果表明，所设计液压式启闭机油液健康管理系统监测结果与取样测试结果一致，可以及时发现油液品质中存在的问题，从而提前有针对性地采取相应措施，使液压式启闭机安全健康运行。

关键词：液压式启闭机；液压油；健康管理

1 引言

液压系统因其重量相对比较轻、精度高、响应快、运行稳定、过载保护性好、适应性强等优点，被广泛应用于航空航天、军事装备、工程设备、水利水电等领域[1]。在水利水电行业，液压式启闭机在所有类型的启闭机中占有相当大的比重，特别是控制溢洪、泄洪工作闸门的启闭多采用液压式启闭机[2]。因此，液压式启闭机的安全运行关系到汛期水库大坝安全度汛和整个泄洪区及下游人民群众的生命和财产安全。根据统计资料分析，液压系统的故障原因70%以上都是油液的品质出现问题，特别是油液污染度超标、抗氧性不符合要求、油中含水量超标等[3-4]。因此，对液压式启闭机油液进行健康状态监测及管理具有很大的实际意义及应用价值。

2 总体方案介绍

在水利水电工程中，对液压式启闭机油品进行实时检测可以及时发现油液品质存在的问题，结合检测数据可以分析整个液压系统可能存在的安全隐患，从而提前有针对性地采取相应措施，清除液压式启闭机中存在的隐患，确保液压式启闭机的安全健康运行。然而，现役的液压式启闭机还没有对油液状态如污染度、水饱和度、介电常数和黏度等实时检测的装置，其液压油品质的检测仅在出厂前或日常使用中，抽取系统中一定的油液通过清洁度检测仪进行清洁度检测，缺乏对实时工况的跟踪检测[5]。

本方案提出一种集全部数据采集于一体的液压式启闭机液压油健康管理系统，该系统主要由油液循环液压系统、油品数据采集模块、油品数据分析模块、油品数据通信模块及客户端监控显示模块组成。其工作流程如图1所示。油液循环液压系统将油箱待检测液压油吸出；检测模块串联至油液循环液压回路中，吸出的油液流经油品检测单元回油箱，通过油品检测单元得到不同油品参数对应的电信

基金项目：水利部综合事业局2022年度技术创新项目"水利水电工程液压式启闭机健康状态管理系统"。
作者简介：方超群（1983—），男，高级工程师，主要从事水工金属结构智能感知与监测的研究工作。

号；将油品参数电信号进行采集、处理得到油液状态参数数据；处理后的油品状态参数经通信模块发送至显示模块，对油品参数进行实时监测。

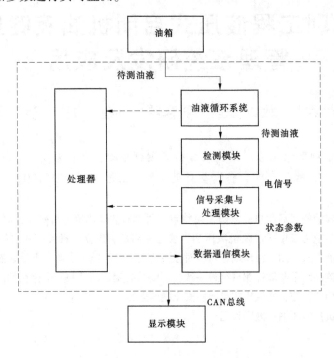

图 1　液压式启闭机液压油油液健康管理系统工作流程

3　油液循环液压系统设计

在液压式启闭机液压油健康管理系统中，对油液各状态参数：污染度、黏度、介电常数的测量可分别采用颗粒度监测传感器、黏度传感器和介电常数传感器。液压式启闭机液压油健康管理系统工作过程中，油液循环液压系统应保证待检测油液能够循环往复地流经各个传感器，实现油液的实时更新，并且为保证检测结果的准确性，传感器的检测环境应保证压力与流量的相对稳定。基于以上要求，共有三种供流方式：第一种方式，可在液压式启闭机液压系统主回路通过旁路节流形式获取相对稳定的流量与压力，采用这种形式获取检测流量，不需要外部单独为该循环系统提供动力源，缺点是会造成主回路的压降；第二种方式，对于有独立过滤、冷却回路的系统，可以将该循环系统串联至过滤、冷却回路中，这种方式的缺点是：受检测原件流量的限制，过滤、冷却回路的流量不能超过检测原件可靠性工作的最高流量，因此该方式只适用于小流量液压系统中；第三种方式，可以给该循环系统添加动力源，使系统直接从油箱中吸油，避免了主系统与该循环系统的相互影响。本文所设计油液循环液压系统为第三种形式，液压原理图如图 2 所示，整体外形如图 3 所示。

图 2 为液压式启闭机液压油健康管理系统中实现油液实时更新的油液循环系统，其工作过程为：进、出油端与待测油液的油箱相连，直流电机 1 带动齿轮泵 2 从油箱中吸取待测油液，从出油口端排出，油液依次流经颗粒检测仪 4、微水及水饱和度传感器 6、介电常数传感器 7 和黏度传感器 8，而后回油箱。在这个过程中，传感器应工作在压力和流量相对稳定的检测环境中，避免有压力峰值的出现。溢流阀 3 调定检测压力，起到稳定检测压力、防止系统过载的作用；节流阀 5 调定检测流量，起到稳定检测流量的作用；软管 11 起到缓冲吸振的作用，同时，细长软管沿程压力损失大，又可起到稳流作用。

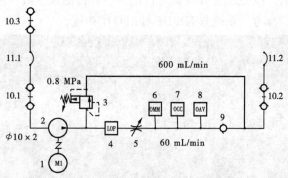

1—直流无刷电机；2—齿轮泵；3—溢流阀；4—颗粒检测仪；5—节流阀；6—微水及水饱和度传感器；
7—介电常数传感器；8—黏度传感器；9—背压单向阀；10—快换接头；11—软管。

图 2　油液循环液压系统

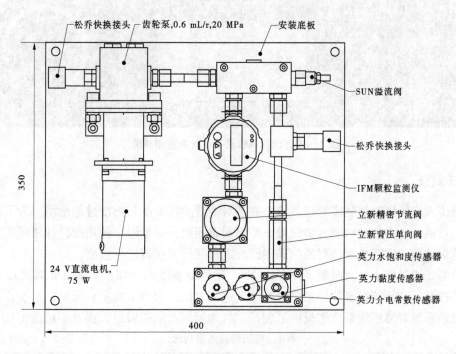

图 3　油液循环液压系统外形

4　系统软件设计

　　系统软件部分主要实现以下几个功能：①数据可视化；②数据分析与报警；③数据报表。数据可视化界面如图 4 所示，根据需要以不同的维度将液压油状态信息展示给决策人员和会商系统，信息具有多终端显示能力，在网络中的任意节点均可通过授权查看数据并能在展示端（大屏端、客户电脑端、客户移动端）进行实时展示。数据的展示是借助图形化手段，清晰有效地展示数据内在特征及相互关系，使决策者能够直观地看出事物的内在规律和趋势变化，可视化系统根据监测设备的不同，定制出相应的数据可视化界面。

　　数据分析与报警中，依据监测设备的不同，定制相应的报警参数，当设备液压油参数达到或接近报警值时，该模块可以及时做出报警通知。同时，该模块还具有自学习功能，当设备运行一段时间后，该模块可以对设备液压油的历史参数信息进行自我学习，逐渐获得其更高维度的内在特征。当某个时点上设备液压油的特征在自身历史上从未出现时，系统将给予一定的预警消息。

　　数据报表中，系统能按要求自动生成设备运行中液压油状态的专业数据报表，数据包含所有监测参数及参数对应的特征数据，报表也含有设备运行记录、告警记录、液压油现状分析等详细信息，可为设备运行及维保决策提供参考。系统具有 PDF 导出打印功能。

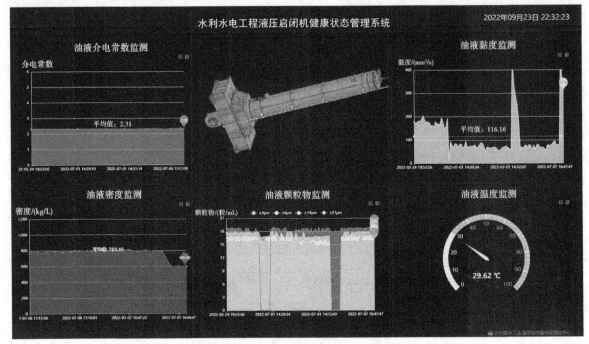

图 4　液压式启闭机液压油健康监测界面

5　试验测试验证

所设计液压式启闭机油液健康管理系统主要是对油液的污染度和黏度进行检测。为了验证测量结果的准确性，对油液各参数的检测分别设置试验组和参照组，试验组中使用所设计液压式启闭机油液健康管理系统对液压油进行检测，对照组采用经检定过的检测仪器进行检测。

在黏度检测试验过程中，对照组采用 MC-2000 型运动黏度测定仪，每隔 3 h 对液压式启闭机液压油进行取样检测，与油液健康管理系统检测结果进行对比，如表 1 所示。可见，所设计液压式启闭机油液健康管理系统对液压油黏度测量结果较好，与实验室检测结果最大误差不超过 1%。

表 1　检测试验结果对比

检测类别		试验组/对照组				
		3 h	6 h	9 h	12 h	15 h
黏度/（mm²/s）		47.74/47.51	47.62/47.98	47.16/47.42	47.09/46.82	47.04/46.76
颗粒数/（粒/mL）	≥4 μm	29 821/30 248	29 940/30 280	30 112/30 488	30 206/30 652	30 326/30 692
	≥6 μm	9 746/9 885	9 801/9 913	9 867/9 956	9 882/9 993	9 939/10 068
	≥14 μm	1 336/1 347	1 416/1 409	1 487/1 499	1 565/1 582	1 609/1 621
介电常数		2.18/2.16	2.34/2.31	2.41/2.35	2.45/2.46	2.65/2.66

在污染度检测试验过程中，对照组采用 ABAKUS 液体颗粒计数器，每隔 3 h 对液压式启闭机液压油进行取样检测，与油液健康管理系统检测结果进行对比，由表 1 可以看出，所设计液压式启闭机油液健康管理系统对液压油颗粒物检测较为准确，对大于 4 μm 的颗粒检测误差不超过 1.47%，对大于 6 μm 的颗粒检测误差不超过 1.41%，对大于 14 μm 的颗粒检测误差不超过 1.07%。

在介电常数检测试验过程中，对照组采用 DZ5001 介电常数测定仪，每隔 3 h 对液压式启闭机液压油进行取样检测，与油液健康管理系统检测结果进行对比，由表6可以看出，所设计液压式启闭机油液健康管理系统对液压油介电常数检测的最大误差为2.55%，检测结果较为准确。

6 结语

（1）结合水利水电工程液压式启闭机的实际运行工况，研发制造出一个集全部参数采集、数据通信、数据处理为一体的液压式启闭机油液健康管理系统。

（2）结合油液品质数据采集设备采集到的数据，开发了油液品质数据可视化、数据分析与报警、数据报表软件系统，分析液压油存在的问题，提前采取相应的措施，以保证液压式启闭机的安全可靠运行。同时系统可以实现在数据累积的过程中，对历史参数信息进行自我学习，逐渐获得其更高维度的内在特征，从而实现预警功能。

（3）通过设计与标准仪器的对比试验，验证了所设计液压式启闭机的油液健康管理系统能够对油液状态进行准确实时检测。

参考文献

[1] 朱明君，张鹏飞，黄德民，等. 液压系统的故障诊断与健康管理研究综述 [J]. 润滑油，2023，38（3）：7-12.
[2] 张皓. 关于液压式启闭机的性能分析 [J]. 河北水利，2018（7）：39.
[3] 封艳秋. 液压污染控制技术的现状和发展 [J]. 煤矿机械，2011，32（1）：1-3.
[4] 郝彦光，刘磊，马文清. 液压伺服系统油液健康管理 [J]. 液压气动与密封，2018，38（10）：68-70.
[5] 朱伟伟，潘燕，王月行，等. 工程机械液压油品质在线监测 [J]. 润滑与密封，2015，40（10）：4.
[6] 宋锦春. 液压技术实用手册 [M]. 北京：中国电力出版社，2011.
[7] 姚春江，陈小虎，李永亮，等. 装备液压油在线黏度监测技术 [J]. 液压与气动，2018（2）：81-85.

浅析检验检测机构技术活动风险识别与评估

赵　南

（河北省秦皇岛水文勘测研究中心，河北秦皇岛　066000）

摘　要：检验检测机构运行过程中面临来自内外部的多种风险，本文主要依据《检验检测机构资质认定能力评价 检验检测机构通用要求》（RB/T 214—2017）中的条款，对检验检测机构内部技术活动中易发生的一部分风险进行了识别，并采用风险矩阵评估法进行了风险评估示范，旨在为检验检测机构进行有效的风险管理提供一定参考。

关键词：检验检测；风险识别；风险评估；技术活动

1　引言

近几年，国家连续出台了多项激励政策，大力推动第三方检验检测产业发展，检验检测作为一个独立的行业，各种配套制度正在逐步健全和完善，检验检测行业迎来了发展机遇期，然而，机遇与风险并存，检测行业竞争日趋激烈，检验检测机构面临越来越多的来源于内外部的不确定性，不确定性既代表风险，也代表机会，为保证机构稳定良好运行，管理层需要通过有效的风险管理，使机构所面临的不确定性及所带来的风险降至最低，提高创造价值的能力，在风险与利益之间找到最佳平衡点，实现价值最大化。

风险管理通过考虑不确定性及其对目标的影响，采取相应的措施，为组织的运营和决策及有效应对各类突发事件提供支持[1]。风险管理过程包括明确环境信息、风险评估、风险应对、监督和检查[1]，其中风险评估包括风险识别、风险分析、风险评价3个步骤[2]。在进行风险管理的过程中，风险评估有助于管理者对风险及其原因、后果和发生的可能性有更充分的理解。在检验检测机构面临的内外部风险中，内部风险最容易识别与控制，内部风险主要包括人员风险、管理风险、财务风险、技术风险、运营风险、信用风险等，其中技术风险为检验检测活动风险中的一项核心控制内容，本文着重对技术活动中易出现的一些风险进行风险识别，并举例说明风险评估方法。

2　风险识别

风险识别是发现、列举和描述风险要素的过程[2]。检验检测过程中的技术风险，包括人员能力、资质、设备设施、场所环境、试验材料、数据可靠性、技术创新、竞争性、检验检测程序、原始数据、质量、安全、应急能力等方面的风险，贯穿于检验检测活动全过程。本文主要依据《检验检测机构资质认定能力评价 检验检测机构通用要求》（RB/T 214—2017）[3] 中的条款对检验检测活动中易存在的几类风险问题进行识别。

2.1　人员方面风险

RB/T 214—2017 要求中 4.2.1 条提到，检验检测机构应建立和保持人员管理程序，对人员资格确认、任用、授权和能力保持等进行规范管理。人员能力存在的风险贯穿于检测活动前、中、后期，其中易发生的风险主要有关键岗位人员职权不明确，各类人员岗位交叉，岗位职责不明确，尤其对于

作者简介：赵南（1987—），女，高级工程师，主要从事水环境监测与评价工作。

一些小型检验检测机构，人力资源缺乏，往往有身兼数职的情况；人员所学专业与从事专业跨度较大，继续教育和上岗前学习、考核不到位；对于新上岗检测人员缺乏有效监督，监控不到位；机构年度培训计划未根据预期与实际情况相结合，人员能力不能得到持续保持和提升等。

2.2 场所环境方面的风险

RB/T 214—2017 要求中 4.3 条对检验检测机构场所环境应具备的条件提出一定要求。场所环境方面风险主要存在于检测活动中期，易发生的风险主要体现在对试验环境条件控制要求不清楚，一概而论；检测工作时，环境条件对结果有影响的项目无环境条件记录，导致检测结果无法复现；对于在固定场所以外进行检测或抽样的项目，环境及操作控制不具体；实验室通风、防火、防水、急救等设施不到位；实验台台面不整洁，物品杂乱，容易引起样品混乱及污染；相互有影响的检测项目未有效隔离，影响检测结果的准确性等。

2.3 设备设施方面的风险

RB/T 214—2017 要求中 4.4 条对检验检测机构在设备设施方面的配备、维护、管理、控制等提出了要求。设备设施方面风险主要存在于检测活动中期，其中易发生的风险主要包括对检测结果有影响的仪器设备未按规定进行有计划的检定或校准，或检定校准后未及时有效地对结果进行确认，导致检测结果准确性没有保障；对于外检设备及移动设备，在设备返回后未及时对功能进行核查，有设备失稳的风险；仪器设备降级、停用后，未张贴明显标识或进行有效隔离，有误用风险；对于仪器设备校准结果中包含的修正信息，在实际工作中没有正确使用，导致检测过程出现偏差；标准物质期间核查计划未根据不同标准物质的保存方法、稳定性等特点制定，导致标准物质过期或失效等。

2.4 管理体系-采购方面的风险

RB/T 214—2017 要求中 4.5.6 条对试剂、消耗材料方面的购买、验收、存储提出要求。试剂耗材方面风险主要存在于检测活动前期和中期，易发生的风险主要有未建立合格供应商名录，试剂耗材质量无保证；试剂药品无领用登记记录，试剂药品管理不到位；易制毒、易制爆、剧毒药品双人双锁管理及跟踪监督制度不到位，有外泄风险；关键试剂未进行及时有效验证，影响试验效果等。

2.5 管理体系-方法方面的风险

RB/T 214—2017 要求中 4.5.3 条及 4.5.14 条对标准方法、文件方面的选择、控制提出了要求。方法方面的风险主要存在于检测活动前期和中期，易发生的风险主要有标准查询周期过长，标准是否作废和替代不掌握，影响检测结果或导致检测机构超能力范围检测；未购买标准正式版本，易出现印刷错误或页码不全，影响标准解读；标准发放范围未根据实际使用情况进行受控发放，出现滥发或应发未发的情况；标准方法或非标准方法在使用前未根据相关方法验证标准进行验证或确认等。

2.6 管理体系-样品处置方面的风险

RB/T 214—2017 要求中 4.5.18 条对样品处置提出要求。样品处置方面的风险主要存在于检测活动前期和中期，易发生的风险主要有：样品采集运输过程中，采样断面、采样点位选择不合理，采样操作不规范，样品运输保存不当，影响检测结果；接收样品时，无样品状态描述或描述不清晰，导致出现结果异常无法追溯；样品唯一性编号混乱，易混淆；样品流转状态标识不明确，易发生样品存放位置异常，出现漏检、重检及保存状态不当的情况；样品贮存无相应环境监控记录，不能有效监控样品保存方式是否符合要求等。

2.7 管理体系-记录控制方面的风险

RB/T 214—2017 要求中 4.5.11 条对记录控制提出了要求。记录控制方面的风险主要存在于检测活动中期和后期，易发生的风险主要存在于以下方面：技术信息记录不真实、不全面，缺少时间、设备信息等；原始记录更改不规范；纸质记录和电子记录保存不当或不能对应等。

2.8 管理体系-结果报告方面的风险

RB/T 214—2017 要求中 4.5.20 条对结果报告内容提出了要求。结果报告方面的风险主要存在于检测活动的后期，易发生的风险主要有报告信息量不足，不符合标准要求；报告数据与原始数据不一致，审核不到位；报告加盖的骑缝章不规范，不能保证报告内页不被调换；报告发送程序不严谨，有泄密风险等。

3 风险分析和评价

风险分析是要增进对风险的理解，它为风险评价、决定风险是否需要应对以及最适当的应对策略和方法提供信息支持[2]。风险分析的方法可以是定性的、半定量的、定量的或以上方法的组合。本文采用风险矩阵进行分析，此法可以直观地显现组织风险的分布情况，对风险排序依据其发生可能性和后果严重程度绘制风险矩阵表，具体形式见表1~表3。

表1　风险发生的可能性

发生可能性	评分
低——今后5年内发生可能性少于1次	1
较低——今后2~5年可能发生1次	2
中等——今后1年内可能发生1次	3
高——今后1年内至少发生1次	4

表2　风险发生后果严重程度分类

后果严重程度	评分
轻微——对机构正常运行几乎无影响	1
较小——对机构运行影响较小，情况可立刻受到控制，或较轻微经济损失	2
较大——影响机构正常运行，需要一定时间进行整改或造成较大经济损失	3
重大——影响机构资质情况，整改难度较大或造成重大经济损失	4

表3　风险矩阵表

发生可能性	后果严重程度			
	1	2	3	4
4	4/Ⅱ	8/Ⅲ	12/Ⅳ	16/Ⅳ
3	3/Ⅰ	6/Ⅱ	9/Ⅲ	12/Ⅳ
2	2/Ⅰ	4/Ⅱ	6/Ⅱ	8/Ⅲ
1	1/Ⅰ	2/Ⅰ	3/Ⅰ	4/Ⅱ

风险评价是将分析的结果与预先设定的风险准则相比较，或者在各种风险的分析结果之间进行比较，确定风险的等级[2]。依据风险的可接受程度，可将风险划分为3类区域：不可接受区域、中间区域、可接受区域。本文对风险系数、风险等级及可接受程度划分对应关系，具体形式见表4。

表4　风险评价

风险系数	风险等级	可接受程度
Ⅲ/Ⅳ	高	不可接受（回避）
Ⅱ	中等	中间区域（降低）
Ⅰ	低	可接受（接受）

4 检验检测机构技术活动风险评估示例

本文根据 RB/T 214—2017 中的条款对检验检测机构技术活动中部分风险进行风险评估示范见表5，根据表5中风险评估结果，可为机构决策提供信息，如是否需要应对风险以及确定最优风险应对策略等，将风险的不利影响控制在可以接受的水平。

表5　检验检测机构技术活动风险评估示例

序号	风险和机遇来源（内部/外部）		风险和机遇对应条款及内容	风险分析				可接受程度		
				发生可能性	后果严重程度	风险系数	风险等级	接受	降低	回避
1	内部	人员	检测活动前	4.2.5　检测人员上岗前培训考核不到位，导致检测数据过程不规范，数据不准确	1	4	4	中等		√	
2	内部	场所环境	检测活动中	4.3.4　实验室内灭火器配备不足或失效，在突发火灾的情况下不能及时灭火，造成经济损失	2	4	8	高			√
3	内部	设备设施	检测活动中	4.4.3　检定校准后未及时对检定校准结果进行确认，导致检测结果准确性没有保障	2	2	4	中等		√	
4	内部		检测活动中	4.4.6　自配标准物质期间核查时间间隔过长，易出现失稳风险，到时检测数据准确性受影响	2	2	4	中等		√	
5	内部	管理体系－采购	检测活动中	4.5.6　易制毒、易制爆、剧毒药品双人双锁管理及跟踪监督制度不到位，有外泄风险	2	4	8	高			√
6	内部	管理体系－文件控制	检测活动中	4.5.3　标准查询周期过长或未据程序及时查新，标准是否作废和替代不掌握，影响检测结果或导致检测机构超能力范围检测	2	4	8	高			√
7	内部	管理体系－样品处置	检测活动中	4.5.18　采样操作不规范，样品运输保存不当，影响检测结果准确性	3	3	9	高			√
8	内部	管理体系－记录控制	检测活动中	4.5.11　技术信息记录不真实、不全面，缺少时间、设备信息等，影响数据追溯	2	2	4	中等		√	
9	内部	管理体系－结果报告	检测活动后	4.5.20　d) 报告加盖的骑缝章不规范，不能保证报告内页不被调换	2	4	8	高			√

根据表 5 中的风险评估结果，机构可选择相应风险对策进行风险应对，如消除危险源、通过停止产生风险活动规避风险、改变事项发生的可能性或后果、转移风险或与其他方共担风险、寻求机会接受风险等对策，根据选择的风险对策进行管理控制活动，从组织管理、职责、资源、方法、计划、绩效评价等方面满足控制活动开展，并在活动开展过程中明确责任部门或责任人，建立有效的沟通机制，保证部门或人员能够按程序、按计划进行风险管理控制活动，最后对活动有效性开展评价，完成整个风险管理过程。以表 5 中第一条人员方面风险举例说明，采取的风险对策为降低风险发生可能性，可采取如下管理控制措施：实验室检测人员均需对检测方法、设备操作、设备核查的理论和实际操作进行培训，并进行考核，首次培训上岗后定期安排人员监督并对其进行评价，若监督评价不合格，则需要对人员授权情况进行更改，在培训考核合格后方可授权进行相应实验室活动。根据上述采取的管理控制措施，进行控制活动的责任部门可选择自己机构中设立的相应质量保证部门或责任人，完成时间或实施计划可设定为持续性，如以季度或半年为周期，评价结果根据一个周期效果进行评价，若结果满意，则继续进行该风险管理措施，若结果不满意，则应对风险管理过程中各环节进行监督控制并找出原因，重新进行风险管理过程。

5 结语

风险评估活动内嵌于风险管理过程中，与其他风险管理活动紧密融合并互相推动。检验检测机构应针对检验检测活动中可能产生的技术风险进行有效识别评估之后，才可能根据分析评价结果选择最为有效的风险应对措施，制订相应的风险应对计划，并对识别出的风险因素进行持续的监督和检查。本文仅针对检验检测活动中技术活动易发生的一部分风险进行了识别及评估示范，其他风险因素可运用本文中的方法进行评估，且评估方法多种多样，不同检验检测机构亦可根据自身特点选择合适的方法进行评估，本文旨在为检验检测机构进行有效的风险管理提供一定参考。

参考文献

［1］全国风险管理标准化技术委员会. 风险管理 指南：GB/T 24353—2022 ［S］. 北京：中国标准出版社，2022.

［2］全国风险管理标准化技术委员会. 风险管理风险评估技术：GB/T 27921—2023 ［S］. 北京：中国标准出版社，2023.

［3］中国国家认证认可监督管理委员会. 检验检测机构资质认定能力评价 检验检测机构通用要求：RB/T 214—2017 ［S］. 北京：中国标准出版社，2017.

农灌地下水矿化度分析及理化特性关系研究

刘　光　范海玲　陈承来　陈成勇

（聊城市水文中心，山东聊城　252000）

摘　要： 做好农业灌溉地下水矿化度监测分析，对保障农灌用水安全，保证农业种植的经济效益具有重要意义。本文分析了山东莘县十八里铺镇地下水的矿化度、电导率和总硬度3个指标，研究了矿化度的地理空间分布情况，以及与电导率和总硬度间的相关性，并基于监测结果提出了农灌地下水的使用建议，以期为更加科学、高效、合理地利用地下水进行农业灌溉提供数据支撑。

关键词： 农业灌溉；地下水；矿化度；相关性

地下水在农业灌溉中占据重要地位，尤其是在华北等水资源短缺的地区，发挥着不可替代的作用，对农业生产和作物安全有着深远影响。农业灌溉用地下水的矿化度，即水中的溶解性盐分含量，对农作物生长和土壤健康有着重要的影响，是农业灌溉用水适用性评价的主要指标之一。

水中的盐分含量直接影响着农作物的水分和营养吸收。高矿化度的水会增加土壤的离子浓度，阻碍农作物通过根系吸收水分和养分，导致农作物生长受限，甚至出现萎蔫、枯死等现象[1-2]，高矿化度的水在土壤中蒸发后会留下盐分，导致土壤的盐渗透问题，这会破坏土壤的生态平衡，造成土壤结构恶化，最终形成盐碱化，使土壤变得不适宜农作物生长，降低农业生产的经济效益[2-6]。刘桂芹等[7] 研究发现聊城市浅层水源中溶解性总固体、硫酸盐、氯化物含量高，陈成勇等[8] 研究表明聊城市浅层地下水硬度高，李扬等[9] 研究显示聊城市浅层地下水总硬度和溶解总固体超标率最高，庄付磊等[10] 的研究表明聊城市浅层地下水含盐量较高，存在影响农业生产的风险。焦艳平等[11] 研究表明，相对于 0.72 g/L 淡水灌溉，2 g/L 和 3 g/L 微咸水灌溉对大白菜的产量影响没有差异，但 4.3 g/L 的咸水灌溉可使其产量降低 9.0%；而使用高矿化度水源灌溉也可能导致蔬菜和水果中的盐分积累，增加可溶性固形物、糖和有机酸的含量，影响其品质[12-13]。

本文对山东莘县十八里铺镇农业灌溉用地下水开展研究，分析矿化度分布情况及其与电导率、总硬度理化指标之间的相互关系，以期为合理、高效地使用地下水灌溉，科学配置水资源提供技术指导。

1　研究区概况

山东莘县属于地下水超采区[14-15]，境内被第四系覆盖，自中新世以来受差异性升降运动的影响，一直缓慢下沉，岩性主要为粉砂、粉细砂、细砂、粉质黏土、砂质黏土，下部层底结构致密，含大量钙质、铁锰质结核以及钙质沉淀层，第四系地层厚度一般在 120~290 m[16]。李群智等[17] 和王金晓[18] 的研究显示研究区的浅层地下水水质状况不容乐观，多项无机盐指标含量均较高。

十八里铺镇位于莘县城南 5 km 处，总面积 80 km²，农业种植以小麦、玉米、林果和蔬菜为主[15]，2014 年被中国蔬菜流通协会授予 "中国蔬菜第一镇" 荣誉称号，现有无公害蔬菜冬暖棚 3.6 万余座，年种植面积 6 000 余 hm²，灌溉水源以地下水为主。

作者简介：刘光（1977—），男，高级工程师，主要从事水文监测工作。

通信作者：陈成勇（1991—），男，工程师，主要从事水文水资源与水环境监测工作。

2 数据来源

2023 年在莘县十八里铺镇境内采集 26 处地下水样品进行分析，地下水类型为潜水，监测单位按照水利部《地下水水质采样技术指南（试行）》要求进行地下水样品采集，并按照相关要求进行样品保存，地下水样品检测采用适用于地下水的国家强制标准和水利行业标准。监测数据见表 1。

表 1 十八里铺镇地下水监测数据

取样编号	矿化度/ (g/L)	电导率/ (μS/cm)	总硬度/ (mg/L)	取样编号	矿化度/ (g/L)	电导率/ (μS/cm)	总硬度/ (mg/L)
S01	2.2	2 840	680	S14	3.1	4 310	1 010
S02	2.2	2 750	621	S15	3.7	5 110	1 390
S03	1.7	2 300	574	S16	1.6	1 881	602
S04	1.7	2 170	523	S17	2.3	2 910	595
S05	2.2	3 070	737	S18	2.6	3 350	487
S06	1.4	1 722	481	S19	2.6	3 540	629
S07	5.2	7 550	1 590	S20	1.8	2 230	663
S08	5.4	1 687	414	S21	2.5	3 290	848
S09	2.5	3 160	287	S22	2.6	3 250	754
S10	2.9	3 950	807	S23	1.5	2 030	586
S11	3.5	4 946	1 010	S24	2.1	2 720	369
S12	4.0	5 580	1 210	S25	1.7	2 070	542
S13	1.4	1 667	554	S26	1.7	2 150	554

3 结果分析

3.1 矿化度分布

利用 Golden Software Surfer23 软件将包含十八里铺镇地下水取样点经度、纬度和矿化度数值信息的".DAT"格式的数据文件，通过克里金法对数据进行网格化操作[19]，生成网络数据 GRD 格式数据文件，并通过"等值线图"功能，生成二维平面等值线图，最后通过"图层"功能，导入 ESRI Shapefile 文件格式的十八里铺镇行政区域基底层，最终形成复合的矿化度分布等值线图，见图 1。

通过图 1 可以清晰地看出，该镇东部的地下水矿化度较大，大部分区域矿化度在 3.0 g/L 以上，为咸水。而中部和西部的绝大部分区域矿化度在 3.0 g/L 以下，为微咸水，在监测点位中没有发现矿化度小于 1.0 g/L 的淡水。

3.2 矿化度与电导率、总硬度的关系

运用 IBM SPSS26 软件，对矿化度、电导率、总硬度进行正态分布检验，从表 2 可以看出，柯尔莫戈洛夫-斯米诺夫（K-S）检验与夏皮洛-威尔克（S-W）检验的结果均小于 0.05，表明变量总体不服从正态分布。因此，选用肯德尔（Kendall）相关系数和斯皮尔曼（Spearman）相关系数进行分析，结果见表 3、表 4。

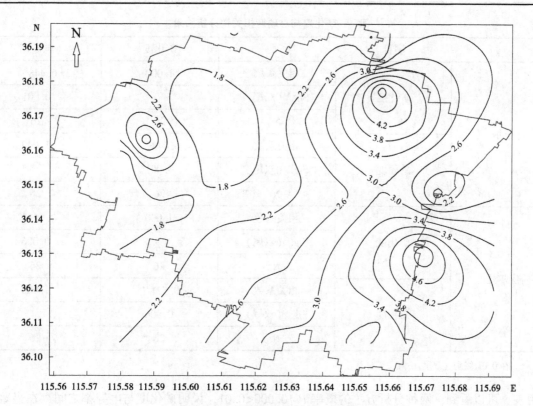

图1 十八里铺镇地下水矿化度分布

表2 正态性检验

项目	柯尔莫戈洛夫-斯米诺夫（k-s）[a]检验			夏皮洛-威尔克（s-w）检验		
	统计	自由度	显著性	统计	自由度	显著性
矿化度	0.199	26	0.009	0.852	26	0.002
电导率	0.178	26	0.034	0.864	26	0.003
总硬度	0.195	26	0.012	0.865	26	0.003

注：a. 里利氏显著性修正。

表3 矿化度与电导率相关性分析结果

项目			矿化度	电导率
肯德尔	矿化度	相关系数	1.000	0.803[**]
		Sig.（双尾）		0.000
		N	26	26
	电导率	相关系数	0.803[**]	1.000
		Sig.（双尾）	0.000	
		N	26	26
斯皮尔曼	矿化度	相关系数	1.000	0.788[**]
		Sig.（双尾）		0.000
		N	26	26
	电导率	相关系数	0.788[**]	1.000
		Sig.（双尾）	0.000	
		N	26	26

注：**. 在0.01级别（双尾），相关性显著。

表 4　矿化度与总硬度相关性分析结果

项目			矿化度	电导率
肯德尔	矿化度	相关系数	1.000	0.448 **
		Sig.（双尾）		0.001
		N	26	26
	总硬度	相关系数	0.448 **	1.000
		Sig.（双尾）	0.001	
		N	26	26
斯皮尔曼	矿化度	相关系数	1.000	0.521 **
		Sig.（双尾）		0.006
		N	26	26
	总硬度	相关系数	0.521 **	1.000
		Sig.（双尾）	0.006	
		N	26	26

注：**. 在 0.01 级别（双尾），相关性显著。

由表 3 可以看到，两种分析方法的概率 $P=0.000<0.01$，说明矿化度与电导率之间存在显著的相关性，Kendall 相关系数为 0.803，Spearman 相关系数为 0.788，说明两变量间有正向的显著相关关系。由表 4 可以看到，两种分析方法的概率 $P=0.001<0.01$，$P=0.006<0.01$，说明矿化度与总硬度之间存在显著的相关性，Kendall 相关系数为 0.448，Spearman 相关系数为 0.521，表明两变量间有正向的中等相关关系。因此，在一定状况下，尤其是现场快速测试，电导率和总硬度是方便且可靠的指标，可以用来估算地下水的矿化度水平。

4　结论与建议

4.1　结论

（1）十八里铺镇的浅层地下水整体属于微咸水-咸水，其中该镇东部地下水的矿化度大于中西部区域，大部分在 3.0 g/L 以上，属咸水，中西部区域地下水属微咸水，在所有监测点位中未发现矿化度小于 1.0 g/L 的地下水。

（2）矿化度与电导率之间的 Kendall 相关系数为 0.803，Spearman 相关系数为 0.788，两变量间有正向的显著相关关系；矿化度与总硬度之间的 Kendall 相关系数为 0.448，Spearman 相关系数为 0.521，两变量间存在正向的中等相关关系。在需要快速了解矿化度指标的情景下，可以通过电导率和总硬度的快速检测并进行交叉验证得出矿化度数值。

4.2　建议

不同的粮食作物、蔬菜、水果种类由于品种、地域等多种因素导致耐盐阈值存在差异，在利用不同矿化度的咸水进行灌溉时，粮食作物、蔬菜、水果等的产量有随着咸水浓度增加而降低的趋势，但不同农作物种类的咸水灌溉阈值不同，因此根据此次研究提出以下建议：

（1）十八里铺镇东部的农业种植选取更耐盐的经济作物，密切关注农业灌溉用水的矿化度指标，在多次地下水灌溉之间可以选用一次淡水灌溉以改善土壤品质。中西部的农业种植则有更多的选择，可以权衡农作物产量与品质之间的关系，因地制宜选择最合适的农作物品种实现最大的经济效益。

（2）推进黄河等地表水灌区的精细化建设，加快淡水-咸水-淡水或全淡水灌溉结构的实现进程，减少盐分在土壤中的积累，改善土壤中的微生物、有机质分解等生态过程，进而保护土壤健康和生态系统的平衡。

（3）全面掌握灌溉用地下水的矿化度及相关指标数据，合理分配地表、地下水资源，并采用冲洗、排盐、添加有机物等土壤改良策略来减少盐分在土壤中的积累，实现高效、可持续的农业生产。

参考文献

[1] 伊丽米努尔，李宏，杨璐，等. 鄯善绿洲灌溉水矿化度对葡萄叶片黄化、干枯的影响 [J]. 浙江农业学报，2015，27（10）：1813-1816.

[2] 孙宏勇，张雪佳，田柳，等. 咸水灌溉影响耕地质量和作物生产的研究进展 [J]. 中国生态农业学报（中英文），2023，31（3）：354-363.

[3] 高聪帅，邵立威，闫宗正，等. 不同矿化度微咸水灌溉冬小麦对下季作物产量和周年土壤盐分平衡的影响 [J]. 中国生态农业学报（中英文），2021，29（5）：809-820.

[4] 孔晓燕，郭向红，毕远杰，等. 膜下滴灌微咸水矿化度对西葫芦生长影响研究 [J]. 节水灌溉，2017（7）：47-52，56.

[5] 苟淇书，党红凯，马俊永，等. 灌溉水矿化度对土壤盐分及冬小麦产量的影响 [J]. 排灌机械工程学报，2022，40（8）：850-856.

[6] 闫妮. 咸水灌溉对番茄生长及产量和品质的影响 [D]. 泰安：山东农业大学，2022.

[7] 刘桂芹，王会，朱明霞. 聊城市畜禽饮用地下水水质情况调查 [J]. 山东畜牧兽医，2008（11）：39-41.

[8] 陈成勇，郭中伟，赵红金，等. 聊城市地下水质量时空演变特征分析 [J]. 江淮水利科技，2023（2）：44-48，50.

[9] 李扬，吉龙江，窦炳臣，等. 聊城市地下水水质特征及评价方法选择研究 [J]. 水资源与水工程学报，2015，26（5）：29-34.

[10] 庄付磊，郭中伟，赵红金. 聊城市浅层地下水水质评价及建议对策 [J]. 山东水利，2022（9）：54-55.

[11] 焦艳平，张艳红，潘增辉，等. 不同矿化度微咸水灌溉对大白菜生长和土壤盐分累积的影响 [J]. 节水灌溉，2012（12）：4-8.

[12] 陈佩，王金涛，董心亮，等. 蔬菜咸水灌溉研究进展 [J]. 中国生态农业学报（中英文），2022，30（5）：799-808.

[13] 徐云岭，余叔文. 植物盐胁迫蛋白 [J]. 植物生理学通讯，1989，25（2）：12-16.

[14] 邓召云. 莘县地下水超采治理对策及效果分析 [J]. 山西水土保持科技，2022（3）：3-5，15.

[15] 李群智，梁伟，王晓. 聊城市莘县地下水超采区综合治理探讨 [J]. 地下水，2020，42（3）：77-78.

[16] 吴清华，冯颖，刘帅，等. 聊城莘县地区地热资源赋存条件及评价 [J]. 山东国土资源，2021，37（5）：26-31.

[17] 李群智，苏付刚，常玉会，等. 华北平原典型区浅层地下水现状分析及保护对策：以山东省聊城市为例 [J]. 水利发展研究，2014，14（6）：61-63.

[18] 王金晓. 山东省鲁西北地区地下水资源评价 [D]. 北京：中国地质大学（北京），2014.

[19] 马宝成，李文学. Surfer 软件在罗布泊地下含钾卤水资源管理中的应用探讨 [J]. 中国资源综合利用，2018，36（6）：89-91.

喷射混凝土射流质量和冲击力测试装置研发

宁逢伟[1,2]　肖　阳[1]　隋　伟[1]　褚文龙[1]　都秀娜[1]

（1. 中水东北勘测设计研究有限责任公司，吉林长春　130061；
2. 南京水利科学研究院，江苏南京　210024）

摘　要：为推进喷射混凝土射流运动阶段的试验研究，研发了一种射流质量和冲击力测试装置，由喷枪移动系统、射流质量测试系统、射流冲击力测试系统和支撑系统组成。解决了喷射混凝土射流质量和冲击力空间分布无法测试，喷射风压、喷射距离、喷射角度等因素的影响程度难以估计的技术难题，摆脱了只依靠理论公式或实践经验估计、没有数据支持的现实问题。这为经典理论模型验证与经验模型修正提供了试验依据，为该领域理论研究提供了重要的试验方法参考。

关键词：喷射混凝土；测试装置；混凝土射流；质量分布；冲击力分布

1　引言

美国混凝土协会（ACI 506）提出了广义的喷射混凝土概念，它是一种由压缩空气驱动，直接到达建筑结构表面，实现密实的砂浆或混凝土[1]。由基本定义可以看出，它不仅是一种材料，更是一种施工工艺，两者共同决定了喷射混凝土的质量水平。时至今日，喷射混凝土先后经历干喷、潮喷、湿喷三个阶段。湿喷工艺采用预拌混凝土作为湿喷料，材料品质比较稳定，配合比设计技术相对成熟[2]。相比之下，喷射混凝土工艺特性研究稍显不足，尤其是混凝土以射流形式运动、黏附、回弹等过程不清楚[3-4]，理论研究滞后于工程应用，缺少有效的测试装备是原因之一。

喷射混凝土由喷嘴射出，是一种紊动射流，料束发散是射流固有特性。但如何认识这种发散行为，并加以利用至关重要。射流发散宏观为质量和速度离散，黏附过程主要是冲击力差异性分布。喷射混凝土射流质量和冲击力沿着射流截面的空间分布规律是表征射流特性的关键指标。现有技术通过理论推导获取冲击力大小和质量分布[5-6]，缺少试验验证，急需有效的测试手段和试验装置。

针对上述问题，研发了一种喷射混凝土射流质量和冲击力测试装置，由喷枪移动系统、射流质量测试系统、射流冲击力测试系统和支撑系统组成。它能够用于量测混凝土射流质量和冲击力空间分布状况，为类似试验研究提供方法参考。

2　装置构成

所研发混凝土射流质量和冲击力测试装置，由喷枪移动系统、射流质量测试系统、射流冲击力测试系统和支撑系统组成。射流质量测试系统、射流冲击力测试系统相互连接，射流冲击力测试系统布置在射流质量测试系统的尾部，射流质量测试系统的物料收集盒是射流冲击力测试系统的冲击射流运动通道；射流质量测试系统和射流冲击力测试系统共同固定在支撑系统上方；喷枪移动系统是喷射混凝土发射装置和工艺参数调控装置，射流质量测试系统、射流冲击力测试系统和支撑系统是射流物料质量和冲击力接收装置，发射装置与接收装置并向连接。

作者简介：宁逢伟（1986—），男，博士，高级工程师，主要从事水工混凝土功能防护及病害诊治材料研究工作。

2.1 喷枪移动系统

喷枪移动系统是该测试装置的混凝土发射参数调节部分，由混凝土喷枪、角度调节手轮（内设刻度尺）、横向导杆、竖向导杆、桁架、纵向滑轨、滑动限位块、十字夹支架组成。

2.2 射流质量测试系统

射流质量测试系统由物料收集器（由多个收集盒构成）、收集器框架底板、收集器框架顶板、收集器框架竖向导杆组成。

2.3 射流冲击力测试系统

射流冲击力测试系统由传感器固定架、冲击力传感器、动态数据采集器组成。冲击力传感器通过传感器固定架安装在物料收集盒尾部，二者数量相同，位置一一对应，物料收集盒也是喷射混凝土冲击射流物料的运动通道。动态数据采集器同时连接所有冲击力传感器，自动记录冲击力数据。

2.4 支撑系统

支撑系统与射流质量测试系统、射流冲击力测试系统通过橡胶支座进行连接，在物料收集器框架底板的四个角设有橡胶支座，降低冲击试验损伤，以提高设备使用寿命。

3 装置关键参数及操作流程

3.1 装置关键参数

所研发喷射混凝土射流质量和冲击力测试装置的关键技术参数如图1~图4所示。其中：1为支撑框架横条板；2为支撑框架竖条板；3为启闭滚轮；4为支撑框架承重板；5为物料收集器框架；6为收集器横向支撑；7为收集器纵向支撑；8为物料收集盒；9为收集器框架顶板；10为传感器固定架；11为冲击力传感器；12为桁架；13为纵向滑轨；14为横向导杆；15为竖向导杆；16为角度调节手轮；17为十字夹支架；18为混凝土喷枪；19为收集器框架底板；20为收集器框架竖向导杆；21为物料收集盒尾部底盖；22为收集盒尾部内壁底盖滑道；23为物料收集盒侧板；24为滑块；25为滑轮；26为滑动限位块；27为橡胶支座；28为动态数据采集器。

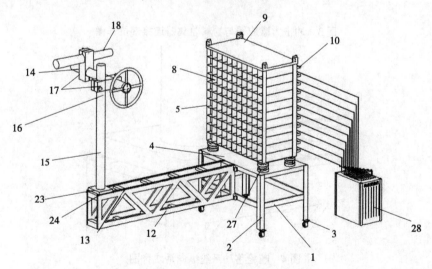

图1 射流质量和冲击力测试装置总图

如图1~图4所示，射流质量测试系统、射流冲击力测试系统相互连接，射流冲击力测试系统布置在射流质量测试系统的尾部，射流质量测试系统的物料收集盒8是射流冲击力测试系统的冲击射流运动通道；射流质量测试系统和射流冲击力测试系统共同固定在支撑系统上方；喷枪移动系统是喷射混凝土发射装置和参数调控环节，射流质量测试系统、射流冲击力测试系统和支撑系统是射流物料质量和冲击力接收系统，发射系统与接收系统并向连接。

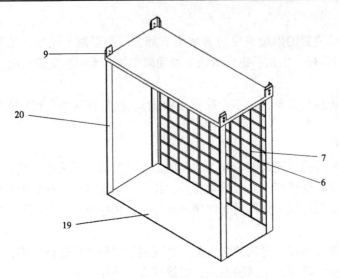

图 2   物料收集器详图

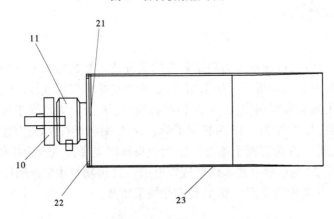

图 3   冲击力感应器与物料收集器连接部位详图

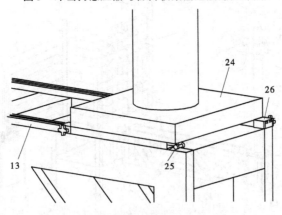

图 4   喷枪移动系统纵向滑块详图

喷枪移动系统与射流质量测试系统、射流冲击力测试系统、支撑系统并列排放，是该测试装置的混凝土发射参数调节部分；由混凝土喷枪 18、角度调节手轮 16（内设刻度尺）、横向导杆 14、竖向导杆 15、桁架 12、纵向滑轨 13、滑块 24、滑轮 25、滑动限位块 26、十字夹支架 17 组成；混凝土喷枪 18 与角度调节手轮 16 通过横向导杆 14 连接，二者整体连接在竖向导杆 15 上，通过十字夹支架 17 固定，可以上下移动；混凝土喷枪 18 利用十字夹支架 17 连接在横向导杆 14 上，混凝土喷枪 18 可以顺时针或逆时针方向按照角度调节，调节设置依靠角度调节手轮 16 完成；混凝土喷枪 18、角度调节手轮 16、竖向导杆 15 通过滑块 24 与桁架 12 连接，滑块 24 下部设置滑轮 25，滑轮 25 放置在纵向滑轨 13 内，在滑块 24 的前后两端分别设置滑动限位块 26，通过转动滑动限位块螺栓与滑块表面的接触力控制滑动限位块 26 移动，增加螺栓与滑块表面的接触力限制限位块的移动，减小螺栓与滑块表面的接触力，使限位块实现自由移动，控制混凝土喷枪 18 在水平方向移动。桁架 12 上纵向滑轨 13 设有长度刻度尺，便于准确调节纵向距离，即喷射距离。

射流质量测试系统包括物料收集器（由多个物料收集盒 8 构成）、收集器框架底板 19、收集器框架顶板 9、收集器框架竖向导杆 20。物料收集盒 8 为空心棱柱体结构，一端开口，面向混凝土喷枪 18，另一端设有物料收集盒尾部底盖 21，连接冲击力传感器 11，背向混凝土喷枪 18，每个物料收集盒 8 都对应一个冲击力传感器 11。物料收集器由横向、竖向大小相同、数量相等的物料收集盒 8 组成，物料收集盒 8 的稳定性由收集器框架竖向导杆 20 和收集器框架顶板 9、收集器纵向支撑 7 和收集器横向支撑 6 控制。竖向、横向支撑与收集器框架底板 19、侧板固定连接，收集器框架顶板 9 与收集器框架竖向导杆 20 铰接，通过螺栓调节收集器框架顶板 9 与收集器框架竖向导杆 20 之间的接触压力，对框架顶板进行位移约束或释放约束，通过收集器框架顶板 9、收集器框架竖向导杆 20 约束物料收集器竖向位移。在物料收集器框架后侧设置收集器横向支撑 6 和收集器纵向支撑 7，用以约束物料收集器水平位移，确保试验过程中测试装置整体结构稳定。

射流冲击力空间分布测试系统由传感器固定架 10、冲击力传感器 11、动态数据采集器 28 组成，冲击力传感器 11 通过传感器固定架 10 安装在物料收集盒 8 尾部，物料收集盒 8 也是冲击射流物料的运动通道。动态数据采集器 28 同时连接所有冲击力传感器 11，自动记录冲击力数据。

支撑系统位于射流质量测试系统、冲击力测试系统下方；由支撑框架横条板 1、支撑框架竖条板 2、启闭滚轮 3、支撑框架承重板 4 组成；支撑框架横条板 1、支撑框架竖条板 2、支撑框架承重板 4 是钢制材料，共同组成了框架结构；启闭滚轮 3 为钢制轴承类滚轮，能够启闭，兼顾设备移动和射流冲击稳定性。

支撑系统与射流质量测试系统和冲击力测试系统通过橡胶支座 27 进行连接，在物料收集器框架底板的四个角设有橡胶支座 27，减小对试验的扰动，提高设备使用寿命。

物料收集器按照网格划分，由多个物料收集盒 8 组成，物料收集盒 8 可拆卸安装于收集器框架内。收集盒长 50~80 cm，截面正方形，边长 5~10 cm，壁厚 1~2 mm。物料收集器的收集盒 8 设计底盖 21，收集盒尾部内壁有 2 cm 长度底盖滑道，可拆卸安装，物料收集盒尾部底盖 21 与冲击力传感器 11 刚性连接，直接接触，保障冲击力传递效率。

冲击力传感器 11 几何尺寸与物料收集盒 8 截面大小匹配，冲击力传感器 11 量程 0~50 N。传感器固定架 10 连接冲击力传感器 11 和物料收集盒底盖。

3.2 装置操作流程

所研发喷射混凝土射流质量和冲击力测试装置工作流程如下：

首先，通过纵向滑轨 13 调整喷射距离、竖向导杆 15 调整混凝土喷枪 18 高度、角度调节手轮 16 调整喷射角度、空压机调整喷射风压，使喷枪尽可能对着物料收集器中心。事先将特定数量的收集盒组装成收集器，再利用收集器框架竖向导杆 20、收集器框架底板 19、收集器框架侧板、铰接螺栓、收集器横向支撑 6、收集器纵向支撑 7 等固定收集盒。利用传感器固定架 10 固定冲击力传感器 11、连接动态数据采集器和收集盒底盖，接好电源，做好前期准备工作。

其次，启动喷射装置（空压机、速凝剂泵、混凝土泵等），使混凝土在压缩空气作用下沿喷枪设定方向对着物料收集器喷射，物料收集过程中，通过收集盒的混凝土物料冲击尾部传感器，动态采集器自动记录冲击力。喷射时间 5~15 s，之后先关闭空压机、速凝剂泵、混凝土泵等喷射装置，再把喷枪由水平方向转动至垂直方向。拆卸物料收集器的收集盒，按照固定编号收集物料，记录质量。

最后，统计射流质量和冲击力的空间分布，在所有收集盒射流入口构成的几何截面绘制坐标系，划分横、纵坐标，以收集盒几何中心作为定位点，所有收集盒几何中心为坐标原点，物料质量、尾部冲击力都对每个收集盒所处定位点坐标进行赋值。经过如此处理，可以得到喷射混凝土射流质量和冲击力的几何空间分布。

3.3 质量和测力传感器计量要求

（1）前期试验发现，中心管道混凝土质量 6~8 kg，周边管道为几百克，建议称量天平质量精度不低于 0.01 kg，量程不低于 20 kg。

（2）试验发现，中心管道混凝土射流冲击力一般为 10~20 N，周边管道 1 kN 左右，建议冲击力传感器计量精度不低于 0.1 N。

4 装置的优点与不足

4.1 装置的优点

（1）可准确测得喷射混凝土射流质量和冲击力的空间分布情况。设计了物料收集器，由多个空心棱柱物料收集盒组成，每个收集盒尾部都安装了一个冲击力传感器，收集器和传感器都呈网格化的空间几何分布，通过射流试验，能够记录整个空间分布几何轨迹，直观获取质量和冲击力的空间分布数据。

（2）能够考察喷射距离、喷射角度、喷射风压等因素对空间分布情况的影响。通过设计喷枪移动系统，能够精确调整喷射角度、喷射距离、喷射风压，操作简便快捷，稳定可靠。

4.2 装置的不足

物料收集管道拆卸与安装不便，喷射混凝土对管壁造成的污染较大，甚至受到冲击破坏，管道耗损严重，重复利用率低，试验成本较高。每次试验过程，喷嘴须对准中心管道，并恰好在其几何中心部位，试验实施过程中，受气流影响，喷头容易抖动，对喷射手要求较大，加大试验难度。

使用该装置过程中，有两个问题需要注意：一是事先准备清洗水，在混凝土未充分凝固之前，测试完成质量和冲击力，然后清洗管道、擦拭设备，延长装置的使用寿命；二是收集管道优选轻质高强材料，避免冲击破坏，也能提高质量测试精度。

5 结语

湿喷混凝土以射流形式完成特殊的"浇筑-振捣"过程，包括射流冲击、射流黏附、射流回弹等阶段。研究工作聚焦于混凝土配合比优化与湿喷工艺参数调整，对射流黏附过程知之甚少，理论研究滞后于工程应用，湿喷混凝土技术发展进入了瓶颈期。加强混凝土射流黏附过程的理论认识是出路之一，由于缺少有效测试设备，混凝土射流运动、黏附与反弹等过程数据积累很少，深层次研究仍有待推进。本文研发了一种射流质量和冲击力测试装置，解决了喷射混凝土射流质量和冲击力空间分布无法测试，喷射风压、喷射距离、喷射角度等因素的影响程度难以估计的技术难题，摆脱了只依靠理论公式或实践经验估计、没有数据支持的现实问题。这为经典理论模型验证与经验模型修正提供了试验依据，为该领域理论研究提供了重要的试验方法参考。

<h2 style="text-align:center">参考文献</h2>

［1］ ACI Committee 506. Guide to shotcrete［S］. Farmington Hills：American concrete institute, 2016.

［2］ IKUMI T, SALVADOR R P, AGUADO A. Mix proportioning of sprayed concrete：A systematic literature review［J］. Tunnelling and Underground Space Technology incorporating Trenchless Technology Research, 2022, 124：104456.

［3］ GINOUSE N, JOLIN M. Mechanisms of placement in sprayed concrete［J］. Tunnelling and Underground Space Technology, 2016, 58：177-185.

［4］ GINOUSE N, JOLIN M. Characterization of placement phenomenon in wet sprayed concrete［C］//Proceedings of 7th international symposium on sprayed concrete, Sandefjord, Norway, 2014.

［5］ ARMELIN H S. Rebound and toughening mechanisms in steel fiber reinforced dry-mix shotcrete［D］. Vancouver：University of British Columbia, 1997.

［6］ ARMELIN H S, BANTHIA N. Mechanics of aggregate rebound in shotcrete— (Part I)［J］. Materials and Structures, 1998, 31 (2)：91-98.

低温环境防渗层 SBS 改性沥青混凝土三轴静力特性研究

毛春华[1,2]　张轶辉[1,2]　宁逢伟[1,2]　褚文龙[1,2]　都秀娜[1,2]

（1. 中水东北勘测设计研究有限责任公司，吉林长春　130061；

2. 水利部寒区工程技术研究中心，吉林长春　130061）

摘　要： 为考察低温环境抽水蓄能电站防渗层沥青混凝土的三维受力状态，制备了 SBS 改性沥青混凝土和水工 110 号沥青混凝土各 1 种，以 1.8 ℃为北方地区低温环境典型年平均温度，对两种沥青混凝土进行了静三轴试验，并计算了 E-μ 模型和 E-B 模型参数。结果表明，轴向偏应力随围压增加而增加，体积应变随围压增加而减小；SBS 改性沥青混凝土黏聚力 699.32 kPa，比水工 110 号沥青混凝土黏聚力减小了 27%；SBS 改性沥青混凝土 E-μ 模型、E-B 模型计算模量数为 975.33 和 1 014.64，比水工 110 号沥青混凝土模量数减小了 39% 和 29%，低温柔性更好。

关键词： 沥青混凝土；防渗层；抽水蓄能电站；三轴；改性沥青

1　引言

抽水蓄能电站是一种利用峰谷电价差异、反复抽排水运行的能源储备设施。"十三五"以来，抽水蓄能电站已成为我国能源领域的重要组成部分。到 2030 年，预计投产规模可达到 1.2 亿 kW 左右[1]。电站运行过程中，水资源频繁调度，库盆面板防渗和柔性承载需求较高，沥青混凝土具有水泥混凝土无法比拟的技术优势，设计与应用占比较高[2]。

沥青混凝土是一种温感型材料，其性能参数随温度变化。温度降低，脆性增强，力学性能增加，抗压强度、劈裂抗拉强度提高[3]。受我国抽水蓄能电站发展历程影响，南方地区已建或在建工程较多，服役环境年平均气温高，更关注热稳定性，如斜坡流淌值、热稳定系数等[4]。"十四五"之后，抽水蓄能电站建设向北方地区倾斜，年平均气温大多在 5 ℃以下，以往工程案例不多，技术储备不充分。

低温柔性是评价沥青混凝土低温环境服役性能的关键指标。对于同种沥青混凝土，不可避免有柔性随温度降低而降低的变化趋势，但沥青混凝土能否仍旧发挥预期作用或达到预期目的仍待论证。沥青品质是温度敏感性的核心要素，为保障工程质量，应尝试改性沥青混凝土，利用其本身低温柔性优势，在一定程度上弥补低温环境造成的柔性损失。笔者所在团队长期致力于 SBS 改性沥青混凝土研究，或许是保障低温环境沥青混凝土服役性能的重要出路。

防渗层沥青混凝土技术应用与经验积累不如心墙沥青混凝土[5]。不过，常规柔性指标如拉伸性能、弯曲性能、疲劳性能等方面定性研究结论相差不大。毕竟两种混凝土仅是沥青含量和骨料最大粒径不同，防渗层沥青含量略高于心墙的，总体相差不多。相比于传统低温柔性指标，三轴受力特性则相对复杂，低温环境公开报道资料较少，是面板长期服役寿命预测的主要依据，仍待进一步研究。

针对上述问题，制备了一种 SBS 改性沥青混凝土，以 1.8 ℃作为北方地区典型的低温环境，实测

作者简介： 毛春华（1973—），男，高级工程师，主要从事沥青混凝土心墙及面板防渗层耐久性能研究工作。

了静三轴性能，并与水工 110 号沥青混凝土对比，分析其优劣成因，为类似低温环境工程建设与研究提供参考。

2 原材料及配合比

2.1 原材料

110 号水工沥青，针入度 106 1/10 mm，软化点 65 ℃，延度（5 cm/min，10 ℃）102 cm，密度（15 ℃）1.023 g/cm³，含蜡量 1.9%，60 ℃动力黏度 136 Pa·s；SBS 改性沥青，针入度 121 1/10 mm，软化点 91 ℃，延度（5 cm/min，15 ℃）109 cm，密度（25 ℃）1.013 g/cm³，运动黏度（135 ℃）1.8 Pa·s；粗、细骨料为同种灰岩加工的人工骨料，粗、细骨料加温至 170 ℃，加热前后骨料筛分无变化；粗骨料分四级：16~19 mm、9.5~16 mm、4.75~9.5 mm、2.36~4.75 mm，与沥青黏附性为 5 级；细骨料粒径范围 0.075~2.36 mm；填料公称粒径范围 0~0.075 mm，实际 0.075 mm 以下颗粒占比 93.4%。

2.2 配合比设计

沥青混凝土配合比计算主要包括沥青和矿料两种成分，沥青用量通常以沥青含量或油石比表达，而矿料包括粗骨料、细骨料和填料三种组分，其混合比例是矿料级配设计的重要内容，级配计算如式（1）所示：

$$P_i = P_{0.075} + (100 - P_{0.075}) \frac{d_i^r - 0.075^r}{D_{max}^r - 0.075^r} \tag{1}$$

式中：P_i 为孔径为 d_i 筛的通过率（%）；$P_{0.075}$ 为填料用量（%）；r 为级配指数；d_i 为筛 i 的筛孔尺寸，mm；D_{max} 为矿料最大粒径，mm。

为考察低温环境 SBS 改性沥青混凝土的拉伸与弯曲特性，设计了 SBS 改性沥青混凝土和水工 110 号沥青混凝土各 1 种，编号分别为 MC 和 HC，配合比见表 1。两种沥青混凝土级配指数、填料含量、油水比相同，沥青品种不同，分别是 SBS 改性沥青和水工 110 号沥青。

表 1 两种防渗层沥青混凝土配合比

编号	级配指数	填料含量/%	油石比/%	筛孔 d_i/mm				
				16	9.5	4.75	2.36	0.075
				通过率 P_i/%				
MC	0.43	12	7.5	100	80.4	60.2	45.2	12.0
HC	0.43	12	7.5	100	80.4	60.2	45.2	12.0

MC、HC 基本性能分别为：孔隙率 1.17% 和 1.01%，渗透系数 3.1×10⁻¹⁰ cm/s 和 2.2×10⁻¹⁰ cm/s，水稳定系数 0.95 和 0.94，斜坡流淌值 0.52 mm 和 0.65 mm，冻断温度 -44.6 ℃ 和 -36.0 ℃，1.8 ℃弯曲应变 5.588% 和 3.029%，1.8 ℃拉伸应变 1.76% 和 1.27%，25 ℃柔性挠度均大于 15%，1.8 ℃柔性挠度均大于 5%。与水工 110 号沥青混凝土相比，SBS 改性沥青混凝土孔隙率和渗透系数略高，水稳定系数较大，斜坡流淌值较小，冻断温度显著降低，弯曲应变和拉伸应变明显变大，水稳定性、热稳定性、拉伸延展性、弯曲韧性均提高，综合性能较优。1.8 ℃条件的弯曲、拉伸性能优势表明，SBS 改性沥青混凝土更适合低温服役环境。

3 试验方法与注意事项

3.1 试验方法

三轴静力特性按照《水工沥青混凝土试验规程》（DL/T 5362—2018）中"沥青混凝土静三轴试验"进行。采用圆柱体试件，尺寸为 φ100 mm×200 mm，试件安装在围压容器中，之后放入恒温室，恒温时间不少于 3 h。最小主应力即围压由水压实现，共设计 4 个围压：200 kPa、400 kPa、600 kPa 和 800 kPa，每个围压做 3 个试件。针对低温环境三轴静力特性研究需要，以北方地区典型工程年平均气温 1.8 ℃为试验温度。

试验过程，围压（200 kPa、400 Pa、600 kPa 或 800 kPa）稳定 30 min 后开始轴向加载，速率为 0.2 mm/min（应变速率 0.1%/min），记录轴向压力（实际为偏应力）、轴向变形和体积变形，控制围压、温度和变形速率保持恒定。最大主应力（σ_1）实施共包括两部分，由偏应力（$\sigma_1-\sigma_3$）和围压（σ_3）共同完成。当轴向压力出现峰值或达到 20% 应变时停止试验。经过轴向荷载与围压作用，试件被压缩，直径增加，但受低温影响，整体变幅不大。

3.2 试验注意事项

鉴于静三轴试验过程比较烦琐，特对几个细节问题予以说明。

（1）温度对静三轴参数结果影响较大，应加强温度控制。包括两方面：一方面，定期进行温度传感器计量，保障溯值准确；另一方面，有效判断目标温度控制精度，确立合理的恒温时间。

（2）三轴试验过程围压应力由水压提供，假定水压全部作用于试件表面，没有水分渗入工况。试验过程中，试件用橡胶套密封，应避免橡胶套老化，保证橡胶套与试件表面紧密贴合。

（3）围压由水泵完成，建议采用双压力表控制，一个压力表控制水压力，另一个压力表反馈实际控制效果，两个压力表相互佐证，保障压力施加准确。

（4）体积应变由围压施加前后泵管内水的体积变化进行计算，施加压力为 200~800 kPa，压力跨度较大，水量差异显著。每次施加压力时，应注意水泵起点，保证充足的水量用于压力试验。建议每次实施围压之前，水泵都退回到起点，保障最大的围压量程和体积变化量程。

4 结果与讨论

4.1 应力应变关系

静三轴试验过程中，沥青混凝土在轴向压力与周围压力作用下产生轴向变形和体积变化。围压大小恒定，与设计值相同，为 200 kPa、400 kPa、600 kPa 或 800 kPa。轴向应力包括轴向偏应力和围压应力。4 种围压条件下偏应力随轴向应变变化情况如图 1 所示。两种沥青混凝土（MC、HC）轴向偏应力均随围压增加而增加。对比发现，相同轴向应变时水工 110 号沥青混凝土各围压的轴向偏应力均大于 SBS 改性沥青混凝土的。表明二者轴向加载过程变形不同，SBS 改性沥青混凝土更容易产生黏弹性变形。同样处于 1.8 ℃低温环境，三轴受力状态下，SBS 改性沥青混凝土柔性更好，对抗渗和抗裂均有利。

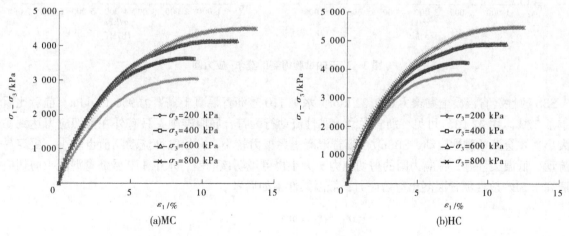

图 1 轴向偏应力随轴向应变变化情况

两种沥青混凝土（MC、HC）体积应变随轴向应变的变化情况见图 2，轴向应变相同时体积应变随围压增加而减小。体积应变相比于轴向应变主要是圆柱体试件直径横向（径向）应变与轴向应变的比值，在一定程度上反映了沥青混凝土的横向变形系数。围压越大，径向（横向）变形受到的约束越强，因而体积变化越小。与水工 110 号沥青混凝土相比，SBS 改性沥青混凝土各围压体积应变随轴向应变的增长幅度更高，体积应变更大，同样说明 SBS 改性沥青混凝土低温柔性更好，变形能力更强。

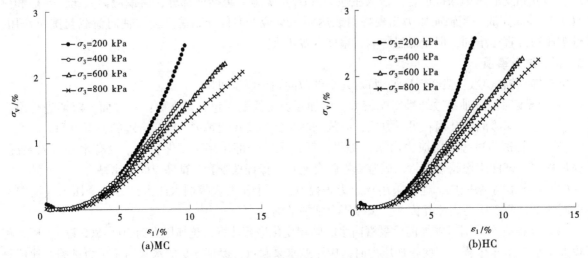

图 2　体积应变随轴向应变变化情况

4.2　莫尔-库仑准则求取 c、φ 值

静三轴试验主要用于求取三轴受力状态下沥青混凝土的剪切强度和变形性能。剪切强度求取依据莫尔-库仑准则进行，表达式如式（2）和式（3）所示。根据实测 4 个围压（200 kPa、400 kPa、600 kPa、800 kPa）相关结果绘制了两种沥青混凝土剪切应力-正应力莫尔圆，如图 3 所示。

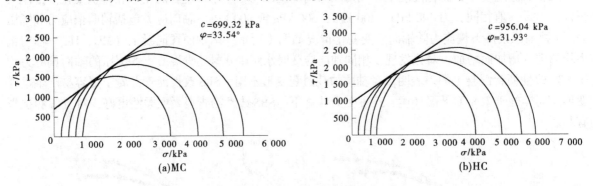

图 3　静三轴试验得到的莫尔-应力圆

SBS 改性沥青混凝土黏聚力 699.32 kPa，水工 110 号沥青混凝土黏聚力 956.04 kPa，前者比后者减小了 27%。由式（3）可见，沥青混凝土黏性流动行为符合屈服准则，只有外在剪切应力达到黏聚力大小，才会开始黏性流动，SBS 改性沥青混凝土黏聚力较小，开始黏性流动阈值也较小，更容易黏性流动，低温柔性好。各应力圆的剪切应力 τ 大小也可说明该问题，水工 110 号沥青混凝土剪切应力普遍高于 SBS 改性沥青混凝土剪切应力，低温柔性不如后者。

$$\left.\begin{array}{l}\tau = \dfrac{1}{2}(\sigma_1 - \sigma_3)\cos\varphi \\[2mm] \sigma = \dfrac{1}{2}(\sigma_1 + \sigma_3) + \dfrac{1}{2}(\sigma_1 - \sigma_3)\sin\varphi\end{array}\right\} \tag{2}$$

$$\tau = \sigma\tan\varphi + c \tag{3}$$

式中：τ 为剪切应力，kPa；σ 为正应力，kPa；σ_3 为周围压力，kPa；σ_1 为最大主应力，kPa；$\sigma_1 - \sigma_3$ 为偏应力，kPa；φ 为内摩擦角（°）；c 为黏聚力，kPa。

4.3　E-μ 模型参数对比

为便于三轴受力状态沥青混凝土面板结构计算，引入邓肯-张 E-μ 模型求取相关参数，该模型于 1970 年提出[6]。表达式见式（4）~式（6）。两种沥青混凝土参数计算结果见表2。

$$E_t = Kp_a\left(\frac{\sigma_3}{p_a}\right)^n\left[1 - \frac{R_f(\sigma_1 - \sigma_3)(1 - \sin\varphi)}{2c\cos\varphi + 2c\sigma_3\sin\varphi}\right]^2 \tag{4}$$

$$\mu_t = \frac{G - F\lg\left(\dfrac{\sigma_3}{p_a}\right)}{(1 - A)^2} \tag{5}$$

$$A = \frac{D(\sigma_1 - \sigma_3)}{Kp_a\left(\dfrac{\sigma_3}{p_a}\right)^n\left[1 - \dfrac{R_f(\sigma_1 - \sigma_3)(1 - \sin\varphi)}{2c\cos\varphi + 2c\sigma_3\sin\varphi}\right]} \tag{6}$$

式中：E_t 为切线弹性模量，kPa；σ_3 为周围压力，kPa；p_a 为大气压力，kPa；R_f 为破坏比，数值小于 1；φ 为内摩擦角（°）；c 为黏聚力，kPa；μ_t 为切线泊松比；K、n、G、F、D 为试验常数。

由表2可以看出，1.8 ℃条件下，水工 110 号沥青混凝土模量数 k 为 1 604.45，SBS 改性沥青混凝土模量数 k 为 975.33，降低了 39%。模量数 k 反映了三维受力状态下混凝土的变形刚度，模量数越大，刚度越大，低温变形能力越小，柔性越差。

表2给出了水工 110 号沥青混凝土、SBS 改性沥青混凝土所有 E-μ 模型参数，能够完整展现两种混凝土 1.8 ℃的应力应变情况，对类似工程或类似温度三轴静力分析具有重要参考价值。

表 2　E-μ 模型参数计算结果

混凝土	c/kPa	$\varphi/(°)$	k	n	R_f	D	G	F
MC	699.32	33.54	975.33	0.34	0.83	0	0.59	0.08
HC	956.04	31.93	1 604.45	0.20	0.82	0	0.63	0.18

4.4　E-B 模型参数对比

根据计算需要，除提供邓肯-张 E-μ 模型之外，还计算了邓肯-张 E-B 模型，该模型于 1980 年提出[7]。表达式见式（7）和式（8），沥青混凝土为有黏性材料，因而共有 7 个有效参数，即 c、φ、R_f、K、n、K_b 和 m，1.8 ℃条件下两种沥青混凝土 E-B 模型参数计算结果见表3。

$$E_t = Kp_a\left(\frac{\sigma_3}{p_a}\right)^n\left[1 - \frac{R_f(\sigma_1 - \sigma_3)(1 - \sin\varphi)}{2c\cos\varphi + 2\sigma_3\sin\varphi}\right]^2 \tag{7}$$

$$B_t = K_b p_a\left(\frac{\sigma_3}{p_a}\right)^m \tag{8}$$

式中：E_t 为切线弹性模量，kPa；σ_3 为周围压力，kPa；p_a 为大气压力，kPa；R_f 为破坏比，数值小于 1；φ 为内摩擦角（°）；c 为黏聚力，kPa；B_t 为切线体积模量，kPa；K、n、K_b、m 为试验常数。

由表3可以看出，1.8 ℃条件下，水工 110 号沥青混凝土模量数 k 为 1 430.71，SBS 改性沥青混凝土模量数 k 为 1 014.64，降低了 29%。E-μ 模型模量数 k 与 E-B 模型模量数 k 物理意义基本相同，只是 k 值计算时 E_t 取值范围不同，均能反映变形刚度大小和柔性高低，模量数增加，刚度变大，低温变形能力减小，柔性变差。

表3给出了水工 110 号沥青混凝土、SBS 改性沥青混凝土所有 E-B 模型参数，呈现了 1.8 ℃两种沥青混凝土三维受力状态下的应力应变响应情况，对类似工程或类似温度三轴静力分析有重要参考价值。

表3　E-B 模型参数计算结果

混凝土	c/kPa	φ/(°)	k	n	k_b	m	R_f
MC	699.32	33.54	1 014.64	0.28	0.77	3 577	0.37
HC	956.04	31.93	1 430.71	0.18	0.74	5 091	0.33

5　结论

（1）级配指数 0.43、填料含量 12%、油石比 7.5% 条件下，制备了水工 110 号沥青混凝土和 SBS 改性沥青混凝土各 1 种。

（2）轴向偏应力随围压增加而增加，体积应变随围压增加而减小；与水工 110 号沥青混凝土相比，SBS 改性沥青混凝土轴向偏应力较小，体积应变较大，低温柔性更好，更适合用于 1.8 ℃ 低温环境。

（3）1.8 ℃ 条件下，SBS 改性沥青混凝土黏聚力 699.32 kPa，水工 110 号沥青混凝土黏聚力 956.04 kPa，前者比后者减小了 27%。

（4）1.8 ℃ 条件下，SBS 改性沥青混凝土 E-μ 模型、E-B 模型计算模量数为 975.33 和 1 014.64，比水工 110 号沥青混凝土模量数减小了 39% 和 29%，黏性变形能力更强，低温柔性更好。

参考文献

[1] 余璇. 抽水蓄能发展应加强需求论证与项目纳规 [N]. 中国电力报, 2023-08-08 (4).

[2] LOU L W, XIAO X, LI J, et al. Thermal-mechanical coupled XFEM simulation of low temperature cracking behavior in asphalt concrete waterproofing layer [J]. Cold Regions Science and Technology, 2023, 213, 103910.

[3] 宁致远, 刘云贺, 薛星. 不同温度条件下水工沥青混凝土动态抗压特性研究 [J]. 水力发电学报, 2019, 38 (10): 24-34.

[4] 孟霄, 刘云贺, 宁致远, 等. 沥青混凝土斜坡流淌值影响因素分析 [J]. 水电能源科学, 2019, 37 (8): 100-103.

[5] 陈志伟, 史振华, 黄勇, 等. 沥青混凝土心墙坝下游坝体分区及排水优化方法研究 [J]. 水电与抽水蓄能, 2023, 9 (3): 96-100, 120.

[6] DUNCAN J M, CHANG Chin-yung Y. Non-linear analysis of stress and strain in soils [J]. Journal of the Soil Mechanics and Foundations Division, 1970, 96 (5): 1629-1653.

[7] 朱俊高, 周建方. 邓肯 E-v 模型与 E-B 模型的比较 [J]. 水利水电科技进展, 2008 (1): 4-7.

液塑限试验调土装置研制及应用

张广禹[1,2]　赵顺利[1,2]

(1. 江河安澜工程咨询有限公司，河南郑州　450003；
2. 黄河勘测规划设计研究院有限公司，河南郑州　450003)

摘　要：液塑限是岩土工程的一个重要参数，工程中需做大量液塑限试验。把浸润土样调制成土膏是液塑限试验的一个重要环节，目前国内外大多数实验室依靠人工进行。人工调土的工作劳动强度大、工作效率低、费用成本高、卫生状况差。为提高调土工作的自动化水平，研发了液塑限试验的调土装置（调土机）。利用研发的调土装置进行了调土试验，试验结果表明，该调土装置调制的土膏满足土样液塑限试验工作要求，降低了劳动强度、提升了工作效率、改善了卫生状况。调土装置的研发提高了液塑限试验调土工作的自动化水平。

关键词：液塑限；土膏；调土；稠度；绞龙

1　引言

黏性土不同状态（流动状态、可塑状态、半固体状态、固体状态）过渡时的分界含水率为界限含水率[1]，是土力学的重要指标，能较好地反映细粒土的物理力学特性，对工程具有实用意义[2]。国家标准《土工试验方法标准》（GB/T 50123—2019）[3] 规定界限含水率试验的方法之一是采用液塑限联合测定法，该方法要求将土样加水浸润，制成 3 种不同稠度的土膏，然后在相应的光电式液塑限联合测定仪[3-6] 上进行检测。

目前国内外大多数实验室的土膏调制工作主要依靠人工进行，见图 1。具体调制[3-6] 时，将浸润后的土样倒在橡胶板上，用小铲反复刮腻，直到调制成均匀的土膏，或将浸润后的土样放入碗中，用调土刀反复搅拌，完成土膏调制。

在试验任务量较大的情况下，液塑限试验中的手工调制土膏环节工作量巨大[1]。在反复搅拌混合调制土膏的过程中，需要根据土膏的软硬稠度，人为加水调整含水率，整个过程费时费力。另外，泥膏的调制过程，必然会沾染到用具、桌面、手指。人工调制土膏自动化和定量化的不足，导致工作卫生状况差、劳动强度大、成本高、工作效率低。

为提高土样液塑限试验土膏调制工作的自动化水平，改善土膏调制环节的卫生状况、降低劳动强度、提升工作效率，迫切需要研发一种用于土工液塑限试验的调土装置。

2　调土装置的研制

通过深入分析液塑限试验的操作过程[3-6]，研制了用于土样液塑限试验的调土装置，该装置设计了特殊的搅拌机构，将浸润的土样放入土杯中，按键启动相应调制程序，搅拌机构自动运行，绞龙[7] 伸入土杯中，对浸润土样进行程序化搅拌，搅拌充分后，可以通过显示窗上阻力值大小，分析泥膏稠度是否合适，用以定量判定土样是否需要继续加水搅拌。该调土装置还可以采用手动模式进行调土，增加了调土的适应性。

基金项目：黄河勘测规划设计研究院有限公司自主研究开发项目（2021KY038）。

作者简介：张广禹（1970—），男，副高级工程师，主要从事岩土工程试验检测方面的研究工作。

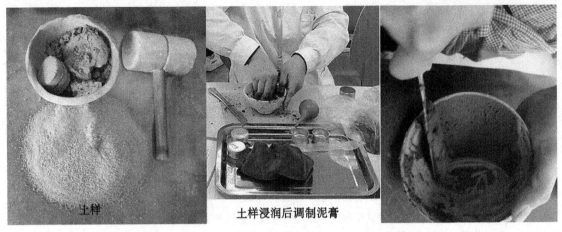

土样　　　　　　土样浸润后调制泥膏

图 1　手工调制土膏

2.1　调土装置结构组成

调土装置的三维模型图[8]和实物图分别见图 2、图 3。该装置的主要组成是：固定架构的机箱与支架，升降、旋转的移动机构，搅拌核心土杯与绞龙，交互控制系统。

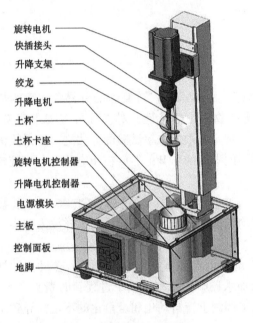

旋转电机
快插接头
升降支架
绞龙
升降电机
土杯
土杯卡座
旋转电机控制器
升降电机控制器
电源模块
主板
控制面板
地脚

图 2　调土装置三维模型

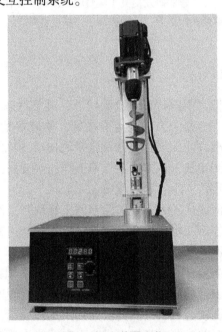

图 3　调土装置实物

2.1.1　固定架构

底部为长方体机箱，起到容纳、固定作用。机箱内设置电源、电机、控制器、主板等，机箱前侧面嵌一块带显示窗的控制面板。机箱顶面前侧开孔，内嵌土杯卡座，土杯可以固定于卡座或被取走。机箱顶面后侧竖直设置丝杠模组支架。

2.1.2　移动机构

支架为丝杠模组，其滑台由数控伺服电机带动，能够在竖直方向限位范围内任意位置升降或停止，滑台上竖直固定数控旋转电机，电机带动绞龙旋转，旋转方向、转动圈数和快慢由程序控制。

2.1.3　搅拌核心土杯与绞龙

搅拌的核心是土样放入固定的土杯中，绞龙在程序控制下产生适宜的升降旋转动作，完成土膏调制工作。

土杯为一个底部呈半球状开口向上的圆桶，用以盛放浸润的土样，见图 4。土杯卡锁在机箱内的土杯卡座内，搅拌时土杯不发生转动。

绞龙为一个螺旋体，其旋转轴上围绕螺距渐窄的叶片，绞龙末端为半圆形带缺口搅片，见图 5。绞龙的外部形状与土杯内部相配合。

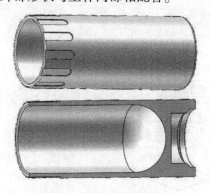

图 4　土杯三维结构

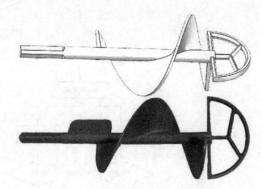

图 5　绞龙结构

2.1.4　交互控制系统

交互控制系统流程见图 6。采用 ARM 单片机[9]开发，通过控制面板上的按钮及显示窗反馈作为控制中心，土膏调制采用程序、手动两种模式进行，见图 7。

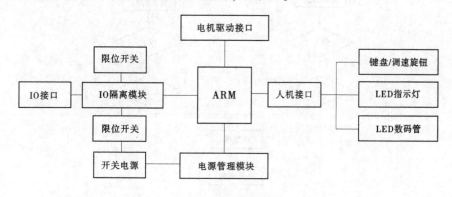

图 6　交互控制流程

系统设置了 4 种程序模式 P1、P2、P3、P4，是按照土样黏性从粉到黏的差异设置，从 P1 到 P4，转速从慢到快，搅拌时间从短到长。调土装置启动，反复点按"设置"按钮，程序模式会在 P1、P2、P3、P4 之间切换，当选定某一程序模式，按"启动键"后，即以该程序模式自动进行调土。

可以采用手动调土模式，在控制面板上，直接调整"转速按钮""升降按钮"控制绞龙的升降和旋转，使绞龙在土杯内按照要求进行调土操作。

2.2　工作原理

（1）土膏调制。将浸润的土样放入土杯中，启动调土装置，系统会按照调土模式带动绞龙伸入土杯中，绞龙在接近土样时，其末端带缺口的半圆形搅片开始对土样进行搅拌，随着距离越来越近，搅拌深度越来越深，土样发生深层搅拌，部分土样会在缺口发生翻滚，随着搅拌深度进一步增加，螺旋叶片与土杯底部的空间逐渐缩小，螺旋叶片对杯底泥土产生向下的挤压，使泥土向土杯底部推移混合，在此过程中，土杯中的泥土在绞龙的作用下，产生复杂的搅拌、翻滚、挤压、推移运动，达到充分的混合，调制成具有一定稠度的均匀土膏，可以用于液塑限试验。

（2）土膏合适稠度判定。用于液塑限试验的土膏需要三个不同的稠度，在光电式液塑限联合测定仪上，每个稠度对应一定的圆锥下沉深度[10-11]，因此三个土膏稠度必须合适。

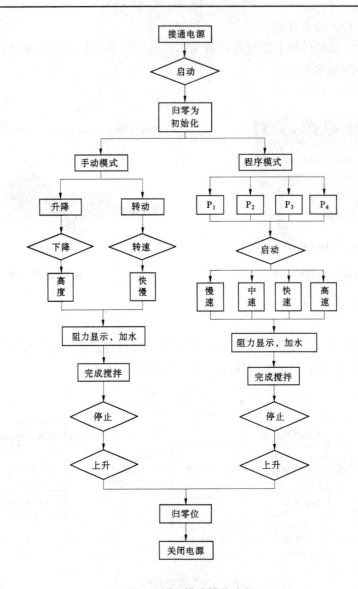

图 7 调土模式操作流程

一定数量的土样加入一定量的水后，其含水率不变，调制成均匀的土膏后，其稠度不变。当绞龙在稠度不变的土膏中匀速转动时，土膏一方面黏结于土杯内壁，一方面黏结于绞龙，对绞龙的运转产生搅拌阻力，该搅拌阻力稳定，反映土膏的稠度。调土装置建立了搅拌阻力与土膏稠度的对应关系，调土过程中，可以根据阻力值的大小，判定土膏稠度是否合适，调整土膏含水率的大小，调制合适稠度的土膏，提高调土效率。

当绞龙在稠度不变的土膏中匀速转动时，绞龙受到的搅拌阻力是相对不变的，旋转电机消耗的功率是不变的，伺服电机是通过调整电流大小输出功率的，因此绞龙搅拌阻力的大小就与旋转电机的电流相关，亦即土膏的稠度与旋转电机的电流相关，调土装置采集旋转电机电流大小，并对电流信号进行放大、处理，建立电流信号与土膏稠度的对应关系，输出至显示窗，作为判断土膏稠度合适与否的依据。

3 调土试验

为验证调土装置投入实际生产后的适用性和效率，由同一名试验人员分别采用人工和调土装置，对"黄河下游'十四五'防洪工程"的一批土样进行土膏调制，并将两种方法调制合格的土膏进行液塑限对比试验。

首先取同一土样约 200 g，加水浸润后分为两份，一份采用人工方法进行土膏调制，另一份采用调土装置进行土膏调制。

将一份土样放入碗中，采用规范规定的方法进行人工调制，依次完成 3 个含水率的土膏调制，分别测定圆锥下沉深度，并相应取含水率。

采用调土装置进行土膏调制，调土装置启动后，根据土样黏性选择调土程序，把另一份土样放入土杯中，绞龙自初始位下降深入土杯，系统进行自动调制，观察显示窗阻力值，当阻力值偏大时用吸球加水，完成土膏调制后绞龙上升回复初始位，拿下土杯取样测定。依次完成 3 个含水率的土膏调制。

4 试验结果分析

4.1 试验效率比较

采用人工调土的方法进行液塑限试验，按照一般熟练程度的试验人员统计，需要时间约 11.6 min。采用调土装置调土进行液塑限试验，需要时间约 5.6 min。采用调土装置调土进行液塑限试验，效率提升 52%，见表 1。

表 1 人工调土和调土装置调土效率比较

调土方式	土预处理/min	调土		测量		清洗		总耗时/min
		耗时/min	次数	耗时/min	次数	耗时/min	次数	
人工调土	1	3	3	0.2	3	1	1	11.6
调土装置调土	0.5	1	3	0.2	3	0.5	1	5.6
效率提升	52%							

4.2 优劣势比较

调土装置调土比人工调土具有多方面的优势，降低了对试验人员的技术、经验、熟练度的依赖，降低了劳动强度，调成的土膏更均匀，减少了泥土溅落污染桌面、地板，以及沾染手掌、衣物的情况，改善了实验室环境，见表 2。

表 2 人工调土和调土装置调土的优劣势比较

调土方式	经验依赖	劳动强度	调土效果	实验室环境
人工调土	高	高	不均匀	脏乱
调土装置调土	低	低	均匀	整洁

4.3 经济效益

设备批量生产后，一台设备采购单价为 1.0 万元，每台设备年运行费用为 1 200 元。对一个常规土工实验室的月工作量进行统计分析，按照每周两批试验，一批试验 80 组土样的工作量进行液塑限试验，一批试验通常需要 4 名试验人员花费一天完成，人员一天不停地忙碌工作，比较劳累。配备 2 台设备以后，仅须 2 人一天就能轻松完成试验工作。按此计算，一月可以节省 16 人工，减少了 50% 人力投入，提高了经济效益。

4.4 适用性比较

对试验结果进行处理分析，见表 3，圆锥下沉深度与含水率关系曲线如图 8 所示。

表3　人工调土和调土装置调土液塑限对比试验成果

土样编号	调土方式	圆锥下沉深度 h/mm	含水率 w/%	液塑限试验/17 mm		
				液限 ω_L/%	塑限 ω_P/%	塑性指数 I_P
LQ13-01	人工	4.1	20.8	31.4	16.9	14.5
		11.6	28.1			
		16.2	30.9			
	调土装置	4.7	21.5	31.2	16.8	14.4
		11.7	28.2			
		15.7	30.3			
LQ13-02	人工	4.6	23.6	37.2	17.7	19.5
		11.8	32.8			
		17.1	37.2			
	调土装置	4.9	23.9	37.1	17.4	19.7
		12.1	32.9			
		16.7	36.9			
LQ13-03	人工	3.9	26.0	38.6	21.7	16.9
		10.7	33.7			
		17.8	39.4			
	调土装置	4.2	27.1	38.8	22.0	16.8
		10.4	33.2			
		18.0	39.9			

　　由表3、图8可以看出，采用人工调土方式的土样液塑限试验结果与采用调土装置的试验结果较为一致，试验结果差别很小，主要是由土样本身的不均匀性造成的。同时，由液塑限的试验结果可以看出，采用调土装置调制的土样，其含水率均匀，优于人工调土土样的含水率，进一步体现了智能调土机的优势。通过对比试验研究，说明该调土装置能够用于开展水利工程土样液塑限试验的土膏调制工作。

5　结语

　　（1）土杯安装固定在调土装置上，绞龙在程序的控制下升降和旋转，对土杯中的浸润土样进行调制，实现了调土的自动化，解决了手工调土工作卫生状况差、劳动强度大、费用成本高、工作效率低的难题。

　　（2）人工调土时土膏稠度是否合适，需要经验熟练的试验人员凭感觉判断，反复尝试加水多少进行调制。调土装置可以直接观察显示窗搅拌阻力的显示值大小，知道加水多少，可以快速调制出合适稠度的土膏，实现了调土中加水调整稠度的具体化。

　　（3）对同一批次的土样分别通过人工和调土装置进行土膏调制比对试验，液塑限试验的比对结果较为一致，证明了调土装置能够用于液塑限试验的调土工作。

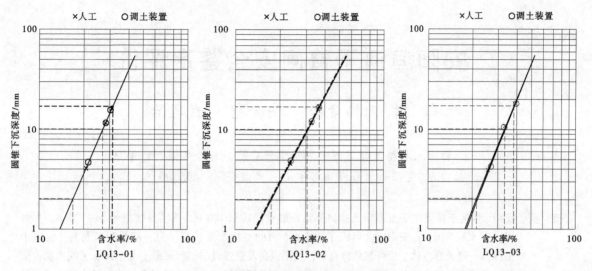

图8 圆锥下沉深度与含水率关系曲线

参考文献

[1] 陈孟元. 土壤界限含水率自动检测系统设计研究 [J]. 工程设计学报, 2017, 24 (4)：473-479.

[2] 兰进芳. 浅析界限含水率液限和塑限的测定 [J]. 科技资讯, 2015, 13 (5)：42.

[3] 中华人民共和国住房和城乡建设部. 土工试验方法标准：GB/T 50123—2019 [S]. 北京：中国计划出版社, 2019.

[4] 中华人民共和国交通部. 公路土工试验规程：JTG 3430—2020 [S]. 北京：人民交通出版社, 2020.

[5] 国家铁路局. 铁路工程土工试验规程：TB 10102—2023 [S]. 北京：中国铁道出版社, 2023.

[6] 电力行业水电规划设计标准化技术委员会. 水电水利工程土工试验规程：DL/T 5355—2006 [S]. 北京：中国电力出版社, 2006.

[7] 蔡祖光. 真空练泥机螺旋及其对泥料质量的影响 [J]. 山东陶瓷, 2016, 39 (6)：14-20.

[8] 康凯. Solidworks 软件在工程设计项目三维建模中的应用 [J]. 工程技术研究, 2021 (6)：6-8.

[9] 田寒梅, 侯延进, 王建梅, 等. 基于 ARM 单片机全自动连续微球制备仪的研制 [J]. 2017, 30 (6)：94-98.

[10] 花可可, 魏朝富, 任镇江. 土壤液限和抗剪强度特征值及其影响因素研究：基于紫色土区 [J]. 农机化研究, 2011, 33 (6)：105-110.

[11] 彭意, 李铀, 彭强. 提高液塑限联合测定试验精度的方法 [J]. 土工基础, 2007 (4)：81-84.

安阳洹河于曹闸安全鉴定评价

郑 军[1] 韩素珍[2] 牛金亮[1] 武现治[1]

(1. 黄河水利委员会黄河水利科学研究院,河南郑州 450003;
2. 安阳市水资源事务中心,河南安阳 455000)

摘 要: 安阳市洹河于曹闸位于安阳市北关区京珠高速公路桥东 180 m,洹河导线桩号 34+720 m,为大 (2)型水利工程,在安阳市区形成了约 1 610 亩的连续水系景观,为一座景观节制闸,建成于 2018 年。建筑物主体工程外观质量良好,启闭设备及管理设施运行可靠。文章结合工程现状,依据《水闸安全评价导则》(SL 214—2015)[1] 及有关规定规范,进行了安全复核分析,形成了水闸安全鉴定的结论。

关键词: 于曹闸;景观节制闸;复核计算;安全鉴定

1 工程概况

洹河是海河流域漳卫南运河水系的第二大支流,发源于林虑山东麓,自西向东流经林州市、安阳县、鹤壁市、安阳县、安阳市区、内黄县,在内黄石盘屯乡赵庄南(范阳口)注入卫河。于曹闸位于安阳市北关区京珠高速公路桥东 180 m 的洹河上,闸址以上形成了约 107 hm² 的连续水系景观,需水量可达 440 万 m³,是一座景观节制闸。该闸于 2011 年 10 月 10 日正式开工建设,2013 年 12 月完工并蓄水试运行,2018 年 11 月竣工验收,目前运行状况良好。工程竣工验收后,依据《水闸安全鉴定管理办法》要求,首次安全鉴定应在竣工验收后 5 年内进行,本次鉴定工作是该闸竣工后按规范要求开展的工作。

2 基本资料

2.1 水文及地质条件

2.1.1 水文气象

水闸工程区域位于北方暖温带大陆性季风气候,春季干旱多风,夏季炎热多雨,秋季凉爽,冬季寒冷少雨雪。多年平均气温 14.3 ℃,1 月气温最低,平均气温−2.7 ℃。历年平均降雨量 581~693 mm,降雨年内分配不均,多集中在 6—9 月,降雨量占全年降雨量的 70% 以上,历年平均蒸发量 1 927~1 997 mm,无霜期 219 d,多年平均风速 1.7~3.5 m/s,最大为 24 m/s。

2.1.2 工程地质

水闸所在区域地处洹河冲积平原,地势较为平坦开阔,场地地貌单元属冲积平原地貌。闸址位于洪冲积扇的中部和边缘,两岸地形较平坦,坡度平缓。于曹闸室底板底部高程为 59.84 m,闸室基础位于黄色—褐色级配不良砂和浅黄色低液限黏土之间,地基承载力特征值 80~170 kPa。水闸建设期间对基础进行了 CFG 桩基加固处理,基底承载力为 200 kPa。根据《中国地震动参数区划图》(GB 18306—2015)[2],查得该工程场区地震动峰值加速度为 0.20g,反应谱特征周期为 0.40 s,相应场地地震烈度为Ⅷ度。

基金项目: 黄河水利科学研究院推广转化基金(HKY-YF-2022-01)。

作者简介: 郑军(1984—),男,高级工程师,主要从事水闸鉴定、水工建筑物抗磨修复的研究工作。

2.2 设计情况

于曹闸工程位于洹河导线桩号 34+720 m 处，该闸按大（2）型工程设计，工程等别为 Ⅱ 等，主要建筑物级别为 2 级，为一座景观节制闸，闸型采用双扉闸式平板钢闸门，液压启闭机控制；设计洪水标准为 50 年一遇，设计洪水位为 71.20 m，设计过闸流量为 2 300 m³/s，闸址断面相应水位为 70.9 m，设计蓄水位为 69.74 m，设计蓄水深度 7.9 m；按地震烈度 Ⅷ 度设计。该闸为开敞式钢筋混凝土结构，由闸室、上下游连接段组成，共 7 孔，中墩和缝墩厚均为 2.3 m，边墩为直墙结构，厚 1.15 m，闸孔净宽 10 m，闸室总宽度 83.8 m，顺水流方向长 20 m。闸底板为混凝土结构，底板厚 1.2 m，底板高程为 61.84 m；消力池为钢筋混凝土结构，底板厚 1.2 m，池长 25.0 m，消力池深 1.5 m，为降低闸底渗透压力，消力池水平段上设排水孔，排距和间距均为 1.5 m，梅花形布置。闸门为工作闸门，为平面钢闸门，闸门尺寸为 10.64 m×7.9 m，采用双扉式闸门，大门蓄水高度 4.8 m，小门蓄水高度 3.1 m，正常蓄水高度 7.9 m；启闭设备均为液压式启闭，大门启闭选用 QPPY I -2×1 000 kN，小门启闭机选用 QPPY II -2×500 kN。

2.3 安全检测情况

依据《水闸安全评价导则》（SL 214—2015），通过对闸墩混凝土、闸门、启闭机、工作桥、上下游翼墙、闸室底板、两岸堤防等主要部位进行现场安全检查和检测，检测结论如下。

2.3.1 构筑物强度、耐久性检测

针对闸墩、翼墙、工作桥、排架、上游护坡、下游护坡混凝土强度采用回弹法进行检测，闸墩混凝土抗压强度检测结果平均值为 25.3~49.1 MPa；翼墙混凝土抗压强度检测结果平均值为 35.2~49.5 MPa；工作桥主梁混凝土抗压强度检测结果平均值为 60.0 MPa；排架混凝土抗压强度检测结果平均值为 44.1 MPa；上游护坡混凝土抗压强度检测结果平均值为 28.9~40.2 MPa；下游护坡混凝土抗压强度检测结果平均值为 38.5 MPa。

所有抽检的混凝土构件保护层厚度平均值均大于碳化深度平均值。

2.3.2 金属结构检测

闸门为双扉门结构，工作闸门分为大门和小门，1#、4#、7#工作闸门大门面板和止水压板表面涂层局部脱落，有少量蚀斑，大门腐蚀程度评价为 A 级；1#、4#、7#工作闸门小门面板表面涂层基本完好，局部有少量蚀斑或不太明显的蚀迹，小门腐蚀程度评价为 A 级。

所有大小工作闸门，未发现明显焊缝表面缺陷和内部缺陷，焊缝质量良好。个别闸门止水有轻微磨损。

2.3.3 机械电气检测

电气设备和保护装置现状总体良好，启闭机可正常运行，闸门启闭无异常现象。闸门启闭运行时，启闭机室内噪声较大，1#液压式启闭机运行噪声为 94.3 dB（A），依据《工作场所有害因素职业接触限值 第 2 部分：物理因素》（GBZ2.2—2007），每周工作 5 d，每天工作 8 h，稳态噪声限值为 85 dB（A），非稳态噪声等效声级的限值为 85 dB（A），因此运行噪声不满足规范要求。

3 水闸安全复核计算

3.1 防洪安全复核

3.1.1 设计洪水复核

于曹闸设计防洪标准为 50 年一遇，本次洪水计算频率为 50 年的洪峰流量，复核节制闸过流能力。

洪水计算根据彰武水库、小南海水库控泄及洪水可由崔家桥滞洪区控洪流入卫河的区域规划，由于洹河安阳城市段按 1989 年洹河设计洪水成果进行了治理，故于曹闸洪水计算采用 1989 年洪水计算成果。于曹闸 50 年一遇洪水的最大过闸流量计算值为 2 289 m³/s；于曹闸设计过闸流量 2 300 m³/s，设计流量大于计算流量。于曹闸河道上游安阳站最大过闸流量计算结果见表 1。

表1　安阳站历次洪水流量计算结果对比　　　　　　　　　　　单位：m³/s

计算年份	频率						备注
	33.3%	20%	10%	5%	2%	1%	
1984	239	403	899	1 544	2 252		$N=3\sim20$，彰武控泄340
1989	311	583	1 319	1 719	2 289	4 000	$N=5\sim20$，彰武控泄600

3.1.2　过流能力复核

根据《水闸设计规范》（SL 265—2016）[3]，平底闸处于高淹没度时，闸孔过流能力根据堰流出流公式计算，经计算，当上游水位为71.2 m（设计洪水位），设计水头0.3 m，闸门开度至6.5 m以上时，计算流量结果为2 383.9 m³/s，该闸的过流能力大于设计值。因此，该闸的防洪能力满足规范要求，见表2。

表2　洹河于曹闸过流能力复核计算结果

设计水位/m	下游水位/m	水位差/m	出流形式	计算流量/(m³/s)	设计流量/(m³/s)
71.20	70.9	0.3	堰流，高淹没出流	2 383.9	2 300.00

3.1.3　闸顶高程复核

《水闸设计规范》（SL 265—2016）4.2.4条规定，挡水时，闸顶高程不应低于水闸正常蓄水位，或最高挡水位加波浪计算高度与相应安全加高值之和。于曹闸设计蓄水位69.74 m，设计洪水位71.2 m，闸顶高程为72.2 m。设计洪水位对应的水闸安全超高1.0 m，设计洪水位71.2 m，设计闸顶高程为72.2 m。现状闸顶高程满足规范防洪要求。

3.1.4　消能防冲结构复核

于曹闸消力池为挖深式混凝土消力池，消力池上游水平段为1.0 m，倾斜段6.0 m，消力池下游水位段18.0 m，池深1.5 m，底板厚度为1.2 m，池长25.0 m。海漫段长25 m，采用M7.5浆砌石护底。经过复核，消力池深度、长度能够满足要求。

3.2　渗流稳定复核

于曹闸为水平防渗布置，防渗体系由上游铺盖和闸室段底板组成，节制闸上游铺盖长40.0 m，闸室底板水平段长20.0 m，在消力池段侧墙和底板布置有排水孔。

按《水闸设计规范》（SL 265—2016）中渗径系数法进行计算，按照设计洪水期闸上水位71.2 m，闸下无水为最不利情况（水头差7.9 m），防渗计算长度为31.6 m，经计算，在最不利情况下，闸基水平段、出口段的渗透坡降值均满足规范要求，见表3和表4。

表3　水平段渗流坡降计算结果汇总

分段	$\Delta H/m$	h'_x/m	L/m	$J=h'_x/L$	$[J]$	规范要求
水平段（2）	7.9	3.55	40	0.09	0.25~0.35	$J\leqslant[J]$
水平段（5）	7.9	1.32	20	0.07	0.25~0.35	

表4　出口段渗流坡降计算结果

分段	$\Delta H/m$	h'_0/m	S'/m	$J=h'_0/S'$	$[J]$	规范要求
出口段	7.9	0.911	4.0	0.23	0.50~0.60	$J\leqslant[J]$

3.3 闸室稳定复核

根据《水闸设计规范》（SL 265—2016）的规定，闸室稳定计算采用如下工况：检修期、正常蓄水位、设计洪水位、正常蓄水位+地震工况、历史最高运行水位（73.2 m），计算成果见表5。

表5　闸室稳定复核结果

计算工况	抗滑稳定系数			基地应力/MPa			
	K_c	$[K_c]$	P_{max}	P_{min}	η	$[\eta]$
检修期	—	—	124.1	102.1	1.21	2.00
正常蓄水位	1.72	≥1.3	74.6	71.1	1.05	2.00
设计洪水位	186.4	≥1.3	174.1	147.0	1.18	2.00
正常蓄水位+地震工况	1.69	≥1.05	73.7	72.0	1.02	2.00
历史最高运行水位（73.2 m）	22.8	≥1.15	174.1	166.2	1.05	2.00

于曹闸基础在黄色-褐色级配不良砂和浅黄色低液限黏土之间，地基承载力特征值 80~170 kPa。水闸建设期间对基础进行了 CFG 桩基加固处理，基底承载力为 200 kPa，处理后闸基基础基本适合本工程建设要求。由此可见，在各种计算工况下水闸基底应力、不均匀系数均满足现行规范要求，抗滑系数亦能满足规范要求。

3.4 抗震安全复核

根据《中国地震动参数区划图》（GB 18306—2015），查得该工程场区地震动峰值加速度 0.20g，反应谱特征周期为 0.40 s，相应场地地震烈度为Ⅷ度。由本闸结构图可知，闸墩、地板和管理房混凝土结构均设有抗震加密钢筋，结构抗震措施满足规范要求。由地质资料可知，本闸地基层位于黄色-褐色级配不良砂和浅黄色低液限黏土之间，因地基土属易液化土，水闸建设期间对基础进行了 CFG 桩基加固处理，水闸基础抗震满足规范要求。

由 3.3 节及相关计算可知，正常蓄水位+地震工况下，闸室稳定、边墩结构强度、闸底板结构强度、挡土墙结构强度、工作桥主梁结构强度满足规范要求。

3.5 金属结构安全复核

安阳洹河于曹闸闸室布置为 7 孔，采用双扉式闸门，设计情况详见 2.2 节。操作运用方式：动水启闭，并要求局部开启。于曹闸的启闭机、钢闸门型号均与设计一致。闸门和启闭机历经多次洪水检验，均能正常蓄水、泄洪，金属结构设计、布置、选型及运用条件合理。

启闭机和钢闸门巡视检查结果基本符合要求，于曹闸启闭机均为液压启闭机，闸门均能正常启闭、运行平稳，闸门启闭时未发现卡阻；启闭机使用性能满足使用要求。门面板厚度大于面板最大计算厚度，闸门现状面板厚度满足规范要求。

在正常蓄水位工况下，闸门主梁强度和刚度满足现行规范要求；在设计洪水位工况下，闸门全关情况下，闸门主梁强度和刚度满足现行规范要求；在 2016 年最高运行水位在极端情况下，闸门主梁强度和刚度满足现行规范要求。

3.6 机电设备安全复核

于曹闸启闭机室内共布置 2 组液压式启闭机，含 4 个电动机（编号：1#、2#、3#、4#）、5 个启闭机油箱（编号：1#、2#、3#、4#、5#），一组启闭机（含 1#、2# 电动机，含 1#、2# 启闭机油箱）互为主备控制水闸小闸门组，另一组启闭机（含 3#、4# 电动机，含 3#、4#、5# 启闭机油箱）互为主备控制水闸大闸门组，启闭机编号依次为 1#、2#、3#、4#。于曹闸的启闭机电动机型号与设计一致，历经多次洪水检验，启闭机电机均能启闭钢闸门，启闭电机设计、选型制造及运用条件基本合理。

于曹闸的机电设备由 10 kV 专网供电，为一类负荷；备用发电机组、电动机、变压器、控制柜均与设计一致，有出厂合格证，安装完工后进行了工程验收。于曹闸现地控制设备、监控设备较完整，相关仪表能实时显示启闭机启闭开度、油压及水闸上下游水位；闸上下游均设有远程视频监控，能对现场情况进行视频监控。

4　结论

综上所述，于曹闸运用指标可以达到设计标准，工程不存在严重安全问题，启闭设备运行可靠，根据《水闸安全评价导则》（SL 214—2015），鉴定该闸为一类闸。

参考文献

［1］中华人民共和国水利部. 水闸安全评价导则：SL 214—2015［S］. 北京：中国水利水电出版社，2015.

［2］全国地震标准化技术委员会. 中国地震动参数区划图：GB 18306—2015［S］. 北京：中国标准出版社，2016.

［3］中华人民共和国水利部. 水闸设计规范：SL 265—2016［S］. 北京：中国水利水电出版社，2016.

［4］中华人民共和国卫生部. 工作场所有害因素职业接触限值 第 2 部分：物理因素：GB Z2.2—2007［S］. 北京：人民卫生出版社，2007.

基于机载热成像设备的堤防巡检技术研究

王　锐[1]　刘冠英[2]　杨　磊[1]　李延卓[1]

(1. 黄河水利委员会黄河水利科学研究院，河南郑州　450003；
2. 黄河水利委员会三门峡水利枢纽管理局，河南三门峡　472000)

摘　要：温度场法是通过测量水工建筑物内部或外部的温度场分布，判断内部渗漏、出渗点分布情况的方法。温度场测量手段包括接触式和非接触式两类。红外热成像设备是常用的非接触式测温手段。将红外热成像设备与无人机相结合，可以实现对大型工程的快速巡检和渗漏检查。本文介绍了温度场与渗漏检测的技术发展情况、常用非接触测温技术的基本原理，并结合机载热成像设备在黄河堤防上的现场试验成果，对检测效果、试验精度等进行了分析和探讨。

关键词：堤防；巡检；热成像；无人机

1　温度场与渗漏检测

物质系统内各个点上温度的集合称为温度场。温度场可表示为温度 T 与时间 t 和空间坐标 (x, y, z) 的函数，即 $T=T(x, y, z, t)$。随时间变化的温度场称为瞬态温度场，不随时间变化的温度场称为稳态温度场。在自然环境中，温度场的分布取决于热量的传导、对流和辐射作用，以及不同材料在热容量（C）、热导率（K）、热惯性（P）等属性方面的差异。

通过技术手段观测温度场的分布情况，可以用来检测和监测大坝、堤防等水利工程的渗流情况。在堤坝渗漏监测工作中，温度场的采集手段主要分为 2 类：对坝体内部温度场，主要采用接触式温度采集装置，代表设备包括电偶式温度计、分布式光纤传感器等；对坝体表面的温度场，主要采用非接触式测温技术，包括激光测温、亮度测温、声波测温、红外测温等[1]。

1965 年，美国加州塞米诺土坝首次进行坝体测温试验，在坝体和下游护坦处埋设数十支温度计。根据对观测数据的分析，认为 6 月测出的低温区与大量渗漏存在联系。美国学者 Hurtig 等认为，流动的地下水对地下（坝体）岩土介质会产生冷却效果，地温相对低的部位可能存在流动的地下水。苏联学者 H. A. Myxer 在多年对大坝渗流与温度场研究工作的基础上，提出可以将温度状态作为观测土石坝性态的指示因子。瑞典学者 Nagao 等针对测温监测土坝渗流的方法，研究了土坝中热水力学的过程[2]。

除了对堤坝内部温度场进行监测，进而推断渗漏区域的方法外，非接触式测温技术也成为判断堤坝出渗范围的快速巡检手段。Bukowska-Belniak 等[3] 利用模型试验验证了利用红外热成像仪检测堤坝渗漏的可行性；Chien-Yuan 等开展了堤坝蓄水溃决过程的红外热成像试验，指出渗漏造成堤坝表面温度变化的特征；周仁练等[4] 开展了被动红外热成像探测土石堤坝渗漏的试验，认为午后和夜间是利用红外热成像巡查土石堤坝渗漏的较佳时机；于彦飞等[5] 将无人机机载热成像设备用于堤坝渗漏探测，并利用图像识别等技术进行渗漏面积计算等。

基金项目：国家自然科学基金（U2243223）；中央级公益性科研院所基本科研业务费专项资金（HKY-JBYW-2023-14）。
作者简介：王锐（1979—），男，正高级工程师，主要从事工程质量检测和工程安全评价工作。

2 非接触测温技术

为实现堤坝的快速巡检，要求测温技术具有快速测量、对目标温度场扰动小、具有良好的动态响应、精度高等要求。非接触测温技术是进行堤防巡检的首选方式。下面对常见的非接触测温技术进行简单的介绍。

2.1 激光测温

激光测温的原理是利用被测物体折射率的变化，推导出相关光学参数的变化，进而得到被测物体的温度分布。该方法主要适用于可透光的物体。

2.2 声波测温

声波测温最早出现于 1972 年，是利用温度对声波速度影响的效应，通过精确测定声波波速，推导声波传播路径上的温度分布。

2.3 光谱测温

光谱测温是 20 世纪 70 年代末发展起来的非接触测温方法，可以同时测量目标的真实温度及材料光谱发射率，主要适用于测量水流、火焰、气体等透明物体的温度。

2.4 辐射测温

辐射测温可分为单波长测温、比色测温、全辐射测温和多波长测温。

单波长测温又称亮度测温，通过检测特定波长的辐射能，得到该波长的亮度温度，进而得到目标物体的温度。

比色测温通过测量两个不同波长区域发射的光谱能力，利用两个波长下的辐射强度比去求解目标物体温度。

全辐射测温是根据所有波长范围内的总辐射而定温，得到物体的辐射温度。

多波长测温原理是假定发射率光谱模型，利用测得的多波长辐射与波长发射率函数关系，求得目标的真温和发射率。多波长成像测温技术通过探测目标的多波长辐射图像信息，反演计算得到目标的温场分布。

2.5 红外热成像

红外热成像系统集成了光电检测、信号处理和视频图像显示等不同领域的技术手段，通过拍摄目标物体的热辐射分布，利用专用算法和硬件将其转换为人眼可见的伪彩色图像或灰度图像。成像系统主要包括光学系统、红外热辐射探测器、放大电路、视频图像处理器、显示装置等。目标体的热辐射通过光学系统投射到热辐射探测器上，转换为电信号，经放大后由图像处理器实现分辨率转换、色彩空间转换、缩放、图像增强等，输出为图像或视频信号[6]。

3 热成像巡检的工作模式、影响因素与判别标准

由于岩土体与水的比热容存在较大差异，在同样的环境温度条件下，堤防附近水体与土体通常存在温差。当堤防工程存在渗漏时，渗漏出口附近形成的积水与周围环境会出现局部热异常，利用红外热成像对异常区域成像，可以实现堤防渗漏部位的定位。

目前可用于堤防巡检的热成像设备包括手持式、车载式、机载式等类型。手持式可通过人工操作，在人工巡检的过程中，对可疑部位进行成像检查，工作效率相对较低；车载式可安放在车辆上，在沿堤顶、堤侧伴行公路行驶时进行检查，但由于安装高度有限，检查范围容易受视角、障碍物影响；机载式成像设备与无人机相结合，可以在设定高度、沿设定路线进行巡检，检查效率高、视野范围大，可以实现堤防沿线长距离、大面积快速巡查。

根据热成像设备巡检获得的热成像图像、视频成果可以进行渗漏区域的划定与判别。根据相关文献，渗漏出口通常在雨天和晴朗的夜间出现高温异常，而在晴朗的午后出现低温异常。同时，渗漏流量和流速对热异常的幅度存在影响，流量、流速越大，渗漏出水温度越接近河水温度，热异常幅度一

般较大[7]。另外，复杂的地面条件、环境温度变化等会给成像和识别工作带来不利影响。复杂地面条件包括植被遮蔽、地形起伏造成背景温度分布不均等；环境温度变化则会直接影响出渗水体与环境的温差值，造成热异常不明显，影响探测效果。

确定渗漏的热异常特征后，可以通过人工判别或计算机辅助判别实现渗漏区域的圈定。人工判别主要依赖于检测人员的经验，通过对热成像成果进行观察、比对，找出疑似热异常范围，并根据软件测温功能确定异常的幅度，对渗漏区域进行判断。人工判别的方法相对来讲较为简单、直观，但也存在随意性较大、判别标准不统一等缺点。技术人员研究利用计算机视觉、深度神经网络等理论，通过算法实现图像预处理、图像分割、特征提取、特征分类、隐患识别等功能，提高了探测成果处理的效率和准确性[8]。

4 现场试验

4.1 试验设备

本次试验工作采用大疆 Mavic3 T 型无人机作为巡检设备。该无人机属于大疆行业机型系列，在普通版 Mavic 3 无人机的基础上，配置了 1/2 in 4 800 万像素影像传感器和热成像相机。其热成像相机采用非制冷氧化钒相机，像元间距 12 μm，帧率 30 Hz；光圈设定为 1.1 时的噪声等效温差小于等于 50 mk；测温方式包括点测温和区域测温；测温范围-20~150 ℃（高增益模式下）；伪色彩模式包括白热、黑热、描红、铁红等；红外波长 8~14 μm；红外测温精度±2 ℃或±2%。

大疆还提供了配套的红外热分析工具软件，可以实现巡检数据的处理、显示，测温参数设置等。

4.2 试验过程

2023 年 7 月 25 日，研究人员利用 Mavic 3T 无人机在河南孟津段黄河大堤开展了现场试验工作。试验中采用定点拍摄、低速飞行巡测等方式对大堤内外侧进行了热成像采集。

4.3 测温成果的显示

图 1 为试验成果图像，并给出了同一图像在不同模式下的显示效果。

熔岩模式：低温为深红色，高温白色，整个色尺呈暖色调；对超高温目标，更符合人眼视觉习惯。

热铁模式：高温为红色，低温为分辨能力高的冷色，可快速识别场景中的高温目标，同时可观测到低温目标细节。

医疗模式：色彩更加丰富，使用不同颜色显示微小的温度差异，适合热量变化小的场景，在低对比度条件下仍可检测到物体轻微温度变化。

利用红外热分析工具软件的点测温功能，可以确定该图像范围内不同区域的温度，见图 2。

在试验当日天气晴朗、少云，14：30 左右，气温约 38 ℃ 的条件下，各典型测点的点测温结果如下。

SP1：54.7 ℃，该测点为河道中间滩地，表面以河流沉积的细砂为主；

SP2：36.1 ℃，河道中水体；

SP3：63.2 ℃，堤防顶部沥青铺装道路；

SP4：44.4 ℃，堤防背水坡，有自然生杂草；

SP5：63.5 ℃，堤防顶部的备防石堆体。

4.4 测温参数设置

红外成像测温的准确度受到多种因素的影响，在测温软件中可根据实际工作情况进行设置，以保证测温结果尽可能地接近被测物体的真实温度。可以在热红外分析工具中设定的测温参数包括以下几种。

测温距离：从无人机到待测目标的距离。当红外成像设备距离目标越远时，红外辐射衰减越多。成像设备出厂时一般按照固定的默认距离进行标定，在此距离上的测温结果最准确。该参数可以在一定范围内对因距离差异产生的误差进行校正。大疆的处理软件中，该值设置范围为 1~25 m，该参数

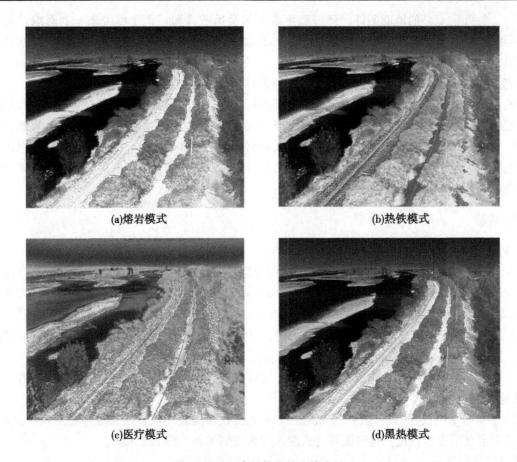

(a)熔岩模式   (b)热铁模式

(c)医疗模式   (d)黑热模式

图 1 堤防无人机热红外巡检成果

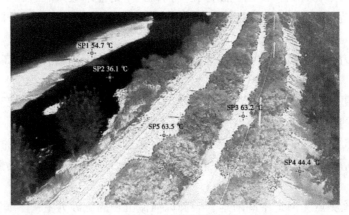

图 2 点测温成果

的不同取值对测点测温的影响情况见图 3。

相对湿度：默认值为 70%，取值范围为 20%～100%。该参数需要根据实际测试时的现场值进行设置。湿度值对测温准确性的影响较小。该参数的不同取值对测点测温的影响情况见图 4。

发射率：指被测物体表面以辐射形式释放能量的能力，是物体本身的物理性质。由于被测物体表面可能存在腐蚀、氧化等情况，因此即使同样类型的物质，其实际发射率也可能存在不同。该参数的不同取值对测点测温的影响情况见图 5。

反射温度：周围环境物体辐射的能量可能被待测目标表面反射，与待测目标本身的辐射一同被成像设备接收，造成测温误差。如果周围环境没有特别高温或低温的物体，反射温度可配置为环境温度。该参数的不同取值对测点测温的影响情况见图 6。

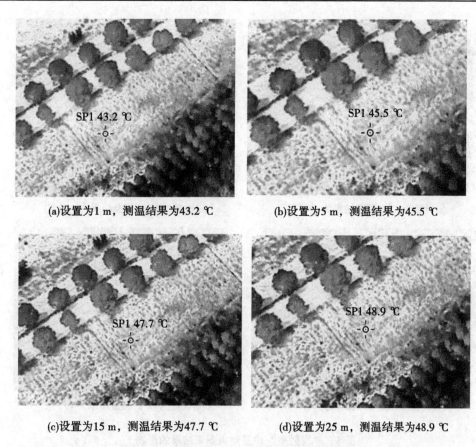

(a)设置为1 m，测温结果为43.2 ℃   (b)设置为5 m，测温结果为45.5 ℃

(c)设置为15 m，测温结果为47.7 ℃   (d)设置为25 m，测温结果为48.9 ℃

图 3   "测温距离"设置对点测温结果的影响

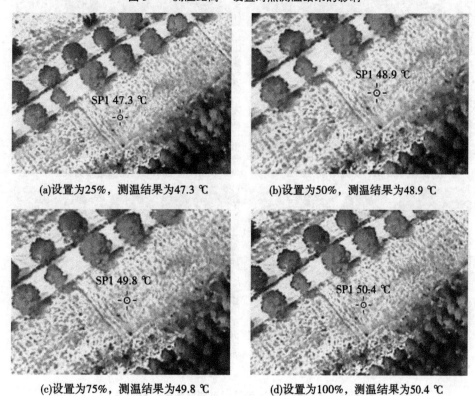

(a)设置为25%，测温结果为47.3 ℃   (b)设置为50%，测温结果为48.9 ℃

(c)设置为75%，测温结果为49.8 ℃   (d)设置为100%，测温结果为50.4 ℃

图 4   "相对湿度"设置对点测温结果的影响

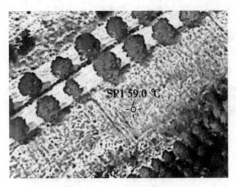
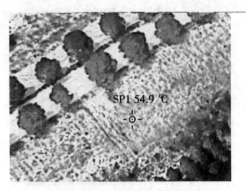

(a)设置为0.7，测温结果为59.0 ℃　　　　(b)设置为0.8，测温结果为54.9 ℃

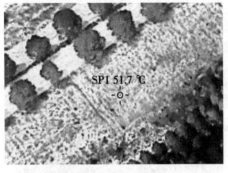

(c)设置为0.9，测温结果为51.7 ℃　　　　(d)设置为1.0，测温结果为49.2 ℃

图5　"发射率"设置对点测温结果的影响

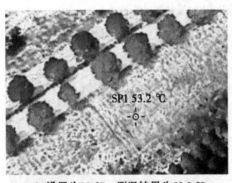

(a)设置为20 ℃，测温结果为53.2 ℃　　　　(b)设置为30℃，测温结果为48.6 ℃

(c)设置为40 ℃，测温结果为41.6℃　　　　(d)设置为50 ℃，测温结果为33.8 ℃

图6　"反射温度"设置对点测温结果的影响

5　结语

（1）温度场法通过利用渗漏水体温度与堤坝土体和周边环境温度存在差异的特性，探测和判断渗漏位置，是一种适用于日常巡检和应急抢险的快速探测方法。

（2）热成像设备能够快速、有效、直观、非接触地检测温度分布情况。热成像设备与无人机相结合，可以完成大范围的温度快速检测，尤其适合堤防、大坝等工程的坝后渗漏探测。

（3）热成像设备的探测准确度受到标定距离、环境空气湿度、探测目标表面发射率、环境反射温度等因素的影响。在实际工作中，应注意无人机的飞行高度、拍摄角度，以尽量保证探测区域与成像设备的距离接近标定距离；应在测温时同步测试和记录环境空气湿度；应对探测目标的材质、植被覆盖情况进行详细记录，参考相关资料确定其发射率。

（4）红外成像法的未来发展，除在硬件方面改进，进一步提高测量准确度外，还将该技术与图像 AI 识别、温度场仿真模拟等相关技术交叉结合，可以进一步提高渗漏探测的自动化、智能化水平以及资料解释的准确度，能够为堤坝安全保障提供更强有力的技术支撑。

参考文献

［1］王新建，陈建生. 堤坝集中渗漏温度场探测模型及数值试验［J］. 岩石力学与工程学报，2006（S2）：3794-3801.

［2］张文彬. 非接触测温方法研究与应用［D］. 广州：华南理工大学，2023.

［3］BUKOWSKA-BELNIAK B, LESNIAK A. Image processing of leaks detection in sequence of infrared images［J］. Pomiary Automatyka Kontrola, 2017, 63（4）：31-134.

［4］周仁练，苏怀智，刘明凯，等. 基于被动红外热成像的土石堤坝渗漏探测试验研究［J］. 水利学报，2022，53（1）：54-67.

［5］于彦飞. 基于无人机载红外热成像的堤坝渗漏智能识别与面积计算方法研究［D］. 济南：山东大学，2023.

［6］曾祥堉. 基于红外热成像技术的机器视觉应用研究［D］. 上海：上海理工大学，2023.

［7］周仁练，马佳佳，苏怀智. 基于无人机载红外-可见双光成像的土石堤坝渗漏巡查方法［J］. 河海大学学报（自然科学版），2023，51（3）：154-161.

［8］徐磊，高原，张佳琪，等. 基于红外成像技术的堤坝渗漏和分层病害识别方法［J］. 电子技术与软件工程，2020（8）：134-135.

激发极化法和动态斯特恩层模型在成像堤坝水含量变化中的应用

赵　祥[1]　张宏兵[1]　Andre Revil[2]　王　萍[1]

(1. 河海大学地球科学与工程学院，江苏南京　21000)

2. 萨瓦大学山地环境与动力学实验室，法国尚贝里　73000)

摘　要：为了精确地探测和监测堤坝渗漏，本文提出了激发极化结合动态斯特恩层模型的方法。通过建立的三维堤坝试验模型，利用室内试验的岩石物理测量结果以及现场的三维电导率和极化率成像技术，根据与含水饱和度相关的归一化极化率成像出渗漏前后堤坝含水量的变化，从而定位渗漏。研究结果表明，归一化极化率和含水量呈幂律关系，可以根据归一化极化率的变化确定坝体内含水量的变化，进而精确地定位出坝体内的渗漏及渗漏通道。激发极化法体现出了在堤坝渗漏探测和监测中的关键性作用。

关键词：激发极化法；动态斯特恩层；堤坝；渗漏探测；含水量

1　引言

堤坝安全一直是国家和水利部门关注的重点，及时有效地诊断出堤坝隐患是一项艰巨的任务，其中堤坝渗漏问题首当其冲[1]。目前，国内外为针对大坝渗漏探测主要有两类方法，分别是岩土工程方法和地球物理方法[2-4]。岩土工程技术如锥探和标准渗透测试等，由于其对坝体有扰动，故而不常用。地球物理方法种类多，应用最为广泛，主要有电法、电磁法、温度场法、红外热成像法等[3,5-7]。选择何种地球物理方法进行现场的应用，需要根据现场堤坝的实际情况而定。

电法如电阻率成像法（高密度电法）、自然电法、充电法均在堤坝渗漏探测中发挥着巨大的作用[7-9]；电磁法如探地雷达，受到趋肤深度的限制，尤其是含黏土较高的堤坝中，探测深度有限，但对于浅部渗漏信息的识别较为准确[11-12]；温度场法虽然能计算集中的渗漏通道，但是受岩土介质不均匀性以及气温和地表温度的影响，较难获得精确的结果[13]；红外热成像法是近年来发展起来的渗漏探测技术，利用坝体表面温差寻找渗漏出口[14]；拟流场法是一种基于电法的在水域进行地球物理探测的方法，目的是寻找管涌通道入口，从而推断出潜在的渗漏通道信息[15-16]。

本文的研究主题是利用激发极化法探测渗漏。得益于近10年岩石物理技术的发展，激发极化法的微观和宏观机制得以突显。孔隙介质材料被施加外部电场后，介质内部的有效孔隙空间会存在电流传导现象以及附着在颗粒表面的双电层的极化现象[17]。动态斯特恩层模型可以解释绝大部分的孔隙介质材料的极化机制[18]。在黏土含量较高以及低孔隙水电导率的材料中，与极化相关的面电导率尤为重要。单一的电导率（电阻率）方法并不能有效地将体电导率和面电导率分开，而这两个参数又与孔隙水含量密切相关，而激发极化法结合动态斯特恩层模型能分开这两个与电传导和极化相关的

基金项目：国家留学基金（202106710036）。

作者简介：赵祥（1992—），男，博士研究生，主要从事堤坝渗漏探测方面的研究工作。

通信作者：张宏兵（1968—），男，教授，博士生导师，主要从事电法和地震勘探的科研和教学工作。

参数。

本文通过岩石物理试验和搭建的试验堤坝，利用频率域和时间域激发极化法探测堤坝渗漏，成像出渗漏前后坝体内含水量的变化，表明激发极化法是一种有效的探测和监测堤坝渗漏的技术手段。

2 激发极化法

激发极化法是研究孔隙介质材料在外部电场作用下可逆地储存电荷的能力[19-20]。激发极化法的测量可以分为时间域和频率域（谱激发极化）。在时域激发极化法中，通过测量一次场关闭后的二次场电压的衰减，获得极化率（充电率）信息。在频率域激发极化法中，利用电场和电流的幅值以及相移获得与频率相关的阻抗，然后利用电极之间的相对位置关系以及边界条件确定的几何装置系数，将其转换成复电导率。复电导率由两部分组成，一个是实部，称之为内向电导率，表示孔隙介质材料的导电能力；另一个是虚部，称为正交电导率，表示材料在外部电场的作用下可逆地储存电荷的能力。

时域激发极化法如图1所示。在两个供电电极 A 和 B 之间施加一个周期为 T 的方波，利用两个电压电极 M 和 N 对电压进行采样。当初始电场关闭后，二次电场会随着时间的推移开始衰减。这个衰减表明了储存的电荷通过电扩散回到起初平衡的位置。对二次场电压衰减曲线进行采样，便能进行全波形反演。极化率数据是由多个部分的极化率 M_i 构成的，这些极化率是通过对 t_i 和 t_{i+1} 时刻之间的二次场电压衰减曲线进行积分而得的。

$$M_i = \frac{1}{V_0} \int_{t_i}^{t_{i+1}} V(t)\,\mathrm{d}t \tag{1}$$

式中：V_0 为初始电场关闭后的测量电极之间的电压差；$V(t)$ 为二次电压衰减曲线；Δt 为窗口 W_i 的采样时间间隔，$\Delta t = t_{i+1} - t_i$，通常取 100 ms，并且取 10 个窗口即可。

在实际的时域激发极化法数据采集过程中，建议将供电和采集电缆分开布设，可以有效地避免电磁耦合、电感以及电极的极化效应对测量数据的干扰[20]。

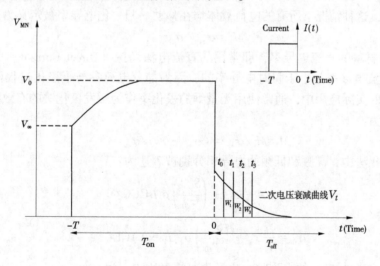

图 1 时域激发极化法示意图

3 动态斯特恩层模型

为了解释激发极化法的内在原理，Revil 等[22] 提出了一个基本的模型，称为动态斯特恩层模型（the dynamic Stern layer model）。该模型表明在大多数非金属孔隙介质材料中观察到的极化现象是由附着在颗粒表面的斯特恩层的极化所导致的。该斯特恩层位于双电层的内部，如图2所示。斯特恩层中吸附的反粒子在外部电场的作用下会沿着颗粒表面移动，但不会离开斯特恩层。在低盐度（低孔隙

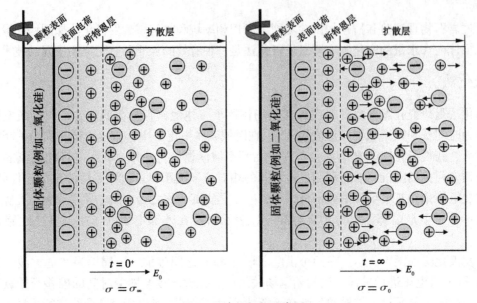

图 2　双电层极化示意图

水电导率）的孔隙材料中，极化效应是由斯特恩层极化引起的。当外部的简谐电场 $E = E_0\exp\ (+i\omega t)$ 施加到孔隙材料上时，复电导率可以写为：

$$\sigma^*(\omega) = \sigma_\infty - M_n\int_0^\infty \frac{h(\tau)}{1 + (i\omega\tau)^{\frac{1}{2}}}\mathrm{d}t + i\omega\varepsilon_\infty = \sigma' + i\sigma'' \tag{2}$$

式中：ω 为脉冲频率，rad/s；ε_∞ 为材料的电容率，F/m；τ 为弛豫时间，s；$h(\tau)$ 为孔隙介质弛豫时间常数的概率密度分布；M_n 为归一化极化率，s/m；σ' 为复电导率的实部，即内向电导率；σ'' 为虚部，即正交电导率；i 为虚数，$i = \sqrt{-1}$；σ_∞ 表示材料的瞬时电导率，s/m，该参数对应于初始电场刚被施加时的电导率，这种情况下所有的电荷载体均在移动。归一化电导率被定义为：

$$M_n = \sigma_\infty - \sigma_0 \tag{3}$$

式中：σ_0 为孔隙介质材料的直流电导率，即常用的直流电法勘探（Direct Current）中测量的电导率（电阻率的倒数）。直流电导率是小于瞬时电导率的，因为部分电荷参与了极化过程而并未参与电流的传导过程。在以往的实际应用中，通常使用无量纲的极化率作为激发极化法的有效参数。极化率和归一化极化率的关系为：

$$M = M_n/\sigma_\infty = (\sigma_\infty - \sigma_0)/\sigma_\infty \tag{4}$$

在频率域激发极化法中，高频和低频的电导率分别被表述为：

$$\sigma_\infty = \frac{S_w^n}{F}\sigma_w + \left(\frac{S_w^{n-1}}{F\phi}\right)\rho_g B\mathrm{CEC} \tag{5}$$

$$\sigma_0 = \frac{S_w^n}{F}\sigma_w + \left(\frac{S_w^{n-1}}{F\phi}\right)\rho_g(B - \lambda)\mathrm{CEC} \tag{6}$$

将式（5）和式（6）相减，便得到归一化极化率的表达式，为：

$$M_n = \sigma_\infty - \sigma_0 = \left(\frac{S_w^{n-1}}{F\phi}\right)\rho_g\lambda\mathrm{CEC} \tag{7}$$

式中：σ_∞ 为高频（>1 000 Hz）下材料的电导率；σ_0 为低频下材料的电导率；F 为和孔隙率 ϕ 相关的内在地层因子，阿尔奇第一定律[22] 定义为 $F = \phi^{-m}$，m 为孔隙指数或者胶结指数；S_w 为含水饱和度，取值范围为 $0 \leqslant S_w \leqslant 1$；$n$ 为饱和指数；σ_w 为孔隙水电导率；ρ_g 表示颗粒密度（通常情况下 $\rho_g = 2\ 650\ \mathrm{kg/m^3}$）；这里的 CEC（cation exchange capacity）为材料的阳离子交换量[24]，表示颗粒表面吸附的可交换的阳离子总量，通常用滴定实验确定其数值；B 表示负责面传导的抗衡粒子的视移动性；

λ 为和正交电导率相关的负责极化的抗衡粒子的视移动性。在文献中[24]，作者介绍了一个无量纲的量 R 来表示 B 和 λ 的关系，$R = \lambda/B \approx 0.1$。

为了在时域和频率域激发极化法中搭建桥梁关系，Van Voorhis 等[26] 给出了归一化极化率和正交电导率的定量关系。归一化极化率为高频电导率和低频电导率的差，而正交电导率取两个高低频率 f_2 和 f_1 的几何平均值 $(f_1 < f_2)$ 对应的电导率，两者之间的关系为：

$$\sigma''(\sqrt{f_1 f_2}) \approx -\frac{M_n(f_1 f_2)}{\alpha} \tag{8}$$

式中：α 定义为 $\alpha \approx \dfrac{2}{\pi}\ln A$，$A$ 表示高频和低频的 10 次幂数值的差（如 $f_1 = 10^{-1}$ Hz，$f_2 = 10^3$ Hz，此时 $A = 10^4$，$\alpha \approx 6.0$）。在下文中，将利用室内试验的数据来证明这两者之间的内在关系。

式（7）中的含水饱和度可以表示为 $S_w = \theta/\phi$，其中 θ 为含水量。因此，式（7）可以改写为：

$$\theta = \left(\left(\frac{M_n}{\rho_g \lambda \mathrm{CEC} \phi^{-m+n}}\right)\right)^{1/(n-1)} \tag{9}$$

当胶结系数 m 和饱和系数 n 相等时，式（9）改写为：

$$\theta = \left(\frac{M_n}{\rho_g \lambda \mathrm{CEC}}\right)^{1/(m-1)} \tag{10}$$

式（10）中的胶结系数和阳离子交换量的值可以根据岩石物理实验获取，而且颗粒密度 ρ_g 和 λ 也是两个容易确定的常数值。因此，若知道归一化极化率以及胶结系数的值，便能知道含水量 θ 的分布及变化。此时，假设胶结系数 $m = 2$，那么两个时刻 t_1 和 t_2 之间的含水量的变化便能求出，即

$$\Delta\theta = \frac{M_n^{t_2} - M_n^{t_1}}{\rho_g \lambda \mathrm{CEC}} \tag{11}$$

利用式（11），当堤坝出现渗漏时，便能根据归一化极化率获得含水量的变化，即渗漏信息。上述理论表明激发极化法不仅可以探测渗漏，而且还能对渗漏进行监测。

4　室内试验和现场试验

4.1　室内试验

此次搭建的堤坝试验盆地示意图如图 3 所示，坝体长约 22 m，宽约 10 m，高约 2.6 m。迎水面一侧利用土工膜覆盖，在此基础上再利用土工织物以及水泥进行防护。坝体的材料由均质的黏土和淤泥构建，坝体下游面覆盖一层砂石和砂砾石。现场原生黏土的孔隙度大约为 0.24，渗透系数约为 10^{-9} m/s。排水管道埋设在坝体中，距离坝面约 1.5 m。水体的电导率约为 0.042 S/m。

为了获取堤坝土壤相关的岩石物理信息，在搭建好的堤坝上取一段土壤样本。室内试验的结果显示该样本的孔隙率约 0.4，用钴胺检查法测得的阳离子交换量约为 20.1 meq/100 g，该数值显示土壤样本中可能存在较高含量的蒙脱石[28]。使用 ZELSIP04-V02 阻抗计[27] 测量样本的频率域激发极化效应，频率范围为 10 mHz ~ 10 kHz。样本盒和氯化银电极位置关系如图 4 所示，电极间距为 1.6 cm。COMSOL 数值模拟的结果显示该观测系统的几何因子约为 0.042 7。利用三种含水饱和度分别为 0.2、0.5 以及 1.0（完全饱和状态）对该样本进行饱和处理，饱和处理时所使用的水的电导率约为 8.5×10^{-4} S/m。测量得到的不同饱和度下内向电导率、正交电导率和频率的关系图如图 5 所示。归一化极化率和正交电导率的值分别是在高频为 1 000 Hz、低频为 0.1 Hz、几何均值频率为 10 Hz 下获取的，三种含水饱和度下得到的 α 分别约为 7.1、5.9 以及 6.4，其数值和理论式（8）计算得到的结果一样。归一化极化率和含水饱和度的关系如图 6 所示，拟合出的饱和指数约为 3.0。

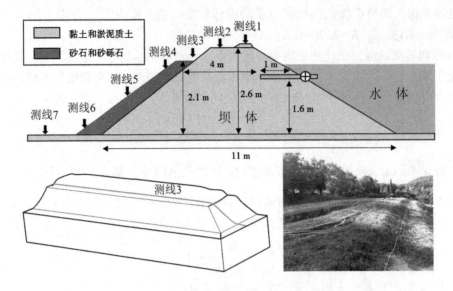

图 3   试验堤坝示意图

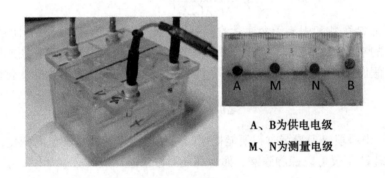

图 4   样本盒和氯化银电极

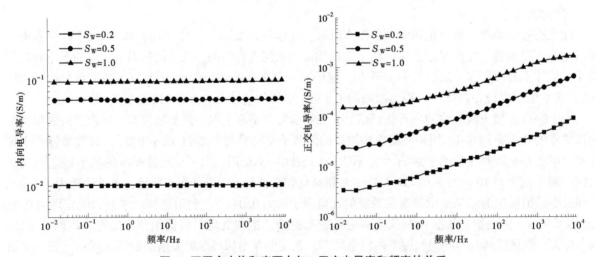

图 5   不同含水饱和度下内向、正交电导率和频率的关系

4.2   现场试验

在试验的堤坝上共布设了 7 条平行的测线，分别是测线 1～测线 7，如图 3 所示。ABEM Terrameter 电阻率成像仪用来采集电导率和极化率数据。该仪器拥有 12 个测量通道，相较于常规的 4 通道的设备来说，测量速度提升了约 3 倍。每条测线上布设 32 个不锈钢电极，电极间距 1 m，而且每条测线

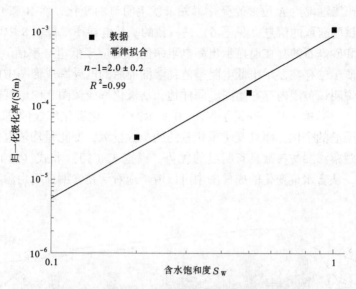

图6 含水饱和度和归一化极化率的关系

均布置了两根电缆线，相距 10~20 cm，其中一条电缆线上的电极用于供电，另一条用于电位差测量（用于减弱电极的极化效应）。采集方式为多梯度排列，供电时间和测量时间均设为 1 s，电流强度设为 200 mA。初始电场关闭，在延时 100 ms 后，每 100 ms 采集一次极化率数据，共采集 10 个窗口的数据。图7显示的是典型的视极化率衰减曲线。三维电导率和极化率数据反演的结果结合动态斯特恩层模型用来成像坝体内部含水量的变化。

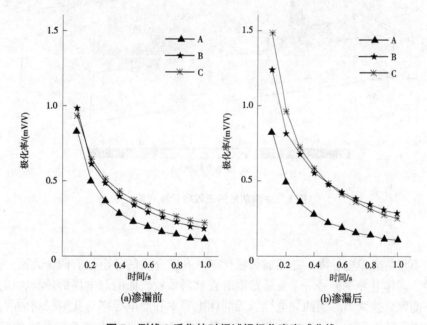

图7 测线3采集的时间域视极化率衰减曲线

5 结果和解释

室内试验数据验证了式（8）中归一化极化率和正交电导率的关系，表明了动态斯特恩层模型的正确性。图6显示了含水饱和度（含水量）和归一化极化率的关系，表明随着含水量的增大，归一化极化率也相应地随之增大，这一点可以从图6中清楚地看到。另外，图7中所显示的是测线3所采集的极化率数据，其中 A 位于远离渗漏出口的位置，B 位于渗漏入口的上方，C 位于渗漏入口的下方，从图 7 中可以看出渗漏前后 A 位置的极化率并未发生明显的变化，而 B 和 C 位置发生了较为明显的变化，这与室内试验获取的信息（见图 6）是一致的。从电导率成像图 8 中可以看出，下游侧坝体由于非饱和的砂石和砂砾石的存在而显示出高电阻率值（对应于低电导率值），而坝体中部由于较为均匀的黏土和淤泥质土的存在显示出低电阻率值；渗漏前后的电导率成像图中虚线标记的位置范围电导率变化较明显，说明该范围内存在渗漏。同样地，从极化率成像图 9 中也观察到了和渗漏前后电导率变化相似的情况。根据式（4），获得了如图 10 所示的归一化极化率成像图，同样在虚线范围内观察到渗漏前后较为明显的变化，而且变化量相差约两个数量级，变化量均较电导率和极化率大，说明归一化极化率作为观察渗漏的参数具有明显的优势。根据式（10）和式（11），得到如图 11 所示的含水量差的成像图。从含水量变化的成像图中可以清晰地看到在渗漏前后由渗漏导致的含水量变化而形成的渗漏通道。

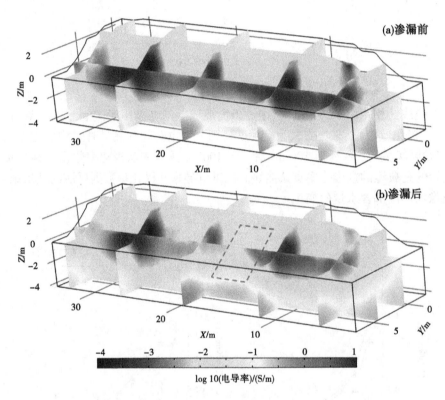

图 8　渗漏前后的三维电导率成像

6　结论

激发极化法不仅能成像电导率，还能成像极化率。孔隙介质的导电性有两个方面：一是通过孔隙空间的电流传导，即体电导率；另一个是通过附着在材料颗粒表面的双电层的传导，即面电导率。单一的电导率并不能区分这两个方面的导电性，因为体电导率和面电导率与孔隙材料的含水量有着不同的关系。结合动态斯特恩层模型，激发极化法能成像出与含水量变化有着直接关系的归一化极化率。然而，激发极化法对仪器设备的探测精度要求很高，且需要考虑并减少或避免电极的极化效应。

室内试验的结果表明归一化极化率和含水饱和度（含水量）成幂律关系，含水饱和度越大，归一化极化率越大，与理论公式一致。根据阳离子交换量的测量值以及三维归一化极化率的成像结果，表明试验堤坝的渗漏可以通过激发极化法观察其含水量的变化，从而判断有无渗漏的存在。因此，在实际的堤坝渗漏的探测和监测中，激发极化法能发挥出巨大的作用。

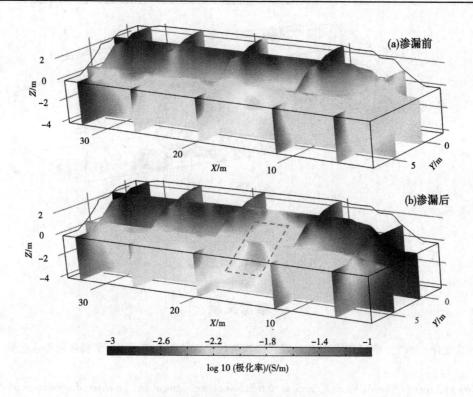

图 9　渗漏前后的三维极化率成像图

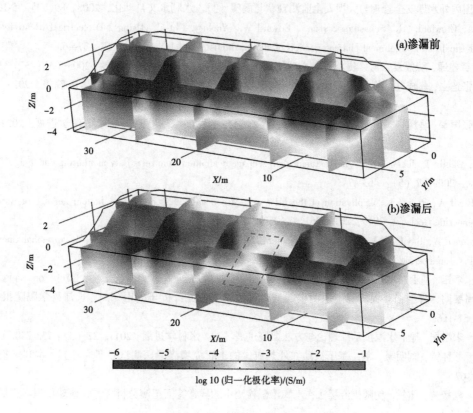

图 10　渗漏前后的三维归一化极化率成像图

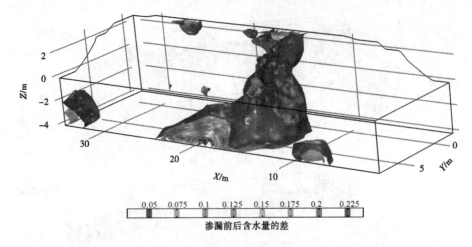

渗漏前后含水量的差

图 11　渗漏前后的含水量变化

参考文献

［1］冷元宝，朱文仲，何剑，等. 我国堤坝隐患及渗漏探测技术现状及展望［J］. 水利水电科技进展，2002（2）：59-62.

［2］Bièvre Grégory, Lacroix Pascal, Fargier Yannick. Integration of geotechnical and geophysical techniques for the characterization of a small earth-filled canal dyke and the localization of water leakage［J］. 2017：1-15.

［3］方卫华. 国内外水库安全管理与大坝安全监测现状与展望［J］. 水利水文自动化，2008，89（4）：5-10.

［4］Matthew M. Crawford., L. Sebastian Bryson., Edward W. Woolery., et al. Using 2-D electrical resistivity imaging for joint geophysical and geotechnical characterization of shallow landslides［J］. 2008，157：37-46.

［5］冷元宝，黄建通，张震夏，等. 堤坝隐患探测技术研究进展［J］. 地球物理学进展，2003（3）：370-379.

［6］郝燕洁，张建强，郭成超. 堤防工程险情探测与识别技术研究现状［J］. 长江科学院院报，2019，36（10）：73-78.

［7］徐力群，张国琛，马泽锴. 土石堤坝隐患探测综合物探技术发展综述［J］. 地球物理学进展，2022，37（4）：1769-1779.

［8］Sjodahl P, Dahlin T, Johansson S. Embankment dam seepage evaluation from resistivity monitoring data［J］. Near Surface Geophysics，2009，7（5）：463-474.

［9］Ling C, Revil A, Peyras L. Application of the Mise-à-la-Masse method to detect the bottom leakage of water reservoirs［J］. Engineering Geology，2019，261（261）：105272.

［10］Soueid Ahmed A, Revil A, Vinceslas G. Self-potential signals associated with localized leaks in embankment dams and dikes［J］. Engineering Geology，2019，253（253）：229-239.

［11］刘世奇，李钰. 基于 MATLAB 的探地雷达堤坝隐患探测仿真研究［J］. 大坝与安全，2011，66（4）：53-56.

［12］张杨，周黎明，肖国强. 堤防隐患探测中的探地雷达波场特征分析与应用［J］. 长江科学院院报，2019，36（10）：151-156.

［13］吴志伟，宋汉周. 地下水温度示踪理论与方法研究进展［J］. 水科学进展，2011，22（5）：733-740.

［14］周仁练，苏怀智，刘明凯，等. 基于被动红外热成像的土石堤坝渗漏探测试验研究［J］. 水利学报，2022，53（1）：54-67.

［15］戴前伟，程敏波，雷轶. 伪随机流场法在水库渗漏检测中的异常特征正演分析［J］. 地球物理学进展，2022，37（2）：810-816.

［16］Zhao Xiang, Zhang Hongbing, Zhu Xinjie. Flow-field fitting method applied to the detection of leakages in the concrete gravity dam［J］. Journal of Applied Geophysics，2023，208（208）：104896.

［17］Revil A. On charge accumulation in heterogeneous porous rocks under the influence of an external electric field［J］，2013，78（4）：D271-291.

［18］Revil A. Effective conductivity and permittivity of unsaturated porous materials in the frequency range 1 mHz-1GHz ［J］, 2013, 49（1）：306-327.

［19］李金铭. 电法勘探方法发展概况 ［J］. 物探与化探, 1996（4）：250-258.

［20］Samstag F J, Morgan F D. Induced polarization of shaly sands：salinity domain modeling by double embedding of the effective medium theory ［J］. Geophysics, 1992, 56（11）：1749-1756.

［21］Torleif Dahlin, Virginie Leroux, Johan Nissen. Measuring techniques in induced polarization imaging ［J］. Journal of Applied Geophysics, 2002, 50（50）：279-298.

［22］Revil A, Coperey A, Gunnink J L. Complex conductivity of soils ［J］. 2017, 53（8）：7121-7147.

［23］张庚骥. 电阻率测井在确定某些储层特性中的作用 ［J］. 2007, 31（3）：197-202.

［24］Ciesielski H, Sterckeman T. Determination of cation exchange capacity and exchangeable cations in soils by means of cobalt hexamine trichloride. Effects of experimental conditions ［J］. 1997, 17（1）：1-7.

［25］Ghorbani A, Revil A, Viveiros F. Complex conductivity of volcanic rocks and the geophysical mapping of alteration in volcanoes ［J］. Journal of Volcanology and Geothermal Research, 2018, 357（357）：106-127.

［26］Van Voorhis G D, Nelson P H, Drake T L. Complex resistivity spectra of porphyry copper mineralization ［J］. Geophysics, 1973, 38（1）：49-60.

［27］Zimmermann E, Kemna A, Huisman J A. A high-accuracy impedance spectrometer for measuring sediments with low polarizability ［J］. 2008, 19（10）, 105603.

［28］胡秀荣, 吕光烈, 顾建明, 等. 天然膨润土中蒙脱石丰度的定量方法研究 ［J］. 矿物学报, 2005（2）：153-157.

计量工作对工程高质量建设的作用和面临的挑战

郭威威　万　发　黄锦峰

(珠江水利委员会珠江水利科学研究院，广东广州　510610)

摘　要： 工程质量检测是确保工程项目达到预期质量要求的关键环节。作为工程质量检测的重要组成部分，计量检定/校准工作对于确保检测结果的准确性和可靠性至关重要。本文通过对工程质量检测中计量检定/校准工作的应用与探讨，探索了其对工程高质量建设的重要性和作用。同时阐明了当前计量检定/校准工作遇到的问题和挑战，并指出了应对挑战的可行方案。

关键词： 工程质量检测；计量检定/校准；准确性；可靠性；工程竞争力

1　引言

保证工程质量是工程项目成功的重要标志，而项目质量检测则是保证项目质量的重要手段[1]。随着工程项目的不断创新和行业间的交叉融合，工程的复杂性和多样性不断增加，对工程质量的要求也日益提高。为了满足这些挑战，新的质量检测技术和方法不断涌现，检测设备也在不断更新。

在工程质量检测中，计量检定/校准工作作为其中重要的组成部分，对于确保检测结果的准确性和可靠性起到了至关重要的作用[2]。计量检定/校准是通过比较测量设备的测量结果与已知准确值之间的差异，确保其是否满足检测的需要，确保用于检测的设备或者软件达到要求的准确度。然而，在工程质量检测中，计量检定/校准仍面临一些挑战和问题。其中之一是快速变化的技术环境和新兴测量方法的不断涌现，使得传统的校准方法可能无法适应新的需求。另外，校准设备和标准的维护与管理也是一个关键问题，确保其长期的可靠性和准确性。

本文旨在深入研究计量检定校准在工程质量检测中的应用，探讨其重要性以及面临的问题。首先，介绍计量检定/校准的基本概念和原理，阐述其在工程质量检测中具体的应用场景。接着，重点讨论计量检定/校准在工程质量检测中的重要性，包括提高测量准确性、保证数据可靠性、实现结果可比性等方面。最后，探讨计量检定/校准过程中存在的问题和挑战，并提出相应的解决方案。

通过本文的研究，将有助于加深对计量检定/校准在工程质量检测中的认识，为工程项目的质量保障提供科学的方法和技术支持。同时，也可以为相关领域的研究者和从业人员提供借鉴和参考，促进质量检测技术的不断发展和创新。

2　计量检定/校准工作的基本概念和流程

计量检定工作是对仪器、设备或测量系统进行评估和验证，以确认其符合特定的计量要求和规范的工作。计量检定中，会对仪器或设备的特性、性能和规范要求进行全面的评估和测试。这可能涉及检查和验证仪器的构造、材料、传感器、测量范围、不确定度、环境适应性等方面。鉴定的过程通常包括采样、测试、分析和比对测量结果，以判断仪器或设备的测量误差、稳定性、准确度等性能指标。

计量校准工作是指通过对检测仪器、设备或测量工具进行校准和验证，以保证其测量结果准确可

作者简介： 郭威威（1991—）男，本科，工程师，现从事水利工程质量检测工作。

靠的方式[2]。计量校准工作是通过使用标准计量器具对测量仪器进行校准，以确定其测量准确性的过程。它的主要目标是确保测量仪器在测量过程中产生的误差在可接受的范围内，从而为各种工业和科学应用提供准确可靠的测量结果。

计量检定/校准工作包括以下几个基本步骤（见图1）：

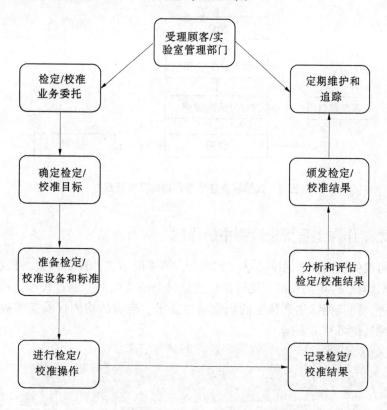

图1 计量检定/校准工作基本流程

（1）确定校准目标。根据测量要求和相关标准，明确检测仪器或设备需要校准的目标[3]。

（2）选择校准方法。根据校准目标和具体的检测仪器特点，选择合适的校准方法和程序，包括校准设备的选择和校准标准的确定。

（3）准备校准设备和标准。根据校准方法，准备好相应的校准设备和标准，确保其可靠性和准确性。

（4）进行校准操作。按照校准方法和程序，进行校准操作，包括校准设备的调整和校准标准的应用。

（5）记录校准结果。对校准过程中的关键数据和结果进行记录，包括校准前后的测量值、误差和不确定度等信息。

（6）分析和评估校准结果。根据校准结果，进行数据分析和评估，判断检测仪器是否符合要求。

（7）颁发校准结果。制作校准证书，标明校准日期、校准结果和有效期等信息，作为检测仪器的合格证明。

（8）仪器设备定期维护和追踪。定期维护和追踪检测仪器，加强仪器设备整个生命链的环节管理（见图2），确保其校准状态和性能的稳定性。

通过严格执行这些步骤，能保证检测仪器的准确可靠，从而提高工程质量检测的准确度和可信度。

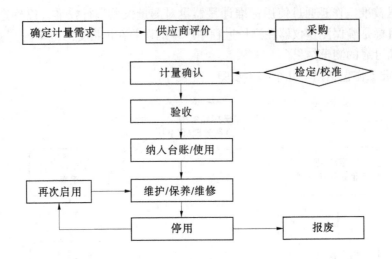

图 2　仪器设备整个生命链的环节管理

3　计量检定/校准工作在工程质量检测中的作用

计量检定工作可确保检测仪器的准确性（如图 3、图 4 所示仪器设备检定、校准证书）。计量检定/校准工作对检测仪器进行定期校准，能够保证测量结果是准确的。通过校准，可以发现和修正检测仪器的误差和偏差，使其能够达到预定的测量精度要求。准确的检测仪器能够提供准确的测量数据，为工程质量检测提供可靠的依据。

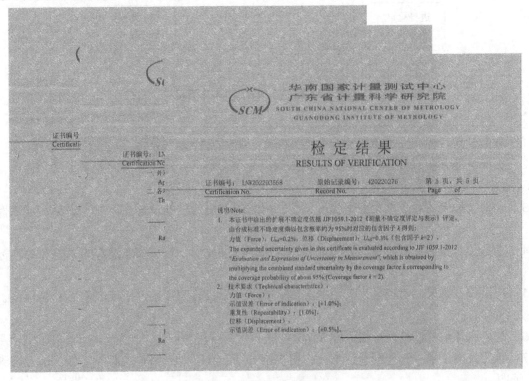

图 3　仪器设备检定证书

计量检定工作改善测试结果的可靠性。计量检定/校准工作能够提高检测结果的可靠性。通过校准，可以确定检测仪器的测量误差和不确定度，从而评估测量结果的可靠性和可信度。准确的检测仪器能够提供稳定和一致的测量结果，减少由于仪器误差导致的不确定性，提高工程质量检测的可

图 4　仪器设备校准证书

靠性。

计量检定工作可降低工程质量风险。计量检定/校准工作能够降低工程质量风险。通过对检测仪器的准确性和可靠性进行保证，可以减少检测仪器不准确或不可靠而导致的工程质量问题。准确和可靠的检测仪器能够及时发现和识别工程质量问题，帮助工程项目及时采取措施进行修正和改进，降低工程质量风险，提高工程的竞争力和可持续发展能力。

通过确保检测仪器的准确性和检测结果的可靠性，计量检定/校准工作能够确保工程质量达标，优化工程施工过程，降低工程质量风险，提高工程的竞争力和可持续发展能力。

4　计量检定/校准工作对工程高质量建设的作用

计量检定/校准工作在工程质量达标方面发挥了关键作用[4]。通过校准检测仪器的准确度，保证测量结果准确可靠。能够及时发现和识别工程质量问题，确保项目达到相关标准规范要求。准确的测量结果能够提供科学的依据，帮助工程项目进行准确的决策和控制，从而保证项目质量达到预期目的。

计量检定/校准工作能够优化工程施工过程。通过对检测仪器的校准，可以提高测量结果的准确性和可靠性，减少误差和偏差，提高施工过程的精度和效率。准确的测量结果能够帮助工程项目进行合理的施工规划和资源分配，优化施工过程，减少浪费和重复工作，提高工程的质量和效益。

计量检定/校准工作能够提升工程的竞争力。通过确保工程质量的达标和优化施工过程，工程项目能够提供高质量的成果和服务，增强竞争力。准确和可靠的测量结果能够提供客观的证据，证明工程项目的质量和可靠性，增加客户的信任和满意度，提升工程项目在市场中的竞争力。

计量检定/校准工作通过确保工程质量的达标，优化施工过程和提升工程竞争力，能够帮助工程项目实现高质量建设，提高工程的可信度和可持续发展能力。

5　计量检定/校准工作存在的问题与挑战

第一个挑战：计量检定/校准标准的制定和更新。科技在不断发展，工程领域也在不断推陈出新，需要不断制定和更新适应新技术和新工程要求的校准标准。然而，校准标准的制定和更新需要深入的专业知识及研究，需要与国际标准接轨，并且需要考虑到不同行业和领域的特殊需求。因此，制定和更新校准标准是一个复杂而耗时的过程。近年来，随着国家水网的建设和大量引调水工程的实施，管道建设中大量使用中色漆和清漆。为了检测漆的附着力，拉脱法附着力测试仪被广泛使用。此外，抗滑移系数检测仪的性能对钢结构工程的质量和水利工程中钢结构工程的安全性具有直接的影响。无论是制造商还是使用者，都对抗滑移系数检测仪的技术条件、性能测试提出了迫切的需求。拉脱法附着力测试仪用于测试水利工程中色漆和清漆的附着力，其测试准确性对于水利工程设施表面涂层的质量至关重要。为了解决拉脱法附着力测试仪的研发生产及校准需求，珠江水利科学研究院于 2022 年发布了《水利工程试验检测仪器设备拉脱法附着力测试仪校准》和《水利工程试验检测仪器设备抗滑移系数检测仪校准》团体标准。这些标准的发布为仪器设备的校准提供了规范和依据，有助于确保水利工程试验检测的准确性和可靠性。

第二个挑战：校准设备和标准的维护管理。计量检定/校准所使用的校准设备和标准需要进行定期的维护和管理，以确保其长期的可靠性和准确性。这包括校准设备的校准和维修、标准的追溯和更新等。然而，维护和管理校准设备和标准可能存在成本高昂、技术要求高以及部署和实施复杂等问题，这可能对校准工作的可持续性和效果造成影响。例如：测量电极的腐蚀和老化问题可能会影响校准的准确性和稳定性。此外，标准溶液的保存、制备和追溯也会面临一些技术和管理上的困难。为解决这些问题，水利工程领域需要注重校准设备和标准的维护管理。这包括定期检查和维修测量电极，确保其表面的干净和完好，以及及时更换老化的电极。对于标准溶液，需要确保其储存条件和有效期，定期进行检验和追溯。此外，建立良好的标准操作规程和文档管理体系，以确保校准设备和标准的可靠性与准确性。

第三个挑战：数据可追溯性和结果比对。计量检定/校准的关键目标之一是确保测量数据的可追溯性，即能够将测量结果与国际或国家标准相联系。然而，在实际应用中，由于测量设备的差异、环境条件的变化等因素，不同实验室或机构之间的测量结果可能存在差异。因此，确保不同实验室或机构之间的测量结果可比性，以及对结果的一致解释和识别，仍然是一个挑战。例如：在水利工程中，涉及水位、水压等要素的测量非常重要。然而，由于现场环境的差异、传感器的差异以及测量方法的不同，不同测量点或不同设备得到的测量结果可能存在差异。因此，确保不同测量结果的可比性和结果的一致解释仍然是一个挑战。为解决这个问题，水利工程领域需要建立统一的测量标准和比对方法。例如：建立有效的标准化流程，确保测量仪器经过校准后得到的测量结果具有可追溯性；并且在数据分析和报告中，应明确记录测量条件、设备型号和校准信息等重要数据，以便于结果的比对和验证。此外，推广数据共享和交流的机制，促进不同机构间的数据共享和互相比对，以提高数据的可追溯性和比对的一致性。

6　结论

计量检定/校准工作在工程质量检测中具有重要的应用价值和作用[5]。通过对检测仪器的准确性和检测结果的可靠性的保证，计量检定/校准工作能够为工程项目提供客观的证据，证明工程质量的达标，增加客户的信任和满意度，提升工程项目在市场上的竞争力。然而，计量检定/校准工作仍面临标准制定、设备维护和结果比对等方面的问题和挑战，需要进一步加强管理和提升水平。因此，为了充分发挥计量检定/校准工作的应用价值和作用，需要加强管理和提升水平。政府、企业和专业机构应加强标准制定与更新、设备管理与维护，以及有效的标准化流程，从而确保计量检定/校准工作的高效性和可靠性，为工程质量的提升和工程项目的可持续发展做出贡献。

参考文献

［1］周璐．计量检定/校准对工程质量检测与安全的作用［J］．商品与质量，2020（32）：176.

［2］张红梅．质量技术监督工作中计量检测技术的重要性［J］．科技经济市场，2016（1）：144.

［3］赵庭誉．浅谈检验检测实验室仪器设备的检定或校准［J］．中国检验检测，2021，29（4）：65-66.

［4］李杨．计量校准对工程质量检测与安全的作用［J］．市场周刊，2018（8）：173.

［5］关山勇．浅谈"计量检定/校准"对工程质量检测、工程质量安全的作用［J］．商品与质量（学术观察），2014（11）：332-332.

现代水利工程施工质量监测中的图像识别与模式识别技术研究

路红敏[1]　高恒岭[2]

(1. 聊城黄河河务局东阿黄河河务局，山东东阿　252200；
2. 东阿县职业教育中心学校，山东东阿　252200)

摘　要：现代水利工程施工质量监测是确保工程建设质量和安全的关键环节。然而，传统的人工巡视和检测方法存在着工作效率低、准确性不高和难以应对大规模工程等问题。因此，引入图像识别与模式识别技术成为解决这些问题的有效途径。基于此，本文对现代水利工程施工质量监测中的图像识别与模式识别技术进行了探讨，以供参考。

关键词：现代水利工程施工质量监测；图像识别；模式识别技术

图像识别与模式识别技术是利用计算机视觉和人工智能的方法，通过对水利工程施工过程中的图像信息进行处理和分析，实现对施工质量的监测和评估。该技术可以自动提取图像特征，通过比对分析与已有模式进行匹配，从而判断施工质量是否符合要求，并提供准确的监测结果和即时的预警提示。

1　图像识别与模式识别技术概述

随着科技的不断进步和发展，图像识别与模式识别技术已经成为人工智能领域中重要的研究方向之一。图像识别技术是指通过计算机对图像进行分析和理解，以识别和区分不同的对象、场景或特征。模式识别技术则是利用数学方法和统计学原理，将复杂的数据集合中的模式自动分类和识别。在图像识别方面，深度学习和卷积神经网络等技术的发展使得计算机能够从图像中提取更高级的语义信息。例如：在人脸识别领域，通过训练大规模图像数据集，计算机可以准确地识别人脸并匹配到相应的个体身份信息。这种技术的应用广泛，涵盖了安全监控、人脸支付等多个领域。而模式识别技术主要应用于数据挖掘、生物医学、金融预测等领域。通过模式识别技术，计算机可以自动识别和分类复杂的数据模式，为决策提供准确的参考依据。例如：在金融领域，模式识别技术可以用于股市走势预测、信用评估等方面，帮助投资者和银行机构做出更明智的决策。值得注意的是，图像识别与模式识别技术的应用也存在一定的道德和隐私问题。在人脸识别领域，该技术可能会引发个人隐私泄露和滥用的顾虑。因此，相关政府部门和企业应该制定明确的法律法规和技术标准，加强对该技术的监管和使用限制，保护公民的合法权益。

2　现代水利工程施工质量监测中的图像识别技术的应用

现代水利工程施工质量监测中的图像识别技术应用广泛，以下是几个典型的应用场景：①缺陷检测。图像识别技术可以通过对施工过程中的图像进行分析，检测出可能存在的缺陷，如裂缝、渗漏等。通过比对实时采集的图像与已有模式，可以判断施工质量是否符合要求并及时发出预警。②结构完整性评估。图像识别技术可以对施工中的结构进行评估，检测结构的损伤和变形情况。通过比对实

作者简介：路红敏（1984—），高级工程师，主要从事水利工程运行管理、质量检测等工作。

时采集的图像与标准要求，可以评估结构的完整性并提供定量指标，帮助决策者做出相应处理。③施工进度监测。图像识别技术可以通过对施工现场图像的分析，实时监测施工进度和施工质量。通过图像识别算法，可以自动识别出施工现场的关键节点和工序，评估工程进展情况，及时发现延期或质量问题，并进行相应调整。④安全监控。图像识别技术可以通过对施工现场图像的分析，实时监控安全隐患。例如：通过识别图像中的人员行为、工具使用情况以及施工设备的运行状态，可以及时发现潜在的安全风险，并采取相应的措施进行预防和管理。⑤质量验收。图像识别技术可以对施工质量进行自动化的验收。通过对比施工现场图像与标准要求，自动判断工作成果是否合格，并生成相应的质量验收报告，提高验收效率和准确性。

3 现代水利工程施工质量监测中的模式识别技术研究

3.1 基于模式匹配的质量评估

模式识别技术可以通过建立模式库或学习已知正常和异常模式的方法，对施工现场的图像、数据等进行匹配比对，从而判断施工质量是否符合要求。例如：对比实时采集的结构变形数据与模块化模型的理论变形情况，判断结构的偏差程度和变形形态是否达标。

3.2 异常检测与预警

模式识别技术可以通过学习正常施工模式，自动检测出异常情况并发出预警。例如：通过分析施工现场的图像或传感器数据，检测出可能存在的缺陷、变形或破坏等异常情况，并及时通知相关人员进行处理。

3.3 施工质量优化与控制

模式识别技术可以通过分析大量历史施工数据和现场监测数据，学习施工过程中的关键模式和因果关系，以优化施工质量控制策略。例如：通过挖掘施工过程中的有效模式和规律，提出相应的施工指导和改进措施，优化施工质量管理流程。

3.4 数据分析与决策支持

模式识别技术可以从大量的施工监测数据中提取特征和模式，进行数据分析和挖掘，并为决策者提供准确的评估和决策支持。例如：通过建立模型来预测结构的损伤和性能退化趋势，帮助制订维护计划和修复方案。

3.5 智能监测与管理平台

模式识别技术可以与其他领域的技术融合，构建智能化的施工质量监测与管理平台。通过利用人工智能、大数据和物联网等技术，实现对水利工程施工质量的自动化监测、分析和管理。智能监测与管理平台在水利工程施工质量监测方面的扩展可以包括以下几个方向：①多维数据集成。智能监测与管理平台可以集成多源、多维度的数据，包括施工过程中的图像、视频、传感器数据、环境数据等。通过数据的集成和综合分析，可以更全面地了解施工质量的状况，并做出准确的评估和决策。②智能化预警与决策支持。基于模式识别技术，智能监测与管理平台可以实现自动化的异常检测和预警功能。一旦发现施工质量存在异常情况，平台可以及时向相关人员发送预警信息，帮助他们迅速采取相应措施。同时，平台还可以提供详细的数据分析和可视化呈现功能，为决策者提供准确的评估和决策支持。③远程监控与控制。智能监测与管理平台可以通过物联网技术实现对水利工程施工现场的远程监控与控制。监测设备和传感器可以与平台进行连接，实时传输数据，操作人员可以随时通过平台监控施工质量的状况，并远程调整工程参数，以实现对施工现场的精确控制。④数据挖掘与预测分析。智能监测与管理平台可以利用大数据和机器学习等技术，对施工质量的历史数据进行挖掘和分析，发现潜在的模式和规律。基于这些模式和规律，平台可以进行预测分析，帮助决策者预测施工质量的趋势和发展方向，为未来的施工管理提供指导和建议。⑤智能化施工管理。智能监测与管理平台可以与其他施工管理系统进行集成，如施工进度管理、材料管理等。通过平台的智能化分析和集成，可以实现全面的施工质量管理，协调各个环节的施工活动，提高整体的施工效率和质量控制能力。

4 总结

图像识别与模式识别技术在现代水利工程施工质量监测中具有广阔的应用前景。它能够从根本上改变传统施工质量监测的方式，提高工作效率和监测准确度。然而，目前仍存在一些挑战。因此，需要进一步加强对图像识别与模式识别技术的研究和开发，完善相关算法和模型，在不同水利工程场景中进行验证和应用，以实现更精确、可靠的施工质量监测，提高水利工程的建设质量和安全性。

参考文献

［1］屠佳佳，李莎，张永超．新型水位尺设计及图像识别方法研究［J］．浙江水利科技，2023，51（1）：19-23.

［2］李涛，徐高，梁思涵，等．人工智能图像识别在水利行业的应用进展［J］．人民黄河，2022，44（11）：163-168.

［3］何欣航．水利工程大体积混凝土施工温度监测及施工质量控制措施［J］．居舍，2019（29）：168.

［4］程诚，董龙，李宏，等．智慧视频识别在水利信息化中的应用［J］．四川水利，2019，40（3）：124-128.

［5］邵成颖．水利施工过程的质量监测方法［J］．农业与技术，2018，38（20）：50，76.

钢岔管焊接残余应力磁测法研究与应用

丁　鹏[1,2]　马光飞[1,2]　林嘉瑭[1]　艾文波[3]

(1. 水利部产品质量标准研究所, 浙江杭州　310024;
2. 浙江省水利水电装备表面工程技术研究重点实验室, 浙江杭州　310024;
3. 水利部农村电气化研究所, 浙江杭州　310012)

摘　要: 分析了残余应力磁测法的原理和磁各向异性 (MA) 传感器的使用。通过分析明确了可以使用主机械应力差 (DPMS) 来评估水压试验前后的残余应力的消除或均化情况, 并通过对缙云抽水蓄能电站 2# 钢岔管水压试验前后残余应力测试情况, 验证了磁测法的可行性、高效性和可靠性。

关键词: 钢岔管;残余应力;磁测法;磁各向异性

1　引言

钢岔管是水库供水和电站引水的重要组成部分, 也是主要承压受力部件, 其安全可靠性尤为重要。钢岔管在制作安装过程中, 是以焊接的方式进行连接的, 而焊接是一个局部的迅速加热和冷却过程, 焊接区由于受到四周工件本体的拘束而不能自由膨胀和收缩, 冷却后在焊件中便产生焊接残余应力和变形。焊接残余应力会严重影响金属结构的性能和安全可靠性, 残余应力的存在会导致金属结构的腐蚀速率增强, 从而导致其破坏[1-2]。需要在金属结构件制造安装过程中及时发现、及时消除。采用一种可靠、便捷、高效的测量方法, 有效、准确地测量焊接残余应力, 对评价和消除压力钢管安全隐患十分必要。

目前常用的焊接残余应力测量方法主要有 X 射线衍射法、盲孔法等, 在水利水电工程钢岔管残余应力测试中, 以上方法均存在缺点及局限性, 如 X 射线衍射法存在设备费用高、检测周期长、测量深度受限, 且 X 射线对人体有一定伤害, 而盲孔法具有测量精度低、属于半破坏性试验、无法测量材料内部残余应力的局限性, 且水压试验前后的测点无法精确重合。磁测法适用于铁磁性材料, 是利用磁各向异性性能的一种无损检测方法, 相对于前两种方法, 具有检测速度快、测量精度高以及对实验人员更安全的优点。但是国内对于焊接残余应力磁测法的研究起步较晚, 相关的应用研究较少。

2　磁测法原理

磁测法是一种基于磁各向异性性能进行残余应力的检测方法。文献 [3-5] 中描述了利用磁各向异性性能来确定残余应力的方法。磁各向异性的方法是基于金属磁畴结构在机械应力影响下的变形作用。磁各向异性方法可以在铁磁材料中创建弱磁场, 并根据应力的大小评估其变化。磁各向异性 (MA) 传感器通过感应磁场来测量零件中的电动势 (EMF), 传感器由一组磁化线圈和一组检测线圈组成, 这些磁线圈放在被测物体的表面上, 其方向与主机械应力的最大值的方向相同。示意图如图 1 所示。

基金项目: 浙江省基础公益研究计划 (LGC22E050012);中央级科研事业单位修缮购置专项 (126216319000190003);南京水利科学研究院中央级公益性科研院所基本科研业务费专项。

作者简介: 丁鹏 (1986—), 男, 高级工程师, 技术负责人, 从事水工金属结构及启闭机检验检测工作。

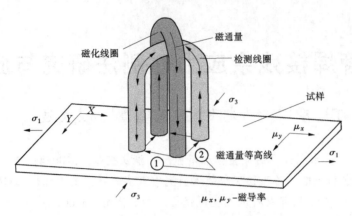

图 1　残余应力磁测检测原理

MA 传感器的工作原理基于磁感应 B 矢量的转向。转动磁感应矢量时改变磁通量会沿两个轮廓改变磁通量的大小。这导致在磁导率 $\mu_x - \mu_y$ 之间产生差异，由于这种磁各向异性成比例关系，因此残余应力的差可以用 $U = K（\sigma_1 - \sigma_3）$ 表示。而 MA 传感器的电压 U（mV）输出值可以用 $U = KBSf\omega\sin\beta$ 表示，其中 K 为比例系数，B 为磁感应强度，S 为线圈表面积，f 为激励频率，ω 为检测线圈匝数，β 为检测线圈的平面与磁感应矢量之间的角度。

根据最大剪切应力理论，磁性各向异性传感器的测量结果与 τ_{max} 相关。

$$\tau_{max} = (\sigma_1 - \sigma_3)/2$$
$$U = K(\sigma_1 - \sigma_3)$$

因此，U 与 τ_{max} 相关。

3　检测设备

使用磁各向异性方法检测时，检测结果以任意单位的主（纵向和横向）机械应力之间的差值即主机械应力差（DPMS）来表示。可以通过比较试验和计算方法得到应力的大小。通常采用拉伸试验、三点弯曲试验来对 DPMS 和应力值（MPa）进行转化。文献［6］对低碳钢板的拉伸试验时发现，在金属的弹性变形区域，钢板的拉伸应力与磁各向异性法记录的 DPMS 信号值成正比关系，测量精度小于 25 MPa，与 X 射线衍射法、超声法等方法的测量精度一致。因此，为评估水压试验前后的残余应力的消除或均化情况，可以使用 DPMS 来进行评价。

StressVision 应力检测仪是一款多功能的终端产品，可以检测由金属不连续和外来夹杂物等缺陷引起以及其他原因引起的应力集中（MSC）区域和主机械应力差（DPMS），并通过 DPMS 等应力分布的特征评估应力状态类型，DPMS 的大小反映残余应力的大小。MA 传感器型式如图 2 所示。MA 传感器主线对应主应力方向，在已知结构主应力方向时，可直接对应主应力方向测试，在主应力方向未知时，需先测试主应力方向。传感器的一个测点检测范围为 21 mm^2，测点间隔 1～1 000 mm。

4　钢岔管残余应力检测

4.1　项目概况

浙江缙云抽水蓄能电站位于浙江省丽水市缙云县境内，地处浙江中南部，总装机容量 1 800 MW，安装 6 台单机容量为 300 MW 的可逆式水轮发电机组，单机额定流量为 58.9 m^3/s，额定水头 589 m[7]。在厂房上游约 60.9 m 处设置三个引水岔管，岔管采用对称 Y 形内加强月牙肋型钢岔管，分岔角 70°。钢岔管主管直径为 4.0 m，支管直径为 2.8 m，靠近厂房上游侧的支管内径由 2.8 m 渐变为 2.0 m 与厂房球阀连接。钢岔管承受内水头（含水击压力）1 012.3 m（9.93 MPa），HD 值高达 4 049 m·m。钢岔管主管直径为 4.0 m，支管直径为 2.8 m，采用对称 Y 形内加强月牙型肋钢岔管，分岔角 70°，公切球半径 2 268.8 mm，为主管内径的 1.134 4 倍[8]。岔管钢材采用 800 MPa 高强钢，管壳厚

图 2　MA 传感器

度 60 mm，月牙肋厚度 126 mm。水利部产品质量标准研究所受托对缙云抽水蓄能电站钢岔管进行水压试验，并对钢岔管水压试验前后的焊接残余应力进行检测。

水压试验加载方式采用重复逐级加载，缓慢增压，以削减加工工艺引起的部分残余应力，使结构局部应力得到调整和均化，并趋于稳定，使测试数据反映岔管的弹性状况。水压试验过程中，加载速度不大于 0.05 MPa/min，每升压 0.5 MPa，稳压 10 min。水压试验过程实际打压曲线如图 3 所示。

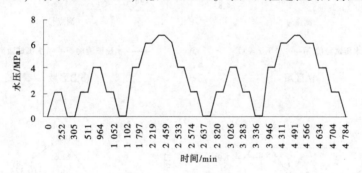

图 3　打压曲线

4.2　现场检测

4.2.1　测点布置

焊接残余应力测点选择具有代表性的焊缝或其附近部位，分别在主锥环缝、月牙肋焊缝及主锥纵缝与环缝交接的丁字焊缝位置附近布置相应测试区域，测点位置分布如图 4 所示，即 A、B、C、D、E 点。A、B、C、D、E 各测区分别测试 5 个测点，每个点测试 5 次，分别位于焊缝中心、焊缝熔合线、母材区域。每个测区标记如图 5 所示。测试区域部位的焊缝打磨平整。水压试验前后，分别对钢岔管相同位置进行残余应力测试，并记录水压试验前后的结果。利用磁各向异性方法测量应力集中，通过测点的 DPMS 进行应力集中的判断，DPMS 与残余应力值正相关，且符号相同，DPMS 为正表示拉应力，DPMS 为负表示压应力，DPMS 值越大，应力集中越严重。

4.2.2　检测结果

试验过程中，每个测点的测试时间仅需 1 s 即可，包含辅助时间，5 个区域共 25 个测点，仅 2 h 即可完成，相比较 X 射线法，检测时间可节省 90% 以上。磁测法检测时，除周围不得存在强磁场干扰外，无须电解抛光，仅需 1 人即可完成检测工作，相较于 X 射线法，人员也可节省 2/3 以上。缙云抽水蓄能电站 2# 钢岔管 A、B、C、D、E 区域在岔管闷头焊接完成并经探伤合格后、充水前进行水压试验前焊接残余应力测试；在水压试验结束，岔管内部水放干后进行水压是验收焊接残余应力测试。水压试验前后的 DPMS 值与分布如图 6 所示。

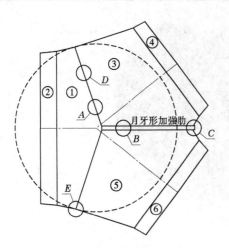

图 4　钢岔管残余应力测点布置

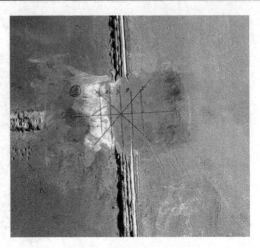

图 5　现场测点布置

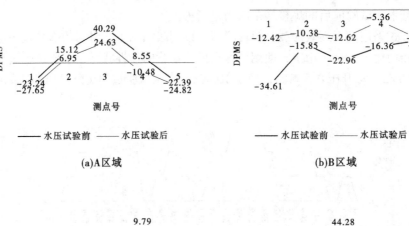

(a)A区域

(b)B区域

(c)C区域

(d)D区域

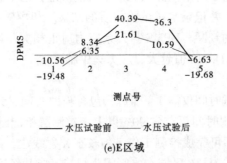

(e)E区域

图 6　水压试验前后残余应力检测结果

由图6可以发现，水压试验前，A、D、E区域焊缝中心附近位置的拉应力较大。水压试验前，测试区域残余应力最大值位于D区域，DMPS值为44.28。水压试验后，测试区域的残余应力最大值位于A区域，DPMS值为24.63。各区域残余应力峰值均明显降低，应力均化效果显著，D区域残余应力峰值降低最大，最大降低48.76%。通过比对水压试验前后的数据可以发现应力均化效果明显。

5 结语

利用磁测法对水利水电钢岔管水压试验前后的残余应力进行检测是可行的，在保证检测结果的情况下还能够极大地提高残余应力检测效率。该方法适用于铁磁性材料的弹性变形区域残余应力测试，测试精度小于25 MPa。主机械应力差（DPMS）能够很好地反映残余应力集中水平和消除情况，可以在钢岔管水压试验前后的残余应力检测中广泛应用。

参考文献

［1］Popov G G , Kasyanov A V, Bolobov V I, et al. Study of factors enabling initiation and behavior of grooving corrosion ［J］. E3S Web Conf. 2019（121）.

［2］Klisenko L B, Lapshin A P, Kudrin D V. Probable causes of the formation of grooving corrosion in oil pipelines identified during technical diagnostics, Modern Science：Actual Problems and Solutions. 2015, 9（22）.

［3］Sakai Yo, Unishi H, Yahata T. Non-destructive method of stress evaluation in pipelines using magnetic anisotropy sensor ［J］. JFE Technical report, 2004（3）：47-53.

［4］Evstratikova Y I, Nikulin V E. Monitoring of residual welding stresses using the magnetoanisotropic method after applying ultrasonic impact processing, Welding and Diagnostics，2019.

［5］Stepanov A P, Stepanov M A. The method of magnetic control and diagnostics of the stress state of elements of steel structures having an axisymmetric section, Modern technologies, System analysis, Modeling, 2016, 1（49）：60-68.

［6］Krivokrysenko E A, Popov G G, Bolobov V I, et al. Use of Magnetic Anisotropy Method for Assessing Residual Stresses in Metal Structures ［J］. Key Engineering Materials, 2020, 854：10-15.

［7］田继荣，黄成家，杨磊，等. 数字化大坝技术在缙云抽水蓄能电站工程中的应用 ［J］. 水利水电快报，2023，44（7）：116-121.

［8］钟娜，张皓天. 缙云抽水蓄能电站下水库洪水调节分析 ［J］. 水力发电，2019，45（10）：25-27，74.

不同棱镜架设方式在全站仪水平位移
监测中精度比较及应用研究

常 衍[1] 邓 恒[1] 刘夕奇[1] 卢登纬[1] 刘升武[2]

(1. 珠江水利委员会珠江水利科学研究院，广东广州 510611；
2. 湖北省神龙地质工程勘察院有限公司，湖北武汉 430056)

摘 要： 本文结合龙塘水利枢纽实例，根据现场监测设施条件，探讨了棱镜不同架设方式对全站仪水平位移监测精度的影响。本文通过不同时间段对棱镜不同架设方式的水平距离、水平方向进行测试并统计精度，通过水平距离、方向精度推算监测点坐标精度，选择精度高的棱镜架设方式作为项目监测的棱镜架设方式。不同棱镜架设方式测试与精度分析对类似工程全站仪水平位移监测中棱镜架设方式的选择具有指导作用。

关键词： 全站仪；水平位移；精度

1 引言

建筑物在建设和使用过程中通常会发生沉降和水平移动，而当沉降和水平移动超出一定界限时，建筑物将会倾倒或塌陷，并会对施工和使用人员造成极大的安全隐患，所以应对建筑物定期进行变形监测[1]。目前，常见的变形观测设备有 GNSS、全站仪、水准仪等。水准仪主要用于沉降监测，GNSS、全站仪主要用于水平位移监测，也可用于沉降监测。利用 GNSS 技术建立连续高精度观测的 GNSS 自动化变形监测系统，不仅可以减轻烦琐的人工测量工作，还可以实时掌握变形监测体的形变规律，更好地反映其变形机制[2-3]。但 GNSS 监测需要在开阔的地方接收卫星信号，一旦遭遇天线遮挡问题，比如高楼大厦、山谷或树林等，信号质量会受到影响，导致定位精度下降甚至无法定位，因此有些场景必须用到全站仪进行水平位移监测。

全站仪监测包含有极坐标法、小角法、交会法、活动觇牌法等[4]，不管采用哪种全站仪监测方法，全站仪与棱镜组合的可靠性均影响着不同测量方法的精度。鉴于此，本文基于龙塘水利枢纽监测实例，采用同一台全站仪与不同棱镜安装方式比对的方法对全站仪变形监测精度进行测试研究，测试方法对类似工程中仪器的选型和校准具有指导作用。

2 工程概况

龙塘水利枢纽位于中山市坦洲镇永一村附近（见图 1），原名"永一闸"，设计建造于 1973—1974 年间，距今运行近 50 年。枢纽工程由拦河闸和船闸组成，拦河闸采用三孔一联结构，为浮运水闸，一联总重 600 t，拦河闸共 9 孔，每孔净宽 7 m，拦河闸处河宽 78 m；浮运式沉箱为薄壳混凝土结构，直接坐落在经简单平整处理的河床之上，沉箱水流方向长度为 12 m，沉箱梁格壁厚 20 cm，梁格网尺寸为 1 m×1 m，沉箱内填沙高度为 2 m；闸墩坐落在沉箱上，闸墩为中空结构，壁厚 20 cm；拦河闸为弧形闸门。由于该水闸设计建设时间早，没有永久性监测设施（如观测墩）。建设永久性监测设施（如 GNSS 自动化监测）成本高，因此考虑人工观测方法，采用精密水准进行沉降监测，全站

作者简介：常衍（1986—），男，高级工程师，主要从事测绘、工程安全监测检测等工作。

仪极坐标法进行水平位移观测。由于现场水闸没有建设观测墩，因此考虑以下 3 种方法进行棱镜对中整平架设：①棱镜架+圆棱镜；②三脚架+基座+圆棱镜；③小棱镜。

由于以上 3 种架设棱镜方法不一样，棱镜架设方法将影响到监测结果的稳定性和精度，因此对此 3 种棱镜架设方案开展精度测试，选出一种精度较高的棱镜架设方法。

图 1　龙塘水利枢纽现场

3　测试方案

全站仪极坐标测量通过测量距离和角度结合起算数据计算监测点的坐标，因此距离和角度测量精度直接影响监测成果精度。本测试方案选用 Leica TCR1201+全站仪，其标称精度为一测回方向中误差（±1″），测距精度为 1 mm±1.5×10^{-6}D（D 为测量距离）。

3.1　棱镜不同架设方式其水平距离精度测试

模拟水闸现场测量条件，在空旷稳定、受外界环境影响小的地面上埋设 2 个水平位移监测标志，选取其中一个水平位移点作为测站点架设全站仪，全站仪采用红外线对中，见图 2，另一个水平位移点作为监测点架设棱镜，测试时间 10 d，每天用相同的全站仪与棱镜进行 2 点间的水平距离测量，每天测 3 个测回，每一测回依次按照以下方式进行水平距离测量：①棱镜架+圆棱镜，通过棱镜杆和圆水准气泡进行对中整平，见图 3；②三脚架+基座+圆棱镜，通过基座光学设备、圆水准器气泡和管水准器气泡进行对中整平，见图 4；③小棱镜，通过棱镜杆和圆水准器气泡进行对中整平，见图 5。直至测完 3 个测回。每个测试时段均进行外界环境测量，将实测温度、气压和湿度输入全站仪，记录全站仪经过气象改正及棱镜常数改正后的水平距离值。

图 2　全站仪

图 3　棱镜架+圆棱镜

图 4　三脚架+基座+圆棱镜

图 5　小棱镜

3.2 棱镜不同架设方式其角度精度测试

选择基础稳定的构筑物（如桥墩）贴上反射片，见图6，以测站点到反射片的方向作为参考方向，测量参考方向与测站点至监测点方向的夹角，测试时间10 d，每天选用相同的全站仪与棱镜进行夹角测量，每天测3个测回，每一测回依次按照棱镜架+圆棱镜、三脚架+基座+圆棱镜、小棱镜三种架设棱镜方式测量夹角，直至测完3个测回。每个测试时段均进行外界环境测量，将实测温度、气压和湿度输入全站仪，照准反射片并将水平方向读数置0，然后照准棱镜记录棱镜方向值。

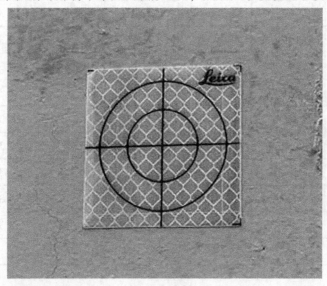

图6 反射片

4 全站仪监测方案试验结果

4.1 棱镜不同架设方式其水平距离精度测试结果

测试中使用同一台全站仪，3种方案测试中全站仪测距精度一样，而3种棱镜架设方式的对中误差不一样，对测距精度影响结果如下。

方案①自带棱镜架+圆棱镜测试数据计算结果如表1所示。

表1 自带棱镜架+圆棱镜方案水平距离测试成果 单位：m

时间	第一测回		第二测回		第三测回		平均距离
	盘左	盘右	盘左	盘右	盘左	盘右	
第一天	50.381 414	50.381 509	50.381 512	50.381 906	50.381 514	50.381 608	50.381 58
第二天	50.381 314	50.381 309	50.380 013	50.380 307	50.382 014	50.382 108	50.381 18
第三天	50.382 114	50.382 708	50.381 057	50.381 148	50.382 559	50.382 451	50.382 01
第四天	50.381 159	50.381 351	50.378 858	50.379 251	50.379 056	50.379 148	50.379 80
第五天	50.381 758	50.381 852	50.382 759	50.383 250	50.381 159	50.381 351	50.382 02
第六天	50.381 658	50.381 549	50.379 158	50.379 448	50.377 859	50.378 151	50.379 64
第七天	50.378 358	50.378 651	50.381 758	50.382 051	50.381 459	50.381 650	50.380 65
第八天	50.381 960	50.381 752	50.382 157	50.382 350	50.382 358	50.382 750	50.382 22
第九天	50.382 958	50.383 051	50.380 259	50.380 151	50.381 060	50.381 252	50.381 46
第十天	50.377 459	50.377 450	50.378 959	50.379 251	50.378 060	50.378 252	50.378 24

测距中误差 $m_S = \pm 1.3$ mm

方案②三脚架+圆棱镜测试数据计算结果如表 2 所示。

表 2　三脚架+圆棱镜方案水平距离测试成果　　　　　　　　　单位：m

时间	第一测回		第二测回		第三测回		平均距离
	盘左	盘右	盘左	盘右	盘左	盘右	
第一天	50.380 638	50.380 949	50.380 436	50.380 948	50.380 199	50.380 110	50.380 55
第二天	50.380 440	50.380 552	50.380 400	50.380 713	50.380 730	50.380 740	50.380 60
第三天	50.380 133	50.380 546	50.380 477	50.380 582	50.380 478	50.380 684	50.380 48
第四天	50.381 713	50.381 818	50.380 414	50.380 418	50.380 408	50.380 813	50.380 93
第五天	50.381 069	50.381 175	50.380 776	50.380 682	50.381 361	50.381 869	50.381 16
第六天	50.380 340	50.380 642	50.380 445	50.380 444	50.380 863	50.381 070	50.380 63
第七天	50.380 017	50.380 221	50.380 865	50.381 272	50.380 527	50.380 734	50.380 61
第八天	50.381 119	50.381 127	50.381 295	50.381 601	50.380 744	50.380 845	50.381 12
第九天	50.380 466	50.380 571	50.380 578	50.380 684	50.381 173	50.381 380	50.380 81
第十天	50.381 085	50.381 291	50.381 227	50.381 331	50.380 108	50.380 314	50.380 89

计算测距中误差 $m_S = \pm 0.2$ mm

方案③小棱镜测试数据计算结果如表 3 所示。

表 3　小棱镜方案水平距离测试成果　　　　　　　　　单位：m

时间	第一测回		第二测回		第三测回		平均距离
	盘左	盘右	盘左	盘右	盘左	盘右	
第一天	50.380 710	50.380 686	50.380 303	50.380 624	50.380 224	50.380 428	50.380 50
第二天	50.380 413	50.380 529	50.380 513	50.380 411	50.380 338	50.380 424	50.380 44
第三天	50.380 615	50.380 294	50.380 654	50.380 652	50.380 251	50.380 264	50.380 46
第四天	50.380 442	50.380 852	50.380 623	50.380 452	50.380 636	50.380 845	50.380 64
第五天	50.380 532	50.380 755	50.380 542	50.380 459	50.380 551	50.380 643	50.380 58
第六天	50.380 446	50.380 229	50.380 223	50.380 340	50.380 250	50.380 244	50.380 29
第七天	50.380 558	50.380 645	50.380 245	50.380 461	50.380 659	50.380 352	50.380 49
第八天	50.380 550	50.380 251	50.380 339	50.380 454	50.380 948	50.380 861	50.380 57
第九天	50.380 461	50.380 665	50.380 395	50.380 576	50.380 678	50.380 677	50.380 58
第十天	50.380 462	50.380 666	50.380 478	50.380 769	50.380 482	50.380 578	50.380 57

计算测距中误差 $m_S = \pm 0.1$ mm

4.2　棱镜不同架设方式角度精度测试结果

测试中使用同一台全站仪，3 种方案测试中全站仪测角精度一样，而 3 种棱镜架设方式的对中误差不一样，对测角精度影响结果如下。

方案①自带棱镜架+圆棱镜测试数据计算结果如表4所示。

表4 自带棱镜架+圆棱镜方案水平方向测试成果 (+56°7′)

时间	第一测回		第二测回		第三测回		平均距离
	盘左	盘右	盘左	盘右	盘左	盘右	
第一天	16.0″	14.6″	19.3″	22.9″	13.4″	10.8″	16.2″
第二天	14.5″	15.0″	21.6″	16.7″	17.9″	11.5″	16.2″
第三天	11.5″	15.9″	30.8″	27.3″	25.7″	20.4″	22.0″
第四天	23.7″	16.3″	26.0″	24.4″	26.4″	19.8″	22.8″
第五天	23.3″	26.2″	25.7″	26″	9.0″	8.3″	19.8″
第六天	13.4″	14.3″	8.8″	2.0″	16.2″	16.5″	11.9″
第七天	27.5″	28.2″	34″	34.5″	31.0″	29.1″	30.7″
第八天	21.7″	20.4″	21.6″	20.2″	19.4″	17.3″	20.1″
第九天	28.9″	24.2″	21.7″	18.0″	11.3″	13.8″	19.7″
第十天	17.3″	19.4″	19.6″	23.0″	13.2″	15.8″	18.1″

计算方向中误差 $m_\beta = \pm 5.6''$

方案②三脚架+圆棱镜测试数据计算结果如表5所示。

表5 三脚架+圆棱镜方案水平方向测试成果 (+56°7′)

时间	第一测回		第二测回		第三测回		平均距离
	盘左	盘右	盘左	盘右	盘左	盘右	
第一天	18.2″	16.3″	24.3″	24.1″	18.0″	18.8″	20.0″
第二天	17.0″	21.0″	20.2″	20.1″	15.8″	18.4″	18.5″
第三天	17.2″	19.7″	24.9″	24.0″	27.4″	17.2″	21.7″
第四天	21.9″	16.9″	31.5″	28.5″	18.4″	15.5″	22.1″
第五天	14.1″	18.2″	23.7″	23.4″	13.3″	14.1″	17.8″
第六天	15.1″	16.6″	19.5″	16.7″	23.7″	23.4″	19.2″
第七天	18.2″	21.2″	19.7″	24.3″	18.9″	15.9″	19.7″
第八天	20.0″	20.1″	29.5″	23.1″	16.2″	15.6″	20.8″
第九天	23.1″	22.6″	19.5″	17.4″	20.5″	20.0″	20.5″
第十天	16.8″	17.5″	19.2″	21.5″	21.8″	24.3″	20.2″

计算方向中误差 $m_\beta = \pm 1.3''$

方案③小棱镜测试数据计算结果如表6所示。

表 6 小棱镜方案水平方向测试成果 (+56°7′)

时间	第一测回		第二测回		第三测回		平均距离
	盘左	盘右	盘左	盘右	盘左	盘右	
第一天	6.4″	13.4″	11.0″	16.6″	5.8″	9.8″	10.5″
第二天	9.4″	13.8″	17.6″	19.0″	9.9″	15.3″	14.2″
第三天	2.7″	11.0″	15.6″	15.2″	22.6″	15.8″	13.8″
第四天	10.6″	8.3″	22.3″	19.7″	2.7″	1.3″	10.8″
第五天	8.5″	12.9″	23.4″	25.9″	8.5″	6.8″	14.3″
第六天	7.4″	10.3″	10.5″	8.6″	10.0″	14.8″	10.3″
第七天	8.5″	11.6″	13.5″	15.5″	12.3″	9.7″	11.9″
第八天	15.1″	18.2″	19.7″	17.4″	11.2″	9.5″	15.2″
第九天	15.3″	13.3″	13.7″	11.3″	16.6″	15.7″	14.3″
第十天	8.2″	10.6″	13.1″	11.7″	16.5″	16.5″	12.8″

计算方向中误差 $m_\beta = \pm 1.8″$

4.3 棱镜不同架设方式坐标精度分析

角度、距离的误差对监测点位的影响[5] 如下式:

$$m_p = \pm \sqrt{m_u^2 + m_S^2} = \pm \sqrt{\left(\frac{m_\beta}{\rho}\right)^2 \cdot S^2 + m_S^2} \tag{1}$$

式中:m_p 为监测点的中误差;m_u 为方向产生偏移的中误差;m_S 为距离产生的偏差中误差;m_β 为方向中误差;S 为测量的水平距离;$\rho = 206\ 265″$。

通过式(1)计算三种不同棱镜架设方案所测监测点中误差如表 7 所示。

表 7 不同棱镜架设方案监测点中误差 单位:mm

方案	方案①:棱镜架+圆棱镜	方案②:三脚架+圆棱镜	方案③:小棱镜
中误差	±1.9	±0.4	±0.5

5 结论与分析

通过对不同棱镜配合全站仪水平位移变形监测测试方法的研究,可以得出如下几点结论:

(1)水平距离测试中,采用小棱镜精度最好(中误差最小),三脚架+圆棱镜精度次之,棱镜架+圆棱镜精度相对较差。水平方向测试中,三脚架+圆棱镜精度最好,小棱镜精度次之,棱镜架+圆棱镜精度相对较差。通过全站仪极坐标测量坐标时,三脚架+圆棱镜精度最好,小棱镜精度次之,但相差不大,实际全站仪水平位移监测中首选三脚架+圆棱镜进行监测,当某些水闸闸墩较窄不便于架设棱镜三脚架时,也可考虑采用小棱镜配合全站仪进行监测。

(2)使用相同全站仪情况下,采用方案①棱镜架+圆棱镜进行距离测量时中误差为±1.3 mm,显著大于方案②中误差±0.2 mm 和方案③中误差±0.1 mm;采用方案①棱镜架+圆棱镜进行角度测量时中误差为±5.6″,显著大于方案②中误差±1.3″和方案③中误差±1.8″,说明方案①棱镜架+圆棱镜对中精度显著低于方案②和方案③的对中精度。方案①棱镜架+圆棱镜对中精度较低,主要因为棱镜杆为了在长度上可以伸缩，采用空心铝合金制成，搬运和使用中容易出现弯曲变形，而棱镜杆较长（方案①中圆棱镜下方杆长约 1 m，方案③中小棱镜下方对中杆长约 5 cm），造成对中误差较大，方案②采用光学对中，方案③小棱镜对中杆采用实心不锈钢制成且长度短，变形误差较小，方案②与方案③中的对中精度较方案①高。因此，监测中尽量避免使用棱镜架+圆棱镜方式。

（3）方案①与方案②对中整平后通过支架或三脚架无须人员辅助，而方案③小棱镜中采用人工扶小棱镜杆保持水准气泡居中，在多测回长时间监测中，方案③的稳定性相较方案①与方案②差，今后使用方案③的过程中可自制小棱镜杆支架，保持小棱镜对中整平状态，以提升其稳定性。

（4）在实际工作中，水平位移变形监测应根据不同水工建筑物工程规模等级等因素，严格按照监测规范及监测设计文件选用相应精度的仪器及观测方法。本文仅针对老旧水工建筑物缺少观测墩的情况下，开展全站仪与不同形式棱镜架设方式测量精度比较，以期为今后类似工程水平位移监测棱镜架设方式的选择提供参考。

参考文献

［1］安长兴 . 全站仪自动监测系统在地铁变形监测中的应用研究 ［D］. 阜新：辽宁工程技术大学，2016.

［2］吴玉苗，李伟，王树东 . GNSS 在变形监测中的应用研究 ［J］. 测绘与空间地理信息，2017，40（9）：91-93.

［3］王慧敏，罗忠行，肖映城，等 . 基于 GNSS 技术的高速公路边坡自动化监测系统 ［J］. 中国地质灾害与防治学报，2020，31（6）：60-68.

［4］赵莽，吴大国，姚运昌 . 深基坑工程变形监测方法探讨 ［J］. 建筑安全，2023，38（2）：90-92.

［5］赵建飞 . 极坐标法放样的精度分析 ［J］. 产业与科技论坛，2015，14（19）：62-63.

水利工程质量检测行业发展现状研究

杨　磊[1]　冷元宝[1,2]

(1. 黄河水利委员会黄河水利科学研究院，河南郑州　450003；
2. 黄河水利委员会科技推广中心，河南郑州　450003)

摘　要： 水利工程质量检测是保障水利工程质量安全的关键环节，及时分析检测行业发展现状，是行业高质量发展的需要；采用数据调研和统计的方法，从总体状况、资质管理、队伍建设、行业监管、市场服务等方面对水利工程质量检测行业发展现状进行了研究；提出了在资质管理、队伍建设、行业监管、市场服务等方面存在的问题，从建立统计制度、提升信息化应用水平、均衡区域发展、加强培训力度、加强行业自治、完善监督体系等方面提出了发展建议；结果认为，水利工程质量检测行业应遵循"市场化、国际化、专业化、集约化、规范化"市场需求，在"政府规范、行业自律、社会监督"框架下，健康有序、优胜劣汰、高质量发展。

关键词： 水利工程；检验检测；行业发展；统计

1　引言

水利工程质量检测行业的主体是检测机构，而检验检测（以下简称检测）是国家质量基础设施的重要组成部分，对水利高质量发展起到重要的基础支撑作用。截至 2022 年底，我国水利行业获得资质认定的各类检验检测机构共有 808 家，全年共实现营业收入 186.5 亿元，全年向社会出具检验检测报告共 1 661.6 万份，共有从业人员 57 193 人，拥有各类仪器设备 49.8 万台（套），全部仪器设备资产原值 787.6 亿元，检验检测机构实验室面积 176.2 万 m^2。

为更好发挥检验检测服务水利高质量发展的重要作用，笔者依据国家市场监督管理总局对水利工程质量检测行业 808 家机构统计数据和中国水利工程协会对水利工程质量检测行业 167 家机构调研数据，从总体状况、资质管理、队伍建设、行业监管、市场服务等方面，分析研究了水利工程质量检测行业发展情况，提出了水利行业检验检测目前存在的问题，从建立统计制度、提升信息化应用水平、均衡区域发展、加强培训力度、加强行业自治、完善监督体系等方面提出了发展建议。

2　总体状况

2.1　机构数量

自 1986 年《水利电力部基本建设工程质量监督暂行条例》试行以来，全国水利行业相继成立了水利工程质量检测机构，截至 2022 年底，我国水利工程质量检测行业共有 808 家检测机构，其中企业 765 家，事业单位 43 家，如图 1 所示。近年来，事业单位性质的检测机构比重逐年下降，企业成为检测市场主流。2020—2022 年，非法人单位的检验检测机构数量分别为 59 家、55 家、48 家，连续 3 年下降，表明市场监管总局推动的整合检验检测机构资质认定证书，实现检验检测机构"一家一证"取得成效，未来非法人单位独立对外开展检验检测服务的现象会进一步减少。

基金项目： 中央级公益性科研院所基本科研业务费专项（HKY-JBYW-2023-14）。

作者简介： 杨磊（1983—），男，高级工程师，主要从事水利工程质量检测和安全评价工作。

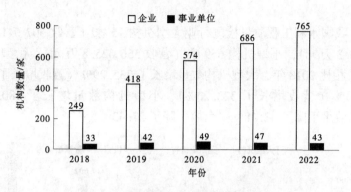

图 1 不同机构类型对应的机构数量

从所有制类型来看，截至 2022 年底，外资控股机构 2 家，国有控股机构 261 家，集体控股机构 5 家，私人控股机构 539 家，其他机构 1 家，如图 2 所示。民营检验检测机构快速发展，数量比 2018 年增长了 230.67%，从业人员、出具报告数量都已经超过全国检验检测市场的一半，营业收入占比 48.65%，检验检测机构的市场化改革正在有序推进。

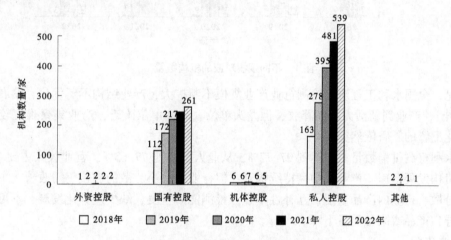

图 2 不同所有制结构对应的机构数量

截至 2022 年底，我国水利工程质量检测机构的地域分布情况为：华北地区 59 家，华东地区 236 家，东北地区 79 家，西北地区 109 家，中南地区 178 家，西南地区 147 家，如图 3 所示。从区域分布上看，在经济发达、检验检测需求较大的东部地区，特别是环渤海地区、华东和华南沿海地区，检验检测机构数量更为集中。华北、东北、西北地区不仅在机构数量占比（30.5%）以及增长上不及华东、中南、西南地区，营业收入占比（11.09%）也比机构数量占比低。目前现有的检测机构分布不均匀，市场发展不均衡、不充分，华北、东北、西北地区检测市场有待进一步培育和发展。

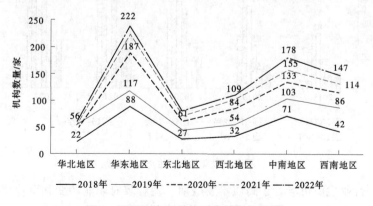

图 3 不同所有制结构对应的机构数量

2.2 机构规模

截至 2022 年底，我国水利工程质量检测行业大型机构 15 家（营收 507 641.4 万元），中型机构 131 家（营收 801 280.3 万元），小型机构 659 家（营收 556 025.8 万元），微型机构 3 家（营收 295 万元），如图 4 所示。相比 2018 年，大型机构数量增长了 335.29%（营收增长了 361.85%），中型机构数量增长了 250.63%（营收增长了 323.23%），小型机构数量增长了 180.43%（营收增长了 294.31%），微型机构数量下降了 43.18%（营收下降了 27.43%）。

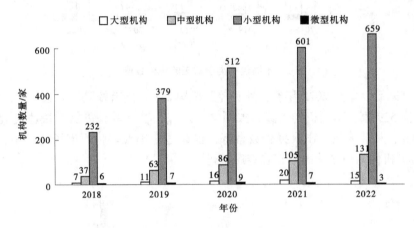

图 4　不同规模对应的机构数量

由此可见，全国水利工程质量检测行业产业规模不断扩大，产业结构不断优化，发展质量与效益实现"双提升"，产业创新活力不断释放，但龙头单位、品牌单位匮乏，产业集聚难度较大，结构调整和资源优化配置的矛盾依然突出。

中小型水利检测机构数量占比达到 97.77%，从业人员占比 77.63%，营业收入占比 72.77%。可见，中小型机构发展迅速，产业集中度持续提升，但行业弱、小、散的面貌仍需改善，主要体现在机构规模小而分散，行业内产品重复、互补性不强，检测能力重复，缺少差异化发展，不可避免地出现恶性竞争，导致产品或服务质量下降。

2.3 机构成立年限

截至 2022 年底，我国水利工程质量检测行业成立年限 30 年以上的机构 71 家，25~29 年的机构 25 家，20~24 年的机构 57 家，15~19 年的机构 172 家，10~14 年的机构 161 家，5~9 年的机构 201 家，5 年以下的机构 121 家，如图 5 所示。

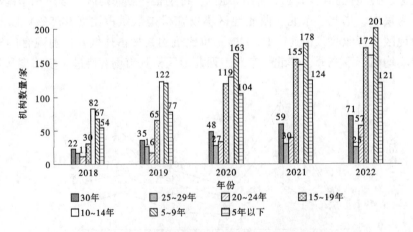

图 5　不同成立年限对应的机构数量

目前，我国水利行业检测市场处于高质量发展期，随着政府职能转变和事业单位改革，竞争空前激烈，检测单位必须加快做优做强的步伐。

以改革创新为动力、以深化供给侧结构性改革为主线、以推动高质量发展为主题的检测产业体系正在逐步形成。

2.4　资质数量

截至2022年底，我国水利工程质量检测行业取得资质认定的机构达到808家，数量排名前10名的省份为：浙江58家、四川53家、山东51家、新疆46家、云南46家、湖北41家、广东38家、湖南38家、吉林33家、江苏33家，前10名省份的资质数量占全国的比例为54.08%。

2.5　技术能力

截至2022年底，我国水利工程质量检测机构参数数量783 751项，产品标准数量101 011项，方法标准数量356 434项，如图6所示。基本形成了较全面的参数–标准体系，但在技术标准方面，还存在多头归口，部分标准存在标准重叠、内容交叉重复等矛盾，造成标准执行困难和偏差，缺乏前沿性技术标准和相关检测方法。

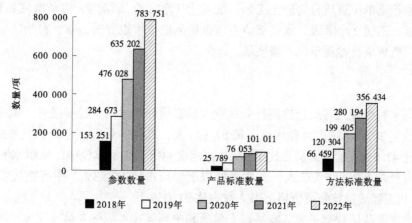

图6　水利工程质量检测机构检测能力

截至2022年底，我国水利工程质量检测机构全部仪器设备497 959台（套），比2018年增长了294.88%，50万元以上仪器设备1 721台（套），比2018年增长了233.53%，其中，进口仪器设备8 951台（套），比2018年增长了298.89%。随着检测行业的发展，一般产品检测设备的国产化率不断加快，基本可以满足检测的需求。

截至2022年底，我国水利工程质量检测机构总面积2 895 250.9 m²，比2018年增长了239.14%，其中实验室面积1 762 395.2 m²，比2018年增长了243.05%。环境条件得到较大改善，场所管理逐渐标准化、制度化。

2.6　管理体系

目前，水利工程质量检测机构建立的管理体系主要依据国认实〔2018〕28号文采信的《检验检测机构资质认定能力评价 检验检测机构通用要求》（RB/T 214—2017）（以下简称《通用要求》）。该《通用要求》吸纳了《质量管理体系基础和术语》（GB/T 19000）、《合格评定 词汇和通用原则》（GB/T 27000）、《合格评定各类检验机构的运作要求》（GB/T 27020）、《检测和校准实验室能力的通用要求》（GB/T 27025）、《通用计量术语及定义》（JJF 1001）及其精华内容，尤其是《检测和校准实验室能力的通用要求》（GB/T 27025）和《质量管理体系要求》（GB/T 19001）的内容，依其建立并有效运行的管理体系，对机构健康发展起到了应有的作用。

《检验检测机构评审准则》〔市场监管总局关于发布《检验检测机构资质认定评审准则》的公告（2023年第21号）〕于2023年12月1日实施，取代《通用要求》作为评审依据，其第十二条：检验检测机构应当建立保证其检验检测活动独立、公正、科学、诚信的管理体系，并确保该管理体系能够得到有效、可控、稳定实施，持续符合检验检测机构资质认定条件以及相关要求。具体从体系文件编制、合同评审、购买服务、方法选择、判定规则、检测报告、记录管理、数据信息、质量控制等 9 个方面进行了要求，基本在《通用要求》覆盖之内。

2.7 服务水平

截至 2022 年底，我国水利行业检测机构全年共向社会出具检验检测报告 1 661.6 万份，共有从业人员 57 193 人，拥有各类仪器设备 49.8 万台（套），检验检测机构实验室面积 176.2 万 m^2。

目前，我国水利工程质量检测机构的服务地域为本地市内的 120 家，本区（县）内的 5 家，本省内的 523 家，境内外的 7 家，全国范围的 124 家，周边几个省份的 29 家，仅服务本省的检测机构占比 64.73%。

2020—2022 年，全国共有 205 家水利工程质量检测机构开展了信用评价，其中 AAA 级机构占比 22.06%，AA 级机构占比 41.18%，机构信用总体良好。

3 资质管理

水利工程质量检测单位资质分为岩土工程、混凝土工程、金属结构、机械电气和量测 5 个类别，每个类别分为甲级、乙级 2 个等级。水利部负责审批检测单位甲级资质，省、自治区、直辖市人民政府水行政主管部门负责审批检测单位乙级资质。

4 队伍建设

近年来，我国水利行业工程质量检测行业从业人员素质和技术水平稳步提升。国家市场监管总局统计数据显示，截至 2022 年底，共有从业人员 57 193 人，其中本科以上学历占比 53.84%、中高级技术职称人员占比 47.8%、管理人员占比 12.86%；此次调研 167 家单位中，从事水利工程质量检测工作的专业技术人员总人数为 6 567 人，其中本科以上学历占比 66.27%，中高级技术职称人数占比 69.83%，取得水利工程质量检测员资格证书人数占比 31.05%。

检验检测人力资源队伍快速扩大，本科以上学历和中高级技术职称人员占比大。同时，检验检测机构普遍出现人才稀缺的情况：一方面，优秀的检验检测管理人才抢手，众多头部检验检测机构对优秀管理人才求贤若渴；另一方面，一线的专业检验检测岗位人才也是机构争抢的对象。此外，检验检测既是高技术服务业也属于生产性服务业，劳动力成本的上涨也给检验检测机构的生存和发展带来不小压力。

检测人员的素质仍有待提升。一方面是职业素质需要加强，检测人员作为产品质量的卫士，岗位重要、责任重大，决不能玩忽职守，许多检测人员认为有证即可上岗，甚至无证也要上岗，缺乏责任感与使命感；另一方面是业务知识及专业技术需要加强，此次调研对检测单位专业技术人员业务能力的评价中，评价为"一般""较差""差"的分别占 42.5%、5.3%、2.3%，合计达 50.1%，说明检测人员的业务能力仍有很大的提升空间。

5 行业监管

水利工程质量检测行业监管通过"查、认、改、罚"等环节开展，相关信息及时录入水利监督信息系统，监督检查方式包括"双随机、一公开"抽查、稽查等。

2019 年起，水利部开始实施水利工程建设甲级质量检测单位"双随机、一公开"抽查工作，截至 2022 年共组织 8 批次，抽查甲级质量检测单位 72 家。4 年间，抽查发现存在的问题主要分布在检测方法、设备设施、文件编号、场所环境、结果报告等方面，发现的主要问题包括：个别（部分）检测活动未按照国家和行业标准开展或个别检测报告中使用的检测方法不正确，存在这类问题的机构占比 41%；部分仪器设备不满足检验检测要求或缺少仪器设备，存在这类问题的机构占比 40%；委托单、原始记录、质量检测报告未按年度统一编号或部分委托单编号不规范或合同编号不连续或个别检测合同编号涂改，存在这类问题的机构占比 22%。

行业监管内容多、事项多，机构信用、分支机构、工地实验室、检测人员、检测过程、检测不合格项、市场行为等方面存在监管不足的现象，监管体系尚有很大的提升空间。

6 市场服务

问卷调查工作中，针对检测员资格要求、投标面临的困难、开展业务面临的困难等3方面问题，向检测单位征求了意见和建议。

（1）调研针对哪些专业技术岗位需取得水利工程质量检测员资格证书，反馈最多的为"所有专业技术人员"，占比48.5%。这说明，多数机构认为专业技术人员，包括技术负责人，检测报告的编写、审核和批准人员，以及新进人员、仪器设备操作和检测技术辅助人员等，均需取得水利工程质量检测员资格证书。

（2）调研参与投标面临的主要困难，反馈较多的有："检测业绩条件中要求有各类奖项（如科学技术奖、大禹奖、鲁班奖等）"，占比43.71%；"检测业绩条件具有针对性"，占比42.51%；"投标存在围标和串标现象，评标过程流于形式"，占比29.94%。这说明，在规范评标活动、设置业绩门槛、加强投标监管等方面还需要加强。

（3）调研开展检测业务面临的主要困难，反馈较多的有："水利检测取费没有统一的参考标准，检测市场取费混乱"，占比82.04%；"水利第三方检测取费未列入工程建设概算"，占比60.48%；"设计单位对水利工程使用的材料或产品未明确质量标准"，占比57.49%。这说明，水利检测市场一直以来都没有收费标准出台，有些机构参考地方检测收费标准执行，有些机构依照其他行业检测收费标准执行，导致未涵盖的项目和参数较多，各机构收费差距较大。

7 发展建议

7.1 建立统计制度，为行业循证决策提供科学支撑

此次行业发展研究采用了国家市场监管总局国民经济统计系统中水利工程质量检测行业808家机构的数据，以及中国水利工程协会对水利工程质量检测行业167家机构调研数据。前者数据和信息是全口径的，比较全面和系统，后者是抽样数据，有一定的局限性。应组织相关单位建立统计报表制度，获取科学的数据和信息，并与国家市场监管总局建立长期合作机制，为水利工程质量检测行业循证决策提供科学支撑。

7.2 坚持科技引领，提升信息化应用水平

围绕《"十四五"水利科技创新规划》，推进物联网、大数据、云计算、人工智能等新一代信息技术在水利工程质量检测服务领域的创新应用，促进水利检测行业技术创新和服务模式创新，推动水利检测行业向全产业链和价值链高端延伸。引导水利工程质量检测机构加快融入科技创新体系，推动机构科技研发机制落实，聚焦数字孪生建设，以数字化、信息化精准对接水利建设市场需求，实现检测信息化、智能化服务。

7.3 全面统筹谋划，均衡区域发展需求

统筹区域检测机构的发展，着力推进东部地区率先实现检测行业标准化，通过制度创新、管理创新、技术创新、业态创新等全面提升机构管理能力，增强核心竞争力，打造机构品牌。积极扶持中西部地区水利检测机构发展，大力推动革命老区、民族地区、边疆地区、经济落后地区水利行业检测市场的发展，在政策制定时充分考虑地区发展不平衡等问题，满足区域水利行业检测市场需求。

7.4 加强培训力度，提升技术人员素质

充分发挥协会独特的资源优势，根据不同的专业需求，组织相关法律法规标准的宣贯，开展检测方法的实操性培训；加强检测人员能力建设，尽快颁布实施《水利工程质量检测员资格规定》，探索"互联网+""智能+"培训新形态，推动培训方式变革创新，努力培养高素质复合型人才。

7.5 加强行业自治，提升行业自律水平

发挥行业自律的引导和约束作用，加强行业自律制度建设，完善行业自律公约和管理规范，倡导检测服务由基于成本定价向基于价值定价转变，共同抵制挂靠资质、项目转包、低价抢标行为，共同营造统一开放、竞争有序的市场环境，不断夯实水利工程质量检测行业长远发展根基。同时深入开展调查研究，畅通反映问题渠道，积极向政府主管部门反映行业、会员诉求，提出有关意见和建议，发挥协会行业引导、规则约束和权益维护等作用。

7.6 完善监督体系，加强行业监管力度

一是完善水利行业规章。修订水利部36号令和水利行业资质标准，启动检测人员的培训考核等登记，提升检测人员队伍素质和能力，进一步规范水利工程质量检测管理。

二是各级监管部门应明确检查清单，明晰"查、认、改、罚"工作流程，用好"双随机，一公开"监督检查、专项检查、稽查、驻点检查、挂牌督办、举报调查等监督检查方式，抓好问题整改闭环管理，强化监督结果运用，依法依规落实责任追究，不留空当、不留白边，做好计划管理和统筹协调，避免集中扎堆、交叉重复，力戒形式主义、官僚主义，减轻检测机构负担。进一步加大对招标投标活动的监管，特别是设置针对性检测业绩条件、奖项条件、最低价甚至超低价中标等问题，依法依规严肃处理。

8 结语

水利行业检测机构是国家质量基础设施的重要组成部分，对水利高质量发展起到重要的基础支撑作用。我国水利行业检测机构目前还没有检验检测集团或联盟，部分机构建立了检验检测工作平台，但是还处于"数据孤岛"状态，并未与其他单位的信息实现共享[1]。

目前，我国水利工程质量检测行业正在由稳步发展期向高质量发展期迈进，应遵循"市场化、国际化、专业化、集约化、规范化"市场需求，在"政府规范、行业自律、社会监督"框架下，健康有序、优胜劣汰、高质量发展。

参考文献

[1] 李琳，邓湘汉，霍炜洁，等．检验检测服务水利高质量发展分析［M］．人民黄河，2023，43（12）：143-146.

超声波透射法与低应变法在基桩检测中对比分析

赵文明　王亚梅

（珠江水利委员会珠江水利科学研究院，广东广州　510610）

摘　要：本研究旨在对比分析基桩检测中的两种常见方法，即超声波透射法和低应变法，以明确它们在检测灵敏度、检测准确性、实用性和成本等方面的差异，为工程师和研究人员选择适用于特定情况的检测方法提供指导。通过详细的文献综述和实际案例分析，本研究深入探讨了超声波透射法和低应变法的原理、步骤和特点，结果显示超声波透射法在检测灵敏度方面优越，能够探测到小尺寸的缺陷和异物，但在检测准确性方面相对较低，而低应变法则在检测准确性方面表现出色，能够提供定量数据。在实用性和成本方面，超声波透射法较为便捷，但成本较高，而低应变法相对简单，成本较低。最终，选择适合的方法应根据具体的检测任务和需求综合考虑，以确保基桩的质量和结构完整性，提高工程的安全性和可靠性。

关键词：超声波透射法；低应变法；基桩检测

1　引言

基桩作为土木工程中的重要组成部分，承担着承载结构荷载的重要任务[1]。因此，对基桩的质量和安全性进行准确可靠的检测至关重要。随着建筑技术和检测技术的不断发展，基桩检测方法也日益丰富和多样化。本文旨在比较和分析基桩检测中两种常见的方法，即超声波透射法和低应变法。通过深入研究和对比分析，旨在明确它们各自的优劣势，以便工程师和研究人员能够更好地选择适用于特定情况的检测方法。

超声波透射法利用超声波在材料中传播的特性，可以检测到基桩内部的缺陷和异物，具有高灵敏度的特点[2]。而低应变法则是通过测量基桩表面的应变来评估其结构状态，具有高度的准确性[3]。然而，这两种方法在实际应用中存在差异，包括适用范围、操作复杂性和成本等方面的考量。因此，本研究将对这些方面进行详细探讨，以期为基桩检测领域的相关研究和实践提供有价值的参考与指导。

在基桩工程领域，确保基桩的质量和结构完整性对于工程项目的安全性与持久性至关重要。因此，选择适当的检测方法对于及早发现和解决潜在问题至关重要。超声波透射法和低应变法作为两种常见的基桩检测方法，各自具有一定的优势和限制。通过本文的深入对比分析，读者将能够更好地了解这两种方法的性能和适用性，从而为工程实践提供更科学的决策基础。

2　基桩检测方法概述

2.1　超声波透射法

超声波透射法是一种非破坏性检测方法，广泛应用于基桩质量和结构的评估。其基本原理是通过引入超声波能量来评估基桩内部的物理特性和缺陷情况（见图1）。这一过程通常包括以下步骤：

（1）发射超声波。在基桩表面或附近放置超声波发射器，产生高频的超声波脉冲。

作者简介：赵文明（1997—），男，主要从事水利工程质量检测工作。

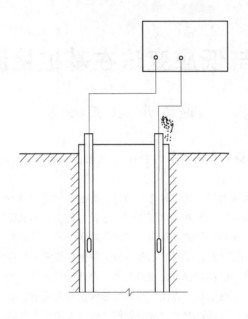

图 1　超声波透射法

（2）超声波传播。超声波脉冲在基桩内部传播，与基桩内的材料和缺陷发生相互作用。

（3）接收超声波。在基桩另一侧或表面安装接收器，用于捕获反射和散射的超声波信号。

（4）分析数据。通过分析接收到的超声波信号，可以确定基桩内部的缺陷、异物或材料特性。

超声波透射法的优点包括高灵敏度，能够检测到小尺寸的缺陷和异物，以及非侵入性，不会对基桩结构造成损伤[4]。然而，其应用受到基桩材料声学特性和超声波传播路径的限制，因此在某些情况下可能存在局限性。

2.2　低应变法

低应变法是一种常用于评估基桩结构完整性和荷载传递性的检测方法。该方法通过在基桩表面或附近安装应变传感器，测量基桩表面的微小应变变化，以评估基桩的结构状态（见图 2）。低应变法的主要步骤如下：

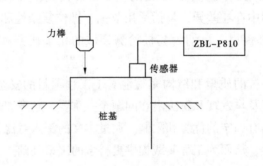

图 2　低应变法

（1）安装应变传感器。将应变传感器附加到基桩表面，通常是通过黏合或夹持的方式，以监测基桩表面的微小应变。

（2）施加荷载。施加外部荷载或负荷到基桩上，以引起基桩表面的微小应变。

（3）应变数据采集。使用数据采集设备记录应变传感器测量到的数据，包括应变值和时间。

（4）数据分析。分析应变数据以评估基桩的结构状态，包括荷载传递情况和可能的损伤。

低应变法的优点包括准确性高、适用于各种基桩类型。它可以检测到荷载引起的结构变化，例如裂缝或变形，从而提供了有关基桩的重要信息[5]。然而，低应变法通常需要物理接触传感器，因此可能对基桩表面造成轻微的损伤，并且可能需要更多的时间和设备来完成检测过程。

3　对比分析

3.1　检测灵敏度比较

超声波透射法和低应变法在检测灵敏度方面存在明显差异。超声波透射法具有较高的检测灵敏度，能够探测到基桩内部较小的缺陷和异物，如微小的裂缝或空洞。这使得它在早期发现基桩问题方面具有显著优势，有助于采取及时的维修和修复措施，从而提高了工程的安全性和可靠性。低应变法的检测灵敏度相对较低，通常只能检测到较大的结构变化，如明显的变形或裂缝。

3.2　检测准确性比较

在检测准确性方面，低应变法表现出色。由于它测量的是基桩表面的微小应变变化，因此能够提供准确的数据，用于评估基桩的结构状态和荷载传递情况。这种方法不仅能够检测到问题的存在，还能够量化问题的严重程度，有助于制订更精确的维修和强化计划。相比之下，超声波透射法虽然能够探测到缺陷，但通常难以提供与基桩结构相关的定量数据，其结果更倾向于定性分析。因此，在需要高度准确性的检测任务中，低应变法是更为可靠的选择。

3.3　实用性和成本比较

实用性和成本方面的比较取决于具体的应用场景和要求。超声波透射法通常较为便捷，无须物理接触基桩表面，因此对基桩本身造成的干扰较小。然而，它可能需要专用的设备和培训有经验的操作员，这可能会导致相对较高的检测成本。低应变法的实施相对简单，通常可以使用较为常见的传感器和数据采集设备，成本较低。但需要注意的是，低应变法可能需要更多的时间来完成数据采集和分析，因此在实际应用中需要更多的耐心和时间投入。

综合考虑，超声波透射法和低应变法各自具有一些优点和局限性，选择哪种方法应根据具体的检测任务和需求来决定。如果需要更高的灵敏度和快速的缺陷检测，超声波透射法可能是首选。然而，如果准确性和成本是更重要的考量因素，并且可以容忍较长的检测时间，那么低应变法可能更为合适。在实际工程中，可能还需要综合考虑两种方法以获得更全面的基桩评估。

4　结论

本研究通过对超声波透射法和低应变法在基桩检测中的对比分析，得出结论：首先，超声波透射法在检测灵敏度方面表现出色，能够探测到较小的基桩缺陷，这对于早期发现问题并采取及时的维修措施至关重要。然而，其在检测准确性方面相对较低，难以提供精确的结构信息。相比之下，低应变法在检测准确性方面表现出色，能够提供定量数据，用于评估基桩的结构状态和荷载传递情况。

超声波透射法和低应变法在实用性和成本方面存在差异。超声波透射法通常更为便捷，但可能需要专用设备和经验丰富的操作员，因此成本较高。低应变法相对简单，成本较低，但可能需要更多的时间来完成检测过程。因此，在选择检测方法时，需权衡实际需求、时间和成本等因素。

需要强调的是，在实际工程中，可能需要综合应用超声波透射法和低应变法，以充分评估基桩的质量和结构状态。两种方法的互补性可以提供更全面的信息，有助于制订更精确的维护和修复计划。此外，具体的基桩类型、项目预算和时间限制等因素也应纳入考虑，以确定最适合的检测方法。

超声波透射法和低应变法都是有用的基桩检测方法，选择合适的方法应根据具体情况和需求进行权衡和决策。深入了解这两种方法的优势和限制，可以确保基桩的质量和结构完整性，提高工程的安全性和可靠性。

参考文献

[1] 黄富能. 低应变法检测桩身完整性研究：基于建筑工程实例的解读 [J]. 住宅与房地产，2023（17）：41-43.

[2] 薛小剑. 低应变法和声波透射法在桩基检测中的综合应用研究 [J]. 福建建材，2023（4）：14-17，26.

[3] 汪应亲. 基于低应变法和声波透射法的基桩完整性检测研究 [J]. 运输经理世界，2023（7）：70-72.

[4] 骆浩光. 基桩检测中超声波透射法与低应变法的对比 [J]. 科技创新与应用，2016（20）：263.

[5] 吴刚. 超声波透射法与低应变法在基桩检测中的对比分析 [J]. 贵州大学学报（自然科学版），2011，28（6）：104-109.

GPS-RTK 测量技术在码头水利验收检测中的应用研究

常 衍 邓 恒 丁腾腾 孙文娟

（珠江水利委员会珠江水利科学研究院，广东广州 510611）

摘 要：港口码头建设工程不仅具有促进区域发展的经济效益，同时也有重要的社会效益，码头建设工程是否达到防洪、防汛的要求，是关乎工程能否通过验收使用的重要因素。本文以广州港某码头工程水利验收项目为案例，对其验收检测的方法和结果进行运用研究，期望能够为类似工程提供借鉴。

关键词：测量技术；码头；水利工程；验收

1 引言

水利工程质量检测是质量监督、质量检查和质量评定、验收的重要手段，检测结果是工程质量评定、质量纠纷评判、进行质量事故处理、改进工程质量和工程验收的重要依据[1]。质量检测方法多样，其中也包括采用测量方法所进行的质量检测[2]。建设单位通过委托检测单位量测主体建筑物平面位置、高程、几何尺寸等，形成的竣工测量数据文件和图纸资料成为评定和分析工程质量以及工程竣工验收的基本依据。本文结合广州港某码头工程水利验收检测项目，通过使用新测量设备和方法获得检测数据[3-4]，为该工程水利验收提供依据，并对类似项目提供借鉴。

2 工程概况

广州港某码头工程位于珠江麻涌口下游狮子洋左岸，工程为重力式码头，该工程占用规划岸线长度约 722 m，新建海轮码头人工岸线与原有自然岸线基本平行，向海侧突出自然岸线约 522 m；新建驳船岸线和工作船岸线位于一期与二期之间的挖入式港池内约 200 m。通用泊位和驳船泊位码头结构为永久结构，结构安全等级为 Ⅱ 级，工程防洪标准采用 50 年一遇。根据《码头工程防洪评价报告》《河道管理范围内建设项目审查同意书》及设计文件要求，工程完工后应达到防洪、防汛标准且码头前沿线不得超出工程批控制点 I 点至 J 点之间的连线，故该工程完工后应开展相应的水利验收检测。工程检测范围见图 1。

3 检测内容及测量技术

3.1 检测内容

根据设计文件、防洪评价报告及工程批复文件要求，码头水利验收检测工作的内容包括 3 部分：码头面高程检测、工程外缘平面位置、防汛通道平面位置。水利验收检测数量参照《水利水电工程单元工程施工质量验收评定标准 堤防工程》（SL 634—2012），混凝土护坡按施工段长 30～50 m 划分 1 个检测断面，该码头工程长约 722 m，结合现场情况和实际需求，按每 50 m 划分 1 个断面，共 14

作者简介：常衍（1986—），男，高级工程师，主要从事测绘、工程安全监测检测等工作。

图 1　工程检测范围

个断面，断面检测点包括以上 3 部分内容。

3.2　测量技术

平面位置、高程检测采用单基站 GPS-RTK 测量技术，使用配备的南方测绘新近研发的创享型 GPS 测量系统，如图 2 所示。该系统 GPS 双频接收机动态测量精度达到平面≤±（8 mm+1×10^{-6}D），高程≤±（15 mm+1×10^{-6}D），其中 D 为所测量基线长度，依据《水利水电工程施工测量规范》（SL 52—2015）中混凝土工程竣工验收断面测量时测点的精度应满足平面≤±20 mm、高程≤±20 mm 的要求，该项目现场检测时基线长度小于 1 km，故该仪器性能满足规范要求。

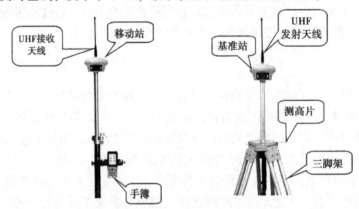

图 2　创享型 GPS 测量系统

GPS-RTK 测量技术中单基站点位根据现场检测区面积、地形和数据链的通信覆盖范围情况，布设在码头内空旷区域；架设基站周边地势应宽阔，没有超过 15°的障碍物和干扰接收卫星信号或反射卫星信号的物体；有效作业半径应在 1 km 以内。

GPS-RTK 测量技术中流动站根据工程条件设置项目参数、天线高、天线类型、PDOP 和高度角等，在作业前复核 2 个以上已知控制点，复核结果与已知成果的较差均控制在 2 cm 以内；流动站接收机天线高设置为 1.8 m，并与测区环境相适应；确保测量手簿显示有效卫星数大于 6 个，多星座系统有效卫星数大于 7 个，PDOP 值小于 6 后，方能采集固定解成果；确保采集时每点观测时间不少于 5 个历元；检测结束前，进行已知点检查。

现场检测完成后，将测量数据导出至计算机，同时单独备份数据后，将测得的数据导入设计

CAD 底图后，与批复设计岸线、码头高程等进行比对分析，形成结论。

4 验收标准及检测成果

4.1 验收标准

根据设计文件、防洪评价报告等要求，码头面高程应达到 2.68 m；码头岸线在规划批复岸线内；防汛道路宽度参考《堤防工程设计规范》（GB 50286—2013）中二级堤防堤顶宽度不低于 6 m 的相关要求。

4.2 码头面高程检测成果

高程检测抽取每个断面 1 个点，共计 14 个点，如表 1 所示，实测高程最大值为 2.972 m，最小高程值为 2.703 m，平均高程 2.807 m，均满足批复设计高程 2.680 m 的要求，达到批复设计文件要求的码头面高程 2.680 m，检测结果符合要求。

表 1　检测码头高程点统计

单位：m

点名	检测点坐标		实测高程	设计高程
	X	Y		
D01	***5 202.562	**018.605	2.787	2.680
D02	***5 333.804	**965.013	2.861	2.680
D03	***5 485.711	**902.849	2.810	2.680
D04	***5 550.693	**876.408	2.868	2.680
D05	***5 651.401	**835.821	2.972	2.680
D06	***5 656.451	**892.813	2.824	2.680
D07	***5 763.294	**155.314	2.798	2.680
D08	***5 799.839	**177.840	2.821	2.680
D09	***5 811.529	**200.971	2.853	2.680
D10	***5 908.955	**161.778	2.816	2.680
D11	***5 996.942	**125.951	2.758	2.680
D12	***6 004.180	**112.776	2.721	2.680
D13	***5 991.015	**080.412	2.703	2.680
D14	***5 876.006	**796.590	2.712	2.680

4.3 码头岸线平面位置检测成果

码头岸线平面位置检测抽取每个断面 1 个点，共计 14 个点，检测点 B01~B06 分布在顺岸码头外缘，检测点 B07~B14 分布在挖入式港池码头外缘，通过将检测数据展点在批复岸线的 CAD 底图上进行比对，发现岸线检测点均在批复岸线内，各点分布如图 1 所示，检测结果符合设计文件及相关工程批复文件，各检测点坐标与控制点连线之间垂距如表 2 所示。

表 2   检测点坐标与审批控制点连线比较   单位：m

点名	检测点坐标		检测点与控制点连线之间的距离	备注
	X	Y	岸线内垂距	
I	***5 176.720	**026.615	0	岸线控制点
B01	***5 185.610	**023.039	0.046	检测点分布在水道顺岸码头外缘
B02	***5 311.280	**971.739	0.001	
B03	***5 441.562	**918.614	0.007	
B04	***5 571.599	**865.576	0.002	
B05	***5 660.037	**829.520	0.012	
B06	***5 847.376	**758.963	5.424	
B07	***5 721.788	**980.940	163.540	检测点分布在挖入式港池码头外缘
B08	***5 764.614	**085.968	276.963	
B09	***5 811.093	**199.953	400.060	
B10	***5 874.398	**174.115	400.041	
B11	***5 944.400	**145.563	400.038	
B12	***5 996.398	**124.374	400.054	
B13	***5 944.902	**998.095	263.678	
B14	***5 902.059	**893.027	150.211	
J	***5 845.261	**753.968	0	岸线控制点

4.4   防汛通道平面位置检测

码头防汛通道位于码头前沿，现场道路通畅，检测抽取每个断面 2 个点，共计 24 个点，现场道路共计分为 4 段：（R01，L01）～（R04，L04），（R05，L05）～（R07，L07），（R08，L08）～（R11，L11），（R12，L12）～（R14，L14）。测得防汛通道两侧平面坐标后，在导入 CAD 图中直接量取两点间距离（宽度），如表 3 所示，实测道路最大值为 13.990 m，最小路宽为 8.010 m。因该码头工程前沿防汛通道具有兼作生产运输道路的功能，故（R08，L08）～（R11，L11）段相对其他路段较宽。

该码头防洪标准采用 50 年一遇，依据《水利水电工程等级划分及洪水标准》（SL 252—2017）中防洪工程堤防永久性水工程建筑物等级要求，该码头防洪标准已达到二级堤防标准，二级堤防防汛通道宽度应满足《堤防工程设计规范》（GB 50286—2013）中二级堤防堤顶宽度不低于 6 m 的相关要求，现场检测道路成果均超过 6.0 m，故符合规范要求。

表3 防汛通道检测宽度成果 单位：m

点名	通道右侧检测点		点名	通道左侧检测点		路宽
	X	Y		X	Y	
R01	***5 206.831	**028.715	L01	***5 203.371	**020.499	8.910
R02	***5 338.100	**975.461	L02	***5 334.720	**966.950	9.160
R03	***5 489.948	**913.492	L03	***5 486.537	**904.989	9.160
R04	***5 598.394	**869.201	L04	***5 594.911	**860.808	9.090
R05	***5 648.572	**896.016	L05	***5 655.985	**892.985	8.010
R06	***5 731.512	**099.506	L06	***5 738.932	**096.483	8.010
R07	***5 766.473	**185.276	L07	***5 773.855	**182.166	8.010
R08	***5 820.564	**213.231	L08	***5 815.558	**200.256	13.910
R09	***5 881.042	**188.606	L09	***5 875.788	**175.638	13.990
R10	***5 955.116	**158.367	L10	***5 949.799	**145.454	13.960
R11	***5 984.275	**146.465	L11	***5 978.971	**133.572	13.940
R12	***6 005.029	**074.449	L12	***5 995.964	**078.397	9.890
R13	***5 960.284	**964.789	L13	***5 951.175	**968.618	9.880
R14	***5 883.754	**777.406	L14	***5 874.653	**781.104	9.820

5 结语

通过广州港某码头工程水利验收检测实例，对测量技术在码头工程水利验收应用中发挥的作用可以得出如下几点：

（1）GPS-RTK测量技术具有无须通视、高精准度、全天候作业及易于操作的特点，适用于码头工程水利验收检测。

（2）检测成果表明，码头面高程符合设计要求；工程外缘平面位置未超规划设计要求，在批复岸线以内；码头防汛通道满足规范要求，该工程已达到防洪、防汛的要求，具备水利验收条件。

（3）随着科技进步，测量设备的技术升级，GPS-RTK测量精度将不断提升，在减少人工测量误差、保证检测数据准确性的同时，又提高工作效率，应用前景广泛。

参考文献

［1］王丽峰．水利水电工程试验检测工作要点分析［J］．黑龙江水利科技，2021，49（5）：115-116.

［2］蔡奇，张振洲，潘义为．水利工程质量检测制度研究［J］．水利技术监督，2020（6）：7-10.

［3］徐仁广．多路径效应影响下GPS-RTK测量精度的分析［J］．测绘与地理空间信息，2013（5）：37-38.

［4］赵萌．GPS-RTK测量精度的分析与质量控制［J］．铁道勘察，2012（9）：10-12.

水中氟化物的测定能力验证分析

万晓红[1,2]　郎　杭[1,2]　吴文强[1,2]　甘　霖[1]　孔维玮[1]　李　争[1]　吴艳春[1,2]

(1. 中国水利水电科学研究院，北京　100038；

2. 水利部水环境监测评价研究中心，北京　100038)

摘　要： 氟化物是重要的环境污染物之一，定期开展氟化物的能力验证计划，一方面可以帮助涉水检验检测机构有效识别与同类机构之间的差异水平，为其检测风险识别、技术改进和质量管理提供技术支持；另一方面也可为行政主管部门制定相关政策提供参考依据。本次能力验证所用样品通过均匀性和稳定性检验，数据采用迭代稳健统计技术进行统计分析，结果通过 z 比分数评价。参加能力验证的 1 050 家检验检测机构结果合格的 938 家，占参加机构总数的 89.3%；结果不合格的 112 家，占参加机构总数的 10.7%，并对影响因素进行分析。

关键词： 水；氟化物；能力验证

氟化物是重要的环境污染物之一，研究发现，当水中含氟量高于 4.0 mg/L 时，就会引起骨膜增生、骨刺形成、骨节硬化、骨质疏松、骨骼变形与发脆等氟骨病，另外还对肝脏、肾脏、心血管系统、免疫系统、生殖系统、感官系统等非骨组织均有不同程度的损害。因此，氟化物是《地表水环境质量标准》（GB 3838—2002）[1]、《地下水质量标准》（GB/T 14848—2017）[2]、《生活饮用水卫生标准》（GB 5749—2022）[3]、《食品安全国家标准 饮用天然矿泉水》（GB 8537—2018）[4] 和《渔业水质标准》（GB 11607—1989）[5] 等涉水质量标准的必检项目。定期开展氟化物的能力验证计划，一方面可以帮助涉水检验检测机构有效识别与同类机构之间的差异水平，为其检测风险识别、技术改进和质量管理提供技术支持；另一方面也可为行政主管部门制定相关政策提供参考依据。

1　方案设计

1.1　样品设计

能力验证样品在充分考虑方法性能、《地表水环境质量标准》（GB 3838—2002）等评价标准对氟化物的标准限值要求（见表1）及不同检测方法的最低检出浓度基础上，遵循统计分析应能予以区别且尽可能接近的原则设计浓度范围为 0.2~1.0 mg/L 的 4 个不同浓度水平样品（见表2），即样品1、样品2、样品3 和样品4，此样品用于均匀性检验、稳定性检验和分发给参加者。

表 1　质量标准对氟化物的限值要求　　　　单位：mg/L

标准号	标准名称	水质类别	氟化物浓度
GB 3838—2002	地表水环境质量标准	Ⅲ	≤1.0
GB/T 14848—2017	地下水质量标准	Ⅲ	≤1.0
GB 5749—2022	生活饮用水卫生标准	限值	1.0
GB 11607—1989	渔业水质标准	限值	1.0
GB 8537—2018	食品安全国家标准 饮用天然矿泉水	限值	1.5

作者简介： 万晓红（1978—），女，正高级工程师，主要从事水生态环境研究、水质监测质量管理及标准化研究工作。

表 2   能力验证样品配制信息   单位：mg/L

项目	样品 1	样品 2	样品 3	样品 4	基体
安瓿瓶中氟化物浓度	14.3	17.7	32.7	40.8	H_2O
稀释 50 倍后的浓度	0.286	0.354	0.654	0.816	H_2O

1.2   样品的发放

每个样品按照随机数表编号且具有唯一性，所以每个参加能力验证的机构均获得一套唯一编号的样品。同时对每个参加机构赋予一个唯一性代码，样品分发、结果报告等均以代码表示。样品发放采用双样分组设计，两个不同浓度水平的样品随机组合，依据随机数表规则编号并加贴标签。样品在发放前置于常温避光处保存，并由邮政快递邮寄，发放时采用特制泡沫盒承装，以避免运输过程中的碰撞破损和阳光暴晒。

1.3   均匀性试验

依据《标准物质的定值及均匀性、稳定性评估》（JJF 1343—2022）[6]，采用离子色谱法对能力验证样品中氟化物含量进行测定，通过单因素方差分析法对结果进行均匀性检验。当检测机构反馈数据后，再依据《能力验证样品均匀性和稳定性评价指南》（CNAS-GL003：2018）[7] 中 $S_s \leqslant 0.3\sigma_{pt}$ 准则对四个浓度水平样品的均匀性进行评价。

1.4   稳定性试验

稳定性检验是模拟常温状态下长期保存样品的组分量值稳定性。依据《标准物质的定值及均匀性、稳定性评估》（JJF 1343—2022）对本次能力验证样品进行 90 d 的稳定性检验。当检测机构反馈数据后，再依据《能力验证样品均匀性和稳定性评价指南》（CNAS-GL003：2018）中 $|\bar{y}_1 - \bar{y}_2| \leqslant 0.3\sigma_{pt}$ 准则对样品稳定性进行评价。

1.5   测试方法

参加本次能力验证的机构报名均采用对外提供正式检验检测报告的日常检测方法。每份样品按照作业指导书要求重复测定 2 次，取平均值，单位为 mg/L。

1.6   统计方法

依据《利用实验室间比对进行能力验证的统计方法》（GB/T 28043—2019）[8] 中的相关要求对数据进行统计分析。在剔除异常值后，采用迭代稳健统计技术进行统计分析，即采用迭代稳健统计分析方法获得结果的稳健平均值和标准偏差的稳健值，充分减小极端结果对结果稳健平均值和标准偏差稳健值的影响。

1.7   评价方法

采用《利用实验室间比对进行能力验证的统计方法》（GB/T 28043—2019）中 z 值进行能力评价，即采用 $|z|$ 值 3.0 作为行动信号，检验检测机构的两个样品的评价结果均满足 $|z| < 3.0$ 时，结果为合格；当检验检测机构的两个样品的任一评价结果满足 $|z| \geqslant 3.0$ 时，结果为不合格。

2   结果分析与评价

2.1   均匀性检验结果与评价

样品均匀性检验采用单因子方差分析法（F 检验法）随机抽取分装后的样品 15 瓶，每瓶 2 次平行测定，采用离子色谱法进行测定。均匀性结果经检验 F 值小于给定显著性水平 α（通常 $\alpha = 0.05$）的临界值 $F_{\alpha(v1, v2)}$，则表明样品内和样品间无显著性差异，认为样品是均匀的。计算结果见表 3，由表 3 可以看出，4 个浓度水平的 F 值均小于临界值 $F_{0.05(14, 15)}$：2.46，表明在 0.05 显著水平时，样品中氟化物含量是均匀的。

反馈的有效数据经过稳健统计后，依据《能力验证样品均匀性和稳定性评价指南》（CNAS-GL003：2018）中 $S_S \leqslant 0.3\sigma_{pt}$ 准则对 4 个检测样品的均匀性进行了评价，其中 σ 为稳健标准差，S_S 为样品间的不均匀性标准偏差。评价结果见表 3，4 个样品中氟化物含量均匀性良好。

表 3　均匀性检验结果

评价参数	样品 1	样品 2	样品 3	样品 4
总平均值/（mg/L）	14.27	17.74	32.70	40.79
相对标准偏差	0.288%	0.330%	0.22%	0.16%
Q_1	0.025 0	0.066 0	0.075 7	0.081 2
Q_2	0.024 1	0.033 5	0.077 0	0.049 1
F	1.11	2.11	1.05	1.77
$F_{0.05}$（14，15）	2.46	2.46	2.46	2.46
$F \leqslant F_{0.05}$（14，15）	均匀性良好	均匀性良好	均匀性良好	均匀性良好
S_S	0.009	0.035	0.012	0.036
$0.3\sigma_{pt}$	0.114	0.177	0.165	0.180
$S_S \leqslant 0.3\sigma_{pt}$	均匀性良好	均匀性良好	均匀性良好	均匀性良好

2.2　稳定性检验结果与评价

长期稳定性检验采用与均匀性检验相同的检测方法，对能力验证样品的所有特性量值进行了稳定性检验，检验时间分别为能力验证样品配制完成后的第 0 天、第 8 天、第 24 天、第 60 天、第 90 天，整个周期涵盖能力验证计划全过程。每次对 4 个浓度水平样品分别随机抽取 2 瓶，每瓶进行两次独立测量，共 4 次取平均值，对不同时间的测定平均值进行 t 分布检验，即 i 次检验的 t_i 值若小于临界值 $t_{0.05}$（$i-2$），则表明检验能力验证样品的特征量值无显著性变化。计算结果见表 4，由表 4 可以看出，能力验证样品稳定性良好。

反馈的有效数据经过稳健统计后，依据《能力验证样品均匀性和稳定性评价指南》（CNAS-GL003：2018）中 $|\bar{y_1} - \bar{y_2}| \leqslant 0.3\sigma_{pt}$ 准则对样品稳定性进行了评价，其中 σ_{pt} 为稳健标准差，$\bar{y_1}$ 为均匀性检验的总平均值，$\bar{y_2}$ 为稳定性检验时对随机抽出样品的测量平均值。稳定性检验统计结果表明，4 个浓度水平的检测样品稳定性均符合 $|\bar{y_1} - \bar{y_2}| \leqslant 0.3\sigma_{pt}$ 准则，样品稳定性评价结果见表 4。

表 4　稳定性检验结果

评价参数	样品 1	样品 2	样品 3	样品 4
斜率 β_1	-0.000 160	-0.000 472	0.000 346	0.000 468
截距 β_0	14.320	17.737	32.747	40.790
s	0.033 3	0.019 4	0.056 3	0.063 3
s（β_1）	0.000 441	0.000 256	0.000 745	0.000 838
$t_{(0.95, 3)}$	3.18	3.18	3.18	3.18
$t_{(0.95, 3)} \times s$（β_1）	0.001 40	0.000 814	0.002 37	0.002 66
$|\beta_1| < t_{(0.95, 3)} \times s$（$\beta_1$）	稳定性良好	稳定性良好	稳定性良好	稳定性良好
$0.3\sigma_{pt}$	0.114	0.177	0.165	0.180
$|\bar{y_1} - \bar{y_2}|$	0.05	0.02	0.06	0.02
$|\bar{y_1} - \bar{y_2}| \leqslant 0.3\sigma_{pt}$	稳定性良好	稳定性良好	稳定性良好	稳定性良好

2.3 参加机构统计结果分析

水中氟化物的测定能力验证项目（CNCA-22-07）是市场监管总局组织的能力验证计划之一，全国31个省（区、市）共有1 050家检验检测机构参加，它们分别来自国家产品质量监督检验中心、相关部委监测中心（监测站）、海关技术中心（实验室）、科研院所实验室、第三方检测实验室以及其他检验检测机构。具体分布情况见图1、图2。

2.4 评价结果统计分析

本次能力验证采用双样分组设计，检验检测机构最终能力评价结果采用综合评价方法，即当两个样品的评价结果均满足 $|z| < 3.0$ 时，结果为合格；当检验检测机构的两个样品的任一评价结果满足 $|z| \geqslant 3.0$ 时，结果为不合格。经综合评价，结果合格的机构共938家，占参加机构总数的89.3%；结果不合格的机构112家，占参加机构总数的10.7%。综合评价情况见表5。

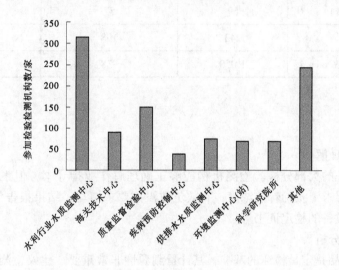

图 1 参加检验检测机构行业分布

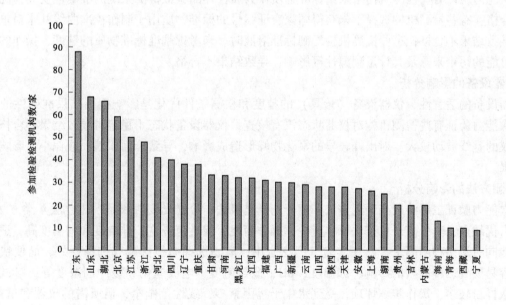

图 2 参加检验检测机构地区分布

表5　综合评价情况统计

行业分类	参加机构数/家	合格机构数/家	百分比/%
水利行业水质监测中心	316	300	94.9
供排水水质监测中心	74	70	94.6
疾病预防控制中心	39	36	92.3
质量监督检验中心	150	136	90.7
科学研究院所	69	62	89.9
海关技术中心	90	79	87.8
环境监测中心（站）	69	57	82.6
其他	243	198	81.5
检验检测机构总数	1 050	938	89.3

3　技术分析

3.1　对作业指导书的理解

参加本次能力验证的大部分检验检测机构能够正确理解作业指导书，但也有部分机构理解不到位，如上报数据没按要求上报稀释前浓度，有效位数没按要求填写；结果报告单和原始记录不一致；没有按要求提交仪器设备的检定证书等。

3.2　标准物质的影响分析

标准物质/标准样品是定量检测的基准，其计量溯源性非常重要。建议检测机构优先选用国家有证标准物质，使用有证标准物质时应在有效期内且按要求保存。

本次能力验证有些检测机构未采用标准物质作为质控样品验证检测系统的准确性受控情况，导致结果不合格；有些检测机构选择了未获得国家有证编号的标准物质用于制作校准曲线并未对量值进行确认，导致结果不合格；有些检测机构配制标准溶液时，未考虑基准标准物质的纯度、操作的正确规范性、可能的污染来源及其计量溯源性等影响，导致结果不合格。

3.3　仪器设备的影响分析

仪器设备的适宜性、仪器设备（量具）的精度和检测条件优化是影响检测结果准确性的重要因素。本次能力验证有些检测机构对仪器状态没有核查，仪器设备状态不稳定，导致结果不合格，如离子色谱仪的基线波动较大，对出峰较早的氟化物峰形造成影响，导致峰面积偏大或偏小，影响最终的检测结果。

3.4　检测方法的影响分析

本次能力验证主要涉及离子色谱法、离子选择电极法、分光光度法和目视比色法4类方法。4种方法各有优缺点，其中离子色谱法取样量少，操作简便，线性范围宽，准确度和精密度高，适用范围广，还能同时测多种阴离子，已在实验室广泛应用；离子选择电极法具有选择性好、简便快速的特点，但容易受到多种因素的影响，如温度、pH、搅拌速度、电极老化和缓冲剂浓度等；氟试剂分光光度法取样量较多，操作步骤烦琐，受到水中干扰因素多，线性范围窄，但所需的仪器和试剂简单，适于在基层检测机构使用；茜素磺酸锆目视比色法方便快速，但是通过目视观察，精确度不高，误差较大。

为了验证不同方法测定结果与所有结果的一致性，依据《利用实验室间比对进行能力验证的统计方法》（GB/T 28043—2019），根据不同原理对分析方法进行分类并统计，得到的稳健平均值或平均

值 x_i 与不分检测方法的稳健统计结果的指定值 x_{pt} 进行比较，结果表明 4 种不同分析方法的统计结果与所有实验室的统计结果是一致的，结果见表6。

表6　不同方法间主要稳健平均值的比较　　　　　　　　　　单位：mg/L

方法名称	样品 1	样品 2	样品 3	样品 4
不分方法计算结果 x_{pt}	14.3	17.8	32.7	40.4
离子色谱法 x_1	14.3	17.7	32.7	40.4
分光光度法 x_2	14.1	17.9	32.6	40.7
离子电极法 x_3	14.4	18.0	32.7	40.4
目视比色法 * x_4	14.1	18.5	31.1	38.9
$\lvert x_i - x_{pt} \rvert \leqslant 3\sigma_{pt}$	满足	满足	满足	满足

注：标有"＊"的方法由于选用检验检测机构少，所以统计结果为平均值。

4　结语

能力验证是检验检测机构质量控制的基本元素之一，是判断和监控检验检测机构能力的有效手段，是通过外部措施对检验检测机构内部质量控制工作的有效补充，各检验检测机构应根据相关标准和规范，结合自身实际，对本检验检测机构的数据做评估，找出问题所在，制定纠正措施，持续保持和提高技术能力及管理水平。

参考文献

［1］国家环境保护总局. 地表水环境质量标准：GB 3838—2002［S］. 北京：中国环境科学出版社，2002.

［2］全国国土资源标准化技术委员会. 地下水质量标准：GB/T 14848—2017［S］. 北京：中国标准出版社，2017.

［3］中华人民共和国国家卫生健康委员会. 生活饮用水卫生标准：GB 5749—2022［S］. 北京：中国标准出版社，2022.

［4］中华人民共和国国家卫生健康委员会，国家市场监督管理总局. 食品安全国家标准 饮用天然矿泉水：GB 8537—2018［S］. 北京：中国标准出版社，1990.

［5］国家环境保护局. 渔业水质标准：GB 11607—1989［S］. 北京：中国标准出版社，1990.

［6］全国标准物质计量技术委员会. 标准物质的定值及均匀性、稳定性评估：JJF 1343—2022［S］. 北京：中国标准出版社，2022.

［7］国家合格评定国家认可委员会. 能力验证样品均匀性和稳定性评价指南：CNAS—GL003：2018［S］.

［8］全国统计方法应用标准化技术委员会. 利用实验室间比对进行能力验证的统计方法：GB/T 28043—2019［S］. 北京：中国标准出版社，2019.

某抽水蓄能电站钢岔管水压试验应力测试分析

王光旭[1] 徐国盛[2] 姜胜先[1] 谭 新[1] 李维树[1]

（1. 长江水利委员会长江科学院，湖北武汉 430010；

2. 汉江水利水电（集团）有限责任公司，湖北丹江口 442700）

摘 要：钢岔管作为电站厂房引水管道的重要组成部分，其稳定可靠的运行是整个引水管道乃至电站正常运行的关键。应力监测是钢岔管水压试验监测过程中的重点及难点，同时是判定试验是否终止的重要依据。文章以某抽水蓄能电站钢岔管水压试验为例，对两次正式水压试验全过程进行了应力监测，最后对监测结果进行对比分析并得到钢岔管高强钢及其焊缝的应力分布规律。该研究可为类似的工程项目实施提供参考。

关键词：钢岔管；应力监测；水压试验；应力分布规律；高强钢

1 引言

水电站钢岔管是电站厂房引水管道分岔部位的管段，主要由主管段、锥管段及支管段组成[1]。钢岔管结构制作工艺烦琐，制造水平要求较高，运行时受力情况复杂，其稳定可靠的运行是整个引水管道乃至电站安全运行的关键。工程项目上，多采用水压试验的方式来检验钢岔管的制作质量，验证钢岔管设计的合理性、结构与焊缝的可靠性和安全性[2-3]。应力监测是水压试验过程中的重点和难点，同时是研判试验何时终止的关键。

目前，随着国内外抽水蓄能电站大量开工建设，钢岔管水压试验的规模也随之增大，同时针对试验过程中应力监测的分析研究也在不断地深入和完善。如胡木生等[4]依据有限元计算结果，采用试验安全控制手段解决了高压钢岔管内、外应力同时监测的难题；朱晨等[5]采用电测法和有限元法对钢岔管的结构应力进行了对比分析，得到了钢岔管各部件与试验压力之间的相关关系，并且验证了电测法测试数据与有限元法计算成果之间的吻合程度；刘蕊等[6]对水压试验过程中钢岔管各部位的应力分布规律进行了研究分析，验证了钢岔管焊缝接头承受极端荷载的能力、钢岔管设计方案的合理性和施工工艺的可靠性；关磊等[7]以某水电站钢岔管水压试验为例，研究了其内外壁应力随试验压力变化的变化规律，得到了钢岔管内外壁应力间的相关关系及合理的水压试验压力值；靳先聚[8]以钢岔管模型为研究对象，通过爆破性水压试验，研究了钢岔管模型的应力分布规律，为钢岔管的设计提供了可靠的依据。

随着设计技术的不断完善，钢岔管的结构形式在不断增多，同类型钢岔管的局部部位或多或少也存在差异。另外，因焊接工艺的差异和焊工焊接水平的高低，也可能造成同一尺寸的钢岔管在局部存在差异。因此，针对每一台特定钢岔管水压试验过程中的应力进行分析仍然具有十分重要的意义。文中以某对称 Y 形内加强月牙肋型钢岔管为例，分析了水压试验过程中其内外壁各测点应力分布规律及变化情况，可为类似工程的实施提供参考。

作者简介：王光旭（1990—），男，工程师，主要从事水工金属结构安全检测及评价工作。

通信作者：徐国盛（1982—），男，高级工程师，主要从事水利水电运行与管理工作。

2 钢岔管参数及监测过程要求

2.1 钢岔管参数

某抽水电站钢岔管为对称 Y 形内加强月牙肋型钢岔管，其主管管径 5.4 m，支管管径 3.8 m，月牙肋板厚 130 mm，材料均为 800 MPa 级高强钢。钢岔管运行时承受最大净水头为 502 m，HD 值 3 877 m·m，属于高水头、大 HD 值巨型岔管。初定最大试验压力为 6.5 MPa，最终采用值根据水压试验各个监测项目的实际监测情况确定。

2.2 应力监测过程要求

根据相关技术规范要求，在初定最大试验压力为 6.5 MPa 的情况下，将水压试验分为两个阶段：预压试验与正式水压试验，其中正式水压试验还分为第一次正式水压试验和第二次正式水压试验。预压试验最大试验压力为 4.0 MPa，升降压级差均为 0.5 MPa，升降压速率均不大于 0.05 MPa/min[9]，每升降一级后保压 30 min。预压试验过程中，在稳压时对管路、法兰岔管焊缝等进行检查，在无渗漏及其他异常情况的条件下才能继续进行后续的正式水压试验。第一次正式水压试验初定最大试验压力为 6.5 MPa，升降压级差为 0.5 MPa，升降压速率均不大于 0.05 MPa/min，升压过程中实时监测各项数据并决定是否继续升压。第二次正式水压试验过程与第一次正式水压试验过程一致。

3 应力监测

3.1 应力测点布置

根据对称 Y 形内加强月牙肋型钢岔管的受力特点，重点将应力测点布置在腰线转角处、肋板及肋板旁管壁、主支锥相贯线及整体膜应力区等部位。因钢岔管上下对称，将测点布置在岔管上半部分，具体布置情况为：肋板上布置单向应变片，腰线转角处布置两向垂直应变片，主支锥相贯线、肋板旁管壁及膜应力区布置三向垂直应变片，每个测点部位均为内外壁对称布置，布置示意图如图 1 所示。应力测点分别布置在 20 个部位，共计 40 个测点。各测点具体位置描述见表 1。

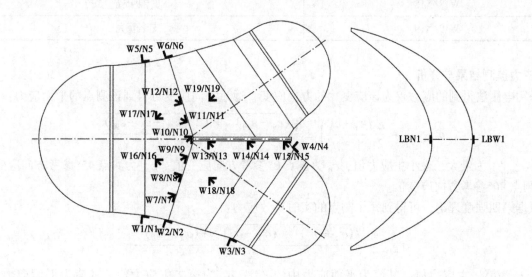

注：➤表示单向应变片；↳表示两向垂直应变片；
↳表示三向垂直应变片；W 为外壁测点编号；N 为内壁测点编号；LB 为肋板测点编号。

图 1 应力测点布置

表 1　应力测点位置描述

测点编号	位置描述
LBW1/LBN1	月牙肋腰部
W1/N1	主锥环焊缝腰部
W2/N2	主支锥相贯线焊缝腰部
W3/N3	支锥环焊缝腰部
W4/N4	支锥环焊缝腰部
W5/N5	主锥环焊缝腰部
W6/N6	主锥环焊缝腰部
W7/N7	主支锥相贯线焊缝顶部右侧
W8/N8	主支锥相贯线焊缝顶部右侧
W9/N9	主支锥相贯线焊缝顶部右侧
W10/N10	主支锥相贯线焊缝顶部
W11/N11	主支锥相贯线焊缝顶部左侧
W12/N12	主支锥相贯线焊缝顶部左侧
W13/N13	月牙肋旁角焊缝
W14/N14	月牙肋旁角焊缝
W15/N15	月牙肋旁角焊缝
W16/N16	主锥管壳
W17/N17	主锥管壳
W18/N18	支锥管壳
W19/N19	支锥管壳

3.2　应力监测结果与分析

采用电测法得到的应力仅为该应变片的方向应变，通过方向应变可得到该测点的平面应力：

$$\sigma_{max,min} = \frac{E}{2}\left(\frac{\varepsilon_0 + \varepsilon_{90}}{1-\mu}\right) \pm \frac{\sqrt{(\varepsilon_0 - \varepsilon_{90})^2 + (2 \times \varepsilon_{45} - \varepsilon_0 - \varepsilon_{90})}}{1+\mu} \tag{1}$$

式中：$\sigma_{max,min}$ 为最大、最小主应力值；ε_0 为测点 0°参考方向应变值；ε_{45} 为测点 45°参考方向应变值；ε_{90} 为测点 90°参考方向应变值。

根据第四强度理论，可得到每个测点的实时等效应力：

$$\sigma_{mises} = \frac{\sqrt{(\sigma_1 - \sigma_2)^2 + (\sigma_1 - \sigma_3)^2 + (\sigma_2 - \sigma_3)^2}}{2} \tag{2}$$

式中：σ_1 为第一主应力值，其值为平面应力中的 σ_{max}；σ_2 为第二主应力值，其值为平面应力中的 σ_{min}；σ_3 为第三主应力值，对于钢岔管内壁测点，其值为内水压力值，对于钢岔管外壁测点，其值为 0。根据试验技术要求，该钢岔管各部位应力限值分别为：肋板应力 349 MPa，整体膜应力 302 MPa，局部膜应力 440 MPa，峰值应力 670 MPa。根据现场监测，两次正式水压试验升压至 6.0 MPa 时，由于 N11 测点等效应力超过其应力限值，而终止继续升压。升压过程中各测点等效应力监测结果如表 2 所示。

表2　两次正式水压试验各测点等效应力监测结果　　　　单位：MPa

试验次第	1	2	1	2	1	2	1	2	1	2	1	2	1	2
水压力	0.2	0	1.0		2.0		3.0		4.0		5.0		6.0	
LBW1	0	0	27.4	32.1	58.9	68.4	92.7	104.4	127.1	138.4	158.2	165.2	186.8	198.2
LBN1	0	0	71.7	78.5	138.0	148.5	194.7	205.6	243.7	252.6	287.8	290.3	329.0	330.4
W1	0	0	44.5	50.1	91.8	104.2	140.2	157.5	189.5	209.0	236.9	252.5	286.3	300.3
N1	0	0	36.7	39.8	77.9	85.2	120.7	130.0	164.7	173.3	206.9	213.4	249.0	256.5
W2	0	0	37.5	43.9	80.5	92.6	125.6	140.9	171.7	187.2	213.1	223.2	255.4	267.1
N2	0	0	37.2	40.3	79.9	85.4	123.7	130.6	168.5	175.0	211.9	215.2	258.7	259.9
W3	0	0	33.3	39.3	71.7	84.2	112.8	129.4	156.4	172.2	196.2	205.8	233.6	246.7
N3	0	0	32.7	38.3	69.7	81.7	108.8	124.3	149.8	165.2	185.9	196.5	220.5	235.7
W4	0	0	35.2	40.7	76.3	87.2	119.3	133.9	163.5	176.8	203.6	212.0	243.2	254.3
N4	0	0	37.3	41.4	79.0	87.2	121.8	133.7	165.6	176.5	207.3	214.7	247.3	257.4
W5	0	0	40.0	45.5	86.0	96.5	133.8	149.0	181.9	196.2	228.3	238.7	274.7	286.5
N5	0	0	40.8	45.4	86.2	94.9	133.7	146.3	181.6	193.8	228.3	236.8	278.0	284.1
W6	0	0	36.8	42.1	78.4	89.2	121.9	138.6	166.9	181.9	209.3	219.8	250.1	263.3
N6	0	0	38.1	41.8	81.3	87.6	125.1	135.4	169.7	177.8	212.8	217.9	257.5	261.6
W7	0	0	28.2	34.4	61.5	73.5	96.7	114.9	133.7	149.6	167.2	178.7	201.2	214.8
N7	0	0	33.4	38.9	71.7	82.4	111.7	129.0	153.3	167.7	191.1	200.0	227.0	240.4
W8	0	0	15.3	16.5	32.4	35.2	49.9	54.6	67.4	71.3	84.2	86.5	102.9	104.1
N8	0	0	42.4	47.1	90.6	99.8	140.7	154.5	191.9	203.4	240.9	249.0	287.2	299.2
W9	0	0	28.2	25.3	58.0	50.7	85.7	72.1	111.7	99.3	140.0	131.2	178.0	157.3
N9	0	0	63.0	67.8	133.6	141.7	204.3	215.8	275.2	283.9	343.7	349.0	419.6	418.7
W10	0	0	37.8	35.0	76.8	69.7	114.0	97.7	150.2	136.9	188.1	179.7	240.8	214.7
N10	0	0	67.8	72.0	142.1	150.9	216.6	229.4	291.5	299.7	361.8	328.7	442.0	283.4
W11	0	0	31.3	29.1	63.8	58.1	94.5	82.4	124.1	114.2	155.0	148.7	190.2	177.2
N11	0	0	75.6	80.4	159.5	168.6	242.6	255.3	327.0	337.6	407.5	415.8	487.8	497.4
W12	0	0	16.8	17.0	34.8	35.5	52.6	54.2	70.5	71.7	88.6	89.1	107.5	107.0
N12	0	0	52.0	57.2	111.4	120.8	171.4	185.3	232.0	242.7	289.2	295.7	350.2	355.4
W13	0	0	13.4	14.3	27.8	30.4	42.5	48.5	57.3	62.7	71.8	74.8	88.1	89.3
N13	0	0	48.3	53.7	103.2	112.7	159.4	173.3	216.4	228.3	269.3	278.1	319.1	333.4
W14	0	0	27.7	33.6	60.0	71.7	93.4	111.2	127.5	143.8	158.8	170.9	187.3	203.6
N14	0	0	35.3	40.3	75.9	85.1	117.9	131.4	161.2	173.8	202.1	210.5	234.4	252.2
W15	0	0	28.4	33.1	61.1	70.8	96.1	107.9	131.9	143.3	163.7	170.0	193.4	203.9

续表 2

试验次第	1	2	1	2	1	2	1	2	1	2	1	2	1	2
N15	0	0	31.0	35.8	66.2	75.6	102.7	115.7	140.9	154.6	176.4	185.0	210.2	221.5
W16	0	0	34.8	41.1	75.1	87.0	116.6	136.3	159.7	176.3	199.9	211.7	238.6	253.8
N16	0	0	28.8	32.9	62.3	69.8	96.8	109.8	132.0	142.3	165.2	171.5	197.9	206.0
W17	0	0	44.4	50.3	92.4	104.7	141.9	159.7	191.6	209.4	238.9	252.4	284.6	300.1
N17	0	0	24.1	27.3	52.2	58.2	81.5	91.2	111.7	120.0	140.8	145.7	168.1	175.8
W18	0	0	34.0	39.6	73.1	85.3	114.7	131.3	157.0	173.3	196.6	208.1	233.6	249.1
N18	0	0	32.0	35.2	67.9	74.4	104.5	114.6	142.0	150.7	177.5	182.3	213.2	218.9
W19	0	0	38.5	45.0	82.2	94.4	127.9	148.2	175.0	191.8	218.1	229.8	260.2	275.6
N19	0	0	24.4	28.9	52.7	59.3	82.6	94.2	113.5	125.0	144.5	149.6	172.1	179.8

由表 2 可知，第一次正式水压试验时，钢岔管所布应力监测点的等效应力随着水压力的增大而增大，且基本呈线性关系。6.0 MPa 水压力时，等效应力最大的监测点位于的 N11 测点，其等效应力值为 487.8 MPa，已超过其应力限值（440 MPa）。此外，在 6.0 MPa 水压力时，W17 测点等效应力值为 284.6 MPa，接近其应力限值（302 MPa），N9 测点等效应力值为 419.6 MPa，接近其应力限值（440 MPa），LBN1 测点等效应力值为 329.0 MPa，接近其应力限值（349 MPa）。因此，通过研判，最终决定终止继续升压。第二次正式水压试验时，钢岔管所布应力监测点（N10 测点除外）的等效应力随着水压力的增大而增大，且基本呈线性关系。6.0 MPa 水压力时，等效应力最大的监测点也位于 N11 测点，其等效应力值为 497.4 MPa，已超过其应力限值（440 MPa）。同样，在 6.0 MPa 水压力时，W17 测点等效应力值为 300.1 MPa，接近其应力限值（302 MPa），N9 测点等效应力值为 418.7 MPa，接近其应力限值（440 MPa），LBN1 测点等效应力值为 330.4 MPa，接近其应力限值（349 MPa）。值得注意的是，在水压力从 5.0 MPa 向 6.0 MPa 升压的过程中，N10 测点的等效应力逐渐变小，不符合应力与水压力之间的线性关系。

对两次正式水压试验应力监测结果进行对比可知，在第二次正式水压试验过程中，各测点的等效应力相比第一次正式水压试验应力监测值偏大，通过对整个监测过程的各项数据进行对比分析，其原因为第一次正式水压试验前，钢岔管内水压力未完全卸压归零（第一次试验前初始水压为 0.2 MPa），导致第二次正式水压试验的初始压力较第一次略低，因而各测点应力较第一次偏大。此外，在两次正式水压试验过程中，钢岔管整体膜应力区外壁测点等效应力值均比对应内壁测点高，腰线部位测点（W1/N1 测点除外）的内外壁等效应力值相差不大。主支锥相贯线、肋板旁焊缝及肋板部位内壁测点等效应力值均比对应外壁测点高，尤其是在钢岔管顶部区域，内壁测点等效应力是其对应外壁测点的倍数级，如第二次正式水压试验在 6.0 MPa 时，N9、N11 测点的等效应力分别为其外壁测点的 266% 和 281%。因此，对钢岔管内外壁同时进行应力监测是相当重要且必要的。

为更加直观深入地对两次正式水压试验应力监测结果进行分析研究，绘制关键测点的应力-水压力关系曲线，并进行对比分析。两次正式水压试验升压过程中，N10、N11 测点的等效应力-水压力关系曲线分别如图 2、图 3 所示。

由图 2、图 3 可知，两次正式水压试验过程中，除 N10 测点等效应力值在 5.0 MPa 时开始下降外，其余测点的等效应力随着水压力的增大而增大，且两次正式水压试验所监测的等效应力值重合度较高。值得注意的是，N10 测点在第一次正式水压试验过程中其应力关系曲线线性程度较高，但在第二次正式水压试验中，其等效应力值在 5.0 MPa 时开始下降，通过对其接线方式、贴片及防水情况

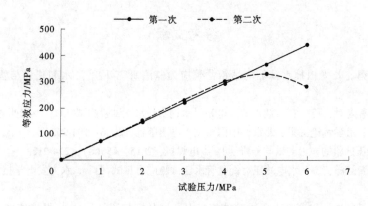

图2　N10 测点应力变化曲线

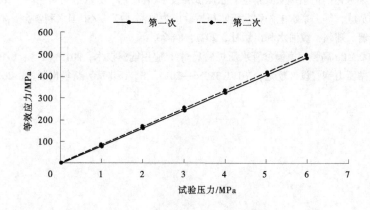

图3　N11 测点应力变化曲线

进行检查，并未发现异常，分析其原因，可能为钢岔管在重复打压后，局部残余应力消除或尖端缺陷钝化所致。

4　结论

通过对某电站对称"Y"形内加强月牙肋型钢岔管两次正式水压试验应力监测进行对比分析，可得出如下结论：

（1）整个监测过程中各测点的应力关系曲线基本较好，试验压力为6.0 MPa，最大等效应力均位于 N11 测点部位，其值分别为487.8 MPa 和497.4 MPa，均已超过应力限值，两次试压数据重合度较好。

（2）在第二次水压试验升压过程中，N10 测点等效应力出现下降情况，可能为钢岔管在重复打压后，局部残余应力消除或尖端缺陷钝化所致。

（3）第二次正式水压试验中各测点等效应力值相比第一次正式水压试验有些许偏大，其原因为第一次正式试验前管内水压力未完全归零。

（4）两次正式水压试验过程中，钢岔管内外壁对应测点的应力有大有小，因此水压试验过程中准确地对钢岔管内壁进行应力监测是关键且必要的。

综上，钢岔管水压试验是一个严谨而细致的工作，试验过程中可能存在应力超过限值、升压时局部测点应力不升反降等突发情况，应针对各测点数据进行综合分析，并且参考其他项目监测情况，综合判定试验是否终止，以保证钢岔管安全。

参考文献

［1］关磊，岳高峰，吴鹏．长龙山抽水蓄能电站钢岔管应力监测研究［J］．水利建设与管理，2021，41（12）：26-30.

［2］马耀芳，雷清华，曹麦对，等．宜兴抽水蓄能电站引水钢岔管水压试验测试［C］//贵州省科学技术协会．第六届全国水电站压力管道学术论文集．北京：中国水利水电出版社，2006：194-202.

［3］邓小君．钢岔管水压试验的应力测试与分析［J］．电焊机，2015，45（8）：214-217.

［4］胡木生，张伟平，靳红泽，等．水电站压力钢岔管水压试验应力测试［J］．水力发电学报，2010，29（4）：184-188.

［5］朱晨，袁翔．抽水蓄能电站钢岔管水压试验结构应力测试分析与评价［J］．焊接技术，2022，51（11）：43-48，114.

［6］刘蕊，余健．丰宁抽水蓄能电站埋藏式钢岔管水压试验技术研究［J］．水电与新能源，2020，34（10）：28-33.

［7］关磊，余鹏翔，邱丛威，等．某水电站钢岔管水压试验应力监测［C］//中国水利学会．中国水利学会2021学术年会论文集第三分册．郑州：黄河水利出版社，2021：84-90.

［8］靳先聚．宝钢产800 MPa高强钢模型岔管水压试验［J］．应用能源技术，2015（11）：8-10.

［9］国家能源局．水电站压力钢管设计规范：NB/T 35056—2015［S］．北京：新华出版社，2016.

水泥基材料在复合溶液中的反应机制

胡宁宁[1] 刘 刚[2]

(1. 上海勘测设计研究院有限公司，上海 200434；
2. 长江水利委员会人才资源开发中心，湖北武汉 430010)

摘 要：制备水泥净浆及砂浆试件，将其浸没在 HCl 与 MgSO4 的复合溶液中浸泡 0 d、3 d、7 d、28 d、60 d 和 90 d，然后检测试件在各阶段的强度表现，同时通过微观测试观察不同浸泡时间后试件内部产物及结构变化。试验表明，复合溶液对试件抗压强度有促进作用。随着试验进行，XRD 图谱中 $CaCO_3$ 和 $Ca(OH)_2$ 的衍射峰逐渐消失，TG-DTA 曲线上出现二水石膏吸热峰。早期试件内部的 C-S-H 凝胶、方块状 $CaCO_3$ 相、六边形 $Ca(OH)_2$ 相，在试验后期已很难发现，相应出现了大量二水石膏相。

关键词：水泥基材料；复合溶液；反应机制

1 引言

化学侵蚀对水泥基材料的破坏一直是学界关注的热点问题，国内外学者[1-6] 在这方面的研究已取得较多成果，如硫酸盐作用、氯离子作用、镁离子作用和酸根离子作用等，然而多离子同时作用下的情况研究得相对较少。随着水泥基材料应用场景的不断变化，特别是在复杂的恶劣环境中的应用，探索复合溶液共同作用下水泥基材料的表现情况有着现实意义。基于此，本文研究了水泥基材料在复合溶液中的反应机制。

2 试验概况

按照表 1 中的配合比设计制作水泥净浆和砂浆试件，并标准养护至 90 d 备用。选择 HCl 与 $MgSO_4$ 的复合溶液为试验组溶液，溶液初始 pH 值为 2，每日监测溶液 pH 值，达到 7 即更换溶液，硫酸镁质量分数为 2%。另外，选择饱和 $Ca(OH)_2$ 溶液作为对照组溶液。将备好的净浆和砂浆试件分别浸泡在试验组溶液和对照组溶液中，浸泡龄期分为 0 d、3 d、7 d、28 d、60 d 和 90 d，到期后取出试件进行相关试验。借助强度试验结果和微观测试分析方法[7-8] 探索水泥基材料在复合溶液中的反应机制。

试验用到的材料主要包括水泥、拌和水、粉煤灰、硅灰、石灰石粉及标准砂，水泥采用 P·O42.5 普通硅酸盐水泥。所用的粉煤灰是 Ⅱ 级粉煤灰[9-11]，所用硅灰各项物理性能符合行业内[12-13] 要求，所用石灰石粉符合相关规范[14] 要求，粒径基本在 10 μm 以下，且主要集中在 1~5 μm。试验用拌和水为上海市自来水。配合比设计如表 1 所示。

表 1 试验配合比设计

试件编号	水胶比	水泥/g	水/g	石灰石粉/g	粉煤灰/g	硅灰/g	标准砂/g
1	0.3	1 080	540	360	180	180	—
2	0.5	270	225	90	45	45	1 350

作者简介：胡宁宁（1990—），男，工程师，主要从事建筑原材料的试验检测及相关研究工作。

3 试验结果

3.1 强度测试结果

表 2 是净浆和砂浆试件在试验组溶液中分别浸泡 0 d、3 d、7 d、28 d、60 d、90 d 后所得的抗折与抗压强度结果。

表 2 试验组溶液浸泡下强度测试结果　　　　　　　单位：MPa

试件编号	抗压强度						抗折强度					
	0 d	3 d	7 d	28 d	60 d	90 d	0 d	3 d	7 d	28 d	60 d	90 d
1	61.91	62.23	63.7	66.89	69.74	78.96	9.83	9.6	9.7	12.1	12.6	3.5
2	48.73	48.84	49.94	50.81	51.53	51.98	8.0	8.1	8.4	8.8	9.4	4.9

表 3 是净浆和砂浆试件在对照组溶液中分别浸泡 0 d、3 d、7 d、28 d、60 d、90 d 后得到的抗折与抗压强度结果。

表 3 对照组溶液浸泡下强度测试结果　　　　　　　单位：MPa

试件编号	抗压强度						抗折强度					
	0 d	3 d	7 d	28 d	60 d	90 d	0 d	3 d	7 d	28 d	60 d	90 d
1	61.91	63.34	63.90	65.61	65.53	66.44	9.83	9.7	9.5	9.7	9.8	9.5
2	48.73	48.32	48.93	49.94	49.89	50.00	8.0	7.9	7.8	8.2	8.1	8.3

3.1.1 净浆试件

净浆试件在复合溶液和饱和 $Ca(OH)_2$ 溶液浸泡下的抗折强度与抗压强度变化曲线如图 1 所示。在抗折强度方面，随着浸泡时间的延长，试验组试件抗折强度在 60 d 之前呈不断升高的趋势，在 60 d 以后出现了明显降低，90 d 强度远远低于 0 d 强度基准值；对照组试件抗折强度在各测试时间并无明显变化。

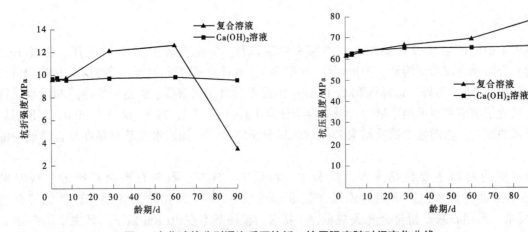

图 1 净浆试件分别浸泡后下抗折、抗压强度随时间变化曲线

在抗压强度方面，随着浸泡时间的增长，试验组试件的强度不断上升，60 d 之前上升缓慢，之后增长速度加快，浸泡后各阶段抗压强度值明显高于未浸泡前试件的抗压强度值；在对照组溶液浸泡下，试件抗压强度随时间增长略微升高。

由以上结果可得出：粉煤灰、硅灰和石粉混掺的情况下，复合溶液对净浆试件的抗折强度损害较大，前期有所升高，但后期下降严重；复合溶液对该组净浆试件的抗压强度亦产生了正面影响，随着浸泡时间增长，强度不断上升，至 90 d 未出现趋向稳定的迹象。

3.1.2 砂浆试件

砂浆试件浸泡后的抗折与抗压强度变化曲线如图 2 所示。由图 2 可以看出，在抗折强度方面，随着时间的延长，复合溶液环境下试件抗折强度在 60 d 之前呈不断升高的趋势，在 60 d 以后出现了明显降低，且折损较大；饱和 $Ca(OH)_2$ 溶液浸泡下，试件抗折强度在各测试时间有微小波动，基本无变化。

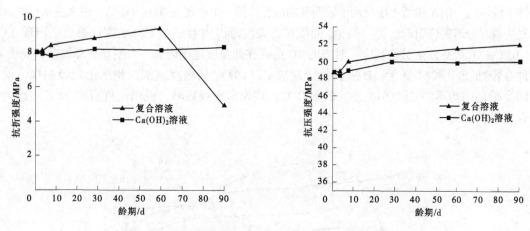

图 2 砂浆试件分别浸泡后抗折、抗压强度随时间变化曲线

在抗压强度方面，随着时间的增长，复合溶液中试件的强度逐渐升高，前期较快，后期趋于稳定，浸泡后各阶段抗压强度值均高于浸泡前试件的抗压强度；饱和 $Ca(OH)_2$ 溶液浸泡下，试件抗压强度随时间有极小幅度的上升。

由以上结果得出：粉煤灰、硅灰和石粉混掺的情况下，复合溶液对砂浆试件的抗折强度有较明显的破坏影响，前期虽然有所促进，但后期抗折强度出现较严重的下降；复合溶液对砂浆试件的抗压强度产生了积极有利的影响，随着侵蚀时间延长，强度始终保持缓慢增长。

3.2 X 射线衍射 (XRD)

图 3 是净浆试件浸泡不同时间后的 XRD 图谱。从图 3 中可以看出：未浸泡试件中同样存在较多的 $Ca(OH)_2$ 和 $CaCO_3$。当浸泡进行到 28 d 时，试件中 $Ca(OH)_2$ 含量极低，几乎已不存在，而 $CaCO_3$ 含量相应有所降低，试件中出现部分二水石膏（$CaSO_4 \cdot 2H_2O$）晶体。在浸泡 90 d 的 XRD 图谱上，已很难见到 $Ca(OH)_2$ 和 $CaCO_3$，取而代之的是更多的二水石膏晶体。

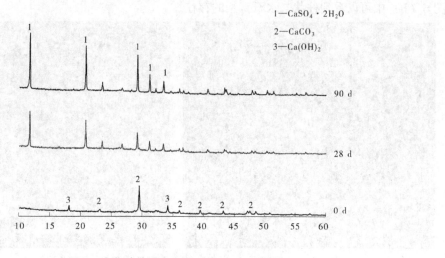

图 3 净浆试件浸泡不同时间后 XRD 图谱

由上述结果可知：浸泡初期，$Ca(OH)_2$ 与 H^+ 优先发生化学反应，造成自身的快速消耗，同时试件中 $CaCO_3$ 结合酸根离子发生反应。这两个化学反应释放出大量的游离 Ca^+，与复合溶液中的 SO_4^{2-} 结合，生成二水石膏晶体。28 d 时，试件中仍存在一定数量的 $CaCO_3$，且二水石膏晶体数量不是很多，待时间进行到 90 d，通过 XRD 图谱可发现，$Ca(OH)_2$ 和 $CaCO_3$ 二者几乎已不存在，此时的二水石膏晶体衍射峰较 28 d 变化并不明显，说明后期化学反应十分缓慢。

3.3 热重-差热分析（TG-DTA）

试件未浸泡时，DTA 曲线上出现两个较明显的波谷，第一个出现在 400~500 ℃，由水泥水化生成的 $Ca(OH)_2$ 发生脱水分解吸热引起，对应的 TG 曲线在此温度范围内有一个下降坡度；第二个出现在 700~800 ℃，由 $CaCO_3$ 吸热发生分解反应，对应的 TG 曲线在此温度范围内有一个明显下降坡度（见图 4）。

试件在侵蚀 28 d 和 90 d 时，DTA 曲线上对应 $Ca(OH)_2$ 的温度范围内均未出现吸热峰，说明试件在这两个龄期内均不含 $Ca(OH)_2$。700~800 ℃ 也均未出现吸热峰，说明试件浸泡 28 d 之后内部已基本不含 $CaCO_3$。

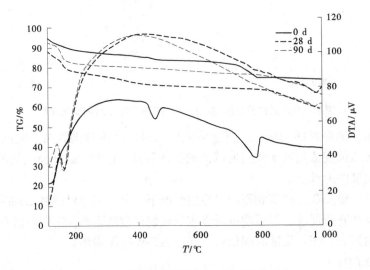

图 4　净浆试件侵蚀前后的 TG-DTA 曲线

3.4 扫描电子显微镜（SEM）

图 5 为净浆试件在 $Ca(OH)_2$ 溶液中浸泡 90 d 后的 SEM 形貌图，图中可以分别观察到试件内部致密的结构和体系中所包含的纤维状 C-S-H 凝胶。图 6 为净浆试件在复合溶液中浸泡 90 d 后的形貌图，图 6（b）中可以看到柱状二水石膏相的存在。

（a）　　　　　　　　　　　　　　　　　　（b）

图 5　净浆试件在 $Ca(OH)_2$ 溶液中浸泡 90 d SEM 形貌

（a） （b）

图6 净浆试件在复合溶液中浸泡90 d SEM 形貌

4 结论

（1）净浆和砂浆试件在复合溶液浸泡后，抗折强度受影响较大，均是先升高后降低，90 d 后的抗折强度较未浸泡试件都要低。抗压强度方面，总体呈现上升趋势或基本稳定不变，且90 d 抗压强度均高于初始抗压强度，复合溶液对试件的抗压强度基本表现为促进作用。

（2）从微观方面看，XRD 和 TG-DTA 测试所得结果吻合。起初，净浆试件 XRD 图谱中较明显的主要有 $CaCO_3$ 和 $Ca(OH)_2$ 的衍射峰，而 TG-DTA 曲线中也可以明显看到两者在对应温度区域的吸热峰。当试验进行到 28 d 时，XRD 图谱中 $CaCO_3$ 和 $Ca(OH)_2$ 的衍射峰基本都消失，随之出现了多个二水石膏衍射峰，这一点在 TG-DTA 曲线中同样得到验证。

（3）复合溶液中 H^+ 主要结合 $Ca(OH)_2$ 发生中和反应，且与 $CaCO_3$ 结合，溶解试件内部的石粉颗粒，使试件内部体系结构变得松散。反应生成的大量 Ca^{2+} 会与溶液中的 SO_4^{2-} 结合生成二水石膏，填充在试件内部的孔隙，试件抗压强度升高可能与此有关。Cl^- 和 Mg^{2+} 对试件的影响未表现出来或不易察觉。

（4）大量石膏晶体的生成，会带来石膏膨胀破坏。试件内部 $Ca(OH)_2$ 含量越来越少，破坏了内部体系的碱环境，造成试件内部胶凝物质的分解。同时，$CaCO_3$ 不断被溶解，使外界有害离子更容易进入试件内部发生破坏作用。虽然这些内部危害在侵蚀90 d 之内并未明显影响到材料的宏观强度表现，但可以确定随着时间推移，复合溶液势必会对材料的耐久性造成危害。

参考文献

［1］高小建，马保国，邓红卫. 胶凝材料组成对混凝土 TSA 硫酸盐侵蚀的影响［J］. 哈尔滨工业大学学报，2007，39（10）：1554-1558.

［2］肖佳，赵金辉，陈雷，等. 水泥-石灰石粉胶凝材料在硫酸盐和氯盐共同作用下的腐蚀破坏［J］. 混凝土，2009，231（1）：32-35.

［3］王建华. 水泥-石灰石粉胶凝材料在硫酸盐和氯盐共同作用下的腐蚀破坏研究［D］. 长沙：中南大学，2009.

［4］金雁南，周双喜. 混凝土硫酸盐侵蚀的类型及作用机理［J］. 华东交通大学学报，2006，23（5）：4-8.

［5］严军伟，邢婕，李杰，等. 石灰石粉混凝土及其硫酸盐侵蚀特性综述［J］. 混凝土，2011，262（8）：80-81.

［6］尹耿. 超细石灰石水泥基材料水化与 TSA 侵蚀规律研究［D］. 武汉：武汉理工大学，2009.

［7］黄华，郭灵虹. 晶态聚合物结构的 X 射线衍射分析及其进展［J］. 化学研究与应用，1998，10（2）：118-123.

［8］廉慧珍，童良，陈恩义. 建筑材料物相研究基础［M］. 北京：清华大学出版社，1995：138-143.

［9］钱觉时．粉煤灰特性与粉煤灰混凝土［M］．北京：科学出版社，2002.

［10］刘数华，方坤河．粉煤灰对水工混凝土抗裂性能的影响［J］．水力发电学报，2005（2）：73-76.

［11］全国水泥标准化技术委员会．用于水泥和混凝土中的粉煤灰：GB/T 1596—2017［S］．北京：中国标准出版社，2017.

［12］袁润章．胶凝材料学［M］．武汉：武汉理工大学出版社，1996.

［13］何小芳，卢军太，李小楠，等．硅灰对混凝土性能影响的研究进展［J］．硅酸盐通报，2013（3）：423-428.

［14］国家能源局．水工混凝土掺用石灰石粉技术规范：DL/T 5304—2013［S］．北京：中国电力出版社，2014.

钢筋保护层锈胀开裂模型在某水工混凝土寿命评估中的应用

邢志水[1]　李行星[2]

（1. 中水北方勘测设计研究有限责任公司，天津　300222
2. 新疆水利发展投资（集团）有限公司，新疆乌鲁木齐　830063）

摘　要：通过对南水北调某市内配套重点混凝土工程的现场检测及室内试验，应用雷达法检测结构混凝土钢筋保护层厚度，应用钻芯法检测混凝土芯样抗压强度、静力抗压弹性模量、泊松比、劈裂抗拉强度等指标，基于钢筋保护层锈胀开裂模型对混凝土工程进行寿命预测。

关键词：混凝土；钢筋保护层；锈胀开裂；寿命预测

1　引言

混凝土结构耐久性是指结构在设计确定的环境作用下，在设计要求的使用年限和正常维修条件下，结构构件保持其安全性、适用性的能力。在侵蚀环境作用下，钢筋锈蚀引起的性能劣化，甚至破坏是结构构件耐久性失效最主要的表现形式之一。钢筋锈蚀后其锈蚀产物的体积是原有体积的 2～6 倍，对钢筋周围的混凝土产生径向挤压（锈胀力）；随着锈蚀的加剧，混凝土保护层受拉开裂；保护层一旦开裂，将会加速钢筋的锈蚀，导致保护层剥落、分层，结构性能降低，故常将混凝土保护层出现锈胀开裂作为结构耐久性极限状态的标志。

南水北调某市内配套重点混凝土工程始建于 1974 年，1978 年正式运行，服役 40 余年，工程混凝土强度标号为 250#，钢筋为三级钢筋。工程环境无硫酸盐侵蚀、酸侵蚀作用，具有氯盐弱侵蚀性，工程服役期长，混凝土碳化深度较深，碳化作用比较明显。本文选用工程现场钻取的混凝土芯样，进行抗压强度、静力抗压弹性模量、泊松比、劈裂抗拉强度等指标的检测，并引用雷达法检测结构混凝土钢筋保护层厚度，应用钢筋保护层锈胀开裂模型，探索以碳化作用为主的水工混凝土的寿命评估方法，供同类项目借鉴。

2　试验

2.1　材料

检测对象为混凝土结构实体及现场钻取的混凝土芯样，其中同类型混凝土结构实体 10 个构件，混凝土芯样直径为 100 mm，数量共计 10 组。

2.2　试验方法

采用雷达法对混凝土钢筋保护层厚度进行现场检测；依据《水工混凝土试验规程》（SL/T 352—2020），对现场钻取的混凝土芯样进行抗压强度、静力抗压弹性模量、泊松比、劈裂抗拉强度等指标的检测。

作者简介：邢志水（1985—），男，高级工程师，质量中心副经理，主要从事水利工程质量检测与材料研究工作。

3 结果与讨论

3.1 试验检测结果

对混凝土结构实体及现场钻取的混凝土芯样分别进行现场检测及室内试验，取同类型构件检测数据的平均值作为计算参数，钢筋锈蚀后其锈蚀产物的体积是原有体积的 2~6 倍，但混凝土中的钢筋处于受约束状态，铁锈处于非疏松状态，膨胀系数应取低值，本文铁锈膨胀系数 n 取值为 2。混凝土及钢筋检测各项参数见表 1。

表 1 混凝土及钢筋检测各项参数

参数	内摩擦角 $\varphi/（°）$	黏聚力 c/MPa	静力抗压弹模 E/MPa	临界塑性应变 ε^p	剪切模量 G/MPa	泊松比 μ
取值	42	2.01	37 300	0.001	15 542	0.20

参数	直径 d/mm	保护层厚度/mm	保护层相对厚度 m	铁锈膨胀系数 n	混凝土碳化系数 K_c	混凝土抗压强度 f_{cuk}
取值	12	27	2.25	2	4.36	32.5

3.2 钢筋混凝土结构使用寿命预测

钢筋锈蚀是混凝土耐久性评定工作的重要组成部分，钢筋锈蚀膨胀是钢筋混凝土结构使用寿命预测的关键技术。

混凝土结构寿命分为两个阶段，寿命组成见式（1）：

$$T_R = T_i + T_p \tag{1}$$

式中：T_R 为第一次维修时间；T_i 为混凝土表层钢筋开始锈蚀的时间；T_p 为钢筋开始锈蚀到保护层锈胀开裂的时间。

3.3 混凝土表层钢筋开始锈蚀的时间

引用牛荻涛随机模型计算结构在碳化作用下钢筋开始生锈的时间。牛荻涛随机模型的应用条件为：①单纯考虑混凝土碳化引起的钢筋锈蚀；②空气中的氧通过混凝土保护层扩散，遵循 Fick 第一定律。钢筋开始锈蚀的时间 T_i 为：

$$T_i = \left(\frac{h_c}{K_c}\right)^2 \tag{2}$$

$$K_c = K_{el}K_{ei}K_t\left(\frac{24.48}{\sqrt{f_{cuk}}} - 2.74\right) \tag{3}$$

式中：T_i 为锈蚀开始时间，a；h_c 为混凝土保护层厚度，mm；K_c 为混凝土碳化系数，mm/$\sqrt{a}$；f_{cuk} 为混凝土抗压强度标准值，MPa；K_{el} 为地区影响系数，北方为 1.0，南方及沿海为 0.5~0.8；K_{ei} 为室内外影响系数，室外为 1.0，室内为 1.87；K_t 为养护时间影响系数，一般施工情况取为 1.50。

引用表 1 中数据，K_{el} 取值 1.0，K_{ei} 取值 1.87，K_t 取值 1.50，由式（2）和式（3）计算可得，$T_i = 38.4$ 年。

3.4 混凝土钢筋保护层锈胀开裂临界钢筋锈蚀率

钢筋保护层锈胀开裂基于弹塑性的开裂模型进行，通过混凝土保护层开裂时临界钢筋锈蚀率进行推导，该模型理论推导均在弹塑性假设的基础上进行，弹塑性假设如下：

（1）钢筋混凝土是各向同性体，钢筋的锈蚀体积膨胀是匀速线性的，锈胀力分布是均匀的。混凝土为理想塑性材料，满足摩尔-库仑塑性破坏准则。

（2）需要分析的钢筋混凝土几何形状、约束边界、所加荷载分布均为对称于钢筋中轴线，简化为平面轴对称问题。

（3）在均匀分布的锈胀压力作用下，钢筋周围的圆筒形混凝土区从内向外由塑性区和弹性区组成。其中，塑性区（$r < R_p$）随着压力的增加而不断扩大。

（4）钢筋生锈膨胀是均匀的。设钢筋锈蚀前半径和混凝土开裂时对应的锈蚀半径分别为 R_0 和 R_u，即相当于圆孔的初始半径 R_0 和扩张后的终半径 R_u。δ_r 为钢筋锈胀后的径向位移，锈胀过程中塑性区半径为 R_p，相应的内压力最终值为 P_u，在半径 R_p 以外混凝土处于弹性平衡状态。

依据弹塑性模型（见图 1），采用莫尔-库仑准则为混凝土塑性区边界屈服破坏准则，可得塑性区半径大小为：

$$R_p = R_u \sqrt{\frac{G\left[1 + \varepsilon^p - \left(\dfrac{R_0^2}{R_u^2}\right)\right]}{c \cdot \cos\varphi + G\varepsilon^p}} \tag{4}$$

式中：φ 为混凝土材料内摩擦角，（°）；c 为混凝土黏聚力，MPa；G 为剪切模量，MPa；ε^p 为塑性区平均应变。

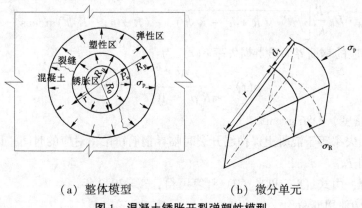

（a）整体模型　　　　（b）微分单元

图 1　混凝土锈胀开裂弹塑性模型

钢筋锈胀开裂是由弹性向塑性发展的屈服过程，锈胀过程如图 2 所示。混凝土钢筋生锈膨胀，当塑性区半径穿过钢筋保护层厚度 h_c 时，混凝土锈胀开裂，结构严重劣化，此刻为锈胀开裂寿命，此时对应着临界钢筋锈蚀率，表示钢筋需要锈蚀多少量才能够产生足够的体积膨胀，促使混凝土保护层开裂。

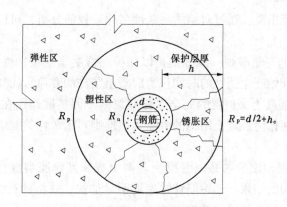

图 2　混凝土锈胀开裂过程

在已知混凝土强度等级、混凝土钢筋保护层厚度、钢筋直径的情况下，推算可得：

$$\rho(t) = \frac{c \cdot \cos\varphi + G \cdot \varepsilon^p}{(n-1)G \cdot (1 + \varepsilon^p)} \cdot (1 + 2m)^2 \tag{5}$$

式中：$\rho(t)$ 为混凝土保护层开裂时临界钢筋锈蚀率（%）；φ 为混凝土材料内摩擦角（°）；c 为混凝土黏聚力，MPa；G 为剪切模量，MPa；m 为相对保护层厚度，$m = h_c/d$，h_c 为钢筋保护层厚度，mm，d 为钢筋直径，mm；ε^p 为塑性区平均应变。

引用表 1 中数据，由式（5）计算可得，$\rho(t) = 2.87\%$。

3.5 钢筋开始锈蚀到保护层锈胀开裂的时间

根据牛荻涛锈蚀量计算模型，t 时刻钢筋锈蚀质量损失为：

$$W_t = 83.81 \cdot D_0 \frac{R}{K_c^2}\left[\sqrt{R^2 - (R + h_c - K_c\sqrt{t})^2} - (R + h_c - K_c\sqrt{t})\arccos\frac{R + h_c - K_c\sqrt{t}}{R}\right] \quad (6)$$

$$D_0 = 0.01\left(\frac{32.15}{f_{cuk}} - 0.44\right) \quad (7)$$

式中：t 为时间，a；W_t 为 t 时刻的锈蚀量损失，g/mm；D_0 为氧气扩散系数，mm²/s；R 为原始钢筋半径，$R = d/2$，mm。

牛荻涛采用大于腐蚀临界湿度的发生概率 P_{RH} 对式（6）的钢筋锈蚀量损失修正为：

$$W_t = 2.35 P_{RH} \cdot D_0 \frac{R}{K_c^2}\left[\sqrt{R^2 - (R + h_c - K_c\sqrt{t})^2} - (R + h_c - K_c\sqrt{t})\arccos\frac{R + h_c - K_c\sqrt{t}}{R}\right] \quad (8)$$

对应 t 时刻，相应的钢筋界面质量损失率 $\rho(t)$ 为：

$$\rho(t) = \frac{W_t}{\pi R^2 \rho_{Fe} \times 10^{-3}} \times 100 \quad (9)$$

式中：ρ_{Fe} 为钢铁的密度，7.86 g/cm³。

钢筋界面质量损失率等于混凝土保护层开裂时临界钢筋锈蚀率对应的时间，即钢筋开始锈蚀到保护层锈胀开裂的时间 T_P。

引用表 1 中数据，由式（8）和式（9）计算可得，$T_P = 39.2$ 年。

3.6 钢筋混凝土结构使用寿命

对于水工混凝土结构而言，当混凝土钢筋保护层锈胀开裂时，就认为结构混凝土达到了稳定寿命的终点，就必须进行维修。由式（1）可知，结构寿命分为两个阶段，即混凝土表层钢筋开始锈蚀的时间 T_i 和钢筋开始锈蚀到保护层锈胀开裂的时间 T_p，第一次维修的时间 T_R 为两者之和。经计算：$T_R = T_i + T_p = 77.6$ 年。

3.7 讨论

从混凝土结构设计规范出发，通过对结构耐久性劣化过程的分析，可以得到以下几种结构的耐久性寿命准则：

（1）保护层完全侵蚀的寿命准则。该准则是以保护层混凝土受侵蚀性介质的侵蚀，从而失去对钢筋的保护作用，使钢筋开始产生锈蚀的时间作为混凝土结构的寿命。比如：在碳化或氯离子侵蚀的环境中，可分别以 CO_2 对混凝土保护层的完全碳化或氯离子因扩散作用在钢筋表面的累积浓度或扩散深度达到临界浓度的时间作为混凝土结构的寿命。该准则对耐久性的要求比较高，适用于严格不允许钢筋锈蚀的结构。

（2）锈胀开裂寿命准则。该准则是以混凝土表面出现顺筋锈胀裂缝所需时间作为结构的寿命。这一准则认为，混凝土开裂的结果将使钢筋锈蚀速度明显加快，并将此视为危及结构安全的临界点。这一准则适用于不允许结构发生裂缝的结构。

（3）裂缝宽度和钢筋锈蚀量限值寿命准则。实际工程中，多数结构是带缝工作的，锈胀开裂对于大多数结构的安全性和适用性影响不大。于是，人们提出了控制裂缝宽度和钢筋锈蚀量的寿命准则。该准则适用于允许结构产生一定宽度裂缝的结构。

（4）承载力寿命准则。该准则考虑钢筋锈蚀、混凝土胀裂等引起结构的抗力退化、耐久性损伤，以构件承载力降低到某一限值作为耐久性极限标准。这一准则是从安全性角度规定了结构的耐久寿命的标准。

依据实际工程结构的要求，上面四个准则皆可作为结构的耐久性寿命准则和评判标准。本文选取锈胀开裂准则进行钢筋混凝土的耐久寿命分析与评估，与工程实际相符性较高。

4 结论

（1）该水工混凝土工程服役 40 余年，钢筋局部出现轻微的锈蚀现象，采用牛荻涛随机模型计算结构在碳化作用下的钢筋开始生锈的时间为 38.4 年，与实际基本相符。

（2）根据混凝土锈胀开裂弹塑性模型，该水工混凝土工程混凝土钢筋保护层锈胀开裂临界钢筋锈蚀率为 2.87%。

（3）根据钢筋保护层锈胀开裂模型，该水工混凝土工程钢筋开始锈蚀到保护层锈胀开裂的时间为 39.2 年，钢筋混凝土结构使用寿命为 77.6 年，与该水工混凝土工程服役 40 余年而几乎没有裂缝产生的实际情况基本相符。

参考文献

[1] 潘洪科，王穗平，祝彦知，等．钢筋混凝土结构锈胀开裂的耐久性寿命评判与预测研究 [J]．工程力学，2009，26（7）：111-116.

[2] 周锡武，卫军，徐港．钢筋混凝土保护层锈胀开裂的临界锈蚀量模型 [J]．工程力学，2009，31（12）：99-102.

[3] 吴锋，张章，龚景海．基于锈胀裂缝的锈蚀梁钢筋锈蚀率计算 [J]．建筑结构学报，2013，34（10）：144-150.

[4] 林刚，向志海，刘应华．钢筋混凝土保护层锈胀开裂时间预测模型 [J]．清华大学学报，2010，50（7）：1125-1129.

[5] WANG Zhi，JIN Xianyu，et al．Cover cracking model in reinforced concrete structures [J]．Journal of Zhe jiang University-SCIENCE A（Applied Physics & Engineering），2014，15（7）：496-507.

[6] WU Feng，GONG Jing-hai，et al．Calculation of corrosion rate for reinforced concrete beams based on corrosive crack width [J]．Journal of Zhe jiang University-SCIENCE A（Applied Physics & Engineering），2014，15（3）：197-207.

[7] 杨婕，姜慧，喻孟雄．钢筋均匀锈胀开裂过程的弹塑性分析 [J]．建筑技术，2017，48（2）：207-211.

[8] 牛荻涛，王庆霖．锈蚀开裂前混凝土中钢筋锈蚀量的预测模型 [J]．工业建筑，1996，26（4）：8-10.

[9] 陆春华，赵羽习，金伟良．锈蚀钢筋混凝土保护层锈胀开裂时间的预测模型 [J]．建筑结构学报，2010，31（2）：85-92.

水利工程检验检测机构权益保障的
重要环节——合同评审

魏玉升　董树林　吕正娇　曹晓丽

（山东省水利工程试验中心有限公司，山东济南　250220）

摘　要： 在社会经济的发展过程中，水利质量检测不断探索和成长，逐步成为水利工程项目管理规范化的重要手段，同时也为工程施工安全、工程建设质量、保证工程功能正常发挥和减少投资浪费等方面提供关键技术支持。在检测过程中，为保障合同双方的合法权益及检测工作的顺利开展，依据《检验检测机构资质认定能力评价 检验检测机构通用要求》（RB/T 214—2017）4.5.4 要求，"检验检测机构应建立和保持评审客户要求、标书、合同的程序。对要求、标书、合同的偏离、变更应征得客户同意并通知相关人员"。

关键词： 水利工程；检验检测机构；合同评审

水利工程质量检测主要分为施工单位（监理单位）委托检测和建设单位委托的第三方质量检测。无论哪种形式的检测，作为检验检测机构为保障检测业务的正常开展，均应根据检测项目、检测人员、财务要求、客户需求等方面进行合同评审。为规避可能出现的质量风险和违约责任提供了科学依据，确保合同内容得到双方的确认和接受。水利工程质量检测主要以投标文件的形式呈现，检验检测机构根据招标文件内容要求，结合自身情况进行合同评审。

1　合同评审的重要性

合同评审在合同签订与履行过程中具有重要意义。一个经过严格评审的合同有助于保障各方的合法权益，降低合同风险，促进合同的顺利履行。以下是合同评审的重要性：①明确合同双方的权利与义务。合同评审有助于确保合同双方对合同条款的理解一致，明确各自的权利和义务，避免因误解而引发纠纷[1]。②维护合同的合法性。通过合同评审，可以确保合同的内容符合国家法律法规和相关政策，防止合同不合法而导致合同无效或给双方带来不必要的损失。③设定合理的违约责任。合同评审有助于设定合同双方在违反合同约定时的违约责任，包括违约金、赔偿金的计算方法和支付方式等，以约束双方在合同履行过程中遵守合同约定。④建立争议解决机制。合同评审应建立合同争议解决机制，包括协商、调解、仲裁和诉讼等，以确保在合同履行过程中，双方能够公平、公正地解决纠纷[2]。⑤保障合同执行的可操作性：合同评审应充分考虑合同执行过程中的实际操作问题，确保合同条款的可操作性和可执行性，降低合同执行过程中的风险。⑥保障合同保密性。合同评审应关注合同中的保密条款，确保合同双方在合同履行过程中对涉及商业秘密、技术秘密等方面的信息进行保护，防止因信息泄露而导致的损失。⑦降低合同风险。经过评审的合同有助于降低合同履行过程中可能出现的风险，包括法律风险、商业风险、技术风险等，提高合同的履行效率。⑧促进合作关系。一个经过严格评审的合同有助于建立双方的信任，促进双方的合作关系，为长期合作奠定良好基础。总

作者简介： 魏玉升（1989—），男，工程师，主要从事水利工程质量检测工作。

之，合同评审在保障合同当事人的合法权益、维护合同的合法性、降低合同风险、促进合作关系等方面具有重要意义，对于合同的顺利履行起着至关重要的作用[3]。

2 合同评审机构

评审小组的专业性是合同评审的关键环节。评审小组应由具备专业知识和经验的人员组成。同时，应考虑成员间的互补性，以确保全面、专业地评审合同。根据淄博市新城水库引调水提升工程规模及建设内容，评审小组由混凝土工程、岩土工程等5个专业的检测技术人员，同时配备具有相关施工经验的人员、工程造价等相关人员共同组成。这些专业人员可以为评审过程提供专业技术支持，确保评审结果的准确性和可靠性。在评审小组成立之初，应明确各成员的职责分工，包括技术评审、质量与安全评审、价格与成本评审、法律合规性审查等。明确职责分工有助于提高评审效率，确保评审工作的有序进行。为确保评审小组成员具备足够的专业知识和评审能力，可以组织培训和指导活动，以提高评审小组的整体水平。培训内容可以包括法律法规、行业标准、评审技巧等[4]。设立专业评审小组后，应定期召开会议，讨论评审进展、交流评审经验、解决评审中的问题等。定期会议有助于提高评审效率，确保评审工作的顺利进行。专业评审小组应与其他相关方保持良好的沟通和协调，如建设单位、设计单位、招标代理机构等。通过有效沟通，可以确保评审结果能够满足各方需求，提高评审的准确性和有效性。专业评审小组在完成评审工作后，应形成书面的评审报告，总结评审结果、提出评审意见和建议。评审报告是决策的重要依据，应确保其内容完整、准确、清晰。通过设立专业评审小组，有助于水利检验检测机构合同评审工作的有效进行，确保合同的质量和合规性，为项目的顺利实施提供保障[5]。

3 合同评审内容

检验检测机构知悉水利工程质量检测招标信息后，根据招标文件中的工程建设内容、价格、资质、人员、业绩、工期以及中标后检测工作的开展等要求对投标文件进行评审。合同评审是项目实施过程中的关键环节，其目的是确保合同内容符合项目需求和法规要求，从而为项目的顺利实施提供保障。检验检测机构合同评审的内容主要包括以下五个方面，本文以淄博市新城水库引调水提升工程为例。

（1）合同主体资格。审查合同双方的主体资格是否符合具备合同履行的能力，包括资质、资信、经验等方面。淄博市新城水库引调水提升工程对于合同主体资格进行了明确的标注，不仅要求出示法定代表人身份证明，还需出具相应的授权委托书，同时提供资质认定证书、水利行业资质证书、相关工作经历等相关证明材料，保证潜在投标人具有完成本项工作任务的能力[6]。

（2）法律合规性。审查合同是否符合国家和地方相关法律法规的要求，确保合同内容合法有效。淄博市新城水库引调水提升工程为保证投标的合规性，招标文件中明确列出相关法律依据，针对检测人员及资质均做出相应要求，包括资质证书、营业执照、资质认定证书及工程质量检测备案等，通过这种方式能够有效保证投标程序合规合法，保证合同双方的合法权益。

（3）合同条款和条件。仔细阅读合同中的条款和条件，确认合同内容清晰、明确、无歧义，同时符合行业规范和惯例。淄博市新城水库引调水提升工程招标文件中对于合同条款与条件进行了清晰的规划，无歧义且符合行业规范与惯例，对于每一项投标信息都进行了详细的标明，并且出具了相关的财务报表。

（4）专业技术能力。检验检测机构应提前评估自身专业技术能力能否满足招标文件要求。淄博市新城水库引调水提升工程招标文件中对人员资格、单位资质等级、检测项目、仪器设备、相关专业业绩及获奖证明等相关内容做出明确要求，同时针对管理制度等各类技术文件，本工程中的关键点、难点的理解及质量检测对策也进行了详细的要求[7]，潜在投标人应逐条逐项进行分析，保证工程检测质量。

（5）价格和成本。评估合同中价格和成本的合理性与可行性，分析报价是否公允，以防止过高或过低的价格对合同执行产生不良影响。淄博市新城水库引调水提升工程中对于价格与成本进行了初步的计算，在第七项中列出了投标报价计算书，对于报价情况进行了说明，并且对投标报价汇总表以及报价组成计算进行了详细的解读。

4 合同评审中特别关注的问题

4.1 双方的责任义务

为保证双方利益，合同评审书应认真阅读拟签订合同文本中双方的权利和义务，一定要避免出现霸王条款或不平等内容。如建设单位应向检测单位按合同约定的时间、数量、方式免费提供开展质量检测服务的有关本工程建设的资料，负责工程建设外部环境的协调工作，要求检测单位在合理时间内提交质量检测报告，及时足额支付质量检测服务酬金等；检测单位根据工程进度实施全过程质量检测，及时做好工程施工过程中各种质量检测信息的收集、整理和归档，并保证现场取样、试验、检验、检查等资料的完整和真实等，甚至合同双方出现违约时如何进行维权均应做出相应的约定。

4.2 技术偏离

提前了解工程施工内容及工期要求，预估在检测过程中可能会出现的因技术、时间等造成的偏离现象。如新城水库堤顶道路水稳质量，由于新修道路使用原有水稳层作为基础，评判水稳无侧限抗压强度只能采用检测周期偏离的方式进行；再比如本工程设计对原有管道采用 4.5 mm 厚钢板内衬的方式进行保护，而渗透检测只针对表面开口缺陷，超声检测要求被测物体需不小于 6 mm，两种方法均不能对该构件进行有效检测，经咨询论证后决定偏离规范采用特殊探头进行超声检测[8]。

4.3 分包

检验检测机构需进行检测项目分包时，应事先取得委托方同意，分包给有相应检测能力和资质的检验检测机构进行检测，切不可超资质检测。由于淄博市新城水库引调水提升工程管线所供水为饮用水，对水质要求较高，施工时用到的防腐涂料、闸阀（蝶阀）等可能对水质产生影响的产品，由于潜在投标人无相应检测能力，这些材料均须进行分包检测，这就需要提前征得委托方同意后分包给具有相应资质的检验检测机构进行检测。

5 合同评审的结果

评审小组依据上述评审内容，根据淄博市新城水库引调水提升工程招标文件逐项评审，得出可以投标的结果，市场部人员按照评审结果组织编写了投标文件，投标文件包含资格审查资料、项目管理机构、投标报价计算书、技术文件（检测人员资格、检测设备数量及状态、检测项目、检测计划、关键点和难点的理解及质量检测对策等）等相关内容，最终以评分第一名中标。项目实施过程中有序进行，取得了十分可观的收益。通过合同评审，我方真正做到了全程严格监管，以细节和质量取胜。在前期，便已经做到了各项工作有序安排，在后期，更是取得了良好的成果。淄博市新城水库引调水提升工程招标文件的逐步完善，代表着我方工作能力的逐步提高，为项目的实施提供了必要的保障。

6 结语

综上所述，水利工程检验检测机构合同评审作为项目实施过程中的关键环节，对于确保工程质量、降低项目风险、提高管理水平和实施效果具有重要意义。通过全面、细致的合同评审，可以有效地识别和评估合同实施过程中可能面临的风险及问题，从而制定相应的风险应对措施，为项目的顺利实施提供保障。

参考文献

［1］梁娟．水利工程检验检测依据标准探讨［J］．建筑工程技术与设计，2021（12）：1706-1707．

［2］蔡勇，何继业．江苏加强水利工程质量检验管理的探索［J］．中国水利，2021（22）：57-58．

［3］聂小飞，郑海金，涂安国，等．南方红壤区长期水土流失综合治理显著减少河流输沙：以鄱阳湖流域赣江上游平江为例［J］．湖泊科学，2021，33（3）：935-946．

［4］张立鹏，谢轶曦．观景口水利枢纽EPC总承包招标及合同管理实践［J］．中国水利，2021（19）：12-15．

［5］陈敏，黄维华．小浪底水利枢纽运行期招标合同管理风险管控实践［J］．人民黄河，2021，43（1）：141-144．

［6］黎西深．浅谈水利施工单位在深化施工合同管理时的风险防范策略［J］．建筑与装饰，2021（25）：98-100．

［7］刘思好，谭亚男，曹岩．水利科研合同管理中的问题及对策探讨［J］．水利发展研究，2021，21（5）：81-85．

［8］陈军．水利水电施工企业营改增后强化合同管理对成本的影响分析探讨［J］．建筑工程技术与设计，2021（9）：1682．

水泥稳定土中 EDTA 消耗量随时间变化的研究

郭旻琛

（中国水利水电第十一工程局有限公司，河南郑州 450001）

摘　要： 水泥稳定土中水泥剂量的严格控制对基层施工质量的好坏起到非常关键的作用，现场稳定材料的石灰剂量应在路拌后尽快测试，否则，随着时间的推移，EDTA 的滴定量会发生一定的变化。本文对不同水泥剂量的水泥稳定土拌料后 0~6 h 的 EDTA 滴定量进行测定分析，以获得不同龄期曲线，研究其变化规律。研究表明不同龄期的水泥剂量的测试用相应龄期的曲线代入计算会提高测试结果的准确度。

关键词： 水泥土；EDTA 滴定；时间变化

1　引言

在新建、改建、扩建公路工程建设过程中，路面基层施工对工程整体质量有着非常重要的影响。路面基层，是在路基（或垫层）表面上用单一材料按照一定的技术措施分层铺筑而成的层状结构，其材料与质量的好坏直接影响路面的质量和使用性能[1]。基层是整个道路的承重层，起稳定路面的作用。路面基层分为无机结合料稳定基层和碎、砾石基层。而其中水泥稳定土基层因其自身良好的整体性、足够的力学强度、良好的抗水性和耐冻性在基层施工过程中得到广泛应用。在经过粉碎的或原来松散的土中，掺入足量的水泥和水，经拌和得到的混合料在压实和养生后，当其抗压强度符合规定的要求时，称为水泥稳定土。水泥稳定土中水泥剂量的严格控制对基层施工质量的好坏起到非常关键的作用。公路工程中对水泥稳定土的水泥剂量的检测主要依据的是规范《公路工程无机结合料稳定材料试验规程》（JTG E51—2009）中水泥或石灰稳定材料中水泥或石灰剂量测定方法（EDTA 滴定法）[2]。EDTA 滴定法适用于在工地快速测定水泥和石灰稳定材料中水泥和石灰的剂量，并可用于检查现场拌和与摊铺的均匀性。另外，此方法适用于在水泥终凝之前的水泥含量测定，并且现场稳定材料的石灰剂量应在路拌后尽快测试，否则，随着时间的推移，EDTA 的滴定量会发生一定变化。本文对不同水泥剂量的水泥稳定土拌料后 0~6 h 的 EDTA 滴定量进行测定分析，以获得不同龄期标准曲线，研究其变化规律[3]。

2　原材料

试验所用的原材料包括水泥、土和试验用水。水泥采用符合规范《通用硅酸盐水泥》（GB 175—2007）技术要求的河南天瑞集团水泥有限公司生产的强度等级为 42.5 的普通硅酸盐水泥（P·O 42.5），土采用素土，水采用实验室二级用水。依据规范《公路工程无机结合料稳定材料试验规程》（JTG E51—2009）中的 EDTA 滴定法测定水泥剂量为 4%、6%、8% 的水泥稳定土中的 EDTA 消耗量随时间变化。

3　试验结果及分析

水泥剂量为 4% 的混合料的组成计算结果如表 1 所示。

作者简介：郭旻琛（1990—），女，工程师，主要从事混凝土及其原材料物理和化学性能等检验检测工作。

表1　水泥剂量为4%的混合料的组成

水泥剂量/%	水泥质量/g	湿土质量/g	水的质量/g
0	0	285.92	14.08
2	5.23	280.32	14.45
4	10.26	274.92	14.82
6	15.09	269.74	15.17
8	19.75	264.75	15.50

注：混合料最佳含水量为12.5%，土的风干含水量为7.22%。

4%混合料的不同龄期的EDTA的消耗量结果如表2所示。

表2　4%混合料不同龄期的EDTA标准溶液消耗量　　　　　单位：mL

时间/h	水泥剂量/%				
	0	2	4	6	8
0	2.2	6.0	9.7	13.1	16.3
1	2.1	5.8	9.5	12.2	15.6
2	2.1	5.7	9.0	11.7	14.6
3	2.0	5.6	8.8	11.6	14.5
4	2.0	5.5	8.7	11.3	14.3
5	1.9	5.4	8.6	11.0	14.2
6	1.9	5.3	8.1	10.3	13.4

以水泥稳定土EDTA二钠标准溶液消耗量（mL）的平均值为纵坐标，以水泥剂量（%）为纵坐标制图，如图2最上边曲线，两者的关系应是一根顺滑的曲线，即EDTA标准曲线。接下来将不同龄期（0 h、1 h、2 h、3 h、4 h、5 h、6 h）的同一种水泥稳定土（水泥剂量4%）混合料进行EDTA滴定试验，得到混合料EDTA滴定消耗量随着反应时间的变化曲线，如图1所示。

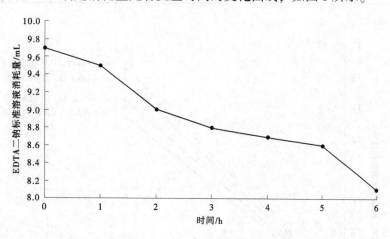

图1　水泥剂量4%的混合料EDTA二钠标准溶液消耗量随反应时间的变化曲线

由图1可以看出，同一种水泥剂量的混合料在拌制后的不同龄期消耗的EDTA二钠标准溶液的量是不同的，随着时间的增加，EDTA二钠标准溶液的消耗量逐渐减小，同样地，以水泥剂量为6%和8%的混合料也进行上述相同的试验步骤，测得不同龄期的EDTA消耗量，具体试验结果如表3、表4所示，其变化趋势也都一致。因此，得出随着混合料反应时间的增加，混合料的EDTA二钠标准溶液的消耗量逐渐减小。接下来以水泥剂量为横坐标，以 EDTA 二钠标准溶液消耗量（mL）为纵坐标，做出不同龄期对应的标准曲线，如图 2 所示。

表 3　6%混合料不同龄期的 EDTA 标准溶液消耗量 　　　　　　　　单位：mL

时间/h	水泥剂量/%				
	2	4	6	8	10
0	5.9	9.5	12.2	15.2	17.9
1	5.7	9.3	12.1	15.0	17.7
2	5.6	8.9	11.6	14.5	17.3
3	5.5	8.7	11.5	14.3	17.0
4	5.4	8.6	11.1	13.8	16.5
5	5.3	8.5	10.9	13.2	16.0
6	5.1	8.0	10.1	12.6	14.8

表 4　8%混合料不同龄期的 EDTA 标准溶液消耗量 　　　　　　　　单位：mL

时间/h	水泥剂量/%				
	4	6	8	10	12
0	9.4	12.1	14.8	17.3	20.0
1	9.2	12.0	14.5	17.1	19.2
2	8.8	11.5	14.3	16.7	19.1
3	8.6	11.4	14.0	16.6	18.9
4	8.5	11.0	13.7	16.3	18.6
5	8.4	10.7	13.0	15.3	17.5
6	7.9	10.0	12.4	14.4	16.9

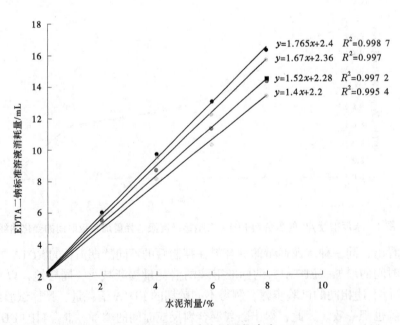

图 2　不同龄期的 EDTA 标准曲线（由上到下依次为 0 h、2 h、4 h、6 h）

由图 2 可以看出不同龄期对应的 EDTA 标准曲线是不同的，还是有相对较大的差别，因此在实际操作过程中，为了得到更加准确的水泥剂量，应该提前做好不同龄期的标准曲线，然后根据混合料的龄期代入相应的标准曲线得到试验结果。

4 结语

在不同的龄期应该用不同的 EDTA 二钠标准溶液消耗量的标准曲线，只有这样，才能在不同龄期都能测出实际的灰剂量。因此，在实际工程施工过程中，现场土样灰剂量应在路拌后尽快测试，否则就需要用相应龄期的 EDTA 二钠标准溶液消耗量的标准曲线确定[2]。

参考文献

［1］陈建冉. EDTA 滴定法检测水泥稳定土中水泥剂量研究［J］. 华东公路，2018（229）：118-119.

［2］交通部公路科学研究所. 公路工程无机结合料稳定材料试验规程：JTG E51—2009［S］. 北京：人民交通出版社，2009.

［3］王瑞. 利用 EDTA 滴定法测定水泥剂量标准曲线的分析［J］. 工程设备与材料，2017（11）：128-129.

有关不同试验标准对砂石骨料硫酸盐及硫化物含量检测的讨论

谢艺明　　刘广华

（珠江水利委员会珠江水利科学研究院，广东广州　510610）

摘　要：通过选取不同产地天然砂、人工砂、碎石样品，使用不同试验标准检测砂石硫酸盐及硫化物含量，发现水利标检测结果总体比建标、国标高，其中水溶性硫酸盐 Q_{s1} 贡献率平均值为 82%，酸溶性硫化物 Q_{s2} 贡献率平均值为 18%，水溶性硫酸盐 Q_{s1} 占建标、国标检测结果的比值达到 87%。对检测过程进行比较发现，水利标检测用时远大于建标国标，硫化物的检测相对于硫酸盐对检测人员的专业知识操作水平要求较高。建议在工程建设初期的料场筛选阶段优先选用水利标检测硫酸盐及硫化物含量，而在建设过程中，砂石原材料进场稳定的情况下，可以参考选用建标、国标，以提高检测效率。

关键词：砂石骨料；硫酸盐；硫化物；试验标准；碘量法；硫酸钡重量法

1　引言

把工程建筑定义为一个人体，那么砂石就是人体中的每一个细胞。砂石作为矿山建筑、公路铁路、水利水电等重要行业的基建灵魂，起着不容忽视的作用。2021 年 10 月 24 日，国务院发布《2030 年前碳达峰行动方案》，把"砂石"正式纳入国务院发布的行动方案中，并将砂石产业绿色高质量发展作为如期实现碳达峰的一个重要途径。把握砂石质量尤为重要，其中砂石的有害物质硫酸盐及硫化物对水泥起腐蚀作用，降低混凝土的耐久性。《普通混凝土用砂、石质量及检验方法标准》（JGJ 52—2006）、《建设用砂》（GB/T 14684—2022）、《建设用卵石、碎石》（GB/T 14685—2022）、《水利水电工程单元工程施工质量验收评定标准 混凝土工程》（SL 632—2012）均对砂石硫酸盐及硫化物含量作出明确限制。在水利行业，对砂石骨料硫酸盐及硫化物含量检测的试验标准主要有以下几个：JGJ 52—2006、GB/T 14684—2022、GB/T 14685—2022、SL /T 352—2020。本文采集不同产地的河砂、人工砂、碎石，通过对检测结果及检测过程比较分析，讨论使用不同试验标准检测硫酸盐及硫化物含量的异同。

2　试验部分

2.1　原理

JGJ 52—2006、GB/T 14684—2022、GB/T 14685—2022（简称建标、国标）的方法归结为硫酸钡重量法，SL/T 352—2020（简称水利标）的方法归结为水溶性硫酸盐部分用硫酸钡重量法和酸溶性硫化物部分用碘量法。重量法主要原理为：用盐酸分解试样生成硫酸根离子，在煮沸情况下用氯化钡沉淀，生成硫酸钡沉淀，经过滤、洗净、灼烧后称量，结果以 SO_3 质量计。其反应方程式如下：

$$Ba^{2+} + SO_4^{2-} \rightarrow BaSO_4 \downarrow \tag{1}$$

作者简介：谢艺明（1987—），女，助理工程师，主要从事水利工程质量检测工作。

碘量法原理为：在还原条件下，试样用过量盐酸分解，经过酸化、吹气、吸收产生的硫化氢收集于硫酸锌氨溶液中，接着在酸性条件下，硫化物与过量的碘作用，剩余的碘用硫代硫酸钠溶液滴定，以淀粉为指示剂，由硫代硫酸钠溶液所消耗的量，间接求出硫化物的量，结果以 SO_3 质量计。其反应方程式如下：

$$S^{2-} + Zn^{2+} \rightarrow ZnS \downarrow \tag{2}$$

$$ZnS + I_2 \rightarrow Zn_2 + 2I^- + S \downarrow \tag{3}$$

$$I_2 + 2S_2O_3^{2-} \rightarrow 2I^- + S_4O_6^{2-} \tag{4}$$

2.2 主要仪器及材料

（1）硫化物酸化—吹气—吸收装置。

（2）棕色滴定管 25 mL：最小刻度 0.1 mL。

（3）容量瓶：100 mL、250 mL、500 mL、1 000 mL 容量瓶若干。

（4）电子天平：奥豪斯仪器（Ⅰ级、0.1 mg、最大称量 200 g）一台；双杰仪器（Ⅲ级、1 g、最大称量 15 kg）一台。

（5）箱式电阻炉：上海康路仪器设备有限公司，可控温度 1 000 ℃。

（6）辅助器具：电炉、振荡器、密封塑料容器、瓷坩埚、滤纸、烧杯等。

（7）试剂包括：标准碘酸钾溶液（0.016 67 mol/L，溶液系数 $F = 1.009\ 2$）、硫代硫酸钠溶液（0.100 0 mol/L，溶液系数 $f = 1.006\ 6$）、10%氯化钡溶液、盐酸（1+1）、1%硝酸银溶液、硫酸锌的氨溶液、醋酸铅、淀粉、氯化锡、铬粉等，以上试剂均为分析纯。

（8）去离子水。

2.3 样品信息

本方案采集了水利工程常用的河砂、人工砂、碎石样品 9 个，以及工程极少使用的铁矿石样品 1 个，共计 10 个样品。砂样的常规物理性能见表 1。石样的常规物理性能见表 2。

表 1 6 个砂样的物理性能

砂样	细度模数	表观密度/(kg/m^3)	堆积密度/(kg/m^3)	含泥量/%	泥块含量/%	吸水率/%
西江河砂	2.5	2 630	1 530	0.3	0	0.75
北江河砂	2.7	2 610	1 550	0.3	0	0.82
韶关贞江河砂	2.3	2 610	1 380	0.4	0	0.63
人工砂 A（岩性未知）	2.8	2 630	1 500	—	0	1.00
人工砂 B（岩性未知）	2.6	2 620	1 450	—	0	0.75
人工砂 C（岩性未知）	2.6	2 610	1 460	—	0	0.80

表 2 4 个石样的物理性能

石样	规格/mm	表观密度/(kg/m^3)	堆积密度/(kg/m^3)	含泥量/%	泥块含量/%	吸水率/%
广西石灰岩	5~20	2 630	1 530	0.3	0	0.75
广西花岗岩	5~20	2 610	1 550	0.3	0	0.82
德庆橄榄岩	5~20	2 610	1 380	0.4	0	0.63
铁矿石（工程极少使用）	5~10	2 659	1 495	0.2	0	0.46

2.4 检测方法

（1）建标、国标的检测方法高度一致，方法如下：①称取小于 75 μm 的试样 1 g（精确至 0.1 mg），置于 300 mL 烧杯中，加入 20~30 mL 水分散试样后，加入 10 mL 盐酸（1+1），在电炉上加热至微沸，并保持微沸 5 min，使试样充分分解后，用中速滤纸过滤，温水洗涤。②调整滤液体积约至 200 mL，煮沸后，加入 10 mL10%氯化钡溶液，并继续煮沸 5 min，取下静置至少 4 h 后用慢速滤纸过滤，温水洗涤，直至用硝酸银检验无氯离子。③将沉淀及滤纸一并移入已灼烧至恒重的坩埚中，灰化后在 800 ℃的电阻炉中灼烧 30 min，取出坩埚置干燥器中冷却至室温，称量，反复灼烧直至恒重（当连续两次称量之差小于 0.000 5 g 时，即达恒重）。硫酸盐及硫化物含量（以 SO_3 质量计）按式（5）计算，结果统一精确至 0.001%[1-3]。

$$Q = \frac{(G_2 - G_1) \times 0.343}{G_0} \times 100\% \tag{5}$$

式中：Q 为硫酸盐及硫化物含量（%）；G_0 为试样质量，g；G_1 为坩埚质量，g；G_2 为沉淀物及坩埚总质量，g；0.343 为硫酸钡（$BaSO_4$）换算成 SO_3 的系数。

（2）水利标中水溶性硫酸盐检测方法与建标、国标的方法大体一致，不同之处为，水利标要求取原状的干燥细骨料或粗骨料（粒径大于 20 mm 需经破碎），样品均不经粉磨，加入定量蒸馏水于密封容器中连续晃动 24 h 后，移取定量的上部溶液进行氯化钡沉淀处理，后续处理方法与建标、国标一致。

（3）水利标中酸溶性硫化物的提取过程按照如下方法进行：取定量粉磨试样 1~2 g（精确至 0.1 mg），按要求搭设硫化物提取装置，同时加入 2.5 g 氯化锡、0.1 g 铬粉于反应瓶中，注入 50 mL 水，烧杯盛有 15 mL 硫酸锌的氨溶液和 285 mL 水，气流流速为 10 mL/min，关闭气流注入 50 mL 盐酸（1+1），然后打开气流加热反应瓶至微沸，其间开启冷凝管通水冷却，本次试验均按反应 15 min 进行，以便硫化氢完全转化为硫化锌沉淀。后续用碘量法测定，标准碘酸钾溶液及硫代硫酸钠溶液均稀释 10 倍后使用。滴定过程简述为：移取定量的标准碘酸钾溶液于样品液中，加入盐酸酸化，用硫代硫酸钠溶液滴定至淡黄色，然后加入淀粉溶液，继续滴定至蓝色变无色，即为终点。硫化物含量按式（6）计算，结果统一精确至 0.001%[4]。

$$Q_{s2} = \frac{0.016\ 67 \times 3 \times 80}{1\ 000} \times \frac{V_1 F - V_2 f}{G_3} \times 100\% \tag{6}$$

式中：Q_{s2} 为硫化物含量（%）；V_1 为碘酸钾溶液用量，mL；V_2 为硫代硫酸钠溶液滴定量，mL；G_3 为试样质量，g。

2.5 试验方案

本次试验方案选取的 10 个样品均同时采用重量法和碘量法检测，每个样品都进行平行试验和空白试验，结果值均为扣除空白值后的两个平行试样的算术平均值。

3 检测结果与分析

检测结果数据见表 3，从图 1 可以看出水利标检测结果值总体比建标、国标较高，这得益于水利标的样品处理方法能充分把水溶性硫酸盐和酸溶性硫化物溶解出来。水溶性硫酸盐 Q_{s1} 和酸溶性硫化物 Q_{s2} 两者对检测结果的贡献率见图 2，通过计算得出除铁矿石外的 9 个样品中水溶性硫酸盐 Q_{s1} 贡献率平均值 82%，酸溶性硫化物 Q_{s2} 贡献率平均值为 18%，说明除铁矿石外的 9 个样品中硫酸盐及硫化物含量大部分来自于水溶性硫酸盐，少部分来自于酸溶性硫化物。铁矿石由于硫化铁的含量较高，本方案中选取的铁矿石样品酸溶性硫化物含量高达 58%，可以说明若选用金属性矿物用于工程建设，应着重检测酸溶性硫化物含量，才能客观得出金属性矿物的硫酸盐及硫化物含量。从图 3 可以看出水利标中水溶性硫酸盐 Q_{s1} 占建标、国标的比例情况，通过计算得出除铁矿石外的 9 个样品中水溶性硫酸盐 Q_{s1} 占建标、国标检测结果的比值达到 87%，可以说明使用水利标中水溶性硫酸盐的检测方法基本能与国标、建标的检测方法效果相当。

表3 试验结果汇总 %

砂石样	建标、国标（硫酸盐及硫化物）	水利标（水溶性硫酸盐部分）Q_{s1}	水利标（酸溶性硫化物部分）Q_{s2}	水利标结果合计 $Q_{s1}+Q_{s2}$	Q_{s2} 贡献率	Q_{s1} 贡献率	Q_{s1} 占建标、国标的比值
西江河砂	0.087	0.079	0.020	0.099	20	80	91
北江河砂	0.105	0.093	0.016	0.109	15	85	89
韶关贞江河砂	0.125	0.106	0.016	0.122	13	87	85
人工砂A（岩性未知）	0.132	0.115	0.040	0.155	26	74	87
人工砂B（岩性未知）	0.281	0.246	0.053	0.299	18	82	88
人工砂C（岩性未知）	0.265	0.224	0.042	0.266	16	84	85
广西石灰岩	0.246	0.231	0.054	0.285	19	81	94
广西花岗岩	0.133	0.107	0.023	0.130	18	82	80
德庆橄榄岩	0.170	0.145	0.042	0.187	22	78	85
铁矿石（工程极少使用）	0.561	0.265	0.365	0.630	58	42	47

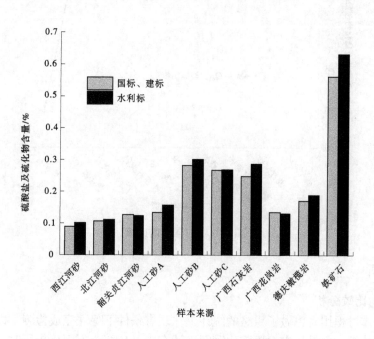

图1 国标、建标、水利标检测结果

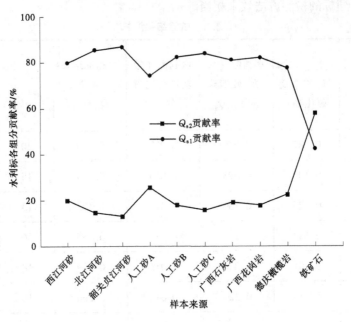

图 2　水利标 Q_{s1} 与 Q_{s2} 贡献率对比

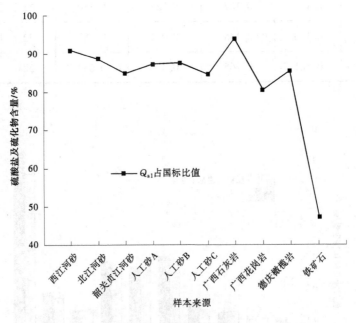

图 3　Q_{s1} 占国标的比值

4　检测过程分析

4.1　检测过程用时比较分析

本次试验把操作过程用时也做了粗略的统计，在现有条件下保守完成检测，以单个样品为例，最少用时情况见如下分析。重量法中静置陈化时间不计在内，从两个方面比较用时。第一方面，样品前处理时间，建标、国标中样品粉磨过筛用时约 30 min，水利标中样品在振荡器晃动用时约 24 h。第二方面，检测过程用时，建标、国标用时为：从样品称量开始起算，步骤（1）约 20 min+步骤（2）约 20 min+步骤（3）约 60 min，共计约 100 min。水利标中硫酸盐检测用时从定量移取上部溶液起算，时间与建标、国标一致，约 100 min，水利标中硫化物检测用时分为硫化物提取用时约 30 min，标准溶液配制及标定用时约 40 min，碘量法滴定用时约 20 min，水利标合计用时约为 190 min。从以上用时数据可明显得出，从样品前处理用时及检测过程用时两个方面比较结果都是水利标检测用时远远大于建标、国标。

4.2 操作复杂程度比较分析

（1）重量法中沉淀形成过程的质量控制最为关键，过程严格按照"稀、热、慢、搅"方法进行。而在沉淀完毕后的陈化阶段，获得较好的大颗粒硫酸钡晶形沉淀是影响检测结果的重中之重，本次试验均选择了 30 ℃温热处过夜静置处理[5]。重量法的操作控制只要耐心足够即可，并非难点。

（2）水利标中硫化物提取操作最为烦琐，且条件要求比较高，需要专用的酸化吹气吸收装置。该法却是硫化物检测前处理必不可少的一种方法。酸化吹气法是硫化物试样通用的前处理方法，适用于所有试样的预处理。提取过程应密切注意反应烧瓶内的溶液情况，应避免暴沸，避免反应瓶内气压过大而导致反应溶液喷射，避免硫化氢气体的泄漏。碘量法虽作为经典分析方法，但分析过程的影响因素颇多，溶液体系 pH、反应温度、静置时间、淀粉指示剂加入时间等均有影响，本次试验每个样品的检测过程均控制为：反应体系 pH 5.5~7，反应温度为室温 25 ℃，暗处静置 5 min，淀粉指示剂为现配现用，滴定过程快速，且摇晃不剧烈，避免 I_2 的升华[6]。综上所述，可以得出硫化物检测相对于硫酸盐对检测人员的专业知识水平及操作水平要求较高。

5 结论及建议

通过检测结果及检测过程的比较分析，得出使用水利标的方法检测硫酸盐及硫化物含量结果值比建标、国标的方法高，用时较多，操作烦琐复杂，对检测人员的要求较高。建标、国标的检测结果值基本能达到水利标的水平，且操作简单，检测用时较少。本文建议在水利工程建设初期的料场筛选阶段优先选用水利标的方法检测硫酸盐及硫化物含量，而在建设过程中砂石原材料进场稳定的情况下可以参考选用建标、国标的方法，以提高检测效率。若工程使用金属性矿物类的砂石骨料，应着重检测酸溶性硫化物的含量，以保证骨料质量。

参考文献

［1］中国建筑材料联合会. 建设用砂：GB/T 14684—2022［S］. 北京：中国标准出版社，2022.

［2］中国建筑材料联合会. 建设用卵石、碎石：GB/T 14685—2022［S］. 北京：中国标准出版社，2022

［3］中华人民共和国建设部. 普通混凝土用砂、石质量及检验方法标准：JGJ 52—2006［S］. 北京：中国建筑工业出版社，2006.

［4］中华人民共和国水利部. 水工混凝土试验规程：SL/T 352—2020［S］. 北京：中国水利水电出版社，2020.

［5］蔡云飞. 混凝土砂石骨料硫酸盐、硫化物试验的质量控制［J］. 广东水利水电，2010（9）：71-72.

［6］韩峰，常春艳. 碘量法测定硫化物准确性的影响因素探讨［J］. 齐鲁石油化工，2017，45（2）：160-163.

多种勘探手段在浆砌石坝体内部隐患排查中的应用

汤金云[1,2]　陈栩侨[3]　苗　壮[1,2]

(1. 中水珠江规划勘测设计有限公司，广东广州　510610；
2. 水利部珠江水利委员会基本建设工程质量检测中心，广东广州　510610；
3. 广东珠基工程技术有限公司，广东广州　510610)

摘　要： 浆砌石重力坝为水工建筑物中的重要坝型之一，且建造历史悠久。由于受当时设计水平、建造技术的影响和限制，随着时间的推移，工程建筑物逐步老化，其渗漏等质量缺陷逐步显露，有的现已不能正常发挥原有功能甚至危及大坝安全。为查明浆砌石重力坝的坝体隐患，采用无损勘探方法辅以钻探勘察进行互相印证，对坝体内部缺陷进行了精准定位，为后续的缺陷处理提供了可靠技术支持，可供类似工程借鉴。

关键词： 探地雷达；浆砌石；内部隐患排查

1　引言

浆砌石重力坝分为实体重力坝、硬壳坝、填渣坝和空腹重力坝。浆砌石重力坝由于砌石本身的防渗性能差，块石间缝隙难以用胶结材料全部填实，内部易出现空腔或松散，且它们主要集中兴建于20世纪60、70年代[1-2]。受当时技术、经济条件的限制，相当数量的浆砌石坝出现了功能老化、退化等现象，坝体或坝肩发生渗漏，危及工程安全。本文以江门市锦江水库大坝内部隐患排查为工程实例分析，采用探地雷达法探测其内部缺陷，其向地下传播过程中遇到不同的目标体（空洞等）电磁波幅衰减明显，这是判断其异常的物理基础，辅以钻探、压水试验验证无损探测的准确性，研究此类坝体内部隐患的探测技术。

2　探地雷达法

2.1　探地雷达法检测原理

探地雷达（Ground Penetrating Radar，GPR）是用高频无线电波来确定介质内部物质分布规律的一种反射波探测方法。探地雷达通过发射天线，向地下发射具有不同频率的脉冲信号，不同材质的物体所具备的电性不同，在电磁波中的传播速度也不一样，通过专门的接收天线捕捉返回地面的电磁波，并按照到达时间的先后顺序记录。由此，在地面上的一个发射测点得到一条纵向的电磁波扫描线，它反映了地下不同深度上各界面的反射时间，根据接收到波的旅行时间（亦称双走时）、幅度与波形资料，可推断介质的结构。

野外开展工作时，必须根据探测对象周边情况和地层环境，选取相应的探测方式。目前双天线雷达探测方式主要是剖面法。

剖面法是发射天线（T）和接收天线（R）以固定的间距沿测线同步移动的探测方式（见图1），即可在纵标为双程走时 t（ns）、横坐标为距离 X（m）的平面上描绘出仅仅由反射体的深度所决定的"时-距"波型道的轨迹图（见图1）。与此同时，探地雷达仪即以数字形式记下每一道波型的数据，它们经过数字处理之后，即由仪器绘描成图或打印输出。图像中，横坐标表示天线在地表的探测运动

作者简介： 汤金云（1982—），男，主要从事工程物探、工程检测及监测技术与管理工作。

距离，纵坐标为反射波的双程走时。这种图像清晰反映了测线下地层间的反射形态，也是目前运用最为广泛的一种探测方法。

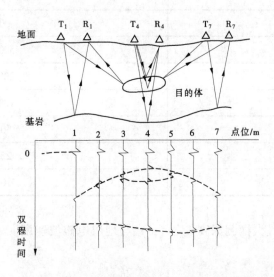

图1 剖面法示意图和"时-距"波型道的轨迹图

2.2 探地雷达法检测的地球物理前提

坝体内部的填充物质通常情况下呈现比较均匀且各个方向同性，则电磁波透过坝体填筑料时会呈现均匀衰减的态势，在波形记录上面也会呈现出直达波，而没有反射波。若墙体中的质体不均匀，那么在缺陷部位便会形成反射波，其剖面图便会呈现出异常，从中便可获得隐患分布特点及其范围。对于小缺陷而言，其电磁波便会呈现点反射弧形。而且物质电性也各不相同，介质对于频段不一样的电磁波产生的吸收效应也不一样。

相比而言，介质比较均匀的坝体，缺陷位置的反射波在波形、波幅及频率方面也有所区别，进而体现出破坏结构界面在分布方面具有的特征。因此，可以由雷达反射波信号同相轴的连续性、波幅相位变化和频率变化等方面，推测其坝体内部是否存在安全隐患，并加以地勘钻孔辅以验证。

3 检测前准备

水平检测点距：每条测线每0.5 m采样一个点，检测距离由主机手动打点计数器控制。为了减少误差，每个测段控制在50 m。

垂直采样率：每个扫描的样点数为1 024个。

标定电磁波速（v）：在工区条件允许的情况下，取已知结构层厚度资料（H）和测得的电磁波在该结构层中的双程走时（t）得出电磁波在混凝土结构层中的传播速度。也可通过室内实验模型标定得出传播速度。

天线的中心频率选择：以广东地区为例，浆砌石重力坝的最大坝高一般在30~60 m，选择频率为50~15 MHz的低频率和宽带频率范围电磁波天线进行探测，从而保证探测深度。

天线中心频率选择要兼顾目标体的深度、最小尺寸和天线尺寸是否符合场地要求。一般来说，在满足分辨率且场地条件允许时，应尽量使用中心频率较低的天线。

如果要求的空间分辨率为x（m），围岩相对介电常数为ε，则天线中心频率可由以下初步设定：

$$f_c^R > \frac{75}{x\sqrt{\varepsilon}} \tag{1}$$

根据初选频率，利用雷达方程［式（1）］计算探测深度。如果探测深度小于目标埋深，需要降低频率以获得适宜的探测深度（见表1）。

表 1　天线的中心频率与探测深度对应经验简表

深度/m	中心频率/MHz
0.5	1 000
1.0	500
2.0	200
7.0	100
10.0	50
30.0	25
50.0	10

时窗选择：主要取决于最大探测深度 h_{max}（m）与地层电磁波速度 v（m/ns）。时窗 W（ns）可以由式（2）估算：

$$W = 1.3\,\frac{2h_{max}}{v} \tag{2}$$

式（2）中时窗的选用值应增加 30%，为地层速度与目标深度的变化所流出的余量。表 2 给出了不同介质的时窗选择值。

表 2　不同介质的时窗选择值

深度/m	时窗/ns		
	岩石	湿土壤	干土壤
0.5	12	24	10
1.0	25	50	20
2.0	50	100	40
5.0	120	250	100
10.0	250	500	200
20.0	500	1 000	400
50.0	1 250	2 500	1 000

4　工程应用实例

4.1　探地雷达排查分析

江门市锦江水库原名河排水库，于 1958 年 12 月动工兴建，历经 1960 年及 1963 年两次停建，于 1973 年 7 月建成，2000—2003 年实施除险加固工程，是一座以防洪、灌溉、供水、水资源配置和谭江水环境调节为主，兼顾发电等综合利用的大（2）型水库。

大坝运行多年，为了了解坝体内部结构，排查坝体内部隐患，为安全评估提供准确数据支撑，决定采用探地雷达对坝体进行全面扫查，再对异常体部位进行钻孔验证定性。

本次雷达探测采用加拿大 Software 公司生产的 pulse EKKO PRO 专业型探地雷达，配合 25 MHz 非屏蔽探测天线，每个测点垂向叠加 256 次以消除电信号的偶然干扰，电磁波速取值 0.1 m/ns，时窗设置到 1 400 ns，保证最大探测深度可以达到 70 m，以便涵盖坝体、坝基，从而减少盲区。

根据前期现状检查的要求，在坝顶布置雷达测线（见图2），以探测坝体（坝体渗漏隐患区）的空间位置。测线位于大坝桩号0+208.5至大坝0+384位置，测线长度178.0 m，点距0.5 m。

图2　坝体隐患检测雷达测线布置示意图

4.2　异常体特征解释

对现场采集的数据经软件处理后，绘制相应的剖面图。依据反射波的同向性和相似性进行地层的追索与对比，见图3~图5。此次内部隐患排查雷达反射波异常信号主要表现出如下特征：

（1）图3的雷达反射波垂直方向呈现连续的强反射信号，其原因是探地雷达向地下发射出的电磁波信号被屏蔽较多或者完全屏蔽，此时接收到的有用信号会变少，对探地雷达的效果存在影响。

如图5所示为水平位置30 m和35 m处存在两处上述特征的屏蔽型号，现场记录显示坝体在这两处设置了防水闸门启闭装置，闸门和地面钢板护板使电磁波无法穿透，产生了屏蔽干扰信号。

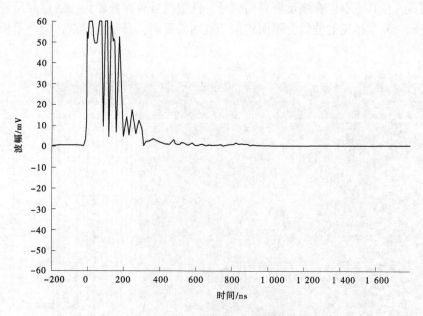

图3　屏蔽信号典型波幅

（2）图4的雷达反射波没有接收到垂直反射信号，只呈现直达波信号，其原因是在架空层上探测。

如图5水平位置70~100 m处，由于测线从溢洪道顶部交通桥跨过，溢洪道底板距离顶部的高差约15 m，为溢洪道架空层，从而导致电磁波在空气中基本消散，无法穿透被测体，直达波后再无反射信号。

（3）雷达反射波同相轴局部缺失，其原因为地下裂缝、地层性质突变和孔隙发育不平衡，由于其对雷达反射波的吸收和衰减作用，往往使得裂缝、裂隙的发育位置造成可连续追踪对比的雷达反射波同相轴局部缺失，而缺失的范围与地下裂缝横向发育范围和土壤性质突变大小有关。

雷达反射波波形发生畸变，其原因为地下裂缝、不均匀体对雷达波的电磁吸收、衰减造成雷达反射波在局部发生波形畸变，畸变过程与地下不均匀体的规模有关。

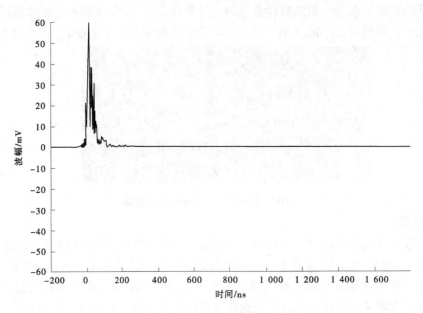

图 4　架空层无反射波信号典型波幅

如图 5 所示，在水平位置为 100.0～105.0 m、深度为 43.0～48.0 m 处雷达反射波信号界面反射信号强，三振相明显，在其下部仍有强反射界面信号，两组信号时程差较大，通过对反射波底部信号增益放大后直观显示，异常体反射波的上界面相位于直达波反向，且幅值异常，为严重松散或者空洞雷达反射波表现。

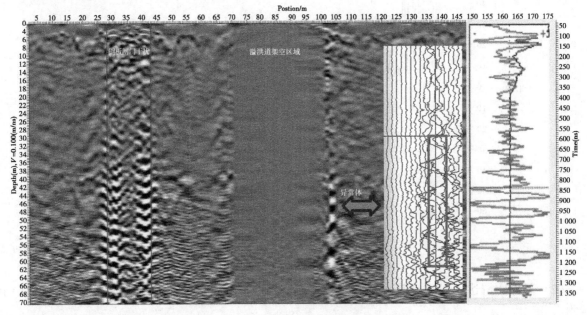

图 5　雷达反射波成果图及缺陷局部放大图

4.3　地勘钻孔验证

通过地址钻孔揭露显示（见图 6、图 7），坝体自上而下的结构层理为：

（1）混凝土（0～0.5 m），灰白色，主要由弱风化花岗岩块石、碎石等胶结而成，表面光滑无孔隙，整体胶结一般，取芯呈柱状，局部受机械破坏产生裂隙。

（2）（第三期）浆砌石（0.5～38.2 m），灰白色、浅灰色，主要由弱风化花岗岩块石、碎石等胶结而成，取芯多呈柱状，局部呈碎块状，局部胶结较差，多有孔隙，取芯呈碎块状。

（3）（第二期）浆砌石（38.2～44 m），灰色夹肉红色，主要由弱风化花岗岩块石、碎石等胶结而成，取芯多呈碎块状，局部呈柱状，整体胶结程度一般，孔深 43～43.6 m、46.2～48.0 m 岩芯破碎。

（4）（第一期）浆砌石（44～48.7 m），灰色，主要由弱风化花岗岩块石、碎石等胶结而成，取芯多呈碎块状，局部呈柱状，整体胶结程度一般。

（5）（微风化）花岗岩（48.7～72.48 m），灰白色夹灰绿色，主要矿物成分为长石、石英、云母，中粗粒结构，块状构造，岩质较新鲜，节理裂隙不发育，敲击声脆，锤击不易碎，取芯多呈柱状。

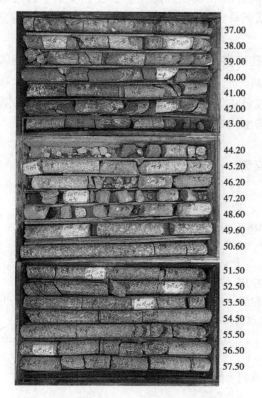

图 6　地质钻孔 37.0～57.5 m 芯样照片

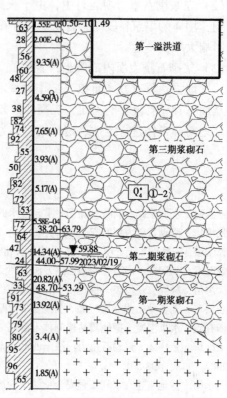

图 7　压水试验段次分布及其地质层位

地质钻孔揭露显示的岩体破碎深度为 43～43.6 m，46.2～48.0 m，与探地雷达显示异常体位置深度相吻合。

为了进一步了解坝体隐患分布和透水情况，对该孔进行了 13 段压水试验，试验成果中，第三期浆砌石（下边界深度 38.2 m）的透水率为 3.93～9.35 Lu，按《水利水电工程地质勘察规范》（GB 50487—2008）中附录 N 岩土渗透性分级标准类比浆砌石体透水性分级，属弱透水层（1 Lu≤q<10 Lu）。

第二期浆砌石（下边界深度 44.0 m）、第一期浆砌石（下边界深度 48.7 m）的透水率为 14.34～20.82 Lu，属中透水层（10 Lu≤q<100 Lu）。

基岩为（微风化）花岗岩，透水率为 0.25～3.45 Lu，属弱透水层（1 Lu≤q<10 Lu）。

压水试验揭露的中透水层深度位于 38.2～48.7 m，基本与探地雷达显示异常体位置深度吻合。

5　对坝体内部隐患的定性分析

通过雷达反射波排查发现的坝体不密实，空洞隐患区发生在第一期与第二期浆砌石的结合部位，结合钻孔揭露、压水试验成果可以定性分析得出其形成原因为浇筑时间、工艺不同，导致砌石间因黏结物品种和水泥含量、质量不一，黏结质量也不同，黏结物中多有蜂窝状孔洞。在坝内水位变幅及渗流的长期作用下，黏结物中有溶滤导致块石架空现象。

6　小结

在对江门市锦江水库的内部隐患排查中，采用地质雷达法与地勘钻孔、压水相结合验证的方法，可知：

（1）坝体水平位置为 100.0~105.0 m、深度为 43.0~48.0 m 处存在信号异常区域，与地质钻孔揭露显示的岩体破碎及压水试验透水率较大处位置基本相符。

（2）在浆砌石重力坝运行中，由于长期受到水流冲刷和调洪、温度、强度、变形、渗透破坏等的影响，坝体的填筑料胶结物含量少，存在溶蚀，从而导致坝体内部形成松散、裂隙、空洞等安全隐患，影响大坝安全运行。

（3）浆砌石重力坝内部隐患排查中，常规的钻孔勘察由于勘察数量有限，无法全面了解其内部状态。探地雷达具有方式简单、工作效率和分辨率高、隐患定位清晰等优点，能够快速地大面积普查，从而弥补钻孔勘察的不足，提高经济效益。通过雷达定位，辅以传统钻孔揭露隐患及压水试验，可清晰地对异常体进行定性、定量判断，为工程防渗加固提供依据。

参考文献

［1］陈志鹏. 水利浆砌石坝防渗加固中灌浆技术的应用［J］. 中国新技术新产品，2021（23）：98-100.

［2］张雄华. 浆砌石重力坝的安全评价分析［J］. 湖南水利水电，2015（5）：7-9.

［3］郭诚谦，陈慧远. 土石坝［M］. 北京：水利电力出版社，1992.

［4］曾昭发，刘四新，冯晅. 探地雷达方法原理及应用［M］. 北京：科学出版社，2006.

［5］徐洪苗，林宾，胡俊杰. 探地雷达在堤坝隐患检测中的应用［J］. 安徽地质，2017，27（1）：39-41.

［6］陆伟东，刘金龙，路宏伟，等. 混凝土结构厚度的雷达检测［J］. 无损检测，2009，31（5）：364-366，399.

［7］杨春旗. 水工混凝土探地雷达检测技术研究［J］. 东北水利水电，2022，40（9）：68-70.

［8］王度辉，童广才. 浆砌石重力坝缺陷的勘察与评价［C］//2002 年水利水电地基与基础工程学术会议论文集. 2002（11）：498-501.

［9］冯永梅. 探地雷达在水利工程安全检测中的运用［J］. 四川水泥，2021（3）：339-340.

浅谈风选机制砂在水利工程中的应用

魏东风 刘 念 沈 晴 邓兆勋 戴 鑫 段 磊

（中国水利水电第十一工程局有限公司，河南郑州 450001）

摘 要：本文针对湿法制砂得到的水洗砂和干法制砂得到的风选砂在项目使用中的问题，分析了风选砂和水洗砂在水利工程项目使用过程中的差异，研究了两种砂在使用过程中对混凝土工作性能、抗压强度的影响。结果表明，在同强度等级和混凝土工作性能要求的情况下，使用风选砂在混凝土原材料节约、拌和楼混凝土生产稳定性方面优于使用水洗砂。经过优化对比，最终本项目使用风选砂，在项目成本控制方面打下坚实基础。

关键词：机制砂；风选砂；水洗砂；混凝土工作性能；混凝土强度

1 项目介绍

引江济淮（河南段）三标位于河南省周口市鹿邑县，标段承担试量泵站、试量调蓄水库、鹿辛运河（0+000~6+000）河道治理（包含预制块铺筑、护脚、压顶、锚固梁混凝土浇筑、截渗沟等施工）及清水河（27+000~47+700）段河道整治工程（包含预制块铺筑、护脚、压顶、锚固梁混凝土浇筑），排涝涵闸改建（7个），桥梁加固处理（7座）等，总计混凝土浇筑量约11.61万 m^3。

1.1 背景

依托引江济淮（河南段）三标项目，因项目前期使用机制砂拌制混凝土不稳定，混凝土拌和物出现塌落度损失过快的严重问题，混凝土拌和物出机口坍落度达到180 mm，经过30 min后，坍落度只有90 mm，严重影响混凝土的浇筑施工，现场只能通过减水剂进行再调整。项目和制砂厂分析查找原因，确定为水洗砂生产过程中絮凝剂残留较多。制砂厂改变制砂工艺，由湿法制砂改为干法制砂。

1.2 湿法制砂和干法制砂

目前机制砂除粉一般有干法除粉和湿法除粉两种方式。采用干法制备机制砂工艺，控制粉尘的有效方法是将所有筛分机和输送机全部有效地密封起来，并在密封的空间施以少量的负压力装置，同时安装收尘设备以实现无尘运行。此方法的缺点是骨料受雨水淋湿后粉尘会黏附于颗粒表面，除尘效率较低。湿法除粉有两种方式：第一种是在制砂环节采用湿法棒磨机，在棒磨的过程中调节溢出的水量，从而控制机制砂中的石粉含量；第二种是使用普通的破碎机干法生产机制砂，在出料口的传送带上安装喷淋装置以控制成品中的石粉含量。该方法的缺点是在西部缺水干旱地区很难实施[1]。在湿法生产工艺中，采用絮凝剂净化处理洗砂水，洗砂水循环利用，导致机制砂絮凝剂残留，且残留的絮凝剂对水泥净浆、砂浆及混凝土拌和物性能存在影响[2-3]。机制砂中残留的絮凝剂会对混凝土的性能造成影响，絮凝剂浓度越高，影响越明显。机制砂中絮凝剂残留量较高时，混凝土料黏性会加大，会降低混凝土的流动性，增加混凝土的坍落度损失，且损失快，减水剂掺量需要提高很多，甚至翻倍[4]。为确认两种工艺所生产的砂子的优缺点，结合工程施工做了部分对比研究。

作者简介：魏东风（1988—），男，工程师，主要从事水工混凝土研究工作。

2 对比研究试验原材料及方法

2.1 试验原材料

（1）水泥：采用淮北相山水泥有限公司生产的 P·O 42.5 普通硅酸盐水泥，其性能如表 1 所示。

表 1 水泥物理力学性能

比表面积/（m²/kg）	标准稠度用水量/%	凝结时间/min		抗折强度/MPa		抗压强度/MPa		安定性
		初凝	终凝	3 d	28 d	3 d	28 d	
326	31.2	139	254	6	8.1	31.6	50.5	合格

（2）粉煤灰：采用国安电力有限责任公司生产的 F 类 Ⅱ 级粉煤灰，细度（45 μm 筛筛余）为 13.8%，需水量比为 95%。

（3）粗骨料：采用禹州市锦信水泥有限公司生产的 5~10 mm 和 10~20 mm 两种规格，掺配比例为 4:6。粗骨料的主要技术性能见表 2。

表 2 粗骨料的主要技术性能

表观密度/（kg/m³）	含泥量/%	压碎指标/%	坚固性/%
2 770	0.6	7.6	3

（4）细骨料：采用禹州市宜鑫建材有限公司生产的机制砂。两种生产工艺的机制砂分别为湿法生产法生产的机制砂（简称水洗砂）和干法生产法生产的机制砂（简称风选砂）。两种机制砂的主要技术性能见表 3，筛分统计见表 4。

表 3 风选砂和水洗砂的主要技术性能

细骨料	表观密度/（kg/m³）	石粉含量/%	坚固性/%	云母含量/%	细度模数
风选砂	2 600	10.7	3	0.1	2.7
水洗砂	2 620	15.6	3	0.1	2.8

表 4 水洗机制砂、风选机制砂筛分统计

细骨料	筛孔直径/mm	5	2.5	1.25	0.63	0.315	0.16	底
水洗砂	累计筛余/%	1.3	21.0	39.2	59.0	76.5	85.6	100.0
风选砂	累计筛余/%	0	14.3	34.6	57.0	76.0	89.3	100.0

（5）外加剂：水电十一局外加剂厂生产的聚羧酸高效减水剂，减水率 26.6%、泌水率 52%、含气量 2.5%；水电十一局外加剂厂生产的引气剂减水率 8%、泌水率 40%、含气量 5.1%。

（6）水：地下水。

2.2 试验思路

（1）从物理指标上看，水洗砂细度模数及石粉含量均大于风选砂。适量石粉含量能增加混凝土和易性，《水工混凝土施工规范》（SL 677—2014）中要求人工砂石粉含量为 6%~18%；2 种砂均符合要求，但水洗砂石粉含量较高，对混凝土整体强度可能存在影响。为了找出水洗砂石粉对混凝土整体强度的影响，本文以胶材活性指数的方法，分别取掺量 10% 和 18% 的粒径小于 0.16 mm 石粉等量代替水泥，成型相应水泥胶砂试件，找出相应关系。

（2）以项目现有 C30 混凝土配合比为基础，对水洗砂和风选砂分别进行试拌及调整，找出能满足本项目设计及使用要求的最佳配比。

2.3 试验配合比

（1）试验胶砂配合比见表5。

表5 胶砂配合比

机制砂掺量/%	水/g	水泥/g	标准砂/g	<0.16 mm 风选砂或水洗砂/g
0	225	450	1 350	0
10	225	405	1 350	45
18	225	369	1 350	81

（2）试验混凝土配合比见表6、表7。

表6 C30W4F150 混凝土配合比参数

技术要求	级配	坍落度/mm	水胶比	粉煤灰/%	砂率/%	SN-JG/%	SN-9/（/万）
C30W4F150	—	120~140	0.38	20	40	1.5	0.7

表7 C30W4F150 混凝土配合比材料用量

材料名称	水泥	粉煤灰	水	细骨料	粗骨料	SN-JG	SN-JG
材料用量/（kg/m³）	335	84	159	681	1 044	6.276	0.029

2.4 试验方法

依据《水工混凝土试验规程》（SL/T 352—2020）对混凝土进行配合比设计及对混凝土工作性能和抗压强度进行测试；水泥胶砂强度按照《水泥胶砂强度检验方法（ISO 法）》（GB/T 17671—2021）测试。

3 对比研究试验结果与分析

3.1 胶砂强度结果

按照试验思路，以胶材活性指数的方法分别取掺量 10% 和 18% 的粒径小于 0.16 mm 的石粉等量代替水泥，成型相应水泥胶砂试件，找出相应关系。数理统计见表8，胶砂时间 7 d 和 28 d 活性指数对比见图1、图2。

表8 10%与18%石粉代替水泥数据统计

项目	水泥	10%风选砂	10%水洗砂	18%风选砂	18%水洗砂
7 d 胶砂强度/MPa	35.9	33.5	32.0	30.7	28.3
7 d 活性指数/%	—	93.3	89.1	85.5	78.8
28 d 胶砂强度/MPa	50.5	38.5	36.6	37.7	33.8
28 d 活性指数/%	—	76.2	72.5	74.7	66.9

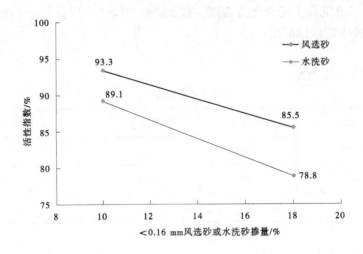

图 1　7 d 胶砂试件活性指数

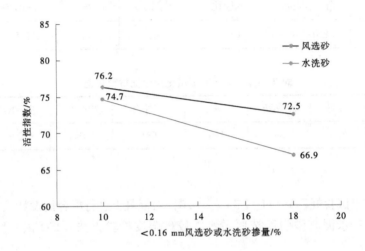

图 2　28 d 胶砂试件活性指数

可以看出，随着石粉掺量的提高，水泥胶砂强度呈现降低的趋势，相同石粉掺量的情况下，风选砂胶砂强度高于水洗砂胶砂强度。

3.2　以项目现用 C30W4F150 混凝土配合为基础对两种机制砂进行试拌及调整

3.2.1　试拌

原混凝土设计配合比的坍落度是 120~140 mm，此坍落度无法满足现场泵送施工的要求，此时需要对此配合比进行优化调整，设计坍落度调整至 180~200 mm，并对水洗砂和风选砂两种材料进行对比试验；由于水洗砂石粉含量较大且细度模数小于风选砂，故在基础配合比基础上降低 1.4% 的砂率、适当增加用水量、提高减水剂掺量，分别按水胶比 0.33、0.38、0.43 进行试拌，结果见表 9，试拌结果抗压强度与水胶比关系见图 3。

3.2.2　调整

从试拌结果可以看出，风选砂减水剂掺量低于水洗砂，混凝土的工作性能优于水洗砂；依据《水工混凝土试验规程》（SL/T 352—2020），C30 混凝土配置强度为 37.4 MPa，根据抗压强度与水胶比关系图中回归方程及拌和物性能，风选砂水胶比取值为 0.45，水洗砂水胶比取值为 0.4，结果如表 10 所示。

表9　试拌结果汇总

材料名称	水胶比	减水剂掺量/%	坍落度/mm		工作度描述	28 d 强度/MPa
			初始	1 h		
风选砂 （砂率40%）	0.33	1.8	185	156	和易性良好	50.8
	0.38	1.8	190	167	和易性良好	47.1
	0.43	1.8	185	160	和易性良好	42.3
	0.48	1.8	200	181	有泌水、和易性良好	38.3
水洗砂 （砂率38.6%）	0.33	2.4	175	60	黏性大、抓地	42.0
	0.38	2.4	185	80	黏性大、和易性一般、坍损快	39.5
	0.43	2.4	190	82	黏性大、坍损快	36.1

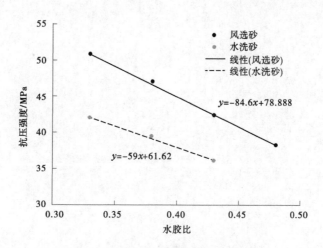

图3　试拌结果抗压强度与水胶比关系

表10　调整配合比每立方米材料用量　　　　　　　　　　单位：kg/m³

砂种类	水泥	粉煤灰	水	细骨料	粗骨料	SN-JG	SN-JG
风选砂	295	74	166	698	1 070	6.64	0.030
水洗砂	329	82	164	665	1 059	9.86	0.029

4　结论与建议

在实际施工生产过程中，项目部严格控制施工质量，对所有原材料进行抽检，加强混凝土生产过程控制，对混凝土的工作性定时检测，取得了良好的效果，达到了良好的经济效益，可为类似使用机制砂工程项目提供参考意见。笔者得到部分经验或成果如下：

（1）由表10可知，C30混凝土使用风选砂相比使用水洗砂每立方米混凝土能节约水泥34 kg、粉煤灰8 kg、减水剂3.22 kg，砂用量增加33 kg。综上，每立方米混凝土成本约降低27元，为整个项目节约成本。

（2）风选砂相较于水洗砂的优势在于：水洗砂砂中含水率波动较大，絮凝剂残留不易控制，会造成拌和楼混凝土质量难以控制。风选砂中不存在絮凝剂残留，含水率小，拌和楼混凝土质量相对容易控制，也是降低混凝土不合格的一种措施方法。

（3）在使用风选砂时，建议充分考察制砂厂并进行有效沟通，对风选砂的细度模数和石粉含量提出具体要求。

参考文献

[1] 黎鹏平，熊建波，王胜年. 机制砂的制备工艺及在某桥梁工程中的应用 [J]. 混凝土，2012（3）：127-130.

[2] 杨林，李从号. 絮凝剂（PAM）对水泥（胶材）净浆及混凝土性能的影响 [J]. 混凝土世界，2021（4）：80-83.

[3] 符惠玲，仲以林，韦朝丹，等. 絮凝剂在机砂中的残留量对混凝土性能的影响 [J]. 广东建材，2020，36（6）：10-12.

[4] 柴天红，邹小平. 机制砂混凝土存在的问题及应用探讨 [J]. 江西建材，2021（12）：10-13.

垂线坐标仪自动化标定系统的研发与应用

黄跃文[1,2,3]　毛索颖[1,2,3]

(1. 长江科学院工程安全与灾害防治研究所，湖北武汉　430010；
2. 水利部水工程安全与病害防治工程技术研究中心，湖北武汉　430010；
3. 国家大坝安全工程技术研究中心，湖北武汉　430010)

摘　要：垂线坐标仪是工程安全监测领域的重要仪器，用于测量工程结构物的水平位移，尤其在大坝安全监测中得到广泛应用。针对传统垂线坐标仪标定方法自动化程度低、设备笨重、标定效率低、X轴和Y轴转换不便等问题，设计并实现了一种智能化的自动标定系统。该系统主要由中央控制单元、双伺服电机传动模块、双光栅测量模块和平台系统软件组成，可通过自动记录标定数据，输出曲线参数，实现对垂线坐标仪的自动化标定。

关键词：垂线坐标仪；标定；自动化；大坝安全监测

1　引言

垂线坐标仪是工程安全监测领域中不可或缺的仪器，用于测量工程结构物的水平位移[1]。在大坝安全监测领域，特别是对于高坝和大型水利工程，垂线坐标仪的准确性和可靠性对于确保工程安全至关重要。垂线坐标仪在设备出厂和投入工程使用之前，必须对其量程范围内测值进行标定或率定[2]，以确保其能够满足工程项目对准确度、线性度、不重复度和滞后等性能指标的要求。然而，传统的垂线坐标仪标定方法存在效率低、操作不便等问题，需要改进和优化。

为解决传统标定方法存在的问题，本文研究设计并实现了一种智能化的自动标定系统。该系统的核心组成部分包括中央控制单元、双伺服电机传动模块、双光栅测量模块以及平台系统软件。这一自动化标定系统的应用将显著提高垂线坐标仪标定的效率和准确性，有望为大坝安全监测等工程领域提供更可靠的数据支持。

2　装置原理及其组成

2.1　装置结构设计思路

垂线坐标仪是一种将正垂线或倒垂线作为基准，通过测量其在安装位置高程处的X和Y轴位置坐标，来指示坝体水平位移的装置[3]。为了使标定过程中垂线坐标仪测值贴近工程实际，所设计的垂线坐标仪标定装置应尽量模拟垂线坐标仪的运行环境和工作方式[4]。

垂线坐标仪因工作原理（步进电机式、CCD式、电容式等）、制造厂商的不同，其外形存在一定的差异，但大多近似为"回"字形（仪器为中央部分中空的正矩形）[5]。为了使标定装置结构紧凑、集成程度高，将标定装置同样设计为"回"字形（见图1）。标定装置的"回"字形结构由上下两层传动台叠搭而成，安装在交叉式滚柱导轨上，通过伺服电机系统控制，分别构成垂线坐标仪X轴和Y轴运行方向的伺服传动系统；"垂线"则通过矩形角处的L形立架顶部固定的一根钢丝模拟，竖直地悬挂在中空的"回"字形装置中央。X轴和Y轴传动台侧各安装了一支光栅尺，可测量X轴和Y轴传动台运行位移值。

作者简介：黄跃文（1984—），男，高级工程师，主要从事大坝安全监测自动化技术研发工作。

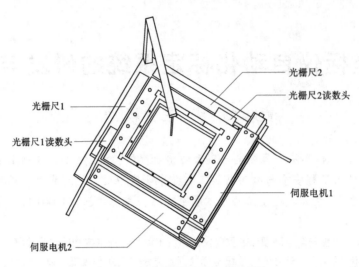

图 1　标定装置"回"字形结构

2.2　装置组成

文章设计的标定装置主要组件包括中央控制单元、伺服传动模块和光栅测量模块，标定装置的整体示意图见图 2。

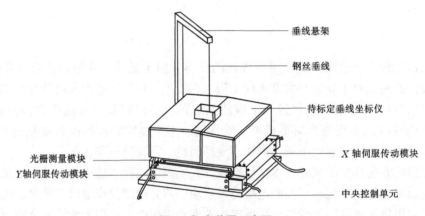

图 2　标定装置示意图

2.2.1　中央控制单元

中央控制单元是垂线坐标仪自动化标定装置的核心组件，具备协调、控制系统任务的功能。中央控制单元包括微处理器 STM32F407、伺服电机控制驱动电路、串口通信单元等。微处理器负责与平台系统软件进行通信，实现数据指令的上传和下达。

（1）微处理器（STM32F407）。微处理器（采用 STM32F407 型号）是中央控制单元的核心计算组件。负责执行各种控制算法、处理位移数据、管理标定参数以及与平台系统软件进行通信。

（2）伺服电机控制驱动电路。伺服电机控制驱动电路是用于控制双伺服电机运行的关键部件。这些电路负责接收微处理器发送的运动指令，并将其转化为电流和电压信号，以精确控制伺服电机的转动。通过调整电流和电压，伺服电机可以实现垂线坐标仪在 X 轴和 Y 轴方向上的精确位移。

（3）串口通信单元。串口通信单元是中央控制单元与光栅测量模块的光栅尺位移传感器之间进行通信的桥梁。负责建立通信连接、传输数据和接收数据。通过串口通信单元，中央控制单元能够实时获取光栅尺传感器测量的位移数据，从而进行反馈控制和标定计算。

2.2.2　伺服传动模块

本模块配备了两台伺服电机，分别控制 X 轴、Y 轴方向的位移，位移通过 X 轴和 Y 轴的各 2 组彼此平行的交叉滚柱导轨运行产生。当需要在 X 轴或 Y 轴方向进行位移时，中央控制单元会向对应的伺服电机发送相应的指令，控制垂线坐标仪在 X 轴或 Y 轴上的运动。两轴由独立的电机控制，确保了在进行 X 轴测量后，可立即切换到 Y 轴测量，提高了标定过程的效率和实用性。

这两台伺服电机的协同工作是整个系统的核心，其精确性和可控性为垂线坐标仪的标定提供了坚实的基础。

2.2.3 双光栅测量模块

双光栅测量模块由两个光栅尺位移传感器组成，用来测量垂线坐标仪的位移，并将这些测量结果用于对伺服电机的位移进行反馈控制。光栅尺的主尺被安装在运动平台的底座上，位移传感器则安装在平移台的侧面。随着平移台的移动，光栅尺上的刻度值会发生变化，位移传感器实时读取这些刻度值，并将测量数据传输至中央控制单元。

2.3 系统原理及流程

垂线坐标仪标定控制系统如图 3 所示。待标定的垂线坐标仪固定于传动台上，垂线坐标仪通过 RS485 串口接入 PC 端；双光栅测量模块、伺服电机传动模块、中央控制模块构成由 PC 端控制的闭环传动测量系统。

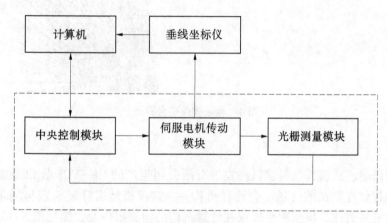

图 3　标定控制系统

标定前，在 PC 端的平台标定软件上按照量程范围分别设置 X 轴和 Y 轴等间隔的多组定标点，随后，伺服电机驱动双轴平移台，在 X 轴或 Y 轴方向上使待标定的垂线坐标仪产生设定的位移。与此同时，双光栅测量模块实时监测垂线坐标仪的位移，并将所测得的位移数据传输至中央控制单元和 PC 端。由此，PC 端获得光栅测量模块数据与待标垂线坐标仪测值的映射集合，软件根据采集的数据计算拟合"标准输入–测量输出"曲线关系及相关参数，以此实现垂线坐标仪自动标定。

3　平台系统软件功能

平台系统软件基于 B/S（服务器–浏览器）架构，可有效地应对跨平台需求。在服务端，选用 Golang 作为开发语言，其强大的标准库确保了程序的稳定性和较高的执行效率。Web 前端部分，采用 Vue 框架，该框架具有轻盈的体积，实现了视图、数据与结构的分离，并支持数据的双向绑定。

平台软件集成了多种功能，如中央控制单元控制、垂线坐标仪与光栅尺的数据采集、标定参数的自动化计算以及数据分析和报告生成。以下是各功能的详细描述：

（1）控制中央单元。标定软件与中央控制单元的通信，实现对整个标定系统的远程控制。用户可以通过界面发送指令，启动、停止、暂停或调整垂线坐标仪的运动，以及调整标定参数。

（2）数据采集与处理。标定软件负责实时收集垂线坐标仪和光栅尺的位移数据。通过数据采集，确保了对位移的准确记录。

（3）自动化计算。软件平台具备自动化计算功能，根据采集到的位移数据，自动计算标定参数，如一次曲线和二次曲线的拟合系数、线性度及不重复度等性能指标。

（4）数据分析与报告生成。标定软件允许用户对标定结果进行详细的数据分析。用户可以查看图表和统计数据，以评估垂线坐标仪的性能表现。此外，软件还支持生成标定报告，包括标定参数、性能指标和操作记录，以备将来参考和审查。

（5）用户界面。为了提供友好的用户体验，标定软件具备直观的用户界面（见图4）。用户可以轻松访问所有功能，设置参数，查看结果并导出报告。

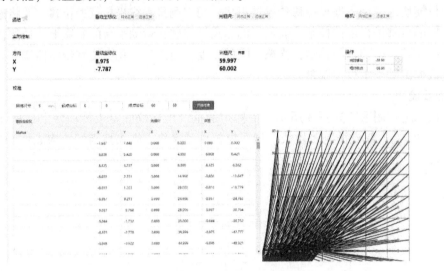

图4　标定软件平台界面

4　应用

以长江科学院研制、武汉长江科创科技发展有限公司生产的 CK-VCI 型 CCD 垂线坐标仪为测试对象[6]。该垂线坐标仪在测试前已送专业计量机构——武汉市地震计量检定与测量工程研究院进行校准，以进行标定结果对比。该垂线坐标仪在计量机构的检测报告及数据见图5。

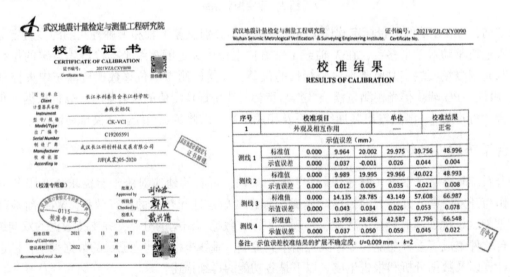

图5　计量机构检测报告及数据

计量机构检测依据 JJF（武震）05—2020 内部标准，采用影像测量仪为溯源的计量标准器具，通过手动设置量程内多个垂测线位置，比对影像仪显示的标准值与被测垂线坐标仪测值的差值计算对应的示值误差，检测结果表明，被检垂线坐标仪 X 轴与 Y 轴的最大示值误差为 0.078 mm，符合《光电式（CCD）垂线坐标仪》（DL/T 1061—2020）[7] 标准≤0.25 mm 的要求。

采用本文所研制的系统对其进行标定测试，具体流程如下：

（1）将垂线坐标仪安装在标定平台上，并确保垂线坐标仪的 X 和 Y 方向与标定方向一致，以确保测试的准确性。

（2）按照《大坝安全监测仪器检验测试规程》（SL 530—2012）[8] 和《光电式（CCD）垂线坐标仪》（DL/T 1061—2020）标准，将垂线坐标仪 X、Y 轴的 0~50 mm 测量范围平均分为 6 档，分别为 0 mm、10 mm、20 mm、30 mm、40 mm、50 mm。

（3）启动标定系统的传动模块，将该标定系统运行到 CK-VCI 的 X、Y 轴坐标为（0，0）的状态，对双光栅尺测值显示清零，此时标定系统完成零位设置。从零位开始逐档给进位移至满量程（上行），再从满量程逐档至零（下行），在每个档位记录测量结果。这个过程会进行 3 次循环，以获取多组数据，确保测试结果的可靠性和稳定性。

（4）利用所获得的数据，进行一次标定系数和各项检测参数的计算。

测试数据见表 1、表 2。

表 1　测试数据-X 轴

光栅尺分档值/mm	待标垂线坐标仪测值/mm					
	1		2		3	
	上行	下行	上行	下行	上行	下行
0	0.000	-0.084	-0.064	-0.080	-0.060	-0.023
10	10.018	9.954	10.014	9.920	9.947	9.889
20	19.986	19.927	20.019	19.957	19.990	19.901
30	30.021	29.927	30.030	29.967	30.004	29.911
40	40.001	39.980	39.974	39.974	39.996	39.964
50	50.029	50.029	49.984	49.984	49.979	49.969

表 2　测试数据-Y 轴

光栅尺分档值/mm	待标垂线坐标仪测值/mm					
	1		2		3	
	上行	下行	上行	下行	上行	下行
0	0.000	0.006	0.006	-0.044	-0.044	-0.019
10	9.938	10.058	9.940	10.041	9.939	10.049
20	19.955	20.068	19.925	20.058	19.940	20.063
30	29.980	30.063	29.950	30.027	29.965	30.045
40	39.988	40.052	39.950	40.039	39.969	40.046
50	49.985	49.985	49.996	49.996	49.991	49.991

根据表 1、表 2 数据，将光栅尺的分档值作为标准量 y 的集合，待标垂线坐标仪的测量值作为被标量 x 的集合，选取一次线性拟合方法，拟合公式为：

$$y = kx + b \tag{1}$$

自动输出的校准系数和各项参数分别为：

X 轴：$k = 0.999\,074$，$b = 0.053$；非线性度 0.01%FS，不重复度 0.09%FS。

Y 轴：$k = 0.999\,778$，$b = 0.008$；非线性度 0.08%FS，不重复度 0.06%FS。

基本误差（各测试点上下行测值的平均值与给定位移值的最大差值的绝对值）为 0.111 mm，符合《光电式（CCD）垂线坐标仪》（DL/T 1061—2020）≤0.25 mm 的要求。

上述结果与计量机构出具的校准证书检测结果基本一致，说明本文设计的标定系统具有可靠性。

5 结语

该平台为垂线坐标仪标定提供了一种高效、准确、自动化的解决方案，解决了传统标定方法存在的低自动化、低效率、不便捷等问题。此技术方案还可扩展至其他领域，例如在位移和应变测量等领域，为自动化标定提供了有力支持，有望提高工程监测的可靠性和准确性。

参考文献

[1] 王在艾. 大坝安全监测自动化现状及发展趋势 [J]. 湖南水利水电，2016（6）：77-81.

[2] 张夫奕. 基于视觉检测的六自由度工业机器人自动标定系统研究 [D]. 烟台：烟台大学，2023.

[3] 吕高峰. 对康杨大坝垂线坐标仪准确性测试结果异常的分析 [J]. 浙江水利水电学院学报，2019，31（4）：35-40.

[4] 唐旭辉，何俊，岳军会，等. 束流位置探测器自动标定系统研制 [J]. 核技术，2022，45（2）：12-19.

[5] 周良平，王文华，徐乐年. 基于 CCD 的三维垂线坐标仪设计 [J]. 工矿自动化，2014，40（1）：97-100.

[6] 周芳芳，张锋，杜泽东. 基于微处理器和多通信方式的大坝变形智能监测仪器的设计与实现 [J/OL]. 长江科学院院报：1-7 [2023-09-28]. http://kns.cnki.net/k cms/detail/42.1171.TV.20230428.0836.002.html.

[7] 国家能源局. 光电式 CCD 垂线坐标仪：DL/T 1061—2020 [S]. 北京：中国电力出版社，2020.

[8] 中华人民共和国水利部. 大坝安全监测仪器检验测试规程：SL 530—2012 [S]. 北京：中国水利水电出版社，2012.

不同规格及掺量玄武岩纤维对
混凝土力学性能影响研究

陈学理　刘皓男

（江河工程检验检测有限公司，河南郑州　450000）

摘　要：玄武岩纤维具有优秀的力学性能、耐久性能，同时价格低廉。本研究选取 8 种规格的玄武岩纤维，研究玄武岩纤维对混凝土工作性能、抗压强度、劈裂抗拉强度和抗弯强度的影响。根据研究结果，筛选出分别侧重于提高混凝土抗压强度、劈裂抗拉强度和抗弯强度的玄武岩纤维的规格，并针对抗弯强度找出了玄武岩纤维的最优掺量，为实际工程应用提供参考。

关键词：玄武岩纤维；混凝土；规格；抗压强度；劈裂抗拉强度；抗弯强度

1　引言

自 1824 年波兰特水泥问世，混凝土材料便被广泛应用，但其本身也存在一些缺点，如脆性大、抗弯性能差、收缩开裂、自重大等。20 世纪末，为了提高混凝土的力学性能和工作性能，国内外学者开始将纤维作为增强材料掺入高性能混凝土中以提高混凝土的力学性能和工作性能[1]，常用的纤维有钢纤维、聚丙烯纤维、玻璃纤维、植物纤维等。但是这些纤维都存在自身的缺陷，例如钢纤维施工难、碳纤维成本高、聚丙烯纤维和玻璃纤维耐久性差、植物纤维导致混凝土易开裂等[2-6]。

2002 年开始，随着新中国成立后的一大批中小水库逐渐产生各种侵蚀破坏，国家加大了对玄武岩纤维复合材料的研究力度，国内众多学者相继开展对玄武岩纤维的研究，先后推出了玄武岩纤维水泥短切纱、玄武岩纤维沥青短切、玄武岩纤维复合筋、玄武岩纤维土工格栅、玄武岩纤维土工布等一系列产品。针对玄武岩纤维混凝土，众多学者也得出了玄武岩纤维可以提高混凝土抗压性能、抗弯折性能、抗拉性能和耐久性能的结论，同时玄武岩纤维价格并不高[7-11]，因此从混凝土用增强纤维材料选型来看，玄武岩纤维具有十分可观的应用前景。

目前，针对玄武岩纤维提高混凝土性能的研究很多，大多是针对纤维掺量和混凝土配合比进行研究，忽略了纤维本身的影响，玄武岩纤维不同的直径、长度，以及生产厂家的加工工艺都会对混凝土的性能产生影响。本研究经过与浙江石金玄武岩纤维有限公司充分沟通，定制了一批更易分散的适用于混凝土不同规格的玄武岩纤维进行研究，从而提高玄武岩纤维混凝土的应用价值。

2　研究方法

本次研究共采用 8 种规格的玄武岩纤维开展研究，具体规格见表 1。考虑到如果进行枚举法，试验量巨大，如果使用正交试验，则有玄武岩纤维直径、玄武岩纤维长度、玄武岩纤维掺量、水胶比、粉煤灰掺量、砂率、用水量等至少 7 个因素，因素多，结果难以分析。因此，本次研究借鉴众多研究成果，站在"巨人的肩膀上"制定了以下研究方案：

（1）固定配合比，作为空白组进行研究。

（2）不改变混凝土配合比，掺入相同直径和长度但是掺量不同的纤维研究掺量对混凝土工作性

作者简介：陈学理（1980—），男，硕士研究生，主要从事建筑材料研究工作。

能的影响。

（3）不改变混凝土配合比，掺入相同掺量和直径但是长度不同的纤维研究纤维长度对混凝土工作性能的影响。

（4）通过调整减水剂用量，控制坍落度不变，固定纤维掺量，研究纤维不同直径和长度对混凝土性能的影响。

（5）通过调整减水剂用量，控制坍落度不变，固定纤维直径和长度，改变纤维掺量，研究纤维掺量对混凝土性能的影响。

3 试验配合比

3.1 试验原材料

（1）水泥。本次试验使用的中热水泥采用威顿水泥集团有限责任公司生产的 P·MH42.5 水泥。水泥物理性能见表 1。依据《中热硅酸盐水泥、低热硅酸盐水泥》（GB/T 200—2017），检测结果均满足技术要求。

表 1 水泥物理性能检测结果

等级	标准稠度用水量/%	安定性	密度/(g/cm³)	比表面积/(m²/kg)	抗折强度/MPa		抗压强度/MPa	
					3 d	28 d	3 d	28 d
P·MH42.5	27.2	合格	3.19	345	4.9	8.0	19.1	48.7

（2）粉煤灰。本次试验用掺合料为河津电厂提供的 I 级粉煤灰，检测结果见表 2，依据《用于水泥和混凝土中的粉煤灰》（GB/T 1596—2017），粉煤灰检测结果满足技术要求。

表 2 粉煤灰检测结果

试验项目	细度/%	含水量/%	需水量比/%	烧失量/%	活性指数/%	密度/(g/cm³)
实测值	4.5	0.3	93.6	3.17	81	2.23

（3）粗骨料。粒径分布为 5~20 mm，堆积密度为 1 680 kg/m³，表观密度为 2 700 kg/m³，满足混凝土人工粗骨料质量技术指标要求。

（4）细骨料。细骨料细度模数为 2.72，平均粒径为 0.43 mm，堆积密度为 1 610 kg/m³，表观密度为 2 770 kg/m³，满足混凝土人工细骨料质量指标的要求。

（5）外加剂。本次试验用减水剂为山西桑穆斯建材化工有限公司的萘系高效减水剂。

3.2 基准配合比

玄武岩纤维基准配合比见表 3。

表 3 基准混凝土配合比

水胶比	砂率/%	粉煤灰/%	减水剂/%	每方材料用量/(kg/m³)					
				水	水泥	粉煤灰	砂	小石(5~20 mm)	减水剂
0.40	33	30	0.6	180	315	135	593	1 204	2.70

4 试验结果与分析

4.1 混凝土试块制作

试块模型采用 100 mm×100 mm×100 mm 与 100 mm×100 mm×400 mm 两种，在经过 28 d 的标准养护条件下养护后，分别测试混凝土的抗压强度、劈裂抗拉强度和抗折强度（每种试验 3 组试件）。

4.2 工作性能

玄武岩纤维对混凝土工作性能的研究主要研究在相同配合比下玄武岩纤维直径、长度和掺量对混凝土坍落度、含气量和表观密度的影响。

按照《普通混凝土拌合物性能试验方法标准》（GB/T 50080—2016）的规范要求，进行混凝土拌合物坍落度试验，分别研究纤维长度和纤维掺量对混凝土的工作性能，试验结果见表4、表5。

从表4能够看出，玄武岩纤维掺量的增减对混凝土的坍落度有明显影响；从表5能够看出纤维的直径和纤维的长度对混凝土的坍落度几乎没有影响；从表4和表5能够看出，玄武岩纤维直径、长度和掺量对混凝土含气量和表观密度几乎没有影响。

表4　混凝土工作性能研究成果

纤维直径/μm	纤维长度/mm	编号	掺量/（kg/m³）	坍落度/mm	含气量/%	表观密度/（kg/m³）
—	—	B-0	0	200	2.2	2 449
13	12	B13-12-1.5	1.5	190	2.3	2 429
13	12	B13-12-2.0	2.0	150	2.4	2 444
13	12	B13-12-2.5	2.5	60	2.4	2 439
13	12	B13-12-3.0	3.0	20	2.3	2 445

表5　混凝土工作性能研究成果

纤维直径/μm	纤维长度/mm	编号	掺量/（kg/m³）	坍落度/mm	含气量/%	表观密度/（kg/m³）
—	—	B-0	0	200	2.2	2 449
13	9	B13-9-2.0	2.0	150	2.2	2 450
13	12	B13-12-2.0	2.0	145	2.3	2 445
13	15	B13-15-2.0	2.0	150	2.2	2 445
13	20	B13-20-2.0	2.0	140	2.3	2 448
20	9	B20-9-2.0	2.0	140	2.2	2 450
20	12	B20-12-2.0	2.0	145	2.3	2 452
20	15	B20-15-2.0	2.0	150	2.4	2 448
20	20	B20-20-2.0	2.0	145	2.5	2 450

4.3 不同规格玄武岩纤维混凝土的力学性能试验研究

不同规格玄武岩纤维的力学性能试验主要研究在仅改变基础配合比的外加剂掺量保持混凝土坍落度稳定的情况下玄武岩纤维不同直径、不同长度对混凝土的抗压强度、劈裂抗拉强度和抗弯强度的影响，考虑到大量学者的研究结果，本次试验固定玄武岩纤维掺量为 2.5 kg/m³。

按照《混凝土力学性能试验方法标准》（GB/T 50081—2019）的规范要求，测试混凝土的抗压强度、劈裂抗拉强度和抗弯强度。试验结果见表6、表7。

从表6能够看出，当减水剂掺量从 0.6% 提高为 0.9% 时，8种规格的玄武岩纤维加入混凝土后混凝土的坍落度均能稳定在（185±5）mm 的范围内，含气量和表观密度均无大幅度变化；从表7能够看出，当纤维直径为 13 μm、长度为 15 mm 时，混凝土抗压强度增加了 14%；从表7能够看出，当纤维直径为 20 μm、长度为 9 mm 时，混凝土劈裂抗弯强度增加了 37%；从表7能够看出，当纤维直径为 13 μm、长度为 20 mm 时，混凝土抗弯强度增加了 12%。根据试验结果，本次研究选取直径为 13 μm、长度为 20 mm 的玄武岩纤维针对玄武岩纤维对混凝土抗折强度提升开展进一步研究。

表 6   不同规格玄武岩纤维混凝土的外加剂掺量和拌和物性能

编号	减水剂/%	减水剂/ （kg/m³）	坍落度/mm	含气量/%	表观密度/ （kg/m³）
基准	0.6	2.70	185	2.2	2 449
B13-9-2.5	0.9	4.05	180	2.4	2 439
B13-15-2.5	0.9	4.05	190	2.3	2 438
B13-15-2.5	0.9	4.05	190	2.3	2 445
B13-20-2.5	0.9	4.05	185	2.2	2 448
B20-9-2.5	0.9	4.05	185	2.4	2 445
B20-12-2.5	0.9	4.05	190	2.3	2 450
B20-15-2.5	0.9	4.05	185	2.2	2 448
B15-20-2.5	0.9	4.05	185	2.3	2 439

表 7   不同规格玄武岩纤维混凝土的力学性能试验成果

直径/μm	长度/mm	玄武岩掺量/ （kg/m³）	抗压强度/ MPa	劈裂抗拉强度/ MPa	抗弯强度/ MPa
0	0	0	37.18	2.56	4.04
13	9	2.5	41.72	3.24	4.21
13	12	2.5	36.17	2.73	4.08
13	15	2.5	42.52	3.03	3.43
13	20	2.5	37.80	2.6	4.52
20	9	2.5	41.63	3.5	4.36
20	12	2.5	38.90	2.8	3.88
20	15	2.5	34.33	2.44	4.03
20	20	2.5	33.82	2.38	3.91

4.4   固定规格玄武岩纤维混凝土力学性能试验

固定规格玄武岩纤维混凝土力学性能试验主要研究既定规格的玄武岩纤维在不同掺量下对混凝土抗压强度、劈裂抗拉强度和抗弯强度的影响。试验结果见表 8、表 9。

表 8   固定规格玄武岩纤维混凝土的减水剂掺量和拌和物性能

编号	减水剂/%	减水剂/ （kg/m³）	坍落度/mm	含气量/%	表观密度/ （kg/m³）
基准	0.6	2.70	185	2.2	2 449
B13-20-1.0	0.7	3.15	189	2.2	2 446
B13-20-1.5	0.7	3.15	181	2.3	2 439
B13-20-2.0	0.8	3.60	185	2.4	2 440
B13-20-2.5	0.9	4.05	185	2.4	2 440
B13-20-3.0	1.1	4.95	180	2.4	2 438

表 9　固定规格玄武岩纤维混凝土力学性能试验成果

直径/μm	长度/mm	玄武岩掺量/（kg/m³）	抗压强度/MPa	劈裂抗拉强度/MPa	抗弯强度/MPa
0	0	0	38.64	2.61	4.08
13	20	1.0	38.51	2.62	4.43
13	20	1.5	38.59	2.69	4.50
13	20	2.0	40.94	2.84	4.80
13	20	2.5	41.22	3.04	4.86
13	20	3.0	36.91	2.98	4.64

从表 8 能够看出，当减水剂掺量从 0.6% 提高到 1.1% 时，玄武岩纤维加入混凝土后混凝土的坍落度均能稳定在（185±5）mm 的范围内，含气量和表观密度均无大幅度变化；从表 9 能够看出，当固定纤维直径和长度改变纤维掺量时，抗弯强度普遍增加，当纤维掺量为 2.5 kg/m³ 时，抗弯强度增加 19%；从表 9 能够看出，当固定纤维直径和长度改变纤维掺量时，玄武岩纤维掺量的改变对混凝土的抗压强度和劈裂抗拉强度没有明显影响。

5　结论

（1）玄武岩纤维的加入对混凝土的工作性能有影响：玄武岩纤维对混凝土含气量无影响；玄武岩纤维的长度对混凝土的坍落度无明显影响；玄武岩纤维掺量的增加导致混凝土的坍落度大幅度降低。

（2）玄武岩纤维的加入对混凝土的力学性能有明显影响，该影响取决于玄武岩纤维的直径、长度和掺量，不能一概而论，玄武岩纤维可以提高混凝土的力学性能，应用时应进行充分试验，针对用途选取合适的纤维及掺量。

（3）针对目前的基准配合比，当需要提高混凝土抗压强度时，应选取直径为 13 μm、长度为 15 mm 的玄武岩纤维。

（4）针对目前的基准配合比，当需要提高混凝土劈裂抗拉强度时，应选取直径为 20 μm、长度为 9 mm 的玄武岩纤维。

（5）针对目前的基准配合比，当需要提高混凝土抗弯折强度时，应选取直径为 13 μm、长度为 20 mm 的玄武岩纤维，且最优掺量为 2.5 kg/m³。

6　讨论

玄武岩纤维因其优异的性能和低廉的成本，引起大量学者的广泛研究，玄武岩纤维制品也被大量生产和应用，但是玄武岩纤维混凝土的应用历时多年仍在研究阶段，如此优异的产品却没有在混凝土领域被大量使用。许多学者希望玄武岩纤维成为一种全方面提高混凝土性能的产品，笔者认为，面面俱到不如专一，选准一个领域，针对其特有需求去加工、生产、研究，形成产 - 学 - 研的良性循环，才能做到把科技成果转换成生产力。

参考文献

[1] 何军拥，田承宇，黄小清. 玄武岩纤维增强高性能混凝土配合比的正交试验研究［J］. 混凝土与水泥制品，2010（3）：45-47.

［2］高丹盈，赵亮平，冯虎，等．钢纤维混凝土弯曲韧性及其评价方法［J］．建筑材料学报，2014，17（5）：783-789.

［3］王明明，李忠雨，左洪胜，等．聚丙烯纤维混凝土的性能研究及工程应用［J］．施工技术，2007，36（6）：91-95.

［4］李兆林，石振武，柳明亮．不同种类聚丙烯纤维混凝土性能对比试验［J］．科学技术与工程，2014，14（31）：292-296.

［5］马晓明．氢氧化钠溶液环境下玄武岩纤维混凝土侵蚀试验及机理研究［D］．西安：西安理工大学，2017.

［6］陈毅，梁永哲，刘大翔，等．植物纤维加筋对植被混凝土抗冻耐久性的影响［J］．湖北农业科学，2015，54（19）：4840-4844.

［7］陈峰，陈欣．玄武岩纤维混凝土的正交试验研究［J］．福州大学学报（自然科学版），2014，42（1）：133-137.

［8］孙哲，余黎明．玄武岩纤维的发展现状及前景分析［J］．新材料产业，2019，302（1）：24-28.

［9］毛俊芳，董卫国，丛森滋．玄武岩纤维特性及其应用前景［J］．产业用纺织品，2007（10）：41-43.

［10］陈德茸．连续玄武岩纤维的发展与应用［J］．高科技纤维与应用，2014（6）：33-36，45.

［11］石钱华．国外连续玄武岩纤维的发展及其应用［J］．玻璃纤维，2003（4）：27-31.

广东省某市区重金属污染特征及风险评价

王富菊[1]　杨　杰[1,2]　覃晓东[1]

(1. 南京水科院瑞迪科技集团有限公司，江苏南京　210029；

2. 南京水利科学研究院，江苏南京　210029)

摘　要：通过对广东省某市区河道底泥中重金属含量测定分析，探讨了其含量分布特征、潜在生态危害程度及相关性。结果表明，底泥重金属元素中变异系数排序为 Ni>Cd>Pb>Cr>As>Zn>Cu>Hg；累积指数排序为 Cr>Cd>Ni>Hg>Cu>Zn>Pb>As，Cr 为主要污染因子；总体上重金属污染程度为强生态危害，8 种重金属的生态风险贡献率为 Cd>Hg>Ni>Pb=As=Cu>Cr=Zn，其中 Cd 和 Hg 属于较重生态危害；Pb 和 Ni 的来源相关性较高，主要受工业污染影响。底泥处理时需要对 Cr、Cd、Hg、Ni 着重处理。

关键词：底泥；重金属；地累积指数；潜在生态风险；相关性

1　引言

人类活动导致流入河流水体的有机物、无机物含量增加，继而造成有机污染物、重金属经过吸附、絮凝和生物积累等过程在底泥中的含量增高[1]。累积在底泥中的污染物很难通过物理、化学和生物作用降解，又因河流中水体与底泥之间存在着吸收和释放的动态平衡[2]，有可能通过交换作用重新进入上覆水体中，造成水体二次污染。20 世纪 70 年代以来，国内外学者从重金属形态分析、空间分布及来源、迁移与积累和污染效应等多方面对重金属进行了研究，如韩蕊翔等[3]、张霄等[4]、秦建桥等[5] 分别对茅洲流域、黄岛区水库、沈阳市细河、广东省西伶通道内河航道的底泥中重金属污染和生态风险进行评价，均有效支撑了当地生态管理。

近年来，广东地区经济高速发展，尤其是工业规模的迅速扩大和农业生产方式的改变，工业生产废水、农药化肥过度使用等导致河道系统中 Cd、Pb、Zn 和 Cu 含量严重超标，严重危害河流生态，对水生生物及人体健康都会产生危害[6]。针对河道底泥中重金属污染问题，本文选取广东省某市区河道底泥检测成果，进行污染分布特征及风险评估，为河流系统污染治理和生态修复提供参考。研究区域如图 1 所示。

2　材料与方法

2.1　样品采集与分析

依据《土壤环境监测技术规范》（HJ/T 166—2004）分块随机布点原则，结合区域明显类型，在养殖场、五金厂、居民区等人类活动频繁处和河道汇合口处加强布点。在研究区域内合计布置 74 个取样点，对其干流和主要支流均进行了控制。底泥采样点采用 GPS 定位。

采用 PSC-600A 型活塞式柱状沉积物取样器，取得柱状沉积样品后现场分样（见图 2~图 4）。柱状样长 176 cm，重金属样品按 10 cm 间隔分样并装入聚乙烯袋中密封低温保存；Pb 和 Cs 测试样品采集按照 20 cm 间隔分段（最底样间隔 16 cm）进行分样装入聚乙烯袋中冷冻保存。样品的采集与贮存均按照《水质 采样技术指导》（HJ 494—2009）的相关规定进行。

作者简介：王富菊（1995—），女，助理工程师，工学硕士，主要从事岩土工程、水利工程工作。

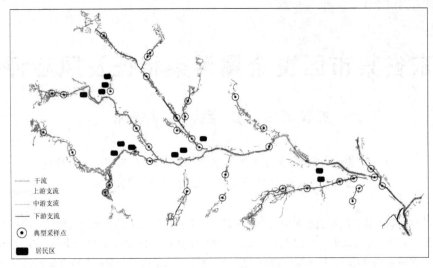

图 1　研究区域示意图

2.2　样品分析

去除样品中的叶子、石子等异物，烘箱 55 ℃风干后，研磨过筛（100 目，150 μm）后将样品混合均匀，装入自封袋中保存。称取一定量样品放入消解管中进行消解，采用氢氟酸-硝酸-高氯酸（$HF-HNO_3-HClO_4$）三酸微波消解后，在电热板上 150 ℃赶酸，冷却至室温后定容到 50 mL，过 0.45 μm 滤膜后保存待测[7]。底泥重金属参照《土壤和沉积物 汞、砷、硒、铋、锑的测定 微波消解/原子荧光法》（HJ 680—2013）测定汞、砷；参照《土壤和沉积物 铜、锌、铅、镍、铬的测定 火焰原子吸收分光光度法》（HJ 491—2019）测定铜、锌、铅、镍、铬；参照《土壤质量 铅、镉的测定 石墨炉原子吸收分光光度法》（GB/T 17141—1997）测定镉，利用平行样、空白样和国家标准样品进行质量控制，相对误差<5%。

在重金属测定过程中，底泥重金属试验设定标准空白组，对于每组试样，进行 3 次平行试验，同时每隔 10 次测量进行一次标样质控，各标准物质回收率均在 80%~120%，标准偏差在 5%以内[8]。

图 2　样品

图 3　取样

图 4　采样

2.3　评价方法

针对底泥重金属进行相关性分析，分别采用变异系数、地累积指数及潜在生态危害指数法对底泥重金属进行评价。

2.3.1　地累积指数法

地累积指数（Index of geoaccumulation，Igeo）又称为 Muller 指数，是评价沉积物及其他物质中重金属污染程度的定量指标，该方法既考虑到人为污染因素、环境地球化学背景值，又考虑到自然成岩作用，目前常用于评价底泥中的重金属污染水平，其公式为：

$$I_{\text{geo}} = \log_2 \left[\frac{C_m^i}{k \cdot C_{\text{bkgd}}^i} \right] \tag{1}$$

式中：I_{geo} 为地累积指数；C_m^i 为第 i 种重金属浓度的实测值，mg/kg；C_{bkgd}^i 为第 i 种重金属浓度的背景值[9]，mg/kg；k 为校正区域背景值差异，取 1.5[10]；I_{geo} 为地累积指数，可分为 7 个污染程度，见表 1。

表 1　I_{geo} 与底泥污染程度分级标准

项目	I_{geo}						
	≤0	0~1	1~2	2~3	3~4	4~5	>5
等级	0	1	2	3	4	5	6
污染程度	无污染	轻度	偏中度	中度	偏重度	严重	极重

2.3.2　潜在生态风险指数法

潜在生态风险指数法（Potential Risk Index，RI）是通过先评价单个重金属元素潜在风险，再累加评价站位多种重金属综合潜在生态风险的方法。该方法综合应用生物毒理学、生态学和环境化学等方面的内容，定量呈现出重金属的潜在风险程度，其计算公式为：

$$\text{RI} = \sum_{i=1}^{n} E_r^i = \sum_{i=1}^{n} T_r^i \cdot \frac{C_n^i}{C_{\text{bkgd}}^i} \tag{2}$$

式中：RI 为底泥多种重金属综合潜在生态风险指数；E_r^i 为第 i 种重金属的潜在生态风险系数；T_r^i 为第 i 种重金属的毒性系数[11]；C_n^i 为第 i 种重金属浓度参比值，mg/kg。

本研究以广东省 A 层土壤背景值[9] 作为各重金属浓度参比值，E_r^i、RI 与底泥中重金属污染程度的关系如表 2 所示。

表 2　重金属潜在生态风险指数等级划分

E_r^i	污染等级	RI	生态危害等级
<40	低	<150	轻度
40~80	中	150~300	中等
80~160	较重	300~600	强
160~320	重	≥600	很强
≥320	严重		

3　结果与分析

3.1　重金属分布特征

研究区域内底泥的 pH 和重金属浓度统计特征如表 3 所示。

表 3　重金属浓度统计分析

样点位置	统计参数	pH	重金属浓度/（mg/kg）							
			Cd	Cr	Hg	Ni	Pb	As	Cu	Zn
上游支流	最大值	7.56	2.74	339.00	0.30	594.00	483.00	27.00	103.00	391.00
	最小值	7.15	0.29	7.39	0.01	11.30	16.70	4.26	5.23	21.20
	平均值	7.35	0.96	119.42	0.10	126.68	109.69	9.57	43.18	103.38
	标准差	0.13	0.82	116.50	0.08	185.38	140.35	6.71	33.93	114.65
	变异系数	0.02	0.85	0.98	0.80	1.46	1.28	0.70	0.79	1.11

续表 3

样点位置	统计参数	pH	重金属浓度/（mg/kg）							
			Cd	Cr	Hg	Ni	Pb	As	Cu	Zn
中游支流	最大值	10.03	4.12	277.00	0.94	99.90	112.00	34.80	171.00	481.00
	最小值	6.71	0.06	26.10	0.01	9.05	34.90	2.64	16.30	48.10
	平均值	7.43	0.71	86.64	0.30	35.96	57.56	12.23	50.97	163.86
	标准差	0.89	0.98	74.05	0.25	25.56	21.55	9.51	46.40	130.05
	变异系数	0.12	1.38	0.85	0.83	0.71	0.37	0.78	0.91	0.79
下游支流	最大值	9.65	2.07	312.00	0.37	142.00	81.20	12.10	119.00	418.00
	最小值	6.84	0.06	26.10	0.11	14.10	26.60	1.34	17.40	48.10
	平均值	7.48	0.46	102.19	0.28	59.31	46.69	4.82	54.23	180.53
	标准差	0.78	0.49	102.86	0.08	55.77	17.49	2.66	35.18	135.95
	变异系数	0.10	1.07	1.01	0.29	0.94	0.37	0.55	0.65	0.75
干流	最大值	7.69	4.33	407.00	0.67	155.00	76.40	15.50	96.20	381.00
	最小值	7.17	0.06	24.00	0.11	8.92	17.90	3.55	23.60	51.70
	平均值	7.33	0.90	112.41	0.31	51.36	53.43	8.72	50.91	168.29
	标准差	0.16	1.32	130.91	0.16	49.69	19.48	4.73	25.42	101.12
	变异系数	0.02	1.47	1.16	0.51	0.97	0.36	0.54	0.50	0.60
全流域	最大值	10.03	4.33	407.00	0.94	594.00	483.00	34.80	171.00	481.00
	最小值	6.71	0.06	7.39	0.01	8.92	16.70	1.34	5.23	21.20
	平均值	7.34	0.75	103.15	0.26	64.43	65.81	9.23	50.31	158.82
	标准差	0.55	0.93	101.28	0.19	98.00	69.96	7.32	37.13	122.48
	变异系数	0.07	1.23	0.98	0.72	1.52	1.06	0.79	0.74	0.77

注：变异系数 $C_V < 0.1$ 的为弱变异水平，$0.1 \leqslant C_V \leqslant 1$ 的为中等变异水平，$C_V > 1$ 的为强变异水平。

研究范围内 pH 变化范围为 6.71~10.0，均值为 7.34，总体偏碱性。变异系数为 0.07，在流域范围内较稳定。对比《土壤环境质量 农用地土壤污染风险管控标准（试行）》（GB 15618—2018），上游支流元素 Cd、Ni 和中游支流元素 Cd 超过农用地土壤污染风险筛选值，剩余重金属元素均在农用地土壤污染风险筛选值范围内。

从统计数据看，流域内 Cd、Ni、Pb 含量变化较大。Cd 浓度为 7.39~407 mg/kg，最大浓度和最小浓度之间相差 55.07 倍，均值为 103.15 mg/kg；Ni 浓度为 8.92~594 mg/kg，最大浓度和最小浓度之间相差 66.59 倍，均值为 64.43 mg/kg；Pb 浓度为 16.7~483 mg/kg，最大浓度和最小浓度之间相差 28.92 倍，均值为 65.81 mg/kg，整体区域内除 Cd 外，剩余重金属均值未超过用地土壤污染风险筛选值。

研究范围内中底泥各重金属变异系数均较高，其排序为：Ni>Cd>Pb>Cr>As>Zn>Cu>Hg，在研究范围内均达到了强变异水平，表明各重金属元素的空间分布均极不均匀。其中干流各重金属变异系数范围为 1.47~0.36，均值为 0.66；上游支流变异系数范围为 1.46~0.70，均值为 1.02；中游支流变异系数范围为 1.35~0.37，均值为 0.73；下游支流变异系数范围为 1.03~0.19，均值为 0.58。变异系数表现为：上游支流>中游支流>下游支流，从上游支流到下游支流变异程度逐渐减小，表示不同的重金属具有不同的来源。

3.2 地累积指数污染评价

研究范围内底泥中各重金属 I_{geo} 计算结果如表4所示。

表4 底泥重金属 I_{geo} 计算分析

样品位置	项目指标	重金属浓度/（mg/kg）							
		Cd	Cr	Hg	Ni	Pb	As	Cu	Zn
上游支流	最大值	4	6	1	5	3	1	2	2
	最小值	1	1	0	0	0	0	0	0
	平均值	2.13	5.63	0.13	1.75	0.75	0.19	0.63	0.25
	中值	1.5	6	0	1.5	0.5	0	0	0
中游支流	最大值	5	6	3	2	1	2	3	2
	最小值	0	6	0	0	0	0	0	0
	平均值	1.54	6.00	1.21	0.65	0.27	0.38	0.65	0.82
	中值	1.5	6	1	0.5	0	0	0	1
下游支流	最大值	4	6	2	3	1	1	2	2
	最小值	0	6	0	0	0	0	0	0
	平均值	1.06	5.94	0.20	0.75	0.25	0.63	0.50	0.29
	中值	1	6	1	0	0	0	0	0
干流	最大值	5	6	2	3	1	1	2	2
	最小值	0	6	0	0	0	0	0	0
	平均值	1.54	6.00	1.23	1.08	0.42	0.08	0.77	0.62
	中值	1	6	1	0	0	0	1	0
全流域	最大值	5	6	3	5	3	2	3	2
	最小值	0	1	0	0	0	0	0	0
	平均值	1.51	5.92	0.93	1.07	0.40	0.20	0.66	0.60
	中值	1	6	1	1	0	0	0	0

根据式（1）计算得出底泥重金属 I_{geo}，根据上游支流、中游支流、下游支流和干流分别计算统计，结合地累积指数分级标准得出 Pb、As、Cu、Zn、Hg 整体处于轻度污染状态，Ni、Cd 处于偏中度污染状态，Cr 污染严重。综合来看，研究范围内底泥重金属存在污染现象，Cr 为主要污染物，在空间分布上主要集中在研究区中游支流、干流。

以往研究结果表明，Cu、Cr、Cd 和 Ni 为工业废水的常见污染物，如冶炼、电镀、电子制造、化工和采矿等行业[12]，研究区域河流沿线开设有金属加工厂、建材厂和居民区集中区，极有可能是历史上工业污水的排放、大量的生活垃圾及建筑等固体废物堆放导致各重金属浓度均较高。

3.3 重金属潜在生态风险评价

研究区采样点底泥中重金属 E_r^i 和 RI 如表5所示。

表 5 底泥中重金属 E_r^i 和 RI

取样位置	E_r^i								RI
	Cd	Cr	Hg	Ni	Pb	As	Cu	Zn	
上游支流	185.69	4.81	34.23	35.09	13.18	9.75	7.64	1.09	291.47
中游支流	139.21	3.44	102.40	9.79	6.79	12.12	8.81	1.77	401.19
下游支流	84.35	3.97	94.48	15.76	5.77	5.48	9.31	1.87	211.36
干流	185.66	4.77	113.01	15.03	6.25	8.36	9.38	1.81	344.28
平均值	148.73	4.25	86.03	18.92	8.00	8.93	8.79	1.64	312.08
对 RI 贡献率/%	0.48	0.01	0.29	0.07	0.03	0.03	0.03	0.01	100

从 E_r^i 来看，底泥中 Cd 污染最为严重，且上游支流最为严重；Hg 污染较为严重，其他重金属元素均为低污染等级。研究区底泥中重金属 RI 为 291.47~401.19，在研究区各流域范围内均存在生态危害，在上游支流和下游支流为中等生态危害，在中游支流有强生态危害。8 种重金属的生态风险贡献率为：Cd>Hg>Ni>Pb＝As＝Cu>Cr＝Zn。

已有研究表明，金属冶炼、机械制造、工业污水灌溉及农药过度使用使得大量重金属污染物直接排入自然环境。Cd 容易被农作物吸附，更容易通过食物链传递到人体，导致软骨病；Hg 是环境中毒性最强的重金属元素之一，氧化形成的汞离子会在大脑中不断累积，最终伤害大脑神经[13]，在处理底泥时这两种重金属污染应引起重视。

3.4 重金属间的相关性分析

通过对底泥中重金属浓度进行相关性分析可大致了解底泥中重金属的来源[14]，研究区域内底泥中重金属之间相关性分析如表 6 所示，可知，底泥中 Pb-Ni（来源相关性高度相关，相关性 0.923）、Cu-Cr（中度相关）、Zn-Cr（中度相关）、Zn-Cu（中度相关）；Hg、Pb、As 与其他重金属之间没有相关性。Zn 与 Cd、Cr、Ni、Cu 均存在相关性，说明这几种重金属污染可能具有相似的来源或迁移途径。研究区域内无重工业，但存在人口密度较大的居民区，有农副产品、卫浴洁具加工厂、金属加工厂等产业，其中以五金加工厂占比最高。研究区域内的重金属可能是历史上周围居民生活污水及农田地表径流、附近工厂工业废水未经处理或处理不到位排入河道，重金属在底泥中积累，这可能是研究区内重金属污染的主要原因之一。

表 6 底泥中重金属浓度相关性

重金属	Cd	Cr	Hg	Ni	Pb	As	Cu	Zn
Cd	1							
Cr	0.389	1						
Hg	-0.044	-0.011	1					
Ni	0.289	0.300	-0.102	1				
Pb	0.177	0.049	-0.116	0.923**	1			
As	-0.037	0.034	-0.282	-0.046	0.032	1		
Cu	0.439	0.749*	0.067	0.237	0.109	0.037	1	
Zn	0.348	0.750*	0.222	0.315	0.157	0.012	0.780*	1

注：＊＊表示 $P<0.01$，为极显著相关；＊表示 $P<0.05$，为显著相关[15]。

4 结论

（1）研究区域内底泥重金属含量大多未超过农用地土壤污染风险筛选值，仅有 Cd 元素超过风险筛选值。

（2）变异系数表现为：上游支流>中游支流>下游支流，差异性较大的主要元素为 Cd、Ni 和 Pb；地累积指数法表明研究区域内均处于污染状态，Cr 污染最严重，且主要污染范围分布在上游支流；潜在生态危害指数法显示研究区域内均存在生态危害，在上游支流和下游支流为中等生态危害，在中游支流有强生态危害，生态风险主要元素为 Cd、Hg；相关性分析表示 Hg、Pb、As 与其他重金属之间没有相关性，Zn 与 Cd、Cr、Ni、Cu 均存在相关性。

（3）河道污染的因素还是以人为因素为主，主要来源基本是工业污水排放及生活污水没有及时处理，二者同时作用产生影响。

参考文献

[1] 范成新，刘敏，王圣瑞，等．近20年来我国沉积物环境与污染控制研究进展与展望［J］．地球科学进展，2021，36（4）：346-374.

[2] 李晓萱，高琦琦，何超，等．黄岛区水库底泥重金属污染特征及潜在生态风险评价［J］．中国农村水利水电，2023（8）：142-148，156.

[3] 韩蕊翔，姚仁达，邱辉，等．茅洲河流域宝安段底泥重金属生态风险及对策［J］．能源与环境，2023（4）：19-23.

[4] 张霄，赵全，周思宁．沈阳市细河底泥中重金属污染现状及特征分析［J］．辽宁林业科技，2023（3）：17-20.

[5] 秦建桥，黄晓萍，阮文刚．广东省西伶通道内河航道底泥重金属污染状况与生态风险评价［J］．水土保持研究，2019，26（3）：331-338.

[6] 马占琪．小型河流典型重金属污染分布特征及风险评价研究［J］．绿色科技，2022，24（18）：134-137.

[7] 徐祖奔，伍艳，赵越，等．黄河下游典型滩区土壤重金属污染特征及来源解析［J/OL］．农业工程学报：1-8［2023-09-13］．

[8] 郭杰，王珂，于琪，等．长江中游近岸表层沉积物重金属污染特征分析及风险评估［J］．环境科学学报，2021，41（11）：4625-4636.

[9] 朱文斌，邓俊豪．广东江门市新会区土壤地球化学背景值研究［J］．云南地质，2022，41（4）：433-443.

[10] 刘利，张嘉雯，陈奋飞，等．衡水湖底泥重金属污染特征及生态风险评价［J］．环境工程技术学报，2020，10（2）：205-211.

[11] 徐争启，倪师军，庹先国，等．潜在生态危害指数法评价中重金属毒性系数计算［J］．环境科学与技术，2008（2）：112-115.

[12] 陈雅丽，翁莉萍，马杰，等．近十年中国土壤重金属污染源解析研究进展［J］．农业环境科学学报，2019，38（10）：2219-2238.

[13] 窦红宾，郭唯．重金属污染及其对水土的危害［J］．生态经济，2022，38（11）：5-8.

[14] 张文慧，许秋瑾，胡小贞，等．山美水库沉积物重金属污染状况及风险评价［J］．环境科学研究，2016，29（7）：1006-1013.

[15] 李娟，郭鹏程，陈石泉．洋浦港表层沉积物重金属分布特征及污染评价［J］．海洋湖沼通报，2023，45（4）：151-157.

水利水电工程细骨料细度模数计算方法的研究

孙乙庭[1]　孟　昕[1]　王树武[2]

(1. 中水东北勘测设计研究有限责任公司，吉林长春　130061；

2. 山东文登抽水蓄能有限公司，山东威海　264200)

摘　要：通过对比水利水电工程标准《水利水电工程天然建筑材料勘察规程》(SL 251—2015)与《水工混凝土试验规程》(SL/T 352—2020)，研究细骨料细度模数的不同计算方法，对结果偏差进行分析，对偏差影响料场确定及施工质量进行讨论。通过汇总试验数据，分析影响因素，为水利水电工程标准的修订、统一提供依据。

关键词：细度模数；偏差；水利水电工程

1 引言

随着国家加大水利水电工程建设投资，大、中型水利水电工程纷纷兴建，起到了治水兴利的重要责任。然而资源是有限的，作为混凝土原材料，砂、石在不同地区都面临枯竭的问题，所以关于料场的选择和控制更应该慎之又慎。针对细骨料，细度模数的计算成了衡量细骨料质量的重要指标。但是，《水利水电工程天然建筑材料勘察规程》(SL 251—2015)与《水工混凝土试验规程》(SL/T 352—2020)中关于细骨料细度模数计算方法是不同的，计算结果也存在偏差，这对料场的选择造成了很多不便[1-2]。所以，需要对两种规程关于细骨料细度模数计算公式的不同以及产生的原因进行深入研究。

2 细骨料细度模数的计算及关系

细度模数是用来衡量细骨料粗细程度的重要指标。按细度模数可分为粗、中、细三种规格，其细度模数分别为：粗砂 $3.7 \geqslant FM \geqslant 3.1$、中砂 $3.0 \geqslant FM \geqslant 2.3$、细砂 $2.2 \geqslant FM \geqslant 1.6$。

细骨料的颗粒级配见表1。细骨料的实际颗粒级配与表列累计筛余百分率相比，除 5.00 mm 和 630 μm 外允许稍超出分界级，但总量百分率不应大于 5%[3]。

表1　细骨料级配

公称直径/mm	累计筛余百分率/%			
	表示符号	1 区	2 区	3 区
10	—	0	0	0
5	A_1	10~0	10~0	10~0
2.5	A_2	35~5	25~0	15~0
1.25	A_3	65~35	50~10	25~0
0.63	A_4	85~71	70~41	40~16
0.315	A_5	95~80	92~70	85~55
0.16	A_6	100~90	100~90	100~90

作者简介：孙乙庭(1984—)，男，高级工程师，主要从事水电工程检测及试验研究工作。

将有代表性的一定质量细骨料依次通过公称直径 5 mm、2.5 mm、1.25 mm、0.63 mm、0.315 mm、0.16 mm 的方孔标准筛，其中 A_1、A_2、A_3、A_4、A_5、A_6 分别为 5 mm、2.5 mm、1.25 mm、0.63 mm、0.315 mm、0.16 mm 各筛上的累计筛余百分率，通过筛析结果，计算出细度模数[4-5]。

其中，《水工混凝土试验规程》（SL/T 352—2020）规定的细度模数为

$$\text{FM}_{\text{SL352}} = [(A_2 + A_3 + A_4 + A_5 + A_6) - 5A_1]/(100 - A_1) \tag{1}$$

而《水利水电工程天然建筑材料勘察规程》（SL 251—2015）规定的细度模数为

$$\text{FM}_{\text{SL251}} = (A_2 + A_3 + A_4 + A_5 + A_6)/100 \tag{2}$$

两者存在的关系为

$$\text{FM}_{\text{SL251}} = (1 - A_1)\text{FM}_{\text{SL352}} + 5A_1 \tag{3}$$

即两种细度模数存在线性关系，设 $Y = \text{FM}_{\text{SL251}}$，$X = \text{FM}_{\text{SL352}}$，则

$$Y = (1 - A_1)X + 5A_1 \tag{4}$$

式中：FM_{SL352} 为《水工混凝土试验规程》（SL/T 352—2020）规定的细度模数；FM_{SL251} 为《水利水电工程天然建筑材料勘察规程》（SL 251—2015）规定的细度模数；A_1、A_2、A_3、A_4、A_5、A_6 分别为 5 mm、2.5 mm、1.25 mm、0.63 mm、0.315 mm、0.16 mm 各筛上的累计筛余百分率（%）。

根据表 1 所示的细骨料的级配要求，$0 \leq A_1 \leq 10\%$，即 $A_1 \in [0, 0.1]$，可得：

当 $A_1 = 0$ 时　　$Y = X$

当 $A_1 = 0.1$ 时　$Y = 0.9X + 0.5$

当 $A_1 = 0.05$ 时　$Y = 0.95X + 0.25$

而细骨料的细度模数要求 $3.7 \geq \text{FM} \geq 1.6$，即 X，$Y \in [1.6, 3.7]$。

由图 1 可见，FM_{SL251} 和 FM_{SL352} 的线性关系在直线 $Y = X$ 和 $Y = 0.9X + 0.5$ 组成的范围之内。当且仅当 $A_1 = 0$ 时，$\text{FM}_{\text{SL251}} = \text{FM}_{\text{SL352}}$，否则，$\text{FM}_{\text{SL251}} > \text{FM}_{\text{SL352}}$。

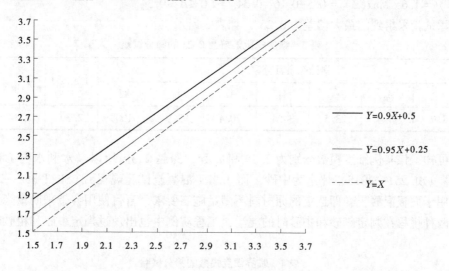

图 1　FM_{SL251} 和 FM_{SL352} 线性关系

3　细度模数计算偏差及影响因素

虽然 $\text{FM}_{\text{SL251}} > \text{FM}_{\text{SL352}}$，然而两者具体偏差有多大，对工程中料场的判定又有多大影响，需要进一步研究和确认。

由式（3）$\text{FM}_{\text{SL251}} = (1 - A_1)\text{FM}_{\text{SL352}} + 5A_1$ 可知，$\Delta = \text{FM}_{\text{SL251}} - \text{FM}_{\text{SL352}} = a_1(5 - \text{FM}_{\text{SL352}})$，即两种规程要求的细度模数的偏差大小取决于 A_1 和 FM_{SL352} 的大小。为此，通过大量的实际筛分试验，选取数据有代表性的 12 组进行分析，对细度模数偏差进行比较，如表 2 所示。

表 2   细度模数偏差比较

序号	累计筛余百分率/%							FM_{SL251}	FM_{SL352}	偏差 Δ
	A_1	A_2	A_3	A_4	A_5	A_6	底			
1	0.4	5.9	20.6	55.2	87.8	95.4	100	2.65	2.64	0.01
2	0.4	6.6	18.4	61.8	94.9	98.3	100	2.80	2.79	0.01
3	0.4	34.1	57.2	73.3	82.0	90.2	100	3.37	3.36	0.01
4	2.1	8.9	19.0	44.5	84.6	98.0	100	2.55	2.50	0.05
5	2.1	11.8	22.7	42.1	80.0	95.7	100	2.53	2.47	0.05
6	2.1	14.1	33.0	63.5	89.4	98.3	100	2.98	2.94	0.04
7	5.3	14.3	19.0	26.7	66.9	96.5	100	2.23	2.08	0.15
8	5.3	13.6	19.9	41.5	76.1	94.0	100	2.45	2.30	0.14
9	5.3	14.8	21.5	41.5	80.3	97.2	100	2.55	2.42	0.14
10	6.1	23.2	33.9	50.4	88.1	97.6	100	2.93	2.80	0.13
11	6.1	21.5	41.6	67.1	87.9	93.6	100	3.11	2.99	0.12
12	6.1	24.0	40.3	71.6	92.5	96.3	100	3.25	3.13	0.11

由表 2 可见，当 A_1 相同时，不同细度模数偏差变化不明显，当 A_1 变大时，偏差均明显变大，但细度模数变化不明显。所以，两种规程要求的细度模数的偏差主要受 A_1 影响，但对细度模数的影响不明显。

关于偏差的极限值，当 FM_{SL352} 足够大，A_1 足够小时，偏差趋近最小值。当 A_1 足够大，FM_{SL352} 足够小时，偏差趋近最大值，即当 $A_1 = 0$ 时，$Min(\Delta) = 0$ ；当 $A_1 = 0.1$ 时，$\Delta = 0.5 - 0.1 \times FM_{SL352}$，由于 $Min(FM_{SL352}) = 1.6$，$Max(\Delta) = 0.5 - 0.16 = 0.34$。故 $0 \leqslant \Delta \leqslant 0.34$。

目前实际试验采集到的最大偏差为 0.25 ，如表 3 所示。

表 3   细度模数偏差为 0.25 的筛分试验

序号	累计筛余百分率/%							FM_{SL251}	FM_{SL352}	偏差 Δ
	A_1	A_2	A_3	A_4	A_5	A_6	底			
13	8.9	17.4	23.5	34.4	70.4	93.9	100	2.39	2.14	0.25

由表 3 可知，该实例细度模数分别为 2.39 和 2.14，跨越 2.3。所以《水利水电工程天然建筑材料勘察规程》（SL 251—2015）评定为中砂，而《水工混凝土试验规程》（SL/T 352—2020）评定为细砂，不宜用于面板混凝土，即选定的原材料不满足施工要求，盲目使用会带来质量隐患。

表 3 是两种规程在判定细砂和中砂时的混淆，工程实例中也出现过判定中砂和粗砂时的矛盾，如表 4 所示。

表 4   临界细度模数的筛分试验

序号	累计筛余百分率/%							FM_{SL251}	FM_{SL352}	偏差 Δ
	A_1	A_2	A_3	A_4	A_5	A_6	底			
14	8.8	31	49	66.5	81.2	90.3	100	3.18	3.00	0.18

由表 4 可知，该实例细度模数分别为 3.18 和 3.00，跨越 3.1。所以《水利水电工程天然建筑材料勘察规程》（SL 251—2015）评定为粗砂，根据《水利水电工程锚喷支护技术规范》（SL 377—2007）要求不可用于喷射混凝土[6]，而《水工混凝土试验规程》（SL/T 352—2020）评定为中砂，却能用于喷射混凝土。即被放弃的原材料可以满足施工，盲目放弃会造成资源浪费。

由此可见，天然建筑材料勘察属于前期料场选择，而水工混凝土试验规程属于施工过程质量控制，在特殊情况下，不同细度模数会导致对细骨料评定误判，造成技术分歧、经济损失和质量隐患。

4 细度模数计算公式不同的原因

两种规程中细度模数计算公式之所以不同，主要是因为两者对细骨料的定义不同。《水利水电工程天然建筑材料勘察规程》（SL 251—2015）规定 5 mm 以下的骨料为细骨料。而 SL/T 352—2020 规定细骨料中允许 5~10 mm 骨料存在，但不得大于 10%。在工程实际中，要求细骨料完全小于 5 mm 即 $A_1 = 0$，几乎是不可能的。

通过比较国家标准和其他行业标准关于细度模数的计算公式，不难发现，细度模数的计算均执行《水工混凝土试验规程》（SL/T 352—2020）规定的计算公式，如表 5 所示。

表 5　执行不同细度模数的标准统计

FM_{SL251} 执行标准	FM_{SL352} 执行标准
《水利水电工程天然建筑材料勘察规程》（SL 251—2015）	《水工混凝土试验规程》（SL/T 352—2020）
	《建设用砂》（GB/T 14684—2022）
	《水工混凝土砂石骨料试验规程》（DL/T 5151—2014）
	《普通混凝土用砂、石质量及检验方法标准》（JGJ 52—2006）
	《公路工程集料试验规程》（JTG E42—2005）

综上所述，为避免水利水电工程同一细骨料在不同工程阶段出现矛盾的判定，建议统一细度模数的计算公式，按照《水工混凝土试验规程》（SL/T 352—2020）规定计算公式执行。

5 结语

（1）《水利水电工程天然建筑材料勘察规程》（SL 251—2015）与《水工混凝土试验规程》（SL/T 352—2020）两种规程的细度模数存在线性关系。

（2）当且仅当 $A_1 = 0$（5 mm 以上的筛余率为 0）时，两种细度模数相同；否则，《水利水电工程天然建筑材料勘察规程》（SL 251—2015）的结果偏大。

（3）两种规程规定的细度模数偏差主要受 A_1（5 mm 以上的筛余率）影响，但 A_1 对细度模数的影响不明显。

（4）在特殊情况下，不同细度模数会导致对细骨料评定误判，造成技术分歧、经济损失和质量隐患。

（5）通过比较其他行业的细度模数计算方法，建议水利水电工程统一细度模数，按照《水工混凝土试验规程》（SL/T 352—2020）规定的计算公式执行。

参考文献

［1］田文玉．细集料细度模数计算公式的修正［J］．重庆交通学院学报，1996（3）：65-66.

［2］李振江．砂细度模数计算方法探析［J］．水利规划与设计，2016（1）：73-75.

［3］中国建筑材料联合会．建设用砂：GB/T 14684—2022［S］．北京：中国标准出版社，2022.

［4］中华人民共和国水利部．水利水电工程天然建筑材料勘察规程：SL 251—2015［S］．北京：中国水利水电出版社，2015.

［5］中华人民共和国水利部．水工混凝土试验规程：SL/T 352—2020［S］．北京：中国水利水电出版社，2020.

［6］中华人民共和国水利部．水利水电工程锚喷支护技术规范：SL 377—2007［S］．北京：中国水利水电出版社，2007.

新时期推动水利检验检测行业高质量发展的思考
——以事业单位为例

宋迎宾[1,2] 许 新[1,2] 高文玲[3] 蒲万藏[3] 罗资坤[3]

（1. 黄河水利委员会黄河水利科学研究院，河南郑州 450003
2. 水利部堤防安全与病害防治工程技术研究中心，河南郑州 450003
3. 河南黄科工程技术检测有限公司，河南郑州 450003）

摘 要：检验检测机构是国家质量基础设施的重要组成部分，对水利高质量发展起到重要的基础支撑作用。为更好地发挥检验检测服务水利高质量发展的重要作用，对水利行业检验检测现状进行了研究，分析了其服务水利高质量发展情况，分析目前存在的问题，提出从"劳动密集"向"技术创新"（数字化、智能化）转变、优化检验检测市场布局、提升检验检测技术水平、加强检测流程标准化建设、加强人才综合素质提高等 5 个方面建议。

关键词：水利行业；检验检测；高质量发展

1 引言

近年来，检验检测机构作为国家质量基础设施的重要组成部分，服务我国高质量发展的作用日益凸显。检验检测服务业先后被国家列为高技术服务业、生产性服务业、科技服务业，事关国计民生、国家经济安全及产业安全。

水利行业高质量发展与国计民生息息相关。截至 2021 年底，全国已建成五级以上江河堤防 33.1 万 km，建成流量为 5 m^3/s 及以上的水闸 100 321 座，建成各类水库 97 036 座，这些水利工程的质量安全直接影响人民生命和财产安全[1]。水利检验检测全面服务于水利工程质量安全、水环境监测水利产品与设备质量，是水利高质量发展的重要基础支撑[2]。

科研单位和高校检验检测机构作为科技第一生产力、人才第一资源和创新第一动力的重要结合点[3]，是国家科技创新体系的重要力量，在其中发挥了不可替代的作用。随着国家对检验检测机构准入政策放宽，各类检验检测机构迅速发展，检测市场竞争日益激烈，事业制检验检测机构受到前所未有的冲击。目前，改革已进入深水区，事业单位正处在转型期，如何更好地应对改革和市场的双重挑战，为水利高质量发展提供技术支撑，作者结合工作实际，以事业单位检测中心为研究对象，探讨事业制检验检测机构目前存在的问题及未来发展方向。

2 水利行业检验检测现状

目前，我国检验检测市场整体呈复杂性与多样性，各领域龙头企业产品服务相对单一，民营检测企业除极少数的规模化机构外，大部分呈现出了小、散、弱的现状；曾广锋、秦颖等提出，国有检测机构在转型期间要着力于"内涵式发展"和"外延式发展"两方面，尽快适应市场化竞争的体制机制，国有检验检测机构作为国内检验检测市场的主要占有者，基本占据了一半以上的市场，其中

基金项目：水利部堤防安全与病害防治工程技术研究中心开放课题基金资助项目（LSDP202302）。

作者简介：宋迎宾（1991—），男，工程师，主要从事新型水工材料与结构性能研究工作。

事业单位占据了 25% 以上，在市场竞争体制下，国有企事业单位亟待转型升级，以积极的姿态参与到市场竞争中去，促进我国检验检测市场积极健康的发展[4]；罗林聪、邱军等在探讨中国检验检测行业现状、发展趋势及对策建议中提出，未来检验检测企业要面向市场化、专业化、国际化、规模化、提升品牌知名度、完善创新体系、推动服务一体化[5]。

水利检验检测全面服务于水利工程质量安全、水环境监测和水利产品与设备质量安全，关系着国计民生。为深入落实国家质量强国战略，水利高质量发展已经成为水利改革发展的重要工作内容，作为水利高质量发展的重要基础支撑，水利检验检测机构自身的高质量发展尤为重要。国家市场监督管理总局统计数据显示：截至 2021 年底，水利行业获得检验检测机构资质认定证书的检验检测机构共有 484 家，共拥有各类仪器设备 10.7 万台（套），实验室面积 79.0 万 m^2，全年出具检验检测报告 175.2 万份，全年实现营业收入 34.3 亿元[6]。检验检测机构全年营业收入近 6 年持续增长，从 2015 年的 17.6 亿元增长到 34.3 亿元，水利检验检测机构的检测领域不断扩展，从水利工程质量检测、水环境监测和水利产品与设备质量检测，近年向市政工程、公路检测、水生生物、环境监测等领域扩展，水利检验检测行业正处于蓬勃发展期[7]。

3 水利事业制检验检测机构发展中存在的问题难点

3.1 能力建设滞后

截至 2021 年底，国内取得资质认定的民营检验检测机构共 27 302 家，较 2020 年增长 18.92%，民营检验检测机构数量占全行业的 55.81%，民营检验检测机构呈现明显的逐年上升趋势[8]。面对严峻复杂的国内外环境，特别是新冠疫情的严重冲击，国内检验检测市场逆势上扬。但水利事业制检测机构总量保持平稳，检验报告数量有所下降，竞争压力明显增大。近几年，各地市、县（区）质监检验检测机构普遍存在能力落后、职能缺失、运转困难等问题，部分地区机构已不能为市场监管提供技术支持，部分中小型民营机构无序竞争，扰乱检验检测市场，出现检测工作质量不高、伪造检验数据等问题，为市场监管带来了极大的风险隐患。事业检测机构也面临连续多年设备投入少，设备老化、装备不足。专业技术人才引进难，人才流失严重，专业技术队伍与检验检测工作需要不匹配等问题。这些问题带来的后果是能力建设滞后，不能适应新形势、新要求，也直接影响了检验检测事业的发展。

3.2 忽视技术运作主线

《检验检测机构资质认定能力评价 检验检测机构通用要求》（RB/T 214—2017）中 4.1.2 条款指出，"检验检测机构应明确其组织结构及管理、技术运作和支持服务之间的关系"，三者之间的关系是以技术运作为主线、管理活动为保证、支持服务为支撑，也就是实验室的所有工作都应服务于检验检测业务，管理活动不能脱离业务进行管理和控制，支持服务不能形成干扰和制约，否则就是与标准要求背道而驰[9]。

对于规模较大的多领域、多场所检验检测机构，在实际工作中，存在"忽视技术运作主线作用"的现象，管理和支持服务部门未能切实把自己摆在服务于技术运作的位置，下达指令多，积极配合少，这样势必会造成技术运作非常被动。

3.3 机构重分工轻协作

规模较大的多领域多场所检验检测机构内部存在"各顾各"的现象，在实际运行中，机构往往注重科室设置、岗位职责、人员分工、职责界限，却忽视了内部之间如何相互协作的问题，从而导致体系运行不畅。相比单纯分工，相互协作关系显得更具灵活性和艺术性，运用得当会起到润滑油之于车轮的作用，运用不当则会极大影响体系运行，机构内部产生的很多矛盾和推诿扯皮现象往往都是由于未能处理好内部相互协作关系。"重分工、轻协作"会极大地影响工作效率和工作积极性，对构建良好的工作氛围起消极作用。

3.4 管理体系运行不畅

具体体现为管理体系未细化、缺乏可操作性。有些机构编写管理体系文件，只是片面追求各项规定的文件化，没有真正下功夫对照实验室实际运行去编写，导致具体工作描述不清，实际运行无从下手。甚至在建立管理体系之后，未能对其进行定期审查修订，而是束之高阁，日常工作不按体系规定执行，只在专家来评审时才派上用场，认为体系文件就是备查用，没有将"体系文件对检验检测工作的指导性作用"内化于心、外化于行，导致体系文件与实际运行渐行渐远，最终成为"僵尸文件"。

3.5 人员管理不到位

具体体现为人员数量不足、能力欠缺。人员数量是机构正常开展检验检测业务的基本要求，而人员能力就是机构的软实力，是对人员要求的核心。人员管理不到位的问题，一方面是机构未招聘到足够且符合条件的相关专业技术人员，会出现人员起点不高的现象，专业基础薄弱、培训难度加大、培训周期延长、出具数据结果有风险等都会给机构带来很重的负担；另一方面是胜任人员的流失，尤其是聘用人员积累到一定年限成长为骨干后，当受到待遇无法提升或晋升空间有限等诸多原因限制时就会流失，给机构造成巨大的损失。另外，人员培训周期短、针对性不强，人员监督不到位、人员授权不充分及人员能力监控有缺漏等也是常见的短板。

3.6 缺少差异化发展

体制内检验检测机构在缺少差异化发展方面的问题尤为突出，由于工作相对稳定，业务类型和业务量也相对稳定，导致市场嗅觉不敏锐，实际检验检测能力与市场需求脱节或滞后。

3.7 信息化建设滞后

各个部门之间的数据都是在本部门单独存放的，大量的文字性记录都还是在书面上完成的，财务有自己专门的财务软件，但仅限于存储计算，报告的审核、签发需要走纸质手续；办公室有自己的OA 系统，但功能并不完善；检验检测部门客户下单也都是在前台完成的，实验室间数据传递并不顺畅。这样的单独运营模块化形式，虽然在一定程度上对数据资料的安全有作用，但与高效的工作要求并不匹配。

4 推动水利事业制检验检测机构高质量发展的对策建议

4.1 从"劳动密集"向"技术创新"转变

从 2021 年的数据来看，我国检验检测从业机构（约 5.2 万家）和从业人员（151.03 万人）众多，平均年收入 786.58 万元/家，与检验检测定位高技术服务业的属性严重偏离，更接近劳动密集型行业。要改变目前检验检测机构大而不强、多而不优的现状，必须从"资源驱动"向"技术驱动"转变，从"劳动密集"向"技术创新"转变。

（1）优化产业链条，加强自主创新。积极争取财政资金支持，开展重点检验检测仪器设备关键技术攻关，加强仪器设备和仪器零部件的科技创新能力与自主可控能力，打破对先进制造业国家的技术依赖，打造科技赋能、体系完备、自主可控的产业链条。

（2）参与国际合作，提升国际话语权。积极推动检测方法的研制与创新，更多参与国际标准、技术规则等的制修订工作，争取检验检测在国际舞台上的话语权。

（3）注重人才培养，完善人才体系。积极培养以检验检测技术方法为主要研究领域的领军人才队伍，完善重大科研项目"揭榜挂帅"模式。提升科研投入绩效，强化重大创新成果的"实战性"。争取相关部门支持，将有关职业纳入国家人才体系，享受国家优待政策。

4.2 助力数字化转型

在国家的"十四五"规划中明确提出要加快数字化发展，面对国内外竞争对手数字化进程的快速发展，检测单位也应抓住机遇，加快数字化布局与整合。

（1）搭建云平台整合应用模块。通过统一的云平台的建设，连接各个子业务单元与职能单元，整合小而散的应用模块，提升管理效率，降低运营维护成本。短期内可按照链接入口的模式，自动跳转至原来的单独模块上去，从长远发展来看，通过对云平台的建设，将业务模块与职能模块的功能逐步平移，实现全平台化模式。对内而言，云平台的模式不仅解决了数据孤岛问题，也在很大程度上降低了公司内部员工在不同模块间切换的时间成本；对外而言，统一化的云平台入口大大提高了客户在选择服务时的效率，尤其是在一体化解决方案的策略驱动之下，客户能够更加方便快捷地获取到自己所需要的服务。

（2）完善信息化流程。检验检测工作有其自身独特的特点，但依然有大部分工作属于重复性工作，建立完善的信息化流程，将加工、校对、传递、扫描等工作自动化。在人员成本居高不下的时代，尽可能多地将标准化的工作通过信息化手段替代，解放劳动力，既能减小失误率，又能提高效率。目前，已经有不少检验检测机构实现了检测报告的电子化，解放出来的人员可以投入其他附加值更高的业务流程中，降低了成本，提升了效率。客户导向的业务模式，质量与效率是关乎客户满意度最重要的因素，建立完善的信息化流程，客户可以通过网站查看实验和报告的进度，做到实时掌握。

4.3 提升检验检测智能化发展水平

新兴产业、新兴技术的发展影响检验检测行业的发展[10]。互联网+、云计算、大数据、人工智能等新兴的技术将会影响现有检测的思路和架构，未来可能会引发行业颠覆性的变化[11]。例如：快速测试技术的重大突破，将大大简化检验检测大型设备的复杂操作；虚拟技术与量子技术的深入应用，可实现样品无须送达即可实现远程化"傻瓜化"的检验检测等，这些新技术、新趋势将可能导致检验检测行业生态的重大变化。在第十届中国第三方检测实验室发展论坛主题演讲中曾提出，"检测+物联网"，即将传统的检测标准和方法利用传感设备与互联网实现即时数据采集，检测机构定期进行数据分析，结合现场抽样来实现即时监测，应用于保障仪器设备的安全运转。"检测+大数据"可以通过大数据和区块链技术，实现实验室、专家、消费者、企业、国家之间的知识共享和数据共享。"检测+新媒体"可以创造出为企业生产、采购，为消费者消费决策做指导的专业媒体。"检测+社交"可以实现行业的垂直社交平台，整合实验室和专家资源，形成学术交流和知识输出的知识平台。这些都给检验检测机构和实验室指出了发展的方向，检验检测技术在"互联网+"的时代背景下，与人工智能融合，将会衍生出新的价值，促进检验检测行业的长远发展[12]。

4.4 提升多领域多场所质量管理水平

4.4.1 加强内部相互协作

要发挥好管理、技术运作和支持服务相互之间的作用，需要长期的实践和磨合，如何做到承上启下、衔接得当、有机结合显得尤为重要。这首先要求每个人清楚自己的岗位职责、相关权限、工作流程，达到非常熟练的程度；其次，如何实现与其他部门之间的相互协作关系是一个更重要的课题，针对每项工作应考虑好如何对接，尽量明确化而不是含糊不清或避而不谈，防止出现各部门之间的推诿扯皮，这只会降低工作效率，导致机构内耗，对机构的良性发展有百害而无一利，应做到对事不对人，以解决工作问题为基本着眼点，而不要掺杂过多的私人感情色彩。

4.4.2 优化质量管理体系

建立并运行好质量管理体系，是实现数据结果准确可靠的有力保证，无法想象一个管理体系不规范、管理混乱的检验检测机构会出具客观、准确的数据结果。

优化实验室质量管理体系，很重要的一点是如何使建立的管理体系与实验室实际运行相适应，实现"灵魂层面的统一"。管理体系怎么规定就怎么做，建立对体系文件进行定期审查的制度，包括审查频次、审查方式、审查重点、审查记录和对审查结果的处理等内容，发现与实际运行不适应之处，应及时进行修订，实施改进，保持体系的良性运转。一套成熟、规范、有效的管理体系一定是经过时间的考验，在管理层高度重视的前提下，经持续改进后积淀下来的最适宜机构的精华。

4.4.3 加强人员内部管理

按照管理体系的要求，人员管理包括人员选择、人员聘任、人员培训、人员监督、人员授权、人员能力监控。需要指出的是，对于检验检测机构，人员的选聘应严格按照岗位要求择优录用，尤其是专业技术人员，否则会加大机构的培训成本、延长培训周期，大大增加机构出具可靠数据结果的风险；人员授权应根据考核结果细化授权范围，比如授权哪个检验检测领域、能使用哪些仪器设备等都要明确；对于已授权人员，应做好能力监控，当出现能力验证结果不满意、出具报告有结论性差错或遭到客户投诉等情况时，应暂停其工作，重新进行培训，考核合格后方可再次上岗。

机构人员流动是常态，除上述对已有人员的管理外，还应针对有价值的可能流失的人员尤其是专业技术人员，建立留人机制，采用优化薪酬结构、畅通晋升渠道、加强绩效考核、完善激励机制等方式，使人员在其岗位上能实现自身价值，在机构愿意待、待得住、待得好。

4.5 优化检验检测能力

体制内的检验检测机构要主动走出舒适区，增强市场意识和服务意识，不断优化检测能力，创新服务方式，提供增值服务，以过硬的技术实力和优质的服务取信于客户，从而获得更多的市场份额。机构的发展离不开市场，应将检验检测能力纳入常态化管理，机构应依据自身定位、长远发展和市场需求，随市场变化及时调整自身目标、检验能力、工作量和工作类型，做到既不盲目跟风，也不故步自封，应具有敏锐的市场嗅觉，及时关注新的风险和机遇，勇于担当、勇于作为、勇于挑战，敢于破旧立新，善于重新整合资源，建立新的协作机制，使机构始终在市场中保持较大的活力。

4.6 加强科研投入与标准化建设

体现检验检测机构实力和水平的不仅仅是单一的出具可靠的数据结果，还包括其他很多方面，其中之一就是科研创新能力，比如对于现有检验标准的优化提高，建立对未知有害物质的检测方法等[13]。检验检测行业具有技术服务的属性，服务意识是面向市场、面向客户的必备能力和职业意识，而专业技术则需要与时俱进、不断进步，技术领先通常是保持市场竞争力的有效保障，特别是信息数字时代的科技发展，专业细分与交叉学科同时存在，就更加需要坚定明确的战略目标管理能力，发挥人才优势和组织优势，从而实现组织绩效的增长。员工对服务要求和实现方法都了然于胸，工作中得心应手，服务质量有较大提升，顾客的满意度明显提升。同时，通过对检测流程标准化，使每项检测均有了科学的流程，消除了不必要的动作及步骤，并使用信息系统处理数据、生成报告；工作人员按照标准流程工作即可，动作最简，即不必再记忆烦琐的数据处理规则和重复输入相关信息，也不必由人工处理原始数据；大大降低了对操作人员的要求，提高了检测效率；同时，由于人工处理少了，也减少了出错的机会。

4.7 注重人才综合素质提高

在检验检测机构各项工作中，人员发挥着非常重要的执行作用，其自身专业性与检验检测工作质量之间有着密切联系[14]。因此，检验检测机构在开展各项工作时，应充分调动工作人员的积极性与主动性，将核心放在人的全面发展上。检验检测机构应充分结合自身发展规划，针对目前工作人员结构存在的问题，构建出完善的培训方案，并实施科学的指导工作。关于所采取的培训形式与内容，应满足一定的多样性，特别是要将重点放在人员实际操作技能培训上。检验检测机构可以在一定的时间内，组织工作人员开展实际操作演练工作，在条件允许的情况下，可以邀请专业的人员到培训现场指导，在活动中传授自身经验，或者是组织各机构之间进行技术分享与交流。对于演练和实际工作中存在的问题与难点，工作人员应进行系统的归纳与总结，并形成完善的记录方案。检验检测机构可以定期开展头脑风暴活动，促进工作人员彼此之间分享交流经验[15]。

5 结语

随着检验检测行业的迅猛发展，水利检验检测行业面临的机遇与挑战并存。在不断变化的市场中，在水生态文明建设和大规模水利工程建设的过程中，水利检验检测机构发挥着越来越重要的技术支撑作用，水利检验检测机构的合规运营更为重要。作为市场化经营的事业单位，检验检测机构要积极提高组织治理的能力，包括对组织战略的执行能力、人才梯队的发展建设能力，秉持初心，保持战略定力，准确把握新发展阶段，深入贯彻新发展理念，加快构建新发展格局，全面推进经济建设、科技创新、人才建设、品牌建设、制度建设、文化建设和党的建设，将自身建设成为具有特色的国内一流检验检测机构。

参考文献

[1] 李琳，邓湘汉，霍炜洁，等．检验检测服务水利高质量发展分析［J］．人民黄河，2021，43（12）：143-146.

[2] 宋迎宾，赵翔元，蔡怀森，等．推动水利工程质量检测高质量发展的思考与建议：以黄河流域为例［C］//中国水利学会．中国水利学会 2021 学术年会论文集．郑州：黄河水利出版社，2021.

[3] 曾艳，孔蓊，陈平．新时期高校检验检测机构建设现状与发展［J］．实验技术与管理，2022，39（4）：1-4，13.

[4] 刘莉．我国检验检测行业发展现状分析及对策建议［J］．中国标准化，2022（9）：202-205.

[5] 宋洋．创新驱动下 A 检测公司的发展战略研究［D］．北京：北京交通大学，2021.

[6] 李琳，霍炜洁，宋小艳，等．水利国家级检验检测机构资质认定现状及展望［C］//中国水利学会．中国水利学会 2021 学术年会论文集．郑州：黄河水利出版社，2021.

[7] 李琳，宋小艳，霍炜洁，等．浅析水利检验检测机构合规运营要点［C］//中国水利学会．中国水利学会 2022 学术年会论文集．郑州：黄河水利出版社，2022.

[8] 宁继荣．浅谈省级检验检测机构发展现状及未来发展方向［C］//2021 新疆标准化论文集．2021.

[9] 崔洁，史岑．对多领域多场所检验检测机构在认证认可中的思考［J］．中国检验检测，2023，31（1）：80-82.

[10] 宋迎宾，罗资坤，屈乐，等．检验检测新技术助推水利行业高质量发展研究［C］//中国水利学会．中国水利学会 2022 学术年会论文集．郑州：黄河水利出版社，2022.

[11] 宋寰，卫尊义，白小亮，等．检验检测机构及实验室智能化发展探索［J］．石油管材与仪器，2019，5（4）：91-93.

[12] 胡崛群，詹德佑，蔡锋．数智化工程检验结果记录系统的研究［J］．浙江交通职业技术学院学报，2022，23（4）：18-22.

[13] 高涛，付洪光，耿鹏，等．标准化助力提升检验检测机构服务质量［C］//中国标准化年度优秀论文（2022）论文集．2022.

[14] 王夏青．简述检验检测机构质量管理体系的持续改进［J］．质量与市场，2023（10）：10-12.

[15] 敖宁．浅议检验检测科研单位提升战略目标管理水平的分析思考［J］．质量与市场，2023（12）：1-3.

对水利工程中金属结构检测若干问题的探讨

郑　莉　毋新房

（水利部水工金属结构质量检验测试中心，河南郑州　450044）

摘　要：《水利部关于水利工程甲级质量检测单位资质认定有关事项的公告》（水利部公告 2023 年第 18 号）于 2023 年 8 月 28 日发布。公告发布后在业内引起较大反响，也有一些争议，本文结合作者多年工作经验，对公告中金属结构类主要检测项目、参数及必须依据的标准进行解读与探讨，希望能为水利工程金属结构检测工作者提供借鉴和参考。

关键词：金属结构；检测；水利工程

1　引言

金属结构作为水利工程重要的组成部分，其质量直接影响着工程的整体质量。水利工程质量检测中，金属结构检测是极其重要的一个组成部分。在多年从事水工金属结构检测的过程中，经常遇到对金属结构检测参数和检测方法标准有分歧的情况。恰逢《水利部关于水利工程甲级质量检测单位资质认定有关事项的公告》（水利部公告 2023 年第 18 号）发布，此公告是对水利部 36 号令《水利工程质量检测管理规定》的补充，尤其是对检测项目、参数及必须依据的标准做出了明确的规定和要求。结合公告中的相关要求，从金属结构相关的主要检测项目、参数及必须依据的标准等方面对金属结构检测中易出现的问题进行解读与探讨，有助于消除分歧、统一认识。

2　对金属结构检测参数的解读

2.1　关于"表面缺陷"类参数

水利部 36 号令中，关于表面缺陷的参数有 4 个，分别是"铸锻件表面缺陷""钢板表面缺陷""焊缝表面缺陷""表面缺陷"。前三个表面缺陷参数均有主语，其涵义相对清晰，本次在公告中，第四个"表面缺陷"参数以"表面缺陷（局部平面度）"的方式表示，括号里的内容直接明确和界定了第四个"表面缺陷"参数指的是焊接构件的局部平面度，该参数在《水工金属结构制造安装质量检验通则》（SL 582—2012，以下简称 SL 582 标准）中有明确的检测方法，公告发布后，围绕该参数的误解和歧义均可消除。下面对"铸锻件表面缺陷""钢板表面缺陷""焊缝表面缺陷"三个参数的涵义和检测方法进行讨论。

2.1.1　表面缺陷的内涵

检测过程中，很多检测人员认为表面缺陷就是检测对象表面上的宏观缺陷，用目视的方法就可以进行检测。其实表面缺陷包括了两个方面的缺陷：一是通常认为的目视可及的宏观缺陷，二是通过表面无损检测方法进行检测的微观表面缺陷。钢板、铸件、锻件、焊缝的表面宏观缺陷检测方法在 SL 582 标准中均有相应的规定，微观表面缺陷一般采用磁粉和渗透方法进行检测。所以，对铸锻件、钢板或者焊缝进行表面缺陷检测时不仅要根据 SL 582 标准进行检测，还需要用磁粉和渗透方法进行无

作者简介：郑莉（1984—），女，高级工程师，主要从事水利水电工程金属结构检测技术与研究工作。

通信作者：毋新房（1971—），男，教授级高级工程师，总工程师，主要从事水利水电工程金属结构检测技术与研究工作。

损检测。

2.1.2 表面缺陷无损检测方法的选择

在对表面缺陷进行无损检测时，一些检验检测机构会认为检测人员只要掌握磁粉检测和渗透检测中的一种方法就满足要求了。其实，这种想法是欠妥的。磁粉检测方法既可以检测表面开口的缺陷，也可以检测表面无开口的近表面缺陷，所以水工金属结构相关标准中一般规定铁磁性材料要优先采用磁粉检测方法。但磁粉探伤机在使用时，受被测件结构形式的限制，有些位置不具备使用条件，因此水工金属结构行业一般把渗透检测方法作为表面无损检测的补充方法，且渗透检测方法无须检测机构增加硬件设备（渗透剂、显影剂、清洗剂均为很便宜的耗材），所以公告中将磁粉检测和渗透检测作为检验检测机构的必备条件。

2.1.3 磁粉检测和渗透检测必须依据的标准

关于磁粉检测和渗透检测的标准有很多，如《承压设备无损检测 第4部分：磁粉检测》（NB/T 47013.4—2015，以下简称 NB/T 47013.4 标准）、《承压设备无损检测 第5部分：渗透检测》（NB/T 47013.5—2015，以下简称 NB/T 47013.5 标准）、《无损检测 磁粉检测 第1部分：总则》（GB/T 15822.1—2005，以下简称 GB/T 15822.1 标准）、《无损检测 渗透检测 第1部分：总则》（GB/T 18851.1—2012，以下简称 GB/T 18851.1 标准）、《焊缝无损检测 磁粉检测》（GB/T 26951—2011，以下简称 GB/T 26951 标准）、《铸钢铸铁件 渗透检测》（GB/T 9443—2019，以下简称 GB/T 9443 标准）和《铸钢铸铁件 磁粉检测》（GB/T 9444—2019，以下简称 GB/T 9444 标准）等。面对众多标准，经验不足的检测人员经常会出现错误。想分清楚这些标准，首先要弄清楚检测的对象（参数的主体）是什么。关于表面缺陷的无损检测，参数主体有铸件、锻件、钢板和焊缝。GB/T 9443 标准和 GB/T 9444 标准针对的是铸件，GB/T 26951 标准针对的是焊缝，NB/T 47013.4 标准、NB/T 47013.5 标准、GB/T 15822.1 标准、GB/T 18851.1 标准则可以通用。由于在《水利水电工程钢闸门制造安装及验收规范》（GB/T 14173—2008）、SL 582 标准等水工金属结构产品标准中，明确规定锻件表面无损检测要执行 NB/T 47013.4 标准和 NB/T 47013.5 标准，所以在公告中，除铸件必须采用 GB/T 9443 标准和 GB/T 9444 标准外，其他表面缺陷检测必须依据的是 NB/T 47013.4 标准和 NB/T 47013.5 标准，而不是 GB/T 15822.1 标准和 GB/T 18851.1 标准。

2.2 关于"焊缝内部缺陷"参数

对焊缝内部缺陷进行检测，很多检测人员认为只要掌握超声检测或者射线检测中的一种检测方法就可以了。由于超声检测和射线检测对缺陷的检出特点不同，行业内一直把超声和射线作为互补的两种检测方法，不能彼此代替，且压力钢管产品标准中明确规定要同时开展超声和射线检测，所以业内有些检测人员认为超声和射线两种检测方法具备一种即可满足要求的认识是不正确的。但射线检测方法对人身有危害，所以在工程实践中有很多检测机构尽量避免采用射线检测方法，在《水电水利工程压力钢管制作安装及验收规范》（GB 50766—2012）等近些年修订的标准中，已经明确射线与TOFD 两种方法可以二选一。所以公告中规定，检测焊缝内部缺陷时，超声检测方法必须具备，但射线和TOFD 两种检测方法可二选一。

2.3 关于"变形量"参数

变形量是一个相对模糊的参数，极易引起歧义，公告中通过加括号的方式，明确金属结构的变形量就是指直线度、平面度、垂直度和扭曲，这是金属结构专业中经常检测的参数。在检测标准的选择上，一些检测人员选择《钢结构现场检测技术标准》（GB/T 50621—2010，以下简称 GB/T 50621 标准）、《水利水电工程测量规范》（SL 197—2013，以下简称 SL 197 标准）、《国家三、四等水准测量规范》（GB/T 12898—2009，以下简称 GB/T 12898 标准）等标准作为必须依据的方法标准，这种做法是错误的。GB/T 50621 标准是钢结构标准，SL 197 标准是水利水电工程测量规范，GB/T 12898 标准是水准测量规范，这三个标准的检测对象都不是水工金属结构。而 SL 582 标准中非常明确地规定了水工金属结构直线度、平面度、垂直度、扭曲的检测方法，所以进行变形量的检测时必须依据 SL

582 标准。

2.4 关于"温度"参数

在对"温度"参数进行检测时，很多检测人员采用《公共场所卫生检验方法 第 1 部分：物理因素》（GB/T 18204.1—2013，以下简称 GB/T 18204.1 标准）进行检测。这种做法是对参数内涵理解得不准确。GB/T 18204.1 标准是公共场所空气温度测定方法，而在水工金属结构设备温度检测中，实际检测的是设备温度，并不是空气温度。SL 582 标准中有明确的设备温度检测方法，所以温度检测必须依据 SL 582 标准。

2.5 关于"腐蚀深度与面积"参数

大多数检测人员对"腐蚀深度与面积"参数的检测只考虑对在役设备的腐蚀状况进行检测，却忽略了新制造的设备所采用的钢板原材料放置时间过久也会有腐蚀情况的出现。所以，在对"腐蚀深度与面积"参数进行检测时，必须依据《水工钢闸门和启闭机安全检测技术规程》（SL 101—2014，以下简称 SL 101 标准）和 SL 582 两个标准进行检测，根据检测对象的不同选择不同的标准进行检测，比如对在役设备的腐蚀状况进行检测时采用 SL 101 标准，对新制造的设备所采用的钢板的原始腐蚀状况的检测采用 SL 582 标准。

3 结语

以上是对水利工程金属结构检测中常见问题的解读与探讨，作为质量检测单位，尤其是取得水利工程甲级资质的检验检测机构，一定要正确理解检测参数的含义，采用正确的检测方法标准进行检测，为水利工程的质量与安全做出贡献。

机制砂残留絮凝剂常用检测方法

金荣泰 王 娟 梁锦程 喻 林

（河海大学力学与材料学院，江苏南京 210098）

摘 要：机制砂被广泛用于土木工程行业，目前制砂方式主要有湿法和干法两种，湿法制砂涉及洗砂工序，常采用絮凝剂加速水溶液中的溶质、胶体或悬浮液颗粒聚集沉降，所以它被机制砂企业大量使用，最终达到循环利用的目的。由于现行标准未对机制砂中絮凝剂残留提出明确限值，导致絮凝剂过量加入，最终对混凝土的耐久性能产生不利影响。为指导絮凝剂在机制砂混凝土中的应用，本文介绍了几种国内外絮凝剂的快速检测方法，包括砂浆扩展度比对法、搅拌沉淀法、黏度计快速检测法、荧光光谱分析法、红外光谱分析法和化学滴定法。

关键词：机制砂；絮凝剂；检测方法

1 引言

2020 年，国家发展和改革委员会等 15 个部门和单位共同发布了《关于促进砂石行业健康有序发展的指导意见》，指出随着天然砂石资源枯竭、生态保护要求提高和建设工程需求量持续增加，机制砂石逐渐替代天然砂石弥补市场需求是必然趋势[1]。

因为机制砂中含有较多的泥和石粉，而絮凝剂可以显著加速水溶液中的溶质、胶体或悬浮液颗粒聚集沉降[2-3]，从而净化水质，所以它被机制砂企业大量使用[4-6]。目前常用的絮凝剂为聚丙烯酰胺、聚合氯化铝和聚合氯化铁等，但是行业对絮凝剂产品和絮凝剂沉淀相关技术了解得相对较少，使用过程中只是简单调节絮凝剂的用量，投放量控制非常粗略，导致有过量的絮凝剂残留在机制砂中。

当混凝土中絮凝剂的量出现过量时，会对混凝土的和易性产生严重的影响。而工作性能是衡量商品混凝土的重要因素，它不仅影响混凝土的工作状态、泵送性能，也影响混凝土的施工难易程度。因此，商品混凝土搅拌站严格控制混凝土流动性能，如所用砂中含有絮凝剂成分，将导致商品混凝土搅拌站对混凝土工作性能的控制带来困难，同时也加大了泵送、施工的难度，造成堵管、爆管质量问题发生的隐患。另外，絮凝剂含量过高使得混凝土中其他外加剂的性能衰减，尤其对广泛使用的减水剂有吸附作用，进而影响混凝土的耐久性[7-9]。快速检测机制砂中絮凝剂的残留量，以便于预拌混凝土企业对机制砂进厂时快速检验，对絮凝剂在机制砂混凝土的应用具有重要的指导意义。目前，国内外絮凝剂的快速检测方法主要有砂浆流动度对比法、搅拌沉淀法、黏度计快速检测法、荧光光谱分析法、红外光谱分析法和化学滴定法等。

2 絮凝剂检测方法

2.1 砂浆扩展度比对法

谢文香[10]通过对比基准砂浆扩展度，固定样本参数，测定对比基准砂浆扩展度的损失情况，得出一个经验值，试验结果如表 1 所示，以确定絮凝剂残留含量是否已经超出控制范围，用以指导材料验收。同时，砂浆扩展度检测法可以通过固定基准扩展度值，调整外加剂掺量，以指导生产使用。

作者简介：金荣泰（1998—），男，硕士，主要研究方向为水工新材料和工程质量检测。

通信作者：喻林（1972—），男，教授，主要研究方向为水工新材料、工程质量检测、安全鉴定等。

表 1 砂浆扩展度检测法试验记录

方案	材料用量/g							扩展度/mm
	水泥	煤灰	矿粉	天然砂	机制砂	水	外加剂	
基准砂浆	360	180	120	1 550	0	310	7.92	320
机制砂砂浆	360	180	120	0	1 550	310	7.92	220
混合砂砂浆	360	180	120	775	775	310	7.92	310

砂浆扩展度检测法利用砂浆和混凝土适应性相通原理，通过简化试验流程，快速得出判定结果，但是只能根据砂浆扩展度的损失情况估算絮凝剂的残留量，测得的絮凝剂含量不精准，只适用于定性判断机制砂中是否有絮凝剂残留。

2.2 搅拌沉淀法

柴天红等[11] 介绍了搅拌沉淀法，具体操作步骤为：将 300 g 机制砂（湿砂）加入 300 g 自来水充分搅拌均匀，观察上层水与混凝液的澄清速度，若快速澄清（20 s 以内），则絮凝剂含量较高，可能对混凝土有明显影响；若澄清速度较慢，则絮凝剂含量较低；若缓慢澄清（30 min 以上）则未含絮凝剂。

搅拌沉淀法是目前行业内使用最多、操作最为简便的检测方法，可以检测所有品种的絮凝剂，但是缺点也十分明显，试验结果的判定较为主观，并且只能定性检测出机制砂中是否含有絮凝剂，不能检测出絮凝剂的具体含量。

2.3 黏度计快速检测法

杨林等[12] 发现随着聚丙烯酰胺加入量的增加，溶液的黏度也随之发生变化，便以分子量为 1 800 万阴离子型聚丙烯酰胺为对象，用 20 ℃水将聚丙烯酰胺按不同比例溶解配制成不同质量浓度的溶液，用烧杯称取 500 g 溶液，在 20 ℃室温条件下用 NDJ-8s 型旋转黏度计（使用 0 号转子，测量范围 0~100 mPa·s，测量精度 0.1 mPa·s）测量溶液浓度，发现黏度与絮凝剂浓度呈简单线性相关，对其进行线性回归模型分析，线性回归方程为 $y=13.986x+1.028$，相关系数 $r=0.987$，与 1 相近，说明相关度高，该线性回归模型分析接近实际。同时，作者还提供了一种供生产企业参考的检测方法。企业可用胶材胶砂流动度 1 h 衰减法来定性检验机制砂聚丙烯酰胺是否超标。测试初始流动度 T_0 后，1 h 后再次测量胶砂流动度 T_1。计算流动度衰减值，$S=(T_0-T_1)/T_0$。当 $S<6\%$ 时，机制砂中絮凝剂残留对混凝土性能影响有限，可以出厂。当 $S \geqslant 6\%$ 时，机制砂中絮凝剂残留对混凝土性能影响较大，需要处理才能出厂。

黏度计快速检测法通过线性回归方程及测量洗砂水的黏度和质量，可以较准确地计算出机制砂中残留絮凝剂含量。砂石企业可以按自己使用的絮凝剂品种，建立絮凝剂含量与黏度的关系曲线（不同分子量、不同品种絮凝剂的黏度略有区别，但其含量和黏度大都存在一定关系）。但是黏度计快速检测法只能针对某一种絮凝剂，并且试验操作烦琐，试验量大，同时絮凝剂的种类很多，不具有普遍适用性。

2.4 荧光光谱分析法

Yan 等[13] 首次利用荧光碳点（CDs）设计了姜黄素和 Fe^{3+} 比值检测探针。随着姜黄素的加入，浓度达到 5~30 μM 时，猝灭了 CDs 的荧光，增强了姜黄素的荧光。通过吸光度、荧光寿命和 Parker 方程对紫外线的研究，验证了这一机制为内滤效应（IFE）。在 CDs-姜黄素体系中加入 Fe^{3+} 后，通过操作激发波长为 350 nm（5/5 nm 狭缝宽度）的荧光光谱仪来操作荧光光谱，发现姜黄素可以与 Fe^{3+} 以 2:1 的比例络合，导致 CDs 的发射光谱和姜黄素的 ab 吸收光谱之间的重叠减少。IFE 的作用被抑制，从而导致 CDs 的荧光恢复，同时姜黄素的荧光被 Fe^{3+} 猝灭。

Zhao 等[14] 使用准分子作为一个大的疏水基团来调节分子的疏水性，成功地开发出一种新的 Fe^{3+}

和 Pb^{2+} 荧光传感器，用于检测和去除水溶液中的 Fe^{3+} 和 Pb^{2+}。在水溶液中，传感器与 Fe^{3+}/Pb^{2+} 的配位可以形成可去除的絮凝沉淀，并对 Fe^{3+} 和 Pb^{2+} 的发射光谱显示出明显的荧光猝灭信号。

Swift 等[15] 利用絮凝剂与探针（聚丙烯酸-并蒽）的互聚络合作用，建立了一种检测聚丙烯酰胺絮凝剂的新方法——聚合物间络合物形成法。具体方法为：使用 Edinburgh Instruments 199 荧光光谱仪，在 295 nm 的激发波长和 340 nm 的发射波长下记录时间分辨各向异性测量。测量是在 200 ns 的时间段内进行的，分为 512 个通道。使用二氧化硅提示符散射激发波长的光来监测激光束的轮廓。在路径长度为 10 mm 的石英试管中检查所有溶液，然后将发射的光穿过每 30 s 在两个 90°角之间旋转的偏振器。

通过 CDs-姜黄素系统和 Fe^{3+}/Pb^{2+} 荧光传感器可以实现对 Fe^{3+} 的定量检测，聚合物间络合物形成法可以定量检测到残留的聚丙烯酰胺，因此可以对机制砂中絮凝剂进行精确的定量检测，但是试验设备和原材料昂贵，试验专业性要求高，操作过程烦琐，并且只能针对性地检测某一种絮凝剂，性价比低，不适合用于推广使用。

2.5 红外光谱分析法

李波[16] 发明了一种阳离子絮凝剂的红外光谱测定方法，利用红外光谱仪对机制砂中絮凝剂进行表征，采用的是溴化钾压片法进行制样，通过观察絮凝剂的红外特征吸收峰测试机制砂中是否含有絮凝剂以及絮凝剂的种类。

红外光谱分析法能快速测出絮凝剂的特征吸收峰，测量精度高，测量步骤简单，可以精准测试出机制砂中是否含有絮凝剂以及絮凝剂的品种，但是同样存在缺点：一是红外光谱仪较为贵重，性价比低；二是试验操作的专业性要求高；三是只能定性判断机制砂中是否有絮凝剂残留，不能定量分析。

2.6 化学滴定法

王芳斌等[17] 介绍了一种高效无机高分子絮凝剂聚合氯化铁的生产及检验方法，其团队用了化学滴定法来检验絮凝剂聚合氯化铁，具体操作是：取部分样品水溶液，加 10% 亚铁氰化钾溶液，如果发生深蓝色沉淀，并且沉淀在 1：1 盐酸中不溶，证实有铁盐，反应化学方程式为：$3K_4[Fe(CN)_6]+4Fe^{3+}=Fe_4[Fe(CN)_6]_3+12K^+$。取部分样品水溶液，加硝酸和 0.1 mol/L 硝酸银溶液，如果发生白色沉淀，证实有氯化物。再取部分样品水溶液，加 1：1 盐酸和碘化钾，如果生成红棕色溶液，证实有铁盐，反应化学方程式为：$2Fe^{3+}+2KI=2Fe^{2+}+2K^++I_2$。加入上述试剂后有相应的沉淀产生，则可以定性判断出水溶液中含有絮凝剂聚合氯化铁。

同时，作者还介绍了用滴定法定量的检测方法：称取约 1.5 g 聚铁试样，精确至 0.001 g，置于 250 mL 锥形瓶，加水 20 mL，加盐酸溶液 20 mL，加热至沸，趁热滴加氯化亚锡溶液至溶液黄色消失，再过量 1 滴，快速冷却。加氯化汞溶液 5 mL，摇匀后静置 1 min，然后加水 5 mL，加硫-磷混酸 10 mL，二苯胺磺酸钠指示液 4~5 滴，用重铬酸钾标准溶液滴定至紫色（30 s 不褪）即为终点。铁含量计算见式（1），由铁含量的计算结果可以推算出絮凝剂聚合氯化铁的含量：

$$铁含量(\%) = \frac{VC \times 0.055\ 85}{m} \times 100\% \tag{1}$$

式中：V 为滴定时所消耗的重铬酸钾标准溶液的体积，mL；C 为重铬酸钾标准溶液浓度，mol/L；m 为试样的质量，g；0.055 85 为 1.00 mL 重铬酸钾标准溶液相当的以克（g）表示的铁的质量。

高丽等[18] 针对洗砂回用水中聚丙烯酰胺快速检测方法进行了探讨，选择定氮滴定法和氧化比色法进行了对比与优化，结果表明：在所确定的最佳检测条件下，定氮滴定法的检出限是 2 mg/L，氧化比色法的检出限是 0.2 mg/L，定氮滴定法的检出限范围明显高于氧化比色法；在分析检测聚丙烯酰胺质量浓度高于 50 mg/L 的水样时，定氮滴定法精密度和正确度均高于氧化比色法，而对于聚丙烯酰胺质量浓度低于 50 mg/L 的水样时相反。

相比其他检测方法，化学滴定法可以快速地定性检测出絮凝剂的存在，同时可以定量检测出机制砂中絮凝剂的残留量，但是对于试验要求的专业性较强，试验所需试剂较多，操作步骤相对烦琐。

3 结论与展望

3.1 结论

（1）搅拌沉淀法、红外光谱分析法、砂浆扩展度比对法可以定性分析出机制砂中是否含有絮凝剂，但是不能精确测量出絮凝剂含量，提供不准确或不可靠的结果，可能会导致产品质量下降或生产中断。

（2）黏度计快速检测法、荧光光谱分析法、化学滴定法可以精确测试机制砂中絮凝剂含量，但是试验设备贵重，专业性要求高，操作步骤麻烦，并且不能适用于所有种类的絮凝剂，不能满足砂石企业快速检测的需求。

3.2 展望

建议生产企业在源头控制絮凝剂含量，规范使用絮凝剂，力求将絮凝剂残留量对混凝土的不良影响降到最低；同时，加强抗絮凝剂的研发，使其能够有效抑制絮凝剂的吸附作用，从而降低对混凝土的不利影响，提高混凝土的耐久性能。

参考文献

［1］郑科. 机制砂在高速公路桥梁高标号混凝土结构中的应用研究［D］. 广州：华南理工大学，2020.

［2］董超. 机制砂对自密实混凝土工作性能、力学性能及耐久性能的影响［D］. 泰安：山东农业大学，2020.

［3］GUEZENNEC A G, MICHEL C, OZTURK S, et al. Microbial aerobic and anaerobic degradation of acrylamide in sludge and water under environmental conditions：case study in a sand and gravel quarry［J］. Environmental Science and Pollution Research International, 2015, 22（9）：6440-6451.

［4］舒学军，万甜明，舒豆豆，等. 一种有效抵御絮凝剂影响的聚羧酸减水剂及其制备方法：202210093395.9［P］. 2023-08-08.

［5］吴井志，单广程，陈健，等. 絮凝剂在机制砂中的应用及其对减水剂分散性的影响［J］. 新型建筑材料，2021, 48（11）：53-55.

［6］屈佳，樊雪梅，王毅梦，等. 丙烯酰胺接枝淀粉在选矿废水絮凝处理中的应用［J］. 工业用水与废水，2017, 48（2）：43-46.

［7］尹键丽. 水洗机制砂中絮凝剂对混凝土性能的影响研究［J］. 混凝土世界，2023（2）：14-18.

［8］孟庆超，毛永琳，张建纲，等. 循环水洗机制砂残留絮凝剂对混凝土性能的影响［J］. 新型建筑材料，2022, 49（10）：65-68.

［9］陈展华. 不同类型絮凝剂絮凝效果及其对混凝土性能影响研究［J］. 福建建材，2022（9）：22-24.

［10］谢文香. 机制砂在混凝土中稳定使用的探讨［J］. 广东建材，2022, 38（6）：11-12, 14.

［11］柴天红，邹小平. 机制砂混凝土存在的问题及应用探讨［J］. 江西建材，2021（12）：10-11, 13.

［12］杨林，李从号. 用粘度计快速测定机制砂絮凝剂浓度的应用探讨［J］. 中华建设，2023（9）：124-126.

［13］YAN F, ZU F, XU J, et al. Fluorescent carbon dots for ratiometric detection of curcumin and ferric ion based on inner filter effect, cell imaging and PVDF membrane fouling research of iron flocculants in wastewater treatment［J］. Sensors & Actuators：B. Chemical, 2019, 287：231-240.

［14］ZHAO M, ZHOU X, TANG J, et al. Pyrene excimer-based fluorescent sensor for detection and removal of Fe^{3+} and Pb^{2+} from aqueous solutions［J］. Spectrochimica Acta Part A：Molecular and Biomolecular Spectroscopy, 2017, 173：235-240.

［15］SWIFT T, SWANSON L, BRETHERICK A, et al. Measuring poly（acryla mide）flocculants in fresh water using inter-poly mer complex formation［J］. Environmental Science：Water Research & Technology, 2015, 1（3）：332-340.

［16］李波. 一种阳离子絮凝剂的红外光谱测定方法：201010559084.4［P］. 2012-05-23.

［17］王芳斌，唐有根，刘开宇，等. 聚合氯化铁的生产与检验方法［J］. 化工之友，2000（2）：36-37.

［18］高丽，李潇潇，曹宇翔，等. 洗砂回用水残留聚丙烯酰胺检测方法比较［J］. 工业用水与废水，2023, 54（2）：88-92.

基于 MATLAB/Simulink 的动压反馈组合流控液压冲击振动系统动态特性分析

盛 洁 龙 翔

（中水东北勘测设计研究有限责任公司，吉林长春 130061）

摘 要：近年来，振动环境模拟试验在设计中的地位越来越重要，液压振动台因能真实地模拟各种试验环境得到了广泛应用。但液压振动台的频宽低，当负载特性发生变化或振动环境模拟所要求的精度和频宽超出其工作能力时，需要液压振动系统对其进行控制。本文提出构建动压反馈组合流控液压冲击振动系统，通过仿真分析证明系统在参数适配的条件下工作是可行的。在此基础上分析了系统工作参数对性能的影响，得到了系统瞬时效率最大为 82.55%，系统工作参数便于调整以满足多个应用领域复杂工况对新型液压振动产品性能的要求，为新型液压振动产品的研制提供参考。

关键词：液压冲击振动；组合流控；动压反馈

1 引言

近年来，振动环境模拟试验在设计中的地位越来越重要，液压振动台以其输出位移大、功率大和低频性能好等优点[1-2]，广泛应用于交通工具的运输环境模拟试验，建筑物的地震模拟试验和大型结构件的环境模拟试验等场合[3]。但是液压振动台的频宽低，当负载特性发生变化或者振动环境模拟所要求的精度和频宽超出其工作能力时，就需要液压振动系统对振动台进行控制[4-5]，因此本文提出以附壁式双稳射流元件作为先导级，用其控制液压换向阀高频切换，进而由液压换向阀作为主控级驱动活塞或柱塞缸，采用动压反馈原理构建的组合流控液压冲击振动系统。

由于此类产品尚处于初步的研发阶段，急需进行相关的设计、建模、仿真、测试工作。本文基于 MATLAB/Simulink（Simscape）对动压反馈的组合流控液压冲击振动系统动态特性进行分析，能够根据设计要求快速量化分析其工作性能参数，节省了试验方法所需花费的人力、物力、财力；组合流控的液压冲击振动系统使研制新型的液压振动产品成为可能，由于液压换向阀的结构和规格可以根据主工作系统进行设计，其性能参数理论上不存在压力和流量的限制[6]，因此用来构建各类液压冲击振动设备具有更加广泛的适用范围，便于调整组合流控液压冲击振动系统的工作参数，以满足多个应用领域复杂工况对新型液压振动产品性能的要求。

2 组合流控液压冲击振动系统的设计

动压反馈组合流控液压冲击振动系统包括液压动力源、射流元件、液压换向阀和液压作动器这四部分，工作原理如图 1 所示，系统动力输入采用双泵动力源，小流量泵为先导级附壁式双稳射流元件提供动力，大流量泵通过主控级液压换向阀为液压作动器（液压缸）提供动力，通过液压换向阀左右两侧控制腔压力作为反馈信号传递给射流元件进行切换，进一步控制液压换向阀换向，液压换向阀接受液压动力源的驱动，为液压作动器提供能量、流量和压力，使液压作动器产生振动输出功率。

作者简介：盛洁（1998—），女，助理工程师，主要从事水利水电岩土工程研究工作。

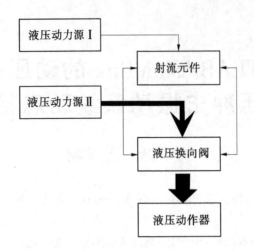

图 1　组合流控液压冲击振动系统工作原理简明示意图

3　组合流控液压冲击振动系统动态仿真模型的构建及参数设置

3.1　组合流控液压冲击振动系统动态仿真模型构建

使用 MATLAB/Simulink 的 Simscape 模块建立动压反馈组合流控液压冲击振动系统动态仿真模型，如图 2 所示，先导级附壁式双稳射流元件控制液压换向阀换向，液压换向阀控制腔压力通过反馈处理传递给射流元件切换，控制液压换向阀高频振动，进一步控制液压缸高频往复运动。

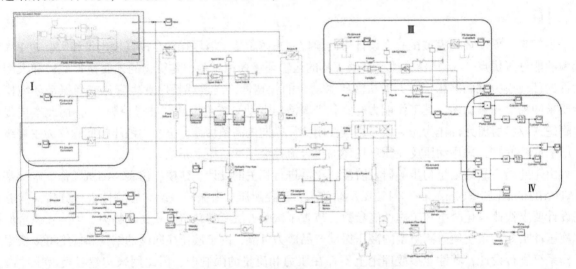

Ⅰ—换向阀 A、B 腔压力反馈；Ⅱ—压力反馈处理函数；Ⅲ—液压缸上下腔压力；Ⅳ—能量利用率。

图 2　组合流控液压冲击振动系统动态仿真模型

为了计算系统的瞬时效率，对系统模型主工作回路部分添加传感器，如图 2 中Ⅳ所示，在液压泵输出口添加液压传感器模块和液压流量传感器模块，然后将两个模块与乘积模块相连接，再将乘积模块与液压缸功率示波器模块相连接；在液压缸处添加理想的力传感器模块和理想的平移运动传感器模块，然后将两个模块与乘积模块相连接，再将乘积模块与泵功率示波器模块相连接；对液压缸功率的值与泵功率的值通过乘积模块进行运算，乘积模块的输入数目设置为 ∗/，通过此模块计算后的值是液压缸功率与液压泵功率的商，即系统的瞬时效率 η。将求解的功率模块与绝对值模块、时间积分模块相连接，即可求得液压缸的冲击功和主泵的总功，然后对液压缸冲击功的值与主泵总功的值通过乘积模块进行运算，乘积模块的输入数目设置为 ∗/，通过此模块计算后的值是液压缸冲击功与主泵总功的商，即系统的效率。

3.2 组合流控液压冲击振动系统动态仿真模型参数设置

对构建好的动压反馈组合流控液压冲击振动系统动态仿真模型进行参数设置，根据模块的真实属性，设置系统动态仿真模型中模块的参数，如表1所示。

表1 组合流控液压冲击振动系统的主要设计参数

序号	名称	符号/单位	参数值
1	先导控制压力	P_{cs}/MPa	<8
2	主系统额定压力	P_s/MPa	10
3	先导控制流量	Q_{cs}/（L/min）	58
4	主系统流量	Q/（L/min）	501
5	振动频率	f/Hz	10
6	阀芯直径	D_v/mm	25
7	阀芯行程	X_v/mm	±16
8	主缸活塞直径	D_{piston}/mm	100
9	活塞杆直径	d_{piston}/mm	80
10	活塞行程	S_p/mm	500
11	工作介质	32号抗磨液压油	

4 组合流控液压冲击振动系统动态性能分析

4.1 组合流控液压冲击振动系统工作可行性分析

在给定频率为10 Hz正弦信号的条件下，分析附壁式双稳射流元件能否驱动液压换向阀高频振动，进一步控制液压缸高频往复运动。从图3中可以看出，附壁式双稳射流元件切换的过程中能够驱动液压换向阀高频往复运动，而且液压换向阀阀芯左右移动的行程达到0.016 m，可以实现完整行程。

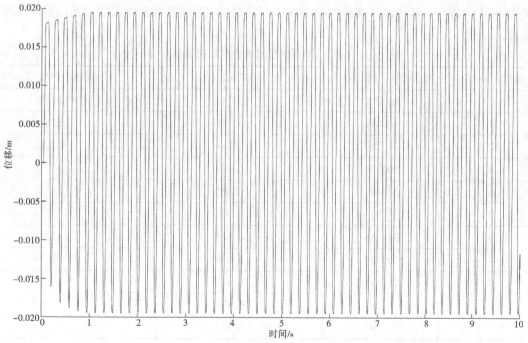

图3 液压换向阀阀芯位移变化曲线

从图 4 中可以看出，在液压换向阀高频振动的状态下，液压缸的活塞位移极值均超过了平移硬停模块设置的值（上界设置为 0.051 m，下界设置为 0.001 m），高频振动的液压换向阀驱动活塞往复运动过程中实现了碰撞，活塞碰撞上后有回弹，高频振动的液压换向阀可以驱动液压缸实现高频往复运动，证明了基于射流元件与阀联合控制的液压冲击振动系统以动压反馈自激振动的方式工作是可行的。

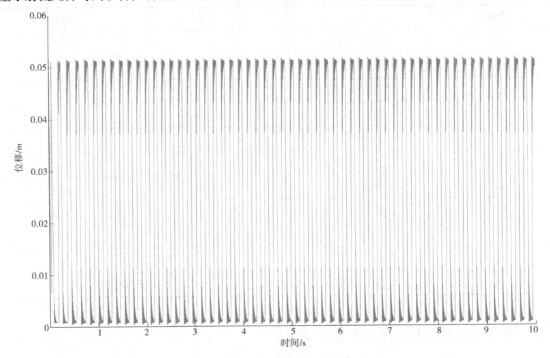

图 4　液压缸活塞位移变化曲线

4.2　组合流控液压冲击振动系统工作参数对性能的影响分析

为了对组合流控液压冲击振动系统进行优化，采取控制单一变量的方法研究系统的动态性能。当研究附壁式双稳射流元件结构参数对系统性能的影响时，只改变喷嘴的宽度，将喷嘴宽度从 1.0 mm 逐渐增大到 2.0 mm，从表 2 中可以看出，随着喷嘴宽度增加，附壁式双稳射流元件控制液压换向阀换向的时间逐渐减少，液压缸活塞最大冲击末速度增大，组合流控液压冲击振动系统瞬时效率先升高而后稳定不变。

表 2　喷嘴宽度对系统性能的影响

喷嘴宽度 W/mm	换向阀换向时间 t/ms	活塞最大冲击末速度 v/（m/s）	系统瞬时效率 η/%
1.0	43.018	6.753	81.97
1.1	40.648	6.771	82.14
1.2	38.280	6.784	82.26
1.3	36.343	6.793	82.35
1.4	34.488	6.801	82.41
1.5	32.465	6.806	82.50
1.6	31.083	6.811	82.54
1.7	29.439	6.813	82.54
1.8	28.281	6.815	82.54
1.9	27.287	6.817	82.55
2.0	26.797	6.817	82.55

当研究为附壁式双稳射流元件提供动力的液压泵排量对系统性能的影响时，只改变液压泵的排量，将液压泵的排量从 36 cm³/rev 逐渐增大到 58 cm³/rev，从表 3 中可以看出，随着液压泵排量增加，附壁式双稳射流元件控制液压换向阀换向的时间逐渐减少，液压缸活塞最大冲击末速度增大，组合流控液压冲击振动系统瞬时效率升高。

表 3 液压泵排量对系统性能的影响

液压泵排量 $V/$ （cm³/rev)	换向阀换向时间 $t/$ms	活塞最大冲击末速度 $v/$ （m/s)	系统瞬时效率 $\eta/\%$
36	43.018	6.753	81.97
38	42.867	6.758	82.01
40	42.350	6.762	82.04
42	42.156	6.767	82.07
44	42.008	6.770	82.14
46	41.583	6.776	82.19
48	41.360	6.782	82.23
50	41.200	6.788	82.26
52	40.878	6.793	82.33
54	40.771	6.799	82.38
56	40.635	6.803	82.42
58	40.578	6.807	82.49

当研究为液压缸提供动力的液压泵排量对系统性能的影响时，只改变液压泵的排量，将液压泵的排量从 500 cm³/rev 逐渐增大到 720 cm³/rev，从表 4 中可以看出，随着液压泵排量增加，附壁式双稳射流元件控制液压换向阀换向的时间增加，液压缸活塞最大冲击末速度增大，组合流控液压冲击振动系统瞬时效率降低。

表 4 液压泵排量对系统性能的影响

液压泵排量 $V/$ （cm³/rev)	换向阀换向时间 $t/$ms	活塞最大冲击末速度 $v/$ （m/s)	系统瞬时效率 $\eta/\%$
500	43.018	6.753	81.97
520	43.152	6.760	78.80
540	43.273	6.762	75.88
560	43.337	6.763	73.13
580	43.414	6.764	70.59
600	43.659	6.765	68.22
620	43.858	6.766	66.08
640	44.111	6.767	64.06
660	44.373	6.768	62.14
680	44.455	6.771	60.32
700	44.586	6.772	58.60
720	44.762	6.772	56.94

综合考虑，当喷嘴宽度为 2 mm，为附壁式双稳射流元件提供动力的液压泵排量为 36 cm³/rev，

为液压缸提供动力的液压泵排量为 500 cm³/rev 时，液压换向阀换向时间为 26.797 ms，液压缸活塞最大冲击末速度为 6.817 m/s，系统瞬时效率最大为 82.55%。

液压缸活塞瞬时功率最大值为 5 793 kW，泵功率为 168.8 kW，液压缸活塞瞬时功率大于泵的功率，通过模块计算可以得到系统的效率为 64.19%，在有蓄能器的条件下，冲击机构瞬时功率可以超过泵的功率，蓄能器会使瞬时功率大幅提高，不改变能量。

5　结论

（1）以附壁式双稳射流元件作为先导级，用其控制液压换向阀切换，进而由液压换向阀驱动主工作缸动作，构成了新型组合流控动压反馈控制液压冲击振动系统的自激振动体系，是一种研发新型液压振动产品的切实可行的新思路，可有效提高效率，且便于调整液压振动系统的工作参数，以满足多个应用领域复杂工况对新型液压振动产品性能的要求。

（2）基于 MATLAB/Simulink（Simscape）分析了附壁式双稳射流元件喷嘴宽度、为附壁式双稳射流元件提供动力的液压泵排量和为液压缸提供动力的液压泵排量对动压反馈组合流控液压冲击振动系统性能的影响：

①随着喷嘴宽度增加，附壁式双稳射流元件控制液压换向阀换向的时间减少，液压缸活塞最大冲击末速度增大，组合流控液压冲击振动系统瞬时效率先升高而后稳定不变。

②随着为附壁式双稳射流元件提供动力的液压泵排量的增加，附壁式双稳射流元件控制液压换向阀换向的时间减少，液压缸活塞最大冲击末速度增大，组合流控液压冲击振动系统瞬时效率升高。

③随着为液压缸提供动力的液压泵排量的增加，附壁式双稳射流元件控制液压换向阀换向的时间增加，液压缸活塞最大冲击末速度增大，组合流控液压冲击振动系统瞬时效率降低。

④当喷嘴宽度为 2 mm，为附壁式双稳射流元件提供动力的液压泵排量为 36 cm³/rev，为液压缸提供动力的液压泵排量为 500 cm³/rev 时，液压换向阀换向时间为 26.797 ms，液压缸活塞最大冲击末速度为 6.817 m/s，系统瞬时效率最大为 82.55%。

（3）动压反馈组合流控液压冲击振动系统在有蓄能器的条件下，冲击机构瞬时功率可以超过泵的功率，蓄能器会使瞬时功率大幅提高，不改变能量。

参考文献

［1］骆涵秀. 液压振动台的发展趋势［J］. 试验机与材料试验，1985（6）：1-7.

［2］胡志强. 液压振动台应用前景的探讨［J］. 测控技术，1993（5）：2-5.

［3］刘博，张静，窦雪川，等. 液压振动台三状态控制策略的研究［J］. 机床与液压，2014，42（19）：136-140.

［4］高长虹，何彪，熊珊. 基于动力学模型前馈的液压振动台控制［J］. 液压与气动，2021，45（5）：183-188.

［5］刘增元，杜明燕，张跃军，等. 大负载液压振动台液压动力源控制系统设计［J］. 今日制造与升级，2022（8）：46-48.

［6］王清岩. 动压反馈先导控制液动冲击振荡器：CN110029940B［P］. 2021-06-08［2023-08-31］.

串联谐振在高压电气设备检测中的应用

王　鹏[1]　刘　洋[1]　徐　航[2]

(1. 中水东北勘测设计研究有限责任公司, 吉林长春　130061;
2. 国家管网集团联合管道有限责任公司西气东输分公司, 上海　200122)

摘　要: 在水利工程质量检测中, 电气设备检测比较常见, 比如电力电缆、变压器、开关柜等。电气设备高压试验在电气预防性试验与交接试验中是必不可少的。在高压电气试验检测中, 串联谐振的试验方法可以减少对电源容量的要求, 还可以保护试验设备的安全。本文介绍了串联谐振产生的原理, 分析了串联谐振试验方法与传统工频耐压的区别, 最后介绍了串联谐振试验方法在实际工况中的应用。

关键词: 质量检测; 高压试验; 串联谐振

1　串联谐振的产生

谐振是由 R、L、C 元件组成的电路在一定条件下发生的一种特殊现象。图1所示 R、L、C 串联电路, 在正弦电压 U_s 作用下, 其复阻抗:

$$Z = R + j(\omega L - \frac{1}{\omega C}) = R + (X_L - X_C) = R + jX \tag{1}$$

式中: R、L、C 分别为电阻、电感、电容; Z、X_L、X_C 为阻抗、感抗、容抗。

当电路发生串联谐振时, $X_L = X_C$, 此时电路中的电流与电源电压相位相同, 电感两端电压 U_L 与电容两端电压 U_C 大小相同、相位相反而且相互补偿, 整个电路呈阻性, 如图2所示, 谐振电流就完全取决于电阻的数值。此时电路中谐振频率为 $f_0 = \dfrac{1}{2\pi\sqrt{LC}}$, 角频率为 ω_0。谐振时的感抗或容抗为串联谐振电路的特性阻抗, 记为 ρ, 即

$$\rho = \omega_0 L = \frac{1}{\omega_0 C} = \frac{1}{\sqrt{LC}}L = \sqrt{\frac{L}{C}} \tag{2}$$

工程上常用特性阻抗与电阻的比值来表征谐振电路的性能, 并称此比值为串联电路的品质因数, 用 Q 表示, 即

$$Q = \frac{\rho}{R} = \frac{\omega_0 L}{R} = \frac{1}{\omega_0 CR} = \frac{1}{R}\sqrt{\frac{L}{C}} \tag{3}$$

谐振时各原件电压如下

$$\left.\begin{array}{l} \dot{U}_R = I_0 R = \dot{U}_s \\[2mm] \dot{U}_L = j\omega_0 L I_0 = jQ\dot{U}_s \\[2mm] \dot{U}_C = -j\frac{1}{\omega_0 C}I_0 = -jQ\dot{U}_s \end{array}\right\} \tag{4}$$

作者简介: 王鹏 (1994—), 男, 硕士, 工程师, 研究方向为电气试验检测、电能质量。

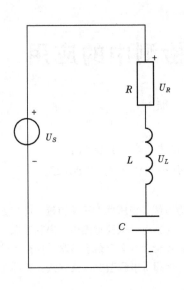
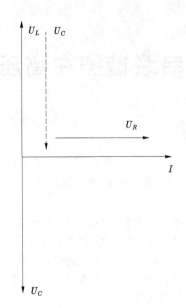

图 1 $R-L-C$ 串联电路图   图 2 $R-L-C$ 串联谐振图

常见的被试品设备如变压器、GIS 系统、SF_6 断路器、电力电缆、套管等均为容性，系统配备的电抗器为感性，试验时先通过调节变频电源的输出频率或者调节电感大小使回路发生串联谐振。由于回路的谐振，电源输出较小电压就可在试品上产生较高的试验电压。在实际现场应用中，试品上的高压电压遵循以下公式：

$$U_{\text{试}} = QU_{\text{激}} \tag{5}$$

式中：$U_{\text{试}}$ 为高压谐振试验电压；$U_{\text{激}}$ 为激励变压器输出电压；Q 值一般大于 20。

2 传统工频耐压试验

传统工频耐压试验需要升压变压器来获取高电压，达到电气设备试验检测时的要求。工频交流耐压试验是电气设备检测中常用的方法，其原理图如图 3 所示。被试品通常都是电容性负载，如图 3 中的 C_X。

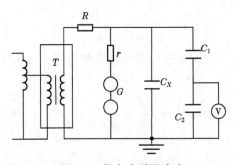

图 3 工频交流耐压试验

其中：T 为试验变压器；R 为变压器保护电阻；r 为保护电阻；G 为测量铜球；C_X 为被试品电容；C_1、C_2 为分压电容器。

传统工频耐压主要通过升压试验变压器 T 输出高电压，低压侧从零逐渐地升高电压，根据变压器高低压侧变比，高压侧输出电压升高至试验检测时所需的电压值以对被试品进行试验。

试验检测步骤如下：

（1）按照所进行的试验接好工作线路。试验变压器的外壳以及操作系统的外壳必须可靠接地。

试验变压器的高压绕组的高压尾以及测量绕组非试验相必须可靠接地。

（2）将试验变压器高压输出端与被试品绕组连接，非被试绕组短路接地。

（3）接通电源前，操作系统的调压器必须调到零位后方可接通电源，合闸，开始升压。

（4）从 0 开始匀速旋转调压器手轮升压。升压方式有：快速升压法，即 20 s 逐级升压法；慢速升压法，即 60 s 逐级升压法；极慢速升压法供选用、电压从 0 开始按一定的升压方式和速度上升到所需的额定试验电压的 75% 后，再以每秒 2% 额定试验电压的速度升到所需的试验电压，并密切注意测量仪表及被试品的情况。升压或试验过程中如发现测量仪表的指示及被试品情况异常，应立即降压，切断电源，查明情况。

（5）试验完毕后，应在数秒内匀速地将调压器返回至零位，切断电源，然后用放电棒进行充分放电，最后拆除接线。

工频耐压试验虽然为一种常见的高压试验方法，但适用于电压等级低、被试电气设备容量小的场景。对于厂用变 0.4/10 kV 630 kVA 的变压器进行预防性试验或交接试验时，选择的试验变压器规格为 50 kV/5 kVA，可进行电气试验检测；如果对一台主变压器（规格 66 kV/10 kV 20 000 kVA）进行预防性试验或交接试验时，需要选择 150 kV/50 kVA 的试验变压器进行电气试验。可以看出，电气设备在进行高压试验时，其试验变压器的重量和体积会随着被试设备的电压等级与电气设备容量的增加而提高。

传统工频耐压试验存在以下问题：

（1）对于电压等级高、容量大的电气设备，如果选用工频耐压试验方法，需要提升试验变压的绝缘和容量。因此，无论在试验设备运输还是在现场摆放上，都会极为不便利，现场需要有足够大的空间来摆放试验设备。

（2）如果大容量试品进行试验，需要利用大量的人力和物力来完成，或者是使用吊车来完成耐压试验，此时不仅对现场的空间有更高要求，而且试验的经济成本也会增加。

（3）交流耐压试验耐压值从试验变压器二次读取，也会有误差。

3 串联谐振试验方法

串联谐振一般分为调感式与调频式两种方式。调感式一般在工频频率为 50 Hz 时进行试验。$L = \dfrac{1}{(2\pi f)^2 C}$，试验检测时，当电路被试品电容值和电源频率一定时，调节电感 L 的大小，使回路达到谐振。

当电路参数 L 和 C 一定时，根据 $f_0 = \dfrac{1}{2\pi\sqrt{LC}}$，改变电路中频率的大小，使电路达到谐振状态。调频式串联谐振方法在电气交流耐压试验中较为常见，调频式串联谐振与调感式串联谐振相比，具有以下优点：

（1）调频、调幅电源采用电力电子设备控制，省去了用于调压的调压器，使系统体积小、重量轻，适合现场使用。

（2）电抗器采用固定电感，磁路无须调节，噪声小，结构简单，不需要调节机构，便于运输及现场安装。

（3）品质因数高，单电抗器一般为 70~100，电压输出为正弦波，谐振时波形失真度极小。

（4）试品试验电流受系统谐振条件制约，当试品击穿发生短路时，系统谐振条件破坏，回路总阻抗增大，试验电压迅速降低，短路电流减小，不会对试验装置和试品造成大的危害。

（5）电抗器虽为固定电感，但通过串、并联或者抽头，还是可以改变的，这样大大增加了试品的电容量范围。

变频串联谐振交流耐压试验的原理图如图 4 所示，接线图如图 5 所示（以被试品为电缆为例）。

图 4 中，T 为励磁变压器；L 为电抗器；R 为等效电阻；C_x 为试品；C_1、C_2 为电容分压器；V 为电压表（C_1、C_2、电压表整体为高压测量仪）。

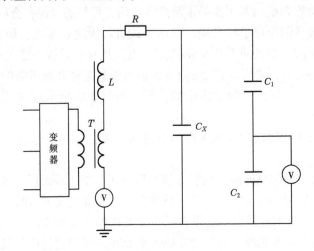

图 4 变频式串联谐振原理图

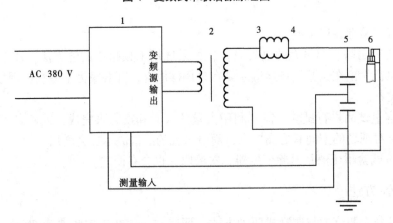

1—变频电源；2—激励变压器；3、4—电抗器；5—电容分压器；6—试品电缆。

图 5 电缆耐压试验接线图

变频串联谐振试验步骤如下：

（1）确定被试品电容量 C_x 值。

（2）把试验电压定下来。

（3）验算。

①试验电流 $I_c = \omega UC = 2\pi fUC$，试验电流不能超过电抗器的额定电流。

②电抗器的电感 $L = \dfrac{1}{\omega} = \dfrac{1}{(2\pi f)^2 C}$，选择合适的电抗器。

③谐振频率 $f_0 = \dfrac{1}{2\pi\sqrt{LC}}$，是否符合试验要求。

（4）依据试验电压、试验电流、试验频率选择合适的试验设备。

（5）将试验设备接线，设备外壳有效接地。

（6）调节操作仪表盘，使频率升高至谐振点。升高试验电压至检测时需要电压，进行耐压试验。

（7）试验完毕后，应在数秒内匀速地将调压器返回至零位，切断电源，然后用放电棒进行充分放电，最后拆除接线。

4 串联谐振试验方法的应用

4.1 电气试验工况介绍

水利工程中涉及电力电缆、变压器、开关柜等电气设备，需要进行交流耐压试验。通过计算和分析，并组合串联谐振设备，进行交流耐压试验。以下文三种工况为例，均为电气交接试验：

（1）8.7/10 kV（300 mm²）电缆，长度为 1.5 km，电容量大约为 0.555 μF，试验电压为 17.4 kV，试验时间为 5 min。

（2）21/35 kV（300 mm²）电缆，长度为 0.35 km，电容量大约为 0.074 μF，试验电压为 42 kV，试验时间为 60 min。

（3）35 kV 主变的交流耐压试验，电容量大约为 0.02 μF，试验电压为 68 kV，试验时间为 1 min。

设备装置组成如表 1 所示。

表 1　75 kVA/75 kV 变频串联谐振装置

序号	设备名称	规格	单位	数量
1	变频电源	6 kW	台	1
2	激励变压器	6 kVA/1.5/3/6 kV/0.4 kV	台	1
3	高压电抗器	110 H/25 kVA/25 kV/1 A	节	3
4	电容分压器	1 000 pF/80 kV	套	1

电缆交流耐压试验时，试验一端试验相接高压，非被试相短路接地，电缆另一端需要悬空，接线试验线路图如图 5 所示。串联谐振试验时，应注意以下事项：

（1）本试验设备应由高压试验专业人员使用，使用前应仔细阅读使用说明书，并经反复操作训练。

（2）操作人员应不少于 2 人。使用时应严格遵守本单位有关高压试验的安全作业规程。

（3）各连接线不能接错，否则将导致试验装置损坏。

（4）本装置使用时，输出的是高电压或超高电压，必须可靠接地，注意操作安全。

4.2 试验设备容量验证及组合

（1）对于第一种工况，选择 3 节电抗器并联形式进行试验，只要电流小于 3 A，试验即可满足要求。并联后电抗器电抗值为 $L = 110/3 = 36.7$（Hz）。

$$谐振频率 f = \frac{1}{2\pi\sqrt{LC}} = \frac{1}{2 \times 3.14 \times \sqrt{36.7 \times 0.555 \times 10^{-6}}} = 35.28 （Hz）$$

试验电流 $I = 2\pi fCU_{试} = 2 \times 3.14 \times 35.28 \times 0.555 \times 10^{-6} \times 17.4 \times 10^{3} = 2.14$（A）

（2）对于第二种工况，选择 2 节电抗器串联形式进行试验，只要电流小于 1 A，试验即可满足要求。并联后电抗器电抗值为 $L = 110 \times 2 = 220$（Hz）。

$$谐振频率 f = \frac{1}{2\pi\sqrt{LC}} = \frac{1}{2 \times 3.14 \times \sqrt{220 \times 0.074 \times 10^{-6}}} = 39.46 （Hz）$$

试验电流 $I = 2\pi fCU_{试} = 2 \times 3.14 \times 39.46 \times 0.074 \times 10^{-6} \times 42 \times 10^{3} = 0.77$（A）

验证设备是否满足试验要求，暂不考虑串联电感互感系数，因此验算结果要小于实际电流值。

（3）对于第三种工况，选择 3 节电抗器串联形式进行试验，只要电流小于 1 A，试验即可满足要求。并联后电抗器电抗值为 $L = 110 \times 3 = 330$（Hz）。

$$谐振频率 f = \frac{1}{2\pi\sqrt{LC}} = \frac{1}{2 \times 3.14 \times \sqrt{330 \times 0.02 \times 10^{-6}}} = 61.98 （Hz）$$

试验电流 $I = 2\pi f C U_{试} = 2 \times 3.14 \times 61.98 \times 0.02 \times 10^{-6} \times 68 \times 10^3 = 0.53$（A）

以上三种工况设备均满足要求，设备组合方式如表 2 所示。

表 2　串联谐振装置组合

被试品	电抗器选择	激励变压器输出端选择/kV	试验电压/kV
8.7/10 kV（300 mm²）电缆，1.5 km	三节电抗器并联	1.5	17.4
21/35 kV（300 mm²）电缆，0.35 km	两节电抗器串联	3	42
35 kV 主变	三节电抗器串联	6	68

5　结语

串联谐振试验方法所需要的试验电源容量相对较小，整套装置占地面积较小并且拆装设备比较方便，可快速达到试验检测状态。串联谐振试验方法要比传统工频耐压试验方法更适用于电压等级高、被试品容量大的场景。

参考文献

[1] 翟永杰. 电气设备高压电气交接试验研究 [J]. 工程技术，2021（8）：110-112.

[2] 孔凡成. 高压电气设备交接试验研究 [J]. 中国设备工程，2021（4）：160-161.

[3] 王世斌. 串联谐振在高压电气设备试验中的应用 [J]. 冶金动力，2007（6）：15-17.

[4] 周云. 电力系统中高压电气的试验研究 [J]. 中国高新科技，2021（21）：70-71.

大型水闸结构评估中的无损检测新技术应用研究

徐 涛[1,2,3] 徐 磊[1,3]

（1. 长江设计集团有限公司，湖北武汉 430010；
2. 国家大坝安全工程技术研究中心，湖北武汉 430010；
3. 长江地球物理探测（武汉）有限公司，湖北武汉 430010）

摘 要：为研究大型水闸混凝土结构性能评估新技术，提升评估结果科学性和准确性，在某大型水闸结构安全评估中，采用阵列超声横波反射成像、半电池电位法等无损检测技术开展混凝土裂缝、内部缺陷、钢筋锈蚀情况及保护层厚度检测；基于精细化检测数据开展建模仿真计算，分析了闸室混凝土裂缝成因，计算了混凝土结构性能退化时间，对混凝土结构耐久性做出科学评估；最后对超声横波反射成像等无损检测新技术在混凝土结构安全评估分析中的应用进行了总结。

关键词：大型水闸；超声横波成像；半电池电位；裂缝成因分析；耐久性分析

1 引言

水闸是重要的水工建筑物，其在运行过程中受水体侵蚀、温度应力作用等因素影响，常出现开裂、钢筋保护层脱落、钢筋锈蚀等情况，导致结构承载力下降，危及工程安全。目前，在水闸结构检测评估方面，以钻芯法及基于监测数据分析为主[1-4]。由于钻孔取芯对混凝土结构具有一定破坏性而难以大批量抽检，少量成果又难以反映混凝土结构整体情况；同时在工程运行过程中，监测传感器由于达到使用年限等损坏失效。在上述不利条件下，如何准确地开展水闸检测评估工作显得尤为重要。

针对上述问题，笔者利用超声波速测试[5-7]、超声横波反射成像[8]、半电池电位法[9]等无损检测技术法开展闸室混凝土裂缝检测、内部缺陷检测、碳化深度检测、钢筋锈蚀检测及保护层厚度检测；并基于检测数据进行多工况建模仿真计算，对混凝土结构耐久性做出科学合理评估。

2 工程概况及主要检测工作内容

某大型水利枢纽工程水闸为大孔口闸型（见图1），共6孔，每孔宽17 m，挡水前缘总长102 m。孔口为长喇叭形，设有前、后胸墙，前胸墙段末端布置事故检修平板门，孔口尺寸为 12 m×12 m（宽×高），后胸墙段末端设弧形闸门，孔口尺寸为 12 m×10.5 m，各闸孔间采用墩中分缝，每边墩厚2.5 m。

针对水闸混凝土结构检测评估需求，检测工作主要包括表观调查、光学测试及超声波测深等无损检测技术，查明闸墩混凝土缺陷及裂缝的分布位置、走向、长度、宽度及深度，整理归纳裂缝分布规律；在深度检测方面，提出相位反转法计算思路，解决裂缝端点不在开口线正下方的深度计算难题。针对混凝土内部钢筋锈蚀情况，采用半电池电位法进行了锈蚀概率检测。针对混凝土结构精细检测，采用阵列超声横波反射合成孔径成像新技术，对混凝土内部钢筋分布及混凝土内部缺陷情况进行精细检测，检测精度由传统的厘米级提升至毫米级，同时可实现双层钢筋检测成像。

作者简介：徐涛（1985—），男，高级工程师，总工程师，主要从事水利水电无损检测技术与应用研究工作。

图 1　闸室泄洪冲沙

3　无损检测技术原理及应用分析

3.1　混凝土结构裂缝调查

裂缝检测仪器采用 ZBL-F800 裂缝综合测试仪，宽度测量范围 0~6 mm，宽度测量精度不超过 ±0.01 mm；深度检测范围 5~500 mm，深度检测精度不超过 ±10%。本次裂缝调查重点在于裂缝深度检测准确性，传统采用声程差计算深度，但当裂缝延伸端点不在裂缝开口线垂直下方时，计算偏差较大，为此提出采用超声波相位反转法（见图 2）。当位于裂缝两端的超声换能器与裂缝开口线间距 x 发生变化时，随着与裂缝深度大小比值的变化，会出现 1 个使超声波首波相位发生反转的临界点，回转角 $\alpha+\beta$ 约为 90°，此时换能器间距与裂缝深度比值为 2。

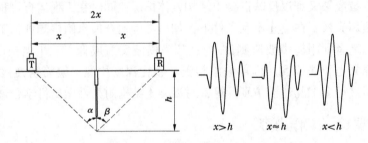

图 2　超声波相位反转法检测混凝土裂缝深度

该闸下游闸墩预应力区检查出混凝土裂缝总计 81 条，多为竖直向裂缝。闸墩平台与上游闸室预应力区裂缝深度和宽度较其他部位裂缝大，最大缝宽为 1.45 mm，缝深为 309 mm。裂缝调查发现所有闸室左墩平台与上游闸室转角部位出现裂缝，在右墩平台预应力区多出现竖向分布的裂缝。将裂缝检测成果按检测最大值进行统计分析（见图 3），发现缝深在 0~200 mm 以内数量占 95%，对缝宽较大裂缝采用穿丝验证缝深无损检测精度为 ±8%，部分裂缝由于钙质析出物充填无法计算深度。将裂缝检测成果按最大宽度进行统计分析（见图 4），缝宽在 0.2~0.4 mm 的数量较多，占总裂缝数的 43.59%。

3.2　混凝土结构钢筋分布与内部缺陷检测

采用阵列超声横波反射合成孔径成像法[8]，该方法与传统超声纵波法不同的是利用超声横波，由于横波不能在流体中传播，遇到混凝土-空气或液体界面几乎全反射，其反射系数和反射波幅较纵波更大；利用合成孔径聚焦技术（见图 5）和超声回波信号延时叠加求和（见图 6）得到目标点聚焦信号，解决超声反射法中的超声波传播方向性差、易受干扰等问题。本次检测设备为俄罗斯 MIRA-

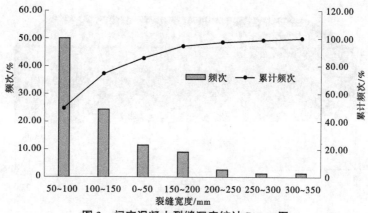

图3　闸室混凝土裂缝深度统计 Pareto 图

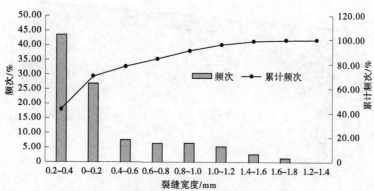

图4　闸室混凝土裂缝宽度统计 Pareto 图

A1040 成像仪，深度 0.05～5 m，分辨率为毫米级。成像处理软件为自主开发。

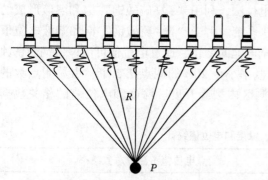

图5　超声合成孔径成像示意图

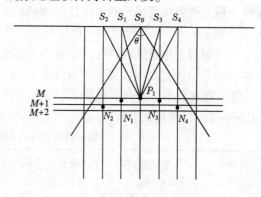

图6　延时叠加原理示意图

在闸墩混凝土表面裂缝区域共选取 7 块典型测区开展超声横波反射成像检测。图7为 C01# 闸孔混凝土内部钢筋检测成果，图8为 C04# 闸孔左侧墩墙面超声横波反射成像成果，展示了混凝土内钢筋分布及埋深情况，同时从混凝土内部反射信号强度判断混凝土内部均一性较好，无明显空鼓等缺陷。其他检测区域成果与之类似。

超声横波反射成像探测成果表明：①闸室墩墙内部存在两层主钢筋及箍筋，其中最外层主钢筋至表面的深度为 50～60 mm，第二层钢筋埋深 210～230 mm；②由于闸室采用钢纤维混凝土，超声反射成像检测发现图像上具有明显的均匀分布的漫反射信号，表明混凝土结构均一性较好；③各闸室混凝土结构内无明显混凝土空鼓、胀裂等缺陷。

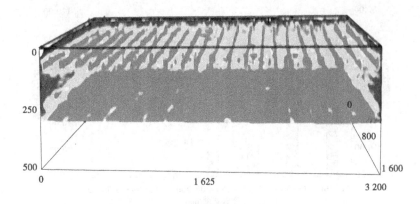

图 7　C01#闸孔混凝土内部钢筋结构检测成果　（单位：mm）

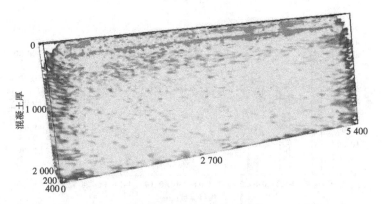

图 8　C04#闸孔左侧墩墙面超声横波反射成像成果　（单位：mm）

3.3　混凝土钢筋锈蚀检测

混凝土钢筋锈蚀检测采用基于电化学理论的半电池电位法，利用"铜+硫酸铜"饱和溶液形成的半电池与"钢筋+混凝土"形成的半电池构成一个全电池系统。由于"铜+硫酸铜"饱和溶液电位值相对恒定，而混凝土中钢筋因锈蚀产生化学反应会引起全电池的变化，通过电位值可以评估钢筋锈蚀状态。本次钢筋锈蚀程度电位测点共 856 个，其中锈蚀概率小于 20% 的测点 775 个，占总测点数的90.5%，锈蚀程度较小。结合裂缝资料，统计钢筋锈蚀测区内裂缝开度、深度和电位值的相关数据（见表 1 和表 2）计算相关系数。

表 1　钢筋锈蚀测区内裂缝开度、深度和电位值统计

最大开度/ mm	最大深度/ mm	最大电位值/ mV	测点电位值占测点总数概率		
			<150 mV	150~200 mV	>200 mV
0.21	99	208	0.94	0.06	0
0.88	207	208	0.88	0.11	0.01
0.25	84	110	1.00	0	0
1.45	309	226	0.81	0.14	0.05
0.19	122	121	1.00	0	0
1.42	216	212	0.85	0.11	0.04
0.78	128	154	0.94	0.06	0

从表 2 可知，裂缝开度与深度表现为正相关，即开度越大深度越大；裂缝开度及深度与电位值区间概率值亦表现为正相关，即开度和深度越大，钢筋的锈蚀概率越高。

表 2　裂缝开度、深度和电位值概率相关系数计算

相关系数	开度/mm	深度/mm	电位值区间对应测点概率		
			<150 mV	150~200 mV	>200 mV
裂缝开度	1.000	0.899	−0.930	0.885	0.905
裂缝深度	0.899	1.000	−0.931	0.883	0.913

4　基于检测参数的闸墩结构分析计算

4.1　混凝土裂缝成因分析

该水闸下游闸墩预应力区在施工期就出现裂缝，据工程施工记录，闸室混凝土浇筑的基础温差最大为 22 ℃，建立仿真计算初始模型（见图 9）。

钢筋混凝土数值计算模型采用分离式模型模拟，把混凝土和钢筋作为不同单元进行处理。采用实体单元模拟混凝土，屈服准则采用带 Rankine 修正的 D-P 准则，钢筋采用 cable 单元模拟。并仓板底板通过插筋与前期已浇筑底板连接，因此并仓板底板有限体积节点采用自由度全约束，其他节点则约束与水流向一致的自由度。

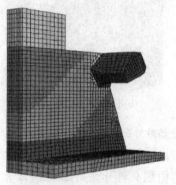

(a)按混凝土标号分区模型　　　(b)含配筋及锚固结构模型

图 9　仿真计算模型

为研究裂缝成因，对混凝土的温度应力采用约束温度方法进行热传导稳态分析，并按混凝土里表温差 22 ℃计算温度载荷。考虑温度载荷和不考虑温度载荷两种工况（见图 10、图 11）进行仿真对比：

（1）考虑温度载荷，温度荷载分布云图揭示，在并仓板与闸墩底部 350# 混凝土之间为主应力较大部位，表现为拉应力，最大值为 1.98 MPa，超出混凝土设计抗拉强度，对比裂缝调查成果，该部位也为纵向裂缝分布区域。

（2）不考虑温度载荷，温度载荷分布云图揭示，闸墩部位最大拉应力为 0.01 MPa，远小于混凝土的抗拉设计强度。温度载荷下的闸墩大体积塑性区分布，塑性区深度为 60 cm，已超出设计钢筋保护层厚度 25 cm；不考虑温度载荷，闸墩混凝土处于弹性状态。

根据混凝土结构强度及配筋复核中温度荷载计算成果，温度载荷下闸墩分布钢筋以受拉为主，最大拉应力为 37.9 MPa；不考虑温度载荷时，闸墩钢筋以受压为主，最大压应力 3.5 MPa。在温度载荷作用下，表层应力已超出混凝土抗拉强度，闸墩底部 350# 混凝土区域拉应力较大，与裂缝检测分布规律吻合。因此，闸墩近纵向裂缝推断为温度裂缝。

通过闸墩常规工况计算分析，闸墩的大主应力主要发生在闸墩与并仓板连接处，即竖向分布裂缝发生的部位，计算出塑性区的深度为 60 cm，已超出钢筋保护层厚度，而闸墩钢筋应力 38.00 MPa，远小于钢筋抗拉设计强度。

(a)考虑温度载荷云图　　　　　　　(b)不考虑温度载荷云图

图 10　闸墩大主应力分布云图

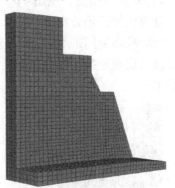

(a)考虑温度载荷云图　　　　　　　(b)不考虑温度载荷云图

图 11　闸墩混凝土塑性分布对比

4.2　闸墩混凝土耐久性分析计算

参照 GB 50144—2019[10]，按大气环境混凝土结构耐久性年限评估方法计算钢筋开始锈蚀时间。根据混凝土钢筋保护层厚度和裂缝深度检测结果，原钢筋保护层厚度按平均值取 220 mm，由于检测发现 95% 的裂缝深度均小于 200 mm，因此保护层厚度取 200 mm，计算钢筋开始锈蚀时间，见表 3。

表 3　钢筋开始锈蚀时间

环境类别	局部环境系数 m	碳化速度影响系数 K_k	保护层厚度影响系数 K_c	局部环境影响系数 K_m	钢筋开始锈蚀时间 t_i
潮湿环境	4.5	1.773 6	1.29	0.68	23.65

考虑结构性能严重退化时间影响系数 B、保护层厚度 F_c、混凝土强度 F_f、钢筋直径 F_d、环境温度 F_t、环境湿度 F_{RH}、局部环境对结构性能退化时间影响系数 F_m 等参数，按式（1）计算钢筋开始锈蚀至保护层开始胀裂的时间，其中结构性能严重退化时间影响系数取 8.09，其他参数参考 GB 50144—2019 附录 B 选取。

$$t_{cl} = B \cdot F_c \cdot F_f \cdot F_d \cdot F_t \cdot F_{RH} \cdot F_m \tag{1}$$

计算出 200#、300#、350#、400# 混凝土钢筋开始锈蚀至结构性能严重退化时间分别为 7.90 年、17.27 年、24.24 年及 32.94 年。结合钢筋开始锈蚀时间推算出闸墩混凝土钢筋开始锈蚀至结构性能严重退化时间（见表 4）。

表4　钢筋开始锈蚀至混凝土结构性能严重退化时间

原设计混凝土强度等级	对应现行规范强度等级	钢筋开始锈蚀时间 t_i/a	钢筋开始锈蚀至结构性能严重退化时间 t_{cl}/a	结构耐久性年限/a
200#	C15	23.65	7.90	31.5
300#	C25	23.65	17.27	40.9
350#	C30	23.65	24.24	47.9
400#	C35	23.65	32.94	56.6

5　综合成果分析

（1）闸墩由于温度应力作用产生裂缝，并仓板上部和闸墩底部之间由于温度应力和拉应力共同存在，为主裂缝区域，与裂缝调查分析结果吻合。

（2）超声横波反射成像对闸室混凝土结构精细成像查明闸墩存在两层钢筋，其中外层钢筋保护层50~60 mm，第二层主筋埋深210~225 mm，混凝土内部结构均一、无缺陷。

（3）钢筋锈蚀程度较小，结合闸墩混凝土钢筋分布检测成果，发生锈蚀钢筋为表层限裂钢筋，取最大混凝土碳化深度，按大气环境混凝土结构耐久性年限评估方法计算钢筋开始锈蚀时间约为23.6年。

（4）根据计算成果，按最短耐久性年限统计闸墩混凝土耐久性保守估计至少为31.5年，该水闸建筑物等级为Ⅰ级。按现行规范达到100年设计寿命，需对裂缝进行封护处理，同时采取温控措施防止新裂缝产生。

6　结语

（1）超声相位反转法能够准确查明浅裂缝深度，超声横波反射成像技术实现混凝土结构精细检测，同时适用于混凝土结构均一性检测；同时多种检测参数可相互验证，为混凝土结构性能评估提供关键性参数。

（2）通过建模仿真计算混凝土结构各种工况下的结构性能变化情况，推导混凝土裂缝等缺陷成因，评估其安全性能，在科学分析混凝土结构性能方面发挥重要作用。结合多样的检测数据成果来丰富模型信息，以更接近于真实工况，提高模型计算准确度及仿真的可靠性。

（3）建议下一步针对水工建筑物地基基础的抗渗稳定及变形破坏、水下混凝土侵蚀及水下渗漏等方面的检测方法和水下环境建模仿真开展研究，以满足水工建筑物全方位安全评估需求。

参考文献

［1］孙琪琦. 水闸安全检测与评价［D］. 南京：河海大学，2006.

［2］郑茂海. 水闸安全评价理论与应用研究［D］. 济南：山东大学，2010.

［3］张建荣，张生保，李斌. 长龄期地下建筑结构状态检测评估方法研究［J］. 山西建筑，2016，42（16）：31-33.

［4］何金平，曹旭梅，李绍文，等. 基于安全监测的水闸健康诊断体系研究［J］. 水利水运工程学报，2018（5）：1-7.

［5］童年，童寿兴. 超声波首波相位反转的机理解析［J］. 建筑材料学报，2016，19（4）：678-681.

［6］李秋锋. 混凝土结构内部异常超声成像技术研究［D］. 南京：南京航空航天大学，2008.

［7］茹世荣. 水工结构混凝土超声波无损检测技术应用［J］. 吉林水利，2017，12（427）：63-66.

［8］张建清，蔡加兴，庞晓星. 超声横波成像法在混凝土质量检测中的应用［J］. 大坝与安全，2016（3）：10-15.

［9］冯文甫. 水利工程钢筋锈蚀检测应用研究［J］. 水利水电技术，2016，47（9）：114-116.

［10］中华人民共和国住房和城乡建设部. 工业建筑可靠性鉴定标准：GB 50144—2019［S］. 北京：中国建筑工业出版社，2019.

综合物探法在堆石坝填筑质量检测中的应用

王艳龙[1]　范　永[1]　高　伟[2]

(1. 中水东北勘测设计研究有限责任公司，吉林长春　130061；
2. 中铁四局集团第一工程有限公司，安徽合肥　230041)

摘　要： 为查明某水库堆石坝是否存在填筑不密实现象，排除工程的安全隐患，本文提出一种通过地质雷达点测与瞬态面波相结合的无损检测方式，首先对大坝整体填筑质量进行无损探测，然后对两种方法综合确定的相对不密实区域进行试坑法试验，再通过试验结果对坝体质量做出评价。该检测方式将雷达浅层的精度优势与面波法的深度优势有效结合起来，提升了对堆石坝整体填筑质量的判断精度。另外，通过物探方法先确定相对薄弱区域，再通过试验方法得出具体试验参数的检测方式，既满足了工程验收需要，又有效提高了检测效率，在实际工程中具有推广意义。

关键词： 大坝填筑；质量检测；瞬态面波；地质雷达

1　引言

近年来，随着我国水利建设速度的逐年提升，堆石坝结构由于其显著的实用性与经济特性，其作为挡水建筑物的使用频率越来越高。堆石坝各区段填筑料的碾压填筑质量决定了工程的安全与稳定，因此在施工过程中采用有效的检测方法对堆石坝填筑质量进行检测就显得至关重要。常规的堆石坝质量检测多采用灌水（砂）法进行，该方法存在检测周期较长、耗费人力较大等问题[1]。为提高检测效率，行业内在堆石坝检测领域也采用一些无损检测的方法，如核子密度仪法、压实沉降观测法、地质雷达法、面波法等[2]，但上述方法也都存在不同程度的缺陷。首先，核子密度仪法、压实沉降观测法以及传统灌水（砂）法均是一种"以点带面"的检测方式，其试验结果仅能代表该检测点的质量信息，并不能反映大坝的整体填筑质量，代表性不充分。而物探方法中常用的地质雷达法探测深度有限，且受含水率的影响较大，面波法表层又存在一定深度的盲区，因此仅仅通过单一的检测方法很难对堆石坝填筑质量做出有效判断。

鉴于上述问题，为了提高堆石坝填筑质量检测效率，本文提出一种通过地质雷达点测与瞬态面波相结合的无损检测方式，将雷达浅层的精度优势与面波法的深度优势有效结合，首先对大坝整体填筑质量进行无损探测，然后对两种方法综合确定的相对不密实区域进行试坑法试验，再通过试验结果对坝体质量做出评价。

2　方法原理

2.1　瞬态面波法

瞬态面波法勘探是利用大锤敲击作为震源，多道检波器等间距采集，处理后从波形记录中提取频散曲线进而形成二维速度剖面的方法。提取频散曲线最常用的方法之一为频率-波数（f-k）法。该方法是分别对波形数据在时间方向和空间方向做快速 FFT 变换，然后通过读取 f-k 频谱能量团峰值对应的频率 f 和波数 k 求取该频率面波的相速度[3]。

其中，二维 FFT 变换计算公式如下：

作者简介：王艳龙（1992—），男，工程师，主要从事水工建筑物无损检测方面的研究工作。

$$Y(f, k) = \int_{-\infty}^{+\infty} \int_{-\infty}^{+\infty} y(t, x) e^{-i2\pi(ft+kx)} dt dx \tag{1}$$

$$Y(f, k) = \int_{-\infty}^{+\infty} \int_{-\infty}^{+\infty} Y(t, x) e^{-i2\pi(ft+kx)} dt dx \tag{2}$$

式中：f 为频率；k 为波数；$Y(f, k)$ 为波形记录在 f-k 域的表达式。

将二维 FFT 变换分解为两个连续的一维 FFT 变换的计算公式如下：

$$Y(f, x) = \int_{-\infty}^{+\infty} y(t, x) e^{-i2\pi ft} dt \tag{3}$$

$$Y(f, k) = \int_{-\infty}^{+\infty} Y(f, x) e^{-i2\pi kx} dx \tag{4}$$

根据波数 k 与波长 λ 的关系可以得到下式：

$$k = \frac{1}{\lambda} = \frac{1}{vT} = \frac{f}{v} \tag{5}$$

式中：v 为波速；T 为周期。

因此，根据波数 k 与波长 λ 的关系，可以通过 f-k 域变换得到 f-v 域，从而实现频散曲线的提取[4]。

2.2 地质雷达法

地质雷达的探测原理主要是借助高频电磁脉冲波的反射来实现对地下目的体特征以及分布状况的探测。高频短脉冲电磁波在传播的过程中一旦碰到有电性差异地层或者目标，就会出现透射和反射现象，天线接收反射波，并将其转化为数字信号，通过电脑以反射波的形式将其记录，之后对这些数据进行处理，可以根据反射波的反射时间、幅度、波形等方面情况，对地下目标的位置、分布以及结构情况进行判断[5]。地质雷达采集方式的选择包括连续采集、控制轮测量、逐点采集三种[6]。连续采集和控制轮测量相比逐点采集虽具有采集速度快的优点，但是对于堆石坝这种表面不平整的测试面，其采集过程中容易造成天线与坝面耦合不良，信号中容易出现"振铃"现象，影响对有效信号的识别与判断。而采用逐点采集的方式，不仅可以有效避免天线与坝面耦合不良的问题，还可以在数据采集中通过信号叠加的方式增大信噪比，从而提高探测精度[7]。

3 检测结果分析

3.1 测线布置

东北某水库堆石坝填筑期在现场巡查过程中发现坝顶存在大粒径石料集中现象，为查明 4 m 深度内的填筑质量，排除工程存在的安全隐患，采用了地质雷达点测与瞬态面波相结合的方式对坝体填筑质量进行无损检测。本次探测测线布置方式为在堆石坝防渗墙两侧上下游沿坝轴线方向在同一位置各布设一条地质雷达测线和面波法测线。地质雷达采用点测方式，采样间隔为 0.2 m，采样点数为 512 个，叠加 128 次；面波法检测采用瞬态法，道间距为 0.2 m，偏移距为 1 m，采样率为 0.2 ms，采样点数为 2 000 个。图 1 为测线布置示意图。

3.2 检测结果

图 2 和图 3 为选取的同一段测线下的解译剖面图。由图 2 可见，地质雷达剖面图在 0~6 m 范围内显示出明显的不规则反射波形，深度在 1.2 m 左右。对比图 3 瞬态面波法速度剖面可见，在水平距离 0~6 m、深度 1.2~4.0 m 范围内存在明显的低速区域，与地质雷达解译结果相对应。而两种方法的解译图像均显示除上述区域外，其余部位雷达反射波形较平稳，无明显异常；面波速度除上述区域外整体波速也较为均一，整体在 200~220 m/s。因此，初步判断 X：0~6 m、H：1.2~4.0 m 范围内存在相对不密实区域。

3.3 试验验证

为进一步查明上述区域的具体情况，同时验证上述无损检测结果的准确性，在测线正上方 $X = 3$

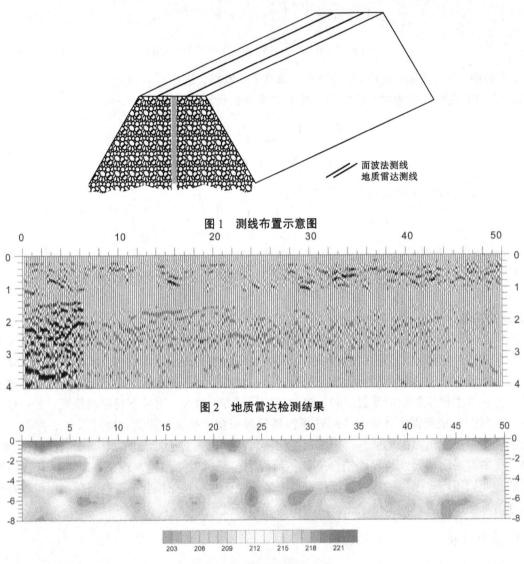

图 1 测线布置示意图

图 2 地质雷达检测结果

图 3 瞬态面波法检测结果

m 处进行灌水法密度试验,并对所取填筑料进行室内颗分、比重等土工试验,试验结果如表 1 所示,颗分曲线如图 4 所示。

表 1 室内试验结果

试验参数	<5 mm 颗粒含量/%	<0.075 mm 颗粒含量/%	干密度/ (g/cm³)	孔隙率/%	不均匀系数 C_u	曲率系数 C_c
设计值	≤20	≤5	≥2.03	≤23	—	—
实测值	8.2	0.2	1.91	26.35	39.95	0.95

由上述试验结果可知,该部位的颗粒级配不在设计包络线内且孔隙率不符合设计要求。经验表明,当级配良好连续时 C_u 宜不小于 5,C_c 宜为 1~3,经级配曲线得知不均匀系数 C_u 为 39.95,曲率系数 C_c 为 0.95,C_u 越大,粒组分布越广,C_u 过大则可能缺少中间粒径,导致大颗粒含量增加级配不连续。根据上述检测及试验结果,施工单位对不符合设计要求的部位进行了挖除整改,后续检测表明,大坝整体填筑质量达到了设计要求,排除了工程的安全隐患。

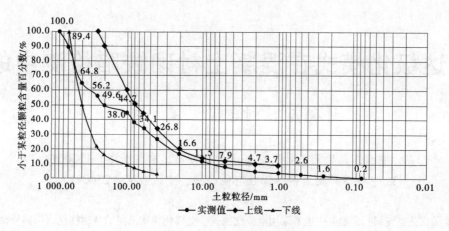

图 4　颗粒分析试验结果

4　结语

（1）采用地质雷达和瞬态面波相结合的手段对堆石坝填筑质量进行探测，有效发挥了两种方法在精度和深度上的优势，对堆石坝整体填筑质量的检测效果较好。

（2）通过综合物探法确定相对异常区域后，再通过试验法进行验证，既可有效提高检测效率，又可满足工程验评资料的要求，在后续堆石坝填筑密度检测中具有较大推广意义。

（3）文中仅通过地质雷达法和瞬态面波法对堆石坝填筑质量进行了定性分析，后续可结合压实度与多物探参数进行回归拟合，实现通过物探方法对填筑质量的定量分析。

参考文献

［1］马雨峰，刘双华，古向军，等．基于面波法的堆石料密度无损检测技术［J］．东北水利水电，2017，35（4）：56-64.

［2］克里木，李辉，冯少孔，等．基于高密度面波技术的堆石坝密实度检测初探［J］．中国水利水电科学研究院学报，2020，18（5）：337-346.

［3］王千年，车爱兰，冯少孔，等．高密度面波法在堆石体结构密实度检测中的应用［J］．上海交通大学学报，2013，47（10）：1574-1579.

［4］胡明顺，潘冬明，李娟娟，等．基于频散曲线合成面波地震记录的方法［J］．煤田地质与勘探，2010，38（2）：59-62，67.

［5］汪贤良．地质雷达点测法在桥梁桩基岩溶检测中的应用［J］．中国新技术新产品，2017（16）：98-99.

［6］印振华，孙伟．地质雷达点测在隧道超前地质预报中的应用［J］．北方交通，2010（2）：101-102.

［7］周辉．衰减介质中地质雷达数据叠前偏移方法研究［D］．青岛：中国海洋大学，2009.

地质雷达极化模式在混凝土衬砌缺陷检测中的应用

许德鑫[1]   刘忠富[1]   高 伟[2]

（1. 中水东北勘测设计研究有限责任公司，吉林长春   130061；
2. 中铁四局集团第一工程有限公司，安徽合肥   230041）

摘 要：地质雷达在隧洞衬砌检测中通常采用电极化模式，电极化模式采集的数据往往浅层信号反射较强，进而影响深层异常信号的识别，容易导致缺陷信号的误判或漏判。而磁极化模式采集的数据浅层信号相对较弱，对深层信号反射干扰较小，更有利于深层信号的识别。所以，采用电极化和磁极化联合检测的方式，更有利于混凝土衬砌内部钢筋及缺陷识别，提高异常的判断精度。

关键词：地质雷达；隧洞衬砌；检测；电极化；磁极化；内部缺陷

1 引言

在隧道的建设过程中，地下地质条件复杂、施工工艺不能达到规范要求、施工工序不够严格等因素，导致隧道衬砌厚度不够，衬砌开裂、空洞、脱空等工程质量问题。如果诸如此类的问题得不到及时解决，会对隧道耐久性能造成极大的影响，所以在建设隧道的过程中，及时地检查和准确地处理工程质量问题，是保证工程安全顺利进行的重要前提。

目前，隧洞混凝土衬砌的无损检测方法有地质雷达法、超声波法、冲击回波法，这些方法已经在隧洞混凝土结构检测中广泛应用。以上无损检测方法中，地质雷达法在隧洞衬砌质量检测中应用广泛，该方法具有检测效率和精度高等优点，但对于双层钢筋混凝土衬砌，受雷达方法本身限制，较难识别出双层钢筋背后或深层缺陷。因此，亟须研究出一套数据采集和数据处理方法，解决上述难题。

2 地质雷达的工作原理

地质雷达法是利用地层或目标体的电性差异，通过反射信号的波形和振幅等特征，推断衬砌介质或目标体的空间位置、形态特征和埋藏深度，达到探测地层或目标体的目的。

电磁波从发射天线发射到被接收天线所接收，行程时间：

$$t = \frac{\sqrt{4z^2 + x^2}}{v} \tag{1}$$

$$v = \frac{c}{\sqrt{\varepsilon_r}} \tag{2}$$

式中：t 为电磁波旅行时间，ns；z 为反射界面深度，m；x 为发射天线到接收天线间的距离，m；v 为电磁波在介质中的传播速度，m/ns；c 为真空中电磁波波速，即光速（$c = 0.3$ m/ns）；ε_r 为介质的相对介电常数。

当速度 v 已知时，通过对雷达剖面上反射信号旅行时间的读取计算反射界面的埋藏深度 z 值。

地质雷达的电极化模式和磁极化模式采集数据的工作原理如图1所示。地质雷达电磁波辐射投影近似椭圆形，电极化沿着长轴方向，磁极化沿着短轴方向，电极化模式采集时电磁波辐射角度大，同一目标体接收的反射信号多。而磁极化模式采集时，受电磁波辐射角度影响，浅层目标体反射信号较

作者简介：许德鑫（1988—），男，工程师，主要从事工程物探工作。

弱，深层目标体反射信号强。

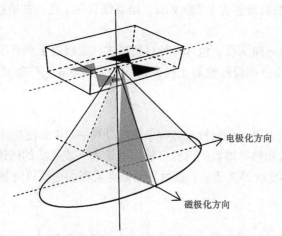

图 1　地质雷达电极化、磁极化采集模式原理

3　工程实例

3.1　项目概况

为了研究不同类型混凝土衬砌脱空的反射波形特征、验证衬砌内部情况检测的准确性，制造了混凝土衬砌结构的物理模型，如图 2 所示。该模型共分为 4 部分，从入口逆时针排列分别为素混凝土衬砌模型区域、双层钢筋+钢绞线混凝土衬砌模型区域、双层钢筋混凝土衬砌模型区域（增加 20 cm 喷锚支护，内部设置两根钢拱架）及单层钢筋混凝土衬砌模型区域。该混凝土衬砌整体采用 C30 混凝土建造，将整个模型设置成内径 5 m 的直立式结构，更加接近实际工程中的输水隧洞结构，具体参数见表 1。鉴于实际工程中混凝土衬砌常见的各种缺陷类型，在各区域内分别设置了 3 种不同的缺陷，包括边长 20 cm 的正方体形缺陷，直径 18 cm 的球形缺陷及直径 8 cm 的球形孔洞缺陷。

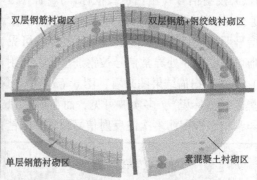

图 2　混凝土衬砌实体模型及内部缺陷布置

表 1　混凝土衬砌模型参数

混凝土强度等级	高/m	内径/m	外径/m	钢筋保护层厚度/cm	钢筋直径/mm	钢筋间距/cm	钢绞线直径/mm	钢绞线组间距/cm	混凝土底板厚度/cm
C30	1.6	5	6	5	18	20	16	50	50

注：竖向钢筋绑扎起始位为距边缝 20 cm，横向钢筋绑扎起始位为距底板 20 cm。

3.2　仪器参数设置

已知混凝土路衬砌厚度值为 50 cm，另外在双层钢筋衬砌段增加 20 cm 厚度的喷射混凝土，并在深度为 53 cm 和 60 cm 埋设两根钢拱架，根据待检衬砌厚度及属性，选用 GSSI SIR4000 主机配备 900

MHz 天线。仪器参数设置为：距离模式，时间窗口设置为 16 ns，有效探测深度约 70 cm，IIR 高通滤波设置为 225 MHz，IIR 低通滤波设置为 1 800 MHz，增益设置为 7 点线性增益。

3.3 测线布置

在衬砌内部表面布置一条环向测线，包含每种衬砌形式，素混凝土和单层钢筋混凝土衬砌测线长度 3.5 m，双层钢筋和双层钢筋+钢绞线混凝土衬砌测线长度 4.0 m，并在测线上 0.5 m 处标记一个 mark 点，以便做距离校正。

3.4 数据处理

数据处理流程：时间零点去除→距离校正→背景消除处理→FIR 滤波处理→克希霍夫偏移处理→彩色剖面色阶调整→区域增益和整体增益的选择→桩号的输入→成果图的描述和导出。

FIR 滤波及区域增益可将反射界面凸显，反射界面做克希霍夫偏移可将界面恢复至实际位置，保证检测结果的准确性。

3.5 测试结果分析

对模型中 4 种类型的混凝土衬砌分别采用地质雷达法电极化和磁极化方式采集数据，通过上述数据处理过程，得到如图 3~图 6 所示扫描结果。

（1）从图 3 扫描结果图来看，图 3（a）、（b）电极化和磁极化扫描结果均可看到同位置的 3 种缺陷异常反射（由白线框标识），但图 3（a）电极化扫描还可明显看到混凝土与围岩的连续分界面，在图 3（b）中分界面连续性较差。

（2）从图 4 扫描结果图来看，图 4（a）、（b）电极化和磁极化扫描结果均可看到水平剖面 3.4 m、深度 30 cm 的同位置异常反射（由白色线框标识），但图 4（a）中电极化扫描钢筋多次波反射信号强度及明显高于图 4（b）中磁极化扫描钢筋多次波反射信号。而图 4（b）中磁极化扫描结果在水平剖面 1.7 m、深度 45 cm 位置异常反射信号明显（由黑色线框标识），在图 4（a）中电极化扫描结果该异常信号被钢筋多次波反射信号覆盖，未能体现。

（3）从图 5 扫描结果图来看，图 5（a）中电极化扫描结果仅可以看到水平剖面 2.5 m、深度 60 cm 的钢拱架反射信号（由白色线框标识），而图 5（b）中磁极化扫描结果还可以看到水平剖面 1.8 m，深度 53 cm 的钢拱架反射信号（由白色线框标识）。另外，图 5（b）中磁极化扫描结果有 3 处异常反射信号明显（由黑色线框标识），多次波可见，而在图 5（a）中电极化扫描结果双层钢筋反射信号清晰可见，但 3 处异常信号被钢筋多次波反射信号覆盖，未能体现。

（4）从图 6 扫描结果图来看，图 6（a）中电极化和磁极化扫描结果可看到 3 处异常反射信号明显（由黑色线框标识），多次波可见，而在图 6（b）中电极化扫描结果双层钢筋反射信号清晰可见，但 3 处异常信号被钢筋多次波反射信号覆盖，未能体现。

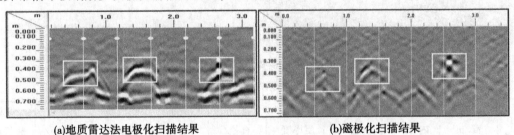

(a)地质雷达法电极化扫描结果　　　　　　　　(b)磁极化扫描结果

图 3　素混凝土衬砌地质雷达法电极化和磁极化扫描结果

4　结语

本文通过地质雷达法的电极化和磁极化采集方式对模型中 4 种类型的混凝土衬砌结构进行测试，并根据扫描结果图和实际缺陷及标志物位置，对比两种采集方式的优缺点：

（1）对于素混凝土来说，两种采集方式中缺陷均清晰可见，但电极化扫描可识别混凝土与围岩

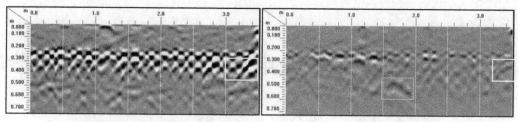

(a)地质雷达法电极化扫描结果　　　　　　　　　　(b)磁极化扫描结果

图4　单层钢筋混凝土衬砌地质雷达法电极化和磁极化扫描结果

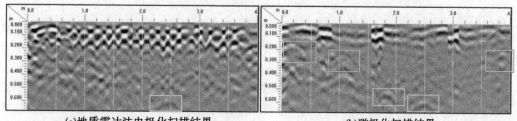

(a)地质雷达法电极化扫描结果　　　　　　　　　　(b)磁极化扫描结果

图5　双层钢筋混凝土衬砌地质雷达法电极化和磁极化扫描结果

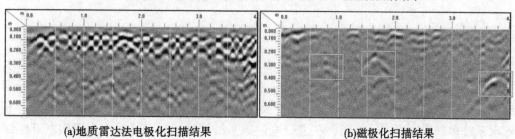

(a)地质雷达法电极化扫描结果　　　　　　　　　　(b)磁极化扫描结果

图6　双层钢筋+钢绞线混凝土衬砌地质雷达法电极化和磁极化扫描结果

分界面。

（2）对于钢筋混凝土衬砌来说，电极化扫描对混凝土内部钢筋反射敏感，双层钢筋清晰可见，但混凝土内部缺陷容易受钢筋多次波反射屏蔽，容易造成误判。磁极化扫描可弱化钢筋网反射，提高异常缺陷反射信号强度，有利于缺陷的判断。

（3）采用电极化和磁极化联合的检测方式，更有利于混凝土衬砌内部钢筋及缺陷识别，提高异常的判断精度。

参考文献

［1］王艳龙，洪文彬，王德库，等．综合波场法在混凝土衬砌检测中的试验研究［C］//中国水利学会．中国水利学会2021学术年会论文集：第三分册．郑州：黄河水利出版社，2021：324-329.

［2］王艳龙．基于弹性波法的输水隧洞衬砌质量检测方法研究［D］．长春：吉林大学，2020.

［3］洪文彬，许德鑫，张树仁，等．基于F-K偏移及模态分解的地质雷达法大坝面板脱空检测技术研究［J］．水利科学与寒区工程，2022，5（11）：147-149.

［4］刘涵池．隧道衬砌隐伏病害地质雷达智能反演方法［D］．济南：山东大学，2022.

［5］康元欣，黄静，王旭，等．道路病害体探测关键技术研究［C］//中国管理科学研究院商学院，中国技术市场协会，中国高科技产业化研究会，中国国际科学技术合作协会，发现杂志社．第二十一届中国科学家论坛论文集，2023：73-81.

［6］刘晨阳．路基浅层病害雷达正演及智能识别研究［D］．北京：北京交通大学，2021.

［7］时文浩．基于地质雷达图像特征的浅表隐伏空洞识别技术［D］．济南：山东建筑大学，2022.

基于 3DEC 的抽水蓄能电站厂房硐室稳定性分析

赵云鹏　范　永

（中水东北勘测设计研究有限责任公司，吉林长春　130000）

摘　要： 针对吉林汪清抽水蓄能电站地下厂房硐室开挖后围岩稳定问题，通过室内岩石试验和原位试验获取物理、力学参数，基于三维块体离散元数值模拟软件 3DEC，研究因开挖卸荷导致的硐室围岩变形和破坏特征。研究结果表明，地下硐室初始开挖时，形变较小，开挖 30 m 后围岩形变激变。硐室水平侧壁应力集中在围岩内部 3～10 m 内。采用 3DEC 块体离散元数值模拟能够较好地描述地下硐室开挖过程中硐室围岩在卸荷作用下的力学行为，可以有效评估围岩的损伤特征和潜在风险区域，指导施工。

关键词： 抽水蓄能；围岩稳定性；数值模拟

1　引言

近年来，为了响应国家"双碳"战略，提高能源安全保障水平，国内上马一系列抽水蓄能电站[1-2]。抽水蓄能电站是在用电低谷时抽水上山，将富余电能转换为重力势能；在用电高峰期放水发电，达到调峰、填谷作用。这些抽水蓄能电站主要包括上下水库、厂房和输水系统等主体结构，其中厂房和输水系统多部署地下[3]。然而，在进行电站地下结构施工时，难免产生因硐室开挖卸荷导致的一系列围岩变形破坏[4-6]。因此，在开挖前，必须对硐室围岩稳定性进行分析。

地下硐室稳定性分析涉及诸多方面，如岩石和节理裂隙的力学性质、节理裂隙的空间部署以及地应力的大小等[7-10]。此外，硐室的大小[11-13]、开挖方式[14-16] 以及支护结构类型[17-19] 也对硐室稳定性产生影响。对于地下硐室的稳定性分析工作，诸如岩质边坡稳定性分析一样，采用工程类比法[20]、现场试验法[21]、数值模拟法[22]、力学解析法[23] 等，这些方法的可靠性和正确性在许多硐室围岩稳定分析案例中得到了验证。其中数值模拟法得益于计算机技术的飞速发展，成为使用最广泛的分析方法。该方法具有计算成本低、适用范围广等优点。现有的数值模拟软件有 DEC[24]、PFC[25]、FLAC[26] 以及 ABAQUS 等。

3DEC 作为一款商业三维块体离散元模拟软件，其能很好地模拟岩体的变形与破坏，反映边坡或隧洞工程施工的力学状况，被国内外学者广泛采用[27-31]。如周家文等[32] 使用该软件对地震工况下的节理边坡进行稳定性分析，并结合实际案例进行正确性验证。毛浩宇等[33] 使用该软件获取白鹤滩水电站地下厂房围岩变形特征，并与微震监测到的微震事件进行对比，发现二者聚集规律基本一致。邢万波等[34] 使用该软件得到锦屏一级水电站左岸坝肩边坡的开挖变形特征以及潜在失稳破坏模式。王涛等[24] 使用该软件模拟地下硐室随机节理面系统，预测硐室开挖过程中出现的破坏块体。

本文采用 3DEC 块体离散元模拟软件，以吉林汪清抽水蓄能电站地下厂房硐室为研究对象，通过现场试验获取厂房硐室围岩物理、力学参数指标以及地应力特征，模拟厂房硐室开发过程中因应力卸荷导致的围岩损伤特征以及潜在风险区域，并进行稳定性分析。本研究可以为该电站的地下厂房施工提供依据，对以后的地下厂房施工有一定的参考价值。

作者简介： 赵云鹏（1995—），男，硕士，助理工程师，研究方向为岩体力学。

2 研究区概况

2.1 区域地质概况

吉林汪清抽水蓄能电站位于吉林省延边朝鲜族自治州汪清县境内（见图1），距离汪清县城 42 km。该电站设计装机容量 1 800 MW，单机容量 300 MW，年发电量 21.38 亿 kW·h，年抽水电量 28.51 亿 kW·h。该电站主要承担吉林电网调峰、填谷、储能、调频、调相及紧急事故备用等任务。

图 1 汪清抽水蓄能电站示意图

研究区属于小兴安岭—长白山—千山隆起带，属中等切割的中低山区。地面高程 370~1 015 m，相对高差约 645 m。该电站的上水库位于西四方台的山顶台地，台地顶部地形平缓，四周呈陡坡、缓坡状，局部见陡崖；在该台地修建的上水库库盆面积 0.321 km²，正常蓄水位 1 007.0 m，死水位 968.0 m，调节库容 847 万 m³。下水库位于前河上游河谷，河谷呈不对称"U"形，谷底宽 300~700 m，较为平坦开阔，河流两侧分布条带状漫滩和较开阔 I 级阶地。下水库库区正常蓄水位 404.0 m，死水位 386.0 m，调节库容 2 126 万 m³（含右岸工程调节库容），额定水头 577 m，距高比 5.6。

2.2 地下硐室地质概况

地下硐室岩性主要为侏罗系天桥岭组凝灰岩和华力西晚期侵入岩花岗岩。侏罗系天桥岭组凝灰岩，火山凝灰结构，块状构造。矿物成分主要为火山碎屑、火山灰，呈块状或次块状结构，节理中等发育，岩体较完整。华力西晚期侵入岩花岗岩，中粒状结构，块状构造，节理中等发育，岩体较完整。矿物成分主要为石英、长石、黑云母。其间穿插闪长和安山岩脉。硐室附近有出露断层，断层产状：N15°W，SW∠30°，断层间距为 5~15 cm，内夹有明显的断层物质，物质组成为碎裂岩、碎块岩、片状岩、糜棱岩。现场判断硐室围岩类型主要为Ⅲ类，断层发育段为Ⅳ类围岩。对厂房附近钻孔 ZK03 进行取样，获取岩石基本物理、力学参数；对厂房附近硐室 PD01 原位岩体进行力学测试，获取岩体力学参数，对厂房附近钻孔 ZK04 进行水力压裂测试，获取厂房地应力值。

3 试验参数获取

3.1 岩石基本试验

现场取样钻孔为 ZK03，室内岩石基本试验主要包括天然密度试验、干密度试验、抗压强度试验、饱和抗压强度试验等。现场共取样 5 组，测得钻孔 ZK03 岩石天然密度均值为 2.63 g/cm³，干密度均值为 2.54 g/cm³，天然抗压强度均值为 68.17 MPa，饱和抗压强度均值为 53.0 MPa，泊松比为 0.28。

3.2 岩体变形试验

现场测试硐室为 PD01 主洞，该硐室掌子面宽 2.2 m、高 2 m。岩体变形试验主要是为了测取岩体的弹性模量 E。岩体变形试验采用刚性承压板法，岩体试验装置见图 2。该装置承压板直径为 50.5

cm，千斤顶最大承载力 500 t，仪表类型为千分表，量程为 0~25 mm。试验载荷加载方向为垂直方向，试验压力荷载分为 5 级，分别是 2.88 MPa、5.76 MPa、8.64 MPa、11.52 MPa、14.40 MPa。试验岩体经过饱和处理，现场试验照片见图 2。现场试验结果见表 1。

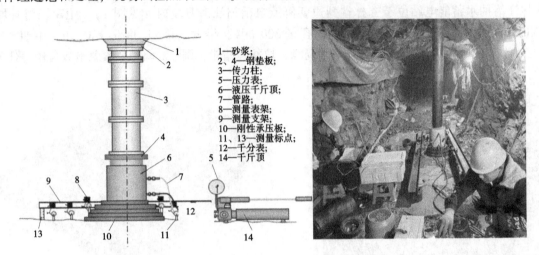

1—砂浆；
2、4—钢垫板；
3—传力柱；
5—压力表；
6—液压千斤顶；
7—管路；
8—测量表架；
9—测量支架；
10—刚性承压板；
11、13—测量标点；
12—千分表；
14—千斤顶

图 2　岩体变形试验装置与工作现场

根据《水电水利工程岩石试验规程》（DL/T 5368—2007）[35]，由于岩体的变形模量由刚性承压板法试验，其变形参数按式（1）计算：

$$E = \frac{\pi}{4} \cdot \frac{(1 - \mu^2)pD}{W} \tag{1}$$

式中：E 为弹性模量，MPa；μ 为岩体泊松比，为 0.28；p 为按承压面单位面积计算的压力，MPa；D 为承压板直径，为 50.5 cm；W 为岩体表面变形，cm。

根据式（1），硐室 PD01 围岩弹性模量范围为 10.578~15.455 MPa，均值为 12.971 MPa。

表 1　岩体变形试验结果统计　　　　　　　　　单位：MPa

编号	压力 p					弹性模量
	2.88	5.76	8.64	11.52	14.40	
PD01-BX-01	10.821	11.268	12.654	14.428	15.455	15.455
PD01-BX-02	12.458	13.374	13.731	14.07	14.535	14.535
PD01-BX-03	9.367	9.174	9.72	11.17	12.113	12.113
PD01-BX-04	6.97	7.511	8.214	9.391	10.974	10.974
PD01-BX-05	7.323	7.945	8.562	10.02	10.578	10.578
PD01-BX-06	10.881	10.853	11.239	12.617	14.169	14.169

3.3　岩体抗剪试验

岩体抗剪试验采用平推法，试验状态为饱和状态，试件尺寸底面积为 60 cm×60 cm，千斤顶法向最大承载力为 500 t，切向最大承载力为 1 000 t，仪表型号为百分表，量程为 0~50 mm。岩体抗剪试验法向应力分 8 级施加，各级法向应力分别为 1.50 MPa、3.00 MPa、4.50 MPa、6.00 MPa、7.50 MPa、9.00 MPa、10.50 MPa、12.00 MPa。现场试验示意与现场试验照片如图 3 所示。

在进行抗剪试验后，可以得到各级法向应力下岩体的峰值抗剪强度（见表 2）。在同一试验区绘制法向应力 σ 与对应的抗剪断峰值的剪应力 τ 的关系曲线，并使用最小二乘法进行曲线拟合，得到拟合曲线公式，即可得到库仑表达式中的摩擦系数 $\tan\varphi$ 和内聚力 c。硐室 PD01 的拟合曲线见图 4，

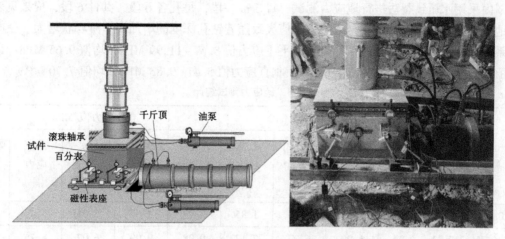

图3 岩体抗剪强度试验装置与工作现场

拟合曲线方程为 $y = 1.509\,5x + 1.360\,7$，R^2 为 0.892 1，因此硐室 PD01 的摩擦系数 $\tan\varphi$ 为 1.509 5，内聚力 c 为 1.360 7 MPa。

表2 岩体抗剪试验结果统计

编号	推力方向	σ/MPa	τ/MPa	$\tan\varphi$	c/MPa
PD01-KJ-01	N21°E	10.50	15.54		
PD01-KJ-02	N18°E	6.00	14.28		
PD01-KJ-03	N24°E	9.00	14.16		
PD01-KJ-04	N25°E	12.00	20.04		
PD01-KJ-05	N18°E	1.50	1.68	1.509 5	1.360 7
PD01-KJ-06	N19°E	3.00	7.26		
PD01-KJ-07	N19°E	4.50	6.84		
PD01-KJ-08	N20°E	7.50	12.60		

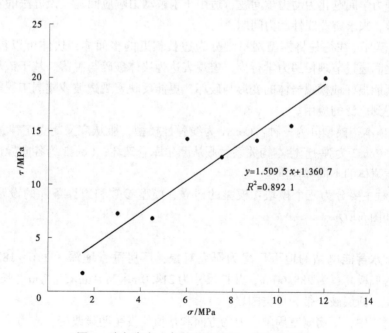

图4 法向应力 σ 与抗剪断峰值 τ 的拟合曲线

3.4 地应力测试

地应力是影响地下硐室围岩稳定的主要地质因素之一，本阶段地下厂房部位钻孔为 ZK04。厂房开挖范围内采用水压致裂法进行地应力测试，每 5 m 一段，每孔各 6 段，共计 6 段，成果见表 3。

由地应力测试结果可以看出，地应力测值大致随着钻孔深度的增加而呈阶梯状增大，三向主应力值的关系为：$\sigma_H > \sigma_V > \sigma_h$。ZK04 钻孔最大水平主应力值 8.67~11.99 MPa，均值 9.65 MPa；最小水平主应力值 5.04~9.47 MPa，均值 6.90 MPa；垂直应力值 5.41~9.83 MPa，均值 7.70 MPa。

表 3　地应力测试统计

序号	测段深度/m	压裂参数/MPa					主应力值/MPa			破裂方位/(°)
		岩石破裂压力 P_b	裂缝重张压力 P_r	瞬时闭合压力 P_S	孔隙压力 P_0	岩石抗张强度 T	最大水平主应力 σ_H	最小水平主应力 σ_h	垂直应力 σ_V	
1	208.13~208.98	7.60	6.61	5.04	1.85	0.99	8.67	5.04	5.41	
2	236.35~237.32	7.97	6.99	6.07	2.12	0.98	9.09	6.07	6.26	N76.1E
3	284.42~285.27	9.33	6.76	6.13	2.60	2.57	9.04	6.13	7.39	
4	299.57~300.42	11.14	8.40	6.80	2.74	2.74	9.25	6.80	7.94	
5	305.37~306.22	11.19	9.09	7.06	2.80	2.80	9.29	7.06	8.09	N88.3E
6	316.16~317.01	12.85	6.57	6.29	2.91	6.28	9.40	6.29	8.21	
7	327.42~328.27	13.15	9.06	8.33	3.02	4.09	10.46	8.33	8.50	
8	378.45~379.30	13.95	12.90	9.47	3.51	1.05	11.99	9.47	9.83	N64.9E

4　变形及稳定性分析

4.1　3DEC 基本介绍

3DEC 是在二维离散元软件 UDEC 的基础上发展而来的。其计算分析主要采用动态松弛离散元法，即把非线性静力学问题化为动力学问题，适用于求解动力响应问题。该方法的实质是对临界阻尼方程进行逐步积分，来求解非线性动力问题。

3DEC 软件建模时，往往是将模型网格划分为边长相近的多面体，块体可以被视为刚体或变形体，块体与块体之间通过节理传递力学行为，宏观表达为块体破碎与脱落。基于该软件的计算原理和特点，块体离散元能很好地模拟岩体的变形与破坏，更能反映宏观边坡或隧洞工程等力学状况，已在岩体力学工程中得到广泛的应用。

3DEC 中的块体本构模型分为三种：Cons1 为线弹性模型，服从广义胡克定律，应力应变在加卸载时呈线性关系；Cons2 为弹-塑性本构关系，服从摩尔库仑破坏；Cons3 为各向异性弹性，表明块体在非均质下，分层岩体的不同弹性刚度。

3DEC 分析过程主要分为三个模块：模型的建立、模型参数和边界条件的设定、程序运行与调试。其分析流程如图 5 所示。

4.2　模型建立

本文以汪清抽水蓄能电站的地下厂房为研究对象，厂房垂直埋深为 176~182 m，顶拱高程为 344.30 m，尾水管底板高程为 288.60 m，开挖尺寸为 214.0 m×24.1 m×55.7 m（长×高×宽）。硐室围岩以 Ⅲ 类围岩为主，断层破碎带为 Ⅳ 类围岩。

在厂房施工过程中，厂房硐室周围应力的方向和量值均发生明显改变，应力重分布的过程会导致岩石强度降低、岩石发生脆性破坏以及岩体失稳。有关研究表明，开挖的影响范围集中在以硐室截面为起点向外延伸 4~6 倍硐室截面半径的区域，且从硐室边缘向外逐渐减小。上述区域以外，只受到天然地应力影响，基本不会受到开挖扰动。为研究硐室开挖后对硐室围岩变形范围的影响，本文建立

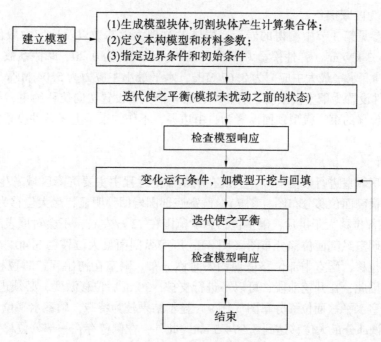

图 5　3DEC 分析过程示意图

了距硐室边缘 6 倍硐室尺寸的范围为围岩区域，厂房硐室长度设为 1 284 m，形成了尺寸为 1 284 m× 144.6 m×334.2 m 的三维隧洞计算模型（见图 6）。

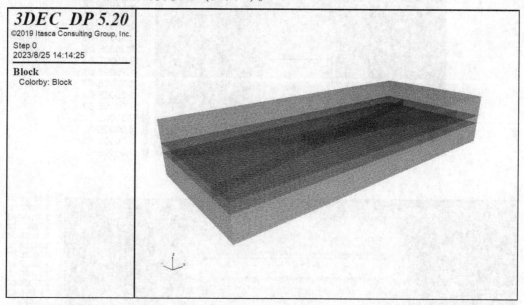

图 6　3DEC 模拟示意图

4.3　本构模型与参数

地下厂房硐室岩体采用弹塑性模型，屈服条件符合 Mohr-Coulomb 强度准则，其屈服函数如式（2）~式（4）所示。当岩体内部某点的应力满足 $f_s<0$ 时，其发生剪切屈服；当岩体内部某点的应力满足 $f_t>0$ 时，其发生张拉屈服。

$$f_s = \sigma_1 - \sigma_3 N_\varphi + 2c\sqrt{N_\varphi} \tag{2}$$

$$f_t = \sigma_3 - R_m \tag{3}$$

$$N_\varphi = (1 + \sin\varphi)/(1 - \sin\varphi) \tag{4}$$

式中：f_s 为剪切应力；f_t 为张拉应力；σ_1、σ_3 为最大、最小主应力；c 为黏聚力；R_m 为抗拉强度；

N_φ 为特征参数；φ 为内摩擦角。

模型参数赋值参见第 3 节中测得的岩石、岩体的物理力学参数以及地应力数值，其赋值参数如下：重力密度为 26.3 kN/m³，弹性模量为 12.971 MPa，泊松比为 0.20，摩擦系数 $\tan\varphi$ 为 1.510，内聚力 c 为 1.361 MPa。水平最大主应力为 8.67 MPa，水平最小主应力为 5.04 MPa，垂直应力为 5.41 MPa。模型边界条件设置为硐室模型前、后、左、右 4 个侧面设置法向位移约束，模型底面 3 个方向（x、y、z）均施加位移约束，模型顶面设置为自由边界，不作约束。上述条件设置完毕后，即可进行稳定性分析工作。

4.4 计算结果分析

通过对地下厂房硐室进行数值模拟，发现在硐室开挖过程中主要沉降区域发生在地下厂房中部。根据地下厂房硐室横剖面位移分布图（图 7），硐室底部围岩回弹明显，最大位移为 3.28 cm；拱顶最大位移 3.0 cm，底部位移大于拱顶，硐室位移影响范围在 72 m 左右，不会对地表产生影响。

根据地下厂房硐室纵剖面位移分布图（图 8），厂房纵剖面最大位移为 3.401 4 cm，开挖后洞口位移小于硐室中间位移，硐室中部位移呈现均匀对称分布。硐室在初始开挖时位移较小，在开挖 30 m 后，位移急增。因此，在开挖前段，可以不进行支护，30 m 后位移激变，必须进行支护。

而地下厂房硐室水平截面位移分布图（图 9）显示结果较为特殊，硐室水平位移集中在硐室侧壁后方 3~10 m 处，该部分最大位移达到 3.974 5 cm。此外，在侧壁存在一部分位移集中现象。根据应力-应变关系，位移集中代表岩体形变集中，进而得到该区域应力集中的结论。过大的应力集中可能导致该区域极易发生岩体破坏现象，故可将该区域划分为潜在风险区域。

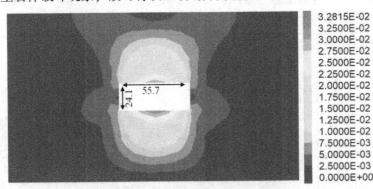

图 7　地下厂房硐室横剖面位移分布

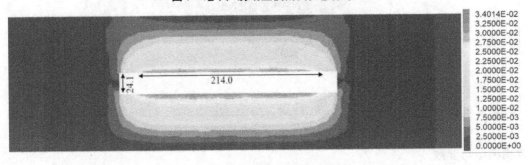

图 8　地下厂房硐室纵剖面位移分布

5　结论

本文通过现场试验和使用 3DEC 软件对吉林汪清抽水蓄能电站地下厂房硐室围岩进行稳定性分析，得到以下结论：

（1）通过对地下厂房附近平硐内进行原位变形、抗剪试验以及地应力测试，可以查明厂房部位岩体的抗变形性能和抵抗外力剪切破坏的能力，为室内地下厂房设计以及数值模拟提供相关参数。

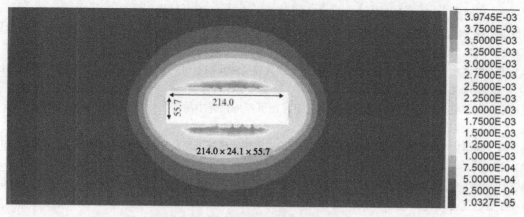

图9　地下厂房硐室水平截面位移分布

（2）基于3DEC块体离散元模拟软件，建立了吉林汪清抽水蓄能电站地下厂房硐室三维模型，模拟厂房硐室开挖卸荷对围岩变形破坏的影响，揭示出硐室开挖过程中，硐室底部位移明显，最大位移为3.97 cm。在初始开挖时，不需要进行支护，在开挖30 m后，需要注意岩体破坏现象。

参考文献

［1］肖广磊，王振明，李晓雯，等. "双碳"目标下抽水蓄能电站建设分析［J］. 水科学与工程技术，2023（2）：93-96.

［2］黄健，张记坤，高新萍. 抽水蓄能电站增值工程规划研究［J］. 山东电力高等专科学校学报，2021，24（5）：31-34，47.

［3］张德强. 浅析抽水蓄能电站GIS选址与设备安装［J］. 储能科学与技术，2022，11（12）：4100-4101.

［4］CALA M，STOPKOWICZ A，KOWALSKI M，et al. Stability analysis of underground mining openings with complex geometry［J］. Studia Geotechnica et Mechanica，2016，38（1）.

［5］陈鹏，肖仕燕，杨星宇. 抽水蓄能电站进出水口数值模拟的研究［J］. 人民黄河，2023，45（S1）：102-103.

［6］SUN N，LIU C，ZHANG F，et al. Accurate Identification of Broken Rock Mass Structure and its Application in Stability Analysis of Underground Caverns Surrounding Rock［J］. Applied Sciences，2023，13（12）：6964.

［7］罗军洪，刘宏伟，林振荣，等. 多因素影响下大跨度地下硐室抗爆稳定性分析［J］. 爆破，2022，39（3）：181-189.

［8］石广斌，肖清，魏娟盆，等. 某大型地下硐室不良地质体变形及控制措施研究［J］. 金属矿山，2022（4）：84-89.

［9］王振宁，张建海，张国燕，等. 某工程地下硐室群块体稳定及支护效应分析［J］. 红水河，2021，40（6）：88-94.

［10］张占荣，盛谦，冷先伦，等. 岩滩水电站地下厂房洞室群围岩稳定性分析［J］. 金属矿山，2008（6）：20-22，30.

［11］丛欣江，王浩，王晓，等. 尺寸效应对硐室开挖稳定性的影响分析［J］. 建筑技术，2017，48（6）：649-651.

［12］张玉军，杨朝帅，琚晓冬. 考虑尺寸效应的隧道开挖稳定性分析［J］. 焦作大学学报，2016，30（1）：73-75.

［13］LI L，AUBERTIN M，SIMON R. Stability analyses of underground openings using a multiaxial failure criterion with scale effects［C］//ISRM International Symposium-Asian Rock Mechanics Symposium. ISRM，2001：ISRM-ARMS2-2001-055.

［14］李盟. 基于分步开挖效应的硐室群管子道力学特性分析［D］. 淮南：安徽理工大学，2017.

［15］张毅，刘波，王响贵，等. 开挖顺序对硐室群围岩稳定性影响及支护对策［J］. 河南理工大学学报（自然科学版），2016，35（4）：445-450.

［16］JIANG Q，SU G，FENG X，et al. Excavation optimization and stability analysis for large underground caverns under high geostress：A case study of the Chinese Laxiwa project［J］. Rock Mechanics and Rock Engineering，2019，52：895-915.

[17] 苏永华, 方祖烈, 高谦. 大跨度地下硐室开挖的模拟分析 [J]. 矿业研究与开发, 1998 (4): 4-6.

[18] 康红普, 王金华, 林健. 煤矿巷道锚杆支护应用实例分析 [J]. 岩石力学与工程学报, 2010, 29 (4): 649-664.

[19] 李为腾, 李术才, 玄超, 等. 高应力软岩巷道支护失效机制及控制研究 [J]. 岩石力学与工程学报, 2015, 34 (9): 1836-1848.

[20] 王积军, 齐震明. 典型工程类比法在小浪底工程地下厂房设计中的应用 [J]. 人民黄河, 1996 (3): 54-58, 62.

[21] 杨仁树, 薛华俊, 郭东明, 等. 复杂岩层大断面硐室群围岩破坏机理及控制 [J]. 煤炭学报, 2015, 40 (10): 2234-2242.

[22] 孙红月, 尚岳全, 张春生. 大型地下洞室围岩稳定性数值模拟分析 [J]. 浙江大学学报 (工学版), 2004 (1): 71-74, 86.

[23] 郑文翔. 高应力下巷道底鼓机理及其锚固技术研究 [D]. 太原: 太原理工大学, 2016.

[24] 王涛, 陈晓玲, 杨建. 基于 3DGIS 和 3DEC 的地下洞室围岩稳定性研究 [J]. 岩石力学与工程学报, 2005 (19): 78-83.

[25] 冯夏庭, 马平波. 基于数据挖掘的地下硐室围岩稳定性判别 [J]. 岩石力学与工程学报, 2001 (3): 306-309.

[26] 赵春涛. 某铁矿大型地下硐室稳定性数值分析 [J]. 现代矿业, 2015, 31 (12): 161-163.

[27] JIA H, YAN B, GUAN K, et al. Stability analysis of shallow goaf based on field monitoring and numerical simulation: A case study at an Open-Pit Iron Mine, China [J]. Frontiers in Earth Science, 2022, 10: 897779.

[28] ZHANG L, SHERIZADEH T, ZHANG Y, et al. Stability analysis of three-dimensional rock blocks based on general block method [J]. Computers and Geotechnics, 2020, 124: 103621.

[29] CUI Z, SHENG Q, LENG X. Control effect of a large geological discontinuity on the seismic response and stability of underground rock caverns: a case study of the Baihetan# 1 surge chamber [J]. Rock Mechanics and Rock Engineering, 2016, 49: 2099-2114.

[30] DENG X F, ZHU J B, CHEN S G, et al. Some fundamental issues and verification of 3DEC in modeling wave propagation in jointed rock masses [J]. Rock Mechanics and Rock Engineering, 2012, 45: 943-951.

[31] 李季. 基于 3DEC 的大采高回采巷道围岩变形特征研究 [J]. 中国矿山工程, 2023, 52 (1): 67-71.

[32] 周家文, 徐卫亚, 石崇. 基于 3DEC 的节理岩体边坡地震影响下的楔体稳定性分析 [J]. 岩石力学与工程学报, 2007 (S1): 3402-3409.

[33] 毛浩宇, 徐奴文, 李彪, 等. 基于离散元模拟和微震监测的白鹤滩水电站左岸地下厂房稳定性分析 [J]. 岩土力学, 2020, 41 (7): 2470-2484.

[34] 邢万波, 周钟. 锦屏一级水电站左岸坝肩边坡的 3DEC 变形和稳定性分析与认识 [J]. 水电站设计, 2010, 26 (1): 8-14.

[35] 中国水电顾问集团成都勘测设计院. 水电水利工程岩石试验规程: DL/T 5368—2007 [S]. 北京: 中国电力出版社, 2007.

动力条件下的筑坝料动模量与阻尼比特性研究

朱海波　刘　洋

（中水东北勘测设计研究有限责任公司，吉林长春　130061）

摘　要：为研究弱风化石英砂岩作为混凝土面板堆石坝筑坝材料的动力特性，通过大型动三轴试验仪对弱风化石英砂岩进行了动模量与阻尼比试验。采用修正等价黏弹性模型分析弱风化石英砂岩的动应力与动应变变化规律，并通过试验结果拟合得到模型参数，分析围压、干密度等因素对材料动力特性的影响。研究成果为该工程坝体动力计算和设计提供了试验依据。

关键词：筑坝料；动力特性；动模量；阻尼比；模型参数

1　引言

随着水利水电行业的不断发展，大批水利水电工程纷纷投入建设，面板堆石坝以其自身具有的低成本以及良好的适应性等特点，在如今的水利水电工程中应用越来越广泛[1-3]。修建在高烈度地震带的面板堆石坝，在开工之前，需对坝体抗震稳定性进行专门的计算论证[4-6]，动模量及阻尼比是研究筑坝料动力特性的重要参数，也是进行地震安全评价的重要依据[10]。目前，对于面板堆石坝筑坝料的动剪切模量和阻尼比特性，众多学者做了大量研究。早期沈珠江等[5]对等价黏弹性模型进行改进，提出经验计算公式；孔宪京等[7]通过堆石料动力试验，总结出堆石料特性参数与动剪应变的关系；徐刚等通过动力试验，证明了归一化方法能够有效降低数据的离散性；于玉贞等[2]通过试验研究了筑坝堆石料的动力变形特性，验证了修正等效线性模型用于筑坝堆石料的适宜性。

虽然我国目前已修建 100 座以上面板堆石坝，但由于地质条件、筑坝料岩性、设计指标等条件的差异，大坝筑坝料的动力特性参数不具备通用性[7-9]。因此，拟通过大型动三轴试验设备，对工程中所采用的弱风化石英砂岩筑坝料进行大型动三轴试验[11-12]，研究筑坝料的动应力与动应变变化规律，其结果为该工程面板堆石坝的动力计算和设计提供试验依据。

2　工程概况

某抽水蓄能电站上水库东西主坝均采用钢筋混凝土面板堆石坝，坝轴线处最大坝高 63.00 m（坝脚位置坝高 132.5 m），坝体采用库内山体开挖的弱风化石英砂岩填筑，分为主堆石区、增模区、下游堆石区、过渡区和垫层料，坝体分区如图 1 所示。库内开挖的弱风化石英砂岩单轴饱和抗压强度最大值 155 MPa，最小值 66 MPa，平均值为 102 MPa，为坚硬岩；岩石的软化系数平均值为 0.79，为不软化岩。

其中，主堆石区及增模区的筑坝材料、设计级配相同，设计孔隙率不同，下游堆石区的设计指标与主堆石区相同。主堆石区是面板堆石坝的主体，为承受水荷载及其他荷载的主要支撑体，位于上游坝壳及坝体底部范围，对坝体稳定和面板变形具有重要意义，由于本工程堆石体下部坐落于倾斜地基上，为增加坝体抗滑稳定性，减小堆石体对坝脚挡墙土压力，降低坝体变形，改善面板工作条件，对 1 021.0 m 高程以下堆石体填筑标准进行提高，增设增模区填筑。因此，主堆石区和增模区作为坝体主要受力主体，研究其动剪切模量及阻尼比特性，总结干密度对动剪切模量及阻尼比的影响规律，为动力计算提供参数，是十分必要的。

作者简介：朱海波（1986—），男，高级工程师，主要从事水利水电岩土工程研究工作。

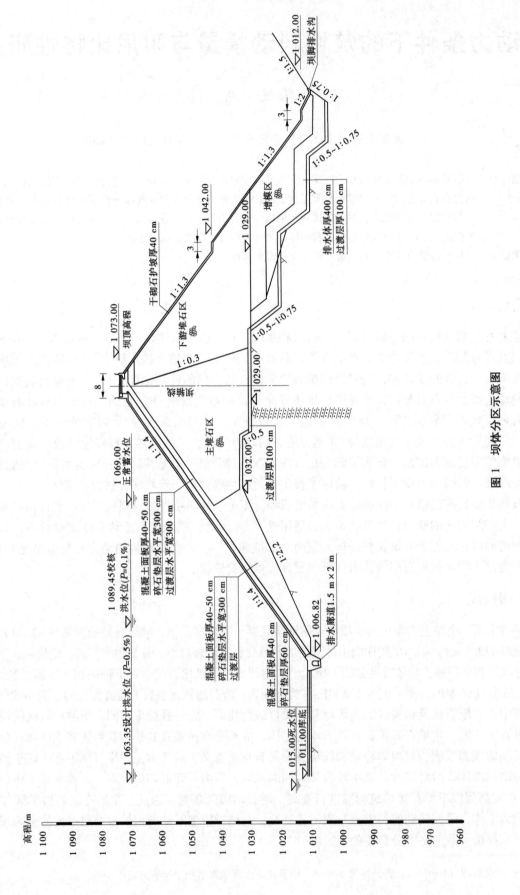

图 1　坝体分区示意图

3 试验方法

3.1 试验设备

采用大型动三轴试验仪进行试验，试样尺寸为ϕ300×600 mm，最大轴向静态荷载1 500 kN，最大轴向动荷载200 kN，轴向力分辨率0.1 kN，位移分辨率0.001 mm，位移测量精度为0.3%F.S，周围压力0~4 MPa，排水分辨率1 mL，大型动三轴试验仪如图2所示。

图2　大型动三轴试验仪

3.2 试验方法

3.2.1 试样制备

本次试验采用弱风化石英砂岩筑坝料的主堆石区和增模区，两者设计包线相同，最大粒径为600 mm，超出室内试验对试样粒径的要求，需通过缩尺方法进行试验制备。试样制备的目的是将具有代表性的粗颗粒土，经过必要的制备程序为各项试验提供试验用料。根据设计要求的级配，采用相似级配法和等量替代法结合的混合法进行缩尺，保证缩尺后小于5 mm粒径含量不变，主堆石区、增模区设计级配相同，级配曲线如图3所示，缩尺后的试验级配曲线如图4所示。

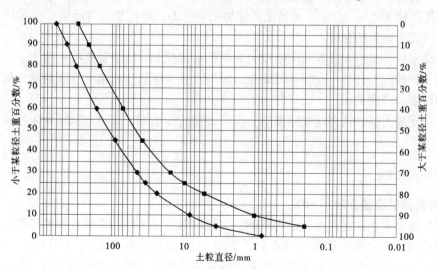

图3　主堆石区和增模区设计级配曲线

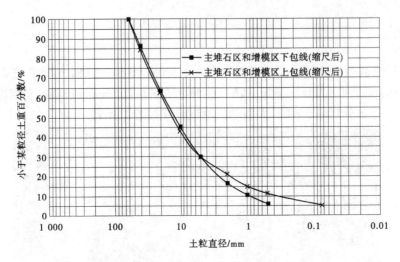

图 4　主堆石区试验级配曲线

根据设计要求，主堆石区的设计孔隙率为 $n \leqslant 20\%$，增模区的设计孔隙率为 $n \leqslant 18\%$，通过试验得到石英砂岩的比重，计算得到试样制备的控制干密度，如表 1 所示。试样制备采用分层振捣法，每层 10 cm，采用控制干密度成型。试样饱和采用水头饱和法，饱和度达到 99% 以上。

表 1　筑坝料试验干密度及孔隙率

材料名称	主要岩性	平均比重	填筑设计指标	按设计填筑最低指标推算的试验干密度/（g/cm^3）
主堆石料	弱风化石英砂岩	2.64	孔隙率 $n \leqslant 20\%$	2.112
增模区料	弱风化石英砂岩	2.64	孔隙率 $n \leqslant 18\%$	2.165

3.2.2　试验步骤

参照《土工试验方法标准》（GB/T 50123—2019）的有关规定，试验方法如下：

（1）试样饱和后，对试样施加等向固结应力，分别为 200 kPa、500 kPa 和 800 kPa，当固结排水量达到稳定后，认为土样已经固结完成。

（2）采用固结比为 $k_c = 2$，进一步给试样施加轴向应力，进行非等向固结，当固结排水量达到稳定后，认为土样非等向固结完成。

（3）关闭排水阀，然后在非等向固结应力和不排水情况下，施加轴向振动应力。

（4）从较小的动应力开始，逐级增加动应力幅值，每一级动应力幅值连续振动 6 周，测得轴向动应力与轴向动应变的滞回关系。

（5）每一级动应力幅的循环荷载结束后，打开试样的排水阀，以消散试样中因振动引起的孔隙水压力。

4　试验结果与分析

4.1　修正等价黏弹性模型参数 k_2 和 n

等效黏弹性模型以线性黏弹性理论为基础，又同时考虑了土体的非线性和滞后性，因此在地震工程中得到普遍应用。等效黏弹性模型是由弹性元件（弹簧）和黏性元件（阻尼器）并联而成，如图 5 所示，表示土在动力作用下的应力是由弹性恢复力和黏性阻尼力共同承受的，但土的刚度和阻尼不为常数，而是与土的动应变幅有关。土的动应力–应变关系的滞回曲线形状比较复杂，滞回曲线所围的面积随剪应变幅的增大而增大，滞回曲线的斜度随剪应变幅的增大而变缓，如图 6 所示。

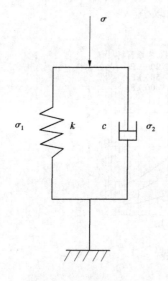

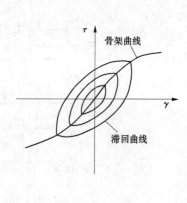

图5　黏弹性模型　　　　　　　　　图6　土的动应力-动应变关系

　　等效黏弹性模型不对滞回曲线形状作严格要求，只是保持滞回曲线所围的面积与实际土体大体相等和滞回曲线的斜度随剪应变幅的变化与实际土体的相似性，不探讨土的能量耗损的复杂本质，认为完全是黏性的，用等效阻尼比作为相应的动阻尼比，用剪应力幅值与动剪应变幅值之比定义相应的动剪切模量。

　　试验中将各滞回圈的顶点相连，得到土的骨架曲线。结果发现，动剪应力幅值和动剪应变幅值之间的关系可以用双曲线来近似表示，见图7，关系如式（1）所示。

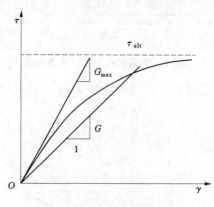

图7　动应力与应变关系

$$\tau = \frac{\gamma}{a + b\gamma} \tag{1}$$

式中，a、b两个参数由试验确定。

　　定义动剪切模量为

$$G_d = \frac{\tau}{\gamma_d} \tag{2}$$

将式（1）代入式（2）中，得

$$1/G_d = (\frac{a}{\gamma} + b)\gamma_d \tag{3}$$

试验得到的主堆石料和增模区 $G_d \sim \gamma_d$ 关系曲线，如图8、图9所示。由图8、图9可知，动剪切模量随围压增加而增大，而同一围压下，随剪切应变增加而逐渐减小。

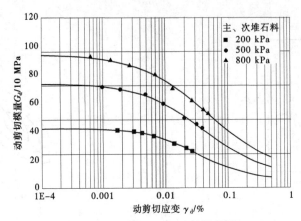

图 8　主堆石区 $G_d \sim \gamma_d$ 关系曲线

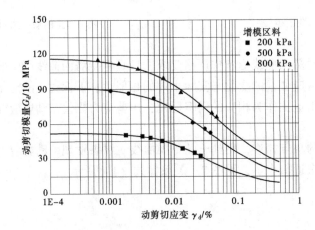

图 9　增模区 $G_d \sim \gamma_d$ 关系曲线

绘制 $1/G_d \sim \gamma_d$ 关系曲线，见图 10，可求得系数 a、b，公式如下：

$$\left.\begin{array}{l} a = 1/G_{max} \\ b = 1/\tau_{ult} \end{array}\right\} \tag{4}$$

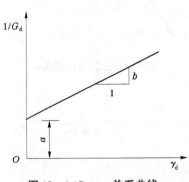

图 10　$1/G_d \sim \gamma_d$ 关系曲线

式中：G_{max} 为最大动剪切模量，τ_{ult} 为最终应力幅值，相当于 $\gamma \to \infty$ 时的 τ 值。G_{max} 可用 $1/G_{max}$ 与动剪切应变在纵轴上截距的倒数求得，这主要是基于动应力与应变关系符合双曲线模型的假定。但实际的试验曲线往往不满足这一假定，所以确定最大动剪切模量 G_{max} 时，按实际回归曲线上将动剪切应变幅为 10^{-6} 对应的等效动剪切模量作为最大动剪切模量 G_{max}。G_{max} 与土体所受的初始平均静应力 σ_0 有关，如式（5）所示。

$$G_{\max} = k_2 p_{\mathrm{a}} \left(\frac{\sigma_0}{p_{\mathrm{a}}} \right)^n \tag{5}$$

式中：p_{a} 为大气压力；k_2 为直线在纵轴上的截距，试验常数，由拟合曲线求得；n 为直线的斜率，试验常数，由拟合曲线求得。

主堆石区和增模区的最大剪切模量与初始平均静应力的拟合曲线如图 11、图 12 所示。由拟和曲线可求得 k_2 和 n 值，由图 11、图 12 可知，最大剪切模量受初始平均静应力影响，随初始平均静应力的增大而增大，拟合得到的 k_2 值受控制干密度影响较大，随干密度增大而增大，而控制干密度对 n 值影响较小。

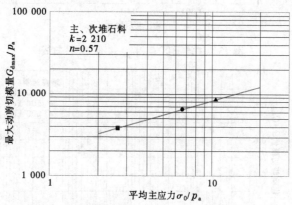

图 11　主堆石区 $G_{\mathrm{dmax}}/p_{\mathrm{a}} \sim \sigma_0/p_{\mathrm{a}}$ 关系曲线

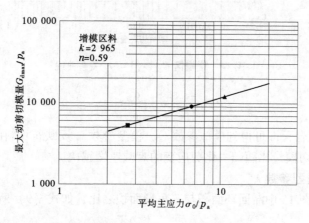

图 12　增模区 $G_{\mathrm{dmax}}/p_{\mathrm{a}} \sim \sigma_0/p_{\mathrm{a}}$ 关系曲线

4.2　修正等价黏弹性模型参数 k_1

根据 Hardin-Drnevich 模型，土的动剪切模量比 $G_{\mathrm{d}}/G_{\max}$ 与动剪切应变 γ_{d} 之间的关系为：

$$G_{\mathrm{d}}/G_{\max} = 1/(1 + \gamma_{\mathrm{d}}/\gamma_{\mathrm{r}}) \tag{6}$$

式中：γ_{r} 为参考剪应变，可由动三轴试验结果计算得到。

绘制主堆石区和增模区 $G_{\mathrm{d}}/G_{\max} \sim \gamma_{\mathrm{d}}$ 关系曲线，如图 13、图 14 所示。由图 13、图 14 可知，$G_{\mathrm{d}}/G_{\max}$ 随动剪切应变 γ_{d} 增加不断减小，反映了筑坝料动应力与动应变的非线性特性。

将式（6）进行归一化，引入参数 k_1，则有：

$$G_{\mathrm{d}}/G_{\max} = \frac{1}{1 + k_1 \overline{\gamma_{\mathrm{d}}}} \tag{7}$$

式中：$\overline{\gamma_{\mathrm{d}}}$ 为归一化的动剪切应变，可由下式求出：

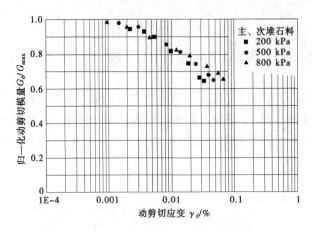

图 13 主堆石区 $G_d/G_{max} \sim \gamma_d$ 关系曲线

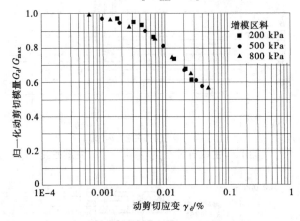

图 14 增模区 $G_d/G_{max} \sim \gamma_d$ 关系曲线

$$\overline{\gamma}_d = \gamma_d / (\frac{\sigma_0}{p_a})^{1-n} \tag{8}$$

由式（7）和式（8）拟合，即可得到模型参数 k_1，模型参数 k_1 反映筑坝料的硬度，即 k_1 越大，筑坝料越硬，筑坝料的动剪切模量比随归一化剪应变的衰减速度越快。

4.3 修正等价黏弹性模型参数 λ_{max}

等效阻尼比定义为图 15 中滞回环面积与三角形面积之比，如式（9）所示：

$$\lambda = \frac{1}{4\pi} \frac{\Delta W}{W} \tag{9}$$

动力有限元计算分析中阻尼比可采用式（10），按实测的阻尼比与动应变关系确定材料的最大阻尼比 λ_{max} 。

$$\lambda = \lambda_{max} \frac{k_1 \overline{\gamma}_d}{1 + k_1 \overline{\gamma}_d} \tag{10}$$

主堆石区和增模区的 $\lambda \sim \gamma_d$ 关系曲线如图 16、图 17 所示。由试验结果可知，λ 随动剪切应变 γ_d 的增大而趋于平缓，逐渐逼近 λ_{max}。最大阻尼比 λ_{max} 反映了坝料的硬度，即 λ_{max} 越小，坝料越硬。

综上，主堆石区和增模区的修正等价黏弹性模型参数如表 2 所示。由表 2 可知，相同级配、不同干密度条件下，k_2 随干密度的增大而增加，n 值受干密度影响较小，因此变化较小，从而反映出动剪切模量受材料的干密度影响，干密度越大，动剪切模量越大，而 k_1 同样受干密度影响越大，随干密度的增加而增大。

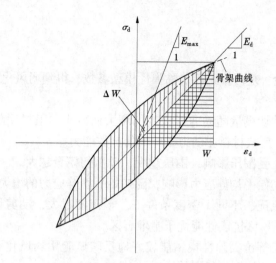

图 15　等效阻尼比的定义

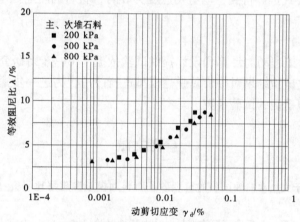

图 16　主堆石区 $\lambda \sim \gamma_d$ 关系曲线

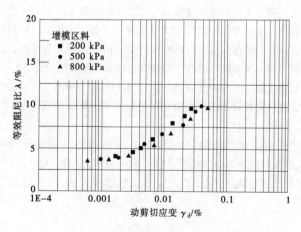

图 17　增模区 $\lambda \sim \gamma_d$ 关系曲线

表 2　修正等价黏弹性模型参数

材料名称	岩性	k_2	n	k_1	λ_{max}
主堆石区	弱风化石英砂岩	2 210	0.57	28.7	0.15
增模区	弱风化石英砂岩	2 965	0.59	44.9	0.17

5 结论与展望

5.1 结论

本文通过大型动三轴试验，整理修正等价黏弹性模型参数，得到弱风化石英砂岩的动力特性，总结得到如下结论：

（1）同一组试验中，动剪切模量随动剪切应变的增大而减小，阻尼比随动剪切应变的增大而增大，最终趋近于最大阻尼比，反映材料在动力条件下的抗震能力。

（2）动剪切模量与阻尼比受围压影响，围压越大，动剪切模量越大。

（3）最大动剪切模量受初始平均静应力影响，随初始平均静应力的增大而增大，呈线性相关性。

（4）同种岩性，在相同级配、不同干密度条件下，干密度越大，动剪切模量越大，增模区的动力参数高于主堆石区，说明增模区抗震性能优于主堆石区。

（5）试验结果表明，修正等价黏弹性模型能较好地反映试验用弱风化石英砂岩动力的特性，说明该筑坝料动应力与动应变关系符合一般规律。

（6）由最大阻尼比公式推导得到，动剪切应变为 0 时，材料的阻尼比也为 0，这与实际不符，因此该公式应予以改进。

5.2 展望

本次研究成果可以为工程动力计算和设计提供试验依据，下一步将研究固结比、颗粒级配对试验结果的影响。同时，通过试验结果对等价黏弹性模型进行改进，为进一步揭示筑坝料的动力特性以及为工程设计计算提供更为精确的试验参数。

参考文献

[1] 谭凡，张婷，徐晗. 基于大型动三轴试验的筑坝砂砾石料动模量和阻尼比研究 [J]. 长江科学院院报，2020 (7)：130-134.

[2] 于玉贞，刘治龙，孙逊，等. 面板堆石坝筑坝材料动力特性试验研究 [J]. 岩土力学，2009，30 (4)：909-914.

[3] 李玫，王艳丽，谭凡，等. 筑坝堆石料的动模量阻尼比试验研究 [J]. 长江科学院院报，2019，36 (9)：86-91.

[4] 董威信，孙书伟，于玉贞，等. 堆石料动力特性大型三轴试验研究 [J]. 岩土力学，2011，32 (S2)：296-301.

[5] 沈珠江，徐刚. 堆石料的动力变形特性 [J]. 水利水运工程学报，1996 (2)：143-150.

[6] 邹德高，孟凡伟，孔宪京，等. 堆石料残余变形特性研究 [J]. 岩土工程学报，2008，30 (6)：807-812.

[7] 孔宪京，娄树莲，邹德高，等. 筑坝堆石料的等效动剪切模量与等效阻尼比 [J]. 水利学报，2001 (8)：20-25.

[8] 徐泽平. 混凝土面板堆石坝关键技术与研究进展 [J]. 水利学报，2019 (1)：62-74.

[9] 刘汉龙，杨贵，陈育民. 筑坝反滤料动剪切模量和阻尼比影响因素试验研究 [J]. 岩土力学，2010 (7)：2023-2034.

[10] 凌华，傅华，蔡正银，等. 坝料动力变形特性试验研究 [J]. 岩土工程学报，2009 (12)：1920-1924.

[11] 朱晟，周建波. 粗粒筑坝材料的动力变形特性 [J]. 岩土力学，2010，31 (5)：1375-1380.

[12] 何昌荣. 动模量和阻尼的动三轴试验研究 [J]. 岩土工程学报，1997，19 (2)：39-48.

低温养护下超高性能混凝土抗冲磨特性及寿命预测研究

张　雷[1]　史焱威[1,2]　孟亚运[3]

(1. 黄河水利委员会黄河水利科学研究院 河南省水电工程磨蚀测试与防护工程
技术研究中心，河南郑州　450003；2. 河海大学水利水电学院，江苏南京　210098；
3. 中国电建集团中南勘测设计研究院有限公司，湖南长沙　410000)

摘　要： 低温、冲磨介质、高流速是寒区泄水建筑物发生冲磨破坏的主要问题，超高性能混凝土（UHPC）由于优异的力学性能和耐久性被密切关注和应用，其低温养护下的抗冲磨特性是决定能否广泛应用于寒区泄水建筑物的关键因素。为研究低温养护下 UHPC 的抗冲磨特性，通过水下钢球法试验，分析不同养护温度等环境因素对 UHPC 抗冲磨性能的影响。结果表明：低温养护下 UHPC 冲磨初期其表面砂浆脱落严重，冲磨后期所有工况下的 UHPC 抗冲磨性能良好。此外，本文基于 XG-Boost 模型精准预测低温养护下 UHPC 冲磨作用下的寿命，进一步推动了 UHPC 在寒区泄水建筑物上的大规模应用。

关键词： 超高性能混凝土（UHPC）；抗冲磨特性；低温温度；水下钢球法；XGBoost 模型

1　引言

近 50 年来，我国溃坝事故共发生 4 000 多起，主要分布在我国北方寒区[1]。其中一些冲磨破坏的高坝也不在少数，因为高坝具有高水头、高流速、大流量的特点，最大流速可达 50 m/s，当水流流速较高并挟带悬移质或推移质时，水工建筑材料遭受冲磨和空蚀破坏会更加容易，并且破坏部位大多发生在大坝溢流面、消力池、泄洪洞等重要泄水部位[2]，长时间会引起库区溃坝。尤其北方寒区冲磨破坏更加严重，因为其冬季平均气温在 -12 ℃ 左右，最低可达 -40 ℃，低温下泄水建筑物表层混凝土脱落剥蚀现象会更早、面积会更大，时间久了还会形成大量的冲坑和冲沟。这些破坏影响泄水建筑物的安全运行，不及时修复可能造成大坝失事以及人民生命财产的损失，对社会的影响将无法估量[3]。

目前，针对水工泄水建筑冲磨破坏的问题有两种途径：①施工期全程用耐磨混凝土或改变建筑物结构直接增强其耐久性，但造价高，施工困难，综合成本高。②泄水建筑物冲磨破坏前后选用一种抗冲磨材料进行表面的修复和预防，虽然此方法成本低，但需要寻找一种抗冲磨强度高且与混凝土本质相近的材料。超高性能混凝土（Ultra-high Performance Concrete，UHPC）是一种新型的水泥基复合材料[4]。UHPC 利用骨料的高密实度和纤维的桥接作用来提高自身的力学性能、抗冲磨性能以及与普通混凝土的黏结力。

UHPC 适合充当水工泄水建筑冲磨破坏的修复材料，但其低温养护下的抗冲磨特性决定其能否在北方寒区广泛使用。本文借助 UHPC 材料高强度、高耐久的性能，进行了低温养护下 UHPC 在不同

基金项目： 国家自然科学基金资助项目（52279134）；江苏省研究生科研与实践创新计划项目（SJCX22_0183）；黄河水利科学研究院基本科研业务费专项资金资助项目（HKY-JBYW-2022-01）。

作者简介： 张雷（1982—），男，正高级工程师，博士生导师，主要从事水利工程病害防治工作。

钢球粒径作用下冲磨试验，结合试验数据，基于 XGBoost 模型进行低温养护下 UHPC 抗冲磨寿命预测。

2 试验

2.1 试验材料与试样制备

采用北京中德新亚生产的 UHPC，其材料配合比如表 1 所示，力学性能指标如表 2 所示，相关指标符合《水泥基灌浆材料应用技术规范》（GB/T 50448—2015）[5] 中Ⅲ类标准要求。

表 1 UHPC 配合比（1 m³）

钢纤维体积含量/%	干拌料/kg	水/kg	钢纤维/kg
2	2 045	253	156

表 2 UHPC 力学性能指标

检测项目	性能指标	检验结果
抗压强度（28 d）/MPa	≥140	143
抗折强度（28 d）/MPa	≥15	16.3

按表 1 中 UHPC 配合比方案，制备厚 10 cm、直径 30 cm 混凝土圆柱形试件，试件成型后移入环境温度为 20 ℃、10 ℃、5 ℃、−5 ℃和−10 ℃的恒温箱中养护 28 d。养护结束后，将试件取出置于水中浸泡 48 h，然后进行编号分组，参照《水工混凝土试验规程》（SL/T 352—2020）[6] 中的相关要求进行水下钢球法冲磨试验。

2.2 试验方案

试验设备采用南京水科院研制的水下钢球法冲磨试验机；试验转速采用 1 200 r/min；钢球的选取需要注意：同一级配的钢球需要其粒径一致，误差在 0.1 mm 左右；不同级配的钢球总质量相差不超过 40 g（见表 3）；钢球的表面光滑无缺陷。设计如表 4 所示的试验方案，将冲磨试验分为 6 个阶段，累计冲磨 90 h，冲磨时间间隔分别为 6 h、12 h、12 h、18 h、18 h、24 h，各个阶段完成后，分别将试件取出擦干并称重。

表 3 钢球级配

直径/mm	数量/个	总质量/g
12.7±0.1	220	1 857
19.1±0.1	66	1 856
25.4±0.1	29	1 898

表 4 试验方案

试样编号	钢球粒径/mm	养护温度/℃	试样编号	钢球粒径/mm	养护温度/℃	试样编号	钢球粒径/mm	养护温度/℃
S1-1	12.7	20	S2-1	19.1	20	S3-1	25.4	20
S1-2	12.7	10	S2-2	19.1	10	S3-2	25.4	10
S1-3	12.7	5	S2-3	19.1	5	S3-3	25.4	5
S1-4	12.7	−5	S2-4	19.1	−5	S3-4	25.4	−5
S1-5	12.7	−10	S2-5	19.1	−10	S3-5	25.4	−10
S1-5	12.7	−10	S2-5	19.1	−10	S3-5	25.4	−10

2.3 测量方法

2.3.1 混凝土磨损率和磨损速率

分别测量经过累计冲磨 6 h、12 h、12 h、18 h、18 h、24 h 后混凝土试件的质量，并按照式（1）计算其磨损率 L_a（%），按照式（2）计算磨损速率 f_a（kg/h）。

$$L_a = \frac{M_0 - M_1}{M_0} \times 100\% \tag{1}$$

式中：M_0 为试件初始质量，kg；M_t 为经过 t 时间后试件的质量，kg。

$$f_a = \frac{M_i - M_t}{t} \tag{2}$$

式中：t 为累计冲磨时间，h；M_i 为试件试验前质量，kg。

2.3.2 混凝土抗冲磨强度

按照式（3）计算冲磨 90 h 后混凝土的抗冲磨强度 F_a（h·m²/kg）。

$$F_a = \frac{90A}{M_0 - M_t} \tag{3}$$

式中：A 为试件受冲磨面积，m²。

3 抗冲磨性能测试

3.1 不同养护温度冲磨结果分析

图 1、图 2 分别给出了不同养护温度下 UHPC 冲磨试验随时间变化的典型破坏形貌。根据试验现象，冲磨可分为 6 个阶段，冲磨初始阶段，试件冲磨表面砂浆开始脱落，并暴露出钢纤维，随着冲磨时间的增加，试件冲磨表面砂浆完全脱落，大量的钢纤维暴露出来，还会形成肉眼可见的冲坑；且养护温度越低，钢纤维暴露的越多，冲坑深度显著加大。

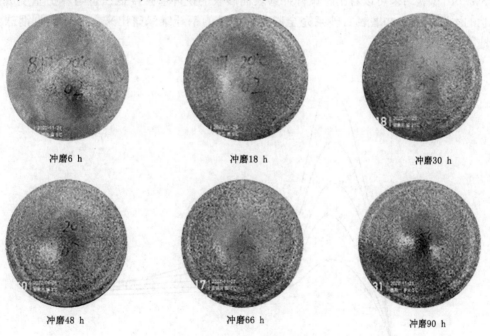

冲磨6 h　　　　　　　　冲磨18 h　　　　　　　　冲磨30 h

冲磨48 h　　　　　　　　冲磨66 h　　　　　　　　冲磨90 h

图 1　20 ℃养护下冲磨破坏形貌

图 3 为 19.1 mm 钢球粒径冲磨下不同养护温度的混凝土磨损速率随时间的变化情况，图 4 为 19.1 mm 钢球粒径冲磨下不同养护温度的混凝土磨损率随时间的变化情况。图 5 为 12.7 mm、19.1 mm、25.4 mm 三种钢球粒径下采用不同养护温度的混凝土经过 90 h 冲磨后的抗冲磨强度。

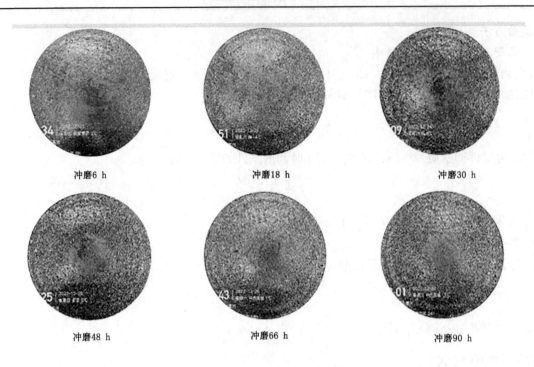

冲磨 6 h　　　　　　冲磨 18 h　　　　　　冲磨 30 h

冲磨 48 h　　　　　　冲磨 66 h　　　　　　冲磨 90 h

图 2　-10 ℃ 养护下冲磨破坏形貌

如图 3 所示，在 19.1 mm 粒径钢球冲磨下，冲磨初始阶段试件的冲磨速率基本相等，在第二阶段冲磨速率急剧上升，且试件养护温度越低，冲磨速率增长越快，磨损率越大，抗冲磨强度越小，其中负温养护试件的冲磨速率是常温养护的 3~4 倍；从第三阶段开始，试件的冲磨速率开始降低，最终趋于稳定。如图 4 所示，试件磨损率随时间的变化规律基本相同，且最终磨损率相差不大，最大差值只有 0.3%。由试验结果可以看出，试件冲磨表面砂浆的抗冲磨强度低，且与养护温度成正比，随着冲磨试验的不断进行，冲磨表面砂浆完全脱落，大量的钢纤维暴露出来，可以吸收钢球大量的动能，有效地降低冲磨速率。

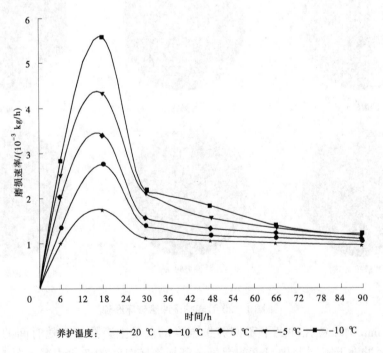

养护温度：──★── 20 ℃　──●── 10 ℃　──◆── 5 ℃　──▼── -5 ℃　──■── -10 ℃

图 3　19.1 mm 钢球粒径下磨损速率变化情况

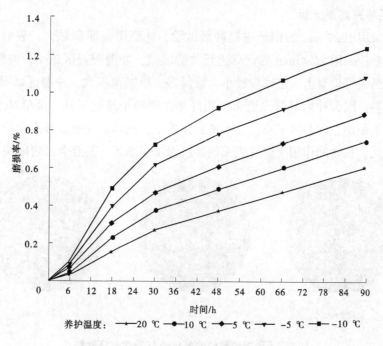

图4　19.1 mm 钢球粒径下磨损率变化情况

如图 5 所示，养护温度的变化对单粒径钢球对冲磨效果的影响更加明显。可见，采用水下钢球法进行冲磨，UHPC 受养护温度变化的影响更加明显。其原因是 UHPC 中钢纤维的桥接作用，使钢纤维和骨料难以被分离，且待钢纤维大量暴露后，可以吸收钢球大量的动能，钢球对冲磨效果的影响减弱。养护温度是从材料本身造成影响，UHPC 同普通混凝土一样，养护温度影响混凝土的水化反应，低温养护会大幅降低混凝土自身强度[7]，然而推移质对材料的破坏是以冲击破坏为主，材料自身强度越低，冲磨效果越明显[8]。因此，养护温度对 UHPC 抗冲磨性能的影响不可忽略。

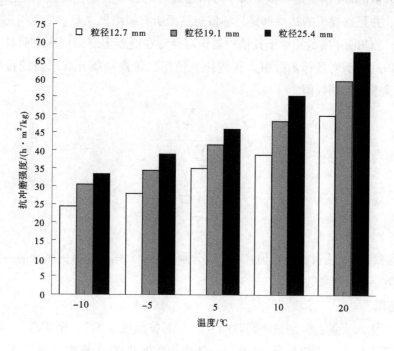

图5　不同养护温度和钢球粒径抗冲磨强度对比

3.2 不同钢球粒径冲磨结果分析

如图 6 所示，采用 12.7 mm 的钢球进行冲磨试验，冲磨覆盖面积最大，表面砂浆破坏最严重，但冲磨后表面最平整；采用 25.4 mm 的钢球进行冲磨试验，冲磨覆盖区域小，冲磨后表面的冲坑更清晰可见。由试验结果可以看出，钢球粒径小，数量多，投影面积大，冲磨区域覆盖试件整个表面，冲后的表面相对平整，因为冲后暴露出更多的钢纤维，阻碍钢球的运动，降低冲磨速率；钢球粒径大，数量少，投影面积小，冲磨区域小，在水流的作用下，钢球的冲磨区域不会发生大的变化，但单个大粒径钢球质量大，长时间作用下试件表面的冲坑深度会加大，甚至会出现缺块、掉块的现象。

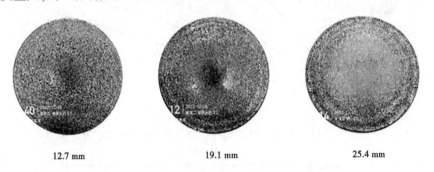

| 12.7 mm | 19.1 mm | 25.4 mm |

图 6　不同钢球粒径冲磨 90 h 的冲磨破坏形貌

4　基于 XGBoost 模型低温养护下 UHPC 抗冲磨寿命预测

UHPC 抗冲磨寿命传统的研究主要通过大量的冲磨试验，该方法的试验结果接近真实值，但存在试验周期长、耗费成本高等问题，且外界条件需严格控制来减小试验误差。机器学习通过对部分试验数据的学习和分析预测出较为准确的结果，可以减小 UHPC 因外界条件改变而产生的误差，使其寿命预测更科学可靠。XGBoost 模型是将多个弱学习器通过一定的方法集合而成一个强分类器[9]，即采用多棵树共同决策，并且每棵树的结果都是目标值与前面所有树结果之差，最后将每棵树的结果相加即为最终的预测值。XGBoost 模型相对于其他机器学习模型在混凝土寿命预测方面具有优越性和更好的准确性[10]。XGBoost 模型对目标函数引入正则化并使用二阶泰勒展开寻求新的目标函数，根据新的目标函数寻找最优参数和函数值。

$$\omega_j^* = - \frac{\sum_{i \in I_j} g_i}{\sum_{i \in I_j} h_j + \lambda} \tag{4}$$

$$X_{\mathrm{obj}} = - \frac{1}{2} \sum_{j=1}^{T} \frac{\sum_{i \in I_j} g_i}{\sum_{i \in I_j} h_j + \lambda} + \lambda T \tag{5}$$

式中：ω_j^* 为最优参数；X_{obj} 为目标函数值；g_i、h_j 分别为第 i 个样本处损失函数的一阶导数和二阶导数；T 为叶子节点数，λ 为超参数。

4.1　变量及数据选取

本模型使用 3 个输入变量，分别是冲磨时间（h）、养护温度（℃）、钢球粒径（mm）；2 个输出变量，分别为磨损率（%）和磨损速率（kg/h）；使用的数据共 90 个样本（见表 5），其中 80% 的数据作为本次模型所使用的训练集，剩余的数据作为此次模型的测试集进行模型测试。

表5 样本数据

组号	钢球粒径/ mm	养护温度/ ℃	冲磨时间/ h	磨损率/ %	磨损速率/ （kg/h）
1	12.7	20	6	0.058 62	1.666 67
…	…	…	…	…	…
40	12.7	−10	90	1.504	1.208 33
…	…	…	…	…	…
60	19.1	−10	90	1.241	1.208 33
…	…	…	…	…	…
90	25.4	−10	90	1.106	1.083 33

4.2 数据预处理和评价指标选取

在预测低温养护 UHPC 抗冲磨寿命时，为了避免数据的不同量纲、量级等方面对预测结果的精确度造成影响，使用以下方法进行数据标准化处理：

$$Y = \frac{X - \mu}{\sigma} \tag{6}$$

式中：Y 为标准化后的数据；X 为原始数据；μ 为原始数据的均值；σ 为原始数据的标准差。

预测模型的评价指标有很多，为了准确检验模型的有效性，本模型采用平均绝对百分比误差（Mean Absolute Percentage Error，MAPE）、均方误差（Mean Square Error，MSE）、决定系数（R^2）来对模型的预测值和真实值之间的误差进行评价。MAPE 反映模型的精确程度，其数值越小，模型计算结果越精确；MSE 反映模型的实际值与预测值的差值，其值越小，模型预测结果越精确；R^2 反映模型拟合效果的好坏，其数值越接近1，则拟合情况越好，预测结果越接近真实值。以上参数表达公式如下：

$$\text{MAPE} = \frac{100\%}{n} \sum_{i=1}^{n} \left| \frac{\hat{y}_i - y_i}{y_i} \right| \tag{7}$$

$$\text{MSE} = \frac{1}{n} \sum_{i=1}^{n} (\hat{y}_i - y_i)^2 \tag{8}$$

$$R^2 = 1 - \frac{\sum_{i=1}^{n} (y_i - \hat{y}_i)^2}{\sum_{i=1}^{n} (y_i - \bar{y}_i)^2} \tag{9}$$

式中：n 为模型测试数据个数；$\hat{y}_i$ 为模式测试数据的预测值；y_i 为模型测试数据的实际值，$\bar{y}_i$ 为模型测试数据的平均值。

4.3 预测结果分析

本模型将90组数据划分为72组训练集和18组测试集来进行计算，为了进一步提高模型计算结果的准确度，通过调整 XGBoost 的关键参数并得到最优的决定系数。如图7所示，模型计算出的不同工况的预测值和真实值拟合效果良好，且置信区间覆盖范围不大。如表6所示，磨损率测试集的结果 MAPE 为 0.126 4、MSE 为 0.006 5、R^2 为 0.940 6，磨损速率测试集的结果 MAPE 为 0.132 8、MSE 为 0.230 7、R^2 为 0.896 4，R^2 都接近于1。以上结果说明将 XGBoost 模型应用于低温养护下 UHPC 抗冲磨寿命预测是可行的。

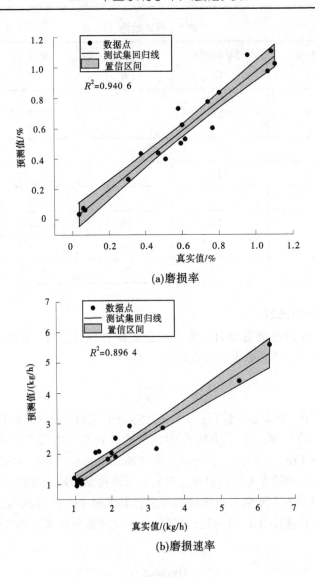

(a)磨损率

(b)磨损速率

图7 磨损率和磨损速率测试集的拟合情况

表6 不同输出变量评估指标输出结果

输出变量	MAPE	MSE	R^2
磨损率	0.126 4	0.006 5	0.940 6
磨损速率	0.132 8	0.230 7	0.896 4

5 结论

针对低温养护 UHPC 的抗冲磨性能，采用水下钢球法模拟推移质对低温养护的 UHPC 的冲磨破坏，分析在不同养护温度和不同级配的钢球冲磨下 UHPC 的冲磨特性，结合试验数据，构建基于 XG-Boost 低温养护 UHPC 抗冲磨寿命预测模型，得到如下结论：

（1）UHPC 在冲磨过程中，表层砂浆最先被破坏，待钢纤维暴露后，UHPC 的抗冲磨强度增加，磨损速率逐渐平稳，且各个工况下磨损率不超过 1.5%，说明此材料抗冲磨性能优异，适合充当抗冲磨修复材料。

（2）相比钢球粒径影响因素，UHPC 抗冲磨强度受养护温度影响更明显，养护温度越低，UHPC

的抗冲磨强度越低；在相同的养护温度下，钢球粒径与磨损速率成反比，但钢球粒径与磨损深度成正比。

（3）将磨损率、磨损速率作为输出变量，采用 XGBoost 模型进行低温养护下 UHPC 抗冲磨寿命预测。磨损率、磨损速率测试集的 R^2 都接近于 1，说明预测效果良好，XGBoost 模型应用于低温养护下 UHPC 抗冲磨寿命预测是可行的。

参考文献

[1] 刘骏霓，路建国，高佳佳，等. 水工混凝土冰冻害机理及抗冻性能研究进展 [J]. 长江科学院院报，2023（3）：1-9.

[2] 孙红尧，徐雪峰，杜恒. 国内水工结构抗冲磨防空蚀涂料的研究及应用现状 [J]. 水利水运工程学报，2023（5）：1-13.

[3] 张彬，范伟丽，张雷，等. 基于水下钢球法的混凝土抗冲磨试验研究 [J]. 水力发电，2014，40（8）：126-128.

[4] WANG J, DONG S, PANG S D, et al. Tailoring Anti-Impact Properties of Ultra-High Performance Concrete by Incorporating Functionalized Carbon Nanotubes [J]. Engineering, 2022, 18（11）：232-245.

[5] 中华人民共和国住房和城乡建设部. 水泥基灌浆材料应用技术规范：GB/T 50448—2015 [S]. 北京：中国建筑工业出版社，2015.

[6] 中华人民共和国水利部. 水工混凝土试验规程：SL 352—2020 [S]. 北京：中国水利水电出版社，2020.

[7] 丁平祥，许艳平，林伟斌. 养护温度对混凝土水化进程影响研究 [J]. 建筑结构，2022，52（S2）：1108-1113.

[8] 俞亮，张雷，郭家琛. 水性环氧砂浆抗冲磨特性研究 [J]. 人民黄河，2022，44（1）：134-138，148.

[9] 邱云飞，牛志伟，郑人逢. 基于 XGBoost 算法的仿真混凝土材料配合比设计方法 [J]. 水电能源科学，2021，39（12）：164-167，196.

[10] 郭磊，李泽宣，田青青，等. 基于 XG-Boost 算法的胶凝砂砾石劈拉强度预测分析 [J]. 建筑材料学报，2023，26（4）：378-382.

水利水电检验检测机构现场试验室
检测质量控制要点

孟　昕　孙乙庭　隋　伟

（中水东北勘测设计研究有限责任公司，吉林长春　130061）

摘　要：现场试验室作为水利水电项目现场质量控制的重要机构，主要负责现场施工过程的原材料、半成
品、成品等质量检测工作，贯穿了整个项目施工质量控制的全过程，因此其检测质量控制情况成
为工程质量控制的关键。现场试验室在母体试验室授权下进行现场检测工作，但由于现场试验室
一般地处偏远、现场人员结构差异等，使其在质量管理方面面临诸多问题与挑战，本文对其所面
临的问题进行探讨，并提出相应解决建议。

关键词：现场试验室；检测质量控制；检测机构；水利工程

1　引言

近年来，随着大型水电站等水利项目的大量兴建，为满足现场检测工作的正常进行，大部分工程
都委托第三方机构建立现场试验室，以负责现场施工质量的全过程控制，这有利于提升检测工作的及
时性，保证项目的顺利高效进行。但同时，现场试验室与母体试验室不在同一地点，人员组织结构为
后期组建、试验条件限制等，使其在运行过程中也面临诸多挑战，本文将对其在质量管理中遇到的问
题和解决应对措施进行简要讨论。

2　工地试验室面临的问题与应对措施

2.1　试验场所环境的标准化控制

由于水利水电工程大多建于偏远地区，一般没有现成的适合用作标准试验室的用房，或建设标准
房屋难度较大，或项目试验室用房修建需要一定时间，迫于检测工作需要，在最终试验室建成之前有
时不得不建设临时的钢板房等作为临时试验场所；同时由于偏远地区现场水电也时常供应不足，有时
难以保证现场检测工作对环境的要求，如环境的温湿度等，这就对试验室环境控制提出了严峻的
挑战。

为解决这一问题，就需要做好检测试验室的建设和管理工作，尽量争取业主等其他参建单位的帮
助，建设符合检测要求的试验室，并做到规划合理、优化设计。现场试验室应对各试验室的采光、卫
生、温湿度、噪声、振动、污染等进行严格管理和控制[1]。建造满足符合试验环境要求的规范用房，
如混凝土养护室要有很好的保温密封环境，墙体尽量采用混凝土墙体或砌体材料墙体，并具有一定厚
度；试验室及办公室的给排水、能源、照明、采暖和通风等要提前规划，找到合适的用电来源，保持
电力、水源供应的连续性和稳定性，便于日常办公和检验检测活动的正常进行。试验场所布局、环
境、温湿度等满足相关规程规范对检验检测工作的要求，如水泥试验室应保持一定的温湿度，尤其在

作者简介：孟昕（1989—），女，工程师，主要从事水工建筑材料的检测及研究工作。

高原等干燥地区要保证房间的密闭性，同时配备加湿器等环境温湿度控制设施。

2.2　仪器设备的状态控制

检测设备的维护和管理对仪器设备的状态与现场检测质量控制也有重要影响。

有时由于场地限制，试验室的房屋建造不得不进行合并，或建设的试验室的环境难以满足设备的使用要求，这些可能会对设备的稳定性和准确性造成一定影响，进而对检测质量控制构成影响。

为解决这一问题，要尽量做好试验室布置规划，包括不同种类仪器的安置规划：各仪器应放置在满足各自试验要求的环境中，做到布局合理、互不干扰。例如：天平等精密仪器安装应保持台面水平，同时应远离振动台等设备，以免其受到外力振动干扰，还应远离电场及磁场等，以免在测试过程中受到干扰影响读数；仪器设备的控制器放置在操作台上，禁止摆放在仪器设备上；对工作环境有特殊要求的设备，如负压筛析仪[2]、精密的电子仪器等，应将其存放在干燥通风之处；待用时间过长的仪器设备，应定期通电开机，防止潮霉损坏仪器设备零部件；光学化学仪器及其配件，使用时应轻拿轻放，防止震动。

同时，由于水利工程有时需要检测人员携带仪器设备到现场进行检测，对于运送到现场的检测设备，要注意轻拿轻放，确保设备完好，在运送到现场后进行必要的调整，确保其满足使用条件方可进行试验或测量，如电子秤运送到现场放置后要重新调平等。

仪器设备采购并安装到位后，应及时检定并由专人（设备管理员）负责设备的管理工作，定期对设备进行检定、校准或内部校准工作，并对可靠性和溯源情况进行定期检查，以便识别仪器设备的计量溯源状态，防止仪器设备超期超范围使用。试验室建立好设备管理台账，对设备分类编号，进行标识管理：如绿色代表合格，可正常使用；黄色代表准用，表示其某项功能或某一精度量程合格可以使用；红色代表停用。检测人员负责仪器设备的检定、校准和内部校准后的确认，以及操作、维护、保养、记录工作。

人员使用设备前要进行专门培训，并验证其具有操作设备的能力后方可操作。检测人员作为仪器使用人，应熟悉相关仪器的性能、使用方法。对容易引起误操作及重要的设备设施，试验室应编制作业指导书并提前组织人员学习，使其熟练掌握检测过程，以免误操作对仪器设备造成损害；大型精密仪器做到专人管理和使用。同时，检测人员还应做好仪器设备使用前、中、后的维护：使用前，仔细检查各种条件是否符合要求，有无异常，如有异常情况，及时报告并停止使用；使用中，注意观察仪器各种状态是否良好、正常，需要调整的及时调整，使仪器始终在最佳状态下工作；使用完毕，按要求收尾，做好使用登记并关注及记录仪器状态，做好现场清理工作并关闭仪器。

做好仪器设备日常的保管维护工作，确保其检测状态符合规定要求。对于使用频次比较高或经常外带现场的设备，适当增加检定或校准频次，以保证设备的工作状态符合要求。

2.3　检测人员的管理

由于现场试验室施工量大，尤其施工高峰期需要增加检测人员数量，有时需要在当地雇用部分人员进行现场检测活动，人员素质、专业技术水平等参差不齐，同时人员流动性大，对人员管理和现场检测质量控制造成了一定的难度。

针对以上情况，提出以下解决措施：

（1）尽量从母体试验室调配检测人员，并保证人员资质、能力水平等满足检测工作要求并符合合同规定。

（2）如确需在当地招聘检测人员，应做好人员入职前的考察、入职后的培训、人员监督等工作，确保人员能力等各方面条件能胜任所需岗位的要求。

（3）所有人员在上岗前要进行检测技能培训及能力确认，持证上岗。明确各人员职责，授权签字人等关键岗位人员要经过母体授权，方可在授权范围内进行签字。

（4）建立完善的人员管理制度，保证实际在岗人员相对稳定，尤其是项目负责人、技术负责人等关键岗位，如因特殊情况确需更换，做好新旧人员更换的交接工作，并确定更换人员的能力、资历等满足合同要求；项目负责人变更需履行相关手续，由母体试验室提出申请，经建设单位审批方可变更。

（5）定期进行人员培训工作。现场项目部应根据母体试验室质量方针和发展目标，并结合现场实际情况和需要确定现场人员的教育、培训及技能目标，制订培训计划并由项目负责人批准，由技术负责人负责培训考核的组织工作，定期进行人员培训，培训范围应包括试验室全体人员。培训内容包含检测计量相关法律法规、专业技术、试验操作、内业管理、项目管理、安全生产、客户要求等多方面的内容，同时根据各岗位人员需要具备的技能进行针对性培训，如对样品管理员进行样品的保管要求、流转过程等培训，使各岗位人员均能胜任自己的工作。培训可采取多种形式和途径，如当面授课、网络培训、实际操作、互动、内部培训或外部培训等。培训应由专人负责，同时每次培训均做好记录。为验证培训的有效性，可定期组织人员考核、内部审核、人员监督评价等，确保人员能力适应当前和预期工作任务的需要。

2.4 取样代表性的保证

由于水利工程大多现场施工量大，现场检测一般需要对大量原材料或工程成品或半成品进行抽检，采用抽检小部分个体以评估整体的方式进行质量评价，因而取样的代表性就对检测结果具有重要的影响。

抽样要保证取样的代表性，试验室应严格按照规范要求的频次、取样方法进行取样，必要时根据相关标准规范制订完整和适用的抽样程序及抽样计划，注意抽样过程中应控制的因素，并对抽样人员进行必要的培训；保持取样的自主性，不受其他单位或个人影响，以确保检测样品的随机性和代表性，有效保证工程质量。

抽样人员在抽样/取样时做好取样记录，包括抽样时间、抽样程序、抽样人、取样部位、环境条件，必要时应记录抽样位置的图示，以保证抽样活动的可追溯性。

2.5 样品流转过程中完整性的保证

样品在流转过程中的完整性对检测结果有至关重要的影响，也会影响检测质量。

做好样品的流转和保存工作，样品的流转包括样品的运输、接收、处置、保护、存储、保留、清理或返回等环节，确保样品的完整性不被破坏。

首先，抽样人员抽样完成后，应按相关规程规范封存样品并妥善保管、运输，及时与样品管理员进行交接，样品管理员接收样品并进行检查后，应及时与项目负责人进行交接，项目负责人对取得的样品尽快进行试验检测，对不能立刻进行试验的样品，应保存在专门样品储存场所，并保证样品储存的环境条件满足相关规程规范要求，使样品状态与取样时一致，并由样品管员统一负责样品的管理及流转，建立样品的标识系统，对样品进行唯一性标识和检测过程中的状态标识，使样品在整个流转过程中始终保留该标识，以免混淆；各人员应保证样品流转过程中的完好性，避免污染、变质等，以免影响检测结果；同时检测完成后应按相关规程规范要求做好留样工作，以便后续出现结果争议时进行复测。

2.6 检测公正性的保持

作为现场试验室，由于其检测工作受到业主单位的管理及监理单位的监督，并且各施工单位聚集，检测工作的公正性难免受到其他单位或个人的影响，因此保证检测工作的独立性和公正性也是现场试验室在检测工作中面临的一个严峻挑战。为保证试验室独立行使检测职能，不受其他组织或个人干扰，可采取以下几点措施：

（1）除取样需监理见证外，其他检测过程均独立自主进行，尤其试验检测过程，除有争议或需要监理等旁站情况，否则不得有其他单位人员参与。

（2）样品在整个流转期间应注意保密和所有权保护。

（3）做好检测结果的保密工作，在出具正式报告前，不得向任何组织和个人透露检测结果，原始记录等原始检测资料要有专人保管，并保证资料的安全性和保密性，外单位人员不得随意翻看或借阅。

（4）做好电子文件的保密工作，处理及保存试验资料的电脑、移动设备等要设定密码，不得随意将电子版文件进行传送。

（5）配备齐全现场检测所需要的仪器设备，不借用其他单位的场地或试验仪器进行检测工作，独立自主开展检测工作。

（6）做好人员管理工作，加强检测人员的职业道德培训，使其遵守国家法律及行业管理规定，恪守职业道德，不得收受其他单位或人员赠送的礼品、财物等，按照技术标准及规范，实事求是地开展检验检测活动，据实出具检验检测数据和结果。

3 提高现场试验室质量控制能力的其他建议

3.1 加强质量管理体系建设

现场试验室应依据母体试验室的质量管理体系开展各项检测工作，其组织机构、工作流程均可参照母体试验室，同时还需结合现场检测及工程特点，形成现场检测的作业指导书等管理体系文件，制定适合现场的管理规章制度并严格执行。

质量负责人定期组织管理体系文件的宣贯，确保项目部全体人员理解、执行管理体系文件。按计划对管理体系进行内部审核，并就发现的问题和潜在的不符合因素采取纠正措施；对管理体系进行管理评审，及时发现、有效控制检测过程和管理体系运行中的不符合工作，以保证管理体系的进一步完善与改进。

3.2 通过试验室比对等方式监控结果的有效性

可通过试验室比对等方式监控结果的有效性，如可定期取相同的标准样品，在母体试验室和现场试验室分别进行检测，并对检测结果进行比对分析，找到影响检测结果准确性的因素并及时修正，以确保现场检测结果的准确性。

4 结语

现场试验室是水利水电建设工程的重要组成部分，对于控制和监督水电工程建设质量具有至关重要的作用[2]。加强和提升检测机构现场检测质量控制，需要检测机构及现场试验室从人员、环境、设备等方面加强自我管理和监督，以确保试验结果的有效性，保证试验检测机构的公正性，这对于现场试验室的管理及工程质量的控制具有重要意义。

参考文献

［1］张黎. 水利工程施工现场试验室标准化管理模式［C］//辽宁省水利学会. 水与水技术（第 8 辑）. 沈阳：辽宁科学技术出版社，2018：4.

［2］罗建平. 水利水电工程现场试验的建设和管理［J］. 东北水利水电，2017，35（6）：59-62.

高精度粗骨料软弱颗粒试验仪研制及工程应用

习晓红　巩立亮　付子兵　冯一帆

（江河安澜工程咨询有限公司，河南郑州　450003）

摘　要：针对粗骨料的软弱颗粒含量测试无标准化仪器的问题，本文采用不等臂杠杆原理，通过测力传感器和PLC研制出一款高精度软弱颗粒试验仪。在不同类型的骨料中开展了多组对比试验，试验结果显示，测试结果平行度较好，并且采用此设备具有节省工作时间、提高工作效率的特点。

关键词：软弱颗粒；高精度；杠杆原理；测力系统

1　引言

在《水工混凝土试验规范》（SL/T 352—2020）中，粗骨料软弱颗粒（soft particle）是指在浸水8 h以上的条件下，粒径5~10 mm、10~20 mm、20~40 mm的粗骨料颗粒，按照细分粒径各称出100粒试样，在0.15 kN、0.25 kN、0.34 kN压力下被压碎的颗粒[1]。

水利工程中，粗骨料的软弱颗粒含量是鉴定混凝土骨料质量好坏的一个重要指标，它是影响混凝土质量的关键因素之一，按《水利水电工程天然建筑材料勘察规程》（SL 251—2015）的要求，对水工混凝土所用粗骨料，其中软弱颗粒含量不能超过5%[2]，所以对软弱颗粒含量的准确测定是一项非常重要的试验。

2　研究现状

规范中对软弱颗粒含量测定的试验仪器未做统一要求，可采用压力机或其他有压力示值的加压器具，造成目前市场上没有统一规格的软弱颗粒仪，目前公开刊物上尚未见到关于采用统一性能的软弱颗粒测试仪研究的报道。

部分检测机构直接采用压力试验机（材料伺服试验机）[3]等进行软弱颗粒含量试验，而试验机量程远大于试验要求的力值，测量精度受影响较大，且在加压时速度难以准确控制，容易造成冲击破坏，且工作效率不高。有仪器厂家生产的软弱颗粒含量测试仪，是由台秤改装而来的，在承压台面上增加一套机械施压系统，通过人工转动舵盘施压，在显示面板上显示压力实时值，达到规定压力值人工卸荷，整套仪器系统体积庞大、笨重，操作效率低下。

由于各机构使用的仪器比较混乱、试验操作费时费力、施加压力速度不等，试验结果也会存在较大偏差[4]。因此，对高精度、便捷化的软弱颗粒含量试验仪器的研制是非常必要的。本文通过高精度软弱颗粒试验仪研制，实现软弱颗粒含量的精确、快速测量，避免因试验设备不同、试验者的不同操作而造成结果差异。

3　软弱颗粒试验仪的组成

3.1　试验仪的测试原理

高精度软弱颗粒仪是基于杠杆原理研制的一款便捷式设备，通过在长臂端施加固定力值，在短臂端产生倍增力施加至试样，使其承受规定的力值，从而对其进行软弱颗粒测定。

作者简介：习晓红（1984—），女，高级工程师，主要从事混凝土、岩土科学试验研究、工程质量检验检测工作。

杠杆原理，亦称"杠杆平衡条件"，要使杠杆平衡，作用在杠杆上的两个力矩（力与力臂的乘积）大小必须相等，即动力×动力臂＝阻力×阻力臂。

$$F_1 \times L_1 = F_2 \times L_2 \tag{1}$$

式中：F_1 表示动力；L_1 表示动力臂；F_2 表示阻力；L_2 表示阻力臂。

从式（1）中可看出，欲使杠杆达到平衡，动力臂是阻力臂的几倍，动力就是阻力的几分之一。

3.2 系统设计及组成

高精度软弱颗粒试验仪[5] 主要由力传感器及显示系统、不等臂杠杆系统、力值升降装置、设备主机框架等四部分组成，其示意图如图1所示。

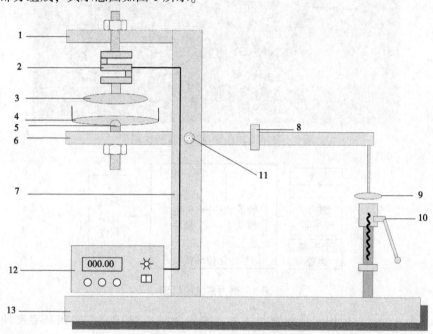

1—固定上梁；2—力传感器；3—上承压台；4—下承压盘；5—调节球阀；6—不等臂杠杆；7—固定立柱；
8—滑动配重块；9—配重砝码座；10—升降台；11—固定栓销；12—力显示器；13—装置底座。

图1 精准型软弱颗粒测定装置示意图

对应图1中的编号，各部分的装置组成为：力传感器及显示系统由力传感器2和力显示器12组成，能够精确地测定压力大小并转换成数字信号显示；不等臂杠杆系统由不等臂杠杆6、滑动配重块8、配重砝码座9和固定栓销11组成，完成精准的加压过程；升降装置由压杆、弹簧、行程限位等组成，用于提供辅助杠杆完成加压过程；设备主机框架系统由固定上梁1、固定立柱7和装置底座13组成，为整个装置提供固定的结构框架。

3.2.1 设备主机结构

设备的结构按照1∶10的杠杆比例进行设计，达到省力杠杆的目的，通过操作手柄侧施加15 N、25 N、34 N的砝码组，可以在试样受力侧产生150 N、250 N、340 N的力，这样十分方便操作，操作人员能够在此结构下节省大量体力，如图2所示。

为了便于在试验过程中做到量值准确，采用磁性游动砝码进行加力砝码补充。磁性游动砝码上配置有磁性旋钮，可以放置在操手侧杠杆的任意位置，可以随意挪动，搭配定值砝码进行应用。

3.2.2 力传感器及显示系统

测力系统是测试软弱颗粒含量的测力和显示部分，通过传感器采集试样的受力状况，通过采集电路、转换电路等将信号传输至PLC控制器，经过数据处理后进行屏幕显示和加力曲线显示，如图3所示。

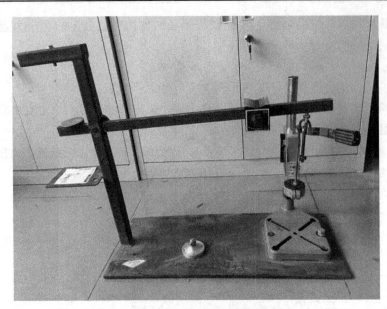

图 2　高精度软弱颗粒试验仪机械框架

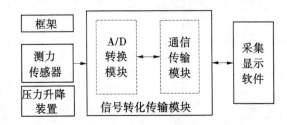

图 3　测力系统的框图

（1）S 形测力传感器。应用先进的密封工艺，密封等级达到 IP65，能在高湿度环境中工作；具有较强抗扭、抗侧和抗偏能力，该类传感器具有较好的线性度和重复性，对传感器零点和灵敏度温度影响进行了补偿，具有测量精度高、稳定性能好、温度漂移小、输出对称性好等性能，保证了传感器的长期稳定性，其技术参数见表 1。

表 1　测力传感器的技术参数

序号	参数	指标
1	传感器型号	YP-L1
2	测试量程	0~1 000 N
3	输出灵敏度	2.000 mV/V
4	综合误差	0.02%F·S
5	输入阻抗	（350±20）Ω
6	输出阻抗	（350±20）Ω
7	零点平衡	±1%F·S
8	绝缘电阻	≥5 000 MΩ

（2）基于 PLC 的采集显示软件设计。数据采集显示系统采用可编程控制器（PLC）为处理器，

选择台达的 DVP-EH 系列控制器，该系列最大 I/O 点数 512 点，内存容量 16K Steps，运算执行速度 0.24 μs，通信接口有内置 RS-232 与 RS-485，相容 MODBUS ASCII/RTU 通信协议，该系列应用 200 kHz 高速计数器和内置独立 200 kHz 脉冲输出功能，支持数字、模拟、通信、内存功能卡与资料设定器等功能，见表 2，整体的数据采集显示连接图如图 4 所示。

表 2   采集软件的技术指标

序号	参数	指标	序号	参数	指标
1	测量信号范围	±30 mV	6	最大 I/O 点数	512 点
2	灵敏度	(2.0±0.05) mV/V	7	内存容量	16K Steps
3	非线性	≤±0.03%F·S	8	通信接口	RS-485
4	工作温度范围	−20～+80 ℃	9	资料存储器	10 000 字节
5	测量采样速率范围	3.125～400 Hz	10	运算执行速度	0.24 μs

图 4   测力系统实物

3.2.3   加载装置

加载装置是一款可以自动复位的升降装置，升降装置由手柄、复位弹簧、升降齿条齿轮组、铸铁台座等组成，如图 5 所示。

操作人员下压手柄，带动齿条组下降使升降杆向下移动，从而使砝码组合脱离支撑，靠自重作用下降，由不等比杠杆传力至试样侧，完成试样的加载。卸载时，操作人员缓慢抬起手柄，使升降台面回至初始位置，砝码组被升降装置顶起，杠杆变回平衡状态，取出下承压盘上的试样，即完成一次软弱颗粒测定。

4   试验仪的性能及特点

4.1   系统的性能测试

经过各部分加工组装和整体调试，完成的软弱颗粒试验系统如图 6 所示，采用 2000 型标准测力仪和 0.05 级 1 kN 标准力传感器，对软弱颗粒试验仪进行性能测试。

性能测试结果表明，3 个测量压力的示值误差和重复度误差均符合国家检定规程的指标要求，测点的最大示值相对误差为 0.7%，最大重复性误差为 0.1%，其测试的结果见表 3。

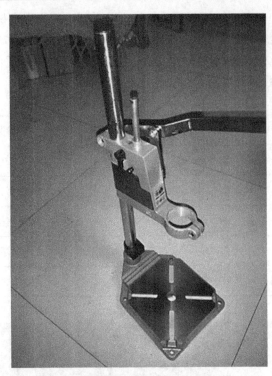

图 5 组装完成后的加载装置

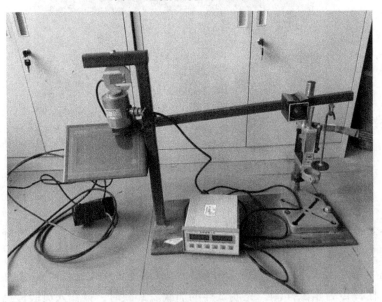

图 6 采用标准测力仪的校准

表 3 性能测试结果

序号	标准测力仪示值/N	示值相对误差/%	重复性/%
1	150	+0.3	0
2	250	+0.4	0
3	340	+0.7	0.1

4.2 系统的性能指标

经过测试的软弱颗粒仪器的主要性能参数见表 4，其各项性能满足《水工混凝土试验规程》

（SL/T 352—2020）对软弱颗粒含量测定的要求。

表4 试验仪的性能参数

序号	参数	指标
1	测试量程	0~1 kN
2	测量精度	0.1 级
3	测量分度值	0.1 N
4	额定功率	50 W
5	工作电压	220 V 50 Hz
6	杠杆比	1：10
7	压缩空间	60 mm（可调）
8	主机外形尺寸	140 mm（长）×120 mm（高）×600 mm（宽）

5 工程应用

5.1 试验方法定义

（1）对于粒径不大于40 mm的粗骨料，用四分法取样，称取约3 kg试样，用方孔筛分成5~10 mm粒径、10~20 mm粒径、20~40 mm粒径各1份。若试样已经按照粒径分成3个粒级，则按照四分法分别取样，取样数量见表5。

表5 软弱颗粒试验取样及加载方式对照

骨料分级	骨料粒径/mm	取样数量/颗	加压荷载/kN	加载方式	破坏形式判定
第一级	5~10	100	0.15	5~8 s内均匀加荷	粉碎、断裂、明显破损
第二级	10~20	100	0.25	5~8 s内均匀加荷	粉碎、断裂、明显破损
第三级	20~40	100	0.34	5~8 s内均匀加荷	粉碎、断裂、明显破损

（2）将称好质量的各级样品放入不透水容器内，向容器内注水，使水面高出试样约50 mm，浸泡8 h以上。

（3）取出试样，用拧干的湿毛巾吸干试样表面的多余水分，石子表面无水膜，并立即称量（记作 G_1）。

（4）将试样按照表5中的加压荷载逐颗粒加压，加压出现粉碎、断裂等明显破损情况时，均视为软弱颗粒，并将其抛弃。

（5）加压未破坏的颗粒，称为坚硬颗粒，用湿毛巾覆盖，以防止其水分蒸发，待试验结束后，称出坚硬颗粒的质量（记作 G_2）

（6）软弱颗粒含量计算[6]，按照式（2）进行（准确至0.1%）。

$$Q_s = \frac{G_1 - G_2}{G_1} \times 100 \tag{2}$$

式中：Q_s 为软弱颗粒含量（%）；G_1 为取样试样质量，g；G_2 为坚硬颗粒质量，g。

5.2 对比试验研究

对比试验的用料为选自黑河黄藏寺水利枢纽的粗骨料，工程坝址位于黑河上游东、西两岔交汇处以下11 km的黑河干流上，上距青海省祁连县城约19 km，下距莺落峡80 km左右，属于黑河流域的骨干工程，能够有效调节水资源，适时向中下游供水；替代中游平原水库，减少蒸发渗漏损失；改善中游地区引水条件，促进灌区节水改造等功能。

对比试验骨料来源主要是 2#、3# 天然骨料料场的天然骨料和采用爆破后经人工过筛取得的粗骨料。其中，人工骨料取自八宝河支流白杨沟右岸山坡，祁连县城以北 5 km，距离坝址约 30 km 的灰岩料场，通过工地爆破后的石料，经人工筛分获得。

5.2.1 试验方案设计

编号为 RG01#、RG02# 的人工骨料，采用 5～10 mm、10～20 mm 样品，按照 5.1 中的试验方法开展对比试验，方案具体按照表 6 进行，三种仪器设备如图 7 所示。

表 6　试验方案设计

选用样品	对比方式	试验人员	采用设备			对比指标
RG01# 5～10 mm	同一人员不同设备之间对比	李××	小型压力机	压盘式测试仪	高精度测试仪	（1）消耗时长； （2）测量精度
		宋××	小型压力机	压盘式测试仪	高精度测试仪	
RG01#、 RG02# 5～10 mm 10～20 mm	同一设备不同人员的对比	李××	高精度测试仪			测量结果的平行度
		宋××	高精度测试仪			
		赵××	高精度测试仪			

 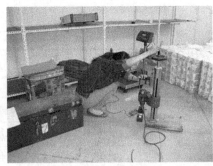 

(a)高精度软弱颗粒试验仪　　(b)压盘式软弱颗粒试验仪工作状态　　(c)小型压力机工作状态
　　工作状态

图 7　三种压力试验机的工作状态

5.2.2 对比试验开展情况

由 3 名试验人员采用不同的设备开展比对试验（见图 8～图 10），为了开展结果的对比，结果数据处理比规程中要求精度提高一个数量级，按照 0.1% 进行处理，结果见表 7 和表 8。

图 8　按照四分法取样的样品并编号

图 9　浸泡后等待试验的样品

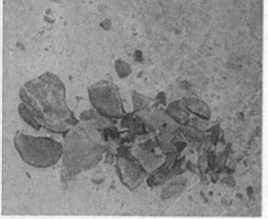

(a)5~10 mm石料被压碎实物照片

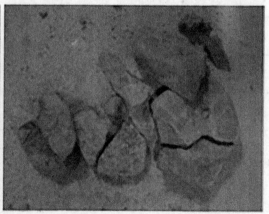

(b)10~20 mm石料被压裂断开的实物照片

图 10　被测的骨料试验结果状态

　　通过比对试验，同一试验人员采用 3 种设备时，压盘式试验仪与高精度试验仪的结果基本一致，但是高精度试验仪的检测用时较短，每组试验大约能节省一半工作时间，工作效率大幅度提高。

　　由对比试验可以得出，采用高精度软弱颗粒仪，不同试验人员的结果偏差较小，此方法受人为因素干扰较少，可以用于工程试验研究中。

表7　采用三种仪器的试验结果

序号	样品编号	试验设备	试验人员	四分法取样		试验用时/min
				取样质量/g	软弱颗粒含量/%	
1		小型压力机		62.9	13.5	82
2		压盘式试验仪	李××	57.1	12.8	73
3		高精度软弱颗粒仪		64.3	12.1	48
4		小型压力机		62.7	11.3	88
5	RG01# 5~10 mm	压盘式试验仪	宋××	65.2	12.3	76
6		高精度软弱颗粒仪		59.8	12.2	35
7		小型压力机		61.5	12.7	85
8		压盘式试验仪	赵××	65.6	12.5	74
9		高精度软弱颗粒仪		60.3	11.9	33

表8　黄藏寺水利枢纽人工骨料的试验结果

序号	样品编号	不同试验人员测试的含量/%		
		李××	宋××	赵××
1	RG-01#5~10 mm	12.1	12.2	11.9
2	RG-01#10~20 mm	5.3	4.8	5.1
3	RG-02#5~10 mm	10.8	11.0	10.9
4	RG-02#10~20 mm	5.2	5.1	5.4

5.3　工程应用

　　根据黄藏寺水利枢纽工程设计要求，对 2#、3# 天然骨料料场的 6 个料坑进行试验研究，样品编号分别为 HZS2-1、HZS2-2、HZS2-3、HZS2-4、HZS2-5 和 HZS2-6，试验结果见表9。

表9　黄藏寺水利枢纽人工骨料加荷速率试验成果

序号	样品编号	粒径/mm	取样质量/g	测试结果/%
1		5~10	70.3	1.8
2	HZS2-1	10~20	231.1	2.1
3		20~40	2 610	0.3

序号	样品编号	粒径/mm	取样质量/g	测试结果/%
4		5~10	71.3	0.6
5	HZS2-2	10~20	247.6	0.8
6		20~40	2 489	2.7
7		5~10	76.5	1.6
8	HZS2-3	10~20	285.4	0.8
9		20~40	2 682.1	0.3
10		5~10	69.5	2.3
11	HZS2-4	10~20	271.1	0.8
12		20~40	2 513	0.4
13		5~10	56.9	3.9
14	HZS2-5	10~20	226.2	2.7
15		20~40	2 319	0.5
16		5~10	75.1	4.1
17	HZS2-6	10~20	269.5	0.9
18		20~40	2 436	0.1

6 结论

采用高精度软弱颗粒试验仪在不同工程中开展了多组对比试验，试验结果显示，不同试验人员采用该设备进行试验时，测试结果平行度较好，并且采用此设备具有节省工作时间、提高工作效率的优点，该试验仪获得了国家专利授权（专利号 ZL201620683582.2）。

（1）通过固定砝码和滑块控制力值，力值准确，误差小。

（2）依靠升降装置的压杆和弹簧进行加压卸压控制，不会出现冲击力，试验过程比较高效，适用大批量试样的情况。

（3）整个系统采用不等臂杠杆原理设计，结构合理，占地体积小，适合固定试验室和工程现场试验室使用。

（4）传感器选用高精度称重传感器，测力准确，反应灵敏，显示器运用多位数码显示，数据清晰易读取。

参考文献

[1] 中华人民共和国水利部. 水工混凝土试验规程：SL/T 352—2020 [S]. 北京：中国计划出版社，2020.

[2] 胡子磊，刘晓庆，周昌，等. 粗骨料中软弱颗粒含量对混凝土强度的影响 [J]. 云南水力发电，2021，37（6）：6-8.

[3] 荣耀. 集料质量对沥青混合料的影响及其控制措施 [J]. 公路交通科技（应用技术版），2017，13（6）：152-153.

[4] 覃钰. 一种集料软弱颗粒试验仪 [J]. 广东建材，2019，35（2）：67-68.

[5] 习晓红，等. 软弱颗粒自动化测试系统：中国，专利号 ZL201620683582.2 [P]. 2016-11-30.

某引水工程涵洞式渡槽微变形监测研究

巩立亮 习晓红 张晓英 温 帅

（江河安澜工程咨询有限公司，河南郑州 450003）

摘 要： 简要介绍了 IBIS-L 地形微变远程监测仪的工作原理及工作精度，并运用其对某引水工程涵洞式渡槽左联 6 号槽体进行安全监测，根据测量结果，对槽体的安全性进行评价。监测结果表明，整个槽体监测区变形缓慢、均匀，槽体变形范围在设计范围内，槽体稳定。

关键词： 南水北调中线；渡槽；微变形；监测

1 概述

某引水工程涵洞式渡槽起点桩号 TS87+940，终点桩号 TS88+377.1，由退水闸段-73.5 m、进口渐变段-60 m、进口闸室段-15 m、进口连接段-20 m、槽身段-190.6 m、出口连接段-23 m、出口闸室段-15 m 以及出口渐变段-40 m 组成，下部涵洞断面尺寸为 26-6.1 m×7.9 m（孔数-宽×高）；上部过水断面为 2 孔"U"形槽结构。该涵洞式渡槽具有混凝土外观质量及整体性要求高、单体工程量大、大体积薄壁结构易产生裂缝等技术难点，对其微应变监测具有十分重要的意义。

2 微变形监测内容及技术标准

该涵洞式渡槽监测研究是凭借先进的监测设备和合理的监测手段对涵洞式渡槽左联 6 号槽体进行安全监测，主要是采用 IBIS-L 地形微变远程监测仪对槽体外观进行监测，及时掌握槽体在通水过程中的变形动态，根据测量结果，对槽体的安全性进行评价。其监测的技术标准是《水利水电工程测量规范》（SL 197—2013）、《混凝土坝安全监测技术规范》（SL 601—2013）和《土石坝安全监测技术规范》（SL 551—2012）。

3 微变形监测设计

3.1 监测仪器简介

本次监测采用的 IBIS-L 地形微变远程监测仪[1] 是意大利 IDS 公司和佛罗伦萨大学用了 6 年时间合作研发的结果，将步进频率连续波技术（SF-CW）和合成孔径雷达技术（SAR）相结合。IBIS-L 地形微变远程监测仪遥测距离可达 4 km，位移精度达到 0.1 mm；面源监测，可得到运动物体表面的位移；不受白天黑夜的影响，即使在比较恶劣的天气条件下，也能够提供几乎连续的扫描；可以在相同或不同时间间隔内测量同一目标；便携式，不需内部埋设，安装维修方便。传输和安装快速简便，操作全自动，控制和处理软件功能强大，整个过程的操作和数据的后期处理非常简便。

使用 IBIS-L，无须接近目标区域就可完成快速、高精度的测量；操作全自动；并且可以 24 h 不间断监测。

作者简介：巩立亮（1980—），男，高级工程师，注册土木工程师（岩土），主要从事水利工程安全监测、岩土工程研究工作。

通信作者：习晓红（1984—），女，高级工程师，主要从事混凝土、岩土科学试验研究、工程质量检验检测工作。

3.2 IBIS-L 系统与全站仪变形精度对比试验

全站仪是目前在测量方面比较准确的仪器，在精度方面能够满足一般的测量要求。地形微变远程监测仪作为一种全新的测量手段，在测量精度方面要优于全站仪的测量精度，试验采用 IBIS-L 系统与 LeicaTCA2003 电子全站仪测量结果对比[2]：在此试验中，地形微变远程监测仪靶标与全站仪的靶标连接在千分表中，这样在人为调节千分表时，两个靶标的移动变化量是相同的。靶标距离测量设备的距离为 21 m，试验共分为 3 个级别，每个级别移动的精度不同。

（1）每次调节 1 mm 靠近监测设备，调节 3 次，然后回调 3 mm（见图 1）。

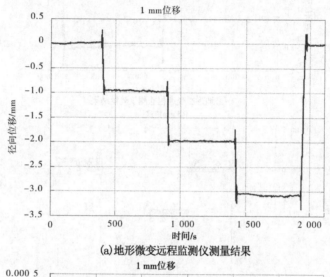

(a)地形微变远程监测仪测量结果

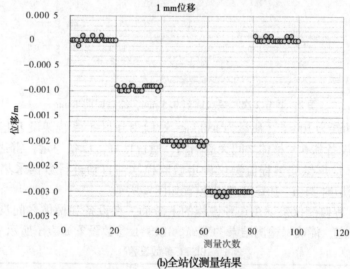

(b)全站仪测量结果

图 1　调节 3 次，每次调节 1 mm，然后回调 3 mm

（2）每次调节 0.5 mm 靠近监测设备，调节 2 次，然后回调 1 mm（见图 2）。

（3）每次调节 0.1 mm 靠近监测设备，调节 5 次，然后回调 0.5 mm（见图 3）。

从上面的测量结果中可以看出，就 0.5 mm 以上的测量精度来说，全站仪的测量精度能够满足要求，但是当变形量小于 0.5 mm 时，全站仪的测量结果中出现的误差就相对较大，在进行 0.1 mm 的测量时，全站仪出现的误差就相对较大。而地形微变远程监测仪在 0.1 mm 时出现的变形曲线能够和结果完全吻合，测量微变精度要高于全站仪的测量精度。

3.3 IBIS-L 系统现场布置及监测点布置

3.3.1 IBIS-L 系统现场布置

采用地形微变远程监测仪对该涵洞式渡槽左联 6 号槽身外观进行变形监测，该系统的最大观测距

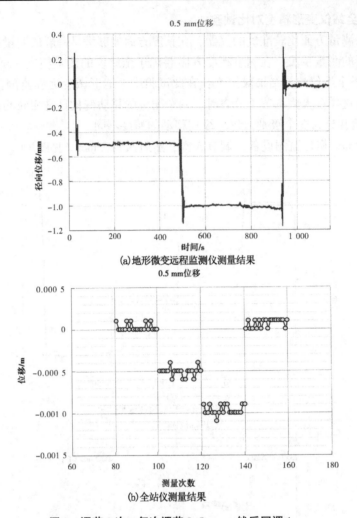

图2 调节2次，每次调节 0.5 mm，然后回调 1 mm

离为 4 000 m，该系统功耗为 100 W，质量为 130 kg，试验中 IBIS-L 系统架设于上游约 90 m 处，处于6 号槽体正中央，监测设备和 6 号槽体之间无遮挡物，通视良好，设备稳定，雷达信号的发射能覆盖整个 6 号槽体。IBIS-L 地形微变远程监测仪设定后监控软件自动进行数据采集、管理、显示和处理[3]，本次微变形监测历时 31 d。IBIS-L 架设位置如图 4 所示。

　　IBIS-L 地形微变远程监测仪架设在 6 号槽体的上游面，在设备和槽体之间没有遮挡物，通视条件良好，所架设位置稳定，能确保检测结果的准确。IBIS-L 参数设置如表 1 所示。

表 1　IBIS-L 参数设置

IBIS-L 至 6 号槽体中心距离/m	90
IBIS-L 主机离地高度/m	0.40
天线倾角/ （°）	15
采样间隔时间/ （次/h）	2
总监测时间/d	31
距离向分辨率/m	0.75
角度向分辨率/ （m·rad）	4.38
最远监测距离/m	300

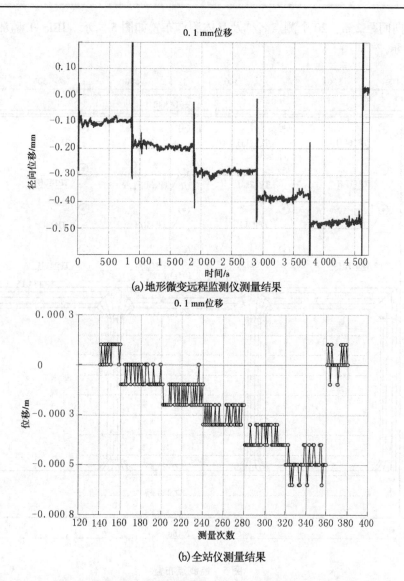

(a)地形微变远程监测仪测量结果

(b)全站仪测量结果

图3　调节5次，每次调节0.1 mm，然后回调0.5 mm

图4　IBIS-L架设位置

3.3.2　监测点布置

根据设计单位下发的该涵洞式渡槽槽身段布置图，本次监测研究共布置测点20个，其中测点横向间距 5 m，纵向间距 2 m，20 个测点名称及具体测点布置如图 5 所示。IBIS-L 监测系统图示标点布置编号如表 2 所示。

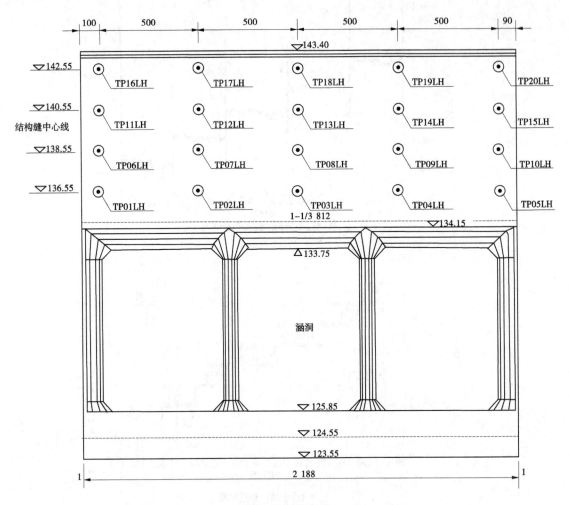

图 5　监测点布置

表 2　IBIS-L 监测系统图示标点布置编号

序号	图示测点编号	测点编号	序号	图示测点编号	测点编号
1	P01	TP01LH	11	P11	TP11LH
2	P02	TP02LH	12	P12	TP12LH
3	P03	TP03LH	13	P13	TP13LH
4	P04	TP04LH	14	P14	TP14LH
5	P05	TP05LH	15	P15	TP15LH
6	P06	TP06LH	16	P16	TP16LH
7	P07	TP07LH	17	P17	TP17LH
8	P08	TP08LH	18	P18	TP18LH
9	P09	TP09LH	19	P19	TP19LH
10	P10	TP10LH	20	P20	TP20LH

4 监测数据分析

4.1 监测仪的一般规定

监测点规定：以监测仪器安装中心为原点，监测仪器行进方向为 X 轴正方向，雷达波发射方向为 Y 轴正方向[4]，监测点的坐标方向如图6所示。

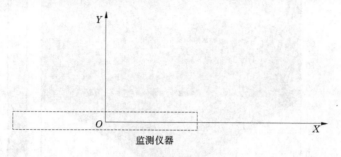

图6 监测坐标轴示意图

注：监测点位移符号规定，背离仪器方向为正，靠近仪器方向为负。

4.2 电磁波反射能量图

IBIS-L 是通过发射并接收电磁波，运用高频电磁波的相位差对目标物的微小变形进行监测，因此需要根据电磁波的反射强度来确定其中一点的数据准确性。

在图7（a）中整个监测区域内的所有反射物的情况都记录了下来。在右侧色带中各种不同颜色代表不同的反射情况。为了能够更加清晰地得到渡槽区域的反射情况，将渡槽部分进行放大显示，如图7（b）所示。

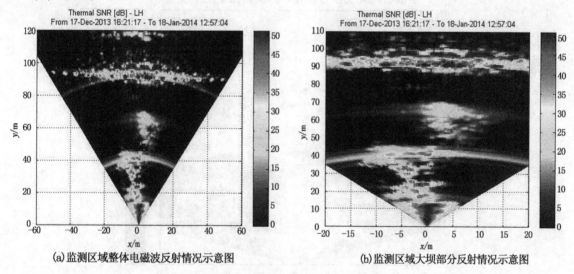

(a)监测区域整体电磁波反射情况示意图　　　　(b)监测区域大坝部分反射情况示意图

图7 监测区域电磁波反射情况示意图

4.3 估计信噪比

电磁波的反射情况是得到准确结果的前提，但这不是唯一的条件，还有其他因素的影响。估计信噪比就是其中的一个，它表征电磁波反射情况的稳定性，代表着电磁波的稳定性。

从图8中可以看出，渡槽槽体区域的估计信噪比值都较大，这为得到整个槽体区域变形结果提供了前提条件。

4.4 目标点的相关性

一般情况下，岩石和混凝土的电磁波反射情况相对较好，植被的反射情况相对较差。在 IBIS-L 中要通过目标物的相关性来判定该点的稳定性。

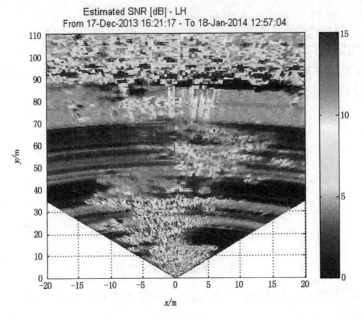

图 8　大坝电磁波稳定性示意图

相关性的最大值为 1，最小值为 0。相关性的值越接近于 1，代表这个点的反射稳定性越好。从图 9 中可以看出，整个渡槽槽体区域各点的相关性值均接近于 1，这说明渡槽槽体区域相关性得到很好的保证。

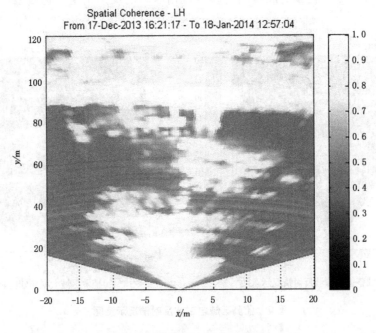

图 9　大坝区域相关性示意图

4.5　6 号渡槽槽体位移分析

IBIS-L 地形微变远程监测仪得到的最终结果是整个区域的变形情况，监测区域的变形量在位移图中予以显示，6 号槽体距离 IBIS-L 系统约 90 m，渡槽槽体长度 21.88 m，高度 8.65 m，观测区域如图 10（a）所示。

在图 10（a）～（d）中，不同的颜色表示不同的位移量，在图中将各点的变形情况和变形量联系起来。通过图 10 可以看出，6 号槽体未通水前变形较小，随着充水量的增加变形逐渐增大，加大水位过程中沉降量最大，沉降变形主要集中在 2～5 mm，沉降变化较均匀，沉降标点测值反映了目前

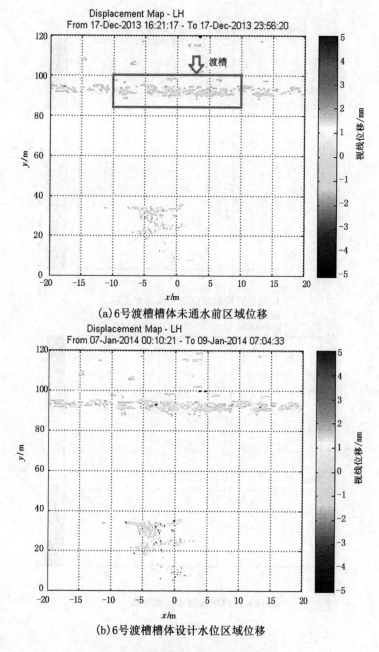

(a) 6号渡槽槽体未通水前区域位移

(b) 6号渡槽槽体设计水位区域位移

图10　6号渡槽槽体通水过程区域位移

建筑物及渠道断面沉降较小的实际情况。

5　结论

通过对上述监测资料分析，可以判定6号槽体在整个监测时段内是稳定的。

（1）在渡槽槽体未通水前，渡槽槽体变形较小，变形范围为：渡槽充水过程中，随着水位的上升，渡槽槽体变形增大，同时随着槽体的充水并放水，监测数据个别发生一些跳跃，主要由外界环境因素造成，整个槽体监测区变形缓慢、均匀，槽体变形在设计范围内，槽体稳定。

（2）IBIS-L系统首次在渡槽冲水试验中应用，为渡槽整体观测带来了一种全新的理念和观测方法，它可以通过一次观测对目标区域的整体变形有宏观的了解，同时又可以选择单独的像素点来查看其变形情况，这样既可以对渡槽槽体进行整体把握，又可以进行局部关注。

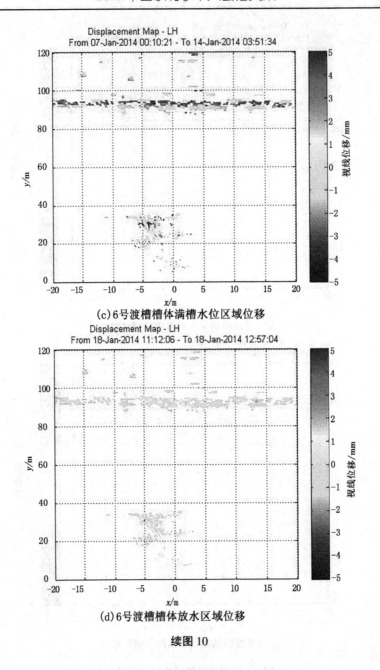

(c) 6 号渡槽槽体满槽水位区域位移

(d) 6 号渡槽槽体放水区域位移

续图 10

参考文献

[1] 张建军 . 地形微变远程监测仪在滑坡变形监测中的应用 [J] . 人民珠江, 2011 (3) : 67-70.

[2] 陈龙, 张建军, 陈高峰 . 地形微变远程监测仪在地表微变形监测中的应用 [J] . 人民长江, 2011 (12) : 91-93.

[3] 郭启锋 . 基于 GPRS/GSM 网络的地质灾害监测数据自动化及网络化采集系统 [J] . 中国地质灾害与防治学报, 2005 (12) : 46-49.

[4] 郭启锋, 王佃明, 黄磊博, 等 . 地质灾害监测无线自动化采集传输系统的研究与应用 [J] . 探矿工程 (岩土钻掘工程), 2008 (7) : 9-13.

考虑井损的井群抽水稳定流试验的工程应用

丁 强 赵 磊

（南京水科院瑞迪科技集团有限公司，江苏南京 210024）

摘 要：本文对某场地内某油井处正方形布置的抽水井的稳定流抽水试验成果进行计算分析，考虑井损和干扰井群条件下的水文地质参数，通过计算结果可知，试验井损值随抽水孔内降深的增加呈增大趋势，但井损值总体较小。试验单井抽水流量小于 30 m³/d 处于相对较小的出水量，群井布置井距 20 m 以上时，井群干扰后降深相比单井抽水增幅接近 50%，对于工程实际抽水井的布置有一定的参考意义。

关键词：干扰井群；井损；稳定流抽水试验；水文地质参数

1 引言

水文地质参数为可反映含水层水文地质性能的重要参数，如渗透系数、导水系数等，稳定流抽水试验为现今工程中广泛应用的求取含水层渗透系数、导水系数等水文地质参数的试验方法，在一定持续时间内流量和水位相对稳定，即补给量等于抽水量。稳定流抽水过程中，渗透水流由井壁外通过过滤器或缝隙进入抽水井时要克服阻力，产生的水头损失，即为井损。消除井损获得井内抽水的有效降深，可获得更为准确的流量 Q 与降深 S 的拟合曲线，计算所得的水文地质参数与实际情况更相符。

国内从事水文地质的工程人员和研究学者对 Dupuit 公式完整井求水文地质参数已做了大量深入研究和探讨性的工程应用计算，张焕智[1] 提出了干扰井群相关分析计算原理的应用，李汉旺等[2] 对稳定流抽水试验井损参数计算进行了研究，李本军[3] 对 Theis 公式和 Dupuit 公式计算渗透系数进行对比计算分析，齐跃明等[4] 对变径抽水井降深和涌水量关系的混合井模型进行分析，杨俊松等[5] 对长江南京段上游典型含水层水文地质参数通过试验采取不同的方法进行研究。考虑到水文地质试验受透水边界、含水层透水性等因素的影响导致计算分析的方法存在一定的差异性，本文将对某场地内某油井处正方形布置的抽水井的稳定流抽水试验成果进行计算分析，对试验降深进行井损修正，分析井群干扰对试验成果的影响。

2 工程地质条件概述

本次抽水试验场地原为海域，现经吹填形成陆地，吹填材料以粉细砂为主。勘察期间稳定水位为 1.20~2.50 m，主要赋存于密实粉细砂层中，属于第四系松散岩类孔隙潜水，地下水位受潮汐和降雨影响。

本次抽水试验处含水层岩性见图 1，试验孔位布置见图 2，试验地层为（Q_4^{mc}）粉砂①₂。

3 抽水试验概况

本次抽水试验于场地内油井周边正方形布置抽水孔 4 个，抽水试验段长度为 14 m，试验地层为（Q_4^{mc}）粉砂①₂，具中等透水性的密实砂层，布置观测井 4 个，观测井孔深均为 10 m。井管结构埋设完成并洗清钻孔后，分别于抽水孔和观测孔内量测静止水位，试验抽水开始后的第 5 min、10 min、

作者简介：丁强（1990—），男，工程师，主要从事岩土工程设计工作。

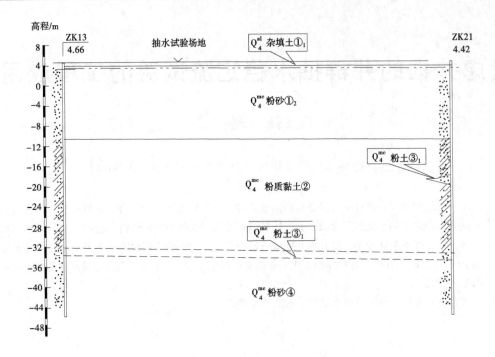

图1 试验区典型工程地质剖面

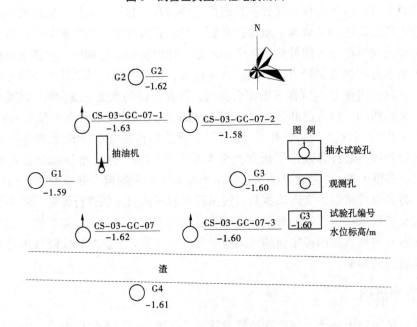

图2 抽水试验孔位布置

15 min、20 min、25 min、30 min 各测一次水位，之后每隔 30 min 测一次，同步记录水表读数，读数精确到 0.001 m³，以及观测孔内的水位。当观测水位观测读数波动范围为 2~3 mm，抽水试验达到稳定阶段，保持 8 h 稳定观测数据，停泵记录水位恢复数据，按 1、2、3、4、6、8、10、15、20、25、30、40、50、60、80、100、120 min 进行观测，之后可每隔 30 min 观测一次，水位恢复至抽水试验前观测的静止水位后停止观测。

调整抽水泵的功率以完成不同降深的抽水试验，群井抽水中，当首个抽水试验孔内水位达到稳定后，依次进行后续抽水孔的试验并观测数据。井管布置见图3，单孔稳定流抽水试验成果见表1。

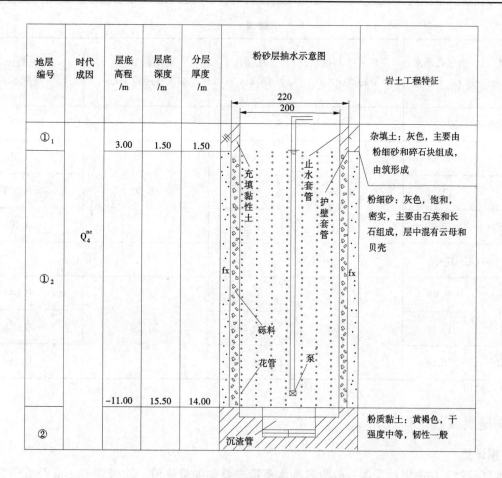

图 3 抽水试验井孔结构典型剖面

表 1 单孔稳定流抽水试验成果

抽水孔 降深 S_w/m	抽水孔涌水 量 Q/（m³/d）	观测孔 1 与抽水孔 距离 r_1/m	观测孔 1 降深 S_1/m	观测孔 2 与 抽水孔距离 r_2/m	观测孔 2 降深 S_2/m
CS-03-GC-07		孔 G1		孔 G4	
5.02	9.60		0.040		0.037
8.80	19.20	18.00	0.075	20.00	0.072
12.98	24.00		0.112		0.108
CS-03-GC-07-1		孔 G1		孔 G2	
4.10	8.90	18.00	0.039	18.50	0.038
7.60	17.60		0.072		0.070
11.60	21.76	18.00	0.109	18.50	0.106

续表 1

抽水孔降深 S_w/m	抽水孔涌水量 Q/（m³/d)	观测孔1与抽水孔距离 r_1/m	观测孔1降深 S_1/m	观测孔2与抽水孔距离 r_2/m	观测孔2降深 S_2/m
CS-03-GC-07-2		孔 G2		孔 G3	
3.30	8.60		0.035		0.036
6.90	17.20	18.40	0.069	18.00	0.073
10.15	20.20		0.104		0.107
CS-03-GC-07-3		孔 G3		孔 G4	
5.45	9.95		0.043		0.041
8.95	19.80	18.00	0.080	20.20	0.078
14.30	26.68		0.125		0.118

4 水文地质参数计算

4.1 井损计算

抽水试验过程中测得的降深一般为多种水头损失叠加的最终值，除包含 Dupuit 公式计算所得的降深为地下水在含水层中向水井流动时所产生的水头损失 S_w 外，还应包含孔内井损。Jacob 认为，井损值 Δh 和抽水井流量 Q 的二次方成正比，即 $\Delta h = CQ^2$，总降深 $S_{w.t}$ 可表示为式（1），式中 B 为系数，Q 为井内抽水流量。

$$S_{w.t} = S_w + CQ^2 = BQ + CQ^2 \qquad (1)$$

选取 CS-03-GC-07 进行计算分析，绘制以 (S/Q) 为纵坐标、以 Q 为横坐标的曲线，见图 4。

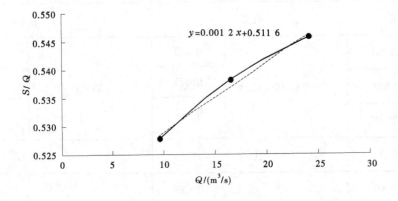

图 4 $S/Q \sim Q$ 曲线拟合结果

将 CS-03-GC-07 孔 3 次降深 S 和井内抽水流量 Q 值数据代入，可求得抽水试验井损值，见表 2。由表 2 可知，井损值随抽水孔内降深的增加呈增大趋势，但井损值总体较小。

表2 抽水孔 CS-03-GC-07 井损计算

降程	$Q/$（m³/d）	S/m	$\Delta h/m$	$S_{w.t}/m$
S_1	9.6	5.02	0.11	5.13
S_2	16.5	8.80	0.33	9.13
S_3	24.0	12.98	0.69	13.67

4.2 $Q=f(s)$ 曲线拟合

将本次 4 个抽水孔进行井损修正后的 3 次降深试验数据绘制成图5，抽水试验曲线类型为直线型，各抽水孔 CS-03-GC-07、CS-03-GC-07-1、CS-03-GC-07-2 和 CS-03-GC-07-3 的孔内抽水流量 Q 与降深 S 的拟合曲线方程为 $Q_1=1.685 S_1+1.011$，$Q_2=1.760 S_2+0.509$，$Q_3=2.047 S_3-1.174$，$Q_4=1.867 S_4-0.167$。

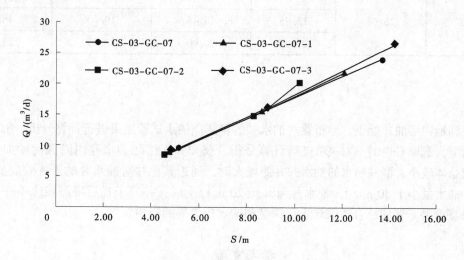

图5 抽水试验曲线类型（直线型）

4.3 井群干扰

多井同时抽水，抽水井中的水位同时受到出水量和其他井对抽水井产生的干扰水位的影响，由上文抽水流量 Q 与降深 S 的拟合曲线方程，可得抽水井的 $S=f(Q)=A+B\lg Q$ 公式，并引用干扰井的水位降深经验公式 $t=f(Q,d)=b_0+b_1\lg Q+b_2(1+\lg Q)\lg d$[1]，可得群井抽水的水位降深表达式如下：

$$S_i = A + B\lg Q_i + \sum_{i \ne j}^{n-1}(b_0 + B_2\lg d_{ij}) + \sum_{i \ne j}^{n-1}\left[(b_1 + b_2\lg d_{ij})\lg Q_i\right] \tag{2}$$

式中：Q_i 为第 i 口井的流量；d_{ij} 为第 i 口井与第 j 口井的距离。

依据抽水试验观测孔的降深 t、抽水孔流量 Q 和观测孔与抽水孔的距离 d 的试验数据，可拟合获得表达式如下：

$$t = 0.025\lg Q + 0.042(1 + \lg Q)\lg d - 0.048 \tag{3}$$

分别以各抽水井 CS-03-GC-07、CS-03-GC-07-1、CS-03-GC-07-2 和 CS-03-GC-07-3 按最大降深计算各井的干扰水位降深，见表3。

通过上述计算分析成果可知，群井抽水的抽水井井距增大时，周边其他井对抽水井的干扰效应显著增大，本工程单井抽水量小于 30 m³/d、抽水井口井距 20 m 以上时，井群干扰后降深相比单井抽水增幅大于 50%，现场群井布置应综合考虑含水层深度和透水边界等影响。

表3 井群实验干扰井降深计算一览表

钻孔编号	单井出水流量 $Q/(m^3/d)$	干扰井距离 d_1/m	干扰井距离 d_2/m	干扰井距离 d_3/m	干扰降深 S/m
CS-03-GC-07	24.00	6.73	9.70	6.98	15.94
		13.45	19.40	13.95	18.25
		26.90	38.80	27.90	22.87
CS-03-GC-07-1	21.76	6.98	6.73	9.70	14.29
		13.95	13.45	19.40	16.63
		27.90	26.90	38.80	21.23
CS-03-GC-07-2	20.20	6.73	6.98	9.70	12.45
		13.45	13.95	19.40	14.79
		26.90	27.90	38.80	19.47
CS-03-GC-07-3	26.68	6.98	6.73	9.70	16.56
		13.95	13.45	19.40	18.86
		27.90	26.90	38.80	23.46

5 结论

本文对某场地内某油井处正方形布置的抽水井的稳定流抽水试验成果进行计算分析，抽水试验曲线类型为直线型，选取 CS-03-GC-07 进行计算分析，获知井损值随抽水孔内降深的增加呈增大趋势，但井损值总体较小。群井抽水的抽水井井距增大时，周边其他井对抽水井的干扰效应显著增大，本次试验单井抽水量小于 30 m^3/d，抽水井口井距 20 m 以上时，井群干扰后降深相比单井抽水增幅大于 50%，现场群井布置应综合考虑含水层深度和透水边界等的影响。

参考文献

[1] 张焕智. 干扰井群相关分析计算原理与应用 [J]. 世界地质, 1999, 18 (3): 67-71.

[2] 李汉旺, 刘亮, 祝小龙, 等. 稳定流抽水试验井损参数计算 [J]. 现代矿业, 2019, 11 (11): 129-130.

[3] 李本军. Theis 公式和 Dupuit 公式计算渗透系数对比与探讨 [J]. 煤炭与化工, 2023, 3 (3): 62-66.

[4] 齐跃明, 吴佳欣, 王旭升, 等. 变径抽水井降深和涌水量关系的混合井模型 [J]. 地质科技通报, 2023, 7 (4): 66-82.

[5] 杨俊松, 汪名鹏. 长江南京段上游典型含水层水文地质参数试验研究 [J]. 地下水, 2022, 44 (3): 125-127.

基于无损检测技术的水利工程结构
健康评估与质量监控研究

魏传龙

（东阿黄河河务局，山东聊城　252200）

摘要： 随着水利工程规模的扩大和结构的复杂化，确保结构健康评估和质量监控变得越来越重要。本文基于无损检测技术，旨在提供一种有效的方法来评估水利工程结构的健康状况。无损检测技术通过超声波、热成像、震动、X射线和磁粉等方法，能够在不破坏结构完整性的情况下检测损伤、缺陷和变形。该技术具有高效性、非侵入性和可视化等优势，可以提高水利工程质量监控的效率和精度。通过案例分析和对现有问题的思考，本文将全面展示无损检测技术在水利工程中的应用前景，并为未来的研究和实践提供重要参考。

关键词： 水利工程；无损检测技术；结构健康评估；质量监控

1　引言

水利工程的安全和可靠性对于保障人民的安居乐业至关重要。然而，长期使用和自然环境的影响可能导致水利工程结构的损坏和变形，威胁其正常运行和使用。因此，对水利工程结构进行健康评估和质量监控是必不可少的。无损检测技术作为一种非破坏性的评估手段，在水利工程中具有广泛的应用前景。本文旨在探讨基于无损检测技术的水利工程结构健康评估与质量监控的研究，重点突出无损检测技术在该领域的优势与意义。通过该研究，可以为确保水利工程结构的安全性和稳定性提供更有效的方法和策略。

2　无损检测技术概述

2.1　定义和原理

无损检测技术是一种用于评估材料结构内部缺陷、变形或损伤的非破坏性测试方法。其原理是通过利用不同物理特性（如声波、热能、电磁辐射等）与待检测对象之间的相互作用，获取相关信号并进行分析和解释。这些技术可以帮助确定结构的完整性、定位隐藏的缺陷或损伤，并评估其对结构性能的潜在影响。由于其具有无须破坏结构、快速便捷、高效准确等优点，被广泛应用于许多领域，如建筑、航空航天、能源等。

2.2　常见的无损检测技术

常见的无损检测技术包括超声波检测、热成像检测、振动检测、X射线检测和磁粉检测。超声波检测使用高频声波在材料内部传播，并通过接收回波来评估材料的完整性和缺陷。热成像检测利用红外热像仪来测量物体表面的热分布，以检测温度差异和热异常。振动检测通过分析结构的振动特性，识别结构物的自然频率和共振点，以判断结构的完整性。X射线检测利用X射线穿透物体，通过对射线的吸收和散射来检测物体内部的缺陷与材料特性。磁粉检测涂抹磁性粉末在材料表面，通过观察粉末分布的变化来发现缺陷和裂纹。这些常见的无损检测技术在水利工程结构健康评估和质量监控中

作者简介： 魏传龙（1979—），男，助理工程师，主要从事水利工程质量检测等工作。

起到重要作用。

2.3　无损检测技术的优势

无损检测技术在水利工程结构健康评估与质量监控中具有许多优势。它们是非侵入性的，不会对结构造成任何破坏或干扰。这些技术高效准确，能够快速获取到可靠的数据，并进行实时分析和解释。无损检测技术具有广泛的适用性，可以针对各种材料和结构进行检测。这些技术可以提供可视化的结果，使检测结果更直观、更易于理解。最重要的是，无损检测技术可以帮助发现结构内部的隐蔽缺陷或损伤，提前预警并采取措施修复，从而保证水利工程安全稳定运行。无损检测技术是水利工程结构健康评估和质量监控中不可或缺的重要工具。

3　水利工程结构健康评估与质量监控

3.1　结构健康评估的重要性

水利工程结构健康评估的重要性在于确保结构的安全性与可靠性。水利工程承担着重要的水资源调节和防洪抗灾的功能，如水坝、水闸、堤防等。这些结构长期遭受水力冲击、温度变化和地质运动等外界影响，容易发生损伤和变形。通过结构健康评估，可以及时发现隐藏的缺陷或损伤，提前预警并采取必要的维护和修复措施，以避免潜在灾害发生。同时，结构健康评估还能为工程管理者提供准确的信息和数据，优化维护计划、延长结构寿命，并提高水利工程的整体质量和可持续性。因此，结构健康评估是确保水利工程安全稳定运行的关键环节。

3.2　相关研究和方法

在水利工程结构健康评估与质量监控领域，已经涌现出许多相关研究和方法。其中，一些常见的方法包括结构监测技术、数值模拟分析和结构健康指标等。结构监测技术使用传感器和数据采集设备对水利工程结构进行实时或定期监测，以获取关键数据并识别潜在问题。数值模拟分析利用计算机模型和仿真技术，对结构受力、变形和破坏行为进行预测和分析。结构健康指标是基于结构性能参数和监测数据，通过建立合适的评估指标和评估体系，对结构的健康状态进行综合评价和判断。这些研究和方法为水利工程结构健康评估提供了重要的技术支持和决策依据，有助于及时发现问题并采取相应措施，确保水利工程的稳定与安全运行。

3.3　现有问题和挑战

在水利工程结构健康评估与质量监控领域仍存在一些现有问题和挑战。结构健康评估所采用的监测技术和方法仍需要不断改进与完善，以提高准确性和实用性。现有的结构健康指标和评估体系还需要进一步完善，以更全面、客观地评估结构的健康状况。大部分水利工程结构都处于复杂多变的自然环境中，如水文、地质等因素会对结构产生影响，因此需要考虑这些因素在评估过程中的综合性和可靠性。同时，还需要建立完善的数据管理和分析系统，以便更好地利用监测数据进行决策和维护计划的制订。解决这些问题和挑战将为水利工程结构的健康评估和质量监控提供更有效的方法和手段。

4　无损检测技术在水利工程结构健康评估与质量监控中的应用

4.1　实际案例分析

无损检测技术在水利工程结构健康评估与质量监控中有广泛的应用。例如：在水坝的评估中，利用超声波检测可以确定洞穴和裂缝等位置；热成像技术可检测混凝土结构的温度异常情况；震动检测可用于确定水闸机械设备的振动情况。此外，X射线和磁粉检测也可应用于管道或排水系统的检测，发现内部腐蚀、裂纹等问题。通过实际案例分析，无损检测技术能够提供及时准确的数据，帮助工程师发现并评估潜在的结构问题，从而制定适当的维修和保养策略，确保水利工程的结构健康和质量监控。

4.2　无损检测技术的应用优势

无损检测技术在水利工程结构健康评估与质量监控方面具有许多重要的应用优势。无损检测技术是非侵入性的，不会对水利工程结构造成任何破坏或干扰。这意味着可以在不停用或拆卸结构的情况下进行检测，避免了对工程运行的影响。无损检测技术具有高效性。它可以快速获取所需的数据，并进行实时分析和解释。相比传统的破坏性检测方法，无损检测技术能够节省大量时间和成本，提高工作效率。无损检测技术是准确的。它能够提供可靠的测试结果，对结构内部的隐藏缺陷、变形和损伤进行准确定位与评估。这有助于及早发现结构问题，并采取相应的维修和保养措施，避免潜在灾害发生。无损检测技术具有可视化的优势，通过图像和数据的显示，能直观地展示结构的健康状况。这使得工程师和管理者能够更直观地了解结构问题，做出更明智的决策。无损检测技术在水利工程结构健康评估与质量监控方面具有非常重要的应用优势。它不仅节省时间和成本，提高工作效率，还能够准确发现潜在问题，帮助保障水利工程的安全和稳定运行。

参考文献

［1］吴明丽．土木工程中的无损检测技术及其实践探索［J］．陶瓷，2023（8）：167-169.

［2］范今．无损检测技术在市政道路质量检验中的应用［J］．四川水泥，2023（8）：241-243.

［3］阙善强，包聪灵．质量监控系统和无损检测技术在广连高速公路路面工程中的应用［J］．广东公路交通，2022，48（3）：22-26.

［4］熊春龙．基于无损检测技术的沥青路面结构性健康状况评估方法研究［D］．广州：华南理工大学，2018.

［5］谭凤华．无损检测技术在铁路建设质量监控中的作用［J］．铁道勘察，2008（4）：46-48.

多发多收声波 CT 检测装备的开发与应用

严 俊[1,2,3]　曾 靖[1,2,3]　刘润泽[1,2,3]

(1. 长江地球物理探测（武汉）有限公司，湖北武汉　430021；
2. 水利工程健康诊断技术创新中心，湖北武汉　430021；
3. 国家大坝安全工程技术研究中心，湖北武汉　430021)

摘　要：在混凝土防渗墙墙体质量检测中，声波 CT 检测技术因具有无损、高精度的特点而得到广泛应用，但现有的声波 CT 检测技术装备效率低下，难以满足大规模、精细化成像条件下的检测效率要求。针对此问题，本文基于跨孔声波 CT 检测技术原理，研制了一种多发多收声波 CT 检测装备，实现了单次同时采集 64 道声波射线对，相对于传统的"单发单收"采集模式，数据采集效率提高了 30 倍，可依托防渗墙预留灌浆孔实现对墙体质量的全断面检测。该多发多收声波 CT 检测装备在内蒙古某水库工程深度 100 m 的防渗墙质量检测中进行了示范应用，验证了装备的超高采集效率。

关键词：防渗墙；混凝土检测；声波 CT；多发多收；检测效率

1　引言

防渗墙是深厚覆盖层地区高坝地基处理的重要手段，其施工质量关乎工程安全。从目前我国水利水电防渗墙的应用和规模来看，混凝土防渗墙施工技术比较成熟，但根据施工工艺及防渗墙类型的不同，经常存在着防渗墙墙体开叉、架空、离析、蜂窝、局部充泥、无墙等施工质量问题。

对于混凝土防渗墙墙体浅层质量检测，技术方法众多[1]，一般采用表面检测法普查、钻孔检测法详查的方式进行。表面检测法有回弹法、超声横波成像法、反射地震、瑞雷面波、震动映像、可控源音频大地电磁、地质雷达[2] 等，钻孔检测法[3] 有钻孔录像法、压水法、声波单孔检测法、弹性波 CT 法等，其中弹性波 CT 分为地震波 CT 和声波 CT，以声波 CT 精度较高。但对于混凝土防渗墙墙体深层质量检测，受到激发源能量的制约，表面检测方法检测深度有限，如超声横波成像法最大检测深度约 3 m，地质雷达法最大检测深度约 10 m，且检测深度越深，分辨率越低，难以达到精细化检测效果；钻孔检测法中，多数方法只对钻孔周围进行检测，而声波 CT 可以对两孔之间的结构剖面进行精细化二维或三维成像，是混凝土防渗墙墙体深层质量精细化检测的较佳选择。

在实际工作中，只有高密度的声波 CT 射线对才能形成高精度 CT 成像效果，特别是对于超深防渗墙而言，现有的声波 CT 检测装备采用"一发一收"或"一发多收"，检测效率低下，难以满足高精度成像条件下的检测高效率要求，限制了声波 CT 检测技术在混凝土防渗墙墙体质量精细化检测中的应用。为此，本文研制一种多通道发射和多通道同时接收的声波 CT 检测装备，提出相应的多发多收观测系统，提高声波 CT 数据的采集效率，实现对混凝土防渗墙墙体质量的高效、高精度全断面检测。

2　声波 CT 的基本原理

声波在穿透工程介质时，其速度快慢与介质的弹性模量、剪切模量、密度有关。密度大、模量大

基金项目：湖北省重点研发计划项目"数字孪生城市排水管网运行感知关键技术"（2022BAD086）。

作者简介：严俊（1989—），男，工程师，主要从事地球物理仪器研发工作。

及强度高的介质波速高、衰减慢；破碎、疏松的介质波速低、衰减快。因此，声波波速可作为混凝土强度和缺陷评价的定量指标。声波 CT 检测技术利用声波在工程介质内部射线走时和振幅来重构介质波速系数的场分布，通过像素、色谱、网络的综合展示，直观反映工程介质内部情况。

如图 1 所示，防渗墙声波 CT 检测技术通过超声换能器在孔中不同位置进行发射和接收，测量声波穿透的距离和时间来计算声波射线（发射换能器和接收换能器之间的连线）所经过区域的声波波速。经过诸点发射和接收声波后形成致密的射线交叉网络[4]，将检测区域划分为若干规则的成像单元，实现透视空间离散化，通过求解大型矩阵方程，实现诸多成像单元波速的反演成像。常见的反演算法包括基于算子的线性化或拟线性的 ART、SIRT 和 LSQR 算法[5]，基于模型的完全非线性反演方法 SA、GA[6]，以及基于射线运动学原理[7] 的最短路径算法[8]。反演成果可以较准确地重建出射线所扫描区域内的介质波速分布图，进而直观准确地判断混凝土墙体结构的内部情况。

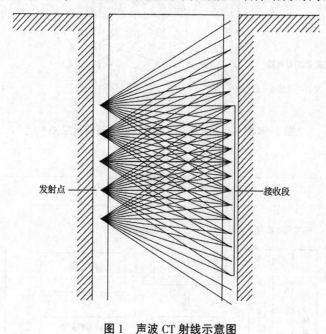

图 1　声波 CT 射线示意图

3　多发多收声波 CT 检测装备的研制

3.1　硬件系统设计

本文研制的多发多收声波 CT 检测装备包括 8 个发射探头和 8 个接收探头，其硬件系统示意图如图 2 所示，8 个发射探头按序逐个发射，8 个接收探头同时接收，在一个检测点位可采集 64 对声波射线，相对于传统的"单发单收"采集模式，理论采集效率可提高 64 倍。装备硬件系统模块组成见图 3，主要包括发射模块、多路发射和接收换能器、信号采集模块和控制系统 4 大模块。发射模块负责声波的发射和通道切换，产生瞬时高压作用于压电换能器发射高频声波；多路发射和接收换能器由 8 路发射电缆和 8 路接收电缆组成，实现声电信号的互相转换；信号采集模块负责信号的调理、转换和采集，8 通道可同步进行数据采集，保证了接收通道初至波走时的一致性；控制系统负责与主机采集软件进行交互，设置系统发射和采集参数，同步发射模块和信号接收模块，在 2 s 内完成 8 个发射通道的发射以及相应的数据采集工作，保证系统初至波走时的稳定性和一致性。

多通道信号采集技术相对比较成熟，可以基于 Altera 公司的 Cyclone 系列 FPGA 芯片 EP1C3 和采样芯片 AD9280 实现[9]，市面上也有成熟的采样率高达 1 MHz/s 的 8 通道采集卡，如阿尔泰公司的USB289x 系列。而多路发射模块是多发多收声波 CT 检测装备研制的关键，需解决高压发射下的通道间快速切换和隔离问题，以及与采集同步问题。

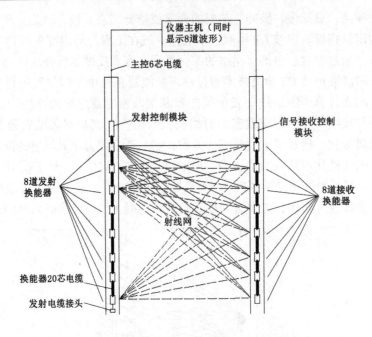

图 2　8 发 8 收声波 CT 检测装备硬件系统示意图

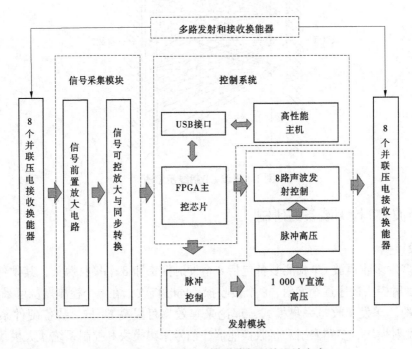

图 3　8 发 8 收声波 CT 检测装备硬件设计方案

3.2　多路发射模块设计

多路发射模块用 IGBT 作为开关电路主要器件，利用高压尖脉冲来激励发射换能器激发声波[10]，电路原理见图 4。发射模块中的直流高压由 KDHM-D1 型直流升压模块产生，具有限流和过热保护、输出高压可调功能。由于发射模块的高压达到了 1 000 V，一个通道发射声波时，单独关断其他发射通道的放电正极或者负极的方式，无法完全隔离发射通道间的高压干扰，会形成主通道发射声波的同时，其他发射通道也会发射微弱声波信号，在各发射通道与接收通道距离不一时，微弱的声波信号也会干扰接收通道的初至波判读，产生较大的声时误差。在发射通道切换时，本文采用了同时关断发射通道的放电正极或者负极的方式。发射模块的多路发射切换由 16 个切换开关完成，两个一组用于控制单道的正极与负极的通断（见图5），实现8道发射通道的完全关断与导通，防止通道间干扰。为了实现高效采集，在1~2 s时间内完成8通道的切换发射，通断开关选用耐高压、反应迅速、稳定耐用的干簧管继电器。

为保证发射和采集同步进行，采用控制命令发射模块逐道激励声波，发射模块在每个通道发射前返回开始采集信号，通知控制系统同时开始启动采集工作，发射和采集同步以硬件信号为主导，避免了软件信号时序上的不稳定给系统带来的误差，保障了装备系统初至波时间的稳定性和一致性。

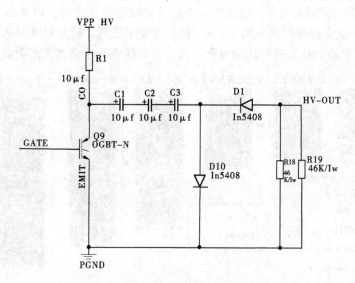

图4　高压发射电路原理

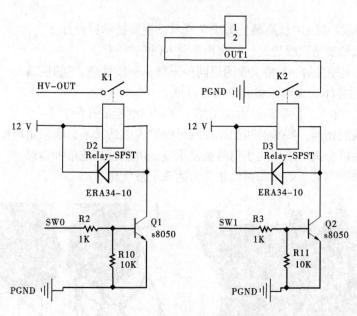

图5　单道发射切换电路原理

3.3　观测系统设计

采集数据的信息量与声波CT成像的精度有正相关的关系。理论上，采集的射线数据越多越好，但是采集的数据越多，工作量会越大，存在效率与数据量的矛盾。

经实验室内测试，在密实度较好的C20混凝土中，研制的发射模块与信号采集模块在检测距离为6 m时还能采集到较清晰的初至波，实际检测时混凝土密实度可能稍差，设计的声波CT装备一次采集的最大斜线测试距离应不超过6 m。对于混凝土防渗墙质量声波CT检测，利用预埋管，孔距一般在 1~3 m，因此发射和接收换能器串的长度应不大于 5.2 m。

在混凝土防渗墙检测中，0.1 m 点距可以满足防渗墙的质量检测要求，再减少采样间距而提高的精度非常有限。以实现点距 0.1 m 为目标，本文设计了兼顾采集效率与采集点距的 CT 多发多收观测系统。8 发 8 收设计的发射和接收换能器间距都为 0.5 m，发射和接收换能器串的长度为 3.5 m，每次采集可得到 64 对射线对数据，第一次采集后将换能器串移动 0.2 m 进行下一次采集，进行 5 次移动采集后基本完成深度 4 m 的范围检测，4 m 范围内的收发点距接近 0.1 m。该观测系统将 8 发 8 收的声波 CT 检测装备发挥出了最大效率，以 5 个 0.2 m 移动检测为小循环，以 4 m 为移动检测进行大循环（见图 6），完成一次大循环检测不到 1 min，检测重复率极低，检测射线对的密度接近饱和。如有更高的精度要求，在 3 m 的位置进行加密检测一次，可以得到几乎全覆盖的射线对密度。

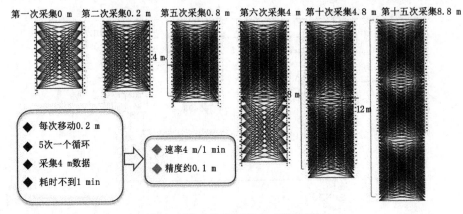

图 6   8 发 8 收的声波 CT 观测系统

3.4   装备技术特点

本文研制的多发多收声波 CT 检测装备如图 7 所示，主要技术特点如下：

（1）具有 8 路发射和 8 路接收通道，一次可采集 64 道射线数据。

（2）8 路发射通道顺序发射、8 路接收通道同步采集，一致性高，耗时 2 s。

（3）64 道波形同时显示，全部采集波形清晰可见。

（4）发射电压为 1 000 V，发射能量大，适用于 3 m 内的检测孔距。

（5）探头采用灌封胶密封，特殊的匹配厚度既可保护传感器又不影响采集精度。

（6）采集和发射主机分离，采用同步信号触发采集，可兼容其他多种震源。

（7）观测系统简单、高效，效率和射线重复率达到了最优化。

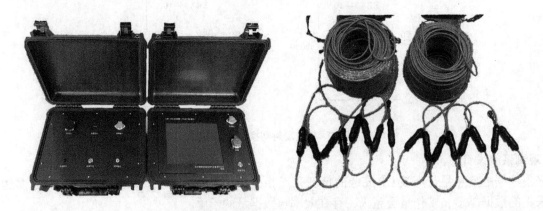

图 7   多发多收声波 CT 检测装备

3.5 装备的性能测试

3.5.1 装备道间一致性测试

声波 CT 检测的成果反演是依据声波初至波走时进行的，因此多发多收声波 CT 检测装备的各通道初至波一致性与 CT 检测成果准确性直接相关。为检验装备的一致性，在混凝土廊道上的一对水位观测孔进行了多发多收声波 CT 检测装备的测试，试验孔孔径约 5 cm，孔距 3.9 m，最大孔深 30 m 左右。检测时，从孔深 5 m 处开始，以 0.1 m 的移动间距同时移动发射和接收探头进行数据采集，到孔深 6.4 m 处结束，采集 16 次共 1 024 个声波射线对数据，其中包括 910 个重复观测数据，由不同发射探头和接收探头在相同发射点和接收点重复进行数据采集产生。

通过对 910 个数据进行分析，如图 8 所示，相对误差小于 1% 的有 559 个，占比为 61.43%；在 1%~2% 的有 270 个，占比为 29.67%，重复观测检查点为完全独立的重复数据采集，相对误差小于 2% 的占比达到了 91.1%，说明装备的初至波道间一致性十分优良。

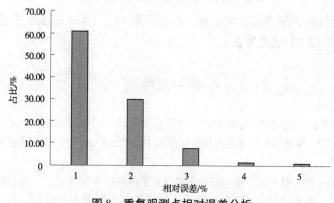

图 8 重复观测点相对误差分析

3.5.2 装备采集效率对比分析

在与国内单发单收声波仪进行采集效率对比中，研制的多发多收声波 CT 检测装备完成 8 000 个射线对的数据采集工作耗时约 40 min，平均采集一个射线对耗时约 0.3 s；国内单发单收声波仪完成 1 500 个射线对的数据采集工作耗时约 250 min，平均采集一个射线对耗时约 10 s；多发多收声波 CT 检测装备的数据效率约为传统单发单收声波 CT 检测装备的 30 倍。

4 多发多收声波 CT 检测装备的应用

为检验研制的多发多收声波 CT 检测装备的实际效率和实用性，在内蒙古赤峰某水库在建的防渗墙上开展了多发多收声波 CT 检测装备的示范应用工作（见图 9）。检测孔为防渗墙预埋管，孔径约 7 cm，分别在防渗墙 f128 和 f130 槽段测试 2 对声波 CT 剖面，孔距分别为 1.8 m 和 1.83 m，孔深均为 100 m 左右，属于超深混凝土防渗墙。按照预设观测方式，以 0.2 m 的移动步距完成了两对剖面近 200 m 的 CT 数据采集工作，耗时 2 h，完成了约 17 000 条射线对的采集工作，相对于传统的单发单收方式，检测效率显著提高。

5 结论与展望

本文针对现有声波 CT 检测装备检测效率低下，难以满足混凝土防渗墙大规模、高精度成像条件下的检测效率要求的问题，研制了 8 通道按序自动发射、8 通道同时接收的多发多收声波 CT 检测装备，以及配套的观测系统，一次自动采集只需 2 s，将采集效率提高了 30 倍，通道间一致性好，实现了超深混凝土防渗墙的声波 CT 高效、稳定的数据采集，并在内蒙古赤峰某水库工程深度 100 m 的防渗墙质量检测中进行了示范应用，证明了声波 CT 检测装备数据采集的高效率。目前，该装备震源为压电陶瓷换能器，受发射能量的限制，在混凝土中最大斜线测试距离小于 6 m，装备的检测孔距一般

图 9 内蒙古赤峰某水库现场工作照

不超过 3 m[11]，未来将继续研制高效、大能量、检测孔距可达 10 m 的多通道超磁震源，形成适用于不同孔距及地质条件的声波 CT 检测装备。

参考文献

[1] 张继伟，唐洪武. 检测混凝土防渗墙质量的常用方法及应用 [J]. 大坝与安全，2016（3）：16-22.

[2] 张建清，徐磊，李鹏，等. 综合物探技术在大坝渗漏探测中的试验研究 [J]. 地球物理学进展，2018，33（1）：432-440.

[3] 崔德浩. 无损声波测试（CT）技术对防渗墙结合部位质量检测的应用分析 [J]. 运行管理，2017（8）：67-71.

[4] 钟宇，陈健，闵弘，等. 跨孔声波 CT 技术在花岗岩球状风化体探测中的应用 [J]. 岩石力学与工程学报，2017，36（S1）：3440-3447.

[5] 石林珂，孙懿斐. 声波层析成像方法及应用 [J]. 辽宁工程技术大学学报（自然科版），2001，20（4）：489-491.

[6] 于师建，刘润泽. 三角网层析成像方法及应用 [M]. 北京：科学出版社，2014.

[7] 张钋，刘洪，李幼铭. 射线追踪方法的发展现状 [J]. 地球物理学进展，2000，15（1）：36-45.

[8] 刘润泽，田清伟，于师建，等. 结构混凝土三角网声波层析成像检测技术 [J]. 地球物理学进展，2014（4）：1907-1913.

[9] 陈江林. 多通道超声波桩基检测仪的设计与实现 [D]. 北京：中国科学院大学，2013.

[10] 孙廷刚，刘松平，宋秀荣. 一种新颖的宽带窄脉冲超声波发生电路 [J]. 航空制造技术，2004（4）：88-91.

[11] 丁朋，付华，兰盛. 一种孔间声波 CT 仪系统的研制及其应用 [J]. 地下空间与工程学报，2019，15（S2）：802-807.

浅议检验检测机构资质认定行政许可风险与防控

盛春花　李　琳　徐　红　霍炜洁

（中国水利水电科学研究院，北京　100038）

摘　要： 资质认定是市场监督管理部门依法对检验检测机构是否符合法定要求实施的行政许可。近年来，行政许可机关为适应国家"放管服"改革要求，积极推动减程序、减环节、减时间、减收费、减申请材料"五减"政策，实行申请、审批、发证全流程网上办理，提高了便利度和满意度，但同时也增加了行政许可机关的工作难度，带来一定的管理风险。本文重点分析检验检测机构资质认定行政许可过程可能存在的主要风险，并提出针对性的防范措施和建议。

关键词： 检验检测机构；资质认定；行政许可；风险

1　引言

2018 年 1 月，国务院下发《关于加强质量认证体系建设促进全面质量管理的意见》（国发〔2018〕3 号），提出实施统一的资质认定管理，引入"自我声明"方式，完善认证机构审批程序，整合检验检测机构资质许可项目，精简整合技术评审事项，积极推动"五减"（减程序、减环节、减时间、减收费、减申请材料），实行申请、审批、发证全流程网上办理，提高便利度和满意度。为贯彻落实国务院的改革要求，资质认定部门出台了《检验检测机构资质认定告知承诺实施办法（试行）》，推出了优化准入服务、便利机构取证的措施：对于符合相关规定的检验检测机构，逐步采取文件审查、采信机构自我声明等方式，快捷做出是否准予延续、变更资质的决定，而这些措施增加了行政机关的风险。本文从优化准入服务，便利机构取证关键措施出发，对检验检测机构资质认定许可工作中可能存在的风险进行分析，提出防范风险的措施和建议，提高行政许可的效率和质量。

2　风险分析

2.1　配套政策不完善的风险

2019 年 10 月，市场监管总局出台《检验检测机构资质认定告知承诺实施办法（试行）》，明确检验检测机构首次申请资质认定、申请延续资质认定证书有效期、增加检验检测项目、检验检测场所变更时，可以选择以告知承诺方式取得相应资质认定。行政许可机关做出资质认定决定后，在 3 个月内组织相关人员按照相关文件要求对机构承诺内容是否属实进行现场核查，现场核查发现有虚假承诺或者承诺内容严重不实的，由资质认定部门依照《中华人民共和国行政许可法》的相关规定撤销资质认定证书或者相应资质认定事项。

告知承诺审批方式是"先证后核""容缺发证"[1]，是行政许可领域的信用承诺，需要有完善的信用体系作支撑，目前由于信用体系还不够完善，对于较为隐蔽的失信行为，如果无人举报，就很难发现。另外，告知承诺审批流程是"告知→申请并承诺→形式审查→批准发证→现场核查"[1]，可见现场核查是关键环节，2021 年修订的《检验检测机构资质认定管理办法（修正案）》，并未对"做

作者简介： 盛春花（1968—），女，高级工程师，主要从事自动控制、检验检测以及资质认定管理工作。

出虚假承诺"及"承诺内容严重不实"做出详细解释或界定，现场核查专家有时难以准确判定。部分省份随后出台了相关文件，如山西省及江西省市场监督管理局分别制定了资质认定告知承诺核查地方规范；上海市、重庆市、陕西省、广东省、云南省等市场监督管理局也出台了告知承诺管理办法、告知承诺和自我声明实施方案等。直到 2023 年 5 月，国家市场监管总局发布《检验检测机构资质认定评审准则》，对"告知承诺核查"结论"承诺属实、承诺基本属实、承诺严重不属实/虚假承诺"逐项进行了细化，这一风险才得以消除。

2.2 经费不足的风险

为了规范检验检测机构资质认定评审工作，减轻机构负担，国家认监委从 2015 年开始申请国家财政专项资金[2]，统一支付评审组的交通费、住宿费、评审费，但支付给评审员的评审费偏低，反而在评审过程中容易产生廉政风险。

依据《检验检测机构资质认定现场评审工作程序》的规定，现场工作流程是从"材料审查"开始，"当材料审查符合要求"时才能"下发现场评审通知"，否则"暂缓实施现场评审"或者"不实施现场评审"，也就是说，只有"下发现场评审通知"后，现场评审才能正式确立，而评审费以评审通知上确定的时间和人员为准。现场评审完成后，还有"整改的跟踪验证""评审材料汇总上报"等工作，直到通过资质认定部门审批，这项工作才算完成。目前支付的评审费是按天计算：评审组长 600 元/（人·d），评审员及技术专家 400 元/（人·d）[2]，费用较低。

2.3 评审员专业技术能力不足的风险

检验检测机构评审涉及检验检测专业领域广泛、检验检测数据繁杂、检验检测方法众多，评审员数量及评审时间与评审任务量不匹配，或者评审员的专业配置不合理，一些重要环节没有检查到位等都有可能带来许可风险[3]。

当下部分实验室为了做大做强，不断扩项，提升能力，实验室检验检测能力表少则几十条，多则成千上万条。检验检测能力越强则涉及专业就越多，但因财政经费不足，选派评审专家不能涵盖每个专业，有些参数较少的专业只能由非相关专业专家根据自身所掌握的知识水平来确定，符合性、准确性难以保证。

2.4 资质认定网上审批可能存在的风险

检验检测机构通过资质认定网上审批系统提出申请时，需要通过审批系统提交申请书及附件：检验检测人员一览表、授权签字人基本信息表、授权签字人汇总表、仪器设备信息表、检验检测能力申请表、仪器设备（标准物质）配置表以及各类证明文件。资质认定审批部门通过审核检验检测机构提交的各类电子文档资料，确定是否符合检验检测机构资质认定行政许可条件，从而决定是否许可。在检验检测机构提交资质认定申请及资质认定审批部门审批过程中，电子文档资料存在被他人恶意篡改、冒充或是误提交风险，影响检验检测机构资质认定网上审批系统中数据的合法性、有效性、安全性，从而给检验检测机构资质认定行政许可带来潜在风险。

2.5 行政许可逾期风险

《检验检测机构资质认定管理办法（修正案）》2021 年修订时进一步压缩了许可时限，审批时限压缩至 10 个工作日内，技术评审时限压缩至 30 个工作日内。资质认定审批部门需在规定时间内对申请材料进行审查，决定是否予以行政许可。审批部门在审查申请人提交的各类电子文档资料时，可能因外在因素不能在法定时间内完成审批，导致行政许可逾期，一旦逾期，资质认定行政审批部门就违反了法律规定，将面临相应的法律责任。逾期行政许可导致申请人将无法在规定时间内获得资质认定证书，直接影响申请人的合法权益，如影响投标等。申请人的合法权益受损后，对资质认定审批部门的不满和抨击也将随之而来，申请人可能在逾期后提起诉讼，要求政府承担相应的行政责任和赔偿责任。

3 对策和建议

3.1 完善政策、管理制度的制定程序

完善配套政策，对政策做出详细解释或界定，让政策具有可操作性，消除风险源。如在 2019 年 10 月，市场监管总局出台的《市场监管总局关于进一步推进检验检测机构资质认定改革工作的意见》（国市监检测〔2019〕206 号）提出"试点推行告知承诺制度"时，同时推出"检验检测机构资质认定告知承诺后现场核查实施细则"，明确界定承诺属实、承诺基本属实、承诺严重不属实、虚假承诺，让"告知承诺制度"更完善。

3.2 推出政策，解决资金不足问题

财政资金不足时要给出正确的解决办法。政府财政资金筹措不到，不足以解决评审需求时，可以给政策让机构买单，机构在享受政策便利时，需要付出相应的报酬，政府部门加强事中、事后监管，避免可能的廉政风险，降低消极评审或不评审直接许可的风险，提高评审质量。

3.3 建立评审员数据库，加强评审员教育培训

首先，建立全国统一的评审员数据库，评审员随机选派，打破行业壁垒，打破区域限制，只要是专业相同，选派评审员不受区域、行业限制，降低、消除人情评审风险。

其次，加强评审员业务培训，为评审员提供交流、学习、讨论的机会。对工作中出现的疑点、难点问题及时给予解决，不断提高评审员解决问题能力；强化评审员的服务意识，开展廉政教育，保证评审员队伍的廉洁。

最后，整顿评审员队伍，将多年不从事评审任务或不具备评审能力的评审员从评审员数据库中剔除，同时将业务能力强、思想品德过硬，尤其一直在检验检测一线工作的年轻业务骨干吸收进来，动态更新评审员数据库。

3.4 采用电子签名，保护系统数据的合法和安全

为确保检验检测机构资质认定网上管理系统数据的合法和安全，可要求资质认定审批部门、检验检测机构使用电子签名、电子印章，并严格按照国家有关规定使用电子签名、电子印章。检验检测机构和资质认定审批部门对各自提交的文档资料进行电子签名。经电子签名的文档既可以防止被他人篡改，也可以防止检验检测机构和资质认定审批部门否认是自己提交的，具备完整的法律效力，防止冒充风险。

3.5 细化许可流程，畅通沟通渠道

一要避免行政许可逾期。资质认定部门要充分细化申请资质认定事项需要提供的申请材料，申请机构才能为行政机关提供完整、准确的申请材料，这样可以避免因资料不全或不准确等问题导致的许可逾期。二要明确审批流程，在每个审批节点均让申请机构介入，这样一方面申请机构可更好地掌握审批许可进程，同时资质认定审批部门发现问题及时沟通。三要畅通沟通渠道。现有的"你呼我应"等待时间长，若解决问题不及时，容易激化矛盾。为避免行政许可逾期矛盾的激化，强烈建议增加沟通渠道，沟通渠道畅通后，发现行政许可快逾期或已逾期，申请机构可打电话督促或沟通了解情况，在矛盾激化前解决问题，避免提起诉讼。

4 结语

要想防范、规避或降低检验检测机构资质认定行政许可风险，在推出简化审批程序，压缩行政许可时限，优化准入服务，便利机构取证的措施、政策时，要综合考虑措施、政策的可行性、完善性、可操作性，尽量防范或规避行政许可风险。另外，要充分细化、规范行政许可审批流程，让申请机构在申报前对措施、政策充分了解；在行政许可过程中，与申请机构保持良好的沟通交流，避免不必要的矛盾和行政许可逾期，降低行政许可风险。

参考文献

[1] 吉林省商务诚信公共服务平台. 论信用承诺及其制度完善 [EB/OL]. (2022-11-02) [2023-09-10]. http：//swcx. jl. gov. cn/swcx/xyts/129100. jhtml.

[2] 国家认监委. 国家认监委关于明确统一支付检验检测机构资质认定（计量认证）评审费的通知 [EB/OL]. (2015-08-24) [2023-09-10]. http：//www. fyjt. org/news/hyxw/2018-04-13/184. html.

[3] 翟江，仇树军，王鹏. 检验检测机构资质认定评审风险分析与防控 [J]. 中国质量技术监督，2017（12）：56-57.

X 射线技术在压力钢管焊接残余应力检测中的应用

余鹏林　黄自德　卫学典　方　芳　瞿冠生　杨铭宇　李　婷　黄雪玲

（长江三峡技术经济发展有限公司，北京　101149）

摘　要： X 射线应力测试技术作为一种非破坏性检测手段，能够有效地测量并分析材料中的残余应力。在本研究中，将此技术应用于某大型水电站 6# 和 7# 压力钢管的焊接残余应力检测。结果表明，压力钢管焊缝区域的焊接残余应力整体呈现拉应力状态。测试数据显示，残余应力平均值为 222.59 MPa 和 343.32 MPa，且各个测区的残余应力值均未超过材料标准规定的上限值 690 MPa，表明该压力钢管的焊接残余应力满足设计要求。

关键词： X 射线应力测试技术；压力钢管；焊接残余应力

1　引言

近 10 年来，我国将推动经济社会发展全面绿色低碳转型和提高碳排放削减幅度放在更加突出的位置[1]。到目前为止，我国已建成世界最大的清洁发电体系，其中水电作为重要的组成部分得到了极大的发展。压力钢管作为水电发电机组中重要的组成部分，一般用于从水库、压力前池或调压室向水轮机组输送水量，在实际运行过程中内部为有压状态。其特点为集中了整个水电站大部分或全部的前部水头，这导致压力钢管不仅内部水压较大，还存在动水压力的冲击，并且为了得到较大的冲击力，压力钢管的坡度通常较陡，进一步增加了其内部压力[2]。压力钢管通常一端在水库上方，另一端在厂房下方，一旦遭到破坏，会严重威胁厂房安全，对整个电站的运行都会造成严重破坏，因此其质量安全直接影响到整个机组的安全性能。焊缝是钢管中较为脆弱的部分，容易在冲击时受损，为保证其质量安全，需要对其进行严格的检测和质量评估。残余应力是影响焊缝质量的一个关键因素，其大小直接关系到金属的变形和开裂问题。因此，选择合适的检测手段对压力钢管中焊缝内部的残余应力进行检测和分析十分重要[3]。

2　工程概况

该水电站引水隧洞采用一洞一机布置形式，平行布置。压力钢管布置在下平段，自灌浆帷幕处起始，灌浆帷幕下游设排水设施。钢管经下平段、锥管段、连接段至水轮机蜗壳端口。左岸 1#~6# 机压力钢管直径 13.50 m，经锥管段渐缩为 11.5 m，由连接段与蜗壳进口端连接。设计水位 975.00 m，水轮机安装高程均为 803.00 m，单机引用流量 691.1 m³/s，经计算，压力钢管的设计压力 H（包括水锤升压值）为 245.500 m，HD 值为 3 314 m²，属于超大型地下埋管。压力钢管采用抗拉强度 780 MPa 级钢板制造，屈服强度为 690 MPa。经计算，钢管壁厚为 56~60 mm（含锈蚀厚度）。在外压作用下，钢管外须布置加劲环，加劲环断面为矩形，间距 2~3 m，材质为 Q345C。

3　残余应力检测方案及结果分析

3.1　焊接残余应力产生机制

应力是指物体受到外界条件刺激下自身内部产生的一种相互作用的内力，单位面积上的内力称为

作者简介：余鹏林（1997—），男，助理工程师，研究方向为金属构件无损检测和实验室管理。

应力[4]。残余应力是指在材料外部的载荷消除和环境条件稳定的情况下仍在材料内部中存在的各相直接作用的内力，焊接作为在能源和建筑等行业中金属材料相互连接的一种十分重要的方法，其产生的焊接残余应力通常会对材料连接处产生不利影响。根据对金属设备使用的要求不同，建设方通常对其焊接处的残余应力大小的容忍度也存在差异，但过大的残余应力可能会导致裂纹和变形等缺陷，在焊缝中通常不允许存在，因此要尽可能地降低甚至是消除焊接残余应力。焊接残余应力产生的原因是金属相互连接时需要高温熔化，其热量通常由电弧产生，材料熔融后再冷却沉积，导致焊接材料与母材在原子层面上熔合，这种情况下，焊接区域的材料会产生弹性、蠕变和塑性变形，一旦冷却，由于材料本身结构的约束以及不同材料的收缩速率不同和晶粒不匹配等因素，就会在焊缝以及热影响区中形成残余应力，即焊接残余应力[5]。

焊接残余应力通常与焊接变形同时存在，因此当焊接残余应力过大时，宏观层面上表现出来的现象为焊接区域有明显的变形现象，从而导致焊接接头失效。因此，在实际焊接过程中控制和降低焊接残余应力与焊接残余变形非常重要，以保证焊接结构的质量和性能[6]。

3.2 焊接残余应力的危害

焊接残余应力对金属构件的影响主要体现在以下几个方面：对构件结构变形的影响[7]、对构件稳定性的影响[8]、对构件结构刚度的影响[9]和对构件疲劳强度的影响[10]。

残余应力对材料结构变形的影响体现在两个方面：一方面是材料抵抗静载荷和动载荷的影响，另一方面是载荷消失后材料恢复原来样貌的能力。残余应力的不稳定性导致在外加载荷经常性变化时，构件容易发生变形，影响工件精度。

残余应力对构件稳定性的影响体现在当材料表面受到外加载荷压力时，其某个截面的实际应力为压力和残余应力的叠加值，导致该截面可能会提前屈服而进入塑性变形状态，从而导致有效截面面积减小，惯性矩下降，最终造成稳定性下降。

残余应力对构件结构刚度的影响体现在外加载荷和残余应力的叠加会导致构件发生塑性变形，刚度也随之降低。并且当构件上同时存在纵缝和横缝时，在较大的截面上可能存在残余应力，像压力钢管这种横纵缝较多的金属构件，焊缝中的残余应力对钢管整体的刚度影响较大，在实际运行中，水压时强时弱也会导致钢管的回弹量明显下降，长时间运行可能会导致钢管变形，对稳定性要求较高的压力钢管等金属构件而言，焊接残余应力是不容忽视的。

残余应力对构件疲劳度的影响主要体现在残余应力和外加载荷叠加导致应力幅值发生变化，反复作用多次后，钢材焊缝处产生裂缝，拓展后导致断裂破坏。因此，残余应力集中的区域疲劳强度明显降低。

对于压力钢管这种厚度和体积较大的特殊性管材，其焊接残余应力大小和性质取决于多种因素，主要与焊接接头处的几何设计（坡口形式）和整体的焊接工艺参数有关。这两者主要影响金属的加热和冷却，对于厚度较大的管材，其焊接通常为多层焊，因此每一层焊接的路径、焊料的填充速度和用量以及输入的热量等都需进行计算，焊接到不同焊道时一些参数需要进行改变，这些都会通过影响焊接接头的微观结构变化影响焊接处的稳定性。

3.3 残余应力检测方案

3.3.1 X 射线残余应力测试法

焊接残余应力的测量方法可分为破坏性测试法和非破坏性测试法两种。破坏性测试法包括钻孔法[11]、切槽法[12]、剥层法[13]等，这些方法简便但对构件会产生破坏，从而影响其结构稳定性，因此不适用于高强钢压力钢管等的残余应力测试。非破坏性测试法包括中子衍射法[14]、超声波法[15]、X 射线衍射法[16]、磁测法[17]和电子散斑干涉法[18]等，这些方法对被测对象无损害，但技术要求高、劳动强度大且仪器成本高。

X 射线衍射法作为一种非破坏性测试法，通过测量晶面间距来确定被测构件的残余应力，与其他几种无损测试法相比，它具有测量精度高、速度快和范围广等优点，但该测试法对测试表面的处理质量要求十分严格,洁净程度要求高[19]。三峡工程早就对 X 射线衍射法进行残余应力检测进行了验证,其左岸和地下电站的 600 MPa 蜗壳与压力钢管的焊缝使用 X 射线衍射法进行残余应力检测,结果得到了建设方三峡建工的充分认可。在之后三峡集团负责建设的呼和浩特抽水蓄能电站中,该项目的部分金属构件钢岔管和压力钢管也使用 X 射线衍射法进行残余应力检测,同样得到了建设单位和其他检测机构的认可,到目前为止,这些电站运行良好,未发现蜗壳和压力钢管焊缝开裂、变形等问题,充分表明了该测试技术的准确性[20]。近年来,一方面,随着国家大力推动新能源发展,大型水电站和抽水蓄能电站都相继开工建设,三峡集团建设的向家坝等水电站都运用 X 射线衍射法对蜗壳和压力钢管等重要金属构件设施进行残余应力检测;另一方面,随着科技的发展,X 射线残余应力测试仪也进行了多代迭代,其性能显著提升,检测结果准确性有显著提高。因此,X 射线残余应力检测目前也得到了全国残余应力学会的充分认可。

对于压力钢管焊缝的残余应力,采用 X 射线衍射法对其进行检测,可重复性高,时间和地点可选择性高,因此可实现对压力钢管焊缝的定时定点监测,适用于需要比较不同时间和状态下的钢管焊缝残余应力,可对焊接工艺的优化和钢管的安装起一定的指导作用,这是其他方法不具备的特点。对于其他一般金属构件而言,可以对材料焊缝在载荷试验和热处理前后的焊接残余应力进行检测,比较结果可以推断出载荷和热处理对焊缝的影响,从而判断焊缝的焊接质量是否达到要求,传统的破坏性检测无法满足这一点,不能准确地评价被测点在不同状态下的焊接残余应力变化。

3.3.2　X 射线残余应力测试方法

该水电站的压力钢管采用的 X 射线残余应力检测设备为 STDD-12 型 X 射线应力测定仪,检测参照的标准为《无损检测 X 射线应力测定方法》(GB/T 7704—2017)。仪器相关参数设置如表 1 所示。

表 1　STDD-12 型 X 射线应力测定仪参数

定峰方法	交相关法	辐射	CrKα	衍射晶面	(211)
Ψ 角	23°、47°	应力常数	−318 MPa/(°)	计数时间	10 s
2θ 扫描起始角	150°	2θ 扫描终止角	161°	2θ 扫描步距	0.01°
X 光管高压	55 kV	X 光管电流	150 μA	准直管直径	2.0 mm

受该水电站工程建设部的委托,我们最终对 6# 和 7# 压力钢管进行了残余应力检测,由于压力钢管在焊接过程中存在多种位置不同焊接工艺,因此在检测时选取了包括凑合节环缝、纵缝及"T 字接头"三种不同检测区共 4 处,以全面评估焊接过程中产生的残余应力。检测区域示意图如图 1、图 2 所示。

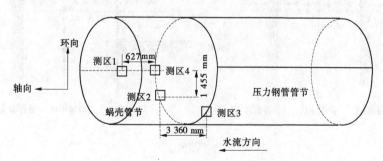

图 1　6# 压力钢管凑合节测区布置

检测区域确定后,首先对其进行表面处理,包括使用角磨机和抛光片处理焊缝余高,以及电解抛光消除磨痕,使焊缝、融合线和热影响区在检测过程中更易分辨。检测区表面光洁处理后,再对该区

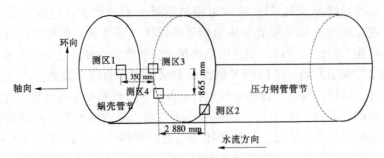

图 2   7#压力钢管凑合节测区布置

域进行测点布置，经过讨论最终确定的测点分布如图 3、图 4 所示。在检测区域内，测点主要位于焊缝中心、融合线以及热影响区内，并沿焊缝纵向轴线对称，每隔 5 mm 取一个测点，以便对残余应力的分布进行详细分析。

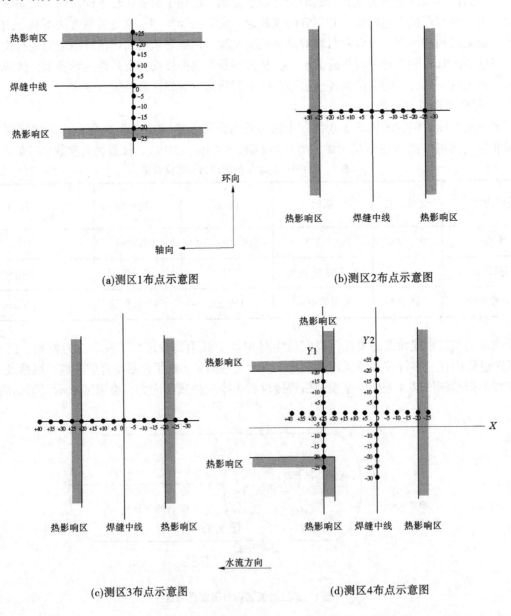

图 3   6#压力钢管凑合节测点布置

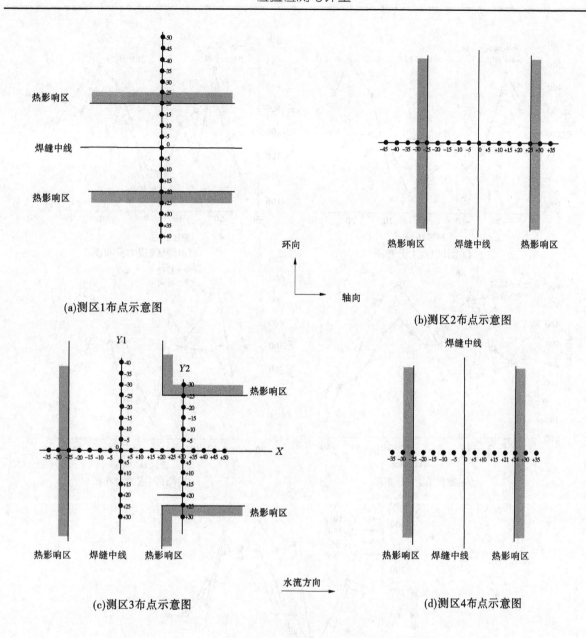

(a)测区1布点示意图

(b)测区2布点示意图

(c)测区3布点示意图

(d)测区4布点示意图

图4 7#压力钢管凑合节测点布置

3.4 残余应力检测结果分析

本次残余应力测试中6#压力钢管合拢焊缝共布置4个测区74个测点,其测点位置与应力大小关系如图5所示,其中应力值为负值时为压应力,正值时为拉应力。

从图5可以看出,所有测区中的残余应力都包含压应力和拉应力,表明焊接过程中产生的残余应力具有复杂的分布特征;且所有测点的应力值分布在-130.3~610.4 MPa,未发现超过该材料标准规定值的下限690 MPa,残余应力水平在可接受范围之内。其中,焊接残余应力最大值为测区3焊缝中心偏下游15 mm处的轴向残余应力,为610.4 MPa,在今后的残余应力监测中,对该部位可进行密切关注;整个6#压力钢管的残余应力平均值为222.59 MPa,远低于690 MPa,这表明整体焊接质量良好,焊缝的安全性和稳定性得到了有效保证。

7#压力钢管合拢焊缝的残余应力测试共布置4个测区合计97个测点,其测点位置与应力大小关系如图6所示。

图6的结果表明,7#压力钢管中也同时存在压应力和拉应力,统计后发现其应力分布范围为

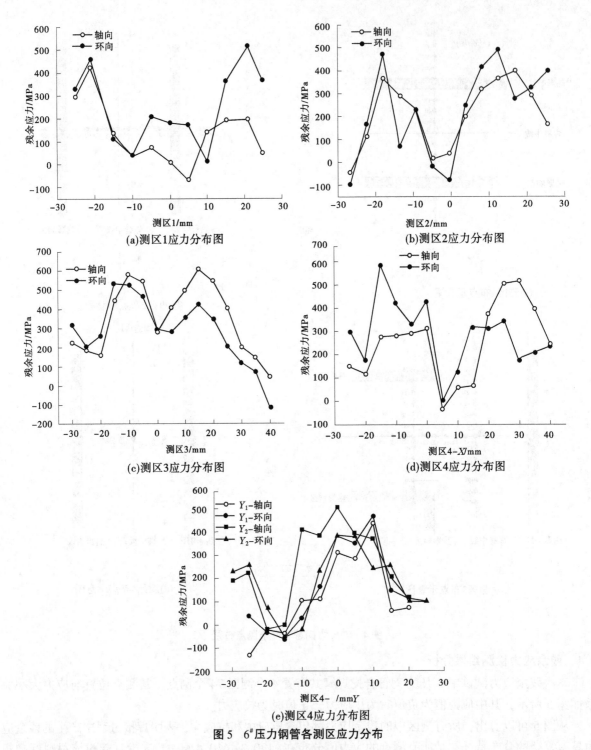

(a)测区1应力分布图

(b)测区2应力分布图

(c)测区3应力分布图

(d)测区4应力分布图

(e)测区4应力分布图

图 5　6#压力钢管各测区应力分布

$-93.7 \sim 687.2$ MPa，未发现超过材料标准规定值的下限 690 MPa 的应力。其中，焊接残余应力最大值为测区 4 中焊缝中心偏上游 5 mm 处的环向残余应力，应力值为 687.2 MPa，整体的残余应力平均值为 343.32 MPa，远低于 690 MPa。

本次的压力钢管残余应力测试中，所有测点的残余应力测试值均小于 690 MPa，其中，7#压力钢管的残余应力测试平均值与 6#相比升高较大，这是由于两者的焊接工艺不同，导致 7#的焊缝的拘束度改变较大，故测值整体升高，在后续的焊接中应当严格执行焊接工艺，保证焊接残余应力在可控的范围内。

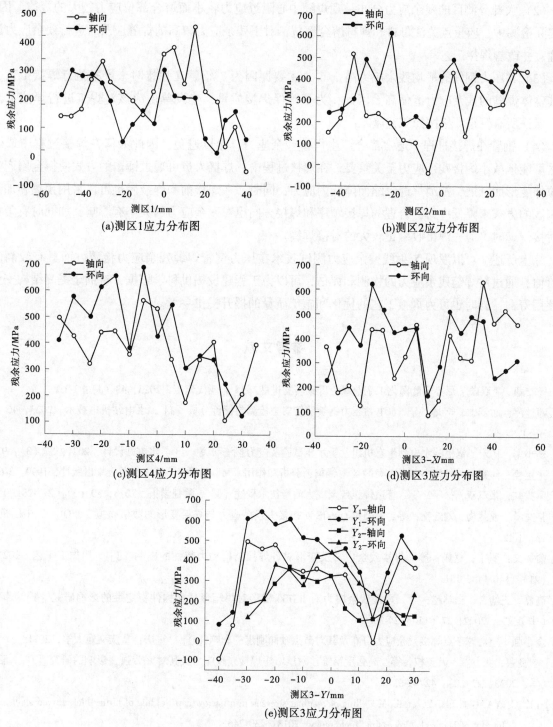

(a)测区1应力分布图

(b)测区2应力分布图

(c)测区4应力分布图

(d)测区3应力分布图

(e)测区3应力分布图

图6 7#压力钢管各测区应力分布

4 结论

如何有效地确定压力钢管焊缝中焊接残余应力的分布并同时定性定量地评定其对结构焊缝的影响具有重要意义。本文依托于该水电站的压力钢管残余应力检测项目,利用 X 射线技术对其 6# 和 7# 压力钢管的合拢焊缝 8 个测区共 171 个测点进行了残余应力测试,得到了以下结论和建议:

(1) 所有测点的残余应力值均小于材料下限 690 MPa,表明压力钢管的残余应力满足设计要求,可以正常投入使用。

（2）大部分测区的残余应力分布呈现焊缝中心附近应力较小而熔合部位应力较大的规律。因此，在实际检测中，应重点关注母材和焊材熔合部位，对于残余应力较高的焊缝应及时进行残余应力消除处理，并改善焊接工艺。

（3）7# 压力钢管的平均残余应力高于 6#，主要原因为 7# 钢管在焊接时未严格执行焊接工艺，导致其整体焊缝的残余应力值偏高。因此，为了确保焊接质量，建设单位应该对焊工进行焊接工艺培训，保证所有管道严格按照工艺施工。

（4）钢管在焊接过程中通常都会产生焊接残余应力，难以避免，因此如何在焊接过程中或焊接后尽可能地减小焊接残余应力至关重要。在焊接过程中，焊接人员可通过锤击的方式使得金属产生塑性拉伸变形而延展，抵消焊缝收缩而降低内应力；同时，在焊接前和焊接后也可以采用预热和加热热影响区的方式来降低应力；合理的焊接顺序和焊接方向也对残余应力的大小有影响，如同时有角焊缝和对接焊缝时，应先焊接收缩量较大的对接焊缝。

综上所述，可以发现 X 射线残余应力测试技术在压力钢管焊缝残余应力检测方面具有较高的实用价值，通过对焊缝残余应力的检测和评估，可以为工程建设提供科学依据，有助于提高结构安全性和使用寿命，同时也可为焊接工艺的优化和施工质量的提升提供参考。

参考文献

[1] 杨友麒. "双碳"形势下能源化工企业绿色低碳转型进展 [J]. 现代化工，2023，43（1）：1-12.

[2] 韩林萍，谢梦敏，李戈，等. 水电站压力钢管明管安全检测与评价分析 [J]. 水电站机电技术，2023，46（3）：79-81.

[3] 杨小军，杨宏. 锅浪跷水电站生态机组岔管水压试验及应力检测研究 [J]. 水电站设计，2021，37（3）：93-96.

[4] 张定栓，何家文. 材料中残余应力的 X 射线衍射分析和作用 [M]. 西安：西安交通大学出版社，1999：3-6.

[5] 罗凌虹，张双双，徐序，等. 管道焊接残余应力测量技术概述 [J]. 陶瓷学报，2018，39（3）：277-281.

[6] 骆文泽，成慧梅，刘红艳，等. 高强钢 Q960E 对接接头残余应力与焊接变形的数值模拟 [J/OL]. 中国机械工程：1-12.

[7] 俞树文，罗宇，赵晟，等. 焊接残余应力及变形对各焊接结构动力特性的影响 [J]. 热加工工艺，2021，50（21）：140-145，151.

[8] 高磊，王靖文，白林越，等. 焊接残余应力对 BS700 槽形对焊箱形截面构件稳定性的影响研究 [J]. 钢结构（中英文），2022，37（11）：24-30.

[9] 金小强. 空心球节点焊接残余应力分布及其对节点轴向刚度的影响 [D]. 重庆：重庆交通大学，2021.

[10] 李良碧，张井喜，万正权，等. 高强度钢锥柱耐压结构焊接残余应力及其对疲劳强度影响的研究 [J]. 船舶力学，2023，27（3）：427-436.

[11] LIU C, YANG J, SHI Y, et al. Modelling of residual stresses in a narrow-gap welding of ultra-thick curved steel mockup [J]. Journal of Materials Processing Technology, 2018：239-246.

[12] 高玉魁. 残余应力基础理论及应用 [M]. 上海：上海科学技术出版社，2019.

[13] 许鑫鑫. 基于 X 射线/剥层法和压痕法的表面变质层残余应力测试 [D]. 郑州：郑州大学，2020.

[14] 于鸿垚，秦海龙，史松宜. 利用中子衍射法和轮廓法测定 GH4169 圆盘残余应力 [J]. 物理测试，2022，40（4）：8-13.

[15] 路浩，朱政，邢立伟. 高钢级管道残余应力超声波法检测及小孔法验证 [J]. 油气储运，2021，40（5）：533-538.

[16] 许光，邢力超，张婷，等. X 射线衍射法测量高温合金波纹管残余应力 [J]. 压力容器，2021，38（7）：32-37.

[17] 舒迪. 金属磁记忆-磁巴克豪森噪声融合检测应力系统的研究及应用 [D]. 北京：北京化工大学，2015.

［18］张天弛，张明，李博，等．基于电子散斑干涉的载人航天器密封舱焊缝残余应力测试方法［J］．载人航天，2018，24（5）：674-678.

［19］马存飞，董春梅，王倩，等．X 射线衍射残余应力测试技术在纤维状方解石脉体现今应力状态分析中的应用［J］．中国石油大学学报（自然科学版），2021，45（1）：23-30.

［20］陈初龙，铁朝虎，余健，等．呼和浩特抽水蓄能电站 790 MPa 级高强钢残余应力测试［J］．水电站机电技术，2015，38（6）：39-42.

实验室安全事故预防措施研究

余鹏林　卫学典　戴　刚　窦立刚　任月娟　郑耀宗

（长江三峡技术经济发展有限公司，北京　101149）

摘　要：我国科研水平发展迅速，科研人员群体不断扩大，科学实验总量呈几何式增长。频发的实验室安全事故已经成为科学研究领域的重要问题。然而，高校实验室尤其是企业科研中，对实验事故的风险辨识、注意事项和分析研判、经验教训总结等机制尚未系统化、规范化建立。为了保障企业实验人员的安全，本文全面总结了我国近 20 年实验室安全事故，提出了建立安全培训系统和大数据分析系统等机制，以更加科学的手段预防实验室事故的发生。本文提出了加强安全文化建设、安全事故跟踪分析、统一实验室安全标准这三点建议全面提升实验室安全管理水平。

关键词：实验室安全；数据分析；安全文化；事故预防

1　引言

实验室承担着培养人才和探索科学未知的使命，它在学术研究中起着至关重要的作用。然而，在日常教学和科学研究的实验中，科研工作人员往往会接触有毒有害化学品、危险气体、危险机械装置等。近 20 年来，全国普通高校毕业生人数从 2000 年的 100 万人到 2021 年的 900 万人，实验室相关学科（理、工、农、医等）研究生在校人数也从 90 万人大幅增加到近 530 万人，随着高等教育的普及和科研经费的大量投入，我国实验室的数量呈爆发式增长，同时也暴露出了大量的实验室安全隐患，这些问题给大学实验室的安全带来了重大挑战。2018 年 12 月 26 日，北京某大学某实验室发生爆炸，摧毁了整个实验室，有 3 人在此次事故中不幸遇难。据调查，该事故的直接原因为：搅拌机转轴处金属摩擦、碰撞产生的火花点燃了料斗内镁粉和磷酸因搅拌、反应而生成的氢气，引发镁粉粉尘爆炸，瞬间的高温和火花引起周边其他可燃物燃烧。违规购买、违法存储危化品，对实验安全隐患评估不足而违规、冒险开展实验，实验室安全管理不到位是造成该事故的根本原因。有关部门为此召开视频会议，会议上指出，近年来频发的高校实验室安全事故冲击广大师生的安全感，暴露出高校实验室安全责任不落实、危化品管理不到位、安全意识淡薄、管理制度不健全和监管薄弱等问题。

2021 年 10 月 24 日，南京某高校一实验室发生爆燃事故，造成一名学生、一名老师当场死亡，9 人受伤。2021 年 3 月 31 日，某研究所发生爆炸事故，事故原因是一研究生在反应釜未完全冷却时打开反应釜导致爆炸，该学生当场死亡。虽然与工业生产中的安全事故相比，实验室安全事故的后果相对较小，然而值得警惕的是，人的不安全行为和物的不安全状态以及安全管理的监督不足，构成了实验室相当大的潜在风险。频发的实验室事故不仅带来财产上的损失，还会造成宝贵的科研数据丢失，甚至威胁着科研人员的生命安全。随着科学技术和工程研究的不断进步，具有各种危险材料的实验室和具有复杂操作的大型实验设施愈来愈多，这给实验室安全管理带来巨大的挑战。

目前关于实验室安全的研究较少，且几乎都集中在对高校实验室的研究上。尽管以企业为依托的实验室（以下简称企业实验室）和高校实验室都是以学术研究为目的而成立的，不同的是，高校实验室侧重前沿实验研究和研究生的培养，企业实验室则是以技术应用研究为主，基础研究为辅。并且企业和高校的人员构成以及文化背景是截然不同的，二者的管理模式也不尽相同，企业实验室分布较

作者简介：余鹏林（1997—），男，助理工程师，研究方向为金属构件无损检测和实验室管理。

为分散，难以统一管理，本文通过分析高校实验室安全事故的原因，提出了几个管理系统以减少实验室安全事故的发生，并讨论了未来进一步保证实验室安全的建议。

2 安全事故分析

Bai Minqi 等[1] 调查了我国自 2000 年以来公开报道的 110 起高校实验室安全事故，图 1 为 2000 年以来每年我国高校实验室事故、死亡人数、伤害人数。

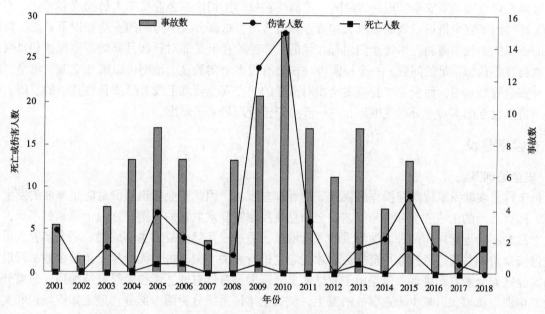

图 1 自 2000 年以来中国大学实验室事故

从图 1 中可以明显地看到，2010 年是安全事故发生的高峰，造成这种现象的原因可能是 2000—2010 年大学扩招和更多的科研经费投入，而实验室的安全管理水平和安全防范意识并没有随之增长。值得注意的是，近两年我国大规模扩招硕士生和博士生，每年报考研究生的人数呈指数式增长，将要面对的安全管理挑战也是前所未有的，因此研究事故发生的原因对提升安全管理水平和预防事故的发生极为重要。

Bai Minqi 等将事故发生的潜在因素和直接因素归结为 3 大类 8 小类，如表 1 所示。他们发现"违反程序"（22%）是大多数实验室事故最普遍的直接因素，由此可见，实验室人员管理和实验室管理制度的建立对实验室安全至关重要。"有问题的设备"（13%）是诱发实验室安全事故的第二原

表 1 事故发生的潜在因素和直接因素

影响因素	原因
人为因素	违反程序
	操作失误
	缺乏监督
材料因素	缺乏保护措施
	有问题的设备
	危险物质
环境因素	工作环境简陋
	存储条件简陋

因，主要发生在化学实验室。他们基于 PSM（Process Safety Management）[2] 要素给所调查的安全管理报告评分，总结出了 4 个最为重要的因素依次为：培训、工艺危害分析、工艺安全信息、机械设备完好。

高校实验室安全管理的一大难题是人员流动大，每年都会有大量的学生进组和离组，而企业实验室人员流动小，所面临的管理压力就更小。高校实验室一般存在寒暑假长期空闲阶段，假前是事故的频发时期，而企业实验室则不会有这样的现象。有的公司会定期召开安全月例会以及节前的安全检查，这也是高校实验室安全管理所欠缺的。然而与在校师生相比，企业员工人员构成多元化，不是每个员工都得到了安全培训，例如临时工和劳务派遣人员，这部分人学习到的安全知识不系统。对安全风险的辨识能力较为薄弱，尽管他们拥有大量的工作经验，但是面对日新月异的新型设备和复杂的危化品也会存在认识不足的问题。一个校园内往往会有很多个实验室，他们可以彼此交流、借鉴、学习以提升安全管理水平，而企业实验室则是相对孤立的，在安全管理上没有形成良性竞争的氛围。依据各个项目点设立的实验室分散范围广，进一步给安全管理带来了难度。

3 实验室建设

3.1 安全培训系统

由于许多实验室事故都与操作失误或安全意识差有关，因此专业知识培训对防止事故的发生至关重要。拥有适当的工艺危害分析和工艺安全信息是控制实验室危害的关键。这两个要素的不足，如危险化学品的不合理储存和两种活性物质的混合堆放，是造成几起事故的主要原因。每个实验人员必须在经过安全培训并通过考核取得资格证后才能独立进行相关实验。虽然无论学校还是企业都开展了大量的实验室安全教育和培训，但是由于测试简单，范围没有针对性，考核效果有待加强，急需开发一套新的培训考核模式以减少未遂事故的发生。该安全培训系统分为两个部分：理论知识培训和实际操作培训。理论知识培训主要是基础安全知识学习，如防火防盗知识、用水用电知识、危化品购买和存放知识等。针对实验室实际情况，总结归纳出最需具备的安全知识并建立一套安全知识数据库，除可用于安全考核外，每个实验人员还可以主动学习，温故而知新。实际操作培训包括标准视频学习和老带新学习两个方面，通过视频讲解和学习老员工的经验，可以让新员工迅速上手相关实验。除此之外，该培训系统能够根据企业当前业务及时更新的内容，也包含有预案的分享和模拟演练、评估等。张超[3] 认为应用科学技术产品服务可以显著提高实验室安全管理水平。

3.2 大数据分析系统

目前的实验室事故分析都是被动的，事故发生后就已经造成了无法挽回的损失，这种被动的"诊断"方式不利于实验室的健康发展。我们鼓励实验人员主动将实验过程中发现的不安全行为上传到数据分析系统，并将该系统推广到与实验室功能性质相似的科研机构以完善数据库，通过这种共享行为，最大程度减小实验室事故发生的可能性。实验室事故数据库目前在国内还没有，在世界范围内也很少见，这给分析事故根本原因带来了困难，也阻碍了各高校实验室从事故中吸取教训。对事故的调查表明，大多数事故都有共同的原因，这突出了对事故学习的重要性。很少有机构像美国化学品安全和危害调查委员会一样，统计分析大学实验室事故。在国家级和项目级安全信息系统之间，仍存在较大空白，行业级、企业级的数据系统可作为充分的填充。建立实验室安全事故数据库分析每次事故发生的原因，对于实验室辨识、排查、分析安全隐患是十分重要的。它可以实现对安全隐患的靶向治疗，例如：实验人员在开展一项实验时，可以通过学习数据库上的内容评估出实验的安全风险，危化品采购人员可在这个共享平台上获得更多的注意事项。戴刚等[4] 总结了一套安全管理精细化措施，他认为不仅统计分析已经发生的安全事故，更要统计未遂事故。在多次预防未遂事故发生或者将该预防措施转化为永久措施后就可不统计该类事故。通过这种主动地分析未遂事故，可以从根源上解决安全隐患，保证每一个实验人员的安全。总的来说，实验室需要一个综合事故报告和分析的管理框架，以减少未来的事故。实验室事故调查应与工艺安全事故调查一样尽可能详细和可靠。在未来，有了准确、详细的事故信息，将会有更多的问题需要研究，并提出更有效的方法来保障实验室的安全。

3.3 联动预警机制

与高校实验室集中性相反，企业实验室依托于各个项目点而分散设立。以水电水利行业为例，项目点多面广，除母体实验室外，在相关大型水电项目上均设立了实验室，这十分不利于实验室安全管理。建立一个高效、智能的信息沟通平台，实时、快速地共享安全隐患信息，有利于每一个项目点上的实验室安全统筹管理。这一经验还可以应用到其他项目和行业的安全管理上。

4 讨论

4.1 安全文化建设

实验室安全事故发生的主要因素是人为因素，安全管理中最薄弱的环节是安全培训不到位。Haukelid[5] 认为安全文化是集体中每个成员的观念、对制度的执行、能力和行为的总和。Geller[6] 则认为安全文化就是要求每个员工都将安全作为主线。笔者认为安全文化就是集体内每个成员的安全意识和整个工作环境的安全氛围。通过举办趣味活动、安全知识竞赛、安全培训等方式，在多种媒体渠道上宣传安全相关知识。特别地，笔者认为保证实验人员的心理健康也要作为安全文化建设的一部分，设立心理辅导岗位或者心理辅导专项基金，让实验人员在有需求的时候主动地进行心理咨询。这可以降低毕业周期（硕博士毕业答辩）的学生和高压行业下的员工轻生概率，从而降低安全隐患。

4.2 安全事故分析体系

一些造成重大财产损失和人身安全的实验室安全事故虽然被公开报道，然而对事故原因的描述是不完整和不彻底的，需要收集更多造成实验室事故的信息，重点掌握事故发生的原因、环境、过程、对象等一系列重要信息。需要掌握这些事故对受害者、受害者的家人和朋友所造成的直接、间接影响，甚至对学术氛围的影响。需要进一步深入研究实验室工作人员和科研人员对安全实验的态度及理念。进一步通过这些数据掌握不同地域、不同行业是如何将安全培训、实验室安全经验和安全文化相关联的。并以此为基础，掌握实验室安全态度是如何发展的，从而更好地将安全实验理念扎根于实验室操作全过程，使实验人员从根本上认识实验安全，将安全视为学术研究中的基本优先事项和首要目标。与此同时，也需要掌握当前实验室个人防护装备的使用和风险评估方面的认识和态度与行为实践的关联性，以便更好地解决地区行业差异，以确保实验人员的安全。

4.3 统一实验室安全标准

尽管有相关的法律法规来指导实验室的安全管理和安全实施，但没有制定具体的标准；尽管我国当前的法律法规涵盖了安全相关的诸多领域，但是专门针对实验室的安全建设的规定仍然是一个空白[7]。加快构建统一、普遍、全面的实验室安全标准和规范体系，是当前我国实验室安全建设的当务之急。有关部门应参考和借鉴各世界范围内先进的实验室安全经验，尽快出台实验室安全设计、评估、验收、检测、管理等方面的标准和规定。

5 结论

企业实验室由于其分散性和人员构成多元性，哪怕是同一个公司的不同实验室之间也没有形成一个整体，难以统一管理。本文从高校实验室安全事故分析得到启发，针对企业实验室和高校实验室之间的差异，提出了安全培训系统、大数据系统和联动预警机制用以减少安全事故的发生。此外，提出了加强安全文化建设、安全事故跟踪分析、统一实验室安全标准这三点建议全面提升安全管理水平。

参考文献

［1］BAI Minqi, Yi L, MENG Q, et al. Current status, challenges, and future directions of university laboratory safety in China ［J］. Journal of Loss Prevention in the Process Industries, 2022（74）：104671.

［2］ NWANKWO C, THEOPHILUS C, AREWA O. A comparative analysis of process safety management（PSM）systems in the process industry［J］Journal of Loss Prevention in the Process Industries，2020，66：104171.

［3］ 张超．中小学安全校园建设中实验安全管理方法与路径探索：评《实验室安全风险控制与管理》［J］．中国安全科学学报，2022，32（5）：205-206.

［4］ 戴刚，代彭梁．安全管理精细化措施研究［J］．中国安全生产科学技术，2017，13（S2）：156-160.

［5］ HAUKELID K. Theories of（safety）culture revisited：An anthropological approach［J］．Safety Science，2008，46（3）：413-426.

［6］ GELLER S. Ten principles for achieving a total safety culture［J］．Professional Safety，1994，39（9）：18-24.

［7］ 安宇，李子琪，王祎，等．基于 FBN 的高校实验室不安全行为风险评估［J］．中国安全科学学报，2021，31（5）：160-167.

混凝土凝结时间自动测试系统研究及应用

习晓红[1]　刘建磊[2]　冯一帆[1]　付子兵[1]

（1. 江河安澜工程咨询有限公司，河南郑州　450003；
2. 黄河勘测规划设计研究院有限公司，河南郑州　450003）

摘　要：基于嵌入式系统控制技术和贯入力峰值锁存技术，采用升降丝杠完成自动贯入，解决混凝土凝结时间测定中自动匀速加压、自动控制贯入深度和时间、自动峰值判定等技术问题，研制了一款混凝土凝结时间自动测试系统。试验结果显示，凝结时间测定可实现测试精准、读数直观，并且采用此设备开展试验，具有节省人力成本的特点。

关键词：凝结时间；自动化；峰值锁存；匀速控制

1　概述

混凝土凝结时间分为初凝和终凝，混凝土刚开始失去塑性叫作初凝，混凝土完全失去塑性叫作终凝。水利水电工程中，大体积混凝土施工要经过搅拌、运输、浇捣等一系列工艺过程，在此过程中，必须合理掌握其初凝和终凝时间，使混凝土进入浇筑前不得出现初凝。通常需要初凝时间长一些，以确保混凝土有足够的运输、浇筑和振捣时间，混凝土初凝后，终凝越快，强度增长便越快，对提高施工进度越有利，以便尽快开展后续工作。

在混凝土配合比设计时，准确测试混凝土拌和物凝结时间可以正确指导施工，便于控制混凝土的搅拌运输和施工振捣程序，减少影响混凝土质量的不利因素，合理安排施工流程。新拌混凝土凝结时间的准确测定，对早龄期混凝土结构开裂控制与风险评估也具有重要的理论与现实意义。

《水工混凝土试验规程》（SL/T 352—2020）中规定，混凝土凝结时间测试采用从混凝土拌和物中筛出砂浆，用贯入阻力法进行测定，其原理是通过测量混凝土的极限剪切应力来确定混凝土的凝结硬化程度，并规定贯入阻力为 3.5 MPa 和 28 MPa 分别对应混凝土的初凝和终凝[1]。

国内多数厂家生产的贯入阻力仪是手动压力式，需要人工操作进行加压贯入的同时，读取规定贯入深度下的压力，特别是某些混凝土接近终凝时，贯入力可达 600 N，一个试验员很难单独完成试验。人工加压存在加载速度、加压时间等无法精确控制的问题，同时需判读记录最大荷载，导致试验过程常需要多名人员同时参与试验，人为因素影响较大，测试结果准确度有待提高。

2　测试系统设计与实施

本文设计了一款满足《水工混凝土试验规程》（SL/T 352—2020）要求的自动化测试系统，基于嵌入式系统的控制技术和贯入力峰值锁存技术，采用升降丝杠完成自动贯入，解决自动匀速加压、自动控制贯入深度和时间、自动峰值判定等技术问题，使凝结时间测定达到测试精准、读数直观的目的。

2.1　方案设计

混凝土凝结时间测试仪由传感系统、升降丝杆行程控制系统、调速电机系统、贯入计时系统和控制显示系统（MCU）组成，如图 1 所示。

作者简介：习晓红（1984—），女，高级工程师，主要从事混凝土、岩土科学试验研究工程质量检验检测工作。

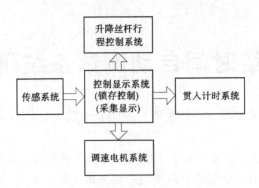

图 1　混凝土凝结时间测试装置的控制系统

测试装置示意图如图 2 所示，其中各部分功能设计为：

（1）传感系统[2]，能够精确感应贯入压力并转换成电压信号。

（2）控制显示器[3]，将传感系统的信号通过模拟信号/数字信号转换模块采集至微控制器（MCU）中，并进行数据处理。压力在控制显示器上实时显示，控制器通过峰值判定程序检测贯入最大阻力并在峰值显示窗口显示。

（3）调速电机系统[4]，为整套装置提供动力，通过调速器的设置，将转速设置后能与丝杠升降速度进行匹配，使丝杠升降速率为 2.5 mm/s。

（4）升降丝杠系统，通过蜗轮蜗杆组合，使升降丝杠做上下运动，保证丝杠垂直贯入的位移。

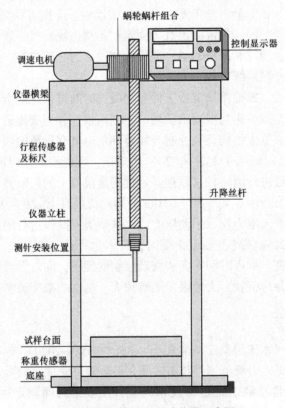

图 2　混凝土凝结时间测试装置示意图

2.2　方案实施

2.2.1　测试框架组装

针对混凝土贯入力的大小，选定仪器整体框架。根据不锈钢型材的受拉性能和板材的承压性能，通过力学计算选取适当规格的材料，选用二立柱的框架。框架加工成为图 3（a）所示的反力框架，通过油压千斤顶对框架施加预设满量程的力值，用千分表测试框架变形，如图 3（b）所示，框架的参数见表 1，其指标符合设备稳定性要求。

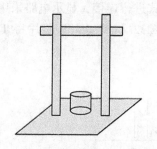

(a)两立柱式测试系统框架示意图

(b)测试系统框架变形稳定性能测试

图 3　测试框架的性能

表 1　二立柱式框架的参数

序号	框架组成	参数
1	立柱直径	20 mm
2	立柱间距	400 mm
3	基座尺寸	长 425 mm×宽 500 mm
4	横梁尺寸	长 425 mm×宽 160 mm×厚 20 mm

2.2.2　控制系统实施

（1）称重传感器。针对混凝土贯入力的精度、测量量程等要求，在对比多种测力传感器的基础上，对最大贯入阻力进行预估，选用高精度 S 型称重传感器进行贯入力测量，其性能指标见表 2。S 型称重传感器采用先进的密封工艺，密封等级达到 IP65，能在高湿度环境中工作；具有较强抗扭、抗侧和抗偏能力，它有单孔结构和双孔结构；有弯曲变形结构和剪切变形结构，具有较好的线性度和重复性，测量精度高、稳定性能好、温度漂移小、输出对称性好等性能，保证了传感器的长期稳定性。

表 2　测量传感器的性能指标

序号	性能指标	单位	测力传感器
1	灵敏度	mV/V	2.0±0.05
2	非线性	≤%F·S	±0.03
3	滞后	≤%F·S	±0.03
4	重复性	≤%F·S	±0.03
5	蠕变	≤%F·S/30 min	±0.03
6	输入电阻	Ω	350±20
7	输出电阻	Ω	350±5
8	推荐激励电压	V	10~15
9	工作温度范围	℃	−20~+80

（2）MCU 控制器。微控制器模块为系统的核心模块，可以实现对数据进行运算和处理以及对其

他硬件模块进行控制的功能,测控系统的硬件还包含电源电路、时钟晶振电路、显示电路、SD 卡存储模块和串行通信等模块,控制器最小系统设计图如图 4 所示。系统采用的主控芯片为 STC89C54RD+,整机采用 DC 5 V 供电,晶振模块采用三线 SPI 总线方式进行连接,显示电路采用 7 英寸液晶显示屏,串行接口通过 RXD 和 TXD 两个串口,引脚利用 MAX232 和 MAX485 芯片将 TTL 电平转换为标准 RS232/RS485 通信电平(见图 5)。

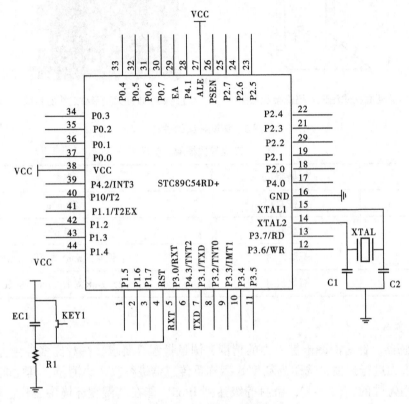

图 4   MCU 控制器最小系统设计

经过信号处理电路后的数字信号,在 MCU 控制器中进行处理,通过液晶显示电路在仪器监控界面上显示,同时可将温湿度数据存储在 SDRAM 中经 USB 口导出,也可通过 RS-485 传输到计算机进行实时监测和数据存储,对传感器进行加载、卸载测试,如图 6 所示,测试表明传感器的性能满足测试精度要求。

图 5   控制系统实物

图 6   传感器加载、卸载测试

控制系统主要完成调速电机的控制、计时系统的控制、峰值锁存和贯入阻力采集显示。嵌入式主机的控制系统流程如图 7 所示，峰值锁存技术的软件流程如图 8 所示。

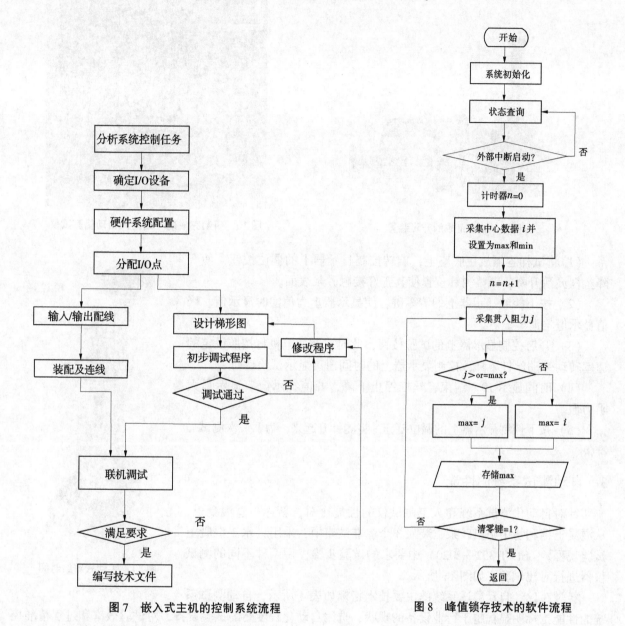

图 7　嵌入式主机的控制系统流程　　　　图 8　峰值锁存技术的软件流程

2.2.3　机械系统实施

升降装置采用调速电机同轴对接的方式，通过电机调速的转换控制升降装置的抬升和下降，其组装图如图 9 所示，技术指标如表 3 所示。

表 3　升降系统技术指标

型号	速比	行程	丝杠直径	螺距	适配单机功率	电压	承压量程	法兰底座尺寸
SWL0.5	10∶1	500 mm	16 mm	4 mm	0.37 kW	220 V	100 kg	98 mm×67 mm×62 mm

2.3　系统的工作过程

测试仪的实物[5] 如图 10 所示，在试样制备完成后，按要求放置备用。测试开始前，开启控制器上的电源，将整个装置预热 30 min 以上。

图9　加工完成的升降装置

图10　研制完成的凝结时间自动化测试仪

（1）将试样容器放在底座上，旋转控制显示器上的调位按钮，使升降丝杠灵活升降，调整测针位置使其正好接触砂浆表面。

（2）按下控制显示器上的清零键，使显示器上力值实时显示值、峰值显示值均清零。

（3）开启控制显示器上的试验按钮，此时，调速电机将按照设定的速率转动带动丝杠下降，控制显示器上的时间窗口显示试验计时。

（4）时间显示 10 s 结束，丝杠停止下降，峰值显示窗口显示最大阻力值。

（5）按下控制显示器上的调位旋钮，将测针升起来，为下一次测试做准备。

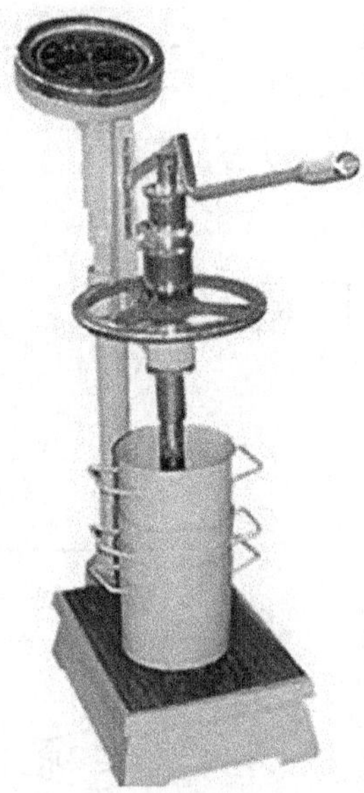

3　自动测试系统的性能

针对自动化测试系统和人工测试仪的性能比对，新拌一仓混凝土，从混凝土拌和物中筛出砂浆，装入 3 个标准试模中，采用《水工混凝土试验规程》（SL/T 352—2020）中要求的试验步骤，用两种不同的测试仪器进行对比试验，如图 11 所示。

经过对比，自动测试系统的主要技术指标如表 4 所示，自动测试系统的性能指标明显优越于行业设备的现状，选用自动化程度高的试验设备，对试验效率和过程精准控制具有显著优势。

图11　手动式凝结时间
测定设备

表 4　自动测试系统的主要技术指标

序号	性能指标	研制系统性能指标		行业设备现状	
		参数	特点	参数	特点
1	测量精度	0.01 MPa	数显精确	0.1 MPa	人工估读
2	显示方式	数码显示	精确	刻度盘	粗糙
3	结果记录	峰值锁存	精确	人为判断	粗糙
4	贯入深度	25 mm	自动控制	25 mm	肉眼观察
5	贯入速度	2.5 mm/s	电动控制	—	人为控制
6	测力方式	电动化	误差小	手动	误差大
7	人力成本	1 名技术人员	效率高	2~3 名技术人员	效率低

采用0.05级高精度测力传感器对自动化测试仪进行性能测试，结果表明，仪器的示值相对误差（最大偏差为0.6%）和重复性相对误差（最大偏差为0.3%）均符合国家检定规程内的指标要求，其校准结果如表5所示。

表5 自动测试仪的校准结果

检测项目	序号	标准测力仪示值/N	测试仪系统示值/N	相对误差/%	
示值相对误差	1	100.0	99.89	-0.1	最大偏差0.6
	2	200.0	201.17	0.6	
	3	400.0	399.40	-0.2	
	4	800.0	801.03	0.1	
	5	1 000.0	999.47	0.2	
重复性相对误差	1	400.0	399.30	-0.2	最大偏差0.3
	2	400.0	398.86	-0.3	
	3	400.0	399.43	-0.1	

4 工程应用研究

黄藏寺水利枢纽坝址位于黑河上游东、西两汊交汇处以下11 km的黑河干流上，上距青海省祁连县城约19 km，下距莺落峡80 km左右。工程规模属于大（2）型，工程等别为Ⅱ等，主要建筑物大坝、低位供水洞、泄洪洞、溢洪道级别为2级。采用天然骨料和人工骨料分别进行混凝土配合比试验，提出推荐混凝土配合比，确定混凝土的各项参数指标[6]。

4.1 混凝土配合比的原材料情况

混凝土配合比所用水泥为甘肃山丹水泥（集团）有限责任公司生产的"铁骑"牌中热42.5水泥，各项指标满足规程标准要求。采用甘肃电投张掖发电有限责任公司的一级粉煤灰作为混凝土的粉煤灰，减水剂为西卡（中国）有限公司的Sika Visconcrete 1210（2）高性能减水剂（标准型），引气剂为西卡（中国）有限公司的AER50-C引气剂。

碾压混凝土配合比采用1#天然料场骨料，常态混凝土骨料除采用天然砂砾石料试验外，还采用位于八宝河支流白杨沟右岸山坡，祁连县城以北5 km，距离坝址约30 km的灰岩料场人工骨料。

4.2 碾压混凝土的凝结时间测定

碾压混凝土选择水胶比0.45进行混凝土凝结时间测试，拌和物如图12所示，碾压混凝土推荐配合比的材料用量及混凝土凝结时间测试结果如表6所示。

表6 碾压混凝土配合比的材料用量及混凝土凝结时间测试结果

试配编号	水胶比	粉煤灰掺量/%	减水剂掺量/%	引气剂掺量/%	砂率/%	每立方米混凝土材料用量/（kg/m³）							凝结时间/min	
						水	水泥	粉煤灰	砂	石	减水剂	引气剂	初凝	终凝
C20W6F300	0.45	50	0.40	0.60	35	90	100	100	756	1 404	0.80	1.20	1 122	1 758
C20W8F150	0.45	55	0.40	0.60	35	87	87	106	759	1 410	0.77	1.16	1 008	1 650
C20F300	0.45	50	0.40	0.60	35	90	100	100	756	1 404	0.80	1.20	1 122	1 758

注：骨料二级配掺和比例为小石：中石＝50：50，砂、石均为饱和面干状态。

图 12　混凝土拌和物实物

4.3　常态混凝土的凝结时间测试

常态混凝土的骨料选用天然骨料和人工骨料，分别进行了配合比试验，其凝结时间性能测试结果如表 7 所示。

表 7　常态混凝土的配合比及凝结时间性能测试结果

骨料类型	试配编号	水胶比	粉煤灰掺量/%	减水剂掺量/%	引气剂掺量/%	砂率/%	每立方米混凝土材料用量/（kg/m³）							凝结时间/min	
							水	水泥	粉煤灰	砂	石	减水剂	引气剂	初凝	终凝
天然骨料	CT（TR）6	0.40	25	0.60	0.040	40	125	234	78	785	1 178	1.88	0.125	792	1 032
天然骨料	CT（TR）7	0.35	15	0.60	0.032	39	127	308	54	745	1 165	2.18	0.116	648	885
人工骨料	CT（RG）2	0.40	25	0.060	0.045	43	125	234	78	844	1 119	1.88	0.141	492	690

注：天然骨料二级配掺和比例为小石∶中石＝50∶50；砂、石均为饱和面干状态。
人工骨料二级配掺和比例为小石∶中石＝60∶40；砂、石均为饱和面干状态。

5　结论

本文研制的混凝土凝结时间自动化测试仪，能够满足《水工混凝土试验规程》（SL/T 352—2020）关于混凝土凝结时间的测试要求，选用高精度称重传感器，测力准确，精度 0.01 MPa，显示器运用多位数码显示，数据清晰易读取。加荷过程匀速控制，避免加压出现冲击力的现象；通过 10 s 的时间，使测针匀速贯入砂浆深度 25 mm，并读记显示的最大阻力值，减少试验误差和测读误差，杜绝人为因素，提高检测工作质量。控制显示器内设有峰值判定程序，能够自动判定最大贯入阻力并能清晰锁存数据，无须人工在测试过程中读记最大阻力。

工程应用的试验研究表明，此设备测量精度高，可以在混凝土性能研究、水利工程施工现场等进行使用，用于指导混凝土配合比的方案，合理安排混凝土施工工序。

参考文献

［1］中华人民共和国水利部. 水工混凝土试验规程：SL/T 352—2020［S］. 北京：中国水利水电出版社，2020.

［2］赵燕. 传感器原理及应用［M］. 北京：北京大学出版社，2010.

［3］张强．基于单片机的电动机控制技术［M］．北京：中国电力出版社，2008.

［4］王晓明．电动机的单片机控制［M］．北京：北京航空航天大学出版社，2007.

［5］习晓红，等．自动化混凝土拌和物凝结时间测定装置［P］．国家实用新型专利 201520982059.5.

［6］黑河黄藏寺水利枢纽工程料场试验及混凝土配合比设计试验研究报告［R］．ZH16001，2016.1.

涂装工艺中涂层外观质量常见表面缺陷原因剖析

方 芳 蔡正洪 常 青 李 婷

（长江三峡技术经济发展有限公司，北京 101149）

摘 要：随着制造行业技术的快速发展，人们对金属制品的质量，尤其是涂装工艺的质量要求越来越高。其质量的优劣直接关乎金属产品的使用年限、安全稳定运行。本文主要从涂装工艺质量的影响因素出发，结合十余年专业检测室的检测经历，提炼出涂装工艺中涂层外观质量常见表面缺陷产生的因素，供涂装人员参考。

关键词：涂装工艺；检测；表面缺陷

1 引言

涂装工艺是金属产品制造的重要工序和关键环节，是确保其质量优良的重要因素之一。它不仅体现产品的防护、装饰等性能，还直接影响产品全寿命周期的管理。

为保证涂装工艺质量，应从设计、选材、工艺、作业环境及技术经济等方面进行充分考究。项目开工前，应从设计的规范性和合理性，确定涂层系统；施工作业前，通过优选适宜的涂料产品，满足设计要求。同时，在满足涂装作业必要的环境条件下，通过采取技术提升、经济分析及资源调配等措施，对涂装施工质量、产品制造工艺进行全过程管控，确保产品符合国家、行业的技术标准，达到设计要求。

2 涂装的工艺流程

2.1 表面处理

表面处理即对工件表面进行清洁、清扫、去毛刺、去油污、去氧化皮等的工艺方法。钢铁表面附着油、水、灰尘、盐和铁锈等影响涂层的附着力和防腐性能时，应对底材进行表面处理。

例如：某新能源塔筒检测项目中，外部环境恶劣，造成基材表面处理质量要求高，其表面处理就应包括除油、盐分、锈蚀和喷砂等工序。其作用就是通过前述工序手段，对基材表面进行处理，达到标准要求级别后进行涂装。

2.2 涂装施工

涂装施工时，应在通风良好的室内进行，避免风沙和灰尘等外部环境对施工造成影响。涂装过程应满足设计要求，其成品应符合产品技术要求。

涂装前，应结合设计文件对涂装工艺文件和说明书进行专项交底；涂料使用前，应采用电动或气动搅拌装置充分搅拌至均匀。

涂装时，严格按照设计要求开展作业。对构件大面积喷涂时，应使用高压无气喷涂方法；针对小面积施工或预涂及修补时，可使用刷涂或辊涂等方式。

2.3 质量控制

在作业开展前，检测单位应督导相关承包方，建立涂装作业技术标准在用清单，建立健全质量管

作者简介：方芳（1979—），女，工程师，中级专业师，主要从事水利水电工程和风电工程金属结构防腐专业的研究工作。

理体系，制定翔实、可操作性强的质量控制程序。监督承包方结合设计文件和方案要求，一是加强对现场作业人员的专项技术交底和培训；二是机具设备投入方面，配置施工所需的测厚仪、温湿度计、露点仪、表面粗糙度样板、附着力测试仪、盐分测试仪等检测仪器，并对其进行入场前的维护保养和例行性检验；三是严控材料进场关，加强对材料进场前的自检和复检等工作。

强化过程抽检，严控涂装质量关。主要从涂层外观、厚度、附着力等方面加强过程控制。一是涂层外观，表面应平整，色泽、厚度均匀一致，无针孔、流挂、发白、缩孔、污染、漏喷等明显的缺陷；二是附着力，应重点对涂料与底材金属表面的附着力和涂层本身的内聚力进行检验检测。

施工完成后，使用漆膜测厚仪测量每道漆的漆膜厚度，确保最终干膜总厚度满足设计要求。

承包方自检合格后，检测单位应通过磁性测厚仪检测干膜厚度。当干膜厚不满足标准要求时，应要求承包方进行补涂，直至满足规范要求，即每道涂层的平均干膜厚度应达到最小值，同时不能超出规定的最大值。

针对附着力检测，应采用拉开法或者划格试验来测试。由于层间附着力的测试具有破坏性，不推荐其在构件上进行测试。如需使用其测试方式，应在样板与构件同时施工且完全固化后，在样板上进行测试。

3　涂层外观质量表面缺陷及产生原因分析

在金属结构防腐质量检测工作中，经常会碰到涂装中涂层外观局部流挂、起皱、咬底等几十种质量缺陷问题，下面对常见的9种质量表面缺陷产生的原因进行简要分析。

3.1　针孔

针孔产生原因分析见表1。

表1　针孔产生原因分析

缺陷表象	描述	漆膜上出现圆形小圈，中心有固体粒子，周围为凹入圆圈的现象，直透到物质表面，实际上还有一层极薄的膜残留在表面。一般面积较小，呈圆锥状
	图例	针孔 钻孔：漆膜表面出现如针状大小的小孔
缺陷分析	产生原因	在清漆中或颜料成分含量比较低的磁漆用浸渍、喷涂或辊涂法施工时，容易产生。 主要起因：存在空气泡、对颜料的湿润性不佳、漆膜厚度太薄等
	"人"	①稀释漆料时，若温度过低或加稀料太快，会形成溶剂泡，成膜时便出现针孔；②底漆中存有溶剂未清除；③施工时，调漆用力过大或刷子用力过大，空气泡来不及放出；④喷涂不得当，喷嘴小、压力大，特别是喷枪与涂件距离太远
	"料"	①溶剂选择不适当、使用量过多或挥发过快，如沥青漆，用汽油稀释就会有部分析出，若经烘烤，尤其严重；②清漆黏度太高，气泡不易逸出，乳胶漆成膜前气泡未完全逸出，浸渍漆在调稀或烘烤过程中产生的空气泡等
	"法"	辊涂法施工时，滚轴运转速度太快，或溶剂配合不当
	"环"	①漆料中含水，或空气中有灰尘；②夏季施工时，喷涂或刷涂含有低挥发分（如丙酮）的涂料。硝基漆、过氯乙烯外用磁漆，在30℃以上喷涂则容易出现针孔

3.2 起泡

起泡产生原因分析见表2。

表2 起泡产生原因分析

缺陷表象	描述	漆膜干后出现大小不等的突起圆形泡，也叫鼓泡。起泡产生于被涂表面与漆膜之间，或两层漆膜之间			
	图例	起泡			
缺陷分析	产生原因	涂层具有透气透水性或是涂层与底材之间存在附着缺陷			
	"人"	①被涂物表面有油污、水分，未清理；②涂层过厚，溶剂挥发困难			
	"料"	涂料本身耐水性差			
	"法"	①稀释剂选用不合理，挥发太快；②固化剂加入油漆中搅匀后，放置时间不够			
	"环"	①漆料中含水，或空气中有灰尘；②夏季施工时，喷涂或刷涂含有低挥发分（如丙酮）的涂料、硝基漆、过氯乙烯外用磁漆，在30 ℃以上喷涂则容易出现针孔			

3.3 咬底

咬底产生原因分析见表3。

表3 咬底产生原因分析

缺陷表象	描述	上层涂料中的溶剂把底层漆膜软化、溶胀，导致底层漆膜的附着力变差，而引发的起皮、揭底现象
	图例	典型咬底现象
缺陷分析	"人"	①刷涂面漆时操作不迅速，反复刷涂次数过多，则产生咬底现象；②底漆未完全干燥就涂面漆，面漆中的溶剂极易将底漆溶解软化，引起咬底
	"料"	对于油脂性漆膜以及干性油改性的一些合成树脂漆膜，未经高度氧化和聚合成膜之前，一旦与强溶剂相遇，底漆漆膜就会被侵蚀。如底漆用酚醛漆，面漆使用硝基漆，则硝基漆中的溶剂就会把油性酚醛漆咬起，并与原附着基层分开
	"法"	①前一道涂层固化剂用量不够，交联不充分；②前后两遍涂层不配套

3.4 起粒

起粒产生原因分析见表4。

表4 起粒产生原因分析

<table>
<tr>
<td rowspan="2">缺陷
表象</td>
<td>描述</td>
<td>起粒也叫颗粒、粗粒，表面粗糙，是漆膜干燥后，其整个或局部表面分布不规则形状的凸起颗粒的现象。其分布在整个或局部漆膜表面，通常大的称为"疙瘩"，小的称为"痱子"。起粒不仅影响漆膜外观、光泽，而且容易使漆膜损坏，形成局部腐蚀</td>
</tr>
<tr>
<td>图例</td>
<td>

起粒

</td>
</tr>
<tr>
<td rowspan="4">缺陷
分析</td>
<td>"人"</td>
<td>基层处理不合要求，打磨不光滑。灰尘、砂粒未清除干净</td>
</tr>
<tr>
<td>"料"</td>
<td>稀释剂选用不当，溶解力差，不能完全溶解涂料，引起颗粒</td>
</tr>
<tr>
<td>"法"</td>
<td>①调配漆料时，产生的气泡在漆液内未经散尽即施工，尤其在寒冷天气容易出现气泡散不开的现象，使漆膜干燥后表面变粗糙；②固化剂使用不当，与油漆不相溶，引起颗粒</td>
</tr>
<tr>
<td>"环"</td>
<td>施工环境不洁，有灰尘、砂粒混入涂料中，或油刷等刷涂工具粘有杂物</td>
</tr>
</table>

3.5 流挂

流挂产生原因分析见表5。

表5 流挂产生原因分析

<table>
<tr>
<td rowspan="2">缺陷
表象</td>
<td>描述</td>
<td>在被涂面上或线角的凹槽处，涂料产生流淌。形成漆膜厚薄不均，严重者如漆幕下垂，轻者如串珠泪痕</td>
</tr>
<tr>
<td>图例</td>
<td>

流挂

</td>
</tr>
<tr>
<td rowspan="5">缺陷
分析</td>
<td>"人"</td>
<td>走枪速度太慢，一次喷涂过厚等</td>
</tr>
<tr>
<td>"机"</td>
<td>喷涂压力低于工艺范围，而喷枪口径过大等</td>
</tr>
<tr>
<td>"料"</td>
<td>油漆施工的黏度偏低</td>
</tr>
<tr>
<td>"法"</td>
<td>①施工不当，喷枪距离与被涂物面太近；②采用湿碰湿工艺喷涂时，间隔时间太短</td>
</tr>
<tr>
<td>"环"</td>
<td>施工环境温度低，油漆干燥时间慢</td>
</tr>
</table>

3.6 刷痕

刷痕产生原因分析见表6。

表6 刷痕产生原因分析

<table>
<tr><td rowspan="2">缺陷
表象</td><td>描述</td><td colspan="2">在漆膜上留有刷毛痕迹，干后出现一丝丝高低不平的线条状刷痕，使漆膜厚薄不均</td></tr>
<tr><td>图例</td><td colspan="2"></td></tr>
<tr><td rowspan="3">缺陷
分析</td><td>"人"</td><td>在刷涂中，没有顺方向平行操作</td></tr>
<tr><td>"料"</td><td>①涂料的黏度过高、稀释剂的挥发速度过快；②选用的油刷过小或刷毛过硬，或油刷保管不善使刷毛不齐或干硬</td></tr>
<tr><td>"法"</td><td>被涂表面对涂料的吸收能力过强，刷涂困难等</td></tr>
</table>

3.7 橘皮

橘皮产生原因分析见表7。

表7 橘皮产生原因分析

<table>
<tr><td rowspan="2">缺陷
表象</td><td>缺陷</td><td>涂膜表面不光滑，呈现凹凸状态如橘皮样</td></tr>
<tr><td>图例</td><td></td></tr>
<tr><td rowspan="4">缺陷
分析</td><td>"人"</td><td>加入固化剂后，放置时间过长后施工</td></tr>
<tr><td>"料"</td><td>①油漆太稠，稀释剂太少；②稀释剂挥发过快，漆雾抵达涂面时，溶剂即挥发</td></tr>
<tr><td>"法"</td><td>①喷涂压力过大或距离太近；②喷涂漆量少，距离远</td></tr>
<tr><td>"环"</td><td>①施工场所温度过高，干燥快，漆不能充分流平；②作业环境风速过大</td></tr>
</table>

3.8 开裂

开裂产生原因分析见表8。

表8 开裂产生原因分析

<table>
<tr><td rowspan="2">缺陷
表象</td><td>描述</td><td colspan="2">漆膜表面出现深浅大小各不相同的裂纹，从裂纹处能见到下层表面。如漆膜呈现龟背花纹样的细小裂纹，则为"龟裂"</td></tr>
<tr><td>图例</td><td colspan="2">
龟裂</td></tr>
<tr><td rowspan="4">缺陷
分析</td><td>"人"</td><td>①涂层过厚，未干透就涂面层；②涂料过期，颜料与树脂分层，搅拌不匀易裂</td></tr>
<tr><td>"料"</td><td>①面漆涂料硬度过高，柔韧性差；②面层涂料固体含量低，成膜结合力差</td></tr>
<tr><td>"法"</td><td>①催干剂加入太多；②涂料不配套，底、面层硬度相差太大</td></tr>
<tr><td>"环"</td><td>环境恶劣，在有害气体环境中使用</td></tr>
</table>

3.9 漆膜脱落

漆膜脱落产生原因分析见表9。

表9 漆膜脱落产生原因分析

<table>
<tr><td rowspan="2">缺陷
表象</td><td>描述</td><td>由于漆膜层间附着、结合不良，会产生漆膜脱落、剥落、起鼓、起皮等病态现象</td></tr>
<tr><td>图例</td><td>
漆膜脱落</td></tr>
<tr><td rowspan="3">缺陷
分析</td><td>"人"</td><td>①物面不洁，沾有油污、水分或其他污物，未清理干净。②物面处理不当。表面未经打磨就上漆，使面漆的油分被其吸收而造成脱落，钢材表面未经有效的封闭。③底层未干透即涂面漆，日久因底层面层收缩率不一致而开裂，从而影响层间附着力；底漆太坚硬或底漆很光滑，未经打磨就直接涂装面漆</td></tr>
<tr><td>"法"</td><td>底、面漆不配套，造成层间附着力欠佳</td></tr>
<tr><td>"环"</td><td>施工温度过低</td></tr>
</table>

4 结论

通过对上述常见涂层外观表面缺陷的统计、分析，其主要原因包括现场作业环境控制、作业人员质量意识和操作方法、施工机具设备的使用与管理、材料选型及成品保护等。从全面质量管理理论的五要素进行归纳，其原因包括：

一是"人"的影响因素。即涂装工艺产生缺陷的直接原因。包括未委派专业技术人员开展作业；作业人员对涂装工艺方案、施工流程不熟悉，对漆膜性能不了解；作业前未针对性地开展专项技术交底和培训；作业人员对机具设备不熟悉、操作不当等，导致在作业时不能严格落实方案或设计、标准的相关要求。

二是"机"的影响因素。未定期对机具、设备进行维护、保养，导致部分与涂料具有亲和力的油性物质，通过空压机和空气管路、喷枪混入涂膜内，造成涂料和底材结合力降低、交联密度下降、结构松散进而脱落，或造成漆膜中出现"鱼眼"等缺陷。

三是"料"的影响因素。对原材料的进场、使用管控缺失，选用、使用不符合技术规范和标准要求的材料。如未按设计方案购买使用材料；购买的材料不满足规范及设计要求；涂料在配制时未按标准或设计要求进行调配等。

四是"法"的影响因素。施工工艺质量过程管控不及时，未严格执行技术规范要求。未按标准、设计方案使用合适的喷涂方法或未按照间隔时间进行喷涂等作业。

五是"环"的影响因素。对施工前的作业环境调查不充分，未能提供满足正常作业的环境条件。作业时，未严格执行标准规定的涂装施工环境温度应大于 5 ℃、相对湿度应控制在 80% 以内的要求，导致温度过低时，影响涂料的固化且黏度较高；温度过高时，则溶剂挥发太快，易出现漆膜缺陷。空气相对湿度大于 85%，影响漆膜的干燥程度。

综上所述，在涂装施工时，应提前策划，充分考虑人、机、料、法、环等要素，通过严格实施涂装工艺的技术规范要求，及时对涂层外观质量可能产生的问题进行综合考虑和分析，制定预控措施，严格落实每一个环节、工序的质量控制，就能将涂层外观的表面缺陷消除在萌芽态势，制造出符合国家、行业标准和设计要求的产品。

参考文献

[1] 唐辉宇. 涂装工艺的选择和前处理的重要性 [J]. 现代涂料和涂装，2006 (2)：21-22, 25.
[2] 徐全伟. 涂装工艺对涂层质量的影响因素 [J]. 交通部上海船舶运输科学研究所学报，2000 (2)：144-148.

检验检测业务一体化管理系统建设探讨

李嫦玲[1,2]　韩孝峰[1,2]　桂玉枝[1,2]

（1. 水利部 交通运输部 国家能源局南京水利科学研究院，江苏南京　210029；
2. 水利部基本建设工程质量检测中心，江苏南京　210029）

摘　要：本文分析了检验检测行业现状与面临的挑战，并针对现状，为更好地服务水利工程质量检测行业高质量发展，提出了加强检验检测业务一体化管理系统建设的必要性。以南京水利科学研究院系统建设为实例，分析了需求、主要功能及其主要特点。

关键词：检验检测；一体化管理系统；信息化

1　引言

检验检测与计量、标准化、认证认可共同构成国家质量基础设施，是现代服务业的重要组成部分。检验检测行业作为质量认证体系的重要组成部分，在服务国家经济发展、服务产业科技发展、保障社会安全、保障人民健康方面发挥着重要的支撑和引领作用。

国家质检总局局长支树平曾经指出："我们拥有抓质量的许多手段，尤其要注重加强质量技术基础工作。"检验检测机构建设是质量技术基础工作的重要保障。近年来，随着现代科技的迅猛发展和信息化水平的提高，各行各业纷纷开始探索信息化建设之路，检验检测行业也不例外。市场经济的不断规范和高新技术的不断发展，对检测水平的要求也越来越高，检验检测机构必须加强信息化建设才能适应当今科技日益发展的需要。

2　检验检测业务一体化管理系统建设的必要性

2.1　检验检测行业信息化水平不足[1]

我国检测行业正处于国家加强质量认证体系建设、深化检测行业市场化改革的阶段，在良好的政策环境中，第三方检测市场有望持续获得快速发展。但在发展过程中，检验检测行业信息化的发展正面临着以下几个方面的困难和挑战：

（1）行业整体呈现出"小、散、弱"的特征。近年来，许多小微企业进入检验检测行业，这些企业成立年限短，布局单一，规模偏小。一些同类型机构重复建设，在人员数量、营业收入、利润水平方面普遍较低，技术实力较弱。而具有一定品牌影响力、规模化、集约化的检测机构相对较少，为客户提供"一站式"检测服务的能力明显短缺。

（2）行业整体信息化水平偏低。检验检测行业的特点是数据采集量大，对信息化需求迫切。许多检测机构在信息化管理、智能化、自动化设备配备方面资金不足，导致信息化管理水平较低，仍采用传统人工记录留痕的方式，或信息化管理也仅仅停留在 OA 文件管理功能，工作效率低下，检测数据的可溯源性也较差，难以进行归类、提炼以及分析利用。

目前，只有少数企业能够基本实现检测业务流程和报告编制审核的信息化作业。信息化水平不足

作者简介：李嫦玲（1981—），女，高级工程师，主要从事质量管理、水利与水运工程试验检测管理等工作。

严重影响检测机构自身的快速发展，也不利于检测行业的整体发展。

2.2 检测行业大数据、互联网发展的迫切需要[1]

随着 5G 时代的到来，互联网技术得到进一步发展。具有海量试验检测数据、以人工检测为主的检验检测行业会更加依靠大数据、互联网、物联网等技术的加持。在管理信息化和数据智能化方面进行融合发展，在以先进技术为基础的新型检测系统中，实现仪器设备、人力资源、原始数据、检测报告等规范管理，在传统业务的基础上不断提升科技创新能力，才能更好地满足市场的需求。

3 南京水利科学研究院检验检测业务一体化系统建设实例

3.1 机构背景

南京水利科学研究院，兼作水利部基本建设工程质量检测中心、南京水利科学研究院实验中心，拥有国家级检验检测机构资质认定证书，53 大项 857 个参数通过资质认定；水利工程质量检测机构混凝土、岩土、量测、金属结构、机械电气等五项甲级资质；公路水运工程试验检测机构水运工程材料甲级、结构（地基）甲级、公路工程桥梁隧道工程专项检测资质。检测参数多、检测仪器与使用标准多、检测人员资质类型复杂是机构的主要特点。

3.2 检测业务存在的主要问题

南京水利科学研究院拥有的资质与参数较多，导致检测业务存在以下问题：

（1）检测业务数据量巨大，资料整理以手动填写纸质文档和电子表格为主，整理工作量极大，并且容易出错。

（2）项目现场工作情况与中心管理部门缺乏在线协调监管的抓手，管理者很难及时准确掌握企业各类资源（人、机、料、法、环等）的分配及占用情况。

（3）项目进度等报表比较多，传统的编写表格的数据统计方式比较烦琐，效率较低。

（4）存在大量的技术规范标准体系文件，缺少统一的维护；检测业务缺少在线审批功能，工作流程审批效率低。

3.3 系统需求分析[2]

检验检测业务一体化管理系统，基于机构管理体系的建立，将体系管理流程嵌入系统，可完成对检测数据、检测仪器设备、标准体系、人员资质、检测任务、报告证书等进行综合管理，实现项目立项、任务分配、仪器设备、数据录入、报告编制、人员授权、业务统计等管理流程的规范化。

（1）规范业务流程。系统中录入人员、仪器设备、标准方法、原始记录表格、报告模板等基础信息，对过期数据进行有效识别。确保标准方法现行有效、仪器设备检定校准有效，实现方案编写智能化、原始数据录入智能化、人员管理智能化、报告编制智能化、数据分析智能化，降低检测工作的复杂度，提高编写报告工作的高效性和规范性，提升检测业务管理水平。

（2）提高信息共享速度。信息在多部门、多项目现场之间及时反馈共享并快速流转，进一步提高管理及时性和可靠性，实现检测数据的规范化存储，提高编写报告的时效性，以满足检测市场的需求。

（3）完善统计功能。整合系统业务数据，构建检测案例库，提供多方位的检索展示功能。通过检测业务主线，可实现委托信息、检测设备、检测方法、检测人员、检测业绩等多维度分析统计功能。

3.4 系统主要功能

检验检测业务一体化管理系统，主要是基于体系、人员、仪器设备、样品、检测标准、检测报告等管理程序，同时完善统计分析功能。

（1）体系管理。主要包括年度计划制订、人员能力确认与授权、不符合项管理、原始记录表、检测报告模板管理等模块。基于人、机、料、法、环、测等要素，对检验检测机构体系管理全过程实现信息化、平台化、数字化提升。面向细分业务系统，根据不同的流程引擎和数据仓库实现全面精准管理、完整过程监督以及精准实时分析。

（2）人员管理。以人员为对象，以具体事务为要素，以信息流管理为抓手，实现人员全过程线上管理。主要包括人员资质登记、资质证书管理、人员培训管理、人员授权管理等功能，可实现人员资质证书到期自动提醒、人员培训计划制订、培训计划执行、培训效果评估全过程管理，与该员工的教育经历、培训情况、资质证书相结合，形成员工个人档案。

（3）仪器设备管理。与院仪器设备管理系统相关联，在编制原始记录表或检测报告时，从系统中直接关联相关仪器设备，确保仪器设备检定/校准在有效期内并满足相关要求。

（4）样品管理。对样品进行全程信息电子化管理：细化收样流程，统一送样单填写，将每一个样品所有相关信息准确溯源，保证样品流转能快捷对接相关数据，提高流转效率。

（5）检测标准管理。根据资质认定证书附表录入标准基本信息、上传标准附件，将标准链接至各检测过程资料中，确保标准有效性。在检测标准管理中，嵌入标准验证流程。标准验证完成后，新标准可替换，并与人员培训记录、人员授权记录相关联。

（6）检测报告管理。检测报告流程与检测全过程相关联，对原始记录格式、报告格式、人员资质、检测标准、仪器设备等关键要素精准把控，提升检测报告质量，提高检测机构核心服务能力。

检测报告全过程管理的优势：可实现检验检测过程中对现场原始记录的管理，通过移动端 PAD现场录入原始记录；编制报告时，自动调用签字完成的现场记录，且调用数据不可修改；通过编校审批等流程对报告正确性、严谨性进行过程控制；编校审批结束后，通过代码控制、角色权限、流程审批来控制修改、升版、查看、下载、预览、打印等功能操作权限；签字完成后生成报告防伪二维码，通过手机扫码可查看完整报告，实时比对；报告使用电子签名与签章，有效提高报告质量与美观性。

（7）统计分析功能。通过检测任务主线，可根据任务单或原始记录自动统计各检测人员在某一时间段内的检测量；以来样单位为维度进行统计，分析该来样单位送检总数量和不合格数量；根据委托单自动统计各送样单位在某一时间段内的委托检测量；根据检测公司不同的需求，从而研发适合自身的统计报表。

3.5 系统的主要特点

一个功能完整的检验检测业务一体化管理系统，能够支撑完整的管理体系，支持一个检测机构的日常运行，应具有以下特点：

（1）过程管理。系统覆盖了检验检测管理的全过程等各个环节，实现了信息化和智能化融合发展。

（2）动态监控。系统除提供人员资质、单位资质、体系受控文件等静态管理资料外，还提供了仪器设备、检测标准、人员培训、人员授权、人员监督、原始记录等动态情况的监控资料。

（3）功能灵活。系统管理员可以灵活配置用户的角色及应用权限，对系统基础参数和提醒阈值进行维护。

（4）实时性。人员资质、单位资质、仪器设备到期都会自动预警，超期未进行也会及时告警；各个环节及计划的执行操作都会自动生成信息。

（5）全面性。对全院检验检测业务进行统一规范管理，所有系统用户均能共享信息。充分考虑与 MIS 系统中其他管理系统的衔接及后续功能扩展。

4   结语

检验检测行业经历了几十年的发展，走过了萌芽期、增长期，近年来随着多项促进检验检测行业发展方面政策的出台，迎来了深刻的产业变革和重大的发展机遇。随着行业细分领域相关政策与制度的逐渐完善，各个水利检验检测机构应立足自身定位，不断健全质量管理体系，夯实发展基础，打破传统管理局面，利用信息化、智能化等新型手段，提高管理效率、提升管理质量，推动水利行业检验检测高质量发展。

参考文献

[1] 李嫦玲，徐惠. 仪器设备管理系统的设计与实现［J］. 水利技术监督，2015（1）：15-18.

[2] 洪帆. 强基固本 科技赋能 助推公路水运工程试验检测高质量发展［J］. 中国交通建设监理协会试验检测工作委员会会刊，2023（3）：28-32.

OpenAI 在水利工程质量检测工作的应用初探

万　发　傅成军　孙文娟

（珠江水利委员会珠江水利科学研究院，广东广州　510610）

摘　要： OpenAI 在水利工程质量检测中具有广阔的应用前景。它可以通过自然语言处理和机器学习技术，高效、准确、自动化地检测和评估水利工程的质量。要充分发挥其潜力，需要解决数据准备和模型解释性方面的挑战，并与其他技术进行融合。加大 OpenAI 在水利工程质量检测中的推广和应用力度，可以提高工程质量和检测工作效率，推动水利工程事业的可持续发展。

关键字： 水利工程；质量检测；人工智能；应用；挑战

1　引言

水利工程是国家基础设施建设的重要组成部分，涵盖了水库、水闸、渠道、泵站等各类工程。水利工程质量直接关系到水资源的保护、供给和灾害防范等多个方面，因此水利工程质量检测具有极其重要的意义[1]。

然而，水利工程质量检测面临着一系列的挑战。首先，传统的人工检测方法往往需要大量的人力资源和耗时的工作，使得检测效率低下。同时，由于人为主观因素的影响，检测结果可能存在一定的不确定性[2-3]。此外，水利工程的规模越来越大、复杂性越来越高，使得对质量检测的要求变得更加严格和繁重。

面对这些挑战，越来越多的人开始寻求人工智能技术的应用来改进水利工程质量检测的效率和准确性。人工智能技术，尤其是自然语言处理和机器学习算法的应用，可以帮助人们自动化地收集、处理和分析大量的水利工程相关数据，从而提高检测的效率和准确性。利用人工智能技术可以快速准确地发现潜在的质量问题，及时采取措施进行纠正和改进，有效降低工程质量风险。

利用人工智能技术改进水利工程质量检测技术已经成为一个较为迫切的需求。通过将人工智能技术与水利工程相结合，可以提高工程质量的可靠性和可持续性，为水资源的合理利用和国家的安全发展做出积极贡献。在本文中，我们将探讨如何应用开放人工智能技术来改进水利工程质量检测，从而获得更高效、更准确的检测结果。

2　水利工程质量检测的现状和问题

水利工程质量检测工作一直是一项高投入工作[4]，目前面临着一系列的问题，其中主要包括人力资源不足、主观性影响以及传统方法的局限性。这些问题限制了传统质量检测方法的效率和准确性。

传统的检测方法依赖于专业的工程师和技术人员进行手动观察、检测和评估。然而，合格的水利工程专业人才在某些地区可能供不应求，导致人力资源的不足。人力资源短缺在实施大规模、复杂性高的水利工程质量检测中尤为明显。

传统质量检测方法容易受到主观性影响。由于人为因素的介入，包括个人经验、主观判断和主观标准的不一致，影响了检测结果的确定性和可靠性。不同的检测员可能对同一缺陷或问题有不同的看

作者简介： 万发（1991—），男，工程师，主要从事水利岩土结构方向研究工作。

法和评估标准，这可能导致评估的主观性和不一致，从而影响到质量检测结果的准确性。

针对以上问题，引入人工智能技术为水利工程质量检测带来了新的机遇和解决方案。通过利用人工智能技术的自动化和机器学习能力，可以提高检测的效率和准确性。基于大数据的分析和模式识别算法可以帮助人们从海量的数据中快速、准确地发现潜在的质量问题。而且人工智能技术的应用还能够消除主观性的影响，确保质量检测结果的客观性和一致性。因此，将人工智能技术引入水利工程质量检测是必然的趋势，它能够解决传统方法存在的问题，提高质量检测的效率、准确性和可靠性。

3 OpenAI 在水利工程质量检测中的应用

3.1 OpenAI 简介

OpenAI（开放人工智能）是一个领先的人工智能研究组织，致力于为全球社会带来更加智能化的解决方案。其背后的技术和研究成果引领了自然语言处理和机器学习领域的发展。在自然语言处理方面，OpenAI 借助深度学习和神经网络技术，在机器理解和生成自然语言方面取得了卓越的成就。其中最著名的成果之一就是 GPT（Generative Pre-trained Transformer）系列模型。GPT 模型通过大规模的预训练和自监督学习，具备了强大的语义理解和语言生成能力。它可以从大量的文本数据中学习语言模式和知识，并具备了更好的上下文理解能力。OpenAI 在机器学习领域也有显著的成就，OpenAI 开发了强化学习算法和模型，使得机器能够通过与环境的相互作用来自主学习和决策。

OpenAI 的功能可以为水利工程质量检测的改进提供大力的技术支持。借助 OpenAI 的自然语言处理技术，可以利用 GPT 模型对水利工程相关的文本数据进行语义理解和信息提取，从中发现和分析质量问题。同时，机器学习算法和强化学习模型也可以为水利工程质量检测提供更加智能化的方法和决策支持。

3.2 在数据收集与标注中的应用

数据收集与标注是水利工程质量检测中至关重要的一环，通过合理地收集和标注数据，可以为后续的分析和模型训练提供有效的基础。OpenAI 技术可以在数据收集和标注过程中发挥重要作用，提高效率和准确性。

OpenAI 技术可以利用自然语言处理的能力从多种来源收集水利工程相关的数据。例如：从工程报告、监测数据、施工记录以及专家经验等各种文本资料中提取信息。借助强大的文本理解和信息抽取能力，OpenAI 可以自动分析文本数据，识别和提取与水利工程质量相关的关键信息，例如设备参数、施工细节、质量指标等。这样，水利工程监测人员无须手动筛选和提取信息，大大提高了数据收集的效率。

OpenAI 技术可以用于数据标注，即为水利工程相关数据赋予标签或进行分类。通过训练模型，OpenAI 可以自动识别和理解质量问题，诸如裂缝、渗漏、结构不稳定等在水利工程中常见的缺陷。该技术可以辅助专业人员快速标注大量的图像、视频或文本数据，提高数据标注的效率并减少人为标注错误的可能性。

采用 OpenAI 技术进行数据收集和标注的优势在于其高效性、准确性和可扩展性。OpenAI 的模型通过大量的预训练可以理解不同类型的文本和数据，能够从众多可靠数据源中提取关键信息，快速、准确地进行数据标注，可以实现自动化和高效化的过程。通过利用自然语言处理和机器学习的能力，OpenAI 可以从各种文本数据中提取重要信息，并自动标注和分类相关的质量问题。这将为后续的质量分析和模型训练提供高质量的数据基础，提升水利工程质量检测的效率和准确性。

3.3 在缺陷检测和分类中的应用

缺陷检测和分类是水利工程质量检测中的重要任务，它能够帮助人们快速、准确地发现和识别水利工程中存在的各种质量问题。利用 OpenAI 的自然语言处理技术和机器学习算法，可以实现对水利工程缺陷的自动检测和分类。利用 OpenAI 的自然语言处理技术，可以通过对大量文本数据的分析，识别与水利工程缺陷相关的关键词和语义。例如：可以利用 GPT 模型将工程报告、施工记录等文本数据输入模型中，模型可以理解文本的含义，并通过语义理解找出与质量问题相关的描述。这些关键词和描述可以用来快速定位和识别潜在的缺陷。

机器学习算法可以应用于构建缺陷检测和分类模型，以进一步提高自动化水平。通过训练模型，可以将标记了缺陷的数据输入模型中进行学习和训练，使模型能够学会对不同类型的缺陷进行准确的分类。这种机器学习模型可以基于图像、视频或文本数据进行构建，根据输入的数据类型选择合适的算法，如卷积神经网络（CNN）用于图像数据，循环神经网络（RNN）用于文本数据等。

通过结合自然语言处理和机器学习算法的能力，可以实现缺陷的自动检测和分类。例如：对于图像数据，可以利用卷积神经网络进行图像特征提取，然后将提取的特征输入分类器中进行缺陷分类。对于文本数据，可以通过训练模型，使其能够自动识别和分类描述水利工程缺陷的文本。

使用 OpenAI 技术进行自动缺陷检测和分类的优势在于其高度智能化和灵活性。OpenAI 的模型具有优秀的语义理解和模式识别能力，能够识别复杂的质量问题。同时，OpenAI 技术还具备迁移学习和自适应能力，可以适应不同类型的水利工程数据，并实现个性化的缺陷检测和分类。

4 OpenAI 应用的优势和潜在挑战

应用 OpenAI 在水利工程质量检测中具有多个优势，包括高效、准确和自动化等方面。然而，也存在一些潜在的挑战，如算法训练数据的准备和模型的可解释性。针对其高效、准确和自动化方面的优势不再赘述，此处主要讨论其在水利工程质量检测应用中面临的挑战。

OpenAI 算法训练数据的准备是一个巨大的挑战。模型的性能和准确性很大程度上依赖于训练数据的质量和规模。因此，确保数据的完整性、准确性和多样性是一个关键的任务。同时，数据的收集和标注可能需要大量的专业知识和人工劳动，这也需要投入相应的资源和时间。

模型的可解释性是另一个挑战。虽然 OpenAI 的模型可以提供高准确性的结果，但模型的决策过程通常是黑盒子，缺乏可解释性。对于质量检测来说，可解释性是至关重要的，以便工程师和监测人员能够理解模型的决策并做出适当的响应。因此，如何提高模型的可解释性，是一个需要进一步研究和探索的问题。

5 拓展和展望

OpenAI 在水利工程质量检测中应用的未来趋势是与其他相关技术进行融合，可以包括进一步融合计算机视觉、物联网和增强学习等技术，建设更全面的数据集，以提高质量检测的效率和准确性。这些发展将为水利工程质量管理提供更智能、全面和可持续的支持，有助于提高工程质量和确保水资源的合理利用。

将 OpenAI 技术与计算机视觉技术相结合，可以实现更全面和精准的质量检测。通过使用图像处理和分析技术，结合 OpenAI 的自然语言处理能力，可以从水利工程现场的图像和视频数据中提取关键信息，检测缺陷并进行分类。这种融合技术可以提供更直观、全面的质量评估结果，减少人工操作和增加自动化程度。

OpenAI 技术也可以与物联网技术相结合，实现实时监测和预警。通过将传感器部署在水利工程的关键位置，可以实时收集温度、压力、湿度等数据。将这些实时数据与 OpenAI 的模型结合起来，可以及时发现水利工程中的缺陷并进行预警。这种实时监测技术可提高故障检测的及时性和准确性，以及预防维护的效率。

未来的发展方向还可以包括扩大数据来源和建设更全面的数据集。除了工程报告和监测数据，可以考虑结合各种传感器数据、航拍影像、无人机数据等，进一步丰富数据源，提高质量检测的全面性和准确性。同时，建立更大规模、更多样化的数据集，进一步提高模型的泛化能力和适应性。

6 结论

OpenAI 在水利工程质量检测中具有巨大的应用潜力和价值。通过利用 OpenAI 的自然语言处理和机器学习技术，可以实现高效、准确和自动化的缺陷检测、质量评估和预测。这一应用可以提高质量管理的效率和准确性，及时发现和解决潜在的质量问题，从而提高水利工程质量。

为了充分发挥 OpenAI 的潜力，需要同时关注数据的质量和多样性，进一步拓展 OpenAI 与其他相关技术的融合，以实现更全面、智能化的水利工程质量检测。

加强对算法训练数据的准备和模型的可解释性的研究，以提高应用的可信度和可接受性。通过加大应用推广，可以更好地利用 OpenAI 技术来改善水利工程质量管理，提升工程质量，推动水利事业可持续发展。

参考文献

[1] 王志. 水利工程质量检测的控制措施 [J]. 水电站机电技术，2023，46（8）：121-123.

[2] 陈婷. 影响水利工程材料检测结果因素浅析 [J]. 黑龙江水利科技，2020，48（4）：145-147.

[3] 金丛成. 试论水利工程检测现存问题 [J]. 中国战略新兴产业，2018（44）：100.

[4] 钱海磊. 水利工程检测中的管理问题及优化措施 [J]. 长江技术经济，2020，4（S2）：50-51.

提升检验检测机构内审水平的探讨

孙文娟　郭威威　刘广华

（珠江水利委员会珠江水利科学研究院，广东广州　510610）

摘要： 随着社会的发展和科技的进步，检验检测机构在新时期的高质量发展中扮演着越来越重要的角色。为了助力新时期的高质量发展，提升检验检测机构的内部审核水平是必要的。检验检测机构的内部审核是对整个机构运作的重要检查机制，能够及时发现和纠正机构运作中出现的问题，保证机构的工作质量和准确度，提高机构的综合实力。

关键词： 检验检测机构；高质量发展；内部审核

1 引言

检验检测机构内部审核是符合国家法律和规定要求的。根据国家和地方的相关法规，检验检测机构必须建立有效的内部审核机制，对所出具的检验报告和数据负责。因此，提升检验检测机构的内部审核水平可以保证机构工作的合规性，满足国家法律和规定的要求。

提升检验检测机构内部审核有助于提高行业的整体形象。检验检测机构是为社会提供第三方数据的机构，其工作质量和形象直接关系到行业的整体形象。通过提升内部审核水平，检验检测机构可以树立良好的行业形象，增强公众对检验检测行业的信任度。

2 检验检测机构内部审核的必要性

提升检验检测机构内部审核有助于推动新时期的高质量发展。新时期的高质量发展需要各个方面的支撑，其中检验检测是非常重要的一环。通过提升内部审核水平，检验检测机构可以为新时期的高质量发展提供更加准确可靠的检验数据和信息服务，推动新时期的高质量发展。

（1）确保合规性。内部审核是检验检测机构自我监管的重要手段，它可以检查和确保机构的所有业务和管理行为符合法律法规及相关规范的要求，以避免任何形式的违法违规行为。

（2）提高管理水平。内部审核不仅可以发现存在的问题，更重要的是可以发现问题的根本原因并加以改进，通过推广良好的管理实践和经验，提高机构的绩效，不断提升管理水平。

（3）促进质量提升。通过内部审核，可以识别和纠正管理漏洞、不合规行为、风险隐患等，从而提高检验检测机构的质量水平，确保检验检测活动的规范性和检验结果的准确性。

（4）增强信誉。有效的内部审核可以向外部的客户和利益相关者展示检验检测机构对质量的承诺和对法规的遵守，从而增强机构的信誉。

（5）预防风险。通过内部审核，检验检测机构可以提前发现并纠正可能出现的风险和问题，从而避免可能出现的质量事故和法律风险。

因此，检验检测机构应定期进行内部审核，以确保其业务和管理行为的规范性和有效性，同时应不断提升管理水平，以适应不断变化的市场环境和客户需求。

作者简介： 孙文娟（1989—），女，工程师，主要从事水利工程质量检测与管理工作。

3 检验检测机构内部审核实施要点

3.1 内部审核的策划和准备

检验检测机构根据拟内审的活动和区域的状况与重要程度，以及以往审核结果，策划全年审核计划，并于每年的第一季度制定"年度内部审核计划表"，经检验检测机构总质量负责人批准后实施。本年度内部审核计划应包括以下内容：①审核目的、范围、依据；②审核次数、时间安排和审核员，每次的审核方式（集中式或滚动式）；③审核区域。

当发生以下情况时，检验检测机构总质量负责人可临时决定增加计划外的内部审核：①组织机构、管理体系发生重大变化时；②出现重大检验检测质量事项，或客户对检验检测结果投诉成立，纠正措施后；③法律、法规及其他外部要求的变更，影响中心开展的检验检测业务时；④接受第二、第三方审核之前；⑤在证书有效期到期复审换证前；⑥管理体系审核运行情况需要对部分要求或部分检测室进行重点审核时。

在年度计划的审核时间安排到达前1个月，检验检测机构总质量负责人根据年度计划安排，授权成立内审组并任命组长，对内部审核的要素进行预审核，识别出本次审核活动涉及的要素条款，制订内部审核方案。内审员应具备相应资格，内审员独立于被审核的活动，在人力资源允许的情况下，应当保证内审员与其审核的部门或工作无关，确保内部审核工作的客观性、独立性。内审组长对内审组成员进行分工，并根据审核方案编制出"内部审核实施计划表"，经检验检测机构总质量负责人批准后组织实施，在审核前5天将内审计划通知组长和受审核部门。

3.2 内部审核实施

3.2.1 首次会议

内审组长主持召开首次会议，向各受审核部门宣布本次审核的目的、范围、方式、人员分工及日程安排情况等，做好会议签到和记录。

3.2.2 现场审核

检验检测机构内部审核依据《检验检测机构资质认定能力评价 检验检测机构通用要求》（RB/T 214—2017，"内审检查表"内列出）、体系文件、适用的法律法规等进行检查，着重检查以下资料是否齐备：

（1）检验检测机构体系文件。受控体系文件包括检测能力配置文件、作业指导书、记录表格汇编、检测报告格式汇编、自校规程汇编、期间核查作业指导书等技术类文件，由检验检测机构技术负责人组织人员编制，检测室主任审核，技术负责人批准发布。在用有效文件盖"受控"章，注发放号、持有人，保留"受控体系文件清单"和"文件发放/回收登记表"。

（2）检测标准。在用有效标准盖"受控"章，注发放号、持有人，保留"在用标准规范目录""规程规范标准发放/回收登记表""标准规范复印件对应原件核实情况审批表""标准查新记录表""检验检测机构资质认定标准（方法）变更审批表""标准方法证实表"记录。

（3）人员档案。包括个人履历、人员上岗能力确认表（培训计划、培训通知、签到、检测报告、原始记录、培训教材、照片）、上岗证、自我承诺、人员培训记录表。

（4）设备档案。包括仪器设备台账、发票/票据复印件（含单价）、仪器设备验收单、制造商的说明书、合格证、首次检定/校准证书以及检定/校准结果确认表的复印件。

（5）设备管理记录。①检定/校准证书、检定/校准结果确认表，检定/校准计划审批表、检定/校准周期记录表。按照检定/校准计划审批表、记录表、检定/校准证书含结果确认表顺序，按年度内分次检定/校准记录汇总进行归档，注意"卷内目录"的"备注"列，需逐行标识证书对应的设备的"档案号"，以确保取用时能迅速找出。②仪器设备检定/校准周期评定表。③设备维护计划，设备维护总结，以及已进行的维护记录。④设备的任何损坏、故障、改装或修理、停用/降级/报废记录，包括设备维修审批表、维修登记表、停用/降级/报废处理申请表。⑤设备期间核查计划，以及期间核查记录、期间核查总览表。⑥仪器设备总览表（电子版，需与设备的所有动态管理信息同步更新，所列的设备检定/校准情况，维护、维修、停用/降级/报废、期间核查情况等，均应在该表中及时体现，确保设备信息记录完整）。⑦仪器设备信息表（电子版，国家认监委规定格式）。⑧仪器设备使用情况记录本（纸质版，一台一册，与设备实体捆绑）。

（6）质量监督记录。包括质量监督计划表、记录表、年度报告表。

（7）质量控制记录。包括年度检测工作质量控制计划表、记录表、比对/能力验证评审表、质量控制汇总表。

（8）采购。包括供方评价表、合格供方名录、仪器设备购置申请表、设备验收单。

（9）检测报告（需有检测报告清单，从清单中抽查）。检测报告资料涉及合同信息审核表、合同、检测任务书、样品流转记录、原始记录、报告发送、客户满意度调查表。

内审发现问题汇总见表1。

表1 内审发现问题汇总表

内审员：　　　　　　　　　　　审核日期：　　　　　　　　　　　　　　　　第　页　共　页

序号	受审核部门	不符合事实	不符合标准条款	备注

3.2.3 末次会议

现场审核结束后，内审组长应召集内审员对审核情况进行讨论分析、意见汇总，将不符合项按部门及要素进行分类统计，由内审员开具"内部审核不符合报告"，如表2所示，对审核中发现尚不构成不符合，但应引起足够重视的问题开具"内部审核观察项报告"。

内审组长宣布对各受审核部门的审核结果，受审核部门负责人对不符合事实予以确认，并在"内部审核不符合报告"上签名。

表2 内部审核不符合报告

编号：

受审核部门		部门负责人		内审员		内审组长		审核日期	
序号	不符合项内容描述		原因分析及纠正措施		纠正措施实施结果及验证				
	不符合事实描述	不符合标准条款							
			原因分析： 纠正措施： 计划完成日期： 部门负责人：　　　日期：		纠正措施实施情况： 部门负责人：　　　日期： 纠正措施验证记录： 内审员：　　　日期：				

3.2.4 编写内审报告

末次会议后，由内审组长编制"内部审核报告"，如表3所示，对审核中发现的问题（不符合项）做出统计、分析、归纳和评价。内部审核报告报检验检测总质量负责人批准，内部审核报告作为管理评审内容的输入之一，由检验检测机构总质量负责人提交给管理评审会议。内部审核报告提交后，内审工作完成。

表3 内部审核报告

审核目的				
审核范围				
审核依据				
审核日期				
内审组	组长：		内审员：	
内审情况综述：				
内审结论：				
内审组长 （签字）	年 月 日	总质量负责人 （签字）		年 月 日

3.2.5 跟踪审核验证

跟踪审核验证是对内部审核工作的延伸，同时也是对受审方采取的纠正措施进行审核验证，对纠正措施实施结果进行判断和记录的一种有效手段。

（1）受审核部门负责人负责组织本部门纠正、预防措施的组织实施，质量负责人负责监督纠正、预防措施的实施完成情况，确认完成且合格后报内审员验证。

（2）内审员对开出的不符合项的纠正、对纠正措施有效性进行跟踪验证并确认完成且合格后，做好跟踪验证记录，将验证记录整理后交综合业务办公室归档。

（3）对审核中发现的不符合项和观察项，各相关部门负责人应在规定期限内组织纠正或针对不符合项（包括潜在不符合项）产生的原因制定纠正措施或预防措施，并在规定时间内完成整改。

4 结语

综上所述，提升检验检测机构内部审核对于助力新时期的高质量发展是非常重要的。因此，应加强内部审核制度的建立和完善，加强人员培训和人才培养，加强内部监督和外部监管，不断提高检验检测机构的综合实力和工作水平，为新时期的高质量发展做出更大的贡献。

参考文献

[1] 李淑贞. 检验检测机构开展内部审核工作探讨 [J]. 水利技术监督，2016，24（6）：1-2.

[2] 唐军. 浅谈试验室管理体系内部审核及管理评审制度 [J]. 科技视界，2016，24（16）：271-272.

[3] 冷元宝. 检验检测机构资质认定内审员工作实务 [M]. 郑州：河南人民出版社，2018.

[4] 中国国家认证认可监督管理委员会. 检验检测机构资质认定能力评价 检验检测机构通用要求：RB/T 214—2017 [S]. 北京：中国标准出版社，2017.

基于图像识别的水下结构表观缺陷定量检测

胡俊华[1,2] 李松辉[1,2] 张国新[1,2] 刘 毅[1,2] 张 龑[1,2] 曹呈浩[3] 崔 蕊[4]

(1. 中国水利水电科学研究院 流域水循环模拟与调控国家重点实验室，北京 100038；
2. 中国水利水电科学研究院，北京 100038；3. 南京工业大学交通运输工程学院，南京 211816；
4. 斯伦贝谢科技服务（北京）有限公司，北京 100015)

摘要：通过融合暗通道和 Retinex 算法，提出了 Dark-Retinex 算法。在丰满老坝工程中的应用表明，该算法可有效消除图像的背景噪声，增强图像的对比度、色彩亮度和照明度，从而更清晰地突显裂缝、剥落、麻面、蜂窝等水下结构的表观缺陷。基于增强图像，利用边缘检测方法实现了表观缺陷区域自动提取及其特征参数计算，定量评估了裂缝的长度和宽度，以及剥落、麻面、蜂窝等缺陷的面积。Dark-Retinex 算法结合边缘检测方法，破解了大坝和涉水桥梁等水下结构表观缺陷自动检测和定量评估的难题。

关键词：水下结构表观缺陷；图像识别；Dark-Retinex 算法；边缘检测

1 研究背景

由于外部环境（如风浪、腐蚀、水力冲刷以及温度应力等）和其他因素（如人为、地质灾害等）的影响，水下结构在长期服役过程中，会出现各种不同程度的损伤，如脱空、裂缝、孔洞、腐蚀坑、凹槽等[1]。水下结构缺陷类型通常包括：水流冲刷引起的掏空和脱空，桩基埋深不足，钢筋锈蚀造成的表面风化、剥落、腐蚀坑现象，空洞、麻面、蜂窝等造成的基础承载力不足[2]。准确有效的损伤分析和评估对确保水工结构安全至关重要。常规缺陷检测方法不适用于水下结构。探地雷达法利用介质介电常数差异检测缺陷，存在如下问题：金属钢筋屏蔽电磁信号，影响探测深度[3]；有水环境吸收电磁信号，限制探测深度和精度；疏松缺陷探测难度大；数值解读依赖工程经验[4]。钻孔取芯法对结构造成损伤，效率低[5]。水下人工目测法仅能判断表观，效率低，风险高，受水下环境影响大，无法实现自动化检测和定量评估。

近年来，计算机视觉技术已广泛应用于水工结构的健康监测和无损检测[6-7]，具有客观、高效和安全等独特优势[8]。水下图像增强是水下结构表观缺陷定量检测的关键问题[9-10]。常用的图像处理方法有直方图均衡化[11-12]、同态滤波[13]和小波变换[14]。上述方法复杂度低，计算快速，但易丢失图像中有用信息。水下图像与陆地雾霾日图像的特征相似，因此许多学者开始研究基于去雾思想的水下图像增强算法。Kansal 等[15]提出了颜色衰减先验（Color Attenuation Prior, CAP）去雾方法。结果表明，该方法在去雾效果和计算效率方面具有显著优势，但 CAP 在部分情况下无法正确估计某些场景（如白色目标）的初始深度图。因此，CAP 不适用于水下混凝土结构表观缺陷的识别。暗通道先验算法（Dark Channel Prior, DCP）[16]和局部最大颜色值先验算法（Local Maximum Color Value Prior, LMCVP）[17]无法适应浑水环境。

本文首先通过融合暗通道和 Retinex，提出了 Dark-Retinex 算法，不仅可以恢复浑水环境获取的

基金项目：中国博士后科学基金（2022M713473）；流域水循环模拟与调控国家重点实验室开放研究基金（IWHR-SKL-KF202218）；流域水循环模拟与调控国家重点实验室自主研究课题（SKL2022TS15）。

作者简介：胡俊华（1990—），男，高级工程师，主要从事水工结构安全监测和无损检测方法技术研究工作。

图像，还可减少暗通道去雾算法引起的图像块效应。其次，采用该方法对丰满老坝试验获取的水下结构图像进行处理和分析，获得增强图像。最后，对增强图像中表观缺陷区域进行边缘检测，以提取水下结构表观缺陷的特征参数，从而实现水下结构损伤程度的定量评估。

2 方法原理

2.1 Dark-Retinex 算法

光在水中发生折射或散射会导致水下图像中水工结构产生重影和阴影等问题，使目标模糊不清。这些重影和阴影现象称为"雾层"。Dark-Retinex（DR）图像增强算法逻辑如图 1 所示。常规去雾模型可表示为：

$$I(x) = O(x) T(x) + A[1 - T(x)] \tag{1}$$

式中：$I(x)$ 为有雾图像，$0 \sim 255$；$O(x)$ 为无雾图像即目标图像，$0 \sim 255$；x 为像素点的空间坐标，piexl，RGB 图像包含 R、G、B 三个通道的像素灰度；$T(x)$ 为介质透光率（%）；A 为水中光的强度，$0 \sim 255$。

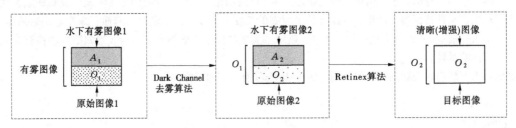

图 1 Dark-Retinex 图像增强算法逻辑

式（1）中 $O(x) T(x)$ 描述了介质中光散射引起的直接衰减。$A[1-T(x)]$ 表示水中散射光会导致场景颜色发生偏移。直接衰减会增强光散射造成的图像变形，而空气中的光会引起附加的图像变形。对于任何图像，在特定区域中，所有像素中每个通道的最低像素值接近 0。因此，暗通道的数学表达式可定义为：

$$O^{dark}(x) = \min_{y \in \Omega}[\min_{c \in \{R, G, B\}} O^c(y)] \tag{2}$$

式中：c 为 R、G、B 通道；O^{dark} 为暗通道像素的灰度值，$0 \sim 255$；Ω 为特定区域范围，piexl；y 为特定区域的单个像素，piexl。

可从式（2）获取输入图像中单个像素 3 个颜色通道的最小灰度值，从而获得灰度图。在该灰度图中，取特定大小的矩形窗口作为中心像素，并使用矩形窗口中最小值替换中心像素的灰度值，从而获得暗通道图像。统计表明，暗通道图像的灰度值近似为 0，即

$$O^{dark} = 0 \tag{3}$$

暗通道去雾算法的输出图像可表示为：

$$O_1(x) = \frac{I(x) - A}{\widetilde{T}(x)} + A \tag{4}$$

由于水下包含白色场景，常规暗通道算法处理后的图像 O_1 容易出现块现象和光晕效应。因此，增加了 Retinex 算法[18-19]。基于基本图像，将图像变换到对数域。假定图像属性是导致图像块现象和光晕效应的根源，则图像模型可表示成：

$$O_1(x, y) = O_2(x, y) \cdot L(x, y) \tag{5}$$

式中：x, y 为图像像素点的空间坐标，piexl；$O_2(x, y)$ 为 Retinex 算法的输出图像强度，$0 \sim 255$；$L(x, y)$ 为 Retinex 算法操作算子。

具体求解过程如下。首先对式（5）两边作对数变换可得

$$O_1^* = O_2^* + L^* \tag{6}$$

式中：O_1^*、O_2^* 和 L^* 分别为 O_1、O_2 和 L 的对数变换。

使用图像金字塔方法逐层选择像素，建立自上而下的逐层迭代来提高效率，如图 2 所示。图像金字塔实际上是一张图片在不同尺度下的集合，即原图的上采样和下采样集合。金字塔的底部是高分辨率图像，而顶部是低分辨率图像。层级越高，则图像越小，分辨率越低。

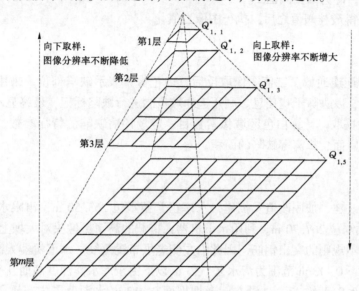

图 2　Retinex 算法图像金字塔示意图

（1）对彩色图像的每个 RGB 通道执行对数变换以获得初始化图像 L_0^* (x, y) 并确定金字塔的层数。金字塔层的序号从上至下定义为：$O_{1,1}^*$，$O_{1,2}^*$，$O_{1,3}^*$，$\cdots$，$O_{1,m}^*$。

（2）从顶层至底层，执行 8 邻域比较运算。运算规则如下：

$$L_{n+1}^* = \frac{[(O_{1, n+1}^* - O_{1, n}^*) + (L_{n+1}^* + L_n^*)]}{2} \tag{7}$$

（3）完成第 m 层的计算后，对其结果进行插值。因此，第 m 层变为原始大小的 2 倍，与第 $m+1$ 层相同。最终可得：

$$L^* = L_0^* + \frac{(L_m^* - L_{m-1}^*)}{2} + \frac{(L_m^* - L_{m-2}^*)}{2^2} + \cdots + \frac{(L_m^* - L_0^*)}{2^m} \tag{8}$$

（4）当底层计算完成，即可得到最终的增强图像 O_2^*，并将其反变换到实数域：

$$O_2 = \exp(O_2^* \cdot \lg 255) \tag{9}$$

2.2　缺陷边缘检测

本节对 Dark-Retinex 算法处理的图像进行缺陷边缘检测，提取缺陷的特征参数流程如下：

（1）图像灰度化。消除图像色调和饱和度并保留亮度信息，以将 RGB 图像转换为灰度图像。R、G 和 B 分量的加权平均公式为：

$$\text{gray}_{DR} = 0.298\,9R + 0.587\,0G + 0.114\,0B \tag{10}$$

式中：R、G 和 B 分别为红色、绿色和蓝色图像通道的灰度值，取 0~255。

（2）灰度图亮度值调节。将灰度图像 gray_{DR} 中的亮度进行线性映射到 J 中的新值：

$$S = \begin{cases} 1 & r \leqslant 0 \\ r & 0 < r < 1 \\ 0 & r \geqslant 1 \end{cases} \tag{11}$$

式中：r 为 grayDR 图像的灰度，取 0~255；S 为 J 图像的灰度，取 0~255。

（3）基于最佳阈值估计的边缘检测。使用最大类间方差法在 [0，1] 区间搜索 J 的合理阈值。设灰度图最佳阈值为 T（0~255），灰度值 $\leqslant T$ 的目标像素点占总图像比例为 w_1（%），平均灰度值为

u_1（0~255）；灰度值>T 的背景像素点占总图像比例为 w_2（%），平均灰度值为 u_2（0~255）。图像的总平均灰度值为 $u=w_1u_1+w_2u_2$。类间方差可表示为：

$$g = w_1(u_1 - u)^2 + w_2(u_2 - u)^2 \tag{12}$$

当 g 取得最大值时，即为最佳阈值 T。

（4）图像分割。获得最佳阈值之后，执行图像二值化：

$$BW = \begin{cases} 0 & x > k \\ 255 & x < k \end{cases} \tag{13}$$

（5）图像取反和标记连通域。二值图像取反后，白色像素表示缺陷部位。采用边缘滤波删除二值图像中小面积连通域，以去除干扰信息。利用连通域概念进行缺陷标记，最终显示缺陷区域。

（6）缺陷特征参数提取。计算白色区域像素数目，定量评估缺陷的特征参数，包括裂缝的实际长度和宽度以及剥落、麻面、蜂窝等缺陷的面积。

3 数据采集

丰满水库经续建、改建、加固改造及扩建，水库正常蓄水位 263.50 m，汛限水位 260.50 m，死水位 242.00 m，校核洪水位 267.70 m。利用水下机器人搭载的高清摄像头对大坝上游坝面进行检测。由于右侧老坝表面布满不规则的突出钢筋，因此沿左侧老坝布置测线。水下机器人沿右侧老坝的钢管垂直下降，探明水面以下 0~13 m 范围为清水区，13 m 以下由于库水浑浊度高而几乎无法获得有效的水下图像。该测点的河底深度约 42 m。沿左侧老坝坝面 0~13 m 水深范围内布置了 13 条水平测线，间距为 1 m，测线布置如图 3 所示。

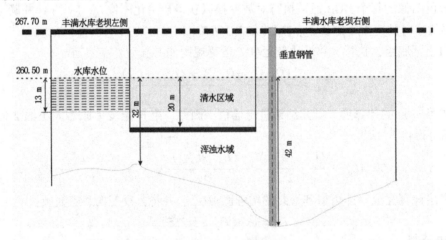

图 3　丰满水库老坝上游坝面水下结构表观缺陷探测工作示意图

如图 4 所示，水下机器人采用独立外挂式云台，配备大扭柱云台电机，可同时悬挂前视摄像头、照明灯和前视多波束声呐，云台垂直俯仰角为 ±90°，调节范围 0°~180°。云台中的阻尼会使摄像机在拍摄时摇得更加平稳均匀，获得优质的水下拍摄画面。采用独立式彩色防水摄像头，最大分辨率达 1 920×1 080，4 倍光学变焦，焦距为 2.8~12 mm，115° 广角摄像范围。镜头模组采用 SonyIMX，彩色，200W 像素，灵敏度为 0.01 Lux，自动对焦，并支持 1 080 P 视频实时传输。光源系统装有 3 个支持多级亮度可调模块化 LED 灯，单个灯组照明亮度为 12 000 LM，较大程度上扩大水下的观测范围，辅助水下摄像头获取高清视频数据。

4 水下图像增强

作为横向对比，对典型水下结构表观裂缝图像采用 Dark Channel Prior（DCP）算法[20]、Tarel 算法[21]、Joost 算法[22]、本文的 DR 算法分别进行处理，结果如图 5 所示。图像增强效果分别采用图像

图4 水下机器人结构

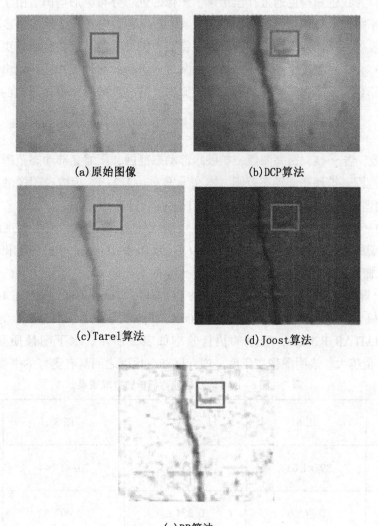

(a)原始图像　　　　　(b)DCP算法

(c)Tarel算法　　　　　(d)Joost算法

(e)DR算法

图5 水下裂缝图像不同增强算法的对比结果

均值、标准差、熵进行客观评价，其中图像的均值表示图像增强后的平均亮度变化，标准差用于评价图像的对比度，熵用于评价图像的细节表现能力，结果如表1所示。可见，相比其他算法，DR算法增强图像的均值、标准差、熵均明显增大，表明本文提出的算法在增强图像的亮度、对比度和细节表现能力方面具有明显改进。

表 1　水下裂缝图像质量客观评价指标

项目	原始图像	DCP 算法	Tarel 算法	Joost 算法	DR 算法
均值	175.91	135.62	90.82	132.48	235.86
标准差	11 900	12 885	32.49	33.20	13 000
熵	5.63	5.62	4.90	5.63	6.25

图 6~图 9 给出了水下机器人采集的 4 组典型的大坝水下结构表观缺陷图像。图 6 为浑浊水环境表观裂缝，图 7 为低照度条件表观剥蚀，图 8 为泥土干扰条件表观蜂窝，图 9 为高模糊度表观麻面。上述图像对比度低，色彩亮度分布不均匀，缺陷区域及其边缘模糊，缺陷特征难以定量评估。

图 6~图 9 (b) 为红色和蓝色通道补偿结果，图像的色彩分布更加均衡。由于颜色校正在水下至关重要，我们将白平衡技术应用于原始图像。图 6~图 9 (c) 为白平衡结果。该步骤通过去除各种光源引起的额外颜色投射，从而增强图像外观。白平衡后，图像颜色从偏黄色变得更加自然。

图 6~图 9 (d) 为伽马校正，是对输入图像的灰度值进行非线性操作，使输出图像的灰度值与输入图像的灰度值呈指数关系。伽马校正的根源是人眼对光线亮度的感知遵循近似的幂函数，可采用如下公式：

$$V_{out} = V_{in}^{\gamma} \tag{14}$$

式中：γ 为伽马指数，若 $\gamma < 1$，提亮图像，扩展暗部动态范围，压缩亮部动态范围；若 $\gamma < 1$，变暗图像，压缩暗部动态范围，扩展亮部动态范围，本文设置 $\gamma = -2.2$；V_{in} 为输入图像的归一化亮度值，为 $[0,1]$；V_{out} 为输出图像的归一化亮度值，为 $[0,1]$。

图 6~图 9 (e) 为图像锐化 (image sharpening)，补偿缺陷的轮廓，增强表观缺陷的边缘和灰度跳变的部分，使得裂缝边缘显著增强。图 6~图 9 (f) 为 Dark-Retinex 算法恢复和增强，可见图像在亮度、对比度以及细节表现能力上均显著增强。

图 6~图 9 的分辨率参数分别为 897×1 038、687×1 047、702×1 044、972×1 464。算法测试的硬件平台为联想台式机 Intel (R) Core (TM) i9-10900 CPU @ 2.80GHz，内存大小为 64.0 GB。算法测试的软件平台为 MATLAB R2022a，程序的执行效率如表 2 所示。水下图像质量评估可采用指标 UCIQE[23]。UCIQE 值越大，表明图像在色度、饱和度和对比度之间具有更好的平衡。

表 2　图 6~图 9 表观缺陷特征参数提取结果

项目	图 6	图 7	图 8	图 9
图片分辨率	897×1 038	687×1 047	702×1 044	972×1 464
原始图像 UCIQE 值	0.462 0	0.384 8	0.409 6	0.394 0
增强图像 UCIQE 值	0.641 4	0.577 6	0.606 2	0.585 2
计算时间/s	3.797 6	3.058 7	3.560 9	3.508 7

从表 2 可知，增强图像的 UCIQE 值明显增大。这表明本算法可有效抑制噪声干扰，解决了图像的偏色问题，图像的对比度显著增强，色彩亮度分布均匀，表观缺陷更易识别，能够清晰显示裂缝、剥落、麻面、蜂窝等缺陷区域及其边缘特征。

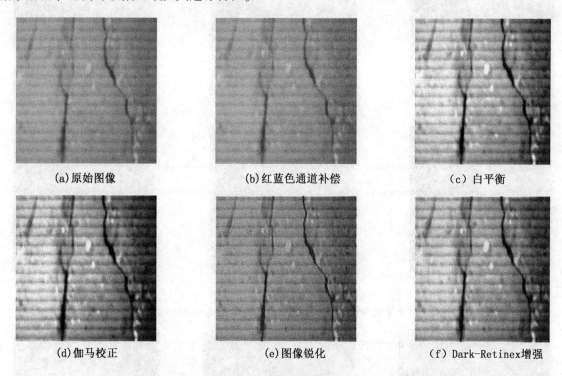

(a)原始图像　　　　　　　(b)红蓝色通道补偿　　　　　　（c）白平衡

(d)伽马校正　　　　　　　(e)图像锐化　　　　　　（f）Dark-Retinex 增强

图 6　浑浊水环境水下结构表观裂缝图像 Dark-Retinex 增强结果

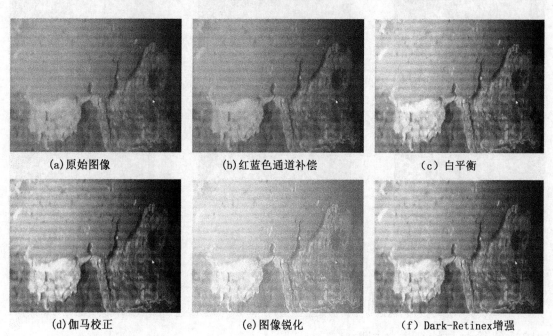

(a)原始图像　　　　　　　(b)红蓝色通道补偿　　　　　　（c）白平衡

(d)伽马校正　　　　　　　(e)图像锐化　　　　　　（f）Dark-Retinex 增强

图 7　低照度条件水下结构表观剥蚀图像 Dark-Retinex 增强结果

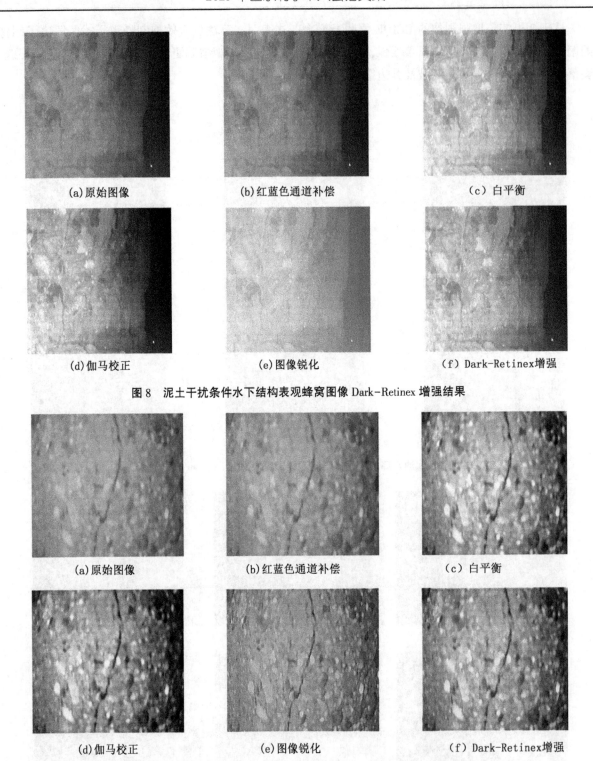

(a)原始图像 (b)红蓝色通道补偿 （c）白平衡

(d)伽马校正 (e)图像锐化 （f）Dark-Retinex 增强

图 8 泥土干扰条件水下结构表观蜂窝图像 Dark-Retinex 增强结果

(a)原始图像 (b)红蓝色通道补偿 （c）白平衡

(d)伽马校正 (e)图像锐化 （f）Dark-Retinex 增强

图 9 高模糊度水下结构表观麻面图像 Dark-Retinex 增强结果

5 缺陷边缘检测与特征参数提取

图 10～图 13（a）为 DR 算法增强图像。图 10～图 13（b）为图像灰度化及亮度调节结果。图像灰度化作为预处理步骤，为后续图像的分割、识别和分析等上层操作做准备。图像灰度化处理通常包括分量法、最大值法、平均值法和加权平均法。由于人眼对绿色的敏感度最高，对蓝色的敏感度最低，因此对 R、G、B 三分量进行加权平均能得到更合理的灰度图。

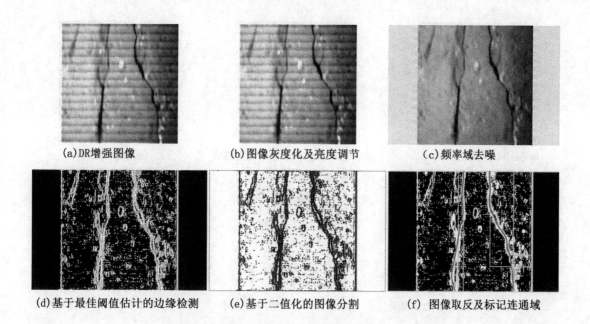

(a)DR增强图像　　　　　　　(b)图像灰度化及亮度调节　　　　　　(c)频率域去噪

(d)基于最佳阈值估计的边缘检测　　(e)基于二值化的图像分割　　　(f) 图像取反及标记连通域

图 10　浑浊水环境水下结构表观裂缝检测结果
绿色矩形框标记识别的缺陷区域，红色实线标记裂纹

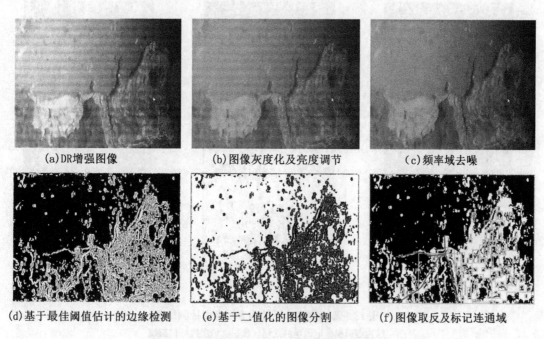

(a)DR增强图像　　　　　　　(b)图像灰度化及亮度调节　　　　　　(c)频率域去噪

(d)基于最佳阈值估计的边缘检测　　(e)基于二值化的图像分割　　　(f) 图像取反及标记连通域

图 11　低照度条件水下结构表观剥蚀检测结果
绿色矩形框标记识别的缺陷区域，红色实线标记裂纹

　　图 10~图 13（c）为频率域去噪结果，思路是利用傅里叶变换将图像显示在频率域中，通过观察频谱图，如果了解频谱图与原图之间的关联，可较容易地发现噪声在频谱图中的特征。本文采取手动设置屏蔽区域的方法，将选定位置的值设置为频谱图中的最小值，主要目的是消除图像中出现的有规律的网格、网纹和线条状噪声等，如图 11（c）和图 12（c）中横条纹得到消除。

　　图 10~图 13（d）为基于最佳阈值估计的边缘检测结果。本文采用自适应最佳阈值估计结合形态学的方法。自适应最佳阈值估计对噪声比较敏感，因此采用形态学开运算进行处理，在形态学开运算后设置阈值剔除噪点。图 10~图 13（e）为基于二值化的图像分割结果。图中黑色像素代表缺陷区域

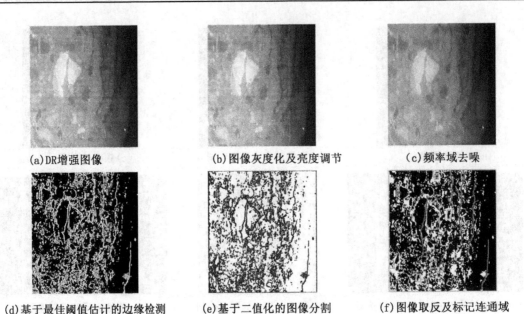

(a)DR增强图像　　　　　　(b)图像灰度化及亮度调节　　　　　　(c)频率域去噪

(d)基于最佳阈值估计的边缘检测　　(e)基于二值化的图像分割　　(f)图像取反及标记连通域

图 12　泥土干扰条件水下结构表观蜂窝检测结果

绿色矩形框标记识别的缺陷区域，红色实线标记裂纹

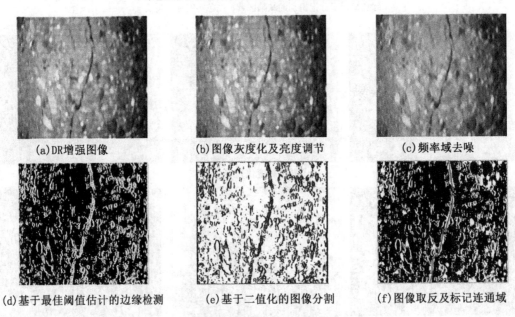

(a)DR增强图像　　　　　　(b)图像灰度化及亮度调节　　　　　　(c)频率域去噪

(d)基于最佳阈值估计的边缘检测　　(e)基于二值化的图像分割　　(f)图像取反及标记连通域

图 13　高模糊度水下结构表观麻面检测结果

绿色矩形框标记识别的缺陷区域，红色实线标记裂纹

的初步分割结果。图 10~图 13（f）为图像取反和标记连通域的结果。目的是利用白色像素突显缺陷区域及其边缘特征，同时利用边缘滤波消除缺陷区域的毛刺边缘和干扰像素，最后采用连通域概念对缺陷区域进行标记。

经过上述处理获得的二值图像，其中白色像素代表缺陷区域，黑色像素代表背景区域。因此，对表观缺陷进行无限大骨架提取，就可通过统计像素点的个数估算裂缝的长度和宽度，以及剥落、麻面、蜂窝等缺陷的面积。利用图像拍摄采用的相机分辨率作为标定，可估算出单个像素点对应的实际长度值 μ，将像素点的个数与 μ 相乘，可得裂缝的实际长度和宽度以及剥落、麻面、蜂窝等缺陷的面积。本次试验采用独立式彩色防水摄像头，其物理分辨率为 30dpi，即 30 像素/in。由于 1 in = 2.54 cm，故 μ = 25.4÷30≈0.84（mm/像素）。图 10~图 13 表观缺陷特征参数的提取结果如表 3 所示。

表3　图10~图13表观缺陷特征参数提取结果

编号	黑色像素/个	白色像素/个	裂缝平均宽度/cm	裂缝平均长度/cm	缺陷区域面积/cm²
图10	21 678	10 839	1.6	34.5	16.24
图11	18 439	13 829	0.9	22.8	20.72
图12	6 629	19 888	0.8	29.4	29.79
图13	17 810	11 874	1.3	17.1	17.79

6　结论

本文提出了融合暗通道（Dark Channel）和Retinex的Dark-Retinex（DR）图像增强算法，实现了水下结构表观缺陷识别及其特征参数的定量计算。采用DR算法和边缘检测方法对丰满老坝试验数据进行了分析。结果表明，DR算法可有效抑制背景噪声，解决了图像偏色问题，图像对比度显著增强，图像色彩亮度分布更加均匀，能够清晰地突显裂缝、剥落、麻面、蜂窝等表观缺陷，最终图像在亮度、对比度以及细节表现能力方面均显著增强。基于DR增强图像，采用边缘检测方法实现了水下结构表观缺陷识别及其特征参数提取，最终实现了裂缝的长度和宽度，以及剥落、麻面、蜂窝等缺陷面积的定量计算。

本研究的局限性在于，当图像增强模型失效时，DR算法的图像增强效果较差。例如，当图像中缺陷区域的颜色与背景区域的颜色十分相似时，无法有效识别缺陷区域；当不均匀照明导致图像不同区域的亮度值差异较大时，水体光度的估算可能出错。虽然DR算法增强了图像的对比度，但图像颜色恢复并不十分清晰，需进一步改进。此外，边缘检测算法在水下混凝土结构表观缺陷识别的精度有待提高，尚无法实现剥落、麻面、蜂窝等表观缺陷的自动分类识别。下一步可考虑：①利用超分辨率生成对抗网络设计更有效的图像增强模型，以改善水下图像的增强效果；②应用卷积神经网络，采用加权概率决策机制实现水下结构表观缺陷的自动分类识别。

参考文献

[1] 汤仲训. 桥梁水下结构检测技术及安全评价体系研究 [D]. 南昌：华东交通大学，2021.

[2] 吴松华. 桥梁水下结构检测技术及安全评价体系研究 [D]. 西安：长安大学，2018.

[3] 陈志杰. 探地雷达技术在水利工程检测中的应用对策研究 [J]. 水电水利，2021，5（5）：78-79.

[4] 杨春旗. 水工混凝土探地雷达检测技术研究 [J]. 东北水利水电，2022，40（9）：68-70.

[5] 吴国明，章兆熊，谢兆良. TRD工法在上海国际金融中心56.73 m非原位成墙试验中的应用 [J]. 岩土工程学报，2013，35（S2）：814-818.

[6] 谢文高，张怡孝，刘爱荣，等. 基于水下机器人与数字图像技术的混凝土结构表面裂缝检测方法 [J]. 工程力学，2022，39（S1）：64-70.

[7] 陈伟，魏庆宇，张境锋，等. 基于RetinaNet的水下机器人目标检测 [J]. 计算机工程与设计，2022，43（10）：2959-2967.

[8] 来记桃，聂强，李乾德，等. 水下检测技术在雅砻江流域电站运维中的应用 [J]. 水电能源科学，2021，39（11）：207-210.

[9] 李永龙，王皓冉，张华. 水下机器人在水利水电工程检测中的应用现状及发展趋势 [J]. 中国水利水电科学研究院学报，2018，16（6）：586-590.

［10］谭界雄，田金章，王秘学. 水下机器人技术现状及在水利行业的应用前景［J］. 中国水利，2018，846（12）：33-36.

［11］FU X, CAO X. Underwater image enhancement with global-local networks and compressed-histogram equalization［J］. Signal Processing：Image Communication，2020，86：115892.

［12］RAO B S. Dynamic histogram equalization for contrast enhancement for digital images［J］. Applied Soft Computing，2020，89：106114.

［13］SEOW M J, ASASI V K. Ratio rule and homomorphic filter for enhancement of digital colour image［J］. Neurocomputing，2006，69（7-9）：954-958.

［14］RAVEENDRAN S, PATIL M D, BIRAJDAR G K. Underwater image enhancement：a comprehensive review, recent trends, challenges and applications［J］. Artificial Intelligence Review，2021，54：5413-5467.

［15］KANSAL I, KASANA S S. Improved color attenuation prior based image defogging technique［J］. Multimedia Tools and Applications，2020，79（17-18）：12069-12091.

［16］LIANG Z, DING X, WANG Y, et al. GUDCP：Generalization of underwater dark channel prior for underwater image restoration［J］. IEEE Transactions on Circuits and Systems for Video Technology，2021，32（7）：4879-4884.

［17］ZHANG W, ZHUANG P, SUN H H, et al. Underwater image enhancement via minimal color loss and locally adaptive contrast enhancement［J］. IEEE Transactions on Image Processing，2022，31：3997-4010.

［18］ZHANG S, WANG T, DONG J, et al. Underwater image enhancement via extended multi-scale Retinex［J］. Neurocomputing，2017，245：1-9.

［19］彭佳琦，刘秉琦，董伟，等. 基于多尺度 Retinex 的图像增强算法［J］. 激光与红外，2008，38（11）：1160-1163.

［20］HE K, SUN J, TANG X. Single image haze removal using dark channel prior［J］. IEEE transactions on pattern analysis and machine intelligence，2010，33（12）：2341-2353.

［21］TAREI J P, HAUTIERE N. Fast visibility restoration from a single color or gray level image［C］//2009 IEEE 12th international conference on computer vision. IEEE，2009：2201-2208.

［22］VAN De Weijer J, GEVERS T, GIJSENIJ A. Edge-based color constancy［J］. IEEE Transactions on image processing，2007，16（9）：2207-2214.

［23］YANG M, SOWMYA A. An underwater color image quality evaluation metric［J］. IEEE Transactions on Image Processing，2015，24（12）：6062-6071.

水泥土复合管桩的水平静载试验检测研究

朱 田 李 熹 郭今彪

（上海勘测设计研究院有限公司，上海　200434）

摘　要：水泥土复合管桩可以提高基础承载性能，但是水泥土复合管桩在承载时受力特点仍有待积累分析。采用基于 BOTDR 的分布式光纤测试技术对水泥土复合管桩进行应变测试，结合单桩水平静载试验成果分析了桩身内力及位移的变化规律。试验检测结果表明：试桩的单桩水平承载力特征值及圆砾层地基土水平抗力系数的比例系数推荐为 130.0 kN、23.9 MN/m⁴，水平试验后桩身均存在明显缺陷，弯矩及位移的有效影响深度不超过测试地面下 7 m。水泥土复合管桩的检测结果为设计计算提供技术支撑，并对类似桩基工程的测试有一定借鉴意义。

关键词：水泥土复合管桩；分布式光纤；水平静载试验；水平承载力

1 引言

水泥土复合管桩是由高喷搅拌法形成的水泥土桩与同心植入的 PHC 管桩复合而形成的基桩，该桩型可以充分发挥水泥土桩桩侧摩阻力和混凝土桩桩身材料强度，提高基础承载性能，近年来得到快速发展[1-2]。水泥土桩与管桩界面特性研究表明两者具有较好的黏结特性，可以有效复合协同工作。但水泥土复合管桩在受荷时的承载数据、荷载传递规律仍有待积累与研究[2-3]。近年来，基于布里渊光时域反射技术（BOTDR）的光纤传感测试技术愈发成熟，其具有分布式测量、长距离传输、成活率高、耐久性强等优点，较应变式和振弦式测试精度更高、抗干扰能力更强，在地质监测与岩土测试领域的应用也越来越广泛[4-6]。本文以江西某水利工程的水泥土复合管桩为依托，结合单桩竖向抗压静载试验、单桩水平静载试验检测成果，采用分布式光纤测试技术对受水平力作用下的桩身内力和位移变化规律进行了分析研究，为设计计算提供技术支撑，并为类似桩基工程的测试提供一定经验。

2 内力计算原理

2.1 水平试验桩身弯矩与位移计算

桩身在水平荷载作用下，桩顶下深度 z 处的弯矩 $M(z)$ 和挠度 $\omega(z)$ 可按下式计算[7]：

$$M(z) = \frac{\varepsilon_a(z) - \varepsilon_b(z)}{D} \cdot E(z) \cdot I(z)$$

$$\omega(z) = -\int_L^z \int_L^z \frac{\varepsilon_a(z) - \varepsilon_b(z)}{D} \mathrm{d}z\mathrm{d}z$$

式中：$\varepsilon_a(z)$ 为水平力作用下，桩顶下深度 z 处受拉侧实测桩身应变值；$\varepsilon_b(z)$ 为水平力作用下，桩顶下深度 z 处受压侧实测桩身应变值；$E(z)$ 为桩顶下深度 z 处的桩身弹性模量，kPa；$I(z)$ 为桩顶下深度 z 处的桩身截面惯性矩，m⁴；D 为对称布设光纤间距，m；L 为桩长，m。

2.2 m 值计算

当桩顶自由且水平力作用位置位于地面处时，m 值应按下式计算[8]：

作者简介：朱田（1991—），男，工程师，主要从事地基基础检测与研究工作。

$$m = \frac{(\nu_y H)^{5/3}}{b_0 Y_0^{5/3} (EI)^{2/3}}$$

$$\alpha = \left(\frac{mb_0}{EI}\right)^{1/5}$$

式中：m 为地基土水平抗力系数的比例系数，kN/m^4；α 为桩的水平变形系数，m^{-1}；ν_y 为桩顶水平位移系数，当 $\alpha h \geq 4.0$ 时（h 为桩的入土深度），$\nu_y = 2.441$；H 为作用于地面的水平力，kN；Y_0 为水平力作用点位移，m；EI 为桩身抗弯刚度，$kN \cdot m^2$；b_0 为桩身计算宽度，对圆形桩：当桩径 $D \leq 1$ m 时，$b_0 = 0.9(1.5D+0.5)$。

3　工程与地质概况

江西某大型水利枢纽工程基础采用水泥土复合管桩，管桩规格为 PHC600AB130，水泥土桩径 800 mm，采用强度等级为 42.5 的普通硅酸盐水泥，水灰比 1:1，水泥掺量 20%。因该地区缺少类似工艺工程资料，设计方计划进行 3 根水平试桩，水泥土桩与管桩同长。实际施工时，管桩未能沉桩至水泥土桩底，试桩概况见表 1。28 d 龄期后进行单向多循环水平静载荷试验，检测单桩水平承载力、桩身弯矩、位移及地基土水平抗力系数的比例系数（以下简称 m 值）。

根据本工程地质勘察报告，临近试桩场地钻孔揭露土层分布概况见表 2。

表 1　试桩概况

试桩桩号	试验点标高/m	入土桩长/m	水泥土桩底标高/m	管桩底标高/m	管桩桩长/m	管桩持力层
SZ-9	+5.30	20.70	-28.36	-15.40	30.0	②₁₀ 圆砾
SZ-10	+5.38	26.19	-28.36	-21.81	36.5	
SZ-11	+5.43	28.25	-28.36	-22.82	37.4	

表 2　场地土层分布概况

土层编号	土层名称	土层分布/m	土层描述
②₃	黏土	+16.64~+11.44	棕黄色，可塑，稍湿
②₆	粉细砂	+11.44~+10.44	棕灰色，饱和，结构松散
②₇	中砂	+10.44~+9.14	棕黄色，饱和，稍密状
②₈	粗砂	+9.14~+6.14	棕黄色，饱和，密-中密状
②₁₀	圆砾	+6.14~-28.96	黄色，饱和，密实状
④₁	泥质粉砂岩	-28.96~-31.86	强风化，岩芯多呈块状、黏性土状，局部饼状
④₂	泥质粉砂岩	-31.86~-43.16	弱风化，岩芯多呈长块状、短柱状，局部长柱状

4　单桩水平试验检测成果

4.1　水平承载力与 m 值

水平试验水平位移 Y_0 与测点水平力 H 作用平面一致。单级加载量为 50 kN，按设计要求加载至水平力作用处最大水平位移超过 35 mm。试桩加载前低应变测试表明桩身完整，试验结束后均发现桩身存在明显缺陷。最大加载量的前一级累计水平位移均小于 35 mm，水平试桩测试概况见表 3。

表 3　水平试桩测试概况

桩号	试验点标高/m	入土桩长/m	试验后缺陷位置	最大加载量/kN	最大水平位移/mm
SZ-9	+5.30	20.70	地面下 6.2 m 左右	400	37.31
SZ-10	+5.38	26.19	地面下 6.8 m 左右	450	54.79
SZ-11	+5.43	28.25	地面下 8.1 m 左右	400	41.50

单桩水平临界荷载 H_{cr} 为桩身产生开裂前对应的水平荷载，可取 $H \sim \Delta Y_0 / \Delta H$（水平力-位移梯度曲线）上第一拐点对应的加载量；单桩水平极限荷载 H_u 为桩身折断或钢筋应力达到屈服的前一级水平荷载，可取 $H \sim \Delta Y_0 / \Delta H$ 曲线上第二拐点对应的加载量。3 根试桩的 $H - \Delta Y_0 / \Delta H$ 曲线见图 1。本工程试桩为桩身不允许开裂的预制桩，单桩水平承载力特征值 H_a 应取为 $0.6H_{cr}$ 且应满足不大于 $0.5H_u^{[1,8]}$。H_a 推荐值取 3 根试桩的 H_a 平均值，计算结果见表 4。

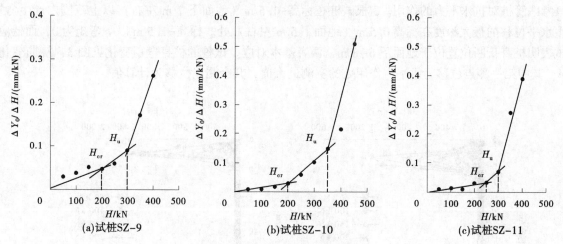

图 1　试桩水平力-位移梯度曲线

表 4　水平承载力与 m 值

桩号	$EI/(\mathrm{kN \cdot m^2})$	H_{cr}/kN	H_u/kN	H_a/kN	H_a 推荐值/kN	H_{10}/kN	$m/(\mathrm{MN/m^4})$	m 推荐值/$(\mathrm{MN/m^4})$
SZ-9	224 162	200.0	300.0	120		228.7	17.5	
SZ-10	224 162	200.0	350.0	120	130.0	288.1	25.8	23.9
SZ-11	224 162	250.0	300.0	150		305.9	28.5	

本工程管桩共布置 16 根公称直径为 10.7 mm 的纵向预应力钢筋，配筋率为 0.75%。桩周水泥土在加载初期便开裂，只考虑管桩抗弯，桩身抗弯刚度 EI 按《预应力混凝土管桩图集》考虑钢筋影响的公式计算[9]。3 根试桩的 $H \sim m$ 曲线见图 2，由 m 反算得到的各级水平力作用下的 ah 均大于 4 m，符合规范的计算假定，数据有效。计算表明，m 值不是一个常量，而是与水平位移及荷载相关，3 根试桩的 m 值整体上均表现出随着 H 增大而递减的趋势，但 m 值大小在加载初期有明显差异，当 H 大于 100 kN 时，试桩 SZ-10 和试桩 SZ-11 的 m 值已较为接近，当 H 大于 200 kN 时，3 根试桩的 m 值逐步趋于一致。本工程基桩对水平位移不敏感，按插值法取水平位移为 10 mm 对应的水平力 H_{10} 计算 m 值，并取其平均值为检测推荐值，计算结果见表 4。

4.2　桩身弯矩与位移

由于水泥土抗折能力远低于桩身混凝土，桩周浅部水泥土在水平力施加后便快速开裂而失效，因

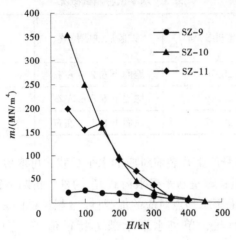

图 2　试桩 $H \sim m$ 曲线

此只考虑管桩对抗水平力的作用。3 根试桩在标高 -1.5 m（地面下 7 m 左右）以上范围内产生弯矩，发生水平位移的最大深度在标高 0.5 m（地面下 5 m 左右）处。标高 -1.5 m 以下弯矩为 0，而低应变测试表明桩身折断位置位于地面下 6~8 m，两者基本对应。试桩的桩身弯矩变化见图 3，挠曲变化见图 4，其中第一测点位移为水平力作用处的实测最大值，其余测点位移为计算值。

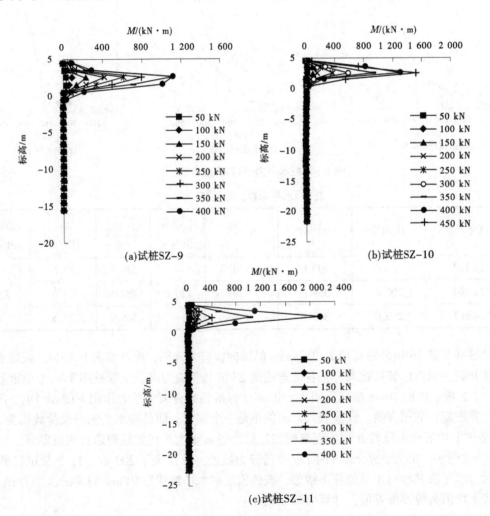

图 3　试桩的桩身弯矩变化

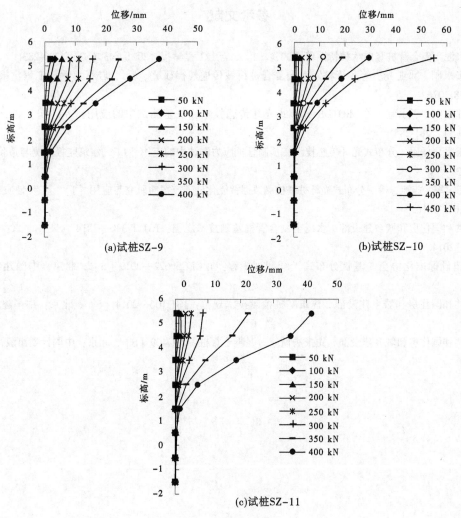

图4　试桩挠曲变化

试桩弯矩与位移的计算结果表明：①桩身同一深度测点的计算弯矩及位移随着水平推力的增加而增加。桩身不同深度测点的计算弯矩随着深度的增加先增加后减小至0，而位移则从桩顶处向下递减至0，在达到 H_u 后桩身仍能够继续承载，单级水平位移增加量快速提高；②桩身最大计算弯矩出现在标高 2.5 m 处（地面下 3 m 左右），试桩 SZ-9、试桩 SZ-10、试桩 SZ-11 的最大计算弯矩分别为 1 121 kN·m、1 515 kN·m、2 160 kN·m，其中试桩 SZ-9、试桩 SZ-10 在加载后期弯矩计算值已较为接近，抗水平力接近极值，但试桩 SZ-11 弯矩计算值仍在快速增长。

5　结论

（1）桩周水泥土在水平力施加后便快速开裂失效，抗水平力主要由管桩提供，水平试验结束后管桩桩身均存在明显缺陷。试桩在圆砾层中的水平临界荷载不低于 200 kN，水平极限荷载不低于 300 kN，水平承载力特征值推荐取为 130.0 kN。试桩 m 值均表现出随着水平力增加而递减的变化趋势，但在加载初期 m 值相差较大，水平位移为 10 mm 的 m 值推荐取为 23.9 MN/m⁴。

（2）水平试验内力分析结果表明，在达到水平极限荷载后桩身仍能继续承载，桩身弯矩从上至下先增加后减小至0，弯矩影响深度范围在测试地面下 7 m 以内，最大弯矩在测试地面下 3 m 左右。单桩水平位移从上至下递减至0，位移影响深度范围在测试地面下 5 m 以内。

参考文献

[1] 梁善斋. 水泥土复合管桩竖向承载特性现场试验 [J]. 岩土工程学报, 2021, 43 (S2): 280-283.

[2] 李俊才, 张永刚, 邓亚光, 等. 管桩水泥土复合桩荷载传递规律研究 [J]. 岩石力学与工程学报, 2014, 33 (S1): 3068-3076.

[3] 黄晓维, 郑建国, 于永堂, 等. BOTDR 分布式光纤传感技术在桩基测试中的应用研究 [J]. 岩土工程技术, 2021, 35 (5): 281-285.

[4] 贺玉平, 王凯, 杨眉. 分布式光纤传感技术在预制管桩应力测试中的应用 [J]. 建筑监督检测与造价, 2022, 15 (5): 28-33.

[5] 苗鹏勇, 王宝军, 施斌, 等. 分布式光纤桩基检测数据智能化处理方案的研究与应用 [J]. 工程地质学报, 2017, 25 (6): 1610-1616.

[6] 中华人民共和国住房和城乡建设部. 水泥土复合管桩基础技术规程: JGJ/T 330—2014 [S]. 北京: 中国建筑工业出版社, 2014.

[7] 中国工程建设标准化协会. 基桩分布式光纤测试规程: T/CECS 622—2019 [S]. 北京: 中国建筑工业出版社, 2019.

[8] 中华人民共和国住房和城乡建设部. 建筑基桩检测技术规范: JGJ 106—2014 [S]. 北京: 中国建筑工业出版社, 2014.

[9] 中华人民共和国住房和城乡建设部. 先张法预应力混凝土管桩: 23G409 [S]. 北京: 中国计划出版社, 2023.

复合型土工合成材料圆柱顶破（CBR）性能研究

李　斌　郑依铭

（上海勘测设计研究院有限公司，上海　200434）

摘　要： 复合型土工合成材料在水运工程中得到广泛应用，其进行顶破强度测试时由于材料受力面的不同结果也存在较大差异。鉴于该问题，本文采用不同的速度和受力面对两类典型的复合型土工合成材料进行顶破试验，评估其试验参数的适用性。结果表明：复合型土工合成材料宜采用100 mm/min或更低的顶破速度，对于无纺布-土工膜复合材料，应将土工膜一面作为受力面，对于无纺布-机织布复合材料，可任选测试无纺布一面或机织布一面的顶破性能。

关键词： CBR顶破强力；复合型土工合成材料；试验方法

1　引言

在施工过程中，土工织物、土工膜、复合土工材料等类型都会发生材料因碰到坚硬物体导致的穿透破损，所以在土工合成材料相关产品规范中设有一个检测项目[1]：圆柱顶破强力（CBR），以判断土工合成材料的顶破性能。该试验是为了模拟铺设在碎石地基上或其他区域的土工材料在粗颗粒材料施压下的扩展和压实过程中所承受到的压力而开发的。基本原理是通过材料向下的变形所能承受的荷载来反映材料本身支撑抵抗局部荷载压入变形的能力特征[2]。由于标准杆的直径和施工现场施工碎石直径相近，试验方法中操作部分使用的50 mm标准杆为顶破强力试验顶杆，模拟碎石局部施加压力于织物上，得出织物局部所能承受的集中荷载[3]。

常见的复合型土工合成材料包括两类。①无纺布/土工膜复合材料[4]多用于水库大坝防渗，因为在这类工程施工过程中多使用边挖、边铺、边夯、边护的区段循环作业，基面会有尖石、树根等杂物，基面有局部凹凸现象，会出现粒径20~50 mm的碎石，易在施工过程中穿透土工膜。故采取土工织物朝上、土工膜朝下[5-7]的铺设方式。②无纺布-机织布[8-9]复合材料多用于滩涂圈围工程中的稳固和防冲。这类材料主要作用是使覆盖面下的土粒不被水流冲走。在施工过程中，由于机织布上需要有抛石袋压载在其表面作为固定作用，多采取土工织物朝上、机织布朝下以降低机织布被刺破的概率。本文采用不同的速度和受力面对两类典型的复合型土工合成材料进行顶破试验，评估两面不同材质材料顶破试验的必要性。

2　试验部分

2.1　材料与仪器

（1）材料：无纺布/土工膜（复合材料）、无纺布/机织布（复合材料）。

（2）仪器：电子万能试验机；顶破夹具，外径300 mm，内径150 mm；顶压杆，直径50 mm，顶端边缘倒角为2.5 mm半径的圆弧。仪器实物如图1所示。

2.2　试验方法及要求

（1）根据《土工合成材料测试规程》（SL 235—2012），每组试验制备5个试样，试样裁剪为直径至少300 mm的圆形，且与夹具相匹配。为降低样品不均匀性的影响，5个试样沿斜向取样，每个样

作者简介：李斌（1986—），男，助理工程师，检测员，主要从事土工合成材料力学性能检测与研究工作。

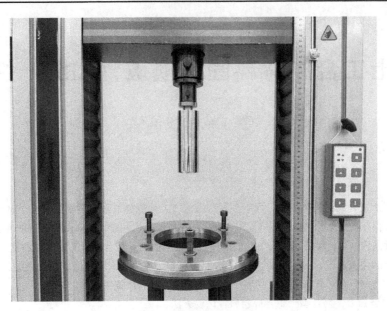

图 1　顶破装置示意图

品的纵横向不交叉。规范未明确要求顶破试验的检验面，因此制备 2 组试样分别用于正、反两面顶破。试验开始前，将试样螺栓固定在环形夹具之间，然后将环形夹具对中放于试验机上。为研究顶破速率对试样顶破性能的影响，每组试样的顶压杆下降速度分别设置为 20 mm/min、50 mm/min、100 mm/min、200 mm/min、300 mm/min，总计 10 组试样。调整横梁高度使顶压杆接近试样表面。启动试验机，直到试样完全被穿透。记录顶破过程的位移-强度曲线。

（2）样品状态调试，按相关规范要求试样在温度（20±2）℃、相对湿度（65±5）%的环境下调节 24 h。连续间隔称重至少 2 h，质量变化不超过 0.1% 时，可认为达到平衡状态。当试样不受到环境影响时，可以不在标准大气条件下进行调试和试验。

（3）试验过程中应注意试样是否发生打滑、磨损、剪切等。若出现以上问题，会导致试验数据变小，不能真实反映材料性能数值，应重新取样试验。

3　结果与讨论

3.1　无纺布-土工膜复合材料

无纺布-土工膜复合材料典型的顶破曲线如图 2（试验时无纺布朝上）和图 3（试验时土工膜朝上）所示。图中列出了各组试样的变异系数，客观反映了产品本身的不均匀性。由于各组试样的变异系数均较小，产品不匀性造成的顶破强度偏差低于 100 N，因此不会对试验结果产生实质影响。从图中可以看出，该复合材料的顶破曲线具有弹塑性变形特征，试样在顶破初始阶段的力-变形曲线为线弹性关系，随后弹性变形逐步转变为塑性变形。弹塑性变形是无纺布这类纤维材料典型的特征，因此无纺布-土工膜复合材料的顶破过程中无纺布的形变性能占据了首要地位。此外，从图 2 和图 3 中可以观察到，随着顶破速率的增加，顶破强度有一定的提高，无纺布朝上时的顶破强度从 3.5 kN 增长至 4.2 kN，土工膜朝上时的顶破强度从 2.8 kN 增长至 3.8 kN。容易注意到在顶破速率较低时，顶破强度的提高并不明显，当速率达到 100 mm/min 以上时强度有了显著的变化。CBR 顶破试验是为模拟材料在地基中承受载荷的能力，接近静态过程。因此，较大的顶破速率测得的强度比实际强度偏高，在常规试验中宜采用 100 mm/min 以下的顶破塑料布。

对比图 2 和图 3 的曲线，可以看出两者被顶破时的顶破强度和变形都有显著差异，无纺布朝上的顶破强度略高于土工膜朝上的顶破强度，土工膜朝上的顶破位移低于无纺布朝上的顶破位移。这表明无纺布的顶破性能和土工膜的受力与变形不同，因此顶破性能不具有协同性。当无纺布朝上时，无纺布面向顶杆时所承受的顶杆压力直接传导至土工膜上，复合体材料处于整体结构关系均匀受力，并且均匀变形向下顶破。土工膜朝上时，由于土工膜具有一定刚度，试验过程中土工膜先受力变形，随后传导至无纺布一面，最终土工膜的变形大先被顶破，导致顶破峰值的终止提前于均匀变形的情况。但两者曲线中的初始弹性模量差异不大，表明初期土工膜的强度较低，土工织物的顶破性能起主导作用。在实际应用中，无纺布–土工膜复合材料的顶破强度极限应将强度最低的情况作为下限阈值，以确保工程的安全。鉴于此，宜采用较低的顶破速度和土工膜一面朝上来进行该复合材料的顶破试验。

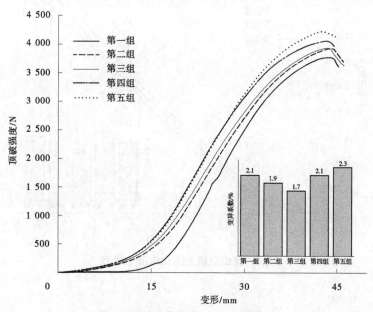

图 2　无纺布朝上的 CBR 顶破曲线

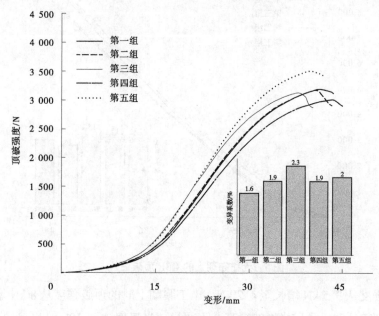

图 3　土工膜朝上的 CBR 顶破曲线

3.2　无纺布–机织布复合材料

无纺布–机织布复合材料的顶破曲线如图 4（试验时机织布朝上）和图 5（试验时无纺布朝上）所示。该复合材料的顶破曲线呈线弹性增长特征，且弹性模量高于无纺布–土工膜复合材料，表明样品刚性大、初期的抗顶破能力强。由于机织布的强度远高于无纺布，变形低于无纺布，因此无纺布–机织布复合材料的顶破过程中机织布的变形性能占据了首要地位。与无纺布–土工膜复合材料类似，无纺布–机织布复合材料的顶破强度也会随着顶破速率的增加而增加，从 3.5 kN 增长至 4.2 kN，无论受力面为无纺布还是机织布，顶破强度的差异均较小。

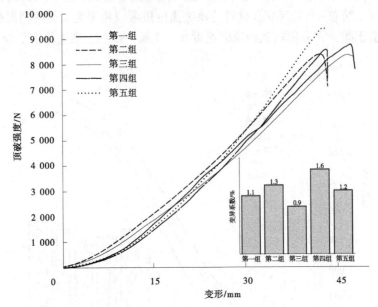

图 4　机织布朝上的 CBR 顶破曲线

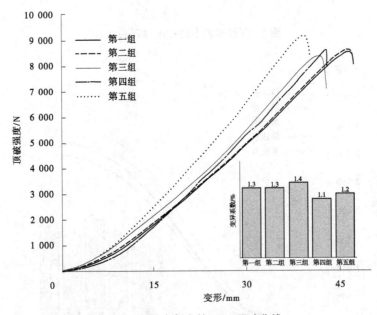

图 5　无纺布朝上的 CBR 顶破曲线

朝上时的顶破强度从 3.5 kN 增长至 4.2 kN，土工膜朝上时的顶破强度从 8 kN 增长至 9.3 kN。容易注意到在顶破速率较低时，顶破强度的提高并不明显，当速率达到 100 mm/min 以上时强度有了显著的变化。

对比图 4 和图 5 可以看出，顶破测试结果无明显差异。主要原因在于土工织物的顶破强度取决于其拉伸强度，机织布拉伸强度高于无纺布，其主要受力方是机织布，因为机织布在顶杆压力往下压时，是主要承受方，此时无纺布因自身性能较小，几乎不受顶杆压力影响。机织复合土工布虽然是复合型材料，但是两者都是土工织物类产品，并没有脱离特性这个范围。

4　结语

本文分别使用了无纺布–土工膜复合材料和无纺布–机织布复合材料测定了 CBR 顶破强度并进行比对，通过设置不同的速率对复合型材料的两个面进行 CBR 顶破强度试验后，如实反映了不同特性的复合型材料测试结果的差异，结合影响试验结果的主要因素，得出以下结论：

（1）无纺布–土工膜复合材料的两面特性不同导致 CBR 顶破强度差异性较大。从试验结果发现，就两种不同类型的复合型材料面测试而言，需要针对不同类型的样品进行两面测试，得出的结果可以为施工现场操作工艺选择时提供一定的参考依据。

（2）无纺布–机织布复合材料在试验过程中发现，尽管不同织物的产品结构不同，在法向受力下，顶破强度的高低取决于高强度布的本身。做试验时，可以自定测试法向压力面，不影响试验结果。

参考文献

［1］全国纺织品标准化技术委员会基础分会 . 土工合成材料 静态顶破试验（CBR 法）：GB/T 14800—2010［S］. 北京：中国标准出版社，2011.

［2］JLED Filho, BRF Correa, PCDA Maia. Stress-strain behavior of geotextile：A proposed new indirect calculation using the static puncture test（CBR test）［J］. Geotextiles and Geomembranes, 2022（1）：50.

［3］高庆华，陈隆杰，刘科，等 . 土工布力学性能试验研究［J］. 黑龙江交通科技，2022，45（3）：34-37.

［4］周真佳，柯勤飞，靳向煜，等 . 聚丙烯针刺土工布及其复合土工膜的力学性能分析［J］. 产业用纺织品，2022，40（1）：33-40，55.

［5］周真佳 . 聚丙烯纺黏长丝针刺土工布及复合土工膜的结构性能与应用研究［D］. 上海：东华大学，2022.

［6］帅志勇 . 某灌区渠道防渗处理中复合土工膜的应用［J］. 河南水利与南水北调，2022，51（8）：99-100.

［7］李昱 . 浅谈土工膜及其工程应用前景［J］. 江西建材，2021（11）：173-174.

［8］崔凯，靳向煜 . 涤纶纺黏与涤纶短纤维针刺土工布的性能研究［J］. 产业用纺织品，2014，32（5）：14-17，22.

［9］金国成 . 塑料排水板及碎石垫层复合加固技术在滩涂围垦工程中的应用［J］. 水利技术监督，2012，20（1）：55-57.

自控电测土工织物垂直渗透仪的研制及性能分析

戚晶磊　张鹏程

（上海勘测设计研究院有限公司，上海　200434）

摘　要：为满足长期高频率的测试需求，自主研发了一台自控电测土工织物垂直渗透仪，该仪器通过计算机软件控制，可实现自动装样、脱气恒温水自动处理、水头自动调节、渗透性能自控测量、试验结果自行处理的一系列自动化操作。仪器在满足国内外土工织物垂直渗透性能测试标准的同时，可大幅提高检测效率与精确度，降低人工测读误差。本文分析了影响仪器稳定性及重复性的因素，并结合对土工织物的测试及性能分析，得到了仪器良好的稳定性及重复性的测试结果。

关键词：自控电测；土工织物；垂直渗透仪；渗透系数；稳定性；重复性

1　引言

土工织物（geotextiles），俗称土工布，是由纤维或纱线经机织、针织或非织造等工艺制成的连续的平面状材料，具有柔性和透水性、透气性，通常呈织物外观。按照制造方法不同，分为有纺土工织物和无纺土工织物。有纺土工织物是由纤维纱或长丝、扁丝按一定方向排列机织、编织而成的，而无纺土工织物是由短纤维或长丝按随机或定向排列，制成纤维薄网，再经机械（针刺、水刺）固结、热黏合或化学黏合制备而成的。土工织物具有隔离、过滤、排水、加筋和防护作用，其渗透性能是重要的水力学性能指标。因目前检测设备是通过手动安装试样、人工测读的方式进行试验，较为烦琐，无法满足高频率的检测需求。本文将介绍自主研发的自控电测土工织物垂直渗透仪的研制思路及成果，并对其性能进行分析。

2　土工织物垂直渗透机制

土工织物与土比较，它更加规则，从宏观上可以利用水力学中土的渗透理论；从微观上看，又可以将其看成是由纤维和若干个由纤维围成的孔组成的固、孔复合体。空隙部分方便透水，而纤维的组织结构又会影响水流的形态及流速的大小。按水力学的管流理论：水流进入小孔前管径缩小，从孔中流出后管径变大，两个部位会形成局部的水头损失。对于特定的土工织物，当水流速度低于一定值时，孔隙内的水流形态全部是"层流"，也就是测试标准 ASTM D4491M-22、SL 235—2012 中要求的"层流"或"线性段"的范围。目前对于土工织物垂直渗透性能的测试方法有两种：一种为恒水头法，也称常水头法，即试样在恒定水头差下，测定水流垂直通过无法向负荷的土工织物的流速及其他渗透性能；另一种为降水头法，也称变水头法，即试样在连续下降的水头差下，通过无法向负荷的土工织物的流速及其他渗透性能。目前常规采用的是恒水头法。

3　相关标准及试验要求

目前，关于土工织物垂直渗透性能的主要测试标准有：国际标准化组织制定的《土工织物及有关产品无负荷时垂直渗透特性的测定》（ISO 11058—2019），中国国家标准《土工布及其有关产品无

作者简介：戚晶磊（1983—），男，工学学士、管理学学士，工程师，主要从事土工合成材料检测及测试技术研究工作。

负荷时垂直渗透特性的测定》（GB/T 15789—2016），美国材料与试验协会制定的《土工织物的垂直渗透标准测试方法》（ASTM D4491M-22），水利行业标准《土工合成材料测试规程》（SL 235—2012）、公路行业标准《公路工程土工合成材料试验规程》（JTG E50—2006）。

以上各种标准的共同点是通过测量流速及其水头差，利用有关公式计算得出测试结果，不同点是取值方法有所差异，见表1。

表1 垂直渗透性能测试标准比较（常水头法）

标准名称	GB/T 15789—2016	SL 235—2012	JTG E50—2006	ASTM D4491M-22	ISO 11058：2019
测试条件	50 mm 水头差	作渗透流速与水力梯度的关系曲线，取线性范围内的试验结果	50 mm 水头差	50 mm 水头差，如 50 mm 水头差在层流区域之外，则使用层流中间区域的水头重复测试	50 mm 水头差
测试仪器要求	最大水头差至少为 70 mm，要有达到 250 mm 恒定水头的能力	水头变化范围 1~150 mm	最大水头差至少为 70 mm，要有达到 250 mm 恒定水头的能力	水头差能达到 75 mm	最大水头差至少为 70 mm
	内径至少为 50 mm	过水面积不小于 20 cm²	过水面直径至少 50 mm	过水面直径 25~50 mm	内径至少为 50 mm
浸泡时间	12 h	浸泡至饱和	12 h	2 h	12 h
试验用水	水温 18 ~ 22 ℃，溶解氧不超过 10 mg/kg	水温为 11~28 ℃，无杂质脱气水或蒸馏水	水温为 18 ~ 22 ℃，溶解氧不超过 10 mg/kg	水温为 19~23 ℃，含氧量百万分之六单位	水温为 18~22 ℃，溶解氧不超过 10 mg/kg
收集时间及水量	最少 1 000 mL 或至少 30 s	最少 10 s，不少于 100 mL	最少 1 000 mL 或至少 30 s	—	最少 1 000 mL 或至少 30 s
测试精度	10 mL，1 s	量筒准确至 1%，0.1 s	10 mL，0.1 s	—	10 mL，1 s

4 仪器研制及成果

4.1 仪器设计的思路

根据对垂直渗透系数试验基本原理及国内外标准的要求，兼顾高频率的日常检测的需要，仪器设计的总体思路是通过计算机软件控制，达到仪器自动装样、自动测读、脱气恒温水自动处理的一系列自动化操作的目标。具体技术路线如下：

（1）通过气动压紧机构实现自动装样。

（2）使用水质过滤器净化试验用水。

（3）使用加热、制冷部件实现渗透用水的温度控制，满足标准要求的试验用恒温水。

（4）通过气泵真空抽气，实现无气水的制作。

（5）开发配套软件实现数字可视化水头差的调节。

（6）通过软件与传感器实现全自动的流速测量、计算、绘制图形、打印原始数据。

4.2 仪器的加工制作

4.2.1 仪器构成

加工成型的自控电测土工织物垂直渗透仪由恒温水制作装置、无气水装置、无气水储存器、恒水头装置、垂直渗透装置、计算机自动控制采集系统组成，见图1、图2。

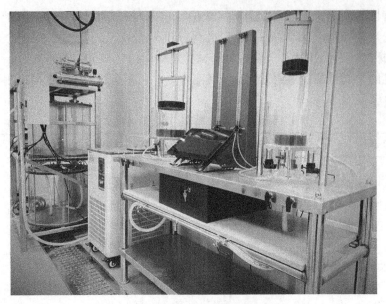

图 1　自控电测土工织物垂直渗透仪

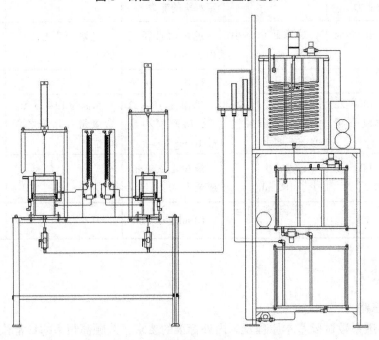

图 2　自控电测土工织物垂直渗透仪结构

4.2.2　恒温水制作装置

恒温水制作装置由水质过滤器、加热和制冷部件、进液控制装置组成。

4.2.3　无气水装置

无气水装置制作试验需要的无气水，装置由密闭容器、真空泵、进出水阀门组成。

4.2.4　无气水储存器

无气水储存器提供试验用水并回流恒水头装置的溢流水。

4.2.5　恒水头装置

恒水头装置提供试验需要的恒定的上游压力，装置由步进电机控制的升降装置、恒水头容器、水泵组成。

4.2.6　垂直渗透装置

垂直渗透装置由渗透室、试样压紧机构、渗透液传感器及测量部件组成。

4.2.7 计算机自动控制采集系统

计算机自动控制采集系统软件基于 Delphi 语言开发，软件可实现上游压力控制、渗透压差测量、渗透液测量、时间测量、温度控制、显示渗透流速－水力梯度等关系曲线功能，并结合试验结果生成试验报告。

4.3 仪器主要技术指标及特点

4.3.1 仪器主要技术指标

（1）试样过水直径：160 mm、80 mm。

（2）水头高度：100 cm。

（3）流量测量范围：2.8 L，测量精度：0.1 mL。

（4）温度控制范围：10~50 ℃。控制精度：0.2 ℃。

（5）气动试样压紧装置：气动压力可调。

4.3.2 主要技术特点及突破

（1）恒温水制作装置可满足长时间连续试验的用水需求。

（2）无气水装置可以制造标准要求的溶解氧不超过 10 mg/kg 的无气水，无气水储存器可回流恒水头装置的溢流液，避免试验用水的浪费。

（3）气动试验压紧装置可大幅提高装卸试样速度，提升试验效率。

（4）仪器提供两种尺寸的装样装置，以满足不同渗透性能的试验。

（5）设备整体自动化程度较高，温度控制、上游压力控制、渗透压差测量、渗透量测量、时间测量、绘制渗透流速－水力梯度等关系曲线均可以在设置相关参数后自动完成。

4.4 影响稳定性与重复性的因素

4.4.1 水头差的测量误差

织物的渗透性能主要通过仪器的水头差和水流速度两个参数计算得出，水头差通过步进电机控制的升降装置调节，它与步进电机、压差传感器的精度有关，可通过校准后确认。

4.4.2 空态水头误差

空态时的水头差主要是由仪器内壁的水头损失引起的，如能保证仪器管路短而粗、内壁良好的光洁度，则可不考虑空态下的误差。测试方法是在空置状态时，记录处于不同流速下水头差的大小。仪器采用 200 cm² 和 50 cm² 两种过水面积。200 cm² 面积一般适用于渗透性能较小的材料，如编织布、机织布等。50 cm² 过水面积一般适用于渗透性能较大的材料，如无纺布、滤膜等。根据标准的要求，在水流方向的下游安装了金属丝网格，目的是避免试样的纤维因水流作用发生变形。纤维受水流作用拉伸变形后会导致纤维间的孔径扩大，渗透性也会变大。仪器的空态校准值见表 2、表 3。从校验结果可以看出，随着流速的加大，上下游读数也会同步变大，但未产生差值，说明基本没有水头误差。

表 2 自控电测土工织物垂直渗透仪空态校准

（样品：空态；面积：200 cm²）

测试序号	流速 v			水头差 H		
	水量 Q/mL	历时 t/s	流速 v/（cm/s）	上游读数 H_1/cm	下游读数 H_2/cm	仪器修正 H_j/cm
1	—	—	0	3.20	3.20	0
2	300	10.36	0.145	3.30	3.30	0
3	640	10.15	0.315	3.30	3.30	0
4	900	10.13	0.444	3.35	3.35	0
5	1 000	10.22	0.489	3.40	3.40	0

表 3　土工织物垂直渗透系数测试仪空态校准

（样品：空态；面积：50 cm²）

测试序号	流速 v			水头差 H		
	水量 Q/mL	历时 t/s	流速 v/（cm/s）	上游读数 H_1/cm	下游读数 H_2/cm	仪器修正 H_j/cm
1	—	—	0	3.20	3.20	0
2	300	10.16	1.476	3.30	3.30	0
3	650	10.18	3.193	3.35	3.35	0
4	930	10.09	4.609	3.40	3.40	0
5	1 010	10.07	5.015	3.50	3.50	0

4.4.3　流速的测量误差

流速通过流量传感器及电子计时器自动测量，测量误差与传感器、计时器的精度有关，可通过校准后确认。

4.4.4　水温误差

《土工布及其有关产品　无负荷时垂直渗透特性的测定》（GB/T 15789—2016）规定，水温宜在 18~22 ℃，由于温度校准只与层流相关，如水流状态为非层流，水温宜尽量接近 20 ℃，以减小与不适当的修正系数有关的不准确性。本项目采用的恒温水装置可将水温稳定控制在 20 ℃左右，避免温度修正带来的误差。

4.4.5　水质纯净度误差

试验用水的纯净度对渗透试验的结果存在一定影响，其原因是水中杂质可能会堵塞土工织物间的孔隙，使渗透系数的测量值比实际偏小。相关标准均规定试验用水必须保持纯净，本项目的恒温水制作装置包含了水质过滤器，可以保证水质的纯净度。

4.4.6　水中空气含量误差

水中空气含量过大会使水头差比实际值偏大，并且空气含量的不断累积会使水头差不稳定。ISO 11058：2019 与 GB/T 15789—2016 等标准都规定含氧量需"小于 10 mg/kg"。本项目的无气水装置通过真空抽气后，用含氧量测定仪测量，含氧量为 3.90~5.10 mg/kg，满足标准规定的小于 10 mg/kg 的要求。

4.5　测试与性能分析

4.5.1　测试方法

GB/T 15789—2016 中规定使水头差达到（70±5）mm，待水头稳定至少 30 s 后，在固定的时间内用量杯收集通过试样的水量。此次稳定性与重复性分析中将连续测量 4 次，并记录读数，然后通过对同一块试样分别在最大水头差约 0.8、0.6、0.4、0.2 倍水头重复进行测试，从最高流速开始，到最低流速结束。计算每个水头差的渗透系数。

4.5.2　试样选取

试样选用常见的编织布、编复布、机织布、机复布、无纺布、滤膜等典型材料。通过使用自控电测土工织物垂直渗透仪对 6 种材料进行测试，每种材料各裁取 2 组试样。

4.5.3　测量性能稳定性与重复性分析

在稳定性分析中，将每个固定水头差下的 4 次读数的后 3 次检测结果与第一次相比，计算各自的相对误差，最后比较这 3 次的结果，取最大相对误差值作为测试结果的可能最大相对误差，用以分析仪器测量性能的稳定性。

同时计算 4 次检测值的变异系数 C_v（%），评价其重复性。本文以编织布为例，对所有分析过程进行说明。原始记录（部分）见表4，稳定性和重复性分析（示例）见表5。

表4　土工织物垂直渗透系数原始记录表（部分）

（试样名称：编织布-1；试样厚度δ：0.053；试样过水面积A：200 cm²；水温：20.2 ℃）

检测次数	水量 Q/mL	历时 t/s	流速 V/（cm/s）	上游读数 H_1/cm	下游读数 H_2/cm	水头差 h/cm	水力梯度 i	渗透系数 k/（cm/s）
1	1 010	22.20	0.227	3.30	10.30	7.0	132.08	$1.72×10^{-3}$
2	1 000	22.69	0.220	3.30	10.30	7.0	132.08	$1.67×10^{-3}$
3	1 020	21.67	0.235	3.30	10.30	7.0	132.08	$1.78×10^{-3}$
4	1 010	23.18	0.218	3.30	10.30	7.0	132.08	$1.65×10^{-3}$

表5　稳定性和重复性分析计算示例

检测次数	流速 v/（cm/s）	水头差 h/cm	渗透系数 k/（cm/s）	与第一次相比误差/%	稳定性（最大相对误差）/%	重复性（变异系数）/%
1	0.227	7.0	$1.72×10^{-3}$	—		
2	0.220	7.0	$1.67×10^{-3}$	3.13		
3	0.235	7.0	$1.78×10^{-3}$	3.46	4.23	3.49
4	0.218	7.0	$1.65×10^{-3}$	4.23		
平均值	—	—	$1.71×10^{-3}$	—		

　　根据以上稳定性分析方法，对每种材料各2组，共12组的试样测试结果进行稳定性分析，将"水头差-渗透系数"的最大相对误差绘制成分布图，见图3、图4。可以看出，对于有纺土工织物，如机织布、编织布等使用过水面积200 cm²的试样，水头差在大于3 cm时，误差基本小于5%；对于无纺土工织物，如无纺布、滤膜等使用过水面积20 cm²的试样，水头差大于2 cm时，误差基本小于5%。

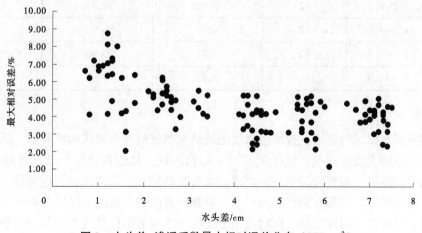

图3　水头差-渗透系数最大相对误差分布（200 cm²）

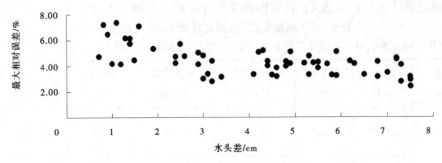

图 4　水头差–渗透系数最大相对误差分布（20 cm²）

　　同样，根据重复性分析方法，按最大水头差（70±5）mm，然后在最大水头差约 0.8、0.6、0.4、0.2 倍的水头范围，将检测结果变异系数 C_v（%）进行统计，统计每一档范围内的平均值、最小值、最大值，统计结果见表 6、表 7。可以看出，过水面积 200 cm² 的试样，实测水头区间在 2.1~7.1 cm，变异系数平均值小于 5%；对于过水面积 50 cm² 的试样，实测水头区间在 2.4~7.5 cm，变异系数平均值小于 5%。

　　在实际试验过程中发现，无论是有纺土工织物还是无纺土工织物，即使待水头稳定 30 s 后，上游水头还是会有细微的波动。而当水头差较小时，上游水头的波动造成的测量误差则对渗透系数的计算影响较大；在水头差较大时，上游水头的波动造成的测量误差对渗透系数的计算影响较小。

表 6　重复性观测试验变异系数汇总（200 cm²）

水头/cm	实测水头/cm	统计数量	变异系数平均值/%	变异系数最小值/%	变异系数最大值/%
7	6.5~7.1	12	3.89	0.46	4.77
5.6	5.2~6.1	12	3.43	0.62	4.06
4.2	4.1~4.9	12	3.78	0.56	4.50
2.8	2.1~3.4	12	4.20	1.06	5.78
1.4	0.7~1.8	12	5.06	1.69	6.13

表 7　重复性观测变异系数汇总（50 cm²）

水头/cm	实测水头/cm	统计数量	变异系数平均值/%	变异系数最小值/%	变异系数最大值/%
7	6.3~7.5	12	3.42	0.57	4.79
5.6	5.2~6.2	12	3.89	0.74	5.34
4.2	4.1~4.9	12	4.02	0.92	5.40
2.8	2.4~3.4	12	4.71	0.90	5.93
1.4	0.7~1.9	12	5.72	1.02	8.06

4.6　成果及结论

　　为满足长期高频率测试的需求，按照渗透性能的基本测试原理与测试标准要求，成功设计加工了一台自控电测土工织物垂直渗透仪，仪器拥有自主知识产权，其创新处在于通过计算机软件编程控制，实现了仪器自动装样、脱气恒温水自动处理、水头自动调节、渗透性能自控测量、试验结果自行处理的一系列自动化操作。仪器在满足国内外土工织物垂直渗透性能测试标准的同时，可大幅提高检测效率与精确度，降低人工测读误差。同时也是土工织物垂直渗透仪从人工操作到代替人工操作的一次有益尝试。

　　通过稳定性及重复性验证试验可以看出，以《土工布及其有关产品 无负荷时垂直渗透特性的测定》(GB/T 15789—2016)为测试依据，对于有纺土工织物如编织布、机织布等使用过水面积 200 cm² 的试样，在水头差大于 3 cm 时，最大相对误差及平均变异系数小于 5%，说明稳定性与重复性良好；对于无纺土工织物如无纺布、滤膜等使用过水面积 20 cm² 的试样，在水头差大于 2 cm 时，最大相对误差及平均变异系数小于 5%，说明稳定性与重复性良好。

在全球新一轮科技革新的推动下，也同样赋能了创新检测技术的研究，自主研发的自控电测土工织物垂直渗透仪在实现试验流程自动化的同时，还将持续提升智能化、自动化程度，实现更高效率。

参考文献

［1］Geotextiles and goetextile-related products-determination of water permeability characteristics normal to the plane，without load：ISO 11058：2019［S］．

［2］全国纺织品标准化技术委员会．土工布及其有关产品无负荷时垂直渗透特性的测定：GB/T 15789—2016［S］．北京：中国标准出版社，2016.

［3］US-ASTM. Standard Test Methods for Water Permeability of Geotextiles by Permittivity：ASTM D4491M-22［S］．

［4］中华人民共和国水利部．土工合成材料测试规程：SL 235—2012［S］．北京：中国水利水电出版社，2012.

［5］交通部公路科学研究院．公路工程土工合成材料试验规程：JTG E50—2006［S］．北京：人民交通出版社，2006.

［6］白建颖，夏启星．土工织物垂直渗透性能规律及取值方法探讨［C］//中国土工合成材料工程协会，国际土工合成材料学会中国委员会．第七届中国土工合成材料学术会议论文集．北京：现代出版社，2008：272-281.

水质监测实验室全过程质量控制的策略探讨

王贞珍[1]　何　苏[2]

(1. 黄河水利委员会水文局，河南郑州　450004；
2. 黄河水利委员会河南水文水资源局，河南郑州　450004)

摘　要：水质监测实验室全过程质量控制是判定水资源质量的重要保证，水质监测工作以水质成分分析和水质安全判断为主，提升水质监测实验室全过程的质量，有利于水资源环境的治理。对实验室的水质监测全过程进行质量控制，避免出现水质监测工作失误，保证实验室水质监测工作满足实际要求，有利于解决现实问题。本文从水质监测实验室全过程质量控制的目的和内容入手，明确当前水质监测工作中存在的问题，提出了水质监测实验室全过程质量控制的对策，旨在为提高水质监测工作的质量提供有利支持，更大限度地发挥实验室水质监测工作的作用。

关键词：水质监测实验室；全过程；质量控制；对策

水质监测作为水资源质量治理和改善的重要工作内容，是进行目标区域水样成分分析、判断水质安全的重要载体。为了提高水质监测的效果，提升水资源管理水平，需要加强水质监测实验室全过程质量控制，加强实验室的内部管理，并从人、机、料、法、环、测等方面，建立一个安全、稳定、科学的质量控制管理体系，对水资源质量监测全过程实时监管，具有十分重要的意义。

1　水质监测实验室全过程质量控制的目的

近年来，水资源受到的污染越来越严重，水资源环境的质量越来越差，作为人类生产和生活中不可或缺的重要组成部分，水资源质量的监测越来越重要。对水资源的实时监测能够保证相关部门随时掌握水资源的质量情况，以便于立刻采取有效措施，改善水资源环境。因此，水质监测实验室全过程质量控制就是将实验室在外部环境和自身内部因素影响下的相关误差进行有效的控制，使得实验误差降低，大大提升实验的精准度，确保水质监测中数据的准确性和可靠性，满足社会的需要，满足水资源治理的需要。

2　水质监测实验室全过程质量控制内容

2.1　水质监测准备过程控制

2.1.1　对仪器设备的控制

实验室水质监测需要使用到相关仪器和设备，是决定水质监测实验是否成功的关键因素。因此，水质监测实验中用到的仪器和设备需要严格遵循国家统一标准，为保证监测数据的准确可靠，必须执行计量法，对所用计量分析仪器定期送法定计量检定机构或授权校准机构进行检定/校准，经检定/校准合格，方准使用。计量器具在日常使用过程中必须有专人对仪器设备进行日常维护和保养，并对使用频率高的仪器在两次检定/校准周期期间核查。对实验中用到的仪器要定期检查，如天平的灵敏度、pH计的示值误差、分光光度计的灵敏度等[1]，对于检查后不符合标准的仪器，要及时停用。另外，新购买的玻璃仪器在使用前，要对其气密性、容量允许差等指标进行检定，合格方可使用。

2.1.2　对检测方法的控制

检验方法是水质监测的依据，检验时要使用国家、行业规定的检验方法，不能随意更改。必须保

作者简介：王贞珍（1980—），女，高级工程师，主要从事水环境、水生态监测管理与研究工作。

证现场所采用的标准、方法和作业指导书等为现行有效版本。在检验前要根据所检验的样品制定详细的操作流程，包括样品的制备和数据的处理，保证实验操作规范有效。另外，检测工作所需要参照的标准应该随时更新，确保参照标准科学有效。

2.1.3 对检测环境的控制

在实验过程中所用到的化学试剂入库、出库前要及时登记，定期清理过期的化学试剂，以免造成实验失败。除此之外，部分精密仪器在维护时要注意对周围环境温湿度的把控，因此实验室需要配备空调、抽湿机和通风橱等调节环境温湿度的设施，并保持实验室内的清洁。确保实验室的监测设备、辅助设施、操作空间、工作环境、能源、照明、温湿度、通风等环境条件满足监测工作的需要，降低实验误差，保证实验数据的准确性。

2.1.4 对人员素质的控制

人是管理的主体，一个实验室的水平高低优劣，很大程度上取决于实验室人员的能力和经验，是保证水质监测工作质量的首要条件。监测人员的技能水平是影响实验成功率的关键因素，因此要想保证水质监测实验数据的科学性，就要提升监测人员的技能水平。因此，相关部门应该加强对水质监测工作人员的技能水平测试，确保水质监测项目由符合资格认证标准的人员来进行[2]；监测部门还应该对实验操作人员定期开展技能培训，了解和学习国内外先进的水质监测技术和监测方法，做好各类人员的定级考核工作。另外，监测人员还需要具备坚实的理论基础，能够熟练运用水质监测实验中所用到的相关技术和设备，熟知水质监测实验相关的法律法规和参照标准。除此之外，管理部门要安排及调度好监测人员的岗位和职责，建立长期有效的激励机制，鼓励监测人员在监测工作中积极创新，不断提升自身的技能水平。

2.1.5 建立完善的质量控制管理体系

完善的质量控制管理体系是水质监测实验室全过程质量控制的基础，是实验室分析测试工作的规范标准和依据，有利于水质监测质量控制体系的实施和改进。水质监测质量控制工作难度大、范围广，必须时刻保持严谨的工作态度，规范水质监测过程，制定一套科学、合理、严谨的技术方案，确保水质监测质量控制工作的有序进行。

2.2 水质监测实验过程控制

水质监测实验过程一般是在得到采样和质量监测任务后，采样人员按照要求采集样品并送往实验室进行分析，实验人员在确认实验室的操作环境、仪器设备符合监测标准后开始进行监测工作[3]。对实验过程的把控主要分为采样现场的把控、样品运输过程的把控和实验室操作过程的把控。

2.2.1 对于采样现场的把控

对水质采样现场进行质量把控，可以保证采集样品的代表性、完整性，准确反映污水的实际质量情况。在确定采样点时，要选择能够反映污水特征的位置，要充分考虑到水资源的变换规律，尽可能选取空间分布上重复率小、代表性高的采样点。另外，布点时，要充分考虑现实因素，确保水质监测工作的可行性，对监测点位上的交通条件、气候条件、有无污染源等都要进行调查，保证采集样品的代表性。

2.2.2 对于样品运输过程的把控

样品的保存和运输环节必须严格遵守相关规定，运输过程中对于不同的水样情况，要采取相应的保护措施，避免在运输过程中对样品造成污染。样品进入实验室后要做好交接工作，对采集样品进行分析记录，避免出现样品丢失或样品不合格的情况。分析人员在接收样品时，要仔细核对样品的记录，避免样品与样品之间相互混淆。

2.2.3 对于实验室操作过程的把控

对监测过程中所涉及的实验器具要清洗晾干备用，清洗时要用去离子水反复冲洗3次，避免其他杂质离子的干扰。其次要尽量选择专用清洗容器，如采用超声波振荡清洗，避免仪器之间相互交叉污染。另外，监测前要保证实验室的操作环境处于恒温、恒湿、恒压的条件下，尽量减少空气中的污染物对测试结果的影响。实验室的质量控制主要措施有空白对照试验、双样平行试验、绘制标准曲线、制作质量控制图等，便于实验操作人员能够及时发现误差变化，保证实验效果。

2.3 数据记录与处理过程质量控制

2.3.1 数据与记录的控制

对样品的采集、保存、运输、交接、处理和分析过程要进行详细的记录。记录的真实性和完整性是对实验室诚信的考验。监测人员、校核人员、审核人员、签发人员都应在记录和报告上签字，以表明技术内容的准确性和可靠性。

数据监测是水资源管理、决策的重要依据，因此必须加大对水质监测工作的投入力度，提高水质监测工作的实效性和准确性，监测数据要做到真实、科学、可靠，要经得起反复推敲。数据处理是质量控制监测的重点，在样品测定过程中，误差是难以避免的，所以实验得到的数值只可作为估计值，不能作为准确值。因此，在得到实验数据后，要对实验数据进行分析，判断数据的可靠性和有效性。

2.3.2 对水质监测结果的评审

通过管理者对水资源质量方针和质量体系的评价来确保水资源质量体系的有效性。对质量体系进行全面评估，对不合理的内容及时进行改进，推动质量体系更好地发展。

3 水质监测实验室全过程质量控制存在的问题

3.1 样品的采集和保存过程存在的问题

当前我国水资源监测质量控制工作已经发展为全过程的监测，因此在水质监测工作的各个环节，都需要得到强烈重视，任何一个环节出现问题，都会导致水质监测数据的可靠性降低。在水质监测全过程中，要把水样的采集和保管工作作为核心环节，如果在水质的采样或保存过程中，没有实施全面的管理，就会导致整体的水质监测工作质量下降，负责采样和保存的工作人员也需要承担相应的责任。另外，如果采样和保存过程中没有按照规定的标准进行操作，会导致所采集的样品不符合实验要求，实验水样不具备代表性和可检测性，导致实验失败。

3.2 水质监测过程易受到人为因素的影响

在水质监测过程中，监测结果还会受到操作人员人为因素的影响，使得监测结果与实际情况误差较大，造成实验数据失真的情况[4]。因此，在水质监测全过程管理工作中，要对监测人员的操作水平和技术进行严格的要求。部分实验室忽视了对监测人员技术水平的考核，没有足够重视，容易导致后期监测过程中因为人员操作问题而产生失误。除此之外，监测人员对水质监测工作使用的仪器设备也需要进行了解和学习，避免仪器操作不当而造成水质监测实验数据失真。

3.3 水质监测设备不够全面

水质监测的对象主要是地表水、地下水、饮用水、生活污废水或工业废水，水质情况复杂，因此水质监测实验中对监测设备有一定的要求。但部分实验室的监测设备并没有达到相应的标准，无法做好细节的监测工作，导致最终实验数据的准确度和可信度较低，不利于后期监测工作的执行。另外，部分水质实验室监测设备严重不足，只能对被检测水资源的表面水质展开监测工作，无法对被检水资源的深部水质进行监测，导致监测结果出现误差，影响水质监测实验成果。

4 水质监测实验室全过程质量控制的对策

4.1 构建完善的水质监测实验室质量控制体系

为了对水质监测实验室全过程进行质量控制，就必须加强对实验室环境的控制。首先，要针对实验室的自身情况，建立完善的工作系统，制定科学合理的工作机制，并且要加大技术的创新力度，学习和引入其他实验室先进的监测技术。对要监测的样品以及试剂和仪器要进行分类整理，防止交叉污染。其次，实验室中所需要的仪器以及设备要进行定期更新与检查，防止在实验操作过程中出现误差，影响实验结果。

4.2 规范实验设施

展开水质监测实验之前，要检测实验室内设备和气候环境的情况，提升实验室工作环境质量。因此，监测人员要定期对实验室展开杀毒、降噪、清理工作，保证实验室操作人员的安全，防止在监测时实验室周围环境受到污染，影响监测效果。除此之外，实验室内所需要的监控仪器和设备需要符合国家的相关标准。

4.3 加强信息化手段的应用

实验室在进行水质监测工作时，可以引进智能化监测技术，通过对网点的监测来扩大水质监测工作的覆盖范围[5]，引导监测人员通过信息技术做好试样和试剂的分类工作，为实际的实验操作过程提供方便。另外，通过信息技术对实验室的实验设备进行更新，可以提高实验室的管理效率，为监测人员的后续工作提供便利。

4.4 加强实验室水质监测体系的内部审核

可以通过对运行设备状态监测以及监测人员的技术水平考核，分析整个水质监测过程中可能发生的隐患，并根据实际情况制定相应的解决办法，完成对实验室质量体系的改善工作。另外，对实验室的监测人员要展开定期的培训与考核，学习先进的水质监测理念和技术，与科学技术的发展保持同步。在实验室内部建立考核标准、激励机制，有助于提升实验室监测人员的操作规范性和标准性。

4.5 强化实验数据处理能力

水质监测数据是水质监测评价的重要依据，通过对实验数据的科学分析和处理，得出水质质量情况的基本结论，制定水质监测报告。水质监测数据处理是水质监测实验的重点，对监测结果起着决定性的作用。在水质分析过程中，由于监测人员技术水平的不同而造成实验误差，提高水质监测的数据处理能力，有利于缩小实验误差。因此，在水质监测实验数据分析评价时，要建立有效的工作机制，做好各环节之间的衔接。除此之外，水质监测实验室得出结论后，要及时对社会公开监测结果。

4.6 水质监测实验室样品采集质量控制

在样品采集过程中要进行质量控制，合理选择监测断面，对水资源的地质环境以及河流情况进行调查研究，保证对水样采集的河流断面的有效选取，选择好断面后，要按照相关的规范标准开展水质样品采集工作。进行采集工作的人员，必须对整个采集过程和采集设备非常熟悉，并对不同项目的采集数据进行实时记录。为了防止采集的水质变质，样品应在 24 h 之内送入实验室进行分析处理。

5 结语

综上所述，在水质监测实验室全过程进行质量控制，需要深化到每一个监测环节当中，不仅要提高技术人员的操作水平、理论知识，还要做好实验前、实验时和实验后的质量控制工作，防止出现实验仪器和相关设备不符合标准的问题，以免影响监测结果。虽然我国经济发展水平仍然呈现持续上升的趋势，但严峻的环境形势已经成为我国不得不重视的关键问题，现阶段，我国将环境保护作为可持续发展的重要内容，其中，水质环境与人们的生活息息相关，影响着人们的日常生活。因此，政府要加强对水质监测的质量控制力度，改善水资源环境。政府相关部门也要从控制体系、水质环境等多方面加强对水质监测质量的控制，从而保证水质监测实验结果的有效性，推动我国生态环境良性发展。

参考文献

[1] 王利平. 水质自动监测技术在水环境保护中的应用 [J]. 黑龙江环境通报, 2023, 36 (5): 160-162.

[2] 张佰艾. 农村生活饮用水水质监测工作中常见问题分析与对策 [J]. 大众标准化, 2023 (15): 123-125.

[3] 高迪, 刘邑婷. 浅议水质监测实验室的安全管理 [C] //河海大学, 武汉大学, 长江水利委员会网络与信息中

心，湖北省水利水电科学研究院．2023（第十一届）中国水利信息化技术论坛论文集．2023：89-91．

［4］张琪雨，朱嘉慰．供排水一体化水质监测实验室布局合理性探讨与实践［J］．广东化工，2022，49（22）：125-128．

［5］车淑红，胡忠霞．水质监测实验室仪器智能化管理系统开发与应用［C］//中国水利学会．中国水利学会2021学术年会论文集第三分册．郑州：黄河水利出版社，2021：203-206．

三种岩体变形试验在东庄水利枢纽工程
对比性试验成果研究

朱永和[1,2]　邓伟杰[1,2]　尚　柯[2]　赵顺利[1,2]　郭　冲[1,2]

(1. 江河安澜工程咨询有限公司，河南郑州　450003；
2. 黄河勘测规划设计研究院有限公司，河南郑州　450003)

摘　要： 为研究岩体的力学变形性能和机制特征，通过承压板法、钻孔弹模法和隧洞液压枕径向加压法 3 种岩体变形试验进行对比性研究。针对岩体开展大量原位试验，系统研究岩体加载变形关系曲线，计算出典型区域试验点岩体的弹性模量、变形模量和各向异性等重要参数。本文详细介绍三种岩体变形试验原理、使用范围及影响因素，以泾河东庄水利枢纽工程岩体变形试验为例，试验结果表明：刚性承压板法（水平方向）和刚性承压板法（铅直方向）得到的试验结果均比较接近，柔性承压板法试验成果中 PD18 洞和 PD409 洞具有较大差异；室内试验成果和刚性承压板法试验成果基本一致，均略大于钻孔径向加压法试验的变形模量指标；隧洞液压枕径向加压法试验和刚性承压板法试验成果的略微差异符合现场岩体的地质情况，隧洞液压枕径向加压法计算变形模量和单位抗力系数更能体现岩体各向异性，试验结果为有效揭露坝址区灰岩变形参数提供重要支撑。

关键词： 变形性能；隧洞液压枕径向加压法；弹性模量；钻孔弹模法；刚性承压板法

1　引言

双曲拱坝主要通过拱效应将坝体受力传递给两岸岩体，在水压力作用下，坝体主要通过两岸山体提供反力来维持，所以两岸坝体岩体的力学特征直接决定坝体稳定与否。因此，岩体力学特性研究是双曲拱坝设计的重要环节，岩体力学参数受诸多因素影响，例如岩性、节理特征、风化程度、裂隙发育水平等。如何研究岩体力学特性也一直是岩石界一大难题，怎么才能精确、快速、便捷地得到岩体力学参数在岩体稳定性分析中具有重要的科学意义和价值。

国内外传统的现场变形试验包括刚性承压板法和柔性承压板法，根据加载方向可将刚性承压板法分为水平方向刚性承压板法和铅直方向刚性承压板法，柔性承压板法又分为双枕法、四枕法、环形枕法和中心孔法。根据现场岩体地质条件和试验目的，还可以采用钻孔弹模法和隧洞液压枕径向加压法，对有自稳能力和完整岩体进行现场岩体试验。

目前，国内外学者较侧重单个或者两种试验方法试验研究，并未针对同种岩体开展 3 种不同试验方法对比性研究。张强勇等[1]开展直径达 1 m 的刚性承压板试验，详细介绍试验点岩体的加卸载变形关系曲线，根据推导的深部岩体压缩变形公式，计算出了坝址区左右岸试验点岩体的弹性模量、变形模量和等价变形模量等变形参数。唐爱松等[2]从刚性承压板和柔性承压板两种测试方法的理论模型、现场实际测试和数值模拟三方面着手进行研究，以进一步明确两种测试方法的适宜性。郭喜峰等[3]通过工程实例介绍刚性承压板法和钻孔变形试验方法及原理，分析了坝肩边坡岩体钻孔变形试验成果，最后对两种方法的变形试验进行对比，并综合评价了边坡岩体的变形特性。本文针对东庄水利枢纽工程坝址区岩体进行大量原位变形试验，探索承压板法、钻孔弹模法和隧洞液压枕径向加压法

基金项目： 国家重点研发计划项目（2017YFC0405104）。

作者简介： 朱永和（1990—），硕士，工程师，主要研究方向为岩土体力学试验及性能改良、工程稳定性研究。

三种岩体试验检测原理、试验加压过程以及各因素对试验成果的影响，并综合评价了东庄水利枢纽工程典型岩体力学特性。

2 工程地质概况

2.1 工程概况

泾河东庄水利枢纽工程位于陕西省礼泉县与淳化县交界的泾河下游峡谷段，距峡谷出山口约 20 km，距西安市约 90 km。坝址控制流域面积 4.32 万 km^2，占泾河流域面积的 95.1%，占渭河华县站流域面积的 40.6%。规划水库总库容 30.62 亿 m^3。工程的开发任务是"以防洪减淤为主，兼顾供水、发电及改善生态环境"。

综合分析水库规模、效益、地质、水工、投资等因素，确定东庄坝址为推荐坝址，混凝土双曲拱坝为基本坝型。最大坝高 230 m，坝顶高程 800 m，正常蓄水位 789.00 m，水库总库容 30.62 亿 m^3，初期运行最低水位 720.00 m，死水位 756.00 m。枢纽主要建筑物由混凝土双曲拱坝、坝下消能水垫塘、引水发电建筑物等组成。

2.2 坝址区工程地质概况

2.2.1 地形地貌

坝址区河谷为"V"形谷，河谷底宽 30 m 左右，两岸基岩裸露，岸坡陡峻，自然坡度 60°~75°，局部 75°~85°，相对高差 200 m 左右。河流流向 SW240°，平水期河水位高程 590 m 左右，水面宽 20~30 m。左岸冲沟较浅，沟口一般位于 750 m 高程以上；右岸坝线上游有高庄沟，沟口高程 720 m，沟长 50~90 m，坝线下游伙房沟沟口高程 750 m，沟长 20~50 m。在坝址右坝肩分布一古河槽，分布物质为河流冲积砂卵石层，胶结较好，为Ⅲ级阶地时期河流改道而形成。砂卵石层顶部有黄土状土和坡积层覆盖。古河槽基岩面高程在 750~765 m。

2.2.2 地层岩性

坝址区出露的地层为奥陶系中统马家沟组（O_2m）的灰岩及各种成因的第四系松散堆积层（Q）。

（1）奥陶系（O_2m）。

O_2m^1：厚层灰岩。上部为浅灰色、灰色块状含生物隐晶质灰岩；中部为浅灰色隐晶质生物灰岩，夹一层 0~5 m 厚的不连续灰质砾岩；下部为深灰色–灰色块状白云石生物灰岩，厚 141.78 m。

O_2m^2：巨厚层灰岩。中上部夹白色隐晶质灰岩，夹含生物及白色似鲕状隐晶质灰岩，下部浅灰色、灰色灰岩、隐晶质结构，风化后出现不连续的层面，局部变质为方解石大理岩。坝段出露厚度 170 m。

（2）第四系（Q）。

中更新统冲积层（Q_2^{al}）：为Ⅲ级阶地砂卵砾石层，分布高程 750 m 左右。

中上更新统风洪积层（Q_{2+3}^{eol+pl}）：下部为黄土状土夹 5 层以上古土壤，覆盖于基岩、砂卵砾石层、角砾层之上；上部为风积黄土，具大孔隙结构，垂直节理发育，分布高程多大于 780 m。

全新统冲积层（Q_4^{al}）、坡积层（Q_4^{dl}）、洪积层（Q_4^{pl}）等，广泛分布于漫滩、河谷岸坡及冲沟口，厚度不大。

3 岩体变形试验方法介绍

3.1 试验条件

岩体原位变形试验采用承压板法、钻孔弹模法和隧洞液压枕径向加压法，按照《水利水电工程岩石试验规程》（SL/T 264—2020）中第 6.1、6.4、6.5 节的规定进行[4]。刚性承压面积不小于 2 000 cm^2，试验最大压力不宜小于工程设计压力的 1.2 倍，宜等分 5 级施加，见图 1、图 2。钻孔弹模法要求钻孔采用金刚石钻头钻进，孔壁应平直光滑，钻孔直径为 70 cm。试验最大压力应根据岩体强度和工程设计要求，分级宜按最大压力等分 7~10 级。隧洞液压枕径向加压法试验要求试验洞直径宜为

2~3 m，加压段长度宜为试验洞直径的 1 倍，必要时可为试验洞直径的 0.5 倍、2.0 倍或 3.0 倍。上覆岩体厚度应能满足最高试验压力下岩体的稳定要求，见图 3。

图 1　柔性承压板变形试验

图 2　刚性承压板变形试验

(a)千分表安设

(b)自动加压系统

图 3　隧洞液压枕径向加压法试验过程

3.2　计算方法

3.2.1　承压板法

承压板法要求岩体是均匀、连续、各向同性的半无限弹性体，表面受局部载荷，利用 Boussniesq 公式计算岩体变形特性参数。柔性承压板法变形试验承压板下的压力是均匀分布的 [见图 4（a）]，板下的垂直变形却是不均匀的；刚性承压板法变形试验承压板下的垂直变形是均匀分布的，但板下的压力却不是均匀的 [见图 4（b）]。柔性承压板法理论上试验中心点变形最大，两侧变形小，根据任何一变形点测量值即可计算岩体变形模量。但考虑到岩体的非均匀性和单个测表的可靠性以及测试误差，一般以中心变形测点为主计算岩体变形模量，同时以其他两变形测点作校核计算[5]。

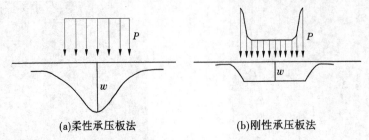

(a)柔性承压板法　　　　　　　(b)刚性承压板法

图4　承压板下的压力和变形分布图

刚性承压板计算公式为：

$$E = \frac{\pi}{4} \frac{(1 - \mu^2)pD}{W} \tag{1}$$

式中：μ 为岩体泊松比；p 为按承压面单位面积计算的压力，MPa；D 为承压板直径，cm；W 为岩体表面变形，cm。

柔性承压板四枕受压面中心测点：

$$E = \frac{8(1 - \mu^2)p}{\pi W}\left[0.88(a + L) - (a\mathrm{sh}^{-1}\frac{L}{a} + L\mathrm{sh}^{-1}\frac{a}{L})\right] \tag{2}$$

当测点位于四枕之间缝隙中心线距试点中心 0.25 倍缝长时：

$$\begin{aligned}
E = \frac{2(1 - \mu^2)p}{\pi W}\Big[&3.34a - L\mathrm{sh}^{-1}\frac{a}{2L} - \frac{a}{2}\mathrm{sh}^{-1}\frac{2L}{a} \\
&- L\mathrm{sh}^{-1}\frac{3a}{2L} - \frac{3a}{2}\mathrm{sh}^{-1}\frac{2L}{3a} + a\mathrm{sh}^{-1}\frac{a/2 - L}{a} \\
&+ (\frac{a}{2} - L)\mathrm{sh}^{-1}\frac{a}{a/2 - L} - a\mathrm{sh}^{-1}\frac{a/2 + L}{a} \\
&- (\frac{a}{2} + L)\mathrm{sh}^{-1}\frac{a}{a/2 - L} + L\mathrm{sh}^{-1}\frac{a/2 - L}{L} \\
&+ (\frac{a}{2} + L)\mathrm{sh}^{-1}\frac{L}{a/2 + L} - L\mathrm{sh}^{-1}\frac{a/2 - L}{L} \\
&- (\frac{a}{2} - L)\mathrm{sh}^{-1}\frac{L}{a/2 - L}\Big]
\end{aligned} \tag{3}$$

式中：a 为承压面外缘至缝隙内中心线距离，cm；L 为承压面内缘至缝隙内中心线距离，cm。

3.2.2　钻孔弹模法

钻孔弹模计算公式为：

$$E = K\frac{(1 + \mu)pd}{\Delta d} \tag{4}$$

式中：μ 为泊松比；p 为计算压力，为试验压力与初始压力之差，MPa；d 为钻孔直径，cm；Δd 为钻孔岩体径向变形，cm；K 为包括三维效应系数以及与传感器灵敏度、承压板的接触角度及弯曲效应等有关的系数，根据率定确定。

3.2.3　隧洞液压枕径向加压法

隧洞液压枕径向加压法变形模量计算公式为：

$$E_0 = p(1 + \mu)\frac{R}{\Delta R} \tag{5}$$

式中：E_0 为变形模量，MPa；p 为作用于岩体表面单位面积上的压力，MPa；μ 为岩体泊松比；R 为试验洞半径，cm；ΔR 为主断面岩体表面径向变形，cm。

3.3 变形试验曲线分析

3.3.1 承压板法试验成果

承压板试验法：试验成果包括弹性模量、变形模量、压力-变形曲线，根据压力-变形曲线类型确定变形值，计算岩体变形参数。压力-变形曲线分为 a、b、c、d、e（见图 5~图 9），a、d、e 型曲线按照直线段进行计算，b、c 型分级计算。

a（直线）型曲线一般反映较完整、坚硬、致密、裂隙少的岩体，比较接近均质弹性体。有些被多组节理、裂隙切割，结构疏松、破碎的岩体经过强烈挤压带，裂隙分布比较均匀，也可能出现直线型曲线。

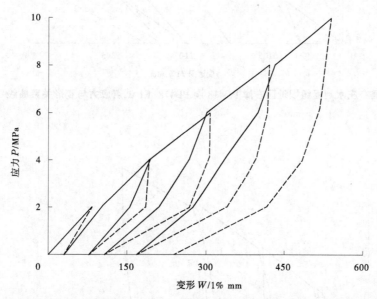

图 5　泾河东庄水利枢纽坝址区左岸 PD19 洞 PD19-2-D 试点应力与变形关系曲线（a 型）

b（上凹型）反映具有层理、裂隙等结构面的非均质岩体的特征。随压力的增高，结构面逐渐被压密，模量增大。在软硬岩层互层、含夹层、裂隙的岩体中垂直结构面加压时可出现[6]。

c（下凹型）反映岩体具有层理、裂隙，且随深度增加岩体的刚度减弱的特征。当垂直结构面加压时可出现此类曲线，随着压力的增大，岩体的裂隙张开或者产生新的裂缝。

d（长尾型）加压开始时变形较大，随后沿坡度较陡的直线变化，岩体刚度增加，表明岩体表层的裂隙结构面在低压时很快被压密。岩体受爆破松动、卸荷后松弛或者周边应力集中作用下原有裂隙张开，新裂缝产生时，可能出现这种曲线。

e（陡坎型）加压开始段只有很小变形，随后沿坡度发生较缓的直线变化。需要注意的是，测试中刚度（包括测表启动不灵、磁性表架、测表支架及承压板刚度不足导致的变形偏小、磁性表架悬臂长）影响是出现陡坎型曲线的常见原因。

3.3.2 钻孔弹模法试验成果

钻孔弹模法试验成果计算中压力-变形一般情况会出现 a、b 型，a 型曲线低压段的压力与变形不呈线弹性关系，表现为弹塑性关系。这是由于岩体存在裂隙，初始压力时期岩体裂隙在外力作用下而开始闭合，表现出塑性特征。高压段基本呈线性关系，这是由于裂隙已经基本闭合，表现出弹性特征。b 型曲线加压段压力与变形近似线弹性关系，回弹时表现为非线性关系[7]。

一种方法是利用低压段求解变形模量，利用高压段求解弹性模量；另一种方法是利用整个加压段求解变形模量，利用整个回弹段求解弹性模量。后一种方法更符合变形模量与弹性模量的定义。建议

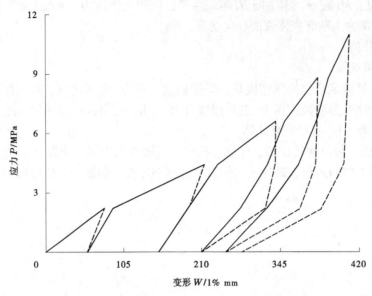

图 6　泾河东庄水利枢纽坝址区右岸 PD418 洞 PD418-E1 试点应力与变形关系曲线（b 型）

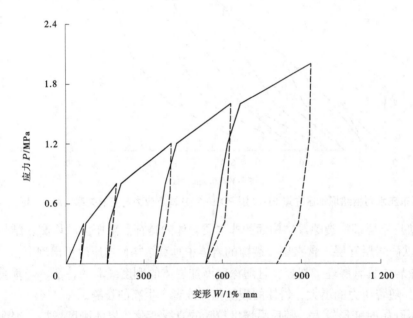

图 7　马来西亚巴蕾水电站坝址区强风化下带页岩 PLT⊥-3 试点应力与变形关系曲线（c 型）

利用加压段计算变形模量，利用回弹曲线计算弹性模量，必要时可以分级计算。

4　影响因素分析

4.1　承压板法

4.1.1　刚性承压板法

（1）承压板刚度不够导致测出岩体变形变小，模量偏大。当承压板刚度不够时，可通过叠加钢板增加承压板厚度的方式增加刚度。当叠置钢板时，应满足以下公式：

$$h > r \times \sqrt[3]{\left(\frac{1-\mu_f^{\,2}}{1-\mu^2}\right) \times \frac{6E}{E_f}} \tag{6}$$

式中：h 为承压板叠置厚度，cm；r 为承压板半径，cm；E 为岩体弹性模量，MPa；E_f 为承压板弹性模量，MPa；μ 为岩体泊松比，μ_f 为承压板泊松比。

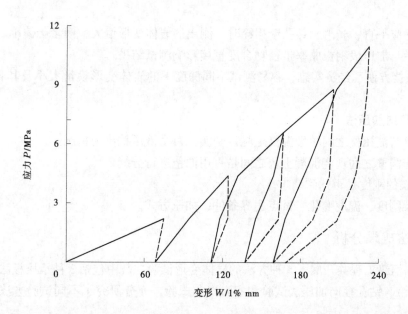

图 8　泾河东庄水利枢纽坝址区右岸 PD418 洞 PD418-E2 试点应力与变形关系曲线

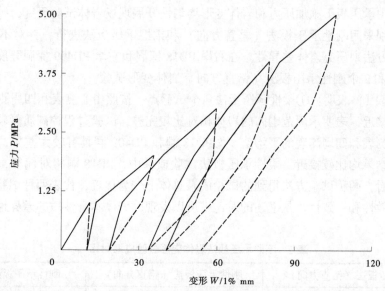

图 9　黄河古贤水利枢纽工程 PD227 E⊥-3 钙质粉砂岩试点应力与变形关系曲线（e 型）

　　式（6）是引用苏联专家波萨道夫判断承压板决定刚性绝对柔性问题判断公式。

　　（2）砂浆垫层的厚度和强度也会影响实测到变形。清洗试点表面，铺垫一层水泥浆。水泥强度等级不宜低于 425 号，养护时间不宜少于 7 d。

　　（3）磁性表架刚度不够，测出变形偏小。这是由于千分表表针启动不灵，安置测表时一般需要 100~200 g 的启动力才能使得表针转动。由于表固定在磁性表架上，磁性表架又固定在测量支架上，启动力将使磁性表架的支杆和测表支架产生变形。测量支架采用 20 号以上工字钢。建议磁性表架支杆直径增大至 2 cm，支杆长度控制在 10 cm 左右。

　　（4）温度变化引起变形测量系统变形，压力-变形曲线是杂乱无章的。

4.1.2　柔性承压板法

　　柔性承压板法影响因素包括磁性表架刚度、温度变化、试点边界条件、加压方式。完整坚硬类岩体的变形参数似乎更适宜采用柔性承压板法，而且由于刚度、砂浆垫层等因素影响导致结果可能偏差，而柔性承压板法均无上述因素影响，测试结果更准确。

4.2 钻孔弹模法

（1）钻孔孔壁应平直、光滑，钻孔壁粗糙时，测出的岩体变形偏大，模量会偏小。

（2）钻孔半径与加压段钢板曲率半径吻合度直接影响测试结果。

钻孔弹模法快捷方便、经济实惠，容易测试不同深度下的岩体变形模量大小及其各向异性特性，适用于各类岩体。

4.3 隧洞液压枕径向加压法

（1）试验洞壁与液压枕之间填埋混凝土是否密实，每个液压枕出力情况。

（2）液压枕与洞壁之间现浇混凝土块之间是否用油毡进行分缝。

（3）12 边框架的刚度是否达到要求。

（4）磁性表架刚度、温度变化、试点边界条件、加压方式。

5 岩体变形方法成果分析

泾河东庄水利枢纽工程共开展了 5 种方法的岩体变形试验，其中包括 3 种承压板法试验（刚性承压板和柔性承压板）、钻孔径向加压法试验和室内岩芯试验，充分研究了不同试验方法对岩体变形性质的影响。

5.1 刚性方法与柔性方法试验结果对比分析

从承压板试验中承压板下施加压力和岩体变形均匀性开展现场岩体试验研究，针对同种岩性和相同风化程度灰岩分别采用刚性承压板法（垂直方向）和柔性承压板法进行；针对不同探洞岩体采用相同现场岩体试验方法来研究岩体差异性。在右岸 PD18 探洞和左岸 PD409 探洞开展了 4 个柔性承压板法（铅直方向）和 2 个刚性承压板法（铅直方向）岩体变形试验。

试验结果（见表 1）表明：①柔性承压板法 4 个试验点，按照中心测表和四周测表计算的变形模量和弹性模量比较接近，表明承压范围内的岩体相对比较完整，试验过程控制质量较高，每个试验点的变形参数取中心测表和四周测表的平均值。②PD18 洞和 PD409 洞具有较大差异，其中两种刚性承压板法得到的试验结果均比较接近，柔性承压板法试验成果中，PD18 洞相对偏小，PD409 洞则相对偏大。③从总体上看，两种试验方法得到的试验成果总体上较为接近，代表两种试验方法在研究岩体变形模量方面的有效性和一致性。从上述的对比中可以发现，岩体本身性质的差异性要大于承压板法试验方法的差异[8]。

表 1 不同承压板法岩体变形试验成果对比

位置	试洞编号	柔性承压板法（铅直方向）			刚性承压板法（铅直方向）			刚性承压板法（水平方向）		
		试点编号	变形模量/GPa	弹性模量/GPa	试点编号	变形模量/GPa	弹性模量/GPa	量值统计	变形模量/GPa	弹性模量/GPa
坝址区	PD18	PD18-E⊥1	13.0	24.5	PD18-E⊥3	32.1	52.2	最小值	19.4	31.3
		PD18-E⊥2	12.1	22.1				最大值	31.2	54.6
		均值	12.5	23.3				均值	27.2	42.5
	PD409	PD409-E⊥1	50.6	67.3	PD409-E⊥3	31.2	76.8	最小值	21.6	31.2
		PD409-E⊥2	38.9	63.2				最大值	51.8	83.9
		均值	44.7	65.2				均值	35.8	57.9
	试验洞均值		28.6	44.3	—	31.7	64.5	—	31.5	50.2

5.2 室内与现场试验结果对比分析

为进一步增强对比性，利用钻孔径向加压法试验过程中获得的岩芯，开展了室内力学性质试验。通过3种试验，获得了对应位置不同试验方法、不同试样尺寸下的岩石（体）变形特性指标。钻孔径向加压法试验的钻孔孔口均布置在刚性承压板法试验的承压面上，钻孔方向为水平方向，钻孔深度为3 m。3种试验成果对比如表2所示，不同试验方法试验成果变形模量和弹性模量对比见图10、图11。

表2 钻孔岩芯室内力学性质试验、钻孔径向加压法试验和刚性承压板法试验成果对比 单位：GPa

工程区域	编号	室内试验		钻孔径向加压法试验		刚性承压板法（水平方向）	
		静变形模量	静弹性模量	静变形模量	静弹性模量	静变形模量	静弹性模量
地下厂房左岸	PD19-3-A	70.0	71.0	47.0	66.2	52.8	85.2
	PD19-3-C	63.7	71.0	45.7	67.4	43.9	56.5
	PD409-2-E4	65.5	65.8	39.3	65.3	37.8	66.7
	PD409-2-E5	69.2	76.1	33.4	50.8	32.8	47.2
	PD415-E2	55.5	62.2	26.3	42.5	48.6	96.5
	PD415-E5	71.4	76.0	42.9	63.4	40.4	70.5
地下厂房右岸	PD418-E2	64.5	66.2	40.5	65.9	20.7	56.8
	PD418-E3	67.3	70.7	31.0	51.1	40.8	94.6
	PD303-1-E1	66.5	71.2	40.1	63.0	33.9	60.4
	PD303-1-E3	67.0	70.1	42.3	68.2	57.5	67.0
最小值		55.5	62.2	26.3	42.5	20.7	47.2
最大值		71.4	76.1	47.0	68.2	57.5	96.5
平均值		66.1	70.0	38.9	60.4	40.9	70.1

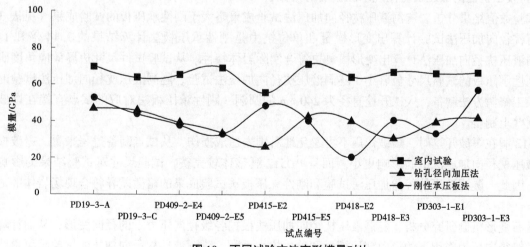

图10 不同试验方法变形模量对比

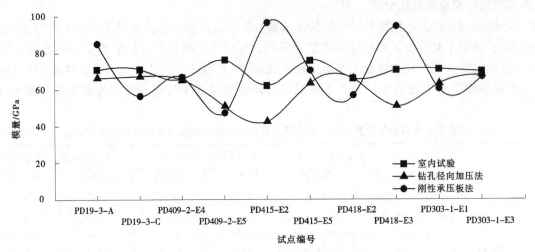

图 11　不同试验方法弹性模量对比

从试验数值结果分析：①3 种试验方法获得的试验成果具有较好的相关性，其中室内试验和钻孔径向加压法试验成果的走势更为一致，主要与两者试验位置更为接近有关。②室内试验的变形模量和刚性承压板法获得的变形模量分别为 70.0 GPa 和 70.1 GPa，是钻孔径向加压法弹性模量的 1.16 倍。室内试验变形主要与试验试样相对完整、裂隙较少有关。钻孔径向加压法和刚性承压板法为现场原位试验，都受现场裂隙分布情况的影响，刚性承压板法试验尺寸更大，试体制备过程中的扰动为 3 种试验方法中最小的一个，且承压板和岩壁的耦合程度高。

从岩石变形机制研究分析：①钻孔径向加压法的试验尺寸较小，随着岩体刚度的增加，刚性钻孔弹模计中的承压块与孔壁耦合度随之降低，实际接触面积小于理论值，致使计算的变形模量偏小，结合泾河东庄水利枢纽工程坝址区岩体的实际情况，钻孔径向加压法试验和刚性承压板法试验获得的变形模量较为接近，符合现场岩体的力学性质[9]。②钻孔岩芯室内力学性质试验、钻孔径向加压法试验和刚性承压板法试验 3 种试验成果则较为接近，其中室内试验成果和刚性承压板法试验成果基本一致，均略大于钻孔径向加压法试验的弹性模量指标。③刚性承压板试验虽然试验尺寸较大，但是其扰动为三者中最小，且从试验原理上看，弹性模量计算以卸载过程中的弹性恢复为准，受裂隙和恢复时间的影响，卸载段的弹性模量通常较加载段计算的弹性模量大，相比较而言，同一试点编号的室内试验和钻孔径向加压法试验为多个试验数据的平均值，而刚性承压板法的试验成果相对单一，因此刚性承压板法试验成果的离散性为三者最高。

5.3　隧洞液压枕径向加压法与刚性承压板法对比分析

从试验数值结果分析，隧洞液压枕径向加压法试验成果略大于刚性承压板的试验成果（见表 3），隧洞液压枕径向加压法试验计算出变形模量和单位抗力是刚性承压板法计算结果的 1.14 倍和 1.15 倍，隧洞液压枕径向加压法计算出变形模量更符合实际岩体特性。从试验试件尺寸边界效应角度研究发现：刚性承压板的试验尺寸显著小于隧洞液压枕径向加压法试验。隧洞液压枕径向加压法试验的试验洞为人工修凿方法制备，人工开挖直径为 240 cm 的圆洞，刚性承压板法对应的试点直接在爆破开挖后的洞壁上制备。

PD512 洞在爆破开挖时，爆破作用不可避免地对围岩造成损伤，从试点制备过程来看，爆破损伤对隧洞液压枕径向加压法试验影响更小。而且 PD512 洞整体较完整，试验尺寸对试验结果的影响相对较小。因此，隧洞液压枕径向加压法试验和刚性承压板法试验成果的略微差异符合现场岩体的地质情况。

从岩石变形机制研究分析，隧洞液压枕径向加压法根据各级径向压力下的径向变形，从而计算出各面在各级径向压力作用下的径向变形模量和单位抗力系数。隧洞液压枕径向加压法试验结果更能体现岩体和各种结构面组成的地质体各向异性，从不同方向对周边岩体施加压力，试验结果更能考虑岩体结构面发育程度等因素。刚性承压板法变形试验承压板下的垂直变形是均匀分布的，但板下压力却不是均匀分布的。隧洞液压枕径向加压法则是柔性承压板法变形试验的原理，柔性板下的压力是均匀分布的，板下的垂直变形却是不均匀分布的，考虑岩体的非均质性和单个测标的可靠性及测试误差，岩体变形计算结果一般以主断面为主，同时以辅助断面计算结果进行校核[10]。

表3 隧洞液压枕径向加压法试验和刚性承压板法试验成果对比

位置	试洞编号	试验方法	试点编号	变形模量/GPa	单位抗力系数/（MPa/cm）
地下厂房左岸	PD512	隧洞液压枕径向加压法试验	T1	32.7	259.6
			T2	33.8	268.2
			T3	26.0	206.3
			平均值	30.8	244.7
地下厂房左岸	PD512	刚性承压板法（水平方向）	E1	40.3	319.7
			E2	16.6	131.6
			E3	22.9	181.3
			E4	27.7	220.0
			平均值	26.9	213.2
坝址区域	坝址试验洞试验点统计	刚性承压板法（水平方向）	平均值	32.9	261.1

注：刚性承压板法对应的单位抗力系数为理论计算结果，单位抗力系数的取值以隧洞液压枕径向加压法试验为准。

6 结论

本文从3种岩体变形试验方法的试验过程、计算方法、影响因素及优缺点开展详细全面论述，分析3种岩体变形试验的变形性能及机制特征。本试验研究以泾河东庄水利枢纽工程坝址区灰岩岩体变形为研究对象，开展大量室内试验和现场岩体试验，结论如下：

（1）刚性承压板法（水平方向）和刚性承压板法（铅直方向）得到的试验结果均比较接近，柔性承压板法试验成果中，PD18洞相对偏小，PD409洞则相对偏大。刚性承压板法和柔性承压板法得到的试验成果总体上较为接近，代表两种试验方法在研究岩体变形模量方面的有效性和一致性。

（2）室内试验、钻孔径向加压法和刚性承压板法的试验成果具有较好的相关性，其中室内试验和钻孔径向加压法试验成果的走势更为一致；室内试验计算出的变形模量和刚性承压板法获得的变形模量分别为70.0 GPa和70.1 GPa，是钻孔径向加压法计算出弹性模量的1.16倍。

（3）隧洞液压枕径向加压法试验成果略大于刚性承压板的试验成果。隧洞液压枕径向加压法计算出变形模量为30.8 GPa、单位抗力为244.7 MPa/cm，分别是刚性承压板法计算结果的1.14倍和1.15倍。隧洞液压枕径向加压法计算出变形模量更符合实际岩体特性。隧洞液压枕径向加压法试验和刚性承压板法试验成果的略微差异符合现场岩体的地质情况，隧洞液压枕径向加压法计算变形模量和单位抗力系数更能体现岩体各向异性，试验结果为有效揭露坝址区灰岩变形参数提供了重要支撑。

参考文献

［1］张强勇，王建洪，费大军，等．大岗山水电站坝区岩体的刚性承压板试验研究［J］．岩石力学与工程学报，2008，27（7）：1417-1422.

［2］唐爱松，熊诗湖，周火明，等．承压板法变形试验方法的适宜性研究［J］．长江科学院院报，2008（5）：7-10，15.

[3] 郭喜峰，晏鄂川，吴相超，等．引汉济渭工程边坡岩体变形特性研究 [J]．岩土力学，2014, 35 (10)：2927-2933.

[4] 中华人民共和国水利部．水利水电工程岩石试验规程：SL/T 264—2020 [S]．北京：中国水利水电出版社，2020：60-85.

[5] 郭喜峰，吴相超，熊诗湖．岩溶角砾岩物理力学特性现场试验研究 [J]．哈尔滨工程大学学报，2022, 43 (10)：1447-1453.

[6] 邓伟杰，路新景，房后国，等．钻孔弹模测试技术的应用研究 [J]．长江科学院院报，2012, 29 (8)：67-71.

[7] 李维树，周火明，陈华，等．构皮滩水电站高拱坝建基面卸荷岩体变形参数研究 [J]．岩石力学与工程学报，2010, 29 (7)：1333-1339.

[8] 赵顺利，朱永和．泾河东庄水利枢纽工程试验研究综合报告 [R]．郑州：黄河勘测规划设计研究院有限公司，2018.

[9] 赵顺利，杜卫长，朱永和．层状岩体变形模量参数全过程确定方法研究 [J]．人民黄河，2019, 41 (4)：88-91, 96.

[10] 焦景辉，赵宪女，薛兴祖．中部城市引松供水工程总干线围岩弹性抗力系数试验及参数选取 [J]．水利与建筑工程学报，2015, 13 (1)：109-113.

威海市水质水生态监测及治理体系建设
与应用成效

李　玮[1]　张　杰[1]　吕晓峰[2]　王新然[1]　宋怡菲[1]　李　佳[1]　纪跃鸾[3]

(1. 威海市水文中心，山东威海　264209；2. 威海市水利事务服务中心，山东威海　264200；
3. 威海市政务服务中心，山东威海　264200)

摘　要： 水质水生态监测是维护河湖健康生命的重要抓手，是保障水安全、生态安全的基础性工作。本文聚焦研究了国内外水生态监测方法发展沿革、威海市水生态例行监测体系建设、威海市近年水质水生态监测及水库富营养状况耦合情况分析，最后针对性地提出了流域生态综合治理策略。

关键词： 水质；水生态；富营养；生态修复

1　流域生态监测治理国内外研究现状

1.1　常规水质监测

水质监测的方式包括常规监测和自动监测。我国生态环境监测的发展历经初创期（1973—1980年）、成长期（1981—2005年）、跃升期（2006—2012年）和改革期（2013年至今）。经过多年努力，我国生态环境监测事业取得了长足进步。20世纪50年代，我国部分区域即依托水文部门开启了以水化学为主的水质常规监测。20世纪70年代初，研究人员收集了天然河流的水质资料，并开展了大量研究。20世纪70年代末，水利和环保部门分别开展了以地表水为主要对象的水环境监测工作。1983年，我国首次发布的《地面水环境质量标准》（GB 3838—1983）中包含了20项水质监测指标。该标准在我国水环境监测的发展中具有重要意义，并经历次修订形成了现行的《地表水环境质量标准》（GB 3838—2002）。经2002年修订后，从饮水安全角度考虑，该标准在基本项目之外增加了集中式生活饮用水地表水源地补充项目和特定项目，总项目数增至109项。

1.2　生境监测

河流生境是水生生物赖以生存的环境。由于河流生境具有提供生物栖息地、维持生物物种多样性和结构组成、构成生态廊道的重要作用，兼具变化周期长、相对稳定的特征，评价和改善河流生境质量已成为河流生态管理的重要内容。国际上已报道的生境监测和调查方法众多，涉及多空间要素的方法超过50种，得到广泛应用的主流方法有英国的河流生境调查（RHS）、河流地貌生境调查（GeoRHS），澳大利亚的物理生境评估导则（AusRivAS-PAP）、溪流状况指数（ISC），美国环境监测评估计划中的河流评估方法（EMAP-NRSA）、生物快速评价（RBPs）等。我国也在水生态调查与河流健康评估中构建了适宜我国河流的生境评价指标体系。在国家层面，已制定及制订中的有《河湖健康评估技术导则》和《河流水生态环境质量监测与评价技术指南》。

1.3　生物监测

生物监测是利用生物个体、种群或群落对环境污染或变化所产生的反应，阐明环境污染状况的监测方法。该方法能够从生物学角度出发，为环境质量监测和评价提供依据，具有敏感性、长期性、富集性、综合性等优势。在水生态监测中，可用于指示水环境质量的水生生物种类不胜枚举，具有代表

作者简介：李玮（1987—），工程师，主要从事水生态监测工作。

性的有大型底栖无脊椎动物、着生藻类、鱼类等。

2 威海市水质水生态监测成果分析

近年来，威海市水文中心联合市水务局建设水生态监测实验室，全面开展市级重点水库水质监测、水生态试点探究、水生生物监测以及城市建成区水质监测，为威海市美丽河湖建设和水生态管理保护提供了强有力的技术支持。根据监测资料，对重点河流和湖泊（水库）健康状况进行系统诊断，分析胁迫河湖健康状态的可能原因或风险，为流域生态综合治理策略制订提供数据基础。

2.1 水质监测结果

2.1.1 典型湖库水质状况

2021 年全市共监测重点水库 21 座。其中米山水库和龙角山水库是国家级水源地。米山水库、龙角山水库和八河水库是国家重点水质站。根据 2021 年每月的水质检测成果，全市 21 座重点水库中有 6 座水库水质符合 Ⅱ 类标准，占总评价水库的 28.6%，15 座水库水质符合 Ⅲ 类标准，占总评价水库的 71.4%，见图 1。汛期和非汛期水质类别占比相同，符合 Ⅱ 类、Ⅲ 类、Ⅳ 类水质标准的水库分别为 7 座、12 座、2 座，分别占总评价水库的 33.3%、57.1%、9.6%。

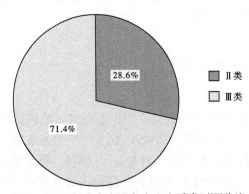

图 1　2021 年威海市重点水库水质类别百分比

2.1.2 典型湖库富营养化状况

根据《地表水资源质量评价技术规程》（SL 395—2007），湖库富营养化指数评估项目包括总磷、总氮、叶绿素 a、高锰酸盐指数和透明度。采用线性差值法将水质项目浓度值转换为赋分值，计算营养状态指数 EI，确定营养状态分级。根据 2021 年各月监测的数据，对省级地表水质站米山水库、龙角山水库、郭格庄水库和八河水库进行富营养状态评价。评价结果为：米山水库、龙角山水库、郭格庄水库、八河水库营养指数年均值分别为 50、51、52、53，米山水库年度营养状态为中营养，其他 3 座水库营养状态为富营养。

2.2 水生态监测结果

选择威海市主要水源地米山水库、丁家洼水库监测成果进行分析。

2.2.1 浮游生物形态学分析

根据米山水库、丁家洼水库枯水期及丰水期水生态监测结果，主要浮游植物种类包括梅尼小球藻、美丽双壁藻、颗粒直链藻、微绿羽纹藻、湖生囊裸藻、铜绿聚球藻、钝脆杆藻、简单舟形藻、膨胀桥弯藻等 9 种，具体见图 2。

2.2.2 浮游生物分类学分析

取水库 6 月上覆水样品，使用 0.22 μm 滤膜进行过滤，滤膜用 DNA 提取试剂盒提取浮游生物 DNA 样品，进行高通量测序，并对测序结果进行物种注释及分类学分析。结果显示，米山水库共检出浮游生物 3 界、12 门、32 纲、47 目、63 科、65 属、68 种，丁家洼水库共检出浮游生物 2 界、13 门、33 纲、54 目、68 科、74 属、78 种。各分类等级物种类型数目统计见表 1，物种分类及相对丰度（门水平）见图 3。

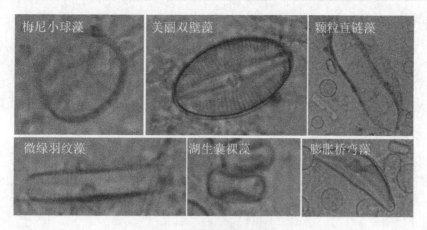

图 2 主要浮游植物图片

表 1 浮游生物物种数目统计

采样点	界	门	纲	目	科	属	种
米山水库	3	12	32	47	63	65	68
丁家洼水库	2	13	33	54	68	74	78
合计	3	14	38	60	78	87	90

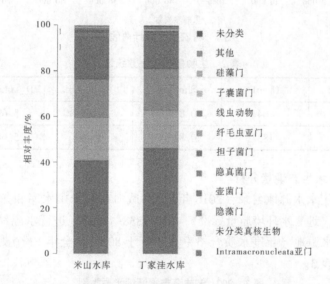

图 3 基于高通量测序的物种分类及相对丰度

2.2.3 浮游生物多样性分析

Alpha 多样性（Alpha diversity）反映的是单个样品物种丰度（richness）及物种多样性（diversity），有多种衡量指标，如 Chao1、Ace、Shannon、Simpson、Coverage、PD_ whole_ tree。Chao1 和 Ace 指数衡量物种丰度即物种数量的多少。Shannon 和 Simpson 指数用于衡量物种多样性，受样品群落中物种丰度和物种均匀度（Community evenness）的影响。相同物种丰度的情况下，群落中各物种具有越大的均匀度，则认为群落具有越大的多样性，Shannon 指数和 Simpson 指数值越大，说明样品的物种种类越丰富，物种多样性越高。当曲线趋向平坦时，说明测序数据量足够大，特征种类不会再随测序量增加而增长；如果曲线没有趋于平坦，则表明不饱和，增加数据量可以发现更多特征。另外，还统计了样本文库覆盖率（Coverage），其数值越高，则样本中物种被测出的概率越高，而没有被测出的概率越低。该指数反映本次测序结果是否代表了样本中微生物的真实情况。对米山水库、丁家洼水库高通量测序结果进行物种多样性分析，结果表明，丁家洼水库香农指数为 4.199，略高于米山水库的

4.0778，其物种种类越多，物种越丰富、信息覆盖度更高。具体见图4及表2。

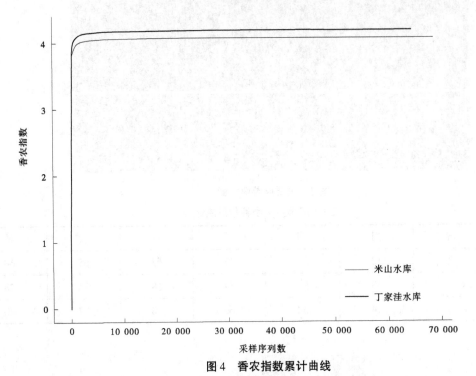

图 4 香农指数累计曲线

表 2 生物多样性指数统计

采样点	OTUs 个数	Chao1	Simpson	Shannon	PD_whole_tree	Coverage
米山水库	164	164	0.850 6	4.077 8	5.692 7	1.0
丁家洼水库	183	183	0.839 4	4.199	5.640 2	1.0

2.3 主要水源地水质及水生态现状分析

根据《全国重要饮用水水源地名录（2016 年）》，威海市有米山水库和龙角山水库 2 处国家重要饮用水水源地。依据《地表水环境质量标准》（GB 3838—2002）进行水源地水质评价，全市 2 处水源地为年度水质合格水源地（年度水质合格率大于等于80%），全年 12 个测次评价类别均达到或优于Ⅲ类水质标准，见表3。

表 3 2021 年威海市水源地水质类别

水源地	1 月	2 月	3 月	4 月	5 月	6 月	7 月	8 月	9 月	10 月	11 月	12 月
米山水库	Ⅲ类	Ⅲ类	Ⅲ类	Ⅲ类	Ⅲ类	Ⅲ类	Ⅲ类	Ⅲ类	Ⅲ类	Ⅲ类	Ⅲ类	Ⅲ类
龙角山水库	Ⅲ类	Ⅲ类	Ⅲ类	Ⅲ类	Ⅲ类	Ⅲ类	Ⅲ类	Ⅲ类	Ⅲ类	Ⅲ类	Ⅲ类	Ⅲ类

米山水库、龙角山水库 2021 年营养指数年均值分别为50、51，对应的营养状态分别为中营养和富营养。2020 年米山水库和龙角山水库叶绿素 a 浓度年均值分别为 0.20 mg/L 和 0.18 mg/L，具体体现为年内 7—9 月浓度值普遍较高，呈现周期性变化规律；年际 2017 年后有升高趋势，2016—2020年逐月监测值见图5。米山水库浮游植物多样性指数（香农指数）为 4.077 8，物种丰富程度相对较低。综合以上水生态监测结果，特别是在外调水水质影响下，米山水库等湖库型水源地存在富营养化风险，需要提出维持库区生态系统稳定的保障措施。

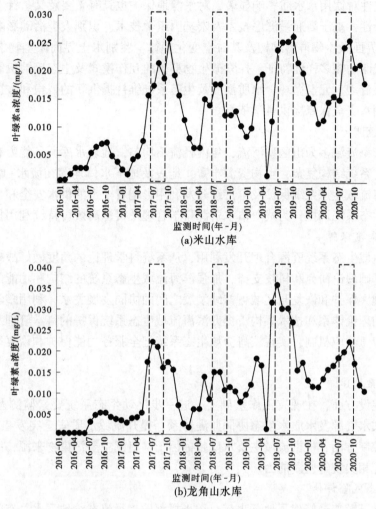

图5 米山水库和龙角山水库叶绿素 a 浓度（2016—2020 年逐月）

3 威海市流域生态综合治理策略

3.1 水生态系统稳定性保障措施

3.1.1 水源地水质监控及预警

威海市主要湖库型饮用水水源地监控体系自动在线监控设施建设情况目前仍有待提升。结合数字孪生流域建设需求，加强水源地水质监控及预警基础设施建设，特别是在水库取水口附近水域设置关键水质指标在线监测站；建立应对突发事件的人员、物资储备机制和技术保障体系，开展定期演练，建立健全有效的预警机制，进一步提升水质信息管理和应急监测能力，逐步构建水质实时监控、数据实时传输、风险实时预警的水源地水质水生态监控体系，为保障水源地水质及生态安全提供数据和制度基础。

3.1.2 富营养化控制

面源污染仍是湖库型水源地的重要污染源之一，也是富营养化风险的主要来源。因此，需要进一步加强湖库型水源地汇水区的面源污染防控。加强库区周边生态建设，完善库区巡库路系统，利用水库库尾新建湿地系统，增加生态覆绿工程，新建生态堤岸，形成生态库区，对产汇流过程中形成的高浓度营养盐进行有效削减，减少库区营养盐汇入通量。通过放养鱼类、禁止捕捞等措施增加库区生物多样性，系统性控制水体富营养化风险。

3.1.3 微生物多样性研究

湖库型水源地作为典型的水质脆弱区，其水-土界面的微生物活动及生态交互频繁，其微生物多样性及生态功能完整性对饮用水水质影响显著，对水源地保护也具有重要意义。针对湖库型水源地地貌特征及水循环复杂性，基于高通量测序技术及宏基因组学技术，识别人类活动影响下不同季节典型湖库型水源地水-土界面微生物群落结构及其时空变化规律，鉴别水土界面微生物群落与关键生物地球化学循环相关的代谢功能多样性特征，探索微生物群落的互作模式及生态反馈机制，为水源地微生物驱动下的营养物质流动、元素循环、水质演变及生态系统维持提供新的视角和数据基础，也为水资源可持续利用及饮用水安全保障提供科学依据。

3.2 流域水生态系统调控

威海市境内的滨海流域多为山区型河流，年内径流不均匀，地表水库调节能力有限，雨洪资源开发难度大；流域生态系统结构复杂，生物资源丰富，地表及地下水体均存在淡水-咸水交界面，生态系统相对脆弱。滨海流域生态系统保护及可持续开发利用影响着全市的供水安全和生态文明建设，因此需要开展流域水生态系统调控，为威海市水资源科学管理及资源高效可持续利用提供有力支撑。

3.2.1 统筹规划与制度保障

全面统筹滨海流域生态系统资源合理开发利用，从系统科学理论的角度做好战略规划。强化滨海流域生态系统科学基础理论研究和科技支撑，加强滨海流域生态系统的结构和功能的系统基础科学研究，探究生态系统健康保护和恢复与区域可持续发展之间的协同发展关系，利用多学科交叉构建滨海流域生态系统恢复的理论体系和技术架构，提升滨海流域生态系统保护的科学管理水平。建立相关部门间的协作机制及应急响应机制，实现滨海流域生态系统健全服务功能保护和恢复以及区域可持续发展目标。

3.2.2 监测预警体系构建

监测预警体系建设方面，在现有工作基础上，进一步推动生态系统要素监测及健康评估技术构建，完善威海市水文水资源及水质水生态协同监测体系，提升流域水质安全突发事件应急监测能力。污染物溯源及风险控制方面，根据流域主要水质超标因子，追溯主要污染物来源，结合新型污染物监测需求，进一步扩充相关统筹监测能力。

3.2.3 地下水库生态风险评估

威海市滨海流域下游普遍修建了地下水库，用于拦蓄地表径流补给地下水，有效控制与缓解了区域内的海水入侵风险。但是，地下水库坝体刚性阻断了上下游的水力联系，导致了地下水盐分累积和水资源利用难度上升。因此，需对独流入海区域地下水库修建的水资源调蓄功能、生态环境风险进行系统评估，利用分子生态网络和生态演化模型，预测地下水库微生物生态系统与原位环境的协同演化趋势，提出地下水库环境的适应性调控策略，指导地下水库有效运行、地下水生态系统稳定性维持及滨海流域水资源可持续开发利用。

3.2.4 资源配置与协同调控

淡水生态系统补给水源的水量和水质是维持其生物多样性与生态系统功能的关键驱动要素，水量性缺水和水质性缺水已成为威胁威海市滨海流域生态系统稳定和健康的主要原因。因此，根据威海市滨海流域和水域水量、水质及生态系统现状，借助环境稳定同位素技术，系统解析流域地表水-地下水转换关系及季节性交互特征，评估及挖掘雨洪水、再生水等非常规水资源开发利用潜力；将雨洪水等非常规水资源纳入统一配置，构建流域地表-地下水一体化调控模型，开展水量-水质-水生态多目标协同调控，提出保障河道及河口湿地基本生态流量、水质的协同调度方案，提高关键断面的生态水位/流量保证率，为保障滨海流域资源利用协调性、生态系统稳定性及其韧性提供技术支撑。

水工混凝土构件裂缝检测方法及应用

初　阳

（上海勘测设计研究院有限公司，上海　200434）

摘　要：在水利水电建设工程中，随着时间的推移，其混凝土结构会产生不同程度的损伤，如果不能对这些损伤进行有效修复，将会对水利工程的安全性造成很大威胁。本文重点探讨水工混凝土结构中裂缝的检测技术，并从"定性"和"定量"相结合的角度出发，给出一种新的检测思路。该思路改变以往单一检测的局限，能够对水工混凝土结构中的裂缝进行有效的检测，并取得较好地检测效果。

关键词：水工混凝土；裂缝检测；实际应用

1　引言

随着我国水利基础设施投入的逐步加大，新建水利水电工程数量也不断增加。由于受多种因素的影响，水工混凝土结构在水中长时间服役会产生不同程度的损伤，而裂缝是最常见的损伤形式。各种形式的裂缝对水工结构的完整性与耐久性造成很大的威胁，因此必须对其进行全面的质量监控与检测，以保证其正常工作。

本文对水工混凝土结构中的裂缝检测方法进行详细的阐述，并从"定性"和"定量"相结合的角度出发，给出一种新的检测思路。此外，结合实例对检测的全过程适用范围和应用结果进行分析。

2　裂缝检测方法

2.1　探地雷达法

探地雷达是一种以电磁波传播为依据的物理勘探技术，其原理是：由于交界面上的电性质不同，其传播路线、电磁强度和波形都会发生改变。由电磁波反射机制得出：当混凝土均匀且质量良好时，仅在混凝土衬砌交界面与围护交界面产生反射；如果混凝土和围护结构间有裂缝，裂缝内充满了气体和水分，将导致声波的阻抗差很大，从而引起强烈的反射。

首先，利用发送天线将电磁信号发送到地下介质中；其次，接收天线从地下接收电磁波信号并将其记录下来；最后，利用数据处理工具，完成对地下介质的推演。在此过程中，电磁波的传播性质取决于电导率 σ 和介电常数 ε。其中，电导率和介电常数分别影响电磁波探测深度和传递速率。所以，在各种电学性质的界面处，将会出现用时间表示的同波：

$$t = \frac{\sqrt{4h^2 + x^2}}{v} = \frac{2h}{v}$$

式中：h 为裂缝深度；x 为发射天线与接收天线的距离差；v 为电磁波的传播速率。

探地雷达法具有快速、穿透性强、不需要耦合剂等优点，能够准确探测出裂缝的形态与方位，但其缺点是必须依赖于成像信息，对探地雷达探测技术人员的要求很高。另外，这种检测技术适合于大范围内的混凝土裂缝，而难以用于局部较细裂缝检测。

作者简介：初阳（1993—），男，工程师，主要从事工程检测工作。

2.2　超声横向声波反射法

超声横向声波反射法指的是利用超声波探头检测脉冲在混凝土中的传递速率、第一波幅度和接收信号的主频率等声学参数，并基于声学参数和它们的变化情况，来判断裂缝的深度。超声波法主要分为单面平测、双面斜测及钻孔对测 3 种检测方法，单面平测法只可用于构件仅有一个可测面，并且裂缝估算深度不超过被测构件厚度的 1/2。

超声横向声波法反射主要具有以下基本特征：

（1）利用横向波反射技术，即让横向波粒子的振动与声波传递方向相同，使其与混凝土的表层平行，从而使其具有较高的反射率和幅度，从而对混凝土的空鼓、开裂等缺陷的检测更为灵敏。

（2）常规传感器的形式"一发一收"，而超声横波反射传感器是一发多收，以 4×12 阵列传感器为例，传感器控制装置把第一列传感器作为发送端，其他列传感器作为接收端，这样能够得到多条有效孔径检查线。

（3）利用合成孔径计算方法对同一点所获取的数据进行延迟与重叠，从而获得高信噪比与高分辨率的影像。

例如：当水工混凝土结构中有裂缝时，部分应力冲击会在裂缝处提前反射，裂缝处的回波将经过构件底端返回至接收端，从而缩短其传播距离。使用信号处理软件，基于传感器接收到脉冲的时间，对混凝土构件内部裂缝的位置进行推测与计算。

超声横向声波反射法的优点与其自身特点有关：①横向声波有效解决纵向声波在混凝土中的散射问题，可有效提升检测准确度；②采用干法耦合技术，可有效增加数据采集数量，极大地改善工作效果；③合成口径技术使检测结果准确度和成像品质都得到改善。该技术可以获得高精度、高分辨率、高信噪比的地下构件检测数据。

2.3　表面声波法

表面声波法是一种声波穿透检测法，它是利用脉冲波在混凝土中进行传递，基于声波在混凝土中的声学参数的变化情况来判断混凝土裂缝位置，其中，声学参数主要指声速、首波幅度及声波频率。声波波速是表示混凝土整体质量与强度的一个关键指标；波幅值表示声波在混凝土内部的衰弱情况；频率则是表示细微缺陷的关键指标。在不存在裂缝的情况下，声波从发送端传递到接收端，此时，检测的仅为混凝土的速度；当存在裂缝时，声波传递必须绕开裂缝，从而延长传递持续时间，并基于三角关系的特征值来确定裂缝的深度。

基于裂缝深度与构件厚度的实际情况，表面声波法主要有 3 种检测方法，分别为单面平测法、双面斜测法和钻孔对测法。以单面平测法为例，基于测试日划分，将其划分成两种类型，分别是跨缝检测和背景检测。基于测试目的的差异，将其测线布置方式划分成跨缝和不跨缝两种类型。其中，在进行跨缝检测时，应该在裂缝两边均匀地布置收发器，以检测裂缝厚度为主；不跨缝检测即为背景检测，在进行检测的时候，应该把发送和接收的传感器都放在裂缝同一侧，之后按照设定把两个传感器等间隔地朝两边移动，这样做的目的是给跨缝检测提供一个具有不同深度的背景值。为此，为了方便对比，上述两种检测方法在孔间距上应该保持一致或接近。

2.4　辅助技术方法

为实现以上技术方案，还需使用裂隙测宽法和钻孔电视法等方法。裂缝测宽法是利用显微传感器获取裂缝影像，对裂缝形态进行辨识，并判读裂缝表面宽度。钻孔电视法是利用孔壁的图像数据，分析井壁结构及裂缝发展情况。

由上述可知，本文提出一条集多手段于一体的技术途径，突破了传统物理勘探手段的局限，为全面检测水工混凝土内部裂缝提供了新的思路。

3 案例分析

3.1 项目情况

以某水电站的水轮机楼层为例，对其进行裂缝实测。基于数据记录可知：从 2018 年起，该处出现裂缝并产生严重的渗水问题，在每年的 1 月末至 5 月期间，渗水问题比较突出，并且有带压的情况。经过反复注浆、开沟导排水等治理，地面上的注浆口已经错综复杂，排水管道纵横交错，但仍然存在不少问题。目前，该地区的地面还存在 10 多条裂缝。为了确保质量和运营的安全，迫切需要对该部位的水工混凝土构件开展裂缝检测，检测技术路线如图 1 所示。

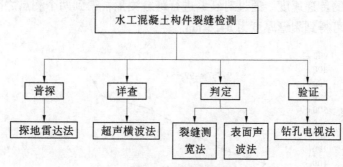

图 1　检测技术路线

3.2 检验过程

（1）普查使用探地雷达法。首先要选好测线，在大坝 5# 裂缝沿大坝轴线走向选定一条测线，测线长 7.9 m。从图 2 可以看出，在检测范围之内，测线位置在 1.2~5.4 m、埋设深度在 0.21 m 之下的黑色变体虚线框中，呈现出同相轴不连续、反射混乱的特点，可以推断出该区域的构件内部填充不紧密。在该区域中虚线段上，存在着两个反射波异常错乱的区域，其中，5# 裂缝的异常延长大约 15 cm。

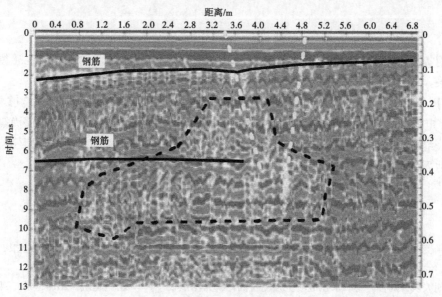

图 2　探地雷达探测结果

（2）基于普查的检测结果，对 5# 裂缝进行详细勘探，利用低频超声波扫描技术，对裂缝开展横波反射成像探测。在检测时，采用 Mapping 采集方式，并以 50 kHz 的频率进行取样，网格尺寸为 0.1 m。考虑到 5# 断裂带伸展较长，在裂缝上选定了 2 个区域，分别对其进行横波反射成像，检测范围覆盖整个 5# 断裂带。检测区域 1 网格尺寸为 0.9 m×0.9 m，图像面积为 1.3 m×0.9 m，由 XZ 型超声波横波反射剖面影像分析可知，5# 裂缝长度大约为 50 cm；检测区域 1 网格尺寸为 0.8 m×0.8 m，图像面积为 1.2 m×0.8 m，从 XZ 影像来看，5#裂隙的长度约为 55 cm。

（3）在使用裂缝测宽方法进行裂缝宽度测定时，为了保证测定的精度，需要对裂缝中的灰尘进行处理，使表层泥土不会将裂缝填满，并分别在 5#裂缝两端和中间 3 个标准位置对其进行测定。经测定可得：两段的裂缝宽度分别为 0.16 mm 和 0.18 mm，中间宽度为 0.31 mm，裂缝宽度均值为 0.22 mm。因此，可以对 5#裂缝宽度有一个比较清晰的了解。

（4）在确定裂缝宽度后，需确定裂缝厚度，这里以表面声波法为主。在检测过程中，在混凝土构件中选取未注浆的裂缝进行检测，并对检测结果进行分析。首先在沿着裂缝测量时，以传感器内边缘距离 L 与声时 t 的关系为依据，开展时距曲线拟合（见图 3），可知声速值为 3.917 7 km/s，以此来确定超声波在混凝土中的传递速度。通过对裂缝进行跨缝测量，得到两个测点之间的距离与时间，再根据超声的传播速率，可得到裂缝厚度为 34.5 cm。

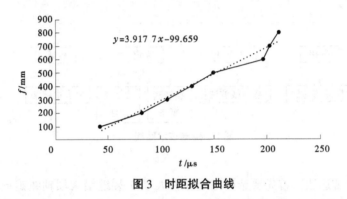

图 3 时距拟合曲线

（5）利用 5#裂隙周围钻孔的定位，采取钻孔电视法获得该井的电视图像。经图像分析可得：约 0.61 m 处有一条接近水平的裂缝，初步判断是 5#裂缝的支脉裂缝，而 1~1.5 m 处为未压实的混凝土层。

4 结论

本文采用集多手段于一体的技术途径对水工混凝土裂缝开展检测，并通过对 5#裂缝实例分析，得到如下结果：

（1）基于"普探—详查—判定—验证"的技术思路开展水工混凝土检测，能够将裂缝探测由"定性"到"定量"，但是裂缝探测精度仍需提升，裂缝探测技术的技术手段及程序尚需改进。

（2）5#裂缝虽未贯通，但其周边有延伸的支状裂缝，且裂缝周边有未压实的混凝土层，是造成水工混凝土地面渗漏的主要原因。

参考文献

[1] 栗宝鹃，张美多，刘康和，等．水工混凝土构件裂缝检测方法及应用［J］．工程地球物理学报，2021，18（1）：128-135.

[2] 朱建雄，胡人炭，刘吉，等．水工混凝土强度检测评价方法浅议［J］．山西建筑，2018，44（34）：100-102.

[3] 张邦．地质雷达法与超声阵列法在高铁无砟轨道沉降探测中的综合应用［J］．工程地球物理学报，2019，16（5）：700-705.

[4] 洪舒贤，黄祖铭，陈鼎重，等．基于探地雷达的钢筋锈蚀检测机理［J］．深圳大学学报（理工版），2023，40（4）：463-469.

[5] 刘益，徐飞鸿，张佳健，等．基于数字图像处理的裂缝检测方法［J］．工程勘察，2023，51（6）：73-78.

[6] 刘阔．基于超声波法水工混凝土裂缝注胶质量检测分析［J］．黑龙江水利科技，2022，50（3）：57-60，110.

基于贝塞尔插值求解土的先期固结压力

仰明尉　张胜军　朱云法　周蕙娴　李金波

（水利部长江勘测技术研究所，湖北武汉　430011）

摘　要：先期固结压力 p_c 是描述土受力史的重要指标，与土的力学性质有着密切联系。在研究卡萨格兰德（Casagrande）经验作图法的基础之上，采用贝塞尔插值求 $e \sim \lg p$ 曲线最大曲率点，并通过 VBA 语言编制了相应的计算程序求取先期固结压力 p_c 值。结合工程算例表明该方法对试验数据具有较好的适应性。

关键词：先期固结压力；贝塞尔插值；最小曲率半径

1　引言

先期固结压力 p_c 是指土层在地质形成历史上所经受的最大竖向固结压力，是判断土体应力历史的一个重要指标，在不同的应力历史状况下土层的变形分析中，它也是一个重要的计算参数[1]。

p_c 的推求方法大致有 3 种[2]：卡萨格兰德（Casagrande）法（1936 年）、布麦斯脱方法（1940年）、薛迈脱曼方法（1955 年）。此外，还有三笠法、泰勒强度法、高大钊法、李作勤密度法等。另外，Butterfield[3]（1979 年）提出了 ln（1+e）~lgp 双对数法，该法可得到两条直线，其直线交点的应力即为先期固结压力 p_c，并且 Onitsuka 等[4]（1995 年）和 Hong 等[5]（1998 年）通过大量的试验验证了双对数法的有效性。

目前，规范中普遍采用卡萨格兰德法，其原理是以实验室固结压力试验数据所描绘的离散点为基础，连接各离散点绘制圆滑 $e \sim \lg p$ 曲线，利用 $e \sim \lg p$ 曲线曲率突变点来推求 p_c。有很多学者使用计算机对于如何在曲线上找到曲率突变点做出研究，其主要分为三类：①多项式拟合或插值法，如蔡清池等[6]引入 $e = 0.42e_0$ 点，运用 Harris 模型及多项式拟合求取 p_c 值，彭静等[7]采用等跨度圆弧求圆半径及拉格朗日多项式插值法求取最小曲率半径，并通过 Matlab 语言编制了相应的计算程序求取 p_c 值，刘用海等[8]采用 3 次多项式和最小二乘法回归拟合压缩曲线直接求其曲率函数的方法推求 p_c 值；②斜率变化法，如刘衍成[9]用相邻三点得两条直线段比较相邻直线斜率变化幅度大小的方法确定曲率最大点得到 p_c 值；③三点定圆法，如张书宪[10]提出相邻三点逐一比较圆半径的大小确定曲率最大点，周国云[11]采用先对试验数据点插值后以三点求圆半径比大小的方法。

试验所得的离散点绘制而成的 $e \sim \lg p$ 曲线，理论上呈顺时针弯曲状，且原始的试验数据点与整条曲线的特性存在关联性。采用上述①多项式拟合或插值法得到的曲线会丢失原始试验数据点或使曲线发生顺时针和逆时针交替弯曲的状态，而且在数据间隔较大的曲线段拟合曲线和插值曲线明显较卡萨格兰德法所得曲线弯曲程度要大，这些都改变了卡萨格兰德的方法所得 $e \sim \lg p$ 曲线的特征，如图 1 所示。

采用上述②斜率变化法及③三点定圆法，也会由于试验数据点分布的间距不一受到干扰，间距很近的 3 个数据点，中间点位置的变化对所确定的圆弧半径或两直线的斜率的影响程度明显要比间距较大的情形要大得多，如图 2 所示，左边由间距大的点构成的圆弧，当中间点偏移形成新圆弧时，新旧两圆弧的曲率变化幅度不大；右边相距较近的三点构成的圆弧，当中间点偏移形成新圆弧时，新旧两圆弧的曲率变化幅度很大。由于试验数据存在误差，上述现象总是存在。因此，斜率变化法、三点定

作者简介：仰明尉（1989—），男，工程师，主要从事岩土勘察试验工作。

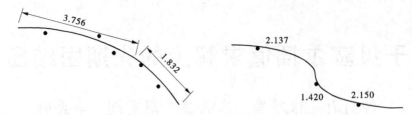

图 1 拟合曲线和插值曲线相对原始试验数据点的特征变化

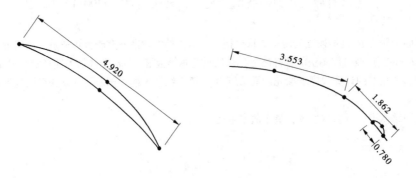

图 2 不等间距三点确定圆弧曲率

圆法存在较大缺陷。

本文以武汉地区不同地层土样为研究对象，选取 Casagrande 方法，在分析了既有 $e \sim \lg p$ 曲线数学模型不足的基础上，提出了一种用计算机确定先期固结压力 p_c 值的方法，即利用 VBA 语言编写了相应计算程序，将试验数据导入计算机即可求解得到土体先期固结压力 p_c 值，并自动完成图解画图，可以消除目测定点的人为性，提高求解精度。

2 贝塞尔插值求解以及自动作图实现

要真正实现用计算机解决卡萨格兰德经典图解法求解土体先期固结压力的工程实践问题，需要保持卡萨格兰德经典图解法的图形的几何特性，设计出遵从其图解原理的一种新算法。

2.1 贝塞尔曲线分段插值

贝塞尔曲线最早应用于二维图形设计，由起始点、终止点和控制点定义。1962 年，法国数学家 Pierre Bézier 第一个研究了这种矢量绘制曲线的方法，并给出了详细的计算公式，按照这样的公式绘制出来的曲线就用他的姓氏来命名，称为贝塞尔曲线，该曲线的最大特点在于由离散点构成的曲线在每一段连接处是平滑且连续的，连接处两端的曲线曲率不会出现较大的变化，因此该方法既保留了 $e \sim \lg p$ 曲线的特征，又可避免上述 3 种方法引起的缺陷。

设 P_0、$P_0{}^2$、P_2 是一条抛物线上顺序 3 个不同的点。过 P_0 和 P_2 点的两切线交于 P_1 点，在 $P_0{}^2$ 点的切线交 P_0P_1 和 P_2P_1 于 $P_0{}^1$ 和 $P_1{}^1$，则式（1）比例成立：

$$\frac{P_0 P_0^1}{P_0^1 P_1} = \frac{P_1 P_1^1}{P_1^1 P_2} = \frac{P_0^1 P_0^2}{P_0^2 P_1^1} \tag{1}$$

当 P_0、P_2 固定，引入参数 t，令上述比值为 $t : (1-t)$，即有：

$$P_0^1 = (1-t)P_0 + tP_1 \tag{2}$$

$$P_1^1 = (1-t)P_1 + tP_2 \tag{3}$$

$$P_0^2 = (1-t)P_0^1 + tP_1^1 \tag{4}$$

将式（2）和式（3）代入式（4）得：

$$P_0^2 = (1+t)^2 + 2t(1-t)P_1 + t^2P_2 \tag{5}$$

当 t 从 0 变到 1 时，它表示了由 3 个顶点 P_0、P_1、P_2 定义的一条二次贝塞尔曲线，如图 3 所示。并且点 P_2 的运动轨迹可以看作前两个点（P_0、P_1）和后两个点（P_1、P_2）的线性组合。

依次类推，由 4 个顶点（P_0、P_1、P_2、P_3）定义的曲线为三次贝塞尔曲线，如图 4 所示。

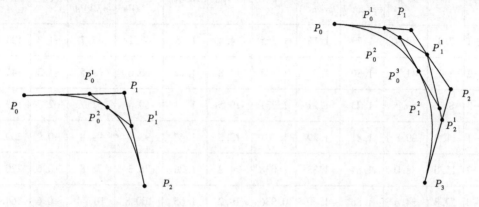

图 3　二次贝塞尔曲线　　　　　图 4　三次贝塞尔曲线

由 $n+1$ 个控制点 P_i（$i=0$，1，$\cdots$，n）定义的 n 次贝塞尔曲线 $P_0{}^n$ 可被定义为分别由前、后 n 个控制点定义的两条（$n-1$）次贝赛尔曲线 $P_0{}^{n-1}$ 与 $P_1{}^{n-1}$ 的线性组合：

$$P_i^n = (1-t)P_0^{n-1} + tP_1^{n-1} \quad t \in [0, 1] \tag{6}$$

n 阶贝塞尔曲线的通用公式为：

$$P_i^k = \begin{cases} P_i & k = 0 \\ (1-t)P_i^{k-1} + tP_{i+1}^{k-1} & \\ \text{其中 } k = 1, 2, \cdots, n; \ i = 0, 1, \cdots, n-k \end{cases} \tag{7}$$

由于需要求解 $e\sim\lg p$ 曲线最大曲率点，采用三次贝塞尔曲线可保证曲线的光滑性和连续性。假设室内固结试验采集到的数据点为 P_0，P_1，$\cdots$，P_n，将这些数据点分为 $n-1$ 段，即 $L_i = P_iP_{i+1}$（$i=0$，1，$\cdots$，$n-1$），每一分段的前后两点（P_i、P_{i+1}）定义为三次贝塞尔曲线的起点和终点，求解三次贝塞尔曲线的定义式，即可求得每一段最大曲率点，最后比较每一段的最大曲率点，求解出整个 $e\sim\lg p$ 曲线的最大曲率点。

2.2　基于 VBA 语言实现先期固结压力求解和自动作图实现

（1）根据以上理论，编写 VBA 程序，从 Excel 中启动 VBA，将 Excel 对应的单元中数据导入 VBA 程序中，并运用这些数据完成相应计算，将计算结果自动输送到 Excel 预先设定功能应用的单元格中。

（2）VBA 中的贝塞尔插值函数是通过相互嵌套调用来实现求解 $e\sim\lg p$ 曲线的最大曲率点和该点切线斜率，并输出到 Excel 单元格。

（3）在 Excel 中运用 VBA 设计前期固结试验数据的统计和自动画出卡萨格兰德经典图解示意图的应用模版。当 VBA 程序中完成相应运算后将结果输回 Excel 时，单元格预设功能函数将自动完成作图。

3　计算实例

试验样品取自武汉某地铁勘察项目钻孔原状样，地层代号 3-4 淤泥质土，3-5 粉质黏土、粉土、粉砂互层，7-1 黏土，每层 3 组，呈灰色、灰褐色。根据室内固结试验成果，利用 $e\sim\lg p$ 贝塞尔插值求解法求取先期固结压力，并采用 $\ln(1+e)\sim\lg p$ 双对数法进行了验证，其土层物理指标及计算成果见表 1，软件自动计算成图见图 5～图 10。

表 1 土层物理力学指标

地层代号	试验编号	埋深/m	含水率 w/%	湿密度 ρ/(g/cm³)	干密度 ρd/(g/cm³)	孔隙比 e	塑性指数 I_{p10}	液性指数 I_{L10}	先期固结压力 ① p_c/kPa	先期固结压力 ② p_c/kPa	相对误差	自重压力 p/kPa	超固结比/OCR
	3-4-1	7.3	49.9	1.73	1.15	1.365	14.4	1.45	47.1	47.7	-1.3	123.8	0.38
3-4	3-4-2	8.1	41.1	1.80	1.28	1.125	14.8	1.22	66.6	67.5	-1.3	142.9	0.47
	3-4-3	8.8	43.4	1.73	1.21	1.231	19.5	1.41	50.3	51.7	-2.7	149.2	0.34
	3-5-1	11.8	39.8	1.81	1.29	1.101	13.5	1.47	93.9	94.8	-0.9	209.3	0.45
3-5	3-5-2	15.0	38.0	1.84	1.33	1.038	24.2	1.26	78.3	78.8	-0.6	270.5	0.29
	3-5-3	19.8	34.6	1.88	1.40	0.936	19.2	1.05	100.8	101.4	-0.6	364.8	0.28
	7-1-1	20.8	26.4	1.98	1.57	0.739	14.1	0.41	328.0	329.8	-0.5	403.6	0.81
7-1	7-1-2	19.5	35.8	1.88	1.38	0.971	15.6	0.80	163.9	165.6	-1.0	359.3	0.46
	7-1-3	18.0	30.5	1.95	1.49	0.839	18.6	0.27	319.4	319.1	0.1	344.0	0.93

注：表 1 中①为 $e\sim\lg p$ 贝塞尔插值求解法；②为 $\ln(1+e)\sim\lg p$ 双对数法。

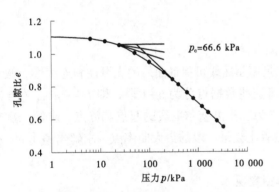

图 5 3-4-2 淤泥质土 $e\sim\lg p$ 曲线

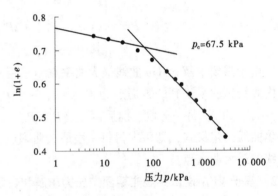

图 6 3-4-2 淤泥质土 $\ln(1+e)\sim\lg p$ 曲线

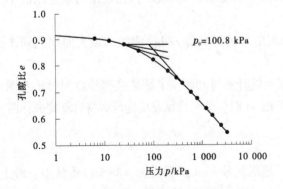

图 7 3-5-3 粉质黏土、粉土、粉砂互层土 $e\sim\lg p$ 曲线

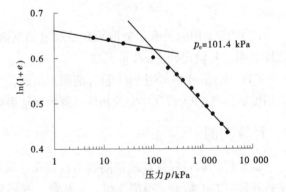

图 8 3-5-3 粉质黏土、粉土、粉砂互层土 $\ln(1+e)\sim\lg p$ 曲线

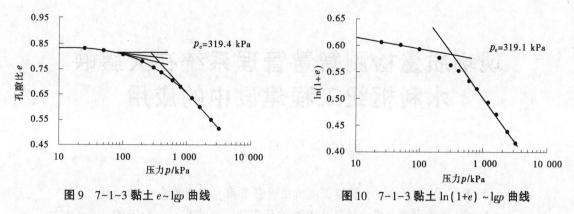

图 9　7-1-3 黏土 $e \sim \lg p$ 曲线　　　　图 10　7-1-3 黏土 $\ln(1+e) \sim \lg p$ 曲线

由表 1 试验成果可知，3-4 层淤泥质土，3-5 层粉质黏土、粉土、粉砂互层土，7-1 层黏土，3 种不同深度土样均处于欠固结状态，与实际情况较为吻合。同时，由贝塞尔插值求解法与双对数法得到的先期固结压力 p_c 值相对误差为 -2.7% ~ 0.1%，这说明本文采用贝塞尔插值求解法求解先期固结压力的方法是可行的，能够满足现行规范推荐方法的要求。

4　结论

本文在对国内外各学者计算方法的研究基础之上，通过 VBA 语言编制了相应的计算程序，求解出 $e \sim \lg p$ 曲线的最大曲率点。该方法有以下优点：

（1）求得的曲线均通过试验数据点，避免了多项式拟合或插值法得到的曲线会丢失原始试验数据点的情况。

（2）该方法的每一段曲线均与下一段曲线相切，保证整个曲线的光滑性，采用三次曲线即可满足求解曲率函数的要求，避免了高阶多项式插值法使曲线发生顺时针和逆时针交替弯曲突变的情况。

（3）结合算例表明该方法对试验数据具有较好的适应性，且与 Excel 兼容，计算速度快，操作简便。但其计算精度依赖于计算理论和试验数据的准确性，所以该方法还有待进一步的研究和试验数据的检验。

参考文献

［1］MATLOCK H S. Correlation for design of laterally loaded pile in soft clay ［C］//Proceedings of 2nd Offshore Technology Conference. Houston：［s. n.］，1970.

［2］钱家欢，殷宗泽. 土工原理与计算 ［M］. 北京：中国水利水电出版社，1996.

［3］BUTTERFIELD R. A nature compression law for soils ［J］. Geotechnique，1979，29（4）：469-480.

［4］ONITSUKA K, HONG Z, HARA Y, et al. Interpretation of oedometer test data for natural clays ［J］. Soils and Foundations，1995，35（3）：61-70.

［5］HONG Z, ONISUKA K. A method of correcting yield stress and compression index of ariake clays for sample disturbance ［J］. Soils and Foundations，1998，38（2）：211-222.

［6］蔡清池，谢汉康. 一种确定先期固结压力的数值计算方法 ［J］. 工业建筑，2021，5（5）：164-167.

［7］彭静，张胜军，何娇，等. 基于计算机求解土的先期固结压力 ［J］. 资源环境与工程，2015，29（2）：202-205.

［8］刘用海，朱向荣，常林越. 基于 Casagrande 法数学分析确定先期固结压力 ［J］. 岩土力学，2009，1（1）：211-214.

［9］刘衍成. 前期固结压力的计算和绘图程序 ［J］. 工程勘察，1987（3）：10-15.

［10］张书宪. 用计算机绘图确定先期固结压力的一种方法 ［J］. 岩土工程界，2000，8（3）：45-47.

［11］周国云. 一种确定前期固结压力 P_c 的电算方法 ［J］. 水文地质工程地质，1987（5）：34-36.

现场质量检测智慧管理系统在大藤峡水利枢纽工程建设中的应用

谢济安[1]　刘　涛[2,3]

(1. 广西大藤峡水利枢纽开发有限责任公司, 广西南宁　530000;
2. 珠江水利委员会珠江水利科学研究院, 广东广州　510610;
3. 水利部珠江河口海岸工程技术研究中心, 广东广州　510610)

摘　要: 为在大藤峡水利枢纽工程建设过程中, 加强对重要设备的管理, 保证设备质量, 针对现场设备种类多、检测项目全和流程长等特点, 充分利用信息化技术, 建立基于"人、机、料、法、环、测"业务全要素的现场设备质量检测智慧管理系统, 完成工程现场检测的智能化, 确保检测全链路可溯源, 实现工程设备质量检测数字化和标准化, 减少错误率, 降低成本, 提高检测质量及工作效率, 为工程建设高质量管理发挥了促进作用, 可有力保障大藤峡水利枢纽工程安全建设、可靠运行。

关键词: 质量检测; 管理系统; 工程应用

1　引言

1.1　背景介绍

近年来, 随着工程检测行业的快速发展和监管要求的不断提高, 信息化手段越来越多地在工程现场的质量检测中得到应用。随着计算机网络技术的普及和成本的下降, 我国从 20 世纪 90 年代以来, 最初在油田工程质量检测中探索引入计算机管理系统[1], 后陆续在建筑工程[2]、交通工程[3]中逐步推广; 进入 21 世纪, 随着水利行业管理水平的持续提升, 从水利专业科研院校的研究开始[4], 也逐渐在广东[5]、江苏[6]等经济发达地区的水利工程质量检测中率先使用信息化的管理系统。检测管理系统一开始是作为水利工程建设管理系统的一部分, 后来逐渐独立出来, 向专业化方向发展, 作为水利工程专业检测单位加强自身内部能力建设不可或缺的一部分。检测管理系统的业务涉及面也从一开始的室内材料试验向工程现场实体检测方向拓展。近年来, 随着互联网技术日新月异的发展, 检测管理系统逐渐向"互联网+"[7]、云平台/计算[8]、大数据[9]方向演进, 功能逐渐深化强大, 基本实现了水利检测业务的全覆盖, 达成了将试验检测线下业务流程电子化、数字化和标准化的目标。

在广西大藤峡水利枢纽工程建设过程中, 即创造性地使用了自行研发的基于"互联网+"技术的现场设备质量检测智慧管理系统, 综合采用多种信息化技术, 从业务委托、内部任务下达直到现场检测、出具报告、统计分析的全流程, 对工程建设期的设备质量检测全过程进行管理, 为工程质量在控可控提供先进坚实的技术手段, 有效保障工程管理的智慧化、精细化和标准化。

1.2　工程概况

广西大藤峡水利枢纽工程坝址位于广西贵港桂平市, 珠江流域黔江河段大藤峡峡谷出口, 是珠江

作者简介: 谢济安 (1983—), 男, 高级工程师, 主要从事水利水电工程建设管理工作。

通信作者: 刘涛 (1985—), 男, 高级工程师, 主要从事水利水电工程设备检测和技术咨询工作。

流域防洪关键性工程，也是西江黄金水道建设的控制性重大工程项目，为一等大（1）型工程。工程概算总投资 357 亿元，电站装机容量 8×200 MW，年发电量 60.55 亿 kW·h。其水轮发电机组是我国目前同水头段最大的轴流转桨式机组之一，泄水闸液压启闭机为目前国内水利工程中潜孔式工作闸门容量最大的液压启闭机；泄水低孔弧形门推力达 7 万 kN，位居国内前列；船闸人字闸门是目前世界上同类闸门中规模最大、运行水头最高的船闸人字闸门，堪称"天下第一门"。

本工程的水轮发电机组、泄水孔弧形闸门及其启闭机、船闸闸门及其启闭机、门式启闭机、桥式启闭机等均为特别贵重及关键的设备，对设备质量进行严格检测把关，对后续工程的持续健康、安全运行和充分发挥防洪及经济效益具有重要的支撑作用。

2 系统介绍

2.1 系统架构

大藤峡水利枢纽工程现场设备质量检测业务管理系统的架构在传统试验室检测业务流程的基础上，采用 B/S 架构以浏览器访问，基于 .NET 技术框架，以三层（表现层-逻辑层-数据层）为基础，采用 SQL server 关系型数据库存储数据，以扁平化的界面风格，提高研发和使用的效率。

针对传统试验室检测以样品试验为主要流程进行重构，该系统以工程现场实体检测的具体工艺为主线，对应工程检测管理的"人、机、料、法、环、测"全要素，系统由如下主要模块构成：

（1）检测流程模块。根据设备质量检测流程、计量认证和单位质量管理体系要求，分析水利工程设备质量检测业务工作的主要业务流程，提炼出业务功能需求。类似于 OA 系统，将检测过程流程在该模块内完成，从外部委托、任务下达、检测准备、现场检测、报告出具、工作登记全流程均在此进行，根据业务管理人员梳理的流程逻辑对应关系，在各环节流转，每个环节有对应的责任人处理相关流程，并及时反馈到下一流程，以实现整个检测过程的顺利进行。

（2）质量体系模块。该模块中，包含对人员、设备、受控文件、资质能力的管理，是对应管理体系运行中的各个要素，将原纸质的体系文件（包含质量手册及其附录、程序文件、受控文件格式）电子化后移入系统中，作为基础数据库，随时备查和更新。在此模块中更改的信息，将映射到系统其他模块中的对应内容，也会实时进行对应更新，保证系统内容的一致性。

（3）成果管理模块。该模块对应于原有的工作登记，类似于检测信息的汇总目录，可以一张表的形式对成果的所有信息进行浏览。在该模块中，将所有成果报告的信息以一种有序的结构，形成成果档案信息数据库，可以清晰地总览式查看，便于对成果按照不同方式（如按年、按专业、按参数等）进行汇总。

（4）合同管理模块。该模块的设置考虑到了系统的可拓展性，可以对多个不同的检测合同项目信息进行管理，保存项目的基本资料，包含合同委托单位名称、合同联系人、联系方式、委托单位地址等信息，并映射到对应的检测流程模块中去，避免重复输入资料及信息前后不一致的情况出现。

（5）统计分析模块。该模块主要提供的功能是对业务的统计及数据分析，能将项目到款情况、效益情况、人员工作量、成果超期、质量问题、检测的不合格台账等以文字和图表等多种形式统计出来，并做出特性分析，从纷繁复杂的日常检测数据中分析出特征、占比及分布规律，可作为管理者考核人员绩效、调整业务方向、梳理业务流程、持续改进管理体系、提升部门效益的重要参考及客观依据。

2.2 业务流程

针对水利工程的质量检测工作，梳理清楚业务流程，并配置确切对应的参与者和档案，将是决定该系统是否能完全实现线下所有业务的关键，经过对日常工作的完整梳理，以质量管理体系要求为基础，梳理出日常现场质量检测的流程、对应档案和参与者，如图 1 所示。

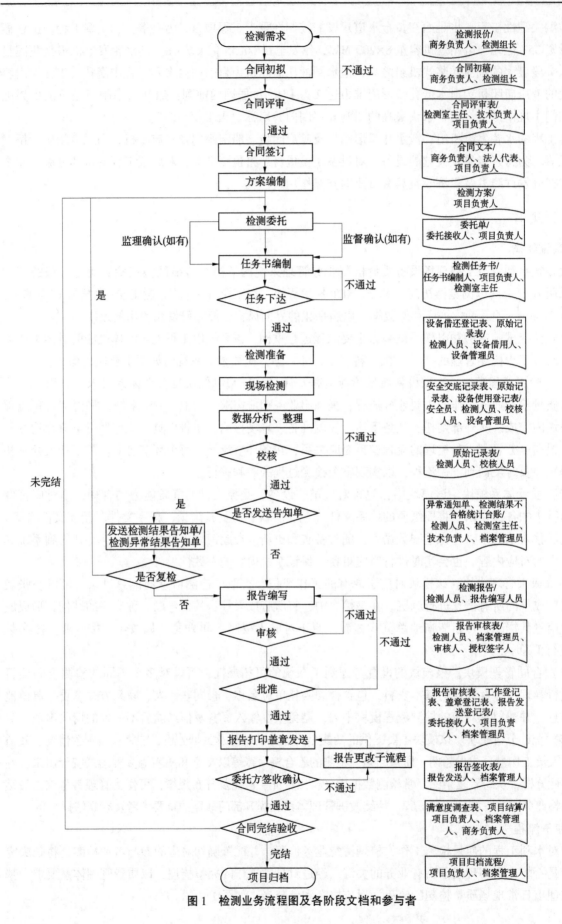

图1 检测业务流程图及各阶段文档和参与者

（1）确定需求、合同初拟和签订，是检测项目实施的前提。在该阶段，即需对合同签订进行把关，需由商务负责人、检测室主任、技术负责人等多人共同参与，在合同签订时把控经济风险、安全风险、质量风险、管理风险、技术风险等多重风险，不留隐患、"不埋地雷"。整个合同评审及把关各环节在系统对应的合同管理模块中进行。

（2）合同签订，编制好具体的检测方案后，即由委托单位和受托单位确定具体的联系人，详细沟通委托事宜，双方需要确定委托单格式，明确委托流程。其中，如有监理或监督单位，还涉及监理或监督人员的见证，由各方共同完成一次委托。签订合同后，分发对应联系人一个具备相应权限的临时授权账号，可登录系统进行委托单的填写及提交，也可由受托人协助其填写操作。

（3）委托单位人员接受外部委托，确认无误且具备检测条件和检测能力后，即将该委托内部分发到具体执行部门，由部门负责人指定具体的检测人员按指定的时间、检测标准、检测对象、检测地点、检测工作量予以执行。

（4）具体检测人员接受委托后，即按照体系文件及检测技术要求，进行检测前的准备，包括原始记录准备、仪器准备、时间准备等，做好具体检测前的沟通对接工作。在此阶段，需要做好设备借用等的登记，在检测流程模块中的设备借用子模块中进行。

（5）到达现场，核对各项信息无误后，检测人员即进行检测，以最终按质按量完成任务书中的指定任务为准。如与原任务书内容有出入，必须及时与任务下达人沟通，以更改、撤销或重新下达任务。

（6）现场检测完成后，检测人员及时在系统登记便携式仪器使用记录信息，填写检测原始记录，进行数据分析，将原始记录交由校核人员进行校核，如校核发现记录问题，必须由检测人本人进行更改。如能出具检测结论，按照与委托人的具体协商办法，可第一时间口头告知检测结果，后续再发送书面结果告知单，如发现检测不合格的情况，必须发送书面检测异常结果告知单，并在系统不合格台账进行登记。由于目前的原始记录一般要求纸质填写，无法完全电子化，因此系统是上传原始记录的电子版式，作为校核和报告出具的依据随纸质版一起流转。

（7）检测报告的编写，应由具备相应资质能力的人员进行。报告编写完成后，即提交进入报告的审核、批准环节，该过程中可对报告问题进行批注，可标记错误并退回上一节点处理，可查看目前的流程流转状态，全过程留痕，保障过程有记录、数据可追溯、责任到个人。系统上提供了每个参数报告的固定格式模板，报告编写人根据原始记录的内容，在系统上进行报告的编写即可。报告各环节责任人均在系统上采用电子签名。

（8）报告及原始记录经审核、批准后，即流转到登记盖章环节，由档案管理员收取纸质原始记录后，打印整理报告，进行报告盖章。根据具体情况，可选择使用电子章或实体章。盖章后即可按要求进行发送。

以上（3）～（8）流程均在检测流程模块中进行。

（9）报告盖章发送后，由委托方签收后，由档案管理员在系统中进行登记。如委托方认为报告有误需修改的，则反馈给受托方，受托方确认后，在检测流程模块中的报告更改子模块中，按照更改流程要求进行。

（10）确认签收后，单次委托检测即完成。如有后续委托检测，则循环以上过程，直到整个项目完成检测。后续按要求，按项目汇总系统资料打印整理，进行年度归档或项目完结归档。

2.3 系统特色

该系统最大的特色就是"智能化"，将原本需要由人工完成的工作，均统一交由系统，按照预先制定的规则和阈值，做出限制或者给出必要的提示，辅助人工进行判别和决策，主要体现在以下几个方面：

（1）人员管理智能化。流程每个环节确定具体的人员，人员限定在其认定的职责范围内，系统已确定各具体人员及其授权范围，仅能选取对应授权职责的人员，不在授权范围内的人员无法被选取去处理对应流程，从根本上杜绝了人员能力授权超范围的问题。

（2）设备管理智能化。系统具备设备检定/校准到期提前预警，标记不同警示色，进行提醒，并推送信息给设备管理员。如黄色代表未来一个月即将超期，红色代表设备已超期。在设备管理员更新设备检定/校准信息前，已超期的设备将无法在系统上进行借还和使用，从根本上杜绝了超期设备的使用。检测员能在系统中实时查询某台设备是否被借用，以及被谁借用，状态如何。因此，检测员可以根据相关情况综合判定选择能借用的设备。

（3）受控文件管理智能化。由于管理的持续改进提高，管理体系的受控文件也需经常更新，由此导致受控文件版本通常较多。该系统指定人员不定期对受控文件进行更新，确保使用系统的人员，均是采用的最新有效版本。另外，对于检测标准的查新，由系统联网接入对应的标准查询网站，查询使用的检测标准是否已作废或即将作废，标示为红色或黄色，并自动禁止选用作废标准，在系统给出提示的同时，给档案管理员也发送提示消息，提醒其处理，结合人工标准查新，从根本上杜绝了作废标准的使用。

（4）体系管理智能化。检测是一个综合协调各种资源的过程，从检测报告，可倒推人员、设备、检测标准等环节是否合理。传统的人工线下流程，需要反复核对各对应资料，耗时耗力，效率低下。检测系统能自动后台查询各环节是否对应。比如，检测报告中需使用某台仪器，则系统能智能判定该台仪器在检测时间前是否有借用记录及检测期间是否有使用记录，如没有对应记录，则无法在系统编写报告时使用该台设备，并给出提示，要求进行补充登记。

3 系统应用

对于大藤峡水利枢纽工程现场，基于建设单位与专业检测单位签订设备质量第三方检测合同，双方共同以检测管理系统进行业务管理。

下面以工程现场右岸发电机组上机架焊缝无损检测为例，分析系统的具体应用。

（1）建设单位根据规范要求，欲对设备的焊缝质量进行现场委托检测，则由业务主管部门指定联系人，登录特定账户，按要求编辑检测委托单（见图2）。工程部位、检测对象、检测量、检测参数和检测标准均在对应范围内进行选择或编辑。

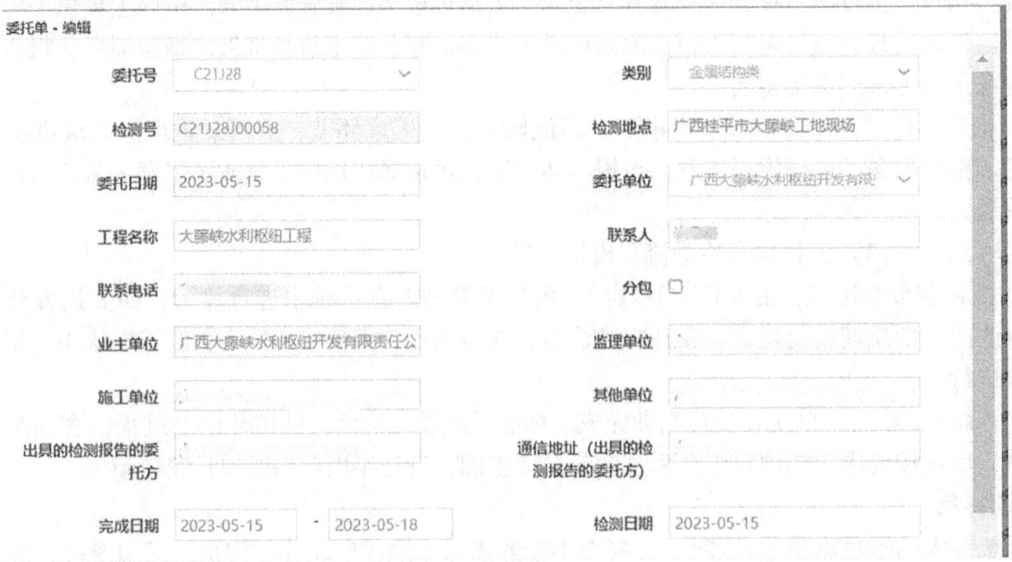

(a)

图 2　委托单编辑页面

(b)

续图 2

（2）委托单签发后，检测单位在系统接收到委托，确认无误后，则转化为内部任务书，下达检测任务（见图3），指定具体检测人员。

检测任务书（工程类用）

委托项目名称：　大藤峡水利枢纽工程右岸金属结构及机电设备质量检测服务　　　委托方：　广西大藤峡水利枢纽开发有限责任公司

金结机电 分中心　金结机电 检测室　　金属结构　专业　　　　　　　　　　　检测号：C21J28J00058

序号	样品编号/工程名称	样品名称/检测对象	样品数量/检测数量	检测项目（参数）	检测标准（方法）编号	要求完成日期	指定检测员	报告审核人	检测报告编号	出具的检测报告的委托方*	备注
1	大藤峡水利枢纽工程	右岸5#机组上机架	2.42m	焊缝内部缺陷（内部质量）	GB/T 11345-2013	2023/5/18				/	

注：出具的检测报告的委托方如与项目委托方不一致时填。

编制：＿＿＿＿＿＿＿＿　　　　　　检测室主任：＿＿＿＿＿＿＿＿　　　　2023 年 5 月 15 日

图3　检测任务下达

（3）检测员接受任务后，根据检测项目，进行检测准备，选择当前可借用设备，申请借用（见图4）。

（4）项目负责人在现场检测前，对作业人员进行安全和技术交底，留下签字记录。

（5）检测员进行现场检测，必要时拍照留存，并填写原始记录和便携式仪器设备使用记录表。检测完成后，及时告知委托人检测结果，必要时发送书面结果告知单。

（6）编写人根据原始记录，编写检测报告，原始记录随报告一起流转到报告审核环节，由审核人和审批人进行查阅，并批注意见，全流程记录留痕，可追溯（见图5）。

（7）报告审核完成后，即由资料员对报告进行打印盖章发送，完成本次检测工作。相应内容进入工作登记表里，留存登记（见图6）。委托单位人员登录指定账号经授权可以查看系统中本项目的所有报告信息，便于跟踪管理。

检测设备 - 申请借用
输入关键字来搜索设备...
量设备
超声探伤仪 编号：UK25 108 档案号：E5.2-053
塞尺 编号：SBBH-J-003 档案号：E5.2-055(当前无法借用)
焊接检验尺 编号：21070950 档案号：E5.2-056(当前无法借用)
框式水平仪 编号：119T 档案号：E5.2-057(当前无法借用)
数显拉开法附着力测试仪 编号：211205 档案号：E5.2-058(当前无法借用)
涂层测厚仪 编号：K00321122104 档案号：E5.2-059(当前无法借用)
涂层测厚仪 编号：K00321122105 档案号：E5.2-060(当前无法借用)
超声波测厚仪 编号：9021 档案号：E5.2-061
电子经纬仪 编号：270314 档案号：E5.2-062
磁轭探伤仪 编号：20220120006 档案号：E5.2-063(当前无法借用)
借用日期
委托号/工程地点
备注
确定
退出

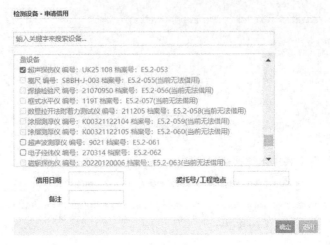

图 4　设备借用

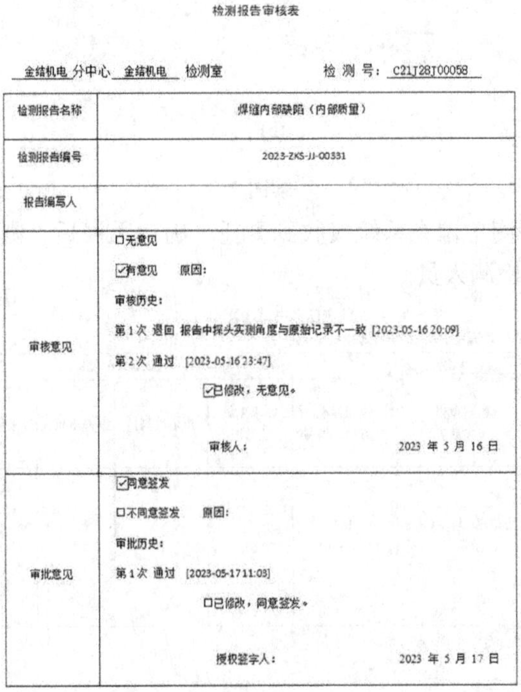

检测报告审核表
金结机电 分中心 金结机电 检测室
检 测 号：C21J28J00058
检测报告名称
焊缝内部缺陷（内部质量）
检测报告编号
2023-ZKS-JJ-00331
报告编写人
审核意见
☐无意见
☑有意见　原因：
审核历史：
第 1 次 退回 报告中探头实测角度与原始记录不一致 [2023-05-16 20:09]
第 2 次 通过 [2023-05-16 23:47]
☑已修改，无意见。
审核人：
2023 年 5 月 16 日
审批意见
☑同意签发
☐不同意签发　原因：
审批历史：
第 1 次 通过 [2023-05-17 11:03]
☐已修改，同意签发。
授权签字人：
2023 年 5 月 17 日

图 5　报告审核流转

工作登记表 - 编辑
年份
2023
委托号
C21J28
合同委托方
广西大藤峡水利枢纽开发有
合同委托方
合同额
检测合同额
委托项目名称
大藤峡水利枢纽工程右岸金属结构
检测号
C21J28J00058
检测号序号
C21J28J00058-1
报告编号
2023-ZKS-JJ-00331
合同名称、编号
[2021]JC073
样品编号/工程名称
大藤峡水利枢纽工程
样品名称/检测对象
右岸5#机组上机架
样品数量/检测数量
2.42m
检测项目(参数)
焊缝内部缺陷（内部质量）
检测标准(方法)编号
GB/T 11345-2013
专业类别
金属结构
委托日期
2023-05-15
任务下达日期
2023-05-15
要求完成日期
2023-05-18
检测日期
2023/5/15
检测室
金结机电检测室
页数
5
检测员
审核人
授权人
签发日期
2023-05-18
盖章日期
2023-05-18
盖章经办
盖章数量
7
备注
保存
取消

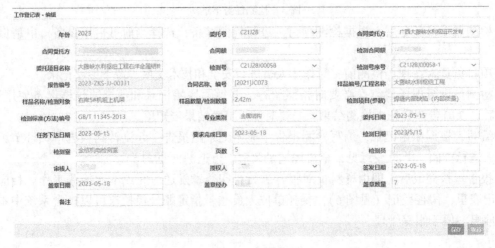

图 6　工作登记

4 结论与展望

该检测系统在大藤峡水利枢纽工程现场检测过程中全面应用，构建了建设单位、检测单位中心试验室和现场项目部的三方沟通渠道，发挥了全方位监管作用；实现了任务签发、现场检测、报告编制、审查审定和报告签发全过程数字化，提高了检测工作的效率和成果质量。检测系统的成功应用，提高了工程的智能化管理水平，为保障工程质量起到重要的促进作用。

同时，质量检测系统的应用，是一个不断改进和提高的螺旋式上升过程，应该持续进行完善优化。比如，目前受限于设备传输接口和传输标准的不统一，无法直接将便携式设备检测原始数据导入系统，只能人工填写原始记录，有待后续仪器技术的进步，打通从仪器数据到系统的传输渠道，实现检测全过程无缝衔接，达到更高程度的智慧化，更好地服务于水利工程的质量检测。

参考文献

[1] 郑光明，艾永海，潭铁山. 管理信息系统与油田工程质量检测 [J]. 油气田地面工程，1998（1）：72-74.

[2] 吴许法，李小华. 建筑工程材料质量检测计算机管理系统的研制与应用 [J]. 江苏建筑，1998（3）：30-32.

[3] 刘少文，韩波，王爱红. 常用试验及质量检测数据系统在施工中的应用 [J]. 山西交通科技，2001（1）：10-12.

[4] 楼志刚. 小型水电站坝体质量检测系统的设计与应用研究 [D]. 西安：西安理工大学，2004.

[5] 邹双春. 信息化管理系统在水利水电工程质量检测机构中的应用 [J]. 广东水利水电，2011（S1）：55-56，62.

[6] 刘文. 水利材料自动化检测系统数据采集与网络监控的研究及设计 [D]. 南京：南京邮电大学，2012.

[7] 梁啟斌，张波，陈明敏. 基于"互联网+"的水利工程质检业务管理系统 [C] // 中国水利学会. 中国水利学会2021学术年会论文集：第三分册. 郑州：黄河水利出版社，2021：5.

[8] 李钢，周红，张西峰. 基于"简道云"平台的检验检测信息化系统及其应用 [C] // 中国水利学会. 2022中国水利学术大会论文集：第六分册. 郑州：黄河水利出版社，2022：8.

[9] 郑旭明，刘东晓，谭柏贤，等. 基于大数据的水利工程质量检测系统设计 [J]. 项目管理技术，2020，18（9）：47-52.

碾压混凝土层间结合质量对混凝土性能的影响

李翅翔　周官封　尚会年　巩宁峰

（中国水利水电第十一工程局有限公司，河南郑州　450001）

摘　要：本文以碾压混凝土为研究对象，使用经过监理批准的碾压混凝土配合比和浆液配合比，分别采用一次成型和二次成型的方式，模拟碾压混凝土施工过程中的层间暴露时间，研究层间暴露时间对碾压混凝土抗压强度、劈裂抗拉强度、抗剪强度的影响。在二次成型时，通过对温缝、冷缝采取处理与不处理的措施，验证施工过程中对温缝、冷缝采取的技术措施的可靠性，为本项目碾压混凝土设计与施工提供试验数据。

关键词：碾压混凝土；层间结合；抗压强度；劈裂抗拉强度；抗剪强度

1　引言

21 世纪的水电作为公认的清洁能源，迎来了蓬勃的发展。各种水电站、抽水蓄能电站的建设，大量使用碾压混凝土进行浇筑施工，碾压混凝土以其成本低、施工速度快等优点迅速得到建筑行业各参与方的认可，围绕碾压混凝土施工质量的研究也日益增多[1]。本文以东非地区某水电站为背景，进行了层间结合质量对碾压混凝土性能影响的研究。

该水电站位于鲁富吉河上，主坝为碾压混凝土重力坝，最大坝高 131 m，主要包含碾压混凝土约 140 万 m^3，常态混凝土约 40 万 m^3。根据设计要求，大坝主体碾压混凝土强度为 C15、C12、C10，以高程 EL80、EL110 作为分界线，在 EL80 以下，使用 C15 的混凝土进行浇筑，在 EL110 以上，使用 C10 混凝土进行浇筑，中间部分使用 C12 混凝土进行浇筑。该项目碾压混凝土按压实后每层 30 cm 控制，采用"成熟度+凝结时间"进行层间结合质量控制[2]，并根据室内试验与当地气候特点，制定碾压混凝土施工过程中热缝、温缝、冷缝的处理措施。当层间为热缝时，不需处理，尽快施工；当层间为温缝时，需洒浆后，方可继续施工；当层间为冷缝时，需停盘做凿毛处理后，方可继续施工，以充分保证碾压混凝土的施工质量。本文以项目施工用强度等级为 C15 的碾压混凝土为研究对象，研究层间结合对碾压混凝土性能的影响，为碾压混凝土的施工质量控制提供依据。

2　原材料

该项目碾压混凝土施工用到的原材料包括水、水泥、火山灰、人工砂、碎石、减水剂、缓凝剂，其中火山灰在当地有丰富的储量，且价格低廉，是该项目矿物掺合料的最佳选择[3]。拌和用水取自鲁富吉河的河水，经过沉淀、过滤处理后投入使用；水泥使用当地 Twiga 公司生产的 II 型 Portland 水泥；火山灰使用当地 Mbeya 公司生产的天然磨细火山灰；人工砂和碎石取自业主方指定的采石场，经过自建的砂石料场生产所得；减水剂和缓凝剂均由国内经过海运到达施工现场。该项目施工主要依据 ASTM 标准，所有原材料均需符合 ASTM 标准的相关技术要求，经检测合格后，投入使用。

作者简介：李翅翔（1975—），男，工程师，中心试验室项目管理科主任，主要从事项目试验室技术与管理工作。

通信作者：周官封（1991—），男，工程师，中心试验室检测部主任，主要从事试验检测技术与管理工作。

3 配合比

3.1 碾压混凝土配合比

按照设计要求，本项目高程在 EL80 以下，使用强度等级为 C15 的碾压混凝土，设计龄期为 180 d，VB 值 5~15 s，骨料最大粒径为 63 mm。依据 EM 1110 和 ACI 214 计算所得的配制强度为 19.6 MPa。根据混凝土配合比设计原则，经试拌、调整与回归分析，使用水胶比 0.632、砂率 36%、火山灰掺量 40%、减水剂和缓凝剂掺量均为 0.9% 的混凝土配合比参数时，可满足项目施工对碾压混凝土的技术要求。最终经过审批的碾压混凝土配合比（强度等级 $C_{180}15$）如表 1 所示。

表 1　强度等级为 $C_{180}15$ 的碾压混凝土配合比

强度等级	碾压混凝土配合比原材料用量/(kg/m³)								
	水	水泥	火山灰	砂	碎石/mm			减水剂	缓凝剂
					4.75~19	19~37.5	37.5~63		
$C_{180}15$	120	114	76	742	449	568	251	1.710	1.710

3.2 浆液配合比

在碾压混凝土施工过程中，浆液作为变态混凝土和层间处理措施的重要材料，被广泛应用。本项目施工中，使用的浆液配合比如表 2 所示。

表 2　浆液配合比

水胶比	浆液配合比原材料用量/(kg/m³)			
	水	水泥	减水剂	缓凝剂
0.60	631	1 052	7.362	2.103

4 性能检测

使用 $C_{180}15$ 碾压混凝土配合比，进行拌和成型，检测混凝土拌和物 VB 值、凝结时间和硬化混凝土的抗压强度、劈裂抗拉强度、抗剪强度。

4.1 拌和物性能

使用维勃稠度仪进行碾压混凝土 VB 值的检测，使用混凝土贯入阻力仪进行碾压混凝土凝结时间的检测。经检测，按照表 1 成型的混凝土 VB 值为 7.6 s，初凝时间为 14 h 50 min，终凝时间为 19 h 30 min。在现场施工时，根据混凝土层间暴露时间，通过调整缓凝剂掺量，调节碾压混凝土凝结时间，以满足生产需求。

4.2 硬化混凝土性能检测

使用 1 000 kN、300 kN 万能试验机分别进行混凝土抗压强度、劈裂抗拉强度、抗剪强度的检测。在检测抗剪强度时，辅以自主研发的混凝土剪切试验装置[4]进行试验，该剪切试验装置主要由千斤顶、反力架、滚轴排、剪切盒、位移测量架等部分组成，巧妙地将工地试验室常用物资设备组合成剪切试验装置，操作简便，成本低廉。该装置不仅帮助工地试验室完成混凝土抗剪试验，而且降低了工地试验室因购买混凝土直剪仪产生的直接成本，实用性强，目前该装置已获得国家专利授权。

在进行硬化混凝土性能检测时，对混凝土试件分别采用一次成型和二次成型的方式，一次成型是将试件分层一次成型完毕；二次成型是将试件分层两次成型，即第一层成型完毕后，间隔一定时间后进行第二层成型，用以模拟碾压混凝土施工过程中的层间暴露时间。根据碾压混凝土的凝结时间，确定试验过程中二次成型层间暴露时间分别为 8 h、12 h、16 h、20 h。在暴露 16 h、20 h 时，根据成熟度控制标准，已分别达到温缝、冷缝的标准，在进行硬化混凝土性能检测时，对 16 h、20 h 的层间暴露时间，分别采用处理和不处理的方式成型试件，处理方式即按现场施工要求进行洒浆或凿毛洒浆后成型。

4.2.1 抗压强度及劈裂抗拉强度

抗压试件使用直径 150 mm、高度 300 mm 的圆柱体试模成型，每组 3 块，分别检测 28 d、56 d、90 d、180 d 龄期的抗压强度；劈裂抗拉强度试件使用边长 150 mm 的立方体试件，每组 3 块，分别检测 90 d、180 d 龄期的劈裂抗拉强度。检测结果如表 3 所示。

表 3　碾压混凝土抗压强度、劈裂抗拉强度检测结果

成型方式	暴露时间/h	抗压强度/MPa				劈裂抗拉强度/MPa	
		28 d	56 d	90 d	180 d	90 d	180 d
一次成型	—	13.9	17.4	18.8	19.9	1.9	2.4
二次成型	8	13.3	17.9	18.8	19.6	1.5	1.9
	12	14.5	17.4	18.1	19.1	1.2	1.5
	16（未处理）	13.6	16.9	18.4	18.7	0.8	1.1
	20（未处理）	12.8	17.3	18.9	19.4	0.5	0.7
	16（洒浆处理）	14.1	18.1	19.0	20.3	1.4	1.8
	20（凿毛洒浆处理）	13.2	16.8	18.5	19.2	1.6	1.9

从表 3 可以看出，成型方式及层间间隔时间对碾压混凝土抗压强度影响不明显，分析原因是试件所受压力与层间结合面相垂直，对试件抗压承载能力影响较小。劈裂抗拉强度受层间结合时间影响较大，随着层间结合时间的延长，碾压混凝土劈裂抗拉强度呈明显的降低趋势，尤其在达到温缝或冷缝又不经处理时，劈裂抗拉强度很小，但经过技术措施处理后，劈裂抗拉强度可以达到层间结合为热缝的施工效果，证明施工采用的处理措施有效。根据碾压混凝土一次成型的试验结果，绘出碾压混凝土强度随龄期的增长趋势，如图 1 所示。

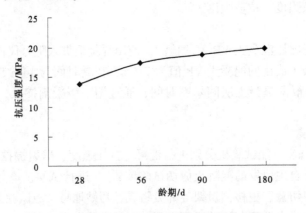

图 1　碾压混凝土抗压强度随龄期变化曲线

4.2.2 抗剪强度

抗剪试件使用边长为 150 mm 的立方体试模成型，检测 180 d 龄期的抗剪强度。在进行抗剪强度试验时，法向应力分五级加载，每级法向应力下检测 3 块试件，即每组 15 块。抗剪强度检测结果如表 4 所示。

表4 碾压混凝土抗剪强度检测结果

成型方式	暴露时间/h		法向应力/MPa					备注
			0.67	1.00	1.33	1.67	2.00	
一次成型	—	抗剪强度/MPa	4.7	5.1	5.6	6.5	7.2	—
二次成型	8		4.1	4.4	4.9	5.3	5.9	二-8
	12		2.9	3	3.4	3.6	4.1	二-12
	16（未处理）		2.4	2.6	2.8	3.1	3.5	二-16
	20（未处理）		1.3	1.4	1.7	1.8	2	二-20
	16（洒浆处理）		3.6	3.9	4.5	4.9	5.2	二-16+
	20（凿毛洒浆处理）		4.3	4.6	5.0	5.7	6.5	二-20+

根据法向应力和所测抗剪强度，绘制二者的关系曲线，如图2所示。

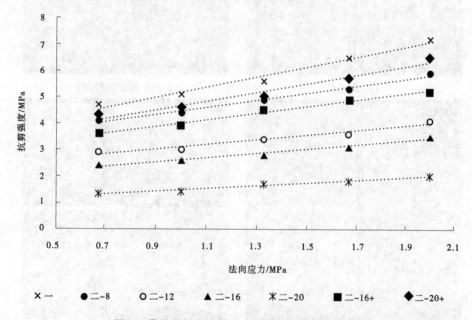

图2 碾压混凝土抗剪强度随法向应力的变化曲线

根据关系曲线，拟合一元方程，求取碾压混凝土在不同法向应力下的黏聚力和摩擦系数，如表5所示。

表5 碾压混凝土抗剪强度试验结果分析

成型方式	暴露时间/h	回归方程	相关系数 R^2	黏聚力/MPa	摩擦系数
一次成型	—	$y = 1.923\,1x + 3.254\,5$	0.979 3	3.25	1.92
二次成型	8	$y = 1.351\,4x + 3.117\,2$	0.988 9	3.12	1.35
	12	$y = 0.900\,9x + 2.198\,2$	0.957 4	2.20	0.90
	16（未处理）	$y = 0.811\,1x + 1.798$	0.975 2	1.80	0.81
	20（未处理）	$y = 0.540\,3x + 0.919\,2$	0.975 2	0.92	0.54
	16（洒浆处理）	$y = 1.261\,2x + 2.737\,5$	0.986 6	2.74	1.26
	20（凿毛洒浆处理）	$y = 1.652\,6x + 3.015\,4$	0.962 1	3.02	1.65

从表 5 可以看出，一次成型的碾压混凝土具有最好的抗剪能力，随着层间结合时间的延长，抗剪能力逐渐下降，达到初凝或终凝后，若不加以处理，碾压混凝土的抗剪能力将会显著降低，经过合适的处理措施后，其抗剪能力有一定的恢复，能够有效抵抗大坝蓄水后对混凝土产生的切向压力。

从抗剪强度检测时，混凝土剪切面的破坏形态来看，抗剪能力越好的试件，破坏面越粗糙，表面高差越大，甚至有多个粗骨料颗粒被剪切破坏；抗剪能力越差的试件，破坏面越平整，粗糙度越低，证明摩擦系数越小。部分剪切破坏面如图 3 所示。

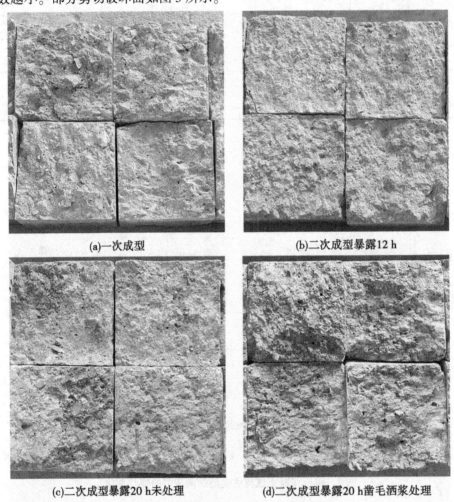

(a)一次成型　　　　　　　　　　(b)二次成型暴露12 h

(c)二次成型暴露20 h未处理　　　　(d)二次成型暴露20 h凿毛洒浆处理

图 3　抗剪强度试验部分剪切破坏面图像

5　结论

本文使用项目经过报批后的碾压混凝土配合比和浆液配合比，进行了一系列试验，验证了碾压混凝土拌和物的性能，分别采用一次成型和二次成型的方式，研究了碾压混凝土层间暴露时间对混凝土抗压强度、劈裂抗拉强度、抗剪强度的影响。试验数据表明，随着碾压混凝土施工过程中层间暴露时间的延长，抗压强度受影响不大，但会明显降低碾压混凝土的劈裂抗拉强度和抗剪强度，尤其对层间结合达到温缝、冷缝的标准时，要采取相应的技术措施，以消除这种不利影响，使碾压混凝土层间劈裂抗拉强度、抗剪强度得到有效的补充，保证大坝蓄水后的安全性、可靠性。

参考文献

［1］田政，常昊天，姚宝永．丰满水电站重建工程大坝溢流面常态混凝土与坝体碾压混凝土同步浇筑施工质量控制

［J］．水利水电技术（中英文），2021，52（S1）：219-222.

［2］高元博，靳俊杰．下凯富峡水电站碾压混凝土大坝层、缝间处理工艺［J］．西北水电，2021（4）：52-55.

［3］周官封，秦明昌．东非地区火山灰检测与应用技术［C］//中国水利学会．中国水利学会2021学术年会论文集：第三分册．郑州：黄河水利出版社，2021：148-152.

［4］邓兆勋，耿士超，李国栋，等．一种基于压力试验机的混凝土剪切试验装置：ZL 201820692190.1［P］．2018-11-20［2023-09-30］.

基于等值反磁通瞬变电磁法的水库坝体
渗漏探测分析

刘洪一[1]　　杨国华[2]　　姚若定[3]　　武颂千[1]

(1. 珠江水利委员会珠江水利科学研究院，广东广州　510610；
2. 深圳市水务规划设计院股份有限公司，广东深圳　518000；
3. 广东省北江航道开发投资有限公司，广东广州　510111)

摘　要：快速有效地探测出水库大坝的渗漏隐患，对水库的除险加固、健康运营和保护水库下游人民的生命和财产具有重要的意义。等值反磁通瞬变电磁法渗漏探测相较于常规的物探探测方法具有不易受地形限制、外界干扰小等特点，具有良好的探测效果。本文介绍了等值反磁通瞬变电磁法，对深圳某水库 2# 副坝进行渗漏隐患探测，并对坝体的渗漏类型、部位和路径做进一步分析，结果表明，该方法具有良好的探测效果，可以为后期的加固处理提供有效的基础资料。

关键词：等值反磁通瞬变电磁；渗漏探测；水库坝体

1　引言

水库大坝是极为重要的水利工程，关系着人民生命和财产的安全，是经济社会发展的重要保障。我国水库大坝多为土石坝，因建设时期施工技术落后、年久失修等多种原因，部分土石坝易出现渗漏等问题，影响水库的安全运营，严重的渗漏更是会对水库大坝和下游人民生命和财产安全造成威胁。因此，如何快速有效地对水库坝体进行渗漏探测并找出渗漏通道和区域就十分具有意义。

目前，常用于水库坝体渗漏的探测方法主要有高密度电阻率法、地质雷达法、地震波法、瞬变电磁法，这些方法各有其优缺点，在渗漏隐患探测方面均取得了一定的效果。等值反磁通瞬变电磁法（Opposing Coils Transient Electromagnetic Method，OCTEM）于 2016 年由席振铢等首先提出，该方法采用上下平行共轴的两个相同线圈通以反向电流作为发射源，且在该双线圈源合成的一次场零磁通平面上，测量对地中心耦合的纯二次场。理论计算和物理实验论证了该方法能够有效消除接收线圈本身的感应电动势，从而获得地下纯二次场的响应。理论推导和数值计算证明了该方法采用的双线圈源比传统瞬变电磁法采用的单线圈源对地中心耦合场能量更集中，因而有利于减少旁侧影响、提高探测的横向分辨率[1]。等值反磁通瞬变电磁法应用于渗漏隐患探测具有操作简单、工作效率高、抗噪和抗干扰能力强、不易受场地条件的限制等优点，本文通过对深圳某水库 2# 副坝坝顶的等值反磁通瞬变电磁法剖面的探测成果反演解释，圈定了软弱、富含水等不良地质体的分布范围，识别了渗漏的具体位置，取得了较好的工程应用效果。

2　等值反磁通瞬变电磁法（OCTEM）基本原理

传统的瞬变电磁法采用不接地回线源向地下发送一次阶跃电磁场，通过探测地下介质因激励源关断后产生的二次感应场随时间的变化响应，来探测地下介质的电性特征。因瞬变电磁法发射源与接收线圈之间的互感造成早期数据失真，形成浅部勘探"盲区"，对浅部的空间隐患探测十分不利[2]。

作者简介：刘洪一（1984—），男，高级工程师，主要从事工程质量检测和安全监测工作。

等值反磁通瞬变电磁法（OCTEM）是测量等值反磁通瞬态电磁场衰减扩散的一种新的瞬变电磁法，以相同两组线圈通以反向电流产生等值反向磁通电磁场的时空分布规律，即在该双线圈源合成的一次场零磁通平面上，可有效消除收发线圈之间的感应耦合[3]。

该方法采用上下平行共轴的两组相同线圈为发射源（见图1），在激发终止的一次脉冲磁场的间隔周期内通以反向电流产生等值方向磁通，两组线圈在中心位置形成零磁通平面，可以有效地消除发射线圈对一次场的影响，处于此位置的接收线圈不会产生电磁振荡，接收地下地质体产生的感应二次场数据为地质体的涡流响应，不受一次场关断影响，减少浅层盲区，很好地实现了地下深度在100 m范围以内的浅层电磁探测。

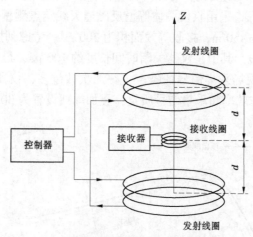

图1 等值反磁通瞬变电磁法装置示意图

感应二次场的衰减规律与地下地质结构的电阻率、形态、埋深以及规模等参数变量有关[4]。通常情况下，单独考虑电阻率，对于电阻率低的介质，二次场扩散速度和极大值衰减幅度较慢；对于电阻率高的介质，二次场扩散速度和极大值衰减幅度则较快。因此，可以根据地面接收到的涡流场信号随时间的衰减变化规律来获得地下不同部位介质体的电阻率信息，扩散深度公式可表示为：

$$\delta = \sqrt{2t\rho/\mu_0} \tag{1}$$

式中：δ 为扩散深度；ρ 为地下介质体电阻率；t 为衰减时间；μ_0 为真空磁导率。

在计算电阻率时，采用适用于全区的视电阻率计算方法，t_i 时刻的全区视电阻率计算公式为：

$$\rho_\tau(t_i) = (\mu_0 L^2)/(4\pi t_i z^2) \tag{2}$$

式中：L 为线圈边长；$z = \sqrt{2\pi}L/\tau$，τ 为扩散参数[5]。

3 工程应用实例

3.1 工程概况

该水库大坝由主坝和1#、2#、3#副坝组成。大坝为均质土石坝，大坝坝顶高程66.5 m，大坝顶宽10 m，大坝心墙基础高程33 m，最大坝高33.5 m。坝体采用全、强风化花岗岩填筑。坝基由第四系冲积粉质黏土，坡残积沙壤土，燕山期粗粒黑云母花岗岩全风化层、强风化层、中风化层、微风化层组成。上下游坡比为1：3.0，在58 m及48 m高程各设置一个2 m马道，坝坡采用0.5 m厚的干砌石护坡，干砌石护坡下铺0.3 m的碎石垫层。水库始建于1979年冬，由于施工前未进行详细坝址地质勘察工作，忽略了坝基断裂带的存在（后期勘察证实），且坝体在填筑过程中，在用料选取和分层压实度控制方面，无实际相应的控制标准和检测方法，且土料中含砾量较高，故造成了坝体存在一定的渗漏。本次工作中，采用等值反磁通瞬变电磁法对2#副坝进行渗漏探测，以查明确定2#副坝渗漏的位置、分布范围以及相应的通道，为后期整个大坝渗漏探测和加固处理提供科学合理指导。

本次工作区坝体填筑的全、强风化花岗岩在成果图像上常表现为大范围的面状高视电阻率特征，而破碎渗漏区域因充填水和泥沙，常表现为小范围的低视电阻率曲线下沉特征。坝体不同部位含水量的不同为采用等值反磁通瞬变电磁法渗漏探测提供了很好的地球物理勘探物性基础。

3.2 工作布置及数据采集

本次渗漏探测工作采用超浅层瞬变电磁仪（共面等值反磁通瞬变电磁）进行数据采集，测线沿2#副坝的坝顶中轴线布置，方向从靠近主坝一侧，向靠近1#副坝一侧进行，共布置一条测线，测线长度220 m（见图2、图3）。

本次探测模式采用定点测量模式。仪器的探测目标体深度和发送频率有关，一般情况下，所选的发送频率高低与探测目标体的深浅成反比，与探测目标体分辨率的大小成正比，需结合现场实际情况综合而定，此次探测深度约50 m，采用收发一体等值反磁通天线定点测量方式，点距2 m，天线直径为0.8 m，发射等效边长为50 m×50 m，接收等效面积为200 m²。考虑到探测深度和工区地下电阻率等因素，选择发送基频3.125 Hz，其中，仪器关断时间长度约100 μs，最大发送电流100 A，发送电压36 V。可以通过叠加来去除现场采集信号的噪声，叠加次数越多，仪器采集到的二次场衰减信号信噪比越高，综合考虑现场工作效率和采集信号质量，叠加周期设置为30次，重复观测2次。

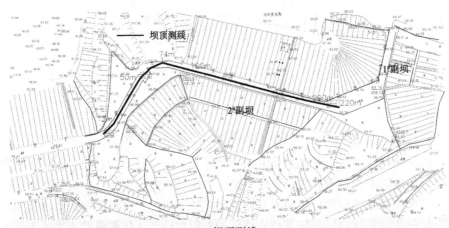

(a)坝顶测线

(b)坝顶测线

图2 坝顶测线布置示意图

3.3 OCTEM 数据处理

等值反磁通瞬变电磁法野外采集的原始资料需进行处理分析。首先是数据预处理，对野外采集的数据剔除噪点、拟合，平滑滤波，减少噪声干扰对数据的影响；其次是定性分析，通过参数分析、曲线类型分析和视电阻率分析等确定合适的反演参数；再次是定量解释，通过定性分析确定的反演参

图 3　现场渗漏探测照片

数，进行一维反演和瞬态弛豫二维剖面反演；最后是综合解释，根据反演成果数据，绘制视电阻率反演成果图，结合现场已知地质资料进行综合解释，主要通过成果图中视电阻率横向梯度变化、等值线下凹及低阻异常等特征，对渗漏通道、富含水区进行判释。

3.4　探测结果分析解释

2#副坝坝顶等值反磁通瞬变电磁法剖面反演视电阻率等值线见图 4。剖面图两侧为山体，左侧为2#副坝与主坝侧连接位置，右侧为 2#副坝与 1#副坝侧连接位置。综合反演视电阻率 ρ 断面图和相关地质资料，主要考虑视电阻率断面图中背景值、低阻异常的形态、低阻异常值及其梯度值等因素，并结合实际地段已有的地质勘察资料，对渗漏区域、富含水区域的埋深和规模进行解释。

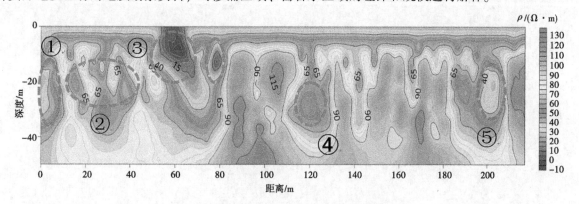

图 4　OCTEM 坝顶剖面反演视电阻率等值线

2#副坝坝体主要为强风化花岗岩填筑，强风化花岗岩电阻率在 90 Ω·m 左右，水的电阻率一般小于 20 Ω·m，坝体富含水和渗漏部位会呈现出低电阻率特征，结合本项目实际情况，低电阻率异常区划分标准选取小于 50 Ω·m。

瞬变电磁法探测共发现 5 个低电阻率异常区：①号低电阻率区域位于 2#副坝左侧坝头山体位置，该区域顶部位于库区水位线以下，从坝顶往下 18 m 深度位置向下延伸，推测为富含水区域；②号低电阻率区域位于坝顶往下 16 m 深度以下，测线 19～40 m 位置，库区水位线以下，异常区接近于封闭，推测为山体裂隙发育富含水区域；③号低电阻率区域视电阻率异常低，库水位线以上，坝体顶部，结合现场实际情况，该处为溢洪道，低电阻率异常应为混凝土内钢筋引起，该区域右侧有一小低电阻区域，为该位置埋设的电缆管涵引起的异常；④低电阻率区域位于坝顶往下 20 m 深度以下，测线 110~130 m 位置，异常区域封闭，探测现场有微小水流渗出，综合判定为散浸微渗漏区域；⑤号低电阻率区域位于坝顶往下 16 m 深度以下，右侧坝头和山体连接位置，视电阻率在 40 Ω·m 以下，异常区域封闭，探测现场该区域部分位置有明显水流流出，推测已形成渗漏通道。

4 结语

等值反磁通瞬变电磁法作为一种新的技术方法，具有较强的抗干扰能力、受外界环境影响小、探测分辨率高的特点。本文通过采用等值反磁通瞬变电磁法在水库开展渗漏探测工作，能够较为准确地探测到坝体的富含水区域和渗漏通道，探测结果与现场实际情况一致，表明等值反磁通瞬变电磁法可用于水库坝体的渗漏隐患探测，是水库坝体渗漏探测的一种有效手段，可为水库复杂渗漏问题的探测提供借鉴和参考。同时，建议对渗漏异常区布置钻孔取芯，并安装埋设测压管，对物探探测成果进行验证和补充勘察。

参考文献

[1] 席振铢，龙霞，周胜，等．基于等值反磁通原理的浅层瞬变电磁法 [J]．地球物理学报，2016，59（9）：3428-3435.

[2] 彭星亮，席振铢，王鹤，等．等值反磁通瞬变电磁法在地质灾害探测中的应用对比 [J]．西部探矿工程，2018（8）：147-150，153.

[3] 白登海，Maxwell A Meju，卢健，等．时间域瞬变电磁法中心方式全程视电阻率的数值计算 [J]．地球物理学报，2003，4（5）：697-704.

[4] 王银，席振铢，蒋欢，等．等值反磁通瞬变电磁法在探测岩溶病害中的应用 [J]．物探与化探，2017，41（2）：360-363.

[5] 牛之琏．时间域电磁法原理 [M]．长沙：中南大学出版社，2007.

环境抗生素类药物污染物定性定量
检测方法研究进展

郎　杭[1,2]　赵晓辉[1]

（1. 中国水利水电科学研究院，北京　100038；
2. 中国地质大学（北京）水资源与环境工程北京市重点实验室，北京　100083）

摘　要：抗生素类药物是威胁人体健康及生态安全的新型污染物之一。抗生素检测技术的进步是抗生素污染研究的重要支撑，目前已有多种检测仪器被用于检测环境中的抗生素，如 GC-MS、UPLC-MS/MS 和 Q-TOF 等。但是，环境中污染物种类繁多，环境基质复杂等因素对定性定量检测方法提出了较高的需求。此外，目前定性定量检测方法的检出个数和种类远远小于实际生产生活中药物的使用种类个数，如何快速、大量、准确识别环境中存在的抗生素类药物污染物仍需要持续研究。

关键词：抗生素；定性检测；定量检测

1　研究背景

药物和个人护理品（Pharmaceuticals and Personal Care Products，PPCPs）是一类新型有机污染物的统称，这个概念最早由 Christian G. Daughton 提出，随后被广泛接受[1]。美国环境保护局（Environmental Protection Agency，EPA）将药物及个人护理品定义为：人类以人身健康和个人护理为目的所使用的物质，或是农牧业者为了维持禽畜健康或促进禽畜生长所使用的物质。PPCPs 所包含的化合物种类繁多，药物（Pharmaceuticals）通常包括各种处方药和非处方药（如抗生素、抗菌药、激素、镇痛剂、消炎药、抗癌药、血脂调节剂、β-阻滞剂、细胞抑制剂、显影剂和催眠药物等），化合物种类超过 3 000 种；个人护理产品（Personal Care Products，PCPs）包括化妆品、防腐剂、杀菌剂/消毒剂、驱虫剂、香料、防晒剂、香皂、染发剂、发胶和洗发水等，化合物种类也达上千种[2-4]。PPCPs 已经渗透到人们日常生活的方方面面，生产量和使用量也呈逐年递增状态。

2　抗生素使用与检出现状

作为一种新型污染物，PPCPs 以多种不同的形式直接或间接地进入环境。在生产环节，PPCPs 可能以固体废物或污水的形式被排入环境中。在使用环节，如果固体废物以填埋的方式进行处置，则 PPCPs 可能会随渗滤液或填埋厂排水进入地下含水层和地表水体。而城市生活污水中的 PPCPs 也会因在污水处理过程中未被完全有效去除，而随污水厂出水口进入地表水、地下水和沉积物中。虽然 PPCPs 的半衰期不是很长，但是由于大量而频繁地使用，导致 PPCPs 形成"假性持续性"现象[5-6]。虽然现在许多 PPCPs（如含碘造影剂、磺胺甲基异噁唑、卡马西平等）已在地表水与饮用水中被检测出，但在世界范围内，尚无任何一部饮用水指令（如欧洲饮用水指令 98/83/EC）对此类物质制定相关规定。

抗生素目前被认为是对人体健康及生态安全威胁最大的新型污染物之一。自从英国细菌学家 Alexander Fleming 在 1929 年发现了青霉素，目前已知的天然抗生素不下万种，其中有上百种抗生素被

作者简介：郎杭（1991—），女，工程师，主要从事水环境污染检测研究工作。

应用于临床治疗，其中常用抗生素根据其结构通常可分为四环素类、大环内酯类、磺胺类、喹诺酮类和β-内酰胺类。近 20 年来，全球的抗生素使用量逐年递增，有学者统计，从 2000 年到 2010 年间，世界抗生素消费水平增加了 36%，其中巴西、俄罗斯、印度、中国和南非占这一增幅的 76%[7]。而我国是抗生素生产和使用大国，据 2013 年统计数据，全球抗生素总产量约为 24.8 万 t，其中在中国的使用量达到 16.2 万 t[8]，人均年消费量约 138 g，约为美国人消费量的 10 倍[9]。

抗生素类药物的大量使用，给人类生产及生活带来了诸多便利，但随之而来的抗生素类药物污染问题，亦成为人们必须面对的现实。环境中存在的抗生素会导致细菌耐药基因的产生，改变微生物生态环境，同时抗生素也会对人体造成不可预计的危害。而抗生素从生产到消费的各个环节中，都有可能进入环境。在中国，每年排入环境中的抗生素约为 5.38 万 t，其中约 46% 进入水体，54% 进入土壤。近年来，研究表明，国内外环境样品，如土壤、地表水、底泥等中均检出了不同浓度的抗生素[10-11]。

美国一项针对 139 条河流的研究表明，在河水中检测出包括药物在内的 95 种有机污染物，在 31 种常用氟喹诺酮类、磺胺类、大环内酯类和四环素类抗生素中，脱水红霉素和磺胺甲基异噁唑在水样中被检出，其浓度分别为 1.7 μg/L 和 1.9 μg/L[12]。目前，我国地表水体中抗生素的污染也较为严重，据统计，2005—2016 年，在中国的 7 条主河流和渤海、黄海、东海和南海中共检测出 94 种抗生素[13]。

虽然检出抗生素的个数在增多，但是与实际生活中使用的抗生素种类比，还是远远不够的，如何能够尽可能多地识别出环境中存在的抗生素仍是一个急需探究的问题。抗生素检测技术的进步是抗生素污染研究的重要支撑，目前已有多种抗生素污染的定量检测技术。

3 抗生素的定性检测方法

定性检测是通过非量化的手段来探究事物的本质，定性检测的主要任务是确定物质或化合物的组成。环境中污染物种类繁杂，结构特性相似，对于未知污染物的筛查和确证必须保证有特异性好、灵敏度高的仪器检测技术。对于抗生素类有机污染物而言，其特征的化学信息是其准确性的保证，如质谱信息等。所以，现在环境中对于抗生素类污染物的鉴别主要依靠 GC 和 HPLC 仪器将污染物进行有效的分离，然后选择灵敏度高的检测器对其检测。在此，对常见的检测器技术进行综述。

3.1 GC-MS

质谱技术的发展，不仅降低了定量分析检测的检出限，也使技术人员通过质谱数据库对比查询来确认未知化合物变得相对简单易行。GC-MS 具有与之相匹配的有机质谱数据库，该技术也是目前仪器市场上最为成熟的技术。现有商品化的质谱库基本涵盖了常见挥发性毒物，包括美国国家标准研究所的 NIST 质谱库（190 000 余种化合物，220 000 余张谱图）和 Wiley 质谱库（300 000 余种化合物，400 000 余张谱图）。该技术下的谱图覆盖面广、信息量大，适用于不同 GC-MS 系统，稳定性和重复性强，使用方便。目前，GC-MS 主要用于热稳定、易挥发的化合物检测，对于大部分抗生素的定性检测具有局限性。

3.2 HPLC-MS

对于难挥发、强极性、热不稳定化合物，目前研究者常使用 HPLC-MS 等技术进行检测。但是，由于 HPLC-MS 主要采用软电离方式，不同于 GC-MS 的电子轰击，所以不同仪器公司的质谱设计原理不同，参数不同，进而导致 HPLC-MS 没有统一的质谱图。但是同一化合物的质谱信息是相同的，所以同一化合物在不同型号、不同公司的仪器得到的质谱图准分子离子峰和质谱碎片是具有可比性的，同时通过保留时间等参数，可以对环境中未知抗生素污染物进行定性分析。

3.3 HPLC-Q-TOF

与常见的三重四级杆质谱相比，四极杆-飞行时间串联质谱仪（Q-TOF）具有更高的质量精确度分辨率和扫描速度等，可以在全扫模式下一次运行中实现几百种甚至上千种未知化合物的同时筛查，同时帮助研究者更准确地了解化合物裂解后离子碎片的质量数，适用于判断分析未知化合物及其在环境中的代谢转化产物。但是该检测仪器价格昂贵，体积庞大，在谱图解析过程中对人员要求较高，需要有丰富的有机化学知识和谱图解析经验。

4 抗生素的定量检测方法

定量检测是需要先进行定性分析，确定物质组分后，再选择合适的分析方法进行定量分析。目前抗生素的研究是基于定量监测到环境中抗生素的浓度进行的，而定量检测方法的开发和应用是研究者先建立假设而选择性地进行抗生素种类检测，定量检测方法具有局限性。

此外，水环境中抗生素污染物具有种类繁多、浓度较低等特点，同时因为水环境基质复杂，干扰性较大，对监测仪器的灵敏度、检出限、分离效果和定性定量等能力提出了较高的需求。检测技术的进步是抗生素类新型污染研究的重要支撑，目前已有多种检测技术被开发应用于环境中抗生素的定量浓度检测。

4.1 高效液相色谱检测

高效液相色谱（High Performance Liquid Chromatography，HPLC）是色谱法的一个重要分支，于20世纪60年代后期出现。该检测方法以液体为流动相，采用高压输液系统，将具有不同极性的单一溶剂或不同比例的混合溶剂、缓冲液等流动相泵入装有固定相的色谱柱，在柱内各成分被分离后，进入检测器进行检测，从而实现对试样的分析。HPLC检测方法是目前抗生素检测中普遍应用的检测方法，主要配有紫外检测器（UV）、荧光检测器（FLD）以及二级阵列检测器（DAD）等检测器。紫外检测器和荧光检测器主要是根据不同物质可以对不同波长的紫外吸收或在激发光照射下发出不同的波长光，从而被检测器捕捉、转化，最后显示出不同物质的色谱图。然后利用不同物质的出峰时间不同从而确定物质本身，同时还可利用峰面积大小对待测物的浓度进行定量分析。HPLC检测法弥补了气相色谱分析方法在难挥发、热不稳定、强极性化合物分析上的缺陷，但是单纯的HPLC检测法只能提供出峰时间和色谱图，无法对待测组分的结构进行确定，并且随着流动相的变化，保留时间也会相应改变，容易在确定物质成分时发生错误判定。

4.2 高效液相色谱串联质谱检测

随着近年来质谱（Mass Spectrometer，MS）技术的发展，质谱检测器弥补了常规检测器的不足，可以利用被测物质的分子离子峰及特征离子碎片的质荷比（mass to charge ratio，m/z）进行定性定量分析。高效液相色谱-质谱联用（HPLC-MS）技术发展迅速，它结合了高效液相色谱仪有效分离热不稳性及高沸点化合物的分离能力，以及质谱仪高精度的组分鉴定能力，是一种分离分析复杂有机混合物的有效手段。特别是高效液相色谱配备三重四级杆质谱仪（Tandem Mass Spectrometer，MS/MS），可提供目标物质结构的详细信息，非常适用于样品中的中等极性、极性和离子型化合物的痕量分析，是一种在检测环境中抗生素污染物较普遍的技术。HPLC-MS/MS检测法具有灵敏度高、检出限低、可检测多组分污染物等优点，相比于GC-MS减少了化合物衍生化的需求，但因没有通用的数据库而多应用于抗生素的定量检测。

4.3 气相色谱和气相色谱质谱检测

气相色谱（Gas Chromatography，GC）是指用气体作为流动相的色谱法，是一个分析速度快、分离效率高的分离分析方法，常规检测器为氢火焰离子化检测器（FID）、热导检测器（TCD）、氮磷检测器（NPD）和电子捕获检测器（ECD）。GC多应用于石油化学工业的原料和产品分析，农业上监测农作物中残留的农药，以及环境中挥发性和半挥发性有机污染的分离分析，无法对待测组分的结构进行确定。

气相色谱-质谱联用（GC-MS）技术，以多电子轰击（EI）为离子源，形成稳定的碎片离子，具有范围较广的应用质谱库和较好的分离能力，在多组分检测分析方面有明显优势。然而GC-MS主要用于热稳定、易挥发的化合物检测，对于其他难以气化的物质需要先将其衍生化处理，在衍生化过程中极易引入分析误差[11]。

5 结论与展望

抗生素检测技术的进步是抗生素污染研究的重要支撑，目前已有多种抗生素污染的检测技术，GC-MS 技术有稳定的碎片离子峰，可以根据其质谱库对比发现未知污染物，但是由于其检测抗生素时需要衍生化等处理过程而较少使用。HPLC-MS/MS 技术是在抗生素检测中应用较普遍的技术，具有灵敏度高、检出限低、可检测多组分污染物等优点，但因没有通用的数据库而多应用于抗生素的定量检测。Q-TOF 具有高分辨和质量精确度高等优点，可以帮助研究者更准确地了解化合物裂解后离子碎片的质量数，适用于判断分析未知抗生素和抗生素的代谢转化产物，但是在谱图解析过程中对人员要求较高，需要有丰富的有机化学知识和谱图解析经验。

全球多国在地表水、地下水、土壤、沉积物甚至饮用水中均有检出。但是环境中检测出的抗生素个数与种类远远小于实际生产生活中抗生素的使用种类与个数，如何尽可能多地识别出环境中存在的抗生素类污染物尤其是抗生素和药物在环境中存在的种类与个数是一个急需解决的问题。

参考文献

[1] DAUGHTON C G, TERNES T A. Pharmaceuticals and personal care products in the environment：Agents of subtle change？[J]. Environ Health Perspect, 1999, 107：907-938.

[2] KOSMA C I, LAMBROPOULOU D A, ALBANIS T A. Occurrence and removal of PPCPs in municipal and hospital wastewaters in Greece [J]. Journal of Hazardous Materials, 2010, 179 (1-3)：804-817.

[3] LIU J L, WONG M H. Pharmaceuticals and personal care products (PPCPs)：A review on environmental contamination in China [J]. Environment International, 2013, 59：208-224.

[4] 胡洪营, 王超, 郭美婷. 药品和个人护理用品 (PPCPs) 对环境的污染现状与研究进展 [J]. 生态环境, 2005 (6)：947-952.

[5] TERNES T A, MEISENHEIMER M, MCDOWELL D, et al. Removal of pharmaceuticals during drinking water treatment [J]. Environmental Science & Technology, 2002, 36 (17)：3855-3863.

[6] 吕妍, 袁涛, 王文华. 个人护理用品生态风险评价研究进展 [J]. 环境与健康杂志, 2007 (8)：650-653.

[7] VAN BOECKEL T P, GANDRA S, ASHOK A, et al. Global antibiotic consumption 2000 to 2010：an analysis of Cross Mark 742 national pharmaceutical sales data [J]. Lancet Infectious Diseases, 2014, 14 (8)：742-750.

[8] YING G G, HE L Y, YING A J, et al. China Must Reduce its Antibiotic Use [J]. Environmental Science & Technology, 2017, 51 (3)：1072-1073.

[9] 王冰, 孙成, 胡冠九. 环境中抗生素残留潜在风险及其研究进展 [J]. 环境科学与技术, 2007 (3)：108-111, 21.

[10] BU Q, WANG B, HUANG J, et al. Pharmaceuticals and personal care products in the aquatic environment in China：A review [J]. Journal of Hazardous Materials, 2013, 262：189-211.

[11] 祁彦洁, 刘菲. 地下水中抗生素污染检测分析研究进展 [J]. 岩矿测试, 2014 (1)：1-1211.

[12] KOLPIN D W, FURLONG E T, MEYER M T, et al. Pharmaceuticals, hormones, and other organic wastewater contaminants in US streams, 1999—2000：A national reconnaissance [J]. Environmental Science & Technology, 2002, 36 (6)：1202-1211.

[13] LI S, SHI W, LIU W, et al. A duodecennial national synthesis of antibiotics in China's major rivers and seas (2005-2016) [J]. Science of the Total Environment, 2018, 615：906-917.

多波束测深系统水下检测精度实验评估

章家保[1]　朱瑞虎[1]　丁德荣[2]　张秋明[2]

(1. 河海大学港口海岸与近海工程学院，江苏南京　210024；
2. 福建省港航勘察科技有限公司，福建福州　350009)

摘　要：为评估某型号多波束测深系统在水下检测现场的实际精度，对检测现场水下进行了现场模型实验；根据实验实测数据和分析，对多波束测深系统在现场实际的水下检测能力和检测精度进行了测算和评估。实验结果表明，该系统在水下检测中具有可信的精度；通过现场实验评估了影响该多波束测深系统水下检测精度的主要因素，为水下检测工作的开展和该多波束水下检测数据的可靠性提供了支撑。

关键词：多波束测深；水下检测；精度评估；现场模型

1　引言

近些年来，多波束测深系统在水利工程和水运工程的水下检测中有广泛的应用。多波束测深系统在当前高精度的定位和密集的波束点的技术条件下，已经从原有的测深"本职功能"扩展到港口码头及大坝等水下结构的检测上[1-4]。然而，由于受检测现场的水面工况、不同的测量条件和环境因素，如水质、水流、水深等因素的影响，其实际检测精度和检测效果有较大差别，即使是同一套多波束测深系统，在不同的环境中检测的实际测量精度也存在差异。

多波束测深系统在出厂时制造商都会标明相关仪器的关键技术指标，例如波束角、脉冲宽度等；在水深测量工作中，常将多波束测深系统与其他测深仪器进行比对，或与自身系统在重复测量及交叉线上的测量结果进行比对和统计分析，以评估其测深精度或测深误差。多波束测深系统已经广泛地应用在水下检测工作上，然而，能有效评估该仪器系统检测能力和检测精度的手段不多见。

为评估多波束测深系统在特定现场水域环境下的检测精度，朱瑞虎等[4]提出了基于多波束声呐水下检测的现场模型实验，即设计已知标准尺寸的物理模型，将水下声呐检测实际测量结果与模型已知的结构尺寸进行统计分析，评估多波束测深系统在识别和定位水下结构物方面的精度。

因港口水下检测工作需要，为评估和验证某型号多波束测深系统在福建近岸港口现场水下检测的测量精度，设计制作了不同规格的已知尺寸的实体模型，在不同模型组合的布局下采取了不同测量方式（等角模式和等距模式），对检测任务现场环境下水下投放的模型进行了多次实地模拟检测并采集数据进行分析。

2　实验模型与检测方法

2.1　多波束检测技术

在水下检测应用上，多波束测深系统的检测能力主要取决于其测深精度和横向分辨率；从多波束测深系统自身的技术指标上说，影响测深精度的主要技术指标包括声速、声波脉宽和测量时间；而影响水下检测平面上的分辨率的技术指标主要有波束大小、工作声学频率、波束形状和信噪比等。

本次实验要评估的是指定型号的多波束测深系统在现场的检测分辨能力，则以上对于工作的声学

作者简介：章家保（1980—），男，实验师，主要从事水利和海洋勘测及检测实验技术工作。

频率、声速误差等无法从单个技术指标进行评估，而是直接以水下检测任务为导向，将其置于现场同一水体环境、水面波浪等工况以及船只晃动和震动等综合因素相同的情况下对其实际水下检测的测量值进行验证和评估。

多波束测深系统水下检测的理论最小能分辨的目标取决于波束脚印的大小[6]，示意图如图1所示。

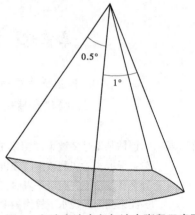

本文采用的多波束测深系统的波束角为 1°×0.5°，即横向波束角度 0.5°，沿航向（纵向）波束角度 1°，则其波束脚印大小可表达为式（1）：

$$F = 纵向(r \times 1° \times \pi \div 180) \times 横向(r \times 0.5° \times \pi \div 180)$$

$$(1)$$

图1 多波束波束角与波束脚印示意图

2.2 实验模型制作

为测试多波束测深系统现场环境中不同水深下的检测精度，制作了不同尺寸的实体模型。现场模型实验的模型设计制作上采用硬质木工板作为模型外壳，内用角钢加固，基座模型制作成 1 m×1 m×1 m 的立方体。在基座模型顶面按照适当间距布设不同尺寸构件（见图2）。构件尺寸分别为：①号为 30 cm×30 cm×15 cm（橙色），②号为 30 cm×20 cm×15 cm（灰色），③号为 10 cm×10 cm×10 cm（木块），④号为 5 cm×5 cm×5 cm（木块），⑤号为 2 cm×2 cm×2 cm（木块）。模型表层采取喷砂打磨的方式做了表面粗糙度处理，以模拟水下结构物混凝土粗糙表面。

图2 原始实验模型

2.3 检测测试方法

实验海域为福建省近岸某港口水域，为排除安装因素等引起的误差，在安装多波束测深系统后对其进行了艏向校准、横摇校准和纵摇校准，以保证多波束在安装和延时上符合水下检测测量要求；安装该系统的测量船只以正常检测速度 1.2 m/s（约 2.3 节）航行。

本次实验采用的多波束测深系统技术规格为：512 个物理波束、波束角沿航向 0.5°、垂直于航向 1°、最大发射速率设置每秒 50 次、声学频率 400 kHz，根据港口水深设置的发射速率为每秒 20 次，换能器入水深度为 1 m。

第一批次的现场模型实验采用了原始实验模型布局（见图3），分别在 4 处不同水深的水域地点进行投放和检测测试，检测的测量过程中均采用等角模式。根据第一批次的检测效果，第二批次模型实验对模型布局进行了调整，舍弃原来的①号和⑤号模型，排列布局如图3所示；并采用等角、等距两种模式进行数据采集，等距间距为1 cm；分别在3处不同水深的水域地点进行投放和检测测试。

图3　实验模型布局2

3　检测精度评估

3.1　数据采集分析

将实测的检测数据导入CARIS HIPS后处理软件（如图4为现场模型实测数据），截取的典型点云图如图5、图6所示。在不删除原始测点的情况下对数据点云图进行了读取和统计，如表1、表2所示。

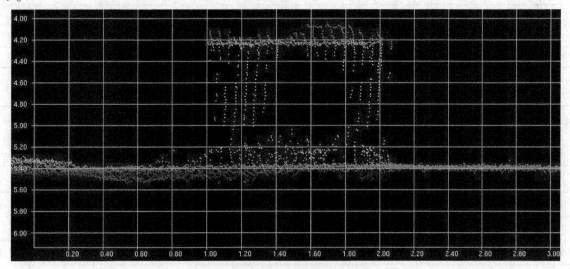

图4　模型布局1整体剖面点云图

将实际投放水深下最终检测和测量的数据汇总于表格，见表1和表2。其中，深度是指实际检测情况下模型基础离多波束换能器的深度（单位为m）；中央波束距离是指在实测过程中多波束系统的中央波束与模型基础中心的水平距离（单位为m）；实际间距是指测量过程中中央波束点附近的实际波束点之间的距离（单位为m）。

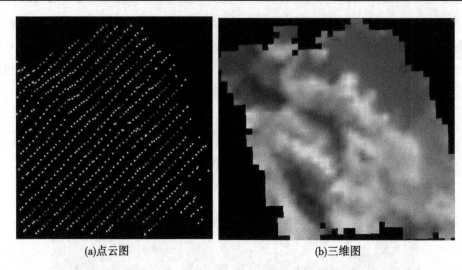

(a)点云图　　　　　　　　(b)三维图

图 5　模型布局 1 顶部在 10.1 m 水深下的点云图和三维图

图 6　模型布局 2 在 7.7 m 水深下顶部实测的数据点云图

表 1　实验模型布局 1 的现场模型实验检测结果

深度/m	中央波束距离/m	理论脚印大小/cm	模型① （30 cm×30 cm×15 cm） /cm						模型② （30 cm×20 cm×15 cm） /cm					
			实测长及误差		实测宽及误差		实测高及误差		实测长及误差		实测宽及误差		实测高及误差	
6.9	0.69	12×6	32	2	30	0	15	0	32	2	20	0	15	0
9.2	1.5	16×8	29	1	29	1	13	2	31	1	19	1	15	0
10.1	2.82	18×9	27	3	27	3	14	1	30	0	22	2	14	1
10.6	1.1	19×9	27	3	28	2	14	1	28	2	19	1	16	1

表 2　实验模型布局 2 的现场模型实验检测结果

深度/cm	中央波束距离/m	理论脚印大小/cm	测量模式	模型② （30 cm×20 cm×15 cm） /cm						模型③ （10 cm×10 cm×10 cm） /cm					
				实测长及误差		实测宽及误差		实测高及误差		实测长及误差		实测宽及误差		实测高及误差	
4.1	3.6	10×5	等角	26	4	22	2	15	0	分辨不清					
4.0	1.0	7×4	等距	31	1	21	1	14	1	8	2	10	0	9	1
9.7	4.35	19×9	等角	29	1	21	1	14	1	分辨不清					
9.6	0.8	17×8	等距	28	2	20	0	14	1	10	0	11	1	11	1
7.7	3.0	15×7	等距	27	3	23	3	15	0	分辨不清					
7.7	0.1	13×7	等距	30	0	21	1	16	1	10	0	10	0	9	1

3.2　检测精度评估

根据现场模型实验的检测结果，在该港口小于 12 m 水深的水域（实际换能器距离检测基准面小于 10.6 m）环境下，30 cm 尺寸大小模型容易分辨且边界清晰；20 cm 尺寸大小模型可以分辨但部分存在误差；10 cm 尺寸大小模型仅在中央波束的正下方才可分辨，且部分存在误差；5 cm 及更小尺寸大小模型均难以分辨。

通过对表 1、表 2 中已检测分辨出的 51 组数据的检测结果实测误差统计分析：最大相对误差为 20%，出现在对 10 cm 的 1 次检测中；最小相对误差为 0，出现 14 次；平均相对误差为 5.8%；经计算，以上 51 组数据相对误差值的 95% 置信区间下限为 4.5%，上限为 7.1%。以上分析说明该多波束系统在该区域的总体检测数据可靠。

该多波束测深系统精度受深度（换能器距检测目标的距离）变化的影响大，深度越大则精度越差，根据已经检测的 51 组数据算得的结果，其平均相对误差值随深度变化的曲线如图 7 所示。

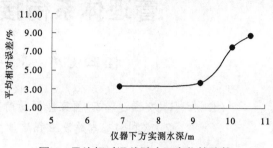

图 7　平均相对误差随水深变化的趋势

4　结语

通过现场模型实验，检验该多波束测深系统在该水域的检测能力和检测精度。由两次现场模型实验得知，在大于 10 m 水深（换能器入水深度为 1 m，实测换能器距离检测基面 9.6 m）情况下，该多波束能检测到 10 cm 的立方体；尽管在该水深情况下理论脚印的宽度已经达到 8 cm，但只要数据点足够密集，也能取得良好的检测效果。

通过对比分析不同深度和不同检测模式下的检测结果可知：①深度（换能器距检测目标的距离）对检测精度影响较大，无论采取等角模式还是等距模式，随着深度的增加其检测精度会降低，根据目前的实测统计数据，实测数据的平均相对误差与深度的增加并非线性关系（见图 7）；②通过表 1、表 2 的后两组数据可知，检测目标距离中央波束的距离对检测精度影响较大，且距中央波束越远，对检测精度影响越大；③该多波束系统的等距测量模式较等角模式测量模式有明显优势，尤其对于多波束系统不在水下检测目标的正上方时，使用等距模式可明显提高检测精度。

本次现场模型实验除对相近水域环境下的多波束有直接的参考意义外，对现场检测测线的布设及检测精度提高上有以下建议：①尽可能减小测量深度（换能器距检测目标的距离），水域安全的情况下可以通过增加换能器的入水深度等来减小测量深度的值来实现；②同样深度的条件下，尽可能减小与中央波束的距离，即尽可能抵达被检测目标的正上方或正前方检测；③无法抵达水下检测目标的正上方或未知水下检测目标的位置时，使用等距模式可明显提高检测精度。

参考文献

[1] 常衍，邓恒．多波束测深技术在冲坑检测中的应用［C］//中国水利学会．2022 中国水利学术大会论文集（第六分册）．郑州：黄河水利出版社，2022：6.

[2] 刘仙玉，毛小平．多波束测深系统在水库库容曲线复核与淤积测量中的应用［J］．大坝与安全，2013（6）：24-26.

[3] 章家保，程李凯，朱瑞虎，等．多波束测深系统在水下检测码头接缝中的应用［J］．水运工程，2019（7）：99-104.

[4] 朱瑞虎，郑金海，章家保，等．重力式码头沉箱接缝检测方法研究与改进［J］．水运工程，2019（6）：58-62.

[5] Zhu R H, Zheng J H, Zhang J B, et al. Application of the sonar detection technique to inspection of vertical quay wall. In：Malvárez, G. and Navas, F. (eds.), Global Coastal Issues of 2020. Journal of Coastal Research, Special Issue No. 95, 2020. pp. 325-329. Coconut Creek (Florida), ISSN 0749-0208.

[6] 赵建虎．多波束测深及图像数据处理［M］．武汉：武汉大学出版社，2008.

内设检验检测机构适应新版评审准则与母体质量管理体系衔接的分析和探讨

桂玉枝[1,2]　李嫦玲[1,2]　韩孝峰[1,2]

(1. 水利部 交通运输部 国家能源局南京水利科学研究院，江苏南京　210029；
2. 水利部基本建设工程质量检测中心，江苏南京　210029)

摘　要： 当检验检测机构以母体单位内设机构运行时，母体单位执行 ISO 9001 质量管理体系和检验检测机构符合资质认定评审要求之间需要做好衔接。当二者均能持续有效运行时，可以互相促进，充分利用二者的共享要求和内部、外部审核意见，不断取得持续改进的输入信息，做到两个体系间良性互动。本文就执行 ISO 9001 体系单位的内设检验检测机构适应新版资质认定评审准则的要求与质量管理体系要求衔接开展分析和探讨。

关键词： 检验检测；资质认定；质量管理体系；运行；分析

1　引言

南京水利科学研究院最早于 1993 年通过国家级检验检测机构资质认定（CMA），本部及下属机构共有 5 个中心获得国家级检验检测机构资质认定。1999 年通过 ISO 9001 质量管理体系认证，2021 年通过职业健康安全与环境管理体系（HSE）认证，建有较为完善的质量保障机制和管理制度体系。为落实《质量强国建设纲要》中关于深化检验检测机构资质审批制度改革、全面实施告知承诺和优化审批服务的要求，市场监管总局发布了新版《检验检测机构资质认定评审准则》，将于 2023 年 12 月 1 日起施行。如何做好新版《检验检测机构资质认定评审准则》要求与母体单位执行的 ISO 9001 质量管理体系的衔接，对于本单位质量体系的持续有效运行和内设检验检测机构顺利通过资质认定复查评审尤为重要。

2　新版资质认定评审准则变化

新版《检验检测机构资质认定评审准则》共有 4 章内容，其中第 2 章规定了评审的内容和要求。评审的内容主要涉及机构主体、人员、场所环境、设备设施和管理体系，细化的要求通过附件 4 "一般程序审查（告知承诺核查）表"体现。

2.1　机构主体

第八条对机构主体独立性及其最高管理者的法律责任做出了明确要求，要求检验检测机构是法人机构的，应当依法进行登记。企业法人注册经营范围不得包含生产、销售等影响公正性的内容。检验检测机构是其他组织（包括法人分支机构）的，应当依法进行登记。法人、其他组织登记、注册的机构名称、地址应当与资质认定申请书一致，且登记、注册证书在有效期内。法定代表人不担任检验检测机构最高管理者的，应当对检验检测机构的最高管理者进行授权，并明确法律责任。

作者简介： 桂玉枝（1972—），女，高级工程师，主要从事检验检测机构资质认定管理工作。
通信作者： 李嫦玲（1981—），女，高级工程师，主要从事 ISO 9001 与检验检测机构质量管理工作。

2.2 人员

第九条对授权签字人的角色地位和要求进一步明确，规定检验检测机构具有为保证管理体系的有效运行，出具正确检验检测数据、结果所需的技术人员和管理人员（包括最高管理者、技术负责人、质量负责人、授权签字人等），增加了"授权签字人"，突出了授权签字人的重要性。规定检验检测报告授权签字人的授权文件明确规定授权签字人签字范围，授权签字人的工作经历和教育背景与授权文件规定的签发报告范围相适应，授权签字人的能力胜任所承担的工作。

2.3 场所环境

第十条规定工作场所应与申请书中填写一致，对租用、借用场地规定了最少期限不少于1年。检验检测机构的工作场所与《检验检测机构资质认定申请书》填写的工作场所地址一致。检验检测机构对工作场所具有完全的使用权，并能提供证明文件。如租用、借用场地，期限不少于1年。强调了安全因素识别和应对的要求，规定检验检测机构应当有效识别检验检测活动所涉及的安全因素（如危险化学品的规范存储和领用、危废处理的合规性、气瓶的安全管理和使用等），并设置必要的防护设施、应急设施，制定相应预案。

2.4 设备设施

第十一条明确了租用、借用设备设施的最小期限为1年。检验检测机构使用租用、借用的设备设施申请资质认定的，应当有合法的租用、借用合同，租用、借用期限不少于1年，并对租用、借用的设备设施具有完全的使用权、支配权。同一台设备设施不得共同租用、借用、使用。要求设备的核查、使用、维护、保管、运输等应符合相应的程序以确保其溯源的有效性，删除了"建立和保持相关的程序"的内容。

2.5 管理体系

第十二条增加了"并确保该管理体系能够得到有效、可控、稳定实施，持续符合检验检测机构资质认定条件以及相关要求"的内容。增加了"检验检测机构应当依据法律法规、标准（包括但不限于国家标准、行业标准、国际标准）的规定制定完善的管理体系文件"，删除了管理体系文件宣贯和管理体系应包括的内容。检验检测机构依据什么标准建立管理体系，评审准则不再做强制性规定。对管理体系运行记录删除了建立程序的要求，突出记录本身。对人员培训活动进行了细化，规定内容包括管理、技术、安全，并要求保存记录。对合同评审强调依法审查。对方法偏离不再做明确规定，但对方法验证明确了采用方法验证记录证明证明人员、环境条件、设备设施和样品符合相应方法要求，检验检测的数据、结果质量得到有效控制的要求。对作业指导书的要求更加明确，内容包括"设备操作规程、样品的制备程序、补充的检验检测细则等"。对原始记录的范围进行了扩大，要求覆盖检验检测活动全部过程，要求原始记录信息能有效支撑对应出具报告、结果的内容。增加了机构使用电子签名的合法性要求。对保存记录和相关文件的场所环境设施和环境条件符合保存要求做出规定。对利用计算机信息系统处理检测数据，提出检验检测机构在利用计算机信息系统对检验检测数据进行采集、处理、记录、报告、存储或者检索时，检验检测机构建立的管理体系文件包含保护数据完整性、安全性和不可伪造篡改的内容，防止未经授权的访问，确保检验检测数据、结果不被篡改、不丢失、可追溯。检验检测机构在运用计算机信息系统实施检验检测、数据传输或者对检验检测数据和相关信息进行管理时，正确有效开展保障安全性、完整性、正确性的措施。检验检测机构应当对所使用的自动化软件，包括信息化管理系统、数据采集系统、数据处理系统的正确性进行验证并保留相关活动记录。检验检测机构建立的管理体系包含对计算机信息系统的数据保护、电子存储和传输结果规定的内容。将质量控制活动分为内部质量控制和外部质量控制。

3 ISO 9001 质量管理体系

GB/T 19001—2016（ISO 9001：2015，IDT）[1] 采用过程方法结合"策划—实施—检查—处置"（PDCA）循环与基于风险的思维的结构。过程方法使组织能够策划过程及其相互作用。PDCA 循环使组织能够确保其过程得到充分的资源和管理，确定改进机会并采取行动。基于风险的思维使组织能够确定可能导致其过程和质量管理体系偏离策划结果的各种因素，采取预防控制，最大限度地降低不利影响，并最大限度地利用出现的机遇。在日益复杂的动态环境中持续满足要求，并针对未来需求和期望采取适当行动，这无疑是组织面临的一项挑战。为了实现这一目标，组织可能会发现，除了纠正和持续改进，还有必要采取各种形式的改进，如破变性变革、创新和重组。

质量管理原则包括以顾客为关注焦点、领导作用、全员参与、过程方法、改进、循证决策、关系管理。

ISO 9001 首先对组织及其环境做出要求，规定组织应确定与其宗旨和战略方向相关并影响其实现质量管理体系预期结果的能力的各种外部和内部因素，并对这些内部和外部因素的相关信息进行监视和评审。组织应理解相关方的需求和期望，并监视和评审这些相关方的信息及其相关要求。组织应明确质量管理体系的边界和适用性，以确定其范围，并依据标准要求，建立、实施、保持和持续改进质量管理体系，包括所需过程及其相互作用。组织应确定质量管理体系所需的过程及其在整个组织中的应用。

ISO 9001 特别强调领导的作用，要求最高管理者证实其对质量管理体系的领导作用和承诺，带领制定机构的质量方针并在组织内传达，还要确保组织内相关角色的职责、权限得到分配、沟通和理解。

质量管理体系的策划是机构能否应对质量风险和机遇、能否实现质量目标的关键，对于可能的变更也要按策划的方式实施。

资源、能力、意识、沟通、成文信息是质量体系的支持要素，其中资源包括人员、基础设施、环境、记录、知识等。成文信息包括管理体系必要文件和组织为确保质量管理体系有效性所需的其他文件。

在质量管理体系运行中，应重视策划和控制，明确识别产品和服务的要求，对产品和服务的开发规定输入、控制、输出和更改的要求，对外部提供过程、产品和服务进行控制，控制生产和服务提供过程，对合格产品和服务的放行以及不合格输出的控制都应明确要求并有记录证据。

选择需要监视、测量、分析和评价的内容并做出规定，通过内部质量审核和管理评审活动，不断确定和选择改进机会，采取必要措施，持续满足顾客要求，不断增强顾客满意度。

4 新评审准则与 ISO 9001 体系的衔接

从旧版评审准则和《检验检测机构资质认定能力评价检验检测机构通用要求》（RB/T 214—2017）[2] 到新版评审准则，在机构主体、人员、场所环境、设备设施、管理体系等方面进一步强化和明确了要求。其理论内涵与 ISO 9001 质量体系要求是一脉相承的，充分体现了质量管理以顾客为关注焦点、领导作用、全员参与、过程方法、改进、循证决策、关系管理等原则。

4.1 组织和机构主体

ISO 9001 中强调组织应明确自身目标和领导的作用，要求最高管理者证实其对质量管理体系的领导作用和承诺，带领制定机构的质量方针并在组织内传达，还要确保组织内相关角色的职责、权限得到分配、沟通和理解。新版评审准则对机构主体独立性及其最高管理者的法律责任做出了明确要求，对不是法定代表人担任检验检测机构最高管理者的情况，强调应当对检验检测机构的最高管理者进行授权，并明确法律责任。

4.2 人员能力和培训

ISO 9001 将资源、能力、意识、沟通、成文信息作为质量体系的支持要素，其中资源包括人员、基础设施、环境、记录、知识等。成文信息包括管理体系必要文件和组织为确保质量管理体系有效性所需的其他文件。新版评审准则对授权签字人的角色地位和要求进一步明确，规定授权签字人与最高管理者、技术负责人、质量负责人都是检验检测机构保证管理体系的有效运行、出具正确检验检测数据和结果所需的管理人员。规定检验检测报告授权签字人的授权文件明确规定授权签字人签字范围，授权签字人的工作经历和教育背景与授权文件规定的签发报告范围相适应，授权签字人的能力胜任所承担的工作。

通过培训，不仅能让机构中与检验相关的管理、技术、操作和核查工作人员了解建立质量管理体系的重要性，资质认定评审的内容和要求，明确他们在质量管理体系中的职责和作用，还能提高他们参加质量管理工作的积极性。这在 ISO 9001 质量管理体系中体现的是组织成员意识、沟通和知识管理的要求。

4.3 资源和场所环境

在 ISO 9001 质量管理体系中，基础设施和环境是重要的资源，新版评审准则基于机构独立出具结果的需要规定检验检测机构对工作场所具有完全的使用权，并能提供证明文件。如租用、借用场地，期限不少于 1 年。

4.4 设备设施管理

设备设施是质量管理体系中重要的资源条件，新版评审准则明确了租用、借用设备设施的最小期限为 1 年，且应当有合法的租用、借用合同，具有完全的使用权、支配权。同一台设备设施不得共同租用、借用、使用。

4.5 管理体系策划和实施

在质量管理体系运行中，应重视策划和控制，明确识别产品和服务的要求，对产品和服务的开发规定输入、控制、输出和更改的要求，对外部提供过程、产品和服务进行控制，控制生产和服务提供过程，对合格产品和服务的放行以及不合格输出的控制都应明确要求并有记录证据。

新版评审准则突出了对记录的要求，也是质量管理体系中体现输入、控制、输出和更改应有证据的要求。对人员培训活动进行了细化，规定内容包括管理、技术、安全，并要求保存记录。对合同评审强调依法审查。对方法偏离不再做明确规定，但对方法验证明确了采用方法验证记录证明人员、环境条件、设备设施和样品符合相应方法要求，检验检测的数据、结果质量得到有效控制的要求。对原始记录的范围进行了扩大，要求覆盖检验检测活动全部过程，要求原始记录信息能有效支撑对应出具报告、结果的内容。

越来越多的机构采用计算机信息系统管理检验检测活动，因为新版评审准则增加了机构使用电子签名的合法性要求，增加了对利用计算机信息系统处理检测数据保护数据完整性、安全性和不可伪造篡改的内容，以确保检验检测数据、结果不被篡改、不丢失、可追溯。

ISO 9001 将成文信息作为质量体系的支持要素，包括管理体系必要文件和组织为确保质量管理体系有效性所需的其他文件。文件是质量管理的依据，记录是管理体系运行的证据，也是质量管理结果的报告。文件、记录及技术资料是检验检测机构质量管理体系运行和检测活动结果的宝贵资源，检验检测机构应对这些档案资料实行规范化、标准化、制度化管理，制定完善的档案管理制度，确保档案管理到位，做到档案收集齐全、分类科学、编目规范、排列有序，实现档案准确、完整和保密的目标。

5 新版评审准则与 ISO 9001 质量管理体系有效衔接的具体措施

5.1 领导重视

最高管理者要确保建立和实施一个有效运行的质量管理体系，确保应有的资源，并随时将组织运行的结果与目标比较，根据情况决定实现质量方针、目标及持续改进的措施。

南京水利科学研究院的最高管理者为院长，内设检验检测机构，中心主任由院长任命并授权一位副院长担任，代理院长行使中心的管理职责，负责建立和维持中心的管理体系，独立对外开展相关检测业务，行使院长赋予的法律职权，履行相应的法律义务。中心的法律责任由院承担。

5.2 全员参与

员工应不断地强化自身的质量管理意识，不断激发自身的工作激情和工作热情。机构应不断鼓励和支持员工的质量管理行为，引导员工在工作中发现改进的机会，并针对性地提出纠正措施。

南京水利科学研究院下属的部分研究部门是内设检验检测机构的分中心，中心的《质量手册》和《程序文件》明确关键岗位人员的地位和任职要求。通过培训将两体系有机结合，使员工充分了解建立质量管理体系的重要性，以及资质认定评审的内容和要求，明确不同岗位人员在质量管理体系中的职责和作用，提高人员参加质量管理工作的积极性。

5.3 加强质量监督

为了更好地将 ISO 9001 质量管理体系与评审准则相衔接，将质量管理体系要求更好地运用到检验检测机构管理中来，机构可以加强内部监督制度的完善与执行，不断提高服务质量。

首先，设立质量监督员。监督员应由工作能力强、经验丰富、熟悉检测方法的人员担任，其作用是对检测人员的检测过程关键环节进行监督。根据《检测监督控制程序》，定期开展质量监督工作。质量监督是保持质量体系持续有效运行的第一道防线，对检测工作进行足够的监督是确保检测质量的重要措施。

其次，可不定期开展监督抽查工作。抽查是保证检测工作质量的有效手段，不定期组织专家对检测机构的日常工作开展监督抽查，可以全面、正确地了解机构的检测工作情况，从而促进检测质量的不断提升。

5.4 强化内部审核与管理评审

不论是 ISO 9001 质量管理体系要求，还是《检验检测机构资质认定评审准则》，都对内部审核和管理评审提出了明确要求。内部审核是对体系管理的一种自我检查方式，管理评审则是领导层为评价机构的质量管理体系持续的适宜性、充分性、有效性和效率所进行的活动。其作用是对组织机构、职责、资源等方面做出适当的决策，来保证持续有效地运行质量管理体系，确保满足组织建设质量的要求；确保质量方针适用于检测活动及其自身发展的需求、质量体系运行有效与持续适用。

为了加强内部审核，南京水利科学研究院每次的内审，均安排各部门有经验和专业能力、有一定职务的人员作为审核员，ISO 9001 质量管理体系和检验检测机构管理体系内部审核同步开展，相辅相成。一旦发现不符合因素，可及时在本部门号召员工进行自查，及时采取有效的纠正措施进行改进。并能够明确找出出现问题的工作环节，对后期的工作环节进行严格的监督和控制，避免再次出现问题。

6 结语

由于新版《检验检测机构资质认定评审准则》的内容和要求与 ISO 9001 质量管理体系的内涵一致，对于执行 ISO 9001 质量体系的单位，只要保证本单位质量体系的持续有效运行并在内设检验检测机构管理中突出机构主体、人员、场所环境、设备设施和管理体系等方面的专门要求，就能做好二者间的衔接。当二者均能持续有效运行时，可以互相促进，充分利用二者的共享要求和内部、外部审核意见，不断取得持续改进的输入信息，做到两个体系间良性互动。

参考文献

［1］全国质量管理和质量保证标准化技术委员会. 质量管理体系 要求：GB/T 19001—2016（ISO 9001：2015，IDT）［S］. 北京：中国标准出版社，2016.

［2］中国国家认证认可监督管理委员会. 检验检测机构资质认定能力评价 检验检测机构通用要求：RB/T 214—2017［S］. 北京：中国标准出版社，2018.

［3］段伟飞，穆亚娟. 检验检测机构质量管理工作的探讨［J］. 价值工程，2018（18）：83-84.

［4］刘向红. 如何构建企业完整的质量管理体系［J］. 科技信息，2011（19）：786.

［5］苏晨. ISO 9001质量管理原则在公益性科研院所管理中应用的思考［J］. 科学咨询（科技. 管理），2023（6）：36-40.

基于磁测井法的大埋深金属管线高精度探测

张 震 朱 田

（上海勘测设计研究院有限公司，上海 200434）

摘 要：目前大埋深小管径的管线探测是工程界存在的难题，常规技术手段不能实现有效探测，对于其中的金属管线可以通过电磁法原理进行探测。本次采用磁测井与水钻成孔相结合的方法，根据磁测曲线修正成孔位置，逐渐逼近实现对于大埋深管线的高精度探测。

关键词：磁测井法；深埋金属管线；特征曲线

1 引言

地下管线探测的目的是确定管线的位置、埋深，避免施工过程中对于管线的破坏。管线探测可以根据管线与周围土壤介质存在的明显物性差异，比如金属管线的电导率、磁导率、介电常数或者地下管线的波阻抗与周围土体存在较大差异，地下非金属管道中空结构可以采用电磁示踪法进行探测。

对于浅层管线，地质雷达、管线探测仪具有良好的效果；对于大埋深管线，浅层地震反射法、瑞雷面波法、高密度电阻率法以及地震映像法等物探手段具有局限性，只适用于大管径管线，对于小管径管线精确度及分辨率不足。

基于上述情况，本文着重对大埋深小孔径金属管线的探测技术进行了研究，通过磁测井法与水钻成孔结合的方法，实现大埋深金属管线的高精度探测。

2 方法原理及适用范围

2.1 方法原理

磁测井法是根据一定单位距离内地磁场强度的变化来对地下管线进行测量的一种方法。一般在均匀无磁性物质的土层中，其磁场强度理论上为地球磁场，或称为背景磁场，而如果在其中有铁磁性物质存在，将会在其周围产生感应磁场，从而产生磁异常。

自然界各种物体都受地磁场的磁化作用，在其周围产生新的磁场，对铁磁性物质而言，由于其自身的磁化率非常高，相对于其他物质而言所表现出的磁场要强得多，这种磁场相对于天然磁场分布而言，称之为磁异常。由于各种物体的磁性不同，它产生的磁场强度也不同；物体空间分布的不同（包括埋深、倾向、大小等），使其在空间磁场的分布特征也不同。探测范围内磁场的分布特征由该区内的物体分布情况及空间位置来决定，用磁梯度仪来测量、记录测区磁场分布，根据所测得的磁场分布特征就可以推断出地下各种磁性物体的形状、位置。

2.2 适用范围

金属管线具有强磁性，其周围产生一定范围的磁场，磁测井法探测就是基于此，在收集资料或普查粗测的基础上不断逼近，实现对于金属管线的精确探测（见图1）。

作者简介：张震（1986—），男，高级工程师，主要从事工程物探及工程检测工作。

根据不同形状磁性体的总磁场和径向梯度公式可知，磁场强度与测试距离为负相关，距离越近，磁场及磁梯度强度越高，反之越低。由磁梯度峰值衰减曲线（见图2）可知，当测试孔与目标距离超过1.2 m后，磁梯度强度基本无变化。

$$T = \frac{A}{r^n} \qquad (1)$$

$$T' = \frac{-nA}{r^{n+1}} = -\frac{n}{r}T \qquad (2)$$

式中：T 为总磁场；T' 为径向梯度；r 为径向距离；A 为磁性体形状、磁化方向和磁场强度所决定的常数；n 为形状因素参数。

3　工程应用

新建桥梁跨越规划 20 m 宽河道，上部桥跨布置为预应力混凝土筒支空心板梁，桥梁位于直线上，桥梁与河道斜交布置，斜交角度为左斜 4°，桥台基础采用重力式桥台接钻孔桩基础，桩径 1 m。其中原桥梁西侧地块存在非开挖敷设高压燃气管，管径 DN408（mm）。本次在设计桥梁南、北两侧共布置 2 个磁测断面，确定燃气管线位置及走向。

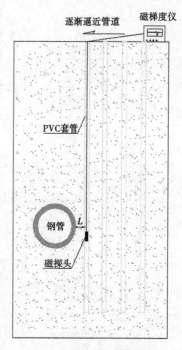

图 1　磁测井法探测示意图

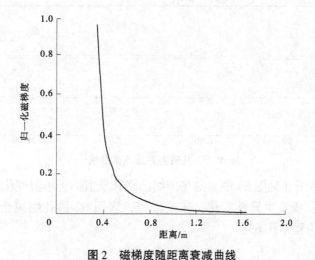

图 2　磁梯度随距离衰减曲线

为使用管线检测仪探测该段高压燃气管线大致位置情况，采用人工水冲法成孔并下 PVC 保护套管，磁测孔深大于预估管线埋深 5 m，成孔后采用井中磁梯度仪进行测量，现场根据磁测结果修正成孔位置，逐渐逼近确定燃气管线的具体埋深及位置。

4　检测结果

现场共钻探 8 孔，其中 S1～S5 孔确定一处管线位置，S6～S8 确定另一处管线位置（见图3），从而确定管线走向及埋深。

（1）根据管线仪初步确定桥梁南侧钻孔 S1，在磁测井测试曲线（见图4）中，磁场垂直分量-深度（Z~h）曲线与磁场垂直分量梯度深度（dz/dh~h）曲线未见明显变化，判断 S1 测试孔与目标距离超过 1.2 m 有效范围，因此在距离 S1 孔 1 m 位置钻孔 S2。

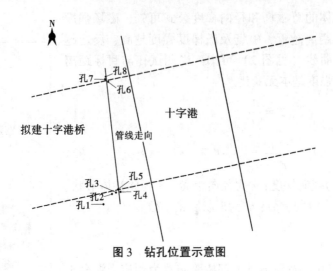

图 3　钻孔位置示意图

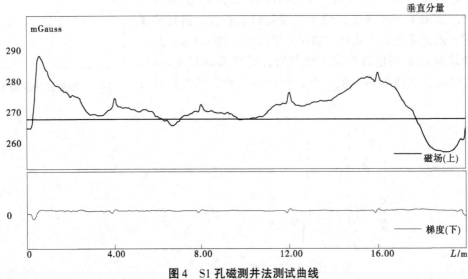

图 4　S1 孔磁测井法测试曲线

　　S2 孔磁测井法测试曲线（见图 5）中，磁场曲线出现背景值向极小值变化，但是未形成尖锐"脉冲"，磁梯度曲线在相同位置发生异常变化，未见极值，表明 S2 钻孔距离金属管线在有效范围内，因此在距离 S2 孔 50 cm 位置钻孔 S3。

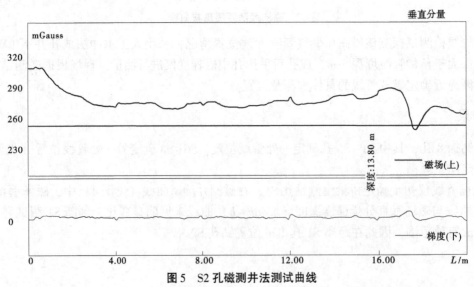

图 5　S2 孔磁测井法测试曲线

S3 孔磁测井法测试曲线（见图 6）中，磁场曲线在 17.60 m 处由极大值 320 mGauss 转变为极小值 20 mGauss，磁梯度曲线形成明显极值点，表明 S2 钻孔距离燃气管线非常近。但是钻孔过程中未见管线，考虑到管径为 408 mm，因此在距离 S3 孔 50 cm 位置钻孔 S4。

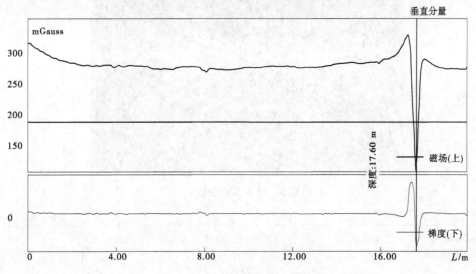

图 6　S3 孔磁测井法测试曲线

S4 孔磁测井法测试曲线（见图 7）中，磁场曲线在 17.70 m 处由 280 mGauss 转变为极小值 230 mGauss，变化幅度及磁场强度均小于 S3 曲线，磁梯度曲线极值发生变化但不明显，表明 S4 孔较 S3 孔远离金属管线，因此在两孔之间靠近 S3 位置钻孔 S5，钻孔过程中测到金属管线，经验证埋设深度为 17.56 m，与 S3 孔探测结果基本相符（见图 8）。

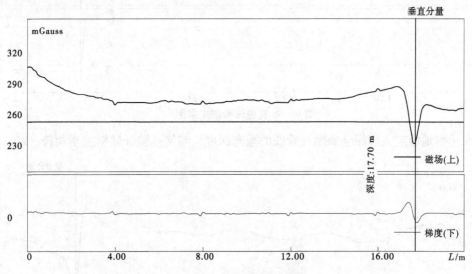

图 7　S4 孔磁法检测成果

（2）根据管线检测仪初步确定桥梁北侧钻孔 S6，磁测井测试曲线（见图 9）中，磁场曲线在 16.70 m 处由极大值 300 mGauss 转变为极小值 20 mGauss，磁梯度曲线形成明显极值点，表明 S6 钻孔非常接近金属管线。但是钻孔过程中未见管线，考虑管径因此在距离 S6 孔 50 cm 位置钻孔 S7。

S7 孔磁测井法测试曲线（见图 10）中，磁场曲线及磁梯度曲线变化幅度均小于 S6 磁测井曲线，表明 S7 较 S6 孔远离金属管线，因此在两孔之间靠近 S6 孔位置钻孔 S8。钻进过程中测到金属管线，经验证埋设深度为 16.72 m，与 S6 孔探测结果基本相符。

最后使用"GNSS 网络 RTK"测量磁测孔的孔口坐标及高程，确定金属管线具体位置及走向，磁

图 8　S5 孔实测验证

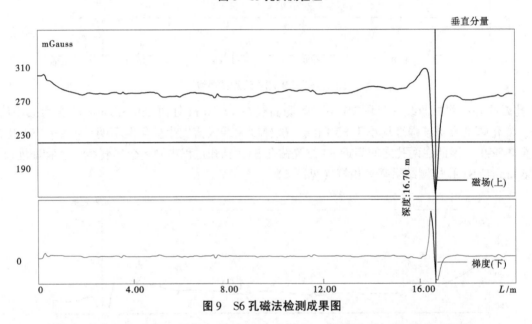

图 9　S6 孔磁法检测成果图

梯度法可以高精度地确定大埋深金属燃气管线的垂向深度，与钻孔验证数据基本相符。

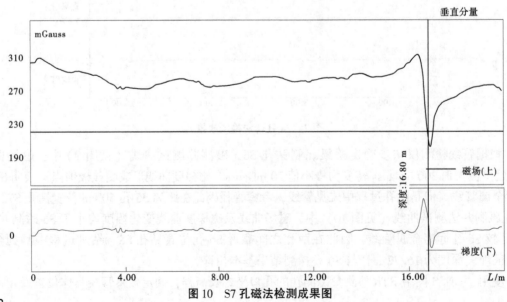

图 10　S7 孔磁法检测成果图

5 结论

（1）磁梯度法对于金属管线探测距离具有适用范围，通常在 1.0 m 范围内对金属管线探测特征曲线明显，现场探测过程中应避免受其他铁磁性物质干扰。

（2）在已知大埋深金属管线初步位置基础上进行磁梯度探测，可以精确获得管线空间位置信息。

（3）磁梯度法与水钻成孔相结合是管线探测的一种好方法，能起到成果验证的作用。

参考文献

［1］程彬彬，刘黎东，裴世建，等．孔中磁法位场延拓在城市深埋金属管线精细探测中的应用研究［J］．工程地球物理学报，2021，18（5）：597-602.

［2］吴锋，胡绕，朱黎明，等．强磁示踪法在大埋深非金属地下管线探测的研究［J］．中国科技信息，2022（21）：86-88.

［3］崔海波，李育强，潘喜峰．磁梯度法在天津某深埋平行燃气管线探测中的应用［J］．勘察科学技术，2023（4）：53-56.

［4］吴杰．深埋管线探测方法分析［J］．技术应用，2022，29（9）：96-98.

［5］杨超，赵鹏，权利宾．基于地震映像法与井中磁梯度法的地下箱涵高精度探测［J］．工程地球物理学报，2022，18（3）：367-373.

［6］中华人民共和国住房和城乡建设部．混凝土中钢筋检测技术标准：JGJ/T 152—2019［S］．北京：中国建筑工业出版社，2019.

水利风景区

河南省水利风景区空间分布特征及可达性分析

卢玫珺　张世昌　宋海静

（华北水利水电大学 建筑学院，河南郑州　450046）

摘　要：本文以河南省85处省级及以上水利风景区为研究对象，基于 GIS 空间分析和数理统计方法，对其空间分布特征及可达性进行研究，结果表明：①Voronoi 多边形面积变异系数 CV（69.02%）＞64%，空间分布呈弱集聚型分布；②基尼系数 0.3＜G（0.39）＜0.4，各市域分布相对均衡；③空间密度呈现"两核多点"布局；④最优通达度为 118.94 min，最劣通达度为 278.56 min，平均通达度为 187.26 min，景区间可达性差异较为明显。在此研究的基础上提出河南省水利风景区高质量发展策略。

关键词：水利风景区；空间分布特征；可达性；河南省

1 引言

2022 年 1 月，国务院印发《"十四五"旅游业发展规划》，明确指出促进水利风景区高质量发展；3 月，水利部修订出台《水利风景区管理办法》，把推动新阶段水利高质量发展作为主题；7 月，水利部印发《关于推动水利风景区高质量发展的指导意见》，就推动新阶段水利风景区高质量发展做出部署。因此，水利风景区高质量发展受到社会各界关注。高质量发展的目标在于优化总体布局，增强综合效益，更好地满足人民日益增长的美好生活需要。厘清空间分布特征是整合现有及潜在资源、合理构建开发梯度的重要前提；出行时长影响游客出行意愿，与水利风景区社会服务功能实现直接相关。因此，综合研究水利风景区空间布局特征及可达性差异是推动当前水利风景区高质量发展的应有之义。

以 GIS 空间分析和数理统计的空间布局研究作为热点，研究涉及 A 级景区[1]、国家地质公园[2]、自然保护地[3]、国家森林公园[4]、国家旅游示范区[5] 等。可达性理论和方法被广泛应用于地理研究、交通规划及城市建设等领域[6]，学者们使用空间句法[7]、成本栅格加权[8]、加权平均距离法[2]、网络分析法[9] 等，对公园绿地[9]、红色旅游资源[10]、A 级景区[8] 等进行分析。目前，地理学视角下的水利风景区早期研究主要关注区域分布差异及影响因素研究[11]；随着研究深入和空间分析方法优化，开始聚焦于景区空间布局[12]、可达性[13]、时空演变及驱动因素研究[14-15]。

从现有文献看，研究多集中在国家级或省级单一级别景区上，较少对多等级景区综合研究；可达性研究多通过软件模拟获得出行时间，存在道路数据滞后、精度不够、忽略实际路况等问题，而某度地图则综合实时交通状况和历史交通数据，弥补了传统方法的不足，使测度更准确且符合现实情况。从省域特征看，河南省地跨黄河、长江、淮河和海河四大流域，依托丰富的水资源和众多水利工程，建设了 85 处省级及以上水利风景区（含黄河水利委员会和小浪底水利枢纽管理中心管辖水利风景区 11 处），省域水资源、地形地貌状况及水利风景区数量、等级、类型特征均具有典型性和代表性。

基金项目：水利部专项基金项目（〔2022〕财第（20）号）；河南省水利厅委托项目（2022 年）；河南省生态文明城市理论及应用创新型科技团队（豫科人组〔2017〕1 号）；华北水利水电大学第十四届研究生创新能力提升工程（NCWUYC-2023089）。

作者简介：卢玫珺（1970—），女，教授，主要从事水利风景资源相关研究工作。

通信作者：张世昌（1996—），男，硕士研究生，研究方向为水利风景区。

基于此，本文采用 GIS 空间分析和数理统计方法，探究河南省水利风景区空间分布特征及可达性状况，以期对河南省水利风景资源的空间格局优化、发展梯度构建和社会服务功能提升提供科学参考。

2 数据来源与研究方法

2.1 数据来源

空间分布分析以市域为测算单元，省域边界和市域边界矢量数据基于中国基础地理信息 1：100 万数据处理得到。水利风景区名录源于水利部、河南省水利厅官网，借助规划云坐标拾取工具以水利风景区质心为拾取点获取景区地理坐标，解码后输入 ArcGIS 10.7 软件建立地理位置图层。本文所有的地理矢量数据均采用 CGCS2000_ Lambert 地理投影坐标系。

2.2 研究方法

省域空间视角下，可将水利风景区抽象为点状地理对象。点状地理对象的空间分析研究中常见以下方法：最邻近点指数、网格维数分析、基尼系数、地理集中指数、核密度分析[4-5]、Voronoi 多边形面积变异系数[16]、不平衡指数[17] 等。本文首先通过最邻近点指数分析河南省水利风景区空间分布类型，引用 Voronoi 多边形面积变异系数对其进行二次检验；其次，在此基础上，使用基尼系数分析水利风景区在河南省各市空间分布均衡性；最后，通过核密度分析工具对河南省水利风景区空间分布密度进行分析，涉及研究方法及方法释义如下：

（1）最邻近点指数。点状要素按其空间分布特征可以分为集聚型、均匀型和随机型三种。最邻近点指数是通过计算最近邻点的平均观测距离和预测平均距离之比来描述点状地理对象空间分布类型的。其公式如下：

$$r_1 = \frac{1}{2\sqrt{\frac{n}{s}}}, \quad R = \frac{r}{r_1} \tag{1}$$

式中：r 为实际最邻近距离；r_1 为理论最邻近距离；n 为河南省下辖市数量；s 为河南省省域面积。

当 $R > 1$ 时，河南省水利风景区呈均匀分布；当 $R = 1$ 时，河南省水利风景区呈随机分布；当 $R < 1$ 时，河南省水利风景区呈集聚分布。

（2）Voronoi 多边形面积变异系数。基于 ArcGIS 平台以水利风景区为质心生成泰森多边形，通过比较面积的标准差与平均值比值（CV 值）来判断点状要素的空间分布类型。当 33% ≤ CV ≤ 64% 时，河南省水利风景区呈均匀分布；当 CV > 64% 时，河南省水利风景区呈集聚分布；当 CV < 33% 时，河南省水利风景区呈均匀分布。

（3）基尼系数。基尼系数最初是为了提供一种不受量度单位大小影响的量，以刻画随机变量取值的散布程度[18]，多见于用来衡量一个国家或地区贫富差距。本文引用基尼系数定量研究水利风景区在河南省各市域分布状况。其公式如下：

$$G = 1 - \frac{2\sum_{i=1}^{n-1} w_i + 1}{n} \tag{2}$$

式中：G 为基尼系数，$0 < G < 1$；n 为河南省下辖市数量；w_i 为累计水利风景区数量占总数比例。

当 $G < 0.2$ 时，河南省水利风景区在各市分布绝对公平；当 $0.2 \leq G < 0.3$ 时，河南省水利风景区在各市分布比较公平；当 $0.3 \leq G < 0.4$ 时，河南省水利风景区在各市分布相对合理；当 $0.4 \leq G < 0.5$ 时，河南省水利风景区在各市分布差距较大；当 $G \geq 0.5$ 时，河南省水利风景区在各市分布悬殊。

（4）核密度分析。最邻近点指数和基尼系数均是基于统计意义上的分析，并没有反映水利风景区实际意义上的空间分布[5]。核密度可以用来分析研究对象在测算单元内的单位密度，反映研究对象在区域内的聚集程度。其公式如下：

$$\hat{\lambda}_j(h) = \sum_{a=1}^{n} \frac{3}{\pi j^4} \left[1 - \frac{(h - h_a)^2}{j^2} \lambda \right]^2 \tag{3}$$

式中：h 为待估河南省水利风景区的位置；h_a 为落在以 h 为圆心的河南省水利风景区的位置；j 为在半径空间范围内第 a 个水利风景区的位置。

$\hat{\lambda}_j(h)$ 越大，分布点越密集；反之则越稀疏。

3 结果与分析

3.1 河南省水利风景区空间分布特征

基于 ArcGIS 10.7 软件，使用"平均最近邻"工具对河南省水利风景区进行分析，结果见表 1。结果显示，河南省水利风景区的最邻近点指数 R 值小于但接近于 1，表示其空间分布类型属于弱集聚型。

表 1 河南省水利风景区最邻近指数

景区数量/处	p	r	r_1	R	类型
85	0.40	24 923.87	26 470.55	0.95	集聚型

鉴于 p 值未在置信区间（$p < 0.05$）内，表明其统计学意义较弱，因此本文引入 Voronoi 多边形面积变异系数对河南省水利风景区空间分布类型进行二次检验。通过 ArcGIS 10.7 平台，使用构建泰森多边形工具构建河南省水利风景区空间模型，如图 1 所示。

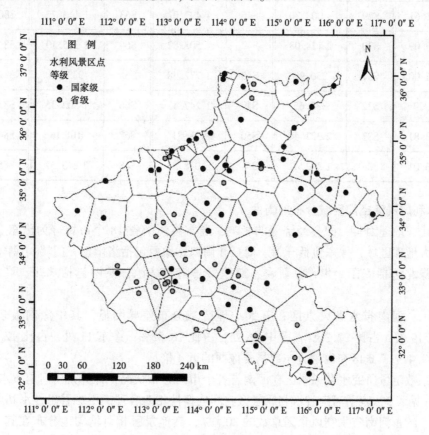

图 1 河南省水利风景区 Voronoi 图

将多边形面积数据导出并编号，见表 2，基于 Excel 2006 测算，各 Voronoi 多边形面积均值为 1 872.08 km²，标准差为 1 292.05 km²，CV 值为 69.02%，其值大于但接近 64% 临界值，对照上文最邻近点指数判断结果，由此判断河南省水利风景区趋于均匀分布且有集聚分布的趋势。

表 2 Voronoi 多边形面积

序号	面积/km²	序号	面积/km²	序号	面积/km²	序号	面积/km²	序号	面积/km²
S1	1 220.79	S18	1 001.89	S35	1 895.89	S52	5 794.24	S69	2 808.63
S2	167.11	S19	1 319.72	S36	1 671.34	S53	2 083.85	S70	2 224.72
S3	1 689.11	S20	1 089.28	S37	349.54	S54	1 218.87	S71	1 411.49
S4	4 174.37	S21	4 744.87	S38	3 923.65	S55	1 424.26	S72	2 092.28
S5	3 761.96	S22	1 077.48	S39	577.47	S56	3 506.07	S73	936.25
S6	1 485.03	S23	644.46	S40	191.93	S57	1 788.02	S74	1 942.36
S7	896.39	S24	3 394.88	S41	1 888.45	S58	1 745.49	S75	1 154.91
S8	2 368.48	S25	2 111.44	S42	170.67	S59	1 206.24	S76	3 803.49
S9	243.23	S26	605.04	S43	1 622.49	S60	6 655.97	S77	1 842.41
S10	2 057.49	S27	3 875.35	S44	1 017.21	S61	2 480.36	S78	1 571.48
S11	1 161.98	S28	2 531.76	S45	1 009.25	S62	5 051.97	S79	507.82
S12	2 251.61	S29	3 008.70	S46	1 492.02	S63	1 113.75	S80	2 877.05
S13	2 149.09	S30	2 124.08	S47	1 502.82	S64	1 335.19	S81	1 411.53
S14	1 695.00	S31	236.92	S48	1 772.48	S65	933.31	S82	2 511.64
S15	738.09	S32	336.65	S49	1 247.43	S66	1 802.35	S83	1 240.39
S16	1 968.81	S33	2 327.44	S50	778.81	S67	814.16	S84	420.95
S17	2 003.01	S34	1 363.41	S51	5 078.33	S68	2 243.57	S85	1 157.39

3.2 河南省水利风景区空间区域分布均衡性

受历史文化、地理因素、社会经济等的影响，通常将河南省 18 个市域分为豫东、豫西、豫南、豫北和豫中五大地理区域，豫东包括开封、商丘和周口；豫西包括洛阳、三门峡；豫南包括南阳、信阳和驻马店；豫北包括安阳、焦作、新乡、鹤壁、濮阳和济源；豫中包括郑州、许昌、平顶山和漯河。

如图 2 所示，河南省水利风景区在五大地理区域分布差异明显，其中豫南最多 31 处，占比 36.47%；豫北 19 处，占比 22.35%；豫中 16 处，占比 18.83%；豫东 11 处，占比 12.94%；豫西最少 8 处，占比 9.41%，景区在豫南分布数量是豫西的近 4 倍。

引用基尼系数定量研究水利风景区在河南省各个市的分布状况，计算得出河南省水利风景区基尼系数 $G=0.39$，见表 3，表明河南省水利风景区空间均衡性相对合理。不难看出，水利风景区在信阳、南阳分布较多，约占河南省水利风景区总数的 30.6%，其他景区相对均匀地分布在其他 15（鹤壁无水利风景区）个市域。

3.3 河南省水利风景区空间分布密度

通过 ArcGIS 10.7 软件核密度分析工具对水利风景区核密度进行空间分析，结果如图 3 所示，河南省水利风景区空间分布核密度在省域不同区域差异显著，总体呈现西北、西南多，中部及东西边缘少的特征，形成中心集中、周边分散、小型组团的格局。在省域内形成2个高密度核心和5个次密度核心，即南阳东北部，济源东部、焦作及郑州北部的高密度核心；安阳北部，商丘西部，洛阳东南和平顶山西北部，驻马店西北部，信阳南部的次密度核心。

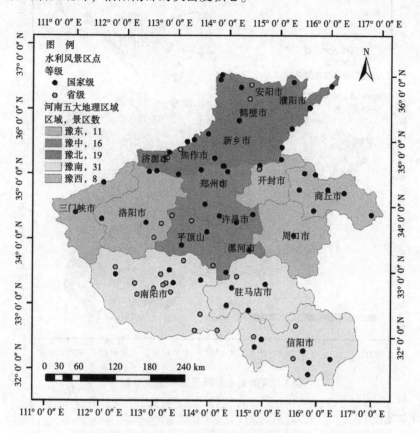

图2 河南省水利风景区五大地理区域分布

表3 河南省水利风景区市域分布基尼系数

城市	数量/处	占比/%	累计占比/%	城市	数量/处	占比/%	累计占比/%
鹤壁	0	0	0	郑州	5	5.88	34.11
漯河	1	1.18	1.18	驻马店	5	5.88	39.99
周口	1	1.18	2.36	焦作	6	7.06	47.05
三门峡	2	2.35	4.71	洛阳	6	7.06	54.11
新乡	2	2.35	7.06	平顶山	6	7.06	61.17
济源	3	3.52	10.58	商丘	7	8.24	69.41
开封	3	3.52	14.10	信阳	9	10.59	80.00
安阳	4	4.71	18.81	南阳	17	20.00	100
濮阳	4	4.71	23.52	总计	85		
许昌	4	4.71	28.23	G 值	0.39		

图 3　河南省水利风景区核密度分析

4　交通可达性分析

可达性是指从空间中任意一点到达目的地的难易程度，反映了人们从一点到达另一点所付出的成本，是出行者出行意愿的重要影响因素。用可达性对河南省水利风景区进行定量评价，可以直观反映游客到达水利风景区的时间成本，具有现实意义，同时可为水利风景区空间布局优化提供现实参考。

4.1　研究设计

本研究采用通达度公式测算河南省水利风景区可达性，公式如下：

$$B_i = \frac{\sum_{j=1}^{n} D_{ij}}{n} \tag{4}$$

式中：B_i 为水利风景区 i 的通达度；D_{ij} 为水利风景区 i 到达地级市 j 的最短时间成本；n 为河南省下辖市数量。

基于某度地图搜索，选取 2022 年 7 月 16 日、17 日周末两天的 08：00～18：00 作为数据的采集时间，起点设为河南省水利风景区所在的地级市，终点为水利风景区，交通工具为汽车，使用 Excel 2006 记录搜索的最短时间，形成数据矩阵（略），利用通达度公式对原始数据进行测算得到河南省水利风景区通达度排名，结果见表 4。

表 4　河南省水利风景区通达度排名

序号	水利风景区名称	通达度/min	序号	水利风景区名称	通达度/min
1	郑州龙湖水利风景区[1]	118.94	3	河南黄河花园口风景区[1,4]	125.94
2	樱桃沟金水源景区[2]	124.39	4	禹州颍河水利风景区[1]	128.00

续表4

序号	水利风景区名称	通达度/min	序号	水利风景区名称	通达度/min
5	武陟嘉应观黄河水利风景区[1]	130.22	33	民权黄河故道水利风景区[1]	171.39
6	荥阳古柏渡南水北调穿黄水利风景区[1]	130.50	34	汤阴县汤河水利风景区[2]	171.39
7	许昌曹魏故都水利风景区[1]	131.17	35	陆浑湖水利风景区[1]	172.83
8	开封宋都古城水利风景区[2]	133.50	36	前坪水库水利风景区[2]	176.94
9	许昌鹤鸣湖水利风景区[1]	135.28	37	铜山湖水利风景区[1]	178.11
10	漯河市沙澧河水利风景区[1]	137.50	38	长垣黄河水利风景区[1,4]	181.72
11	开封黄河柳园口水利风景区[1,4]	139.33	39	沁阳市逍遥水库水利风景区[2]	185.06
12	白沙水库水利风景区[1]	140.22	40	安阳市彰武南海水库水利风景区[1]	185.11
13	汝州北汝河水利风景区[1]	141.56	41	南乐西湖生态水利风景区[1]	186.56
14	郑州市黄河生态水利风景区[1]	141.89	42	驻马店市宿鸭湖水利风景区[1]	187.83
15	洛阳孟津黄河水利风景区[1,4]	143.89	43	驻马店市薄山湖水利风景区[1]	188.00
16	云台山水利风景名胜区[1]	144.72	44	焦作市群英湖风景名胜区[1]	188.50
17	汝州黄涧河水利风景区[2]	144.83	45	商丘市黄河故道湿地水利风景区[1]	188.56
18	河南孟州黄河开仪水利风景区[1,4]	150.28	46	南阳市鸭河口水库水利风景区[1]	189.33
19	柘城县容湖水利风景区[1]	152.94	47	方城县望花湖水利风景区[1]	189.50
20	兰考黄河水利风景区[1]	153.44	48	驻马店板桥水库水利风景区[1]	190.11
21	汝州市涧山口水库水利风景区[2]	155.22	49	兰营水库水利风景区[2]	190.44
22	淮阳龙湖水利风景区[1]	157.78	50	虞城响河水利风景区[1]	190.89
23	燕山水库水利风景区[2]	157.83	51	南阳市龙王沟水利风景区[1]	191.50
24	卫辉市沧河水利风景区[1]	159.56	52	博爱青天河风景名胜区[1]	191.83
25	遂平县狮象湖水利风景区[2]	160.44	53	南召县辛庄水库水利风景区[2]	195.33
26	睢县北湖生态水利风景区[1]	160.50	54	红旗渠水利风景区[1]	202.89
27	济源沁龙峡水利风景区[1]	160.67	55	濮阳黄河水利风景区[1,4]	207.39
28	济水源（济渎庙）水利风景区[2]	161.11	56	息县龙湖水利风景区[2]	208.17
29	黄河小浪底水利枢纽[1,3]	161.61	57	洛阳恐龙谷漂流景区[2]	209.56
30	商丘市商丘古城水利风景区[1]	164.67	58	桐柏县淮源水利风景区[2]	209.78
31	石漫滩水库水利风景[1]	164.94	59	信阳市北湖水利风景区[1]	209.89
32	河南昭平湖风景名胜区[1]	170.50	60	洈河水利风景区[2]	211.89

续表 4

序号	水利风景区名称	通达度/min	序号	水利风景区名称	通达度/min
61	打磨石岩水库水利风景区[2]	211.94	74	光山县龙山水库水利风景区[1]	236.33
62	唐河县倪河水库风景区[2]	214.22	75	内乡县斩龙岗水库[2]	236.78
63	南召县九龙湖水利风景区[2]	218.89	76	黄河三门峡大坝风景区[1,4]	238.67
64	彭李坑水库水利风景区[2]	219.89	77	西峡县石门湖水利风景区[1]	241.39
65	镇平县九龙湾水利风景区[2]	220.61	78	内乡县马山湖风景区[2]	241.61
66	范县黄河水利风景区[1,4]	221.67	79	信阳市浉河水利风景区[1]	245.33
67	河南台前县将军渡黄河风景区[1,4]	223.39	80	西峡县鹳河漂流水利风景区[2]	245.83
68	林州太行平湖水利风景区[1]	223.44	81	唐河县友兰湖水利风景区[2]	248.06
69	永城沱河日月湖水利风景区[1]	224.22	82	香山湖水利风景区[1]	252.78
70	河南洛宁西子湖水利风景区[1,4]	224.61	83	光山县五岳湖水利风景区[2]	256.72
71	南湾风景名胜水利风景区[1]	225.33	84	灵宝市窄口水库水利风景区[1]	276.72
72	河南省出山店水库水利风景区[2]	226.61	85	鲇鱼山水库风景区[1]	278.56
73	引沁水利风景区[2]	229.89		平均通达度	187.26

注：1. 国家级水利风景区；2. 省级水利风景区；3. 水利部直管景区；4. 黄委直管景区。

4.2　河南省水利风景区可达性分析

河南省 85 处省级及以上水利风景区通达度均值为 187.26 min，郑州龙湖水利风景区最优为 118.94 min，鲇鱼山水库风景区最劣为 278.56 min，两者相差 159.62 min。以 120 min、180 min、240 min 为标准将河南省水利风景区分为 4 个梯度，从分布来看，通达度小于 120 min 的水利风景区仅有 1 处，占比 1.18%；通达度在 120~180 min 的水利风景区 36 处，占比 42.35%（见表 4 序号 2~37）；通达度在 180~240 min 的水利风景区 39 处（见表 4 序号 38~76），占比 45.88%；通达度大于 240 min 的水利风景区 9 处（见表 4 序号 77~85），占比 10.59%。结果表明，大多数水利风景区的出行成本过高，降低了居民出行意愿，对水利风景区的社会服务功能限制明显。

5　结论与建议

5.1　结论

本文基于 GIS 空间分析和数理统计方法研究了河南省水利风景区空间分布特征，最后运用通达度公式测算了水利风景区的可达性，得出以下结论：

（1）最邻近点指数 $R=0.9526<1$，表明其呈弱集聚分布，且引入 Voronoi 多边形面积变异系数进行二次验证，CV 值 =69.02%，其值大于 64% 的临界值，与最邻近点指数结果互为验证。

（2）河南省水利风景区在豫南、豫北分布多，豫东、豫西及豫中分布少。基尼系数 $0.3<G=0.39<0.4$，表明省域空间分布均衡性相对合理。存在区域分布差异问题，如南阳水利风景区达 17 处，而鹤壁尚未建设水利风景区。

（3）河南省水利风景区总体呈现西北、西南多，中部及东西边缘少的特征，形成中心集中、周边分散、小型组团的格局。以南阳东北部，济源东部、焦作及郑州北部为核心形成两个高密度核心；以安阳北部，商丘西部，洛阳东南和平顶山西北部，驻马店西北部，信阳南部形成 5 个次密度核心。

（4）河南省水利风景区平均通达度为 187. 26 min，郑州龙湖水利风景区最优为 118. 94 min，鲇鱼山水库风景区最劣为 278. 56 min，两者相差 159. 62 min，水利风景区的可达性差异较为明显。居民自驾出游时间成本较高，在一定程度上降低了居民的出行意愿。

5.2 建议

为综合利用河南省水利风景资源，进一步优化水利风景区空间布局，推动高质量发展，针对河南省水利风景区现状提出以下建议：

（1）积极引导水利风景区数量较少地理区域、市域的景区建设，推动景区集群发展。河南省水利风景区分布相对均衡，但集群效应不强，未来应进一步挖掘豫东、豫西水利风景资源，加大对其他地理区域水利风景区数量较少市域的政策支持，引导其对条件较好但却未申报建设水利风景区的相关水域进行申报建设，以此增加水利风景区的数量；其次要依托省内黄河、淮河、长江、海河、大运河及南水北调工程沿线建设水利风景区风光带，发展水利风景区集群，由此形成河南省整体公平、局部聚集、区域协调的水利风景区空间格局。

（2）探索推动水利风景区高核密度区域高品质发展。河南省水利风景区高核密度分布区域，如南阳东北部、济源东部、焦作、郑州北部，景区建设管理相对完善，发展条件成熟。要顺应时代发展需要，结合自身特点和周边环境建设具有鲜明特色的高品质水利风景区，打造高品质景区集群。

（3）着力完善交通基础设施建设。加强旅游专线建设，增加出行选择，缩短游客出行时长；完善以自驾游为主体的相关服务设施，多管齐下优化可达性不足，提升河南省水利风景区社会服务功能水平。

参考文献

[1] 吴清，李细归，吴黎，等 . 湖南省 A 级旅游景区分布格局及空间相关性分析 [J] . 经济地理，2017，37（2）：193-200.

[2] 何小芊，刘策 . 中国国家地质公园空间可达性分析 [J] . 山地学报，2019，37（4）：602-612.

[3] 王成武，崔彪，汪宙峰，等 . 四川省自然保护区时空分布与影响因素 [J] . 生态学报，2022，42（9）：3794-3805.

[4] 朱磊，李燕楠，胡静，等 . 国家森林公园空间分布格局及其影响因素研究 [J] . 干旱区地理，2022，45（2）：389-400.

[5] 徐珍珍，余意峰 . 国家全域旅游示范区空间分布及其影响因素 [J] . 世界地理研究，2019，28（2）：201-208.

[6] 景壮壮，韩景，刘万波，等 . 山西省 A 级景区空间分布特征及可达性研究 [J] . 资源开发与市场，2021，37（2）：200-207.

[7] 李小雅，王晓芳，卓蓉蓉，等 . 基于空间句法和网络分析的武汉市城郊休闲农业点空间可达性研究 [J] . 华中师范大学学报（自然科学版），2020，54（5）：882-891.

[8] 潘竞虎，李俊峰 . 中国 A 级旅游景点空间分布特征与可达性 [J] . 自然资源学报，2014，29（1）：55-66.

[9] 黄思颖，徐伟振，傅伟聪，等 . 城市公园绿地可达性及其提升策略研究 [J] . 林业经济问题，2022，42（1）：89-96.

[10] 周海涛，马钰松，樊亚宇，等 . 内蒙古红色旅游资源空间分布及可达性分析 [J] . 干旱区地理，2022（5）：1-12.

[11] 丘萍，章仁俊 . 国家级水利风景区分布及影响因素研究：基于空间自相关和固定效应模型的实证 [J] . 统计与信息论坛，2009，24（5）：47-53.

[12] 韩洁，宋保平 . 陕西省水利风景区空间分布特征分析及水利旅游空间体系构建 [J] . 经济地理，2014，34（11）：166-172.

[13] 侯松岩，姜洪涛 . 江苏省水利风景区空间结构分析 [J] . 地域研究与开发，2014，33（3）：102-105.

[14] 冯英杰，吴小根，张宏磊，等 . 江苏省水利风景区时空演变及其影响因素 [J] . 经济地理，2018，38（7）：217-224.

[15] 刘昌雪，汪德根，李凤 . 国家水利风景区空间格局演变及影响机理分析 [J] . 地理与地理信息科学，2018，34

（4）：108-117.

［16］张红，王新生，余瑞林．基于 Voronoi 图的测度点状目标空间分布特征的方法［J］．华中师范大学学报（自然科学版），2005（3）：422-426.

［17］张九月，胡希军，朱满乐，等．长株潭城市群 3A 级及以上旅游景区空间分布特征及影响因素［J］．西南大学学报（自然科学版），2021，43（9）：162-172.

［18］陈希孺．基尼系数及其估计［J］．统计研究，2004（8）：58-60.

黄河三盛公国家水利风景区科普文化建设探索实践

裴建伟　尚飞宇　张拥军　王云岫

（内蒙古自治区黄河三盛公水利枢纽管理中心，内蒙古巴彦淖尔　015200）

摘　要： 如何发挥水利枢纽工程科普文化资源禀赋，并满足人民群众对科普文化的需求，让更多的人来关心水利、了解水利、珍惜爱护水资源，让水利工程成为民生工程、文化工程和幸福工程。本文在分析三盛公水利枢纽工程科普文化资源的基础上，以科普文化建设政策为导向，提出以水利风景区建设为抓手，创新科普文化形式，夯实科普文化载体，建设精品项目，切实提升科普文化产品和科普文化服务的精准、有效供给能力。

关键词： 三盛公；水利风景区；科普文化；探索实践

1　三盛公水利枢纽工程概况

三盛公水利枢纽位于内蒙古自治区巴彦淖尔市磴口县与鄂尔多斯市杭锦旗接壤处的黄河干流上，是国家根治黄河水害、开发黄河水利、在黄河干流上第一批建设的重要工程之一，是全国三个特大型灌区之一——内蒙古河套灌区的引水龙头工程，也是黄河上唯一以农业灌溉为主的一首制引水大型平原闸坝工程，灌溉面积 1 154 万亩。枢纽工程于 1959 年动工兴建，1961 年 5 月建成，以农业灌溉为主，兼有防洪、供水、发电、交通、旅游及生态补水等综合效能。

黄河三盛公国家水利风景区（简称三盛公景区）是依托三盛公水利枢纽工程辖区水土资源、风景资源、文化和科普资源建设的国家级水利风景区。风景区以黄河文化为底蕴，水利科普文化为基础，水利景观和文化创意为特色，形成了融观光游览、休闲度假和生态科普为一体的综合性旅游景区。风景区讲好黄河故事，弘扬中华水文化，积极开展科普教育活动，致力于将三盛公景区打造成为黄河岸边的生态宜居地、黄河文化传承地和绿色低碳、生态科普示范区，让黄河成为造福人民的幸福河。

2　枢纽工程科普文化资源分析

三盛公水利枢纽工程由拦河土坝、拦河闸、北岸总干渠进水闸、北岸总干渠跌水闸、沈乌干渠进水闸、南岸干渠进水闸、库区围堤、左右岸导流堤、闸下防洪堤和总干渠下游水电站等水工建筑物组成，工程资源和水工文化丰富；工程辖区拥有 55.3 km 黄河主河道及纵横交错的沟渠湖泊，水利风景资源富集，并已依法完成确权划界，办理了国有土地使用证，在水土资源开发利用和科普设施建设方面已具备基础条件。

三盛公水利枢纽在特定时期创造了一个奇迹，见证了中华人民共和国成立后我国水利事业的繁荣和发展。枢纽工程安全运行 60 多年来，老一辈水利工作者艰苦奋斗、开拓创新、精益求精、敬业奉献的精神一直在激励着枢纽工程的后继管理者，工程本身所承载的文化底蕴和精神财富厚重而深远。

三盛公景区规划面积 129 km²，有被誉为"万里黄河第一闸"和"北方都江堰"的亚洲最大的一首制平原引水闸坝工程；有黄河、沙漠、高原台地、湖泊、渠系、湿地、森林、草地、耕地等多种地

作者简介： 裴建伟（1970—），男，高级工程师，内蒙古自治区黄河三盛公水利枢纽管理中心枢纽管理所所长，主要从事水利风景区建设管理工作。

貌单元和生态体系；有特色鲜明的水文化、黄河文化和地域文化。另外，拥有可供开展文化和科普工作、活动的办公楼、创意空间、文化广场、博物馆、科普场馆、科普长廊等基础设施；有大量可以开展科普文化创新实践的生产资料和工程设施设备（枢纽工程运行60多年来，被淘汰并保存下来的工程材料、机电设备和金属构件，总数近万件，重达千吨）；有工程管理单位大量的专业技术人才和技术资源；有风景区高效的产业创新创意团队和科学、完善、有效的运行机制[1]。

以上资源，为发展水利风景区、创新水利科普文化建设奠定了良好的基础。

3 水利风景区科普文化建设政策支持

水利风景区建设发展是贯彻落实习近平生态文明思想的重要举措和创新实践。

《中华人民共和国科学技术普及法》《国家创新驱动发展战略纲要》《水利风景区管理办法》等为水利风景区科普文化建设提供了建设依据和政策支持。《水利部关于进一步做好水利风景区工作的若干意见》明确：水利风景区依托水域（水体）或水利工程而建，集水利功能提升、水利文化弘扬、水利科技知识普及于一体……是民生水利的重要举措。《水利部 共青团中央 中国科协关于加强水利科普工作的指导意见》和水利部《关于推动水利风景区高质量发展的指导意见》指出：发挥科普基地在水利科普工作中的主阵地作用，逐步建成结构合理、层次清晰、特色鲜明的水利科普基地体系；水利风景区要充分挖掘水利工程文化内涵，突出其文化功能和时代价值；合理利用已有建筑、既有设施和闲置场所，开展文化、科普、教育等活动。尤其是水利部近年来利用各种方式推动水利科普文化建设，进一步促进了风景区科普文化的繁荣与发展。

以上法规和政策为三盛公景区科普文化建设发展提供了依据，指明了方向。

4 充分发挥枢纽工程科普文化资源禀赋，创新建设科普文化精品项目

水利科普文化工作对促进民生水利发展、实施国家科普与创新文化建设规划、宣传水文化价值、提升全民水科学素养具有十分重要的作用。如何发挥枢纽工程水利科普文化资源优势，满足人民群众科普文化需求，让枢纽工程成为民生工程、文化工程和幸福工程，枢纽工程管理单位——内蒙古自治区黄河三盛公水利枢纽管理中心主动承担社会责任，积极拓展枢纽工程的社会服务功能，决定以发展水利风景区为抓手，创新水利科普文化建设，为人民群众提供更多、更优质的水利文化、科普产品。

三盛公景区以国家科普文化建设的方针政策为导向，紧紧围绕创新驱动发展战略，通过挖掘枢纽工程科普文化资源，逐步完善基础设施和服务设施，创新科普形式，夯实科普载体，注入文化元素，完善科普教育体系，建设精品项目，逐年提高科普教育和研学服务水平。

4.1 科普文化建设探索实践

三盛公水利枢纽按照"建设一座水利工程、形成一处水利风景区、惠及当地人民群众"的发展理念，利用枢纽工程的水利资源、风景资源和文化科普资源创新发展水利风景区，着重在文化创新、科技赋能方面进行探索和实践。三盛公景区建立之初就以"建一流文化创意景区，创生态科普效益"为发展目标，多年来致力于开展爱国主义教育、水文化科普教育和水生态文明成果展示，不断探索科学发展路径，先后建成黄河三盛公水文化博物馆、黄河冰凌科普长廊、"什么是黄河"科普画廊、黄河文化广场、黄河水坛、动物狂想园、金属雕塑园、植物标本馆、红色拓展基地、水科普文化园等科普场馆，园区、景点景观和枢纽工程随处可见科普文化景观小品及艺术装置[2]。

内蒙古自治区黄河三盛公水利枢纽管理中心用近20年时间探索和实践"水利废旧物资综合利用系统工程"，深入挖掘科普文化资源。从2003年开始，在综合利用水利废旧物资这一课题还没有任何可参考借鉴的情况下，内蒙古自治区黄河三盛公水利枢纽管理中心充分发挥工程管理单位的技术人才优势，利用一切可以利用的枢纽工程废旧物资创造性地建设景区，先后建成了"黄河结""古筝""黄河水坛""黄河文化广场"等大型装置艺术和景点景观。2007年，为进一步挖掘景区科普文化底蕴、提高文化艺术品位，与中央美术学院合作，在风景区建立中央美术学院教学实习基地，并以

"金属雕塑园"的形式予以呈现，创造性地构筑了循环发展、和谐观光的文化艺术修养园区，同时将风景区发展目标定位为"倡导生态环保理念，发展循环经济，打造文化创意景区"。为了多层次、充分挖掘枢纽工程废旧金属物资循环利用的潜力，实现可持续发展，从2009年开始，内蒙古自治区黄河三盛公水利枢纽管理中心在内部职工中选调技术人员组成金属雕塑创作小组，利用冬闲时间制作景观小品和艺术装置，并最终形成了"绿色低碳、生态和谐"的景区发展理念。目前，风景区通过对不同材质、形态和特征的废旧物资进行筛选，利用水利废旧物资本身所具有的时代烙印和独特价值进行再利用和艺术创作，共制作出景观小品和文化科普艺术装置200多件；以水力机械互动体验为主题建设水科普文化园，制作融知识性、趣味性和体验性于一体的科普互动装置35件。

具体实践中，三盛公景区在科学保护和综合利用水利设施、维护河湖健康美丽、推动绿色发展的同时，充分发挥水利工程资源优势，积极探索和实践，努力增强科普文化产品和服务的有效供给，满足地方人民群众对美好生活的需要。

4.2　科普文化建设成效

三盛公景区通过拓展三盛公水利枢纽工程的社会服务功能，以发展健康水生态、宜居水环境、先进水文化、普及水科学知识为宗旨，推进生态科普建设和水利风景区高质量发展。多年来，接待了大批学生和社会各界团体，为群众创造了休闲娱乐、科普修学的理想场所。

通过多年建设发展，三盛公水利枢纽工程目前是"国家水利风景区""国家地质公园""国家4A级旅游景区""国家水情教育基地""全国科普教育基地""自治区爱国主义教育基地""自治区党史教育基地""自治区关心下一代党史国史教育基地"和部分大专院校的实践基地。2019年，枢纽工程作为河套灌区的重要组成部分入选世界灌溉工程遗产名录；同年，入选第二届全国"水工程与水文化有机融合案例"，风景区管理团队入选内蒙古自治区第九批"草原英才"工程项目。2020年，三盛公景区被列入文化和旅游部发布的10条黄河文化精品旅游线路和内蒙古自治区推出的10条红色旅游精品线路，同时被评选为自治区网红打卡地。2021年，三盛公景区入选国家水利风景区高质量发展典型案例名单。2022年，三盛公景区入选水利部"红色基因水利风景区名录"，景区被评为"内蒙古自治区文明旅游示范单位"[3]。

5　科普文化建设发展规划

下一步，三盛公景区要认真贯彻落实国家"创新、协调、绿色、开放、共享"的新发展理念，坚持政府引导、社会参与、市场运作，以提升公民科学素质，加强科普文化创新能力建设为重点，大力推动水利风景区建设发展，为地方科普文化建设和经济社会发展助力。

5.1　以文化铸魂

继续弘扬和传承黄河文化，深入挖掘枢纽工程文化内涵和科普价值。集中建设三盛公景区核心区，进一步完善现有文化科普基础设施和参观游览设施，充实科普文化展陈内容和活动项目。在3年内完成"实景黄河""全景黄河""立景黄河"三位一体的大型黄河文化体验旅游区建设，讲好黄河故事，宣传普及黄河及水文化知识，助力科技强国和文化惠民工程建设。

5.2　以科技赋能

完善黄河三盛公水文化博物馆提升改造工程，通过数字模型、3D动画、裸眼特效、全息投影、三维打印地图等高科技手段展示人类治理黄河、利用黄河、管理黄河活动过程中留下的宝贵经验和历史遗存；在3年内完成三盛公水文化科普园4、5期续建工程；对现有项目进行提升改造，应用VR、AR、MR等新技术，突出沉浸式体验，将科技元素与互动性、趣味性深度融合，以群众喜闻乐见的方式普及水科普知识，推动全社会水生态文明建设的认知和行动。

5.3　以网络助力

进一步提升三盛公景区网络信息化水平。充分利用"三微一端"等新媒体手段和大数据等新兴技术，打造数字化服务平台，开设网络展馆、云游课堂；开通短视频账号，培养专兼职网络科普达人，全方位、多角度、精准宣传展示水文化、水利科普知识，提高科普文化教育的覆盖面和影响力。

5.4　以人才强企

在今后建设发展中要注重人才培养和合作交流。通过走出去请进来，与大专院校建立更多教学（实践）基地，与社会团体、机构建立合作交流机制等方式，不断提升景区科技人才创新发展能力。通过科普专家、科普辅导员和水情教育员的持续培养，为景区科普文化建设发展提供不竭动力。

6　结语

三盛公景区要以习近平新时代中国特色社会主义思想为指导，按照建设幸福河湖、推进水利风景区高质量发展总要求，设计开发满足群众实际需求的科普文化产品，精准服务，创新发展，着力提升水利优质科普文化产品的供给能力和质量水平，主动适应新发展阶段，持续探索实践水利风景区科普文化建设的方法和路径，为建立地方人水和谐的生产生活方式和文化繁荣贡献应有之力。

参考文献

[1] 裴建伟，尚飞宇，张拥军．黄河三盛公水利枢纽水利资源开发利用研究［J］．内蒙古水利，2014（4）：45-46.

[2] 人民智库课题组，贺胜兰．推动黄河流域生态保护和高质量发展的创新实践：巴彦淖尔市黄河三盛公国家水利风景区调研报告［J］．国家治理，2019（35）：10-15.

[3] 裴建伟，卢素英，孙俪方，等．巴彦淖尔市黄河三盛公水利风景区发展报告［C］//中国水利风景区发展报告（2022）．北京：社会科学文献出版社，2023.

基于 AHP-TOPSIS 组合模型的黄河流域水利风景区景观质量评价

常鹏飞[1]　韩凌杰[2]

（1. 华北水利水电大学，河南郑州　450000；
2. 水利部综合事业局，北京　100053）

摘　要： 黄河流域水利风景区景观质量提升是促进黄河流域水利风景区高质量发展的关键。在人地关系日益紧张的背景下，如何在兼顾水利设施的功能、保持生态环境的稳定、营造良好的人居环境体验下建设水利风景区已变得至关重要。在现有水利风景区建设规划中，缺乏对景观质量方面的科学考量，本文运用层次分析法（AHP）和逼近理想解排序法（TOPSIS）从 14 个方面构建水利风景区景观质量评价体系，并对河南省 3 处水利风景区景观质量进行评价，为今后水利风景区规划建设提供参考。

关键词： 黄河流域；水利风景区；AHP-TOPSIS 组合评价模型；景观质量

水利风景区是指以水域（水体）或水利工程为依托，具有一定规模和质量的风景资源与环境条件，可开展观光、娱乐、休闲、度假或科学、文化、教育活动的区域[1]。随着习近平生态文明思想和黄河流域生态保护和高质量发展战略的提出，水利风景区的规划建设取得了较快发展[2]。

近年来，国内对水利风景区的研究多集中在综合效益评价[3]、高质量发展[4]、建设管理[5]、建设后评价[6-7]等方面，相关学者主要围绕水利风景区的规划发展与建设管理展开研究，缺乏对水利风景区景观质量评价的量化探索。景观质量是水利风景区高质量发展的关键因素，是保持生态稳定、协调人水关系、营造良好的人居环境、推进黄河文化的重要成分。与此相关的评价需要基于合理、科学的评价模型，但由于大多数学者选择的评价指标不能很好地反映水利风景区的特点，使得运用评价模型评估景观质量的实践有效性不明显。

因此，本文选取黄河流域河南段 3 处国家级水利风景区为研究对象，结合 AHP-TOPSIS 组合评价模型[8-12]，优化水利风景区景观质量评价模型，对其景区景观质量进行评价排序，分析水利风景区景观质量的影响因素，以期为今后水利风景区规划建设提供科学依据。

1　研究对象与方法

1.1　研究对象

河南省地处黄河中下游转折点，同时也是黄河流经最长的省份，诸多文明由此诞生，从河南省沿黄水利风景区中选取郑州黄河生态水利风景区、花园口水利风景区和兰考黄河水利风景区这三处具有代表性的国家级水利风景区进行评价分析。

1.2　评价指标体系

在参阅文献［13-20］和专家咨询的基础上，选取评价因子，确定将生态环境、空间营造、文化蕴含、基础设施作为评价体系的准则层。结合 3 处景区景观的现状及特色，初步确定 16 个评价指标，为确保评价指标因子的相对独立、客观，邀请地方高等院校风景园林专业、水利部门等相关专家对指

作者简介： 常鹏飞（1997—），男，硕士研究生，研究方向为水利风景区。

标进行比较筛选和修正，确定 14 个评价指标构建水利风景区景观质量评价指标体系（见表 1）。

表 1 水利风景区景观质量评价体系

目标层 A	准则层 B	指标层 C	指标解释
水利风景区景观质量评价	生态环境 B1	植被覆盖率 C11	景区中植被覆盖率
		植物色相 C12	景区中植物色彩搭配情况
		山水景观 C13	山水资源的利用
	空间营造 B2	空间围合 C21	引导游客视线走向，营造不同功能空间
		林冠线 C22	植物林冠线走势
		地形塑造 C23	分隔空间、起伏变化、营造意境的能力
		驳岸形态 C24	主要考究驳岸形态、亲水性
	文化蕴含 B3	科普教育 C31	文化的科普宣传教育情况
		地域性文化 C32	水事民俗、水利碑刻、名人故事开发利用情况
		工程景观 C33	水利设施、工程景观的美化度和观赏度
	基础设施 B4	标识导视 C41	标识导视的密度和内容丰富度
		安全防护 C42	对易存在安全隐患的场地进行围护提示
		道路布局 C43	景点之间通达与合理度
		公共服务设施 C44	如公厕、垃圾桶、无障碍通道、停车场等

1.3 评价方法

运用 AHP-TOPSIS 组合评价模型，将定性因子与定量因子相结合进行综合评价。使用层次分析法（analytic hierarchy process，AHP）科学确定各个评价指标的权重值，降低在景观质量的评价中因评价者的主观性对评价结果的影响，它是对定性问题进行定量分析的一种实用有效的多准则决策方法。逼近理想解排序法（technique for order preference by similarity to an ideal solution，TOPSIS）实现了多目标决策中决策对象科学排序的问题，避免单因素决策中的片面性及主观性问题。

1.3.1 层次分析法（AHP）确定指标权重

AHP 最早是由美国运筹学家、匹兹堡大学 T. L. Saaty 于 20 世纪 70 年代初提出的。其本质是一种分解复杂问题的过程。它的基本原理是：把一个复杂问题分解成各个组成要素，采用 1~9 度标度法对每一级指标按两两比较后打分，构成判断矩阵，并计算各判断矩阵的最大特征值 λ_{max}，最终为保证数据合理性，需对各矩阵进行一致性检验：

$$CI = \frac{\lambda_{max} - n}{n - 1} \tag{1}$$

$$CR = \frac{CI}{RI} \tag{2}$$

式中：CI 为一致性指标；n 为评价因子数；RI 为平均随机一致性指标；CR 为一致性比率，当 CR<0.1 时，该矩阵通过一致性检验，结果合理，否则需要专家重新调整矩阵，直到结果合理。

1.3.2 逼近理想解排序法（TOPSIS）对评价对象加权排序

逼近理想解排序法最早是由 Hwang Chinglai 提出来的，是通过计算对象与理想解之间的距离进行优劣排序的多目标决策技术。将 AHP 与 TOPSIS 相结合，构建加权矩阵，实现评价对象的科学排序，其具体步骤如下：

（1）根据 AHP 求得的因子权数对标准化后的因子进行加权处理，构建加权矩阵 $\mathbf{Z}'_{ij}$。

$$\mathbf{Z}'_{ij} = \omega_j \mathbf{Z}_{ij} \quad (i = 1, 2, \cdots, n; j = 1, 2, \cdots, m)$$

式中：ω_j 为第 j 个指标的权重。

（2）确定评价对象的正理想解 Z^+ 和负理想解 Z^-。

$$Z^+ = [\max Z_{ij} | j \in J, \min Z_{ij} | j \in J'] = [Z_1^+, Z_2^+, \cdots, Z_m^+] \tag{3}$$

$$Z^- = [\min Z_{ij} | j \in J, \max Z_{ij} | j \in J'] = [Z_1^-, Z_2^-, \cdots, Z_m^-] \tag{4}$$

（3）计算各评价对象到正理想解的欧氏距离 S_i^+ 和到负理想解的欧氏距离 S_i^-。

$$S_i^+ = \sqrt{\sum_{j=1}^{m} (Z_{ij} - Z_j^+)^2} \tag{5}$$

$$S_i^- = \sqrt{\sum_{j=1}^{m} (Z_{ij} - Z_j^-)^2} \tag{6}$$

（4）根据欧氏距离计算各评价对象与理想解之间的接近度 C_i，按照接近度大小值进行优劣排序。

$$C_i = \frac{S_i^-}{S_i^+ + S_i^-} \quad (i = 1, 2, \cdots, n) \tag{7}$$

$C_i \in [0, 1]$，C_i 越接近于 1，表示第 i 个评价对象越接近于最优水平；反之，C_i 越接近于 0，表示第 i 个评价对象越接近于最劣水平。可见 C_i 值越大，评价结果越优。

2 结果与分析

2.1 AHP 确定评价指标权重

邀请 5 名相关专家对各指标的相对重要性进行两两比较，根据 AHP 的步骤整理出相应的判断矩阵，并计算判断矩阵的特征值和特征向量，进行一致性检验，得到权重（见表 2）。

表 2 准则层与指标层各因子权重

目标层 A	准则层 B	权重	指标层 C	权重	总目标权重
水利风景区景观质量评价 A	生态环境 B1	0.209 1	植被覆盖率 C11	0.298 7	0.062 5
			植物色相 C12	0.137	0.028 7
			山水景观 C13	0.564 3	0.118
	空间营造 B2	0.274 3	空间围合 C21	0.276 3	0.075 8
			林冠线 C22	0.078 3	0.021 5
			地形塑造 C23	0.432	0.118 5
			驳岸形态 C24	0.213 4	0.058 5
	文化蕴含 B3	0.204 1	科普教育 C31	0.182 1	0.037 2
			地域性文化 C32	0.419 5	0.085 6
			工程景观 C33	0.398 4	0.081 3
	基础设施 B4	0.312 5	标识导视 C41	0.203 8	0.063 7
			安全防护 C42	0.216 5	0.067 7
			道路布局 C43	0.342 5	0.107
			公共服务设施 C44	0.237 1	0.074 1

B-A：CR=0.062 1<0.1；C-B1：CR1=0.031 2<0.1；C-B2：CR2=0.078<0.1；C-B3：CR3=0.045 5<0.1；C-B4：CR4=0.082 5<0.1；通过一致性检验

2.2 TOPSIS 加权排序

依据 TOPSIS 的数据处理步骤，对根据 AHP 计算得到的各评价因子权重及评价对象标准化处理后的因子数值构造加权矩阵，分别求得各准则层加权值及指标层加权值（见表 3）。确定全部指标对评价对象的正理想解 Z^+ 和负理想解 Z^-，分别为

$Z^+ = $ (0.289 1，0.127 4，0.597 4，0.355 3，0.103 5，0.525 8，0.259 6，0.169 7，0.433 4，0.411 6，0.290 6，0.325 8，0.501 6，0.361 2)

$Z^- = $ (0.261 7，0.105 8，0.449 9，0.289 0，0.073 9，0.459 2，0.193 8，0.151 1，0.401 3，0.294 7，0.242 9，0.292 0，0.367 8，0.268 6)

表 3 景观评价数值加权值

指标层 C	景区名称		
	兰考黄河水利风景区	花园口水利风景区	郑州黄河生态水利风景区
植被覆盖率 C11	0.261 7	0.285 2	0.289 1
植物色相 C12	0.127 4	0.105 8	0.127 4
山水景观 C13	0.538 4	0.449 9	0.597 4
空间围合 C21	0.289 0	0.336 4	0.355 3
林冠线 C22	0.073 9	0.084 7	0.103 5
地形塑造 C23	0.459 2	0.488 8	0.525 8
驳岸形态 C24	0.259 6	0.193 8	0.215 7
科普教育 C31	0.169 7	0.151 1	0.165 1
地域性文化 C32	0.401 3	0.433 4	0.401 3
工程景观 C33	0.411 6	0.340 4	0.294 7
标识导视 C41	0.266 7	0.242 9	0.290 6
安全防护 C42	0.313 1	0.325 8	0.292 0
道路布局 C43	0.501 6	0.367 8	0.461 4
公共服务设施 C44	0.356 6	0.268 6	0.361 2

依据式（5）~式（7）计算 3 处景区正理想解与负理想解的欧氏距离及接近度 C_i，并依据接近度计算结果对 3 处景区得分从高到低进行排序（见表 4）。

表 4 正、负理想解及优劣总排序

景区名称	正理想解 S^+	负理想解 S^-	归一化	未归一化 C_i	排序
兰考黄河水利风景区	0.670 8	0.665 3	0.330 7	0.498 0	2
花园口水利风景区	0.725 1	0.568 4	0.291 8	0.439 4	3
郑州黄河生态水利风景区	0.576 3	0.759 6	0.377 6	0.568 6	1

同样方式计算 3 处景区对各准则层的欧氏距离及接近度，在各准则层的限制条件下分别对 3 处景区进行排序，得到生态环境、空间营造、文化蕴含和基础设施不同准则层下 3 处景区的优劣情况（见表 5）。

表 5　各指标归一化排序

景区名称	生态环境		空间营造		文化蕴含		基础设施	
	归一化得分	排序	归一化得分	排序	归一化得分	排序	归一化得分	排序
兰考黄河水利风景区	0.275 0	2	0.257 2	3	0.359 2	2	0.423 7	1
花园口水利风景区	0.196 2	3	0.262 7	2	0.436 6	1	0.216 9	3
郑州黄河生态水利风景区	0.528 8	1	0.480 1	1	0.204 2	3	0.359 4	2

郑州黄河生态水利风景区的综合排名最高，而花园口水利风景区的排名靠后，说明该景区景观质量上相对还存在着一定的差距，在今后的景区规划建设中应当加强景观质量的提升。郑州黄河生态水利风景区有着天然的山水资源优势，在生态环境和空间营造方面优于其他两家景区，在未来应该更加注重生态环境的保护，避免破坏现有的生态资源的同时，也要充分利用生态资源，秉持开发与保护并行的原则，优化基础设施的建设，深入挖掘其文化内涵。

兰考黄河水利风景区基础设施较为完善，有较好的道路布局，其中在滨河步道更能直观地领略黄河的雄伟壮观，并设置有小火车观光轨道，将沿线美景尽收眼底。另外，要注重空间营造方面，在植物种植和地形营造上，高低错落、疏密有致，形成移步景异的游览路线。

花园口水利风景区内的几处雕塑、石刻、石碑和建筑物等，讲述着花园口的历史和今天。景区要讲好黄河故事，开拓黄河文化、水文化、水情教育空间，发挥水文化传播平台、水科普研学教育阵地的作用；也要巩固现有的生态环境，增加景观空间物种多样性，做到四季皆有景可观。

3　结论与展望

通过层次分析法的指标权重，得出准则层各项指标权重大小依次为基础设施 B4>空间营造 B2>生态环境 B1>文化蕴含 B3，准则层中基础设施的优劣是影响景区景观质量的关键，说明被调查者们更希望有便捷的配套设施，去辅助欣赏山水自然景观，享受现代城市发展带来的便利的同时，又能与大自然进行交流，因此在进行景区规划建设时，应当注重景区的基础服务设施的建设，给游客提供轻松舒适的条件去参观游览景区。

指标因子中地形塑造是权重占比最大的指标，这说明地形起伏变化所营造出或私密或开敞的空间，不同的空间搭配能带给游客丰富的感观体验，加强空间意境营造丰富景观的层次，是今后景区建设的重中之重。道路布局、山水景观和地域性文化在指标层中同样排位靠前。由此来看，便捷的路线设置能够让游客便捷地到达各个景点，景区也应设置专门的游览路线并提供最佳的观赏点位；山水景观的保护和利用也同样为今后工作的重中之重。黄河是我们的母亲河，也是中华文明主要的发源地，自古以来，人类依水而居、依水而作诞生了诸多的文化遗址，深入挖掘黄河文化内涵，讲好黄河故事，也是黄河流域水利风景区的提升重点。

AHP 通过专家打分确定指标的合理权重，降低了评价者的主观性，有效解决了评价指标影响因素太多而难以分配权重的难题。TOPSIS 解决了多目标决策中的排序问题，避免单因素决策的片面性和人为主观因素所导致的决策错误。AHP-TOPSIS 评价组合模型，能做出科学、合理、全面的判断，为多因素评价方法提供了一个思路。但是在本文水利风景区景观质量评价模型指标的选取中，仍有不足之处，多为被调查者的主观意向，未能与客观数据有效结合，还不能完全反映出水利风景区的景观质量特征，在今后的研究中应融入客观数据多层次考虑，对水利风景区景观质量评价模型进一步地调整和完善。

参考文献

[1] 中华人民共和国水利部. 水利风景区评价标准：SL 300—2013 [S]. 北京：中国水利水电出版社，2013.

[2] 左其亭，张志卓. 黄河重大国家战略背景下的水利风景区建设 [J]. 中国水利，2020（20）：50-51.

[3] 单文华，徐春峰，李德昌. 长江大保护背景下水利风景区项目综合效益评价：以苏州市张家港湾项目为例 [J]. 人民长江，2021，52（S1）：337-340，375.

[4] 吴兆丹，王诗琪. 水利风景区高质量发展水平评价研究 [C] //. 中国水利学会. 2022 中国水利学术大会论文集：第五分册. 郑州：黄河水利出版社，2022：516-522.

[5] 高艺园. 基于 AHP 的水库型水利风景区建设管理评价研究 [D]. 福州：福建农林大学，2016.

[6] 刘菁，唐德善，郝建浩，等. 水利风景区规划环境影响评价指标体系构建 [J]. 水电能源科学，2017，35（7）：109-112，193.

[7] 董青，汪升华，于小迪，等. 水利风景区建设后评价体系构建 [J]. 水利经济，2017，35（3）：69-74，78.

[8] 乔丽芳，齐安国，张毅川. 基于 AHP-TOPSIS 组合模型的植物园景观方案优选 [J]. 西北林学院学报，2012，27（4）：238-241.

[9] 杜师博. 基于 AHP-TOPSIS 法的城市公园景观空间的尺度评价研究 [D]. 郑州：河南农业大学，2020.

[10] 冯磊，赵洁. 基于 AHP-TOPSIS 组合模型的城市公园景观质量评价研究 [J]. 山东农业大学学报（自然科学版），2018，49（5）：777-781.

[11] 黄广远，徐程扬，朱解放，等. 基于层次分析法和逼近理想解排序法的高校校园绿地景观评价 [J]. 东北林业大学学报，2012，40（9）：113-115，123.

[12] 郑霞，胡希军，张成林. 基于 AHP-TOPSIS 组合模型的湖南文庙植物评价 [J]. 中南林业科技大学学报，2022，42（3）：193-204.

[13] 李羽佳. ASG 综合法景观视觉质量评价研究 [D]. 哈尔滨：东北林业大学，2014.

[14] 刘钊. 基于 AHP 法的太原城郊森林公园视觉景观质量评价 [J]. 中南林业科技大学学报，2023（2）：188-200.

[15] 甘永洪，罗涛，张天海，等. 视觉景观主观评价的"客观性"探讨：以武汉市后官湖地区景观美学评价为例 [J]. 人文地理，2013，28（3）：58-63，120.

[16] 刘娇妹，王刚，付晓娣，等. 黄河流域河南段生态保护和高质量发展评价研究 [J]. 人民黄河，2023（7）：7-13.

[17] 杨书豪，谷晓萍，陈珂，等. 国内景观评价中 SBE 方法的研究现状及趋势 [J]. 西部林业科学，2019，48（3）：148-156.

[18] 张建国，王震. 德清县下渚湖国家湿地公园景观美景度评价 [J]. 浙江农林大学学报，2017，34（1）：145-151.

[19] 吴德雯. 城市型风景区边界区域视觉景观研究综述 [J]. 艺术工作，2020（1）：99-100.

[20] 王韶晗，宋爽，石梦溪，等. 城郊森林公园康养景观质量评价体系的构建：以黑龙江加格达奇国家森林公园为例 [J]. 东北林业大学学报，2022，50（12）：60-65.

水利风景区研学基地学生获得感研究
——以黄河小浪底水利枢纽风景区为例

崔李花　李　亚

（水利部小浪底水利枢纽管理中心，河南郑州　450000）

摘　要： 近年来，研学旅行作为中小学生校内教育的补充学习方式逐渐兴起，受到学校与家长的重视。2016年，教育部正式将研学旅行纳入中小学教育教学计划，正式成为学生教育不可或缺的组成部分。本文以黄河小浪底水利枢纽风景区为例，运用结构方程模型方法，测量并研究研学学生对研学课程感知、获得感及满意度的联系，深入探讨水利风景区研学旅行中研学课程设计的方式与重点，希望对水利风景区及其他类型景区研学课程设计有一定借鉴意义。

关键词： 水利风景区；研学课程；特征感知；获得感；满意度

1　引言

近年来，研学旅行作为衔接学校教育和校外教育的新型教育方式，正逐渐兴起并得到广泛推广。但其实，我国早在春秋战国时期就出现了研学旅行的萌芽，前有孔子带领弟子四方游学，后有徐霞客游历名山大川撰写游记，千百年来，"读万卷书，行万里路"的教育思想深刻影响着中国的教育史[1]，与此同时，在16、17世纪的欧洲地区，"大游学（grand tour）"运动作为贵族子弟的一种培养方式兴起[2]。第二次世界大战后，研学旅行更是被欧美等国家作为学校系统内能拓宽大中小学生视野、提高跨文化理解能力的教育方式[3]。

2013年国务院办公厅印发了《国民旅游休闲纲要（2013—2020年）》，首次提出了"研学旅行"一词。2016年，教育部、国家发展和改革委员会等11个部门联合印发《关于推进中小学生研学旅行的意见》（简称《意见》），提出要将研学旅行纳入中小学教育教学计划，并与综合实践活动课程统筹考虑，促进研学旅行和学校课程有机融合，这表明全社会已经形成合力，搭建平台、提供便利，支持教育部门和学校开展丰富多彩的研学旅行活动[4]，培养学生的独立自主、合作探究和具体实践的能力，帮助学生树立正确的历史观、人生观和价值观[5]。

在研学旅行活动的开展中，课程化已经成为其规范化的必然路径[6]。所谓课程化，即要按照学生年龄层次的不同，开发具体的课程模块，课程活动要可操作、可考核、可量化、可评价[7]，以达到让学生在研学旅行中能够自主学习、创作实践、开拓视野、分享交流、提升能力等目的。

黄河小浪底水利枢纽风景区（简称小浪底）是第一批全国中小学生研学实践教育基地，为积极响应习近平总书记"讲好'黄河故事'，延续历史文脉，坚定文化自信"的伟大号召，小浪底近几年不断完善研学课程，并开发了研学折页、研学手册、研学教具等，研学课程已基本成型，获得了省内外教育机构、研学机构及学生群体的高度赞扬。本文试图从小浪底研学课程设计的特点与内容出发，通过实证分析探讨水利风景区研学教育的获得感模型，进而为水利风景区研学旅行的发展提出意见和建议。

作者简介： 崔李花（1992—），女，工程师，主要从事水利风景区管理运营工作。

2 文献综述

关于研学旅行的概念，丁运超提出，研学旅行是一门以学生为主体，以发展学生能力为目标，在内容上超越了教材、课堂和学校的局限，具有探究性、实践性的综合实践活动课程[8]，是将探究式学习与活动体验相结合的校外集体教育活动，是文旅与教育融合发展下形成的活动育人新模式[9]。国外将研学旅行称为教育旅游，认为教育旅游是参与旅游活动的旅游者将"学"作为次要或主要的旅游活动[10]，是学习者为了获得与他们学科相关的新知识而迁移到某一特定地点的一种旅游项目[11]，这些说法不约而同指向"游"与"学"这两个关键词。

关于研学旅行的特点，学者们的概括无非教育性、课程性、探究性、实践性、体验性、团体性、计划性、社会性、生活性、公益性、趣味性[12-15]，其中教育性、课程性、探究性、实践性最为突出。教育性源于研学旅行是一项户外教育教学活动，课程性源于它是课堂学习延伸的一部分，以体验式课程为主要方式。此外，研学旅行从研学设计方案、活动过程到学生的学习方式都具有探究性和实践性的特点[16]。

关于研学旅行的构成要素，沈和江等认为，研学旅行分研学教育和研学服务两大板块，由研学方案、研学基地、研学教材、研学设施、研学项目共同构成[17]。陈非的角度则更宏观一些，他跳出"研学产品"这个小圈子，认为研学旅游由研学旅游者、研学旅游产品、研学旅游目的地、目的地政府和研学旅游企业组成，以修学旅游者为中心，各要素之间相互联系、相互作用、互为制约[18]。Arcana KTP 则简单地将研学旅行看作一个由需求和供应组成的系统，需求即客户或旅游，供应即旅游产品及配套元素或提供教育旅游体验的目的地[19]。

关于研学旅行的意义，《意见》特别强调了让广大中小学生在研学旅行中感受祖国大好河山、感受中华传统美德、感受革命光荣历史，增强对坚定"四个自信"的理解与认同；同时，学会动手动脑、学会生存生活、学会做人做事，促进学生形成正确的世界观、人生观、价值观。通过学生在研学旅行活动过程中的体验感受，身心、思想和意志品质等方面的发展，落实习近平总书记 2018 年在全国教育大会上提出的立德树人这一教育事业的根本任务，帮助中小学生了解国情、开阔眼界、增长知识，着力提高他们的社会责任感、创新精神和实践能力。

3 模型构建与提出假设

3.1 提出假设

依据本文的主要研究内容为研学学生对水利风景区研学基地研学课程感知、获得感及满意度，提出如下研究假设：

（1）研学课程的课本结合度与研学学生获得感关系假设。

2017 年，教育部发布的《中小学综合实践活动课程指导纲要》指出，在研学旅行中，要引导学生主动运用校内所学知识分析解决实际问题，使学科知识在综合实践活动中得到延伸、综合、重组与提升。学生在研学课程中所发现的问题要在相关学科教学中分析解决，所获得的知识要在相关学科教学中拓展加深。研学课程和校内课程的紧密结合，是学生将理论与实践相结合的重要方式，能多角度完成知识传播。由此提出：

H1：研学课程的课本结合度正向影响研学学生爱国情怀；

H2：研学课程的课本结合度正向影响研学学生知识获得；

H3：研学课程的课本结合度正向影响研学学生职业生涯引导。

（2）研学课程的学龄段适配性与研学学生获得感关系假设。

《意见》指出研学基地要根据学龄段特点和地域特色，分别建立小学阶段、初中阶段、高中阶段的课程体系。不同学龄段的学生群体对知识的理解能力、接受能力、消化能力均有不同，在活动方面的实践能力也各有差异。由此提出：

H4：研学课程的学龄段适配性正向影响研学学生爱国情怀；

H5：研学课程的学龄段适配性正向影响研学学生知识获得；

H6：研学课程的学龄段适配性正向影响研学学生职业生涯引导。

（3）研学课程的趣味性与研学学生获得感关系假设。

研学课程通过丰富多彩、形式多样的实践活动达到育人目的，充分尊重少年儿童的兴趣爱好，在开展研学旅行活动中努力做到活动趣味化、趣味活动化，才能激发学生内在的学习与实践的动力，提高研学旅行的实效[20]。由此提出：

H7：研学课程的趣味性正向影响研学学生爱国情怀；

H8：研学课程的趣味性正向影响研学学生知识获得；

H9：研学课程的趣味性正向影响研学学生职业生涯引导。

（4）研学学生的获得感与满意度关系假设。

研学旅行是加强学生理想信念教育、爱国主义教育、革命精神教育的有效方式，能够提升学生家国情怀和社会责任感，摆脱纯粹书本的束缚，充分体现课本形态的现场体验、社会知识、历史知识等内容，让研学学生能在趣味互动中获得知识。此外，还能让学生获得对职业生活的真切理解，发现自己的专长，培养职业兴趣，形成正确的劳动观念和人生志向。研学课程带给学生的爱国情怀、知识获得及职业生涯的引导，是学生开展研学旅行的重要目的之一。由此提出：

H10：研学学生的爱国情怀获得正向影响其满意度；

H11：研学学生的知识获得正向影响其满意度；

H12：研学学生的职业生涯引导获得正向影响其满意度。

3.2 模型构建

根据以上假设，提出研究模型，如图 1 所示。

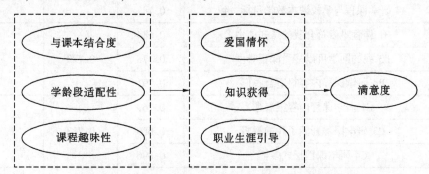

图 1　水利风景区研学课程特征感知与获得感概念模型

4　统计分析

4.1　样本概况

本文的研究对象是中小学生等研学学生，调查问卷的发放地点为小浪底，发放时间为 2023 年 4—6 月。共发放 512 份问卷，其中有效问卷 492 份，有效率为 96.1%。在回收的有效问卷中，男性占 48%、女性占 52%。被调查者以中小学生为主，小学 4~6 年级学生占比最高，为 36%；其次为初中生，占比 29%；1~3 年级学生、高中学生占比分别为 18% 和 17%。被调查者的研学活动有 49% 为学校组织，43% 为研学机构组织，仅有 8% 为家长带领。被调查者大部分来源于河南省内，郑州、洛阳、济源三地占比 87%，其他市区仅占比 13%。

4.2　实证分析

为了探讨研学课程特征感知对研学获得感的影响，分别对研学课程特征认知的 13 个测量变量及研学获得感的 14 个测量变量、满意度的 4 个变量使用 SPSS 进行探索性因子分析，采用主成分分析法并进行方差极大化因子旋转，共强制提取 7 个公因子，保留载荷大于 0.5 的题项，其中，B2、B5、C2、D4、E4 载荷低于 0.5，剔除。31 个变量的整体克朗巴哈系数为 0.879，大于普遍认可的 0.7，说明数据的内部一致性是可信的。KMO 值为 0.734，根据 Kaiser 提出的 KMO 值决策标准，数据进行共同因子的提取效果达到"优良的"的标准，说明因子分析效果较好；Bartlett 球形检验 $p < 0.001$，说明数据适合做因子分析；7 个公因子的克朗巴哈系数都大于 0.7，是可接受的[21]。本文依据学者们对研学旅行的相关研究，将各变量命名为与课本结合度、学龄段适配性、课程趣味性、爱国情怀、知识获得、职业生涯引导、满意度。

另外，本文采用基于偏最小二乘法算法 SmartPLS 软件进行结构方程建模，该方法对数据的正态性没有要求，且尤其适合用于以较小样本预测为导向的研究[22-23]。

模型的评价采用 Anderson 等[24] 推荐的两阶段评价法，先对测量模型进行评价，再对结构模型进行评价。通过 Bootstrapping 计算路径系数和外部载荷的显著性确定路径假设是否通过，并通过 Blindfolding 计算结构模型的预测效度。

由表 1 可知，测量模型中最小 AVE 值为 0.698，大于 0.5[25]，且 AVE 值的开平方根都比相对应的潜变量间相关系数大（见表 2），说明区别效度好[26]。测量模型参数评价表明潜变量的信度和效度都较好。

表 1　收敛效度和信度评价

变量名称	测量项	外部载荷	克朗巴哈系数	AVE 值
与课本结合度	A1 研学课程里出现了课本上的内容	0.623	0.765	0.698
	A2 研学课程与课本内容相通	0.667		
	A3 研学课程能让我想起课本知识	0.819		
	A4 研学课程与学校课本教学目标一致	0.787		
学龄段适配性	B1 课程难度符合我的认知能力	0.684	0.722	0.791
	B3 我的同学可以接受课程难度	0.778		
	B4 研学课程内容很适合我们	0.791		
课程趣味性	C1 研学课程内容很有趣	0.769	0.783	0.728
	C3 研学课程开阔了我的视野	0.689		
	C4 研学课程形式多样	0.896		
爱国情怀	D1 研学课程让我感受到祖国大好河山之美	0.834	0.876	0.835
	D2 研学课程让我感受到中国人的骄傲	0.756		
	D3 研学课程让我更加热爱祖国	0.853		
知识获得	E1 研学课程让我更加了解黄河的重要意义	0.654	0.889	0.895
	E2 研学课程丰富了我的关于黄河的知识	0.742		
	E3 研学课程让我了解了更多的水利知识	0.756		
	E5 研学课程让我知道了更多水利枢纽工程	0.787		
职业生涯引导	F1 研学课程让我了解了水利行业的工作	0.645	0.843	0.792
	F2 研学课程引起了我对水利工作的兴趣	0.876		
	F3 研学课程让我想要深入学习水利知识	0.755		
	F4 研学课程让我想成为一名水利工作者	0.809		

续表 1

变量名称	测量项	外部载荷	克朗巴哈系数	AVE 值
满意度	G1 总体上我对小浪底研学课程是满意的	0.759	0.856	0.723
	G2 我对小浪底研学课程的期待都得以实现	0.896		
	G3 我在小浪底的研学旅行是开心愉快的	0.845		
	G4 我对在小浪底花费的时间是满意的	0.741		

在测量模型得到有效性验证后，对假设模型进行验证及评价。

表 2　构念的相关度和 AVE 的平方根

变量名称	与课本结合度	学龄段适配性	课程趣味性	爱国情怀	知识获得	职业生涯引导	满意度
与课本结合度	0.835						
学龄段适配性	0.412	0.853					
课程趣味性	0.523	0.678	0.889				
爱国情怀	0.443	0.522	0.524	0.914			
知识获得	0.679	0.498	0.475	0.667	0.946		
职业生涯引导	0.554	0.538	0.643	0.554	0.713	0.890	
满意度	0.633	0.614	0.652	0.559	0.585	0.611	0.856

注：对角线上的数字为 AVE 值的平方根。

在对测量模型进行评价后，本文还需要对结构模型进行评价。本文的 12 个假设中，只有研学课程的学龄段适配性正向影响研学学生职业生涯引导的关系假设、研学学生的爱国情怀获得正向影响满意度的关系假设没有通过检验，其他假设均成立，如表 3、图 2 所示。

表 3　路径假设检验

原假设	标准路径系数	T 值	结论
H1：研学课程的课本结合度正向影响研学学生爱国情怀	0.314	3.791***	支持
H2：研学课程的课本结合度正向影响研学学生知识获得	0.121	2.899***	支持
H3：研学课程的课本结合度正向影响研学学生职业生涯引导	0.149	3.668***	支持
H4：研学课程的学龄段适配性正向影响研学学生爱国情怀	0.123	2.336**	支持
H5：研学课程的学龄段适配性正向影响研学学生知识获得	0.152	3.415***	支持
H6：研学课程的学龄段适配性正向影响研学学生职业生涯引导	0.161	0.019	拒绝
H7：研学课程的趣味性正向影响研学学生爱国情怀	0.134	3.413***	支持
H8：研学课程的趣味性正向影响研学学生知识获得	0.299	3.344***	支持
H9：研学课程的趣味性正向影响研学学生职业生涯引导	0.159	2.345**	支持
H10：研学学生的爱国情怀获得正向影响其满意度	0.254	0.259	拒绝
H11：研学学生的知识获得正向影响其满意度	0.211	2.957***	支持
H12：研学学生的职业生涯引导获得正向影响其满意度	0.195	2.654***	支持

注：* 代表 $p<0.1$（$T=2.5$）；** 代表 $p<0.05$（$T=1.96$）；*** 代表 $p<0.01$（$T=1.2$），下同。

在 SmartPLS 软件中，对模型拟合程度、解释能力的检验可用多重判定系数 R^2、共同度和适配度 GoF 值的大小来判别。其中，R^2 表示外生变量对内生变量的解释能力，此模型中 R^2 均大于 0.1，超过 10%的基准水平；各潜变量的共同度均大于 0.5，说明模型中潜变量的质量较好。GoF 值为 0.393，大于 Wetzels 等[27] 界定的强临界值点 0.360，说明研究模型的总体拟合效果好（见表 4）。

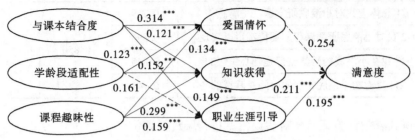

图 2　结构方程模型检验结果

表 4　模型评价检验

潜变量	共同度	R^2	GoF 值
与课本结合度	0.814		
学龄段适配性	0.571		
课程趣味性	0.623		
爱国情怀	0.640	0.251	$GoF = \sqrt{\overline{R^2} \times \text{共同度}}$
知识获得	0.874	0.185	
职业生涯引导	0.752	0.135	
满意度	0.739	0.303	
均值	0.716	0.219	0.393

5　结论与讨论

本文通过对实地调研收集到的一手数据进行处理分析，运用偏最小二乘法结构方程模型检验了水利风景区研学基地研学课程感知、获得感及满意度之间可能存在的路径关系。主要结论和讨论如下：

（1）研学课程的课本结合度正向影响研学学生的爱国情怀、知识获得及职业生涯引导。这一结论说明，研学课程内容应与校内教育适度结合，让学生在研学中践行"理论指导实践，实践检验理论"，实现独立思考与学用结合，在研学中提升爱国情怀、巩固所学知识、树立合理目标、规划职业生涯。

（2）研学课程的学龄段适配性正向影响研学学生爱国情怀、知识获得。这一结论说明，研学课程不能统一化之，而是要根据学龄段设计不同内容、不同难度的课程，符合各学龄段群体的认知水平与认知能力，让学生都能在研学实践中有所收获。

（3）研学课程的趣味性正向影响研学学生的爱国情怀、知识获得及职业生涯引导。这一结论说明，研学课程要想提升学生的爱国情怀和知识素养，帮助学生规划职业生涯，应该提升课程趣味性，让学生在互动中、在享受中获取知识。

（4）研学学生的知识获得与职业生涯引导正向影响满意度。这一结论说明，提升研学学生的满意度，需要在知识传播的广度和深度上下功夫，引导研学学生提前选择职业道路、思考教育计划、确立职业目标，提升研学学生的实际获得感。

参考文献

[1] 滕丽霞，陶友华．研学旅行初探 [J]．价值工程，2015，34（35）：251-253.

[2] 付有强. 英格兰教育旅行传统探析 [J]. 贵州文史丛刊, 2013 (4): 115-120.

[3] 杨生, 司利, 张浩. 日本修学旅游发展模式与经验探究 [J]. 旅游研究, 2012, 4 (2): 25-29.

[4] 于秀楠. 中小学生研学旅行活动课程的综述研究 [J]. 教育现代化, 2018, 5 (22): 272-273.

[5] 王芮, 顾成林, 钟琳, 等. 基于SWOT分析三江源自然保护区研学旅行发展策略 [J]. 经济师, 2023 (8): 137-139.

[6] 王晶英. 研学旅行课程与学校课程的融合机制研究 [J]. 乌鲁木齐职业大学学报, 2023, 32 (2): 43-47.

[7] 陆庆祥, 程迟. 研学旅行的理论基础与实施策略研究 [J]. 湖北理工学院学报 (人文社会科学版), 2017, 34 (2): 22-26.

[8] 丁运超. 研学旅行: 一门新的综合实践活动课程 [J]. 中国德育, 2014 (9): 12-14.

[9] 聂希. 铸牢中华民族共同体意识的研学旅行模式创新研究: 以活动理论为指导 [J]. 西南民族大学学报 (人文社会科学版), 2023, 44 (6): 43-53.

[10] Ritchie B W. Managing educational tourism [M]. London: Channel View Publications, 2003.

[11] Samah A A, Ahmadian M. Educational tourism in Malaysia: Implications for community development practice [J]. Asian Social Science, 2013 (11): 17-23.

[12] 丁运超. 地理核心素养与研学旅行 [J]. 中学地理教学参考, 2017 (3): 18-20.

[13] 陈光春. 论研学旅行 [J]. 河北师范大学学报 (教育科学版), 2017, 19 (3): 37-40.

[14] 段玉山, 袁书琪, 郭锋涛, 等. 研学旅行课程标准 (一): 前言、课程性质与定位、课程基本理念、课程目标 [J]. 地理教学, 2019 (5): 4-7.

[15] 莫芮. 中国中小学研学旅行样态实证研究 [J]. 教育科学论坛, 2018 (8): 3-11.

[16] 张帅, 程东亚. 研学旅行的特征、价值与教师角色定位 [J]. 教育理论与实践, 2020, 40 (11): 3-6.

[17] 沈和江, 高海生, 李志勇. 研学旅行: 本质属性、构成要素与效果考评 [J]. 旅游学刊, 2020, 35 (9): 10-11.

[18] 陈非. 修学旅游初论 [J]. 大连海事大学学报 (社会科学版), 2009, 8 (4): 88-91.

[19] Arcana KTP, Wiweka K. Educational Tourism's Product Strategy at Batur Global Geopark [J]. Kin tamani - Bali, 2016 (7): 40.

[20] 张晓瑜, 占晓婷. 中小学研学旅行必须走课程化之路 [J]. 教育教学论坛, 2020 (9): 326-327.

[21] Hair J F, Black W C, Babin B J, et al. Multivariate data analysis (7th Ed.) [M]. Beijing: China Machine Press, 2011.

[22] Reinartz W, Haenlein M, Henseler J. An empirical comparison of the efficacy of covariance-based and variance-based SEM [J]. International Journal of Market Research, 2009, 26 (4): 332-344.

[23] Hair J F, Sarstedt M, Ringle C M, et al. An assessment of the use of partial least squares structural equation modeling in marketing research [J]. Journal of the Academy of Marketing Science, 2012, 40 (3): 414-433.

[24] Anderson J C, Gerbing D W. Structural equation modelling in practice: A review and recommended two-step approach [J]. Psychology Bulletin, 1988, 103 (3): 411-423.

[25] Bagozzi R P, Yi Y. On the evaluation of structural equation models [J]. Journal of the Academy of Marketing Science, 1988, 16 (1): 74-94.

[26] Fornell C, Larcker D F. Structural Equation Models with Unobservable Variables and Measurement Error: Algebra and Statistics [J]. Journal of Marketing Research, 1981, 18 (3): 382-388.

[27] Wetzels M, Odekerken-Schr der G, van Oppen C. Using PLS path modelling for assessing hierarchical construct models: Guidelines and empirical illustration [J]. MIS Quarterly, 2009, 33 (1): 177-195.

黔东南州水系空间与旅游发展耦合分析

黄 浩 李 航 郭先华

（重庆三峡学院三峡库区水环境演变与污染防治重庆市重点实验室，重庆 404100）

摘 要：河流水系具有重要生态系统服务功能和旅游价值。本文以黔东南州 70 个 A 级旅游景点为研究对象，通过最邻近指数、核密度、高/低聚类等方法分析旅游景点与水系空间分布规律，结果显示：有 62 个景点与水系的距离都在 1 500 m 内，景点与水系的距离在空间中不具备相关性。旅游景点在空间中呈聚集分布，高密度聚集区 9 个景点中的 7 个与次高密度聚集区的 4 个景点皆邻近清水江及其支流。本文对黔东南州旅游可持续发展具有参考作用。

关键词：黔东南州；旅游景点；河流水系；生态旅游

　　黔东南州拥有丰富的水资源，2021 年全州人均水资源占有量为 5 607 m³，是同期全国人均的 2.67 倍，以清水江、都柳江、舞阳河为主干的水系遍布全州。水生态系统不仅具备保护生物多样性、调节气候等生态调节功能，同时还提供了旅游娱乐、水文化传承等文化服务功能[1]。例如，昝欣等[2] 对永定河上游流域的水生态系统服务价值进行了评估，发现其休闲娱乐价值最高，占总价值的 27.05%。水系作为重要的旅游资源，若能妥善开发环水系空间旅游，不仅能将水资源优势转化为经济优势，还能促进生态环境的良性循环，实现经济效益、社会效益与生态效益的统一[3]。当前已有众多水系与旅游的耦合研究，研究尺度多以某单一城市为主[4-6]，研究内容涉及旅游开发[7]、景观设计[8]、对策讨论[9] 等。以包含城市、乡村等地域单元为研究尺度且关于地理空间分布的研究较少。基于此，本文借鉴并区别于已有研究，以黔东南州全域为研究尺度，黔东南州的河流水系为参照，70 个 A 级旅游景点为研究对象，剖析水系与旅游景点间的空间分布规律，并分析其成因，以期为黔东南州开展生态旅游提供一定的参考价值。

1 材料与方法

1.1 黔东南州概况

　　黔东南州拥有丰富的旅游资源，境内有国家级风景名胜区 3 个、世界自然遗产地 1 处（施秉云台山）、A 级旅游景区 70 个，其中 5A 级旅游景区 1 个、4A 级旅游景区 18 个、3A 级旅游景区 50 个、2A 级旅游景区 1 个。以舞阳河、云台山、雷公山为代表的自然山水风光清新宜人，以雷山、凯里、台江为代表的苗族文化和服饰绚烂夺目，以从江、黎平、榕江为代表的侗族风情和独特的建筑风格引人入胜。民族风情多彩多姿，作为"百节之乡""歌舞海洋"，民族节日多达 390 余个，每年有万人以上参与的民族节日 120 多个，其内容丰富多彩，苗族有苗年、爬坡节、姊妹节、芦笙会，侗族有侗年、摔跤节、泥人节、林王节等不胜枚举。文化遗产璀璨斑斓，是 23 个国家级文化生态保护区之一，国家非物质文化遗产名录、中国传统村落入选数量、少数民族特色村寨数均居全国各市州之首，有人类非遗代表作名录 1 项（侗族大歌），国家级非遗 56 项 78 处，国家级非物质文化遗产生产性保护示范基地 3 处，国家备案博物馆 41 家。得天独厚的自然景观、底蕴深厚而独特的民族文化、古朴浓郁

基金项目：国家社科基金项目（21BMZ141）。

作者简介：黄浩（1998—），男，硕士研究生，研究方向为生态安全与环境管理。

通信作者：郭先华（1974—），男，教授，主要从事区域生态安全与 3S 技术方面的工作。

的民族风情，都是黔东南州开展旅游业的天然优势。

1.2 研究方法

1.2.1 核密度估计法

核密度估计法是通过计算点在空间中的密度变化来反映其集聚特征的。其计算公式为

$$f(x) = \frac{1}{nh} \sum_{i=1}^{n} k\left(\frac{x-x_i}{h}\right) \tag{1}$$

式中：$f(x)$ 为核密度估计值；h 为搜索带宽；n 为旅游景点个数；$x-x_i$ 为村寨 x 到第 i 个村寨处的距离；$k(x)$ 为核函数。

1.2.2 最邻近指数

最邻近指数反映了点状要素在地理空间中的相互邻近程度[10]，在本文用来分析旅游景点在空间中的分布类型。其计算公式为

$$R = \frac{r_1}{r_2} = \frac{r_1}{1/\left(2\sqrt{\dfrac{n}{A}}\right)} \tag{2}$$

式中：R 为最邻近指数，当 $R<1$ 时，分布类型为集聚分布，当 $R=1$ 时，为随机分布，当 $R>1$ 时，为均匀分布；r_1 为实际最邻近距离；r_2 为理论最邻近距离；n 为旅游景点个数；A 为研究区域面积。

1.2.3 空间自相关分析

空间自相关统计量是用于度量地理数据的一个基本性质：某位置上的数据与其他位置上数据间的相互依赖程度[11]。本文基于高/低聚类（G 函数）分析黔东南州 A 级旅游景点在空间中与水系的距离是否存在自相关性。

2 结果与分析

2.1 黔东南州旅游发展趋势分析

黔东南州自 20 世纪 80 年代中期开始发展旅游业，历经 40 多年，得到了迅猛而长足的发展。据黔东南州历年统计年鉴数据，全州 2009—2019 年接待游客及旅游总收入分别从 1 401 万人次、100 亿元增长至 12 892.98 万人次、1 212.13 亿元，其变化分别如图 1、图 2 所示。自 2008 年第三届贵州旅游产业发展大会在西江苗寨举办以来，西江苗寨抓住机遇，依托其丰厚的民族文化资源进行旅游开发，如今已成为驰名全国的著名旅游景点，旅游综合收入从 2009 年的 1.79 亿元增长到 2019 年的 74.5 亿元，农村居民可支配收入从 2007 年的 1 700 元增长到 2019 年的 22 300 余元，"西江模式"被列为贵州改革开放 40 年 40 事典型案例。黔东南州旅游发展不止如此，近两年"村超""村 BA"风头正盛，从过去当地村民闲暇时的娱乐活动，到如今受到全国关注的"现象级"体育赛事，不仅弘扬了顽强拼搏的体育精神，更弘扬了中国本地的乡土文化、民族文化，同时也给当地旅游发展注入了新动力。以榕江县为例，2023 年"村超"赛事期间，吸引游客 300 多万人次，实现旅游综合收入近 40 亿元。芝麻开花节节高，随着旅游产业投入力度的加大，配套基础设施的不断完善，以及"百村示范"项目的创建、《黔东南苗族侗族自治州乡村旅游促进条例》的颁布，黔东南州旅游产业已迎来新一轮的发展热潮。

2.2 旅游景点与水系空间分布规律

截至 2023 年 8 月，黔东南州共有 70 处 A 级旅游景区，本文以这 70 处旅游景区为研究对象，分析其与水系空间的分布规律。据《2021 年黔东南州水资源公报》，黔东南州境内共有大小河流 983 条，50 km² 以上的河流共 198 条，以清水江、舞阳河、都柳江为主干，呈树枝状遍布全州，舞阳河与清水江、都柳江的流域面积分别占全州国土总面积的 68.36%、29.87%，黔东南州的西北小部为乌江水系，属于余庆河支流平溪河的流域范围，其流域面积仅占全州的 1.77%。应用 ArcGIS 10.8 平台，将黔东南州 A 级旅游景点与水系叠加，得到其空间分布图，如图 3 所示，并通过邻域分析，计

算各个旅游景点与水系间的距离。统计结果如表 1 所示。

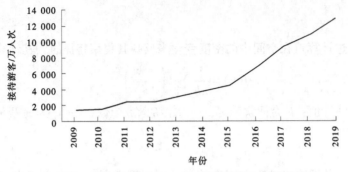

图 1　黔东南州 2009—2019 年接待游客人数变化

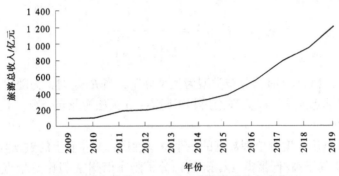

图 2　黔东南州 2009—2019 年旅游总收入变化

图 3　黔东南州 A 级旅游景点与水系分布

表 1　黔东南州 A 级旅游景点与水系距离

景区名称	质量等级	邻近水系	与水系距离/m
黔东南州镇远下舞阳河景区	AAAA	舞阳河	2.07
黔东南州岑巩木召生态休闲度假旅游区	AAA	舞阳河	9.45
黔东南州雷山西江千户苗寨景区	AAAA	清水江	11.27
黔东南州镇远古城旅游景区	AAAAA	舞阳河	14.45
黔东南州黎平肇兴侗文化旅游景区	AAAA	都柳江	21.92
黔东南州从江党郎红景区	AAA	都柳江	23.10
黔东南州麻江乌羊麻苗寨景区	AAA	清水江	23.94
黔东南州台江锦绣长滩景区	AAA	清水江	25.16
黔东南州台江施洞苗族文化旅游景区	AAAA	清水江	27.88
黔东南州榕江大利侗寨景区	AAA	都柳江	34.17
黔东南州榕江苗疆古驿小丹江旅游景区	AAA	清水江	41.43
黔东南州剑河温泉文化旅游景区	AAAA	清水江	44.67
黔东南州榕江乐里侗乡旅游景区	AAAA	都柳江	47.98
黔东南州岑巩玉门洞景区	AAA	舞阳河	55.63
黔东南州天柱功夫村旅游景区	AAA	清水江	64.42
黔东南州镇远高过河景区	AAAA	舞阳河	66.96
黔东南州凯里南花苗寨景区	AAA	清水江	77.02
黔东南州凯里下司古镇景区	AAAA	清水江	85.00
黔东南州三穗颇洞农业体验园景区	AAA	清水江	93.17
黔东南州剑河华润希望小镇景区	AAA	清水江	95.26
黔东南州黄平旧州古城旅游景区	AAAA	舞阳河	96.14
黔东南州台江世外桃源交宫旅游景区	AAA	清水江	97.50
黔东南州凯里云谷田园生态农业旅游区	AAAA	清水江	104.66
黔东南州锦屏茅坪木商古镇景区	AAA	清水江	123.59
黔东南州凯里千年岩寨景区	AAA	清水江	125.50
黔东南州雷山郎德旅游景区	AAAA	清水江	140.50
黔东南州麻江药谷江村景区	AAA	清水江	157.81
黔东南州锦屏隆里古城旅游景区	AAAA	清水江	174.89
黔东南州丹寨石桥古法造纸文化旅游景区	AAA	清水江	189.72
黔东南州榕江古州古街文化旅游景区	AAA	都柳江	197.72
黔东南州剑河巫包红绣旅游景区	AAA	清水江	200.85
黔东南州黎平佳所侗寨旅游景区	AAA	都柳江	217.06
黔东南州麻江瑶韵河坝景区	AAA	清水江	275.41
黔东南州丹寨万达旅游小镇景区	AAAA	清水江	275.57
黔东南州黎平四寨侗寨景区	AAA	都柳江	284.80

续表 1

景区名称	质量等级	邻近水系	与水系距离/m
黔东南州天柱三门塘景区	AAA	清水江	296.40
黔东南州黄平浪洞森林温泉景区	AAA	平溪河	297.77
黔东南州岑巩马家寨旅游景区	AAA	舞阳河	332.53
黔东南州施秉都市森林康养基地旅游景区	AAA	舞阳河	343.02
黔东南州岑巩黔东南大峡谷景区	AAA	舞阳河	346.60
黔东南州剑河仰阿莎文化旅游景区	AAA	清水江	367.79
黔东南州锦屏文斗苗寨景区	AAA	清水江	390.83
黔东南州施秉上舞阳河旅游景区	AAA	舞阳河	403.45
黔东南州黄平野洞河旅游景区	AAA	清水江	532.76
黔东南州施秉高碑田园旅游景区	AAA	舞阳河	549.01
黔东南州剑河革东镇屯州石板苗寨景区	AAA	清水江	553.99
黔东南州麻江同龢状元府景区	AAA	清水江	555.67
黔东南州三穗贵洞景区	AAA	舞阳河	610.41
黔东南州黎平八舟河景区	AAA	清水江	626.05
黔东南州雷山大塘景区	AAA	清水江	662.59
黔东南州从江大歹景区	AAA	都柳江	756.35
黔东南州黎平翘街旅游景区	AAAA	清水江	808.16
黔东南州锦屏龙池多彩田园景区	AAA	清水江	887.23
黔东南州台江艺术之乡反排景区	AAA	清水江	944.40
黔东南州岑巩红豆杉景区	AAA	舞阳河	1 065.58
黔东南州施秉云台山旅游景区	AAAA	舞阳河	1 237.77
黔东南州凯里苗侗风情园景区	AAA	清水江	1 286.12
黔东南州麻江马鞍山生态体育公园旅游景区	AAA	清水江	1 330.37
黔东南州黎平黄岗侗寨景区	AAA	都柳江	1 384.62
黔东南州从江加榜梯田景区	AAA	都柳江	1 407.82
黔东南州麻江蓝莓生态旅游区	AAAA	清水江	1 468.31
黔东南州锦屏平鳌景区	AAA	清水江	1 472.69
黔东南州天柱地良旅游景区	AA	清水江	1 512.53
黔东南州雷山三角田茶园景区	AAA	清水江	1 537.99
黔东南州从江高华瑶浴谷景区	AAA	都柳江	1 600.97
黔东南州从江岜沙原生态苗族文化旅游景区	AAAA	都柳江	1 668.03
黔东南州施秉杉木河景区	AAAA	舞阳河	2 103.11
黔东南州从江四联景区	AAA	都柳江	2 407.33
黔东南州台江红阳万亩草场景区	AAA	清水江	2 785.28
黔东南州凯里文化创意产业园	AAA	清水江	2 847.20

70 个 A 级旅游景点与水系的距离在 2~2 848 m，平均距离为 584.4 m，其中有 43 个景点在 500 m 以内，11 个景点与水系的距离在 500~1 000 m，12 个景点与水系的距离在 1 000~2 000 m，与水系的距离大于 2 000 m 的景点仅有 4 个，若将与水系距离小于 1 500 m 的景点视作与水相关，则与水相关的景点有 62 个，占比 88.57%。将黔东南州 A 级旅游景点与水系的距离作为各个景点的属性，通过高/低聚类（G 函数）分析各景点与水系的距离在空间上是否存在相关性。分析结果显示，G 函数观测值为 0.015，期望值为 0.014 4，z 得分为 0.235 4，显著性系数 p 值为 0.813 9，说明黔东南州 A 级旅游景点与水系的距离是随机分布的，即旅游景点与水系的距离在空间上不具备相关性，这是因为黔东南州水系发达，大部分景点皆依水而建，这与人们对自然山水景观的偏好不无关系。

2.3　最邻近指数与核密度分析

通过最邻近指数及核密度分析法可进一步分析黔东南州 A 级旅游景点在空间中的分布类型和集聚特征。由最邻近指数法计算得：黔东南州 A 级旅游景点平均观测距离为 9.31 km，而预期平均观测距离为 11.26 km，最邻近指数 $R=0.826<1$，z 得分为 -2.78，显著性水平 p 值为 0.000 1<0.01，说明黔东南州 A 级旅游景点在空间上为集聚分布。同时，对黔东南州 A 级旅游景点进行核密度分析，得到黔东南州 A 级旅游景点核密度分布（见图 4）。分析结果显示，黔东南州 A 级旅游景点集聚态势显著，高密度值核心区由麻江县、凯里市、丹寨县的 9 个景点组成，这 9 个景点中有 8 个都位于清水江及其支流附近，8 个景点与水系的平均距离为 303.8 m；次高密度值区由剑河县的 4 个景点与台江县的 1 个景点组成，这 5 个景点也都位于清水江及其支流附近，与水系的平均距离为 401 m；其余景点呈斑块状、散点状分散在各县市。

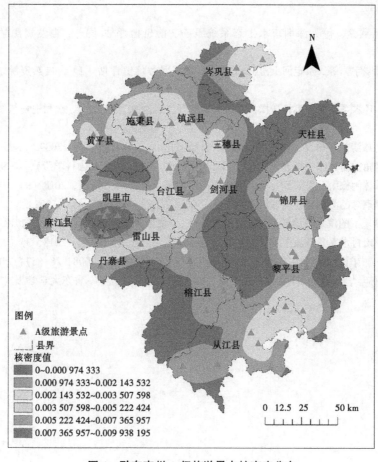

图 4　黔东南州 A 级旅游景点核密度分布

3 结论

以黔东南州河流水系为参照，70 个 A 级旅游景点为研究对象，运用最邻近指数、核密度分析、空间自相关、空间叠加分析、邻域分析等 GIS 空间分析方法，分析黔东南州旅游景点与水系空间分布规律，得出以下结论：

（1）旅游景点大多临近水系分布，与水系的距离在 2 ~ 2 848 m，平均距离为 584.4 m，分别有 62、43 个景点与水系的距离在 1 500 m、500 m 内，分别占比 88.58%、61.43%。

（2）旅游景点与水系的距离是随机分布的，即旅游景点与水系距离不存在空间自相关。这是因为黔东南州水网遍布，山地众多，旅游景点皆依山傍水而建。

（3）旅游景点集聚态势显著，高密度值核心区由麻江县、凯里市、丹寨县的 9 个景点组成，这 9 个景点中有 8 个都位于清水江及其支流附近，8 个景点与水系的平均距离为 303.8 m；次高密度值区由剑河县的 4 个景点与台江县的 1 个景点组成，这 5 个景点也都位于清水江及其支流附近，与水系的平均距离为 401 m。

（4）舞阳河、清水江、都柳江三大水系对黔东南州的旅游发展举足轻重，仅 8 个景点与水系的距离在 1 500 m 以上，良好的生态环境是黔东南州的底色，作为一种既能获得经济社会效益，又能促进生态环境保护的旅游活动，开展生态旅游有利于黔东南州旅游业的可持续发展。

参考文献

[1] 梁鸿，潘晓峰，余欣繁，等．深圳市水生态系统服务功能价值评估 [J]．自然资源学报，2016，31（9）：1474-1487．

[2] 昝欣，张玉玲，贾晓宇，等．永定河上游流域水生态系统服务价值评估 [J]．自然资源学报，2020，35（6）：1326-1337．

[3] 翟丽丽，赵竹韵．环水系旅游方案打造探析：以临沂市开发区水系为例 [J]．水利规划与设计，2020（1）：105-107，132．

[4] 杨青松．城市水上旅游规划研究：以绍兴市为例 [D]．苏州：苏州科技学院，2009．

[5] 孙萍．基于多重视角的扬州水旅游开发探讨 [J]．扬州大学学报（人文社会科学版），2009，13（6）：48-53．

[6] 刘红芳．城市水系休闲旅游开发研究：以河南省许昌市为例 [J]．北方经贸，2018（9）：146-149．

[7] 李化金．基于健康理念的湖泊旅游度假区开发研究 [D]．武汉：华中师范大学，2023．

[8] 郭妍．生态文化视域下的滨水带旅游景观设计研究 [D]．沈阳：沈阳航空航天大学，2018．

[9] 梁浩华，梁华祥．宏村水系景观旅游发展的主要问题及对策 [J]．浙江建筑，2018，35（3）：1-4．

[10] 谢志华，吴必虎．中国资源型景区旅游空间结构研究 [J]．地理科学，2008，28（6）：748-753．

[11] 于健，吴孟泉，孙丰华，等．山东省乡村旅游景点的空间分异研究 [J]．鲁东大学学报（自然科学版），2020，36（1）：81-90．

广东北部生态发展区水经济发展思路探讨

曾碧球[1,3]　雷保聚[2]　马兴华[1,3]　黄佛艳[1]

(1. 珠江水利科学研究院，广东广州　510610；
2. 韶关市水务局，广东韶关　512000；
3. 水利部粤港澳大湾区水安全保障重点实验室，广东广州　510610)

摘　要：广东北部生态发展区，即广东省"一核一带一区"区域发展新格局中的"一区"，主要包括韶关、河源、梅州、清远和云浮等5个地级市。探索政府主导、部门联动、企业和社会各界参与、市场化运作的水经济发展思路，挖掘该地区水资源丰富、水域岸线优美的生态优势转化为经济社会发展的生产要素优势，构建水+健康养生产业、水+绿色生态工业、水+现代精品农业、水+文旅休闲产业和水+水电航运等发展模式，打造绿色水经济新业态，实现"绿水青山就是金山银山"，形成人与自然和谐的河湖保护与经济社会发展新格局。

关键词："两山"理论；北部生态发展区；水经济；绿色产业

1　引言

中国共产党第十九次全国代表大会提出中国特色社会主义进入新时代，我国社会主要矛盾已经转化为人民日益增长的美好生活需要和不平衡不充分的发展之间的矛盾。新时代要求坚持新发展理念，推动绿色发展，着力解决环境问题，加大生态系统保护力度，在物质财富增长的同时，提供更多优质生态产品以满足人民的需求。水经济的出发点是以人民为中心，是为了更好地满足人民群众对水资源、水环境、水生态的需求，探索河湖生态产品价值化实现路径，深入践行"绿水青山就是金山银山"理念。

目前全国尚无统一的水经济概念，国内外学者从"两山"理论，产业经济学、资源经济学和生态经济学等角度开展研究，提出了对水经济的不同认识，其中陈茂山等[1]提出从狭义上讲，水经济是指贯彻落实新发展理念，在节约优先、保护优先的前提下，把水资源作为重要生产要素，创造、转化与实现水资源的量、质、温、能的潜在价值。王立新[2]认为水经济是指围绕水资源、水域岸线空间的开发利用和保护而开展的各类活动和与之密切相关的其他活动的总和。简而言之，可以认为水经济就是挖掘水的潜在价值，将水的资源和生态优势转化为经济优势。在新的发展环境和资源约束背景下，如何不拘于水电、供水、养殖等传统开发利用方式，而将这种优势转换为具有高附加值的经济新增长点，成为当代水资源开发利用需要考虑的内容，国内已有不少学者就这个问题展开了探索和研究[3-6]。

我国经济快速发展过程中，经济水平差异拉大，水资源利用水平分异格局更加显著，不少地区水资源严重短缺、水生态环境恶化，而一些有着水资源优势，如地处流域上中游且经济水平不高、亟待进一步发展的地区，普遍具有用水基数小、水质较好、现状年开发利用程度较低、生态环境良好的特点，如何将自身的水资源优势"变现"，成为这类地区的急切需求，广东省北部生态发展区就属于水资源优势较好的地区。

作者简介：曾碧球（1977—），男，正高级工程师，主任，主要从事水文水资源研究工作。

2 广东北部生态发展区水经济发展现状

2019 年 7 月，广东省委、省政府印发《关于构建"一核一带一区"区域发展新格局促进全省区域协调发展的意见》，提出以功能区战略定位为引领，加快构建形成由珠三角地区、沿海经济带、北部生态发展区构成的"一核一带一区"区域发展新格局。北部生态发展区位于广东省北部地区，主要包括韶关、河源、梅州、清远和云浮等 5 个地级市，区域分为两块，东部包括韶关、河源、梅州和清远 4 市，西部为云浮市。广东省北部生态发展区具有用水基数小、水质较好、现状年开发利用程度较低、生态环境良好的特点，水资源优势显著。

围绕"绿色发展"这一关键词，北部生态发展区利用各自的水资源禀赋，大力发展水经济。其中，河源水资源丰富且优质，东江、韩江和北江穿行而过，万绿湖是华南地区第一大人工湖，库容达 139 亿 m³，水质常年保持在国家地表水 I 类标准，这为河源发展水经济产业，尤其是天然纯净水产业提供了最具竞争力的天然优势条件。河源市依托优质水资源，做好水经济产业文章，截至 2021 年年底，河源水经济产业规上企业已有 12 家，实现规上工业总产值 47.5 亿元。2021 年 11 月 3 日，河源启动建设水经济产业园，产业园重点发展软饮料、酒、食品等核心产业，重点引进国内知名食品饮料企业，力争 5 年内实现产值 100 亿元以上、税收 10 亿元以上。

韶关市植被茂密，江河众多，水资源蕴藏丰富，河湖生态景观优美，为让这个大自然的馈赠更好地造福万千群众，使资源优势转化为经济发展优势，2021 年 8 月韶关市委、市政府印发了《关于推进水资源价值化的实施方案（试行）》，计划到 2025 年，江河安澜、供水安全、高效利用的水资源保障体系基本建成，多元化的水资源价值实现机制加快形成，水资源价值化项目成果显著，水资源优势转化为推动全市经济社会发展的强大动力。韶关市以北江水系为主要干线，以河湖水域及岸边带为框架，兼顾生态、安全、文化、景观、休闲和经济等功能，充分整合南岭自然资源，打造北江南岭山水画廊碧道。碧道沿线的经济带十分活跃，乡村旅游服务、现代农业园区等成为地方特色产业，激活了发展的内生动力，实现高质量发展，把碧道项目建设成为深受群众欢迎的"生态道"，又能带动周边区域经济发展的"致富道"。

梅州、清远和云浮等地也针对各自水资源禀赋优势，积极探索不同形式的水资源保护与经济发展双赢的水资源绿色开发模式。

3 水经济发展路径探讨

水经济相关产业涵盖第一、二、三产业，既包括城乡供水、农业灌溉、水产养殖、水力发电、内河航运等传统产业，又包括水上运动、内河游艇游轮、水文旅文创、滨水休闲康养、优质水开发利用等发展前景广阔的涉水绿色产业，还包括节水治污、水生态修复等战略性新兴产业，以及水数字经济、水金融等全新业态。广东省北部生态发展区在水经济发展方面虽然取得了一定的成绩，但为了进一步挖掘水的潜在价值，实现水经济高质量发展，作者认为还需要整体谋划水经济发展思路，积极探索政府主导、部门联动，企业和社会各界参与，市场化运作的"水+"模式，加强整体规划，将水资源优势转化为推进经济社会发展的强大动力。

3.1 "水+健康产业"模式，将自然水打造成经济水

充分利用丰富优质的山泉水和矿泉水及优美生态环境的优势，大力发展以健康产业为重点的特色产业，充分发挥水资源的健康效益、环境效益和经济效益，构建可持续的天然矿泉水、山泉水产业体系，走出一条以水为"媒"、聚焦健康产业的生态发展之路，重点打造粤北乃至广东地区健康、高端的矿泉水品牌，如河源市利用万绿湖优质水资源优势，打造百亿级食品饮料和健康产业集群；利用优质温泉水资源，根据区域特点因地制宜，开发差异化温泉康养项目，打造一批以"养生"温泉为特色的项目，如打造韶关新丰县梅坑镇温泉健康养生项目。

3.2 "水+精品农业"模式，有力推进农业提质增效

充分利用适宜特殊水生动植物养殖和繁殖的水环境，大力发展高品质种植业，打造洁水生产的农产品，推进产品标准化生产、集约化、品牌化经营，如采用组合品牌的方式推进"区域品牌"的形成，提升地方农产品美誉度，进一步扩大产品市场规模，如以兰花为主导产业的广东省翁源县现代农业产业园；优化渔业发展结构，走生态养殖之路，实施水产品品牌战略，做大做强水产经济，不断引进现代生态渔业养殖成功经验和先进技术，着力增强水产品的竞争力和影响力，如韶关市以市渔业推广站杉木湾江河鱼类研发基地为依托，大力发展三角鲂等特色水产品养殖，鼓励和扶持相关企业创建和推广水产品品牌。

3.3 "水+绿色工业"模式，持续践行绿色产业理念

大数据产业、高端制造业和生物医药业等行业用水对水质有较高要求，广东省北部生态发展区优质水源具有降低生产直接成本、增加设备使用寿命、提高产品的优势，可根据自身经济结构和基础选择适宜产业，产业布局与地区水资源条件相匹配，推进新增长点的形成，如利用韶关数据中心集群建设的契机，大力吸引区域大数据中心、新动能产业进入，发展数字经济，并探索"互联网+""AI+"与实体企业结合的模式，助力粤北地区社会经济高质量发展。

3.4 "水+文旅休闲产业"模式，积极提升文旅发展成效

利用丰富的水、山地、文化和旅游资源，结合高质量万里碧道和水利风景区的建设，全方位打造具有各自地方特色的文旅休闲产业，如将韶关丹霞山等水利风景区打造成集水利科普、生态旅游、休闲度假和文化体验于一体的综合性文旅休闲区；基于水库、湿地、河流等水域基础，可发展水上运动，如水上皮划艇、摩托艇、滑水等，拓展水上休闲娱乐活动，如游船、木筏、竹筏、游泳、戏水等，定期举办水上运动赛事，打造推广水上运动赛事品牌。

4 结语

水资源对人类社会发展至关重要，人类社会自古就是伴水而居、靠水而作，依水建城，依水发展水产养殖业、商业、交通运输业和运输需求较大的重工业等，不停地探索利用水资源创造财富的途径，在以往水资源的开发过程中多数是"重经济效益，轻生态环境保护"，导致部分河流、湖泊水生态环境遭到较大程度破坏。

中国特色社会主义进入新时代，为更好地满足人民群众对优美环境的需求，深入践行"绿水青山就是金山银山"理念，我国多地开展水经济试点，探索符合"在发展中保护，在保护中发展"理念的河湖生态产品价值化实现路径，其中广东北部生态发展区内韶关、清远、河源、云浮、梅州等市也在积极开展水经济试点工作，试点项目涵盖水上运动、河湖游轮游艇、水利风景区、滨水休闲康养、优质水开发利用等不同业态，探索建立水生态产品价值实现机制。各地的水经济试点取得了初步成效，但也存在不少问题，主要体现在对发展水经济的认识还不统一、部门协同联动不够、政策法规环境不够友好和市场机制不够健全等方面。

建议加强水经济发展理论研究，强化顶层设计，开展水经济发展专项规划，构建水产业体系，做好水经济发展理念宣传，争取最大范围的社会认同感；落实政府主导、部门联动机制，加大对水经济项目涉及的水资源、水域岸线空间资源和配套用地的保障力度，鼓励利用荒地、荒坡、荒滩、废弃矿山等低效用地发展水经济项目；出台水产业扶持政策，营造良好营商环境，针对地方特色和发展需要，探索建立健全促进水生态产品价值实现的机制体制；政府资金、金融资金和社会资本等多样化的融资渠道是水经济发展的重要推动力，在加大政府投入的同时，运用市场机制，依据"以水养水"的原则，盘活水资源，鼓励社会资本积极参加水经济发展建设项目，推进水资源生态价值转化。

参考文献

［1］陈茂山，吴浓娣，庞靖鹏．水经济：推动经济高质量发展的新引擎［R］．北京：水利部发展研究中心，2019.

［2］王立新．推动绿色水经济成为发展新动能：中国水利报访广东省水利厅厅长王立新［N］．中国水利报，2023-3-16.

［3］李香云．利用水资源优势推进经济发展路径探讨［J］．水利经济，2020（38）：1-5.

［4］廖利城．河源市实现水资源优势转化的对策探讨［J］．广东水利水电，2019（1）：33-35.

［5］董延军，郑江丽，王琳，等．关于饮用水源地生态资本价值实现途径的探讨［J］．水利发展研究，2010（6）：34-38.

［6］贺华翔，闫凌璐，游进军，等．郴州涉水产业绿色发展对水资源五维属性需求初探［J］．中国水利，2021（21）：59-62.

世界灌溉工程遗产保护利用现状与策略研究
——以浙江省为例

陈方舟[1,2]　王　申[1]　李云鹏[3]

(1. 浙江省水利河口研究院　浙江省海洋规划设计研究院)，浙江杭州　310020；
2. 中国社会科学研究院当代中国研究所，北京　100009；
3. 中国水利水电科学研究院，北京　100048)

摘　要：中国是世界上灌溉类型最丰富、工程分布最广泛、灌溉效益最突出的国家，至今共有30项工程入选世界灌溉工程遗产名录。这些遗产承载着中国传统智慧，诠释了中华文化因地制宜、与自然和谐共生的发展理念，是遗产所在区域重要的环境保障与文化基因。加强对优秀传统文化的保护与传承，是中华民族"文化自信"的重要内容。本文在对浙江7处灌溉工程遗产调研的基础上，对遗产的保护与利用现状做了系统梳理与评估，并就价值挖掘转行、宣传策略、保护制度、利用路径等方面的"短板"提出建议，以期为当下水利遗产的保护、传承、利用提供可鉴参考。

关键词：世界灌溉工程遗产；保护；利用；策略

灌溉工程的建设与时代需求有密切关系。它们的发展是时代的物质化见证，储存了大量宝贵的历史信息，且普遍具备因地制宜、低影响开发、生态环境效应良好等特点，对当代水利发展仍有借鉴意义。不同于世界文化遗产强调对有突出价值的自然、文化处所原真性的"保存"，世界灌溉工程遗产的核心是水利功能的可持续性或水利科技理念的传承与创新。本文以浙江的7处世界灌溉工程遗产为例，从遗产保护与利用现状来分析世界灌溉工程遗产保护与利用的关键要素与核心问题，在此基础上提出策略性建议。

1　浙江省世界灌溉工程遗产保护与利用现状

自2014年世界灌溉工程遗产立项以来已连续开展了9次遴选，中国共有30项工程入选，其中浙江占有7项。这7项工程保护利用开发程度不一，但在申遗后都有不同程度的整治与提升。总的来说，以保护为前提的开发模式也在稳步推进。但因所在地水文气象环境、地理环境、社会经济发展模式和理念不同，保护水平参差不齐，利用水平也高低不一。本文就共性问题进行具体分析。

1.1　世界灌溉工程遗产保护情况

1.1.1　遗产整体性尚可，部分节点存在损毁问题

根据现场调研情况看，7处遗产整体性保护尚可，基本维持原状与功能，尤其是关键性工程节点保护得较好，但部分节点存在损毁或不合理改造等问题，如龙游姜席堰曾在2019年遭到水毁。由于水利、文物部门间缺乏水利文物防洪预警的联动机制，无法提前在文物保护范围内采取工程上的应对保护措施，导致当年夏季多轮强降雨后，其"S"形古泄洪道被冲出长约100 m、宽约60 m的直行通道，江心洲失去分流功能，席堰左岸堰脚被洪水冲出长约10 m、宽约5 m的缺口，堰体遭到破坏。

建设性损毁或保护性破坏则更为常见。在项目落地推进过程中，由于涉及损坏的工程体量较小，

基金项目：浙江省水利河口研究院（浙江省海洋规划设计研究院）院长基金项目（规划 A22007）。

作者简介：陈方舟（1987—），女，工程师，主要从事水利史与水利遗产保护利用方面的工作。

在文物保护部门不知情的情况下，这些文物非主体部分损毁现象屡见不鲜，如通济堰灌区在碧湖新区建设过程中，一些支渠、毛渠在未审批的情况下被开挖或填埋（见图1）。针对这类问题，本文支持的观点为：需结合水利工程运行规律，将之作为"活态"遗产来管理，适当调整非主体部分的保护等级。如有些文物保护规划制定年代久远，甚至是20世纪八九十年代的规划，这些支渠、毛渠可能已经废弃，需要现场勘正后对规划进行合理修改才能作为科学的保护依据。

图1　丽水碧湖新区建设对通济堰支渠的破坏

另外，在保护性利用过程中盲目扩建或改造，影响到遗产真实价值的展示，如通济堰渠首石函三洞桥。申遗后景区为增加观赏效果，在三洞桥的中层渡槽上增设了每隔2 s就喷一次的喷雾设施，雾气遮挡桥身，难观石函全貌，且不论喷雾装置对文物本体的影响，遮挡桥身的雾气就不利于石函立体结构的直观展示（见图2）。石函的设计代表了宋代水工建筑的先进水平，是该历史建筑物的科技价值所在，应作为重要的科普内容予以展示。

图2　被喷雾效果遮挡立体视觉的石函三洞桥

1.1.2　遗产总体环境有所改善，但仍面临多种环境污染

申遗以来，遗产所在地政府及相关水行政主管部门针对遗产本体及周边环境脏乱问题开展了综合整治工作。例如，宁波它山堰灌区的南塘河，2015年前后水质富营养化严重，局部断面水质甚至为劣Ⅴ类（见图3）。申遗后，宁波市启动南塘河综合整治工程，有序推进生活污水截污纳管。经过3年治理，南塘河水质得到明显提升，劣Ⅴ类比率从11.3%减少到3.7%[1]。

尽管如此，遗产所在地仍面临着多种环境问题。由于社会发展，工农业用水、生活用水直排入河现象难以杜绝，以及一些河道因承担通航功能，交通运输工具、设备冲洗水及船舶压舱水的排放亦是水质污染来源之一，诸如太湖溇港部分河段水质状况较差，常见绿藻或漂浮物（见图4）。

1.1.3　缺乏保护协调机制和专项法规支撑

目前，除湖州出台的《湖州太湖溇港保护规范》中明确了各部门在遗产保护与利用工作中的权责范围外，浙江其他6处遗产并没有出台专门的保护规范。当遗产保护与水利功能相冲突时，往往需要水利"让步"。例如，丽水通济堰灌区内的防洪堤，非文物在文物保护单位划定保护范围内。按照《中华人民共和国文物保护法》规定，通济堰干渠50 m范围内的建设控制地带涉及的维修改造都需要上报国家文物局审批，但审批流程长达一两年，对地区水安全造成了隐患（见图5）。

图 3　2015 年南塘河水污染情况

图 4　太湖溇港部分河道水污染现象

除水利与文物保护制度冲突外，也有与农业用地的冲突。太湖溇港部分圩堤目前的防洪标准存在一定的隐患，如圩堤的拓宽工程与现在紧挨着的永久性农业用地冲突，尽管规划中采取了土地抬升与置换方案，但相关审批部门还是以永久性农业用地不可动而否定了防洪规划。这些问题其实在全国遗产综合保护利用问题案例中并不鲜见。

此外，浙江入选的 7 处世界灌溉工程遗产的专项规划落实情况也并不乐观。诸暨井灌工程在申遗后由水利局主持编制了专项保护规划，但因规划涉及投资、用地等问题，至今未实施。该灌区因申遗后利用困难，正面临着工程景观衰没、农业景观萎缩的局面：申遗时，遗产核心区共有 118 眼灌井，400 多亩农田，今农田不足 400 亩，井灌不足 100 处，有标志牌的灌井数不到 10 口。现该灌区游客稀少（见图6）。

图5　"8·20"洪水中通济堰部分水毁渠道（2014年）

图6　诸暨井灌工程核心展示区游客稀少

1.2　世界灌溉工程遗产利用情况

1.2.1　价值转化与融合发展程度较低，可持续发展后劲不足

世界灌溉工程遗产的宣传度与知名度明显低于其他世界遗产，缺乏可持续发展的后劲。目前，浙江省内对灌溉工程遗产开发利用的主要模式为"水+旅"，然而这需要较高的相关配套设施，如交通、食宿、互动设施、体验产品等，这也是目前大多数遗产地缺乏的。例如，它山堰景区因周边配套设施不完善，仅在申遗当年游客突破过10万人次，而后几年并无提高；龙游凭借衢州"双遗"城市的名声，在旅游业发展上可圈可点，但相比于江郎山、龙游石窟等热门景区，姜席堰的受众度并不高（见图7）；湖州太湖溇港的核心样本区——义皋古村因住宿产业和生态体验项目不成熟，长期驻留游客很少，古村年接待人数大约在10万人次，而邻边太湖古镇借"龙之梦"景区的热度，仅十一黄金周7天接待人数就破百万人次。

1.2.2　遗产价值认知不足，宣传推介力度不够，利用过程中易产生价值偏离

目前，但凡开发利用得好的遗产点往往是有专门的文旅公司来运营的，但也容易出现"从水出发，却脱离了水的根本"的问题，即忽略了水利遗产的特性与重要性，缺少了对优秀传统"水文化"

的保护与传承。事实上，虽然灌溉工程遗产价值的展示不应局限于水利功能，但水利功能作为灌溉工程遗产的核心，是它区别于其他遗产的特色所在。

图7　姜席堰遗产核心区内只有文物部门的标识牌

1.2.3　专项保护与利用的法制体系尚未建立，缺少权威性政策支持

在各类世界遗产中，如世界文化遗产、全球重要农业文化遗产、世界工业遗产都有各自专门的管理办法和支持政策，唯独世界灌溉工程遗产尚未出台专项管理办法，更缺少针对性的产业支持政策。湖州市出台的《湖州市太湖溇港世界灌溉工程遗产保护条例》虽然是一个很好的开端，但要落地成效及推广，还需一段时间验证。

1.2.4　社会关注度较低，研究支撑不足

相比于世界文化遗产，世界灌溉工程遗产的社会关注度相对较低。近5年内，浙江省7处世界灌溉工程遗产的词条浏览次数在0.10万~18.4万次。而浙江省4处世界文化遗产（杭州西湖、大运河、良渚古城和江郎山）的词条浏览次数最高达1 110万次有余，即便是2019年才申遗的良渚古城，其热度也高达973 127万次（见图8）。

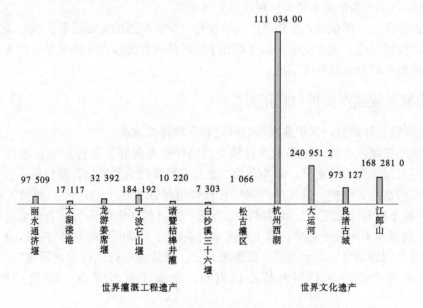

图8　百度百科两类词条近5年浏览次数

灌溉工程遗产受关注度低，同样反映在学术层面。中国知网关键词搜索显示，以"世界灌溉工程遗产"为主题词的发文数（含报纸杂志）仅116篇，与以"世界文化遗产"为主题词的9 186篇发文数量悬殊（见图9、图10）。

2022年河海大学一项有关"大学生对世界灌溉工程遗产认知的调查"的报告显示：水利专业类

大三学生群体样本中，有 53.26% 的学生知道家乡有灌溉工程遗产，27.17% 学生不确定有没有，46.74% 的学生只知道都江堰、大运河等世界文化遗产。可见，即便在水利行业，灌溉工程遗产的普及率也并不高，这些都说明了目前世界灌溉工程遗产保护与利用研究在社会深度与广度上的不足。

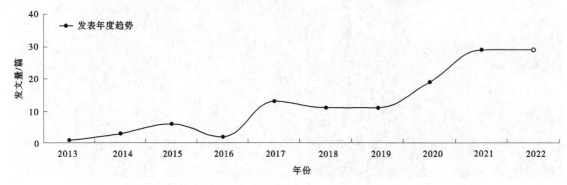

图 9　中国知网数据库中以"世界灌溉工程"遗产为主题词的发文数（116 篇）

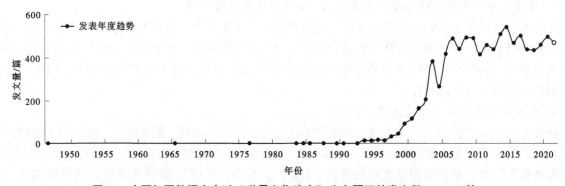

图 10　中国知网数据库中以"世界文化遗产"为主题词的发文数（9 186 篇）

1.2.5　以遗产为核心的全产品链尚未建立，群众滋养度不足

根据文化遗产经济理论，群众滋养度是遗产能够获得可持续发展的重要因素，包括遗产保护与利用效益对当地群体的经济反哺、生态反哺，以及对外来游客的满意契合度和游客黏着度等，而灌溉工程遗产社会关注度低也导致群众滋养度不足。

2　浙江省世界灌溉工程遗产保护与利用对策

2.1　加强顶层设计研究，开展遗产保护要素等级界定和影响评估试点

联合国教科文组织在新发布的《世界遗产背景下影响评估指南和工具包》中，增加了对世界遗产突出普遍价值认定与保护要素的阐释，即并非遗产地所有要素均承载突出普遍价值，但反映突出普遍价值的特征必须得到良好的保护。世界遗产突出普遍价值特征决定了遗产保护利用工作的"可接受的变化极限"。不同于世界文化遗产，世界灌溉工程遗产因自然环境变迁与社会需求转变，对保护"真实性、完整性"的要求并不完全适应，但工程体系与关键性工程信息的完整性，以及工程设计和运行过程中所蕴含的"因地制宜、人水和谐、低影响开发、可持续运行、科学化管理"等生态理念、人水共生理念，应是遗产保护与利用的核心出发点，是属于世界灌溉工程遗产的"突出普遍价值"[2]。

目前，各个遗产地在申遗后对遗产保护对象的模糊性、对价值认知的不统一性，影响到保护与利用工作中的价值导向与政策解读，有必要选择典型地区开展利用试点评估，以点及面推动世界灌溉工程遗产保护与利用工作在全国乃至全球的发展。

2.2　加强遗产动态监测，推动世界灌溉工程遗产保护动态监测体系的建立和健全

相比于一些已失去原有功能的文化遗产建筑，世界灌溉工程遗产因其水利功能特性与社会、自然

环境关系更为密切，面临着更加复杂的动态影响。因此，有必要加强遗产动态监测，主动发现遗产管理的薄弱环节，探索和尝试缓解负面影响的有力措施，对有限的资源进行合理的优化配置，变"抢救性保护"为"预防性保护"。

从宏观层面上来看，建议建立省级层面的世界灌溉工程遗产数据库，尝试开发遗产动态信息系统，完善灌溉工程遗产动态监测预警体系和应急反应体系，定期开展遗产动态影响评价；从微观层面上看，有望通过遗产动态监测试点实践，开展遗产动态跟踪与特征，运用多元化手段和保护措施，因时因地对遗产实施针对性保护。

2.3 建立和完善遗产保护与利用协调机制

作为一项新兴的世界遗产类别，世界灌溉工程遗产尚未形成自上而下的专业管理体系，更缺乏妥善的跨部门、跨行业沟通、协调机制。目前，遗产所在地都因管理条块化，部门间、行业间沟通不畅、信息不共享、规划标准不统一等，出现资金缺乏、人员缺乏、保护难、利用难等问题，而这些问题往往单凭一个部门难以解决。

从浙江省来看，大多地方政府并不是真的没有资金，而是"师出无门"。地方水行政主管部门作为遗产的主要负责部门，在保护政策制定、保护经费投入、人员组织上没有专门的端口和申请资金的依据，更缺少开发利用的实权。因此，大多水利基层并不是不愿意保护或者利用属地遗产，而是希望能够通过省级层面发布的通知找到向地方财政申请资金的依据。从开发得比较好的几处遗产地来看，往往是由水利部门发起，地方政府重视并牵头助推，文旅部门参与运营，几方共同出资推动遗产地的资源整合与再利用的。

因此，亟须组建省级层面水利遗产保护咨询委员会，协调各个机构，负责灌溉工程遗产的规划、立法、保护与开发利用事宜，指导并协调地方上克服在实际保护利用中产生的困难与矛盾，统一遗产保护标准与规划编制标准；针对不同工程类型、特性与价值特征，制定相关管理条例，明确各部门职责。建立多行业参与研究机制，包括有利于遗产保护与利用的政策研究、法律研究和学科、学术体系建设等，为世界灌溉工程遗产保护与利用工作加强人才队伍建设，建立知识理论储备与人才储备；利用水利遗产保护咨询委员会之利加强与地方政府的合作联系，将遗产保护利用纳入政府项目中，方便资金的引入与综合项目的落地，实现"水利+遗产+综合产业"的转化。

2.4 加强世界灌溉工程保护相关立法修订研究

鉴于调研发现世界灌溉工程遗产保护工作立法不足，建议尽快以遗产地为单位，修订保护与利用条例。太湖溇港保护立法已做出很好的示范，但未必适用于其他地区，且溇港保护并没有与国家级文物保护单位或世界遗产保护相重合的地方，因此不涉及相关法规衔接问题，但是它山堰、通济堰都是国家级文物保护单位，龙游姜席堰、三十六堰中的白沙堰都是省级文物保护单位。因此，要加强省级或更高层级的水利遗产保护立法研究，以保障水利类遗产能够获得在尊重水利工程特性的基础上有效保护。

2.5 加强社会对遗产价值认知，利用数字媒体加强社会宣传，提高群体认知和参与度

世界灌溉工程遗产作为一座延续百年以上的工程，无论是科学或文化，还是对社会经济的影响，都是不容小觑的，应当抓住工程所在灌区的特色，以申遗后保护与利用需求为契机来整合当地资源，选择适合自身发展的产业。例如，安徽芍陂利用世界灌溉工程遗产与农业遗产的IP推出了"芍陂大米"，成为安徽省首个大米气候好产品；郑国渠则通过修建了遗址博物馆，着力打造以灌溉工程为核心的爱国主义教育产业。

因此，在利用开发时应当先深入挖掘遗产的社会文化价值，整合地方资源，因地制宜地进行有自身特色的产业开发，将灌溉工程遗产建设成集历史人文、水利科普、爱国教育、生态产业于一体的复合型工程。实现科学、灵活、适宜的开发利用，关键在于加大遗产宣传力度，加强全社会对遗产价值的认知，才能够吸引更多有志之士和社会资源加入遗产保护与开发的行列中，通过遗产保护的社会反哺，增加遗产地与周边居民的群体滋养度，以提高他们加入保护遗产的主动性和积极性，同时也能够

吸引到更多的消费者共享遗产之利。

参考文献

［1］宁波市生态环境局.2018 年宁波市生态环境状况公报［N］.宁波日报,2019-06-05（004）.

［2］李云鹏.从灌溉工程遗产看中国传统灌溉工程技术特征［J］.自然与文化遗产研究,2020,5（4）:94-100.

黄河水文文化建设实践与思考

杨国伟　梁胜行

（黄河水利委员会水文局，河南郑州　450004）

摘　要：本文简述了黄河水文文化发展历程，分析了水文文化建设的重要意义，重点梳理了黄河水文文化建设现状，总结了近年来黄河水文文化建设的亮点，并从保护传承弘扬黄河文化的高度，按照《中华人民共和国黄河保护法》的要求，分析了黄河水文文化建设存在的不足和需要改进的地方，坚持问题导向，提出了解决思路和方法。

关键词：水文化；水文文化；黄河；保护；传承；文化廊道

黄河水文起源和发展具有十分悠久的历史。黄河流域是连接青藏高原、黄土高原、华北平原的生态廊道，自然环境复杂多样，水文情势悬殊，降水时空分布不均，径流年际变化很大，洪旱灾害频繁。在漫长的历史长河中，黄河流域的人们与水相伴相生、相争相和，既依赖水，又与水斗争。在这个实践过程中，人们"以水为师"，在认识水、适应水、利用水和保护水的过程中渐渐认识了水的脾性和规律，积累了丰富的水文化、水文文化，孕育了河湟文化、河洛文化等黄河文化，形成了中华文明的重要组成部分。

1　水文文化建设是流域水利高质量发展应有之义

中国文化源远流长，中华文明博大精深，具有突出的连续性、创新性、统一性、包容性、和平性。水是万物之源，水文化在中华文化的各种文化中有迹可循，大力保护传承弘扬水文化，深入挖掘水文化的时代价值，丰富水文化的时代内涵，以水文化的繁荣发展推动社会主义文化大发展是在新的起点上继续推动文化繁荣、建设文化强国、建设中华民族现代文明的具体体现。黄河文化是中华文明的重要组成部分，是中华民族的根和魂[1]，其发展对以中国式现代化全面推进中华民族伟大复兴具有重要意义，讲好黄河故事，延续历史文脉，坚定文化自信，让黄河水文文化与水利发展共济互利，是新阶段水利高质量发展的现实需求，特别是 2023 年 4 月 1 日正式施行的《中华人民共和国黄河保护法》，首次从法律层面对保护传承弘扬黄河文化进行制度性安排，更加彰显了加强黄河文化建设的重要性。

水文文化是水文化、黄河文化不可或缺的组成部分，是水文化建设中一支不可忽视的重要力量。在黄河流域，人类为防御水旱灾害而进行的水文测验，可以追溯到历史久远的古代。大禹"行山表木，定高山大川"，也就是看着标志杆，拿着准绳、规矩等测量工具进行测量；商代甲骨文中，有"无雨、小雨、大雨"三个量级的记载，有以日为时间单位的降雨过程记录；秦律有"自立春至立夏尽立秋，郡国上雨泽"的律令，规定各郡官员必须在规定的季节观测降雨并及时向朝廷报告雨情；汉代创制了专用的筒，观测降雨量；宋代，观测内容从降雨扩大到降雪；明史中也有"天下长史，月奏雨泽"的诏令。可见，自秦代始，黄河流域已形成政府主办的雨量观测网[2]。

明代创办的"塘马报汛"制度[3]，"上自潼关，下至宿迁，每三十里为一节，一日夜驰五百里，其行速于水汛。凡患害急缓，堤防善败，生息消长，总督者必先知之，而后血脉贯通，可从而理

作者简介：杨国伟（1981—），男，高级工程师，主要从事防汛测报及管理工作。

也"。清代沿用了这一制度，并扩大了范围，黄河干流上自兰州，下到宿迁，沿途多处设立"水则"，观测洪水涨落。可见，自明代万历年始，已经形成政府主办的水位测报网。

同时，我国古代对水的分类、蒸发、冰情、水循环规律等多有记载和研究。近代以来，在现代科学的影响下，水文技术迅猛发展，站网不断完善，水文形成一门独立学科，在防汛抗旱、水资源管理、水环境治理、水生态保护及国民经济社会发展中的支撑作用愈来愈凸显。一批水文制度、办法、法规也应时而生，大量水文设施设备不断更新升级，水文测报技术也突飞猛进，逐步从人工测报过渡到自动化、智能化。

在这样一个漫长的历史过程中，水文文化也不断形成、发展和传播，成为水文行业的重要组成部分。保护、传承、弘扬好中国传统水文文化，既可以让水文文化在高起点上创新发展，也可以增强文化自信，进一步助推水文现代化建设。

进入新时代，加强黄河水文文化建设，是推动新阶段黄河流域水利高质量发展的重要举措，是实现美好水文愿景的必然要求。应充分发挥水文文化的精神浸润作用，以其向心力、凝聚力、导向力、创造力，为黄河流域生态保护和高质量发展做出贡献。

2 黄河水文文化建设现状

近年来，黄河水文聚焦"让黄河成为造福人民的幸福河"目标，以保护、传承、弘扬黄河文化为主线，落实"文化润局"战略，在顶层设计、打造品牌、阵地建设等方面进行了有益探索，呈现出一些亮点。

2.1 注重顶层设计

落实水利部《关于加快推进水文化建设的指导意见》和《"十四五"水文化建设规划》，编制完成黄河水文文化建设专项规划和实施方案，初步形成办公室主导，机关有关部门、局属各单位参与的文化工作格局，水文文化管理体制机制初步建立。

2.2 打造文化精品

站位全局，统筹谋划，以水文文化保护、传承、弘扬、利用为实施途径，编辑出版了《水文感动黄河》《守望大河》《九曲风铃》《闪光的群体》等系列作品，弘扬水文测报主旋律，传播水文精神正能量。利用丰富的档案资料，历时三年完成《黄河水文志》编纂，赓续黄河水文历史文脉，服务新时代黄河保护治理。

2.3 塑造文化品牌

依托兰州、包头、吴堡、潼关、花园口、泺口等城市水文站，通过定期开展和预约方式，积极开展"黄河水文公众开放日"活动，吸引市民、学生、游客、专家等不同群体走进水文，倾听水文故事、参观水文展厅、了解水文科技，把水文文化内化到黄河流域的社会经济建设中，融入黄河流域全民的生产、生活方式中，提升黄河水文知名度和影响力的同时不断增强人民群众获得感、幸福感。先后荣获"全国科普日优秀活动""河南省省直优秀志愿服务项目"，成为水文文化一张靓丽的名片。

2.4 传承百年精彩

深挖"百年水文老站"历史底蕴，推进泺口水文站、三门峡水文站、南桥水位站申报认定百年水文站，目前水利部已认定三门峡水文站为第一批百年水文站。加强水文遗产资源调查保护，花园口、吴堡水文展厅及中游局机关陈列室，收藏不同年代水文仪器设备、水文资料，各级档案部门建立了图片视频资料库，见证水文历史，传承水文精神。

2.5 强化阵地建设

办好水文化宣传平台，充分发挥黄河水文网、黄河水文杂志、微信公众号、办公自动化等媒体作用，多元化、多样化、多层次传播展示黄河水文文化，打造媒体融合的黄河水文品牌。坚持内宣和外宣同向发力，展现真实、立体、全面的黄河水文形象。积极与新华社、中国中央电视台、人民日报、中国水利报等主流媒体合作，讲述了《悬崖上的春节》《为了黄河岁岁安澜》《搏浪黄河英雄气》等一批生动鲜活的水文故事，持续丰盈全国文明单位内涵。

3　存在的问题

尽管黄河水文文化建设取得了积极进展，但对标黄河文化建设任务，与流域人民对美好生活的向往和新阶段黄河水文高质量发展还存在不小差距和不足。

3.1　水文文化工作机制还不健全

水文文化建设与水文业务、科技创新、经济发展、队伍建设等发展不平衡，各方面的认识还不够，积极性还没有调动起来，资金保障不到位，没有形成统筹推进水文文化建设合力。

3.2　开展水文遗产调查目前尚处于起步阶段

水文传统文化蕴含的时代价值尚待挖掘，系统调查有待全面开展，水文遗产数据库迫切需要建立。

3.3　水文文化建设人才缺乏

水文文化建设亟须专业人才对水文文化资源进行全面梳理，对水文文化资源产品转化及活化利用路径进行深入系统的研究，进而加快构建水文文化体系。

4　推进黄河水文文化建设的举措

水文文化是中华优秀传统文化的重要传承，是新阶段黄河水文高质量发展的应有之义，应尽快补短板、强弱项，加快黄河水文文化建设，为推动新阶段水文高质量发展提供强大精神力量。

4.1　加强组织领导

把水文文化建设摆在更突出位置，列入重要议事日程、纳入意识形态工作责任制和文明单位测评体系，成立水文文化建设领导小组，强化水文文化工作统筹协调机制，形成协同整合推进水文文化建设工作格局。

4.2　丰富文化品牌

擦亮"黄河水文公众开放日"品牌，丰富开放内容，创新开放形式，向社会公众全方位、多角度展示黄河水文最新科技成果、文化成果，扩大社会影响力。坚持守正创新，打造"百年水文"品牌，让百年老站在新时代焕发新活力。

4.3　强化共融互促

黄河水文文化建设的优势是点多线长面广，145 个水文站、94 个水位站、900 个雨量站，就像一颗颗珍珠，点缀在黄河流域 79.5 万 km² 的土地上。例如，上游测区地处河湟文化区域，河南测区覆盖河洛文化区域、山东测区深受齐鲁文化影响。再细分，玛多水文站地处河源区，头道拐水文站是黄河上中游分界处，龙门水文站是晋陕大峡谷出口，花园口水文站是地上悬河的起点，龙门镇水文站毗邻龙门石窟，高家堡水文站紧靠石峁遗址，延安水文站周围尽是红色文物和遗迹，等等。在建设水文文化的同时，应因地制宜，与驻地文化融会贯通，打造具有水文特色的文化廊道。穿点成线、串珠成链，黄河就是一条文化之河，黄河水文就是文化水文。

4.4　开展文化研究

贯彻落实黄河保护法，黄河流域生态保护和高质量发展规划，鼓励职工、高校和关心黄河、关心水文的人士开展黄河文化、水文文化研究，推动黄河文化、水文文化创造性转化和创新性发展。用好厚重的水文档案，支持中游水文水资源局、宁蒙水文水资源局出版中游水文志和宁蒙水文志，同时活化利用水文档案资料，加强水文文化研究。

参考文献

［1］习近平. 在黄河流域生态保护和高质量发展座谈会上的讲话［J］. 中国水利, 2019（20）：1-3.

［2］陈先德. 黄河水文［M］. 郑州：黄河水利出版社, 1996.

［3］黄河水利委员会水文局. 黄河水文志［M］. 郑州：河南人民出版社, 1996.

关于加快推进水文文化建设的分析和探讨

陈云志　孙宝森　张　斌

（淄博市水文中心，山东淄博　255000）

摘　要：水文文化是水文化的重要组成部分，以治水实践为核心，积极推进水文文化建设，新阶段水利高质量发展对水文文化建设提出了更高要求，迫切需要深入挖掘优秀水文文化的丰富内涵和时代价值，加大水文文化传播力度，切实加强文化的保护和利用，提升文化品位，满足人民群众日益增长的精神文化需求。本文以水文文化的内涵、重要性、当前存在问题及水文文化的构建为主要内容，对水文文化发展的建设进行了分析和探讨。

关键词：水文文化；重要性；存在问题；对策研究

1　引言

山东治水历史悠久，治水人物辈出，水文化内涵丰富。近年来，水利部出台《"十四五"水文化建设规划》《水利部关于加快推进水文化建设的指导意见》，山东省水利厅印发《山东省水文化建设规划纲要（2023—2025）》，规划和意见的出台，为我们开展水文文化建设明确了"任务书""路线图"，提供了宝贵机遇。我们要把水文化建设作为治水兴水重要内容，厚植文脉，不断推进水文文化保护、传承、弘扬、利用和发展。

2　水文文化的内涵

一批又一批的水文人，通过辛勤努力和付出，不断致力于水文信息采集处理、防汛抗旱、水资源管理、水文测验和水生态保护等伟大事业，赋予并丰富了水文文化新内涵，见证了水文文化的兴盛、交融，积累、传承，丰富了水文人的历史记忆。在优秀传统文化、水文化、地域特色文化等多重因素的相互融合影响下，形成了特色鲜明的内容丰富的水文文化。水文文化贯穿于水文发展的每一时期、每一阶段，在每一个领域、每一处角落都能看到水文文化，蕴含着每一个水文人的心血、努力和水文的宝贵价值[1]，树立了可敬可佩的水文典范、水文风范，吸收容纳了众多丰富的水文印记、水文故事。

水文是经济和社会发展中一个重要的信息基础性公益事业。水文文化是千百年来水文发展的历史积淀，是历史观、价值观、理想信念、思维方式、道德行为规范和行业标准的综合体现，是水文工作人员在水文长期实践活动中所创造和积累的物质与精神财富，也是物质文化、精神文化和制度成果的总和，是水文职工的心灵家园，是构建和谐水文的必然要求，对新时期水文的高质量发展具有十分重要的现实意义。要把水文文化保护好、传承好、弘扬好。

3　水文文化建设的重要性

建设适应水文事业发展的水文文化，弘扬水文精神、传播水文价值、凝聚水文力量，用文化的力量提升水文能力与水平，意义重大而深远。

作者简介：陈云志（1990—），男，助理工程师，主要从事水文水资源研究工作。

3.1 水文文化建设是水文事业发展的自身需要

水文文化的精髓是"求实、团结、奉献、进取"的水文精神，是水文的命脉，是水文人的根和魂，是推动水文事业发展的重要力量，是水文凝聚力和创造力的重要源泉[2]，是树形象、密切联系的重要手段，也是增强水文核心软实力的重要因素。水文要适应经济社会发展的需要，新时期新时代对水文文化建设提出了新的更高要求，"经营水文、服务社会"是新时期新的要求，水文肩负着提供优质服务和信息支撑的重大使命。如何更好地完成各项水文工作，加速水文文化建设已是迫在眉睫。锚定"大水文"发展、水文服务体系和新的治水思路，以"更全、更快、更准、更新"的服务能力和水平，充分发挥"耳目"和"参谋"作用，为水文现代化及高质量发展提供精神动力，实现水文事业的快速发展。

3.2 水文文化建设是履职尽责、落实措施的需要

面对近年来水文的改革和快速发展，部分干部职工的思想观念转变慢，对水文文化认识不足，思路方向不明确。因此，转变思想观念，不断与时俱进，丰富和完善新的内容，深入推进水文文化建设对履职尽责、充分发挥职能显得尤为重要。

3.3 水文文化建设是倡导先进文化、构建和谐水文的需要

受大环境和经济社会的影响，现有水文职工队伍整体文化素养还不能快速适应现代水文的要求。少数干部职工世界观、人生观、价值观树立得不够牢，事业心和责任感不强，工作效率低，缺乏创新精神。坚持以人民为中心，全面提高水文职工的思想道德素质和科学文化素质，就需要大力建设和发展水文文化，发挥水文文化的精神导向作用。倡导精神文明，用先进文化陶冶情操，丰富业余生活，显得尤为重要和迫切。要从根源上解决这些突出问题，必须用先进的文化进行引导和教育，努力构建和谐水文、文明水文。

3.4 水文文化建设是展示水文人精神风貌、满足人民日益增长的精神需要

随着职工队伍的日益壮大，对文化的高层次、多元化需求也越来越高，原有的基础设施和文化载体难以满足现代职工的需求。水文作为公益性事业，为社会提供更好的服务，就必须将良好的行业形象展现给社会。加强水文文化建设，也是水文行业塑造形象、扩大地位和影响的迫切需要。

3.5 水文文化建设是文化挖掘、传承、保护和发展的需要

紧紧围绕治水实践，充分挖掘、提炼其文化精髓，运用水文文化优秀成果促进水文事业发展，坚持保护、传承、弘扬，根据环境和形势的改变，充分考虑水文文化的特殊性，保护好优秀水文文化，通过深入的研究激活水文文化的生命力，把水文化中具有当代价值、世界意义的文化精髓提炼出来、展示出来、传承下去。激励水文人自强不息，服务人民。

3.6 水文文化建设是守正创新、贯彻新发展理念的需要

创新是水文事业永葆生机的不竭源泉。水文人改革创新、与时俱进的水文精神，使水文事业迈上了发展的快车道。新时期，既给我们带来了难得的发展机遇，同时也带来了严峻的挑战，创新关系水文事业兴衰成败。新形势下，要树立新发展理念，通过理论创新，推动体制机制创新、文化创新，运用水文自身发展优势，打造水文文化品牌，形成独特的水文行业精神，满足创新和发展的需要，促进水文事业的发展。

4 水文文化建设存在的主要问题

近年来，水文文化建设有了较快的发展，淄博水文文化建设取得了较好的成绩。开展了一系列促进水文文化发展的活动，通过评选最美水文人，对先进人物的典型事迹进行宣传教育，起到了良好的引导促进作用，通过创作《水文之歌》、水文主题诗歌、大型诗朗诵等活动提升了水文文化品位。

当前，水文发展进入关键期、黄金期，水文基础设施、水文信息化、智慧水文站建设等不断得到巩固和发展。但是，水文文化与发展要求不相适应的状况没有得到很好改变，水文文化建设存在诸多问题和不足。

4.1 发展不平衡矛盾突出，职工思想观念滞后

近年来，由于水文事业的快速发展，职工在工作中大多只侧重水文基础设施建设、网络信息化、水文专业业务方面的提高，长此以往，忽视了水文文化的建设，再加上重视不够，水文文化建设基础较为薄弱，实际工作中逐渐淡化，地位逐渐下降，导致发展不平衡。由于主观上的因素，在处理专业问题时总是从技术、专业层面去解决，加上对水文文化的理念认识不深入，缺乏在文化层面上的发掘与深层思考。甚至处理某些问题时，过多注重技术和硬件上的决定性因素，而忽视了从水文文化科学理念上去找解决问题的根源，水文文化主观能动性差。实际中在涉及水利文化的活动时，大多职工只是单纯地认为水文文化建设是一项文体活动，有的甚至是喊几句口号、拍几张照片，走过场，流于形式。

4.2 水文文化建设形式单一，缺乏多样化

由于大多数职工对水文文化内涵的理解不深，观念的滞后，导致水利文化的建设总是停留在一般性的水利文化活动的层面上，不求深入发展、不求长远规划、不求系统协调，文化建设往往只是停留在表面。同时，由于思想上对水利文化建设的重视度不够，导致了水利文化建设的投资主体单一化，投资力度不够，严重影响了水利文化建设的进行和发展。

4.3 水文文化发掘、保护、弘扬及利用不够

老一辈人经过艰苦努力，为我们创造并留下了众多有传承纪念意义的水文遗存和文物遗迹，由于经过漫长岁月，加上管理不完善，很多没能较好地保存下来。中华人民共和国成立以来，许多地市兴建了县区水文中心、水文站等，成为当地的一大特色和水文亮点。但是个别地方由于改革和水文站改旧换新，一些具有历史文化价值的水文站被拆除了，没能保存下来，很多水文设施设备由于管理不完善，地方资金紧张，再加上年久失修，没有得到很好的维护维修，久而久之，导致了很多水文设施被废弃。

4.4 水文设施建设没能很好地融入文化元素，水工程与水文文化没有有机结合

近年来，由于水文事业的高速发展和人们对精神文化的需求，再加上水文宣传力度加大，水文服务能力不断增强，水文逐渐进入人们视野中和生活中，从而被大众所认识和接受，水文文化建设也逐渐受到重视，但是在很多水文工程建设、规划及设计中，没有很好地融入水文文化元素、流域特性和当地特殊的人文特色，虽然现在很多水文设施、水文站等都带有统一的中国水文标识，但是在站房建设风格方面等，没有很好地涉及河流文化史、地方文化特色等，不利于水文文化品位的提高。

4.5 具有标志性、影响力的水文文化建设成果缺乏

目前，淄博市仅在城区水文中心、马尚水文站、岔河水文站等少数地方有水文文化景观，水情教育基地、水文研究基地相对较少，没能按照标准设立并规范管理一批布局合理、种类齐全、特色鲜明、规模适度的水情教育基地。现阶段水文文化研究尚不成熟，在水文文艺作品、期刊杂志等创作方面，优秀成果作品甚至高水平的水文文化的学术成果相对较少，水文文化研究的领域、广度、深度及弘扬传承、应用还不够。

5 水文文化建设思路

淄博自然环境独特，人文历史文化深厚，孕育了齐文化、淄博文化的多样性，也形成了淄博水文文化的多样性。要立足实际，贯彻新发展理念，构建新发展格局，紧紧围绕人民群众对水文文化的实际需求，聚焦治水实践核心点，全面分析当前水文化建设的现实基础与客观形势，聚焦文化铸水、文化兴水，着力保护、传承、弘扬、利用文化瑰宝，加强文化的挖掘和保护，广泛宣传水文精神和行业理念，提高水文文化内涵和品位，全面推进淄博水文文化建设，努力向全社会提供内容丰富、形式多样的水文化产品和服务，提高水利行业文化软实力和社会影响力，增强行业凝聚力，激发员工创造力，为淄博水文发展强基固本、铸魂赋能。

6 水文文化建设对策研究

6.1 积极挖掘和宣传典型人物事迹

挖掘、推广水文典型人物、典型事迹，推出历史水文人物、先进个人等。以身边的先进典型鼓舞人、教育引导人，弘扬水文文化精神，增强职工的责任感、使命感、荣誉感，激励水文人更加热爱水文事业，积极投身到水文事业的建设中来。全面挖掘保护水文文化，以精神文化、物质文化、制度文化为内容，探索构建符合水文发展要求、适应现代水文发展趋势的水文文化体系，持续增强水文文化影响力、感染力。

6.2 深化水文文化的内涵，丰富多样性

丰富水文文化内容，打造水文文化多样性，培育文化多样性，提升精神文化品质。打造亮点纷呈、形式种类多样的水文文化产品[3]，在水文网站开辟"水文文化"专栏，让公众了解水文、关注水文。充分发挥人民群众在水文文化建设中的主体能动性作用，动员各方力量、社会公众积极参与水文化建设，为水文文化建设建言献策。开展水文文化主题的文学艺术活动，推出丰富多彩的优秀文化作品，促进水文化繁荣与发展。

6.3 加强水文文化传播，拓宽渠道

大力开展国情、水情教育活动，繁荣水文文学艺术，推动水文知识宣传普及。进一步加大水文公益性宣传力度，积极拓展水文文化传播渠道，加强各地市、各部门的沟通交流，办好水文刊物和水文学优秀作品征集、推广工作。丰富传播形式，通过各种媒体和场合等，拓宽水文文化宣传教育渠道，传播水文智慧、水文经验，提升中国水文化的影响力。

6.4 提升文化软实力，塑造水文新形象

提升水文建设工程品位，融入文化因子，邀请专家现场指导，将水文特色与人文内涵完美融合，打造基层水文化建设工作示范点。致力于推动水文化与治水实践相融合，无论是在建项目，还是新建改建的水文站，在建设各环节中融入文化元素，颠覆水文站旧面貌。

6.5 加强水文文化创新，打造特色展馆

深入挖掘人民治水实践中形成的水文文化资源，依托重要水文站打造水文展示馆，结合流域和地方特色打造水文教育基地，开展学术研究与交流、加强对具有历史文化价值的水文测站的调查和保护，鼓励建设水文博物馆。精心谋划水文标志性工程，打造独具特色的地方水文化品牌。对已建工程，充分挖掘历史、科技、管理、艺术等文化价值，收集整理资料、素材，提升展示场所。

6.6 不断创造和提供优秀水文文化作品，讲好水文故事

创作水文主题歌曲，编写水文文化书籍（诗歌、散文、小说等），编辑出版《淄博水文大事记》，创办专业杂志组织做好"淄博水文"宣传、推介工作。讲好水文故事，进一步加强水文书籍编撰工作，在水文系统中开展"水文"知识竞赛类活动[4]。

7 结语

下一步，淄博水文将坚持守正创新，切实抓好水文文化的保护、传承、弘扬，着力打造水文文化建设"淄博样板"，为谱写中国式现代化"淄博实践"水文篇章提供强大精神动力。

参考文献

[1] 吕兰军. 水文文化建设的几点思考 [J]. 水利发展研究，2012（5）：75-78.

[2] 王冬梅，曹雪峰，崔玉静. 水文文化建设的任务及建议 [J]. 山东水利，2013（6）：29-30.

[3] 许仁康. 加强水文文化建设的探索 [J]. 江苏水利，2014（4）：47-48.

[4] 李林根. 关于水文文化建设布局与实施的若干思考 [J]. 中国水文化，2018（2）：40-42.

水文化科普视角下的互动装置设计研究

夏宗俊[1]　韩凌杰[2]　卢玫珺[1]　李婧豪[3]　路晶京[4]

（1. 华北水利水电大学，河南郑州　450046；
2. 水利部综合事业局，北京　100053；
3. 北京建筑大学，北京　100044；
4. 黄河勘测规划设计研究院有限公司，河南郑州　450003）

摘　要：为有效提升水利风景区水文化科普效果，在辨析不同科普方式优缺点的基础上，总结科普互动装置所要遵循的设计理念和原则。以河南兰考水文化产品创意设计大赛中"九河移玉"科普互动装置为例，从水文化科普视角出发，通过分析兰考黄河文化，提取典型特征，将"铜瓦厢决口""黄河改道"历史事件与互动装置相结合，探讨水文化科普视角下的互动装置设计，为水文化知识宣传科普途径提供借鉴。

关键词：水文化科普；互动装置设计；设计理念和原则；铜瓦厢决口；黄河改道

1　引言

文化兴则国运兴，文化强则民族强。党的十八大以来，党中央对文化建设工作高度重视。水文化作为中华文化的重要组成部分，也是水利事业不可或缺的重要内容。《"十四五"水文化建设规划》指出：深入挖掘黄河治理的发展演变、精神内涵和时代价值，加强黄河文化保护传承弘扬的方法、路径、策略研究。在政策指引下，多方合力共同举办黄河流域水利风景区水文化产品创意设计系列大赛，通过设立研学、文创、互动装置设计三个比赛类别，收集优秀作品，传承弘扬优秀黄河文化。通过将互动装置艺术作为一种新的水文化传播设施置于水利风景区中，依托互动装置艺术的参与性、互动性、趣味性、在地性和拓展性等特点为水文化传播增添了新途径。

本文以河南兰考水文化产品创意设计大赛中"九河移玉"互动装置为例，从水文化科普视角出发，通过分析兰考黄河文化，提取典型特征，将"铜瓦厢决口""黄河改道"历史故事与互动装置相结合，探讨水文化科普视角下的互动装置设计。

2　水文化科普概述及科普方式调研

水文化是在人类与水打交道的过程中逐渐形成的，涵盖了知识、信仰、艺术、道德、习俗和传统等各个层面，是一种与水息息相关的文化形态[1]。水文化的科普有助于增强我们的文化自信和认同感。水文化作为中国传统文化的重要组成部分，承载了许多优秀的文化传统和思想理念。通过学习和传承水文化，我们可以更深入地了解并认同自己的文化传统，增强民族文化自信和自豪感。总的来说，水文化的科普对文化传承具有深远的影响。因此，我们应当重视并加强水文化的传承与科普教育。

2.1　传统科普方式

传统科普方式包括传媒载体、人际传播及实地活动等多种方式。传媒载体的优势在于能够提供详尽的文字资料，将水利水文化相关知识点全面系统地呈现，同时具备长期保存和重复利用的特点；但

作者简介：夏宗俊（1997—），男，硕士研究生，研究方向为水利风景区。

其形式单一，缺少互动性和趣味性，视觉效果一般，难以生动地展示知识和信息。人际传播通过面对面的交流更容易引发听众的共鸣，增加了亲切感；但它受限于讲解者的表达能力和信息传递的准确性。实地活动提供了实地操作的机会，使民众通过自身体验能更深入地理解水文化知识；但它也存在一些缺点，观众的参与度受到时间、空间和成本等因素的限制[2]。

2.2　互联网平台科普方式

互联网已成为现代人获取知识和信息的重要途径之一，其科普方式也变得愈发丰富多样。其中，卡通动画、纪实视频、公众号文章、直播、线上指导等方式备受大众喜爱[3]。这些方式的优势是易被人们接触和了解，因此人们更易于通过这些方式接受并学习掌握水文化知识。同时，这些传播方式不受时间和空间的限制，可以随时随地获取所需信息。但互联网平台也存在一些缺点：一方面，人们很难从海量信息中筛选出高质量的内容；另一方面，网络平台的内容质量参差不齐，读者有时难以辨别真伪，可能会被误导或产生误解。因此，在获取水文化知识时，读者需要选择可信、可靠的信息来源，以确保获得正确的知识和信息。

2.3　互动装置的线下科普方式

科普互动装置作为一种创新的线下科普手段，具有显著的优势。其强烈的交互性有效地吸引了观众的注意力，通过各种传感设备和互动元素，实现了观众与装置的直接互动，提高了公众的参与度和体验感。这种交互方式让观众能够更直观、更深入地理解和掌握水文化知识，进而提高科普效果。此外，科普互动装置具有寓教于乐的特点，它将科学知识、文化历史等内容融入游戏、趣味活动中，使公众在参与互动的同时，能轻松愉快地学习到水文化知识，激发他们对水文化的兴趣和好奇心，进一步提升科普效果。得益于现代科技的发展，科普互动装置也具备了更多可能性。例如，虚拟现实（VR）、增强现实（AR）等先进技术的运用，使得科普互动装置能够创造出独特的视觉和感官体验，吸引公众的眼球。这些科技手段的应用，能够使科普工作紧跟时代步伐，扩展了观众的视野。科普互动装置不仅通过各种形式传递科学知识、文化历史等信息，而且其交互过程能增强观众对所传递信息的理解和掌握。这种通过实践操作获取的知识往往比传统的文字阅读方式更为深入、持久。

3　科普互动装置的设计理念和原则

使用科普互动装置进行科普教育展示，其核心在于"互动"，其互动设计应满足三个设计理念和三个基本原则。

3.1　设计理念

一是科普应为互动装置的核心要点。在互动过程中，频繁的操作可能会引发民众的疲劳感，从而削弱了他们的互动兴趣。因此，应以流畅且自然的互动动作作为基础，避免喧宾夺主[4]。

二是要创造多维的体验环境。注重观众的感受与周围环境的交互，这将有助于丰富整体体验。

三是建立合理的动作逻辑。在互动装置的设计过程中，需要根据主题确定合乎逻辑的互动方式和流程，以确保观众可以按照既定的流程完整地体验整个装置。此外，考虑到公共空间中的人流和观众在装置前的停留时间，创作者需要尽量简化互动方式，使其快速易懂。

3.2　设计原则

一是互动性原则。在科普互动装置的设计中，应特别注重与观众的互动，通过引人入胜的视觉呈现方式，唤起民众的感受和思考，提升他们的参与积极性，使他们不再只是信息的被动接收者，而成为装置内容的共同创造者。

二是趣味性原则。趣味性是吸引民众积极参与交互、自主深入了解科普知识的关键点。因此，在科普互动装置的设计中，应结合多种媒介，以充满创意的表现形式，增强科普内容对民众的吸引力。创作者可以利用五官感受构思，为民众呈现多感官、多维度的生动体验。

三是拓展性原则。由于单一科普装置呈现的知识内容具有局限性，且不同民众的理解水平各异，因此互动装置的设计还应考虑到科普知识的延伸性。例如，可以采用可视化展示和知识链接的方式将知识呈现出来，供观众自行深入学习，以更好地理解科普知识。

4 水文化科普视角下的互动装置设计实践

第一届黄河流域水利风景区水文化产品创意设计大赛于河南兰考举办。该比赛以兰考黄河水利风景区为主要活动实践区，要求充分利用兰考特色资源，共设装置、研学和文创三个比赛类别。"九河移玉"科普互动装置基于以上设计理念和原则，对"铜瓦厢决口""黄河改道"等历史事件进行提取解析，将其融于以沙石为主的景观设计中，意图最大化营造身临其境之感，实现科普性、交互性、娱乐性交融的科普互动装置[5]（见图1），为兰考水利风景区注入新活力。现通过以下三方面详细介绍。

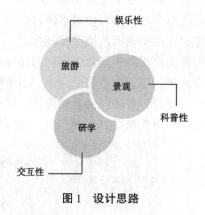

图1 设计思路

4.1 形式契合功能，兼具实用和艺术美

在水文化科普领域，互动装置具有独特优势，主要表现在以下几个方面：一是互动装置通过直观的艺术呈现形式缩短了与大众的距离，有效激发了大众的参与积极性；二是互动装置以丰富的表现力，将水文化知识与水利基础设施相结合，展现出鲜明的行业特点；三是互动装置呈现出连贯的叙事效果，使依据各地特色鲜明的水文化创作出的互动装置更生动、更具有故事性。"九河移玉"科普互动装置主要围绕"铜瓦厢决口""黄河改道"历史事件进行水文化知识科普宣传，采用大地景观的形式，融合建筑、景观要素，并充分运用声、光等技术提供引人入胜的交互体验。

在设计实践中，需要寻找既实用又具美感的方式，而非只注重外观却忽略功能的奢华形式，或者仅追求功能却忽视形式的成本。"九河移玉"科普互动装置综合考虑了形式和功能两个方面：一方面，通过现代技术的运用，引入声音和光感设备，结合黄河水流的模拟，为观众提供多维感官体验，使他们能够深刻感受到互动装置所带来的惊艳。另一方面，互动装置以科普内容为基础，以互动为媒介，以一种渐进而灵活的方式将观众与互动装置融为一体，从而完善了科普体验的全过程。这种设计方法既注重实用性又追求美感，兼顾了形式和功能的平衡。

4.2 结合设计理念，推进装置形态建立

清咸丰五年（1855年），黄河在河南省兰考县北部的铜瓦厢三堡决口（见图2）。这次决口事件改变了黄河下游的流向，并结束了700多年黄河南流的历程。在决口之前，黄河的水势猛涨，堤岸逐渐塌陷，一开始决口的水量只有三成，但很快决口处的水流迅速扩大，最终导致黄河全部夺流，正河完全断流。这次决口的洪水冲毁了多处村庄，并改变了中国的地理版图，对后世产生了深远的影响。这次事件不仅对中国古代经济和交通产生了影响，也对现代黄河下游防洪、治理等方面具有重要的借鉴意义[6]。

创作者以铜瓦厢决口这一历史事件为背景，采用微缩大地景观的方式，以人体为设计尺度，抽取黄河第九弯河流形态进行简化（见图3），尽可能再现了这一历史事件的原貌。为了营造身临其境的体验感，不仅在景观设计上力求还原历史原貌，还采用了多媒体技术和情景再现的方式，使参观者能够更加深入地感受到当时的氛围和环境。通过这种方式，我们希望能够让参观者更加深刻地了解这一历史事件的影响和意义，同时也为他们提供一次难忘的参观体验。

4.3 融合互动设施，体现科普装置乐趣

在互动装置设计中，创作者要做的不是像传统艺术作品一样进行内容和理念的单向传达及表现，而是要营造环境，让民众能参与其中，并在互动中完成整个科普装置[7]。

为尽可能扩大该装置的使用时间，满足各时间段使用人群需求，创作者在设计时设置了白天和夜晚两套互动体系。白天时间段使用流动的水来模拟黄河水流、决口和改道的情形。在模拟过程中，于改道和决口处加入分流闸门（见图4）和积木（见图5）两种互动设施来控制水流走向，分流闸门和积木由民众控制，增加动手环节，增添装置的趣味性（见图6）。夜晚关闭水流，现河道和古河道在

河道内侧设置了灯带和感应系统，共有四个模拟阶段（见图7）：一是当民众踏入左侧河道或位于左侧河道旁时，灯光模拟水流自西向东沿故道流动；二是当民众来到河道交叉口时，东侧故道灯光慢慢熄灭，模拟黄河改道关键转折点；三是随着东侧故道灯光消失，中部区域地灯自西北向东北亮起，模拟黄河决口后的泛滥情形；四是地灯缓缓熄灭后，河道自南向西北亮起，模拟泛滥的河水退去后的现今河道。以上过程辅以河水声音和解说增进理解。"九河移玉"科普互动装置的设计覆盖了全时间段，通过设置不同的互动设施，满足互动性和趣味性的原则，让民众参与其中，调动视觉、触觉、听觉，尽可能满足其感官刺激，加深对该装置所传达出来的水文化相关知识的理解[8]。

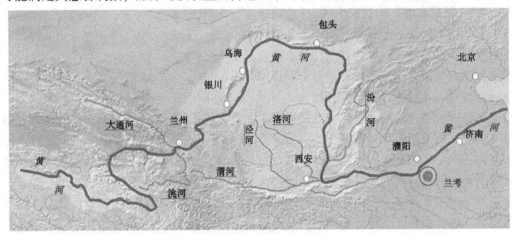

图 2　河南兰考地理位置

图 3　"九河移玉"科普互动装置顶视图

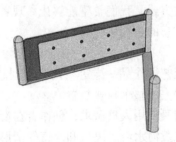

分流闸门位于河道中部，通过对闸门的转动来控制水流方向，简单易操作

图 4　分流闸门

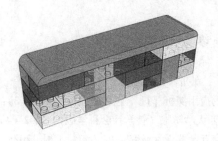

可以用积木的堆叠来模拟堤坝的各种形态。引导儿童观察在水流的作用下，不同形态堤坝的阻水特点，并探究在何种情况下会溃坝

图5　积木

将分流闸门由位置②转到位置①，河道内水流沿虚箭线流动，此阶段模拟未改道前的水流状况

将"决口处"积木一块块拆下，模拟决口由小到大的状况。古河道地势较高，其余河道地势较低，积木拆除后，水流沿图上虚箭线流动，此阶段模拟决口后黄河水泛滥状况

将分流闸门由位置①转到位置②，同时将积木还原，水流此时沿图上虚箭线流动。此阶段模拟现今河道水流状况

图6　白天互动过程

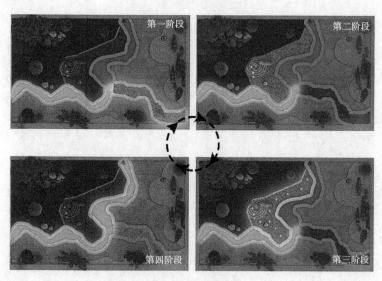

图7　夜晚互动过程

5　结语

　　互动装置作为一种新颖的展示方式，不仅在水文化科普方面具备高效性，而且在各种科普应用领域都展现出广泛的前景。为了有效传达科普知识和信息，同时提升受众的接受度和吸引力，水文化科普互动装置的设计可以参考本文中提到的设计理念和原则。在水文化科普互动装置的设计过程中，创作者需特别关注以下几个方面的重要性：提升观众的互动性和参与度；充实装置的内容和形式；呈现可视化的知识和更多的扩展内容；建立合理的互动逻辑和多元化的互动体验。这些举措将有助于协助公众通过科普互动装置更全面地了解各地水文化相关知识，传承和弘扬我国优秀的水文化。

参考文献

［1］中国水利文学艺术学会．中华水文化概论［M］．郑州：黄河水利出版社，2008．

［2］陈慧童，樊荣．互动装置艺术在孤独症科普中的应用探析［J］．包装与设计，2023（3）：150-151．

［3］黄牡丽．论网络社会科普方式的转变［J］．广西大学学报（哲学社会科学版），2002（4）：15-17．

［4］计鉴洋，王征．面向新冠疫情防控科普宣传的交互装置设计研究［J］．包装工程，2023，44（12）：264-272．

［5］袁珺．景观设计中装置艺术的应用研究［D］．北京：北京林业大学，2012．

［6］潘威．重析咸丰五年黄河"铜瓦厢改道"的形成［J］．史林，2021（5）：99-109，220．

［7］李四达．互动装置艺术的交互模式研究［J］．艺术与设计（理论），2011，2（8）：146-148．

［8］徐小鼎．嬗变的游戏：当代装置艺术的参与性研究［D］．北京：中央美术学院，2017．

"幸福河湖"下的水美乡村规划设计

蔡　辉[1]　史海鹏[2]

（1. 华北水利水电大学，河南郑州　450000；
2. 黄河水利委员会三门峡库区水文水资源局，河南三门峡　472000）

摘　要：水美乡村是一项系统性的工程，它与农村生态文明建设、乡村的绿色发展密切相关。本文以幸福河湖为切入点，对水美乡村建设进行规划设计，并在此基础上，保持传统风貌的营造方案特征，进一步推动水美乡村的建设进程和相关政策的制定。要把幸福作为建设的标准，让人民对自己的理想生活有一种满意的主观感受，建设水美乡村要建立在幸福感的基础上。保持当地特色文化的前提下，与当地周围的河湖有机地结合起来，加强生态环境综合整治，改善城乡人居环境，建设幸福美丽乡村。

关键词：幸福河湖；水美乡村；幸福感；乡村振兴

习近平总书记在 2019 年 9 月 18 日召开的黄河流域生态保护和高质量发展座谈会上提出让黄河成为造福人民的幸福河。这一理念不但对黄河有效，更是对我国河湖的管理也起到了重要作用。深刻理解"幸福河湖"的科学内涵，必须立足于民众的幸福需要，河湖本身的健康状况，考虑到人与河湖之间的相互制约、相互支持、相互依赖的和谐发展。乡村河湖也属于水美乡村的重要组成部分之一，在全国范围内水美乡村建设工作正在有序地进行中，并且获得了阶段性的成功，不仅提升了农村河道的防洪能力，还与当地农村的地形进行了结合，形成美丽的乡村风貌，为之后我国水美乡村的规划建设提供了参考。

1　"幸福河湖"科学内涵

幸福河湖是对河流管理思想的不断深化，体现了新的时代特点和新的要求。要达到人与水资源的和谐共生，保持江河湖海的翠绿健康，为高质量发展提供良好的生态环境；让河湖附近的人民拥有更高的安全感、幸福感和满意度。

在幸福河湖中，幸福是一种主观的感觉，是一种对美好生活的满意，它不是一种客观的评判，而是一种从心灵深处产生的感觉，对幸福河湖的认知存在主客和客观的两个方面。从主观方面来看，某个地区的河流与湖泊是不是幸福河湖，主要依赖于人的主观认知与判断。再加上地区文化、民俗习惯、宗教信仰等方面的差异，以及受教育程度的不同，使具有不同背景的人们对幸福河湖的认知存在着更大的差异。从客观的角度来看，"幸福河湖"体现在水质改善、水生态修复、水资源保护等方面，从而提高乡村水环境的质量。在这一背景下，科学合理的治河理念，把河流建成幸福之河，对于河流生态环境保护和社会可持续发展意义重大[1]。

2　水美乡村规划原则

2.1　以人为本、人水和谐

水美乡村是指以"水美"为特点的村庄整洁、环境优美、宜居乐业的美丽乡村，是人们对良好乡村生活的期盼[2]。水是人的生存与发展所必需的物质，实现人与水的和谐，是水美乡村建设的一

作者简介：蔡辉（1995—），男，硕士研究生，研究方向为水利风景。

个主要目的。人水和谐是指在对水资源进行规划与管理的过程中,应将人与水的关系有机地结合起来,对乡村水资源的合理利用,水环境的保护,水灾害的防治。在此基础上,通过对河流的修复与改善,加强了对河流的保护,并将"绿水青山就是金山银山"理念作为一种发展方向。坚持以保护人民的生命和财产为首要任务,要做好防洪工作,坚持人与自然的协调发展,"尊重自然、顺应自然、保护自然"的生态文明观,充分利用河道生态走廊的作用,把"美丽城镇""美丽乡村""美丽风景名胜区"串联起来,让生态得以保护,让美丽得以绽放,让人民得到幸福。一条寄寓乡情的优美河流,同样也满足着乡村人们的精神需求。

总之,在水美乡村规划中以人为本、人水和谐的原则突出了人民群众的利益与需要,并对水资源进行可持续利用与保护。只有这样,才能保证农村经济的健康发展,才能提高农村居民的生活质量,才能确保农村经济的长期健康发展。

2.2 绿色生态、统筹治理

通过对河道生态绿地的修复,让河道的水系和绿地之间形成良好的互动关系。维持河流生态系统的健康状态,确保河流生态系统的绿色安全。建设一条自然生态的碧水长廊,以适应广大市民对水的需要。以"江河湖泊"为核心,推动滨河生态活力空间的建设,形成"一河一湖都是风景"的生态长廊。

坚持山水林田湖草沙一体化保护和修复,综合考虑水生态、水环境、水安全,通过对乡村水系的系统性管理,优化河流的空间布局,确保乡村区域内的防洪安全。全面改善水体环境品质,加强河流湖泊的治理,将提升水文化、改善乡村人居环境和乡村水利行业发展有机地结合起来,推动全国各地区的县级水利高质量发展。

2.3 因地制宜、彰显文化

要根据当地乡村振兴实际需求,注重区域差异和地域特色,制订"一村一策""一河一案"方案,因河施治[3]。要对县域特色进行充分的发掘和展现,把地方的文化与水美乡村融合在一起,营造出更有魅力的水生态环境,把"水美乡村"的试点建设成为一个可以让地方民间风俗得到传承的新节点,可以让地方历史文化得以彰显的新载体,也可以让地方特色更加突出的新地标。

坚持将"文脉"与"水脉"相连,在地方文化的基础上,将与水有关的文化要素充分挖掘出来,并将其融合到水美的乡村节点中。高标准建设一个高效生产空间、宜居生活空间、绿色生态空间的美丽乡村。坚持用"水脉"联系"文脉",深耕当地本土文化传承,充分挖掘与水相关的文化元素,融入水美乡村建设中的节点。以高标准来建设生产空间、生活空间和生态空间,打造出山清水秀的水美乡村。

2.4 改革创新、落实政策

坚持依法治水,加强制度引导,在贯彻落实河长制、湖长制的前提下,持续深化体制改革,并与县域河流水系的特点、区域产业发展的特点相结合,不断完善水利管理制度,推动水利政策的创新;加强对乡村河流的管理,建立健全乡村河流保护的长效机制。

以县政府为主强化规划和协调,把水利、生态和文化旅游有机结合起来,加强水利方面的工作,落实保护生态政策,增加对乡村文化旅游的投资力度,三方面同时进行。与此同时,还要对人员考核进行加强,形成上下联动、部门协作、高效有力的工作推动机制,努力共同打造一个县域的水美乡村。

3 水美乡村规划建设设计

3.1 治理小型沟道,保障乡村安全

为提高农村地区的水环境质量,开展河湖系统的综合治理,从水质改善、水生态修复和水资源保护等方面进行。村庄内外存自然或人为型沟道系统,它们位于区域河网的末端,通常具有一定的尺度,对这些小型沟道进行综合整治,主要是通过疏通沟道、清除淤泥、修复沟道的护岸等措施来保证

沟道的畅通，增强沟道的排水性能，降低河道的洪灾危险。

对于小型沟道系统，主要采用疏浚、护坡等方法确保沟道通畅，避免"梗阻"的产生。在能够利用坑塘和洼地进行蓄洪的地势上，要增强河流的连通性。小型沟道的防护工程应尽量就地施工，既保证了施工的简单性，又保证了施工过程中与地方乡村自然景观风貌相协调。

3.2 整治水污染，共建宜居生态

在共建水美乡村建设中，要加大对农村地区的综合整治力度，重视农村地区空气、水、固体废弃物的污染，对农村地区的生态环境进行保护和改善。防治污染、控制污染，是美丽乡村建设的一项重要工作。在人们生活和农业生产活动过程中，会产生一些固体或液体污染物，这些污染会从非特定的地域流出，在降水和径流冲刷的影响下，经过农田地表径流、农田排水与地下渗漏，最终进入水体中，构成了水污染。

进行非点源水污染综合治理时，要对当地的主要污染源进行深入的分析，并根据不同的情况，分别采用不同的方法进行处理。相对于畜禽养殖业的污染，应按照生态系统的承载力，进行减量化、无害化和资源化，并划定禁养区和限养区。在面对生活废物方面，通过建设健全的收集、运输系统，缩短室外堆放和暴露时间等措施来降低环境污染。注重对河流生态环境的保护与恢复，处理大气污染、水污染及固体废物污染等问题，营造人们宜居的生态环境。

3.3 保留传统文化风貌，呈现特色水美乡村

乡村振兴，产业兴旺是重点生态宜居是关键、乡风文明是保障、治理有效是基础、生活富裕是根本[4]。在建设水美乡村的过程中，既要保持农村独特的民风民情，又要融入现代社会，使之达到"传统"和"现代化"的完美统一。随着我国经济社会的快速发展，本土地域的水文化和水景观的作用日益凸显，在水美乡村建设中，将当地特色传统要素融合到生态建设中，将更好地显示出"水清岸"的特色，从而形成一种人文与自然融合的特殊空间形式。对具有当地特点的人文历史进行深入的发掘，通过对景观进行重塑、营造和表现，使其成为一种新的展示历史和文化的载体，从而唤起当地山川的乡愁，释放当地的人文精神；打通一条河流，贯通整个项目的人文和历史。

与此同时，应该对该地区的历史文化资源进行深度挖掘，将文化的历史与变迁充分展现出来，并对其进行继承与发扬，加大水文化遗产的保护力度[5]，将水美乡村作为一种文化的载体，在水系连通及水美乡村的建设中，将丰富的历史文化元素和生态治水理念融合到一起，从而推动乡村的自然生态与人文生态的双发展。

3.4 水系连通，促进乡村振兴

在建设水美乡村的过程中，要把发展和安全相结合，在"新农水"的指导下，进行三位一体的整体布局，促进农村水利事业的发展。在《关于开展2021年水系连通及水美乡村建设试点的通知》中，水利部和财政部将"水系连通及农村水系综合整治试点"更名为"水系连通及水美乡村建设试点"。可以看出，项目的重点已由流域治理向乡村自身延伸，其中青年河水系连通建设水美乡村[6]以水利投入为杠杆，发挥各个部门的共同作用。带动全社会的资金投入，为建设美丽的水乡和促进农村的发展做出贡献。在制订具体的执行计划时，必须对当地的工业和旅游业等资源进行细致的分析，并将当地的资源加以整合，使河流成为一条线、村落成为一个节点，助推水美乡村发展。

4 结语

在新的时代背景下，水美乡村的建设不仅是水利高质量发展的一项重大实践，而且为生态文明的整体提高提供了有力的支持和保障。文章分析了水美乡村规划的四项原则，并对水美乡村规划设计中防洪安全、整治水污染、保留传统文化风貌和水系连通对营造良好水生态和营造优美水环境方面的作用进行了归纳。农民的居住环境得到了改善，提高了他们的生产效率，增加了他们的收入，让农民的安全感和幸福感得到了明显的提高。研究成果可为我国"水美乡村"的构建提供可复制的、可借鉴的实践经验，对促进我国乡村振兴和美丽中国的实现具有重要的现实意义。

参考文献

［1］左其亭，郝明辉，马军霞，等．幸福河的概念、内涵及判断准则［J］．人民黄河，2019，42（1）：1-5.

［2］常纪文，徐哲，孔涵，等．水美乡村建设的思考与政策建议［J］．中国水利，2022（12）：9-10，8.

［3］杨晓茹．以系统治理理念推进水美乡村建设［J］．中国水利，2022（12）：11-13.

［4］杨珊．共建共治共享的富美乡村建设：以《贵州省息烽县美丽南山城乡共享田园综合体建设规划》为例［J］．居业，2021（2）：9-12.

［5］肖飞，曾紫凤．对推进幸福河湖建设中的水文化建设若干问题的思考［C］//中国水利经济研究会．适应新时代水利改革发展要求 推进幸福河湖建设论文集．武汉：长江出版社，2021：435-441.

［6］刘贵元，赵妮，刘江．青年河水系连通及水美乡村建设实施方案研究［J］．山西水利科技，2022（3）：41-43.

河南省省级水利风景区建设现状及发展思考

宋海静　张世昌

（华北水利水电大学 建筑学院，河南郑州　450046）

摘　要：水利风景区是实现美丽中国和生态文明建设的重要举措。本文在基于空间分析和数理统计方法对河南省省级水利风景区的类型、数量及分布关系梳理的基础上，通过对省级水利风景区建设现状进行调研，指出了景区建设存在的主要问题并提出发展思路，以期为河南省水利风景区高质量发展提供参考。

关键词：河南省；省级水利风景区；建设现状；发展思路

水利风景区在维护工程安全、涵养水源、保护生态、改善人居环境、推动区域经济发展等多方面发挥着重要作用，是实现美丽中国和生态文明建设的重要举措[1]。河南省地跨黄河、长江、淮河和海河四大流域，水利风景资源丰富，水利工程众多，建设形成了数量、类型特征均具有较强典型性和代表性的省级水利风景区集群。本文以河南省水利风景区调研工作为基础，分析省级水利风景区建设发展现状，探索省级水利风景区的发展策略，促进河南省水利风景资源潜力的发挥和水利风景区高质量发展，不断满足人民群众对美好生活的需求。

1　河南省水利风景区总体建设概况

总体来讲，河南省水利风景区经历了大致三个发展阶段：2001—2003 年为起步阶段，河南省水利风景区在此阶段主要以自然资源开发为主，水利风景区类型较为单一；2004—2011 年为规范化发展阶段，景区规模数量逐步增长，景区设施不断完善，类型结构增多，社会影响日益扩大；2012—2016 年为生态化发展阶段，水利风景区建设是生态文明理念在水利工作中的重要实践，也是切实保护水工程、水生态、水环境安全的重要举措。截至 2022 年 4 月，河南省内共有水利风景区 85 处（其中国家级 57 处、省级 28 处，含黄河水利委员会和小浪底水利枢纽管理中心管辖水利风景区 11 处），是水利风景区分布最多的省份之一，形成涵盖全省主要江河湖库、重点灌区、水土保持示范区的水利风景区群落。

1.1　省级水利风景区的类型分布

水利风景区类型多样，根据我国水利风景区分类体系，28 处省级水利风景区可分为 6 类（见表 1），其中水库型 17 处，占总量的 60.72%；城市河湖型 4 处，占总量的 14.29%；自然河湖型 3 处，占总量的 10.71%；灌区型 1 处，占总量的 3.57%；水土保持型 1 处，占总量的 3.57%；其他 2 处，占总量的 7.14%。

表 1　河南省水利风景区类型占比

类型	水库型	城市河湖型	自然河湖型	灌区型	水土保持型	其他
省级水利风景区数量/处	17	4	3	1	1	2
占比	60.72%	14.29%	10.71%	3.57%	3.57%	7.14%

作者简介：宋海静（1982—），女，讲师，主要从事乡村规划、水利风景区、水利遗产方向的实践与研究工作。

通信作者：张世昌（1996—），男，硕士研究生，研究方向为水利风景区。

1.2 省级水利风景区的流域分布

四大流域在省内的流域面积见表 2，淮河流域>黄河流域>长江流域>海河流域。从省级水利风景区的流域数量分布（见图 1）来看，长江流域>淮河流域>黄河流域>海河流域。分析可知，河南省省级水利风景区流域分布差异显著，与省内流域面积不相匹配。

表 2 省域四大流域面积及水利风景区分布

类型	淮河流域	黄河流域	长江流域	海河流域
流域面积/hm²	8.61 万	3.60 万	2.77 万	1.53 万
省级水利风景区数量/处	10	4	11	3

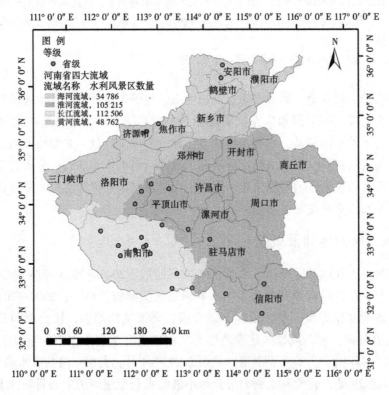

图 1 省级水利风景区四大流域分布

1.3 省级水利风景区的流域分布

Voronoi 图是对点集的一种分割方式，通过计算分割而成的多边形面积的标准差与平均值的比值（CV 值）来判断点状要素的空间分布类型[2]。本文基于 ArcGIS "构建泰森多边形" 工具构建 Voronoi 图，如图 2 所示。导出面积数据并编号（略），使用 Excel 2006 计算 CV 值，见表 3。结果表明，河南省省级水利风景区的 CV 值为 94.63%，其值大于 64%（集聚分布 CV>64%），因此空间分布呈现相对集聚的分布特征。

河南省按地理分区将 18 个城市分为五大片区，即豫东、豫西、豫南、豫北和豫中[3]，统计表明省级水利风景区在省域内分布呈现出显著性差异。豫南最多 16 处，占总量的 57.14%；豫北、豫中、豫西分别为 5 处、4 处、2 处，分别占总量的 17.86%、14.29%、7.14%；而豫东只有 1 处省级水利风景区，占总量的 3.57%。有近 65% 的省级水利风景区分布在平顶山、信阳、南阳 3 个城市，鹤壁、漯河、周口、濮阳、三门峡、新乡、许昌和商丘等 8 个城市没有省级水利风景区分布，见图 3。

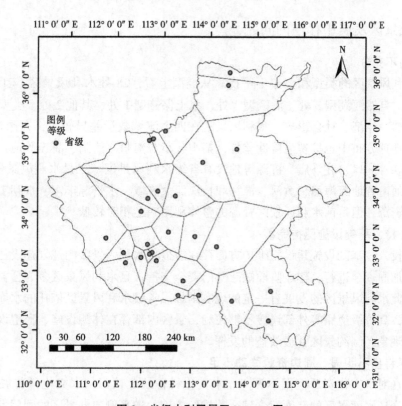

图2 省级水利风景区 Voronoi 图

表3 河南省省级水利风景区 Voronoi 多边形面积变异系数

等级	标准差	平均值	CV 值	空间类型
省级	5 377.935 0	5 683.111 0	0.946 3	集聚分布

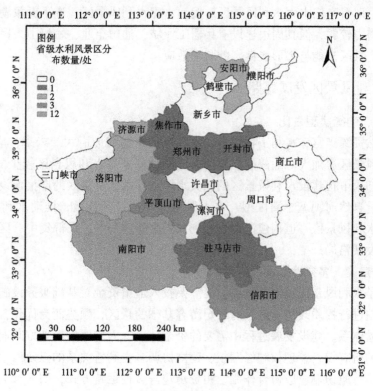

图3 省级水利风景区市域分布

2 省级水利风景区发展中存在的问题

2.1 发展不平衡不充分

一是省级水利风景区的类型和分布不平衡。从类型上看，28 处水利风景区，其中水库型 17 处、城市河湖型 4 处、自然河湖型 3 处、灌区型 1 处、水土保持型 1 处、其他 2 处，类型差异严重。从区域特征看，受自然、经济、社会影响，水利风景区在四大流域数量差异较大，在豫东、豫西、豫南、豫北和豫中五大地理分布中也呈现显著性差异，集中分布在南阳、信阳、商丘等地，鹤壁、濮阳、许昌、漯河、三门峡、周口、驻马店、济源等地没有省级水利风景区。二是水利风景资源挖掘不充分。从资源特性看，河南省地跨海河、黄河、淮河和长江四大流域，水资源丰富，水利工程众多，形成了大量的水利风景资源，但目前水利风景区资源的整体利用率还相对较低。

2.2 缺乏资金支持，基础设施亟待完善

景区在资金投入，基础设施建设、维护方面存在短板。水利风景区的规划建设往往依托除险加固等水利工程维修加固资金进行，建设阶段缺乏专门资金支持；且水利风景区多为公益性景区，缺少社会收入来源，因此水利风景区的发展有一定的现实困难。省级水利风景区依托的水库、河流、堤坝等多处于偏远地区，高等级道路等外部连接不够便利，景区内部存在休憩设施、环卫设施、标识标牌等设施不够且缺失现象，制约景区社会效益的发挥。

2.3 水利风景区特色不明显，周边资源联动不足

景区普遍存在对水文化资源挖掘不深入、水文化科普缺乏认识，水文化科普展示场所不足的现象。例如，南召辛庄水库景区的建库纪念碑、英雄纪念碑，遂平狮象湖景区的闸门室水工遗存等，未能得到有效重视和充分利用；调研的 19 处景区中有 10 处景区缺少文化科普场所或场地；仅燕山水库水利风景区、内乡马山河水利风景区建有固定的展示馆，其余仅限于碑文简介、宣传栏等形式。另外，水相关活动形式单一，未能依托水利风景区的水资源、水环境、水科技、水文化等优势，形成较多知识型、探索体验型、养生度假型旅游产品。景区发展未能形成借力，与周边资源的联动发展意识和行动薄弱。例如，南召辛庄水库水利风景区、倪河水库水利风景区、遂平狮象湖水利风景区自身发展动力不足，发展潜力较弱，但其周边建设有兵器工业城、油田企业、嵖岈山人民卫星公社遗址等特色明显的旅游资源，景区未能与之形成良好的联动效应。

3 河南省省级水利风景区发展思路

3.1 丰富景区数量，均衡类型占比

河南省山水自然资源丰富、水利工程众多、水利风景资源潜力巨大。未来，应重点在黄河流域、淮河流域创建水利风景区；加大对如鹤壁、漯河、周口、新乡等水利风景区较少的省辖市政策支持，引导其条件较好但却未申报建设水利风景区的相关水域进行水利风景区的申报建设；要因地制宜地逐步增加城市河湖型、自然河湖型、灌区型、水土保持型等的景区数量，推动水利风景的类型均衡发展；由此与国家级水利风景区一道构建河南省水利风景区整体公平、局部集中、区域协调、类型丰富繁荣的水利风景区发展格局。

3.2 完善基础设施建设，多方筹措发展资金

基础设施建设是水利风景区发展的重要前提。要投入适量资金对基础服务设施、接待设施、游览设施等旅游配套设施进行提质改造，对已有一定游客基础的景区，顺势而为优化，形成基于景区自身特色的生态产品体验体系。建设发展过程中需要的资金，一方面需要借助地方政府；另一方面可以适当分离水利风景区的所有权、管理权和经营权，建立协调多方利益关系的以政府为主导的景区管理机构，根据实际情况实行股份制、股份合作制、租赁承包等多种运营方式，引入社会资本，拓宽投融资渠道[4]，共同参与景区的经营开发，实现对景区全生命周期的管理开发。

3.3 充分挖掘文化，联动统筹发展

水利风景区是水文化传承的重要载体，是传播水利文化的重要平台。水利风景区建设要加强水利文化引领，突出水文化特色，要充分挖掘合理展示水利遗产的本体信息和背景信息，让人们在享受优美环境的同时，了解我国悠久的治水历史和水利科学知识，感受水利事业的不易和当代水利事业的巨大成就，体会水文化的深刻内涵。同时要立足自身资源家底，加强地域特色文化的发掘与弘扬，积极寻求区域内的多方联动，整合多方资源，深入挖掘相关资源的独特性和内在联系，促进内外联动、互利共赢，实现优势互补的融合联动发展，打造既具有原真性、地域性、又具有时代发展特色的景区。

4 结语

河南省省级水利风景区在促进生态文明建设、发展民生水利、拓宽水利服务领域和带动地域经济发展等方面发挥着重要作用。但其现阶段发展仍存在不平衡不充分、缺乏资金支持、基础设施薄弱、发展特色不明显等问题，成为制约生态效益、社会效益发挥的重要因素。在水利风景区高质量发展的背景下，应抢抓政策机遇，创新发展模式，充分挖掘展示景区文化内涵，联动周边协同发展，响应水利风景区高质量发展，努力为人民群众提供更多、品质更好、类型更丰富、到达更便捷的水生态产品，让景区成为人民的幸福河湖。

参考文献

[1] 中华人民共和国水利部. 水利部关于印发《水利风景区管理办法》的通知 [J]. 中华人民共和国国务院公报, 2022 (19): 53-56.

[2] 张红, 王新生, 余瑞林. 基于 Voronoi 图的测度点状目标空间分布特征的方法 [J]. 华中师范大学学报（自然科学版）, 2005 (3): 422-426.

[3] 王艳想, 李帅, 酒江涛, 等. 河南省传统村落空间分布特征及影响因素研究 [J]. 中国农业资源与区划, 2019, 40 (2): 129-136.

[4] 高迪, 齐清, 魏凤. 新形势下水利风景区可持续发展的几点思考 [J]. 水利发展研究, 2017, 17 (4): 71-74.

基于"三链"协同理念下的研学课程设计创新研究
——以兰考研学课程设计为例

宋海静　李嘉欣　史文通　周亭吟

（华北水利水电大学，河南郑州　450046）

摘　要：开展研学旅行课程设计是进行研学旅行的首要任务。本文从育人的根本目标出发，聚焦研学旅行教育的出发点和落脚点，通过串联学科知识链、提升学习能力链、塑造情感价值链"三链协同"的角度，探索研学旅行课程设计的有效途径，引导对应学段的学生有序有效进行研学活动，促进全面素质的提升。

关键词：研学旅行；创新研究；课程设计

1　引言

2016 年 11 月 30 日，教育部联合多部门制定、发布了《教育部等 11 部门关于推进中小学生研学旅行的意见》（简称《意见》）。研学旅行是一种有益的教育活动，可以让学生通过实践探究，增长知识和技能，提高综合素质。2016 年被称为研学元年，自此之后，各地相继出台关于研学的推进意见和实施方案，研学旅行如火如荼地开展。《意见》明确中小学生研学旅行是教育教学的重要内容，是综合实践育人的有效途径。为认真落实立德树人的育人目标，以培养学生的综合实践能力和创新能力为核心，推进研学旅行工作的扎实、有效开展，研学课程设计就是研学旅行开展的核心内容和重要抓手，是关于研学质量与成效的重要依据。相关研究[1] 预计未来研学课程、研学基地和研学导师等研究热度仍呈上升趋势。

2　研学课程设计现状

2.1　国内外关于研学课程设计的研究现状

2.1.1　国外研学课程设计发展现状

从国外中小学研学旅行相关文献资料来看，目前国外主要有自然教育模式、生活体验模式、文化考察模式、交换学习模式四种中小学生研学旅行课程实施模式。国外对研学旅行课程在促进学生全面发展方面持肯定态度。有异于国内的研学旅行，国外的教育旅行研究主体较丰富，不仅有学生、成人还有老年人，重点强调教育旅行的意义，但研究较多从经济角度出发规划教育旅行活动，较少从教育角度出发优化教育旅行课程体系。

2.1.2　国内研学课程设计发展现状

研学旅行的文献综述研究表明，课程设计是研学旅行研究的十大聚类标签之一，课程设计是研学旅行的重要共现标识词[2]。目前，根据我国现有的研学旅行课程设计来看，国内研学旅行课程设计根据不同学段主要分为三个方面：基于乡土乡情方面的拓展、基于县情市情方面的拓展、基于省情国

作者简介：宋海静（1982—），女，讲师，主要从事乡村规划、水利风景区、水利遗产方向的实践与研究工作。

通信作者：李嘉欣（2002—），女，在读本科生，研究方向为水利风景区。

情方面的拓展。其课程内容根据《意见》指导，主要分为地理类、自然类、历史类、科技类、人文类、体验类六大类。在课程设计上，着重于通过对社会与大自然的真实性、情境性的课程内容的见识，拓展学生课内学习的认知空间与深度，培养家国情怀、社会责任感、创新精神和实践能力。其课程设计的特点是在课程内容与实施上能够根据学校教育特色、学科特点、不同年级学生的认知能力进行课程设计。朱洪秋（2017）根据研学旅行的理论基础和实践经验，提出了"三阶段四环节"的课程开发与实施模型；段向宇、陈传明（2018）与郭峰涛（2019）等针对不同类型的研学旅行课程提出了内容标准与活动建议；2019 年，《地理教学》杂志连载四期探讨了研学旅行的课程标准，作为研学旅行指导性规范，促进了研学旅行的规范化、课程化和优质化。邓纯考等[3] 在研究中分析了当前研学旅行课程中的问题，从与课程主体、课程类型及课程环节的衔接三方面，提出研学旅行课程开发策略。

2.2 研学课程设计存在的问题

研学旅行课程是中小学课程结构中不可或缺的组成部分，是学科课程内容的延伸、综合、重组与提升。研学旅行课程质量的好坏是研学旅行成功与否的关键因素之一[4]。目前我国研学旅行还处于起步阶段，研学课程设计仍存在不足之处，研学旅行课程的理论基础相对薄弱，研学课程设计存在研学内容和学科知识链接不畅，研学主题模糊，研学线路规划随意，研学活动开展缺少探索性，教育内涵缺失等。因此，本文从知识链构建、能力链提升、价值链培养的"三链"协同发展的理念出发，通过加入学科驱动因子，实现从知识获取到技能提升再到思维、情感升华的过渡，探索一种富有逻辑性和进阶性的研学课程设计模式。

3 "三链"协同理念下的研学课程设计的一般模式

研学旅行本身是复合型、多功能的校外实践活动，学生通过与社会、自然环境的互动，建构对实践知识的认知[5]，在衔接学校课程知识的同时，加深对其理解，同步提升运用知识解决实际问题的综合能力，进而塑造优秀品质和良好的学习、认知习惯。

3.1 知识链挖掘和构建的一般原则与方法

（1）特色性。课程设计要充分挖掘研学地（点）的地域特色，确立研学主题，就要根据相应的主题梳理出相应的教材内容，再将研学地的特色资源和教材内容相结合形成研学资源。

（2）层次性。所谓的层次性，是指研学课程内容中的知识点要能够顺应学生的认识规律，有坡度、有层次，循序渐进。

（3）融合性。多（跨）学科知识要融会贯通，全面理解学科知识之间的关联、解释、验证作用。

一般可以选取研学地（点）的特色资源中的一个元素作为主驱动因子，通过主驱动因子，使其他的相关研学资源要素因子（成为子因子）形成一个多层级逐步展开的关联体，实现研学课程内容知识链的构建。

3.2 能力链构建的一般原则与方法

（1）实践性。实践出真知，没有实践，学生思维的发展就失去了动力和活力。所谓实践性，是指研学课程内容设计在考虑综合学情的基础上，充分结合资源创设适合学生主体的实践情景，能够充分调动和发挥学生的主体性，让学生能够动手实践。

（2）趣味性。综合考虑学生群体的认知习惯、心理建设和身体素质，通过富有趣味性的游戏、比赛、实验等，在寓教于乐中使学生的能力得到更大程度的展现与提升，形成愿意参加、能够胜任、潜能涌现的良好局面。

一般通过问题引入，激发学生的好奇心和求知欲；创设或者引入具体的、真实的社会或自然场景，设定合理的任务或开展适当的活动进行综合能力的锻炼、培养和提升。

3.3 价值链塑造的一般原则与方法

（1）有效性。所谓有效性，是指完成研学课程和达到研学结果的程度，主要看是否能够完成事先设定的课程目标。

（2）内化性。所谓内化性，是指经过研学旅行的实践认知与体验，是否对人与社会、人与自然、个人与集体、家乡家国有更多的理解，转化为对其热爱的价值观念和责任担当，成为成长的动力。

3.4 "三链"协同理念下的研学课程设计模式构建

挖掘研学资源中的特色要素作为驱动因子，以驱动因子为主导，从不同的资源角度、学科角度引发为子驱动因子，形成一系列关联、层进的知识要点；通过具有科学性、趣味性的多样化活动、任务等的实践要求，学生运用知识综合解决实际问题的能力在活动进行、任务完成的过程中得到提升；潜移默化地形成内化于心的价值塑造和培养（见图1）。

驱动因子	⇨	子驱动因子	⇨	活动任务	⇨	素养培养	⇨	活动评价
		（知识链）		（能力链）		（价值链）		
选择特色资源要素		与学科课程内容衔接		合作探索 创新创造 交流表达 能力提升		交流分享 素养提升		

图1 三链协同课程设计模式示意图

4 基于"三链"协同理念下的兰考研学课程设计实践

4.1 兰考研学资源概述

兰考黄河属黄河下游河段，素有"地上悬河"之称；1855年铜瓦厢决口，黄河由此改流入渤海，黄河在兰考形成了"九曲黄河最后一弯"的独特景观。兰考有黄河丰厚的红色文化和水文化元素，如铜瓦厢决口大改道遗迹、毛主席视察黄河纪念亭、习近平总书记视察黄河处、焦裕禄同志带领人民群众治三害的感人故事、兰坝铁路支线、南北庄1933决口处遗址等。现今兰考坚持"红黄绿"三色深度融合，进一步传承黄河文化，赓续红色血脉，筑牢绿色生态屏障。如今兰考千顷澄碧，民族乐器制造名扬海内外，乡村振兴蓬勃发展，共同展示着大河长治、造福人民的美好画卷。

4.2 基于"三链"协同理念下的兰考研学课程设计思路

在兰考的研学资源中，泡桐成为治理兰考段黄河风沙的主要手段，焦裕禄同志亲手栽植的泡桐已长成参天大树，利用焦桐板材制作的民族乐器闻名海内外，因此选取桐为驱动因子，分为桐之风沙治理、桐之焦裕禄精神、桐之民乐飞扬三个主题单元。根据主题，将兰考的红黄绿研学资源进行层进式关联与整合，从不同角度完成任务来实现综合能力提升和核心素养塑造（见图2）。

"三链"协同理念与兰考实践活动有机融合的具体策略：①在"红色兰考""黄色兰考"中，参观红色景点，如焦裕禄纪念园、文化交流中心、焦桐广场、四面红旗馆、焦裕禄精神体验基地等，学习抗洪历史，挖掘杨庄小学、黄河湾风景区、兰考1952文化园区、三义寨首渠闸等治黄水利资源，拓宽中小学生的知识面，将书本与实际结合，加深中小学生对知识的理解与掌握，进而实现能力链与研学旅行的有机融合。②在"民乐兰考"和"创新兰考"中，通过带领学生参观当地人民如何将"发财树"泡桐制作成乐器和家具，开展古筝古琴研学旅行活动，增强中小学生的实践动手能力和创新能力。③在"生态兰考""厚重兰考"中，利用我县特色农业、美丽乡村、特色小镇、园艺场等生态资源，开展农业、畜牧研学旅行活动，然后结合兰考深厚的文化底蕴，一代清官张伯行、封人请见夫子处、张良祠及非物质文化遗产等资源，开展追寻人文历史研学旅行活动。

驱动因子 ⇨	子驱动因子 (知识链)	活动、任务 (能力链)	素养培养 (价值链)
桐	角度1:从红色文化的角度考虑，是谁提出的种植泡桐树的提议，在种植树木的过程中遇到了怎样的困难，他们是如何克服的	活动①:查阅文献资料，焦裕禄用什么办法得出种泡桐治沙的结论	素养①:学习在治理三害的过程中所形成的焦裕禄精神； 素养②:帮助学生养成自主学习、自主探索的好习惯
	角度2:从地理学、植物学、生物学角度考虑为什么要种植泡桐树而不是种植其他种类的树	活动①:小组分工并展开活动，识别泡桐的物理性质； 活动②:通过深度研究，联系到黄河土质沙化严重，以及探讨地上悬河形成的原因	素养①:通过分工合作，培养学生的责任担当意识、团队协作能力； 素养②:以学生的数学知识为基础，打通与数学学科之间的联系，培养学生综合运用多学科知识解决实际问题的意识和能力； 素养③:加深学生对环境承载力的理解，提升学生的区域认知、地理认知能力，提高学生的环境保护意识和道德素质
	角度3:泡桐树的种植为兰考带来了怎样的利益	活动①:通过分析泡桐树的性质，了解它的用途； 活动②:对泡桐树制作的乐器进行了解，拓展学习器乐知识； 活动③:调研民族乐器产业对徐畅村在乡村振兴中发挥的作用	素养①:通过查阅书籍、网上收集资料，培养学生多渠道分析资料的能力； 素养②:通过学习器乐知识，加深对传统乐器的了解，弘扬中国优秀传统文化，培养文化自信； 素养③:以音乐小镇脱贫成功为典范，让学生了解新时代乡村振兴政策，培养学生的家国情怀

图 2　兰考研学课程设计思路

5 "三链"协同理念对研学课程设计的实践意义

知识链、能力链和价值链是研学旅行课程设计中不可或缺的三个重要方面，它们相互关联、相辅相成，共同构成了研学旅行的核心内容。知识链是课程设计的基础，涵盖了各种学科领域的知识，帮助学生建立系统的知识体系。能力链则是课程设计的核心，旨在培养学生的各种能力，如解决问题的能力、团队协作的能力、沟通能力等。价值链则是课程设计的目标，引导学生认识到研学旅行的价值，并将其内化为自我的一部分，从而实现个人成长和社会价值的提升。

在研学旅行课程设计中，我们应该充分考虑知识链、能力链和价值链的构建，通过科学的课程设计和实施，帮助学生实现全面发展，提升个人价值和社会价值。同时，我们还需要关注学生个体差异，针对不同学生的需求，制订个性化的课程方案，确保每个学生都能在研学旅行中充分发展自我的能力和价值。

参考文献

［1］杜凡，曾寰洋，陈亚馨，等．基于 PBL 模式的跨学科研学课程设计：以"黑井古镇研学旅行"为例［J］．地理教学，2023（3）：54-57.

［2］孟奕爽，李小乔．中国研学旅行研究现状、热点及趋势［J］．科技创业月刊，2023，36（4）：193-198.

［3］邓纯考，李子涵，孙芙蓉．衔接学校课程的研学旅行课程开发策略［J］．教育科学研究，2020（12）：58-64.

［4］段玉山，袁书琪，郭锋涛，等．研学旅行课程标准（一）：前言、课程性质与定位、课程基本理念、课程目标［J］．地理教学，2019（5）：4-7.

［5］朱洪秋．研学旅行课程的政策基础、理论依据与操作模型［J］．中小学德育，2017（9）：20-23.

浅谈幸福河湖与黄河水利工程可持续发展措施

何 辛[1] 王继青[2] 辛 虹[3]

(1. 黄河水务集团股份有限公司，河南郑州 450003;
2. 河南黄河河务局原阳河务局 河南新乡 453500;
3. 河南黄河河务局郑州河务局，河南郑州 450003)

摘 要：河湖是大地之脉，不仅满足着人类生存发展的基本需要，也承载着人们对美好生活的向往。幸福河湖建设是近年来国家提出的重点项目之一，我国河湖水质和环境曾受到影响，为了解决这一问题，幸福河湖建设被提上了日程，旨在从根本上改善我国河湖的水质和环境，建设出一个更加清洁和美丽的生态环境，从而推进可持续发展。幸福河湖建设对于推进中国的可持续发展、改善环境质量、提高生活品质、促进经济发展都有着重要的意义。它不仅能够解决当前的问题，还能够为未来的可持续发展带来更多的机遇和挑战，为构建和谐社会、美丽中国做出贡献。

关键词：幸福河湖；生态环境；可持续发展

1 建设幸福河湖的重要意义

1.1 建设幸福河湖，使河湖水域变得更加清洁和美丽

干净的水是人口健康不可或缺的重要资源之一。由于长期以来环境污染的加剧，河湖水质普遍不佳。通过幸福河湖建设可以改善水体质量，净化河湖水质，使水质变得更加清澈，增加人们吸氧的机会和美丽的风景。美丽河湖不只是感官上的享受，能提升居民的幸福感，也具有创造就业和增加地方财政收入的作用。

1.2 建设幸福河湖，保护生态环境

生态环境是我们赖以生存的基础，也是经济发展的必要条件，对河湖自然生态的保护具有重要意义。幸福河湖建设通过加强保护，减少污染，修复生态，使水体生物多样性增加，生态系统更为平衡，为人们提供更加稳定的能源。幸福河湖建设还可以促进农业生产、水资源利用、水产养殖等产业的发展。

1.3 建设幸福河湖，提升城市形象和生活品质

城市是人们生活和工作的场所，整洁、宜居的城市环境能够提升人们居住的舒适度和幸福感。通过幸福河湖建设，可以打造一个以河湖为核心的城市景观，更好地展现城市形象和文化底蕴，提升城市品质和知名度，吸引更多人才落户和投资，进而推动城市经济的发展。

2 建设幸福河湖的措施

2.1 强化底线思维，抓实防洪保安全

把防洪保安全作为一项重要的政治任务，锚定"人员不伤亡、水库不垮坝、重要堤防不决口、重要基础设施不受冲击"的目标，统筹干支流、上下游、左右岸治理，坚持工程措施和非工程措施两手发力，全面提升洪涝灾害防御能力。扎实做好防洪工程体系建设，加快水毁工程修复，持续开展妨碍河道行洪突出问题整治，保障防洪安全；深入推进非工程措施建设，贯通"四情"（雨情、

作者简介：何辛（1989—），男，工程师，主要从事引黄涵闸供水、泵站工程建设及运行管理工作。

水情、险情、灾情）防御，落实"四预"（预报、预警、预案、预演）措施，绷紧"四个链条"（降雨—产流—汇流—演进、流域—干流—支流—断面、总量—洪峰—过程—调度、技术—料物—队伍—组织），确保河湖安澜。

2.2 强化"四水四定"，高效利用水资源

把保障人民群众生活和经济社会发展用水需求摆在突出位置，全面提高水资源管理能力。全方位节流，进一步优化存量。坚持"四水四定"，严格控制水资源消耗总量和强度，优化水资源配置，加强取用水管理，持续加大超采区治理力度，深入实施农业节水增效、工业节水减排、城市节水降损，推广高效节水技术，全面推进节水型社会建设。多渠道开源，进一步扩大增量。优化取用水结构，用足黄河水、用好地表水、涵养地下水、保障生态水。加大中水利用力度，研究制定中水利用政策，吸引社会资本参与，提升中水利用水平。加大水资源领域执法力度，严格用水定额管理，严厉打击盗采地下水行为。

2.3 强化治理修复，打造健康水生态

把保护修复生态环境作为首要目标，着力打造山水林田湖草沙生命共同体，统筹水源涵养与河湖生态修复，全方位、全地域、全过程开展生态文明建设。常态化开展河湖"清四乱"行动，科学实施河湖岸线生态化改造，推动流域综合治理、生态修复项目达标达效。持续推进生态补水，全面实施母亲河复苏行动，强化重点岩溶大泉保护，注重多源互补、丰枯调剂，让河流恢复生命、流域重现生机，维护河湖健康，永葆母亲河生机活力。加强水土流失治理，宜林则林、宜草则草，深入开展造林绿化，重点加强小流域、坡耕地治理和淤地坝建设，实现人水和谐发展。

2.4 强化综合治理，创建宜居水环境

把水环境治理作为优先任务，持续抓好水污染防治，促进水环境质量稳步提升。持续推进农业污染、工业污染、城乡生活污染和尾矿库污染等综合治理，加快实施水污染防治工程，补齐治污短板，为水环境质量稳定改善提供强劲支撑。加快污水处理设施建设和城镇排水管网雨污分流改造，加强入河排污口规范化管理，巩固黑臭水体整治成效，推动断面水质稳定达标，加快实现"一泓清水入黄河"。

2.5 强化产业驱动，发展绿色水经济

把绿色理念作为发展水经济的基本要求，强化市场化运作，积极探索推广"绿水青山就是金山银山"的实现路径，因地制宜地壮大"美丽经济"，把生态优势转化为经济优势和发展优势，更好造福一方百姓。坚持生态产业化、产业生态化，依托幸福河湖，发展高效益河湖经济，打造生态景观，开发生态产品，加快资源向资产、资产向市场的价值转化。把生态经济和乡村振兴紧密联系起来，支持引导社会资本和农民合作社、家庭农场等新型经营主体发展生态产业，完善联农带农机制，促进农民增收致富。

2.6 强化历史传承，弘扬先进水文化

把弘扬优秀传统水文化作为重要使命，强化保护、传承、弘扬，推动水文化创造性转化和创新性发展。加强历史文化名城名镇名村、历史文化街区和古河道、古堤防、古灌溉等水文化遗产的保护，利用博物馆、教育基地、水工程等资源，开展水文化建设。以水为脉、以文为魂，围绕沿河流域文化元素和特色主题，贯通上下游、左右岸文化脉络，统筹水景观和水工程，打造丰富多元的流域文化景观、景点、景区，为人民群众提供河湖岸线无障碍通道和亲水、近水的活动场所，增强人民群众幸福感。

以建设造福人民的"幸福河湖"为目标，抓牢河湖长制能效建设，开展"清四乱"、非法采砂整治、妨碍河道行洪安全突出问题整治，夯实岸线规划、河湖划界、河湖长制考核、河长制信息系统基础，不断推进河湖治理体系和治理能力现代化。

落实落细河湖长制。制定总河湖长令和任务清单，明确各镇、街道和县级河长制责任单位任务。

强化责任部门联动，提高镇级河长办组织、协调、分办、督办工作能力。建立完善河湖长动态调整机制和河湖长责任递补机制，确保组织体系、制度规定和责任落实到位。充分发挥河道保洁员、义务监督员职能。完善河湖问题举报受理机制，引导全社会形成关心、支持、参与、监督河湖管理保护的良好风尚。开展河湖健康评价，建立河湖健康档案，切实加大流域联防联控，与相邻县签订联防联控协议，协同管理好域内河流。

2.7 强化河湖水域空间管控，做好划界成果核查工作

持续强化河湖水域空间管控，严格落实河湖省级复核、流域管理机构抽查相关工作要求，做好划界成果核查工作。实施重点河段岸线保护与利用规划，强化岸线分区管控，加强河湖水域岸线空间分类分区管控。围绕农村人居环境整治提升五年行动，将清理整治重点向小河流、农村河湖延伸。深入开展自查自纠，确保"四乱"问题动态清零。严格按照时间节点要求，制定问题、任务、责任三个清单，强化督查核查，完成阻水严重的违法违规建筑物、构筑物等突出问题清理整治。

3 幸福河湖的标准

关于幸福河湖建设的标准，目前全国各地正在积极探索，通过前期探索、总结经验，有以下标准：

（1）通过工程措施治理，实现河道防洪达到国家规定标准，建设岁岁安澜的平安河湖。

（2）建设幸福河湖的河（段）不能出现断流现象，而且河流的水质常年要达到Ⅳ类标准及以上，建设充满活力的健康河湖，优质水资源。

（3）入河排污口达标排放、农业面源污染有效治理、农村生活污水经过处理达标排放，河湖景观优美，与周边环境协调融合，建设人水和谐的生态河湖，宜居水环境。

（4）在不影响防洪的基础上适当布局休闲步道、廊台楼阁、亲水平台，让河湖两岸绿起来、美起来，建设水清岸绿的美丽河湖，健康水生态。

（5）河湖沿线建有生态、历史、文化等特色主题公园，展示有河湖长制、节水护水等生态绿色发展理念相关元素，建设传承历史的文脉河湖、先进水文化。

（6）建有完备的河湖长制体系，设立专职的河道专管员队伍。综合利用卫星遥感、无人机、视频监控、人工巡查等手段，及时发现和处置违规排污、非法采砂、侵占河湖水域岸线等违法违规行为，建设科学高效的智慧河湖。

4 幸福河湖标准旨在实现水资源可持续利用和水生态环境保护

幸福河湖主要包括四个方面：水质、水量、生态和管理。其中，水质要求优于国家地表水Ⅲ类标准，达到国家地表水Ⅱ类标准；水量要求符合各地区的水资源承载能力，不得超采；生态要求河湖区域生态系统的保育、恢复和水生生物多样性的增加；管理要求建立一套科学、规范、严格的水资源管理制度。

这些要求的实现需政府、企业和公众的共同合作。政府制定出完善的法律法规和相应的惩罚措施，保障标准的执行；企业加强管理，降低污染物排放，控制水资源的利用量；公众应树立环保意识，养成良好的水资源利用习惯。

通过开展幸福河湖建设，不仅提升了当地生态环境质量和城市的生态知名度，还充分开发河湖的旅游资源、挖掘河湖背后的文化价值，走出生态保护与经济发展两结合、两促进的绿色可持续发展之路。在幸福河湖建设过程中，在沿岸群众居住密集的河段，建设森林公园、主题公园、健身步道、亲水平台，成为当地群众健身、休闲、娱乐的好场所，有效提高了沿岸群众的生活品质。

大力开展幸福河湖建设，在前期探索建设的基础上，出台相关幸福河湖建设标准、评价体系等量化法规制度，更好地指导幸福河湖建设，建设更多造福人民的幸福河湖。

5 结论

实现幸福河湖标准，不仅能够改善水资源质量和保护水生态环境，而且对促进经济社会发展具有重要的意义。水资源的可持续利用，不仅是为当前社会提供美好生活，更是为未来的可持续发展和人类长远利益着想。幸福河湖的实施，表明了对环境保护和可持续发展的高度重视，也为人民群众提供了更优质、更安全的水资源环境。

参考文献

[1] 谷树忠 . 关于建设幸福河湖的若干思考 [J] . 中国水利，2020（6）：13-14，16.

[2] 刘敏，程晓明 . 打造幸福河湖的思考与建议 [C] //2020（第八届）中国水生态大会论文集，2020：359-362.

水文化传承与水利风景区可持续发展之间的多维分析

张少伟 王 锴

（华北水利水电大学，河南郑州 450000）

摘 要： 本文旨在深入探讨水文化在水利风景区中的重要性，以及如何将其传承与可持续发展相结合。水利风景区作为自然与文化的交汇点，承载着丰富的历史、文化和生态价值。然而，随着现代化的发展，这些地区在生态环境和文化传承方面面临着诸多挑战。本文首先回顾了水文化的概念，强调了其在水利风景区中的重要性，以及如何影响游客体验和地方社区。然后分析了水利风景区与水文化之间的相互关系，探讨了两者与文化景观的潜在影响，以及如何通过融合传统智慧和现代技术来实现可持续性。

关键词： 水文化；可持续发展；文化景观

水文化是自然与人类文明相互交织的绚丽画卷，承载着人类历史、社会记忆和环境智慧的精髓。同时，水利风景区作为自然与文化的交汇点，呈现着多元的生态景观和多层次的文化内涵。然而，这些地区的未来正面临一系列复杂的挑战和威胁，如生态破坏、文化传承中断及可持续发展的压力。本文的焦点正是围绕着水文化与水利风景区之间的联系，旨在深入剖析这两者之间的关系以及如何将它们有机融合，以实现可持续发展的目标。水文化是水利风景区的灵魂，吸引游客，滋养社区，打造独特身份。但现代社会的发展，如水利工程和旅游业的增长，深刻影响了水文化。这些影响或积极或消极，需要平衡发展和保护，确保水文化传承，同时保护文化景观和自然环境。因此，本文将探讨如何最大程度地保护和传承水文化，以确保水利风景区在可持续发展方面取得成功。

1 "水文化传承"科学内涵

"水文化传承"是涉及多个学科领域的重要主题，包括文化学、生态学、社会科学和可持续发展。文化学家研究水在不同文化中的象征意义、符号和仪式，以及其对社会价值观、文化认同和身份的影响。从生态学角度看，强调了水与自然环境的紧密联系，研究水对生态系统的影响以及生态系统对水资源的依赖。在可持续发展领域，研究如何将水文化传承与可持续旅游、生态保护和社区经济发展相结合，以实现经济增长和生态平衡。这种多维度研究有助于深刻理解水文化的重要性，以及如何在不同领域中推动其传承和发展，维护文化遗产、生态平衡和社会可持续性[1]。

2 水文化传承原则

2.1 代际传递、社区参与

代际传递是水文化传承的核心原则之一。强调将水相关的知识、技艺和价值观从一代人传递给下一代人[2]。这一原则有以下几方面：一是文化知识的延续。确保了水文化中的关键知识和信息不会因时间的推移而丧失。这包括水资源管理的技术、水与社会文化之间的关系、水体的象征意义等。二是传统仪式的保留。它涉及传统仪式、庆典的传承。这些常常包括水体的祭祀、庆祝水相关节日以及水文化相关的社会活动。三是保护文化认同。有助于维护个体和社区的文化认同。通过将水文化传递给年轻的一代人，人们能够保持对自己文化根源的联系，并继续传统实践。

作者简介：张少伟（1971—），男，教授，主要从事水利风景区相关研究工作。

社区参与是水文化传承的另一个关键原则。意味着传承水文化通常是社区层面的活动，鼓励社区成员积极参与。有以下要点：强化社区凝聚力，可以促进社区的凝聚力和团结力。通过共同参与水文化传承活动，社区成员能够建立紧密的联系，共享共同的价值观和传统。此外，社区成员的积极参与有助于保持传统实践的活力。这些实践可能包括渔业、农业技术、手工艺和庆祝活动等。

代际传递和社区参与是水文化传承的两个关键原则，它们有助于保护和传承与水相关的知识和文化传统，同时强化社区认同和可持续性。这些原则确保了水文化在不断变化的环境中仍然具有重要性和影响力。

2.2 文化尊重、生态可持续

文化尊重是指在水文化传承过程中，尊重和保护不同文化传统和信仰的原则。有以下关键要点：①多样性的尊重：文化尊重意味着认可不同文化之间水的象征意义和传统的多样性。不同文化可能赋予水不同的意义，这些差异应被尊重和保护。②文化传统的保护：文化尊重要求保护传统文化的完整性，包括文化传统中与水相关的仪式、艺术、故事等元素。③文化对话和交流：鼓励不同文化之间的对话和交流，以促进理解和尊重。文化传承活动可以促进文化之间的互动，减少误解和偏见。

生态可持续性强调水文化传承与保护自然生态系统之间的协调。有以下要点：①生态平衡：生态可持续性要求水文化传承不损害生态平衡。这包括保护水资源、水生生态系统和与水相关的生物多样性。②可持续资源管理：采用可持续的水资源管理实践，以确保水长期可供给社区和自然环境。③适应性：生态可持续性还涉及适应性，即如何在面对环境变化和挑战时调整水文化传承实践，以确保其持续性。

文化尊重强调尊重和保护不同文化的多样性，以及促进文化对话。生态可持续性强调水文化传承与保护自然环境之间的平衡，以确保水文化传承不会危害生态系统和未来世代的需求。其共同确保了水文化传承的继续和可持续性。

2.3 可持续发展、协作与创作

可持续发展原则在水文化传承中至关重要，它强调了如何将传承与社会和生态系统的可持续性相协调。主要有以下要点：一是经济可持续性。传承水文化应有助于经济可持续性，包括促进文化旅游、手工艺品制作等，以提供社区的经济支持。二是生态可持续性。水文化传承也需要考虑生态可持续性，包括如何保护和管理水资源等。三是文化传承的平衡。可持续发展要求在文化传承和社会经济发展之间找到平衡，确保文化传承不会损害经济和生态系统的可持续性[3]。

协作和合作涉及不同利益相关者之间的合作。有以下要点：一是跨领域合作。水文化传承需要跨足文化、历史、生态学、社会科学和政策领域的合作。政府、学者、社区和非政府组织之间的协作可以推动传承的实践和政策支持。二是知识共享。协作和合作有助于知识共享，不同文化之间的互动可以促进知识的传递和交流。三是政策支持。政策制定者需要与社区和学者合作，制定支持水文化传承的政策和法规。协作和合作强调不同利益相关者在实现共同目标方面的合作。可以促进可持续发展和文化传承目标的达成。

可持续发展和协作与合作是确保水文化传承的成功和可持续性的关键。可持续发展强调了传承与社会和生态系统的协调，而协作与合作强调了不同利益相关者之间的合作，以支持传承的实践和政策。这两个原则共同推动了水文化传承的进展和保护。

2.4 创新与适应

创新与适应强调了在面对新挑战和变化时如何调整水文化传承实践，确保其持续性和适应性。社会和环境在不断发生变化。气候变化、生态破坏等因素都可能对水文化传承产生影响。创新与适应原则强调了识别和理解这些新挑战的重要性[4]。另外，创新与适应要求传统知识与现代科学和技术相结合。创新与适应还包括教育和意识提高的元素，以帮助社区理解新挑战，并提供应对这些挑战的工具和知识。同时，创新与适应要求灵活性和适应性，包括在面对新挑战时能够快速调整传承实践和政策，以确保其与变化的环境保持一致。此外，需要科研和实践结合，学者和社区之间的合作对于创新与适应至关重要。科研应该与实际传承活动相结合，以找到最佳适应性策略。

创新与适应原则是水文化传承的关键要点之一。它强调了水文化传承需要适应不断变化的环境和社会条件，同时利用传统知识和现代科技的创新方法来解决新挑战。这一原则有助于确保水文化传承的持续性，并使其能够适应不断变化的世界。

3 水利风景区可持续发展规划设计

3.1 生态环境保护

生态环境保护在水利风景区可持续发展中至关重要。这包括维护水体、生态系统和自然景观，确保长期的可持续性和环境健康。一是生态评估和监测。进行详尽的生态评估，识别风景区内的生态系统类型、重要物种和生态敏感区域[5]。二是水资源管理。制订水资源管理计划，确保水体的可持续使用和保护，采取措施减少水污染，包括废水处理、农业和工业活动的管理。保护并恢复河流、湖泊和湿地生态系统，以维护水体的生态平衡。三是生态景观设计。在风景区的规划和设计中，采用生态景观设计原则，以最大程度地保持原始生态环境的完整性。保护和增强自然景观，以提供独特的游客体验。四是生态修复和保护：进行生态修复工程，以恢复已受到破坏的生态系统，包括退耕还林、湿地修复和岸边植被保护。最后制定规定，限制开发和破坏敏感生态区域。

通过以上措施，可以确保水利风景区的自然环境健康，以及与水文化传承和社区参与相结合的可持续发展机会。有助于保护自然资源，维护生态平衡，并促进社会经济的可持续发展。

3.2 文化遗产保护与传承

文化遗产保护与传承在水利风景区的可持续发展方面有重要作用。其涉及保护和传承与水文化相关的传统知识、仪式、艺术和价值观，同时包括了鼓励社区参与促进文化旅游。其关键要点：一是研究和记录。进行深入的研究，以了解与水相关的文化传统、故事和仪式。这些知识可能包括与水有关的神话传说、传统渔业技术和水源管理实践。记录和保存口头传统，以确保这些传统不会因时间的推移而丧失。二是文化遗产中心和博物馆。建立文化遗产中心或博物馆，用于展示与水文化相关的物品、展览和信息。这些可以成为教育和文化交流的重要场所，有助于了解水文化。三是社区参与。鼓励当地社区积极参与文化传承活动，包括仪式、庆典和传统实践。与社区合作，确保他们在文化遗产保护和传承中发挥重要作用。另外，加强国际合作和交流：与其他地区和国家的文化遗产组织合作，分享经验和最佳实践。促进国际文化交流，以增进对水文化的全球理解和尊重。

3.3 可持续旅游发展

可持续旅游发展涉及如何吸引游客，同时最大程度地保护自然环境和文化遗产，以实现长期的可持续性[6]。其关键要点：一是平衡游客数量和环境保护。制定游客容量限制，以确保水利风景区不会因游客过多而受到破坏。二是建立管理机制，监测和调整游客流量，以维护生态平衡。三是生态教育和文化体验。提供生态教育计划，帮助游客了解生态系统、水文化和文化遗产的重要性[7]。创造文化体验，如文化表演、传统工艺品市场等，以吸引游客并提供文化互动。四是文化导向。将文化元素融入游客体验，以吸引对文化感兴趣的游客。分享水文化的历史和传统。五是生态足迹评估。进行生态足迹评估，以了解旅游活动对生态环境的影响，并采取措施减少这些影响。推动游客和旅游企业采用可持续实践，如减少废物和节水。

通过可持续旅游发展，水利风景区可以实现旅游业的增长，同时保护和传承自然环境和文化遗产。不仅有助于保持风景区的吸引力，还为当地社区提供了经济机会，同时确保游客的访问不会危害环境和文化。这种平衡有助于实现长期的可持续性和繁荣。

4 结语

在研究水文化传承与水利风景区可持续发展之间的关系后，我们发现它们之间的联系紧密而重要。水文化传承代表着与水相关的深刻历史和价值观，而水利风景区将自然与文化交融，为游客提供了特殊的体验。水文化传承在水利风景区的发展中扮演了关键角色，增进了游客对水和文化的理解。同时，文化遗产的保护和传承也对水利风景区的发展至关重要。通过这种方式，我们不仅尊重了传统，还为当地社区提供了文化认同和经济机会。然而，我们也认识到，在追求可持续发展时，需要平衡文化保护和环境保护。我们需要确保文化传承与生态环境的和谐发展，以避免对生态系统的不利影响。这需要社区合作、科学研究和创新，以确保水文化传承与水利风景区的可持续性相辅相成。最后，本次研究为未来工作提供了指导。深入研究水文化传承与水利风景区的关系，将有助于我们更好地制定政策和实践，以实现文化传承、环境保护和社区繁荣的共同目标。

参考文献

［1］陆健，张元军，刘斯琴，等.坚持"水文化+"内涵式赋能 解码"三原色"高质量育人［J］.水文化，2023（3）：47-48.

［2］吴兆丹，王诗琪.水利风景区高质量发展水平评价研究［C］//中国水利学会.2022 中国水利学术大会论文集.郑州：黄河水利出版社，2022.

［3］金绍兵，张焱，岳五九.加强水文化研究和建设创新思想政治工作途径［J］.人民长江，2008（18）：94-96.

［4］李维明.加快推进我国水文化价值实现［J］.中国发展观察，2022（6）：36-38，64.

［5］张爱辉，程全军.对"两手发力"推动水利风景区高质量发展的思考［J］.中国水利，2022（4）：19-21.

［6］王大力.水利景区建设与区域经济探索［J］.经济师，2021（1）：141-142.

［7］中华人民共和国水利部.水利风景区规划编制导则：SL 471—2010［S］.北京：中国水利水电出版社，2010.

水科普

水科普人才培育"强基工程"的研究

崔 欣 吴 彦

（黄河河口管理局利津黄河河务局，山东东营　257400）

摘　要： 随着全球水资源问题的日益凸显，水科普人才的培养需求问题也亟待解决。本文针对现行水科普人才培养模式存在的不足，提出了"强基工程"构想，致力于强化水科普基础并促进其与实践应用的有机结合。通过设计全面的人才培养体系，以及构建水科普人才培育的体制机制，为水资源科普领域输送具备坚实基础和实践技能的高素质人才。

关键词： 水资源；科普；"强基工程"；人才培养；体制机制

1　引言

水是生命之源，也是人类文明之根。随着全球经济的快速发展，人类对水资源的需求与日俱增，同时也引发了种种水资源问题，如水体污染、水资源短缺等。在此背景下，公众对水资源的了解和科学态度显得至关重要。而推动这一进程的关键，则在于水科普人才的培养。如何确保这些人才既具备坚实的专业基础，又能应对实践中的挑战？本文正是基于此问题，探讨了一种全新的水科普人才培养模式——"强基工程"。

2　水科普人才培育的现状与挑战

2.1　水资源问题的日益突出性

水资源问题，随着全球变暖和人类活动的影响，已成为当下世界共同关注的焦点。尤其在经济发展迅猛的国家，由于工业化、城市化进程的加速，水资源需求剧增，与此同时，水质的恶化和水资源的过度开发已经对生态环境和人类生存带来了严重威胁[1]。诸如干旱、淡水资源减少、河流断流、湖泊消失等现象频繁发生，使得众多区域面临水危机。这种日益突出的水资源问题不仅是单纯的自然环境问题，更与经济、技术、管理等多方面因素紧密相关。

2.2　水科普人才培养的紧迫需求

水资源，包括其管理、保护、再生等方面，都涉及复杂的技术和方法。因此，高素质的水科普人才，无疑成为连接科研界、工业界与大众的重要桥梁。随着互联网和移动通信技术的普及，信息的传播速度远超以往，而高质量、科学性强、适应公众接受度的水资源信息成为紧缺资源，这再次强化了对水科普人才的迫切需求。另外，随着全球经济的发展和城市化进程的加速，更多地区面临着水资源的短缺与污染问题，这既是技术问题，也是教育与传播问题。让公众理解并参与到水资源管理中来，需要一批具备深厚专业知识，能够准确、生动地传递科学信息的人才。不足的是，当前的教育体系和培训项目尚未完全适应这一转变，出现了人才供不应求的局面。综合这些因素，对水科普人才的培养提出了更高的要求，不仅是理论知识的储备，更多的是将这些知识与实践、与社会现实紧密结合，以满足现代社会对于水资源科普教育的多元化、实践化需求。

2.3　现有培养模式的不足和挑战

水科普人才培育面临的现状体现了教育与行业之间的矛盾张力。目前的培养模式主要集中在传统的教学体系之内，而这一体系往往过于偏重理论知识的传授，对于实践技能和创新能力的培养显得较

作者简介： 崔欣（1989—），女，经济师，主要从事人力资源管理工作。

为薄弱。水科普人才培育的核心是将复杂的水资源知识转化为普及型的科普信息，而这需要具备跨学科的知识结构和强大的信息整合能力[2]。但目前，大多数培训体系中仍缺乏这种跨学科的培训模式，导致许多学员在完成学业后，面对实际的工作挑战时显得力不从心。

再者，水资源问题的复杂性决定了水科普人才必须具备多元的知识背景和综合的分析能力。但遗憾的是，许多教育机构在培养过程中仍然过于依赖传统的教材和教学方法，忽视了实地考察、试验操作和现场实践等关键环节。这不仅限制了学员对水资源问题的深入了解，也削弱了他们的实践技能。

另外，面对日新月异的技术变革和行业发展，水科普人才培育的模式也应该与时俱进。但现状是，许多培养方案仍停留在传统框架内，缺乏对新技术、新理念的吸纳和整合，使得培训出的学员很难满足现代水科普工作的需求。在数字化、信息化技术飞速发展的今天，如何将这些技术融入水科普教育中，成为了一个亟待解决的问题。在当前这一培养模式的种种不足面前，水利行业和教育界都应思考如何进行改革，以更好地为水科普事业输送合格的人才。

3 水科普人才培育的"强基工程"的基本构想

3.1 确立"强基工程"的基本理念

水科普人才培育的"强基工程"构想，深刻体现了对水资源科普教育现代化和高质量发展的认识。在构建这一工程时，必须确保其基本理念受到充分重视。其中，科学性与全面性被看作是两个核心要素。科学性意味着水科普教育必须基于最新、最全面的水资源科学知识，保证知识的精准度和前沿性，避免传授陈旧或片面的信息；全面性则要求不仅关注纯粹的学术知识，还要涵盖跨学科的知识，如水资源管理、水环境保护和水文化研究等，确保培养出的人才能够多角度、多层次地理解和解决水资源相关问题[3]。

此外，强基工程也特别强调实践和创新的重要性。培养出的水科普人才，不应只是书本上的学者，而要具备一定的实践能力和试验技巧。这意味着他们能够在实地进行科研、调查和试验，从而得到真实、可靠的数据，进一步推动水资源科学的发展。同时，创新是科学研究的灵魂，也是解决未来水资源挑战的关键。培养出的水科普人才，需要具备独立思考的能力，能够提出新的观点、新的方法，推动水科普研究的深入发展。只有这样，才能确保水科普教育真正地服务于社会，推动人类更加科学、更加全面地认识和应对水资源挑战。

3.2 设计全面的人才培养体系

"强基工程"构想的核心是构建一个全面的人才培养体系。为实现这一目标，多元化的培养途径与方法至关重要。在现代教育环境下，单一的教育模式很难满足多样化的学习需求。应提倡混合式学习，结合线上与线下的教育资源，如远程视频讲座、虚拟实验室、实地考察等，为学习者提供更广泛、更实际的学习体验。同时，实验、研讨、论坛、项目实践等方式可以进一步培养学员的批判性思维和创新能力。

同时，这些培养途径和方法必须紧密结合水资源科普领域的实际需求。为了达到这一目的，培养体系应该定期与业界进行沟通和反馈，以确保教学内容与行业发展同步，确保学习者所获得的知识和技能都能直接应用于实际工作中。对于每一个培养模块，都应明确其与水科普实际工作的关联度，如此，学员不仅能掌握理论知识，还能对其在实际中的应用有深刻的理解。

最后，考虑到水科普领域的跨学科性，与其他领域（如生态学、社会学、经济学等）存在密切的关联，因此培养体系中应纳入跨学科课程，使学员在掌握水科普核心知识的同时，也能够对相关领域有一定的了解，为未来的跨领域合作打下坚实的基础。

3.3 突出基础与应用的有机结合

基于水资源领域的复杂性与跨学科性，培养计划必须确保人才拥有扎实的水资源基础知识。这意味着涉及水资源管理、水循环机制、水质检测和水资源利用等多个细分领域的综合掌握，确保人才能够在遭遇水资源问题时，具备独立解决和创新的能力。

基础知识的掌握只是起点，更关键的是如何将这些理论知识转化为实践中的应用。实践技能的培养与提升，旨在使人才不仅理解水资源的理论，还能够在实际工作中灵活应用，解决实际问题。在水资源科普宣传活动中，如何将深奥的水资源知识以通俗易懂的方式传达给公众，使其产生共鸣，进而引起公众对水资源保护的重视，这都需要具备一定的实践技能[4]。

为此，"强基工程"需要为学员提供系统的理论学习和丰富的实践机会，如实地考察、科普活动组织和试验技能培训等。通过这样的培养模式，期望能够为水资源科普领域培养出一批既懂理论又善于实践的高素质人才，为我国的水资源保护和利用事业做出更大的贡献。

4 构建水科普人才培育的具体体制机制

4.1 营造良好的学习环境

学习环境直接影响着学员的认知质量和实践能力。从资源与平台的维度看，丰富的学习资源不仅满足了知识面的扩展需求，而且为深度学习提供了有力保障。比如，专业化的数据库、先进的水科普模拟实验平台和高度系统化的教育软件，都能助力学员探索水科学的深度与广度，进一步夯实他们的理论基础。通过引入行业内的前沿技术和研究成果，确保学员在学术界和实践界之间形成紧密的联系，为将来的职业生涯打下坚实基石。

但资源和平台仅为学习环境的基石，真正的关键在于如何利用它们。这就涉及学习氛围的塑造。良好的学习氛围鼓励学员主动探索，勇于实践，才能真正触及水科普领域的核心。教育者应努力打造一个开放、合作、竞争与共赢并存的环境，让每位学员都能感受到自己是学习过程中的积极参与者。互动教学、团队项目、现场实践等方式，都能促进学员之间的交流和合作，从而激发他们的创新思维和实践能力。具体到水科普领域，可以组织模拟水资源管理、水污染治理等实践活动，让学员从中体会到科学理论与实践操作的紧密关联。

4.2 强化实践与实训环节

水科普人才培育在面对现代挑战时，不能忽视实践与实训环节的重要性。实际操作能够培养学员对水资源的感知和对科学试验的热情，这种经验远超过书本上的理论知识。实地考察和实践活动为学员提供了直接接触和观察水资源的机会，这对于增强他们的观察力、判断力和解决实际问题的能力至关重要。

水科普的核心是将复杂的科学知识转化为公众易于理解的信息。这需要实地考察和实践活动，让学员了解水资源的来源、流动和使用，以及人类活动对其产生的影响。在实地考察中，学员可以观察到水资源的实际状况，了解水资源的价值和重要性，进而培养他们的科研兴趣和责任感[5]。

科普实训基地与实验室的建设也是培养水科普人才的关键。这些基地和实验室不仅提供了先进的实验设备和技术，还为学员创造了一个模拟真实环境的学习平台。在这里，学员可以进行各种试验，观察水资源的性质和行为，深入理解水资源科学的基本原理。

科普实训基地与实验室还可以为学员提供与业界专家进行交流的机会。通过这些交流，学员可以了解到最新的研究进展，掌握行业的前沿技术，进一步扩大他们的视野和知识面。这对于他们日后进入水科普行业，快速适应和成为行业领军人物具有重要的意义。只有确保学员能够在真实环境中学习和实践，才能培养出真正具备专业素养和实践能力的水科普人才，为水资源的科学传播和公众教育做出更大的贡献。

4.3 建立导师制与专业辅导

构建水科普人才培育的体制机制，在多个环节中，建立导师制与专业辅导显得尤为关键。导师，不仅仅是学术上的引路人，更是职业生涯中的指路明灯。在培养过程中，分配优质的导师资源至关重要。这意味着，不仅需要那些在学术界有所建树的专家，更需要他们在教育和科普实践中有深厚的积累和经验。导师不仅应该具备水科学的深厚知识，更要有传道、授业、解惑的能力，能够引导学员发现问题、分析问题，并提供切实可行的解决策略。

同时，提供个性化的学业辅导和职业指导也是确保水科普人才健全成长的关键。每位学员都有其独特的学习风格和职业规划，因此学业辅导不应该"一刀切"。它需要根据学员的个性、兴趣和长处，提供定制化的指导方案。这不仅能够提高学习的效率，还可以激发学员的学习兴趣和热情。比如在研究水资源管理时，对于那些偏好实地研究的学员，辅导时可以更多地为其提供实地考察的机会，让其深入实际，近距离感受水资源的现状与挑战；而对于那些偏好理论研究的学员，则可以指导其深入文献，挖掘水资源的历史、文化和经济社会意义。

职业指导同样不应局限于学术研究。在现代社会，水科普工作者的角色日益多样化。他们既可以是大学的研究员，也可以是公众教育的推广者，或是企业和政府的顾问。为此，职业指导应该涵盖更广泛的领域，如科研、教育、政策制定、企业咨询等，以满足不同学员的职业规划需求。优质的导师资源和个性化的辅导策略，不仅能够确保学员在学术上的健全成长，还能够为其未来的职业生涯打下坚实的基础，助其在水科普领域中发挥更大的作用。

5　结语

面对日益突出的水资源问题，打造一支既具备深厚理论基础又能应对实践挑战的水科普人才队伍，是摆在全社会面前的紧迫任务。"强基工程"为此提供了一种可能的解决路径，期待其在实际推进中，能为水资源科普领域带来持续而深远的影响。

参考文献

［1］季高华，王丽卿，张瑞雷，等．生物科学专业水环境生态修复特色人才培养模式探索与实践［J］．吉林省教育学院学报，2019，35（3）：26-29．

［2］党伟龙．论青年科普人才的成长：以科学松鼠会为例［C］//中国科协．第十三届中国科协年会，2011：1-4．

［3］王国志．水文与水资源专业创新型人才培养模式［J］．工业B，2015（5）：60．

［4］钱会，张洪波，李培月．新形势下水资源类卓越人才培养实践教学体系的构建［J］．教育进展，2016，6（6）：247-252．

［5］高飞．欠发达地区高校科普人才培养模式研究［J］．创新创业理论研究与实践，2018（20）：86-88．

沿黄文化广场水科普功能的发挥与公众满意度调查
——以东营市为例

孟祥文

（山东黄河河务局黄河河口管理局利津黄河河务局，山东东营 257400）

摘 要： 通过调查东营市沿黄文化广场水科普知识现状及公众对文化广场水科普服务的评价，指出了沿黄文化广场是水科普功能发挥的优质载体。基于调查结果，提出沿黄文化广场水科普功能发挥的建议，主要是：聚焦公众需求，提升水科普内容的针对性，特别是针对老龄化人群，水科普工作要适老化；提高信息化水平，创新水科普方式，统筹传统科普方式和新媒体业态提供的渠道及平台，开创新模式提高公众的水科普涵养。

关键词： 水科普；黄河；文化广场；满意度

水科普建设内容是指以水利科普为核心的科学精神、科学思想、科学思维、科学知识与科学方法[1]。开展水科普工作是全社会的"必修课"，是新时代社会公益事业之一，是水生态文明建设的重要抓手，其重要性不言而喻。有学者提出建立水利科普教育基地的方式可全面推进水利科普工作[2]。有学者提出以青少年水利科技夏令营为载体适应形势创特色[3]。黄河是中华民族的母亲河，她在中华民族的发展进程中具有不可替代的作用，以此形成的黄河文化，是中华文化的根和魂。为贯彻落实习近平总书记关于保护、传承、弘扬黄河文化的重要指示精神，东营市依托沿黄险工控导工程建设多个文化广场，通过生态、文化和服务设施建设，不但可以供人们休闲娱乐，而且在推动沿黄地区生态保护、弘扬黄河文化、开展水科普和改善民生等方面发挥了重要作用。沿黄文化广场正是展示生态黄河的重要窗口和开展水科普工作的优质载体。

1 研究地点概况

东营市黄河属黄河尾闾河段，上界左岸自利津县董王村南、右岸自东营区老于村西入境，流经利津县、东营区、垦利区、河口区 4 个县（区）。在垦利区黄河口镇入渤海。河道全长 138 km，河道特点上窄下宽，弯道卡口较多，纵比降小，滩区横比降大，河海连接处游荡变迁频繁。目前，东营市黄河各类堤防总长 207.8 km。其中，右岸长 93.84 km、左岸长 113.96 km。险工 23 处 667 段，工程总长 30.59 km，控导工程 19 处 318 段，工程总长 34.9 km。黄河滩区 18 个，总面积 398.5 km²，涉及人口 17.81 万人。依托沿河险工控导工程建成的各类文化广场 13 个，其空间分布情况见表 1。

表 1 东营市沿黄文化广场空间分布

位置	文化广场个数	广场分布密度	备注
黄河左岸	7	1 个/16.3 km	利津县 4 个、河口区 3 个
黄河右岸	6	1 个/15.6 km	东营区 2 个、垦利区 4 个

作者简介： 孟祥文（1967—），男，水利工程高级工程师，山东黄河河务局黄河河口管理局利津黄河河务局工会主席，主要从事工程建设与管理、防凌、防汛应急管理等工作。

2　调查研究方法

本次调查自 2022 年 7 月 1 日开始至 2023 年 6 月 30 日结束，历时 365 d。采用微信调查问卷反馈、堤防河道工程视频监控系统、无人机巡查及现场公众调查问卷相结合的方式开展此次调查。调查重点内容：①沿黄文化广场水科普知识内容覆盖面现状；②公众的分类和特点；③沿黄文化广场水科普宣教方式；④公众满意度。

3　调查结果分析

本次调查共实地走访东营市 4 个县（区），13 个沿黄文化广场，收集问卷 3 750 份，其中有效问卷 3 582 份。

3.1　沿黄文化广场水科普知识内容覆盖面现状

水科普建设内容可分为 7 大方面，具体是水生态环境、水资源、水工程、水法规政策、水文化、水科技和水情水安全。通过实地调研 13 个沿黄文化广场，水科普建设内容覆盖率如下：利津县为 100%、垦利区为 100%、河口区为 86%、东营区为 71%。各沿黄文化广场水科普建设内容覆盖面如图 1 所示。

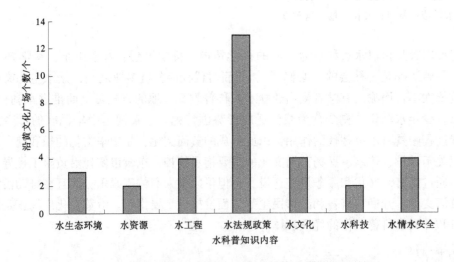

图 1　东营市沿黄文化广场水科普建设内容覆盖面现状图

从图 1 可以看出，有 3 个文化广场建设有水生态环境相关知识，分属于河口区、利津县和垦利区，从内容上来看，主要是介绍黄河现行流路清水沟和黄河故道刁口河"双管输血"向黄河三角洲国家级自然保护区生态补水，保护黄河口新生湿地生态系统和珍稀濒危鸟类。经过持续多年的生态补水，湿地得以修复、生物多样性显著提高、近海生态系统功能显著增强。

水工程、水文化和水情水安全这 3 个内容各县（区）沿黄文化广场均有详细介绍。水工程主要是堤防工程，河道工程及引黄、过水涵闸工程，各工程的名称、位置、功能等相关信息都做了详细介绍。水文化是水科普建设的重要内容，4 个县（区）沿黄文化广场水文化建设内容以讲好"黄河故事"为核心，延续历史文脉，在挖掘黄河文化蕴含的时代价值方面做得较好。水情水安全信息是黄河防汛工作的"耳目"。每个县（区）各有 1 个文化广场对该方面的知识进行了介绍，教育的重心是使公众了解黄河水情变化特点，增强公众的水危机、水忧患、水安全意识。

水资源和水科技是水科普建设的基础内容。但从统计结果来看，在这两个方向上，东营市沿黄文化广场水科普知识覆盖面最小。现有的水资源内容只是强调黄河多年未断流，没有通过详细的黄河水资源相关数据告诫公众自觉地重视水资源、保护水资源和节约水资源。水科技则集中展示的是应用于黄河水利工程的小发明、小创造，缺少国内外先进的水利设计理念、水利科学技术、水利设备等科技前沿领域的最新成果。

通过实地调研，水法规政策在各文化广场的覆盖率达到了100%。展陈的内容主要有《中华人民共和国黄河保护法》《中华人民共和国水法》《中华人民共和国水污染防治法》《中华人民共和国防洪法》等。各县（区）积极探索法治文化阵地建设新思路，创新普法载体。比如在线下组织百姓参加"世界水日""中国水周"等各类法律知识趣味答题，通过LED屏向群众播放水法规政策宣传片；在线上利用新媒体制作小品、歌曲等宣传相关法律知识，有效拓宽了黄河法治宣传教育覆盖面，使普法教育更加贴近治黄工作。

3.2 沿黄文化广场水科普宣教方式

根据调研，13个沿黄文化广场以直接的知识传输为主，建设之初便把合理的水利科学知识融入设计中去，使文化广场的水科普宣教功能充分发挥。宣教方式主要有以下几种：①科普展示牌；②科普景观设计；③向导式解说。

（1）科普展示牌。是信息的载体，充满艺术感的科普展览标志牌可以被描述为一种独特且引人入胜的方式，以令人称奇的方式呈现信息，不仅教育人们，而且启发和引起他们的兴趣。这些展示牌利用图像、排版和周到的设计等多种元素，将科学知识以具有吸引力的方式呈现出来。沿黄文化广场展示牌设计制作时融入了水法规政策、水情水安全、水资源水文化等内容，是水科普知识宣教应用最广泛的方式。

（2）科普景观设计。通过景观设计诸如壁画、雕塑和园艺等艺术表现形式，可以让水利科学知识的概念更形象化。比如垦利区黄河法治文化广场，在中间草坪上设置了公平正义雕塑，以不同字体的"法"来展示，寓意形态虽不同，但公平正义的核心不变；利津县凌汛文化广场则建成了"黄河河口模型"，让人们对"原型黄河"有了更直观的感受；河口区黄河文化广场建成的水利科学体验室，运用现代智能化的手段全面具体、生动形象地展现了防洪、抢险、救灾、工程建设等模拟演示场景。

（3）向导式解说。是沿黄文化广场水科普知识宣教的重要方式。向导式解说系统也称导游解说系统，以具有能动性的专门导游人员向游客进行主动的、动态的信息传导为主要表达方式。它的最大特点是双向沟通，能够回答游客提出的各种各样的问题，可以因人而异提供个性化服务。13个沿黄文化广场均配备了专业解说人员。

3.3 公众的分类和特点

根据调研，沿黄文化广场公众以附近村民为主，仅有少量外来游客，在文化水平上，具有高中及以下学历占比91.7%、专科及本科学历占比7%、硕士及以上学历占比1.3%。60周岁及以上人群占比约63.1%、40~60周岁占比14.3%、20~40周岁占比6.3%、20周岁及以下占比约16.3%，其中幼儿占大多数。所以，水科普的知识内容与宣教方式应与低学历、高年龄、本地化人群特点相适应。东营市沿黄文化广场游客年龄分布比例见图2。

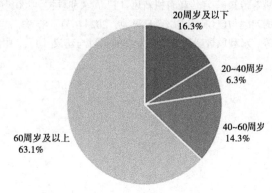

图2　东营市沿黄文化广场游客年龄分布比例图

3.4 公众满意度

因沿黄文化广场空间所限，最多容纳 3 方面的水科普建设内容。所以，本文调查了公众最感兴趣的 3 个水利科学知识是什么，前三位分别是水文化、水科技和水工程。约 54.4%的公众对沿黄文化广场水科普工作表示满意，约 27.4%的公众认为沿黄文化广场水科普工作一般，极少数受访者对沿黄文化广场水科普工作表示不满意。公众满意度见图 3。

4 建议

4.1 聚焦公众需求，提升水科普内容的针对性

调查数据显示，水科普知识受众大多是沿黄文化广场附近老龄人群，要坚持需求导向，针对他们的身心特点、文化水平、现实生活需求等，提升水科普内容的针对性[4]。对于公众感兴趣的水文化、水科技和水工程等内容设立面向老龄群体的科普专栏、专题。同时依据老年人的理解能力，将专业性较强的水科普知识内容转化为通俗易懂的表现方式，比如以视频作为传播载体，视频应主题鲜明、生动易懂，长度上也不宜过长；以文字形式呈现，则应排版简洁、图文并茂，且避免字体过小。

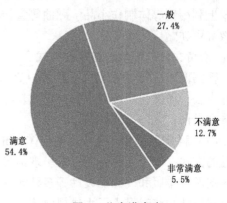

图 3 公众满意度

4.2 提高信息化水平，创新水科普方式

信息技术日益更新，水科普工作媒介呈现形式由传统媒介向新媒体、多样化发展。沿黄文化广场水科普形式手段上要有所突破，统筹运用好报刊、广播、新媒体等开展水利科普工作。创建黄河沿线智慧水科普平台，共享水科普资源。建设 Wi-Fi 全覆盖基础设施、微信科普公众服务系统、云导览系统、视频直播系统及交互应用平台，全方位为公众提供准确的科普信息服务。鼓励开发利用 VR、AR、MR 等现代信息技术，为受众打造真实可感的虚拟景区体验[5]。同时，建议每年以"世界水日""中国水周"等活动为契机，开展以水科普为主题的文学、艺术、摄影、创新竞赛、水科普知识竞答、水科普先进工作人物年度表彰等活动，在沿黄文化广场现场举行"接地气"的主题论坛，将集中宣传和经常性宣传结合起来，传递水利科学知识，开创新模式提高公众的水科普涵养。

参考文献

[1] 温乐平，吴建红. 水利风景区水科普建设路径探讨：以丰城市玉龙河水利风景区为例 [J]. 南昌工程学院学报，39 (2)：60-66.

[2] 张淑华. 关于加强水利科普工作的思考 [J]. 中国水利，2011 (11)：69-70.

[3] 宣传普及工作委员会. 水利科普传知识 宣传教育树新风 [J]. 水利科技，2001 (S1)：56-57.

[4] 王晶. 关于数字科普适老化的问题与建议 [J]. 今日科苑，2023 (3)：87-93.

[5] 汤勇生，李贵宝，韩凌杰，等. 水利风景区科普功能发挥的探讨与建议 [J]. 中国水利，2020 (20)：59-61.

黄河河口水文化普及创新与社会参与研究

孟祥文

（山东黄河河务局黄河河口管理局利津黄河河务局，山东东营 257400）

摘 要：黄河河口是中国重要的河口地区之一，拥有丰富的自然资源和独特的文化遗产。黄河河口水文化是中国传统文化的重要组成部分，具有深厚的历史底蕴和文化内涵。然而，由于多种因素的影响，黄河河口水文化的普及程度相对较低，亟待进行创新与提升。本文旨在探索黄河河口水文化普及创新与社会参与的深入研究，旨在促进黄河河口水文化的传承和保护，提高公众对水文化的认知和参与度。

关键词：黄河河口；水文化；普及；创新

1 黄河河口水文化概述

黄河河口地区属于黄河三角洲的一部分，一般泛指以东营市为主的黄河入海口及周边地区。黄河河口水文化是指黄河流域河口地区独特的水文环境和相关的人文活动，而最重要的黄河文化更是内涵丰富，具有复杂性，是黄河流域祖先们在长期的社会实践中所创造的物质财富和精神财富的总和。黄河是中国第二长河，流经多个省份最终注入渤海，形成了宽阔的河口区域。这里的水文环境对于当地的自然景观、生态系统以及人类社会有着深远的影响。

黄河河口水文化的特点主要体现在以下几个方面。

1.1 河口地形

黄河河口地区地势平坦，河道宽阔，河口湾较大，黄河入海口面积超过 2 300 km²，区内拥有壮观的河海交汇景象、完整的湿地生态系统、全国第二大油田的胜利油田、滨海滩涂景观等独具特色的旅游资源。黄河入海时，黄蓝泾渭分明，每年造陆约 200 hm²，演绎真实的"沧海桑田"。

1.2 水文资源

黄河河口地区丰富的水文资源为当地的农业、渔业和工业提供了重要的支持。黄河带来的泥沙和养分丰富了土壤，为农作物的种植提供了良好的条件。同时，河口水域也是众多鱼类和其他水生生物的栖息地，支撑着丰富的渔业资源。

1.3 河口文化

黄河河口地区的水文环境孕育了独特的河口文化。当地的居民长期以来与黄河紧密相依，形成了丰富多彩的生活方式和文化传统。例如，渔民们在河口水域捕鱼，渔村的建筑和渔船的造型都反映了当地人民对于水文环境的认识和利用。

1.4 河口生态系统

黄河河口地区的水文环境对于维护当地的生态系统平衡起着重要的作用。河流带来的泥沙沉积和水动力作用塑造了河口湿地、滩涂和海岸线等多样的生态景观。这些湿地和滩涂是许多候鸟的迁徙途经地和栖息地，也是多种珍稀濒危物种的栖息地。

总之，黄河河口水文化是黄河流域河口地区独特的自然景观和人文景观的结合体，它不仅丰富了

作者简介：孟祥文（1967—），男，水利工程高级工程师，山东黄河河务局黄河河口管理局利津黄河河务局工会主席，主要从事工程建设与管理、防凌、防汛应急管理等工作。

当地的生态环境，也为当地的经济和文化发展提供了重要的支持。

2 黄河河口水文化普及创新与社会参与的重要性及意义

黄河河口地区作为一处特殊形态的地理区域，文化底蕴深厚，文化遗存丰富，特色鲜明，但通过笔者的调研发现，对东营流域黄河文化保护传承体系的构建研究尚在起步阶段，关于黄河河口地区水文化研究在成果的数量、质量以及推广运用上，与其他大河入海口相比仍有较大差距。因此，对黄河河口水文化普及创新与社会参与的研究对于其定位、保护、推介意义重大，同时也蕴藏着拉动地方经济增长的巨大能量。

2.1 保护和传承水文化

黄河作为中华民族的母亲河，承载着丰富的历史、文化和民族记忆。通过水文化普及创新和社会参与，可以加强对黄河文化的保护和传承，让更多的人了解和认识黄河的历史、地理、生态和文化内涵。

2.2 提升公众对水环境保护的认识

水是生命之源，水环境保护是每个人的责任。通过水文化普及创新和社会参与，可以增加公众对水环境保护的认识和重视，引导人们养成良好的水资源利用和环境保护习惯，推动全社会形成共建共享的水文化保护意识。

2.3 促进生态文明建设

黄河河口地区生态环境脆弱，面临着水资源短缺、水污染严重、流域退化等问题。通过水文化普及创新和社会参与，可以引导公众更加关注重视生态环境问题，加强生态保护和修复工作，推动生态文明建设。

2.4 推动旅游业发展

黄河河口地区拥有得天独厚的自然风光和人文景观，是重要的旅游资源区。通过水文化普及创新和社会参与，可以提升公众对黄河河口地区旅游资源的认知和了解，推动旅游业的可持续发展，促进当地经济繁荣。

2.5 增强社会凝聚力和参与度

水文化普及创新和社会参与是一个多元化、开放性的过程，可以增强社会的凝聚力和参与度。通过各种形式的活动和交流，可以促进社会各界的互动与合作，形成共同关注、共同参与的良好氛围，推动社会的全面发展。

3 黄河河口水文化普及与社会参与现状分析

目前，黄河河口水文化普及与社会参与度存在以下一系列现状问题：

（1）黄河河口水文化的普及程度有限。尽管黄河河口地区拥有丰富的水文化资源，包括自然景观、历史遗迹、民俗文化和油田文化等，但大部分公众对于这些文化知识的了解仍然相对有限。在学校教育中，对于黄河河口水文化的教育内容相对薄弱，缺乏系统性和深入性。同时，公众对于水文化的兴趣和关注度也相对较低，缺乏主动了解和学习的动力。

（2）社会参与度相对较低。尽管黄河河口地区存在一些旅游景点和文化活动，但大多数公众仅仅是观赏和体验，缺乏深入参与和互动的机会。社会参与度低的原因之一是缺乏相关的组织和机构进行引导推动。目前，对于黄河河口水文化保护和传承的社会组织相对较少，缺乏有效的社会参与平台。此外，公众对于参与水文化保护和传承的意识和意愿也相对不强，缺乏相关的培训和启发。

（3）一些水文化资源面临着开发利用不当、环境污染和破坏等问题。一些水文化景点和遗址受到了不合理的开发利用，导致环境破坏和文化价值流失。同时，一些旅游开发项目注重商业利益而忽视了对于水文化资源的尊重和保护，对于传统文化的传承产生了负面影响。

（4）黄河河口水文化的传承面临一定的困境。随着社会的快速发展和现代化进程的加快，一些传统文化活动和习俗逐渐衰退。年轻一代对于传统水文化的兴趣和参与度不高，导致水文化的传承面临一定的挑战，而且一些传统技艺和知识的传承者逐渐减少，传统水文化的独特技艺和知识面临失传的风险。

4 新时代优化黄河河口水文化普及创新方法与社会参与的具体路径

4.1 政府引导和支持

新时代优化黄河河口水文化普及创新方法和社会参与，政府应当发挥主导作用。一方面，促进地区文化发展是地方政府的主要职能之一，因此政府部门应主动承担起黄河河口水文化开发与弘扬的职能；另一方面，黄河河口水文化是一系列自然要素和人文要素的集合，体系庞大、特色明显，在研究、凝练、开发、推广、运用等方面面临很大困难，工作的滞后性制约了其在精神引领与助推经济等方面作用的发挥。所以，这项工作的重要性、复杂性、系统性、艰难性决定着政府在其中的地位与作用。

政府应当制定相关政策和规划，加大对黄河河口水文化普及的支持力度。在制定政策和规划时，可以考虑从多个方面入手，如加强水文化教育、推动水文化资源的保护与开发、促进水文化产业的发展等。同时，政府可以通过资金投入、人才培养和组织协调等方式，引导社会各界积极参与到水文化普及工作中来。例如，设立专项资金用于水文化普及项目的支持，培养专业人才来开展水文化研究和传承工作，组织各类活动和展览以提高公众对水文化的认知度和兴趣。

4.2 利用新媒体平台

借助互联网和移动通信技术，可以在各类新媒体平台上推广黄河河口水文化。首先，可以建立官方网站，通过网站发布有关黄河河口的水文化知识、历史背景、保护措施等内容，并提供交流互动的平台，让用户可以留言、评论、提问，进一步加深对黄河河口水文化的了解。其次，可以开设某信公众号、某博账号等，定期发布有关黄河河口水文化的文章、图片、视频等内容，吸引更多人关注和参与。还可以利用各种短视频平台，制作精美的水文化宣传片段，以生动形象的方式展示黄河河口的自然风光、文化遗产和生态环境，吸引年轻人的关注和参与。新媒体平台的有效运用，可以将黄河河口水文化推广到更广泛的群体中，无论是学生、游客还是普通市民，都可以通过手机、电脑等设备随时随地了解和参与黄河河口水文化的传承和保护。

4.3 打造河口旅游品牌

将黄河河口打造成特色旅游目的地，是促进水文化普及的重要途径之一。可通过开发具有代表性的旅游景点，如黄河口湿地、河口渔村、油田文化展馆、移民文化村等，通过景区规划、环境整治和配套设施建设，提升景区的吸引力和游客体验，并在此基础上举办丰富多彩的旅游活动，如水上运动、观鸟、摄影等，让游客在欣赏自然风光的同时，亲身感受和了解黄河河口的水文化。此外，还可以推出特色旅游产品，如水文化主题旅游线路、纪念品等，增加游客参与的积极性。打造河口旅游品牌需要政府、旅游企业和相关机构的合作，共同制定发展规划和品牌宣传策略，加强宣传推广，提高旅游服务质量，才能打造出高质量且独具特色和竞争力的黄河河口旅游品牌。

4.4 举办水文化节等活动

定期举办黄河河口水文化节或其他相关活动，是加强水文化普及的有效手段。水文化节可以以黄河入海口为主题，通过展览、表演、比赛等形式，展示黄河河口的水文化内涵和特色。例如，可以举办水文化展览，展示黄河河口的历史图片、文物、艺术作品等，让人们更直观地了解黄河河口的水文化价值。同时，可以邀请专家学者、艺术家等举办讲座、研讨会，探讨水文化保护与传承的问题，促进学术交流和思想碰撞。

此外，还可以组织水文化艺术表演，如舞蹈、音乐会、戏剧等，通过艺术形式将黄河河口的水文化展现出来，加深公众对水文化的认知和体验。这些活动不仅可以吸引专业人士的参与，也能够吸引广大市民和游客，可以为黄河河口水文化的传承和保护注入新的活力，同时也为公众提供了了解和参与水文化的机会，增强了水文化在社会中的影响力和传播力。

4.5 学校和科研机构合作

学校和科研机构可以与地方政府合作，共同开展黄河河口水文化的教育和科研工作。首先，学校可以开设相关课程，将水文化纳入教学内容中，培养学生对水文化的认知和兴趣。其次，可以组织实地考察活动，让学生亲身感受黄河河口的水文化魅力。最后，学校还可以与科研机构合作开展科研项目，深入研究黄河河口的水文化现象和问题，为水文化保护和传承提供科学依据和技术支持。通过学校和科研机构的合作，可以培养和吸引更多的专业人才参与到水文化普及和保护中，推动水文化事业的发展。

4.6 社会组织和志愿者参与

鼓励社会组织和志愿者参与黄河河口水文化普及工作，可以起到扩大水文化普及影响力的作用。通过成立水文化保护协会或组织方式，可有效汇集相关领域的专业人士和爱好者，并共同致力于黄河河口水文化的保护、传承和推广。同时，协会可以开展各类活动，如讲座、展览、座谈会等，增加公众对水文化的了解和认同。再有，可组织志愿者培训，培养一支专业化的水文化普及队伍，通过在社区、学校、博物馆等场所进行水文化宣传和教育活动方式，进一步提高公众对水文化的认知度。只有通过这些社会组织和志愿者的参与，才能够有效且在较短的时间内形成广泛的社会共识和共同行动，推动黄河河口水文化的普及和保护工作取得更好的效果。

5 结论

本文的目的在于研究促进黄河河口水文化的传承和保护，提高公众对水文化的认知和参与度，具有重要的现实意义和长远影响。为了实现水文化普及创新与社会参与的目标，需要进一步开展相关研究，解决实践中的问题和挑战，推动水文化普及工作的不断发展。未来的研究可以从技术创新、社区合作、学校教育、合作网络建设和政策支持等方面深入探索，提出更具体的策略和方法，推动水文化普及与社会参与工作的进一步发展。

参考文献

[1] 王娟. 黄河口水文化发展 [J]. 今日科苑, 2013 (22): 94-96.

[2] 余欣, 吉祖稳, 王开荣, 等. 黄河河口演变与流路稳定关键技术研究 [J]. 人民黄河, 2020, 42 (9): 66-70.

[3] 王娟. 黄河入海口文化特征及其开发研究 [J]. 山东理工大学学报 (社会科学版), 2015, 31 (1): 44-48.

"河宝说"系列水土保持轻科普作品创作实践

李杨杨

（中国水土保持杂志社，河南郑州　450003）

摘　要："河宝说"系列科普产品是《中国水土保持》杂志社为贯彻习近平总书记讲好黄河故事、坚定文化自信的要求，根据《关于加强新时代水土保持工作的意见》要求开展水土保持轻科普的一次尝试，联合黄河标志和吉祥物普及应用办公室，将水土保持科普融入河宝之间的有趣对话。本文介绍了"河宝说"的创作过程和科普实践，希望能为媒体融合背景下的水土保持科普教育提供样本和参考。

关键词：水土保持；科普；受众调查；河宝

生态文明建设是关系中华民族永续发展的根本大计，水土保持工作是江河保护治理的根本措施，是生态文明建设的必然要求。党的十八大以来，在习近平生态文明思想的指引下，我国共治理水土流失面积 64 万 km^2，年均减少土壤流失 16 亿 t，水土流失严重的状况已经得到总体改善，实现了水土流失面积由增到减、强度由高到低的历史性转变[1]。同时，国家高度重视水土保持法律法规宣传以及青少年的水土保持科普教育。《中国水土保持》杂志社在水土保持科普传播领域不断进行探索和实践，2023 年在公众号设计推出了"河宝说"轻科普系列，介绍了其创作过程和科普实践，希望能为媒体融合背景下的水土保持科普教育提供样本和参考。

1　创作背景

2022 年 12 月 29 日中共中央办公厅、国务院办公厅印发《关于加强新时代水土保持工作的意见》，明确要求采取多种形式广泛开展水土保持宣传教育，普及水土保持法律法规和相关制度，强化以案释法、以案示警，引导全社会强化水土保持意识，加强水土保持科普宣传和文化建设等。为响应两办精神，《中国水土保持》杂志社正在尝试采用新的科普作品形式。创刊 40 多年来，杂志社曾与多地、多部门合作出版过水土保持科普图书、读本、绘本等，但是随着新媒体的发展，读者希望看到更多元化的科普作品。因此，杂志社探索利用网络传播碎片化、轻量化、个性化的特点，采取轻科普的形式，通过杂志社公众号平台发布一款连续型、轻量化的水土保持科普产品。

2　选题调研

2.1　受众调查

在科普项目选题策划前要进行全面、周密的调研，面向不同行业、年龄段的用户进行针对性的内容策划，以便后续基于分级策略进行有针对性的科普内容和形式设计[2]。在选题调研阶段，一方面根据杂志的主要受众，随机选择读者进行电话咨询，了解对于杂志社公众号的关注程度、内容类型偏好，并征求他们对水土保持科普的建议。反馈结果显示，读者普遍更关注水土保持新闻时事、科技前沿、行业动态等方面的信息，倾向于原创、轻松、趣味性、轻量化的科普作品，还有部分读者希望看到制作精良的水土保持风光图片、视频等。另一方面，为了加强科普性，开展了针对青少年的线下调查。选择小学三、四年级的学生进行随机询问。反馈结果显示，孩子们对水土保持的概念和重要性有

作者简介：李杨杨（1982—），女，副编审，主要从事水土保持论文编辑及科普宣传工作。

一定的了解，但是对水土保持措施的认知和实践经验却极为缺乏。比如，孩子们普遍了解到水是可再生资源的知识，但是进一步询问"既然水是可再生资源，那为什么要保护水资源呢？"就答不上来了，有的孩子还会说"那就不用保护了，反正会再生"；孩子们还认为水土保持措施就是种树，把水土保持等同于绿化；特别是多数孩子对如何实现水土保持知之甚少，对水土保持缺乏亲身体验，有的认为离自己很远，没有见过，有的认为与自己无关，是科学家或者工程师的工作。科学普及，最重要的是对科学精神的弘扬，只有具备科学理念和科学精神，才能够建构科学的世界观和方法论，指导自身的实践行为和活动[3]。如何让读者特别是青少年在潜移默化的前提下，既能在一定程度上增加水土保持知识，又能了解到水土保持措施在哪里、长什么样子，体会到它可能远在天边，也可能就在我们身边，正发挥着潜移默化的巨大力量，值得深入思考和实践。

2.2 展示方式

在媒体融合发展的背景下，科普作品已经从过去的单向、灌输式的科普行为模式，向平等互动、公众参与式的模式转变；从单纯依靠专业人员、长周期的科普创作模式，向专业人员与受众结合、实时性的模式转变；从方式单调、呆板的科普表达形态，向内容更加丰富、形式生动的形态转变[4]。杂志社尝试多媒体、轻量化、实时性的互联网科普作品，探索科普产品展示方式多元化。互联网科普作品具有短、快、新的特征，有助于打通科普作者与受众之间的壁垒，能根据社会热点、读者反馈等及时调整内容、方向或形式，满足更多受众的需求，也有利于在互联网平台的迅速、广泛传播。

3 创作思路

3.1 明确科普受众，设计主题矩阵

为了提供有针对性的科普产品，满足主要受众特别是青少年科普的需求，基于选题调研结果，采取矩阵型的科普主题设定。主题矩阵横向分成三层。第一层是青少年科普。青少年代表着未来，青少年水土保持知识普及是水土保持科普的重要方向。开展青少年水土保持科普，更重要的是将抽象知识和具体形象、生活中的见闻联系起来，让他们了解水土保持不只是种树这么简单，加深对保护生态重要性的体会。第二层是大众科普。在信息爆炸的时代，大众科普想要切中受众的关注点是比较困难的，而且对于科普专家的要求很高。在这样的情况下，我们思考引入 AI（人工智能），借助拥有强大信息整合能力、自然语言处理能力的 ChatGPT 生成科普作品，不仅能满足大众的阅读需求，而且非常大程度地提高了科普创作效率。第三层是重点受众科普，杂志社的重点受众是技术人员，他们更关注水土保持最先进的法律法规、标准规范、先进技术及行业动态等，需要提供更专业的科普产品。其次，对于各层主题设定进行细分。水土保持知识浩瀚如烟，想要在碎片化、轻量化、个性化的同时体现出内容设定的一致性和连续性，需要进行主题设定的细分。以青少年科普为例，根据科普目标设计了三个栏目，分别是身边的水土保持、远在天边的水土保持、了不起的水土保持植物。对于设计主题进行矩阵式细分，一方面有利于科普作者创作，未来可以形成科普合集；另一方面故事之间是有关联性的，便于读者理解和加强互动。

3.2 联合知名动画，发挥品牌效应

想要传播科学思想、弘扬科学精神，又能轻松愉快、浅显易懂，便于公众特别是青少年接受，杂志社联合黄河标志和吉祥物普及应用办公室，采用黄河吉祥物"河宝"的动画形象设计科普作品。黄河吉祥物共 6 个"河宝"——黄小轩、河小洛、宁小陶、天小龙、夏小鲤、平小牛（见图 1），造型可爱，又与"黄河宁天下平"主题口号相呼应，向世界生动传递黄河流域生态保护和高质量发展的美好愿景，人物造型和精神内涵与杂志社宣传水土保持的方向和贯彻习近平总书记讲好黄河故事、坚定文化自信的主题相吻合。在创作科普产品之前，为方便情节设计，对卡通人物的性格和生活环境进行了塑造，比如设计河宝们居住在黄河边的河宝村，是河宝村小学三年级的小学生；6 个河宝性格各异、活泼可爱，黄小轩淘气爱动，夏小鲤古灵精怪，平小牛慢条斯理，天小龙热爱运动，河小洛智慧冷静，宁小陶擅长电脑；为了保持叙述风格一致，还给他们设置了各自的语言习惯和个性爱好，如

河小洛的口头禅是"冷静冷静"，夏小鲤是个爱漂亮的小姑娘，天小龙热爱运动和旅游，宁小陶电脑不离身。故事开头设定为"他们爱学习，爱问为什么，和他们一起开启一场水土保持之旅，探索近在我们身边或远在他乡的水土保持措施，体会它们带给我们生活潜移默化的巨大力量"。"河宝"的品牌形象和影响力有助于水土保持科普产品推广，科普产品也为"河宝"提供了展示方法和舞台，是一种合作共赢。"河宝说"科普系列封面见图2。

| 黄小轩 | 河小洛 | 宁小陶 | 天小龙 | 夏小鲤 | 平小牛 |
| huang xiao xuan | he xiao luo | ning xiao tao | tian xiao long | xia xiao li | ping xiao niu |

黄 河 宁 天 下 平

图1　6个河宝造型

3.3　ChatGPT加持，增加科技含量

科学技术发展日新月异，知识更新瞬息万变，大众科普对于科普作者的知识储备和科普水平要求很高。AI的发展给了我们一个思路。近期爆火的ChatGPT是一种先进的自然语言处理和生成技术，具有高效性、自适应性和精确性[5]，能够帮助科普人员快速而准确地生成大量的文字内容，而且可以针对特定的读者进行个性化创作，具有极高的创作效率，能在瞬间生成文字；由于它采用的是"与测试自动生成的方式"，基于大数据，因此能够消除传统编辑中的人为失误和偏见，保持内容的准确性和可靠性，切合科普创作的需求。

以苦盖为主题的科普创作实践为例，设定Prompt为"你是一个资深科普专家""我想以'苦盖'这个水土保持名词为例""开展一次科普教育""设想用两个小朋友对话的方式"，ChatGPT回复见图3。ChatGPT的应用会带来工作效率的极大提升，以及知识数据的爆炸式增长，但是长远来看，也可能会导致内容同质化，影响多样性和原创性。所以，目前我们在创作过程中还是采用人机结合的方式，为AI的科普作品增加更多的人情味。

3.4　根据内容矩阵，进行内容创作

根据科普产品连续型、轻量化、矩阵式等设计要求，以及受众调查结果和人机交互方式，设计采用河宝讲小故事的形式。以身边的水土保持栏目为例，主要内容是围绕我们身边能够见到，但是却关注不多的水土保持措施，将知识点与实际生活联系起来。比如，7月、8月正值汛期，多地发生了城市暴雨洪涝灾害，根据这一情况我们设计分三集推出了"下雨了"小故事，用童趣的语言，通过夏小鲤和宁小陶之间的对话，讲述海绵城市建设中透水铺装技术等城市水土保持措施在改善城市洪涝灾害中发挥的作用，还加入了暴雨天气的避险知识。故事简短幽默，类似寻宝记，从每集的故事里都能找到一两个水土保持措施，最后用小贴士的形式点明概念，巩固知识点，见图4。再如，9月是中小学开学的时间，所以我们设定的小故事就发生在开学第一天孩子们交流暑假的旅游经历，将实际生活与水土保持联系起来，有知识有生活，见图5。

图 2 "河宝说" 科普系列封面

你是一位资深科普作家，现在我想以 "苫盖" 这个水土保持名词为例，开展一次科普教育。设想用两位小朋友对话的方式，···

小朋友A：嘿，你听说过苫盖这个词吗？我最近在学关于水土保持的知识，苫盖好像是个重要的词呢！你知道它是什么意思吗？

小朋友B：哦，苫盖啊！我也听过这个词，我记得它和农田有关。似乎是一种覆盖在土地上的东西，是为了保护土壤免受风蚀和水蚀的影响。具体是怎么回事呢？

小朋友A：嗯，你说的对！苫盖是一种水土保持的措施之一。它指的是在农田或其他裸露土地表面覆盖一层席状物质，可以是秸秆、麦草、稻草等植物残余物。这种覆盖物可以有效地防止水土流失，保护土地不被风和雨侵蚀。

小朋友B：原来如此！那苫盖的作用有哪些呢？

小朋友A：苫盖有好几个作用呢！首先，它可以减少土壤表面的水分蒸

图 3 "河宝说" 科普作品 ChatGPT 创作实例

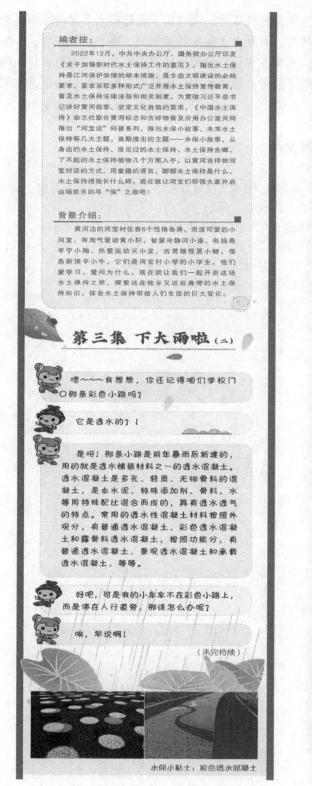

图4 《下大雨了》创作实例

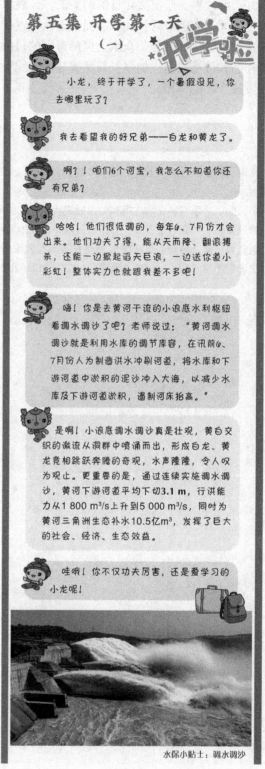

图5 《开学第一天》创作实例

4 形成"河宝说"品牌，探索扩大产品影响力

"河宝说"科普系列作品推出后得到了专家和热心读者的积极回应，接下来我们将进一步尝试加大线下线上宣传，形成品牌，扩大影响力。"河宝说"是《中国水土保持》杂志社为贯彻习近平总书

记讲好黄河故事、坚定文化自信的要求，开展水土保持轻科普的一次尝试，通过将水土保持知识点融入河宝之间的有趣对话，实现加强水土保持宣传教育、普及水土保持科学知识、将书本知识与实际生活联系起来、提高社会公众水土保持意识的目的。未来，我们将继续坚持需求导向，探索更多样化的科普作品和传播渠道，加强科普品牌建设和线上线下宣传，形成水土保持科普前沿阵地，为生态文明建设发挥自己的作用。

参考文献

［1］高博 . 2022 年全国水土流失面积降至 265.34 万 km² 年均减少土壤流失能力达 16 亿吨［N］. 人民日报，2023-08-18.

［2］史云龙 . 互联网科普推广视频的发展现状、面临的问题及优化对策［J］. 智慧中国，2023（Z1）：104-105.

［3］藤原夏树 . 加强科学普及，弘扬求真精神：浅谈对科普的认识与看法［EB/OL］.（2019-11-24）［2023-09-01］.

［4］赵文象 . 树立科普工作新理念 推进科普事业大发展［J］. 科协论坛，2016（9）：30-33.

［5］中国青年网 . 跟 ChatGPT，聊聊 ChatGPT［EB/OL］.（2023-02-14）［2023-09-01］.

山东黄河文化保护传承的路径研究

任增花

（滨州黄河河务局滨开黄河河务局，山东滨州　256600）

摘　要： 黄河文化是中华文明的重要组成部分，是中华民族的"根"与"魂"。习近平总书记在黄河流域生态保护和高质量发展座谈会上强调，要保护、传承、弘扬黄河文化，讲好"黄河故事"，为实现中华民族伟大复兴的中国梦凝聚精神力量。2023 年施行的《中华人民共和国黄河保护法》更是对黄河文化保护传承弘扬做了法律上的规定。山东省位于黄河的尾闾，山东黄河文化资源富集，内容丰富，精神标识作用突出，在当前黄河流域生态保护和高质量发展重大国家战略实施的大背景下，针对山东黄河文化保护传承的路径研究具有重要的意义。

关键词： 黄河文化；黄河故事；保护传承

1　山东黄河文化保护传承的优势

1.1　区域战略位置优越

山东省地处黄河下游，是黄河流经 9 省（区）中唯一的东部沿海大省，也是沿黄地区综合实力最强的省份，山东半岛城市群在黄河流域也发挥着龙头带动的作用，北部与京津冀首都经济圈相连，南部与长江三角洲城市群衔接，东邻渤海，黄河自东营市入海，是黄河流域最便捷的文化出海口，也因此形成了独具特色的黄河入海口自然景观。山东在黄河流域生态保护和高质量发展重大国家战略实施中居于十分重要的位置，在资源整合、要素流通、产业合作等方面有着得天独厚的优势。

1.2　黄河文化资源富集

黄河在山东省内的河道总长度达 628 km，黄河干流依次流经菏泽、济宁、泰安、聊城、济南、德州、滨州、淄博和东营 9 市 25 个县（市、区），占黄河整个下游河道的 80%，山东黄河流域拥有世界文化遗产 4 处，省级以上文物保护单位 1 130 处，国家级非遗代表性名录项目 118 个，国家历史文化名城 6 座，中国历史文化名镇名村 10 处，黄河水利遗产 101 处，A 级景区 622 处，泰山、曲阜"三孔""天下第一泉"、黄河入海口等著名景点更是享誉海内外，各类文化旅游资源丰富独特。

1.3　历史文化底蕴浓厚

山东是中华文明的重要发祥地，绵延至今已有 8 000 多年的历史，各类文化资源丰富，有儒家文化、墨家文化、运河文化、泰山文化、水浒文化等各类文化交相辉映。齐鲁大地古往今来文脉兴盛，圣贤云集，有孔子、孟子、墨子、孙子等名人大家，有沂蒙精神、焦裕禄精神等红色基因；也有董仲舒、诸葛亮、李清照、辛弃疾等文人雅士，名诗著作光耀千秋。

2　山东黄河文化保护传承存在的问题

2.1　文化品牌挖掘提炼不足，品牌形象不鲜明

黄河文化是中华优秀传统文化的重要组成部分，是中华民族的"根"与"魂"[1]。黄河文化的保护传承和弘扬应该立足于实际，与中华民族的优秀传统文化相结合。然而当前山东黄河文化的保护传承品牌效应不鲜明，没有将山东黄河治理故事与山东历史文化、地域文化、红色文化等极具特色的齐

作者简介： 任增花（1989—），女，工程师，主要从事水行政执法及水利工程相关工作。

鲁文化资源相融合，文化品牌挖掘提炼不足，山东黄河文化品牌形象缺少立体感。

2.2 文化建设平台作用发挥不充分

文化建设必须要有过硬的平台支撑。近年来，随着黄河流域生态保护和高质量发展重大国家战略的实施，山东黄河河务部门结合各地市文化特点，先后建成多处黄河文化宣传平台，如山东治黄文化展厅、济南河务局的"济南黄河文化展览馆"，淄博河务局的"齐韵黄河"文化展馆等，为黄河文化的保护传承提供了载体和平台[2]。但是平台建成后没有充分发挥其文化传播推介功能，一般仅限于黄河相关的参观学习活动使用，没有与当地文旅部门进行业务融合，开放使用率不高，发挥作用不充分。

2.3 文化建设人才队伍力量薄弱

黄河文化的保护传承不仅需要黄河职工的努力，更需要业外各专业人士的共同努力。山东黄河文化遗产丰富，资源富集，不仅要对当前已发掘的黄河文化进行传承保护，更要发掘未知的黄河文化遗产和精神内涵，但是当前黄河系统内部职工的专业有一定的局限性，在历史研究、考古等专业领域并没有专业的人才队伍，山东黄河文化保护传承弘扬的人才队伍建设不成体系。这就需要集聚政府、高校、社团、媒体等各行各业的力量，培养一支系统、专业、全面的人才队伍，共同做好黄河文化保护传承这一系统性文章。

3 促进山东黄河文化保护传承的路径分析

3.1 提高思想认识，加强组织引领

（1）加强山东黄河文化保护传承，首先要进一步提高思想认识，发挥思想引领作用。坚持以习近平新时代中国特色社会主义思想为指导，全面贯彻党的二十大精神，认真落实《中华人民共和国黄河保护法》以及《黄河文化保护传承弘扬规划》等法律法规中关于黄河文化保护传承弘扬的相关规定，坚定文化自信、坚持文化引领、坚持保护优先。以黄河流域生态保护和高质量发展为基础，突出黄河文化保护传承弘扬，兼具沿黄自然、人文资源的保护宣传。

（2）加强各单位部门的协同联动，合力做好山东黄河文化的保护和传承。山东黄河文化的保护传承不仅是一个部门或者一个单位的职责，而是多部门协作、全民共同参与的结果。应进一步加强黄河河务部门与地方政府、文旅部门的对接联系，统一思想和认识，全面筹划布局，将山东黄河文化保护传承与地方旅游规划相结合，多渠道寻求黄河文化保护传承的路径。

（3）成立山东黄河文化保护传承工作领导小组、工作小组和考核小组，明确职责分工，确保责任落实到人。在领导小组的带领下，按照工作需求可成立黄河文化考察发掘工作组、文物研究保护工作组、黄河文化宣传推介工作组以及一些后勤保障工作组等，广泛吸收专业人才，细化职责分工，确保黄河文化挖掘提炼、保护传承等各项工作有目标、有计划、有保障地全面开展。同时要通过考核工作组，及时对各项工作进行考核验收，确保黄河文化保护传承各项工作稳扎稳打，落地生根，发挥实效。

3.2 因地制宜，打造山东黄河文化特色品牌

黄河文化的保护传承既要一脉相承，又要因地制宜，分类施策，做到百花齐放。黄河全长 5 464 km，流经 9 个省（区），流域绵长。千百年来沿黄两岸形成了景色各异的自然景观，也汇聚了不一样的风土人情，黄河文化因历史、地域、人文、民族、环境等的不同而形式多样、内容丰富。因此，要做好黄河文化的保护传承，就要在坚持黄河流域生态保护和高质量发展的前提下，尊重文化的差异性，将黄河文化与当地的特色文化相结合，打造地域性的特色黄河文化品牌，使黄河文化既一脉相承，又百花齐放。

在全面推进山东黄河文化保护传承工作中，要充分结合自身特色，打造出具有山东特色的优秀文化品牌。充分挖掘具有山东特色的黄河文化资源，以黄河文化为核心，形成清晰的文化品牌定位，推动黄河文化的保护传承与地方经济社会的发展相融合，逐渐形成山东黄河文化产业的独特优势。例

如，各地市黄河河务部门打造的"治黄初心地""红心一号"展馆、济南百里黄河水利风景区等就是将黄河文化与红色基因相融合。但是单个的文化建设平台发挥作用不强，只有将文化建设资源整合，连点成线，连线成面，才能进一步强化文化平台的保护传承作用。目前，各地逐步在沿黄两岸建立黄河国家文化公园和法治文化宣传阵地，进一步加大对黄河文化的宣传和保护。我们可以将其与泰山文化、儒家文化、黄河入海口文化、沂蒙精神、焦裕禄精神以及各地民俗戏曲等有机地结合，合力构建山东黄河工程文化体系。通过对当地特色文化的挖掘，并进行统筹规划，以创新的手段形成具有个性和特色的山东黄河文化品牌。

3.3 促进文旅结合，提升配套服务设施

黄河文化的保护传承与旅游产业相辅相成，互利共赢，只有文旅结合才能更好地发挥文化价值、创造经济社会价值。因此，除将重点放在黄河文化的发掘和保护上，还要创新黄河元素在文旅产业中的表达形式，依托旅游产业的发展更好地传播黄河文化。首先，要让黄河文化"活"起来，将黄河文化转变为民众可以深切感知了解的旅游消费体验模式，例如黄河古村落、黄河文化展馆、黄河生态廊道等一系列标志性的黄河文化旅游地，可以进一步丰富其内容和资源，并与当地传统的剪纸、风筝、陶瓷等作品相结合，让民众在旅游赏玩的同时了解和感知黄河文化。其次，要创新文化表达形式和文旅作品创作。借助舞蹈、演唱、手工作品、影视作品等各类形式来进一步演绎与诠释黄河文化的精神和故事，以民众喜闻乐见的形式展现黄河文化的丰富内涵。

《中华人民共和国黄河保护法》第九十八条第一款规定：黄河流域县级以上地方人民政府应当以保护传承弘扬黄河文化为重点，推动文化产业发展，促进文化产业与农业、水利、制造业、交通运输业、服务业等深度融合。黄河文化的保护传承离不开坚强有力的配套保障，只有持续完善配套设施设备、提升文旅品质，才能加快推动文旅融合发展。例如，淄博烧烤之所以能万众瞩目，广纳国内外游客，不仅是因为烧烤自身美味，而是淄博市各行各业齐心协力为烧烤和旅游业提供了舒适、安全、便利的环境。公安、消防 24 h 轮流值守，为游客们的安全护航；医院工作者随时待命，为旅客的健康保驾；淄博市统筹规划以最快的速度新建大型免费停车场、网红打卡地，增设交通线路，为烧烤旅游业提供了最全面的配套保障。因此，山东黄河文化的保护传承也应该进一步完善配套设施，畅通黄河旅游交通线路，强化公共安全建设，完善公共设施和配套服务，为黄河文化的发展提供坚强有力的保障。

3.4 加强人才队伍建设，夯实文化保护传承根基

优秀的人才队伍建设是确保山东黄河文化保护传承的重要基础，同时也是保证山东黄河文化持续进步发展的关键。因此，要注重黄河优秀文化产业和旅游行业的人才引进和培育工作，立足山东特色组建一支素质高、本领硬的优秀人才队伍，为山东黄河文旅产业的发展提供优秀的人力资源保障[3]。优秀人才队伍建设，不仅要靠引进省外优秀的专业人才，还要注重当地人才的培育。根据实际情况可在山东省诸多高等院校中有针对性地开设相关专业课程，结合山东省文化特色和需求构建完整有效的人才培育体系，保证人才队伍建设的持续稳定，高效对口。此外，还要注重对已经从业人员的培训，通过定期或不定期开展多种形式的学习培训和交流参观，提升工作人员的业务能力和专业水平，确保工作人员能紧跟时代步伐，掌握最新的政策和专业知识，以此来提升黄河文化保护传承的工作质量和水平。

3.5 科技赋能，拓宽智慧黄河展现渠道

当前科技飞速发展，全民迈进网络信息化时代。为加强黄河流域生态保护和高质量发展，黄河水利委员会自上而下全面推进数字孪生黄河建设，科技赋能助力黄河的治理保护。同样，科技化手段和网络媒体也应该而且必将成为黄河文化保护和传承的中坚力量。首先，可以进一步加大网络营销力度，借助"互联网+"新媒体技术，建设文旅融合大数据平台，打造全平台传播渠道[4]。除采用传统媒体进行宣传推广，还要增设某信公众号、某博、短视频等宣传方式，拓宽传播推广渠道。此外，可以创新推出一系列黄河文化作品和文创作品，联合电商平台进行销售或作为山东省黄河文化旅游纪念

品发行，促进黄河文化与旅游资源的结合，全方面、多举措提升山东黄河文化的知名度及影响力，助力当地社会经济快速发展。最后，可以根据数字孪生黄河建设，建立黄河云展览体验馆，组织开展一系列的参观体验活动，通过云上参观展览，人们可以身临其境地切实领略历代黄河的真实面貌、深刻领悟黄河文化的博大精深和文化内涵，为黄河流域生态保护和高质量发展提供科技支持。

4 结语

黄河文化在中华文化中占有重要地位，是中华民族的"根"和"魂"，对黄河流域生态保护和高质量发展具有重要的支撑作用[5]。因此，要做好黄河文化的保护传承弘扬工作，努力实现黄河文化育民惠民利民。而山东黄河文化的保护传承弘扬则要与山东的风土人情、齐鲁文化、黄河入海口等地域特色相结合，既要深挖历史文化内涵，又要紧跟科技时代步伐，创新文化保护传承路径及表现形式，焕发黄河文化的生命力和感召力。以黄河文化的蓬勃发展助力山东文化软实力的整体提升，展现山东良好形象，绽放黄河文化的独特魅力。

参考文献

[1] 田学斌. 黄河文化：中华民族的根和魂 [N]. 学习时报，2021-02-05.

[2] 纪红云，沈振磊. 黄河水文化建设的基层实践与探索 [J]. 水文化，2023（4）：24-26.

[3] 周雪. 黄河文化旅游资源开发研究：评黄河流域旅游文化及其历史变迁 [J]. 人民黄河，2021，43（6）：168-169.

[4] 王风华. 滨州市弘扬黄河文化加快文旅融合研究 [J]. 西部旅游，2022（9）：52-54.

[5] 千析，徐腾飞，田世民，等. 黄河文化保护传承弘扬思路及举措研究 [J]. 中国水利，2023（9）：63-66.

新媒体在水科普领域的传播模式创新研究

任彩鸿

（利津黄河河务局，山东东营 257400）

摘 要：随着新媒体的崛起，水科普传播正迎来创新机遇。本文研究了某音、某书、某站等平台在水科普中的应用，以及某信公众号、多媒体、虚拟现实技术的创新。新媒体提升了信息传播效率，推动了内容个性化与多样化。新媒体激发了公众对水资源保护的意识，促进了更深入的参与。信息真实性需关注。未来，需继续优化新媒体传播策略，确保科普内容准确传达，共同推动水资源保护。

关键词：新媒体；水科普；传播创新；信息传播效率；水资源保护

在信息时代，新媒体的快速崛起正在深刻影响着各个领域的传播模式。水作为人类生存和发展的基本资源，其科普宣传具有重要意义。本文旨在探讨某音、某书、某站等新媒体平台在水科普领域的创新应用，以及电子书刊和新媒体科技在传播过程中的作用。通过对比传统传播模式，分析新媒体传播在提升信息传递效率、激发用户参与、丰富传播内容等方面的影响。通过此研究，可以更好地了解新媒体在水科普中的潜力，为未来科普传播提供有益借鉴。

1 新媒体与水科普的关系

1.1 新媒体的发展与特点

1.1.1 某音、某书、某站等平台的崛起

某音、某书、某站等平台迅速崛起，根植于年轻人的生活方式和信息获取习惯。某音以其独特的 15 s 短视频形式，将知识点巧妙地融入轻松、有趣的内容中，吸引了大量年轻用户。某书作为生活方式分享平台，通过用户的真实体验，将水科普融入购物、旅行等场景中，增强了科普的影响力。某站则以其丰富的动画、游戏等内容，为年轻人创造了一个更具创意的科普传播环境[1]。这些平台的崛起，使得水科普不再局限于传统的宣传方式，而是更加贴近用户生活，提升了科普的趣味性和互动性。

1.1.2 新媒体科技的推动作用

新媒体科技在推动水科普创新方面发挥着重要作用。随着人工智能、虚拟现实等技术的不断进步，科普内容得以通过更加丰富的形式呈现。以虚拟现实为例，用户可以通过佩戴 VR 设备，亲身体验水资源的生态环境，增强了科普内容的沉浸感和真实感。人工智能技术也能够根据用户的浏览习惯，推荐个性化的水科普内容，提高了信息的针对性和传递效率。这些新技术的应用，为水科普的创新提供了更广阔的空间。

1.2 水科普的定义与重要性

水科普，是指通过科学的、生动的方式，向公众普及水资源的基本知识和保护意识的一种传播活动。水是人类生活和发展的基础，其在环境、健康、农业等方面的重要性不言而喻。水科普的目的在于通过生动有趣的科学解释，将专业知识传达给大众，让公众认识到水资源的珍贵性和保护的必要性。水科普不仅涵盖了水循环、污染治理、节水技巧等方面，也关注了水与人类社会的深刻关联[2]。其重要性不仅在于提高公众的水资源知识水平，更在于引导公众形成节水意识，积极参与水资源的保

作者简介：任彩鸿（1989—），女，工程师，主要从事水资源管理工作。

护与管理。

1.3 新媒体与水科普的关联性分析

新媒体与水科普密切相关，二者相辅相成，共同构建了信息传播的新模式。新媒体平台丰富了水科普的传播形式。以某音为例，科普内容可以通过短视频的形式，用生动的语言和图像呈现，吸引年轻用户的关注。而某书则借助美图、图文并茂的方式，将科普融入生活场景中，使水资源知识更加贴近日常。新媒体的互动性有助于增强水科普的传播效果。用户可以通过点赞、评论等方式与内容互动，促进知识的传递和分享。

2 传统水科普传播模式分析

2.1 传统水科普传播渠道

传统水科普传播模式依赖于多种渠道，包括书籍、报纸和电视等传统媒体。书籍是深度传播的主要渠道，通过文字表达详尽的水资源知识，适合于寻求全面理解的受众。报纸作为大众媒体，能够将水科普信息融入新闻报道、专栏文章等形式，触达广大受众。电视则以其视听的特性，能够通过纪录片、专题节目等形式直观呈现水资源情况，强化知识传递的效果。这些传统渠道在传播水资源知识方面发挥了积极作用[3]。

传统水科普传播渠道的优势在于覆盖面广、信息稳定。书籍作为长效载体，具有深入解读的特点，适合于渴望深度学习的人群。报纸和电视作为主要信息来源，能够将水资源问题及时传递给公众，引发关注。传统水科普模式也存在局限性：信息传递单一，缺乏互动性和个性化；受限于媒体形式，信息展示的视觉和听觉效果受到一定制约。

2.2 传统水科普传播模式的优势与局限性

传统水科普传播模式在某些方面具有优势，传统模式的优势之一是稳定性。传统媒体如书籍、报纸、电视，有着长期的传播历史，信息稳定可靠，能够长时间存储和传递水资源知识。深度传播是传统模式的特点，书籍等形式能够对水资源问题进行系统、深入的解析，满足那些渴望深度学习的受众。传统水科普传播模式也存在一些局限性，信息传递相对单向，缺乏互动性。受众难以与传统媒体互动，提问、讨论等交流形式受限，影响了知识的深入理解。传统模式的信息传递方式较为固定，难以满足年轻人多样化的学习和接受方式。对于注重互动、多媒体、即时性的年轻一代，传统模式显得相对单调，容易导致知识的流失。

2.3 传统媒体在水科普领域的角色

在信息时代，尽管新媒体兴起，但传统媒体仍然具有一系列不可替代的优势和作用。书籍作为深度传播的载体，能够提供详尽、系统的水科普知识，适合于那些希望深入了解的读者。报纸作为大众传媒，通过新闻报道、专栏等形式将水问题与大众生活联系起来，使科普知识更加生动易懂。电视作为视听媒体，能够通过纪录片、专题节目等形式，以直观的图像和声音展示水资源现状及问题，引发公众的关注。书籍的持久性使得其能够长期存在于图书馆和书店，引导读者不断学习和反思。报纸作为信息源，能够及时传达水资源的最新动态，引发公众对问题的关注，促使社会对水资源问题形成共识。电视的视听效果使得水问题更具感染力，直观地呈现水资源的紧迫性和重要性，引发观众的思考和行动。

3 新媒体在水科普领域的应用与创新

3.1 社交媒体在水科普中的作用

3.1.1 某音短视频的创新传播模式

某音以其独特的短视频形式，将水资源知识以轻松幽默的方式展现出来。在 15~180 s 的短视频中，科普内容通过生动的语言、图像和音效，迅速吸引了年轻人的注意力。例如，通过实地拍摄水污染现场，配以简短明了的解说，使观众感受到水污染的严重性，产生环保意识。某音的用户互动性也为科普传播提供了便利，用户可以通过点赞、评论、分享等方式，传递科普内容，形成连锁传播[4]。

3.1.2 某书的科普推广策略

某书以社区分享为基础，将科普内容融入用户的生活场景。水资源知识被融入用户的实际经验，通过用户自己的分享，传达给更多人。例如，用户可以分享自己使用节水器具的体验，展示自家的节水措施，激发其他用户的跟进行动。某书注重情感共鸣，让科普内容更加亲近人心，激发了用户的参与性。

3.1.3 某站在水资源科普中的创意应用

某站以动画、游戏等形式，将水资源科普与娱乐相结合，创造了更具吸引力的传播方式。通过绘制动画、制作游戏，将复杂的水资源知识转化为形象的图像，深入浅出地传达给受众。例如，制作一个水资源管理的模拟游戏，让玩家亲身体验管理水资源的挑战和重要性，提高了科普知识的实际运用价值。

3.2 某信公众号、某书等新媒体工具的应用

3.2.1 某信公众号的应用

某信公众号作为近年来发展迅猛的新媒体平台，为水科普提供了广阔的传播空间。通过定期推送水资源知识，公众号能够将科普内容准确传递给关注者，满足受众的个性化需求。例如，水资源管理部门可以开设官方公众号，定期发布水资源政策、科研成果等内容，提高公众对水资源问题的认知。科普专家也可以借助微信公众号开设个人账号，将专业知识以通俗易懂的方式传达给大众，促进科普知识的深入传播。

3.2.2 某书在水科普中的应用

某书以社区分享为特点，为水科普提供了更加个性化的传播平台。用户可以通过记录自己的生活实践，分享使用节水设备的心得体会，将科普知识与日常生活相结合，使知识更贴近用户。例如，用户可以制作DIY的节水设备教程，分享在家中种植水生植物的经验，引发其他用户的学习兴趣。这种用户参与度高的模式，让科普知识更有针对性，更具传播力。

3.3 视频、图像等多媒体形式在水科普中的创新运用

视频是一种强大的媒体形式，在水科普中具有广泛应用前景。通过视频，可以生动地展示水资源问题的现实情况，让观众身临其境，更加深刻地理解问题的严重性。例如，拍摄水污染的实际场景，展示污染源、影响范围等，可以让观众直观感受到水污染的危害。制作科普动画也是创新的方式，通过可爱的形象和生动的故事情节，将抽象的水资源知识转化为形象的图像，使知识更加易于理解和记忆。

图像作为一种直观的表达方式，能够在短时间内传递大量信息，为水科普的传播提供了便利。例如，通过图解方式展示水循环过程、水污染的传播途径等，可以将复杂的流程和机制以简洁的方式呈现出来，方便受众快速掌握。图像还能够将数据转化为可视化的形式，使得抽象的数据更具实际意义，更容易引发观众的共鸣。利用图像的比较性，可以将不同水资源管理措施的效果直观地展示出来，帮助受众更好地做出决策。

3.4 虚拟现实（VR）与增强现实（AR）技术在水科普中的前景

虚拟现实技术可以在虚拟环境中呈现水资源的场景，使受众身临其境地感受水资源环境。例如，用户可以通过穿戴VR设备，仿佛置身于一片湖泊，感受湖水清澈的触感、水鸟的鸣叫声，从而更深刻地理解水生态系统的脆弱性和重要性。虚拟现实技术还可以模拟水资源管理的实际操作，让用户亲身体验调水、防汛等过程，提高用户对水资源管理的实际认知。

增强现实技术将虚拟信息叠加在现实世界中，可以为实景添加水资源知识的标注、图像或模型，使得用户可以在现实场景中获取更多信息。例如，用户通过AR应用，可以指向江河湖泊，随即看到相应的水质数据、生态信息等浮现在眼前，使得水资源问题变得更加实际和具体。增强现实技术还可以用于沿河岸线设置虚拟展板，用户通过手机扫描展板，即可获取关于水资源的详细信息，提高了科

普的便捷性和吸引力。

4 新媒体传播模式创新对水科普的影响

4.1 信息传播效率的提升

传统的媒体渠道如电视、广播和报纸等，虽然在一定程度上能够传播水科普知识，但受制于时间、空间和受众范围的限制，信息传播效率相对较低。而随着某音、某博、某信等新媒体平台的兴起，信息的传播变得更加高效且广泛。某音短视频、某信公众号等平台可以通过快速的信息传递方式，将科普知识迅速传播给数以百万计的用户，实现信息的即时共享。在这些平台上，水科普内容以短小精悍的形式呈现，能够吸引受众的注意力，使得知识的传播更加高效。新媒体传播模式的创新不仅加速了信息的传播速度，还提供了更多元的传播方式[5]。通过图片、视频、动画等多媒体形式，可以将抽象的水资源概念转化为生动的视觉和听觉体验，让知识更易于理解和记忆。互动性的特点使得受众能够参与讨论、留言、分享，进一步拓展了科普信息的传播范围。

4.2 传播内容的个性化与多样化

在新媒体平台上，用户可以根据自己的兴趣和需求，自主选择获取的科普内容。某音、某书等平台允许用户关注自己感兴趣的领域，从而获得更加符合个人喜好的内容。这种个性化的定制模式使科普内容能够精准地传达给目标受众，提高了受众的参与度和学习效果。新媒体平台上的内容呈现形式丰富多样，从文字、图像到视频、动画等，使得科普内容能够以更多元的方式呈现。这种多样性的表达方式能够满足不同受众的学习习惯和偏好，增强了科普信息的吸引力。

而在传播内容的制作过程中，新媒体模式也鼓励创作者更富创意。某音短视频、某书等平台的限制性时长，迫使创作者将复杂的水科普知识压缩成简洁有趣的形式，提升了内容的表现力和可传递性。新媒体平台的互动性，使受众能够参与讨论、点赞、评论，从而与创作者形成互动，进一步丰富了内容的呈现方式。

4.3 对水资源保护意识的影响

新媒体的兴起使水资源保护问题得以更加广泛和深入地传播，从而提高了公众的关注度。某音、某书、某站等平台上的短视频、图片和文章，能够以生动有趣的方式呈现水资源问题，引发公众的情感共鸣。通过直观的图像和真实的案例，公众更能感受到水资源短缺、水污染等问题的紧迫性和现实性，从而激发出更强烈的保护意识。

新媒体传播模式的创新还拓展了公众与水资源保护问题之间的互动。社交媒体平台的互动性质使得公众可以评论、点赞、分享有关水资源的内容，形成线上社群和讨论。这种互动不仅加深了公众对水资源问题的了解，也为公众提供了一个表达自己意见和建议的平台。新媒体平台上的科普内容更容易被公众分享和传播，进一步扩大了水资源保护信息的影响范围。

5 结语

随着新媒体的迅猛发展，水科普领域的传播模式焕发出崭新的活力。本文系统探讨了新媒体平台如某音、某书、某站等在水科普领域的创新应用，以及某信公众号、多媒体形式、虚拟现实技术的推动作用。这些创新不仅极大提升了信息传播效率，还赋予了科普内容更强的个性化与多样化。更为重要的是，新媒体的兴起促使公众对水资源保护产生更深刻的认识和行动，实现了科普传播的"触手可及"。另外要深刻认识到，新媒体传播模式的创新同时也带来了信息真实性和内容品质的挑战。在未来，需要科普工作者、媒体从业者和公众共同努力，保持信息的准确性和可信度，共同推动水资源保护事业向前迈进。

参考文献

［1］羊芳明，段飞，李颖琪，等. 以微信矩阵为例的新媒体环境下科普传播模式的创新研究［J］. 科技创新与应用，2019：42-44，47.

［2］丁育萍. 新媒体技术在科普传播中的应用研究［J］. 传媒论坛，2019：134-136.

［3］彭芳群. 新媒体视域下科普短视频的传播特色研究［J］. 传播力研究，2021（15）：50-51.

［4］孙红园. 新兴传媒传播方式在科普宣传中的作用研究［J］. 传媒论坛，2020，3（12）：19.

［5］王雨笋，谢加封. 新媒体视域下科普传播的创新路径研究［J］. 科学大众（科学教育），2021：93-94.

水生态保护理念的科普推广：发展传承与保护修复

杨　钦　曾庆慧　胡　鹏　侯佳明　唐家璇

（中国水利水电科学研究院流域水循环模拟与调控国家重点实验室，北京　100038）

摘　要：现阶段我国水生态系统整体质量和稳定性不容乐观，河道断流、湖泊萎缩、水质污染等问题仍然存在，已成为水利高质量发展和满足人民优美水生态水环境需求的突出问题。水生态的保护离不开全社会的关心、参与和支持，做好水生态保护的科学普及工作是新时期科研单位的重要职责，是水利科技工作者的重要使命。

关键词：水生态；科普推广；发展传承；保护修复；"量、质、域、流、生"

1　水生态保护理念科普推广的意义

水是生命之源、生产之要、生态之基，是人类赖以生存的血脉，保障水生态系统的安全稳定是维系人类可持续发展的永恒主题。随着人类社会经济发展对水生态的影响逐步加强，水生态保护的重点也在不断转变，要基于传统的用水治水观念，推广新时代以"增强水源涵养、维护汇流体系、保护河湖健康、保障生产生活"为核心的水生态保护理念，统筹做好水资源节约、水环境保护、水灾害防治，从而实现水生态的保护与修复。积极开展水生态保护理念科普推广，完善水生态保护科普知识体系，让广大人民群众深刻领悟党和国家各项水生态保护方针、政策，掌握基本的水生态保护概念和内涵，对更好地提升公众水生态保护意识具有重要的现实意义。

2　水生态保护的发展与传承

人类对水的认识最早起源于公元前 6 世纪，"哲学之父"泰勒斯提出万物由水生成的结论，认为"水是本原"，肯定了自然万物的有机整体性和富有生机的创造性[1]。到公元前 4 世纪，波斯地区便有了保护水生态的理念，规定居民不许向河流排便、吐痰，不许在河里洗手等规定[2]。随着社会经济的发展，对水生态的认知和理解也在不断丰富和拓展。1962 年，美国海洋生物学家蕾切尔·卡逊（1907—1964 年），发表震惊世界的生态学著作《寂静的春天》，唤起了公众对环保事业的关注[3]。1970 年，美国哈佛大学学生丹尼斯·海斯（1944—）发起并组织保护环境活动，旨在唤起人们对环境的保护意识，促使美国政府采取了一系列环境污染的治理措施。1972 年，瑞典斯德哥尔摩召开的"人类环境大会"签订了《斯德哥尔摩人类环境宣言》，是世界上第一个维护和改善生态环境的纲领性文件。1982 年，《内罗毕宣言》针对世界环境出现的新问题，提出了一些各国应共同遵守的新原则。1992 年，"联合国环境与发展大会"在巴西里约热内卢举行，并通过了《里约环境与发展宣言》，确定了可持续发展的观点。

20 世纪 80 年代出版的《水资源保护手册》，是我国第一部水资源保护方面的手册，所涉内容包

基金项目：国家优秀青年科学基金（52122902）；国家重点研发计划项目（2022YFC3205000，2022YFC3204201）；国家重点实验室自主研究课题项目（SKL2022ZD01）。

作者简介：杨钦（1991—），男，工程师，主要从事水资源与水生态研究工作。

通信作者：胡鹏（1985—），男，正高级工程师，主要从事水资源与水生态研究工作。

括水生态保护等理念，主要包括天然水质、水污染、水质监测评价、水质模型和水环境容量、污水处理和再生水利用等内容，少部分涉及水生生物的生物毒性分析，生物学水质评价方面内容也予以提及[4]。2013年，水利部制定出台的《水资源保护规划编制规程》（SL 613—2013），首次明确将防止水生态系统恶化纳入水资源保护内涵，专门加入了水生态系统保护和修复、地下水资源保护、饮用水水源地保护等内容。但是水生态系统保护和修复的内容仍只进行了原则性的规定，缺乏定量化的管控[5]。

党的十八大以来，以习近平同志为核心的党中央高度重视生态文明建设，做出一系列重大战略部署，带领全党全国各族人民努力开创社会主义生态文明新时代[6]。对水资源保护的需求不断向流域化、系统化、生态化方向发展。

3 水生态保护的必要性

3.1 人类文明起源与发展离不开水生态的支撑保障

古文明的诞生和发展与当时的自然生态环境，特别是河流的影响和作用有着密不可分的关系，正是这些生命之河创造了适合农作物生长的水分条件，形成了肥沃的土壤、疏松的土质，有利于当时的人类使用简陋的农具进行耕作，同时河流还是当时的主要交通通道，因此说，"水是人类文明诞生的摇篮"[7]。

美国学者卡特和汤姆·戴尔详细分析研究了世界上数十种古代文明的兴衰，得出结论，文明人主宰环境的优势仅仅只持续几代人，大多数的情况下，文明越是灿烂，它持续存在的时间就越短。文明之所以会在孕育了这些文明的故乡衰落，主要是因为人们糟蹋或毁坏了帮助人类发展文明的环境。如今，我们虽已身处工业文明之中，但上海、巴黎、纽约等繁华的都市大多仍是分布在河流或海洋岸边，人类文明的诞生、繁衍和传承依然和远古时代一样，从来就没有远离过水源，没有超越生态环境的限制，水在任何时候都是人类文明诞生的摇篮，是人类赖以生存的基础。

3.2 良好的水生态环境是民族复兴的重要象征

改革开放以来，我国经济社会快速发展，并全面建成小康社会，但某些地区也付出了较大的生态环境代价，雾霾、水环境污染、水生态退化事件层出不穷。随着国家愈发重视生态环境保护，特别是党的十八大以来，先后提出"节水优先、空间均衡、系统治理、两手发力"治水思路，全面推行河长制、湖长制，强调水资源–水环境–水生态"三水融合"，长江大保护、黄河流域生态保护和高质量发展上升为国家战略，全国水生态环境质量不断上升，美丽中国的建设目标愈发接近，人民群众的获得感、幸福感也持续得到提升和满足。

良好的水生态环境是我国经济–生态协同发展的理想结果，是国家软实力的重要体现，也是中华民族复兴的重要象征。近年来，我国生态文明建设成效显著，引导应对气候变化国际合作，成为全球生态文明建设的重要参与者、贡献者、引领者，良好的水生态环境成为展现我国大国形象新的发力点[8]。

3.3 高质量的幸福生活离不开水生态的健康稳定

"民以食为天，食以鱼为鲜"。水生态社会服务功能中最为典型的一项即是提供水产品。水产品是人类非常重要的蛋白质来源，根据联合国粮食及农业组织（FAO）公布的数据，我国已成为世界第一大野生资源捕捞国和世界第一大水产品养殖生产国，而想要满足数量如此巨大的水产品需求，不论是野外捕捞还是人工养殖，都需要以良好的水生态环境为依托。

"寄情于景，寓乐于水"。良好的水生态环境不仅能让我们吃得更好，还能让我们玩得更好，这就是其休闲娱乐功能。如号称"沙漠第一泉"的月牙泉，因"泉映月而无尘""亘古沙不填泉，泉不涸竭"而成为奇观，自汉朝起即为"敦煌八景"之一，1994年列入国家级风景名胜区。但从2000年开始，月牙泉的水位就持续下降，泉水面积从20多亩锐减到8亩多，为了避免短时间内就枯竭，景区已经开始把周边的河水回灌补充入月牙泉中。

"绿水青山，宜居宜家"。天蓝，水清，山绿，这是我们对美好生活的愿景。以永定河为例，永定河是海河水系最大的一条河流，是京津冀区域重要的水源涵养区和生态屏障。然而自 20 世纪 70 年代后期以来，随着上游水土保持和逐层筑坝拦截截用水，以及沿线经济发展迅速各地用耗水量猛增等原因，致使永定河多处河段断流干涸，并导致流域内地下水水位下降，局部河床沙化，生态系统严重退化。

3.4 人与自然和谐相处是现代人的基本文明准则

生态危机本质上是人的危机、生态观念的危机。公民生态意识的缺乏，是现代生态危机的深层次根源，让公众树立"尊重自然、顺应自然与保护自然"的生态文明理念，增强生态环保意识，显得尤为迫切。生态文明建设与每个人息息相关，是时代发展的必然要求与趋势，践行生态文明理念，实现人与自然和谐相处，也是作为一个现代人的基本文明准则。

人与自然和谐相处的重要性和成效，可以从以下几个方面表征。我国为保护丹顶鹤，已经建立了18 个与丹顶鹤相关的自然保护区，其中黑龙江扎龙国家级自然保护区是世界上最大的丹顶鹤繁殖地，经过一系列措施，保护成效显著，截至 2021 年，扎龙湿地的丹顶鹤数量已增至 400 只，约占世界上大陆迁徙野生丹顶鹤总数的 1/5。藏羚羊也是我国动物保护最成功的案例之一，它们从 20 世纪末的不足 7 万头，到如今已接近 30 万头，其保护级别也成功地从"濒危"下调了两个等级，成为了"易危物种"。此外，2020 年底云南野生大象迁徙的消息引起了人们的关注，成为各大新闻的头版头条，这种做法充分说明了地球是属于万物的，彰显着人与自然和谐共生的精神。

4 水生态保护与修复的重要途径

4.1 山丘区水源涵养

水源涵养是指生态系统通过其特有的结构与水相互作用，对降水进行截留、渗透、蓄积，并通过蒸发实现对水流、水循环的调控。在产流的过程中，植被层、枯枝落叶层、土壤层，组成了强大的蓄水、净水系统。一场强降水过后这个天然的水库留存了大量的水分，极大降低了下游发生洪水的可能性，同时还为河流提供了源源不断的水源，在枯水季来临之时，让流域内的生态得以维持，让人类及其他动物得以生存和延续[9]。

一般可以通过营造水源涵养林、修建淤地坝、发展梯田经济等方式达到控制土壤沙化、降低水土流失的目的。

（1）营造水源涵养林。水源涵养林以涵养水源为主要目的，其最首要的功能是蓄住水分，即通过林冠层、枯枝落叶层及土壤层截持和贮存降水，发挥其巨大的水源涵养能力。通过植树种草、封山育林，可以提升水源涵养能力，净化河流水质，改善生态环境。

（2）修建淤地坝。淤地坝是在水土流失地区修建的以拦泥淤地为主，兼顾滞洪的沟道治理工程，作用十分显著。此外，淤地坝还具有防洪减灾、保护下游安全的能力，能有效拦截泥沙，拦蓄洪峰，降低洪水对下游的危害。

（3）发展梯田经济。梯田是指在丘陵山坡地上沿等高线修筑的条状、阶梯状的田块，在涵养水源、治理水土流失方面功能强大，一层层梯田对蓄水保土、农业增产具有重要作用。

4.2 维护健康的汇流体系

汇流是指降水形成的水流，从它产生的地点向流域出口断面的汇集过程，是水循环过程的关键环节，维护健康的汇流体系对水生态保护意义重大。维护健康的汇流体系可以通过多种方式予以实现，这里主要介绍两种典型的手段和方式，即地表的生态清洁小流域建设和地下的地下水超采治理，来共同维护汇流体系的健康稳定。

（1）生态清洁小流域。重点是以水源保护为中心，构筑"生态修复、生态治理、生态保护"三道防线，根据流域地貌特点、土地利用特点、植被盖度以及水环境状况，对其治理措施进行合理规划与布局[10]。

（2）地下水超采治理。长期地大规模开采地下水会导致其天然均衡状态发生改变，并且引发一系列生态环境地质问题，从而对经济社会发展产生不同程度的危害，地下水超采治理在全国不同区域有不同的侧重点，通常采用不同的管控措施进行治理[11]。

4.3 河湖生态保护与修复

水资源具有的多维属性和功能，使得人类出于自身安全保障、经济社会发展、人居环境改善等方面的需求，对水资源进行了多种形式的开发利用和控导。这些人类活动造成了复杂的综合影响，主要包括水资源的消耗、水污染的排放、水空间的挤占、水通道的阻隔四个方面，并最终造成水生生物多样性的降低[5]。

相较于传统水资源保护，现阶段河湖生态保护与修复的最大特征是站在流域视角，强调流域整体的系统治理，通过采取一系列保护和修复措施，使得人类活动对于河湖生态系统的干扰维持在其可承载范围之内，实现河湖生态保护与修复。

（1）水量层面的保护主要体现在加强水源涵养、河湖生态流量保障、地下水采补平衡等方面。水源涵养措施主要包括水土流失治理、保护自然植被、开展林草种植、减少源区人为活动等；河湖生态流量是指为了维系河流、湖泊等水生态系统的结构和功能，需要保留在河湖内符合水质要求的流量及其过程；在地下水方面，重点是开展超采区的综合治理，逐步实现地下水采补平衡和水位恢复。

（2）水质保护是传统水资源保护的核心内容，重点是将入河污染总量控制在水体纳污能力范围之内，实现既定水质目标，对人体健康和生态系统不带来威胁。在传统水质保护工作之外，流域水资源保护还需要强调从纳污总量控制向"清水入河"转变，从化学指标为主向水温、DO、水质指示物种等理化生指标并重转变，从水质提升向宜居水环境打造转变。

（3）水域层面保护重点是维持水域空间的数量、结构和功能的稳定。在数量方面，要科学划定水域空间保护边界，制定分区水域空间总面积目标指标；在结构和功能方面，要加强对于流域/区域水域空间组成的调查评价和控制管理。此外，还可以综合利用卫星遥感、地面监测巡查等手段，建立动态监管体系，确保水域功能健康稳定。

（4）水流连通性的保护主要体现在两个方面：一是加强已有阻隔的功能连通和恢复，二是对于未来规划建设和运行的管控。在已有阻隔的功能连通方面，重点是加强河湖水系连通和水利工程过鱼设施的建设；在新增阻隔管控方面，做好生态影响评价，科学论证支流替代生境，并对相应支流进行保护修复，确保替代成效。

（5）量、质、域、流四个方面构成了水生生物的生境，水生生物层面重点是建立并完善相应重点保护物种生态习性的数据库，协调水资源开发利用与生态环境保护的矛盾，并通过系统的水生态监测评价，评估各项水资源保护措施的生态响应，促进水生态系统健康稳定。但是决定水生生物多样性或受威胁程度的还包括过度捕捞、物种进化等因素，这些因素在目前体制下，已超过了水资源保护的内涵和范围。

4.4 水生态保护与生产生活

（1）海绵城市建设对城市水循环的改善。城市化地区的不透水面积增加成为影响城市水文过程的重要因素，其不仅阻碍地表水下渗，还切断城市地表水与地下水之间的水文联系，其对水生态的影响主要表现在河流生态、河网水系、水土流失几方面[12]。因此，需要通过建设自然积存、自然渗透、自然净化的"海绵城市"，做到小雨不积水，大雨不内涝，水体不黑臭，热岛有缓解，形成良性的水循环。海绵城市的核心就是合理地控制城市下垫面上的雨水径流，使雨水就地消纳和吸收利用，主要就是靠"渗、蓄、滞、净、用、排"六个字来实现这个目标。

（2）生态灌区建设对灌区水生态的修复。伴随着灌区的大面积建设，灌区水生态问题也日益突显，主要表现在灌溉水利用率低下、生物多样性破坏、灌区内部及邻近水体污染严重等方面。生态灌区的建设，是以维持灌区生态系统的稳定及修复脆弱的生态系统使其形成良性循环为目的，通过灌区水资源高效利用、水环境保护与治理、生态系统恢复与重构、水景观与水文化建设、灌区生态环境建设基准及监测管理方法等多方面的生态调控关键技术措施，形成的生产力高、灌区功能健全、水资源配置合理、生物多样性丰富的节水型灌区，是现代化灌区发展的高级阶段[13]。

5　结语

水科普工作，是传播科学知识、激发科学梦想、促进科学素质全面提升的重要载体。目前，相当一部分社会公众对身边的水利现状了解不全面、认识不深刻，水科普工作相对薄弱，存在零碎化、单向化、投入与成效差距较大等诸多问题。面对上述问题，本文强调了水生态保护理念科普推广的重要意义，介绍了水生态保护理念的起源、发展及传承，探讨了水生态保护的必要性，归纳总结了水生态保护与修复的重要途径，旨在巩固公众对水生态保护理念的认知，增强公众水生态保护的意识，提高公众参与水生态保护和修复的能力，促进全社会形成科学合理开展水生态保护的良好风尚。

参考文献

［1］汪子嵩．希腊哲学史：第一卷［M］．北京：人民出版社，1988.

［2］陈志凯．中国水利百科全书水文与水资源分册［M］．北京：中国水利水电出版社，2004：261.

［3］蕾切尔·卡逊．寂静的春天［M］．吕瑞兰，李长生，译．长春：吉林人民出版社，1997.

［4］方子云．水资源保护工作手册［M］．南京：河海大学出版社，1988.

［5］王浩，王建华，胡鹏．水资源保护的新内涵："量-质-域-流-生"协同保护和修复［J］．水资源保护，2021，37（2）：1-9.

［6］王建华，胡鹏．中国水环境和水生态安全现状与保障策略［M］．北京：科学出版社，2022.

［7］赵杏根．中国古代生态思想史［M］．南京：东南大学出版社，2014.

［8］刘思华．生态文明与绿色低碳经济发展总论［M］．北京：中国财政经济出版社，2011.

［9］耿雷华．水源涵养与保护区域生态补偿机制研究［M］．北京：中国环境科学出版社，2010.

［10］毕小刚．生态清洁小流域理论与实践［M］．北京：中国水利水电出版社，2011.

［11］NevenKresic.地下水资源的可持续性、管理和修复［M］．郑州：黄河水利出版社，2013.

［12］俞孔坚，李迪华，袁弘，等．"海绵城市"理论与实践［J］．城市规划，2015，39（6）：26-36.

［13］杨培岭，李云开，曾向辉，等．生态灌区建设的理论基础及其支撑技术体系研究［J］．中国水利，2009（14）：32-35，52.

云南水利科普工作对策措施浅析

郎启庄 刘杨梅 韦耀东 戚 娜

（云南省水利水电科学研究院，云南昆明 650500）

摘 要：科学素质是国民素质的重要组成部分，是社会文明进步的基础；水科学素质，是科学素质的主要组成部分。提升全民水科学素质，对于公民增强节水、爱水、护水及惜水的主动性及积极性，对推进农业水价综合改革、湖泊革命等水利工作，促进云南水利高质量发展，推动社会文明进步具有十分重要的意义。本文围绕国家相关政策背景、水利科普的价值及云南省水利科普工作存在的问题进行分析，提出加强水利科普的建议，以期为云南省水利科普提供参考。

关键词：水利科普；科学素质；价值；建议

1 政策背景分析

2021 年 4 月 25 日，为落实国家创新驱动发展战略，提升全民水科学素养，引导公众爱水、护水、支持水利事业，水利部加强水利科普工作顶层设计，推动水利科技创新和科学普及协同发展，深入实施全民科学素质行动，依据《中华人民共和国科学技术普及法》，联合共青团中央、中国科协下发了《关于加强水利科普工作的指导意见》，明确了到 2025 年的水利科普发展目标，并提出了水利科普六项重点工作。

2021 年 6 月 3 日，为贯彻落实党中央、国务院关于科普和科学素质建设的重要部署，依据《中华人民共和国科学技术进步法》《中华人民共和国科学技术普及法》，落实国家有关科技战略规划，国务院印发了《全民科学素质行动规划纲要（2021—2035 年）》（简称《科学素质纲要》）。《科学素质纲要》明确了两大发展目标：一是到 2025 年，我国公民具备科学素质的比例超过 15%，各地区、各人群科学素质发展不均衡明显改善。科普供给侧结构性改革成效显著，科学素质标准和评估体系不断完善，科学素质建设国际合作取得新进展，"科学普及与科技创新同等重要"的制度安排基本形成，科学精神在全社会广泛弘扬，崇尚创新的社会氛围日益浓厚，社会文明程度实现新提高。二是到 2035 年，我国公民具备科学素质的比例达到 25%，城乡、区域科学素质发展差距显著缩小，为进入创新型国家前列奠定坚实社会基础。科普公共服务均等化基本实现，科普服务社会治理的体制机制基本完善，科普参与全球治理的能力显著提高，创新生态建设实现新发展，科学文化软实力显著增强，人的全面发展和社会文明程度达到新高度，为基本实现社会主义现代化提供有力支撑[1]。

为了保障目标的顺利完成，《科学素质纲要》明确了五大提升行动及五项重点工程；一是重点围绕践行社会主义核心价值观，大力弘扬科学精神，培育理性思维，养成文明、健康、绿色、环保的科学生活方式，提高劳动、生产、创新创造的技能，提出了"十四五"时期实施青少年科学素质提升、农民科学素质提升、产业工人科学素质提升、老年人科学素质提升、领导干部和公务员科学素质提升五大行动；二是强调深化科普供给侧结构性改革，提高供给效能，着力固根基、扬优势、补短板、强弱项，构建主体多元、手段多样、供给优质、机制有效的全域、全时科学素质建设体系，提出了科技

作者简介：郎启庄（1978—），男，高级工程师，云南省水利水电科学研究院科技管理科科长，主林从事农村水利、科技推广与示范及科普等工作。

资源科普化工程、科普信息化提升工程、科普基础设施工程、基层科普能力提升工程及科学素质国际交流合作工程五项重点工程。

2 水利科普的价值

2.1 水利科普有助于引导公民认识水利、支持水利

水是生命之源、万物之基。无论是动物，还是植物，它们的生存、生长都离不开水，也是人类社会发展依赖的主要物质之一。随着人类社会的发展，水资源的短缺日趋显著；为了人类文明社会的可持续发展，必须让全体公民认识到水资源的重要性、紧缺性，树立危机意识，增强公民对水的商品属性、水是国家资源的充分认识，减少水事纠纷，积极参与到爱水、护水、节水、惜水的行动中来。只有加强水利科普，促进全民水科学素养的提升，才会使其积极主动支持水利建设、参与水利建设，助推水环境的修复及水生态的恢复。

2.2 水利科普有助于增强公民防灾减灾能力

水能载舟，亦能覆舟。水在促进人类社会文明进步的同时，也会对人类社会带来危害，威胁人类生命财产的安全。例如：2021 年 7 月 17—23 日，河南省遭遇历史罕见特大暴雨，发生严重洪涝灾害，特别是 7 月 20 日郑州市遭受重大洪水灾害[2]。又如：2022 年 5 月 27 日云南省丘北县洪水灾害，灾害导致丘北全县农作物受灾 10.85 万亩，绝收 1.47 万亩。

从以上案例分析可以看出，除行政部门需要及时做好预案，按预案认真抓好落实，降低洪灾带来的损害，还需要公民的积极配合。一是让公民充分认识、了解预警信息的重要性，清楚不同级别的预警信号，需要采取什么样的防御措施；二是要让公民学习到相关知识，如果发生洪灾，需要如何自救。此时，水利科学普及工作就显得尤为重要，通过水利科学的普及，增加公民的防灾减灾知识，增强公民对洪灾的损害认识，提高公民积极参与洪灾防治工作的积极性，达到群防群治的目的，提高区域的防灾减灾水平。

2.3 水利科普有助于提高公民健康水平

云南是一个少数民族分布较多的省份，由于水利基础设施的薄弱，导致全省农村自来水普及相对其他省份较晚，村民直接饮用天然水的习惯根深蒂固；经过"十一五""十二五"及"十三五"的建设，农村自来水基本覆盖，但村民直接饮用生水的习惯未改，对消毒药剂余味的抵制还不同程度地存在。这就需要发挥水利科普的作用，对水体中不同菌群对身体危害知识进行普及，让村民了解天然水源中细菌的种类、各种细菌对身体的危害等水科学知识，充分认识到安全饮水对身体健康的重要性。

3 云南省水利科普存在的问题

3.1 各级水利部门对科普工作的重视程度不够

水利科普是一项需要长期坚持、久久为功的公益性工作，它不像水利工程、水土保持、河道治理等建设项目，能够立竿见影，而是要经过很长时间甚至发挥愚公移山的精神，才能够起到明显的效果；从全省第一届、第二届水利科普讲解比赛活动及近年来相关水利科普活动的开展情况可以看出，部分州（市）及县（市、区）对水利科普工作的重视程度不够，参加活动的积极性不高，对活动的关注度不够，甚至对下发通知不予理睬，未按照通知要求派人参与。

3.2 全省水利科普活动上下联动性差

由于机构设置、对科普工作重视不够等因素，在开展联合性的科普活动时，很难形成省、州、市、县（市、区）乡镇及村委会五级联动的科普体系，科普活动的受众面有限，没有充分发挥活动应有的效果，导致科普人员对科普工作的未来信心不足，觉得开展水利科普的意义不大。

3.3 水利科普作品供给欠缺

从全省目前开展的科普活动来看，大部分与法律法规的宣传相结合，单纯的水利科学普及活动较

少，缺乏诸如水利科普读物、水利科普小视频、水利科普短文等有创新性的科普作品；部分单位微信公众号发布的水利科普文章，大多还是网络收集整理或直接转载，原创性的水利科普文章较少。

3.4 科普基地建设数量不足

随着水利部及省级水行政主管部门对科普工作的重视，除建设了少量的水利科普场馆外，还结合小流域治理、水土保持工程等项目建设了一批科普基地，但对水科学普及来讲，还远远不够，还不能全方位地开展水利科学知识的普及，对结合工程建设的水利科普基地还需要加强；特别是在县（市、区）及边远乡村，水利科普基地的建设几乎没有开展。

3.5 水利科普经费的投入还有待提高

《中华人民共和国科学技术普及法》第二十三条规定，各级人民政府应当将科普经费列入同级财政预算，逐步提高科普投入水平，保障科普工作顺利开展[3]。《云南省科学技术普及条例》第五条规定，县级以上人民政府应当把科普经费列入同级财政预算，逐步增加科普经费的投入，增加对少数民族地区和边远贫困地区科普资金扶持[4]。《水利部 共青团中央 中国科协关于加强水利科普工作的指导意见》要求，各级水行政主管部门和各单位要把科普工作经费列入本单位预算，加强统筹，实行专款专用，切实保障水利科普工作实际需要。但根据各年度的项目预算情况来看，虽然部分单位列入了部分水利科普预算经费，但水利科普预算经费占比较低，科普经费的投入还不足。

4 加强水利科普的措施对策

4.1 加强领导，提高各级水利相关部门对水利科普的重视程度

切实提高对科普工作重要性的认识，落实各级水行政主管部门水利科普工作主体责任，推动水利科普工作纳入相关发展规划及年度工作计划，并纳入年度工作考核。各级水行政主管部门要结合实际，健全工作机制，明确工作机构，强化手段措施。水利科研院所应设立专职科普工作人员。各部门各单位要把科普工作作为本部门、本单位工作的重要组成部分，将科普工作成效纳入绩效考核，将水利科普内容作为干部职工培训的主要组成内容[5]。

4.2 建立五级联动的水利科普体系，增强科普活动效果

依托农村供水工程管理、山洪灾害防治或其他工作体系，建立由省、州（市）、县（市、区）、乡镇、村委会五级联动的科普工作体系，结合"世界水日·中国水周""节水宣传周""科技活动周""科普宣传周"等大型节日，开展全省性的科普活动，扩大水利科普活动的覆盖面，增加水利科普受众量，营造良好的水利科普氛围；后期加强活动的总结与提炼，积累科普活动经验，挖掘水利科普讲解人才，培育优秀水利科普活动（优秀节水进社区、进学校、进企业、进村等科普活动）。

4.3 加大水利科普财政支持力度，不断累积水利科普作品

一是加强水利科普比赛活动的支持力度；在举办水利科普讲解比赛的基础上，增加水利科普文章比赛、水利科普视频比赛等其他水利科普比赛活动，选取优秀的作品进行收藏并列入各活动的素材清单，轮流展出及滚动播放优秀作品，在宣传作品的同时，传播水科学知识，弘扬水科学精神。

二是加强水利科普作品创作申报项目的支持力度；通过设置水利科普作品专项项目，支持科普文章、科普视频、科普挂图、科普模型等科普作品的创作，丰富水利科普内容。

三是加强水利科普与新媒体的融合度，增加水利科普素材的趣味性，充分利用新媒体的传播优势，打造水利科普传播平台，提高水利科普传播效果。

4.4 加强水利科普阵地建设，提供水利科普场所

一是充分发挥已建场馆、水利风景区的作用；在条件较好的区域，加强科普场馆的建设；充分利用湿地公园、水利风景区开展科普活动。

二是在条件较差的区域，要充分发挥已建工程的作用，结合工程建设及工程运行管理，打造水利科普基地。比如：可以结合河道治理工程，打造防灾减灾板块的水利科普基地，传播防灾减灾知识；结合清洁型小流域治理工程，可以打造水土保持、水环境综合治理等方面的水利科普基地。

三是充分发挥其他领域相关场地的作用；争取学校黑板报、社区及村民小组的公示栏等载体，定期开展水利科普知识的宣传评比，增加学生及村民参与水利科普的积极性，调动主动性及创造性，打造好水利科普微阵地的建设。

4.5 加强水利科普专兼职人员的培训，提高水利科普水平

一是邀请知名水利科普专家，对专职、兼职水利科普人员进行不定期的培训，提高水利科普工作人员的工作水平；二是通过举办各种赛事活动，由评委对选手进行逐一点评，提高水利科普讲解及水利科普作品创作的水平；三是通过开展联合举办水利科普活动，代际传递，开展言传身教式的水利科普活动示范，提高基层水利科普能力；四是通过对基层水利管理人员的培训，提高其专业知识水平及科普讲解能力，负责对周边的群众，特别是学生进行科普讲解，完成日常的水利科普任务，充分发挥基层水利管理人员的作用。

参考文献

［1］中华人民共和国国务院. 全民科学素质行动规划纲要（2021—2035 年）［A］. 2021.

［2］国务院灾害调查组. 河南郑州"7·20"特大暴雨灾害调查报告［A］. 2022.

［3］第九届全国人大常务委员会. 中华人民共和国科学技术普及法［A］. 2002.

［4］云南省第十届人民代表大会常务委员会. 云南省科学技术普及条例［A］. 2003.

［5］水利部，共青团中央，中国科协. 关于加强水利科普工作的指导意见［A］. 2021.

浅谈水利风景区水科普新媒体传播

赵嘉莹[1]　付　渊[2]　张耀元[1]

（1. 黄河水土保持西峰治理监督局，甘肃庆阳　745000；
2. 黄河上中游管理局，陕西西安　710000）

摘　要：随着互联网和社交媒体的普及，人们在获取信息方面存在了巨大的改变，水利风景区的水科普建设是比较前沿的研究。本文从新媒体传播在水利风景区水科普方面的应用与推广，以南小河沟水利风景区水科普发展建设为例，分析南小河沟水利风景区水科普宣传建设的现状及传播过程中存在的问题，浅谈在新媒体时代下如何提升水利风景区水科普宣传效果和影响力，通过内容优化、展厅建设及各种水科普活动，增强水利风景区水科普新媒体传播。

关键词：水科普；新媒体传播；水利风景区

水利风景区水科普是指依托水利风景资源，借助水利风景区平台或者活动形式系统地开展水知识、水工程、水科技、水生态、水环境、水法规、水政策和水文化等系列的科普宣传教育，提高公众的水科普知识水平和水文化素养。

新媒体是指新的技术支撑体系下出现的媒体形态，涵盖了所有数字化的媒体形式。包括所有数字化的传统媒体、网络媒体、移动端媒体、数字电视、数字报刊等。它是一个相对的概念，是报刊、广播、电视等传统媒体以后发展起来的新的媒体形态，包括网络媒体、手机媒体、数字电视等。是利用数字技术、网络技术、互联网、宽带局域网、无线通信网、卫星等渠道，以电脑、手机、数字电视机等终端设备向用户提供信息和娱乐服务的传播形态。因此，新媒体被形象地称为"第五媒体"。

水利风景区水科普与新媒体传播有效的结合是新时代水科普宣传的重要发展方向。水科普是科学技术普及的一个重要部分，是水生态文明建设的重要内容。如何利用新媒体对水科普进行宣传和推广是水利风景区水科普面临的一项重大课题。水科普观光是一种生态旅游产品，是水利风景区水利旅游发展升级的着力点，但是目前水科普观光面临着大部分民众不了解、客流量不高的情况，这就需要我们利用新媒体传播的力量，扩大宣传力度，使民众愿意前往观光。水科普文化展厅有利于提升水利风景区的文化品位，并进一步向社会公众展示水文化发展历史，有利于形成水利风景区特色文化产品，弘扬优秀的传统水文化。

1 南小河沟水利风景区水科普建设现状分析

南小河沟水利风景区位于世界最大黄土塬——董志塬腹地西边缘，地处庆阳市西峰区境内，属典型黄土高塬沟壑区。流域面积 36.3 km²，地形主要为沟坡嘴梁，其中规划区域上游以花果山水库上边界为界线，下游至十八亩台土坝，南北以塬边线为界，东西长 2.09 km，南北宽 2.35 km，总面积 4.8 km²。地理坐标为：东经 107°30′~107°37′，北纬 35°41′~35°44′。水土保持生态风景区包括科普教育馆、气象园区、植物园、"陇东第一坝""陇东第一园"、南小河沟坝系工程、"模型黄土高原"野外试验区、沟壑造林展示区等。

南小河沟水利风景区建立于 1951 年，具有"黄土高原生态名片"的美誉。南小河沟水利风景区

作者简介：赵嘉莹（1989—），女，工程师，主要从事黄河流域水土保持、沙棘引种、水土保持植物育种及栽培研究工作。

1986 年得到国务院全国水土保持协调领导小组的嘉奖，多次获水利部及黄河水利委员会的奖励，取得的科学研究与综合治理成果被选入中小学课本，得到广泛推广应用。60 年的治理不仅丰富了南小河沟浓郁的文化内涵，更留下了青山碧水、鱼塘虾池、荷田苇荡、松亭果林等人间仙境，南小河沟的春天碧水荡漾，草木嫩绿，花团锦簇；夏天松涛阵阵，林海茫茫，鸟语花香，鱼翔虾跳，白鹳野鸭往来于碧波之间；秋天瓜果飘香，随手可摘，尽显田园风情；冬日银装素裹，锦鸡时鸣，轻翔于沟坡峭岭之上，展露出一片北国风光。风景区还遗存有 1957 年给毛主席赠送苹果的果园——"陇东第一园"，开创陇东地区黄土均质坝先河的"陇东第一坝"，具有艰苦朴素特色的窑洞式"五七干校"、周祖第三世公刘放马地——马山，以及山地梯田、密林、坝库、气象、野外人工降雨试验装置等科研与示范基地与设施。这些水土保持生态景观，古代与现代人文历史文化遗迹等丰富了水土保持生态旅游内涵，为大力发展生态旅游事业奠定了良好的发展基础。南小河沟水利风景区的规划建设与发展，对促进当地乃至黄土高原地区文化旅游事业不断发展具有重要意义。

1.1 南小河沟水利风景区科普现状

南小河沟水利风景区经过多年的建设目前已有一些初步的科普建设，主要表现为以下几个方面：该水土保持生态风景区，是依托其自然资源和几十年的治理成就，把水土保持综合治理的生态景观价值、人文资源价值实现有机结合并加以升华的保护性生态旅游开发利用。

（1）以花果山水库为中心建立出一条精品路线水科游览路线：接待中心—黄土窑洞风情馆—蘩萃亭观景台—采摘园—水上乐园—荷塘苇地观赏区—科教馆。

（2）目前，南小河沟水利风景区在长青山场部已建成了 120 m² 室内水土保持成果展馆，展馆主要包括反映单位历史、南小河沟治理史、几代水保人奋斗史的老照片、老工具、老物件及多媒体沙盘和展板等。南小河沟水科普展馆展示南小河沟水利风景区全貌、各类措施和景点的分布及水土流失自动化测报系统，参观者可通过电子触摸机查询多项治理措施资料和风景区简介资料，观摩地理沙盘模型可进行同步演示。

1.2 新媒体传播的特点

新媒体传播具有很高的即时性和全球性。新媒体可以通过数字技术、网络技术、互联网、宽带局域网、无线通信网、卫星等渠道与用户进行及时的互动和交流，用户可以通过自己的客户端对信息进行转发、评论等活动，使信息能够更好地更广泛地在全国范围内传播出去。

1.3 新媒体时代下水利风景区水科普新媒体传播的机遇和挑战

现在社会随着网络信息技术的不断发展和变化，水科普宣传的方式和手段也发生了巨大的变化，新媒体为水利风景区水科普宣传提供了更多的机遇，也让水科普宣传具有更多的可能性，让水利风景区水科普宣传更加快速、全面地传播到中国的各个地区，甚至走出国门传播到世界各地。但同时，水利风景区的水科普新媒体传播在带来机遇的同时也具有新的挑战，与传统的传播手段不同，新媒体的传播由于传播的途径广泛，传播面积大，传播速度快，传播的信息量也大，因此会导致许多虚假信息和恶意的误导信息也更容易混杂进来，使得用户在接受水科普宣传时受到这些不实信息的误导，对水利风景区的水科普宣传起到一定的负面影响。因此，在新媒体上对水利风景区的水科普进行宣传需要对信息进行严格的审核和筛选，但就目前我国新媒体发展情况来看，如何做到信息传播的可控性是一项非常艰巨的难题。

2 水利风景区水科普新媒体传播平台

随着新媒体传播成为一种传播趋势，信息的传播变得越来越多样化、立体化，为水利风景区水科普信息的传播带来了一场变革。水利风景区的水科普知识蕴含了丰富的科技知识，使水科普知识不再枯燥乏味，内容更丰富，样式更加多彩，能够制造出科技感更高的虚拟现实感受，使更多的人了解水利知识，热爱水利事业。所以，水利风景区水科普宣传借助于新媒体平台进行传播的效果是采取传统宣传方式可望而不可及的，主要体现在以下几个方面。

2.1 广泛、快速的传播渠道

互联网与南小河沟水利风景区网络平台的结合，成为水利风景区水科普宣传现代化发展的新起点，南小河沟水利风景区所在地较为偏僻，根据传统手段找到水利风景区的具体位置比较费时，但是互联网与多种媒体技术相结合后便可轻易对水利风景区进行定位，并且可以通过网络各种媒体平台以多种形式展示水利风景区水科普知识，让更多的人们领略南小河沟水利风景区的水科普服务与视觉盛宴。同时，借助新媒体平台建立水利风景区电子展馆，能够为广大用户提供全年无休的、无地域限制、无用户阻拦的网上水科普展馆，促进水利风景区水科普知识迅速广泛地传播。

2.2 多样化的表现手段

传统的水科普宣传传播速度慢、受众面小、形式也比较单一，现阶段新媒体传播可采用网络直播、科学小试验、VR 虚拟技术等，跨越现有的空间障碍，模拟水利风景区现实场景，让用户有真实的回应感，真真实实地体验到身临其境的感觉。新媒体技术越来越人性化地发展，使人们通过更宽广的渠道感受更丰富的事物。这也是水利风景区水科普宣传的新机遇，在增强大家的趣味性、参与感的同时极大地宣传了水科普知识，让水利文化更好地传承发扬。

2.3 互动交流方式的多样性

水利风景区水科普新媒体传播打破了以往的单一的、封闭的展览方式，变成一种多元化交流，鼓励用户注重交流，增强用户的体验感，也可以提前通过交流了解水利风景区具体情况和具体活动，方便用户安排实践时间，极大地增加了水利风景区知名度，极大地扩展了水利风景区的利用效率，使水科普知识传播到世界各个角落。

3 结语

水利风景区水科普新媒体传播的发展及普及，给水科普带来了前所未有的发展空间和发展机遇，但同时也带来了许多的问题和挑战。单位和政府部门应采取有效的监管和策略来应对这些问题和挑战，保证水利风景区水科普文化高效、高质量地传播。水利风景区水科普宣传未来将继续向数字化、个性化、多元化和合作化方向发展，单位和政府应密切关注水科普新媒体发展的趋势，及时调整宣传策略和宣传方法，采用新技术、新手段提高水利风景区水科普宣传的效果和质量，增加传播速度和水文化的影响力，为水利事业高质量发展做出更大的贡献。

参考文献

［1］温乐平，吴建红．水利风景区水科普建设路径探讨：以丰城市玉龙河水利风景区为例［J］．南昌工程学院学报，2020（2）：60-66.

［2］汤勇生，李贵宝，韩凌杰，等．水利风景区科普功能发挥的探讨与建议［J］．水与社会，2020（20）：59-61.

［3］倪贞燕．学校数字档案资源的新媒体传播研究［J］．基础教育论坛，2023（8）：110-112.

［4］黄芳，张元霞，王孟，等．对水利风景区科普建设的几点思考［J］．中国水利，2018（17）：38-41.

［5］万金红．保护黄河水利遗产　讲好"黄河故事"［J］．中国水利，2020（6）：61-64.

文化自信下的水利科普创新
——以南京水利科学研究院当涂科学试验及
科技开发基地的科普实践为例

杨 林 周明亮 郭永彬

（水利部 交通运输部 国家能源局南京水利科学研究院，江苏南京 210029）

摘 要：结合 2023 年 7 月 20 日习近平总书记给"科学与中国"院士专家代表回信、习近平总书记对科普工作的重要论述、党的二十大报告对文化自信的重要论述，以全国科普教育基地南京水利科学研究院当涂科学试验及科技开发基地近年的科普实践为例，探析文化自信下的水利科普创新。

关键词：文化自信；水利；科普创新

1 背景

习近平总书记在 2023 年 7 月 20 日给"科学与中国"院士专家代表回信中指出，科学普及是实现创新发展的重要基础性工作。希望你们继续发扬科学报国的光荣传统，带动更多科技工作者支持和参与科普事业，以优质丰富的内容和喜闻乐见的形式，激发青少年崇尚科学、探索未知的兴趣，促进全民科学素质的提高，为实现高水平科技自立自强、推进中国式现代化不断作出新贡献[1]。

党的二十大就推进文化自信自强、提高全社会文明程度提出了加强国家科普能力建设的发展要求，在党的二十大报告"推进文化自信自强，铸就社会主义文化新辉煌"章节中提出"加强国家科普能力建设"。

党的十八大以来，以习近平同志为核心的党中央高度重视科技创新、科学普及和科学素质建设。习近平总书记在 2016 年全国科技创新大会、中国科学院第十八次院士大会和中国工程院第十三次院士大会、中国科学技术协会第九次全国代表大会上的重要讲话中强调"科技创新、科学普及是实现创新发展的两翼，要把科学普及放在与科技创新同等重要的位置"[2]。

2023 年，习近平总书记主持中共中央政治局第三次集体学习并发表重要讲话时再次强调，要加强国家科普能力建设，深入实施全民科学素质提升行动，线上线下多渠道传播科学知识、展示科技成就，树立热爱科学、崇尚科学的社会风尚。这为我国当前科普工作高质量发展和科学素质建设指明了前进方向，提供了根本遵循。

通过这些重要论述，科普工作的重要性可见一斑。南京水利科学研究院作为国家级科研院所，深入贯彻落实习近平总书记对科普工作的系列重要论述精神，高度重视科普创新工作，南京水利科学研究院当涂科学试验及科技开发基地（简称基地）、无锡河湖治理研究基地均在 2022 年内荣获"2021—2025 年全国科普教育基地"认定，南京水利科学研究院当涂科学试验及科技开发基地、铁心桥试验基地均在 2023 年内荣获"2023—2027 年全国航海科普教育基地"认定。

作者简介：杨林（1987—），男，高级工程师，主要从事水利工程基础设施建设管理和科普研究工作。

2 文化自信下的南京水利科学研究院当涂科学试验及科技开发基地

南京水利科学研究院当涂科学试验及科技开发基地位于安徽省马鞍山市当涂县，是一个集科学研究、科技开发、研究生培养、科普教育为一体的大型基地（见图1）。

基地拥有主题内容明确、形式多样的科普展教资源。基地内既有科研试验设施、国家重大工程物理试验模型，也有科研转化成果生产线、应急抢险科普展厅。基地已建成试验厅（室）面积约100 000 m²，有1座应急抢险科普展厅，还有三峡整体水工模型等多座大型露天试验模型，先后开展三峡新通道、向家坝水电站、大藤峡枢纽、引江济淮、平陆运河等几十余项重大工程的大比尺水工、水运、水电物理模型试验研究，取得了一批科研成果，它们都是基地的科普展教资源。此外，随着基地建设工作稳步推进，入驻基地的试验项目逐年增多，展教内容设施也在不断动态更新。

图1　南京水利科学研究院当涂科学试验及科技开发基地航拍图

2.1 文化自信是水利科普创新的底色支撑

基地科普工作者多为"80后""90后"，创刊于1980年的《奥秘》等杂志是他们重要的科幻读物，由于彼时我国整体的科学研究水平仍相对落后，他们对期刊里的内容大多认为是遥不可及的幻想。

基地科普工作者在观看了《流浪地球2》后，交流了这部电影中涉及的科普知识点，尤其是对和水相关的科普知识点，比如片中的"冰盾"记忆犹新。由于环境温度很低，电影中的太空电梯若是在返回大气层前喷水将成冰，冰层可形成保护的盾牌，即"冰盾"，冰盾可吸收因摩擦产生的热量并减少冲击，这是利用了冰耐热和坚固的特性，温度越低，冰的硬度越高，在-50 ℃时，冰的莫氏硬度甚至超过了钢铁。冰的这种特性对太空电梯来说是优点，但对于水利行业来说，有时却可能带来"麻烦"，每年冬季黄河会出现凌汛，部分河段甚至出现冰封，如果遇到上游河道先行解冻，而下段河道冰凌仍然固封的情况，由于冰的硬度很高，为提高化解凌汛险情效率，时常会采用炸药爆破或轰炸机炸冰。

科幻与科普，只有一字之别，反映的却是未来与当下、梦想与现实的遥远距离[3]。科幻和科普虽有不同，但又有较为紧密的联系。《流浪地球2》虽说是科幻题材电影，但相比较《奥秘》等科幻读物，无论从作品产出时我国的科学现状还是作品的科学性上都有很大不同，以至于我们对作品认同感有天壤之别，不再认为片中的情节是遥不可及的梦想。近年来，不断涌现的国家科技创新成果，为我国科幻电影创作积累了丰富的"创意灵感"[4]，也为讲好中国科幻故事、展现文化自信提供了重要支撑[3]。这部电影是在我国近年来在航空航天等领域的瞩目成就支撑下拍摄的，这让我们觉得片中内容并不仅仅是天马行空、不着边际的幻想，这是我国文化自信底色支撑的有力佐证。

2.2 文化自信是水利科普推陈出新的助剂

党的二十大报告中强调，我们必须坚定历史自信、文化自信，坚持古为今用、推陈出新。

在我国源远流长的历史长河中，有着丰富多彩的优秀传统文化，这些传统文化无不蕴含科学知识的故事，闪烁着科技文明的光辉[5]，同时也是很好的传播载体。

例如：我国传统节日元宵节的猜灯谜文化就是很好的水利科普传播媒介。2023年元宵节，基地微信公众号原创发布了《同猜南科院当涂基地原创专属灯谜，共庆元宵佳节》推文，将10个和基地紧密相关的科普知识点和传统文化相结合，推陈出新，设计了谜底为"三峡工程"谜面为"三代伟人画，百年终成它，平湖映高霞，水利交通能源本领大"、谜底为"反力墙"谜面为"远看是座墙，近看满身伤，千钧压于上，不动纹丝量"、谜底为"南京水利科学研究院全体工作者"谜面为"潜心钻研频获奖，卡脖攻关有担当，吃得寂苦援疆藏，经得江河湖海浪，一线科研试验忙，后方职能保障强，九万里来扶摇上，直挂云帆沧海航"等10个妙趣横生的灯谜，获得广泛好评，取得很好的水利科普宣传效果。

再如俗语有云"高手在民间"，我国多地均有各自独有的"八大怪"民俗文化，它们是我国劳动人民智慧的结晶，风趣形象、朗朗上口、接地气的特点让它们成为了各地民俗文化传播的闪亮名片。基地科普工作者为增加科普传播力和感染力，提炼总结了"领导驾到门不开，日夜试验水犹在，防汛抢险稳准快，粉碎纸屑水中甩，满身是洞推不歪，矿泉水瓶随身带，有病桩群屋中栽，今春建好明夏拆"等"南京水科院当涂基地八大怪"，凝练科普了基地水利物理模型试验、科研基础设施、科研成果转化、科研工作场景等内容，在多场科普活动中取得良好反响，先后获得南京水利科学研究院首届科普宣讲比赛优秀奖、第三届全国水利科普讲解大赛三等奖等荣誉。

以基地科普工作者的上述科普实践为例，文化自信是水利科普推陈出新的助剂，推出新后的水利科普可以变得更有趣，更有传播力。

2.3 文化自信是水利科普创新的精神动力

"科学无国界，但科学家有祖国！"，这是全体爱国科技工作者的共同认知、文化自信的表现形式。

"十四五"以来，南京水利科学研究院围绕国家重大工程建设需求，积极开展南水北调、珠三角水资源配置、引江济淮、长江黄金水道、白鹤滩水电站、三峡升船机、平陆运河等大量国家重点工程关键技术研究，充分发挥技术优势，为我的水利、交通、能源行业高质量发展提供坚强支撑，这些立足国家、服务国家的科技成果是基地水利科普创新的良好素材。基地在2022年全国科普日期间组织的水利科普走进当涂县滨江学校活动中，基地科普工作以当涂县滨江学校校训"博学，志远，求实，创新"和南京水利科学研究院科研精神"勤奋，严谨，求实，创新"的共性内容"求实 创新"为切入点，强调了科学普及和科技创新的重要性，结合基地水利物理模型试验主要步骤，做了题为《水利科研试验是如何开展的》的科普报告，报告过程中，台下学生积极参与问答互动，反响热烈，此次活动荣获安徽省2022年全国科普日优秀活动。

基地科普工作者积极投身青少年科普工作，勇担社会责任，探索科普新形式，在2023年中国水周期间，联合当涂县滨江学校开展了以"助'双减'，促创新"为主题的科普进校园活动，10余名基地科普工作者受聘当涂县滨江学校科技辅导员。

以基地科普工作者的上述科普实践为例，可见在以我国科技创新成就为素材开展科普创作、组织科普活动时，更容易激发科普工作者对我国科技工作者的敬意和科普事业的荣誉感和使命感，这种文化自信带来的精神动力有助于更好地弘扬科学家精神，让水利科普工作者将科普工作内化为一种自觉意识，在工作生活中汲取灵感，在文化自信下开展水利科普创新工作，争优创先，再创水利科普创新新高。

3 结语

文化自信是一个国家、一个民族发展中最基本、最深沉、最持久的力量。文化自信是对中国特色社会主义道路自信、理论自信、制度自信这"三个自信"的拓展和提升[6]，通过探析南京水利科学研究院当涂科学试验及科技开发基地的科普实践中文化自信的作用，可见在科技文化与人文文化逐渐走向深度融合的时代，水利科普工作中进行科技与人文融合的尝试和创新，坚定文化自信势在必行，文化自信下的水利科普创新对推动水利高质量发展是非常有必要的。

基地自 2022 年以来，已面向数千名中小学生、高校师生、学生家长、党政机关工作人员、科技工作者等群体，在中国水日、世界水周、中国航海日、六一儿童节、全国生态日、全国科技工作者日、全国科普日等时间节点累计开展多项主题鲜明、形式多样的科普进基地、进学校、进机关、进乡村、进社区、进企业活动，马鞍山日报、皖江晚报、当涂县电视台、当涂县融媒体中心、当涂县政府网等媒体多次报道基地组织科普活动，此外，基地微信公众号推送了大量科普资讯。基地的科普实践是南京水利科学研究院和当涂县科普工作的重要组成部分，充分展现了南京水利科学研究院作为国家级科研院所的科普担当，有力促进了当涂县全民科学素质提升，有力提升了基地的科普影响力，助力当涂县全国科普示范县建设。

作为水利科普工作者，应胸怀"国之大者"，贯彻新发展理念，坚持"四个面向"，聚焦科技自立自强，在加强科技创新的同时，自觉承担传播科学知识、传授科学方法和弘扬科学精神、营造科学文化的重任。

作为科普教育基地，科普工作中应深入贯彻落实《中华人民共和国科学技术普及法》《全民科学素质行动规划纲要（2021—2035）》及习近平总书记关于科技创新和科学普及的重要论述，以习近平新时代中国特色社会主义思想为指导，开展丰富多彩的科普活动，丰富科普内容，拓展科普渠道，优化科普服务，创新科普形式，大力弘扬科学家精神，不断提高公民水科学素养，充分发挥基地科普资源的作用，培养公众尤其是青少年对科学探索的兴趣，为水利科普工作再上新台阶做出积极贡献。

参考文献

[1] 新华社. 习近平给"科学与中国"院士专家代表回信强调，带动更多科技工作者支持和参与科普事业，促进全民科学素质的提高 [N]. 人民日报，2023-7-22.

[2] 新华社. 全国科技创新大会 两院院士大会 中国科协第九次全国代表大会在京召开 [N]. 人民日报，2016-5-30.

[3] 邹贞，陈玲. 提升全民科学素质视角下的中国科幻电影发展 [J]. 科普研究，2022，17（5）：33-39.

[4] 郭冰蕾. 中国香港科幻电影发展历程及其特征探究 [J]. 开封大学学报，2021，35（4）：68-73.

[5] 陈郑伟，何善亮. 科技人文融合创新教育实践路径探析 [J]. 中国科技教育，2023，7：62-64.

[6] 陈锡喜，桑建泉. 文化自信的内涵及其在"四个自信"中的地位 [J]. 高校马克思主义理论研究，2017，3：22-30.

展水文化名片　谱水画卷新韵

杨　阳[1]　张　芮[1]　解　瑞[1,2]　李晓玲[1]　黄　珍[1]

(1. 甘肃农业大学，甘肃兰州　730070；
2. 甘肃省水利厅，甘肃兰州　730030)

摘　要： 水是人类生存之本和文明之源，水文化与人类社会的发展如影随形。在长期的社会生活实践中，祖祖辈辈为后人留下了大量瑰宝般的水文化遗产。本文通过对水文化的内涵、水文化的发展史及水文化普及与传承的意义等方面进行论述，并梳理水文化保护的历程，归纳甘肃省当前水文化保护的成果与不足，进而探讨如何传承水文化、普及水文化、创新水文化，发挥水文化在旅游开发等方面的作用。

关键词： 水文化遗产；普及创新；水文化保护；甘肃省

1　引言

　　水文化，字面意思上的理解就是所有以水为主题的文化体系都称为水文化[1]。水的特性、形态、运动、历史都蕴涵着文化，这些丰富多彩的文化元素不仅深深烙印在中华民族的历史长河中，更为我们的集体记忆增添了无尽的色彩与活力。水利文化作为水文化不可或缺的组成部分，涵盖了所有与水利活动、水利工程相关的文化元素，这些元素不仅包括水利设施的设计和建设，也包括水资源的管理、利用和保护，以及与水利有关的历史、艺术、科学等多个领域的内容，这些元素共同构成了水利文化的丰富内涵，对于理解和研究水文化具有重要的意义[2]。

　　华夏文明源远流长，历经五千载风雨洗礼而愈发璀璨。这五千年的沧海桑田见证了中华民族在历史画卷中描绘并传承下来的优秀文化精髓，锻造出了中华民族坚韧不拔、自强不息的体与魄。其中，大禹所领导的治水实践是中华文明与治水文化形成的关键事件，为中华文明的深厚底色增添了独特的一笔[3]。黄河文化、长江文化、大运河文化等，不仅奏响了中华文化起承转合的乐章，更为中华民族的大乐章曲谱汇聚了丰富的内涵，这些文化瑰宝在历史长河中熠熠生辉，为我们的民族精神提供了源源不断的动力。我们深信，基于对水治理实践的坚定信念，并大力推动水文化的发展，将对于引领水利事业在新阶段实现高质量的持续发展产生深远影响。由于当前及今后一段时期水利高质量发展需要水文化建设达到更高水平，我们必须深入挖掘中华优秀治水文化的深刻内涵和时代价值。因此，我们必须加强水利遗产的保护与利用，以提高水利工程的文化价值和地位，同时，我们也需要进一步增强水文化宣传的广度与深度，以提升全社会对节水、护水和爱水理念的认识与实践。

2　国内水文化的发展史

　　新中国成立之前，我国水文化的发展大概经历了远古时期、中古时期和近古时期，以及沦为半殖民地半封建社会到中华人民共和国成立之前这一时期共三个阶段[2]。

基金项目： 甘肃省水文化建设中长期规划编制服务（GASU-JSFW-2023-30）。

作者简介： 杨阳（2000—），女，硕士研究生，研究方向为水资源与环境。

通信作者： 张芮（1980—），男，教授，甘肃农业大学水利水电工程学院副院长，主要从事农业水土资源高效利用和保护的研究。

自秦汉时期开始，我国人民就通过屯垦的方式，开垦荒地，提高农业生产力；北魏时期，为了解决水资源问题，筑坝引水成为了一项重要的工程；唐代，新渠的开发进一步推动了农业生产的发展；西夏时期，全国范围内的修渠工程使得水资源得到了更加合理的利用；元代，在继承前人的基础上，因旧谋新，继续推进水利工程的建设；明代，大力屯田政策的实施，为水利工程的发展提供了有力的支持；清代康乾年间，兴水工程取得了显著的成果；近现代，修渠开垦工作得到了持续的关注和投入……纵观水文化的发展历程和相关研究，从远古时期广泛流传的大禹治水开始，有关水利工具、农田灌溉、河堤筑防、人力漕运的提及一直贯穿其中。中古和近古时期的水利成果，是通过人们在生活和生产实践中的积累所取得的，但大多数成果仅限于简单的水利工具、农田灌溉、河堤筑防等，水资源并未得到较好的开发治理[2]。甘肃省瓜州县城东南的戈壁荒漠中的锁阳城遗址，其中的水利工程保存得相对完好，锁阳城遗址始建于汉代，扩修于唐代，是疏勒河流域现存最大的古城遗址。锁阳城一带地多沙碛，非灌溉不能稼穑，故于灌区体系极为珍视。根据初步调查，在锁阳城城址南部、东部约 60 km² 的区域内，分布有完备的古代灌溉网络体系，包括拦水坝、分水堰，以及干渠、支渠、斗渠、毛渠等各类渠系。渠系所到之处，遗留有房屋、农田、窑址、烽燧等人类生活的遗迹。锁阳城古灌区，是目前中国规模最大、保存最完备的汉唐水利遗迹。相关考古工作正在进行深入研究中。2014年，锁阳城古灌区遗址作为锁阳城遗址的四个主体内涵之一，被列入世界文化遗产名录"丝绸之路：起始段和天山廊道的路网"。

在第三个阶段，我国一直秉持的传统水文化，受到了西方国家科技的启发和推动，不得不进行相应的调整。因此，在水利教育、水利建设、水工设计等领域都出现了前所未有的变革。

自从中华人民共和国成立以来，我国水利事业在水利行业及社会各界的共同努力下，已取得了显著的进步，同时，水文化和新时代的文化内涵也逐步融入。从最初关注治理江河、兴修水利来实现经济效益，到人对水资源的合理科学使用，以及进一步强化水利保护和普及水利知识等方面，水利事业始终与水紧密相连，共同推动着我国社会经济的繁荣发展。

水文化作为一种独特的文化现象，已经深入到我们的日常生活中。从古诗词中的描绘，到传记中的记载，再到民俗活动中的体现，水文化无处不在，为我们的生活增添了丰富的内涵和精神寄托。在诗词方面，许多脍炙人口的诗篇都赞美了水的美好品质，如"白日依山尽，黄河入海流""欲把西湖比西子，淡妆浓抹总相宜"等。这些诗句不仅展示了诗人对水的独特见解，还传达了对美好生活的向往和追求；在传记方面，许多名人的传记中都有关于水文化的描述。例如，古代文学家苏轼在《念奴娇·赤壁怀古》中写道："遥想公瑾当年，小乔初嫁了，雄姿英发，羽扇纶巾，谈笑间，樯橹灰飞烟灭"。这里的"樯橹灰飞烟灭"形象地描绘了水面上的战争场景，展现了水文化的魅力；在民俗方面，许多地区的传统节日和民间活动都与水文化密切相关，如端午节时的龙舟比赛、中秋节时的赏月等，这些活动不仅在物质层面丰富了人们的生活，更在精神文化领域传承和弘扬了水文化的卓越传统。

3 甘肃省水文化遗产保护的现状

近年来，通过水利行业及社会各界的一致努力，甘肃省水文化遗产保护工作已取得显著的阶段性成果：水文化建设管理体制机制逐渐完善，水文化研究理论不断深化，水文化建设实践持续推进，水文化传播成效明显。具体开展的工作如下：

（1）不断推动立法，完善相关法律体系。

确保水文化遗产保护的相关法律法规的制定，是推动水文化遗产保护工作的重要基础。各市已根据其境内水文化遗产的分布与保护利用的实际情况，逐步实施并出台了具有地方性的法规，以保护和传承这些重要的文化遗产。

（2）加强水利遗产的资源调查研究。

2012 年对甘肃省水利遗产进行了研究与分析，并对其进行了全面的分类统计，分工程类、管理类统计出 80 处水文化遗产：枢纽工程 58 处，其中灌区 56 处、供排水 2 处；单项工程 19 处，其中坝或堰 8 处、其他地方 11 处；管理类 3 处，其中庙亭 2 处、档案 1 处。在此过程中，详细记录了水利遗产的具体分布状况、生存环境等关键信息，同时还构建了一个详尽的水文化遗产保护数据库。这一阶段性工作的顺利完成为进一步掌握水文化遗产奠定了坚实的基础，并有望最终形成全国性的数据库。

（3）推动国家水利遗产认定，完善水利遗产体系。

大力帮助有条件的地区开展水利遗产认定工作，对遗产所在地政府出台相应保护与利用规划进行指导帮带。

（4）积极推动文化遗产的宣传普及，提高水文化遗产保护关注度。

依托水情教育基地、水利风景区、水利科普基地、博物馆、展览馆和水利设施等开展水情教育活动，营造了知水、节水、亲水的社会风尚。出版了以《河西走廊水利史文献类编》《疏勒河志》《疏勒河诗文》等为代表的一批水文化图书。

甘肃省水文化遗产统计见表 1。

表 1　甘肃省水文化遗产统计

水文化遗产类型	世界文化遗产	敦煌莫高窟（敦煌党河风情线）
		炳灵寺石窟（黄河北岸刘家峡水库）
		锁阳城遗址（农业灌溉渠系遗迹，疏勒河、榆林河）
		悬泉置遗址（悬泉水）
	国家水利遗产	甘肃省疏勒河赤金峡水库
		甘肃省张掖市高台县红塘引水工程
		甘肃省张掖市高台县马尾湖水库
		甘肃省酒泉市肃州区讨赖河流域屯田水利遗产
		甘肃省兰州市榆中县三电总干—泵站旧址
	待申遗	甘肃省景泰川电力提灌工程
		甘肃省引洮工程
		甘肃省石羊河流域重点治理工程

4　甘肃省水文化遗产保护面临的问题

目前，甘肃省对水文化遗产保护的重视程度日益提高，在水文化遗产的保护与利用的过程中，不仅面临着诸多的机遇，同时也存在一些需要解决的问题。

以甘肃省讨赖河流域为例，甘肃省讨赖河流域有着以屯田水利系统为核心的丰富水利遗产，但总体来说，流域水资源管理工作与水文化建设尚未"水乳交融"，主要存在两方面问题[4]：一是流域水文化建设与流域水资源管理实际工作结合不够。当前讨赖河流域水文化建设工作大多集中于纯学术层面，没有真正融入水利各项工作中，没有成为推动水利高质量发展的直接力量。二是水文化建设没有直接回应流域水资源管理面临的关键问题。历史悠久、牵涉利益复杂的讨赖河流域现行水资源分配制度已不能充分适应经济社会发展需求，改革势在必行，在这一重大改革中，水文化建设能起到什么作用、扮演什么角色目前尚未有共识。

在统计调查方面，我们也发现目前尚存在一些不足之处。为了确保数据的准确性和可靠性，我们需要进一步完善统计方法和手段，加强对水文化遗产资源的全面调查和摸底，为制定科学合理的保护措施提供准确的数据依据。另外，甘肃省各市目前没有出台具体保护水文化遗产的地方性法律法规，水文化遗产管理保障制度需要再加强。

5 水文化普及与创新的主要内容

党的十九届五中全会提出到 2035 年建成文化强国，在习近平新时代中国特色社会主义思想的引领下，贯彻党中央对文化建设的新部署，坚持社会主义先进文化前进方向，把握文化发展规律，挖掘水文化发展价值，丰富水文化的时代内涵，以水文化的繁荣发展推动社会主义文化大发展、大繁荣。

（1）开展重要历史治水名人推介活动和水文化研究交流活动。

研究挖掘历史治水人物的相关治水事迹、治水理念、治水方略、治水精神等文化内涵，推广宣传"历史治水名人讲堂""历史治水名人有声故事"，以历史治水名人为原型，开发制作形式多样的文创产品和科普作品，传播历史名人故事，传承弘扬科学治水理念和为民治水精神，增进文化认同，增强文化自信；聚集学术力量，构建水文化研究平台，依托水利遗产保护与研究会等文物局重点科研基地、中国水利协会、中国水利史研究会等研究机构开展中国水利史和水文化的学术交流，搭建高层次、高水准的水文化对话交流平台。

（2）加强水利史编撰。

做好水利史资料的收集整编工作，充实水利史志记载手段，提高史志编撰质量。组织《中国水利通史》《中国水利法规选编》编撰工作；积极促进首批"中华名水志文化工程"高质高效完成，推出一批名水志精品著作，推动地方水利史志出版。推进史志资料的信息化、数字化、网络化、现代化建设，创新开发史志资源应用方式，发挥水利史志传承水文化和纪实、存史、教化等方面的功能。

（3）专群结合传授水文化知识。

鼓励各级各类水利院校探索有效的水文化教育模式，将水文化课程纳入水利专业必修课，融入学校的人才培养、学科建设和办学理念中，创新以水文化为载体的教学课堂，使水利院校成为传承和弘扬水文化的重要阵地[5]。

（4）大力推进水文化与产业相结合，以江河湖泊为纽带推进水文化普及提升。

积极探索"水文化+"的产业体系有效发展路径，推进水文化与影视、教育、旅游等相关产业融合发展，培育塑造一批富含特色的水文化品牌。深入挖掘优质水资源、宜居水环境、先进水文化所在地区的区位优势，开展最美水地标认定与宣传推介，助推所在地区农业产品、工业产品、旅游产品价格附加增值，拓展绿水青山就是金山银山的转化途径。以黄河、长江、大运河沿线为重点，深入推进文旅融合，推出一系列高品质的具有水利特色、富含文化内涵、符合时代审美的水文化旅游精品线路。如讨赖河流域洪水河洞子渠作为我国古代河川引水工程中密集建设长大隧道的代表，在明清就已具备景观价值，后长期仅有工程效益。酒泉市肃州区人民政府拟将明清洪水河洞子渠所在的洪水河大峡谷建设为徒步探险大景区，壮丽峡谷与深具历史价值的古老隧道交相辉映，将极大地提升景区人文价值。正在兴建的戈壁湿地生态旅游大景区中，"古"灌溉渠道正在发挥生态补水的"新"功能，生动体现了良好生态环境并非自然恩赐，而是科学谋划的结果，古今水文化在此实现了交融。水利遗产的纳入为景区建设增加了文化底蕴，要保证"遗产"向"景观"演化需要流域管理部门与地方水务部门深度介入，扩大流域水资源管理工作外延与内涵[6]。

6 结语

回顾中国水利历史的宏伟画卷，其中充满了波澜壮阔和繁星点点的辉煌成就。我们坚信，五千年来的治水活动及其孕育的水利文化，不仅是塑造中华文明的重要基石，更是其核心元素之一。它如同中华文明中的一颗璀璨明珠，独特而有机地融入整个文明体系之中。这种水利文化对中华文明的连续性、创新性、统一性、包容性和和平性产生了深远影响，并在其中发挥了至关重要的作用。我们要传承弘扬大禹治水精神，我们应从五千年治水的辉煌历史中汲取更多力量与智慧，传承并弘扬"万众一心、众志成城，不怕困难、顽强拼搏，坚忍不拔、敢于胜利"的"98"抗洪精神。唯有我们共同努力并付诸实践，才能确保水文化教育事业获得蓬勃发展，迎来美好的未来。

参考文献

［1］季彬彬，姚金辉．水文化的传承与发展［C］//董力．贯彻新发展理念 全面提升水利基础保障作用论文集．长江出版社，2022．

［2］车玉华，赵莉，杨春好．创新水文化的内涵［J］．水科学与工程技术，2008（S1）：78-79．

［3］孟俊．水利工程水文化建设发展趋势探究［J］．水上安全，2023（5）：10-12．

［4］彭纾闵，刘磊．水文化的内涵及艺术价值探索［J］．灌溉排水学报，2023，42（7）：153．

［5］王春雪．水文化有效融入高校思政课的教学路径分析［J］．灌溉排水学报，2023，42（6）：153．

［6］齐桂花，王瑞雪．水利遗产研究保护融入流域水资源管理探讨：以甘肃省讨赖河流域为例［J］．中国水利，2023（13）：63-65．

新媒体时代水土保持科普路径探索与实践

解翼阳　徐　凡

（黄河勘测规划设计研究院有限公司，河南郑州　450000）

摘　要： 水土保持作为生态文明建设的重要组成，是一项复杂的系统工作，要从源头控制人为水土流失，保证每项工程水土保持工作的有序开展，需要长期坚持和全社会的共同参与，因此水土保持的科普意义重大，任重而道远。本文通过介绍第一届"人·水·法"水利法治短视频征集《中华人民共和国水土保持法》科普获奖案例和HTML5水土保持科普宣传海报案例的路径探索和实践经验，分析新媒体时代下水土保持科普的特点和优势。

关键词： 水土保持科普；新媒体；《金垦、银垦讲水保》短视频；HTML5水土保持科普互动海报

1　水土保持科普的重要性

1.1　水土保持的重要性

水土保持作为生态文明建设的重要组成，是江河治理的重要措施，是与水环境管理互为促进、紧密结合的有机整体。习近平总书记曾指出，搞好水土保持、防治水土流失，是治水事业的一项根本性措施，也是改善和保护生态环境的一项紧迫而长期的战略任务[1]，精辟阐述了水土保持在治水和生态文明建设中的重要意义。

近年来，由于全球变暖引起各类旱涝灾害的增加，导致水土流失加剧，农田肥力衰竭，对粮食安全的不良影响逐渐显现。中国地貌复杂多样，有很大一部分国土不适合农业耕种，耕地面积仅占全球耕地面积的7%，却要养活全球22%的人口。因此，落实水土保持、防止水土流失对改善农业生产条件、保障粮食安全有重要意义。

水土保持是一项复杂的系统工作，需要长期坚持和全社会的共同参与。通过合理的水土保持措施防治水土流失，有效保护、改良和利用水土资源，提高土地生产力，充分发挥水土资源的经济和社会效益。

1.2　水土保持科普的必要性

人类不合理的生产和生活方式是近代以来造成水土流失的主要原因。建设生态文明，首先要从改变自然、征服自然转向调整人的行为，纠正人的错误行为[2]。当下社会各界对水土保持的认识参差不齐，未意识到水土保持措施对于生态文明建设的重要性，甚至有一些项目的建设、管理单位缺乏水土保持基本知识。例如，项目施工过程中没有意识到表土保护的重要性，对施工前表土剥离、施工中表土保护、施工后表土回覆三个环节落实不到位，导致表土流失；施工取料时没有意识到取料场分级开挖的必要性，取料过程中如果垂直开挖，会导致开挖面过高，遇到强降雨时则会引起滑坡造成泥石流，对作业人员造成安全隐患；处理弃渣时没有意识到弃土场渣体不稳定、截排水和拦挡措施不到位的危险性，对于渣体不稳定及水土保持措施缺失的弃土场，强降雨很容易形成泥石流，而泥石流对沿线的道路桥梁等基础设施及居民会造成严重的危害。只有设计单位、施工单位、业主单位等各方意识到水土保持的重要性，了解水土保持的基本知识，才能从源头控制人为水土流失，保证每项工程水土

作者简介： 解翼阳（1989—），女，工程师，主要从事水土保持设计工作。

保持工作的有序开展。对于普通民众来说，有一定的水土保持意识，不仅可以在日常生活、工作中贯彻珍惜水土资源的行为要求，同时也能对违反水土保持法的行为、造成水土流失的工程建设进行公众监督，共同营造全社会关注、落实水土保持的良好氛围。

2 新媒体时代水土保持科普的路径探索与实践

2.1 "人·水·法"水利法治短视频征集《中华人民共和国水土保持法》科普获奖案例

第一届"人·水·法"水利法治短视频征集活动由水利部普法办公室担任指导单位，中国水利水电出版传媒集团、中国水利报社联合主办，旨在学习宣传贯彻习近平法治思想和习近平总书记关于治水的重要讲话、重要指示批示精神，加大水利法治宣传教育力度。参赛作品共 154 部，覆盖全国 20 个省（自治区、直辖市），经过初评、复评和终评，黄河勘测规划设计研究院有限公司创作并制作的《金垒、银垒讲水保》短视频获得二等奖（见图 1）。

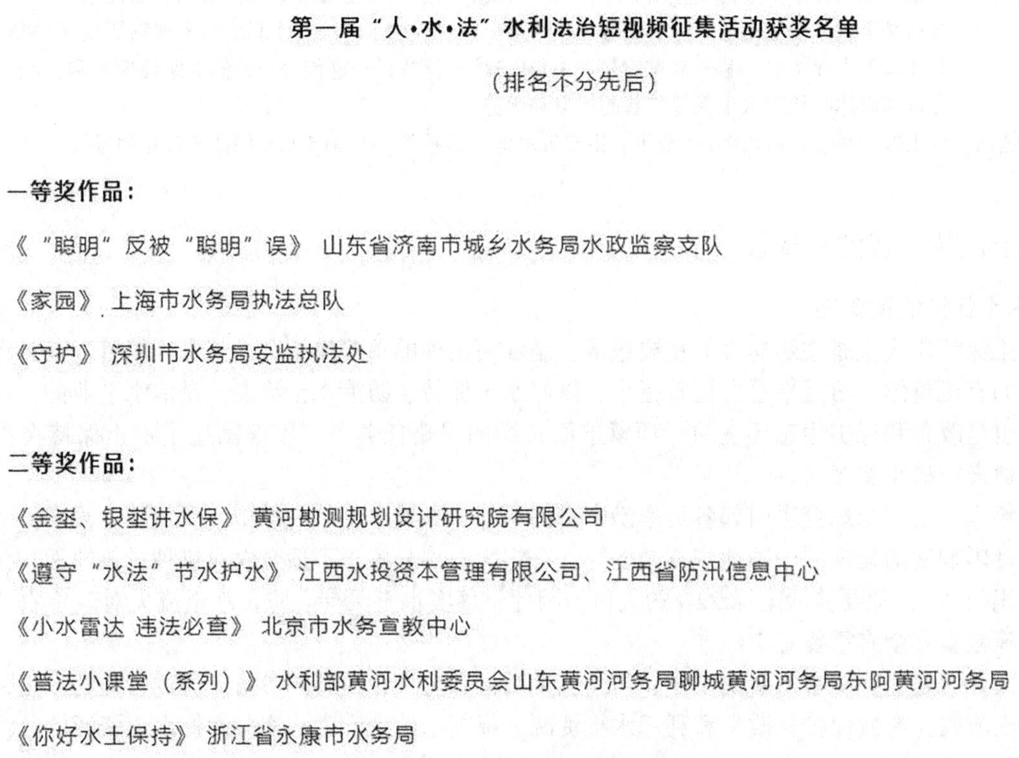

第一届"人·水·法"水利法治短视频征集活动获奖名单

（排名不分先后）

一等奖作品：

《"聪明"反被"聪明"误》 山东省济南市城乡水务局水政监察支队

《家园》 上海市水务局执法总队

《守护》 深圳市水务局安监执法处

二等奖作品：

《金垒、银垒讲水保》 黄河勘测规划设计研究院有限公司

《遵守"水法"节水护水》 江西水投资本管理有限公司、江西省防汛信息中心

《小水雷达 违法必查》 北京市水务宣教中心

《普法小课堂（系列）》 水利部黄河水利委员会山东黄河河务局聊城黄河河务局东阿黄河河务局

《你好水土保持》 浙江省永康市水务局

图 1 《金垒、银垒讲水保》获奖截图

《金垒、银垒讲水保》通过创新水利科普宣传方式和宣传载体，发挥设计单位专业优势，践行生态文明理念，将金山银山及水土元素融入动画形象姓名，设计出两位水土保持小卫士的——金垒、银垒（见图 2）。视频以《中华人民共和国水土保持法》相关法律条文为主线，通过金垒、银垒两位水土保持小卫士讲解三个典型案例科普水土保持法律法规，宣导水土保持是生态文明建设的基础和支撑，响应习近平总书记关于"绿水青山就是金山银山"的理念。作品内容新颖、人物形象设定生动、独具特色。

2.2 HTML5 水土保持科普互动海报实践案例

2022 年全国科技活动周科学普及活动期间，黄河勘测规划设计研究院有限公司环境与移民工程院响应水利部、黄河水利委员会水利科普"进校园、进社区、进机关"的号召，利用新媒体设计制作 HTML5 水土保持知识科普宣传网页，在公园和社区粘贴宣传海报（见图 3），使公众深入了解我国水土流失现状、水土流失的原因和危害，学习在以生态文明引领的绿色发展阶段和黄河流域生态保护

图 2 《金垫、银垫讲水保》视频截图

和高质量发展重大国家战略背景下，水土保持的意义及相关法律政策。通过将传统张贴水土保持科普互动海报和新媒体 HTML5 宣传网页相结合的方式，推进水土保持知识宣传与科学普及惠民活动深度融合，帮助公众树立水土保持观念，增强珍惜爱护水土资源、践行水土保持行动的自觉意识，营造讲科学、爱科学、学科学、用科学的良好氛围。

2.3 案例比较分析

以上两个水土保持科普案例的实践对加强水土保护宣传教育，营造良好科普活动氛围起到了积极的推动作用，对提升公民科学素养，扩大水土保持科普的社会影响力、覆盖面、传播力提供了有益支持。

《金垫、银垫讲水保》作品主角金垫、银垫两位水土保持小卫士的姓名设计，包含了水、土、金山、银山四个元素，旨在将水土保持与"绿水青山就是金山银山"的密切联系表达出来。短视频中将水土保持相关法律条文拍摄制作成了内容贴近生活，能激发大众兴趣的案例，对"水保法规定禁止在 25°以上陡坡地开垦种植农作物""对毁林、毁草开垦和采集发菜，在水土流失重点预防区和重点治理区铲草皮、挖树兜或者滥挖虫草、甘草、麻黄等，都是禁止的，如果违反还会处以罚款"等法律条款进行了生活化、可视化的讲解和科普，内容有趣、基调轻松，通过故事化的讲述，使得严肃的法律条文更具观看性，让原本抽象化、概念式的水土流失行为变得场景化、直观化，更加通俗易懂，利用虚拟场景与观众的现实生活产生混合连接，更深刻地将水土保持的观念植入被科普群体中。

HTML5 水土保持科普互动海报则是结合了线下传统的海报粘贴形式与线上新媒体宣传网页模式开展水土保持科普。将互动海报张贴在公园、社区等人流密集的区域，利用简洁明了的文字及图画吸引大众，并通过扫描海报上的二维码获取更多的水土保持知识。HTML5 水土保持科普互动海报解决了传统海报内容数量受限制的问题，利用 HTML5 网页进行水土保持知识的延展。该形式可以将科普内容利用海报上的二维码作为媒介进行传递，通过扫码轻而易举地把更多信息转移到手机端，满足当下公众用碎片化时间阅读和浏览获取信息的习惯。

3 结语

以上两个案例是在新媒体时代下对水土保持科普的探索和实践，相比更传统的发放科普手册、举

图3　水土保持科普宣传海报

办科普讲座、广播、电视科普等纸质媒介和视听媒介形式，两个案例科普受众面更广，利用网络传播性快的特点，可让更多人接收到科普内容。其表现形式也更多样化，将科普知识融合了文字、音频、动画等艺术形式，可将科普内容更生动形象、直观鲜明地展示出来，通过更易于理解的方式将水土保持知识翻译给大众。此外，借助新媒体水土保持科普还实现了随时存储、方便查找，易检索等功能。此类科普形式不受时间和空间的限制，可随时发布，被科普者可随时获取，轻松实现了科普"全天在线"。

参考文献

[1] 中央宣传部，生态环境部. 习近平生态文明思想学习纲要 ［M］. 北京：学习出版社，人民出版社，2022.
[2] 习近平. 论坚持人与自然和谐共生 ［M］. 北京：中央文献出版社，2022.

红色水文化的科普实践研究
——以湖北水利水电职业技术学院为例

张振旭　龚秀美

（湖北水利水电职业技术学院，湖北武汉　430070）

摘　要： 中国共产党有着一以贯之的红色精神谱系，百年来的治水活动和水利建设凝结了红色水文化，本文提出红色水文化并论证其科普功能，以湖北水利水电职业技术学院的课程实践为例，针对红色水文化在水利高职院校科普活动中存在课程内涵不足、科普手段单一、科普队伍薄弱、体制机制陈旧等问题，提出相应的解决措施，为进一步提高红色水文化的科普范围、科普效果提供一定借鉴

关键词： 红色精神；水文化；科普

中国共产党成立 100 余年来，带领中国人民在经济、政治、社会领域取得了巨大成就，水利建设也不例外。中国共产党领导下的水利建设形成了具有鲜明色彩的水利文化，蕴含着红色灵魂，延续着精神谱系。"红色精神"是中国的专属名词[1]，因此党领导下的水利文化自带红色基因。"观乎人文，以化成天下"，水文化具有天然的科普与育人功能，水利院校的水科普需要借助水文化的教育实践来实现。湖北水利水电职业技术学院是湖北省水利厅授予的第一批水情教育基地、省级"双高"建设院校，作为重要的水知识科普场所，不仅在全校范围开设"水情水文化"课程，而且通过公共选修课"百年党史红色水利"（简称选修课）打造更具特色的"红色水文化"科学普及。

1　红色水文化的提出

水文化是指人类社会在逃避水灾、兴水之利、除水之害、保护水资源及与此相关的历史实践活动中，所形成和创造出来的物质文化与精神文化的总和[2]。它是文化学的一个分支。5 000 年的华夏史孕育了丰富的水文化，中国共产党自成立以来就十分重视水利的建设，毛泽东带领群众打了"红井"，提出了"水利是农业的命脉"的著名论断，并在中央苏区成立了第一个水利管理部门：山林水利局。2021 年 9 月，中共中央批准中央宣传部梳理的第一批纳入共产党人精神谱系的 46 个伟大精神中，苏区精神、延安精神、西柏坡精神、南泥湾精神、红旗渠精神、抗洪精神等与水或者水利建设直接相关。2021 年 6 月，湖北省水利厅公布了第一批湖北省水利红色资源名录；2023 年 1 月，水利部公布了"人民治水·百年功绩"治水工程名单和首批红色基因水利风景区名录（简称名录）。这些具有红色精神的水利工程及风景区的公布，从顶层设计上给出更加清晰的指导，也是水行政管理单位落实"深挖党史"要求的工作体现。水利工程是人类治水兴水的物质活动，在兴建的过程中受历史条件的约束形成具有特色的文化，水利风景区依托水利工程和独特的水资源，向人们展示工程文化和山水文化，有旅游价值，同时也适合开展科普教育或者建立科普教育基地[3]，而红色水利工程及水利风景区又是所有水利工程和水利风景区中的分支，名录内的有些工程及景区，已经成为了水情教育基

基金项目： 红色水文化融入高职育人体系探索与实践（2022XD114）。
作者简介： 张振旭（1984—），男，讲师，主要从事水文化与职业教育研究工作。
通信作者： 龚秀美（1976—），女，副教授，主要从事思想政治教育研究工作。

地或党员教育基地，是向全社会进行水科普及红色精神宣传的重要场所。因此，结合红色精神与水文化的概念，"红色水文化"是在中国共产党成立的 100 余年的历史尺度内，在党组织领导和参与的兴水利、除水害的实践活动中形成的物质文化与精神文化的总和，是具有鲜明的时代性、政治性、特色性的水文化。

2 红色水文化的科普功能

2.1 水利高职院校的水科普属性

高职院校肩负着为社会主义培养合格的高技能人才的使命任务。高校是科学研究和科技人才培养的重要基地，开展科学技术普及既是高校的社会责任，也是高校科协的任务[4]。《关于新时代进一步加强科学技术普及工作的意见》中指出，科普是国家和社会普及科学技术知识、弘扬科学精神、传播科学思想、倡导科学方法的活动，是实现创新发展的重要基础性工作。科普宣传是我国建设精神文明的重要阵地，水利高职院校是培养水利及其相关专业高技能人才、德智体美劳全面发展的水利接班人的主场所，学校培养人才的过程中，以水为媒，贯穿着水知识的科普，同时也承担着向社会进行水科普、向社会输出水科普人才的任务。科普工作为了提高公民科学素质，为中国式现代化发展提供科技支撑，水利行业的高质量发展，离不开先进水文化的引领和支撑，先进水文化的普及是水利院校义不容辞的责任。

2.2 红色水文化的引领作用

文化是软实力，文化普及也是公民提高科学素质的重要方面。红色水文化是以红色精神为核心的水文化，是先进水文化的一种体现。红色精神彰显党的本质属性和核心价值、体现民族精神和时代精神、凝聚马克思主义智慧和人民力量的伟大精神[5]。它一脉相承，蕴含着党对社会主义建设和人类社会发展规律的科学认知；它积极正向，引领崇高的精神境界，因此在水利发展中凝结出的红色水文化需要被中国人广泛认知，有着发挥独特科普教育功能的潜力。水利院校可以将红色水文化融入课程思政来提升专业课的育人水平、丰富课堂内容、拓宽学生视野、普及专业知识，还可以将其作为水文化建设、水情教育基地建设的引领，扣紧主旋律，提升社会主义核心价值观的认知。

2.3 红色水文化从故事中科普

红色水文化多数诞生于水利开发与建设阶段，在工程实践的过程中形成。工程建设具有唯一性、长期性、复杂性，过程建设必然曲折。很多水利工程的建设，都形成了其特有的文化内涵。比如共产党人精神谱系中的红旗渠精神，是河南林县人民在中国共产党的领导下，不等不靠苦干数年修成的大型水利工程中铸就而成，精神内涵为"自力更生、艰苦创业、团结协作、无私奉献"[6]。它的形成依托于红旗渠的建设，尤其为建设奋斗牺牲的那一群人，这是真实的历史故事，是"中国故事"。再如革命年代建成的第一座水电站：沕沕水水电站，为西柏坡供了电，在建设过程中克服了选址、机电设备设计、材料短缺、技术薄弱、敌后威胁的重重困难，为中华人民共和国的诞生点亮了第一盏明灯，其中的故事生动感人，振奋人心。讲好红色水利故事，有利于红色水文化的普及。

3 红色水文化的科普实践

3.1 以课程为基础的一核两翼的资源建设

湖北水利水电职业技术学院注重学生的德智体美劳全面发展，在全校范围开设的公共选修课，以通识类科普课程为主。"选修课"立足于党史、水利史，通过三个学期 6 个教学班的实践，已向 600 余名学生普及建党 100 年来党领导水利事业发展成就中凝结出的红色水文化。课程以名录内的水利工程及水利风景区为基础，挑选影响广泛、社会热点、学生关注的工程及案例，从历史角度分析背景、经过、成就及社会影响，将红色水文化渗透在具体故事当中，受到学生的欢迎和好评，每次选课的名额都是 100%爆满，课程出勤率在 90%左右。课程的历史跨度不大，但资源丰富，以"一核两翼"进行教学资源构建。一核是以历史脉络为核心、课堂讲授为基础进行红色水文化科普；"两翼"是两个平台，以央视频的《国家记忆》栏目为依托开展在线资源平台建设，包括微课、流媒体视频、新闻报道短视频等组成了可开放的在线资源，以学校水利水电智能管理实训室为依托开展实训平台建设，既有大国重器的经典工程展示，又有红色水文化的上墙宣传。红色水文化的科普资源在逐渐丰富。

3.2 以课程思政为引领的育人体系实践

红色水文化是水利系统的特色水文化，体现先进文化的发展方向，具有育人价值属性，与生俱来课程思政的特点。通过科普传播，让大学生掌握，才能内化为新时代大学生的精神品质，为水利儿女践行使命担当注入精神力量。在当前大思政课及"三全育人"的背景下，红色水文化的很多案例均可以为水利类、电力类、机电类、建筑类的专业课程提供课程思政元素，在支撑教学改革与专业课课程建设方面具有很高的实践价值，同时也可以为水利院校的思政课提供教学案例，通过故事讲道理，对学生养成爱行业、敬职业、铸工匠的行为品质非常有利。"选修课"课程团队中有水利专业课教师，也有思政教师，定期召开课程研讨会议，相互融通，提升了本课程的教学水平，增强了原有课程的育人效果。教师们均感受到在实施思政育人的过程中，红色精神的水文化可以凸显院校的专业特色，实践中更容易贴合专业、贴近学生。

4 红色水文化科普的不足与改进措施

4.1 课程体系及内涵建设需增强

红色水文化的科普目前以课堂为依托，主要面对水利高职院校的大学生，受众群体有限，虽然已经建设了在线资源，但推广有限。首先，课程体系以中国共产党发展历史的四个阶段为脉络，以名录的案例为依托，故事细节与历史意义挖掘深度不足，系统研究不够，知识体系的总结性不强，尤其作为课堂教学与类似水情教育基地这种科普性基地在内容上应当是有区别的。其次，课程资源建设自主内容较少，很多内容采用的是现有基地的科普与宣传、网络中的视频等，借鉴的内容多，创新性的内容少。最后，课程资源建设与应用还没有与校史馆、实训室、水情教育基地的建设深度结合，建设资金与场地还没有保障。因此，需要加强对红色水文化内涵的研究，作为坐落于湖北的水利高职院校，尤其需要加强湖北省的红色水文化研究。加强史料文献的查阅，在目前资源的基础上，探索专题形式的红色水文化科普之路，比如以流域治理为专题，以伟人治水为专题等。

4.2 红色水文化的科普手段形式单一

湖北水利水电职业技术学院的水情教育基地建设还未进行统一规划与架构，未成规模，校内的实训场所并没有借助水情教育基地进行串联，所以以水情教育基地进行水科普的体系、路径还未建成。红色水文化作为水文化的分支，现状的普及形式以校内课堂为主，主要形式有课堂讲授、视频观看、实训室参观等，同时在与学生互动和实践方面，采取了以红色水文化为主题的微课录制、课程报告与科技论文相结合的考核形式，取得了一定的效果，但在参与人数和认真完成作业的比例上，相对较低，更多同学仍然采取网上摘抄的形式来应付考核。与很多工程展览馆及党史展览馆的 VR 技术、全息技术、声光电等交互技术相比，院校的水文化普及形式还较为单一，传播普及方式需要创新。同时，以红色水文化为特色的水文化教育体系也有待建设，院校水科普的品牌效应并未形成。

4.3 红色水文化科普队伍建设

科普工作需要各类人才，包括专业知识丰富的教师、行政管理人员及学生志愿者等。红色水文化的科普教育目前仅以专业课教师为主，虽然红色精神的传承思政课老师更为擅长，但在红色水文化的传播中思政课老师往往因为一些较为专业的水利知识遇到讲授上的壁垒。因此，教学团队的打磨，教师科普知识的提高，也是红色水文化科普的重要内容之一。院校需要提高水文化科普的认识，可以邀请专家对教师进行科普方面的指导，鼓励教师参与科普活动来激发教师的科普热情。

4.4 推进机制体制创新

水利院校应当扩大对外开放，让水知识走出校园。目前，湖北水利水电职业技术学院没有成立科普协会之类的组织，水情教育仅限于校内学生及继续教育培训，还未接待过其他中小学或企业团体，在校园开放面对社会科普上还没有建立相关制度。学院已建成的实训场所，具有水情教育功能的场馆等未向社会公众开放。学院的志愿者服务队已经走向社会进行水情教育和宣传，但还从未进行专题的红色水文化普及，并且没有固定的水文化活动场所。需要进一步创新体制机制，鼓励水文化的社会普及服务，认可教师科普成果，建立激励和保障制度。

5 结语

习近平总书记在党的二十大报告中指出，弘扬以伟大建党精神为源头的中国共产党人精神谱系，用好红色资源，深入开展社会主义核心价值观宣传教育，深化爱国主义、集体主义、社会主义教育，着力培养担当民族复兴大任的时代新人。用红色水文化育水利人才，让红色基因在行业内代代传承是青年教育事业的需要。红色水文化的科普需要向内深度研究，向外创新形式，引领水文化的科普工作正确前进。

参考文献

[1] 颜新跃. 红色精神谱系：习近平新时代中国特色社会主义思想的精神根脉 [J]. 福建教育学院学报，2020，21 (1)：1-4，129.

[2] 李可可. 水文化研究生读本 [M]. 北京：中国水利水电出版社，2015.

[3] 郝丽利. 水利风景区的科普教育功能研究 [D]. 开封：河南大学，2013.

[4] 李文艳，陈军. 加强高校科普工作的实践探索：以吉林大学为例 [J]. 学会，2020 (1)：49-53.

[5] 冯刚，张发政. 中国共产党百年红色精神谱系引领时代新人培育 [J]. 中国高等教育，2021 (5)：4-6.

[6] 谢向波. 红旗渠精神融入大学生思想政治教育的价值与实践 [J]. 学校党建与思想教育，2023 (12)：76-78.

关于加强水利科普奖励工作的思考

廖丽莎　殷　殷　孙天祎

（中国水利水电科学研究院，北京　100038）

摘　要：水利科普工作是国家科普工作的重要组成部分。随着科普激励政策的推进和科普事业在社会中的影响力和认可度的提高，国家、地方以及社会力量先后设立了不同层次的科普奖励。对标适应立足新发展阶段、贯彻新发展理念、构建新发展格局的实践要求，水利科普奖励的规模、深度、影响力和效果均有待进一步提高。因此，本文对近年来水利科普奖励有关现状进行了梳理总结，并对国家科学技术进步奖、大禹水利科学技术中的科普获奖项目进行了分析，以期为进一步推动优秀水利科普成果申报高层次奖励提供有益参考。

关键词：水利科普；科普奖励；国家科技进步奖；大禹水利科学技术奖

科技创新、科学普及是实现创新发展的两翼，要把科学普及放在与科技创新同等重要的位置。水利科普工作是国家科普工作的重要组成部分，持续推进水利科普工作，对营造全社会关心支持水利建设氛围、加快水利发展具有重要意义。近年来，水利系统有关部门和单位结合实际，组织开展了内容丰富、形式多样的科普工作，形成了一批有代表性、影响力的科普品牌活动和科普作品。2020 年，大禹水利科学技术奖首次设置科学普及奖，填补了水利系统权威科普奖励的空白。但是，对标适应立足新发展阶段、贯彻新发展理念、构建新发展格局的实践要求，水利科普成果的影响力和显示度还需要进一步提高。因此，为进一步推动优秀水利科普成果申报高层次奖励，本文对近年来水利科普奖励有关现状进行了梳理总结，并对国家科学技术进步奖、大禹水利科学技术中的科普获奖项目进行了分析。

1　科普奖励政策

党中央、国务院历来高度重视科普工作。自 2002 年《中华人民共和国科学技术普及法》（简称《科普法》）颁布实施以来，我国科普工作进入法治化轨道。2004 年 12 月，科普成果纳入国家科学技术进步奖社会公益类项目的奖励范围[1]，实现了我国奖励制度的重大突破。此后出台的《关于加强国家科普能力建设的若干意见》、《中华人民共和国科学技术进步法》（2021 年修订）、《关于新时代进一步加强科学技术普及工作的意见》等法规政策文件，均对完善科普奖励激励机制提出了明确要求。近年来，随着科普激励政策的推进和科普事业在社会中的影响力和认可度的提高，国家、地方以及社会力量和公益组织等先后设立了不同层次的科普奖项[2]，对广大科普工作人员的激励和引导作用显著。

党的十八大以来，习近平总书记多次对科普工作做出重要指示批示，在 2016 年"科技三会"上提出科技创新与科学普及"两翼理论"；在 2020 年科学家座谈会上强调，"对科学兴趣的引导和培养要从娃娃抓起"；在 2021 年两院院士大会、中国科协第十次全国代表大会上强调，"形成崇尚科学的风尚，让更多的青少年心怀科学梦想、树立创新志向"；在 2023 年二十届中央政治局第三次集体学习时强调，"激发青少年好奇心、想象力、探求欲，培育具备科学家潜质、愿意献身科学研究事业的青少年群体"。党的二十大报告将科普作为提高全社会文明程度的重要举措，强调"培育创新文化，弘扬科学家精神，涵养优良学风，营造创新氛围""健全基本公共服务体系，提高公共服务水平""加

作者简介：廖丽莎（1985—），女，高级工程师，主要从事水利科技管理工作。

强国家科普能力建设"。这一系列重要论述为加强新时期科普工作指明了方向。

在科普奖励研究文献方面,中国知网显示相关检索结果不足 50 篇。大部分文献集中于国内外科普奖励制度比较分析、我国科普奖励工作总结以及对科普奖励制度发展的认识和看法,还有一些文献对社会力量设立科普奖项的做法、成效和不足之处进行了总结。在水利科普研究文献方面,大部分学者以水利风景区或科普教育基地为例,探讨了水利科普资源挖掘利用途径;还有一些学者结合工作实践,提出了推动水利科普工作的建议和措施。

2 国家科普奖励

2.1 国家科学技术进步奖科普项目

目前,国家科学技术进步奖是科普成果最高级别科技奖励,获奖项目代表着科普领域国内最高水平。本文根据国家科学技术奖励工作办公室公布的国家科学技术进步奖获奖项目目录(通用项目),对编号以"J-204"开头的科普获奖项目进行了统计分析(本文所提到的单位名称均为目录所列的主要完成单位名称)。

(1)科普项目获奖数量。从获奖数量上看,自 2005 年度开始评选以来,共有 58 个科普项目获国家科技进步奖二等奖(见表 1),年均约 3.6 项,占国家科技进步奖通用项目总数的比例约为 2.19%。其中,2005 年、2007 年科普获奖项目最多,为 7 项;2012 年、2020 年科普获奖项目最少,仅为 1 项。从总体上看,科普项目获奖数量呈波动式下降的趋势,这与近年来国家更加注重质量、控制数量的奖励政策密切相关。

(2)科普项目载体类别。从载体类别上看,58 个科普项目中有 46 项为科普图书类(占比约 79.31%),还有 12 项为科普影视类作品(占比约 20.69%)。

表 1 国家科技进步奖科普项目总体情况

获奖年度	科普项目/项	通用项目/项	科普项目占通用项目比例/%	科普项目载体类别/项	
				科普图书	科普影视
2005	7	175	4.00	7	0
2006	6	184	3.26	4	2
2007	7	192	3.65	4	3
2008	3	182	1.65	1	2
2009	3	222	1.35	2	1
2010	4	214	1.87	4	0
2011	4	218	1.83	4	0
2012	1	162	0.62	1	0
2013	2	137	1.46	2	0
2014	3	154	1.95	3	0
2015	3	141	2.13	3	0
2016	4	132	3.03	3	1
2017	5	132	3.79	4	1
2018	3	137	2.19	2	1
2019	2	146	1.37	1	1
2020	1	121	0.83	1	0
合计	58	2 649	2.19	46	12

（3）科普项目所属行业领域。从所属行业领域来看，获奖的科普项目主要来自医学、生物、教育、农业、环保以及国防等行业，覆盖临床医学、生物学、作物学、数学、地理学、大气科学、地质学、生态学、航空宇航科学与技术、食品科学与工程、植物保护、畜牧学、林学等10余个学科领域。其中，国家广播电视总局推荐的《和三峡呼吸与共——三峡工程生态与环境监测系统》系列专题片获2009年度国家科技进步奖二等奖。

（4）科普项目提名渠道。从提名渠道来看，中国科协提名的科普获奖项目数量最多，为21项（占比约36.21%），此外依次有上海市、中国科学院、总装备部、国家新闻出版广电总局、总装备部、农业农村部以及中国气象局，等等（见表2）。

表2　国家科技进步奖科普项目提名渠道

序号	提名渠道	获奖项目/项	序号	提名渠道	获奖项目/项
1	中国科协	21	8	卫生部	2
2	上海市	7	9	浙江省	2
3	国家新闻出版广电总局	6	10	中华医学会	2
4	中国科学院	4	11	国家林业局	1
5	总装备部	4	12	河南省	1
6	农业农村部	3	13	教育部	1
7	中国气象局	3	14	四川省	1

注：农业部提名的1项计入农业农村部；国家广播电影电视总局提名的3项、国家新闻出版总署提名的2项计入国家新闻出版广电总局。

2.2　政府与社会力量科普奖项

《科普法》第二十九条规定，各级人民政府、科学技术协会和有关单位都应当支持科普工作者开展科普工作，对在科普工作中做出重要贡献的组织和个人，予以表彰和奖励。

（1）地方政府设立的科普奖项。目前，各省、直辖市、自治区人民政府组织的科学技术奖励大多已将科普类成果纳入奖励范畴。此外，各地科技厅、科协和科普作协也设立了相当数量的科普奖项，主要面向科普图书、科普影视动画作品等。

（2）社会力量设立的科普奖项。许多社会力量设立的科技奖项评审范围都涵盖了对科普类成果的评选和表彰。按照奖励性质，社会力量科普奖项大致可以分为以下三类[3]：

一是纪念科普奖，主要是指为纪念我国某位著名的科学传播人士而设立的奖项，如高士其科普奖、宋庆龄少年儿童发明奖、亿利达青少年发明奖等。

二是综合科普奖，主要是指为科学普及推广方面的专项奖励，如中国科普作家协会优秀科普作品奖、中国科学技术发展基金会科技馆奖、神内基金农技推广奖等。

三是单项科普奖，主要是指为一些专门学科奖项内面向科普及领域的单项奖励，以及附属在某个社会力量科技奖项中的科普奖励对象，如大禹水利科学技术奖中的科普奖、中国电力科学技术奖中的公益类奖项、梁希林业科学奖中的梁希科普奖以及中国环境科学学会环境保护科学技术奖对科普类成果的奖励、神农中华农业科技奖对科普类成果的奖励，等等。

3　水利科普奖励

3.1　大禹水利科学技术奖科普奖项

中国水利学会设立的"大禹水利科学技术奖"是水利行业最具权威性和影响力的科技奖。多年来，中国水利学会及其分支机构和各省级学会举办了形式多样、内容丰富的科普活动，比如青少年水利夏令营、水利科技进社区、科普网站、科普展、科普知识竞赛等，为水利科学知识的传播和普及做出了重要贡献[4]。2020 年 4 月，大禹水利科学技术奖首次将科普类成果纳入奖励范围，填补了水利系统权威科普奖项的空白。

大禹科普奖每年授奖不超过 3 项，授予中文涉水科普著作（含译作）、音像制品、数字化产品以及技术普及推广类作品的创作单位和个人。自 2020 年开始评奖以来，已有 4 项优秀水利科普成果获大禹科普奖（见表 3）。

表 3　大禹科普奖项目清单

序号	获奖年度	成果名称	主要完成单位
1	2021	《威水超人》澳门节水系列科普作品	澳门特别行政区海事及水务局、珠江水利委员会珠江水利科学研究院
2	2020	《节水总动员》科普动画创新与多维传播	江西省水利科学研究院、中国水利水电出版社有限公司
3	2020	南水北调纪录片《水脉》	中国中央电视台、国务院南水北调工程建设委员会办公室
4	2020	电视片《黄河》	水利部黄河水利委员会、黄河水利委员会新闻宣传出版中心

注：数据来自中国水利学会官网"大禹奖获奖查询"专栏。

3.2　水利科普奖励现状与问题

一直以来，我国水利科普资源丰富，长江、黄河等大江大河以及京杭大运河、都江堰、三峡、南水北调等古今闻名的水利工程，为公众了解水利科学知识提供了广阔的平台。近年来，水利系统有关部门和单位结合实际，围绕水利工程建设、江河防洪、地下水开采、水环境治理、水资源开发利用及水土保持等方面，组织开展了内容丰富、形式多样的科普工作，形成了一批有代表性、影响力的科普品牌活动和科普作品[5-6]，增强了全民水患意识、节水意识和保护水利设施的意识。

进入新时代，建设世界科技强国，实现高水平科技自立自强对水利科普工作提出了更高的要求。为全面加强水利科普工作，2021 年 4 月水利部联合共青团中央、中国科协印发《关于加强水利科普工作的指导意见》，其中明确提出充分发挥大禹奖等各级水利科技奖励中科普类奖项的激励引导作用。但由于长期缺乏系统规划和专项经费支持，水利科普表彰力度稍显薄弱，水利科普奖励的规模、深度、影响力和效果都需要进一步扩大和加强。

4　结语

加强科普奖励是推动科普发展的保障性措施。进一步完善科普工作表彰奖励机制，将会是未来科普工作向纵深推进的重要任务之一。作为科普工作的主力军，水利科研院所与广大水利科技工作者应积极响应党和国家的号召，落实科普职责，在强化水利科普供给、开放共享水利科普资源、推动建设水利科普基地、创新水利科普方式手段、打造水利科普特色活动、加强水利科普队伍建设、加强水利科普国际交流合作等方面贡献力量。同时，建议水利科普主管部门加强顶层设计，统筹行业内外各类资源，协调科研院所、学术团体及有关单位组建科普工作大团队，积极组织水利科普成果申报高层次奖励，进一步提升水利科普工作成效。

参考文献

[1] 马恩和，张秀霞. 基于代表性奖励项目的中国科普奖励成果研究 [J]. 科技传播，2022，14（10）：27-31.

［2］李宇航，王文涛，陈其针，等. 我国科普奖励现状探析［J］. 今日科苑，2020（9）：68-74.

［3］尚智丛，丁昱方，闫禹宏. 国外典型科普奖励的特点及其启示［J］. 今日科苑，2021（2）：34-43.

［4］张淑华. 关于加强水利科普工作的思考［J］. 中国水利，2011（11）：61-62.

［5］周妍，陈思. 推动水利科技创新和科学普及协同发展：水利部国际合作与科技司副司长武文相解读《关于加强水利科普工作的指导意见》［N］. 中国水利报，2021-05-29.

［6］劳天颖，夏成，高继军，等. 新时代"长江大保护"科普工作的实践与思考［J］. 长江技术经济，2023，7（1）：106-110.

立足水科普受众特点　创新水科普展现形式

王若明

（中国水利水电出版传媒集团，北京　100038）

摘　要：本文立足专业人员、青少年、社会大众三类人员不同的科普需求，基于本单位开展的相关科普工作，分别介绍了面向专业人员的图书、论坛、讲座等水科普形式，面向青少年的课堂、研学、绘本、动画、音频等水科普形式，以及面向社会大众的短视频、场馆、网站等水科普形式，为广大水科普工作者提供工作参考。

关键词：水科普；水素养；科普图书；科普工作

近年来，党中央对科学普及工作高度重视。习近平总书记强调，科技创新、科学普及是实现创新发展的两翼，要把科学普及放在与科技创新同等重要的位置。同时，国家出台了《全民科学素质行动规划纲要（2021—2035 年）》《"十四五"国家科学技术普及发展规划》《关于新时代进一步加强科学技术普及工作的意见》等多部新时代加强科普工作的纲领性文件，为科普事业发展指明了方向。水利部、共青团中央、中国科协共同发布了《关于加强水利科普工作的指导意见》，加强水利科普工作顶层设计，推动水利科技创新和科学普及协调发展，深入实施全民科学素质行动。

当今世界正经历百年未有之大变局，新一轮科技革命和产业变革深入发展，科技创新正在释放巨大能量，深刻改变了人们的生产生活方式乃至思维模式。人才是第一资源、创新是第一动力的重要作用日益凸显，国民素质全面提升已经成为经济社会发展的先决条件。作为水利宣传工作者，有义务也有责任通过自身工作，创新水科普形式，创作水科普精品，普及水科学知识，为不断提高公民水科学素养，培育水科普人才，推进新时代水利高质量发展奉献力量。

要想做好水科普工作，需要弄清的是受众是谁。受众不同，喜好就不同，采用的科普展现形式也不同。基于水利自身的特性，笔者认为水科普的受众主要包括三个层面：专业人员、青少年、社会大众。向专业人员介绍水利领域新技术新成果，提升专业人员对本行业细分领域的知识储备，以便专业人员掌握水利发展新动态，统筹推进本研究领域技术进步；向青少年宣传水利知识，激发青少年好奇心和想象力，增强其水科学兴趣，点燃探索水利科技发展的希望火苗；向社会大众讲述水利成就，传播人水和谐的科学理念，调动大家参与水科普活动的积极性，提升社会大众的水科学素养。以下笔者基于水科普工作实际，立足水科普受众特点，对水科普展现形式进行说明，以期与各位科普工作者共同探讨提高工作水平。

1　以科技内容为重点，为专业人员提供立体化的深科普

对于深科普目前还没有明确的定义。《"十四五"国家科学技术普及发展规划》强调：聚焦科技前沿开展针对性科普。针对新技术新知识开展前瞻性科普，促进公众理解和认同，推动技术研发与应用。因而，笔者认为深科普应该从两个维度来解释，一方面内容应该来源于前沿科技领域，另一方面科普的内容应该是系统全面深入地解读。为专业人员提供高品质的深科普，可以有助于科研人员全面掌握相关行业科技发展动态，协同推进科研技术创新，有效促进科技成果转化。由于专业人员自身的理论水平高、技术能力强，需要的是以科技内容为重点的高品质科普形式。为此，笔者认为可以从出

作者简介：王若明（1981— ），女，副编审，主要从事水科普工作和年鉴志书出版工作。

版科普图书、策划科普论坛、组织科普讲座三个方面为专业人员提供立体化的深科普。

1.1 科普图书

科普图书是长期以来深科普的最主要体现形式。科普图书以严谨的逻辑、条理化的结构、丰富的内容，受到专业人士的喜爱。中国水利水电出版传媒集团近年来出版了一系列水领域的深科普图书，《中国水文化遗产图录》《中国科技之路·水利卷》《图说中国水文化丛书》等，这些图书有的讲述了古时人类的治水智慧，有的讲述了当代水利科技成就，为水利专业人员提供了丰富的拓展读物。接下来，应该进一步将水利深科普领域挖深做透，将水利科技内容不但呈献给水利专业人员，也呈献给各行业专业人员品读，为国家各行业融合发展奉献水利力量。

1.2 科普论坛

围绕特定主题开展的科普论坛，不仅可以让相关领域专业人员在现场倾听前沿科技，还可以给专业人员提供相互交流切磋的平台。科普知识通过专业人员的精心讲述，将给听众带来更为生动的感知，激发听众的创新灵感，有效促进成果的融合运用。听众也可以就自己关心、关注的内容与专业人员进行面对面的交流和探讨，寻求研发合作和融合发展。例如，中国水利学会科普工作委员会筹备的"水科普青年论坛"就是希望借助中国水利学术大会召开的契机，加强科普工作跨行业、跨专业、跨学科交流，共同促进水科普工作发展。科普论坛以其特有的交流、互动属性，正吸引着专业人员参与其中，未来，还应进一步聚焦科普论坛主题内容，让科普论坛成为联通技术合作、联络科技人才、推进科技成果转化的桥梁，共同推进新时代水利工作高质量发展。

1.3 科普讲座

科普讲座一般会邀请知名专家学者讲述本研究领域内的科技新发展。专家科普讲座内容权威、技术前瞻，但以往的线上线下讲授模式，一方面很难给听众带来连续系统的内容普及，另一方面不便于反复学习挖掘。为给专业人员提供更为便捷的讲座获取途径，中国水利水电出版传媒集团在出版的传统科普图书中，通过增设二维码的方式，为读者提供了扫码听专家讲座的资源。阅读图书的读者通常对该领域内容的关注度较高，通过精准推送课程，可以为读者带来随时随地的观看体验，目标读者更为精准，科普成效更为显著。另外，还可以借助公众号、网络平台等推出新媒体讲授课程，让读者获得科学大家伴读图书的优质阅读体验。

2 以培养兴趣为重点，为青少年提供多维度的知识拓展

在《全民科学素质行动规划纲要（2021—2035年）》《关于新时代进一步加强科学技术普及工作的意见》等文件中指出，应通过科普工作，激发青少年好奇心和想象力，增强科学兴趣、创新意识和创新能力，培育一大批具备科学家潜质的青少年群体，为加快建设科技强国夯实人才基础。青少年是祖国科技持续发展的希望，在科普知识本身的同时，更应该注重培养科学兴趣，既讲科技又讲运用，既注意内容又注意形式，既包括讲解又包括实践。应该充分利用好青少年的课内外时间，多维度对青少年进行知识拓展。以下以时间安排为轴，从校内科普、研学科普、休闲科普三个方面对科普展现形式进行说明。

2.1 校内科普

为丰富青少年的校内学习实践活动，各学校尤其是中小学均开展了多彩多样的"3：30活动"，包括民乐、国学、球类等。与此同时，提升科学素养、培养科学精神的课程，例如无线电、编程、模型搭建等课程也渐渐进入课堂。为此，中国水利水电出版传媒集团与中小学校开展了多次科普进课堂活动，通过知识讲解、模型搭建、VR体验、思维导图总结等环节为青少年提供了多维度的科普活动，知识与实践结合、互动和讲授融合，让青少年通过知识学习、动手实践、沉浸式体验、全方位总结、拓展思考全面掌握科学原理，同时了解原理运用，为青少年埋下科学思维的种子，启发科学探索精神。

2.2 研学科普

《中华人民共和国科学技术普及法》第十四条规定：各类学校及其他教育机构，应当把科普作为素质教育的重要内容，组织学生开展多种形式的科普活动。科技馆（站）、科技活动中心和其他科普教育基地，应当组织开展青少年校外科普教育活动。疫情期间为保护青少年的身体健康，科普活动开展得较少，随着疫情政策的调整，校外科普活动正逐步恢复。其中，研学活动以其身临其境的体验和感受，得到广大学生、教师、家长的认可。让孩子走出教室，走向社会，亲眼看看科技成果的运用，亲耳听听专家的现场讲解，动手试试现场试验，这些将给孩子带来比单纯的课堂讲解更加深刻的记忆，也更能激发孩子的兴趣和好奇心。中国水利水电出版传媒集团已经依托科普场馆、国家水情教育基地开展了多次研学活动，深受青少年喜爱。未来，还会继续开发系统的科普研学内容，形成品牌影响力，推进水利科普工作的深入开展。

2.3 休闲科普

本文中的休闲科普，指的主要是在青少年休闲时间，也就是除课堂内外有组织的科普活动外，在家长的陪伴下于假期休闲时间青少年可以自主完成的科普活动，主要包括科普绘本阅读、科普动画观看、科普音频收听等。中国水利水电出版传媒集团已经出版了《阿狸和会飞的湖》《奇妙的水库》等多部适合青少年阅读的内容专业、绘图精美的水科普绘本。另外，中国水利水电出版传媒集团还联合水利研究院所制作了《中国水利水电科普动画全系列》动画片，从中国水资源、水生态、水工程等14个方面向青少年科普水利知识，动画内容丰富全面，动画形象生动活泼，动画讲解简洁清晰，符合青少年的年龄特点，可以为青少年提供一场水知识的视听盛宴。由于青少年的近视率居高不下，很多家长也逐渐选择了音频故事，因此可以进一步开拓水科普音频资源，为孩子们送上更为温暖贴心的水科普内容。

3 以提升水素养为重点，为社会大众提供丰富的科普平台

《关于新时代进一步加强科学技术普及工作的意见》中提到科普工作的发展目标：到2025年，科普服务创新发展的作用显著提升……公民具备科学素质比例超过15%，全社会热爱科学、崇尚创新的氛围更加浓厚。为实现这一目标，中国水利水电出版传媒集团围绕提升社会大众水素养，联合水利系统相关单位，通过新媒体、科普展馆等开拓了丰富的科普平台，主要包括短视频科普、场馆科普、网站科普等。

3.1 短视频科普

某音、某手等短视频平台以迅雷不及掩耳之势席卷市场，并占据了社会大众大部分的碎片时间。以某音平台为例，平台已经拥有10亿用户。面向这一庞大的短视频用户群体开展高品质的科普活动，影响力是传统出版所不能比拟的。自2019年以来，中国水利水电出版传媒集团策划了"节水在身边""防汛抗旱你我他""人与青山两不负"等多种水科普短视频活动。以"节水在身边"短视频活动为例，单届的作品征集量为52万部，累计播放量达到了17.8亿次。科普活动联合新媒体平台开展后，收效显著，宣传效果呈几何倍数增长。同时短视频活动可以使社会大众参与进来，互动性强，不光加深了每位参与者的知识感知，还让每位参与者也成为了宣传媒体人，继续接力宣传影响更多的社会大众，将水利科普知识逐步传递开来，并共同提升社会大众的水素养。接下来，依托这些已有的短视频活动，应逐步打造具备影响力的短视频品牌活动，让品牌活动成为家喻户晓的水科普知识传递平台。

3.2 场馆科普

随着生活水平的提高，社会大众已不再仅仅满足于物质享受，而逐渐追求更为高层次的精神享受。电影、音乐会等都已成为社会大众周末假期的首选休闲方式；同样，参观科普展馆也成为了社会大众必不可少的休闲活动。而传统的科普场馆由于其浓重的知识灌输性只得到了部分公众的关注，要想提升科普场馆的吸引性，既需要现代化声光电设备的融入以提升体验感，又需要提炼核心技术和热

门话题吸引公众寻根溯源。近年来，中国水利水电出版传媒集团利用自身的内容资源优势，逐步探索水科普展馆设计，借助前沿展陈技术，为社会大众提供高水准的视听盛宴，将水科普场馆打造成网红科普打卡胜地，吸引着更多的人们走进水世界，感受水魅力，传播水知识。水科普场馆建设已经拉开了序幕，科普工作者应紧跟时代步伐，持续更新技术水平，不断为社会公众提供高品质的水科普展陈。

3.3　网站科普

如果说短视频科普是在碎片时间提供的科普形式，场馆科普是在周末假期时间提供的科普形式，那么网站科普则主要是在工作学习时间提供的科普形式。网站科普较短视频科普内容更加详尽，较场馆科普获取途径更加便捷。近年来，利用系统内水利部官网、中国水利学会官网等行业知名网站已经登载大量水科普内容，供社会大众了解水利知识。2023 年 9 月，在全国科普日期间，在"科普中国"这一科普权威平台，还上线了"水科普资源包"，将科普影响力进一步拓展，为社会大众获取水知识提供了更便捷的查找方式。

"千秋基业，人才为先"[1]，为提升公民素养，加快媒体融合传播[2]，以上笔者立足专业人员、青少年、社会大众不同的科普需求，基于中国水利水电出版传媒集团开展的相关工作，简要介绍了图书、论坛、讲座、课堂、研学、绘本、动画、音频、短视频、场馆、网站等多种水科普展现形式，以期与水科普工作者共同交流，为推进水科普工作创新发展，提升公众水素养，营造全社会关心水利、理解水利、支持水利、参与水利的良好氛围奉献力量。

参考文献

[1] 中共中央党史和文献研究院，中央学习贯彻习近平新时代中国特色社会主义思想主题教育领导小组办公室 .
习近平新时代中国特色社会主义思想专题摘编 [M] . 北京：中央文献出版社，党建读物出版社，2023.
[2] 水利部编写组 . 深入学习贯彻习近平关于治水的重要论述 [M] . 北京：人民出版社，2023.

节约水资源与延续人类文明

李如斯

（黄河勘测规划设计研究院有限公司，河南郑州 450000）

摘　要：河流自古以来是文明的起点与温床，它孕育了一代又一代的生命，帮助人类建立社会，也正是人类社会的迅速发展导致水环境污染及水资源稀缺。中国作为世界上飞跃最快的经济体之一，拥有着 14 亿多人口及庞大的农业工业，水资源是支撑着一切建设发展的基点，然而水资源分配不均、匮乏及污染是我国目前面临的巨大挑战，解决水危机是我们当下的重任。作为公民，我们应该开始培养节水意识并付出行动。

关键词：水危机；水污染；水资源匮乏；节约水；全球变暖；人类文明

1　水与文明的历史发展

1.1　生命与海洋

如果你有机会从静谧无垠的太空中眺望地球，很容易就看到这颗孕育人类文明的星球呈现出精美的玻璃蓝色，这美妙的蓝色是海洋反射出来的蓝光，从人类命名的北冰洋到南大洋，海洋整整覆盖了地球 71% 的面积。

如果你还飘浮在广袤无垠的太空中，便很难忽视附近一颗火热的恒星，就是太阳。尽管抵达它要花费数十年路途，它散射来的光线依旧刺眼得令人难以承受，可也正是因为这个恰到好处的距离，使得地球上的水以液态形式存在。

由于液态水长时间存在，地球浩瀚的海洋为 3 亿年前的生命起源提供了一个舒适的温床。就此，地球作为一个孕育生命的星球开始了它在太阳系中独特的使命。

1.2　文明与河流

拨动经年日久的时间齿轮，让指针转到人类文明的初始点。水作为早期文明的命脉，它滋养万物、灌溉土壤、调节温和的气候，也唤醒名为"人类"的种子。新石器时代革命是人类文明史上重要的一环，它始于 8 000 年前尼罗河、幼发拉底河、底格里斯河、印度河以及黄河周围肥沃的土地，人类利用水资源从渔猎、采集生活转变到农耕，极大促进了农业发展，从而建设早期社会模型。

黄河是中华文明的摇篮，人们也称之为"母亲河"。人类在此安居，发展农耕，从小部落扩大规模至大部落，以"黄河文明"为特征的中华文明就此开启篇章。历史中数座古都皆位于黄河流域，它滋养着华夏人民的生息，促进时代文明进程。在其中，我国古代四大发明（火药、指南针、造纸术和印刷术）诞生，还有数不胜数的政治决策、经济体系、文化典藏、艺术创作、文明宗教等无价瑰宝相继出世。

如果人类文明史是一幅卷轴，从整体观赏全部，就会发现有一条蜿蜒的河流贯穿全部时间线，而伴随在两岸的则是文明的起落。人类迅速扩张群体，组织社会，建立王朝，成立帝国，从农耕文明转型到工业文明，从骏马飞驰到急速列车，从鳞次栉比的矮房到拔地而起的高楼……文明的延续必然发生在强大的河流之旁，无论是尼罗河上的埃及、印度河流域边的印度，亦或是黄河之上的华夏。

作者简介：李如斯（1998—），女，助理工程师，主要从事综合管理方面的工作。

2 水资源现状及影响

2.1 世界水资源现状及影响

生命的组成和文明的兴起都难以离开水源，人类依靠水源辉煌壮大，来到此刻的21世纪，一个繁荣的节点。当我们再次飘浮在深邃无边的太空中，地球不再寂静，也不再仅呈现出单调的蓝色，而是被无数星火点缀着，这些工业和科技制造出来的光亮是当下文明与时代的标志。

然而灯烛辉煌下，我们不得不面对文明发展导致的生态水危机。尽管水覆盖了地球71%的面积，但人体所能接受的淡水非常稀少，仅仅占世界水源的3%，在这3%中，有2/3的水在冻结的冰川中。

文明发展至今，遗憾地说，人类所能用的水源越来越少。一方面，农业使用了大概70%的淡水，并且随着人口增长，农业生产需求增多，取水量也随之增加，供水系统的压力越来越大，导致世界上许多河流和湖泊正逐渐干涸。

另一方面，水污染是不容小觑的问题。造成水污染的主要因素之一是工业，许多工业废水被排入周边的淡水系统中，如果工业废水没有被处理得当，它很容易污染其排放的淡水系统。除了工业，农业中使用的化肥和农药会渗入地下水，这些化学物质还会随着雨水一起流入河流与海洋造成水污染。还有每年许多国家往海洋里倾倒垃圾也是水污染的原因之一，大部分垃圾需要花上200年才能完全分解。

人们熟知的全球变暖问题是气候变化对淡水系统最显著的影响之一，我们排放的温室气体如二氧化碳会导致全球气温变化，干旱和洪灾会覆盖更多地区。随着排放量的上升，温度上升，南北极冰川和积雪逐渐萎缩和消失，导致周期性融化水量减少，这意味着越来越少的水量流入下游河流之中供人们使用。

2.2 我国水资源现状及影响

作为世界人口大国，我国淡水资源仅占世界水资源总量的6%，人均水资源占有量为500 m^3/a，是世界人均水资源占有量的1/4，水资源的稀缺和分布不均一直是我们面临的巨大挑战[1]。

水资源稀缺和分布不均看似是两个问题，但却存在因果关系，正因为水源分布不均导致水资源稀缺，形成我国土地一方被干旱折磨、一方与洪涝斗争的情况。我国大部分水资源集中在南方地区，北方拥有将近全国1/2的人口和2/3的农业，水资源却只占总量的17%。北方在水资源方面陷入困境，一是本身就缺水，二是因为庞大农业产值需要巨量的水资源来支撑[2]。

为了农业发展，如华北地区，主要抽取地下水来灌溉农田，而用水需求逐年增多，地下水被过度抽取及开发，导致北方的含水层是世界上开发最过度的含水层之一。过度开采地下水导致地下水位持续下降形成地面沉降、塌陷、裂缝及海水入侵等现象，进而污染水质[3]。

大部分水流向于农业，但因为早期农业管理不完善及用水效率过低，灌溉过程中浪费了大量水资源，加剧了水资源短缺的情况。随着人口增长，需要更多的食物以及为保证农作物品质高，农民提高使用杀虫剂和化肥的频率，化学产品渗入土壤进入河流和湖泊，这直接造成除了水稀缺和水源分布不均外的第三个水危机问题——水污染，工业及生活污水未经处理或处理不当直接排入河中也是导致水污染的重要原因之一[4]。水污染带来的不仅只有水资源越来越匮乏的影响，还会破坏生态环境，水生环境被污染后会破坏生物多样性。

不可忽视的是全球变暖也在影响着我们，它加速了中国水资源短缺危机，青藏高原地区85%的冰川都在退缩，长此以往，流入河流的水量迅速削减，淡水供应也随之减少[5]。2015年全世界178个国家一同签订了《巴黎协定》，一致约定长期目标是将全球平均气温在较工业化时期之前上升幅度控制在2℃以内。自《巴黎协定》后，许多中国学者展开了温度上涨对我国境内流域变化的研究，研究发现气候升温极易导致旱涝灾害，尤其是在长江流域、塔里木河流域及淮河流域状况显著[6]。

3 讨论与展望

水危机不仅是我们的难题，更是所有世界公民的困境。当今世界用水量增长的速度是人口增长率的 2 倍，若无扭转局面的行动，在未来 5~10 年，我们将切身体会到水危机带来的局面。缺水最先影响到个人的是卫生、吃饭等生活问题，对整体社会则是灌溉粮食、工业、发电等维持社会运行的问题[7]；人们饮用未经过滤的水，若水中含有细菌、病毒和寄生虫等病原体，会导致人们患上伤寒、霍乱及痢疾等水传播疾病；缺水还会扰乱社会秩序及经济，比如纯净水将以普通人无法购买的价格出售，当维持生命及生活必需品的价格让普通老百姓无法承担时，极有可能导致社会基础道德的瓦解；缺水对自然环境的影响也许是漫长的，比如极端气候频发、海平面上升、植物难以存活从而氧气变得稀薄，等等[8]。

针对匮乏、分布不均及污染三个水危机难题，国家大力建造调水项目来解决日益严重的缺水问题，著名的南水北调工程就是为了解决北方缺水问题，该项目从水源丰富的南方调水接济北方生活用水及农业用水，极大缓解了北方城市发展的阻碍。2012 年，国家推出了针对农业用水方面的"农业节水政策"，推广洒水器、喷灌、微灌等节水灌溉技术，并提倡多种植耐旱的农作物，逐步改善低效率用水的情况[9]。近年来，国家一直有序地推进地下水管理工作，建立健全的地下水资源管理制度，严格控制开发规模和强度，加强地下水污染监管，以及制定合理开采方案。

最后，让我们重新进入时空的卷轴，回忆地球最初的模样。当猿人第一次沿着河边直立行走望向深空时，他们兴奋地感受着生命的奇迹与力量，仿佛如千百年后的科学家们，在他们探寻地外生命时看到一个行星上有以液态形式存在的水时会欣喜若狂，因为正如地球一开始形成生命的样子，那代表着碳基生物存在的必要条件之一。柔软不争的水如母亲一般悄无声息地孕育了地球生命，这些生命沿着川流不息的河流建立了文明。眼看人类建起高耸入云的大厦、造出飞向宇宙的火箭，冲出天际的我们却难以从根源解决养育人类文明的水资源短缺问题，但这并不是人类文明的终点，我们还有奋力一搏的机会，从现在开始，从我开始，从你开始，从随手的一件小事开始，做出节水行动，改变人类的未来。

参考文献

[1] 王明华. 全球变暖 加剧水荒：20 年内世界三分之二的人可能缺水 [J]. 水资源研究，2007，28（2）：1.

[2] 李予阳. 北方水荒 不容再回避的话题 [J]. 协商论坛，2000（3）：3.

[3] 李方华. 愿江河再现碧水清波：从"世界环境日"谈起 [J]. 当代建设，2003（4）：1.

[4] 周明华，胡波. 对水资源过度开发的一些思考 [J]. 科技资讯，2019，17（26）：56-57.

[5] 今科. 全球变暖 中国将严重缺水 [J]. 今日科苑，2007（5）：2.

[6] 朱小亮，李蒙，施宁等. 以宿迁市古黄河为例探讨河道水污染原因及治理措施 [J]. 山东化工，2020，49（23）：249-250.

[7] 王昕，陆迁. 水资源稀缺性感知影响农户地下水利用效率的路径分析：基于华北井灌区 1168 份调查数据的实证 [J]. 资源科学，2019，41（1）：87-97.

[8] 周丽森，付彦芬. 干旱缺水对人健康及卫生行为影响的研究进展 [C] //中华预防医学会. 中华预防医学会，2012.

[9] 艾伊文. 中国缺水现状难以得到缓解：发电面临断水 [J]. 广西电业，2013（4）：12-14.